Rösler · Lehrbuch der Mineralogie

LEHRBUCH DER MINERALOGIE

Von Prof. em. Dr. rer. nat. habil. Hans Jürgen Rösler
Bergakademie Freiberg

5., unveränderte Auflage

Mit 685 Bildern, 65 Tabellen und drei Beilagen

Deutscher Verlag für Grundstoffindustrie · Leipzig

Das Frontispiz zeigt eine Quarzstufe von den Kerguelen-Inseln im Indischen Ozean. Das Mineral stammt aus der Mineralogischen Sammlung der Sektion Geowissenschaften der Bergakademie Freiberg.
Die Zwischentitel zeigen:
Spaltbarkeits- und Translationsebenen beim Halitgitter (S. 13), das Mineral Cerussit in mehrfacher Vergrößerung (S. 259).

ISBN 3-342-00288-3

5., unveränderte Auflage

VLN 152-915/4/91
Lektor: Dipl.-Krist. H. Schwarz
Gesamtgestaltung: Gottfried Leonhardt, Leipzig
Satz und Druck: Interdruck Leipzig GmbH
Redaktionsschluß: 2. 2. 1990
Bestell-Nr.: 542 069 0

Vorwort

»Lehrbücher sollen anlockend sein;
das werden sie nur, wenn sie die heiterste
zugängliche Seite des Wissens und der
Wissenschaft hinbreiten.«

J. W. v. GOETHE

Dieses Buch ist für Studenten derjenigen Wissenschaftsdisziplinen konzipiert, die Mineralogie als »Nebenfach« belegen, also insbesondere Geologen, Geophysiker, Bergleute, Hüttenleute, Aufbereiter, Chemiker und Rohstoffspezialisten. Dementsprechend betont diese Einführung die angewandte Seite der Mineralogie.

Im allgemeinen Teil werden, wie traditionell üblich, die Grundlagen der kristallinen Materie in einfacher Form dargestellt, wobei Grundkenntnisse der Chemie und Physik wiederholt und verarbeitet werden. Insbesondere wird versucht, Bildung, Eigenschaften und Nutzung der Minerale von ihrem Feinbau abzuleiten sowie die Bedeutung der Mineralogie für die Beurteilung des geologischen Materials als Werkstoff und Rohstoff herauszustellen und zu belegen.

Im speziellen Teil werden alle bekannten Minerale aufgeführt und erläutert. Um den Lerneffekt zu erhöhen bzw. den Studenten nicht durch die Vielzahl der Minerale zu verwirren, wird die Bedeutung eines Minerals als nutzbarer Rohstoff oder gesteinsbildende Komponente drucktechnisch hervorgehoben: Wichtige Minerale werden im Normaldruck, weniger bedeutungsvolle bzw. seltene Minerale im Kleindruck beschrieben, wobei der jeweilige Umfang der Erläuterung ein weiteres Maß für die Bedeutung dieses Minerals darstellt. Die kristallchemische Grundgliederung wurde beibehalten, die weitere Untergliederung aber nach betont paragenetischen Gesichtspunkten vorgenommen. Der Erhöhung der Anschaulichkeit soll auch die verhältnismäßig große Zahl von Bildern dienen. Ergänzende Tabellen sind in einem Anhang beigegeben.

Die langjährige Bearbeitung der deutschsprachigen Ausgabe des vorzüglichen Lehrbuches der Mineralogie von A. G. BETECHTIN führte verständlicherweise dazu, manche Erfahrungen und Formen in dieses Buch zu übernehmen. Das gleiche gilt für die an der Bergakademie Freiberg herausgegebenen Lehrbriefe der Allgemeinen und Speziellen Mineralogie, wobei ich in Dankbarkeit der Unterstützung durch die ehemaligen Kollegen Frau Dr. Ch. SOMMER-KULASZEWSKI †, Dr. M. SOMMER † und Dr. W. KRAMER gedenke und dem Direktorat für Weiterbildung sowie der Hochschulbildstelle für die Überlassung von umfangreichem Bildmaterial danke.

Bei der Abfassung des Manuskriptes unterstützten mich in uneigennütziger Weise meine Fachkollegen Dr. M. GUNTAU (Geschichte), Dr. H. J. BLANKENBURG (Silikate), Dr. F. HOFMANN (neue Minerale) und Doz. Dr. G. TISCHENDORF (Eh-ph-Diagramme).

Ihnen bin ich ebenso dankbar wie Prof. Dr. H.-J. BAUTSCH und Doz. Dr. R. STARKE, die kritisch und sachkundig das Manuskript lasen. Viele weitere Kollegen und Mitarbeiter versorgten mich mit Hinweisen und Bildmaterial.
Mit besonderer Freude und Dankbarkeit sei auch die Unterstützung durch ausländische Kollegen vermerkt, insbesondere durch Akad. Prof. F. V. ČUCHROV (Moskau), Prof. A. P. GRIGORIEV (Leningrad), Prof. I. KOSTOV (Sofia), Prof. A. PABST (San Francisco); besonders umfangreiches Bildmaterial verdanke ich Prof. H. STRUNZ (Westberlin).
Mehrere in- und ausländische Verlage gestatteten die Übernahme von Unterlagen (u. a. Umschau-Verlag, Verlag Nedra, Schweizerbartsche Verlagsbuchhandlung).
Für die Hilfe bei der Erledigung technischer Arbeiten danke ich insbesondere dem Verlag, Herrn KUTSCHKE sowie Frau B. GUSTMANN.
Da diese 1. Auflage sicher noch einige Mängel aufweisen wird, bitte ich alle Nutzer um helfende Hinweise.

Hans Jürgen Rösler

Vorwort zur 2. Auflage

Der schnelle Absatz der 1. Auflage ermöglicht die Herausgabe dieser 2. Auflage und damit die Korrektur einer Reihe offensichtlicher Fehler und Mängel sowie die Hinzufügung neuer Minerale. Auch das Register wurde überarbeitet. Vielen in- und ausländischen Fachkollegen danke ich für ihre kritischen und konstruktiven Hinweise, insbesondere dem Senior der Mineralogie Prof. Dr. P. RAMDOHR. Der Verlag war in dankenswerter Weise sehr bemüht, trotz des Druckes dieser Auflage vom Stehsatz alle Wünsche des Autors zu erfüllen.

Hans Jürgen Rösler

Vorwort zur 3. Auflage

Nach wiederum kurzer Zeit kann diese 3. Auflage erscheinen. Es wird die Gelegenheit benutzt, weitere Mängel zu beseitigen (z. B. Einführung der SI-Einheiten), die neuen Minerale bis Ende 1982 aufzunehmen sowie eine Reihe von Ergänzungen unterzubringen. Durch zahlreiche Hinweise waren mir mehrere Fachkollegen behilflich, so Prof. Dr. BAMBAUER (Münster), Doz. Dr. BLANKENBURG (Freiberg), Dr. G. HENTSCHEL (Wiesbaden), Prof. Dr. PABST (Berkeley), Prof. Dr. SCHNEIDER (Freiberg), Dr. sc. THIERGÄRTNER (Berlin) u. v. a. Auch mehrere Liebhaber-Mineralogen meldeten sich zu Wort; ich hoffe, daß ich manche Anregungen verwerten konnte. Dem Verlag gebührt gleichfalls Dank für die weitgehende Erfüllung der Wünsche des Autors.

Hans Jürgen Rösler

Vorwort zur 4. Auflage

In dieser Auflage wurden die neuen Minerale bis 1985 ergänzt und einige kleine Korrekturen in „Berichtigungen zur 4. Auflage“ auf S. 845 erfaßt. Es ist beabsichtigt, die in einigen Jahren vorgesehene nächste Auflage völlig zu überarbeiten und die Empfehlungen der IMA-Commission für Neue Minerale und Mineralnamen noch konsequenter zu berücksichtigen. Aus diesem Grund bitte ich schon jetzt alle interessierten Fachkollegen, mir Hinweise und Wünsche für diese Neugestaltung zuzuleiten.

Hans Jürgen Rösler

Inhaltsverzeichnis

SPEZIELLE MINERALOGIE

Allgemeine Mineralogie

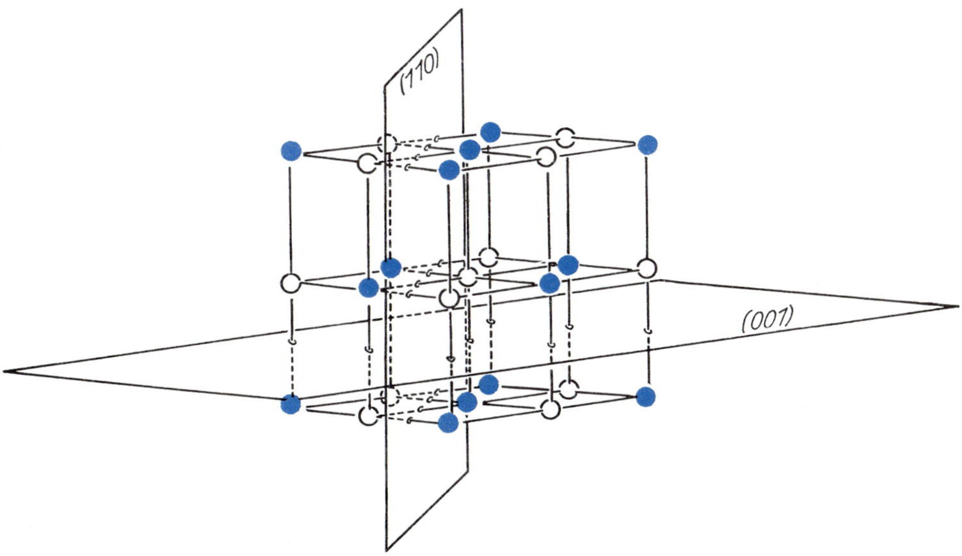

1 Allgemeine Bemerkungen zur Mineralogie und den Mineralen

1.1. Einführung

Die Mineralogie ist die Lehre von den (überwiegend) kristallinen Bausteinen der uns umgebenden geologischen Materie, den Mineralen. Da diese geologische Materie als natürliche Umwelt der Menschheit von Anbeginn ihrer Existenz als Lebensraum und Rohstoffquelle diente, ist die Beschäftigung mit den Mineralen und Mineralaggregaten als Baustoff, Rohstoff, Werkstoff, Schmuck usw. stets eine Lebensnotwendigkeit gewesen. Das in Jahrtausenden angehäufte Wissen über die Minerale, ihre Eigenschaften und ihre Nutzung, wird heute in systematischer Form zusammengefaßt und weitergegeben und dient den Geowissenschaftlern, Bergleuten, Hüttenleuten, Bauingenieuren, Landwirten, Chemikern und vielen anderen Fachleuten als eine ihrer wissenschaftlichen und praktischen Arbeitsgrundlagen.
Man kann den Stoff der Mineralogie unterschiedlich gliedern. Für eine Einführung in die angewandte, praktische Mineralogie, wie sie in diesem Buch angestrebt ist, wird es als zweckmäßig angesehen, die klassische Zweiteilung in die Allgemeine Mineralogie und die Spezielle Mineralogie beizubehalten.
Unter der *Allgemeinen Mineralogie* wird in diesem Sinne hauptsächlich alles das zusammengefaßt, was an allgemeingültigen Gesetzmäßigkeiten über den Bau der kristallinen Materie, über die physikalischen und chemischen Eigenschaften und deren Bestimmung sowie über die Bildung und Nutzung der Minerale auszusagen ist.
In der *Speziellen Mineralogie* erfolgt die eingehende Besprechung der einzelnen Minerale, nämlich insbesondere ihrer Stellung im Mineralsystem, ihrer Bildung, Eigenschaften, Vorkommen und Nutzung.

1.2. Gegenstand, Aufgaben und Gliederung der Mineralogie

Gegenstand: Die Mineralogie als die Wissenschaft von den Mineralen gehört zu dem System der Naturwissenschaften; innerhalb der Naturwissenschaften ist sie, gemeinsam mit der Petrologie, Geologie, Geochemie, Geophysik usw., eine Teildisziplin der geologischen Wissenschaften oder Geowissenschaften.

Gegenstand der Mineralogie sind die Gesetzmäßigkeiten von den Eigenschaften, den Vorkommen, dem Entstehen und Vergehen sowie den paragenetischen Verhältnissen der Minerale. Minerale sind stofflich homogene, meist feste und anorganische Körper der natürlichen Materie.

Die *stoffliche Homogenität* wird dadurch gekennzeichnet, daß ein Mineral einen bestimmten Chemismus und eine definierte Kristallstruktur besitzt. Dadurch werden einem Mineral meßbare typische chemische, physikalische und morphologische Eigenschaften zugeordnet, die zu seiner Bestimmung und Nutzung dienen. Bedingt durch Mischkristallbildung, Einbau von Spurenelementen, Strukturfehler und mechanische Verunreinigungen besitzen viele Eigenschaften eine gewisse, wenn auch meist geringe, Schwankungsbreite.
Die *natürliche Entstehung* bezieht sich hauptsächlich auf den irdischen (geologischen) Bereich, insbesondere auf die Erdkruste (Gesteine, Erze), wird aber auch immer mehr auf die kosmische Materie (Mond, Meteorite, Planeten usw.) ausgedehnt. Diese logische Ausweitung der Mineraldefinition beruht auf der wachsenden Erkenntnis der substantiellen Einheitlichkeit der Welt und ist eine Folge der überragenden Ergebnisse der Weltraumforschung.
Künstlich erzeugte Verbindungen, die der Zusammensetzung der Minerale entsprechen, sind strenggenommen keine Minerale, werden aber wie diese benannt und behandelt. Diese geübte Praxis hat ihre Berechtigung in der Tatsache, daß die Entstehungsbedingungen der Minerale immer häufiger durch experimentelle Untersuchungen bestimmt bzw. überprüft werden. Das gleiche gilt auch für Minerale in technischen Produkten (Schlacken, keramische Erzeugnisse usw.).

Aufgaben: Der Begriff »Mineral« wird auf das alte Wort »minera« zurückgeführt, das soviel wie Erz bzw. Erzstufe bedeutet (lat. *mina* = Schacht; lat. *minare* = Bergbautreiben). Damit wird auf die seit altersher wichtigste Aufgabe der Mineralogie hingewiesen, nämlich den Bergmann bei der Suche, Unterscheidung und Gewinnung mineralischer Rohstoffe, speziell von Erzen, zu unterstützen. Diese Aufgabe wurde in den letzten beiden Jahrhunderten, insbesondere in den Jahrzehnten unseres Jahrhunderts, wesentlich erweitert und präzisiert. Man kann die wichtigsten Aufgaben der Mineralogie wie folgt zusammenfassen:

- Untersuchung des Aufbaus und der Zusammensetzung der Minerale, insbesondere des Chemismus und der Struktur. Aus Besonderheiten und Abweichungen lassen sich u. a. Rückschlüsse auf genetische Verhältnisse in Lagerstätten und Gesteinen ziehen
- umfassende Untersuchung der Eigenschaften der Minerale, um ihre praktische Nutzung zu ermöglichen und zu verbessern
- Entwicklung neuer und Anpassung vorhandener analytischer Methoden zur eindeutigen und allseitigen Charakterisierung der Minerale einschließlich der Trennung, Anreicherung und Gewinnung zum Zwecke ihrer Untersuchung

- Erfassung der bekannten Minerale, Entdeckung neuer Minerale und Einordnung aller Minerale in ein mineralsystematisches Schema. Dies wiederum fördert die Entdeckung neuer Minerale und Eigenschaften

- Studium der Bildungs- und Stabilitätsbedingungen der Minerale in der Natur sowie der Modellierung durch mineralsynthetische Forschungen. Dadurch werden insbesondere wichtige Aussagen für die geologische Erkundung sowie für die künstliche Herstellung von Mineralen gewonnen. Hier wird auch die Erforschung der Bildungsgesetzmäßigkeiten von Mineralvergesellschaftungen, der Mineralparagenesen, einbezogen

- Nutzung der mineralogischen Methoden und Erkenntnisse für die Erforschung der mineralischen Rohstoffe und Werkstoffe sowie der außerirdischen Materie

Der Fortschritt der mineralogischen Wissenschaft und damit die immer bessere Lösung der ihr gestellten Aufgaben ist neben der ständigen Entwicklung der für die Mineralogie spezifischen Methoden und Gesetzmäßigkeiten abhängig von dem wachsenden Kenntnisstand vieler verwandter Wissenschaftsdisziplinen, insbesondere der anderen geowissenschaftlichen Disziplinen sowie der Kristallographie, Physik und Chemie. In Bild 1.1 werden diese Beziehungen dargestellt.

Gliederung: Die moderne Mineralogie arbeitet in sehr vielen wissenschaftlich-theoretischen und praktischen Bereichen unseres Lebens aktiv mit. Dies hat zur Folge, daß sie sich in eine größere Zahl von Spezialdisziplinen aufgegliedert hat, wie dies in Bild 1.2 (Seite 18) dargestellt ist.

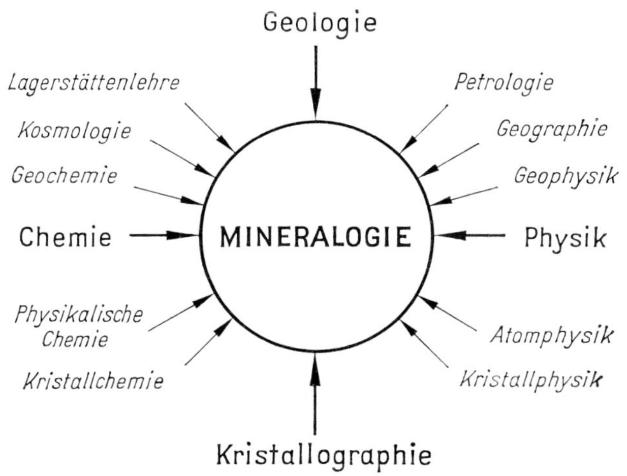

Bild 1.1. Schematische Darstellung wichtiger Wissenschaftsdisziplinen, die einerseits die Entwicklung der Mineralogie beeinflussen und andererseits an den Ergebnissen der Mineralogie interessiert sind

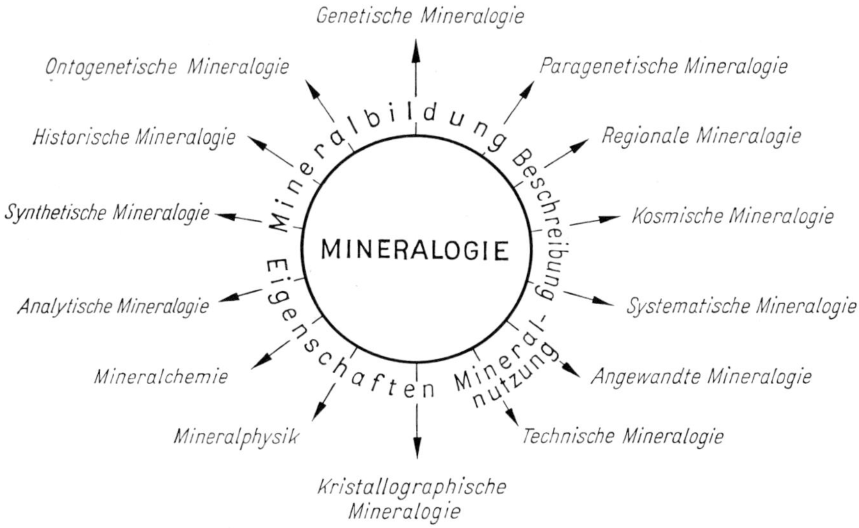

Bild 1.2. Gliederung der Mineralogie in ihre wichtigsten Spezialdisziplinen (nach verschiedenen Gesichtspunkten)

Die *Kristallographische Mineralogie* untersucht insbesondere die Form (Mineralgeometrie) und den atomaren Feinbau (Mineralstruktur) der Minerale, wobei der Schwerpunkt auf dem ungestörten idealen Zustand des Minerals liegt.
Die *Mineralphysik* erforscht die allgemeinen physikalischen Eigenschaften der Minerale und versucht, deren Beziehungen zum Feinbau zu klären.
In der *Mineralchemie* werden die allgemeinen Gesetzmäßigkeiten der chemischen Zusammensetzung (einschließlich der Verteilung und Bindung der Atome) der Minerale sowie ihres Wachstums und ihrer Auflösung erforscht.
Die *Analytische Mineralogie* faßt die Methoden zur allseitigen stofflichen Charakterisierung der Minerale zusammen, wobei Teilgebiete auch in der Mineralphysik und -chemie gelehrt werden.
Die *Synthetische Mineralogie* umschließt unsere Kenntnisse und Methoden über die künstliche Herstellung von Mineralen und die dabei vorhandenen Gesetzmäßigkeiten.
Es ist üblich, die fünf hier zuerst genannten Teildisziplinen, aber auch Teile der folgenden zu der Allgemeinen Mineralogie zusammenzufassen.
Die *Systematische* oder *Spezielle Mineralogie* beschreibt und erforscht die einzelnen bekannten und neuen Minerale in bezug auf ihre systematische Stellung, ihre physikalischen und chemischen Eigenschaften, ihre Vorkommen, ihre Bildung, ihre Nutzung usw.
In der *Genetischen Mineralogie* werden die natürlichen Besonderheiten eines Minerals (z. B. Farbe, Form, Spurenelemente, Strukturabweichungen) für genetische Aussagen genutzt (*Typomorphie der Minerale*). In ihrem Rahmen entwickelt sich die *Ontogenetische Mineralogie*, die die Entwicklungsgeschichte eines Minerals studiert, sowie die *Paragenetische Mineralogie*, die die Gesetzmäßigkeiten des Zusammenvorkommens der Minerale erforscht.

Die *Regionale Mineralogie* beschreibt die regionale Verteilung der Minerale in geologisch-geographischen Einheiten (z. B. Russische Tafel oder Alpen-Orogen), Ländern oder Lagerstättenbezirken (z. B. Erzgebirge).
Die *Historische Mineralogie* als eine der jüngsten Disziplinen versucht, die Abhängigkeit der Mineralbildung von der geologisch-zeitlichen Entwicklung der Erde aufzuklären.
In der *Kosmischen Mineralogie* werden die Kenntnisse über die mineralische Zusammensetzung der außerirdischen Materie zusammengefaßt und nach Möglichkeit für irdische Belange genutzt.
Die *Angewandte Mineralogie* ist keine scharf definierte, aber sehr große und wichtige Teildisziplin, in der man insbesondere die für die Rohstoffsuche, -erkundung und -nutzung benötigten Methoden und Kenntnisse vereinigt.
Die *Technische Mineralogie* befaßt sich mit der Erforschung der »Minerale«, die bei technischen Prozessen, oft als Nebenprodukt, entstehen: in Aschen, Schlacken, Sintern, keramischen Produkten usw.

1.3. Gliederung, Namen und Häufigkeit der Minerale

Gliederung: Das Mineral wurde als homogener, meist fester, kristalliner und anorganischer Grundbaustein der natürlichen Materie definiert.
Wenn das Wort »Mineral« benutzt wird, sollten folgende Unterscheidungen bzw. Definitionen beachtet werden.

- Die *Mineralart* ist der idealisierte Ausdruck für alle Mineralindividuen, deren (chemische) Zusammensetzung und Struktur gleich ist. Sie repräsentiert das »Mineral« im allgemeinen Sinne (z. B. die Mineralart Olivin mit der wechselnden Zusammensetzung $(Mg, Fe)_2[SiO_4]$ oder Quarz mit dem konstanten Chemismus SiO_2). Bei Mineralarten mit Mischkristallcharakter werden bestimmte chemische Bereiche der Mischung bzw. die Endglieder der Mischkristallreihe mit eigenen Namen belegt (z. B. bei Olivin die Endglieder $Mg_2[SiO_4]$ als Forsterit und $Fe_2[SiO_4]$ als Fayalit).
  Das *Mineralindividuum* ist das konkrete, an einem bestimmten Fundort anzutreffende »Mineral« mit allen seinen nur für dieses Individuum zutreffenden Besonderheiten (z. B. bestimmte Spurenelemente wie silberhaltiger Galenit oder typische Kristallausbildung wie oktaedrischer Fluorit).
- Unter einer *Mineralvarietät* sind alle Mineralindividuen einer Mineralart zu verstehen, die zusätzliche bemerkenswerte Besonderheiten aufweisen (z. B. Amethyst = violetter Quarz, Hiddenit = chromhaltiger Spodumen, Sericit = feinstschuppiger Muskovit, *Para*kutnahorit = Kutnahorit mit ungeordneter Feinstruktur, *Meta*torbernit = Torbernit mit verringertem Wassergehalt, 2M-Glimmer = monokliner Glimmer mit geordneter »Stapelung«).

  In Tab. 1.1 wird gezeigt, wie eine vollständige hierarchische Gliederung der Minerale erfolgen kann.

  Da die Minerale natürlich gebildete chemische Verbindungen (seltener »reine« Elemente) sind, wird die Grundgliederung der Mineralwelt auf (mineral-)chemischer Basis durchgeführt. Ein grobes Schema gibt die Tab. 1.2 (auf S. 22 unten).

Tabelle 1.1. Hierarchische Gliederung der Mineralwelt, mit Beispielen belegt (in Anlehnung an [3])

Klassifikation u. Begründung	**Beispiel 1**
Typ (der chemischen Verbindung)	Sauerstoffsalze
Klasse (Art der Anionen)	Silikate · Borate · ... · Sulfate · Nitrate
Unterklasse (Anionenabart)	Silikate i. e. S. · Alumosilikate · Boro- u. Boratsilikate · Halogenidosilikate
Abteilung (Strukturtyp des Radikals)	Inselsilikate · Ringsilikate · Kettensilikate · Bandsilikate · Schichtsilikate · Gerüstsilikate
Unterabteilung (Abart des Strukturtyps)	schichtartig · gerüstartig
Gruppe (Chemismus, Typ u. Struktur, einschl. polym. Modifikationen, einheitlich)	Cyanit-Sillimanit · ... · Olivine (Olivingruppe)
Untergruppe (einheitlicher Chemismus, Typ, Struktur)	(Cyanit) · (Andalusit) · (Sillimanit)
Mineralart (konstante Struktur und ununterbrochene Mischkristallreihe)	Cyanit · Andalusit · Sillimanit · Olivin (-reihe) · Knebelit
Mineral (Zwischen- u. Endglieder isomorpher Reihen)	Cyanit · Andalusit · Sillimanit · Forsterit · Olivin · Fayalit
Varietät (Abart nach Form, Chemismus usw.)	Cr-Cyanit · Viridin · Chrysolith

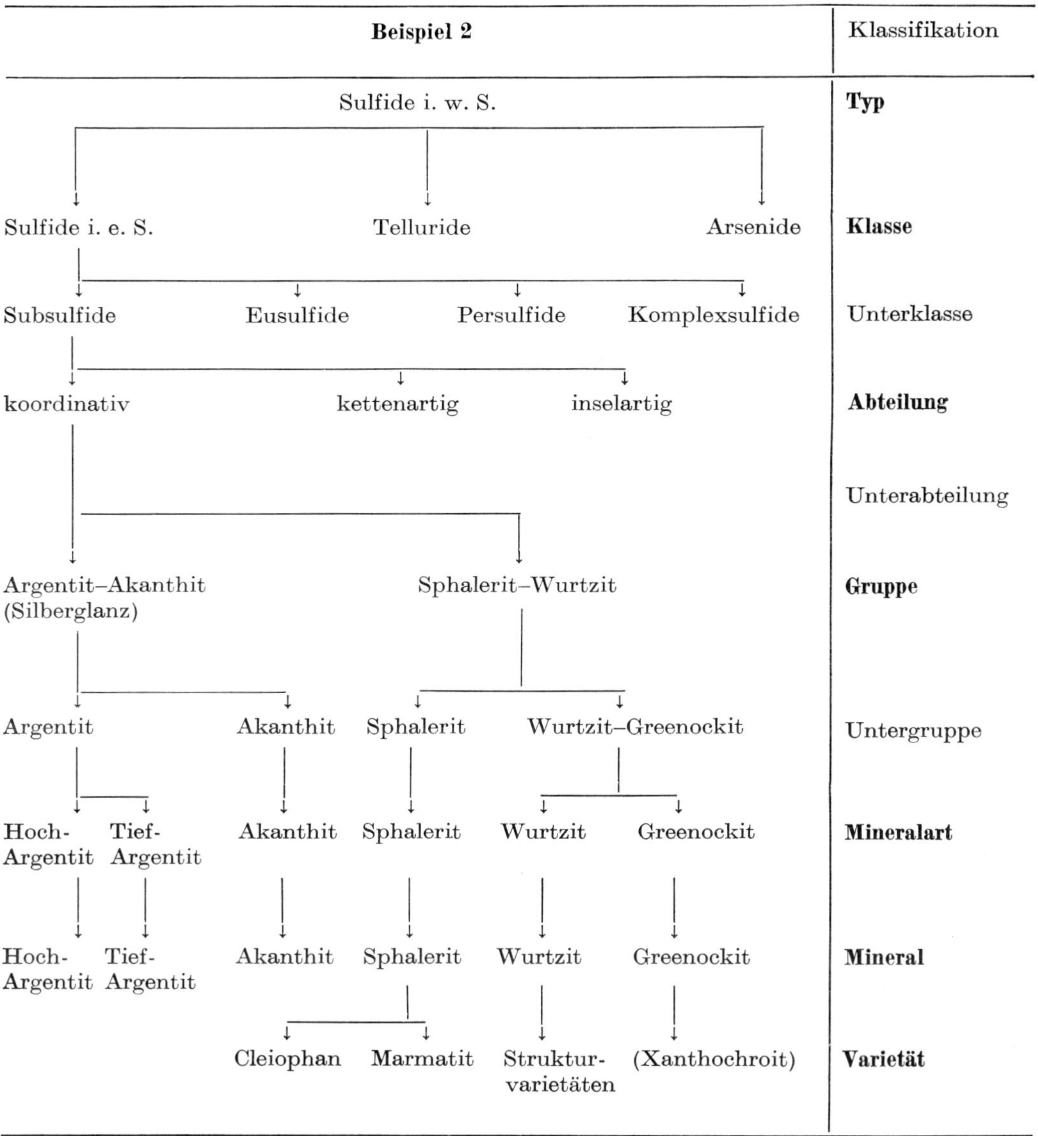
Beispiel 2
Klassifikation
Sulfide i. w. S.
Typ
Sulfide i. e. S.
Telluride
Arsenide
Klasse
Subsulfide
Eusulfide
Persulfide
Komplexsulfide
Unterklasse
koordinativ
kettenartig
inselartig
Abteilung
Unterabteilung
Argentit–Akanthit (Silberglanz)
Sphalerit–Wurtzit
Gruppe
Argentit
Akanthit
Sphalerit
Wurtzit–Greenockit
Untergruppe
Hoch-Argentit
Tief-Argentit
Akanthit
Sphalerit
Wurtzit
Greenockit
Mineralart
Hoch-Argentit
Tief-Argentit
Akanthit
Sphalerit
Wurtzit
Greenockit
Mineral
Cleiophan
Marmatit
Struktur-varietäten
(Xanthochroit)
Varietät

a)

Bild 1.3. Einige Minerale in ihren wichtigen Erscheinungsformen

a) Freikristallisierendes Mineral mit Ausbildung seiner charakteristischen Form [223]

b) Miteinander verwachsene Minerale in einer hydrothermalen Druse. Hier haben die Minerale zum Teil eigene Gestalt, zum Teil sind sie an deren Ausbildung gehindert [221]

c) Miteinander verwachsene Minerale in einem metamorphen Gestein (Gneis). Kein Mineral hat seine eigene Gestalt [223]

b)

c)

Tabelle 1.2. Grobklassifikation der Minerale

Klasse Nr.	Name der Klasse
I	*Element-Minerale* (sog. gediegene Minerale einschließlich intermetallischer Verbindungen)
II	*Sulfide* (einschließlich der Komplexsulfide bzw. Sulfosalze, der Antimonide, Selenide, Telluride, Arsenide u. ä.)
III	*Halogenide* (einschließlich Oxidhalogenide)
IV	*Oxide und Hydroxide* (einschließlich Oxidhydrate u. ä.)
V	*Silikate* (einschließlich Quarz u. ä.)
VI	*Phosphate* (einschließlich Arsenate, Vanadate)
VII	*Sulfate* (einschließlich Wolframate, Molybdate, Chromate)
VIII	*Karbonate* (einschließlich Oxalate)
IX	*Borate und Nitrate* (einschließlich Jodate)

Im Interesse der Übersichtlichkeit und Einfachheit des Mineralsystems wird in diesem Buch eine Grundgliederung in diese 9 Mineralklassen vorgenommen, die in Mineralgruppen unterteilt werden.

Namen: Die Benennung der Minerale ist leider nicht, wie z. B. in der Chemie und Biologie, streng systematisch erfolgt (wenn man von der häufigsten Endung -it absieht), sondern folgt den unterschiedlichsten Gesichtspunkten. Als Beispiele seien genannt:

- Name nach einer Person (Entdecker, Persönlichkeit o. ä.):
  Breithauptit, Vinogradovit, Goethit
- Name nach dem Fundpunkt (Landschaft, Grube o. ä.):
  Aragonit, Zinnwaldit, Freibergit, Thuringit
- Name nach dem Chemismus (natürliche und künstliche Namen):
  Argentit: Silbererz Ag_2S (*argentum* = Silber)
  Hydroboracit: $CaMgB_6O_{11} \cdot 6\,H_2O$ (wasserhaltiger Boracit)
  Asbecasit: $Ca_3Be(Ti, Sn)Si_2As_6O_{19}$ (As–Be–Ca–Si–Mineral)
  Berborit: $Be_2(BO_3)(OH, F) \cdot H_2O$ (Beryllium–Bor–Mineral)
- Name nach den physikalischen Eigenschaften:
  Disthen (= zweifache Härte)
  Coelestin (= blaue Farbe)
  Plagioklas (= schiefe Spaltbarkeit)
  Baryt (Schwerspat = hohe Dichte)

Weiterhin erschwert die Tatsache, daß neben den für alle Minerale gültigen internationalen Namen in einigen alten Bergbauländern noch häufig traditionelle Namen synonym gebraucht werden, das Erlernen und Verstehen der Mineralnamen (z. B. Bleiglanz für Galenit, Zinkblende für Sphalerit, Kupferglanz für Chalkosin). Selbst die internationalen Namen werden in den verschiedenen Sprachen und Ländern (z. T, aus Prioritätsgründen) variiert.

Häufigkeit: Zur Zeit sind etwa zweieinhalbtausend Minerale und Mineralvarietäten bekannt, und jedes Jahr werden 10 bis 30 Minerale neu entdeckt. Die Minerale (bzw. die chemischen Mineralgruppen, in denen sie eingeordnet sind) sind zahlen- und mengenmäßig sehr unterschiedlich in der geologischen Materie verteilt, eine Übersicht wird in den Tab. 4.3 und 16.26 gegeben. Der Grund für die relative Seltenheit der Mineralarten (selten in bezug auf die riesige Menge von künstlichen chemischen Verbindungen) und deren ungleichmäßige Verteilung liegt in dem Charakter der geologischen Entwicklung und seiner Prozesse begründet; hierbei haben der relativ enge Druck-Temperatur-Bereich und die durch geologische Vorgänge eingeschränkte und einseitige Elementbereitstellung den entscheidenden Einfluß. Weitere Angaben dazu werden im Kap. 4. gemacht.
Da im Laufe der Erdgeschichte einmal gebildete Minerale oft mehrfach unter Bedingungen geraten, die von den Bildungsbedingungen abweichen, ist kein Mineral als »ewig« beständig anzusehen. Die meisten Minerale sind nur bei einem bestimmten geologischen Vorgang existenzfähig und gehen beim Wechsel der (physikochemischen) Bedingungen in eine andere Mineralphase über. So kann z.B. magmatisch gebildeter Feldspat an der Erdoberfläche in Kaolinit übergehen (verwittern). Auch hierüber wird ausführlich in Kap. 4.1. berichtet.

1.4. Abriß der Geschichte der Mineralogie

Die Minerale begleiten den Menschen seit den Anfängen seiner Geschichte. Das ist uns bekannt durch Funde aus frühgeschichtlicher Zeit, als man verschiedene Steine, Erden und Erze zur Herstellung von Produktionsinstrumenten, Waffen, Schmuck und anderen Gebrauchsgegenständen benutzte. Zunächst spielten Feuersteine, Obsidian und Ton eine große Rolle, die im Laufe der Zeit durch Metalle wie Kupfer, Gold, Silber und später auch Zinn (Bronze), Eisen u. a. ergänzt oder abgelöst wurden. Man kannte und sammelte neben Gesteinen und Metallen auch verschiedene bunte Minerale, die durch Farbe, Form und Glanz die Aufmerksamkeit auf sich lenkten.
Sowohl in der Urgesellschaft als auch in den Sklavenhalterordnungen der Antike war der Bergbau bereits in einzelnen Gebieten ein bedeutendes Element der materiellen Produktion. Davon zeugen verschiedene Spuren der Rohstoffgewinnung in Europa, China, Indien, Vorderasien und den Gebieten um das Mittelmeer. Schon im Altpaläolithikum (etwa 50000 Jahre v. u. Z.) wurden in der Acheuléenkultur an der Somme in Frankreich Grabungen nach bergfeuchten Feuersteinknollen durch das taube Deckgebirge vorgenommen. Etwa seit dem 6. Jahrtausend v. u. Z. gab es Feuersteinbergbau in Belgien (Obourg), Südengland (Cissbury, Bild 1.4), Dänemark (Jütland) und in anderen Gebieten.
In den weiterentwickelten Kulturen Babyloniens und Ägyptens nutzte man sehr früh gediegen auftretende Metalle wie Kupfer, Gold, Silber (etwa 3500 Jahre v. u. Z.), lernte aber auch bald die reichen Erze dieser Metalle und darüber hinaus die von Zinn, Blei und Eisen zu finden und daraus die begehrten Metalle zu erschmelzen.
Ältestes schriftliches Dokument über den antiken Bergbau ist eine Karte von Goldlagerstätten in der arabischen Wüste aus der Zeit des mittleren Reiches des alten Ägyptens, die während der Herrschaft von Sethos I. (etwa 1250 v. u. Z.) entstand.
Im alten Griechenland begann der Bergbau etwa im 8. Jahrhundert v. u. Z. Man gewann Kupfer (Chalkis auf Euböa), Gold (Thasos) sowie Silber und Blei (Laurion bei Athen). Aus dem Gebiet von Korinth ist aus der Zeit des 6. Jahrhunderts eine Darstellung über die Gewinnung von Ton überliefert, aus dem verschiedene Gefäße gebrannt wurden (Bild 1.5).
Wir wissen, daß sowohl in Mesopotamien als auch im alten Ägypten zahlreiche Minerale über die im Rahmen der Bergbauproduktion gewonnenen Rohstoffe hinaus bekannt waren, die als Schmuck dienten, denen man aber auch medizinische und magische Kräfte zuschrieb. Archäologische Funde aus Babylonien enthielten z. B. Malachit, Amethyst, Türkis, Amazonit, Lasurit, Opal, Karneol, Achat, Bergkristall usw. Im Papyrus Ebers (etwa 1550 v. u. Z.), dem »ältesten Buch der Heilkunde« aus dem alten Ägypten, wird die medizinische Wirkung von Antimonit, Schwefel, Hämatit, Steinsalz, Soda, Alabaster, Erdöl, Asphalt und anderen Mineralen beschrieben. Daraus ist zu entnehmen, daß die Zahl der bekannten Minerale offensichtlich größer war als die im Prozeß der bergmännischen Rohstoffgewinnung abgebauten Substanzen.
Die ersten überlieferten mineralogischen Erkenntnisse wurden im Rahmen allgemeiner Naturbeobachtungen gewonnen, die für den Menschen die wachsende Einsicht in die verschiedenen Erscheinungen seiner irdischen Umwelt bedeuteten und eng mit weltanschaulichen Fragen verbunden waren. Eine der ersten mineralogischen wissenschaftlichen Arbeiten wurde von dem Philosophen der griechischen Sklavenhaltergesellschaft ARISTOTELES (384 bis 322 v. u. Z., Bild 1.6) verfaßt, deren Originaltext zwar nicht überliefert, der Inhalt aber durch seine Schüler bekannt ist.

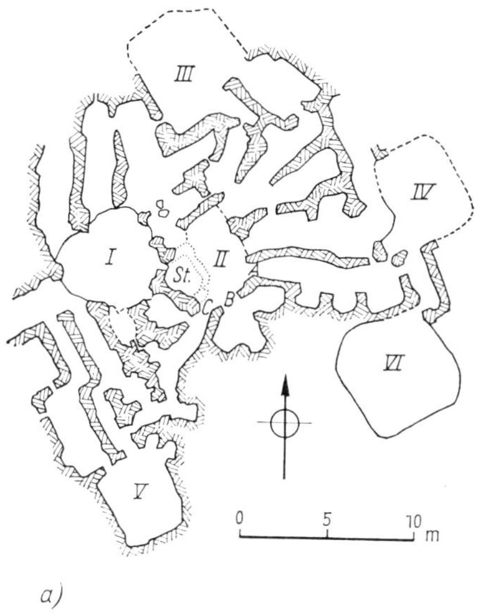

Bild 1.4. Grundriß und bildliche Darstellung eines steinzeitlichen Bergbaus auf Feuerstein (Flint) in Cissbury (Südengland) [136]

a) Grundriß: Es sind sechs Schächte sowie ein verzweigtes System von Abbaustollen zu erkennen. A, B und C sind die in b) sichtbaren Stolleneingange

b) Bildliche Darstellung eines rekonstruierten Schachtes. Es sind die drei Stolleneingänge (A, B, C) sowie eine Feuerstelle (St) zu erkennen

Bild 1.5. Antike Darstellung der Tongewinnung im 6. Jahrhundert v. d. Z. in Griechenland [218]

Bild 1.6. ARISTOTELES (links), (384 bis 322 v. d. Z.) und THEOPHRASTOS (rechts), (371 bis 288 v. d. Z.) [218]

ARISTOTELES löste die griechische Naturphilosophie aus den rein spekulativen Betrachtungen und begann mit der Beschreibung von Naturobjekten und ihrer Klassifizierung. So beschrieb er über 500 verschiedene Tierarten und hat wohl in diesem Sinne auch seine Arbeit über Minerale verfaßt. Darin unterschied er die Metalle von den Erden und begründete auf diese Weise eine erste Mineralklassifikation. Diese Aufteilung ergab sich für ihn nicht nur aus den äußeren Eigenschaften der Minerale, sondern wurde gleichzeitig genetisch auf der Grundlage seiner Theorie über die Ursachen der Dinge erklärt, durch die das Wesen aller Erscheinungen gedeutet werden sollte. Danach waren alle Erden aus trockenen rauchartigen Ausdünstungen entstanden, während feuchte und dampfartige Dünste als Ursache für die Metalle angenommen wurden. Diese Auffassungen des ARISTOTELES beeinflußten die weitere mineralogische Erkenntnis entscheidend und waren nicht zuletzt wegen der großen Autorität ihres Schöpfers fast 2000 Jahre bis zur Renaissance bestimmend.

Die erste uns tatsächlich überlieferte Schrift über Minerale ist die von dem ARISTOTELES-Schüler THEOPHRASTOS (371 bis 288 v. u. Z., Bild 1.6) verfaßte Schrift »Über die Steine«, die gewiß – ohne die Eigenständigkeit der Leistung des Autors mindern zu wollen – weitgehend die Auffassungen seines Lehrers berücksichtigt. THEOPHRASTOS gibt eine Beschreibung von 60 nichtmetallischen Mineralen und schildert vor allem ihre Eigenschaften, Herkunft, mythische Bedeutung und Verwendung. Eine weiterführende Mineralsystematik ist von ihm nicht erarbeitet worden. Nicht zu übersehen ist dagegen die Tatsache, daß THEOPHRASTOS die einzelnen Arten unter dem Gesichtspunkt der Nutzung von Eigenschaften abhandelte und so bearbeitbare, zerbrechliche, brennbare, unverbrennbare, metallartige, schmückende und andere Minerale beschreibt.

Obwohl mineralogisches Einzelwissen bei vielen Autoren der Antike immer wieder eine Rolle spielte, kam es zu keinen prinzipiellen neuen Erkenntnissen, die über Aristoteles oder Theophrastos hinausgehen. Selbst Plinius der Ältere (23 bis 79), der bei seinen naturwissenschaftlichen Studien während des Vesuvausbruchs ums Leben kam, faßte in seiner »Historia naturalis« das Wissen der Antike lediglich zusammen, ohne dem mineralogischen Wissen grundsätzlich neue Elemente hinzuzufügen. Er fußte bei seinen Schilderungen auf solchen Eigenschaften der Minerale wie Farbe, Härte, Strich, Glanz, Spaltbarkeit, Magnetismus oder auch der Kristallform, gab Fundorte an oder sprach auch über Möglichkeiten der Verwendung von Mineralen. Dies alles aber nur gelegentlich, von Fall zu Fall, unter Einschluß vieler spekulativer Darstellungen, die den einfachen Erfahrungen zuwiderlaufen. Verbunden damit waren aber auch einige interessante wichtige Beobachtungen wie die Beschreibung der Herkunft des Goldes aus dem Gestein der Gebirge und aus dem Sand der Flüsse (Berg- und Seifengold), wogegen das Silber nur aus den Schächten gewonnen würde. Interessant ist auch die Feststellung, daß Silber meist vergesellschaftet mit Blei auftritt. Damit wurde erstmalig das Zusammenvorkommen von verschiedenen Mineralen in der Natur bemerkt.

Während seit dem Ausgang der Antike im christlichen Mitteleuropa etwa 1000 Jahre keine bemerkenswerten Beiträge zur mineralogischen Erkenntnis geleistet wurden, bereicherten einige asiatische Gelehrte das Wissen über die Minerale mit wesentlichen Einzelheiten. Gesellschaftlicher Hintergrund für diese Entwicklung war das sarazenisch-arabische Reich, dessen Einfluß im 10. Jahrhundert von Persien und Mittelasien über die arabischen Länder des Nahen Ostens und Nordafrika bis nach Spanien reichte. Vor allem Kaufleute der Handelszentren förderten eine weitgehend weltlich orientierte Wissenschaft, die an den Gedankenreichtum der Antike anknüpfte und sich mit medizinischen, naturwissenschaftlichen, mathematischen und anderen Fragen beschäftigte.

Um das Jahr 900 erörterten Gelehrte des Geheimbundes der »lauteren Brüder« von Basra (am Tigris) mineralogische Fragen und entwickelten bestimmte aristotelische Vorstellungen weiter. Sie gliederten die Minerale in sieben Klassen (s. Tab. 1.3). Diese Gliederung beruht auf der Beschreibung wesentlicher Mineraleigenschaften wie Farbe, Glätte, Gewicht, Geschmack, Geruch usw., die zur Charakterisierung der einzelnen Arten herangezogen wurden. Neben Berichten über Vorkommen, Nutzen und Wert der Minerale wurden auch ausführliche Darstellungen zu ihren Kräften gegeben, die ihnen in medizinischer Hinsicht oder im Leben der Menschen zukommen sollten.

Über die Kenntnisse der Antike spürbar hinausgehende mineralogische Arbeiten wurden in Mittelasien geleistet. Die in dieser Zeit wohl bedeutendste Gelehrtenpersönlichkeit war der Arzt, Philosoph und Naturforscher Ibn Sina, lat. Avicenna (980 bis 1037), der in Buchara wirkte.

Er gliederte, wie aus Tab. 1.3 zu ersehen ist, die Minerale in vier Klassen. Diese Klassifikation hat die mineralogische Erkenntnis maßgeblich bereichert und in der nachfolgenden Zeit beeinflußt, so daß diese Einteilung in vier Gruppen bis zum Anfang des 19. Jahrhunderts als Grundgedanke aller Mineralsysteme anerkannt wurde. Ibn Sina äußerte sich gleichfalls zu Fragen der Mineralgenese und stützte sich dabei auf Beobachtungen an Tropfsteinen. Grundsätzlich ging er aber von der Existenz einer gesteinsbildenden Kraft (»vis plastica«) aus, durch die bei Erdbeben z. B. Pflanzen oder Tiere zu Stein oder auch Minerale gebildet werden sollen. Diese Deutungen widersprachen nicht nur den praktischen Erfahrungen, sondern waren auch Ausdruck irrationalistischer Auffassungen in der mineralogischen Erkenntnis.

Autor	Jhd.	Mineralsystematik				
Aristoteles, Theophrastus	—3.	Steine (Orykta)				
»Lautere Brüder von Basra«	10.	luftartig (Schwefel, Arsen)	steinartig unschmelzbar (Karneol, Diamant)	pflanzen- artig (Korallen)	tierartig (Perlen)	staubartig weich (Talk, Salze)
Ibn Sina (Avicenna)	11.	brennbar schwefelartig	Steine	Salze		
Albertus Magnus	13.		Steine	Media (Salze) (z. T. Sulfide)		
Paracelsus	16.	Gluten	Steine u. Gemmen	Salze		
Agricola	16.	Gemenge A (Erdöl, Kohlen, Bernstein)	Steine (Magnesit, Asbest, Edelstein, Marmor)	Erden (Ton, Ocker, Heilerde)	Gemenge B (Steinsalz, Schwefel, Chrysokoll usw.)	
Werner	18./19.	brennbare Fossilien	erdartige Fossilien (9 Geschlechter: v. a. Silikate, auch Karbonate, Sulfate u. a.)	salzige Fossilien (4 Geschlechter: Karbonate, Nitrate, Sulfate, Chloride)		
Steffens	18./19.	Kohlenreihe	Kieselreihe	Kalkreihe		
Berzelius 1824	19.		oxydierte Körper (Silikate Aluminate Titanate Tantalate Wolframate	Chromate Molybdate Arsenate Karbonate Borate	Fluate u. Fluosilikate Phosphate Auriate Nitrate Sulfate)	
Breithaupt 1832	19.	Brenze (Schwefel, Resine, Bitumen, Kohlen)	Steine (Phyllite, Chal- zite, Glimmer, Porodine, Ophite, Zeolithe, Gram- matite, Dure)	Salze (Hydroit, Karbonate, Halate, Nitrate, Sulfate, Alliate, Borate)		
Dana 1854	19.	Organische Verbindungen	Oxid-Ver- bindungen	Halogenide		
Strunz 1970	20.	Organische Substanzen	Sauerstoffsalze: Silikate Karbonate Phosphate Sulfate Borate Nitrate u. a.	Halogenide		

Tabelle 1.3. Entwicklung der Mineralsystematik (stark schematisiert)

Metalle (Metallonta)		
steinartig schmelzbar (Metalle)	wasserartig (Quecksilber)	
schmelzbare Körper (Metalle u. Erze)		
Metalle		
Metalle (Markasite u. Cachimian)		
Gemische (Mista) (Sulfide von Ag, Hg, Fe, Pb, Bi)	Metalle v. a. (Metalle u. Legierungen)	
metallische Fossilien (22 Gruppen = »Geschlechter«, meist nach dem Hauptelement gegliedert, hauptsächlich Oxide u. Sulfide)		
Metalloxide	Sulfide	gediegene Minerale
Oxide Hydroxide	nichtoxydierte Körper (Sulfide, Arsenide, Stibnide, Telluride, Osmide, Auride, Hydrargyride)	(gediegene Minerale)
Miner (Erze, Kiese, Metalle, Glanze, Blenden, Kerate)		
Oxidverbindung	Sulfide	Elemente
Oxide Hydroxide	Sulfide	Elemente

Sie hinderten auf lange Zeit die natürliche Erklärung des Prozesses der »Fossil«-Bildung.

Von großer Bedeutung war die Arbeit des Gelehrten ABU REICHAN BIRUNI (973 bis 1048) »Sammlung von Mitteilungen zur Kenntnis der Edelsteine«, der wesentliche Kenntnisse der Mineralogie aus der Zeit des arabisch-sarazenischen Mittelalters zusammenfaßte. Erstmalig berichtete BIRUNI über exakt gemessene Mineraleigenschaften. Nach dem archimedischen Prinzip bestimmte er die Dichte verschiedener Minerale, die der arabische Gelehrte AL KHAZINI (um 1137) bestätigte, und erhielt für die damalige Zeit sehr genaue Meßwerte. BIRUNI entdeckte ferner Flüssigkeitseinschlüsse in Mineralen und hielt diese Substanz für Reste, aus denen sich die Minerale gebildet hatten. Die Arbeiten des arabisch-sarazenischen Mittelalters waren für die mineralogische Erkenntnis von doppelter Bedeutung. Einmal wurde auf diesem Wege das Wissen über die Minerale der griechisch-römischen Antike vermittelt. Zum anderen ergaben sich eine wesentliche Vervollkommnung der Mineralsystematik und der Beginn exakten Beobachtens und Messens an Mineralen.
Im christlichen Europa des Mittelalters gab es im Unterschied zu den arabischen Zentren der Kultur nur unbedeutende Beiträge zur Entwicklung der Wissenschaft. Die feudale Produktionsweise hatte hier einen geringen Bedarf nach wissenschaftlicher Erkenntnis. Die Philosophie und die Wissenschaft lagen in den Fesseln der dogmatischen Theologie und des Mystizismus. Nach wie vor spielte der Bergbau in der Sphäre der materiellen Produktion eine wesentliche Rolle. So wurde schon im 8. Jahrhundert im Werragebiet Salzgewinnung im großen Stil betrieben. Seit dem 10. Jahrhundert war die Steinkohle bei Zwickau bekannt. Um 1168 begann der Abbau des erzgebirgischen Silbers in Freiberg, und mit dem Jahr 1199 wird der Beginn des Bergbaus im Mansfelder Kupferschiefer datiert. Alle diese Gewinnungsarbeiten vollzogen sich im Rahmen der feudalen Grundherrschaft überwiegend als kleine Warenproduktion. Obwohl der Bergbau in vielen Gebieten Europas den Anfang seiner langen Entwicklung nahm, hat die kontinuierliche mineralogische Erkenntnis in dieser Phase offenbar nur wenig davon profitiert.
Mineralogische Darstellungen halten sich streng an die antiken Vorbilder, und in den Texten wird mehr über die den Mineralen angeblich innewohnenden Kräfte gesprochen als auf die exakte Beschreibung ihrer Eigenschaften, Herkunft oder Verwendung eingegangen. So berichtet der französische Geistliche MARBODE (1035 bis 1123) über etwa 60 Minerale, und auch der in Süddeutschland wirkende ALBERTUS MAGNUS (Albrecht von BOLLSTAEDT, 1193 bis 1280) teilt in seinen fünf Büchern über die Minerale (»De Mineralibus«) keine prinzipiell neuen Erkenntnisse mit. Selbst das im 14. Jahrhundert erstmalig in deutscher Sprache verfaßte Steinbuch des KONRAD VON MEGENBERG (1309 bis 1374) wiederholt kritiklos die Angaben früherer Autoren, obwohl es offenbar wegen seiner Lesbarkeit durch breitere Kreise weite Verbreitung fand und bis ins 16. Jahrhundert benutzt wurde (s. Bild 1.7). Vor allem die Steinbücher (»Lapidarien«) zeichneten sich durch die unkritische Weitergabe antiker und mittelalterlicher Angaben über die Minerale aus.
Die Mineralkenntnis wurde im christlichen Mittelalter einerseits durch Fabelglauben und doktrinären Scholastizismus sowie die Alchemie andererseits charakterisiert. Die Alchemie knüpfte an Vorstellungen von ARISTOTELES an, der von den Übergängen zwischen den Metallen sprach und auch schon dem Quecksilber besondere Aufmerksamkeit schenkte. So meinte man, daß alle Erze aus Schwefel und Quecksilber bestünden und nur das Mischungsverhältnis dieser Elemente die Unterschiede zwischen ihnen verursachte. Das Quecksilber rief insbesondere mystische Vorstel-

lungen hervor, da man die Erfahrung gemacht hatte, daß es sich mit Gold und Silber amalgamiert. Daraus wurde der Schluß gezogen, daß sich auf diese Weise die Verwandlung von Metallen vollzogen habe. Das Ziel bestand darin, nach Wegen zu suchen, wie edlere Metalle – vor allem Gold – auf eine solche Weise zu gewinnen waren. Diese Richtung verhinderte lange Zeit die Hinwendung der Forscher zu einem systematischen Studium der Natur und einer wissenschaftlichen Untersuchung auch der Minerale und führte die mineralogische Erkenntnis in eine Sackgasse.

■

In der zweiten Hälfte des 15. Jahrhunderts begannen sich in Mitteleuropa einige grundlegende gesellschaftliche Veränderungen zu vollziehen, die auch die wissenschaftliche Erkenntnis tiefgreifend umgestalteten. Im Rahmen der Feudalgesellschaft entstanden Elemente der kapitalistischen Produktionsweise, die von einer stürmischen Entwicklung der Produktivkräfte, des Handels und auch der Wissenschaft begleitet wurden. Von wesentlicher Bedeutung für die Entwicklung der mineralogischen Erkenntnis war ein bedeutender Aufschwung des Bergbaus in dieser Zeit. Die Gier nach Geld förderte die Gewinnung von Edelmetallen wie Gold und Silber; die kleine Warenproduktion in den Städten erhöhte die Nachfrage nach solchen Rohstoffen wie Eisen, Kupfer, Zinn, Blei, Antimon, Salzen, Mineralfarben usw. Diese frühkapitalistische Entwicklung wurde von einer Revolution im wissenschaftlichen Denken begleitet (Renaissance), die den mittelalterlichen Scholastizismus und Dogmatismus weitgehend überwand. »Es war die größte progressive Umwälzung, die die Menschheit bis dahin erlebt hatte, eine Zeit, die Riesen brauchte und Riesen zeugte, Riesen an Denkkraft, Leidenschaft und Charakter, an Vielseitigkeit und Gelehrsamkeit.« (F. ENGELS)
Das mineralogische Wissen wurde vor allem durch die Blüte des mitteleuropäischen Bergbaus – insbesondere des böhmisch-sächsischen Erzbergbaus – grundlegend erweitert. Im 16. Jahrhundert entstand eine Reihe von Berg- und Probierbüchern, die die Produktionserfahrungen darstellten und in der Regel brauchbare, weitgehend

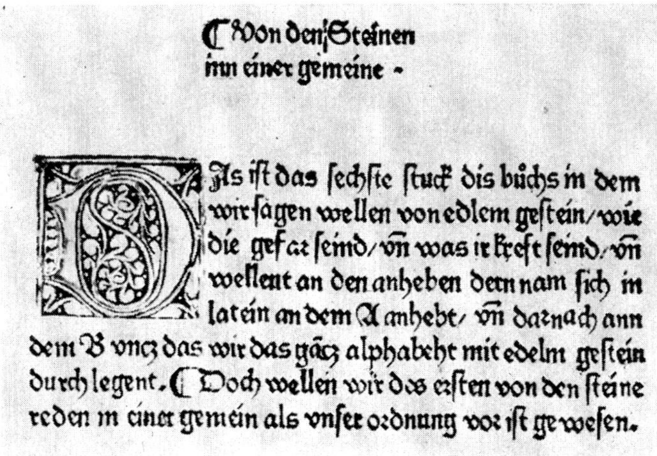
¶ Von den Steinen
inn einer gemeine ·
Das ist das sechste stuck dis buchs in dem
wir sagen wellen von edlem gestein/ wie
die gesatz seind/ vn was ir kreft seind/ vn
wellent an den anheben dem nam sich in
latein an dem A anhebt/ vn darnach ann
dem B vncz das wir das gancz alphabeht mit edelm gestein
durch legent. ¶ Doch wellen wir des ersten von den steine
reden in einer gemein als vnser ordnung vor ist gewesen.

Bild 1.7. Beginn des erstmals in deutscher Sprache verfaßten »Steinbuches« von KONRAD VON MEGENBERG (1309 bis 1374) [218] aus der Erfahrung gewonnene Mineralbeschreibungen mit einschlossen. Dazu gehören das vom Freiberger Arzt und Bürgermeister ULRICH RÜLEIN verfaßte »Nützlich Bergbüchlein« (um 1500, Bild 1.8), das »Schwazer Bergbuch« (1556), das »Speculum metallorum« (1575) oder auch das »Große Probierbuch« (1574) von LAZARUS ERCKER. Die überragende Persönlichkeit dieser Zeit war der in Glauchau geborene GEORGIUS AGRICOLA (1494 bis 1555, Bild 1.9), der als Renaissance-Gelehrter das gesamte Wissen über das Montanwesen seiner Epoche zusammenfassend darstellte und mit seinem Buch »De natura fossilium« (1546) eine erste wissenschaftliche Darstellung der Kenntnisse über die Minerale gab. Auf der Grundlage des von ihm gewonnenen Wissens und gestützt auf die Erfahrung wendet er sich von jeder Spekulation – einschließlich der Alchemie – konsequent ab und kann als Begründer der induktiven Methode in der Mineralogie angesehen werden.

AGRICOLA charakterisierte die Unterscheidungsmerkmale für Minerale (Farbe, Glanz, Härte, Gewicht, Geruch, Geschmack, Gestalt, Schmelzbarkeit, Magnetismus) und beschreibt über die bis zu seiner Zeit bekannten Arten 20 weitere. Er nennt ihre Fundorte und nimmt zu den in der Literatur geschilderten wirtschaftlichen, medizinischen und mythologischen Anwendungen Stellung. Dabei setzte er sich mit falschen literarischen Überlieferungen konsequent auseinander und stellte sie eigenen Erfahrungen und Beobachtungen gegenüber, die ihm vor allem aus dem Bergbau des Erzgebirges geläufig waren.

Auf der Grundlage der Mineralklassifikation von IBN SINA vervollkommnet AGRICOLA die Gliederung der Minerale, die er noch als Fossilien (nach lat. *fodere* = graben) bezeichnet.

Bild 1.8. Titelblatt des »Nützlich Bergbüchlein«, verfaßt von dem Freiberger Arzt und Bürgermeister ULRICH RÜLEIN (um 1500) [218]

Bild 1.9. Georgius Agricola (1494 bis 1555)

Sein System kennt nicht nur fünf Klassen, sondern geht mit der Aufgliederung einiger dieser Einheiten z. T. darüber hinaus (vgl. Tab. 1.3).
In allen genetischen Überlegungen wendet sich Agricola strikt gegen »besondere Kräfte«, die den Substanzen innewohnen und zur Bildung der »Fossilien« oder »Minerale« führen sollen. Die alchemistische Auffassung, wonach alle Erze eine Mischung von Quecksilber und Schwefel seien, wird gänzlich abgelehnt. Gleichfalls widerspricht er der zu seiner Zeit weit verbreiteten Auffassung eines Zusammenhanges zwischen den sieben Planeten und den damals bekannten sieben Elementen. Er erklärt die Entstehung der Minerale durch Vorgänge bei Temperaturänderung von Lösungen und Schmelzen: »... die Steine, die das Wasser durch Benetzen auflöst, die hat die Hitze durch Austrocknen zusammengefügt, während im Gegenteil dazu die, die die Hitze des Feuers schmelzen, ... durch die Kälte verdichtet sind.« Diese neuartigen Auffassungen Agricolas entbehrten einer chemischen Grundlegung, da er wegen seiner prinzipiellen Ablehnung der Alchemie derartige Ergebnisse in seine wissenschaftlichen Betrachtungen nicht einbezog.
Demgegenüber gewann der berühmte Arzt Paracelsus (1493 bis 1541) in seiner mineralogischen Schrift »De elemento aquae« der Alchemie rationelle Seiten ab. Mit der Analyse von Wässern wies er auf Zusammenhänge von verschiedenen Oxydationsmineralen zu den Primärerzen einiger Metalle hin, die ihm als Hinweis für die Lagerstättenprospektion dienten. Chemische Kenntnisse waren damit auch schon im 16. Jahrhundert für die Erweiterung des mineralogischen Wissens durchaus von Wert. Bestimmend waren aber in dieser Zeit noch eine exakte Erfassung und saubere Beschreibung der äußeren Eigenschaften der Minerale, wie sich das im Werk Agricolas widerspiegelt, dessen Arbeiten die mineralogische Erkenntnis in den beiden folgenden Jahrhunderten so nachhaltig beeinflußten, daß er noch am Ende des 18. Jahrhunderts von A. G. Werner als *Vater der Mineralogie* bezeichnet wurde.
In der Zeit des Frühkapitalismus wird das mineralogische Wissen, vor allem im Werk von Georgius Agricola, durch die Produktionserfahrungen des Montanwesens qualitativ auf eine neue Stufe gehoben und mit den bis dahin entstandenen Elementen einer Mineralkunde verbunden, die zuvor in der Antike begründet und

vor allem durch Wissenschaftler des arabisch-sarazenischen Reiches vervollkommnet wurden. In der Renaissance wurzeln wesentliche Elemente des Wissenschaftsinhaltes und der Methodik unserer heutigen Mineralogie.

In der Epoche des Übergangs vom Feudalismus zum Kapitalismus folgt auf die Renaissance am Ende des 16. Jahrhunderts eine Periode, in der sich in den Niederlanden und England die ersten bürgerlichen Revolutionen vollzogen, in Deutschland aber Kräfte der sogenannten Gegenrenaissance an Einfluß gewannen, so daß hier die großartigen mineralogisch-geologischen Leistungen keine unmittelbare Fortsetzung fanden. Das Deutschland des 15. Jahrhunderts stand ökonomisch an der Spitze Europas. Nicht zuletzt durch die hohen Silberimporte aus Amerika und die Komplizierung des Abbaus geriet der Bergbau – eine der wesentlichen Quellen des deutschen Handelskapitals – in der zweiten Hälfte des 16. Jahrhunderts jedoch in spürbare Schwierigkeiten. So wird es verständlich, daß vor allem in solchen Ländern wesentliche Beiträge zur weiteren Entwicklung des mineralogischen Wissens geleistet werden, in denen sich ein allgemeiner Aufschwung des wirtschaftlichen und wissenschaftlich-kulturellen Lebens vollzog.

In diesem Zeitalter der Geburt exakter naturwissenschaftlicher Methoden, in dem sich mit dem Experimentieren auch das Messen mehr und mehr durchsetzte und Teleskope und Mikroskope zu apparativen Hilfsmitteln der Naturforscher wurden, fanden die Kristalle und ihre physikalischen Eigenschaften in besonderem Maße die Aufmerksamkeit der Gelehrten. Quellen dieser Erkenntnisse sind praktische Erfahrungen, vor allem bei der Salzsiederei, und die Beobachtung verschiedener Erscheinungen an kristallisierten Mineralen (vgl. auch Bild 1.10).

Ein Engländer, William Davisson (1593 bis 1669), untersuchte die Formen der Salzkristalle auf der Grundlage der fünf platonischen Körper. Der Däne Erasmus Bartholin (1625 bis 1698) entdeckte und beschrieb als erster die Doppelbrechung des Lichtes am isländischen Doppelspat. Der bekannte niederländische Physiker Christian Huygens (1629 bis 1695) kam auf der Grundlage von Versuchen über die Lichtausbreitung in Kristallen zu Vorstellungen über ihren anisotropen Aufbau und erklärte auf diesem Wege den von Bartholin beschriebenen Effekt. Huygens regte seinen Landsmann Anton Leuwenhoek (1632 bis 1723) an, erste mikroskopische Untersuchungen an Mineralen vorzunehmen (Alaun, Kochsalz, Salpeter u. a.). Der Italiener Domenico Guglielmini (1655 bis 1710) unterscheidet im Er-

Bild 1.10. Reinigung von Asbest durch Feuer, nach einer Darstellung von A. Boetius de Boodt 1609 [104]

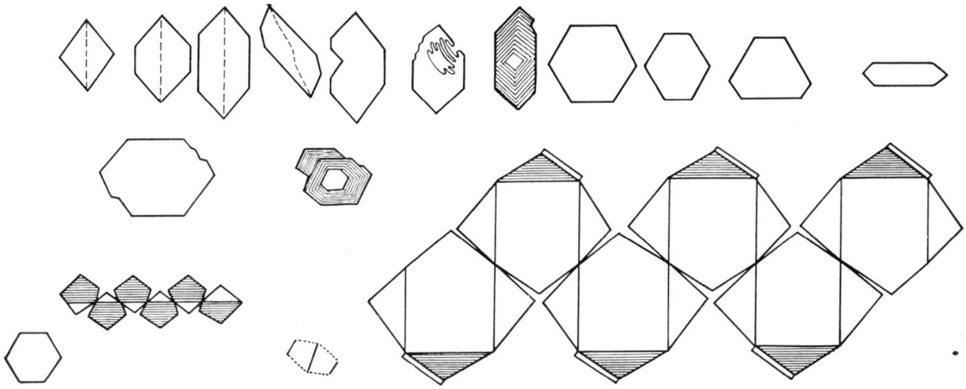

Bild 1.11. Originalzeichnung von N. STENO bzw. STENSEN (1669): Aus ihr ist ablesbar, daß bei Quarz- und Hämatitkristallen trotz unterschiedlicher Ausbildung die sich entsprechenden Flächenwinkel gleichbleiben [218]

gebnis von Beobachtungen an Salzkristallen vier morphologische Grundformen: Würfel (Kochsalz), Oktaeder (Alaun), Prisma (Salpeter), Parallelepiped (Vitriol).
Im Rahmen dieser Forschungen über die Kristalle war die Arbeit des Dänen NICOLAUS STENO (1638 bis 1686) von besonderer Bedeutung. Im Jahre 1669 veröffentlichte er in Florenz eine Schrift, in der die Ergebnisse seiner Beobachtungen über die Richtungsabhängigkeit bestimmter Eigenschaften an Kristallen beschrieben wurden. Ferner bemerkte er, daß trotz der Verschiedenartigkeit in den Umrißformen einer Kristallart bei gleichen Schnittlagen die Winkel zwischen den entsprechenden Seiten der Kristallumrisse immer gleich bleiben. Mit dieser Entdeckung fand STENO das *Gesetz der Konstanz der Kristallwinkel*, das sich im Laufe der späteren Forschungen als eine Fundamentalbeziehung für wesentliche Erscheinungen des Aufbaus der Kristalle erweisen sollte. Damit gilt STENO als Entdecker des ersten Grundgesetzes der Kristallographie (vgl. Bild 1.11).

■

Das 18. Jahrhundert war durch den Beginn der industriellen Revolution gekennzeichnet, die von England ausging und unmittelbar oder mittelbar auch die anderen größeren europäischen Länder erfaßte. Im Rahmen dieser tiefgreifenden Veränderungen in der Entwicklung der Produktivkräfte erhöhte sich der Bedarf an mineralischen Rohstoffen wesentlich, wodurch das Montanwesen spürbare Impulse für seine Entwicklung erhielt. Die wissenschaftliche Erkenntnis begann, für die Produktion zu einem Faktor zu werden. Im Rahmen dieser Veränderungen formierte sich auch die Mineralogie auf der Grundlage der Leistungen von Gelehrten verschiedener Länder zu einer selbständigen Disziplin.
Dem Wesen der Naturforschung des 18. Jahrhunderts entsprechend hatte auch die Mineralogie zunächst vor allem beschreibenden Charakter. Mit dem »System der Natur« (1735) von KARL v. LINNÉ (1707 bis 1778) wurden die Arbeiten schwedischer Wissenschaftler eingeleitet, die später die *Mineralchemie* entscheidend voranbrachten. Zwar hatte der Irländer ROBERT BOYLE (1627 bis 1690) Wesentliches zur Begründung des chemischen Elementbegriffes geleistet und sich auch mit mineralogischen Problemen beschäftigt. Jedoch erst mit der Einführung des Lötrohres zur chemischen Analyse durch AXEL v. CRONSTEDT (1722 bis 1765) in Schweden rückte die Zusam-

mensetzung der Minerale in den Blickpunkt der Naturforscher. In Uppsala entwickelte TORBERN BERGMANN (1735 bis 1784) verschiedene chemische Aufschlußverfahren für Minerale; durch die Arbeiten dieser und anderer Wissenschaftler wie J. A. SCOPOLI, A. S. MARGGRAF, J. G. WALLERIUS, C. W. SCHEELE und L. N. VAUQUELIN war am Ende des Jahrhunderts die chemische Zusammensetzung einer großen Zahl von Mineralen bekannt.

In Rußland entwickelte sich auf der Grundlage der durch Peter I. eingeleiteten Reformen ein wissenschaftliches Leben, dessen hervorragendster Repräsentant MICHAIL VASILEVIČ LOMONOSSOV (1711 bis 1765) war. Auch er widmete sich vor allem chemischen Arbeiten und analysierte 80 verschiedene Minerale, um aus der Kenntnis ihrer Zusammensetzung besser auf ihre wirtschaftliche Bedeutung schließen zu können. LOMONOSSOV, der 1745 einen Katalog der Mineralsammlung der Petersburger Akademie der Wissenschaften vorgelegt hatte, plante eine groß angelegte regionale Mineralogie Rußlands, um den Bergbau seines Heimatlandes auf diese Weise zu fördern. Das war eines der ersten bedeutenden Projekte, mineralogische Kenntnisse praktischen Erfordernissen direkt nutzbar zu machen.

Ebenfalls wurden in dieser Periode wesentliche Beiträge zur Entwicklung der Kristallographie, vor allem in Frankreich, geleistet, die für eine exakte Grundlegung der Mineralogie von Bedeutung waren. ROMÉ DE L'ISLE (1736 bis 1790) erarbeitete eine umfassende Beschreibung der zu seiner Zeit bekannten Kristallformen (1772) natürlicher Minerale sowie künstlicher Salze und benutzte dazu erstmalig ein Goniometer.

Als besonders wertvoll für die Mineralogie erwiesen sich die ersten Vorstellungen für den Aufbau der Kristalle. Bereits T. BERGMANN hatte die verschiedenen Kristallformen des Calcits durch das gesetzmäßige Zurückweichen oder Zurückversetzen kleinster angenommener Bausteine (Rhomboeder) an bestimmten Kanten und Ecken erklärt. Der damit verbundene Gedanke der *Dekreszenz der Moleküle* wurde von dem Franzosen RENÉ JUST HAÜY (1743 bis 1822, Bild 1.12) zur Theorie entwickelt und zur allgemeinen Anerkennung gebracht. HAÜY nahm an, daß sich jedes Mineral auf eine nur ihm entsprechende kristallographische Primitivform (Baustein) zurückführen lasse (vgl. Bild 1.13). Verbunden mit diesen Auffassungen ergab sich auch die Möglichkeit, die Flächen zu bestimmen, die an einem Kristall auftreten können.

Eine große Rolle spielte die Mineralogie in den letzten Jahrzehnten des 18. Jahrhunderts in Sachsen. Die 1765 zur Beförderung des Montanwesens gegründete Bergakademie in Freiberg wurde zu einer einflußreichen Pflegestätte mineralogischer Lehre und Forschung. Sowohl in der bergmännischen als auch der metallurgischen Produktion ergab sich die Notwendigkeit, Minerale schnell und sicher zu erkennen.

Diesem Erfordernis entsprach eine Auffassung von der Mineralogie, wie sie ABRAHAM GOTTLOB WERNER (1749 bis 1817, Bild 1.14, S. 38) vertrat, der 1774 ein System von den äußeren Kennzeichen der Minerale vorgelegt hatte, auf dessen Grundlage sie sowohl charakterisiert als auch bestimmt werden konnten (Bild 1.15). WERNER wirkte über vierzig Jahre an der Bergakademie, in denen er die Mineralklassifikation wesentlich vervollkommnete und die weitere Gliederung der herkömmlichen vier Klassen der Minerale auf der Grundlage ihrer chemischen Zusammensetzung vornahm (s. Tab. 1.3 und Bild 1.16). Er verwies auf die Möglichkeit der Mineralbestimmung durch die Ermittlung ihrer Kristallform. Weiterhin gab WERNER eine erste Bestimmung des Mineralbegriffs und umriß mit der Definition der »Oriktognosie« als erster das Wissenschaftsgebiet der heutigen Mineralogie, das er gleichzeitig gegenüber anderen naturwissenschaftlichen Disziplinen abgrenzte. Bis zum Ende des 18. Jahrhunderts wurde nämlich unter dem Terminus »Mineralogie« alles das zusammengefaßt, was heute zu den

Bild 1.12. René Just Haüy (1743 bis 1822)

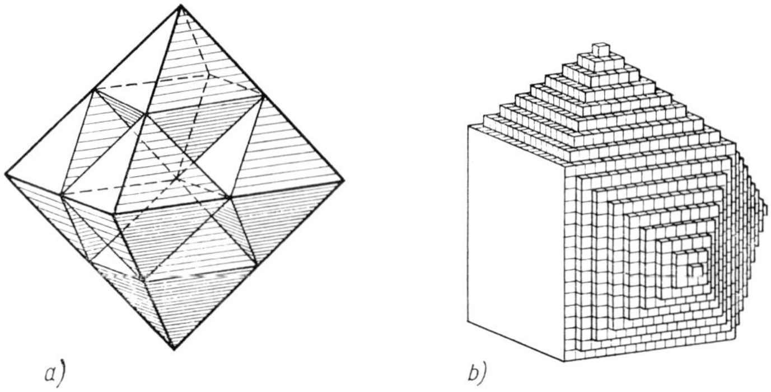

Bild 1.13. Vorstellung über den Aufbau der Minerale (Dekreszenztheorie) von Haüy [186]

a) Aufbau eines Oktaeders aus primitiven Oktaeder-Bausteinen

b) Aufbau eines Rhombendodekaeders aus primitiven Würfel-Bausteinen

»geologischen Wissenschaften« gehört. In der Geschichte der Wissenschaft hat eine Begriffsverengung stattgefunden, und der Begriff der Mineralogie erhielt seine heutige Bedeutung erst am Anfang des 19. Jahrhunderts.

Werner entwickelte aus praktischen Erfahrungen heraus wichtige theoretische Seiten der mineralogischen Forschung (z.B. Bild 1.16) und trug für eine wirksame Anwendung seiner Ergebnisse Sorge. Auf diese Weise hat Werner den gesellschaftlichen Erfordernissen gegenüber der Mineralogie seiner Zeit in hohem Maße entsprochen und den weltweiten Einfluß der Freiberger Mineralogenschule begründet.

Zur Wende vom 18. zum 19. Jahrhundert stand die Mineralogie im Blickpunkt der gesellschaftlichen Aufmerksamkeit und des öffentlichen Interesses. Es erschienen

Bild 1.14. A. G. WERNER (1749 bis 1817)

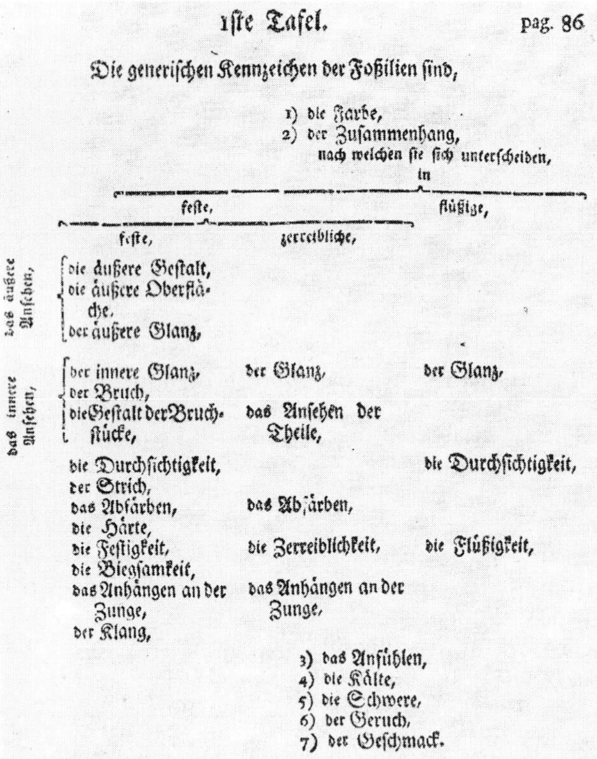

1ste Tafel. pag. 86

Die generischen Kennzeichen der Foßilien sind,

1) die Farbe,
2) der Zusammenhang,
nach welchen sie sich unterscheiden,
in

feste,		flüßige,
feste,	zerreibliche,	
das äußere Ansehen, die äußere Gestalt,		
die äußere Oberfläche,		
der äußere Glanz,		
das innere Ansehen, der innere Glanz,	der Glanz,	der Glanz,
der Bruch,		
die Gestalt der Bruchstücke,	das Ansehen der Theile,	
die Durchsichtigkeit,		die Durchsichtigkeit,
der Strich,		
das Abfärben,	das Abfärben,	
die Härte,		
die Festigkeit,	die Zerreiblichkeit,	die Flüßigkeit,
die Biegsamkeit,		
das Anhängen an der Zunge,	das Anhängen an der Zunge,	
der Klang,		

3) das Anfühlen,
4) die Kälte,
5) die Schwere,
6) der Geruch,
7) der Geschmack.

Bild 1.15. Originaldarstellung der äußeren Kennzeichen der Minerale von A. G. WERNER (1779) [206, 182]

▶

Bild 1.16. »Sippschafts- und Geschlechtstafel« des Kupfers von A. G. WERNER. Diese Darstellung zeigt, wie sich WERNER die Beziehungen von Mineralarten untereinander in der Systematik vorstellte. Folgte er bei der Unterscheidung der Klassen (Tab. 1.3) noch der Beschreibung nach äußeren Kennzeichen, gewannen bei der Charakterisierung der Geschlechter und Sippschaften chemische Gesichtspunkte (chemische Elemente wie Ag, Cu, Fe, Sb, S) an Bedeutung. Weiterhin sind in der Darstellung bereits klare Hinweise für das Erkennen erzparagenetischer Verhältnisse abzulesen [182]

Folgende Minerale sind in dem Bild, von oben nach unten, genannt: Sprödglaserz, Schwarzantimonerz, Weißkupfererz, Schwarzerz, Gediegen Kupfer, Kupferglas, Buntkupfererz, Kupferkies, Fahlerz, Salz, Kupfererz, Phosphorkupfererz, Kupferschaum, Rotkupfererz, Kupferschwärze, Kupferlasur, Kupfersamterz, Malachit, Kupfergrün, Linsenerz, Ziegelerz, eisenschüssiges Kupfererz, Kupferglimmer, Strahlerz, Brauneisenstein, Schwefelkies, Olivenerz, Grüneisenerz, Würfelerz zahlreiche Veröffentlichungen über die Minerale, viele Persönlichkeiten und Institutionen legten Mineralsammlungen an, verschiedene mineralogische Zeitschriften wurden herausgegeben. Mineralogische Gesellschaften entstanden, und auch solche wissenschaftlichen Vereinigungen pflegten die mineralogische Erkenntnis, die das nicht ausdrücklich in ihrem Namen ausgewiesen hatten. Nicht nur an den Bergakademien, auch an den Universitäten begann die Lehre der Mineralogie und fand viele Interessenten. Das alles war Ausdruck der gesellschaftlichen Anerkennung der ins Leben getretenen Mineralogie, die sich von nun an mehr nach eigenen Gesetzen zu entwickeln begann.

Symbole: ☾ Silber, ♁ Antimon, 🜍 Schwefel, ♀ Kupfer, ♂ Eisen

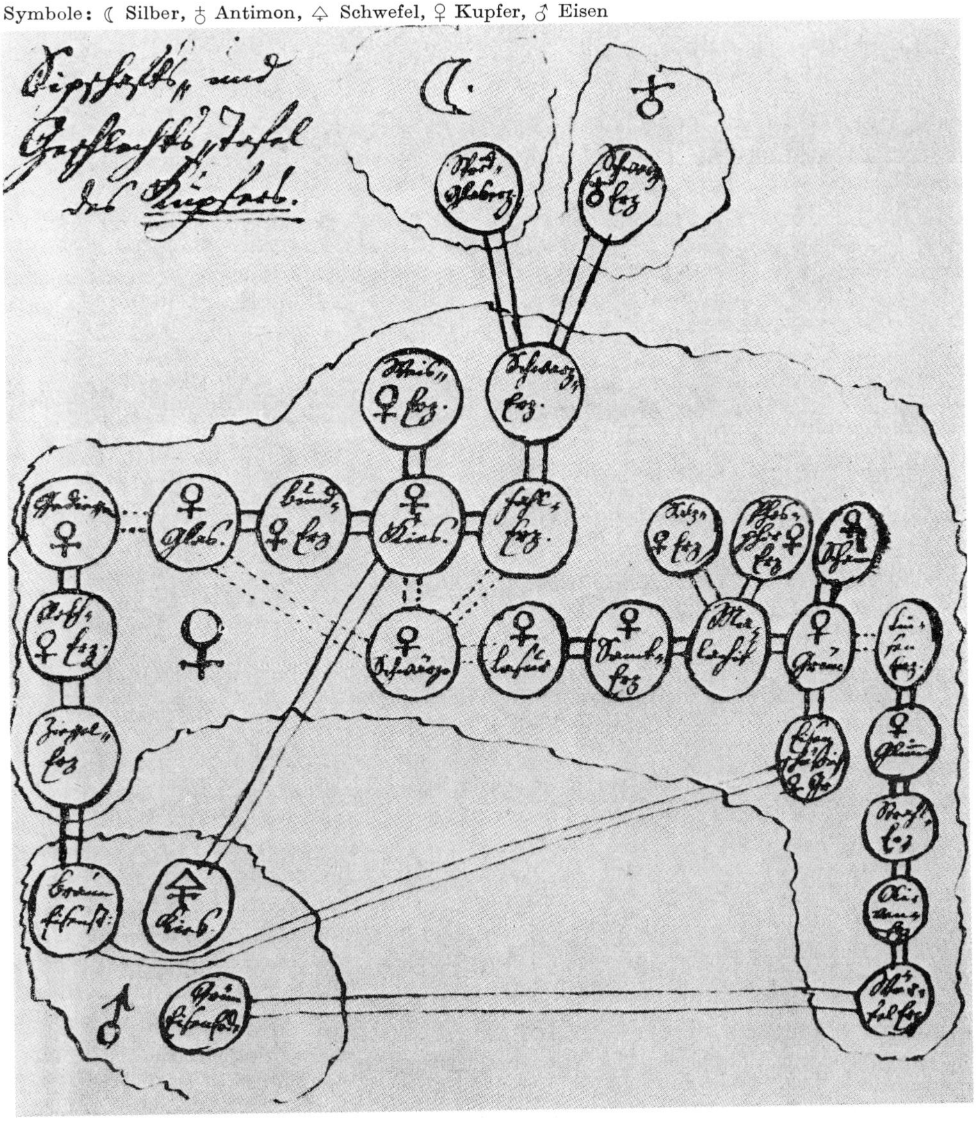

Bild 1.17a. CH. S. WEISS (1780 bis 1856), deutscher Mineraloge und Kristallograph [218]

Bild 1.17b. G. F. C. MOHS (1773 bis 1839), deutscher Mineraloge [221]

Zunächst galt die wissenschaftliche Aufmerksamkeit vornehmlich dem Einzelmineral, wobei sich diese Untersuchungen in wachsendem Maße auf die zeitgenössischen Ergebnisse der Chemie stützten und physikalische und mathematische Methoden die Weiterentwicklung der kristallographischen Beschreibung der Mineralarten förderten.

Wesentliche Fortschritte wurden in der Kristallographie erzielt. 1809 entwickelte W. H. WOLLASTON (1766 bis 1829) sein Reflexionsgoniometer, wodurch eine genauere Winkelbestimmung an Kristallen möglich wurde. Von den verschiedenen Versuchen, die unterschiedlichen Kristallformen zu systematisieren, setzte sich der des Berliner Mineralogen CH. S. WEISS (1780 bis 1856, Bild 1.17a) durch, der die Kristallflächen auf Achsenkreuze im Sinne von Koordinatensystemen bezog. Dieser Ansatz führte WEISS zur Entdeckung des zweiten Grundgesetzes der Kristallographie, zum *Gesetz der rationalen Parameterkoeffizienten*. Auf dieser Grundlage wurde es möglich, die Flächen eines Kristalls zueinander in Beziehung zu setzen und seine Kristalltracht zu bestimmen.

Auch die Auffassungen über den Feinbau der Kristalle entwickelten sich in dieser Zeit weiter, und es entstand die Vorstellung vom *Raumgitter*. Obwohl das Gesetz der rationalen Parameterkoeffizienten mit der Dekreszenztheorie von HAÜY noch durchaus harmonierte, widersprachen andere kristallphysikalische Eigenschaften, wie z. B. die Zusammendrückbarkeit der Kristalle, der Idee von den Primitivkörpern. Deshalb ersetzte 1824 der Physiker A. SEEBER (1793 bis 1855) die Vorstellungen HAÜYS von den Elementarbausteinen durch ein Modell, wonach ein Kristall von frei schwebenden Teilchen in regelmäßiger gitterartiger Anordnung aufgebaut wird. Damit geht auf SEEBER der Begriff des Raumgitters zurück. Nach A. BRAVAIS (1811 bis 1863) bestehen die das dreidimensional-periodische Gitter aufbauenden Teilchen aus Molekülen. L. SOHNKE (1842 bis 1897) und vor allem P. v. GROTH (1843 bis 1928) ersetzten die Molekülgitter durch sogenannte Punktsysteme, d. h. Atomraumgitter, in denen verschiedene einfache Gitter parallel ineinander gestellt sind. Nach der Entdeckung des Parametergesetzes galt es, hinsichtlich der möglichen Kristallgestalt (Symmetrie) alle Folgerungen abzuleiten und diese mit dem Raumgittergedanken zu verbinden. 1830 erbrachte der Mineraloge J. F. C. HESSEL (1796 bis 1872) den Nachweis, daß im Bereich der Kristallmorphologie nur 32 Arten der Symmetrie (Symmetrieklassen oder Kristallklassen) möglich sind. Unabhängig davon kamen 1849 A. BRAVAIS und 1867 A. GADOLIN zu dem gleichen Ergebnis. M. L. FRANKENHEIM (1801 bis 1869) und A. BRAVAIS leiteten 1835 bzw. 1850 mathematisch ab, daß sich 14 grundsätzlich verschiedene Raumgitterformen (BRAVAISsche Translationsgitter) für den Feinbau der Kristalle ergeben. Analog zu den durch Kombination der äußerlich erkennbaren Symmetrieelemente abgeleiteten 32 möglichen Symmetrieklassen kombinierten 1890 E. S. FEDOROV (1853 bis 1919) und 1891 A. SCHOENFLIES (1853 bis 1928) die Gittersymmetrieelemente und entwickelten auf diesem Wege die 230 verschiedenen möglichen *Raumgruppen*. Diese Erkenntnis wurde zur Grundlage der modernen Strukturforschung und brachte die Entwicklung der grundsätzlichen Vorstellungen zum kristallinen Aufbau der Minerale zunächst zum Abschluß.

In diesem Zusammenhang soll das Wirken von G. F. C. MOHS (1773 bis 1839, Bild 1.17 b) erwähnt werden, der insbesondere in Freiberg, Graz und Wien arbeitete. Er bemühte sich u. a. um eine exakte, wenn auch nicht unwidersprochen gebliebene Gliederung der Minerale, trug zu deren besserer Kennzeichnung bei (z. B. durch die 10teilige MOHSsche Härteskala) und erweiterte die bis dahin benutzten 4 Kristallsysteme auf die heute noch gültigen 7 Systeme.

Von großer Bedeutung für die Entwicklung der Mineralogie im 19. Jahrhundert wurden auch die verschiedenen mineralchemischen Arbeiten. Durch eine große Zahl sorgfältiger Analysen hatten Chemiker wie M. H. KLAPROTH (1743 bis 1817) im damaligen Deutschland und J. J. BERZELIUS (1779 bis 1848, Bild 1.18) in Schweden die Zusammensetzung hunderter Minerale bestimmt und damit eine sichere Grundlage für eine Mineralsystematik nach chemischen Gesichtspunkten geschaffen. Bereits 1797 sprach sich H. STEFFENS (1773 bis 1845) für eine konsequent chemische Klassifikation der Minerale aus und gliederte sie in sechs Gruppen (s. Tab. 1.3). 1824 legte J. J. BERZELIUS Prinzipien einer chemischen Mineralsystematik vor, die einer Gliederung nach Anionen entsprach und im Laufe des 19. Jahrhunderts wachsenden Einfluß auf die Mineralklassifikation gewann (s. Tab. 1.3).

Die zahlreichen mineralchemischen Arbeiten führten auch zur Aufdeckung von Zusammenhängen zwischen Chemismus und Kristallbau der Minerale. Schon 1817 hatte J. N. FUCHS (1774 bis 1856) auf die Übereinstimmung der rhombischen Kristallform einer Reihe von Karbonaten verwiesen und auch auf die große Ähnlichkeit der Kristalle verschiedener Sulfate aufmerksam gemacht. Ausführlich beschäftigte sich der Chemiker EILHARD MITSCHERLICH (1794 bis 1863) mit entsprechenden Untersuchungen in Berlin und Stockholm. In den Jahren 1818/19 fand er, daß in verschiedenen Mineralarten bei chemisch gleichartig aufgebauten Verbindungen gewisse Elemente einander vertreten können und deshalb unterschiedliche Substanzen in gleichen Kristallformen auftreten. MITSCHERLICH nannte diese Erscheinung *Isomorphie* (Gleichgestaltigkeit).

Untersuchungen führten ferner zu dem Ergebnis, daß einzelne chemisch gleiche Substanzen auch in verschiedenartigen Kristallformen auftreten können. Eine solche Erscheinung wird als *Polymorphie* (Vielgestaltigkeit) bezeichnet. MITSCHERLICH fand darüber hinaus die *Mischkristallbildung* bei Mineralen, woraus sich eine natürliche Verwandtschaft zwischen einzelnen Mineralarten ableitete und auch Beziehun-

Bild 1.18. J. J. Berzelius (1779 bis 1848), schwedischer Chemiker [218]

Bild 1.19. F. A. Breithaupt (1791 bis 1873), deutscher Mineraloge [221]

gen zwischen den chemischen Elementen deutlich wurden, wie sie in dem 1869 von D. I. Mendelejev (1834 bis 1907) und L. Meyer (1830 bis 1895) entdeckten Periodensystem zum Ausdruck kamen.

Sowohl die kristallographischen als auch die mineralchemischen Forschungsergebnisse ließen etwa zur Mitte des 19. Jahrhunderts die Unvollkommenheit einiger früherer mineralogischer Vorstellungen deutlich werden und setzten neue wissenschaftliche Problemstellungen auf die Tagesordnung. Die auf Haüy zurückgehende Auffassung, daß jede chemische Substanz nur in einer Kristallform auftreten kann, die sich aus einer *einzigen* Primitivform ableitet, erwies sich als überholt. Auch ließ sich die Mineralart – wie sich das aus den erkannten Mischkristallbildungen ergab – nicht in jedem Falle durch einen bestimmten Chemismus erfassen, was bei der Ableitung vor allem chemisch orientierter Mineralklassifikationen zu berücksichtigen war. Es wurden Übergänge zwischen den Mineralarten erkennbar, wodurch die wissenschaftliche Bearbeitung von Beziehungen und Zusammenhängen der Minerale untereinander aktuell wurde. In den Vordergrund allgemeiner Fragestellungen in der Mineralogie traten verstärkt Probleme der Mineralgenese, um die Beziehungen zwischen den sich bildenden Mineralen und den entsprechenden Bildungsbedingungen ihrer geologischen Umgebung zu erfassen.

Einen Beitrag zur Lösung derartiger aktueller Aufgaben der Mineralogie leistete 1849 F. A. Breithaupt (1791 bis 1873, Bild 1.19) mit der von ihm entwickelten *Paragenesenlehre.* Gestützt auf eine große Fülle mineralogischer Einzelfakten faßte er die Vorstellungen zahlreicher Vorgänger (wie A. G. Werner, V. M. Severgin, W. Henwood, G. A. Daubrée u. a.) über das gesetzmäßige Zusammenvorkommen verschiedener Minerale unter bestimmten Bedingungen zusammen und gab damit nicht nur der Mineralogie, sondern auch anderen geologischen Wissenschaften wichtige Impulse für ihre Weiterentwicklung. Auf der Grundlage der Paragenesenlehre konnte man unter bestimmten Bedingungen aus dem Auftreten eines Minerals das gleichzeitige Vorhandensein anderer vermuten oder umgekehrt die Existenz anderer ausschließen. Derartige Erkenntnisse beruhten nicht nur auf rein mineralogischen Forschungen, sondern u. a. auch auf geologischen und lagerstättenkundlichen Untersuchungen. Die auf diese Weise entwickelte Paragenesenlehre befruchtete ihrerseits wieder solche geowissenschaftlichen Disziplinen wie die Geochemie oder die Suche und Erkundung von Lagerstätten.

Neben den außerordentlich wesentlichen Leistungen zu mehr theoretischen Problemen der Mineralogie, die vor allem kristallographische, mineralchemische und systematische Fragen berühren, wurden im 19. Jahrhundert *regionalmineralogische Übersichten* zu einzelnen Ländern oder Gebieten erarbeitet und z. T. bis in unsere Jahre fortgeführt. Darin werden in der Regel die in den einzelnen Ländern auftretenden Minerale nach ihren Eigenschaften, Formen, der Art ihres Vorkommens usw. beschrieben.

Eine große Tradition gibt es zur regionalen Mineralogie in *Rußland*. Die Ideen LOMONOSSOVS verfolgend, gab V. M. SEVERGIN (1765 bis 1826) sein zweibändiges Werk »Versuch einer mineralogischen Erdbeschreibung des russischen Staates« (1809) heraus, die N. KOKŠAROV (1818 bis 1892) mit einer Arbeit »Materialien zur Mineralogie Rußlands« in 11 Bänden (1853 bis 1891) fortsetzte. Im Zusammenhang mit der Auswertung der Rußlandreise A. v. HUMBOLDTS (1769 bis 1859) verfaßte sein Begleiter G. ROSE (1798 bis 1873) eine Beschreibung der Minerale des Urals (1837). Nach der Großen Sozialistischen Oktoberrevolution erschienen in der Sowjetunion unter anderem eine Mineralogie der Krim (S. P. POPOV 1938) und Arbeiten zu den Mineralen Ostsibiriens (D. S. KORŽINSKIJ 1944), der Karpaten (1964) sowie des Urals (A. E. FERSMAN und A. G. BETECHTIN 1942, Bild 1.21).

Auch in den anderen sozialistischen Ländern sind in den letzten Jahrzehnten die Arbeiten zur regionalen Mineralogie der einzelnen Länder systematisch betrieben worden. In der *ČSSR* erschien von T. KRUTA eine Übersicht über die »Minerale Mährens« (1960). S. KOCH beschrieb die Minerale *Ungarns* (1964), und I. KOSTOV legte eine Mineralogie *Bulgariens* (1964) vor. D. RADULESCU und R. DIMITRESCU verfaßten eine Arbeit über die Minerale *Rumäniens* (1966).

Für die *DDR* gibt es noch keine zusammenfassende Darstellung der auf ihrem Gebiet auftretenden Minerale. Die Arbeiten von A. FRENZEL über die Minerale Sachsens (1871) oder von O. LUEDECKE zur Mineralogie des Harzes (1896) spiegeln den Wissensstand der damaligen Zeit wider und sind veraltet. Gegenwärtig wird die Herausgabe einer modernen Übersicht zu den »Mineralen der DDR« vorbereitet.

Aus der großen Zahl der Arbeiten zur Mineralogie anderer Länder sollen als Beispiele genannt werden: V. ZEPHAROVICH und F. BECKE zu *Österreich* (3 Bde. 1859 bis 1893), A. LACROIX zu *Frankreich* und seinen Kolonien (3 Bde. 1893 bis 1913), TENNE und CALDERÓN zur *iberischen Halbinsel* (1902), T. WADA zu *Japan* (1904) und an neueren die von R. L. PARKER zu den *Schweizer Alpen* (1954) oder von F. AHLFELD und J. MUNOZ-REYES zu *Bolivien* (1958).

Alle diese regionalen Mineralbeschreibungen waren Ausdruck dafür, daß in der zweiten Hälfte des 19. Jahrhunderts ein ungeheures Material von Beobachtungen angehäuft worden war und eine Zusammenfassung der wesentlichen Einzelerkenntnisse aktuell wurde. Bedeutend war in dieser Hinsicht das Werk des Amerikaners J. D. DANA (1813 bis 1895, Bild 1.20), das seit 1837 in vielen Auflagen erscheint und zu einem viel benutzten Nachschlagewerk wurde. In der umfangreichen Literatur zur Mineralogie in Deutschland spielt das *Handbuch der Mineralogie* von C. HINTZE (1851 bis 1916) eine analoge Rolle; es erschien von 1889 bis 1933 in mehreren Bänden und wird von K. F. CHUDOBA durch Nachträge fortgeführt. Vor dem Abschluß

Bild 1.20. J. D. Dana (1813 bis 1895), US-amerikanischer Mineraloge [217]

Bild 1.21. A. G. Betechtin (1897 bis 1962), sowjetischer Mineraloge [219]

steht ein mehrbändiges sowjetisches Nachschlagewerk »Minerale« (F. V. Čuchrov, seit 1960).

■

Im letzten Drittel des 19. Jahrhunderts hatte der Kapitalismus in den führenden europäischen Ländern ein Entwicklungsstadium erreicht, in dem die industrielle Produktion bestimmend geworden war. Unter diesen Bedingungen erhielten die Naturwissenschaften eine wachsende Bedeutung in der Industrie. Mineralogische Kenntnisse waren nicht nur für den sich stark entwickelnden Bergbau und das Hüttenwesen eine notwendige Grundlage. Auf sie wurde auch in der chemischen Industrie, in der Landwirtschaft und solchen weiteren Bereichen der materiellen Produktion wachsender Wert gelegt, in denen die Nutzung von Wissen über die Minerale Einfluß auf eine günstigere Gestaltung des Profits versprach. Dabei ging es sowohl um eine quantitative Erweiterung der mineralogischen Erkenntnis als auch um die Aufdeckung qualitativ neuer Zusammenhänge, aus denen sich sichere und bessere Hinweise für die Suche neuer Lagerstätten mineralischer Rohstoffe ergaben.

Auf dem Hintergrund derartiger gesellschaftlicher Erfordernisse entwickelte sich die Mineralogie als relativ selbständige Disziplin im engen Zusammenhang mit den anderen Naturwissenschaften. Der Erkenntnisfortschritt über die Minerale hing im wesentlichen davon ab, wie die Forschungsergebnisse der Physik, der Chemie und der geologischen Wissenschaften in der Mineralogie Anwendung fanden. An der Wende vom 19. zum 20. Jahrhundert setzten sich in der Mineralogie mehr und mehr exakte Methoden durch, die auf der quantitativen Messung kristallographischer Formen sowie physikalischer Eigenschaften der Minerale und der Analyse ihres Chemismus basierten. Man begann, den Zusammenhang zwischen den Eigenschaften der Minerale und ihrem kristallinen Bau zu begreifen. Auf diese Weise drangen die Wissenschaftler immer tiefer in das Wesen der Mineralarten ein und lernten, die meßbaren Eigenschaften zu einer gezielten und schnellen Bestimmung der Minerale zu nutzen. Darüber hinaus vertiefte sich das Verständnis für den Zusammenhang der Minerale mit den chemischen Prozessen des geologischen Regimes (Geochemie) und den physikochemischen Bedingungen ihrer Existenz. Es entstanden Arbeiten, die die Vorstellungen zur Mineralgenese weiterentwickelten und auf systematischen Versuchen zur künstlichen Herstellung von Mineralen basierten.

Wesentlich vervollkommnet wurden die Methoden zur Messung von Kristallflächen durch den Gebrauch des zweikreisigen Reflexionsgoniometers (1874), das der englische Kristallograph W. H. MILLER (1801 bis 1880) konstruiert hatte. Auf dieser Grundlage und nach der Entwicklung weiterer Verbesserungen der Beobachtungsmethodik durch CH. F. M. WEBSKY (1824 bis 1886) führte der Kristallograph V. GOLDSCHMIDT (1853 bis 1933) in Heidelberg zahlreiche Kristallvermessungen auf der Grundlage rationeller Projektions- und Berechnungsmethoden durch.

Von besonderer Bedeutung für die Diagnose der Minerale wurde die Messung optischer Eigenschaften mit dem Mikroskop. Die kristalloptischen Grundlagen hatten dazu der schottische Physiker D. BREWSTER (1781 bis 1868) und der Franzose J. FRESNEL (1788 bis 1827) gelegt, die wichtige Beiträge zur Klärung der optischen Anisotropie von Kristallen sowie der Lichtausbreitung, Interferenz und Beugung von Lichtstrahlen in doppelbrechenden Medien leisteten.

Von dem Engländer H. C. SORBY (1826 bis 1908) wurde die Methode der mikroskopischen Untersuchung von Mineral- bzw. Gesteinsdünnschliffen im Durchlicht (1858) in die Mineralogie eingeführt. Auf diese Weise gelang es, die gesteinsbildenden Minerale exakt zu bestimmen und so von mineralogischer Seite die Entwicklung der Petrographie zu stimulieren. Die Dünnschliffmikroskopie fand eine rasche Verbreitung und wurde durch Wissenschaftler der verschiedensten Länder vervollkommnet. Im damaligen Deutschland leisteten methodisch wie technisch bedeutsame Untersuchungen F. ZIRKEL (1838 bis 1912), H. VOGELSANG (1838 bis 1874) und H. ROSENBUSCH (1836 bis 1914). Der Österreicher F. BECKE (1855 bis 1931) arbeitete u. a. mikroskopische Achsenwinkelmeßmethoden aus. Von besonders großer Bedeutung war die Entwicklung des Universaldrehtisches durch E. S. FEDOROV (s. Bild 1.22) in Petersburg, womit Dünnschliffe räumlich um drei Achsen drehbar unter dem Mikroskop beobachtbar wurden (s. Bild 1.23).

Die mikroskopische Untersuchung undurchsichtiger Minerale begann schon mit entsprechenden Versuchen durch J. J. BERZELIUS (1814) am Pyrrhotin und wurde von zahlreichen Forschern während des 19. Jahrhunderts immer wieder anzuwenden versucht. Aber erst in den Jahren 1906/07 verhalf der Amerikaner W. CAMPBELL (1876 bis 1936) dieser Methode zum Durchbruch in der Mineralogie, und 1916 gab J. MURDOCH in den USA das erste Lehrbuch der Erzmikroskopie heraus. H. SCHNEIDERHÖHN (1887 bis 1962) und M. BEREK (1886 bis 1949) leisteten mit ihren Publikationen zur Methodik und Technik seit 1922 wichtige Beiträge zur Erzmikroskopie. Standardwerk der mit dieser Methodik gewonnenen Erkenntnisse ist das Buch von P. RAMDOHR (geb. 1890) »Die Erzmineralien und ihre Verwachsungen«, das seit 1950 in immer neuen Auflagen erscheint. Als wichtiges Ergebnis erzmikroskopischer Arbeiten entstanden in den letzten Jahrzehnten Atlanten mit fotografischen Bildern, v. a. von Erzmineralparagenesen, von denen hier der »Atlas der wichtigsten Mineralparagenesen im mikroskopischen Bild« (1961) von O. W. OELSNER (1902 bis 1963) und ein ähnliches Werk von W. UYTENBOGAARDT genannt werden sollen.

Neben der Entwicklung derartiger mineralogischer Methoden nahm der Umfang

Bild 1.22. E. S. FEDOROV (1853 bis 1919), russischer Mineraloge [218]

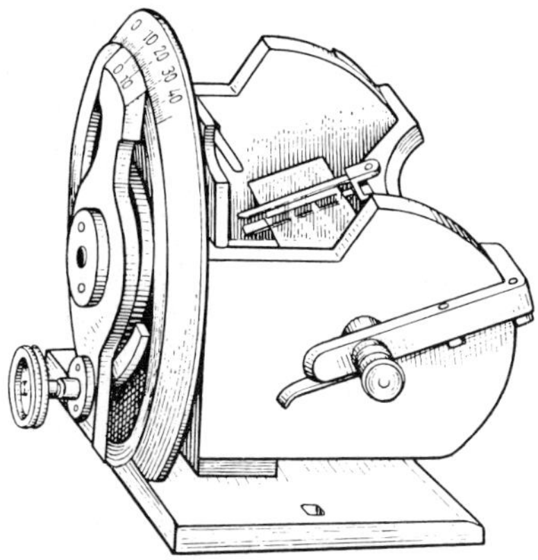

Bild 1.23. Erstes Modell eines Universaldrehtisches von E. S. FEDOROV [215]

chemischer Arbeiten zu und führte an der Wende zum 20. Jahrhundert zu einer neuen Qualität in der Erkenntnis der chemischen Gesetzmäßigkeiten im natürlichen geologischen System. 1832 hatte CH. F. SCHÖNBEIN (1799 bis 1886) den Namen *Geochemie* geprägt und damit ein Erkenntnisgebiet umrissen, das auch für die moderne Mineralogie von großer Bedeutung wurde. E. DE BEAUMONT (1798 bis 1874) veröffentlichte eine erste Übersicht zur Häufigkeit der chemischen Elemente in der Erdkruste (1846), und C. G. BISCHOF (1792 bis 1854) verfaßte in den Jahren 1847/54 ein dreibändiges »Lehrbuch der physikalischen und chemischen Geologie«, in dem er vor allem auf die Rolle des Wassers bei der Verbreitung der Elemente und die Existenz von Kreisprozessen auch in der anorganischen Natur hinwies.
Zur vollen Entfaltung wurde die Geochemie durch russische bzw. sowjetische, amerikanische und deutsche Forscher in den ersten Jahrzehnten des 20. Jahrhunderts gebracht. 1908 veröffentlichte F. W. CLARKE (1847 bis 1931) in seinem Werk »Data of Geochemistry« eine umfassende Sammlung chemischer Gesteinsanalysen, womit der Anfang für die geochemische Datenerfassung gemacht wurde, die von amerikanischen Wissenschaftlern auch in der darauffolgenden Zeit weiter verfolgt wurde. Auf der Grundlage der gewonnenen Fakten entdeckten 1914 G. ODDO und 1917 W. HARKINS die nach ihnen benannte Regel, wonach die chemischen Elemente in der Natur häufiger auftreten, deren Ordnungszahl durch vier bzw. zwei teilbar ist. Seit 1922 fand V. M. GOLDSCHMIDT (1888 bis 1947) in Oslo und Göttingen zahlreiche Häufigkeitsbeziehungen der Elemente in den verschiedenen geochemischen Sphären der Erde und deckte eine Reihe ihrer Verteilungsgesetzmäßigkeiten auf. Im Rahmen dieser Arbeiten, vor allem beim Nachweis von Spurenelementen, wurde die analytische Methodik vervollkommnet. G. EBERHARD (1908) und W. GERLACH (1930) trugen wesentlich zur Entwicklung und Anwendung der Emissionsspektralanalyse bei und A. HADDING (1922) zur Röntgenspektrographie.
Gegenüber den mehr statischen Betrachtungsweisen der amerikanischen und deut-

Bild 1.24a A. E. Fersman (1883 bis 1945), sowjetischer Mineraloge und Geochemiker [219]

Bild 1.24b. H. Strunz (geb. 1910), deutscher Mineraloge [224]

schen Geochemiker wurde in der Sowjetunion von I. V. Vernadskij (1863 bis 1945) und A. E. Fersman (1883 bis 1945) vor allem Wert auf die Erforschung geochemischer Prozesse gelegt. Vernadskij, der insbesondere die Biogeochemie ausbaute, behandelte schon seit 1890 in seinen Arbeiten Probleme der Geschichte der Minerale, ihrer Entstehung und Umwandlungsprozesse. Stimuliert durch die Erfordernisse des sozialistischen Aufbaus in der Sowjetunion, wurde durch Fersman (s. Bild 1.24a) die Klärung von Gesetzmäßigkeiten der Elementbewegung, ihrer Migration und Konzentration in Lagerstätten so entwickelt, daß sie zu einer grundlegenden und erfolgreichen Methode der Suche nach mineralischen Rohstoffen wurde. Dieser Stil hat auch die mineralogisch-geologischen Arbeiten in der DDR wesentlich befruchtet.

Von großem Wert für die Entwicklung richtiger Vorstellungen über die Bildung und Umbildung von Mineralen in der Natur war das Verstehen der Rolle von Kolloiden bei mineralgenetischen Prozessen. In Anknüpfung an Gedanken von F. A. Breithaupt veröffentlichte F. Cornu (1882 bis 1909) Vorstellungen über kolloidale Mineralbildungen und griff damit eine wichtige Problematik auf, weil derartige Vorgänge bei Verwitterungsprozessen von Gesteinen und Erzen eine große Rolle spielen, darüber hinaus aber auch viele hydrothermale Bildungen Relikte ehemaliger Kolloidalstrukturen aufweisen. In jüngerer Zeit sind diese Fragen vor allem durch F. V. Čuchrov (1955) in der Sowjetunion weiter bearbeitet worden.

Auch durch die physikalische Chemie erhielt die Mineralogie wesentliche Grundlagen für die Bestimmung der Existenzbedingungen der Minerale. 1876 fand W. Gibbs (1839 bis 1903) die nach ihm benannte Phasenregel, woraus V. M. Goldschmidt (1911) die *mineralogische Phasenregel* ableitete (vgl. Kap. 4.2.). Auf der Grundlage dieser physiko-chemischen Gesetzmäßigkeit konnte erstmals vorausgesagt werden, wieviel Mineralphasen bei einem bekannten Stoffangebot unter bestimmten Druck- und Temperaturbedingungen in einem abgeschlossenen natürlichen System zu erwarten sind. Weitere Forschungen haben gezeigt, daß die physiko-chemischen

Bild 1.25a. A. VERNEUIL (1856 bis 1913), synthetisierte 1890 als erster den Rubin [102]

Bild 1.25b. N. V. BELOV (1891 bis 1982), sowjetischer Kristallograph [219]

Bedingungen für die Entstehung, Existenz und Umwandlung von Mineralen durch eine ganze Reihe von Faktoren eines Systems bestimmt werden, zu denen neben Volumen, Konzentration, Temperatur und Druck auch die Wasserstoffionenkonzentration (pH) und das Redoxpotential (Eh) gehören.

Derartige Zusammenhänge wurden für die Arbeiten zur *Mineralsynthese* in der jüngeren Vergangenheit der Mineralogie von Bedeutung. Versuche zur künstlichen Darstellung von Mineralen reichen weit in die Geschichte zurück. N. LEBLANC (1743 bis 1806) und F. S. BEUDANT (1787 bis 1850) stellten bereits systematische Versuche über die Beeinflussung der Kristalltracht verschiedener Minerale durch Zusätze von Lösungsgenossen zum mineralbildenden Medium an. E. MITSCHERLICHS Arbeiten zur Isomorphie erbrachten erste Erfahrungen zur Mineralsynthese aus Schmelzlösungen. Klassische Beiträge zu diesem Forschungsgebiet der Mineralogie leistete der Franzose G. A. DAUBRÉE (1814 bis 1896), der schon 1849 aus einem Wasserdampfmedium die Oxide von Zinn, Silizium und Titan darstellte und dem auch die Synthese von Feldspat und Glimmer gelang (1857). DAUBRÉE war ein ausgezeichneter Kenner der wichtigsten europäischen Erzlagerstätten und führte die Mineralsynthese zur Unterstützung seiner mineralgenetischen Auffassungen aus.

Am Anfang des 20. Jahrhunderts hatten Arbeiten zur *experimentellen Mineralogie* nicht nur für die Klärung der natürlichen Mineralbildungsprozesse Bedeutung. Die Erfordernisse der Technik führten zur synthetischen Produktion von Mineralen unter Laborbedingungen, wie z. B. Korund, Rubin, Quarz, Calcit usw. (s. Bild 1.25a). In der letzten Zeit haben diese Arbeiten auch einen beträchtlichen quantitativen Umfang erreicht, wie sich das bei der wirtschaftlich bedeutenden Produktion synthetischer Diamanten zeigt. Auf dem Gebiet der experimentellen Mineralogie wurden in Rußland bzw. der Sowjetunion wichtige Beiträge von K. D. CHRUŠČOV (1852 bis 1912), N. S. KURNAKOV (1860 bis 1941) sowie D. S. BELJANKIN (1876 bis 1953) und seinen Schülern geleistet.

Mit den Erkenntnisfortschritten in der Mineralogie auf der Grundlage physikalischer und chemischer Forschungsergebnisse wurde auch die Bearbeitung mineralgenetischer Fragen spürbar vorangebracht. Wesentlich förderten Erkenntnisse anderer geologischer Disziplinen wie der Geochemie, Lagerstättenlehre und besonders der Petrologie diese Arbeitsrichtung der Mineralogie. Das waren vor allem Forschungen zur Gesteinsbildung von F. Ju. LEVINSON-LESSING (1861 bis 1939), P. NIGGLI (1888 bis 1953), V. N. LODOČNIKOV (1887 bis 1943), P. ESKOLA (1883 bis 1964) und N. L. BOWEN, über die Genese der Erze auf hydrothermalen Lagerstätten von J. F. KEMP (1859 bis 1926), W. LINDGREN (1860 bis 1939), S. F. EMMONS (1841 bis 1911) und H. SCHNEIDERHÖHN (1887 bis 1962) sowie über Mineralbildungen in Pegmatiten von W. CH. BRÖGGER (1851 bis 1940), J. H. L. VOGT (1858 bis 1932) und A. E. FERSMAN. Schrittweise bildeten sich so theoretische Vorstellungen über die Prozesse der Mineralbildung und ihre geologischen Bedingungen heraus, die durch das Erkennen physiko-chemischer Zusammenhänge eine gesetzmäßige Fundierung erhielten.

Eine revolutionierende Entdeckung führte am Beginn des 20. Jahrhunderts zur Begründung der *Kristallstrukturanalyse*, die für die Entwicklung der Mineralogie eine fundamentale Bedeutung erlangte. 1895 hatte W. C. RÖNTGEN (1845 bis 1923) die X-Strahlen (»Röntgenstrahlen«) entdeckt. P. GROTH (1843 bis 1927) verfolgte in seinen Arbeiten als Mineraloge die Raumgitter-Hypothese weiter, obwohl ein experimenteller Beweis für die von SCHOENFLIES und FEDOROV abgeleiteten 230 Raumgruppen noch ausstand. 1912 regte M. v. LAUE (1879 bis 1957, s. Bild 1.26) die Physiker P. KNIPPING und W. FRIEDRICH an und begründete die Absicht, mit Röntgenstrahlen Interferenzerscheinungen am Raumgitter von Kristallen nachzuweisen; das Experiment gelang (s. Bild 1.27). Der Engländer H. BRAGG und sein Sohn W. L. BRAGG entwickelten seit 1913 auf dieser Grundlage Untersuchungsmethoden für den Feinbau der Kristalle, die durch viele andere Wissenschaftler wie E. SCHIEBOLD, F. RINNE, K. WEISSENBERG, P. DEBYE, P. SCHERRER u. a. ergänzt und spezifiziert wurden. So ergab sich die Möglichkeit, die Kristallstruktur eines jeden Minerals sicher zu bestimmen.

Über den Wert der Kristallstrukturanalyse für eine zuverlässige Diagnose von Mineralen (auch feinster Korngrößen) hinaus spielten diese Methoden für die Entwicklung der Mineralogie zu einer modernen Wissenschaft eine prinzipielle Rolle. Die Kenntnis der Struktur gab die Möglichkeit, die Beziehungen zwischen dem Kristallbau, den physikalischen Eigenschaften und dem chemischen Verhalten der Minerale zu erklären. Aus dem Feinbau der Kristalle ergeben sich nicht nur ihre äußeren morphologischen Formen, sondern auch ihre optischen, elektrischen, mechanischen (Spaltbarkeit, Härte, Elastizität usw.) und anderen Eigenschaften. Viele komplizierte chemische Formeln von Mineralen konnten auf der Grundlage der Kristallstrukturanalyse geklärt werden, was für die Ableitung ihrer Systematik exaktere Grundlagen gab. Damit wurde die beschreibende Phase in der Geschichte der Mineralogie überwunden, und man konnte das Wesen der Minerale durch die Aufdeckung der sie bestimmenden Gesetzmäßigkeiten tiefer erfassen.

Dieser Stand der mineralogischen Erkenntnis fand seinen Niederschlag in den theoretischen Auffassungen zur *Systematik der Minerale* (s. Tab. 1.2). Neben den betont chemisch orientierten Mineralklassifikationen von DANA oder HINTZE ergaben sich nach 1912 Möglichkeiten einer Einteilung der Kristallarten nach Strukturtypen, die auf der Analyse des Feinbaus der chemischen Verbindungen basieren. P. GROTH hatte bereits 1906 bis 1919 in seiner »Chemischen Kristallographie« alles gesicherte kristallographisch-physikalische Beobachtungsmaterial an chemischen Verbindungen

Bild 1.26. M. v. LAUE (1879 bis 1959), deutscher Physiker [218]

Bild 1.27. Versuchsanordnung nach M. v. LAUE, mit der erstmals 1912 die Beugung von Röntgenstrahlen an einem Mineral durchgeführt wurde [214]

A Antikathode
S Bleischirm
Al Aluminiumfolie
B_1, B_2, B_3, B_4 Blenden (zur Begrenzung des Röntgenstrahles und zur Verringerung von Streustrahlung)
MK Mineralkristall
P_1-P_4 Photographische Platte, die um den Kristall gekippt werden konnte und deren Abstand zum Kristall veränderlich war (vgl. Bild 3.24)
K Bleikasten mit Ansatz *R* zur Absorption der durchgehenden Strahlung und der Streustrahlung ▶

zusammengestellt und auf diese Weise die Ergebnisse von Mineralchemie und Kristallographie miteinander zu verbinden versucht. H. STRUNZ (Bild 1.24b) klassifizierte die Minerale seit 1941 in den »Mineralogischen Tabellen« (6. Aufl. Leipzig 1977) auf der Grundlage der Verknüpfungen des chemischen Klassifikationsprinzips mit dem Gliederungsprinzip nach Strukturtypen. Er nimmt eine den Strukturerfahrungen angepaßte chemische Einteilung der Minerale in neun Klassen zur Grundlage seines Systems. Die Klassen sind in mehrere Abteilungen untergliedert, in deren Rahmen Minerale mit Strukturen gleichen Typus zu isotypen Reihen und solche ähnlichen Typus zu homöotypen bis heterotypen Gruppen zusammengefaßt sind. Damit wurde ein kristallchemisches Gliederungsprinzip der Minerale ausgearbeitet, das gegenwärtig den meisten Mineralklassifikationen zugrunde liegt und dem auch die Zusammenstellung der Minerale im speziellen Teil des vorliegenden Lehrbuches weitgehend folgt.
Von gleichen Gesichtspunkten ausgehend, entwickelte sich in den letzten Jahren die »Strukturmineralogie« besonders erfolgreich unter anderem durch Arbeiten von N. V. BELOV in der Sowjetunion, M. J. BUERGER in den USA, T. ITO in Japan, L. G. BERRY in Kanada und W. NOVACKI in der Schweiz. Einen Hauptbeitrag zur Ausarbeitung dieses Wissenschaftsgebietes leistete N. V. BELOV (Bild 1.25b) mit seinen »Abhandlungen zur Strukturmineralogie« (1950 bis 1967). Zusammen mit seinen Schülern analysierte er systematisch die strukturellen Besonderheiten der einzelnen Minerale und Mineralgruppen in enger Beziehung zu ihrer chemischen Zusammensetzung, ihren Eigenschaften und ihrer Morphologie.
Verfolgt man rückschauend die Geschichte der mineralogischen Erkenntnis, so lassen sich in ihrer Entwicklung verschiedene Phasen erkennen.

– Im Rahmen der Produktionserfahrungen und aus der Beobachtung der natürlichen Umwelt der Menschen ergaben sich seit der Urgesellschaft mineralogische Erkenntnisse, die in der Zeit des Frühkapitalismus und der europäischen Renaissance im Zusammenhang mit einem blühenden Bergbau einem ersten Höhepunkt zustrebten. In dieser Zeit der *Vorgeschichte der Mineralogie* wurden grundlegende Erkenntnisse zu den einzelnen Mineralarten und ihrer Klassifikation sowie metho-

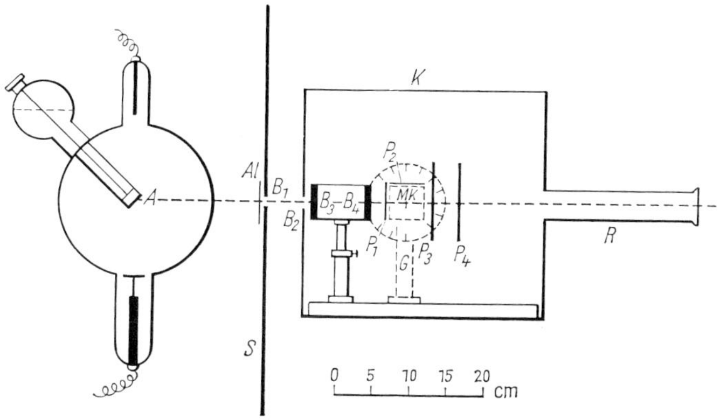

Bild 1.27

dische Erfahrungen bei der Bestimmung der Minerale auf Grund ihrer äußeren Eigenschaften gewonnen.

- Als *Naturwissenschaft* entstand die Mineralogie im 18. Jahrhundert in der Zeit der beginnenden industriellen Revolution. Die neue Qualität des mineralogischen Wissens ergab sich durch systematische Untersuchungen der (Kristall-)Formen von Mineralen, die Bestimmung ihres Chemismus und die Erarbeitung spezifischer mineralogischer Meß- und Bestimmungsmethoden. Unter konkreten gesellschaftlichen Erfordernissen (insbesondere des Montanwesens) entstanden in den letzten Jahrzehnten des 18. Jahrhunderts zahlreiche mineralogische Zeitschriften, Museen, Gesellschaften und vor allem die ersten Lehrstühle für Mineralogie an Bergakademien und Universitäten. Im 19. Jahrhundert wird eine Vielzahl von Detailforschungen zu den Kristallformen, den physikalischen Eigenschaften und der chemischen Zusammensetzung von Mineralen geleistet, die Ausdruck einer noch überwiegend *beschreibenden Mineralogie* sind. Die Ergebnisse dieser Untersuchungen finden ihren Niederschlag in verschiedenen Mineralsystemen und zusammenfassenden Darstellungen zur regionalen Mineralogie einzelner Länder. Theoretische Elemente der Mineralogie entstanden unter anderem mit den Vorstellungen über die Mischkristallbildungen bei Mineralen und der Paragenesenlehre.

- An der Wende vom 19. zum 20. Jahrhundert, in der Zeit nach der vollen Herausbildung des Industriekapitalismus, entstand die *moderne Mineralogie*. Seit dieser Zeit wurden exakte Methoden zur Messung der Eigenschaften, des Aufbaus und der Zusammensetzung der Minerale die bestimmende Grundlage für alle mineralogischen Arbeiten. Dabei hatte sich die mineralogische Methodik auf immer kleiner dimensionierte Untersuchungsobjekte zu orientieren.
  Ausgehend von Forschungsergebnissen anderer Naturwissenschaften gelang in zunehmendem Maße die Erklärung des Wesens der verschiedenen mineralogischen Erscheinungen. Aus geochemischen Zusammenhängen wurden Bedingungen für die Bildung und Umbildung der Minerale im geologischen Regime verständlich. Die physikalische Chemie, Kolloidchemie und auch die sich stark entwickelnden experimentellen Arbeiten zur Mineralsynthese bestätigten die auch aus den Ar-

beiten anderer geowissenschaftlicher Disziplinen abgeleiteten Vorstellungen über die Mineralgenese. Mit der Analyse der Kristallstruktur der Minerale konnte der ursächliche Zusammenhang zwischen ihrem strukturellen Feinbau, den physikalischen Eigenschaften und ihrem Chemismus aufgedeckt werden. Die wechselseitige Bedingtheit der verschiedenen Erkenntnisse über die Minerale ist Ausdruck des Systemcharakters der Mineralogie und kennzeichnend für ihren hohen Reifegrad als naturwissenschaftliche Disziplin.

- Aus den historischen und gegenwärtigen Tendenzen der mineralogischen Erkenntnis sowie aus den gesellschaftlichen Erfordernissen der sozialistischen Entwicklung ist erkennbar, daß die *Mineralogie auch in der Zukunft* wesentliche wissenschaftliche Aufgaben zu erfüllen haben wird. Notwendig ist die weitere Aufdeckung der Gesetzmäßigkeiten über die Eigenschaften, Bildung und Umbildung der Minerale, um aus diesen Zusammenhängen Hinweise für die Suche und Erkundung von Lagerstätten sowie für die Bewertung und Nutzung mineralischer Rohstoffe abzuleiten. Die Mineralogie gewinnt wachsende Bedeutung bei der substantiellen Bewertung und Interpretation von Faziesbedingungen geologischer Erscheinungsbilder sowohl auf der Erde als auch in zunehmendem Maße bei der Bearbeitung analoger Gegebenheiten auf anderen Himmelskörpern im Rahmen der *Kosmosforschung*. Verstärken wird sich die Notwendigkeit der wirtschaftlichen Produktion von Industriemineralen, um bestimmte Mineralsubstanzen in entsprechender Menge und mit erforderlichen Qualitätsmerkmalen herzustellen. In dieser Hinsicht kann sich die Mineralogie aus einer analysierenden und erklärenden in eine in gewissem Sinne konstruierende und synthetisierende Wissenschaft verwandeln. Eine derartige Entwicklung wird sich aber, wie jeder weitere Fortschritt in der Mineralogie, nur in engem Zusammenwirken mit den anderen Natur- und Technikwissenschaften vollziehen können.

2 Eigenschaften der Minerale

2.1. Einführung

Die Abgrenzung eines Minerals von anderen erfolgt hauptsächlich durch seine besonderen physikalischen und chemischen Eigenschaften. Da diese Eigenschaften gleichzeitig dem Mineral (und z. T. den aus ihm aufgebauten Mineralaggregaten) seine praktische Nutzbarkeit verleihen, ist ihre genaue Kenntnis von großer Bedeutung; sie werden deshalb ausführlich in diesem Kapitel »Eigenschaften der Minerale« beschrieben und begründet.
Spezifische, typische Eigenschaften kann ein Mineral nur haben, wenn es »homogen« ist, d. h., wenn es unabhängig von seiner Größe über seinen gesamten Bereich einen nur ihm zukommenden *Chemismus* hat und gleichzeitig die das Mineral aufbauenden Elemente in einer bestimmten Ordnung, einer bestimmten (Kristall-)*Struktur*, vorliegen. Daraus folgt, daß dem kristallinen Aufbau der Minerale und ihrem Chemismus besondere Beachtung geschenkt werden muß.

2.2. Struktur und Form der Minerale

Bei der Beobachtung der Minerale mit bloßem Auge ist häufig festzustellen, daß sie von geraden und meist glatten Flächen begrenzt sind oder beim Zerdrücken bzw. Zerschlagen nach ebenen Flächen zerbrechen. Da man weiß, daß alle Materie aus Atomen (bzw. Ionen und Molekülen) aufgebaut ist, kann man daraus schließen, daß diese kleinen Bausteine nicht regellos verteilt sind, sondern durch regelmäßige Anordnung diese Erscheinung hervorrufen. Diese geordnete, in bestimmten Richtungen und bestimmten Abständen sich wiederholende Verteilung der das Mineral aufbauenden Elemente bzw. Atome wird in allgemeinster Form in einem sog. *Raumgitter*

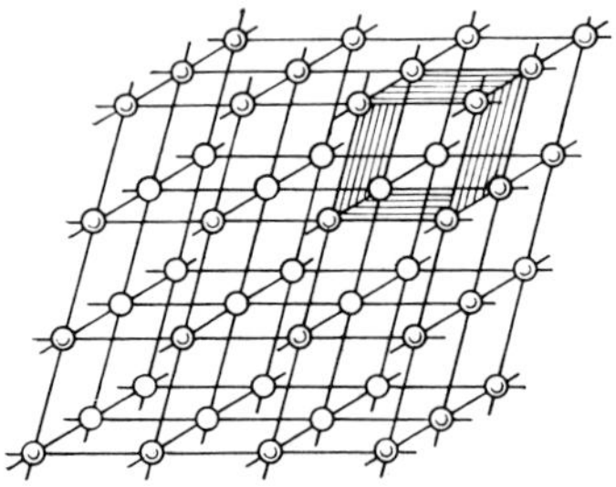

Bild 2.1. Schematische Darstellung eines Raumgitters mit eingezeichneter Elementarzelle [98]

verwirklicht, wie es Bild 2.1 zeigt. Die Art dieser Ordnung wird nun hauptsächlich von zwei Faktoren bestimmt, nämlich von der Art und Größe der Bausteine (Atome) und von der Art und Größe der Anziehung (Bindung) zwischen ihnen.

2.2.1. Bausteine

Grundbausteine jeder Mineralstruktur (jedes Kristallgitters) sind die elektrisch neutralen Atome der chemischen Elemente, die das Mineral zusammensetzen, bzw. deren positiv oder negativ geladene Äquivalente, die Ionen. Atome und Ionen können sich auch zu Molekülen vereinigen und bilden dann komplexe Gitterbausteine.

Jedes Atom baut sich aus dem Atomkern und der ihn umgebenden Elektronenhülle auf. In Abhängigkeit von seiner Stellung im Periodensystem hat jedes Atom eine bestimmte Zusammensetzung des Kerns (v. a. Protonen und Neutronen) und eine charakteristische räumliche Verteilung der Elektronen (Bild 2.2). Diese statistisch faßbaren wahrscheinlichsten Aufenthaltsbereiche der Elektronen überlappen sich in einer Mineralstruktur und führen dazu, daß sie sich in bestimmten Entfernungen vom Kern in mehr oder weniger breiten Energieniveaus konzentrieren.

Stellt man sich das Energiefeld aus positivem Kern und negativen Elektronen näherungsweise als Kugel vor, so hat jedes Atom eines Elements eine bestimmte Größe, die durch den Atomradius (bzw. entsprechend durch den Ionenradius) ausgedrückt wird. Dieser Atomradius gibt dessen (elektrostatischen) *Wirkungs*radius an. Stehen sich also ein positives und ein negatives Ion gegenüber, so reicht deren Ionenradius bis zu der Stelle, an der die geringste Elektronendichte herrscht (s. Bild 2.3a).

Bild 2.2. Zweidimensionale Darstellung von Orbital- und Bindungsmodellen [40]

obere Zeile: Darstellung der größten Aufenthaltswahrscheinlichkeit der Elektronen für drei ausgewählte Orbitalbeispiele
1 : 3s 2 : 3p 3 : 3d

untere Zeile: 4 und 5 zeigen eine schematische Darstellung der δ-Bindung verschiedener Orbitaltypen (4 = Kombination von 2 s-Orbitalen, 5 = Kombination von einem s- und einem p-Orbital). 6 stellt das sp^3-Orbital des C im CH_4 dar.

Bild 2.3. Die vier Bindungsarten ►

a) Ionenbindung
b) Atombindung
c) metallische Bindung
d) VAN-DER-WAALSsche Bindung

Es sind in jedem Fall schematisch die realen Teilnehmer der Bindung (Ionen, Moleküle, Atome) sowie die Verteilung der Elektronendichte zwischen den Kernen bzw. Molekülen dargestellt. Bei der Ionenbindung sind die Wirkungsradien (Ionenradien) r_1 und r_2 eingetragen.

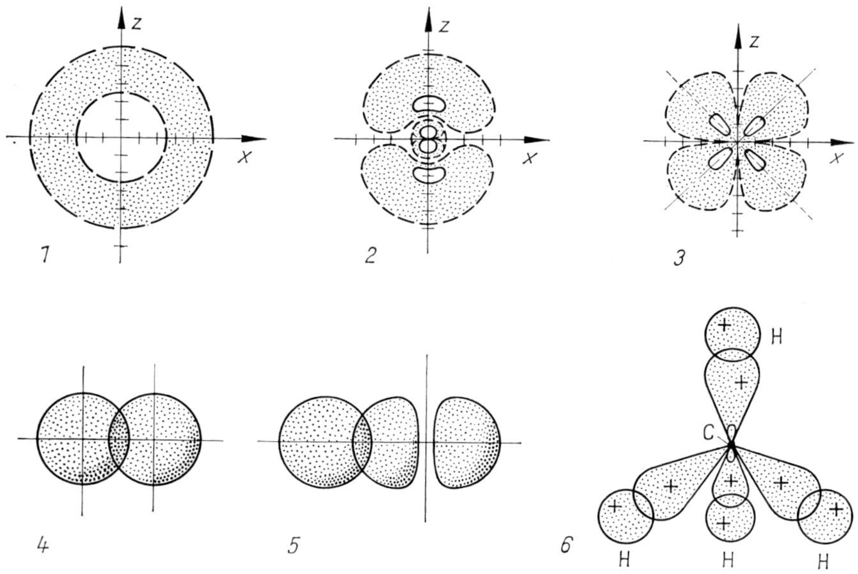

Bild 2.2. Bildunterschrift, s. S. 54 unten

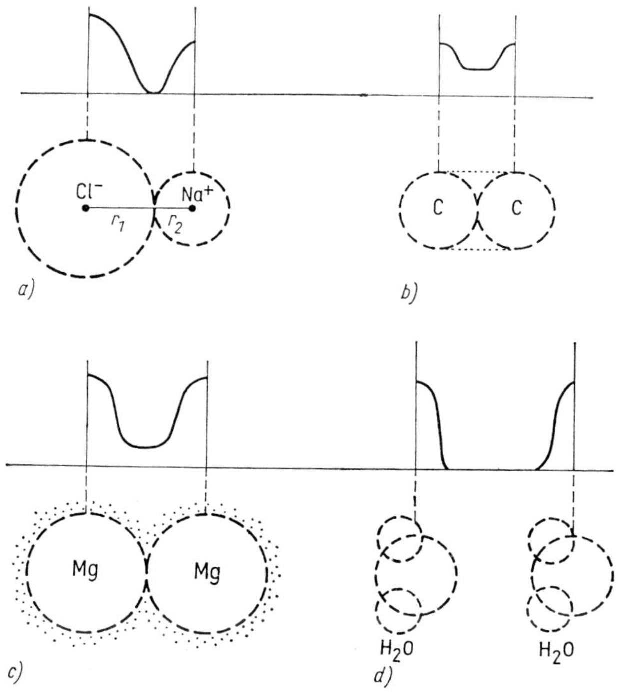

Bild 2.3

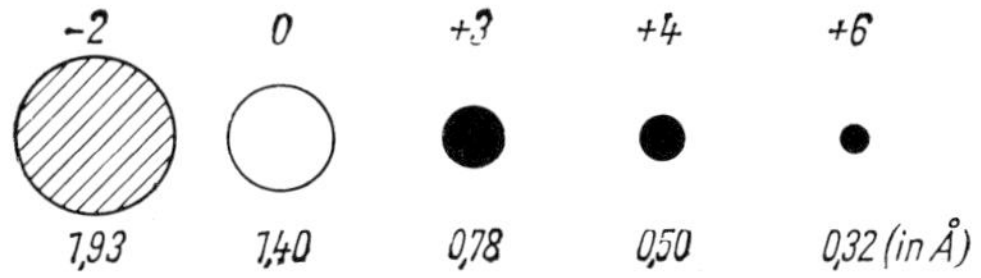

Bild 2.4. Atomradius und Ionenradien von Selen in Abhängigkeit von der Ladung [13]

Atom- und Ionenradien können durch quantenmechanische Überlegungen rechnerisch ermittelt (z. B. L. Pauling 1927) oder durch röntgenographische Bestimmung der Gitterabstände abgeleitet werden. Eine Übersicht über diese Radienweiten, die alle im Bereich von etwa 0,1 bis 3 Å (10 bis 300 pm) liegen, gibt die Tabelle 16.2 (im Anhang). Aus dem Dargelegten lassen sich folgende Gesetzmäßigkeiten ableiten:

a) Der Radius (die Größe) eines atomaren oder ionaren Bausteins hängt von der Stellung des Elements im Periodensystem, also von der Ordnungszahl bzw. Kernladung, ab. Er nimmt in jeder Periode von links nach rechts ab und in jeder Gruppe von oben nach unten zu. Ausnahmen bilden v. a. die Lanthaniden und Actiniden (infolge der sog. »Lanthaniden- bzw. Actinidenkontraktion«).

b) Die Atom- und Ionenradien nehmen mit zunehmender Ladung eines Elements ab, wie es für Selen das Bild 2.4 und für Blei die folgende Aufstellung zeigt:
Pb^{4-} 2,15 Å (= 215 pm)
$Pb^{\pm 0}$ (met.) 1,74 Å (= 174 pm)
Pb^{2+} 1,32 Å (= 132 pm)
Pb^{4+} 0,84 Å (= 84 pm)

Es ist allerdings, trotz aller Bedeutung der Atom- und Ionenradien für das Verständnis der Mineralstruktur, festzustellen, daß die Radien keine unveränderlichen Konstanten sind, sondern bei der Wechselwirkung der Bausteine in einem »Gitter« in einem gewissen Umfang verändert werden können. Entscheidend sind hierbei die Art und Zahl der gegenseitigen Umgebung und Bindung der Bausteine, die *Koordination* (auf die noch zurückgekommen wird), sowie die dabei verursachten Verformungen der »Elektronenbahnen«, die *Polarisation*.

2.2.2. Bindung und Energie

Da unsere Minerale feste Körper sind, müssen die sie zusammensetzenden atomaren Bausteine wechselnd starken gegenseitigen Anziehungskräften (Bindungskräften) unterliegen. Je nach dem Ladungszustand bzw. dem Zustand der Elektronenhüllen der Bausteine kann man verschiedene Bindungsarten unterscheiden (vgl. Bild 2.3):

- Die *van-der-Waalssche Bindung* ist eine schwache Restbindung zwischen den Atomen und Molekülen mit stabiler Elektronenstruktur. Sie ist v. a. bei Edelgasen und einfachen anderen Molekülen zu beobachten, wie O_2, N_2, H_2, NH_3, CH_4, die bei Normaltemperaturen keine festen Minerale bilden, während kompliziertere (z. B. organische) Moleküle hier schon kristallin sein können.
- Die *ionare Bindung* (= heteropolare Bindung) tritt zwischen unterschiedlich geladenen Ionen auf, die durch Austausch von Elektronen der äußeren Schalen entstehen. Ionare Bindung ist in den Mineralen sehr häufig (80% aller Minerale). Typische Ionengitter bilden u. a. Halogenide und Sulfide (z. B. NaCl und PbS).

- Eine *kovalente Bindung* (= homöopolare oder Atombindung) entsteht dann, wenn die äußeren Elektronen zweier Atome diese paarweise umfahren. Dies ist nur bei bestimmten Ladungs- und Wertigkeitsverhältnissen möglich; die kovalente Bindung tritt in reiner Form beim Diamant auf, bevorzugt auch beim Sphalerit (Zinkblende), häufig in Molekülen aller Art (vgl. Bild 2.5).
- Bei der *metallischen Bindung* geben die Atome einen großen Teil der Elektronen der äußeren Schale ab. Dadurch liegen positiv geladene »Atomrümpfe« geordnet in einem ± homogenen »Elektronengas«. Diese Bindungsart tritt, wie der Name sagt, in reiner Form bei Metallen und metallischen Mineralen (z. B. »gediegen« Gold) auf.

Es ist festzustellen, daß eine Reihe von Mineralen nur eine einzige Bindungsart aufweisen, sie sind homodesmisch; die meisten Minerale, insbesondere die chemisch komplexer zusammengesetzten, haben zwei oder mehr Bindungsarten (heterodesmisch, Mischbindung), wobei jedoch normalerweise eine davon überwiegt.
Der Charakter der Bindung im Mineral bestimmt viele Eigenschaften des Minerals, so z. B. die mechanischen, optischen und Leitfähigkeitseigenschaften. Einige wichtige Beziehungen sind im folgenden zusammengefaßt:

VAN-DER-WAALSsche Bindung:	– geringe Härte – niedriger Schmelzpunkt – geringe elektrische Leitfähigkeit – hohe thermische Ausdehnung
ionare Bindung:	– geringe elektrische Leitfähigkeit – farblos bzw. farbig durchsichtig – elektrolytisch zerlegbar
kovalente Bindung:	– sehr geringe elektrische Leitfähigkeit (Isolator) – diamagnetisches Verhalten – hohe Lichtbrechung (wegen hoher Polarisation)
metallische Bindung:	– hohe elektrische und thermische Leitfähigkeit – undurchsichtig (opak) – hohes Reflexionsvermögen – gute Verformbarkeit

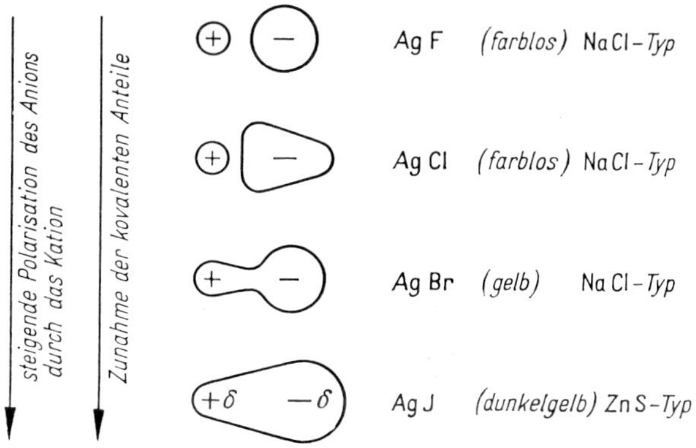

Bild 2.5. Schematische Darstellung des Überganges von der Ionenbindung zur Atombindung durch zunehmende Polarisation innerhalb der Silberhalogenide [8; 40]. Man beachte auch die gesetzmäßige Veränderung der Farbe der Verbindungen (vgl. Kap. 2.4.1., S. 103)

Ein Maß für die Summe der Bindungskräfte in einem Kristall ist die *Gitterenergie U*. Bei einfachen (binären) Ionengittern gilt (nach BORN) folgende Beziehung:

$$-U = \mathrm{N}\,\frac{\alpha z^2\,\mathrm{e}^2}{r}\left(1 - \frac{1}{m}\right) \quad \text{in kJ/mol}$$

N Avogadrosche Konstante
α Madelungsche Konstante
z Wertigkeit der Ionen
e Ladung eines Elektrons
r Ionenabstand
m Abstoßungsexponent

Das negative U resultiert aus der Definition, daß die Energie zur Zerlegung des Gitters in seine Einzelbausteine erforderlich ist.
Nach KAPUSTINSKY kann man diese Beziehung unter bestimmten Voraussetzungen wie folgt vereinfachen:

$$-U = 256{,}1\,\frac{n z_1 z_2}{r_1 + r_2} \quad \text{in kJ/mol}$$

n Zahl der Moleküle
z_1 und z_2 Ladungen der Ionen
r_1 und r_2 Radien des Kations und Anions

Daraus ist ablesbar, daß die Gitterenergie unter den angenommenen vereinfachten Bedingungen von der Ionenwertigkeit und den Ionenradien abhängt. Experimentell kann man diese berechneten Gitterenergiewerte durch den HABER-BORNschen Kreisprozeß überprüfen und bestätigen. Gitterenergiewerte sind in Tabellen zusammengestellt und ermöglichen oft wertvolle Aussagen z. B. über die Kristallisationsfolge und Stabilität von Mineralen (vgl. [13]).

2.2.3. Kristallstruktur der Minerale

Es wurde bereits festgestellt, daß die Bausteine der Minerale, bedingt insbesondere durch ihre unterschiedliche Größe und ihre Ladungseigenschaften, in geordneter Form vorliegen (Raumgitter). Diese »Ordnung« besteht im wesentlichen darin, daß die Bausteine in gleichen Richtungen immer um einen bestimmten Betrag periodisch verschoben sind. In bestimmten zweidimensionalen Bereichen verdichten sie sich zu den sog. *Netzebenen*; an der äußeren Begrenzung der kristallinen Minerale entsprechen diese Netzebenen den Mineralflächen (s. Bild 2.6).

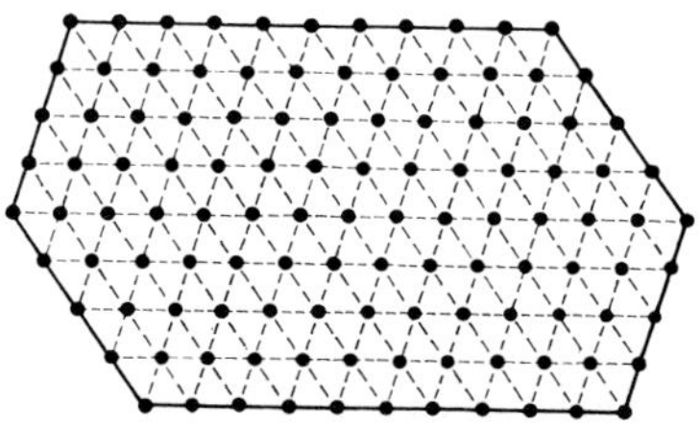

Bild 2.6. Schematische Darstellung von Netzebenen unterschiedlicher Besetzung. Es ist die direkte Beziehung zwischen der Lage der Netzebenen (gestrichelt) und der Kristallflächen zu erkennen (vgl. auch Bild 2.31)

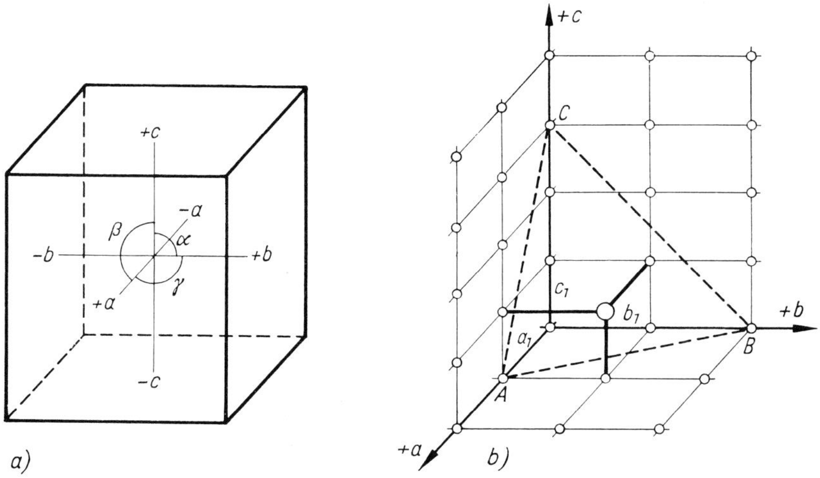

Bild 2.7. Grundsätzliche Verhältnisse in einem Achsensystem

a) dargestellt sind die Lage der Achsen und deren Benennung sowie der von ihnen eingeschlossenen Winkel [98]

b) Ausschnitt des vorderen rechten oberen Quadranten in atomarer Darstellung; es wird gezeigt, wie ein Punkt im Raum sowie eine Fläche durch Achsenabschnitte bestimmt werden kann [141, geändert]

Treten keine Störungen auf, dann ist dieses Raumgitter geometrisch ideal aufgebaut und ladungsmäßig in sich abgesättigt, also »elektrisch« neutral.
Das Studium des räumlichen dreidimensionalen Aufbaus der Kristallgitter ist eine spezielle Aufgabe der Kristallographie, von den kristallinen Mineralen also der kristallographischen Mineralogie. Es gibt verschiedene Methoden und Wege, das Verständnis für den Feinbau der Minerale zu erwerben und zu fördern. Grundlegendes Ordnungsprinzip ist die *Symmetrie.*
Da die Form eines kristallinen Minerals von der Art seines atomaren Aufbaus, seiner Kristallstruktur, bestimmt wird, gibt es eine Übereinstimmung zwischen der »Symmetrie der Atome« und der Symmetrie im realen Kristall. Aus praktischen Gründen werden die »Symmetrieelemente«, mit deren Hilfe sich der Grad der Symmetrie charakterisieren läßt, in Kapitel 2.2.4. (Form der Minerale) abgehandelt. Es läßt sich schon hier feststellen, daß sich die Symmetrie der atomaren Bausteine der kristallinen Materie gruppieren läßt; man kann insgesamt 32 »Punktgruppen« oder analoge 32 *Kristallklassen* aufstellen, die sich wiederum in sieben *Kristallsystemen* zusammenfassen lassen.
Die Achsensysteme für die sieben Kristallsysteme sind Koordinatensysteme, die sich natürlich auch für die Beschreibung der Lage eines atomaren Bausteins oder sonstiger Strukturelemente in einem dreidimensionalen Raum eignen; sie werden deshalb bereits hier dargestellt.
Die prinzipiellen Verhältnisse in einem dreiachsigen System zeigt Bild 2.7; von den sieben Achsensystemen sind sechs dreiachsig, ein Achsensystem vierachsig. Im Bild 2.8 sind diese Achsensysteme dargestellt; man kann daraus die Stellung und Benennung der Achsen sowie der Winkel zwischen diesen entnehmen.

Die diese Koordinaten- bzw. Achsensysteme bestimmenden Achsenlängen und Winkel zwischen den Achsen für die sieben Kristallsysteme seien hier zusammengefaßt:

1. kubisches System	$a_0 = b_0 = c_0$	$\alpha = \beta = \gamma = 90°$
2. tetragonales System	$a_0 = b_0 \neq c_0$	$\alpha = \beta = \gamma = 90°$
3. rhombisches System	$a_0 \neq b_0 \neq c_0$	$\alpha = \beta = \gamma = 90°$
4. hexagonales System	$a_1 = a_2 = a_3 \neq c_0$	$\alpha = 90°, \gamma = 120°$
5. trigonales System	$a_1 = a_2 = a_3$	$\alpha \neq 90°$ (rhomboedrische Klasse, sonst wie hexagonales System)
6. monoklines System	$a_0 \neq b_0 \neq c_0$	$\alpha = \gamma = 90°, \beta > 90°$
7. triklines System	$a_0 \neq b_0 \neq c_0$	$\alpha \neq \beta \neq \gamma \neq 90°$

Betrachtet man das Raumgitter als allgemeine vereinfachte Form einer Mineralstruktur näher, kann man die kleinste räumliche Einheit herausfinden, begrenzt durch acht Bausteine, die durch Verschiebung in alle drei Raumrichtungen das Raumgitter aufbaut (vgl. Bild 2.1). Diese kleinste Zelle wird als *Elementarzelle* des Raumgitters bezeichnet. Diese parallelepipedische Elementarzelle hat bereits alle (Symmetrie-)Eigenschaften wie das gesamte Raumgitter. Da es dieses durch Verschiebung (Translation) aufbaut, heißt es Translationsgitter oder, nach dem französischen Kristallographen (um 1850), auch Bravais-Gitter. Bei Anwendung der sieben Koordinatensysteme kann man insgesamt 14 Bravais-Gitter ableiten, die im

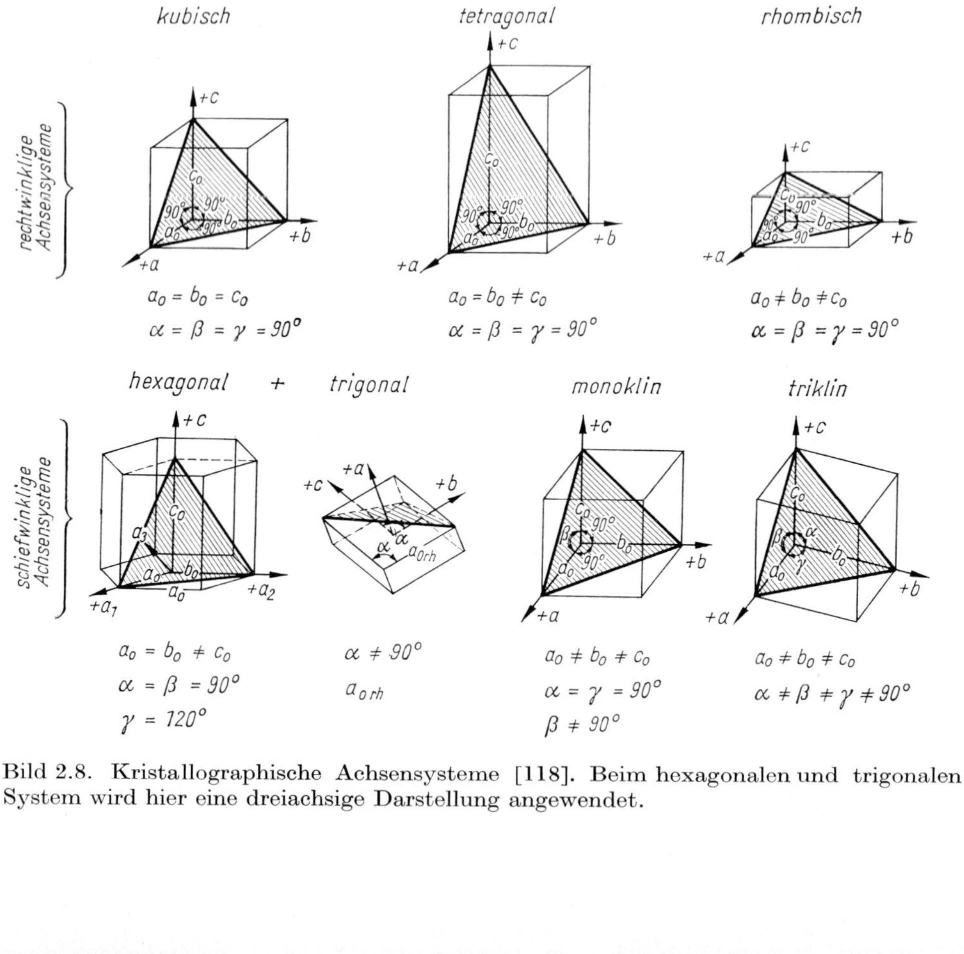

Bild 2.8. Kristallographische Achsensysteme [118]. Beim hexagonalen und trigonalen System wird hier eine dreiachsige Darstellung angewendet.

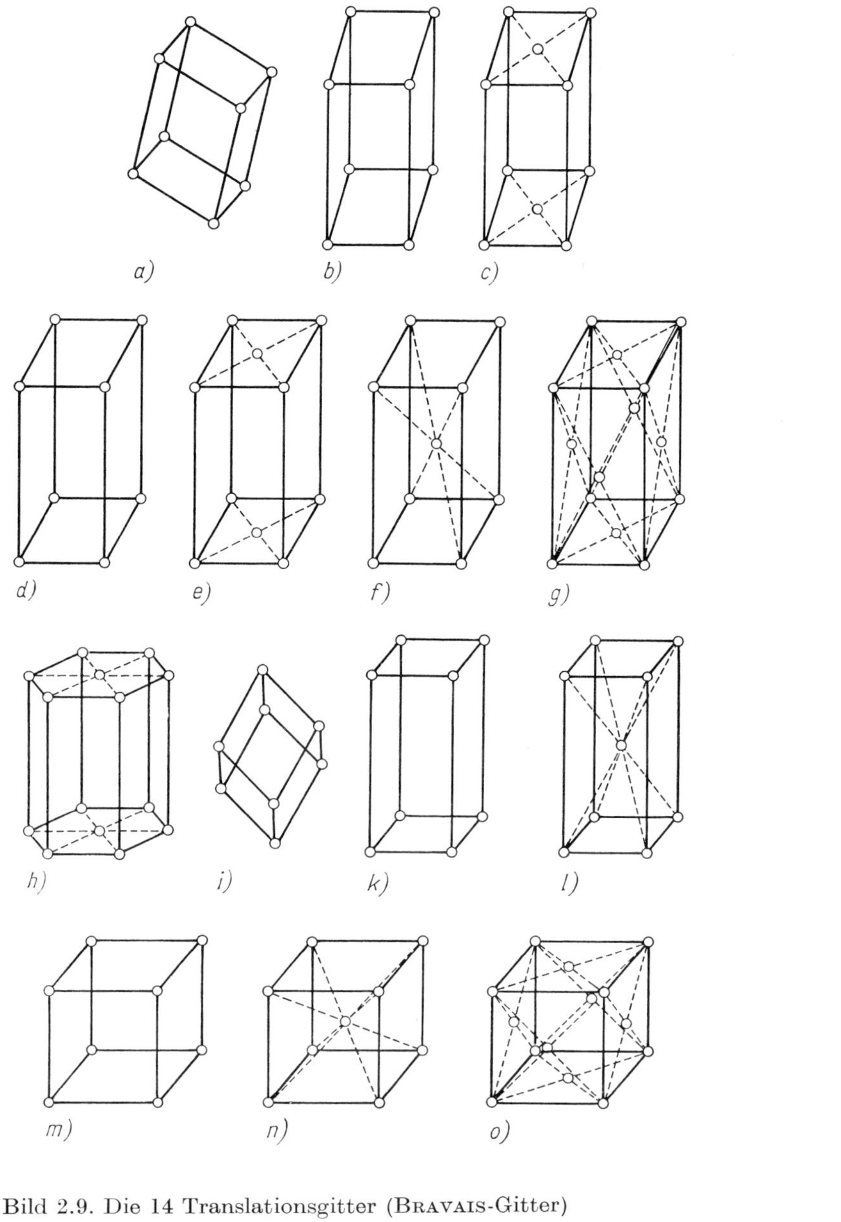

Bild 2.9. Die 14 Translationsgitter (Bravais-Gitter)

a) triklines Gitter
b) einfach monoklines Gitter
c) flächenzentriertes monoklines Gitter
d) einfach rhombisches Gitter
e) basiszentriertes rhombisches Gitter
f) innenzentriertes rhombisches Gitter
g) allseitig flächenzentriertes rhombisches Gitter
h) hexagonales Gitter
i) trigonal-rhomboedrisches Gitter
k) einfach tetragonales Gitter
l) innenzentriertes tetragonales Gitter
m) einfach kubisches Gitter
n) innenzentriertes kubisches Gitter
o) flächenzentriertes kubisches Gitter

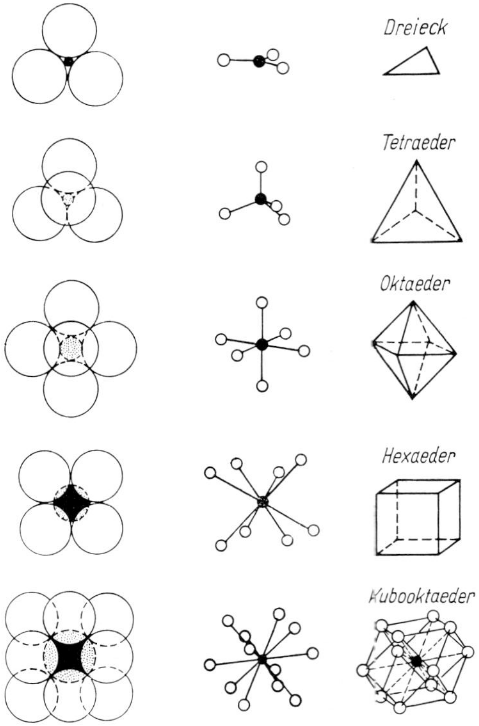

Koordinationszahl	Koordinationsformen	Radienverhältnis $R_Z : O$	Gittertyp (Beispiel)	Beispiel der Sauerstoffkoordination	
[3]	Dreieck	0,155 ··· 0,255	BN-Typ	$[NO_3]^{1-}$ $[CO_3]^{2-}$ $[BO_3]^{3-}$	Anion
[4]	Tetraeder	0,255 ··· 0,414	BeO-Typ	$[SO_4]^{2-}$ $[CrO_4]^{2-}$ $[WO_4]^{2-}$ $[PO_4]^{3-}$ $[AsO_4]^{3-}$ $[VO_4]^{3-}$ $[SiO_4]^{4-}$ $[AlO_4]^{5-}$	Anion
[6]	Oktaeder	0,474 ··· 0,732	NaCl-Typ	AlO_6 SbO_6 LiO_6 MgO_6 TiO_6 NbO_6	Kation
[8]	Hexaeder	0,732 ··· <1	CsCl-Typ	NaO_8 CaO_8 CeO_8 PbO_8	Kation
[12]	Kubooktaeder	~1	Cu-Typ	KO_{12} RbO_{12} CsO_{12}	Kation

Bild 2.10. Die wichtigsten Koordinationen, ihre graphische Darstellung, Größenverhältnisse und Beispiele ihres Auftretens

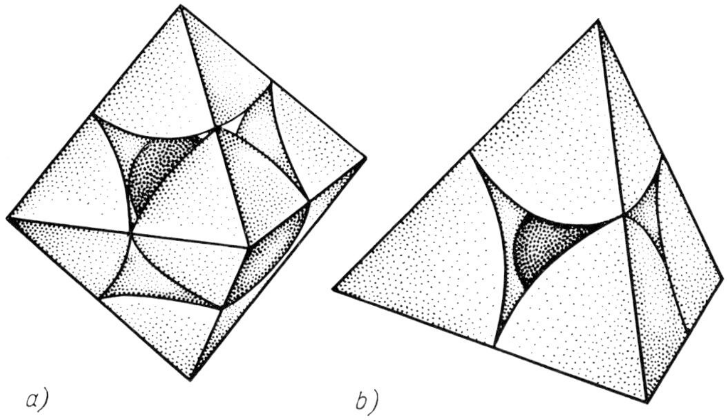

Bild 2.11. Koordinationspolyeder [94]; sie werden aus den Mittelpunkten *der* Atome konstruiert, die ein Zentralatom gleichweit entfernt umgeben

a) oktaedrisches Polyeder b) tetraedrisches Polyeder

Bild 2.9 dargestellt und benannt sind. Mit diesen 14 Grundformen kann man also, gesehen vom Standpunkt der Symmetrie, alle beliebigen Raumgitter aufbauen.
In der Realität der Mineralwelt sind nun die »Punkte« des Raumgitters mit den unterschiedlichsten Bausteinen, den Atomen, Ionen und Molekülen der chemischen Elemente besetzt. Es existieren also so viele substantiell unterschiedliche Mineralgitter, wie es Minerale gibt. Da diese Fülle schwer zu übersehen ist, faßt man diese zahlreichen Mineralstrukturen in *Strukturtypen* (Kristallstrukturtypen) zusammen und bedient sich dabei der bereits dargelegten Symmetriegesetzmäßigkeiten.
Bevor einige wichtige »Standard«-Strukturtypen vorgestellt werden, muß Klarheit über den Begriff der Koordination bestehen.
Unter der *Koordination* versteht man die Zahl von Bausteinen, die einen Zentralbaustein in (etwa) gleicher Entfernung umgeben. Die am häufigsten realisierten Koordinationen, die [2]-, [3]-, [4]-, [6]-, [8]- und [12]-Koordination, sind im Bild 2.10 dargestellt.
Man erkennt, daß die verschiedenen Umlagerungsformen gleichzeitig bestimmten einfachen Polyedern zuzuordnen sind. Man spricht deshalb auch von tetraedrischer [4], oktaedrischer [6], hexaedrischer [8] Koordination bzw. einem solchen Koordinationspolyeder. Die Größe der Koordination, die Koordinationszahl, hängt aus geometrischen Gründen von den relativen Größen der beteiligten Atome ab, genauer von dem Größenverhältnis zwischen Zentralatom A und umgebenden Atomen B. Diese Verhältnisse sind, bezogen auf Sauerstoff, gleichfalls im Bild 2.10 aufgeführt.
Die Koordination hat eine solch überragende Bedeutung bei der Beschreibung und Erläuterung von Mineralstrukturen, daß man die wesentlichen strukturellen Aussagen mit Hilfe der sog. *Koordinationspolyeder* machen kann. Aus dem Bild 2.11 und vielen Beispielen in diesem Buch (z. B. Bilder 2.17, 10.6) sind die Darstellungsmethodik und die Vorteile abzulesen.
Von den *Strukturtypen* besprechen wir zunächst einige *Elementgitter*, also solche, die nur aus einer Atomart aufgebaut sind, und dann einige *Verbindungsgitter*, die aus mehreren Atomarten bestehen.

Kupfer-Strukturtyp (Cu-Typ)

Wie aus Bild 2.12 zu ersehen ist, handelt es sich um ein (aus Kupferatomen zusammengesetztes) kubisches, allseitig flächenzentriertes Gitter, das als Elementarzelle die Kristallstruktur des (natürlichen) Minerals und (künstlichen) Metalls Kupfer aufbaut. Die Größe dieser (und jeder anderen kubischen) Elementarzelle wird durch den Abstand der Zentren zweier achsenorientierter Atome gekennzeichnet; sie beträgt beim Kupfer $a_0 = 3{,}61$ Å und wird als *Gitterkonstante* bezeichnet. Bei niedrigsymmetrischen Gittern, wie z. B. rhombischen oder triklinen, muß man zur Kennzeichnung des Gitters natürlich noch zusätzliche Längen- und Winkelangaben machen (vgl. auch Tabelle auf Seite 108).
In dem Cu-Strukturtyp kristallisieren noch viele andere Metalle, deren Gitter entsprechend dem abweichenden Atomradius dieser Metalle auch eine andere Gitterkonstante haben (so z. B. γ-Eisen = 3,63 Å, Calcium = 5,56 Å, weiter Au, Ag, Pt, Pb, Al, Ni u. a.).
Betrachtet man ein solches Gitter vom Cu-Typ in Richtung der Raumdiagonale (also senkrecht zu einer gedachten Oktaederfläche), so stellt man eine kompakte Aneinanderlagerung der Atome fest (s. Bild 2.13). Tatsächlich stellt das kubischflächenzentrierte Gitter (neben der Möglichkeit im hexagonalen System, s. Bild 2.14 b, hexagonal dichteste Kugelpackung) eine Form der *dichtesten Kugelpackung* mit einer ungefähren Raumerfüllung von 70% dar. Dies wird auch durch die Koordinationszahl bestätigt, die in diesem Gitter [12] beträgt, das heißt, jedes Atom ist von 12 anderen gleich entfernt umgeben (vgl. Bild 2.10). Die Bindung in diesem Gitter ist natürlich rein metallisch.

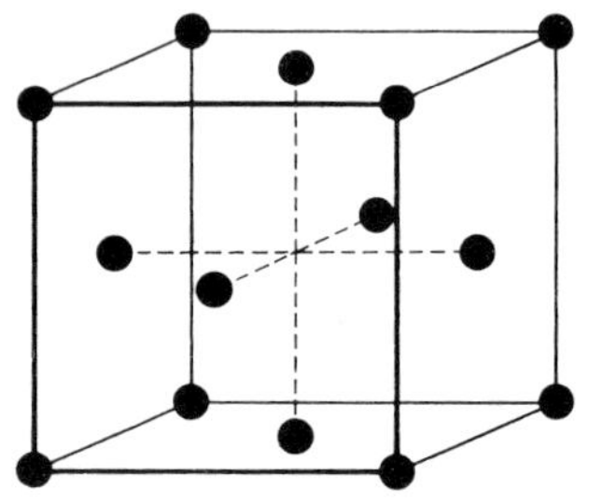

Bild 2.12. Elementarzelle des Kupfers (Atomgitter vom Cu-Typ; kubisch-flächenzentriert). Die schwarzen Punkte sind die Atomschwerpunkte

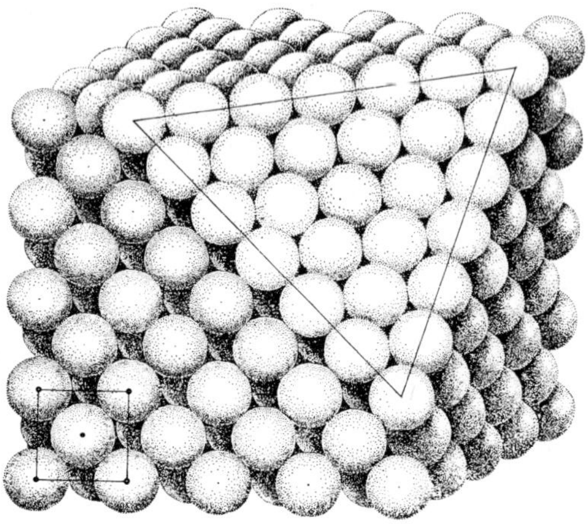

Bild 2.13. Atomarer Aufbau eines kubisch flächenzentrierten Gitters [98]. Senkrecht zu der Raumdiagonale, also in der Ebene der »abgeschnittenen« Oktaederfläche, ergibt sich eine Netzebene mit sehr dichter Packung. Links unten ist die vordere Fläche der kubisch flächenzentrierten Elementarzelle angedeutet (vgl. Bild 2.12)

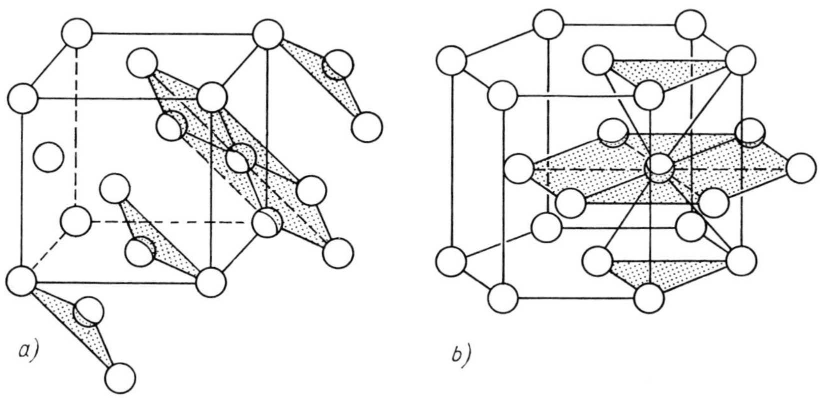

Bild 2.14. Gegenüberstellung der beiden dichtesten Packungen der kristallinen Materie

a) kubisch dichteste Kugelpackung mit der Folge $\bar{3}$-6-3-$\bar{3}$-6 (vgl. Bild 2.13)

b) hexagonal dichteste Kugelpackung mit der Folge 3-6-3-6-3

Wichtig für einige Aussagen ist der *substantielle Inhalt der Elementarzelle*, d. h. die Zahl von Bausteinen in Form der *Formeleinheit*, die nur für diese Einheit wirksam ist. Da sich die Atome an den Ecken mit acht benachbarten Gittern ihren Wert (ihre Wirksamkeit) teilen müssen, die Atome auf den Flächenmitten mit jeweils zwei Gittern, resultiert für die Elementarzelle des Kupfers (Bild 2.12) eine Zahl
$Z = 8 \cdot {}^1/_8 + 6 \cdot {}^1/_2 = 4.$

Graphit-Strukturtyp

Diese Struktur bildet Netzebenen, in denen die C-Atome in Form von hexagonalen Ringen angeordnet sind (Bild 2.15, mit Größenangaben). ährend die Bindung innerhalb der Netzebenen stark homöopolar ist, werden die Netzebenen untereinander durch schwache VAN-DER-WAALSsche Kräfte zusammengehalten. Aufgrund

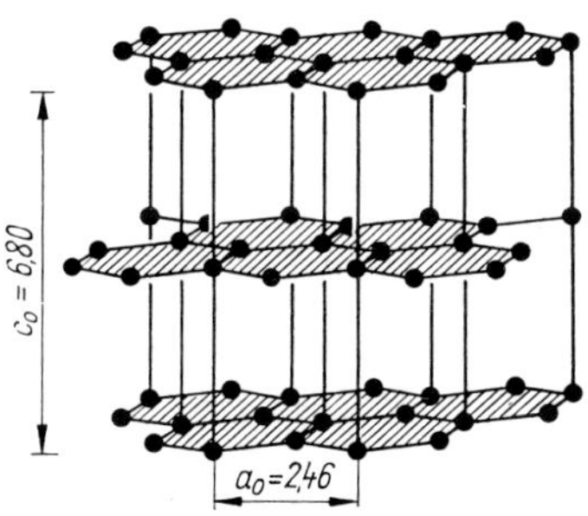

Bild 2.15. Graphit-Struktur
Die Netzebenen ⊥ c sind gestrichelt. Man beachte die Lage der Gitterkonstanten a_0 und c_0 (in Å)

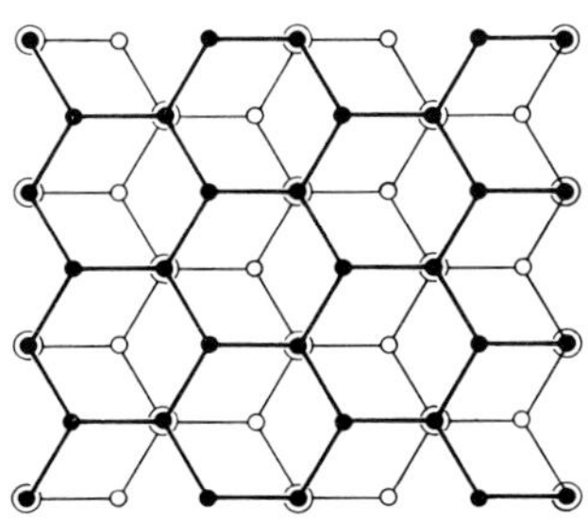

Bild 2.16. Graphitgitter, in Richtung der c-Achse betrachtet. Die Hälfte der Atome der 2. Schicht liegt im Zentrum der hexagonalen Ringe der 1. Schicht [98]

dieser Bedingungen haben wir ein typisches *Schichtgitter* vor uns, aus dessen Struktur sich auch die charakteristischen Festigkeitseigenschaften des Graphits (Translation parallel den Netzebenen → Schmiermittel) ableiten lassen. Andere Schichtgitter siehe Bilder 8.36 und 11.109.
Wie bei Betrachtung von Bild 2.15 in Richtung der c-Achse zu erkennen ist und im Bild 2.16 weiter verdeutlicht wird, sind die C-Atome so angeordnet, daß erst in jeder zweiten Schicht wieder symmetrische Verhältnisse auftreten. Deshalb muß die Elementarzelle des Graphits, wie c_0 im Bild 2.15 ausweist, mindestens einen dreischichtigen Aufbau einschließen.

Halit-Strukturtyp (NaCl-Typ)

Der NaCl-Typ ist ein kubisches Ionengitter, aufgebaut aus dem Kation Na^+ und dem Anion Cl^- und damit mit rein ionarer Bindung (s. Bild 2.17a). Viele Halogenide und Sulfide (z. B. PbS) kristallisieren in diesem Typ. Man kann sich die Entstehung dieser Struktur formell durch eine Ineinanderstellung um $[\frac{1}{2}00]$ je eines kubisch flächenzentrierten Na- und Cl-Gitters vorstellen. Die Na- und Cl-Ionen, unter sich als flächenzentrierte Gitter in [12]-Koordination, umgeben sich gegenseitig 6fach koordiniert (s. Bild 2.18). Die Gitterkonstante a_0 beträgt 5,64 Å, der »Inhalt der Elementarzelle« ist $Z = 4$ NaCl.
Die etwas kompliziertere *Pyritstruktur* ist vom NaCl-Typ ableitbar, wenn anstelle des Na-Ions das Fe-Ion steht und anstelle von Cl das hantelartige S_2-Molekül (s. Bild 2.19).

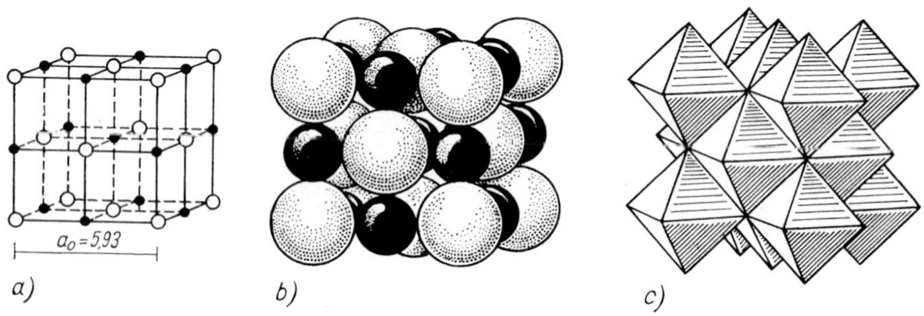

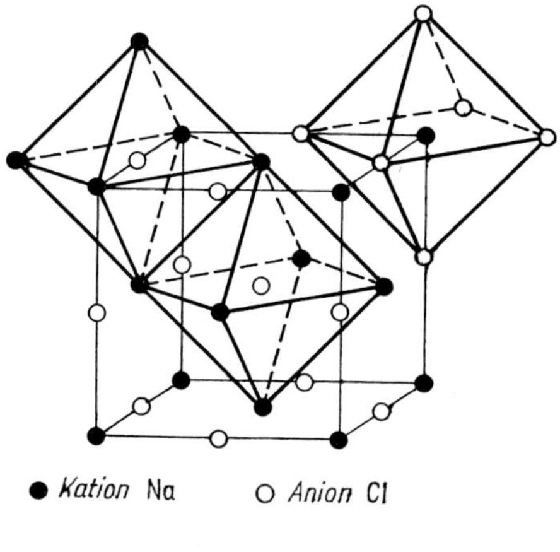

Bild 2.17 (oben). Elementarzelle des im NaCl-Typ kristallisierenden Minerals Galenit PbS [7. 141]

a) Darstellung in Form der Ionenschwerpunkte (schwarz Pb, weiß S)
b) Darstellung in Form etwa der »wahren« Ionensphären (der Wirkungssphären)
c) Darstellung in Form der Koordinationspolyeder (S als Zentrum, Pb an den Ecken)

Bild 2.18. Darstellung der gegenseitigen »Sechser«-Koordination von Na und Cl (Anion Cl um Kation Na, siehe rechts oben; Kation Na um Anion Cl, siehe Mitte und links oben)

Den sehr wichtigen und interessanten *Sphalerit-Typ*, der räumlich dem *Diamantgitter* entspricht, besprechen wir hier nicht. Beide Strukturen werden im speziellen Teil dieses Buches bei den entsprechenden Mineralen gezeigt (s. Bilder **7.16** und **8.12**).

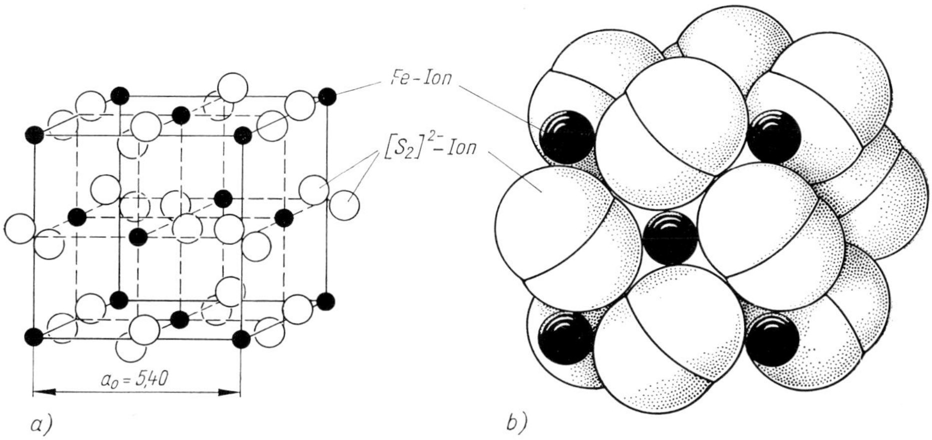

Bild 2.19. Struktur des Minerals Pyrit FeS_2 [20]

a) schematische Darstellung durch die Ionenschwerpunkte, die hantelförmigen S_2-Moleküle sind gut erkennbar (Doppelkreise)

b) das gleiche, mit Ionen- und Molekülsphären. Man beachte das kalottenartige Durchdringen der S-Ionen im S_2-Molekül

Fluorit-Strukturtyp (CaF_2-Typ)

Dies ist ein weitverbreiteter Strukturtyp, auch bei natürlichen Oxiden (z. B. UO_2 Uraninit), der wie eine Ineinanderstellung eines primitiven F-Würfels in ein flächenzentriertes Ca-Gitter aussieht (s. Bild 2.20). Ca ist hexaedrisch von 8 F-Ionen, F tetraedrisch von 4 Ca-Ionen umgeben, so daß sich eine [8]- und [4]-Koordination ergibt. Die Gitterkonstante a_0 beträgt 5,45 Å, der Inhalt der Elementarzelle *Z* umfaßt 4 Moleküle (Formeleinheiten) CaF_2.

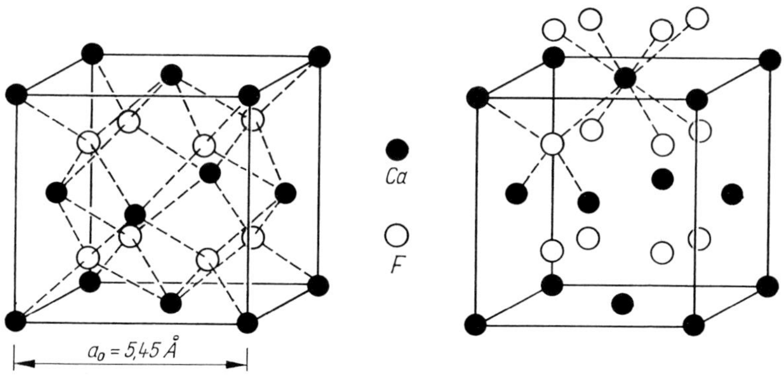

Bild 2.20. Der Fluorit-Gittertyp (CaF_2-Typ) [20]. Die beiden etwas unterschiedlichen Darstellungen veranschaulichen die Koordinationsverhältnisse

Baryt-Strukturtyp ($BaSO_4$-Typ)

Bei komplizierteren Strukturtypen, insbesondere solchen mit mehratomigen Komponenten wie hier [SO_4], wird der Strukturtyp bzw. seine Elementarzelle wegen der Übersichtlichkeit oft nicht räumlich dargestellt, sondern in einer oder mehreren Achsenebenen. Im Bild 2.21 des rhombisch kristallisierenden Baryts ist die Projektion der Elementarzelle auf die a–c Ebene dargestellt, so daß wir in Richtung der b-Achse auf die Struktur blicken.
Die unterschiedliche »Höhenlage« (räumliche Verteilung) der Atome wird durch Zahlenangaben vermerkt. Man erkennt die Ba-Ionen zwischen den tetraedrisch koordinierten SO_4-Komplexen. In dieser Struktur kristallisieren viele Sulfate, auch Selenate und Chromate.

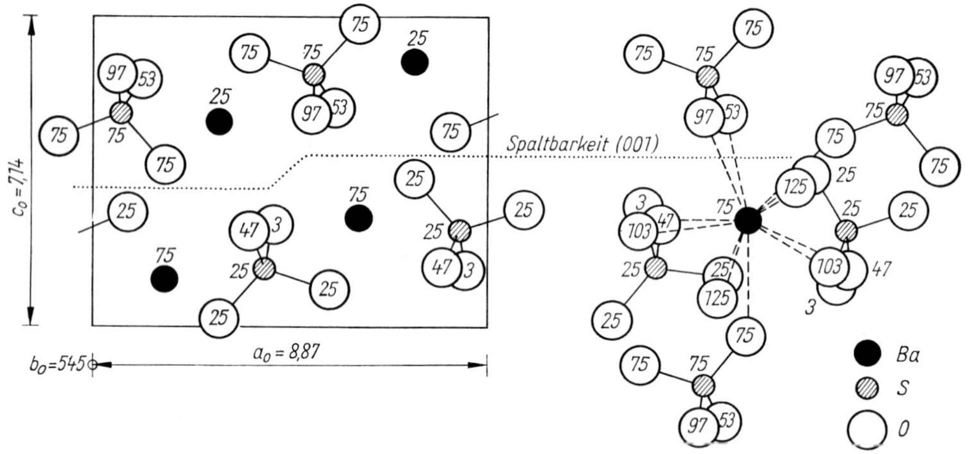

Bild 2.21. Der Gittertyp des Baryts Ba[SO_4] in zweidimensionaler Darstellung [18] links Elementarzelle, rechts [12]-Koordination des Bariums; Zahlen geben die relative Höhenlage der Atome an

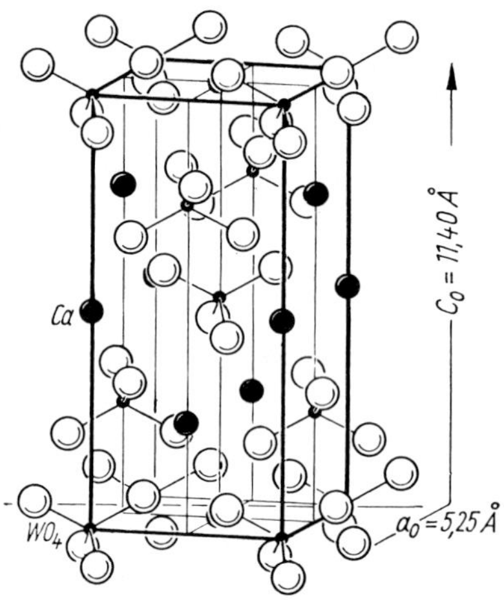

Bild 2.22. Gittertyp des Scheelits Ca[WO_4] in räumlicher Darstellung [20, 224]

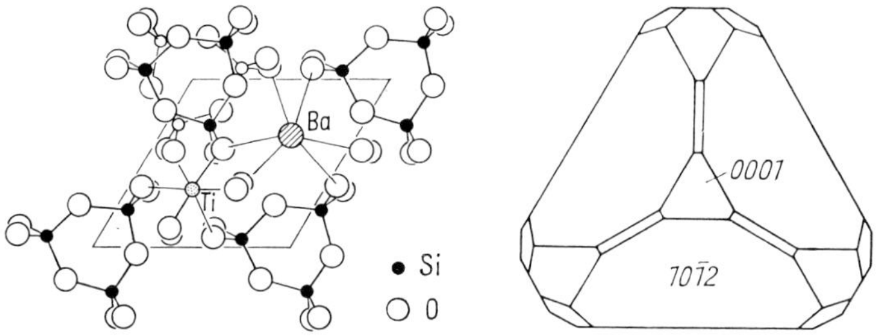

Bild 2.23. Gitterstruktur eines Silikates, des trigonalen Minerals Benitoit $BaTi[Si_3O_9]$. Es ist der ringförmige Aufbau der SiO_4-Moleküle zu erkennen. Die trigonale Symmetrie im Feinbau wird auch durch die trigonale Form des Minerals (rechts) widergespiegelt [224] (vgl. auch Bild 11.45)

Daß eine räumliche Darstellung solcher Gitter jedoch prinzipiell möglich und auch noch verschiedentlich überschaubar ist, möge die Struktur des Minerals Scheelit $Ca[WO_4]$ zeigen (s. Bild 2.22).
Die *silikatischen Gittertypen* nehmen wegen ihrer Vielfalt, ihrer gemeinsamen Grundsätze, z. T. aber auch wegen ihrer oft scheinbaren Kompliziertheit eine besondere Stellung ein. Sie werden deshalb im speziellen Teil bei den Silikaten (Kap. 11.) besprochen. Lediglich ein einfaches Beispiel möge das Grundprinzip erkennen lassen (s. Bild 2.23). Es besteht darin, daß sich häufig die SiO_4-Moleküle bzw. -Tetraeder miteinander verknüpfen, im vorliegenden Fall des Minerals Benitoit trigonal-ringförmig, und daß sich zwischen dieses SiO_4-Gerüst die Kationen einlagern.

2.2.4. Form der Minerale

Wir haben festgestellt, daß die Minerale aus kleinsten atomaren Bausteinen aufgebaut sind und daß diese einer strengen räumlich-geometrischen Ordnung unterliegen. Dieser feinstrukturelle Bau ist nun die Grundlage und Voraussetzung für die makroskopisch zu beobachtende Form und viele Eigenschaften der Minerale. Das heißt, daß sich jede Beobachtung an einem Mineral auf bestimmte Bedingungen und Eigenschaften des Feinbaus zurückführen läßt. Wir haben also eine *Korrespondenz* zwischen Feinstruktur und Mineralform und -eigenschaften (vgl. Bild 2.23). Im folgenden wollen wir die Beziehungen bei der Mineralform näher betrachten.

Gliederung der Kristallformen

Die meisten Minerale bilden mehr oder weniger gut geformte Kristalle, die durch Flächen, Kanten und Ecken begrenzt sind. Es besteht die Beziehung: Anzahl der Flächen + Ecken = Anzahl der Kanten + 2; Gesetz von Euler (1707 bis 1783). Die unterschiedlichen Formen kann man nach dem Symmetrieprinzip in insgesamt 32 Kristallklassen untergliedern, wenn man die Art und den Grad der jeweiligen Symmetrieverhältnisse berücksichtigt (vgl. Tab. 2.1). Diese werden durch die folgenden wichtigsten Symmetrieelemente bzw. Symmetrieoperationen charakterisiert:

Tabelle 2.1. Die 32 Symmetrieklassen der Kristalle
(Erläuterungen der Symbole, siehe Abschn. 16.1.)

Kristall-system	Symmetrieklasse			Spiegel-ebenen	Symmetrie-zentrum
		Name (meist nach GROTH)	Symbol (nach SCHÖNFLIES)		
kubisch	1	hexakisoktaedrische Kl.	O_h	3 S, 6 S	Z
	2	hexakistetraedrische Kl.	T_d	6 S	
	3	pentagonikositetraedrische Kl.	O		
	4	disdodekaedrische Kl.	T_h	3 S	Z
	5	tetartoidische Kl.	T		
tetragonal	6	ditetragonal-dipyramidale Kl.	D_{4h}	S, 2 S, 2 S	Z
	7	ditetragonal-pyramidale Kl.	C_{4v}	2 S, 2 S	
	8	tetragonal-trapezoedrische Kl.	D_4		
	9	tetragonal-dipyramidale Kl.	C_{4h}	S	Z
	10	tetragonal-pyramidale Kl.	C_4		
	11	tetragonal-skalenoedrische Kl.	D_{2d}	2 S	
	12	tetragonal-disphenoidische Kl.	S_4		
hexagonal	13	dihexagonal-dipyramidale Kl.	D_{6h}	S, 3 S, 3 S	Z
	14	dihexagonal-pyramidale Kl.	C_{6v}	3 S, 3 S	
	15	hexagonal-trapezoedrische Kl.	D_6		
	16	hexagonal-dipyramidale Kl.	C_{6h}	S	Z
	17	hexagonal-pyramidale Kl.	C_6		
	18	ditrigonal-dipyramidale Kl.	D_{3h}	S, 3 S	
	19	trigonal-dipyramidale Kl.	C_{3h}	S	
trigonal	20	ditrigonal-skalenoedrische Kl.	D_{3d}	3 S	Z
	21	ditrigonal-pyramidale Kl.	C_{3v}	3 S	
	22	trigonal-trapezoedrische Kl.	D_3		
	23	rhomboedrische Kl.	C_{3i}		Z
	24	trigonal-pyramidale Kl.	C_3		
rhombisch	25	rhombisch-dipyramidale Kl.	D_{2h}	S, S, S	Z
	26	rhombisch-disphenoidische Kl.	D_2		
	27	rhombisch-pyramidale Kl.	C_{2v}	S, S	
monoklin	28	prismatische Kl.	C_{2h}	S	Z
	29	sphenoidische Kl.	C_2		
	30	domatische Kl.	C_s	S	
triklin	31	pinakoidale Kl.	C_i		Z
	32	(pediale) asymmetrische Kl.	C_1		

Drehachsen und Drehspiegelachsen	Enantiomorphie	Vollständige Bezeichnung nach HERMANN-MAUGUIN	Gekürzte Bezeichnung nach HERMANN-MAUGUIN	Beispiele
3 ■, 4 ◬, 6 ⬮		4/m $\bar{3}$ 2/m	m 3 m	Galenit, Fluorit
3 ◈, 4 ▲ p		$\bar{4}$ 3 m	$\bar{4}$ 3 m	Fahlerz, Boracit
3 ■, 4 ▲, 6 ⬮	*	4 3 2	4 3	Salmiak
3 ⬮, 4 ◬		2/m $\bar{3}$	m 3	Pyrit
3 ⬮, 4 ▲ p	*	3 2	2 3	Ullmannit
1 ■, 2 ⬮, 2 ⬮		4/m 2/m 2/m	4/m m m	Rutil, Kassiterit
1 ■ p		4 m m	4 m m	Diaboleit
1 ■, 2 ⬮, 2 ⬮	*	4 2 2	4 2 2	Phosgenit
1 ■		4/m	4/m	Scheelit
1 ■ p	*	4	4	Wulfenit
1 ◈, 2 ⬮		$\bar{4}$ 2 m	$\bar{4}$ 2 m	Chalkopyrit
1 ◈		$\bar{4}$	$\bar{4}$	Gahnit
1 ⬢, 3 ⬮, 3 ⬮		6/m 2/m 2/m	6/m m m	Beryll
1 ⬢ p		6 m m	6 m m	Zinkit, Wurtzit
1 ⬢, 3 ⬮, 3 ⬮	*	6 2 2	6 2 2	Hochquarz
1 ⬢		6/m	6/m	Apatit
1 ⬢ p	*	6	6	Nephelin
1 ▲, 3 ⬮ p		$\bar{6}$ m 2	$\bar{6}$ 2 m	Benitoit
1 ▲		$\bar{6}$	$\bar{6}$	unbekannt
1 ◬, 3 ⬮		$\bar{3}$ 2/m	$\bar{3}$ m	Calcit, Korund
1 ▲ p		3 m	3 m	Turmalin, Pyrargyrit
1 ▲ 3 ⬮ p	*	3 2	3 2	Tiefquarz, Cinnabarit
1 ◬		$\bar{3}$	$\bar{3}$	Dolomit, Ilmenit
1 ▲ p	*	3	3	Gratonit
1 ⬮, 1 ⬮, 1 ⬮		2/m 2/m 2/m	m m m	Baryt, Topas
1 ⬮, 1 ⬮, 1 ⬮	*	2 2 2	2 2 2	Epsomit
1 ⬮ p		2 m m	m m	Hemimorphit, Struvit
1 ⬮		2/m	2/m	Gips, Augit
1 ⬮ p	*	2	2	Milchzucker, Weinsäure
		m	m	Klinoëdrit
		$\bar{1}$	$\bar{1}$	Plagioklase, Kupfervitriol
	*	1	1	$CaS_2O_3 \cdot 6\ H_2O$ (Ca-thiosulfat)

Symmetrieoperationen und Symmetrieelemente

a) *Drehung* um eine Drehachse: Es gibt eine zweizählige (digonal, ⬮, 180° Drehung), dreizählige (trigonal, ▲, 120° Drehung), vierzählige (tetragonal, ■, 90° Drehung) und sechszählige (hexagonal, ⬢, 60° Drehung) Symmetrie bzw. Symmetrieachse. Einige dieser Drehachsen sind polar, d. h., ihre beiden »Enden« sind kristallographisch ungleichwertig (vgl. Bilder 2.88 bis 2.90).
b) *Spiegelung* an einer Spiegelebene (= Symmetrieebene SE)
c) *Drehung und Spiegelung* an einer Drehspiegelachse
d) »Spiegelung« (*Inversion*) an einem Symmetriezentrum (Inversionszentrum)

An dem Beispiel je eines kubischen, hexagonalen und monoklinen Kristalls (s. Bild 2.24) ist die Lage und Art der Symmetrieverhältnisse erläutert. Es gibt in jedem Kristallsystem eine Klasse mit hoher Symmetrie (also zahlreichen Symmetrieelementen), die als *holoedrisch* bezeichnet wird, und solche mit erniedrigter Symmetrie (*hemiedrisch*, *tetartoedrisch*).
Die Namen der Klassen und die ihnen zukommenden Symmetrieelemente sind in Tabelle 2.1 zusammengestellt. Die 32 Kristallklassen können in 7 Kristallsystemen zusammengefaßt werden; wir unterscheiden mit abnehmender Symmetrie ein kubisches, tetragonales, rhombisches, hexagonales, trigonales, monoklines und triklines Kristallsystem. Eine vollständige Übersicht geben die drei Beilagen dieses Buches.

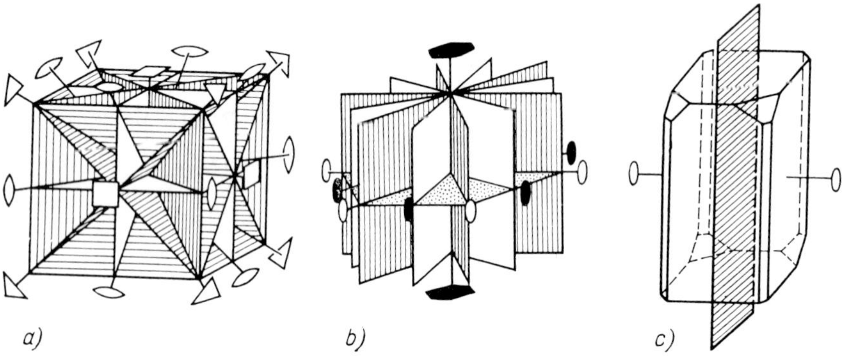

Bild 2.24. Symmetrieverhältnisse eines kubischen, hexagonalen und monoklinen Kristalls [98]

a) kubische Holoedrie (z. B. Würfel); es treten auf:

3 Hauptsymmetrieebenen (nicht gestreift) und 6 Nebensymmetrieebenen (gestreift)
3 vierzählige Drehachsen ■;
4 dreizählige Drehachsen ▲ (gleichzeitig sechszählige Drehspiegelachsen),
6 zweizählige Drehachsen ⬮;
1 Symmetriezentrum

b) hexagonale Holoedrie (z. B. hexagonales Prisma); es treten auf:

1 Hauptsymmetrieebene senkrecht zur c-Achse (gepunktet)
3 Nebensymmetrieebenen parallel zur c-Achse (weiß)
3 Nebensymmetrieebenen parallel zur c-Achse (gestreift)
1 sechszählige Drehachse (⬢ = c-Achse)
6 zweizählige Drehachsen 0 und ⬮;
1 Symmetriezentrum

c) monokline Holoedrie (z. B. Form des Augits); es treten auf:

1 Symmetrieebene senkrecht zur b-Achse (gestreift)
1 zweizählige Drehachse in Richtung der b-Achse;
1 Symmetriezentrum

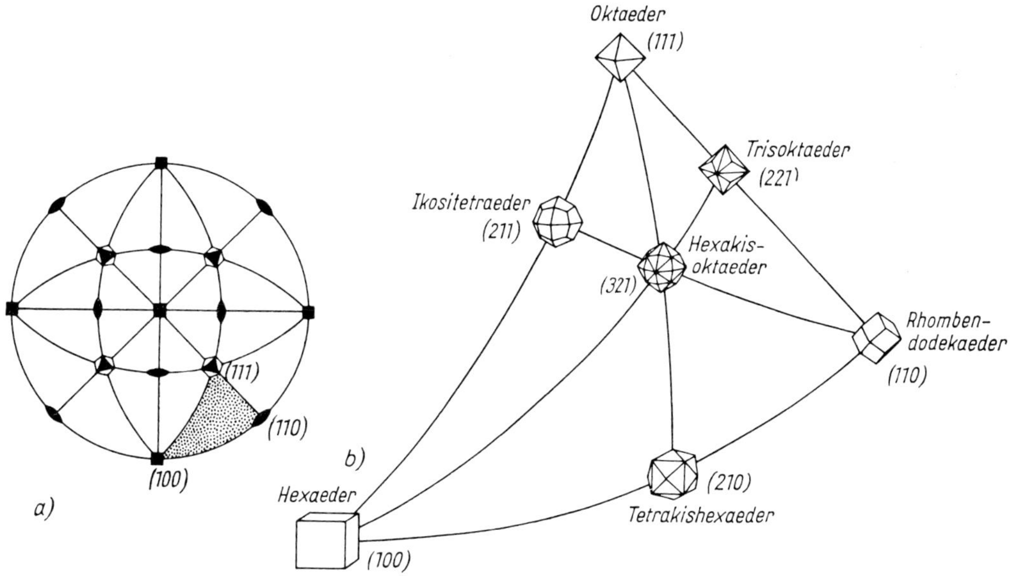

Bild 2.25. Ableitung der »einfachen Formen« der kubischen Holoedrie [98]

a) die stereographische Projektion mit einem »Einheitsdreieck« (punktiert); zur Ableitung kann jedes der sichtbaren 24 Dreiecke benutzt werden

b) das »Einheitsdreieck« mit den sieben »einfachen Formen« Würfel, Oktaeder, Rhombendodekaeder, Tetrakishexaeder, Trisoktaeder, Ikositetraeder und Hexakisoktaeder

Das Wesen dieser einfachen Formen ist, daß alle Flächen dieser Kristallform eine gleiche Stellung (Lage) im Achsensystem haben; bei einem Würfel schneidet z. B. jede Fläche eine Achse senkrecht und geht den anderen Achsen parallel, während bei einem Oktaeder jede Fläche alle 3 Achsen im gleichen Abstand schneidet. Diese Gemeinsamkeit aller Flächen wird, wie wir später sehen werden (S. 80 bis 85), auch durch die Flächensymbole dokumentiert, d. h. z. B., alle Flächen des Oktaeders haben die Flächenlage {111}. Solche einfachen Formen können mit ihren Flächen einen Raum umschließen, dann nennen wir sie »geschlossene Formen«, oder sie sind dazu nicht in der Lage, dann nennen wir sie »offene Formen«.
Die für die Mineraldiagnostik wichtigen Formen aus allen Kristallsystemen sind in Bild 2.26 auf den folgenden Seiten 74 bis 77 zusammengestellt. Sie sind zum größten Teil in der Mineralwelt bekannte geschlossene einfache Kristallformen (wie z. B. Würfel, Rhombendodekaeder, Dipyramiden), aber auch Kombinationen von einfachen Formen, wie sie v. a. in den niedriger symmetrischen Kristallsystemen auftreten. Die Auswahl soll insbesondere dazu dienen, sich mit den Formen und ihren Namen vertraut zu machen. Eine systematische Übersicht der einfachen Formen ist in den Beilageblättern des Buches zu finden.

Bild 2.26. Die wichtigsten einfachen (geschlossenen) Formen aller Kristallsysteme sowie einige Kombinationen aus geschlossenen und offenen einfachen Formen

kubisch

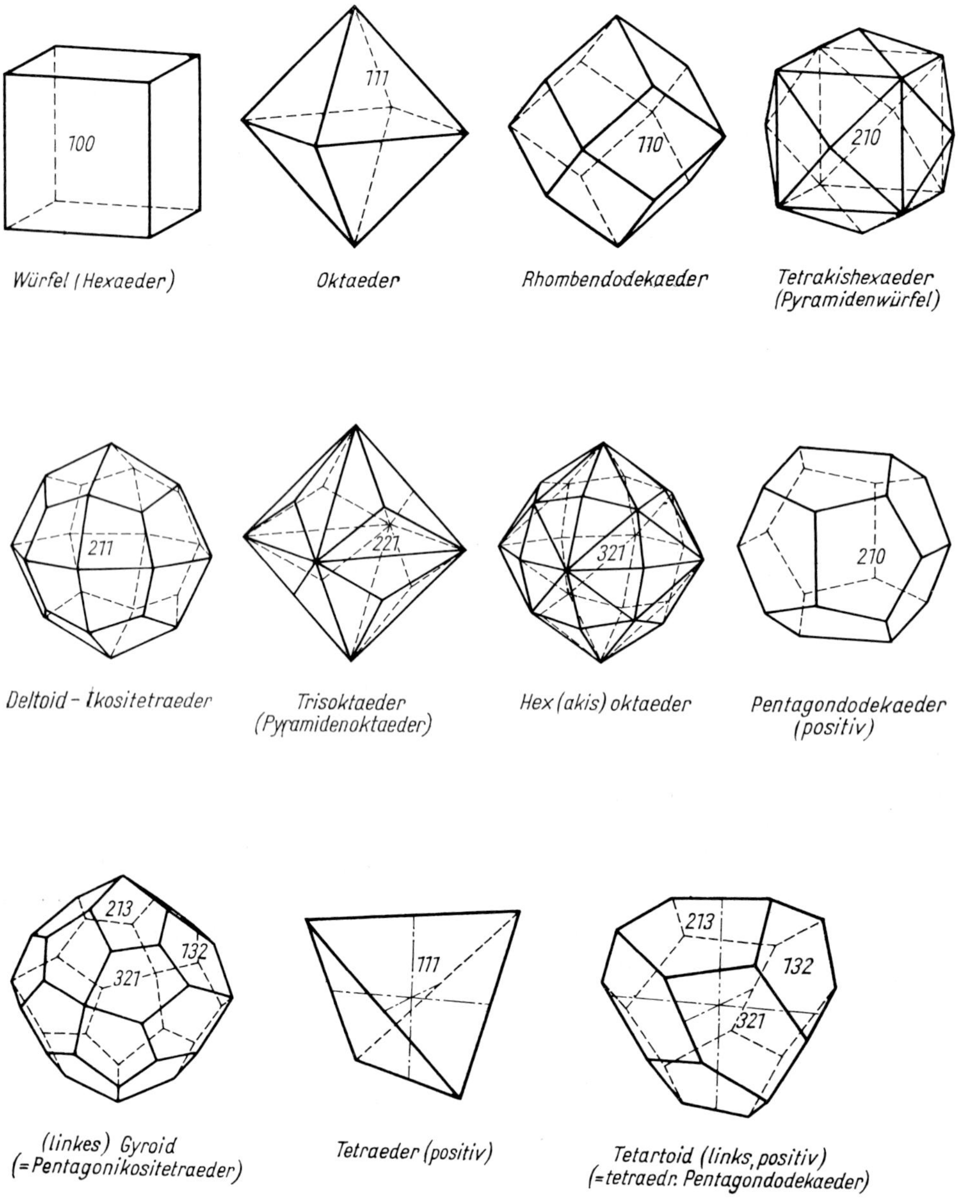

tetragonal

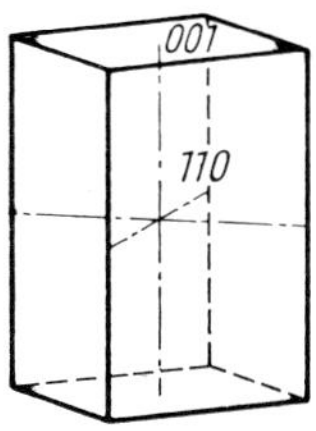

tetragonales Prisma
1. Stellung mit Basis

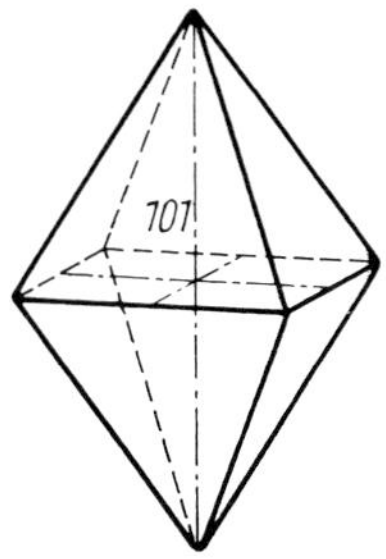

tetragonale Dipyramide
2. Stellung

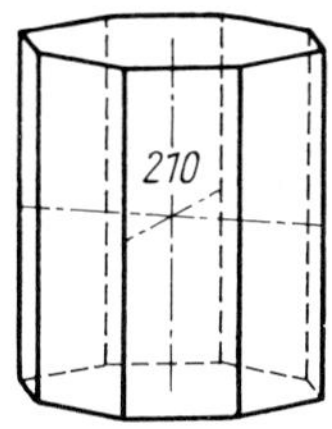

ditetragonales Prisma
mit Basispinakoid

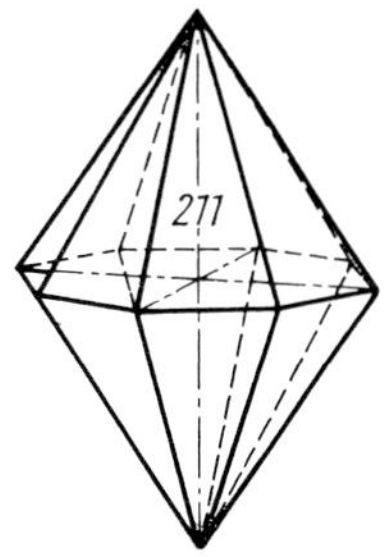

ditetragonale
Dipyramide

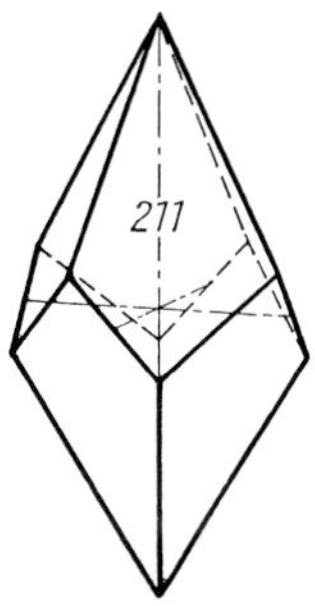

tetragonales
Trapezoeder
(rechts)

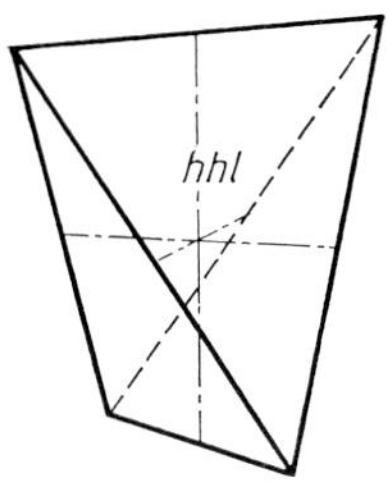

tetragonales
Disphenoid

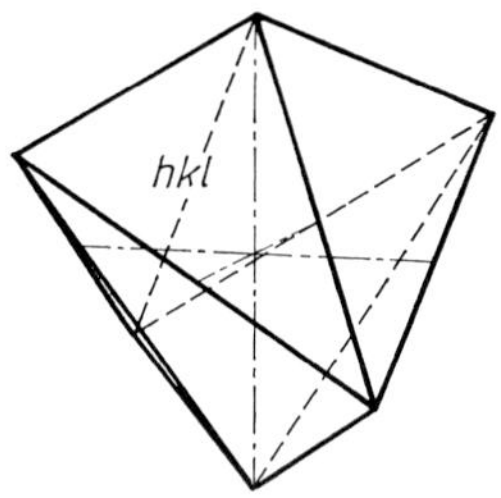

tetragonales
Skalenoeder

rhombisch

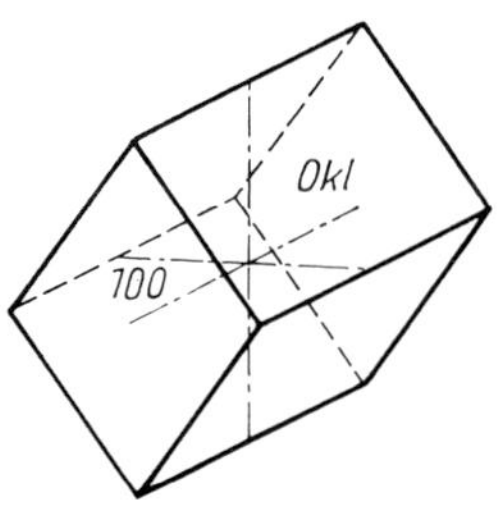

rhombisches Prisma
1. Stellung mit Pinakoid (100)

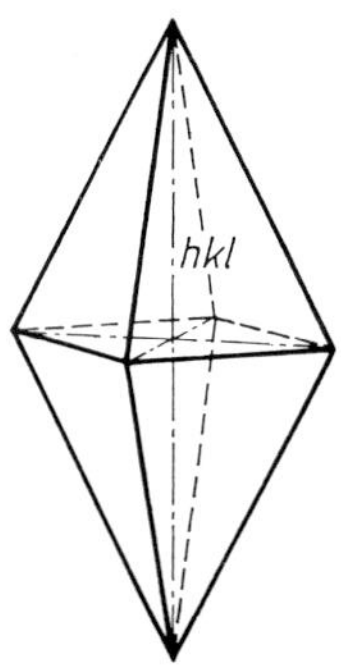

rhombische
Dipyramide

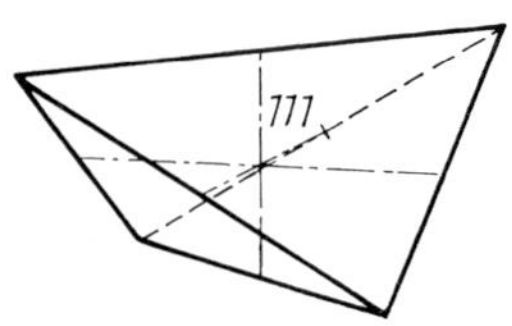

rhombisches Disphenoid

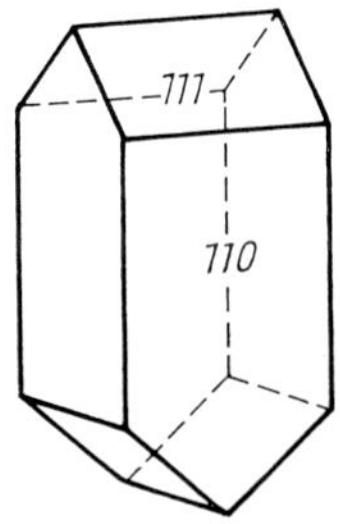

rhombische Kombination
aus 1 Prisma (z.B. 110)
und dem rhombischen
Disphenoid (111)

hexagonal

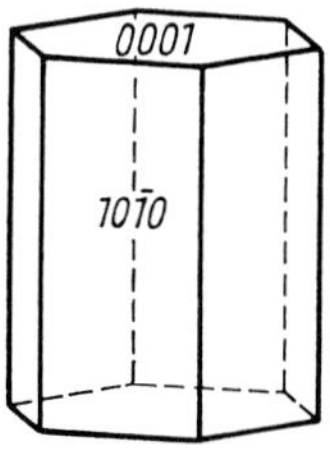

hexagonales Prisma 1. Stellung mit Basisfläche (0001)

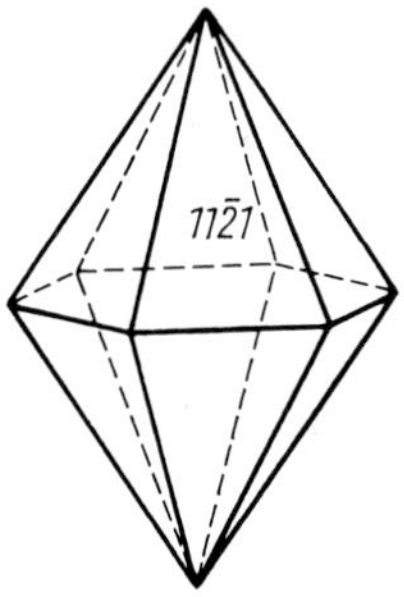

hexagonale Dipyramide 2. Stellung

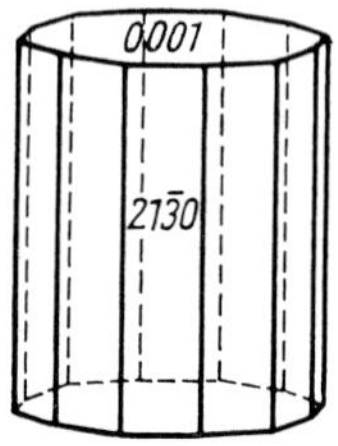

dihexagonales Prisma mit Basis (0001)

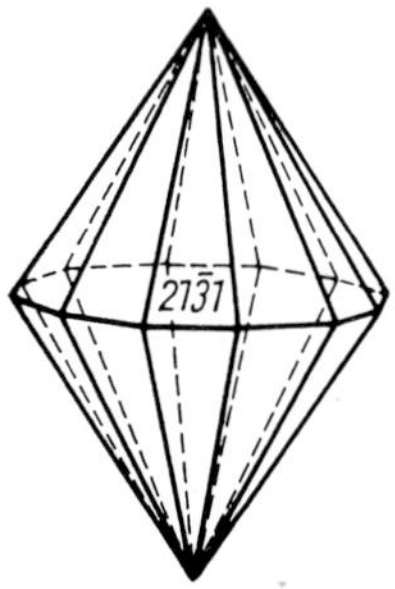

dihexagonale Dipyramide

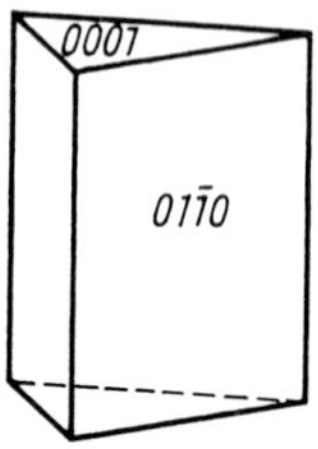

trigonales Prisma 1. Stellung mit Basispinakoid (0001)

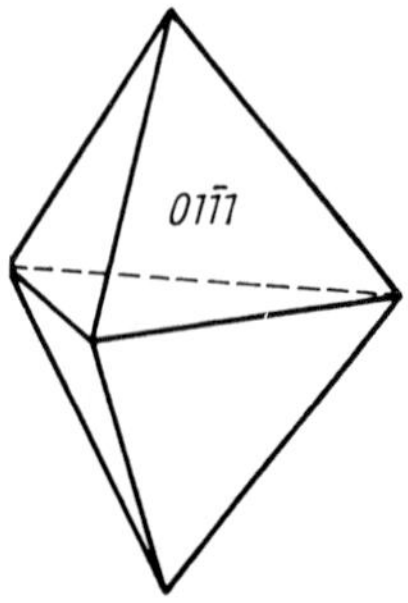

trigonale Dipyramide 1. Stellung

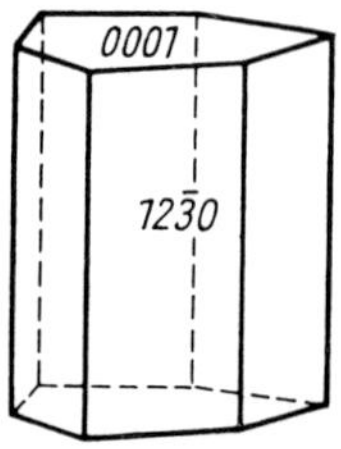

ditrigonales Prisma mit Basis (0001)

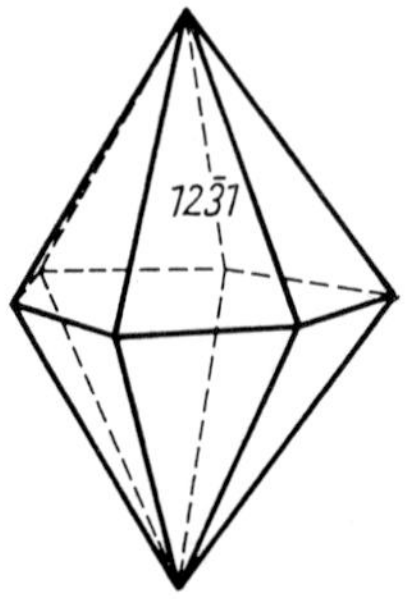

ditrigonale Dipyramide

trigonal

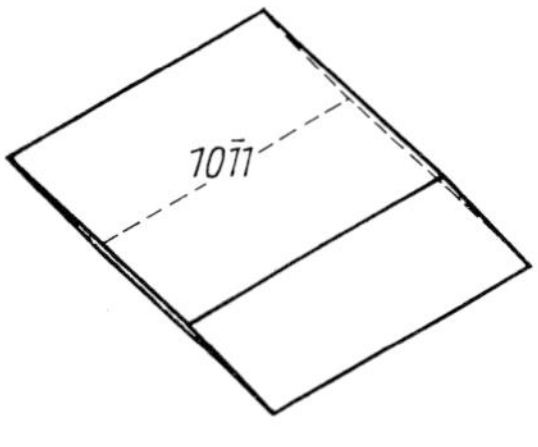

Rhomboeder 1. Stellung, negativ

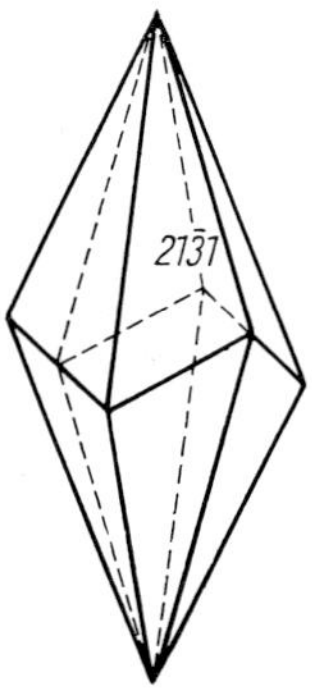

ditrigonales Skalenoeder

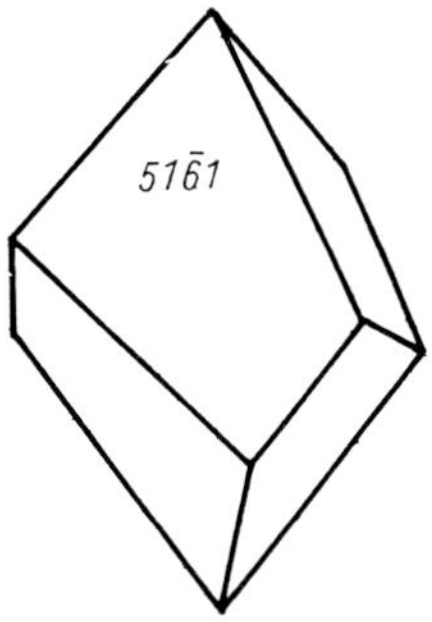

trigonales Trapezoeder

monoklin / triklin

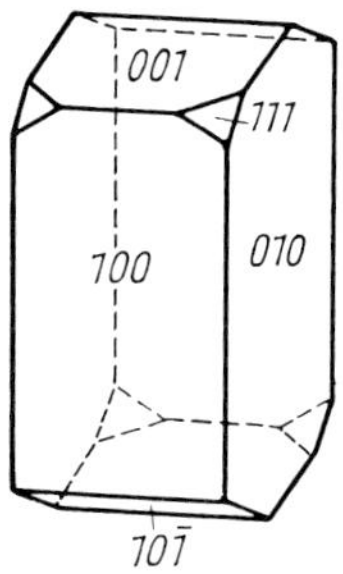

monokline Kombination (als Beispiel Diopsid) aus vorderem (1.) Pinakoid {100}, seitlichem (2.) Pinakoid {010}, Basispinakoid {001}, Pinakoid 2. Stellung {$10\bar{1}$}, Prisma 4. Stellung {111}

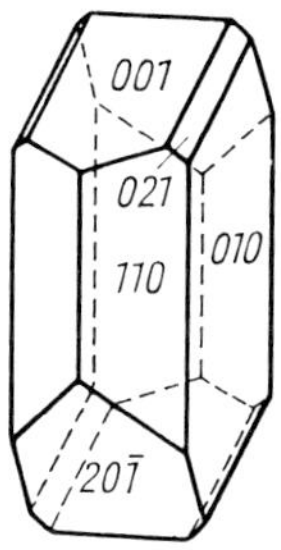

monokline Kombination (als Beispiel Orthoklas) aus seitlichem Pinakoid {010}, Basispinakoid {001}, Pinakoid 2. Stellung {$20\bar{1}$}, Prisma 3. Stellung {110}, Prisma 1. Stellung {021}

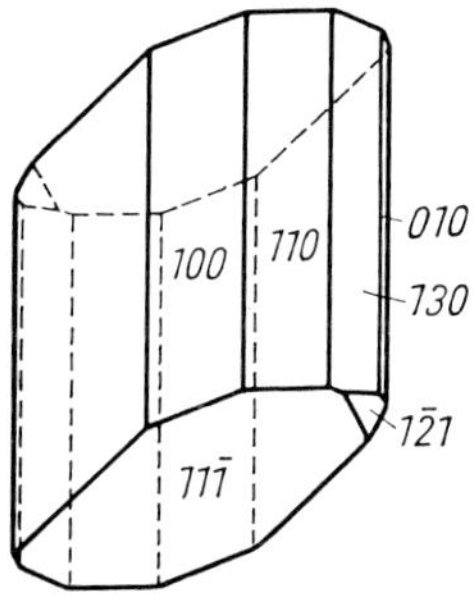

trikline Kombination (als Beispiel Kupfervitriol bzw Chalkanthit) aus Pinakoiden unterschiedlicher Art und Stellung

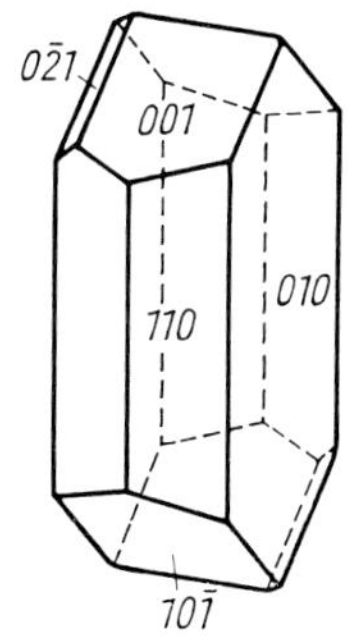

trikline Kombination (als Beispiel Plagioklas) aus Pinakoiden unterschiedlicher Art und Stellung

Die wichtigsten »nichtkörperlichen« oder »offenen« Flächenformen, wie das Prisma, das Pinakoid, das Doma und Pedion (eine einzelne Fläche ohne symmetrische Gegenfläche), sind in Bild 2.27 dargestellt. Bestimmte einfache Formen sind bei gleicher äußerer Ausbildung nur »stellungsverschieden« oder enantiomorph, so z. B. rechte und linke trigonale Trapezoeder als Kombination am Rechts- und Linksquarz (s. Bild 2.28).

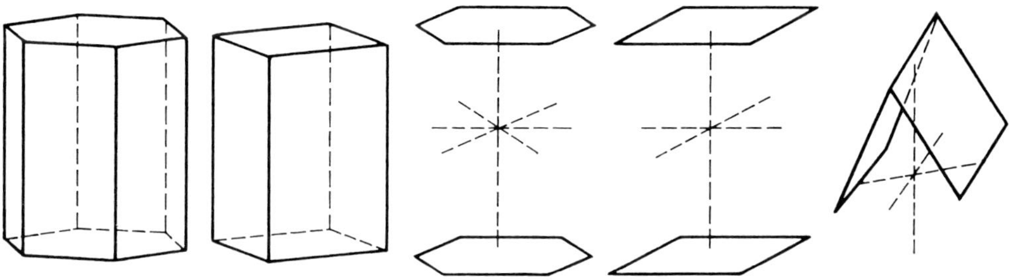

Bild 2.27. Die wichtigsten offenen einfachen Formen: das Prisma (z. B. hexagonal und tetragonal), das Basispinakoid (z. B. hexagonal und tetragonal) und das Doma

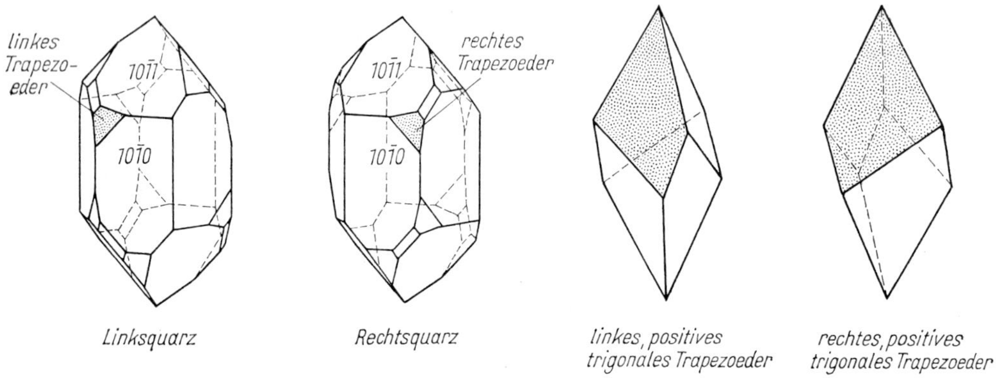

Bild 2.28. Rechts die stellungsverschiedenen trigonalen Trapezoeder (»linke« und »rechte« Form). Links zwei Quarzkristalle, die einmal mit einem linken, einmal mit einem rechten Trapezoeder kombiniert sind (weiter sind zu erkennen: hexagonale Prismen, z. B. $(10\bar{1}0)$; Rhomboederflächen, z. B. $(10\bar{1}1)$; trigonale Dipyramide, z. B. $(11\bar{2}1)$; trigonales Trapezoeder, z. B. $(51\bar{6}1)$; Trapezoederflächen sind schraffiert).

Mineralkombinationen (Flächenkombinationen)

Eine *Mineralkombination* ist eine »Verwachsung« von zwei oder mehreren einfachen Formen der gleichen Kristallklasse. Einfache Beispiele solcher Kombinationen aus dem kubischen Kristallsystem sind im Bild 2.29 dargestellt. Die Minerale des rhombischen, monoklinen und triklinen Systems bestehen überwiegend oder vollständig aus Kombinationen, da ihre einfachen Formen z. T. offene einfache Formen (Prismen, Pinakoide usw.) sind. Beispiele für die nichtkubischen Systeme sind an anderer Stelle mehrfach dargestellt (z. B. hexagonal, Bild 11.98; rhomboedrisch, Bild 5.3;

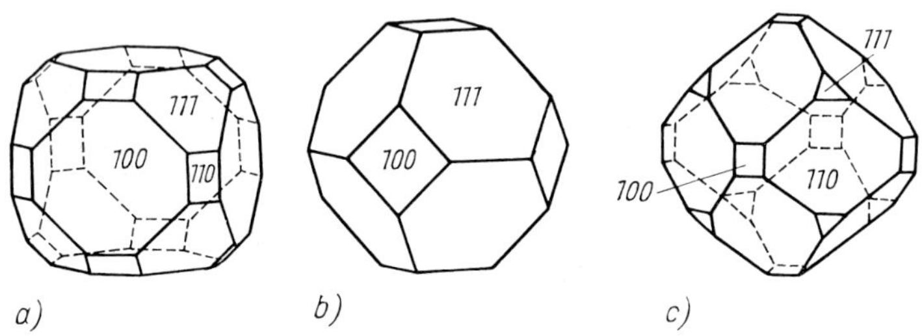

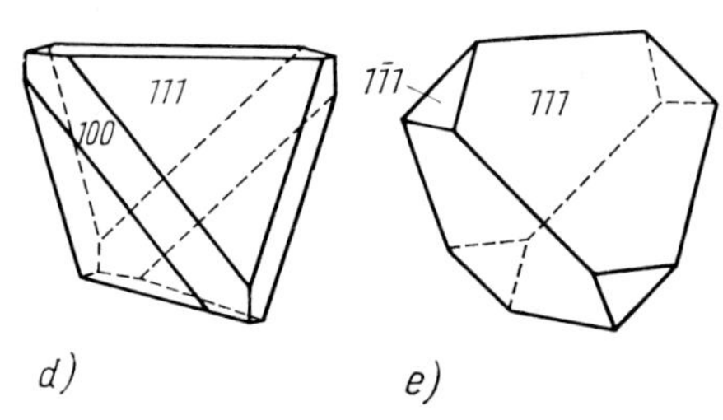

Bild 2.29. Beispiele von Kombinationen im kubischen Kristallsystem

Die erstgenannte Form ist jeweils form- bzw. trachtbestimmend, der sog. Träger der Kombination

a) Würfel (100), kombiniert mit Oktaeder (111) und Rhombendodekaeder (110)
b) Oktaeder (111), kombiniert mit Würfel (100)
c) Rhombendodekaeder (110), kombiniert mit Würfel (100) und Oktaeder (111)
d) Tetraeder (111), kombiniert mit Würfel (100)
e) (rechtes) Tetraeder $(1\bar{1}1)$, kombiniert mit (linkem) Tetraeder (111)

tetragonal, Bild 8.16; rhombisch, Bild 8.28; monoklin, Bilder 11.147 bis 11.151; triklin, Bild 11.104).
Die im Erscheinungsbild überwiegende »einfache« Form wird als *Träger der Kombination* bezeichnet (vgl. Bild 2.29). Durch die Vielzahl von Kombinationsmöglichkeiten erhält ein Mineral oft eine stark wechselnde Form mit den unterschiedlichsten Flächenkombinationen; diese Erscheinung wird als *Tracht* eines Minerals bezeichnet. Sich wiederholende Kombinationen sind oft an einer *Kombinationsstreifung* der Flächen zu erkennen (Bild 2.30). Ähnliche Streifungen sind auch durch Verzwillingung und Parallelverwachsung entstanden.

Abschließend sei vermerkt, daß durch Einführung der Translation und zweier weiterer Symmetrieoperationen, der Schraubung und der Gleitspiegelung, die 32 Kristallklassen symmetrisch weiter untergliedert werden können in *230 Raumgruppen*. Sie haben für die feinstrukturelle Klassifizierung der Minerale eine grundlegende Bedeutung, eine eingehende Begründung führt aber über das Ziel dieser Einführung hinaus. Die Bestimmung der Raumgruppen erfolgt über die röntgenographische Strukturanalyse, ihre Gliederung und symbolische Bezeichnung (nach SCHOENFLIESS oder nach MAUGUIN oder heute meist als »Internationales Symbol«) ist in Tabellenform in kristallographischen Werken dargestellt (vgl. die kristallographischen Tabellen am Ende des Buches).

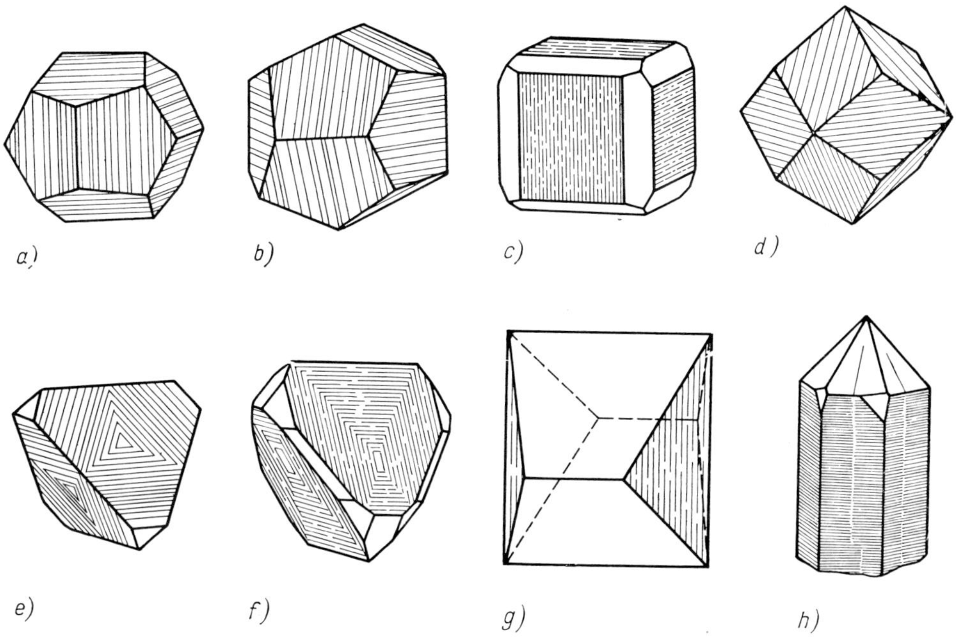

Bild 2.30. Charakteristische Streifungen auf den Kristallflächen, hauptsächlich durch Kombination hervorgerufen (Kombinationsstreifung)

a) u. b) Pyrit, pos. u. neg. Pentagondodekaeder (Streifung durch Würfel)
c) Cobaltin (Streifung durch Pentagondodekaeder)
d) Magnetit
e) Sphalerit (Kombination pos. u. neg. Tetraeder)
f) Chalkopyrit
g) Arsenopyrit (Streifung durch monokl. Prisma)
h) Quarz (Streifung durch Rhomboeder)

Kristallsymbolik und -darstellung

Die Korrespondenz zwischen Feinstruktur und Kristallform führt zu der Erkenntnis, daß die durch die Kristallflächen (Netzebenen) erzeugten Abschnitte auf den kristallographischen Achsen gesetzmäßige einfache Verhältnisse untereinander haben und daß diese Achsenabschnitte wiederum gesetzmäßig mit den Flächenwinkeln in Beziehung stehen (Gesetz der Rationalität der Achsenabschnittsverhältnisse). Daraus resultiert die Möglichkeit, die Flächenlagen durch zahlenmäßige Angaben (Symbole, Indizes) zu bestimmen, entweder durch Winkelmessung oder durch Messung der Achsenabschnitte.
Nach der Symbolik von WEISS (um 1810) werden die Achsenabschnitte direkt angegeben. Die Würfelfläche senkrecht zur a-Achse hat also das Symbol a : ∞ : ∞, allgemein gilt für eine Flächenlage ma:nb:pc.
Die heute meist benutzte Indizierung nach MILLER (um 1846) verwendet wegen ihrer Ableitung aus Winkelmessungen die reziproken Zahlen der WEISSschen Indizes, wobei als Beispiel folgende Ableitung gilt:

3a : 2b : 1c	*Flächensymbol nach* WEISS
$^1/_3 : {}^1/_2 : {}^1/_1$	(reziproke Werte)
$^2/_6 : {}^3/_6 : {}^6/_6$	(gemeinsamer Nenner)
2 : 3 : 6	(Verhältnis der Zähler)
(236)	*Flächensymbol nach* MILLER

Nach MILLER hat die Würfelfläche den Index (100), die Oktaederfläche (111), allgemein (h k l). Entsprechend kann man Kristallachsen bezeichnen, so z. B. die a-Achse mit [100]; die Gesamtheit einer »einfachen Form«, z. B. des Würfels, wird mit {100} ausgedrückt.
In Bild 2.31 ist ersichtlich, daß die Netzebenen und dementsprechend die Flächenlagen durch die Punktlagen (z. B. Atome) im Raumgitter bestimmt werden. Man erkennt, daß diese deshalb nur ganz bestimmte und auch relativ wenige Möglich-

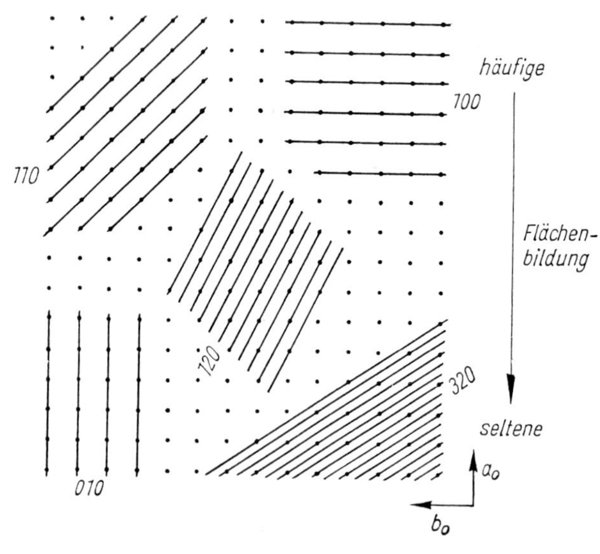

Bild 2.31. Beziehung zwischen der atomaren Besetzungsdichte von verschiedenen Flächenlagen, den Millerschen Indizes sowie der Häufigkeit des Auftretens der Flächen. Abnahme der Häufigkeit: (100) bzw. (010) → (110) → (120) → (320)

keiten haben, wenn die Punktdichte auf den Netzebenen (und damit die Wahrscheinlichkeit der Ausbildung dieser Fläche) nicht zu klein werden soll. Daraus resultiert die wichtige Erkenntnis, daß Flächenlagen mit niedrigen MILLERschen Indizes am häufigsten auftreten.

Winkelmessung

An einem Kristall sind zwei Winkelarten von Interesse, nämlich der *Flächenwinkel* (in Bild 2.32 der Winkel β) und der *Flächennormalenwinkel* (in Bild 2.32 der Winkel α). Wie aus Bild 2.32 weiter zu ersehen ist, ergänzen sich beide Winkel zu 180°.
Die einfachste Art, den Flächenwinkel zu bestimmen, erfolgt mit dem sog. Anlegegoniometer, wie es Bild 2.33 zeigt. Hiermit sind selbst bei wiederholtem Messen eines Winkels nur Genauigkeiten von etwa $^1/_2°$ zu erreichen. Außerdem muß ein relativ großer Kristall vorliegen.

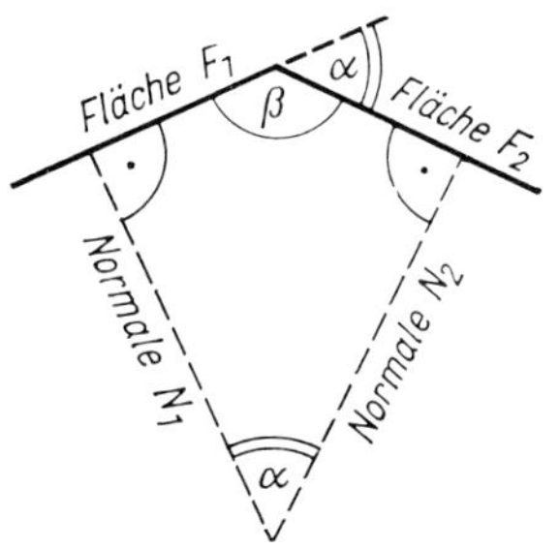

Bild 2.32. Beziehungen zwischen dem Flächenwinkel β und dem Flächennormalenwinkel α. Es gilt die Beziehung: $\beta = 180° - \alpha$

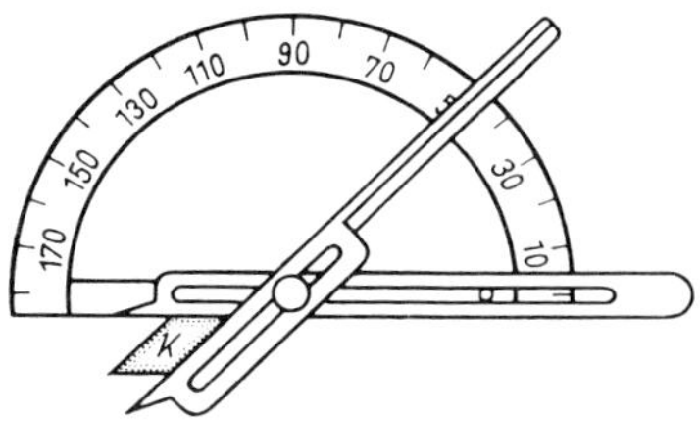

Bild 2.33. Messung des Flächenwinkels mit einem Anlegegoniometer [98]
K=Kristall

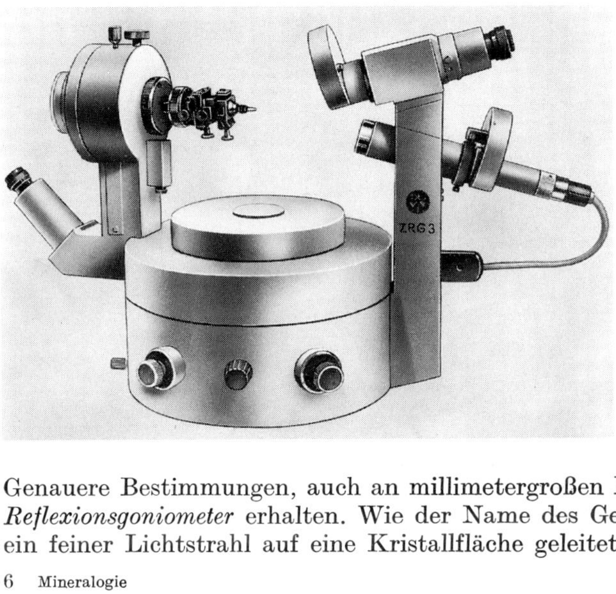

Bild 2.34. Zweikreisiges Reflexionsgoniometer [231]

Genauere Bestimmungen, auch an millimetergroßen Kristallen, lassen sich mit dem *Reflexionsgoniometer* erhalten. Wie der Name des Gerätes (Bild 2.34) aussagt, wird ein feiner Lichtstrahl auf eine Kristallfläche geleitet und der reflektierte Strahl in

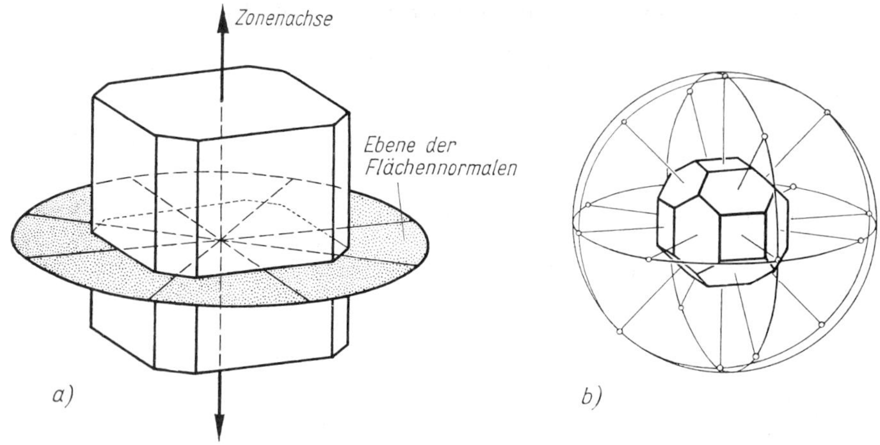

Bild 2.35. Lage der kristallographischen Zonen in einem tetragonalen (a) und einem kubischen (b) Kristall [98]

einem Beobachtungsfernrohr registriert. Der Kristall wird auf einen drehbaren, mit Winkelteilung versehenen Tisch derart montiert, daß eine seiner Hauptachsen mit der Drehachse des Tisches übereinstimmt; dadurch liegen senkrecht zu dieser Achse alle Flächen einer *kristallographischen Zone* (Bild 2.35) und können nach dem im Bild 2.36 dargestellten Schema vermessen werden. Wie zu erkennen ist, bestimmt man auf diese Art den Flächennormalenwinkel. Will man an einem Kristall die Flächen weiterer Zonen vermessen, muß man ihn bei dem hier benutzten einkreisigen Goniometer ummontieren; bei zweikreisigen Reflexionsgoniometern ist diese Umbettung nicht nötig, da man die nächste Zone über einen zweiten Teilkreis einstellen kann. Wir wissen bereits, daß die Kenntnis der Flächenwinkel an einem Kristall die Bestimmung seiner Symmetrie ermöglicht. Liegen also durch eine kristallometrische

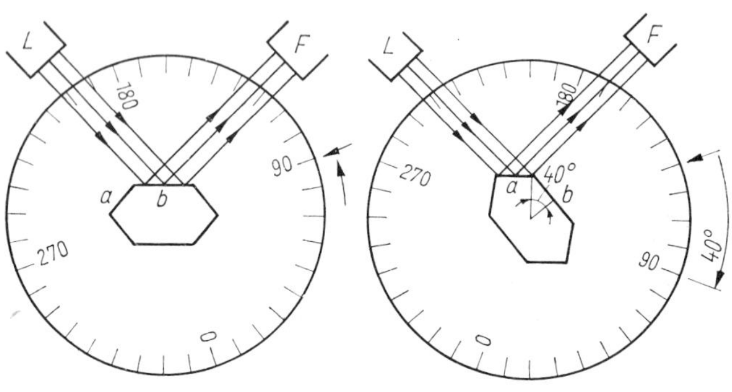

Bild 2.36. Schema der Messung der Flächenwinkel (über die Flächennormalenwinkel) einer kristallographischen Zone auf einem Reflexionsgoniometer [135, verändert]. In dem Beispiel erfolgt die Spiegelung des Lichtstrahles an den Flächen a und b nach 40° Drehung, also ist der Flächennormalenwinkel gleichfalls 40° und der Flächenwinkel (zwischen a und b) 180° − 40° = 140°
L = Beleuchtung, F = Fernrohr

(goniometrische) Vermessung die Winkelwerte vor, läßt sich die Symmetrie rechnerisch und graphisch ermitteln.

Die *graphische Darstellung* erfolgt am häufigsten mit Hilfe der *stereographischen Projektion.* Sie hat zum Ziel, die Flächennormalenwinkel in einer Ebene winkeltreu darzustellen. Als Darstellungsunterlage wird das sog. *Wulffsche Netz* benutzt (s. Bild 16.3 im Anhang), wobei auf den Großkreisen ein Teilstrich gleich einem oder zwei Grad ist.

Um eine Vorstellung von der Entstehung und Aussagekraft solcher stereographischer Darstellungen zu erhalten, soll dies an dem Beispiel einer kubischen Kombination kurz geschildert werden. Im Bild 2.37a erkennt man, daß die Flächennormalen

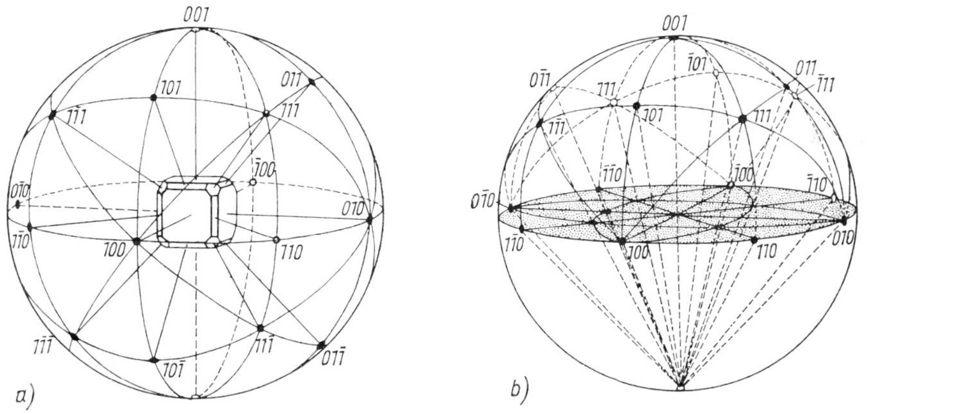

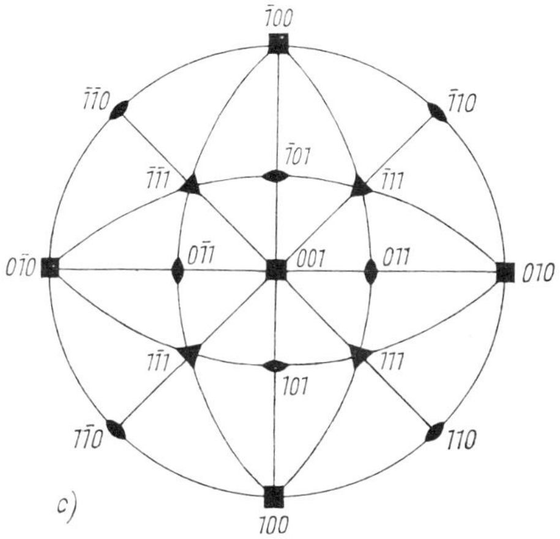

Bild 2.37. Entwicklungsschema für die Gewinnung einer stereographischen Projektion eines kubischen Kristalls [i. A. 205]

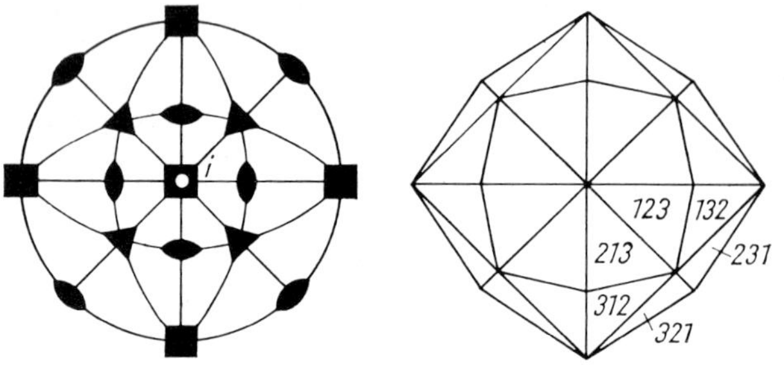

1

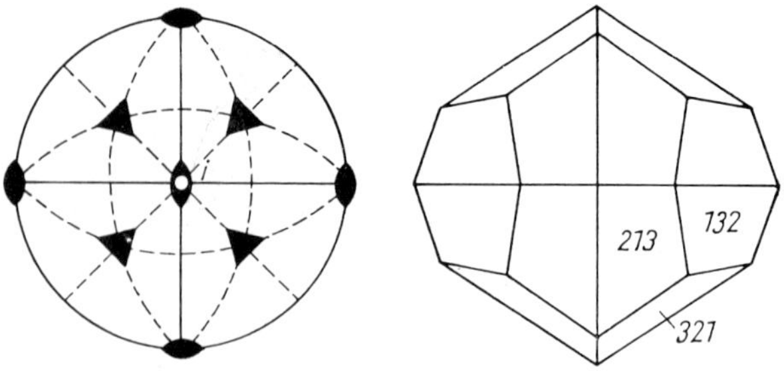

2

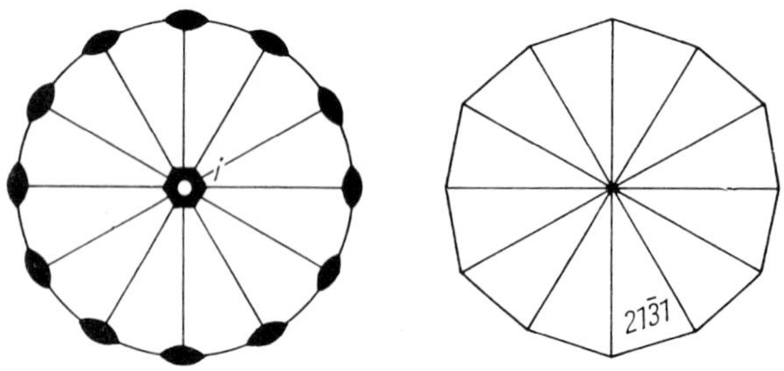

3

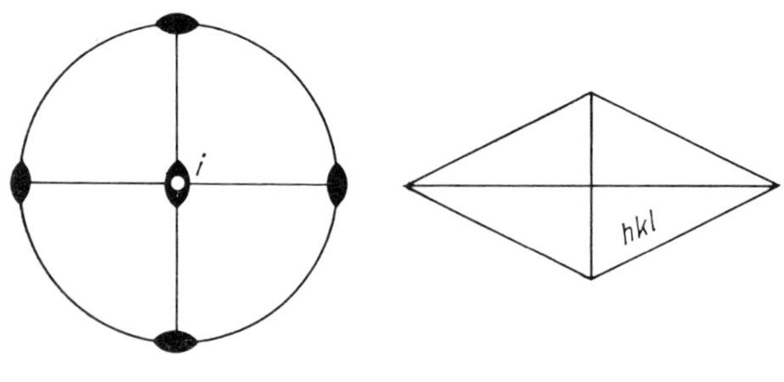

4

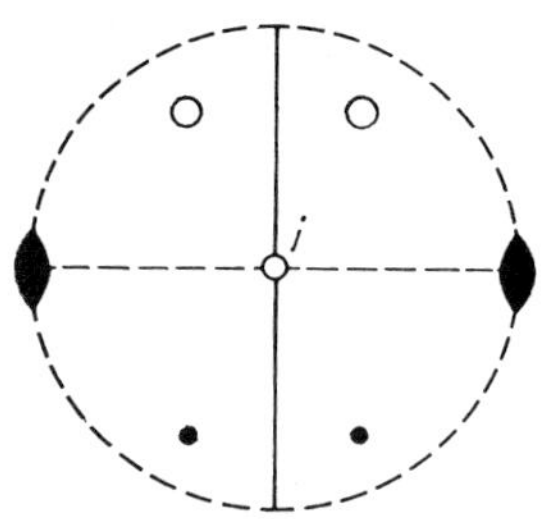

5

Bild 2.38. Einige Beispiele stereographischer Projektionen aus verschiedenen Kristallsystemen. Neben dem Stereogramm das dazugehörige Kopfbild des Kristalls

1 kubische Holoedrie: Pyramidenwürfel oder Hexakisoktaeder
2 kubische Hemiedrie: Disdodekaeder
3 hexagonale Holoedrie: dihexagonale Dipyramide
4 rhombische Holoedrie: rhombische Dipyramide
5 allgemeine monokline Form
i Symmetriezentrum

eine um den Kristall gelegte Kugel punktförmig durchstechen. Die Flächenzonen sind auf ihr durch Großkreise kenntlich gemacht. Wenn man nun diese Durchstichpunkte der oberen Halbkugel mit dem sog. Augpunkt (»Südpol«) verbindet, erhält man wiederum Durchstichpunkte in der horizontalen Ebene (Bild 2.37 b). In diese Ebene wird nun das Wulffsche Netz gelegt, so daß jeder Durchstichpunkt eine winkelmäßig genau fixierte Lage erhält. Klappt man das Netz in die Bildebene, versieht die Durchstichpunkte mit den Symbolen für die ersichtliche Zähligkeit der Achsen und verbindet sie durch Zonenkreise, so hat man eine übersichtliche Graphik der wichtigsten Symmetrieeigenschaften des Kristalls (Bild 2.37 c).
Im Bild 2.38 sind einige stereographische Projektionen aus verschiedenen Kristallsystemen dargestellt. Mit einiger Übung läßt sich aus ihnen schnell die Symmetrie eines Kristalls und damit die Zuordnung zu einer Kristallklasse ablesen.
Von besonderer Bedeutung ist die goniometrische Vermessung bei den sog. *verzerrten Kristallen.* Meist hervorgerufen durch besondere Wachstumsbedingungen des Minerals, kann seine Wachstumsgeschwindigkeit bzw. die seiner Flächen in bestimmten Richtungen bevorzugt sein. Beispiele solcher Verzerrungen zeigt Bild 2.39. Wichtig ist nun, daß durch diese ungleichmäßige Entwicklung des Kristalls die Lage der Flächen und damit der Winkel zwischen ihnen nicht verändert wird. Dieses von Steno (1669) erkannte *»Gesetz der Winkelbeständigkeit«* (vgl. Kap. 1.4.) ermöglicht es, durch Winkelmessung auch an verzerrten Kristallen die Symmetrie des Minerals zu erkennen. Es soll hinzugefügt werden, daß für uns heute diese Gesetzmäßigkeit auf Grund unserer Kenntnisse über die Ordnung des atomaren Aufbaus der kristallinen Materie leicht verständlich ist. Dies möge das Bild 2.6 nochmals erläutern.

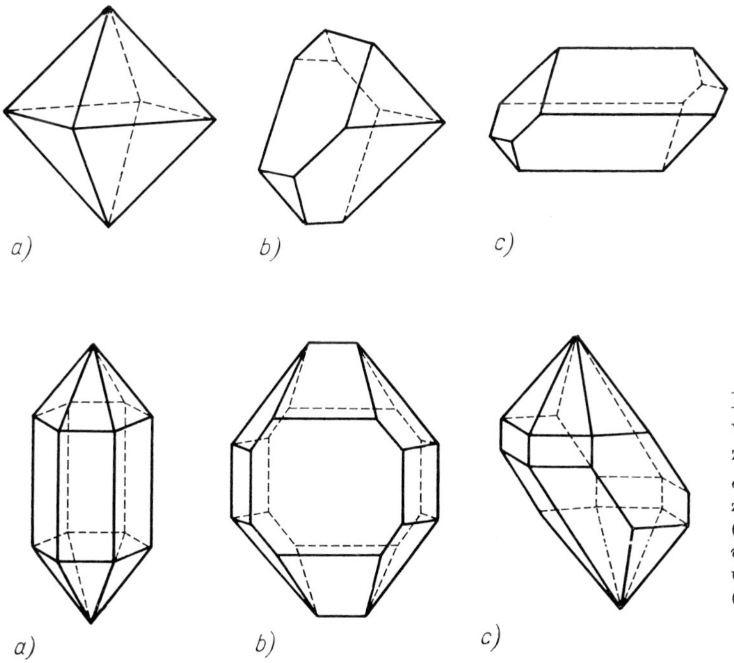

Bild 2.39. Beispiele von Mineralverzerrungen [98, 99]
oben: Oktaeder (a) und zwei verzerrte Formen (b, c)
unten: Quarz, ideal (a) und verzerrte Formen (b, c)

Mineralzwillinge

Zwillinge sind gesetzmäßige Verwachsungen von zwei Mineralindividuen gleicher Art und Ausbildung (Bild 2.41, s. S. 87). Die Zwillingsgesetze benutzen als Zwillingselemente die *Zwillingsebene* und die *Zwillingsachse*. Bei den Zwillingsebenengesetzen liegen die beiden Zwillingsindividuen spiegelbildlich zur Zwillingsebene, bei den Zwillingsachsengesetzen ist das eine Individuum durch Drehung um 180° mit dem anderen zur Deckung zu bringen. Beim Spinellgesetz im kubischen System sind zwei Oktaeder parallel einer Oktaederfläche verwachsen, wir haben also einen Berührungszwilling (s. u.) mit dem Index (111) vor uns. Zwillinge gibt es in allen Kristallsystemen; die wichtigsten werden bei der Besprechung der Minerale erwähnt, da sie oft eine praktische Bedeutung haben. Wir unterscheiden *Berührungs-* und *Durchwachsungszwillinge* (vgl. Bild 2.41).
Oft sind mehr als zwei Individuen beteiligt, dann sprechen wir von Drillingen bzw. Viellingen. Sich wiederholende Verzwillingungen rufen *polysynthetische Zwillinge* hervor (z. B. Bild 2.81) mit oft zu beobachtender *Zwillingsstreifung* auf den Flächen.
Wie Bild 2.40 zeigt, können die beiden Individuen eines Zwillings feinstrukturell durch eine »Überstruktur« miteinander verbunden sein.

Habitus: Bedingt durch die Kristallstruktur, auch durch Mineral- bzw. Flächenkombinationen, haben die Minerale eine z.T. typische, z.T. wechselnde räumliche Erscheinungsform. Verschiedentlich kann diese auch durch einseitiges Wachstum hervorgerufen werden (Mineralverzerrung). Wir beschreiben dann diese Minerale wie folgt (s. Bild 2.42):
- *isometrische Formen,* wenn die Entwicklung in allen drei Raumrichtungen etwa gleich groß ist, z. B. bei allen kubischen Kristallen (vgl. Bilder 7.1 und 9.1)
- *eindimensional gestreckte Formen:* säulenförmig, stenglig, nadlig, haarförmig, fasrig, so z. B. Turmalin, Rutil, Asbest (vgl. Bilder 11.102 und 11.129)
- *zweidimensional ausgebildete Formen:* taflig, plattig, blättrig, schuppig, besonders bei Schichtgittermineralen. Beispiele sind Baryt und Glimmer (vgl. Bilder 13.3 und 11.106)
- *dendritische Formen* haben Minerale, wenn durch Wachstumsstörungen nur eine unvollständige, skelettartige Ausbildung möglich ist (vgl. Bilder 2.42 oder 8.7).

Verschiedentlich wechselt der Habitus eines Minerals in Abhängigkeit von den Bildungsbedingungen (s. Bild 2.43).

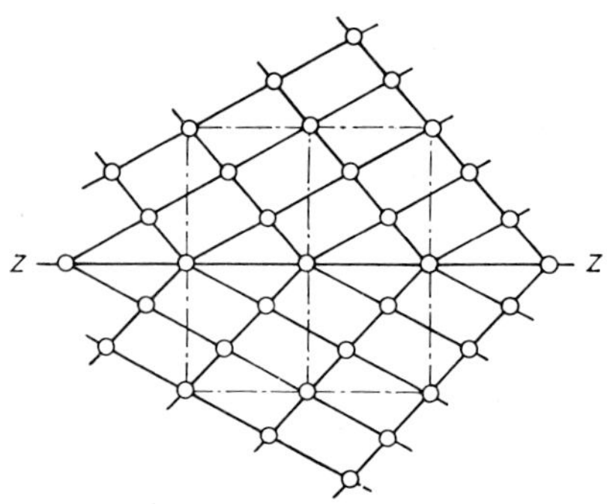

Bild 2.40. Berührungszwilling in atomarer Darstellung; beide Individuen sind durch Überstruktur (gestrichelt) miteinander verbunden [5]
$z - z$ = Zwillingsgrenze

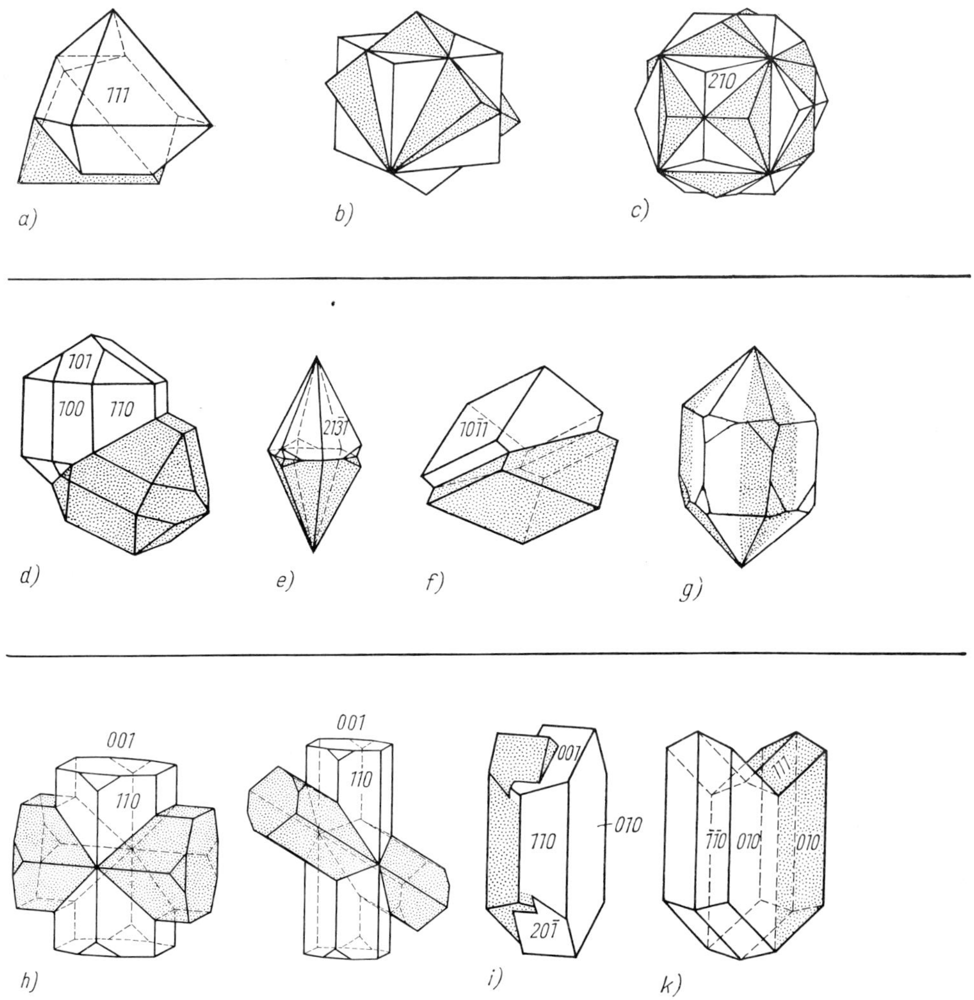

Bild 2.41. Beispiele von Zwillingsbildungen in den Kristallsystemen

a) kubisch: Oktaeder, verzwillingt nach dem Spinellgesetz (111), Berührungszwilling
b) kubisch: Würfel, verzwillingt nach dem Spinellgesetz (111), Durchwachsungszwilling
c) kubisch: Pentagondodekaeder, verzwillingt nach dem Pyritgesetz (110), Durchwachsungszwilling
d) tetragonal: Kombination von tetragonalen Prismen und Pyramiden, verzwillingt nach dem Rutilgesetz (011), Berührungszwilling
e) trigonal: Zwilling von skalenoedrischem Calcit nach (0001), Berührungszwilling
f) trigonal: Zwilling von rhomboedrischem Calcit nach ($10\bar{1}2$), Berührungszwilling
g) trigonal: Quarzzwillinge (Durchwachsungszwillinge)
h) rhombisch: Staurolithzwillinge, etwa rechtwinklig nach (032), sowie schiefwinklig (ca. 60°), nach (232), Durchwachsungszwillinge,
i) monoklin: Orthoklas, verzwillingt nach dem Karlsbader Gesetz (100), Berührungszwilling
k) monoklin: Gipszwillinge, sog. Schwalbenschwanzzwilling, verzwillingt nach (100), Berührungszwilling

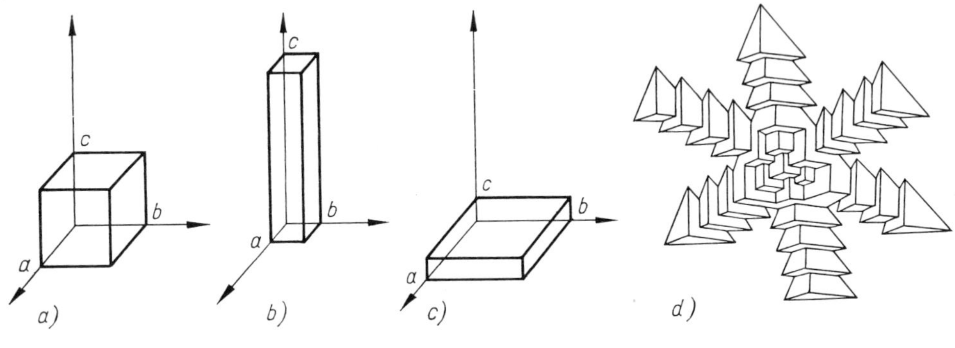

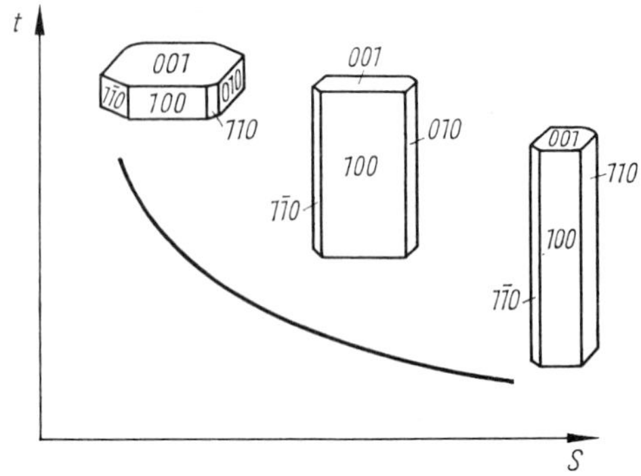

Bild 2.42. Habitus der Minerale [7]
a) isometrisch
b) eindimensional (z. B. stenglig)
c) zweidimensional (z. B. plattig)
d) dendritisch

Bild 2.43. Änderung des Habitus von Cyanit in Abhängigkeit von Temperatur t und Übersättigung S [141]

2.2.5. Störungen der idealen Mineralstruktur

Die bisherigen Darlegungen haben vorausgesetzt, daß jede durch die Mineralgeometrie, die Ladungsverhältnisse und den Chemismus des Minerals zu fordernde Besetzung eines Gitterpunktes erfüllt ist, wir also eine *ideale Struktur* vor uns haben. Die meisten Minerale haben aber eine *reale Struktur* mit unterschiedlichen Abweichungen. An den Mineralen ist dies bereits makroskopisch häufig zu sehen, z. B. in Form von Verzerrungen, gekrümmten Flächen, »Parkettierungen« und »Vizinalflächen«.
Wir unterscheiden bei diesen *Gitterstörungen* zwei Hauptarten:

- *Fehlordnungen*, bei denen atomare Bausteine fehlen, zuviel oder an einer »falschen« Stelle eingebaut sind (punktförmige Defekte). Über sie wird im Kapitel 2.3.2. unter den Begriffen Diadochie und Isomorphie eingehender berichtet.
- *Baufehler*, bei denen sich größere, meist zwei- und dreidimensionale Komplexe eines Kristallgitters nicht in ihrer »normalen« Lage befinden.

Die Baufehler können hauptsächlich auf zwei Wegen entstehen, nämlich durch Störungen beim Wachstum des Minerals (deshalb *Wachstumsbaufehler*) oder durch mechanische Beeinflussung des Minerals (deshalb *Verformungsbaufehler*). Die Verhältnisse bei den Baufehlern sind beispielsweise im Bild 2.44 dargestellt. Auf beide Zustände wird noch mehrfach zurückzukommen sein.

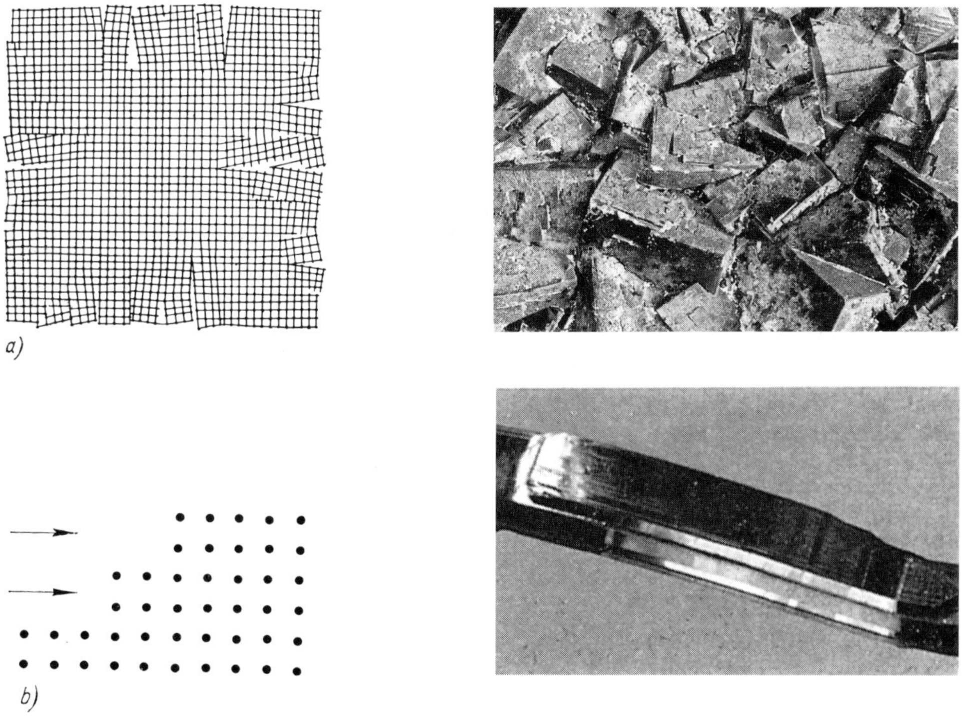

Bild 2.44. Entstehung und Ausbildung von Baufehlern (links schematische Darstellung, rechts Mineralbeispiel)

a) Wachstumsbaufehler: Bildung von Mosaikstruktur an der Kristalloberfläche (z. B. rechts oben bei Fluorit)

b) Wachstums- oder Verformungsbaufehler: Translation (siehe rechts unten die Translationsstreifung bei Antimonit)

Gitterstörungen haben einen wechselnden, oft starken Einfluß auf die (v. a. physikalischen) Eigenschaften der Minerale. Relativ *störungsunempfindliche* Eigenschaften sind die Dichte, die elastischen und optischen Eigenschaften sowie die Wärmeausdehnung. Relativ *störungsempfindlich* sind das plastische und elektrische Verhalten sowie die Ätzbarkeit und das Wachstum der Minerale, verschiedentlich auch die Härte und Spaltbarkeit. Die Bedeutung der Realstruktur (Gitterstörungen) im geologisch-rohstoffkundlichen Bereich wird oft noch übertroffen durch deren Nutzen und Schaden in der Technik, insbesondere bei den Werkstoffen.

2.2.6. Amorphe Minerale und Kolloide

Nicht alle Minerale sind kristallin bzw. haben Kristallgestalt. Die bei Kristallen typische Anisotropie der Form und der Eigenschaften fehlt ihnen. Wir nennen diese Minerale *amorph*. Die sie aufbauenden Atome sind (statistisch) regellos verteilt, so daß alle ihre Eigenschaften einschließlich der Form *isotrop,* d. h. richtungsunabhängig, sind.

Es gibt in der Natur wenige amorphe Minerale (Opal, z. T. »Limonit«, z. T. Chrysokoll). Das liegt daran, daß jede Substanz versucht, in den kristallinen Zustand überzugehen. Man weiß andererseits, daß viele kristallinen Minerale über einen amorphen Zustand entstanden sind. Vorstufen solcher amorphen Substanzen waren häufig die kolloidalen Systeme (vgl. Kap. 2.4.7.). Aus Hydrosolen entstehen durch Wasserabgabe Hydrogele, die bei Verfestigung amorphe Minerale darstellen. Im Laufe der Zeit kristallisieren auch diese Gele aus und bilden Kristallite bzw. Kristallaggregate. Aufgrund ihrer Entstehungsweise haben (ehemals) amorphe Minerale keine Kristallflächenbegrenzungen, sondern wegen ihres ursprünglich kollomorphen isotropen Zustandes rundliche Oberflächen (sog. Glasköpfe, vgl. Bild 10.33 a).
Kristalline Minerale, die radioaktive Elemente enthalten, können durch die ausgesandte Strahlung die Regelmäßigkeit ihres Gitters verlieren und *isotropisiert* (metamikt) werden. Beispiele solcher »sekundäramorphen« Minerale sind Allanit (Orthit), Fergusonit und viele andere. Auch die sog. *pleochroitischen Höfe* um radioaktive Mineraleinschlüsse, wie wir sie häufig in Glimmern beobachten können, gehören z. T. hierher (vgl. Kap. 2.4.6.).

2.3. Chemismus und Formeln der Minerale

2.3.1. Konstante (nicht variable) Verbindungen

In einer Elementarzelle sind eine ganz bestimmte Zahl von Elementatomen (z. B. Cu) bzw. Elementverbindungen (z. B. NaCl) untergebracht, wobei die Ionen der Elementverbindungen ein ganz bestimmtes Verhältnis zueinander haben (z. B. NaCl = Na : Cl = 1 : 1). Dieses Verhältnis gilt natürlich auch für das gesamte Mineral; es entspricht damit dem Chemismus des Minerals und wird durch eine einfache Mineralformel (NaCl = Halit) ausgedrückt. In der Chemie spricht man von stöchiometrischen Verhältnissen, die dem »Gesetz der konstanten und multiplen Proportionen« gehorchen. Dementsprechend finden wir in unserem kristallchemisch begründeten Mineralsystem in jeder Klasse beispielsweise folgende Mineralformeln:

Element-Minerale	Cu (Kupfer); Pt (Platin), Au (Gold)
Sulfide	PbS (Galenit); Sb_2S_3 (Antimonit)
Halogenide	NaCl (Halit); CaF_2 (Fluorit)
Oxide u. Hydroxide	UO_2 (Uraninit); Fe_2O_3 (Hämatit); $Al(OH)_3$ (Hydrargillit)
Silikate	Mg_2SiO_4 (Forsterit); $Al_2Be_3Si_6O_{18}$ (Beryll)
Phosphate	$Ca_5F(PO_4)_3$ (Apatit)
Sulfate	$BaSO_4$ (Baryt); $MgSO_4 \cdot H_2O$ (Kieserit)
Wolframate usw.	$CaWO_4$ (Scheelit)
Karbonate	$FeCO_3$ (Siderit); $CaMg(CO_3)_2$ (Dolomit)
Borate usw.	$Na_2B_4O_7 \cdot 10\,H_2O$ (Borax)

Oft erweist es sich als zweckmäßig (z. B. zur Diskussion bestimmter Mineralbildungsprozesse oder zur Umrechnung von Gesteinsanalysen), diese gewöhnlichen *Summenformeln* in die Oxidkomponenten (»*Oxidformeln*«, im Sinne von BERZELIUS 1813) zu zerlegen, so z. B.:

$CaMgSi_2O_6$ (Diopsid) → $CaO \cdot MgO \cdot 2\ SiO_2$

oder:

$2\ Mg_3ClB_7O_{13}$ (Boracit) → $5\ MgO \cdot 7\ B_2O_3 \cdot MgCl_2$

Wenn in einem Mineral Anionenkomplexe auftreten, die eine eigenständige strukturelle Einheit darstellen, kann man dies durch eine eckige Klammer zum Ausdruck bringen, so z. B.

$BaSO_4$ (Baryt) = $Ba[SO_4]$ mit einem $[SO_4]$-Tetraederkomplex
$Ca_5F(PO_4)_3$ (Apatit) = $Ca_5[F/(PO_4)_3]$ mit dem Fluorid-Anion und dem tetraedrischen Anionenkomplex $[PO_4]$

Durch besondere Kennzeichnung ist es in diesen kristallchemischen Formeln (STRUNZ 1937) auch möglich und gelegentlich nützlich, die Koordination in der Verbindung zu kennzeichnen. Als Beispiel mögen folgende chemisch ähnliche, aber strukturell unterschiedliche Minerale dienen:

Andalusit	$Al^{[6]}\ Al^{[5]}\ [O/SiO_4]$
Sillimanit	$Al^{[6]}\ [Al^{[4]}SiO_5]$
Cyanit	$Al_2^{[6]}\ [O/SiO_4]$

Treten Elemente in das Mineral ein, die unterschiedliche Wertigkeit haben, so sollte man dies in der Formel vermerken (die Schreibweise ist leider sehr unterschiedlich, so z. B. beim dreiwertigen Eisen = $Fe^{\cdots} \triangleq Fe^{+++} \triangleq Fe^{III} \triangleq Fe^{3+}$). Am Beispiel des Minerals Granat möge dies demonstriert werden:

$(Mg, Fe^{2+}, Mn^{2+}, Ca)_3(Al, Fe^{3+})_2[SiO_4]_3 = R_3^{2+}R_2^{3+}[SiO_4]_3$

Die rechte Formel ist die sog. *Typenformel* für alle Granate der Granatmischkristallgruppe.

Wasserhaltige Minerale

Eine besondere Rolle spielt das in Mineralen gebundene Wasser (unabhängig von der Stöchiometrie). Wir unterscheiden folgende Typen (einschließlich der Schreibweise in den Mineralformeln):
Konstitutionswasser ist die Hydroxylgruppe $(OH)^-$, die erst beim Erhitzen auf Temperaturen von einigen hundert Grad Celsius entweicht.
Beispiel: $Cu_2[(OH)_2/CO_3]$ = Malachit (vgl. Bild 14.27)
Kristallwasser in Form von H_2O-Molekülen besetzt ganz bestimmte Gitterplätze. Es wird beim Erhitzen relativ leicht und oft in Stufen abgegeben; dabei bricht das Gitter zusammen.
Beispiel: $Co_3[AsO_4]_2 \cdot 8\ H_2O$ = Erythrin (»Kobaltblüte«); (vgl. Bild 12.17, auch Gips, Bild 13.11)
Zeolithwasser stellt H_2O-Moleküle dar, die in ein Mineralgitter (speziell den Zeolithen) in Hohlräumen ohne Fixierung an einen bestimmten Platz gebunden sind. Es besteht die Möglichkeit der stufenlosen Abgabe und Wiederaufnahme des Wassers ohne Änderung der Struktur.
Beispiel: $Na_2[Al_2Si_3O_{10}] + 2\ H_2O$ = Natrolith (vgl. Bild 11.163). Im speziellen Teil des Buches wird bei den Zeolithen im Gegensatz zu der vorgeschlagenen Schreibweise $\cdot$ x H_2O geschrieben.

Kolloidwasser ist Absorptionswasser in Hydrogelen, das kontinuierlich abgegeben, aber nicht in jedem Fall wieder aufgenommen werden kann (»Alterung« der Gele).
Beispiel: $SiO_2 + aq = Opal$
Zwischenschichtwasser (auch Quellungswasser z. T.) ist in Schichtgitter-Mineralen zwischen den Schichten eingelagert und weitet das Gitter häufig senkrecht zu den Schichten auf (vgl. Bild 11.107). Es kann kontinuierlich aufgenommen und abgegeben werden.

Beispiel: $\left\{\begin{matrix}(Al_{1,67}Mg_{0,33})[(OH)_2/Si_4O_{10}]^{0,33-} \\ Na_{0,33}(H_2O)_4\end{matrix}\right\}$ = Montmorillonit (vereinfachte Formel)

(Das durch Na kompensierte Ladungsdefizit von 0,33 entsteht durch Fehlordnung, nämlich hier durch den Ersatz von Al durch Mg.)

In diese Gliederung geht natürlich nicht das sorptiv an das Mineral gebundene Wasser (das bei 105 °C zu entfernende Kapillarwasser oder die »Bergfeuchte«) ein sowie auch nicht das in Flüssigkeitseinschlüssen (meist bei Wachstum der Minerale) eingeschlossene Wasser (vgl. Kap. 3.6.).

2.3.2. Variable Verbindungen (Diadochie und Isomorphie)

Die meisten (wenn nicht alle) Minerale sind als Realkristalle nichtstöchiometrisch zusammengesetzt. Deshalb sind stöchiometrisch aufgebaute Mineralformeln fast stets eine Vereinfachung der Realität. Sie stellen den verallgemeinerten Hauptchemismus einer *Mineralart* dar, nicht den wirklichen genauen Chemismus des *Mineralindividuums* (vgl. Kap. 1.3. Gliederung).
Wie wir schon feststellten, wird diese Abweichung durch Fehlordnung im Mineralgitter hervorgerufen, von denen wir trotz vieler Ähnlichkeit hier zwei Arten unterscheiden: die Diadochie und die Isomorphie.
Unter der *Diadochie* wollen wir die Fehlordnung, insbesondere die gegenseitige Ersetzbarkeit einzelner Atome (in einer relativ geringen Menge in bezug auf die Hauptelemente des Wirtsminerals), verstehen. Die sog. Spurenelemente in den Mineralen sind dementsprechend diadoch eingebaut.
Bei der *Isomorphie* ist der Grad der Fehlordnung wesentlich größer und führt z. B. dazu, daß zwei oder mehr (gleichwertige) Komponenten eines Minerals einen sog. Mischkristall (eine isomorphe Mischung bzw. feste Lösung) aufbauen.
Bei den *Fehlordnungen* unterscheiden wir prinzipiell drei Hauptarten:

- die *Substitutionsfehlordnung*, bei der ein bestimmter Baustein (Atom, Ion) durch einen anderen, möglichst gleich großen und gleichwertigen, ersetzt (substituiert) wird (Bild 2.45 oben)
- die *Subtraktionsfehlordnung*, bei der ein bestimmter Gitterpunkt nicht durch das Atom, das an dieser Stelle an sich vorhanden sein müßte, besetzt ist (Leerstellenfehlordnung; siehe Bild 2.45 Mitte). Ein Mineral mit Subtraktionsfehlordnung ist der Pyrrhotin (Magnetkies) mit der allgemeinen Formel $Fe_{n-1}S_n$, wobei die natürlichen Bildungen meist die Formel $Fe_{11}S_{12}$ haben
- die *Additionsfehlordnung*, bei der zusätzlich zu dem normalen Gitter auf Zwickeln (»Zwischengitterplätze«) zwischen den Bausteinen noch andere, meist kleine Bausteine eingefügt (addiert) sind (Bild 2.45 unten).

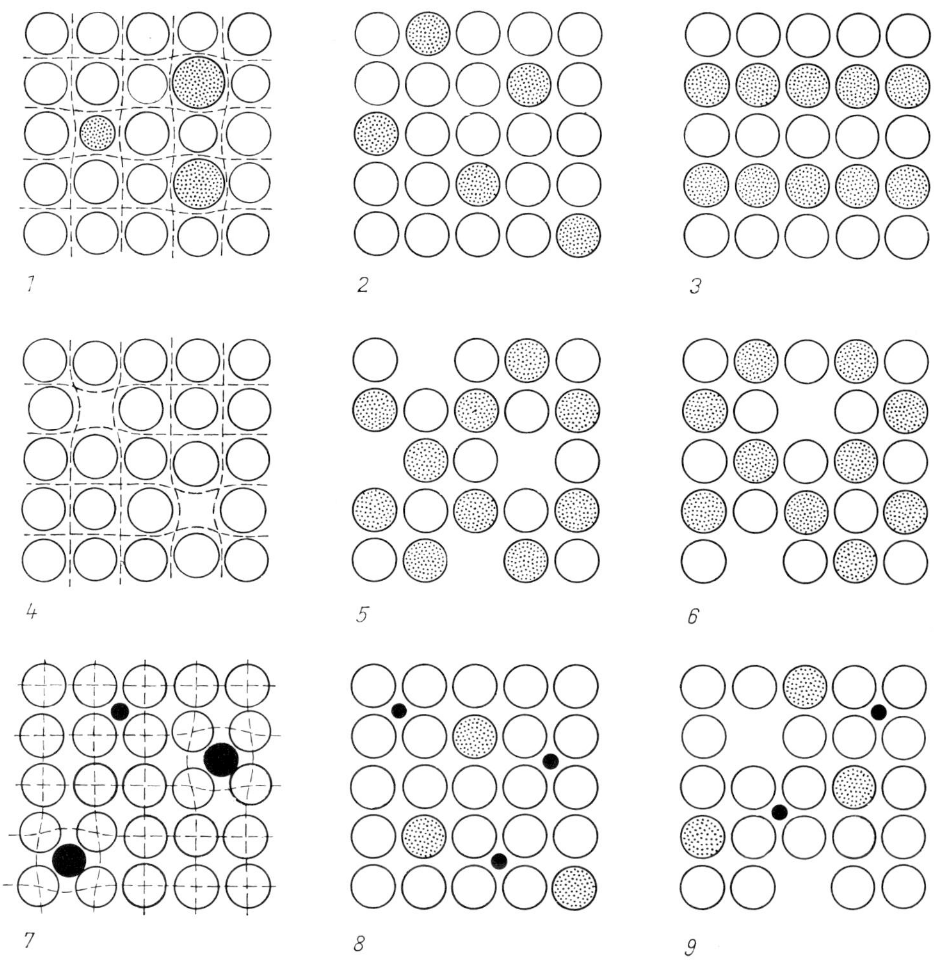

Bild 2.45. Zweidimensionale Schemata der Fehlordnungen

Obere Reihe (Substitutionsfehlordnung):

1 Gitter aus einer Komponente mit Einbau eines kleineren und eines größeren Atoms
2 ungeordnete Substitution
3 geordnete Substitution

Mittlere Reihe (Subtraktionsfehlordnung):

4 Verhalten des Gitters bei Leerstellen
5 geordnetes Gitter aus zwei Komponenten A und B, wobei zweimal AB fehlt (dadurch elektrisch neutrales Gitter)
6 wie *5*; es fehlt nur zweimal Komponente B (dadurch elektrisch nicht neutrales Gitter)

Untere Reihe (Additionsfehlordnung):

7 Verhalten des Gitters bei Einbau zwickelfüllender und großer Atome
8 doppelter Mischkristall (Kopplung von Substitutions- und Additionsfehlordnung)
9 dreifacher Mischkristall (Kopplung aller drei Fehlordnungen)

Anmerkung: Bei binären Ionenkristallen vom Typ AB gilt:

1. FRENKEL-Typ: Kationen auf Zwischengitterplätzen und Leerstellen im Anionenteilgitter
2. SCHOTTKY-Typ: Leerstellen im Kationen- und Anionenteilgitter

Die Subtraktions- und Additionsfehlordnung hat ihre Hauptbedeutung im technischen Bereich der Werkstoffe; ihre künstliche Erzeugung und Steuerung führt zu wichtigen elektrischen, magnetischen und anderen Effekten, die insbesondere in der Elektronik (z. B. Halbleiter) genutzt werden. In der natürlichen (geologischen) Materie, in den Mineralen, haben wir als wichtigste und wirkungsvollste Fehlordnung die Substitutionsfehlordnung näher zu betrachten, da sie die Grundlage für das tiefere Verständnis der Diadochie und Isomorphie ist.

Diadochie

Eine *diadoche Ersetzbarkeit* (Substitution) eines Elementes (Atom, Ion, auch Molekül) durch ein anderes ist möglich, wenn der ersetzende Baustein etwa gleich groß wie der zu ersetzende ist. Nach der GOLDSCHMIDTschen Regel wird (bei Ionengittern) bis zu einer Abweichung von 15% der Größe des Wirtselements dieses leicht ersetzt. VERNADSKIJ hat bereits vor 60 Jahren solche Elemente, die sich in Mineralen häufig gegenseitig vertreten, zu sog. *diadochen Reihen* zusammengefaßt. Die in den Mineralen am häufigsten auftretenden Diadochiebeziehungen sind im Bild 2.46 dargestellt. Man beachte jedoch stets die Veränderbarkeit von Atomen und Ionen durch Deformation infolge struktur- und bindungsbedingter Polarisation der Elektronenbahnen.

Am leichtesten vertreten sich Elemente mit gleicher elektrischer Ladung (gleicher Wertigkeit), wir sprechen dann von *isovalenter Diadochie* oder *Tarnung* (Beispiel Mg^{2+} durch Fe^{2+} im Olivin oder Magnetit). Jedoch ist auch *heterovalente Diadochie* häufig. Bei letzterer spricht man von sog. *Abfangen*, wenn ein höherwertiges Element von einem niedrigerwertigen ersetzt wird (Ca^{2+} durch Y^{3+} im Fluorit) und dadurch seine Gitterenergie erhöht.

Im Periodensystem sind oft gleich große und damit diadoch wirksame Elemente durch die bekannten Schrägbeziehungen verbunden (Beispiel Ca...Y; B...Si; Ti...Nb).

In der Mineralformel werden Elemente, die sich diadoch vertreten, in einer runden Klammer in der Reihenfolge ihrer Häufigkeit und durch ein Komma getrennt aufgeführt, so z. B. ein silberhaltiger Galenit (Bleiglanz) als (Pb, Ag)S.

Isomorphie

Bei der Isomorphie treten Elemente und Elementgruppen als mehr oder weniger gleichwertige Partner zu einer isomorphen Mischung oder einem *Mischkristall* zusammen. Hier spielt meist nicht nur die Größe der einzelnen Atome, sondern die möglichst gleichwertige strukturelle Form der Partner (meist molekülartige Komponenten) eine Rolle. Je nach dem Grad dieser Übereinstimmung spricht man von *isotyper, homöotyper und heterotyper Mischbarkeit.* Eine vollständige Mischbarkeit ist also dann zu erwarten, wenn die Gitterparameter praktisch gleich (isotyp) sind; so treten z. B. die (kubisch flächenzentrierten) Gitter von Gold (a_0 = 4,078 Å) und Silber (a_0 = 4,086 Å) zu der bekannten lückenlosen Legierung zusammen, oder die Kristallgitter von Pyrop $Mg_3Al_2[SiO_4]_3$ mit a_0 = 11,53 Å und Almandin $Fe_3^{2+}Al_2[SiO_4]_3$ mit a_0 = 11,52 Å bilden einen Granatmischkristall. Haben die beiden Mischungsglieder etwas unterschiedliche Gitterparameter, so liegt die Größe der Gitterkonstante des Mischkristalls zwischen beiden Werten (s. Bild 2.47; »VEGARDsche Regel«).

Eine etwas kompliziertere Art der Isomorphie tritt bei der sog. *gekoppelten Substitution* auf, bei der sich in den isomorphen »Molekülen« verschiedenwertige Elemente

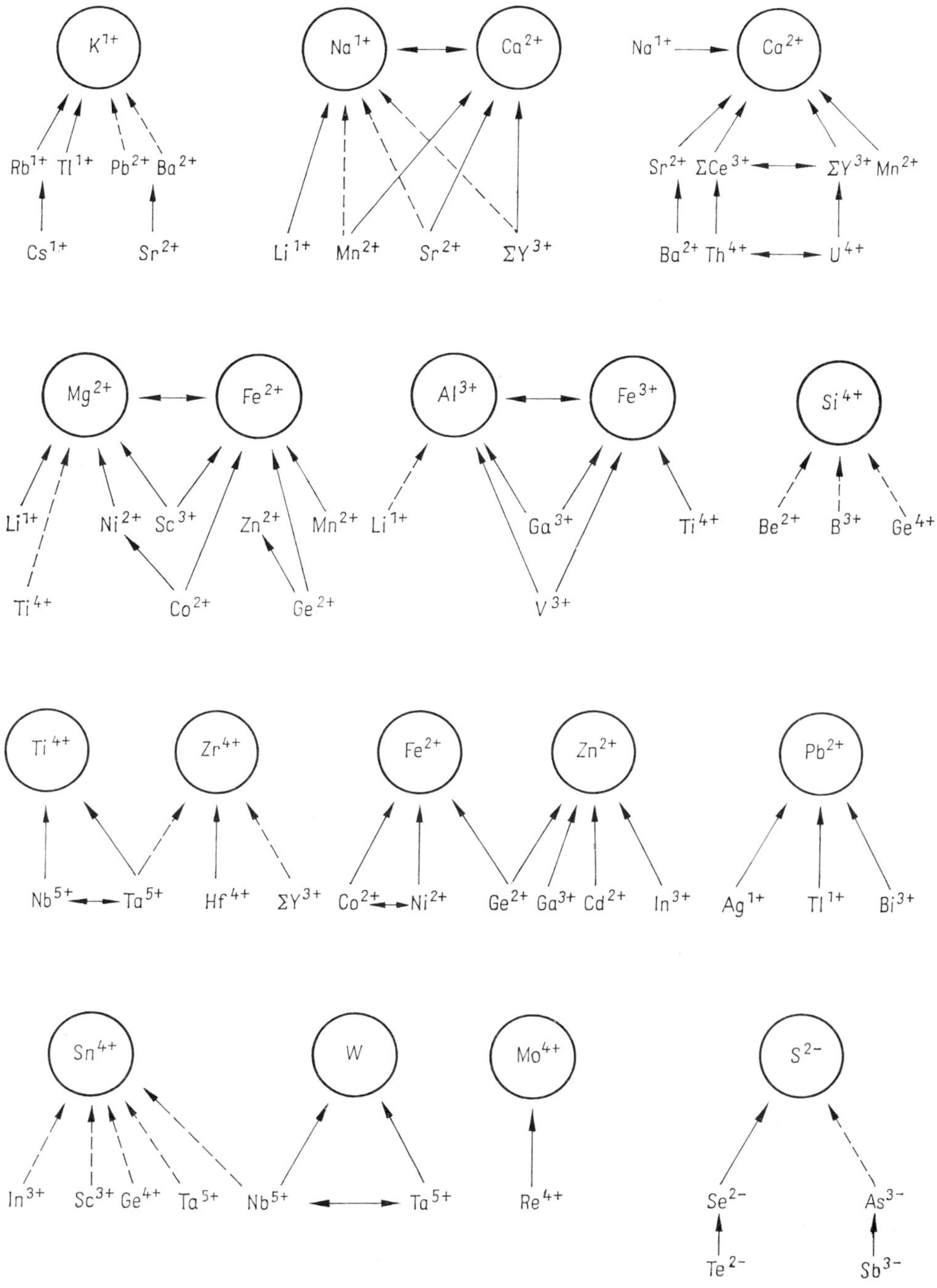

Bild 2.46. Diadoche Ersetzbarkeit von mineralbildenden Elementen durch andere, meist Spurenelemente (Beispiele)

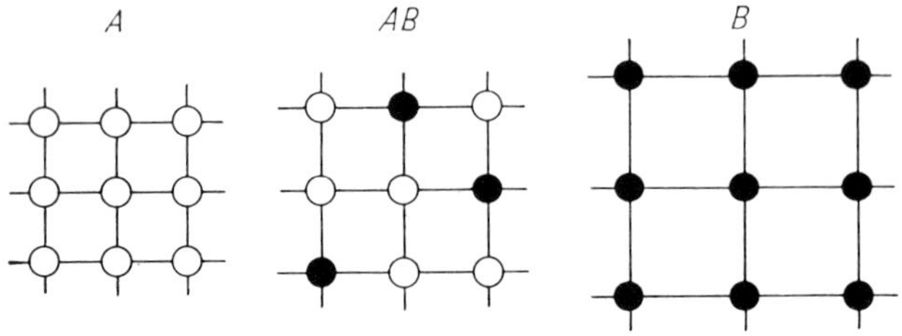

Bild 2.47. Isomorphe Mischung der Komponenten A und B. Die Größe der Elementarzelle des Mischkristalls AB liegt zwischen denen der beiden Endglieder [98]; »VEGARDsche Regel«

austauschen können. Ein Beispiel aus der vollständig mischbaren isomorphen Reihe der Plagioklase in der Feldspatgruppe möge das erläutern: Es treten hier die Komponenten Albit $Na[AlSi_3O_8]$ und Anorthit $Ca[Al_2Si_2O_8]$ unter gekoppeltem Ersatz von Na^+Si^{4+} gegen $Ca^{2+}Al^{3+}$ zusammen.

Die Formeln von Mineralen mit Mischkristallcharakter ähneln denen von Mineralen mit diadochem Einbau eines Elementes. Mischt sich z. B. das Mineral Forsterit $Mg_2[SiO_4]$ mit dem Mineral Fayalit $Fe_2[SiO_4]$, so hat beim Überwiegen des Forsterits der Mischkristall Olivin die Formel $(Mg, Fe)_2[SiO_4]$, im Falle des Überwiegens des Fayalits jedoch $(Fe, Mg)_2[SiO_4]$. Diese Methode kann auch auf das Anion bzw. den Anionkomplex übertragen werden.

Den Vorgang der Mischkristallbildung kann man neben der hier durchgeführten kristallchemischen bzw. kristallstrukturellen Betrachtung auch vom physikochemischen Standpunkt beschreiben. Dies ist der Lehrstoff der Physikalischen Chemie sowie Geochemie und wird deshalb, von einigen Ausführungen im Kapitel 4.2. abgesehen, hier nicht behandelt. Es soll zum Gesamtverständnis nur auf einige Punkte hingewiesen werden.

Die Neigung zu Diadochie und Mischkristallbildung ist generell bei niedrigeren Temperaturen geringer als bei höheren, da bei höheren Temperaturen (Energiezufuhr) infolge größerer Beweglichkeit der Atome und Ionen derartige Fehlordnungen erzwungen werden können. Solche Mischkristalle sind theoretisch nur unter den Entstehungsbedingungen stabil und zerfallen bei Abkühlung in die Ausgangs-

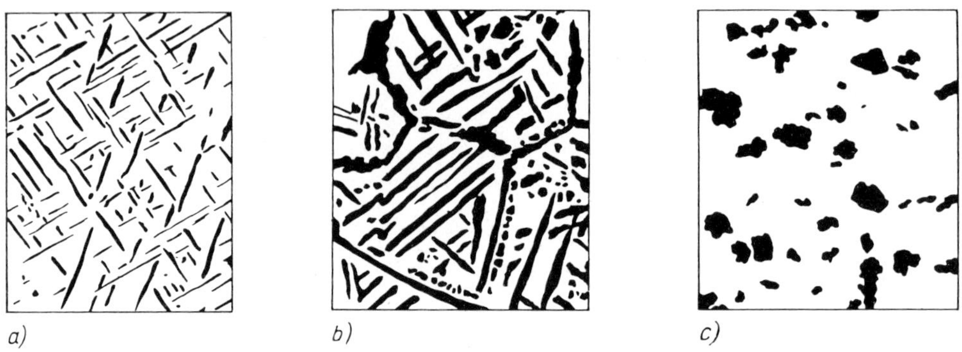

Bild 2.48. Entmischungsformen von Chalkopyrit (schwarz) aus Bornit in Abhängigkeit von der Abkühlungsgeschwindigkeit. Abkühlung von 600 °C auf Zimmertemperatur in 5 Minuten (a), 1 Stunde (b), 24 Stunden (c) [115]

phasen; sie entmischen sich und bilden *Entmischungsgefüge* (Bild 2.48), wie wir sie in großer Zahl und Formenfülle in den Mineralen finden (Lamellen, Spindeln, Tröpfchen usw.). Ihr Vorhandensein bzw. Fehlen gibt oft wichtige Hinweise für die Entstehungsbedingungen der Minerale. Wir kennen aber auch Minerale, z. B. den Olivin, die oft trotz extremer Bildungsbedingungen unter Erdoberflächenverhältnissen nicht oder langsam zerfallen, sich also metastabil verhalten.

2.3.3. Berechnung von Mineralformeln

Zur Aufstellung einer Mineralformel benötigt man in jedem Fall eine chemische Analyse, die die Menge der Atome bzw. Moleküle in Masseprozent (bzw. Gewichtsprozent) angibt. Da jedoch die Formel die zahlenmäßigen Verhältnisse der Atome zueinander benötigt und wiedergibt, muß man die analytisch bestimmten Komponenten durch das Atom- bzw. Molekulargewicht (-masse) dividieren; man erhält dadurch die Atom- bzw. die Molekularmengen. Dies sei an drei Beispielen demonstriert (s. Tab. 2.2, 2.3, 2.4).

Die Aufstellung der Formeln von komplex zusammengesetzten Mineralen, insbesondere der von Silikaten, ist oft schwierig und bedarf eingehender Kenntnis der Struktur und Bindung (vgl. [37]).

Tabelle 2.2. Berechnung der Formel des Minerals Emplektit [17]

Element	Masse-%	Atommenge (× 10000)	Verhältnis (Koeffizient)
Cu	19,20	3020	~1
Bi	62,27	2979	~1
S	18,53	5780	~2
Summe	100,00		

Mineralformel: $CuBiS_2$

Tabelle 2.3. Berechnung der Formel eines Kalifeldspates [13]

Oxid	Masse-%	Molekularmasse	Molekularmenge (× 1000)	Verhältnis (Koeffizient)
SiO_2	64,7	60,09	1077	~6
Al_2O_3	18,4	101,96	180	~1
K_2O	16,9	94,20	179	~1
Summe	100,0			

Mineralformel: $K_2O \cdot Al_2O_3 \cdot 6\ SiO_2 = 2\ K[AlSi_3O_8]$

Tabelle 2.4. Berechnung der Formel des Minerals Triphylin (aus [13])

Oxid	Masse-%	Molekularmenge (× 100)	Atommenge von Sauerstoff (× 100)	Atommenge des Kations (× 100)	Verhältnis (Koeffizient)
Li_2O	9,01	30,15	30,15	60,30	3,74
FeO	33,04	45,99	45,99	45,99	2,85
MnO	12,12	17,09	17,09	17,09	1,06
P_2O_5	45,60	32,10	160,50	64,20	3,99
H_2O	0,70	3,89	3,89	7,78	0,48
Summe	100,47		257,62		

Mineralformel: $Li_{3,74}Fe^{2+}_{2,85}Mn^{2+}_{1,06}H_{0,48}P_{3,99}O_{16}$
verallgemeinert: $Li(Fe, Mn)PO_4$

2.4. Physikalische Eigenschaften

Die physikalischen Eigenschaften sind von besonderer Bedeutung, da sie

- sehr häufig die vielfältige Nutzung der Minerale bedingen und
- für das Erkennen (die Diagnose) des Minerals wichtig sind.

Die Bestimmung der physikalischen Eigenschaften kann in vielen Fällen bereits makroskopisch erfolgen, so z. B. durch die Farbe, Dichte, Härte und Form; sehr häufig muß man sich aber unterschiedlicher und z. T. verhältnismäßig aufwendiger Untersuchungsmethoden bedienen. Darüber wird im Kapitel 3. ausführlich berichtet. Alle physikalischen Eigenschaften hängen von der Feinstruktur des Minerals ab, also von der Art und Packungsdichte der Bausteine sowie ihrer räumlichen Anordnung. *Skalare Eigenschaften* sind dabei solche, bei denen die Anisotropie des Gitters *keine* Rolle spielt, die also richtungsunabhängig sind, wie z. B. die Dichte, der Schmelzpunkt oder die spezifische Wärme. Solche Eigenschaften, die von der Anisotropie der Mineralstruktur beeinflußt werden bzw. abhängig sind, heißen *vektoriell* (wobei man noch polare und tensorielle unterscheiden kann); hierzu zählen die Elastizität, die Härte und die Spaltbarkeit bzw. der Bruch ebenso wie die Wachstumsgeschwindigkeit, die Wärmeleitfähigkeit oder die optischen Eigenschaften.

2.4.1. Optische Eigenschaften

Von jedem Mineral erhalten wir durch seine Farbe und seinen Glanz einen ersten optischen Eindruck. Diese und einige andere optische Eigenschaften äußern sich bei der Einwirkung von Licht auf das Mineral. Folgende wichtigste Möglichkeiten bestehen dabei:

- unterschiedlich starke Lichtbrechung
- unterschiedlich starke Lichtabsorption und -reflexion
- Erzeugung einer sichtbaren Sekundärstrahlung

Lichtbrechung

Die Lichtbrechung ist eine der grundlegenden Erscheinungen am Mineral; sie ist verantwortlich für viele optische Eigenschaften wie den Glanz, die Interferenzfarben, die Reflexion usw. Sie ist weiter eine wichtige Konstante eines Minerals und ermöglicht mit ihrer Bestimmung das Erkennen eines Minerals.
Die Kenntnis der Grundgesetze von Lichtausbreitung, von Lichtbrechung, -doppelbrechung und -polarisation wird vorausgesetzt, so daß hier nur stichwortartige Wiederholungen nötig sind; im übrigen sei auf Lehrbücher der Physik, Kristallographie, Kristalloptik und Polarisationsmikroskopie verwiesen [5], [45], [91].
Das SNELLIUSsche Brechungsgesetz (s. Bild 2.49) bestimmt das Verhalten eines Lichtstrahles an der Grenze optisch unterschiedlich dichter Medien. Der wichtige Brechungsindex n (streng gültig nur für monochromatisches Licht) ist definiert als

$$n = \frac{\sin \alpha_1}{\sin \alpha_2} \left(= \frac{V_1}{V_2} = \frac{n_2}{n_1} \right)$$

α_1 und α_2 Einfalls- bzw. Brechungswinkel
V_1 und V_2 Fortpflanzungsgeschwindigkeit in beiden Medien
n_1 und n_2 absolute Brechzahl der beiden Medien
n Brechzahl

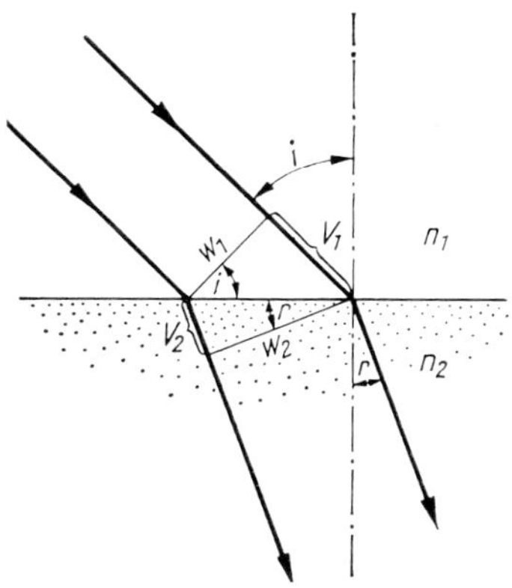

Bild 2.49. Schematische Darstellung der Lichtbrechung (SNELLIUSsches Brechungsgesetz) beim Lichtdurchgang von einem optisch dünneren in ein optisch dichteres Medium (n_1 und n_2)
w_1 und w_2 sind die Wellenfronten des einfallenden und gebrochenen Lichtes
i und r entsprechen dem Einfalls- bzw. Brechungswinkel α_1 und α_2

Die Geschwindigkeit der Lichtstrahlen in einem Mineral – und damit (als reziproke Werte) die Stärke der Lichtbrechung in einer bestimmten Richtung – hängt vom Gitterfeinbau (insbesondere vom »Packungsindex«, d. h. der Dichte der Packung der atomaren Bausteine und der Bindungsart) ab und läßt sich am besten durch eine räumliche »Indikatrix« wiedergeben. Ihre Ausbildung (Kugel, Rotationsellipsoid oder dreiachsiges Ellipsoid) wird weitgehend von der kristallographischen Symmetrie bestimmt und ermöglicht die Ausgliederung von fünf optischen Klassen.
Optisch isotrope Minerale (gelförmig, kubisch) haben nur *einen* Brechungsindex (= eine Wellengeschwindigkeit), während in *anisotropen Mineralen* (alle anderen

Kristallsysteme) in Abhängigkeit von der Richtung auch *unterschiedliche Brechungsindizes* (= Wellengeschwindigkeiten) auftreten. Für uns von Interesse sind besonders die Hauptbrechungsindizes, von denen bei *optisch einachsigen* Mineralen (tetragonal, hexagonal, trigonal-rhomboedrisch) zwei in Form von n_O und n_E, bei *optisch zweiachsigen Mineralen* (rhombisch, monoklin, triklin) drei als n_X, n_Y, n_Z existieren (s. Bild 2.50). Insbesondere bei den optisch einachsigen Mineralen besteht eine strenge Übereinstimmung der kristallographischen und optischen Achsen (s. Bild 2.51). Diese Werte sind v. a. in den Lehr- und Handbüchern der Mikroskopie in Tabellenform für alle wichtigen Minerale zusammengestellt [17, 49, 209 u. a.].
In einem isotropen Medium (z. B. Luft) »schwingt Licht« in allen Richtungen. Trifft dieses Licht auf ein anisotropes durchsichtiges Mineral, so wird es in zwei senkrecht zueinander schwingende, also polarisierte Wellen mit unterschiedlichen Brechungsindizes (= unterschiedlicher Geschwindigkeit) zerlegt. Ist diese *Doppelbrechung* (Δn = delta n, z. B. $n_E - n_O$ oder $n_Z - n_X$) sehr groß, wie z. B. beim Calcit (s. Bild 2.52), kann man die beiden Wellen voneinander trennen und erhält das für polarisationsoptische Untersuchungen wichtige linear polarisierte Licht. Tritt nämlich dieses polarisierte Licht in einem Mikroskop durch ein anisotropes Mineral, erzeugt es typische *Interferenzfarben*, aus deren Art man wiederum auf den Charakter des Minerals schließen kann (s. Kap. 3.2.; auch Bild 16.5 im Anhang). Eine eingehendere

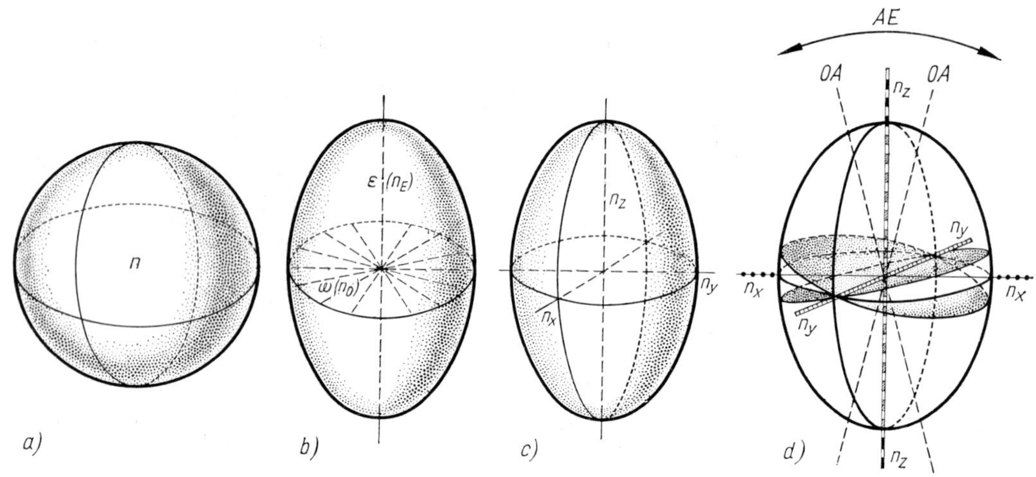

Bild 2.50. Bezugsfläche (Indikatrix) für die Darstellung des Brechungsindex in den verschiedenen Kristallsystemen [98]

a) Kugel; n ist in allen Richtungen gleich groß (z. B. kubisch)
b) Rotationsellipsoid; zwei Hauptbrechungsindizes n_E und n_O, die mit den kristallographischen Achsen, c bzw. der Ebene der a–b Achsen zusammenfallen (z. B. tetragonal)
c) dreiachsiges Ellipsoid; drei Hauptbrechungsindizes n_X, n_Y und n_Z, die mit den kristallographischen Achsen zusammenfallen können (z. B. rhombisch), aber nicht müssen (vgl. Feldspäte, Bild 11.156)
d) in einem dreiachsigen Ellipsoid gibt es zwei kreisförmige Schnittlagen, in denen n in allen Richtungen gleich groß ist. Senkrecht dazu stehen die beiden optischen Achsen (*OA*), diese liegen in einer »Ebene der optischen Achsen« (*AE*) (vgl. Bild 11.156)

Zusatz: In der älteren Literatur steht oft für $n_O = \omega$ oder O und für ein $n_E = \varepsilon$ oder E. In der sowjetischen Literatur wird für n_Z, n_Y, n_X oft N_g, N_m und N_p (bzw. n_g, n_m, n_p) geschrieben.

Behandlung der optischen Eigenschaften durchsichtiger Minerale ist hier nicht möglich; sie erfolgt in der Ausbildung meist im Rahmen einer kristalloptischen Einführung bei der Durchlicht-Polarisationsmikroskopie.

Ein Teil des auf die Oberflächen eines Minerals fallenden Lichtes dringt nicht ein, sondern wird reflektiert. Das *Reflexionsvermögen* R hängt, wie folgende Beziehung zeigt, weitgehend von der Lichtbrechung ab und wird in % angegeben:

$$R = \frac{(n-1)^2 + n^2\varkappa^2}{(n+1)^2 + n^2\varkappa^2}$$

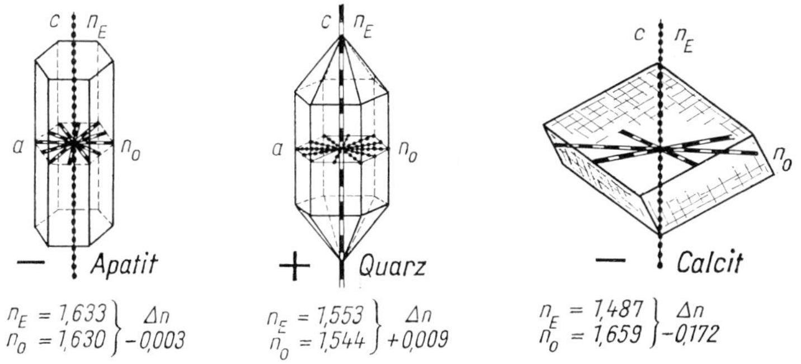

Bild 2.51. Optische Verhältnisse in den optisch einachsigen Mineralen Apatit, Quarz, Calcit. Kristallographische und optische Hauptachsen stimmen überein. In der Ebene der Nebenachsen liegt der zweite Hauptbrechungsindex, je nachdem n_E oder n_O größer ist, ist die Doppelbrechung Δn negativ oder positiv. Apatit hat eine extrem niedrige, Calcit eine extrem hohe Doppelbrechung

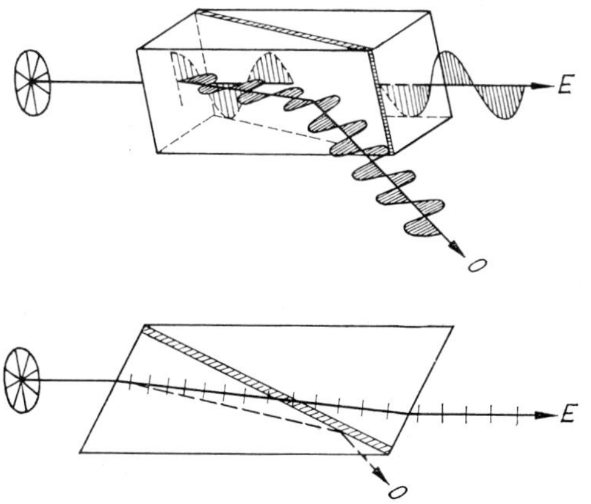

Bild 2.52. Lichtdurchgang durch ein Nicolsches Prisma (in unterschiedlicher Darstellung) [98]

Zwei Calcitkristalle werden in bestimmter Orientierung aneinander gekittet. Ein in der eingezeichneten Richtung durchtretendes »normales« Licht wird an der Grenze Luft–Calcit in zwei senkrecht aufeinander schwingende Strahlen (n_E und n_O) geteilt, von denen einer (der außerordentliche Strahl E mit n_E) die Kittstelle durchdringt, der andere (ordentliche Strahl O mit n_O) an der Kittschicht total reflektiert wird. Dadurch kann man linearpolarisiertes Licht erzeugen

Der Absorptionsindex $\varkappa$ kann bei Metallen Werte bis 20 annehmen; bei durchsichtigen Mineralen kann jedoch der rechte Teil des Bruches wegen der Kleinheit von $\varkappa$ vernachlässigt werden.

Der *Glanz* ist eine wichtige und leicht feststellbare Eigenschaft der Minerale, die zum großen Teil von der Höhe (und der Häufigkeit) der Lichtbrechung, aber auch von der Absorption, der Beschaffenheit der Mineraloberfläche usw. abhängt. Die Abhängigkeit von der Lichtbrechung (vgl. Bild 2.53) ist etwa folgendermaßen festgelegt:

niedriger Glanz	Glasglanz	$n = 1{,}3$ bis $1{,}9$
↓	Diamantglanz	$n = 1{,}9$ bis $2{,}6$
	Halbmetallglanz	$n = 2{,}6$ bis $3{,}0$
hoher Glanz	Metallglanz	$n \geqq 3{,}0$

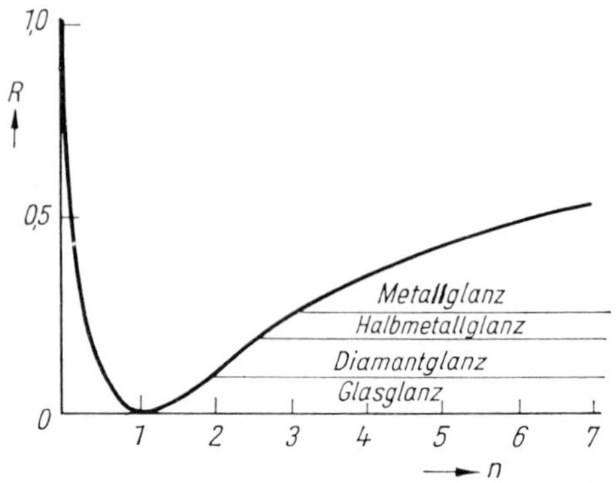

Bild 2.53. Beziehungen zwischen Lichtbrechung n, Reflexionsvermögen R und Glanz der Minerale [1]

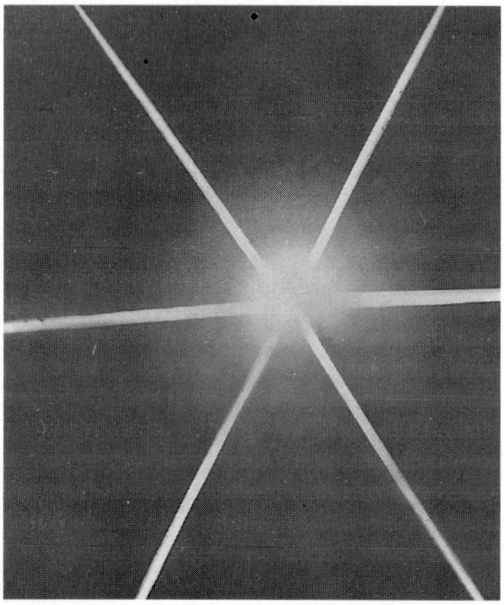

Bild 2.54. Asterismus-Figur von Saphir [102]

Dementsprechend ist der Diamantglanz (bei Diamant, Sphalerit usw.) durch die sehr hohe Lichtbrechung dieser Minerale verursacht, genauso wie der Metallglanz der meisten Sulfide und Oxide, die zusätzlich noch eine hohe Absorption aufweisen. Dagegen zeigen durchsichtige Minerale mit niedrigem n meist Glasglanz.
Feinfaserige und feinschuppige Minerale und Mineralaggregate haben (meist wegen mehrfacher Lichtbrechung) einen Seidenglanz (z. B. Asbest) oder Porzellanglanz (verwitterte Orthoklase). Durch Interferenz des Lichtes an dünnen Mineralblättchen entsteht der Perlmutterglanz (Gips, Glimmer); auch die sog. *Anlauffarben* auf vielen Mineralen verdanken Interferenzfarben an dünnen Zersetzungs- und Oxydationshäutchen ihre Entstehung (auf Sulfiden wie Chalkopyrit und Antimonit oder auf Siderit).
Im Gegensatz dazu ist der *Schiller* mancher Minerale meist auf die Einlagerung feinster Fremdkörper zurückzuführen, wobei natürlich auch wieder die Lichtbrechung, Reflexion und Absorption den Effekt begründen. Wir sprechen dann von »aventurisieren«, »opalisieren«, »labradorisieren« und von »Asterismus« (s. Bild 2.54).

Lichtabsorption

Nach dem Grad der Lichtabsorption (bzw. Durchsichtigkeit oder Transparenz) von normalem Tageslicht nehmen wir folgende Einstufung vor (s. Bild 2.55, S. 104):

- *durchsichtige* Minerale mit sehr geringer Lichtabsorption sind z. B. Quarz (als Bergkristall), Calcit (als klarer sog. Isländischer Doppelspat); Kriterium: man kann eine Schrift lesen
- *halbdurchsichtige* Minerale mit mittlerer Lichtabsorption sind z. B. Glimmerblättchen (Muskovit) und viele sog. Edelsteine (Smaragd, Topas); Kriterium: man erkennt Gegenstände nur undeutlich
- *durchscheinende* Minerale mit mittlerer bis hoher Lichtabsorption (»kantendurchscheinend«) sind z. B. manche Feldspäte oder ein dunkler Sphalerit; Kriterium: in dünnen Kristallen (oft nur in Mineral- oder Gesteinsdünnschliff) kann etwas Licht hindurchschimmern
- *undurchsichtige* Minerale (= opake Minerale) mit sehr hoher Lichtabsorption sind die meisten Erze wie Galenit und Magnetit; Kriterium: sie lassen auch in dünnsten Blättchen kein Licht hindurch.

Die Farbe der Minerale wird meist durch die *selektive Absorption* bestimmter Wellenlängen des Lichtes (bei durchsichtigen Mineralen) und durch selektive Reflexion (bei undurchsichtigen Mineralen) erzeugt. Wenn durchsichtige Minerale alle Wellenlängen des natürlichen Lichtes durchlassen, sind sie farblos, wenn sie nur bestimmte Wellenlängen durchlassen, nennen wir sie farbig. Farbige Minerale können diese Eigenschaft nur sich selbst verdanken (auch bestimmten Haupt- und Spurenelementen, wie Cr, Ti, Mn, Ni, Cu, die als Chromophoren oder Farbträger wirken, s. Tab. 16.6 im Anhang und Bild 2.56, S. 105), dann sind sie *eigenfarbig* oder *idiochromatisch*, oder sie werden durch eingelagerte feinste Störkörper (Einschlüsse) erzeugt, dann sind sie *gefärbt* oder *allochromatisch* (z. B. feinste Hämatitschüppchen in rotem Halit oder Orthoklas). Über die Abhängigkeit der idiochromatischen Farben von der Bindung und Polarisation vgl. Abschn. 2.2.2. und Bild 2.5.

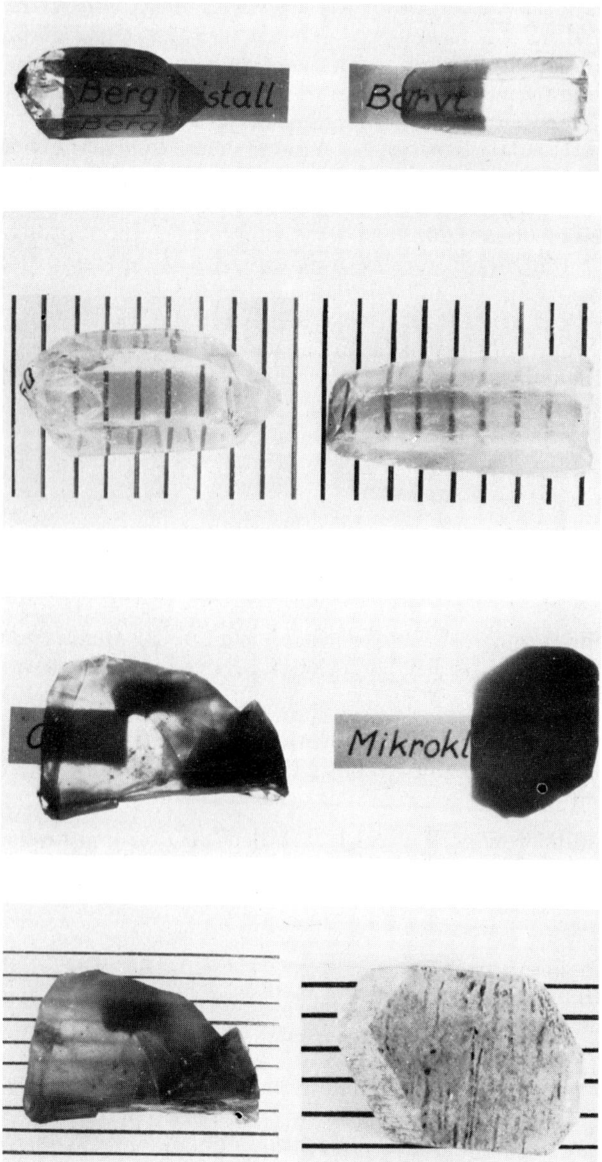

links (Bergkristall): Schrift und Linien sehr gut sichtbar

rechts (Baryt): Schrift und Linien schwach getrübt

links (Olivin): Schrift und Linien durchscheinend

rechts (Mikroklin): Schrift und Linien im kompakten Stück undurchsichtig

Bild 2.55. Unterschiedliche Transparenz von Mineralen

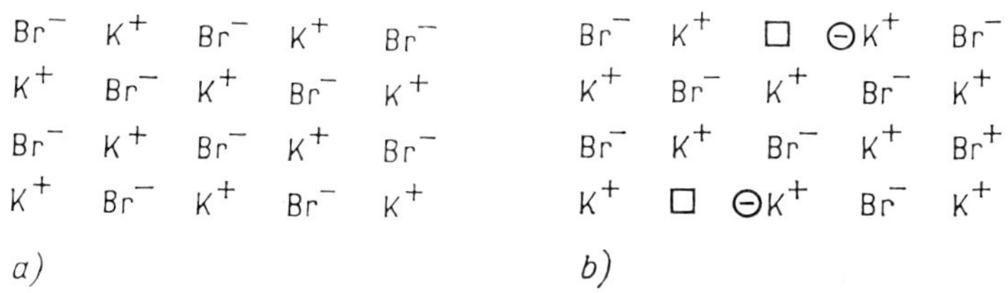

Bild 2.56. Kaliumbromidkristall mit Farbzentren in schematischer Darstellung [98]. Links stöchiometrisch aufgebaut und ohne Farbzentrum, rechts mit zwei Farbzentren (= ⊖ K^+) neben zwei Leerstellen (□)

Typische Farben, wie sie auch für die richtige Farbansprache von Mineralen von Bedeutung sind, haben z. B. folgende Minerale:

Azurit	= blau	Schwefel	= (schwefel-)gelb
Malachit	= (malachit-)grün	Gold	= (gold-)gelb
Epidot	= (pistazien-)grün	Chalkopyrit	= messinggelb
Cinnabarit	= (zinnober-)rot	Magnetit	= eisenschwarz
Amethyst	= violett	Molybdänit	= bleigrau
Limonitocker	= gelbbraun	Arsenopyrit	= zinnweiß

Viele nichtkubische und damit optisch doppelbrechende Minerale zeigen in Richtung der verschiedenen Wellengeschwindigkeiten unterschiedliche Lichtabsorption, die zur Erscheinung des *Pleochroismus* (= Vielfarbigkeit) führt. Makroskopisch ist sie selten gut zu erkennen, weshalb man mikroskopische Untersuchungen bevorzugt. Hierbei zeigt sich bei Drehen des Minerals ein mehrfacher Wechsel der Farbe, besonders schön und typisch z. B. beim Turmalin, Cordierit (s. Bild 2.57), Biotit und Epidot. Die gleiche Erscheinung ist in Form der pleochroitischen Höfe in bestimmten Mineralen (z. B. Biotit) zu beobachten; sie werden durch ein radioaktives Mineral

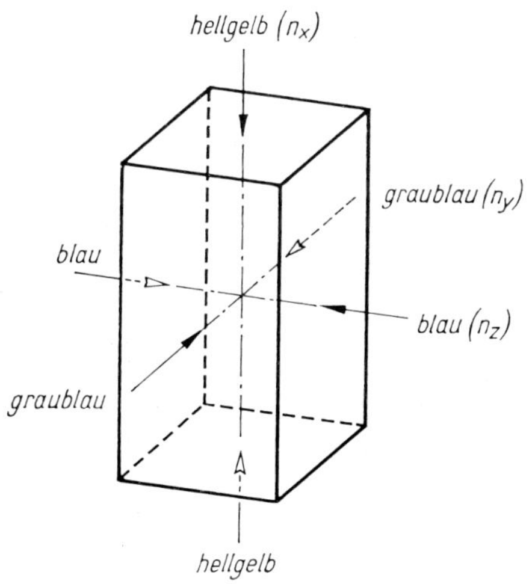

Bild 2.57. Pleochroismus des Cordierits

(z. B. Zirkon, Uranminerale) hervorgerufen, das im Wirtsmineral Störungen der Mineralstruktur erzeugt (vgl. Kap. 2.4.6.).
Bei auffallendem Licht beobachtet man unter dem Mikroskop an verschiedenen Mineralen eine ähnlich zu begründende Erscheinung, den sog. *Reflexionspleochroismus*, der meist einen Wechsel von Glanz und Farbe einschließt. Besonders kräftig ist er z. B. bei den Mineralen Molybdänit, Graphit und Covellin (also Schichtgittermineralen).

Erzeugung von Sekundärstrahlung (Lumineszenz)

Verschiedene Minerale haben die Eigenschaft, kurz- oder langzeitig sichtbares Licht auszusenden (zu lumineszieren), wenn man ihnen Energie in unterschiedlicher Art zuführt. Erfolgt das Leuchten nur während der Anregung (der Energiezufuhr), so spricht man von *Fluoreszenz*, tritt es auch noch später und länger auf, nennt man die Lichterscheinung *Phosphoreszenz*. Je nach dem energetischen Charakter der Anregung unterscheiden wir

- die *Photolumineszenz* bei Anregung durch (meist unsichtbare ultraviolette) Lichtstrahlung. Besonders kräftig und häufig fluoreszieren die Minerale Fluorit, Scheelit, Sphalerit und Willemit, während Diamant, Baryt, auch Calcit und Gips verschiedentlich phosphoreszieren
- die *Radiolumineszenz* bei Einwirkung von α-, β- und γ-Strahlen; eine Abart ist die Kathodolumineszenz bei Anregung durch Kathodenstrahlen. Neben den obengenannten Mineralen reagieren auch Apatit, Halit, Zirkon, Diamant und andere
- die *Thermolumineszenz*, die verschiedentlich schon bei der Erwärmung eines Minerals in der Hand auftritt (z. B. Diamant, Fluorit und Topas), meist aber Temperaturen um und über 100 °C erfordert (z. B. bei den Mineralen Apatit, Baryt, Quarz, Calcit, Korund, Spinell)
- die *Tribolumineszenz*, die bei einer mechanischen Einwirkung (z. B. Reiben, Kratzen, Zerbrechen) auf bestimmte Minerale wie z. B. Sphalerit, Dolomit und Marmor festzustellen ist.

Von untergeordneter Bedeutung in der Mineralogie sind die Kristallolumineszenz, Chemolumineszenz und Elektrolumineszenz.
Die Gründe für die Lumineszenz sind unterschiedlich. In den meisten Fällen ist ein diadocher Einbau von Spurenelementen in die Struktur eines Wirtsminerals verantwortlich, aber auch radioaktive Elemente oder strukturelle Defekte können eine Rolle spielen. Durch die Energiezufuhr werden die Valenzelektronen der Störatome (Aktivatoratome) entsprechend dem Elektronenbändermodell in ein höheres Energieniveau (Leitfähigkeitsband) gehoben; das Zurückfallen in das Valenzband erfolgt dann unter Leuchterscheinung, bei der Fluoreszenz sofort, bei der Phosphoreszenz zeitlich verzögert.
Die Lumineszenz von Mineralen kann für diagnostische Zwecke, auch z. B. zur Unterscheidung natürlicher und künstlicher Edelsteine, für die Mineraltrennung bei der Aufbereitung, insbesondere aber auch für die geologische Suche von mineralischen Rohstoffen, genutzt werden. Zur genaueren Einstufung der Lumineszenz bedient man sich verschiedentlich der Lumineszenzspektrometrie, d. h. der Analyse ihrer Wellenzusammensetzung. Viele den Mineralen ähnliche Verbindungen haben in der Technik eine große Bedeutung (Leuchtstoffröhren, Leuchtfarben, Röntgenschirme, Halbleiterindustrie).

2.4.2. Mechanische Eigenschaften

Unter den mechanischen Eigenschaften wird eine Gruppe von physikalischen Eigenschaften zusammengefaßt, die das Mineral als Körper charakterisieren und die Gesetze seiner mechanischen Verformung und Zerstörung ableiten lassen. Dabei ist die Dichte (bzw. das spezifische Gewicht) eine typische skalare Eigenschaft, während Elastizität, Härte, Spaltbarkeit, Bruch und Plastizität eindeutig vektoriell abhängig sind.

Dichte

Die Dichte ist eine (ortsunabhängige) Konstante jedes Minerals und wird in g/cm³ (bzw. kg/m³) angegeben. Sie gilt nur für eine bestimmte Mineralphase; Umwandlungen (unter wechselnder *pT*-Bedingung) zu anderen Modifikationen bis zur Schmelze verändern die Dichte wesentlich, so z. B.:

Quarz (kristallin	2,65 g/cm³
Quarz (geschmolzen)	2,25 g/cm³
$CaCO_3$ Calcit (trigonal)	2,71 g/cm³
$CaCO_3$ Aragonit (rhombisch)	2,94 g/cm³

Auch Verunreinigungen der Minerale können die Dichte oft nennenswert verändern; deshalb ist in der geologisch-rohstoffkundlichen Praxis die Angabe der zweiten Stelle nach dem Komma meist ausreichend. Mischkristalle verändern ihre Dichte gesetzmäßig mit der chemischen Veränderung, so daß man durch eine genaue Dichtebestimmung praktisch eine chemische Analyse ersetzen kann. Im Bild 11.22 ist dies am Beispiel der Olivinmischkristallreihe ablesbar.
Die Dichte ist im speziellen Teil dieses Buches für die meisten Minerale aufgeführt und in anderen Werken oft in Tabellenform zusammengefaßt und dort zu entnehmen. Um eine Übersicht zu ermöglichen, seien hier einige Beispiele für die Dichtezahlen genannt (Durchschnittswerte mit oft erheblichen Schwankungsbreiten):

Wasser (Eis)	1,00 (0,9)	Topas	3,57
Carnallit	1,60	Siderit	3,85
Sylvin	2,00	Sphalerit	4,00
Halit	2,17	Rutil	4,30
Graphit	2,22	Baryt	4,48
Gips	2,32	Zirkon	4,80
Orthoklas	2,56	Chromit	5,10
Quarz	2,65	Hämatit	5,26
Calcit	2,72	Chalkosin	5,77
Dolomit	2,90	Kassiterit	7,00
Biotit	2,98	Galenit	7,57
Magnesit	3,00	Silber	10,50
Apatit	3,18	Quecksilber	13,55
Fluorit	3,18	Gold	19,30
Zoisit	3,36	Platin	21,50
Titanit	3,50		

Aus dieser Tabelle und Bild 2.58 ist ablesbar, daß

1. die meisten metallischen Minerale Dichtezahlen zwischen 22 und 8,
2. die meisten sulfidischen und oxidischen Erzminerale zwischen 8 und 4,
3. die meisten gesteinsbildenden Minerale und Gangarten der Erze zwischen 4 und 2 haben.

Die reale Dichte der Minerale, deren Bestimmungsmethoden in Kapitel 3.1. beschrieben werden, unterscheidet sich durch die strukturellen Fehler und Fremdeinlagerungen der Minerale meist von der theoretischen sog. *Röntgendichte.* Diese bestimmt die Dichte der Elementarzelle unter Anwendung der Grundbeziehung

$$\varrho \text{ (Dichte)} = \frac{m}{V} = \frac{\text{Masse}}{\text{Volumen}} \text{ mit folgender Formel}$$

$$D_x = \frac{Z M_G}{N V_0} \qquad \left(M = \frac{Z M_G}{N}\right)$$

Z Zahl der Formeleinheiten je Elementarzelle
M_G Molekularmasse (auch molare Masse) bzw. Summe der Atommassen (in g)
N Anzahl der Moleküle pro Mol (AVOGADROsche Konstante $0{,}602252 \cdot 10^{24}$ mol^{-1})
V_0 Volumen der Elementarzelle (in pm^3) aus Gitterkonstanten (in pm)

Die zu verwendenden Volumenformeln für die Elementarzellen unterschiedlicher Symmetrie sind:

Kristallsystem	Volumina (V_0) der Elementarzellen
kubisch	a_0^3
tetragonal	$a_0^2 \cdot c_0$
hexagonal (trigonal)	$a_0^2 \cdot c_0 \cdot \sin 60°$
rhombisch	$a_0 \cdot b_0 \cdot c_0$
monoklin	$a_0 \cdot b_0 \cdot c_0 \cdot \sin (180° - \beta)$
triklin	$a_0 \cdot b_0 \cdot c_0 \cdot \sqrt{[\cos\alpha - \cos(\beta + \gamma)] \cdot [\cos(\beta - \gamma) - \cos\alpha]}$

Beispiel für das Mineral Halit (nach STRUNZ)

$$D_X \text{ (NaCl)} = \frac{4 \cdot (22{,}9898 + 35{,}453)}{0{,}6023 \cdot 10^{24} \cdot 5{,}6404^3 \cdot 10^{-24}} = 2{,}163$$

Härte

Die Härte ist wie die Dichte eine wichtige Eigenschaft jedes Minerals. Allerdings sind die Methoden der Härtebestimmung und damit auch der Charakter der Härte unterschiedlich, so daß diese Werte nicht direkt miteinander vergleichbar sind. Für einige wichtige praktisch anwendbare Härtebestimmungsmethoden ist dies in Tab. 2.5 dargestellt.

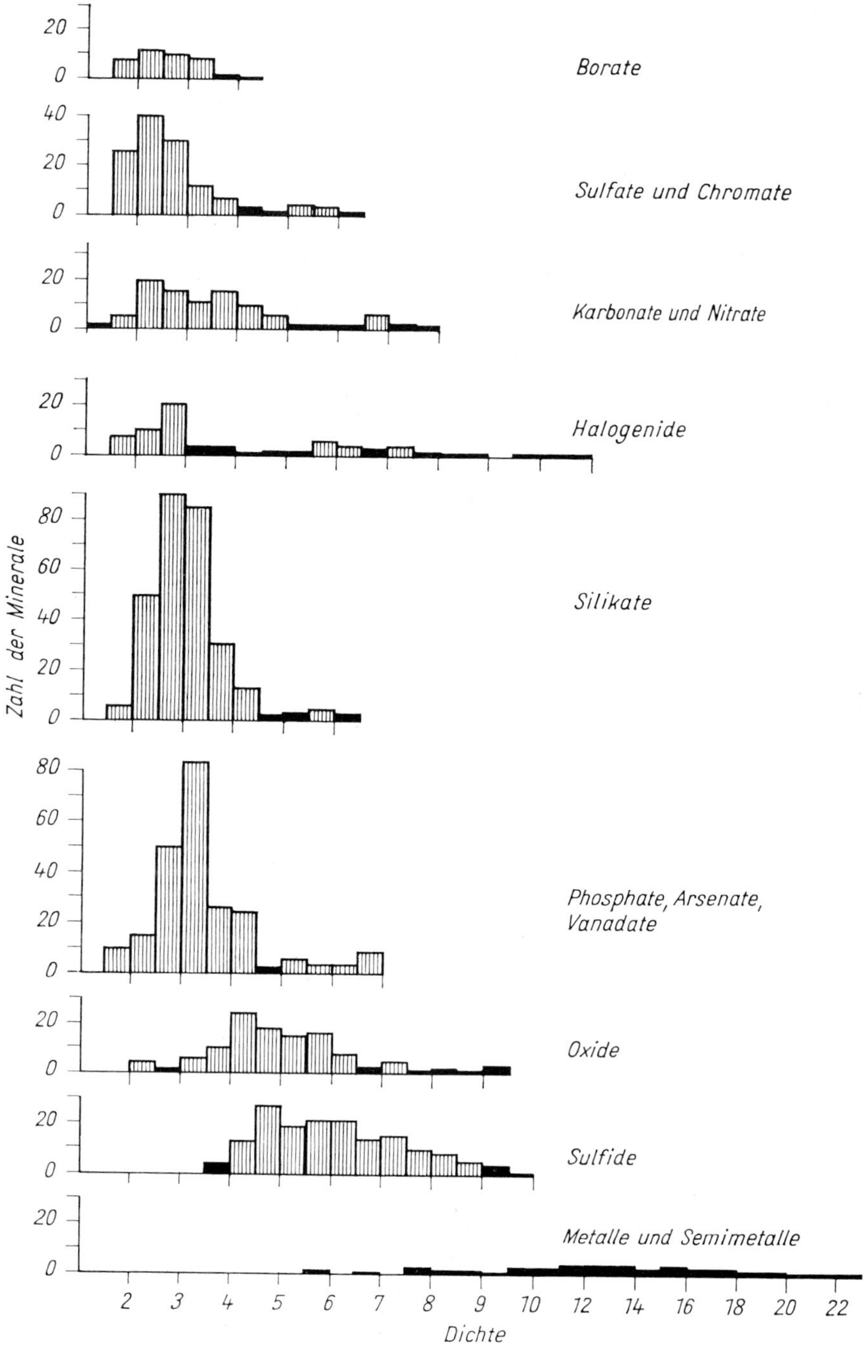

Bild 2.58. Verteilung der Dichte (in g/cm³) in den Mineralklassen

Tabelle 2.5. Vergleich einiger Härtebestimmungsmethoden [98]

Ritzhärte (MOHS)	Eindruckhärte (VICKERS, kp/mm²)	Schleifhärte (ROSIVAL)	Mittelwerte von 8 Methoden (TRÖGER 1954)
1	47	0,03	1,08
2	60	1,04	2,36
3	136	3,75	6,99
4	200	4,2	12,1
5	659	5,4	25,7
6	714	30,8	49,5
7	1181	100	100
8	1648	146	143
9	2085	833	342
10	6500	117000	–

a) *Ritzhärte (nach* MOHS *1822)*

Sie wird definiert als der Widerstand, den die Mineraloberfläche der mechanischen Verletzung durch Ritzen entgegensetzt. Man vergleicht bei dieser einfachen klassischen Methode die Härte eines unbekannten Minerals mit der eines bekannten. Als »Standards« benutzt man dabei zehn Minerale, deren Ritzhärte erfahrungsgemäß stark unterschiedlich ist, die *Mohssche Härteskala*:

Härtegrad (nach MOHS)	Standardmineral
1	Talk
2	Gips oder Halit (Steinsalz)
3	Calcit (Kalkspat)
4	Fluorit (Flußspat)
5	Apatit
6	Orthoklas
7	Quarz
8	Topas
9	Korund
10	Diamant

Das weichere Mineral wird von dem härteren geritzt, also z. B. Calcit mit der Härte 3 von Apatit mit der Härte 5. Die Härteunterschiede der einzelnen Minerale sind so groß, daß sich die Härteanisotropien der Minerale (also die Richtungsabhängigkeit der Härte) bei der »makroskopischen« Anwendung der Methode meist nicht bemerkbar machen bzw. nicht zu beachten sind. Eine Ausnahme z. B. ist das Mineral Cyanit (Disthen) mit den Härtegraden 4 und 6 in verschiedenen Richtungen (s. Bild 2.59). Minerale bis zur Härte 2 sind mit dem Fingernagel ritzbar, solche bis zur Härte 5 mit dem Messer, während Fensterglas von allen Mineralen mit einer Härte >6 geritzt wird.

Für genauere Messungen der Ritzhärte, insbesondere ihrer Abhängigkeit von der Richtung auf einer Kristallfläche, kann man sich eines *Sklerometers* bedienen, wie

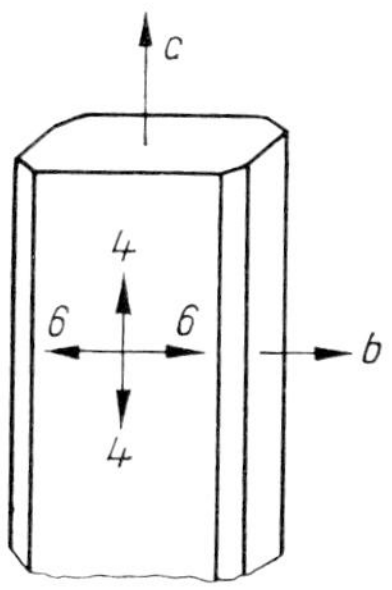

Bild 2.59. Darstellung der unterschiedlichen Ritzhärte bei Cyanit (Disthen) in Abhängigkeit von der kristallographischen Richtung
Zahlenangaben nach der MOHSschen Härteskala

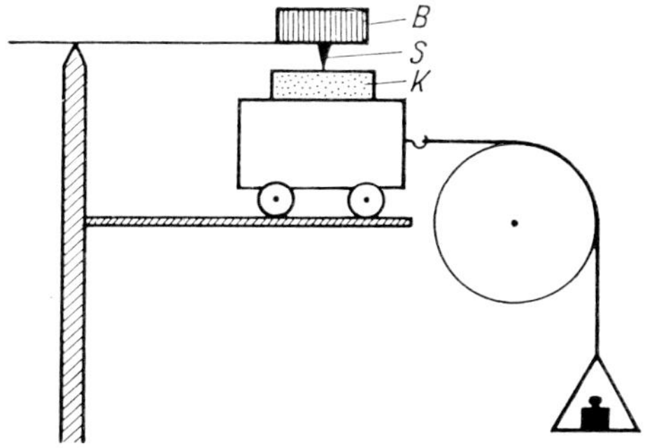

Bild 2.60. Schematische Darstellung des Sklerometers nach SEEBECK [98]

B Gewicht
S Ritzwerkzeug
K Kristall

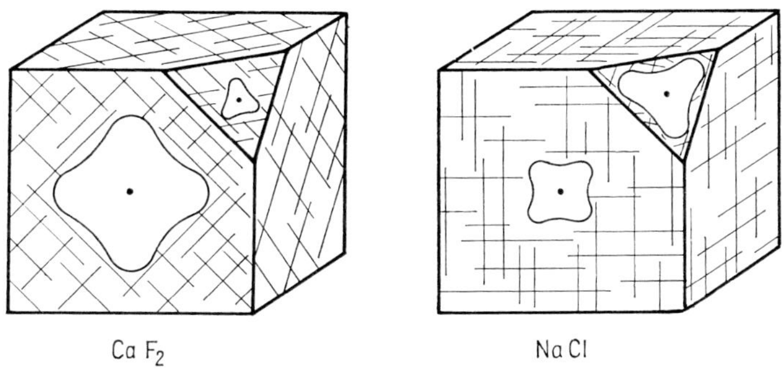

Bild 2.61. Ritzhärtekurven auf der Würfel- und Oktaederfläche der Minerale Halit (rechts) und Fluorit (links)

Man beachte, daß bei gleicher Symmetrie aller Härtekurven die Maxima in unterschiedlicher Richtung liegen (die feinen Striche geben die Spaltbarkeitsrichtungen an)

es in Bild 2.60 dargestellt ist. Man erfaßt dadurch Härteunterschiede, die in Form von Härtekurven die relativen Härtegrade darstellen.
Im Bild 2.61 sind als Beispiel die *Härtekurven* auf den beiden kubischen Mineralen Halit und Fluorit dargestellt. Es ist abzulesen, daß die Lage und Art der Härtekurven von der Kristallstruktur des Minerals abhängt; in diesem speziellen Fall erkennt man, daß die Härte parallel den Spaltrissen (als den Flächen mit den am dichtesten besetzten Netzebenen) am geringsten ist.

b) *Eindruckhärte (nach* VICKERS *und* BRINELL*)*

Drückt man ein hartes Werkzeug mit einer bestimmten Kraft (= Belastung) in ein Prüfstück, so ist die Größe des erzeugten Eindruckkörpers bzw. -hohlraumes ein

Maß für die Härte dieses Objektes (d. h. für den Widerstand, den diese Substanz dem Eindringen entgegensetzt). Je nach Form des Werkzeuges unterscheidet man zwei wichtige Verfahren, nämlich nach VICKERS und nach BRINELL.

Bei der Bestimmung der *Vickers-Härte* wird eine flache Diamantpyramide in den Kristall gedrückt. Die leicht und genau ablesbare Kantenlänge der Eindruckpyramide läßt selbst geringe Härteunterschiede gut erfassen. Dieses Pyramideneindruckverfahren ist auch in Verbindung mit einem Mikroskop anzuwenden, und zwar mit einem *Mikrohärteprüfer*. Mineralogen und Metallogen nützen das Gerät häufig bei der Rohstoff- und Werkstoffprüfung; sein Aufbau und einige Meßergebnisse sind in Bild 2.62 und Bild 2.63 dargestellt. Die Beziehungen zwischen Mikrohärte und Reflexionsvermögen bei den Erzmineralen zeigt Bild 2.64.

Für unser Anliegen von geringerer Bedeutung ist die BRINELL-Härte, zu deren Bestimmung eine einige Millimeter große Kugel mit bestimmtem Gewicht in eine Probe gedrückt wird. Das Verhältnis von Belastung zu Flächeninhalt der Kugelkalotte ist das Maß für die Größe der Brinellhärte (Angaben in kp/mm^2, wie bei der VICKERS-Härte). Weitere Eindruckhärte-Methoden sind die nach KNOOP und nach ROCKWELL.

Der Eindruck des Werkstückes in die Metalloberfläche wird insbesondere durch die günstigen Translationsmöglichkeiten der Metallgitter erleichtert (vgl. Kap. 2.4.2.). In Bild 2.65 wird dies an einer elektronenmikroskopischen Aufnahme der geätzten Eindruckstelle demonstriert. Man erkennt ausgezeichnet die orientiert verlaufenden Translationsebenen.

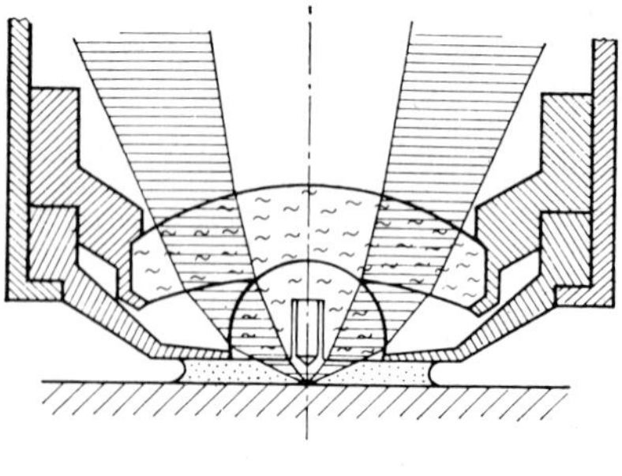

Bild 2.62. Schnitt durch einen Mikrohärteprüfer [98]. In dem Objektiv sind die Linsen (Wellenlinien), der Strahlengang (horizontal schraffiert) sowie die Diamantspitze zu erkennen. Zwischen der Kristalloberfläche (unten) und der Frontlinse befindet sich eine Immersionsflüssigkeit (gepunktet). Maßstab etwa 2 : 1

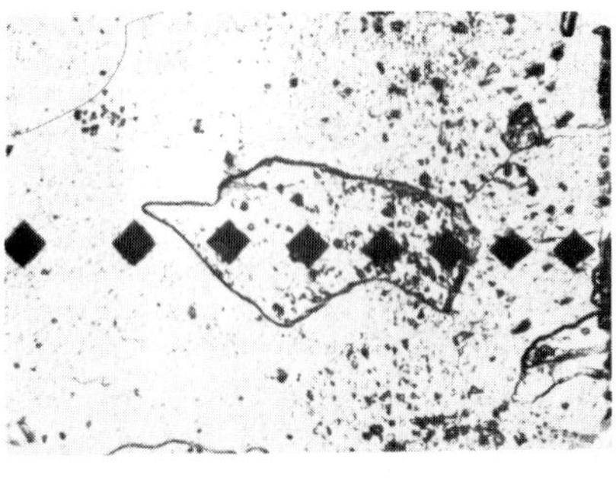

Bild 2.63. Mikrophoto der Eindruckpyramiden in einem Metallanschliff, die mit dem Mikrohärteprüfer erzeugt wurden [249]

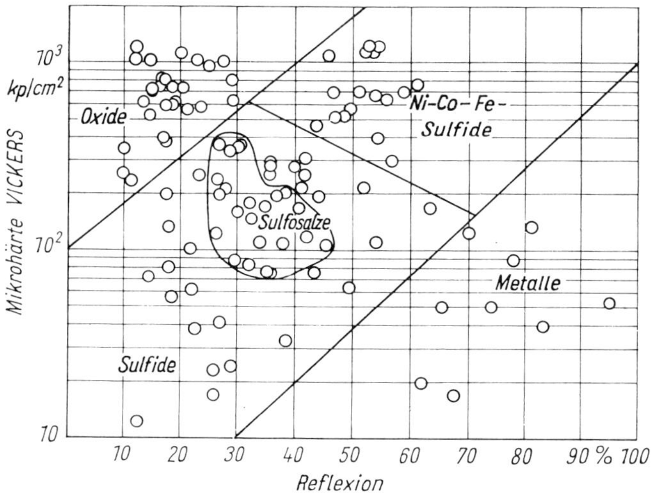

Bild 2.64. Stellung der opaken Erzminerale in Abhängigkeit von Reflexionsvermögen und Härte (Bowie-Taylor-Diagramm)

Man beachte, daß sich Minerale entsprechend ihrer Klassenzugehörigkeit klar gruppieren

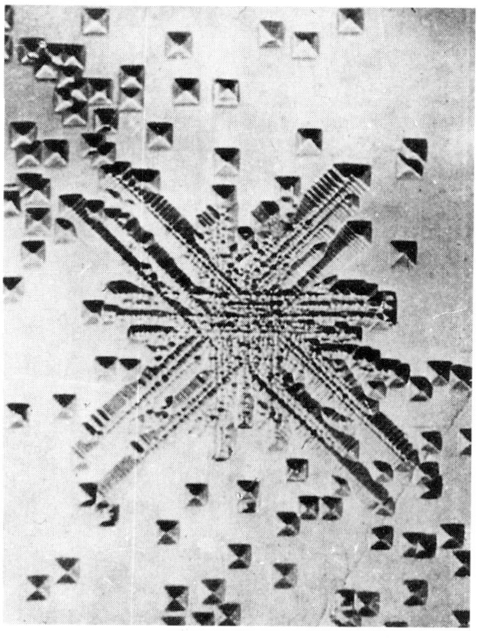

Bild 2.65. Elektronenmikroskopische Aufnahme der mit einem Mikrohärteprüfer erzeugten und dann angeätzten Eindruckstelle (Zentrum des Bildes) in einer Metalloberfläche. Man erkennt die vom Zentrum ausgehenden Translationslinien; die Pyramiden außerhalb der Eindruckstelle sind Ätzgrübchen. Vergr. etwa 5000 × [163]

c) *Schleifhärte (nach* Rosival *1896)*

Dieses etwas aufwendige Verfahren gewinnt ein Maß für die Härte dadurch, daß das zu prüfende Objekt (Mineral) mit einer bestimmten Menge eines Schleifpulvers solange bearbeitet wird, bis das Schleifmittel nicht mehr angreift; der Gewichtsverlust ist dann das relative Maß für die Härte des Minerals, wobei ein bestimmtes

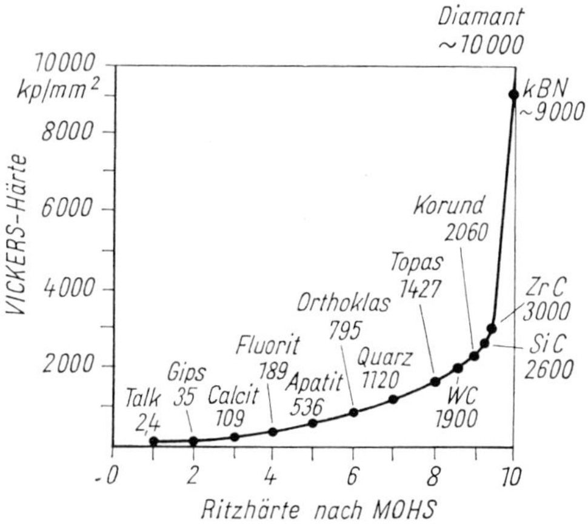

Bild 2.66. Beziehungen zwischen der MOHSschen Härte und der VICKERS-Härte [144, 225] (kBN ist kubisches Bornitrid)
Eine Umrechnung der VICKERS-Härte H_V in die MOHSsche Härte H_M (und umgekehrt) ist nach folgender Formel möglich: $H_M = 0{,}7\ \sqrt[3]{H_V}$ (nach PICOT u. JOHAN)

Mineral (Quarz) als Standard (=100) eingesetzt wird. Weitere Härteprüfverfahren sind u. a. die relative Korrosionshärte nach EPPLER oder die Rückprallhärte nach SHORE.
Da die verschiedenen Härtemethoden unterschiedliche »Angriffsformen« auf das Mineral nutzen, sind sie nicht direkt vergleichbar, haben aber doch eine erstaunliche gleichartige Tendenz, wie das in der Tab. 2.5 gezeigt wird. Die Mittelwerte (nach TRÖGER) sowie Bild 2.66 beweisen, daß im Gegensatz zur MOHSschen Härteskala die »absolute« Härte etwa exponentiell zunimmt.

Spaltbarkeit

Viele Minerale lassen sich durch mechanische Einwirkung in Teile zerlegen, die von glatten, ebenen Flächen begrenzt sind. Besonders schön ist das an solchen Mineralen zu beobachten, die im deutschen Sprachgebrauch die Endung »-spat« tragen (Kalkspat, Schwerspat, Feldspat, Flußspat). Wir nennen diese Erscheinung Spaltbarkeit (Zeichen #) und die erzeugten Produkte Spaltstücke.
Die Spaltbarkeit hat ihren Grund in der Kristallstruktur; sie ist längs solcher Netzebenen am leichtesten möglich, die eine besonders dichte Besetzung haben und zwischen denen die geringsten Bindungen je Flächeneinheit bestehen (s. Bild 2.67). Außerdem muß bei der mechanischen Beanspruchung eines Minerals eine Verschiebung der Netzebenen derart erfolgen, daß sich gleichgeladene Bausteine gegenüberstehen, also eine sog. Abstoßungsstellung erreicht wird (s. Bild 2.68). Solche Netz-

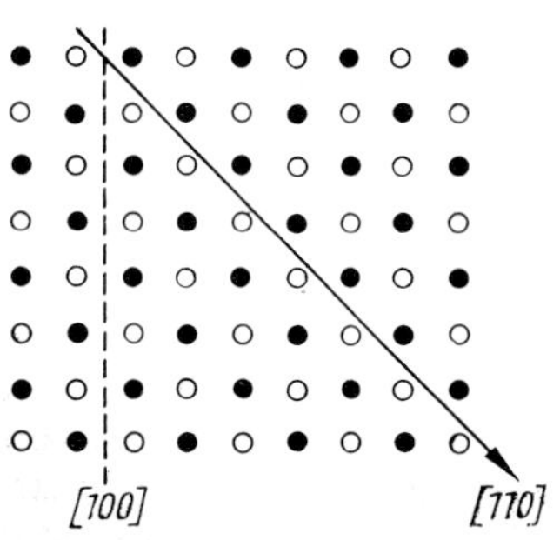

Bild 2.67. Lage der Spaltflächen (gestrichelt) und Translationsebenen (durchgezogen) in einem ionaren Gitter vom Typ des Halits [5]

ebenen sind meist auch gleichzeitig wichtige Kristallflächen, weshalb die Spaltstücke die Symmetrie und Feinstruktur des Minerals widerspiegeln; so haben Halit und Galenit würflige Spaltstücke, Calcit rhomboedrische und Fluorit oktaedrische. Die interessante und wichtige, aber etwas kompliziertere Spaltbarkeit bei den strukturell ähnlichen Mineralen Diamant und Sphalerit zeigt Bild 2.69.
Ein bestimmtes Mineral hat oft verschiedene Spaltbarkeiten, jeweils in einer bestimmten Richtung bzw. parallel einer bestimmten Netzebene; man muß deshalb für jede Spaltbarkeitscharakterisierung die Fläche angeben, auf die sie sich bezieht.
Die Qualität der Spaltbarkeit kann bisher nicht exakt gemessen werden (Unterschiede zwischen Schlag-, Druck- und Zugspaltung), so daß Güte und Grad verbal ausgedrückt werden. Man kann allerdings für diese gelegentlich mißverständlichen Bezeichnungen auch Zahlen einsetzen, ohne dadurch die Genauigkeit der Aussage zu erhöhen, wie dies die umseitige Tabelle zeigt.

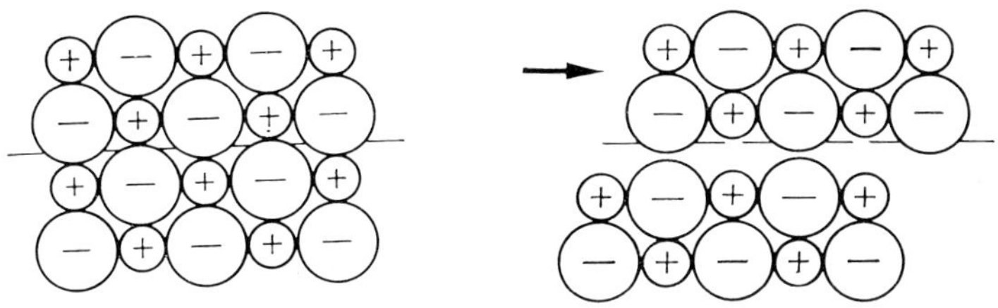

Bild 2.68. Spaltbarkeit in einem Mineral mit ionarer Bindung. Man erkennt, daß bei Verschiebung des oberen Gitterteils längs einer Netzebene eine sog. Abstoßungsstellung eintritt, die zur Abspaltung führt [40]

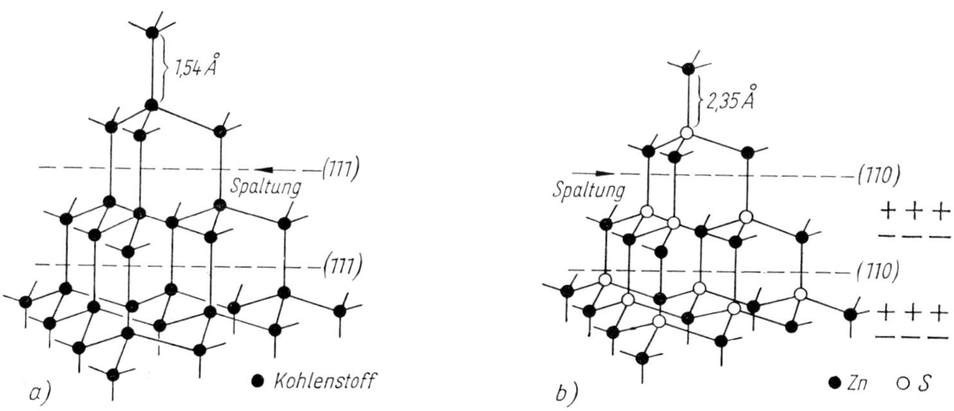

Bild 2.69. Darstellung der Spaltebenen in den ähnlichen Gitterstrukturen des Diamants und Sphalerits [98]

a) Diamant, # 4 (111) b) Sphalerit, # 5 (110)

Verbale Bezeichnung der Spaltbarkeit	Zahlenmäßige Bezeichnung der Spaltbarkeit
höchst (äußerst, sehr) vollkommen	5
vollkommen	4
gut, mittel	3
deutlich, mäßig, unvollkommen	2
angedeutet, undeutlich, sehr unvollkommen	1
ohne	0

In diesem Buch wird aufgrund langjähriger positiver Erfahrungen die zahlenmäßige Bezeichnung bevorzugt. Wir schreiben also für eine vollkommene Spaltbarkeit nach der Oktaederfläche kurz #4 (111).

Die Lage der *Spaltrisse* bei Mineralen verschiedener Symmetrie zeigt das Bild 2.70.

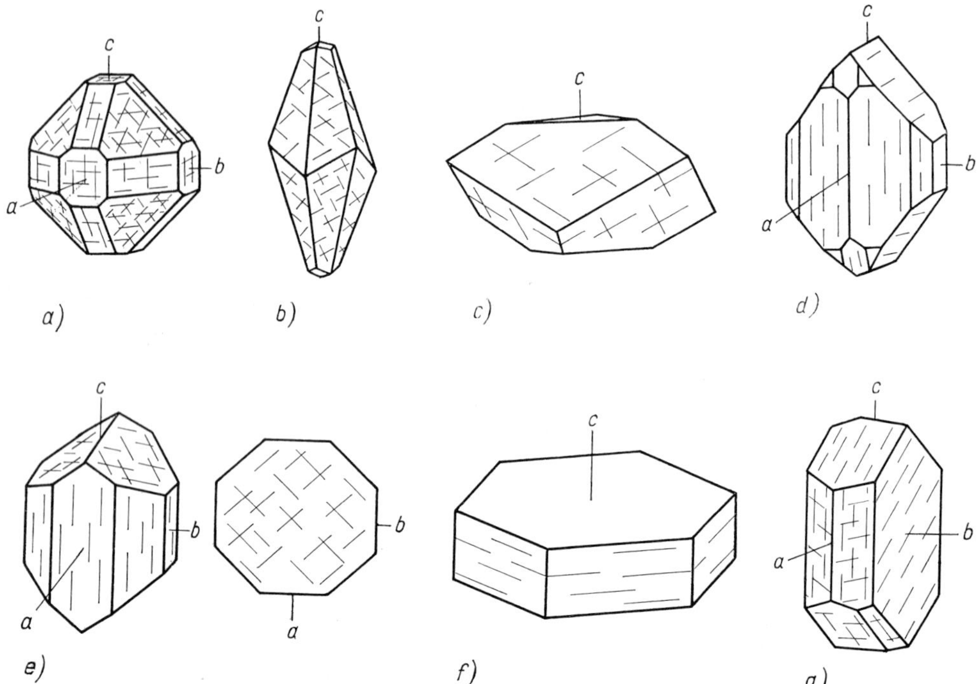

Bild 2.70. Darstellung der Spaltbarkeit und Lage der Spaltrisse an einigen Mineralbeispielen

a) Galenit, Kombination Würfel-Oktaeder-Rhombendodekaeder, # 5 (100)
b) Calcit, Kombination Skalenoeder-Rhomboeder, # 5 (10$\bar{1}$1)
c) Magnesit, Kombination Rhomboeder-Basispinakoid, # 5 (10$\bar{1}$1)
d) Olivin, Kombination rhombischer Prismen, Pinakoide und Pyramide, # 3 (010)
e) Augit, Kombination monokline Prismen und Pinakoide, # 3 (110), rechts Spaltrisse im Schnitt senkrecht c
f) Muskovit, # 5 (001)
g) Albit, Kombination von triklinen Pinakoiden, # 4 (011) und (001)

Bild 2.71. Mikroskopisches Bild von Spaltrissen, speziell in der Hornblende eines Amphibolits von Clausnitz (Erzgeb., DDR) [265]

Besonders schön ist die Spaltbarkeit in Form der Spaltrisse beim mikroskopischen Studium der Minerale zu beobachten. Dies wird aus dem Bild 2.71 ersichtlich und erklärt die hohe diagnostische Bedeutung der Spaltbarkeit.
Man darf jedoch nicht die Vorstellung haben, daß die natürlichen Spaltflächen bis in den atomaren Bereich eine vollkommen ebene Fläche darstellen. Wie Bild 2.72 zeigt, wechselt bei allgemeiner Beibehaltung der kristallographischen Lage der Spaltebene diese die zugehörigen parallelen Netzebenen über einen großen Bereich.
Der Spaltfläche ähnlich sind sog. *Absonderungsflächen* innerhalb von Mineralen. Sie sind durch Einlagerung feinster Fremdsubstanzen, durch mechanische Inhomogenitäten oder durch schichtartiges Wachstum zu erklären (Beispiele Apatit, Quarz, Hämatit u. a., vgl. Bilder 4.68b und 11.13).
Wird ein Mineral mechanisch beansprucht, das wenige Kohäsionsminima in Form von Spaltflächen, Absonderungsflächen u. a. hat, oder ist die Einwirkung senkrecht auf diese Flächen, so bricht es unregelmäßig. Dieser *Bruch* kann muschlig (Quarz), splittrig, hakig (Gold), uneben, eben oder glatt und damit oft typisch für ein bestimmtes Mineral sein.

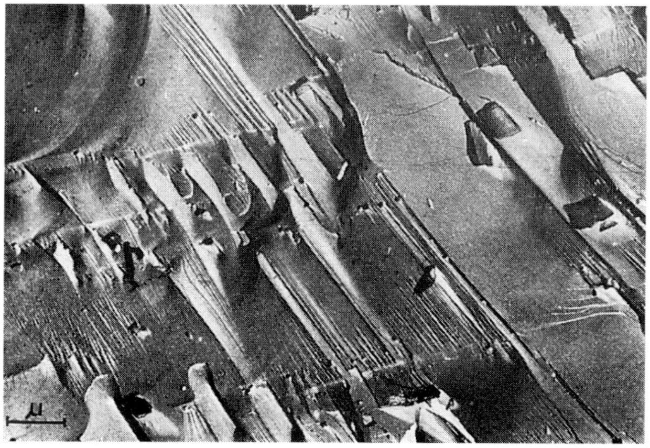

Bild 2.72. Elektronenmikroskopische Aufnahme der Spaltfläche (001) des Bariumfeldspates (Kohlenstoff-Replika-Aufnahme; Maßstab im Bild ist 1 μm) [177]

Elastizität und Plastizität

Die Deformation (Verformung) eines Minerals kann elastisch und plastisch erfolgen. Bei einer elastischen Verformung nimmt das Mineral nach Aufhören der einwirkenden Kraft seine ursprüngliche Form wieder an, bei plastischer Verformung wird die Elastizitätsgrenze überschritten, und die eingetretene Verformung bleibt erhalten. Für die Erfassung der *elastischen Verformung* gilt das HOOKEsche Gesetz

$$\sigma = \varepsilon \cdot E$$

σ Zugspannung
ε Dehnung ($\Delta l/l$)
E Elektrizitätsmodul

Das Elastizitätsverhalten ist bei allen Mineralen (auch den kubischen) anisotrop und hängt eng mit der Kristallstruktur zusammen. Quantitativ ist die Elastizität flächenmäßig durch die sog. *Elastizitätsfiguren* (s. Bild 2.73) oder räumlich durch die sog. Elastizitätsmodulkörper darzustellen.
Die Elastizität ist ein brauchbares Mittel für die Mineralbestimmung. Einige Minerale haben eine hohe elastische Biegsamkeit, wie z. B. die Glimmer, weniger deutlich Chlorit und Gips. Minerale, die sich leicht verformen und schneiden lassen, wie Gold, Silber und Argentit (Silberglanz), nennen wir geschmeidig oder *duktil*. Im Gegensatz dazu wird bei vielen Mineralen die Elastizitätsgrenze beim Schneiden oder Kratzen schnell überschritten, sie werden als *spröde* bezeichnet (so die meisten Silikate, Pyrit, Fahlerz). Sogenannte *milde* Minerale liegen in ihren Eigenschaften dazwischen, sie bleiben beim Kratzen oder Schaben als feines Pulver auf dem Mineral liegen (z. B. Antimonit, Talk).
Von großer Bedeutung ist die *plastische Verformung* der Minerale; hier ist die Verformung irreversibel. Wir unterscheiden zwei wichtige Arten:

- die Translation (oder Blattgleitung)
- die Gleitzwillingsbildung

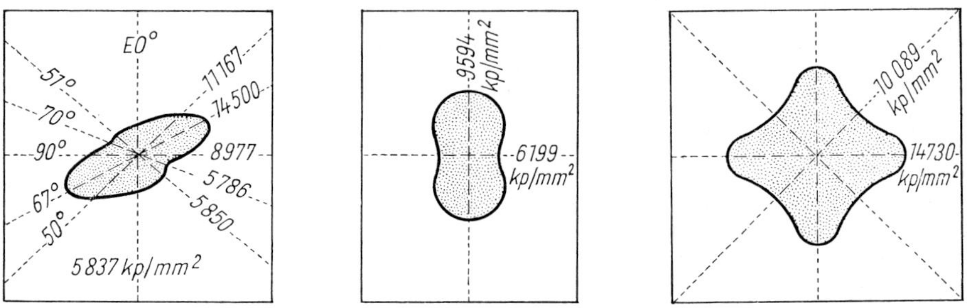

a) b) c)

Bild 2.73. Elastizitätsfiguren der Minerale auf definierten Flächen
Calcit (1120) b) Baryt (010) c) Fluorit (100)

Tabelle 2.6. Beispiele wichtiger Translationsebenen und -richtungen [98]

Mineral	Kristall-system	Translations-ebene	Translations-richtung
Gold	kubisch	(111)	[10$\bar{1}$]
Diamant		(111)	[10$\bar{1}$]
Halit		(100)	[1$\bar{1}$0]
Galenit		(001)	[110]
Sphalerit		(111)	[$\bar{1}$1$\bar{2}$]
Aragonit	rhombisch	(010)	[100]
Antimonit		(010)	[001]
Anhydrit		(001)	[010]
Molybdänit	hexagonal	(0001)	[11$\bar{2}$0]
Gips	monoklin	(010)	[001]
Cyanit	triklin	(100)	[001]

Bei der *Translation* verschieben sich bei mechanischer Beanspruchung unterschiedlich starke Teile des Gitters etwa wie die Blätter von Spielkarten parallel zueinander. Die Translationsebene (oder Gleitfläche) ist stets eine dicht besetzte Netzebene des Mineralgitters; in der Tabelle 2.6 ist das anhand der niedrigen Indizes dieser Flächen zu erkennen. Ebenso ist die Translationsrichtung (oder Gleitrichtung) eine kristallographisch bestimmte Gerade (s. gleichfalls Tab. 2.6; vgl. Bild 2.44).
Die Theorie der Translation, insbesondere durch *Versetzungen*, ist wegen ihrer Bedeutung, vor allem in den Metallen, gut erforscht. Einige Gesetzmäßigkeiten seien genannt:

- Bei einer Translation (durch Versetzung) wird ein Zustand angestrebt, bei dem die Geometrie des Gitters wieder hergestellt ist; das Gitter ist dann wieder energetisch neutral und ohne »Spannungen« (s. Bilder 2.74 und 2.75).
- Eine Translation längs einer Netzebene verläuft meist nicht mit einem »Ruck«, sondern wandert in Form einer »Kettenreaktion« durch das Gitter (s. Bild 2.75).
- Wir unterscheiden zwei Arten der Versetzungen, nämlich den Typ der *Stufenversetzung* (vgl. Bilder 2.74 und 2.75) und den Typ der *Schraubenversetzung* (s. Bild 2.76).

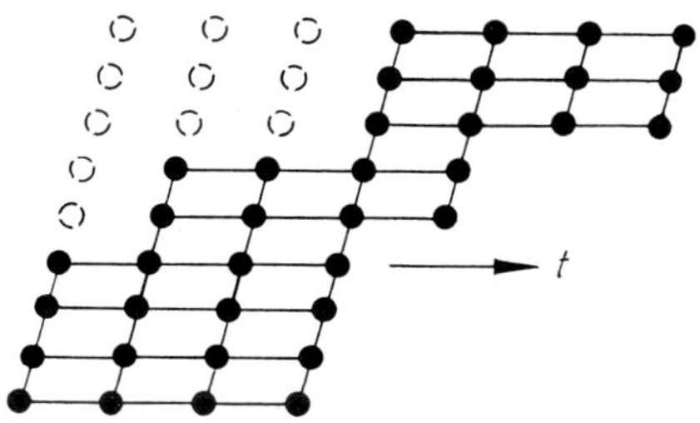

Bild 2.74. Bewegung der Gitterpunkte bei mechanischer Translation in Richtung *t*

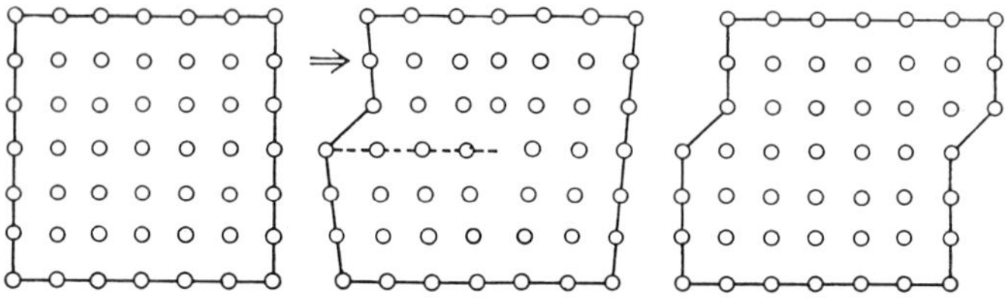

Bild 2.75. Schematische Darstellung der Wanderung einer (Stufen-) Versetzung von links nach rechts. Nach Abschluß ist wieder die ursprüngliche geometrische Ordnung hergestellt, das Gitter ohne Spannungen [5]

- Translation von Ionenkristallen ist normalerweise nur auf *den* Netzebenen und in *den* Richtungen möglich, in denen keine »Abstoßungsstellung« erreicht wird, da sonst Spaltbarkeit eintritt (s. Bild 2.77, vgl. Bild 2.67).
- Das Translationsvermögen nimmt mit der Temperatur stark zu.
- Einbau von Fremdatomen oder Baufehler hemmen stark die Translation (vgl. Kapitel 2.2.3.).

Die Richtigkeit der Versetzungstheorie kann heute durch die Sichtbarmachung der Versetzungen selbst bewiesen werden (s. Bild 2.78, vgl. auch Bild 2.65).
Eine Abart der Blattgleitung ist die *Biegegleitung*; bei ihr wird ein Schichtpaket auch bei Beanspruchung senkrecht zur Schichtebene durchgebogen.
Die Erscheinungen der Translation kann man an Einzelmineralen beobachten; wichtiger ist jedoch die Summation von Translationsvorgängen in Mineralaggregaten. Beispiele sind das »Fließen« des Eises (z. B. als Gletscher) und von Salzen (z. B. in Form der Salzstöcke, vgl. Bild 4.17).

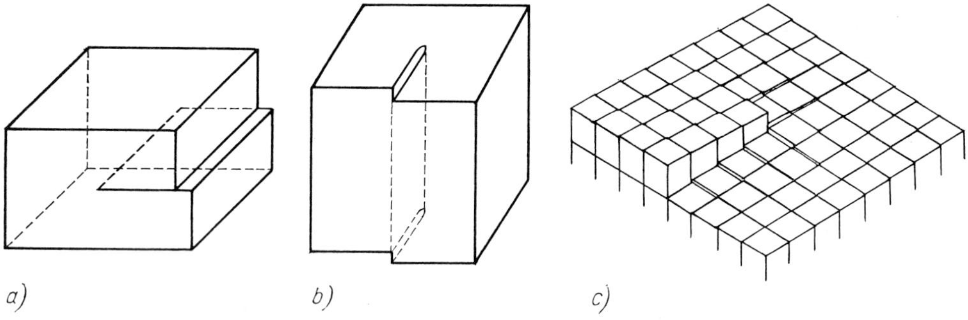

Bild 2.76. Schematische Darstellung der beiden Hauptarten von Versetzungen, nämlich der Stufenversetzung (a) und der Schraubenversetzung (b und c). Der im Bild a) und b) sichtbare Versetzungsbetrag wird als BURGERS-Vektor bezeichnet.

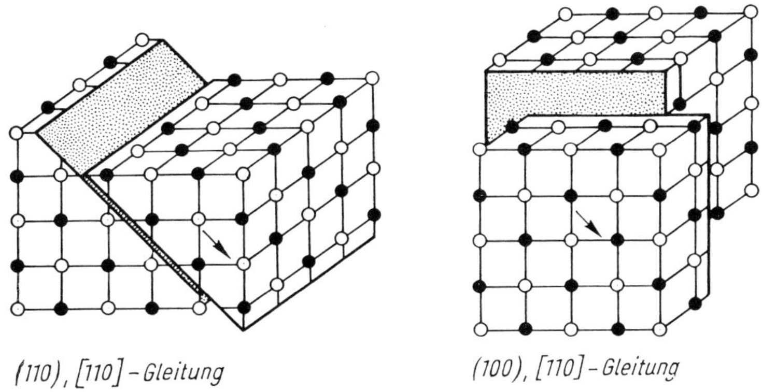

Bild 2.77. Translationsrichtung [110] auf den Flächen (110) und (100) in einem kubischen Ionengitter vom NaCl-Typ

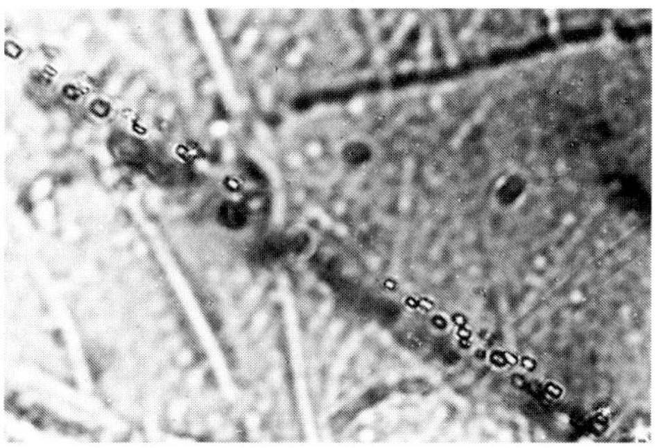

Bild 2.78. Versetzungsebene in Halit, sichtbar gemacht durch reihenförmige Ätzgrübchen (Bildmitte). Vergr. 250 × [226]

Auf Translationsvorgänge sind auch die sog. *Schlag- und Druckfiguren* zurückzuführen, die sich bei Einwirkung eines spitzen Werkzeuges auf eine Mineralfläche bilden (s. Bild 2.79). Ihre Form ist eindeutig durch die Symmetrie des Minerals bestimmt und kann deshalb auch zu deren Bestimmung herangezogen werden.

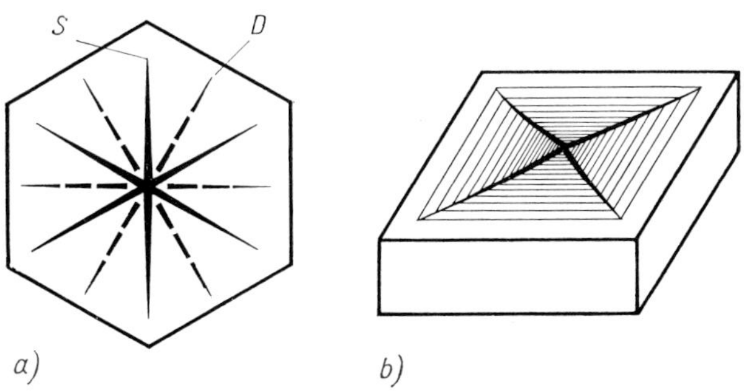

Bild 2.79. Druck- und Schlagfiguren [98]

a) Schema der »hexagonalen« Druckfigur (D) und Schlagfigur (S) bei Glimmer (monoklin-pseudohexagonal)
b) Schlagfigur auf einer Würfelebene von Halit

Die *Gleitzwillingsbildung* ist die zweite wichtige Möglichkeit der plastischen Verformung. Bei ihr wird bei einigen Mineralen ein Teilkomplex des Gitters durch mechanische Einwirkung längs einer Gleitebene in eine bestimmte andere Stellung (Zwillingsstellung) versetzt. Am Beispiel der Calcits ist dies gut zu demonstrieren (s. Bild 2.80).

Diese Verzwillingung läßt sich an einem Mineral mehrfach durchführen, so daß *polysynthetische Druckzwillinge* entstehen. Sehr typisch ist dies neben den Karbonaten (s. Bild 2.81) für die Plagioklase (Albitlamellen), auch bei Hämatit, Magnetit, Kassiterit, Korund sowie einigen Salzmineralen und Sulfiden. Druckzwillinge zeigen an, daß die Minerale einem meist erhöhten und gerichteten Gebirgsdruck ausgesetzt waren; er kann bis zur Verformung und tektonischen Einregelung der Minerale führen. Als einen Sonderfall kann man die *Rekristallisationszwillinge* ansehen, die, wie Bild 2.82 zeigt, auch polysynthetisch aufgebaut sein können.

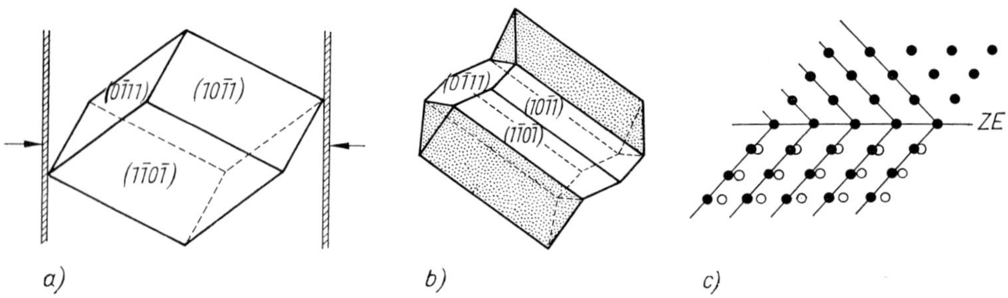

Bild 2.80. Verformung durch Zwillingsgleitung [98]

a) Calcitrhomboeder, auf den ein seitlicher Druck ausgeübt wird
b) das Ergebnis der Druckbeanspruchung, ein Calcitdrilling
c) schematische Darstellung des »Umklappvorganges« (der Verzwillingung) im atomaren Bereich. Das erzeugte Zwillingsindividuum (unten) hat fast die gleiche atomare Orientierung wie der Ausgangskristall; ZE ist die Zwillingsebene

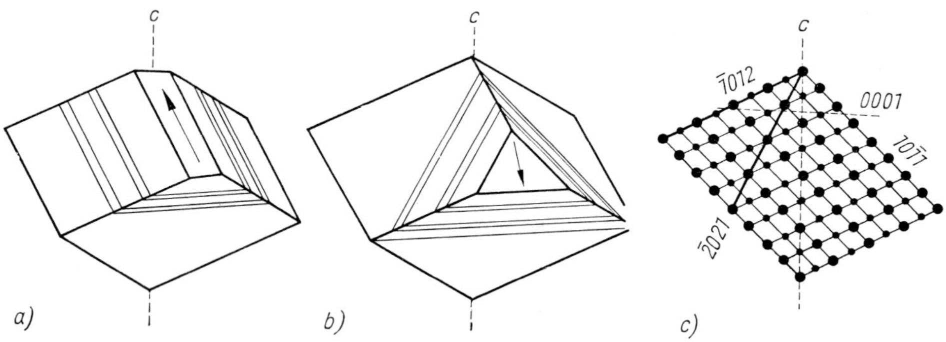

Bild 2.81. Polysynthetische Gleitverzwillingung bei Karbonaten [141]

a) Calcit
b) Dolomit
c) atomare Darstellung der Umklappebenen (10$\bar{1}$2) = Calcit; (20$\bar{2}$1) = Dolomit

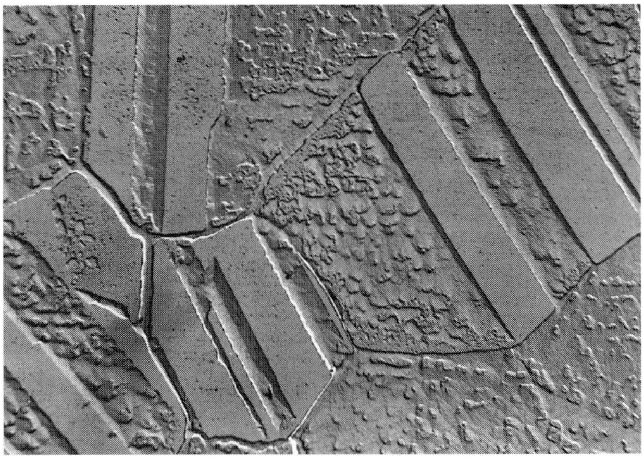

Bild 2.82. Rekristallisationszwillinge in Messing (mit 25 % Zn). Elektronenmikroskopische Aufnahme, Vergr. 6000 × [227]

2.4.3. Magnetische Eigenschaften

Grundlagen: Jeder Materiebaustein (Atom, Ion, Molekül) kann aufgrund seiner unterschiedlichen Elektronenkonfiguration in einem magnetischen Feld ein magnetisches Moment M (= Magnetisierung) erhalten. Dabei besteht zwischen der Aufnahmefähigkeit des Minerals, der magnetischen Suszeptibilität χ_m, und der Stärke des magnetischen Feldes H die Beziehung $\chi_m = \frac{M}{H}$. Nach der Größe der Suszeptibilität unterscheiden wir ferromagnetische, paramagnetische und diamagnetische Minerale; Beispiele sind in der Tab. 2.7 aufgeführt.

Tabelle 2.7. Beispiele der Massensuszeptibilität einiger Minerale

Stärke der Suszeptibilität $\chi_m \cdot 10^{-6}$	Mineral	Magnetischer Charakter
80000 ... 20000	Magnetit	ferromagnetisch
6100 ... 1500	Pyrrhotin	
271 ... 113	Ilmenit	paramagnetisch
124 ... 50	Almandingranat	
130 ... 26 (2)	Pyroxene, Amphibole	
80 ... 23	Dunkelglimmer	
24	Epidot	
8 ... 1	Hellglimmer	
2	Rutil (dunkelbraun)	
−0,08	Kassiterit	diamagnetisch
−0,30 ... −0,28	Fluorit, Baryt	
−0,37 ... −0,36	Quarz, Orthoklas, Calcit	
−0,46	Apatit	

Die *diamagnetischen Minerale* (mit negativen Werten von χ_m) haben ursprünglich kein magnetisches Moment. Wird es ihnen in einem starken Magnetfeld aufgezwungen, stellen sich die induzierten magnetischen Momente dem Erregerfeld entgegen, so daß das Mineral aus dem Magnetfeld hinausgedrängt wird (s. Bild 2.83).
Paramagnetische Minerale stellen ihre vorhandenen »Elementarmagnete« parallel zu den Feldlinien eines angelegten magnetischen Feldes; sie werden so von einem Magnetpol angezogen und bewegen sich in das Feld hinein. Alle (nichtferromagnetischen) eisenhaltigen Minerale sind paramagnetisch (vgl. Bild 2.83). Hinzugefügt sei hier, daß die dia- und paramagnetischen Eigenschaften anisotrop sind und von der kristallographischen Orientierung abhängen (s. Bild 2.84); allerdings sind die Unterschiede meist nicht größer als 10%.
Bei den *ferromagnetischen Mineralen* liegen ursprünglich bereits Bereiche mit parallelen magnetischen Momenten (WEISSsche Bezirke, voneinander getrennt durch sog. BLOCH-Wände) vor, die sich aber meist wegen ihrer unterschiedlichen Orientierung gegenseitig aufheben. Schon ein relativ geringes angelegtes magnetisches Feld orientiert diese Momente stark gleichsinnig, und selbst nach dem Aufhören der äußeren magnetischen Wirkung behalten diese Minerale einen Restmagnetismus (Remanenz; Permanentmagnete). Eine Abart des Ferromagnetismus ist der sog. *Ferrimagnetismus*, der bei künstlichen Verbindungen vom Ferrit-Typus (analog pem Magnetit $FeFe_2O_4$) realisiert ist (s. Bild 2.83).

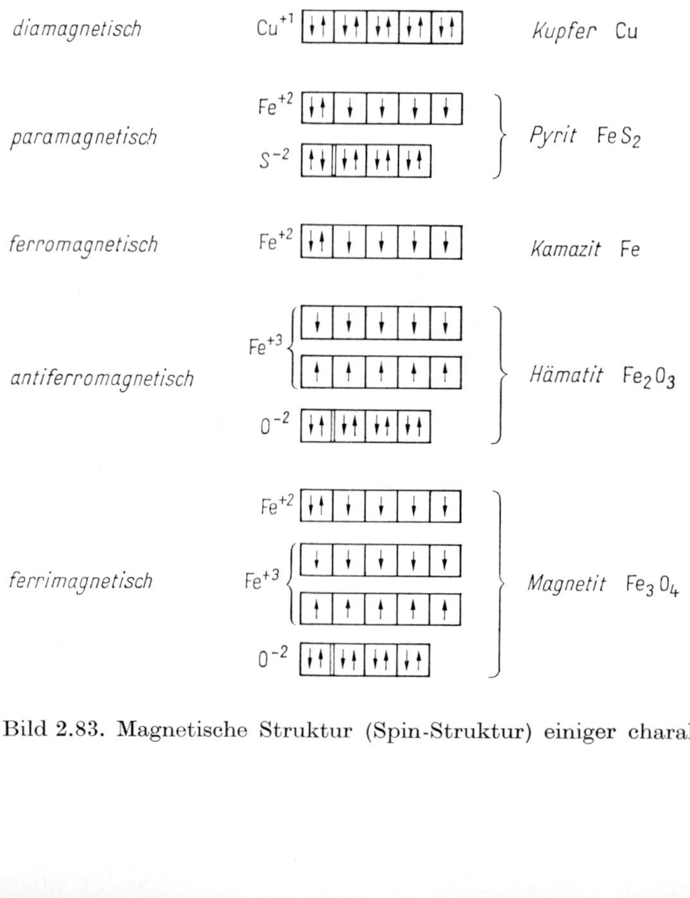

Bild 2.83. Magnetische Struktur (Spin-Struktur) einiger charakteristischer Minerale [7]

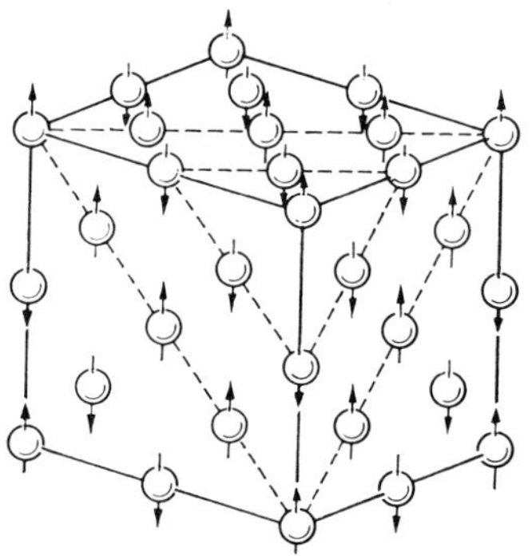

Bild 2.84. Anordnung des Spins der Mn-Ionen im Manganoxid MnO [5]
Man beachte die abwechselnd gleiche Orientierung jeweils in der (111)-Ebene

Anwendung: Die magnetischen Eigenschaften der Minerale lassen sich für unsere Zwecke in vielfältiger Form nützen.
Einige Minerale besitzen eine magnetische Anziehungskraft, sie ziehen Eisen an oder lenken die Magnetnadel ab. Man kann auf diese Art den Magnetit (insbesondere auch seine oxydierte Abart Maghemit) von anderen ähnlichen Mineralen unterscheiden. Ähnliches gilt für Pyrrhotin (Magnetkies), auch Platin. Magnetitlagerstätten können durch *geomagnetische Prospektion* von der Erdoberfläche aus gesucht werden.
Ferromagnetische und paramagnetische Minerale können durch unterschiedlich starke Felder eines Elektromagneten untereinander und besonders von den eisenfreien diamagnetischen Mineralen getrennt werden (*Magnetscheidung*, vgl. S. 142).
Künstliche Ferrite werden als *Ferrimagnetika* in großer Zahl hergestellt (Beispiel der Bariumferrit $BaO \cdot Fe_2O_3$); sie dienen hauptsächlich als Permanentmagnete, Spulenkerne und Ferritantennen.

2.4.4. Elektrische Eigenschaften

Die elektrische Leitfähigkeit (und entsprechend der reziproke, spezifische elektrische Widerstand) von Mineralen schwankt in einem sehr großen Bereich. *Nichtleiter* (Isolatoren) haben eine Leitfähigkeit von etwa 10^{-20} bis $10^{-10}\ \frac{1}{\Omega\,\text{cm}}$, *Halbleiter* von etwa 10^{-10} bis 10^{3} und *Leiter* (einschließlich der Supraleiter) von 10^{3} bis $10^{20}\ \frac{1}{\Omega\,\text{cm}}$.
Der Elektrizitätstransport kann auf zwei Arten erfolgen, entweder durch Elektronenleitung (speziell bei den Metallen) oder durch Ionenleitung (speziell bei Mineralen mit heteropolaren und homöopolaren Bindungen). Die meisten Minerale besitzen aber keine dieser reinen Formen, sondern sind Mischleiter.
Die Vorgänge der *Elektronenleitung* sind mit Hilfe der Energiebändermodelle leicht verständlich, wie sie in den Bildern 2.85 und 2.86 schematisch für die wichtigsten Möglichkeiten dargestellt sind. Wie bekannt ist, müssen Elektronen, um Halbleitung hervorzurufen, aus den Energieniveaus des Grundbandes bzw. Donatorstörbandes in das Energieniveau des Leitungsbandes bzw. in das Akzeptorstörband gebracht werden. Man bedient sich, speziell bei den Halbleitern, dazu unterschiedlicher Methoden wie der Temperaturerhöhung, der Hinzugabe (Dotierung) von Fremdatomen

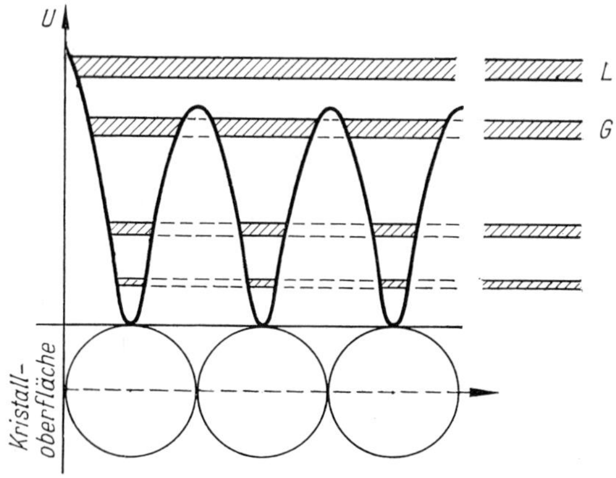

Bild 2.85. Ebenes Energiebändermodell für eine Atomreihe in einem Kristall

U = Energieniveau
L = Leitungsband
G = Grundband (Valenzband)

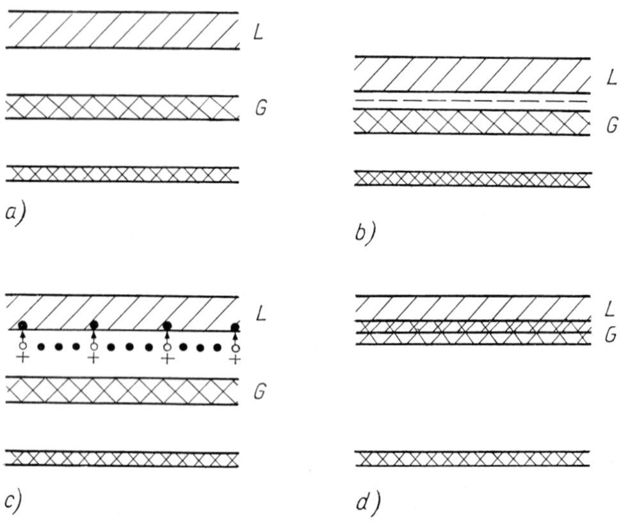

Bild 2.86. Energiebändermodelle für

a) Isolator
b) Halbleiter ohne Störstellen
c) Überschußhalbleiter
d) metallischer Leiter

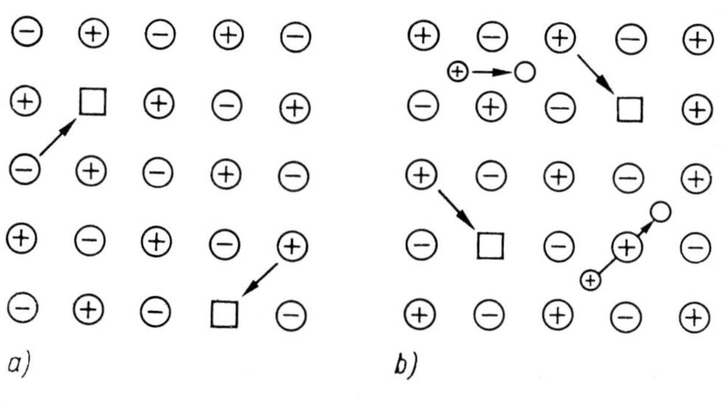

Bild 2.87. Schematische Darstellung der Ionenleitung [98]

a) in einem ionaren Gitter mit Leerstellen wandern die positiven und negativen Ionen in die Leerstellen; die erzeugten neuen Leerstellen werden wieder besetzt usw.
b) Ionenwanderung in einem ionaren Gitter mit Leerstellen und Überschußionen

(Mangel- und Überschuß-Halbleitung), der geringen Abweichung von stöchiometrischen Verhältnissen usw.

Das *Ionenleitvermögen* in rein oder überwiegend ionar gebundenen Mineralen beruht auf Platzwechselvorgängen. Diese sind aber nur möglich, wenn die Minerale fehlgeordnet sind, entsprechend dem im Kapitel 2.3. dargestellten Leerstellen- und Zwischengitterplatztyp. Bei Verbindungsgittern kann sich die Fehlordnung natürlich auf Kation und/oder Anion erstrecken. Beispiele solcher Ionenwanderung zeigt Bild 2.87.

Dielektrika, Pyro- und Piezoelektrizität

Die größte praktische Bedeutung haben nicht die mineralischen Leiter und Halbleiter, sondern die Nichtleiter.

Die meisten durchsichtigen, nichtmetallischen Minerale mit Ionen-, Atom- und Molekülverbindung sind solche Isolatoren. Sie haben eine hohe *Dielektrizitätskonstante* ε, die wie viele andere physikalische Eigenschaften stark richtungsabhängig ist. Die Anisotropie entspricht etwa den Verhältnissen beim Lichtdurchgang (s. Kap. 2.4.1.); als Beispiel mögen dienen:

ε für Quarz $\perp$ c = 4,69 ε für Rutil $\perp$ c = 89,0
$\parallel$ c = 5,06 $\parallel$ c = 173,0

Titanhaltige Minerale und künstliche Substanzen (Rutil, Titanate) werden wegen ihrer hohen Dielektrizitätskonstanten als Dielektrika in Kondensatoren eingesetzt (ε bis 20000).

Sehr interessant und wichtig ist die Erscheinung der *Pyro- und Piezoelektrizität*, die an nichtleitenden Mineralen mit polaren Achsen (also ohne Symmetriezentrum) auftritt. Diese Polarität (Ungleichheit) der Feinstruktur ermöglicht durch Energiezufuhr (Wärme, Druck) eine entgegengesetzte elektrische Aufladung an den zwei Enden der polaren Achsen eines Minerals.

Die *Pyroelektrizität* ist in den 10 Kristallklassen mit polaren Hauptachsen zu beobachten, in denen Minerale wie Turmalin, Skolezit und Hemimorphit (auch Rohrzucker) auftreten. Bei Erwärmen z. B. eines stengligen Turmalinkristalls lädt sich der eine Pol positiv, der andere negativ auf, beim Abkühlen wechseln beide Pole ihre Vorzeichen (s. Bild 2.88). Eine praktische Bedeutung hat diese Erscheinung nicht.

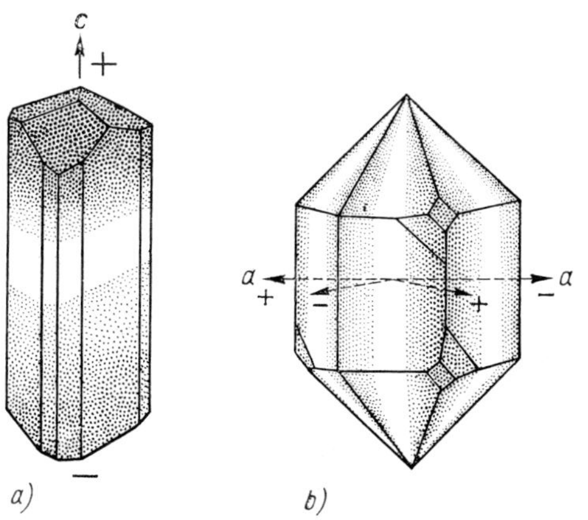

Bild 2.88. Sichtbarmachung der Pyroelektrizität und Piezoelektrizität an Mineralen mit polaren Achsen mit Hilfe der Bestäubungsmethode nach KUNDT [98]

a) beim Turmalin in Richtung der polaren c-Achse

b) beim Quarz in Richtung der polaren a-Achsen

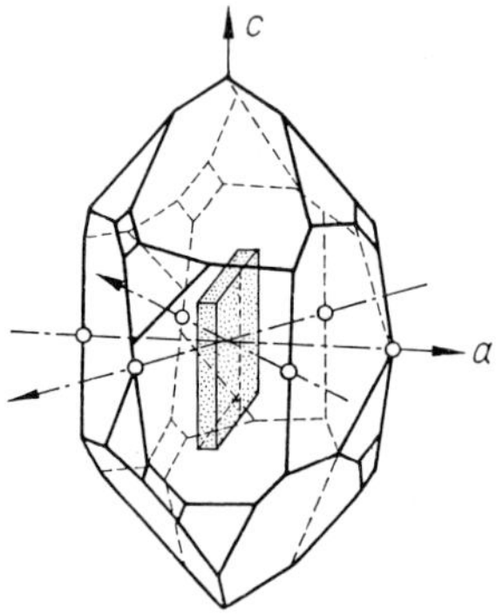

Bild 2.89. Lage einer »Schwingplatte« in einem Quarzkristall [98, 198]

Die *Piezoelektrizität* tritt an Mineralen und Verbindungen der 20 Kristallklassen auf, die polare Richtungen bzw. Achsen (und kein Symmetriezentrum) haben, so bei Tiefquarz, Sphalerit, Seignettesalz und Rohrzucker.
Die größte praktische Bedeutung hat der trigonale Tiefquarz oder α-Quarz. Schneidet man aus einem Tiefquarz eine Platte (entsprechend der Darstellung in Bild 2.89) senkrecht zu einer zweizähligen polaren Achse heraus (sie liegen bekanntlich senkrecht zur nichtpolaren c-Achse) und übt in Richtung dieser polaren Achse einen starken Druck auf die Platte aus, so laden sich die beiden gedrückten Flächen (senkrecht zur Achse) positiv bzw. negativ auf.
Bild 2.90 zeigt schematisch, wie man sich bei einer solchen heteropolaren Si–O-Struktur die Entstehung dieser Ladungsanhäufungen vorstellen muß. Man erkennt, daß sich im unbeanspruchten Mineral in Richtung der polaren Achse positive und negative Ladungen gegenüberstehen. Drückt man nun in dieser Richtung, so gibt es auf den »Druckstellen« jeweils einen Überschuß an positiver und negativer elektrischer Ladung. Dehnt man das Gitter in der gleichen Richtung, so erfolgt eine Ladungsumkehr.
Dieser Piezoeffekt ist umkehrbar (reziprok): Legt man parallel zu der polaren Achse ein elektrisches Feld an, so wird das Mineralgitter in Richtung dieser Achse gedehnt bzw. komprimiert, bei Anlegung einer Wechselspannung also im Rhythmus der »Schwingungs«-Frequenz (*Schwingquarze*). Diese Erscheinung kann in der Praxis vielseitig verwendet werden, so zur Stabilisierung der Schwingungsfrequenz von Sendeanlagen, in Mikrophonen und Lautsprechern sowie bei der Erzeugung von Ultraschall.

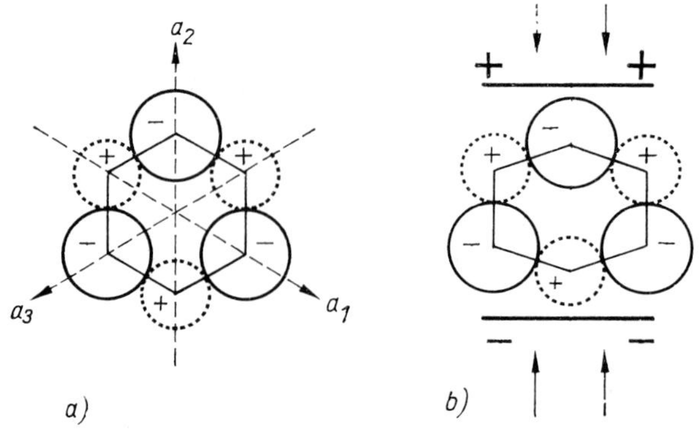

Bild 2.90. Schematische Darstellung des Piezoeffekts an einer Si^{4+}–O^{2-}-Struktur [98]

a) »normale« Lage in der Ebene der elektrischen Achsen (= polare a-Achsen); elektrische Neutralität
b) bei Druck in Richtung einer polaren Achse (hier a_1) verschieben sich die Bausteine so, daß an den Druckstellen eine entgegengesetzte Aufladung erfolgt

Oberflächenkräfte

Ein Mineral ist, insbesondere bei stöchiometrischer Zusammensetzung, elektrostatisch derart ausgeglichen, daß es elektrisch neutral erscheint. Lediglich an der Mineraloberfläche befinden sich positive und negative freie Valenzen, die schwachen VAN-DER-WAALSschen Kräften entsprechen. Die elektrokinetischen Verhältnisse und deren Nomenklatur sind im Bild 2.91 dargestellt. Bei größeren Kristallen sind diese Restkräfte jedoch kaum feststellbar und von geringer Bedeutung, da das Verhältnis von »aktiver« Oberfläche zu der Mineralmasse sehr gering ist.
Ganz anders ist dies bei feinsten Mineralpartikeln im *kolloidalen Bereich*, also etwa bei Korngrößen von 1 bis 1000 nm (10 bis 10000 Å). Hier ist die »spezifische Oberfläche« (das Verhältnis von Oberfläche zur Masse) so groß, daß selbst geringe Mineralmengen aufgrund der großen Oberfläche bemerkenswerte Oberflächenkräfte besitzen. Daher sind feste kolloidale Partikel in der Lage, je nach Art ihrer Restladung

- *entgegengesetzt* geladene Ionen oder Kolloide an sich zu binden, zu adsorbieren. Diese Eigenschaft hat im geologischen Bereich, auch bei der Lagerstättenbildung, große Bedeutung. Sie führt normalerweise zur *Ausflockung* beider Substanzen aus dem Dispersionsmittel, also meist aus dem Wasser. Aber auch im technischen Bereich benutzt man natürliche Kolloide als Sorptionssubstanzen, so v. a. die aus verschiedenen Tonmineralen aufgebauten Tone, aber auch natürliche und künstliche MnO_2-, Fe_2O_3-, SiO_2- und andere Kolloide.
- *gleichartig* geladene Ionen oder Kolloide abzustoßen und dadurch das kolloide System zu stabilisieren. Eine praktische Bedeutung liegt in der Herbeiführung des *Thixotropie*-Zustandes; wie Bild 2.92 schematisch zeigt, können sich gleichgeladene kolloidale Partikel (z. B. Tonminerale) in einem Dispersionsmittel derart »abstoßen«, daß sie ein labiles Mineralgerüst aufbauen, das jedoch bei mechanischer Erschütterung zusammenbrechen kann. Diese Erscheinung wird z. B. bei der Stabilisierung von Bohrflüssigkeiten bei Tiefbohrungen genutzt. Negative Aus-

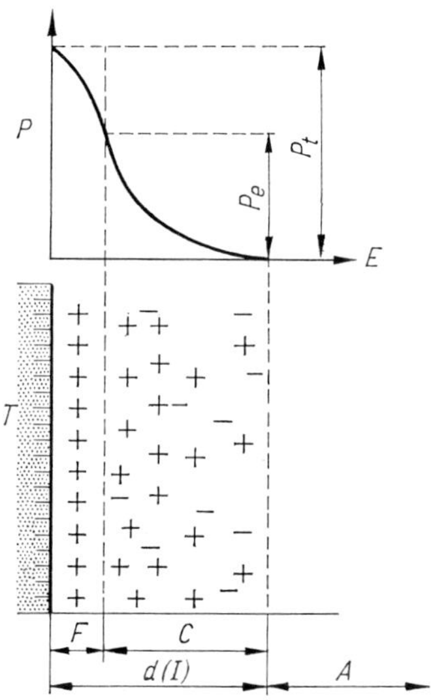

Bild 2.91. Schematische Darstellung des elektrokinetischen Potentials an einem Kristall mit negativ geladener Teilchenoberfläche [13, 93]

T Teilchenoberfläche
F fest haftende innere Schicht
C locker haftende äußere Schicht mit diffuser Ionenverteilung
d elektrische Doppelschicht, die gleichzeitig der Ionenlösung (I) entspricht
A Außenlösung
E Entfernung von der Teilchenoberfläche
P elektrokinetisches (Zeta-)Potential
P_t thermodynamisches Potential

wirkungen treten auf, wenn thixotrope Medien, z. B. Tone, in Tagebauen angeschnitten und erschüttert werden. Hier kann es zu schweren Schädigungen des Betriebes durch Rutschungen usw. kommen.

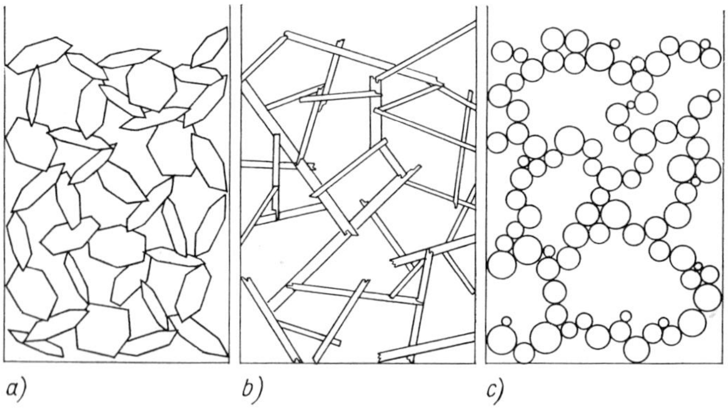

Bild 2.92. Schematische Darstellung der Thixotropie [60]. Gleichgeladene Minerale bauen (meist in wäßriger Lösung) ein labiles Gerüst auf, das eine gewisse Konsistenz besitzt; bei mechanischer Erschütterung oder chemischer Entladung bricht dieses System zusammen

a) Kaolinit, b) Halloysit, c) Ruß

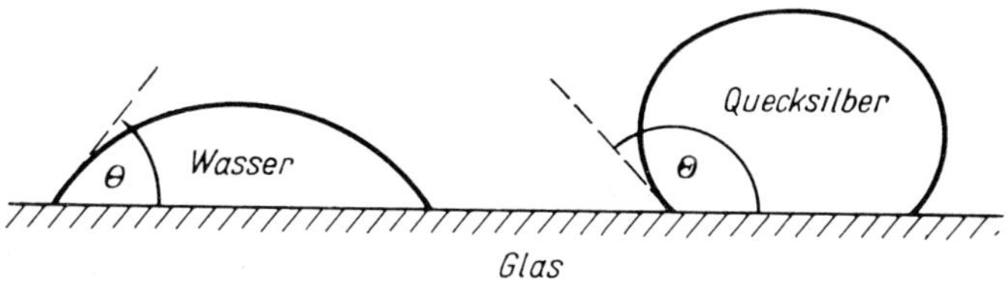

Bild 2.93. Unterschiedliche Benetzbarkeit von Glas durch Wasser und Quecksilber; meßbar durch den charakteristischen Randwinkel Θ [108]

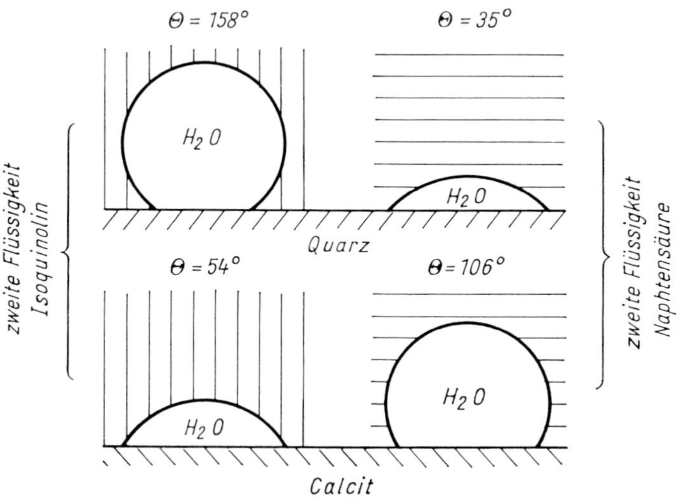

Bild 2.94. Unterschiedliche Benetzbarkeit von Quarz und Calcit bei Anwesenheit einer zusätzlichen Flüssigkeit [108]

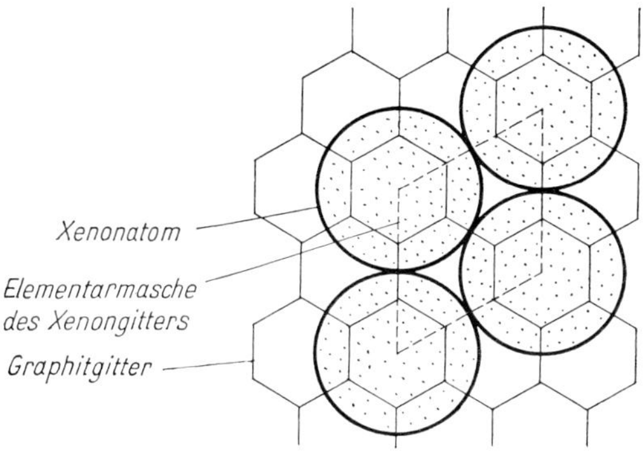

Bild 2.95. Eine geordnete Adsorption von Xenonatomen auf einer Graphitfläche (LEED-Verfahren) [8] Xenonatome (gepunktete große Kreise) mit angedeutetem Gitter (»Elementarmasche«)

Ein weiterer wichtiger Aspekt der Oberflächenkräfte ist die *Benetzbarkeit* der Minerale. Wir wissen, daß sich Flüssigkeiten auf festen Oberflächen aufgrund ihrer eigenen Oberflächenspannung, aber auch des Charakters der festen Oberfläche, sehr verschieden verhalten. Bekannt ist das unterschiedliche Verhalten von Wasser- und Quecksilbertropfen in Luft auf einer festen Substanz (z. B. auf einer Glasscheibe, Bild 2.93). Auch wenn man Wassertropfen in verschiedenen (nicht mischbaren) Flüssigkeiten auf Mineraloberflächen bringt, ist die Benetzbarkeit sehr wechselnd.
Wie Bild 2.94 zeigt, beeinflußt offensichtlich die Mineralart, zumindest teilweise, den Grad der Benetzung der Mineraloberfläche. Im Bild 2.95 wird ergänzend die geordnete (epitaktische) Anlagerung von Gasatomen an ein Graphitgitter dargestellt.
Man bezeichnet Minerale, die sich von Wasser gut benetzen lassen, als *hydrophil* (von Lösungen allgemein als *lyophil*). Hierzu gehören z. B. die Silikate, Sulfate, Karbonate, Phosphate, Halogenide u. a., also insbesondere Verbindungen mit Ionengitter. Minerale, die sich schlecht von Wasser benetzen lassen, heißen *hydrophob* (bzw. allgemein *lyophob*). Beispiele solcher hydrophober Minerale sind fast alle Sulfide, viele Metalloxide, auch Kohle, Diamant und andere geologische Substanzen. Dem Wasser entgegengesetzt verhalten sich die Kohlenwasserstoffe.
Die Gründe für die gute oder schlechte Benetzbarkeit sind noch nicht völlig geklärt, jedoch spielt verschiedentlich die Kristallstruktur eine Rolle (s. Bild 2.96).

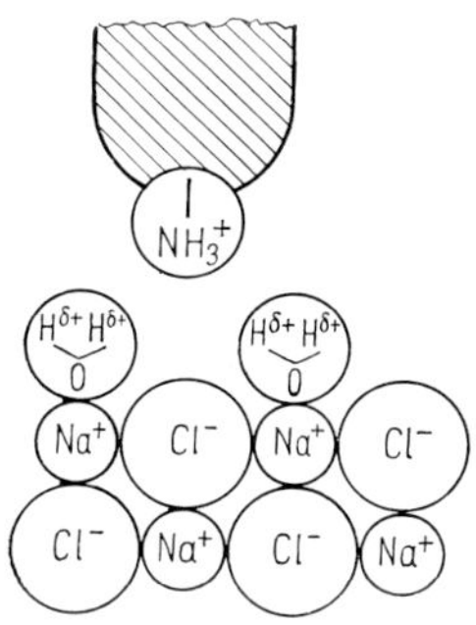

Bild 2.96. Orientierte Anlagerung eines Flotationsmittels an die hydratisierte Schicht von Halit NaCl [56]

Eine große praktische Bedeutung hat die unterschiedliche Oberflächenaktivität bei der sog. Schwimmaufbereitung, der *Flotation*. Hier werden Nutzkomponenten (meist Erze) von dem tauben Nebengestein aus einer wäßrigen Aufschlämmung des feingemahlenen Rohstoffs abgetrennt. Durch zugesetzte, meist polare organische Reagenzien und andere Parameter werden die Benetzbarkeiten so gesteuert (verstärkt oder unterdrückt), daß sich die Luftbläschen eines erzeugten Schaumes selektiv an bestimmte Komponenten anlagern und durch Aufschwimmen abtrennen (vgl. Kap. 5.).

2.4.5. Thermische Eigenschaften

Von den thermischen Eigenschaften und Effekten sollen hier besprochen werden:

- die Wärmeleitung und thermische Ausdehnung
- die Phasenumwandlung und das Schmelzen

Die *Wärmeleitfähigkeit* und die *thermische Ausdehnung* von Mineralen und Mineralaggregaten haben verschiedentlich eine große praktische Bedeutung. So ist z. B. die physikalische Verwitterung durch Sonneneinstrahlung weitgehend auf die unterschiedlichen Ausdehnungskoeffizienten der silikatischen gesteinsbildenden Minerale zurückzuführen; auch die künstliche Gesteinszerstörung nutzt diesen Effekt aus. Technisch sind z. B. Schamotte und Kieselglas wegen ihrer geringen Wärmeleitfähigkeit (natürlich auch wegen ihrer hohen Schmelzpunkte) gesuchte Werkstoffe.
Die *Wärmeleitung* ist im Mineral richtungsabhängig und verhält sich in bezug auf die kristallographische Orientierung wie das Licht (vgl. Kap. 2.4.1.). Richtungen dichter Atompackung haben eine relativ stärkere Leitfähigkeit, besonders ausgeprägt bemerkbar an Schicht- und Fasermineralen. Absolute Werte werden in kJ/m · h · K (auch m J/cm^2 s) angegeben; sie schwanken um 1 bis 2 Dezimale. Gitterfehler, Fremdeinschlüsse und Porosität erniedrigen das Wärmeleitvermögen, verbessern also die Isolatoreigenschaften.
Dei *thermische Ausdehnung* ist gleichfalls eine mineraltypische Eigenschaft. Ein Maß für die relative Ausdehnung eines Körpers in eine bestimmte Richtung bei Temperaturerhöhung von 1 K ist der lineare Ausdehnungskoeffizient α, wobei die bekannte Beziehung $l = l_0(1 + \alpha \cdot \Delta t)$ gilt. Auch hier ist eine starke Abhängigkeit vom Gitterbau bzw. der kristallographischen Orientierung des Minerals vorhanden, wie folgende kurze Übersicht für Temperaturen < 100 °C und $\beta \cdot 10^6$-Werte zeigt:

	Calcit	Quarz	Beryll	Graphit
∥ c	24	10	1	26
⊥ c	−5	18	3	−1,2

Besonders bemerkenswert ist die Kontraktion einiger Gitter in Richtung ⊥c im gemessenen Temperaturbereich.
Die Volumenveränderung bei Temperaturerhöhung (um 1 K) wird durch den kubischen Ausdehnungskoeffizienten β nach folgender Beziehung angegeben:

$$\beta = \frac{V_{t+1} - V_t}{V_t} \cdot \frac{1}{\Delta t}$$

Schmelzen und Phasenumwandlung: Wir haben dem Mineralbegriff das Attribut »fest« zugelegt, da sich praktisch alle Minerale bei den Bedingungen der Erdoberfläche im festen Aggregatzustand befinden. Als Ausnahmen akzeptieren wir das flüssige Quecksilber und das flüssige Wasser oder evtl. auch gasförmige Elemente und Verbindungen wie CO_2 oder Sauerstoff.
Der feste Aggregatzustand einer Mineralphase hat in Abhängigkeit vor allem von Druck und Temperatur einen bestimmten Existenzbereich und ist dementsprechend eine wichtige Eigenschaft dieses Minerals. Das betrifft insbesondere den Punkt bzw. Bereich, bei dem der feste Zustand in den flüssigen (oder gasförmigen) übergeht, den Schmelzpunkt (bzw. Dissoziationspunkt). Wir kennen Minerale mit sehr niedrigem Schmelzpunkt, aber auch solche mit relativ hohem. Beide Eigenschaften werden in der Praxis vielfach genutzt (vgl. Kap. 5.1.). Einige Beispiele seien hier aufgeführt:

Mineral	Schmelzpunkt in °C	Mineral	Schmelzpunkt in °C
Eis H_2O	0	Hessit β-Ag_2Te	960
monokl. Schwefel S	115,2	Gold Au	1063
Wismut Bi	271,5	Pyrrhotin FeS	1190
Realgar β-AsS	307	Magnetit Fe_3O_4	1527
Tellur Te	450	Platin Pt	1755
Antimonit Sb_2S_3	546	Spinell $MgAl_2O_4$	2135
Antimon Sb	630	Periklas MgO	2800
Bismuthinit Bi_2S_3	760	Wolfram W	3400

Eine Reihe von Mineralen, insbesondere natürlich die Verbindungen, zerfallen (dissoziieren) bei Erdoberflächenbedingungen vor Erreichen des Schmelzpunktes. Eins der *Dissoziations*produkte ist stets eine relativ leichtflüchtige Komponente des Minerals wie z. B. CO_2 oder H_2O. Der Dissoziationsbereich kann relativ eng, aber auch, z. B. durch Druck oder Gitterfehler beeinflußt, ziemlich groß sein. Beispiele solcher Dissoziationsvorgänge sind

$CaCO_3 \xrightarrow{\sim 900\,°C} CaO + CO_2$ »Kalkbrennen«

$CaSO_4 \cdot 2\,H_2O \xrightarrow{120-400\,°C} CaSO_4 + 2\,H_2O$ »Gipsbrennen«

$Al_4[(OH)_8/Si_4O_{10}] \xrightarrow{550-600\,°C} 2Al_2Si_2O_7 + 4\,H_2O$ Kaolinitentwässerung

Durch Wärmezufuhr kann neben der Dissoziation und dem Schmelzen, also mineralzerstörenden Effekten, auch eine Umwandlung im festen Zustand eintreten, eine *Phasenumwandlung*, die Bildung einer neuen kristallinen *polymorphen* Modifikation. Diese Umwandlungen sind, wie die folgenden Beispiele zeigen mögen, meist an einen sehr engen Temperaturbereich gebunden:

S	rhomb. Schwefel	$\xrightleftharpoons{95,3\,°C}$	monokl. Schwefel
AsS	α-Realgar	$\xrightleftharpoons{265\,°C}$	β-Realgar
HgS	Cinnabarit	$\xrightleftharpoons{344\,°C}$	Metacinnabarit
$NiAs_2$	Pararammelsbergit	$\xrightleftharpoons{590\,°C}$	Rammelsbergit
ZnS	Sphalerit	$\xrightleftharpoons{1020\,°C}$	Wurtzit

Alle diese genannten *thermischen Umwandlungen* (Schmelzen, Dissoziation, Phasenwandlung) sind mit thermischen Effekten (Reaktionen) verknüpft, die entweder *exotherm* (Abgabe von Wärme) oder *endotherm* (Verbrauch von Wärme) sind. In vielen Fällen benötigt die Umwandlung (durch Energieaufnahme oder -abgabe) Zeit, so daß die Temperatur eine Zeitlang konstant bleibt (speziell der Haltepunkt beim Schmelzvorgang).
Die Kenntnis thermischer Umwandlungsbereiche ist für die Mineralnutzung, besonders bei der technologischen Umwandlung zu Werkstoffen, von sehr großer Bedeutung; aber auch für die Mineralbestimmung (Diagnostik) sind diese Daten neuerdings sehr wichtig (s. »thermische Analyse« Kap. 3.2.5.).
Der Geowissenschaftler kann alle beobachteten Mineralumwandlungen, die thermisch bedingt sind, als *geologisches Thermometer* benutzen. Ein Erz mit hydrothermal auskristallisiertem Wismut kann also nachträglich nicht höher als 271,5 °C erwärmt gewesen sein. Ein Gestein, das den an der hexagonal-dipyramidalen Form erkennbaren Hochquarz (β-Quarz, sog. Porphyrquarz) enthält, muß oberhalb einer Temperatur von 575 °C kristallisiert sein (vgl. Kap. 4.2. und 5.1.). Analog gibt es natürlich, wenn auch viel seltener, auch druckabhängige Mineralumwandlungen, die dann als *geologische Barometer* fungieren können, insbesondere im metamorphen Bereich oder in großen Erdtiefen (vgl. Kap. 4.1.).

2.4.6. Radioaktive Eigenschaften (Radioaktivität)

Minerale, die instabile Elemente oder Isotope enthalten, sind radioaktiv, d. h., sie senden α-, β- und γ-Strahlung aus. Neben den schwach aktiven Isotopen des ^{40}K, ^{87}Rb, ^{115}In, ^{138}La, ^{147}Sm u. a. interessieren uns insbesondere die häufig auftretenden und stark radioaktiven Isotope der Elemente Uran und Thorium (^{238}U, ^{237}U, ^{235}U, ^{232}Th). Es ist bekannt, daß sie über viele Zwischenstufen zu stabilen Pb-Isotopen zerfallen, wobei sehr unterschiedliche Zerfallszeiten (ausgedrückt durch die sog. Halbwertszeiten) festzustellen sind (s. Bild 2.97). Die Zwischenprodukte können fest (z. B. Blei) oder gasförmig (z. B. He bei α-Zerfall) sein.
Die Reichweite der drei Strahlungsarten ist, wie die folgende Zusammenstellung zeigt, in Luft und der kristallinen Materie der Minerale sehr unterschiedlich:

Strahlung	Reichweite in Luft	Reichweite im Mineral bzw. Gestein
α	x cm	~ 1 mm
β	x m	x cm ... dm
γ	bis 300 m	x m

Zum Nachweis und der Bedeutung der radioaktiven Minerale ist folgendes festzustellen:

- Radioaktive Minerale sind die wichtigsten Rohstoffe radioaktiver Elemente und Isotope.
- Die Radioaktivität ist in der Lage, das Mineralgitter ganz oder teilweise zu zerstören (vgl. Kap. 2.2.6.). Feinste Anreicherungen radioaktiver Substanz (z. B. U–Th-haltiger Zirkon in Biotit) rufen im Wirtskristall oft *radioaktive Höfe* hervor (s. Bild 2.98).

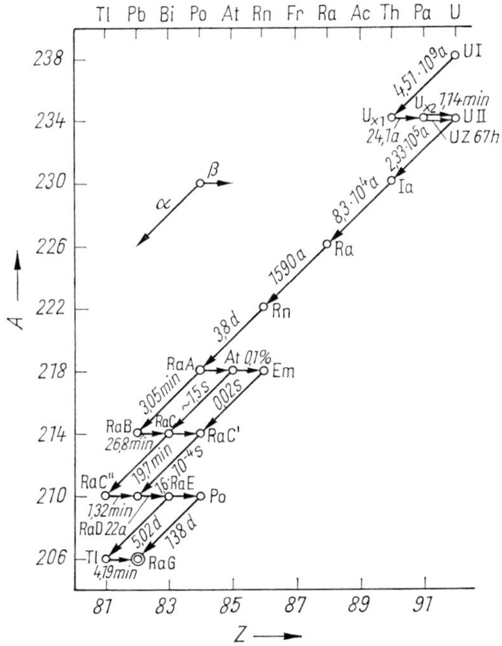

Bild 2.97. Uranzerfallsreihe $^{238}U \rightarrow {}^{206}Pb$ [13]

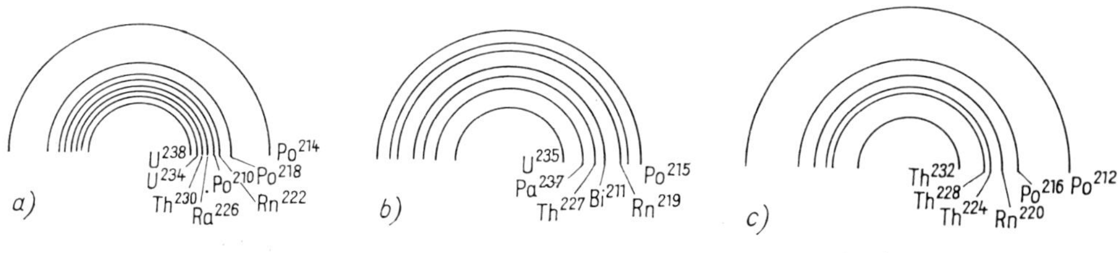

Bild 2.98. Aufbau der durch α-Strahlung erzeugten radioaktiven Höfe in Mineralen [4]
a) für Uran 238 b) für Uran 235 (Actinium) c) für Thorium 232

- Die radioaktive Strahlung eines Gesteins oder Erzes kann mit Hilfe fotografischer Filme oder Platten registriert werden. Man nennt diese Methode *Radiographie* (Bild 2.99). Einzelne radioaktive Atome können beim α-Zerfall im Mineral lineare Zerfallsspuren hinterlassen; diese kann man durch Anätzen sichtbar machen und zur qualitativen und quantitativen Elementbestimmung benutzen (Fission-track-Methoden) (s. Bild 2.100).
- Die relativ weitreichende γ-Strahlung radioaktiver Minerale und Rohstoffe mißt man vorteilhaft mit dem Geiger-Müller-Zählrohr (vgl. Kap. 3.7.); damit ist eine gute Suchmethode auf radioaktive Substanzen gegeben.
- Radioaktive Minerale ermöglichen oft die Bestimmung des absoluten Alters des Minerals, Gesteins oder Erzes (vgl. Kap. 3.4. und Bild 3.44).

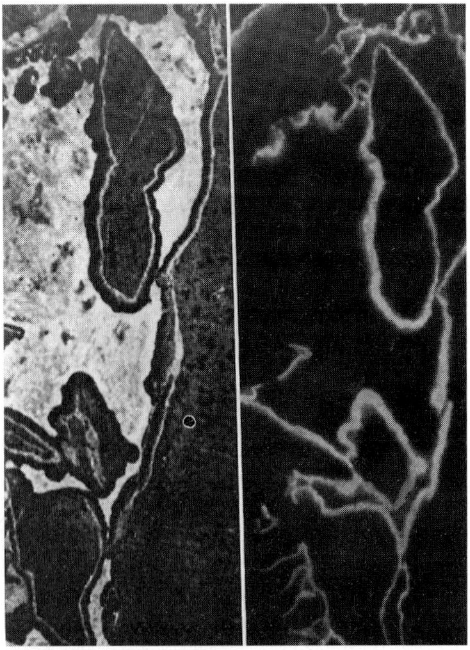

Bild 2.99. Radiographie von einer uraninitführenden Gangstufe, links Anschliffbild, rechts Radiographie, etwa natürliche Größe [252]

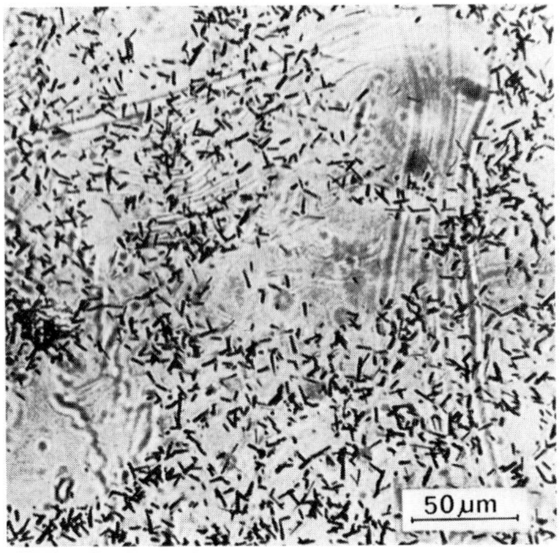

Bild 2.100. Spaltspuren (fission tracks) durch Uranzerfall, angereichert in der glasigen Matrix eines ultrabasischen Gesteins; die spaltspurfreien Flächen sind Orthopyroxene [193]

3 Mineralanalytische Verfahren

Es ist jedem, der sich mit der geologischen Materie und den mineralischen Rohstoffen befaßt, dringend zu empfehlen, sich das Aussehen und die Eigenschaften der wichtigsten gesteins- und erzbildenden Minerale einzuprägen. Das Erkennen eines Minerals ohne aufwendige Hilfsmittel kann durch Übung und Erfahrung zu einer beachtenswerten Fertigkeit entwickelt werden. Wenn man bedenkt, daß jede derartige richtige Bestimmung eines Minerals den Einsatz eines oder mehrerer Analysenverfahren überflüssig macht, dann erkennt man den ökonomischen Wert solcher Kenntnisse und Fähigkeiten.
Oft machen jedoch die besonderen Eigenschaften der geologischen Materie eine eingehendere Untersuchung notwendig. So kann z. B. bei sehr feinkörnigen Gesteinen und Sedimenten die Mineralzusammensetzung ohne Hilfsmittel nicht erkannt werden, oder bestimmte Minerale müssen wegen ihres Mischkristallcharakters oder ihrer Spurenelementführung besonderen analytischen Verfahren unterworfen werden. Das gilt sowohl bei der Suche und Erkundung von Lagerstätten und bei sonstigen geowissenschaftlichen (Forschungs-)Arbeiten als auch bei der Nutzbarmachung mineralischer Rohstoffe.
Oft ist für die analytische Behandlung eine Trennung der Mineralgemenge in ihre einzelnen Mineralphasen notwendig, verschiedentlich auch eine Mineralanreicherung. Aus dem Gesagten folgt, daß wir alle diese Arbeiten in drei Hauptgruppen unterteilen können, nämlich in

1. Methoden der Mineraltrennung und -anreicherung
2. (mineral-) phasenanalytische Verfahren
3. elementanalytische Verfahren

Im folgenden werden die Grundzüge dieser Untersuchungsmethoden dargelegt und ihre Anwendbarkeit aufgezeigt; abschließend wird die Möglichkeit und Bedeutung der Isotopenuntersuchung, der Schwermineralanalyse sowie der Analyse von Mineraleinschlüssen gezeigt sowie einige Hinweise für die mineraldiagnostische Arbeit im Gelände gegeben.

3.1. Mineraltrennung und -anreicherung

Die Mineraluntersuchung und -bestimmung setzt meist voraus, daß die Minerale in reiner Form und genügender Menge vorhanden sind. Da ein bestimmtes Mineral normalerweise mit anderen Mineralen verwachsen ist, muß es also abgetrennt werden, um als reines Mineral oder monomineralische Fraktion weiter untersucht werden zu können. Eine Übersicht über diese mineralpräparativen Arbeiten gibt Bild 3.1. Die *Gewinnung einer monomineralischen Fraktion* aus einem polymineralischen Aggregat (Gestein, Erz) setzt meistens folgende Arbeitsgänge voraus:

- *Zerkleinerung der Ausgangsprobe:* Sie muß so weit erfolgen, daß die Hauptmenge des gesuchten Minerals (bei quantitativer Abtrennung natürlich die Gesamtmenge!) aus seinen Bindungen freigelegt ist und als loses Mineralkorn vorliegt. Zur Entscheidung über diesen »Aufschlußgrad« muß vorher durch eine meist mikroskopische Untersuchung des Materials am Dünn- oder Anschliff geklärt werden, welche Korngrößen die gesuchten Minerale haben (z. B. Aufstellung einer Kornverteilungskurve).
  Die Freilegung der gesuchten Minerale erfolgt meist durch Zerkleinerung mit Hilfe von (hydraulischen) Pressen sowie Brechern und Walzen unterschiedlicher Größe und Bauart; im Sonderfall genügt der Geologenhammer. Bei chemisch reaktionsfähigen Gesteinen und Erzen kann ein Mineral auch durch selektives Lösen gewonnen werden (z. B. Magnetit aus Marmor). Lose Aggregate (Böden, Sedimente u. a.) brauchen normalerweise nicht mit derartigem Aufwand zerkleinert zu werden, bei ihnen genügt ein leichtes Zerdrücken der Proben.
- *Aufgliederung der Probe in Kornfraktionen (Klassierung):* Viele Mineraltrennungen können nur durchgeführt werden, wenn die zu trennende Substanz eine bestimmte Korngröße bzw. einen bestimmten Korngrößenbereich hat (Prinzip der Gleichfälligkeit). Aus diesem Grund zerlegt man das zerkleinerte Probenmaterial meist durch *Siebung* in mehrere Siebschnitte, man klassiert es. Die genauen Korngrößenintervalle sind durch die (genormten) Maschenweiten der Siebe vorgegeben, so z. B.: 1 – 0,8 – 0,63 – 0,5 – 0,4 – 0,315 – 0,25 – 0,2 – 0,16 – 0,125 – 0,09 – 0,063 – 0,045 mm. Sehr feinkörnige Mineralgemenge ($<50\ \mu$m, z. B. tonige Substanzen) können nicht durch Siebung klassiert werden, sondern werden durch die sog. *Sedimentationsanalyse* getrennt. Sie beruht auf der unterschiedlichen Falldauer verschieden großer Mineralkörper in einer Flüssigkeit, meist Wasser. Die Beziehung zwischen Fallgeschwindigkeit und Korngröße ist durch das STOKESsche Gesetz geregelt:

  $$v = \frac{h}{t} = \frac{1}{18}\, g\, \frac{D_K - D_F}{\eta}\, d^2$$

  (v Teilchengeschwindigkeit in cm/s; h Fallhöhe in cm; t Fallzeit in s; g Schwerebeschleunigung in cm/s^2; D_K Dichte der fallenden Substanz (kugelförmig) in g/cm^3; D_F Dichte der Flüssigkeit in g/cm^3; η Viskosität der Flüssigkeit in g/cm s; d Korndurchmesser der Kugel in cm)
  Bei Verwendung von Wasser bei 20 °C reduziert sich die Beziehung zu

  $$t_{20\,°\mathrm{C}} = 11176\,\frac{h}{d^2} \quad \text{(in s)}$$

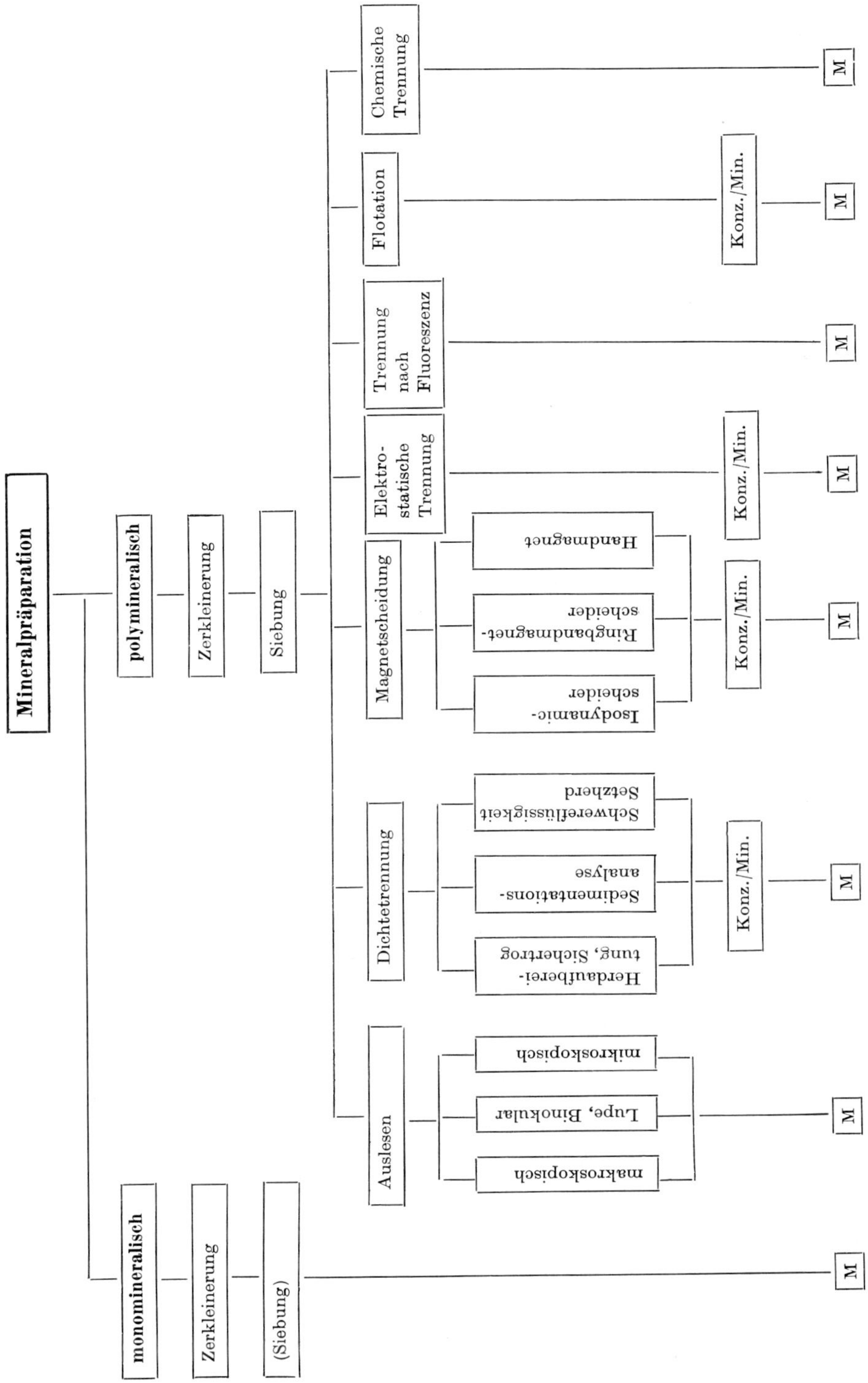

Bild 3.1. Übersicht über die mineralpräparativen Methoden, die zur Gewinnung von monomineralischen Produkten (Fraktionen) aus Gesteinen, Erzen und sonstigen mineralischen Rohstoffen dienen

Für die Gewinnung von Mineralfraktionen hat sich am besten die Methode nach Atterberg mit spezifischen Trenngefäßen bewährt (s. Bild 3.2).

Die Art der *Mineraltrennung* hängt von der Problem- bzw. Zielstellung ab. Benötigt man nur einige wenige Mineralkörner, ist das Auslesen mit einer Lupe oder besser unter einem Lupenmikroskop (z. B. dem binokularen Stereomikroskop SM XX oder Citoval, Bild 3.3) die sicherste und zeitsparendste Art. Alle weiteren wichtigen Verfahren nutzen die Unterschiede der Minerale in der Dichte, der magnetischen, elektrischen und Oberflächeneigenschaften aus. Dazu einige stichwortartige Erläuterungen:

- *Mineraltrennung nach der Dichte*

  a) Trennung mit *Schwereflüssigkeiten*:

  Minerale trennen sich nach dem Schwimm-Sink-Verfahren; hauptsächlich für Minerale mit $\varrho < 4{,}2\ \mathrm{g/cm^3}$ und Korngrößen von 0,01 bis 2 mm (ausnahmsweise 0,005 bis 10 mm). Günstig nur bei kleinen Mengen (bis max. 200 g); man beachte die Giftigkeit und chemische Aggressivität einiger Schwerelösungen. Bei geringen Korngrößen (<0,01 mm) wird der Trenneffekt durch Zentrifugieren in Laborzentrifugen beschleunigt (Erhöhung des Schwerefeldes! Bild 3.4). Wichtige Schwereflüssigkeiten sind Bromoform ($\varrho = 2{,}87\ \mathrm{g/cm^3}$), Methylenjodid ($\varrho = 3{,}20\ \mathrm{g/cm^3}$) und Clerici-Lösung ($\varrho = 4{,}25\ \mathrm{g/cm^3}$). Weiteres s. Tab. 16.9 im Anhang.

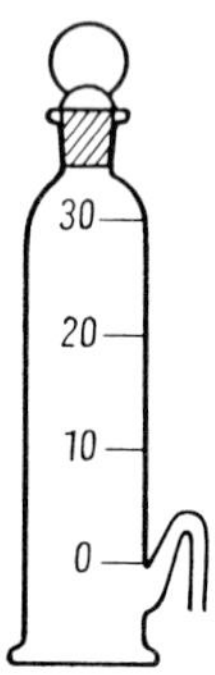

Bild 3.2. Gefäß zur Mineraltrennung feinstkörniger Substanzen [84], Prinzipskizze: Atterberg-Zylinder

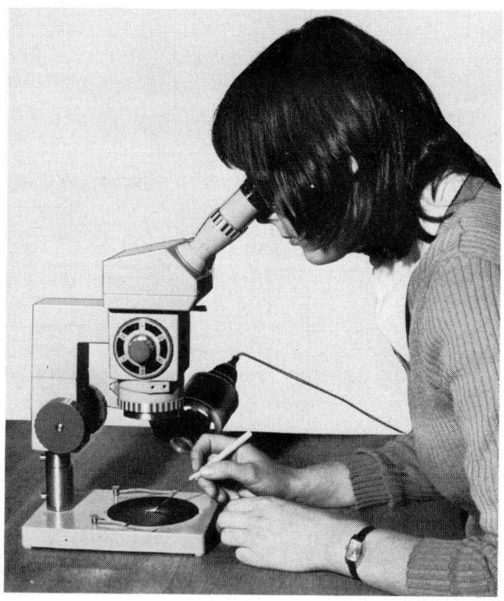

Bild 3.3. Auslesen von Mineralen mit Hilfe eines Binokulars [228]. Als Trenninstrument wird eine feine Nadel oder eine pneumatische Saugdüse benutzt

b) *Sichertröge, mechanisierte Sichertröge* und *Laborherde:*
Trennung nach der Dichte auf einer schrägen Ebene, von Hand im Sichertrog (s. Bild 3.5), mechanisch durch Laborherde u. ä., auch sog. »Superpanner«; guter Trenneffekt bei allen Dichten, aber möglichst starken Dichteunterschieden (z.T. auch unterschiedlichen Kornformen, wie z. B. beim Glimmer); günstigste Korngrößen 0,05 bis 2 mm bei möglichst enger Klassierung. Aufgabenmengen im Laborbetrieb max. einige kg, bei industrieller Herdaufbereitung ab 10 kg.

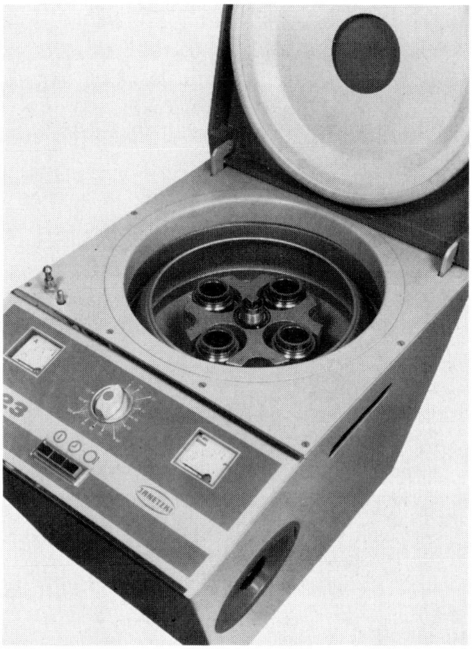

Bild 3.4. Laborzentrifuge [235]
Man erkennt den drehbaren Einsatz mit den vier röhrenartigen Trenngefäßen

Bild 3.5. Verschiedene Typen von Sichertrögen in Aufsicht und Profil [108]
a) kalifornischer Typ
b) chinesischer Typ
c) Freiberger Typ ▼

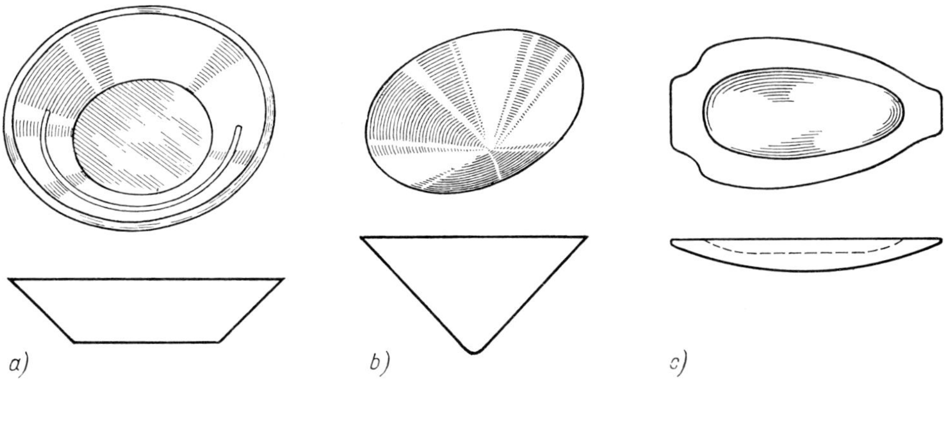

a) b) c)

- *Mineraltrennung nach den magnetischen und elektrischen Eigenschaften*
  Magnetscheidung (s. Bild 3.6):
  Trennung nach der Suszeptibilität im Magnetfeld von Magnetscheidern, günstige Korngrößen bei enger Korngrößenklassierung von 0,05 bis 0,5 mm; Aufgabenmenge von wenigen Gramm bis einigen Kilogramm. Ferromagnetische Minerale können auch mit einfachen Handmagneten abgetrennt werden.
  Elektrostatische Scheidung: ähnliche Bedingungen wie Magnetscheidung
- *Mineraltrennung durch unterschiedliche Oberflächeneigenschaften*
  Flotation (Schwimmaufbereitung):
  Trennung von hydrophilen (wasserbenetzbaren) von hydrophoben (wasserabstoßenden) Mineralen durch Schaumbildung (vgl. Kap. 2.4.4. und 5.). So können sich z. B. aus einem stark zerkleinerten Gemenge von Erz und Gangart (Korngrößen meist 0,010 bis 0,3 mm) die kleinen Erzkörnchen an die Schaumbläschen anhaften, aufschwimmen und abgetrennt werden (s. Bild 3.7). Die Flotation ist ein gutes, im Laborbetrieb aber meist aufwendiges Anreicherungsverfahren, das oft nur unbefriedigende Mineralreinheit garantiert.

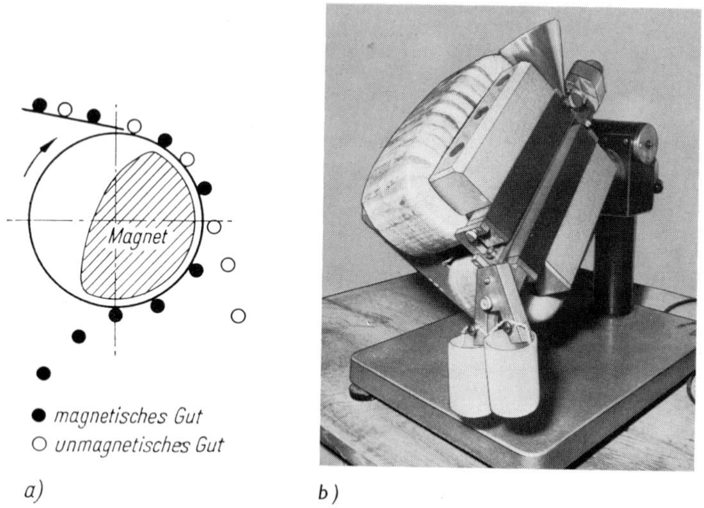

Bild 3.6. Labormagnetscheider
a) Typ eines Trommelmagnetscheiders, schematisch [229]
b) Typ Isodynamic Frantz [221]
oben: Trichter zur Mineralaufgabe
unten: Gefäße für getrennte Fraktionen

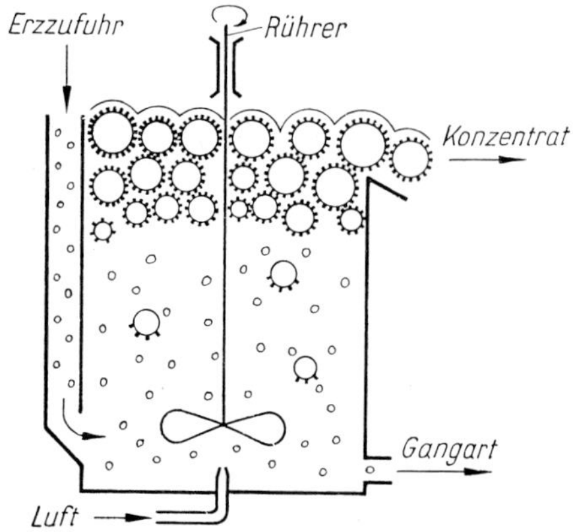

Bild 3.7. Schematische Darstellung des Flotationsvorganges [229]

3.2. Phasenanalytische Verfahren

Die phasenanalytischen Verfahren, speziell die Methoden der Mineralbestimmung, haben in der theoretischen und praktischen mineralogischen Arbeit eine besondere Bedeutung. Zu einem großen Teil sind sie von Mineralogen bzw. unter deren aktiver Mitarbeit entwickelt worden und haben wesentlich zum Verständnis des strukturellen Baues der Minerale, ihrer Eigenschaften und Gliederung beigetragen. Dies mag dazu geführt haben, daß sie häufig als mehr oder weniger typische mineralogische Methoden bezeichnet werden. Eine Übersicht über die Verfahren gibt Bild 3.8.

3.2.1. Bestimmung der Kristallform

Wie im Abschnitt 2.2.4. dargelegt wurde, kann man mit Hilfe der Messung von Flächenwinkeln die Symmetrie eines Minerals festlegen und damit in günstigen Fällen eine Mineralbestimmung unterstützen. Man bedient sich dazu eines Goniometers; die Winkel (bzw. deren Ergänzungen zu 180°) werden in einem winkeltreuen Gradnetz (in einem sog. WULFFschen Netz) eingetragen (Bild 16.3 im Anhang). Die Durchführung und Auswertung einer Kristallvermessung verlangen Spezialkenntnisse und werden von Mineralogen und Kristallographen ausgeführt; für die geologische und rohstoffkundliche Arbeit haben diese Methoden heute geringe Bedeutung. Um so wichtiger ist die durch Übung (meist an Kristallmodellen) anzueignende Fähigkeit und Fertigkeit, die Zugehörigkeit eines Minerals zu einem bestimmten Kristallsystem zu erkennen, da dadurch die Zahl der in Frage kommenden Mineralarten meist stark eingeschränkt wird. Unterstützt wird diese Bestimmung oft durch das Erkennen von Zwillingsbildungen, Kombinationen, typischen Verzerrungen und anderen mineralspezifischen Eigenarten. Auch für die Beherrschung mikroskopischer Methoden sind Kenntnisse der Kristallform und -symmetrie unerläßlich.

3.2.2. Mikroskopische Untersuchungsmethoden

Allgemeines

Wenn wir in der Mineralogie von mikroskopischen Verfahren sprechen, verstehen wir darunter meist den Einsatz von normalem oder polarisiertem sichtbarem Licht; lediglich bei der Fluoreszenzmikroskopie wird ultraviolettes Licht benutzt. Die Mikroskopie hat die Hauptaufgabe, die gesteins- und erzbildenden Minerale genau zu identifizieren (insbesondere im Korngrößenbereich von 0,001 bis 5 mm), darüber hinaus Korngröße, Kornform, Verwachsungsverhältnisse, Gefüge, Mineralhäufigkeit und andere Charakteristika zu registrieren.
Durchsichtige Minerale untersucht man im durchfallenden Licht mit Hilfe der *Durchlichtmikroskopie*, undurchsichtige (opake) Minerale im auffallenden (reflektierten) Licht mit Hilfe der *Auflichtmikroskopie*. Bevor beide Methoden besprochen werden, wollen wir kurz den Aufbau und Strahlengang eines (Polarisations-)Mikroskopes vorstellen bzw. wiederholen (s. Bild 3.9).
Die wichtigsten Teile sind das *Stativ*, der meist nach der Höhe verstellbare *Tubus mit Okular und Objektiv*, der drehbare *Objekttisch* (mit Gradeinteilung) und die meist fest eingebaute *Beleuchtungseinrichtung*. Zur Erzeugung und Analyse des polari-

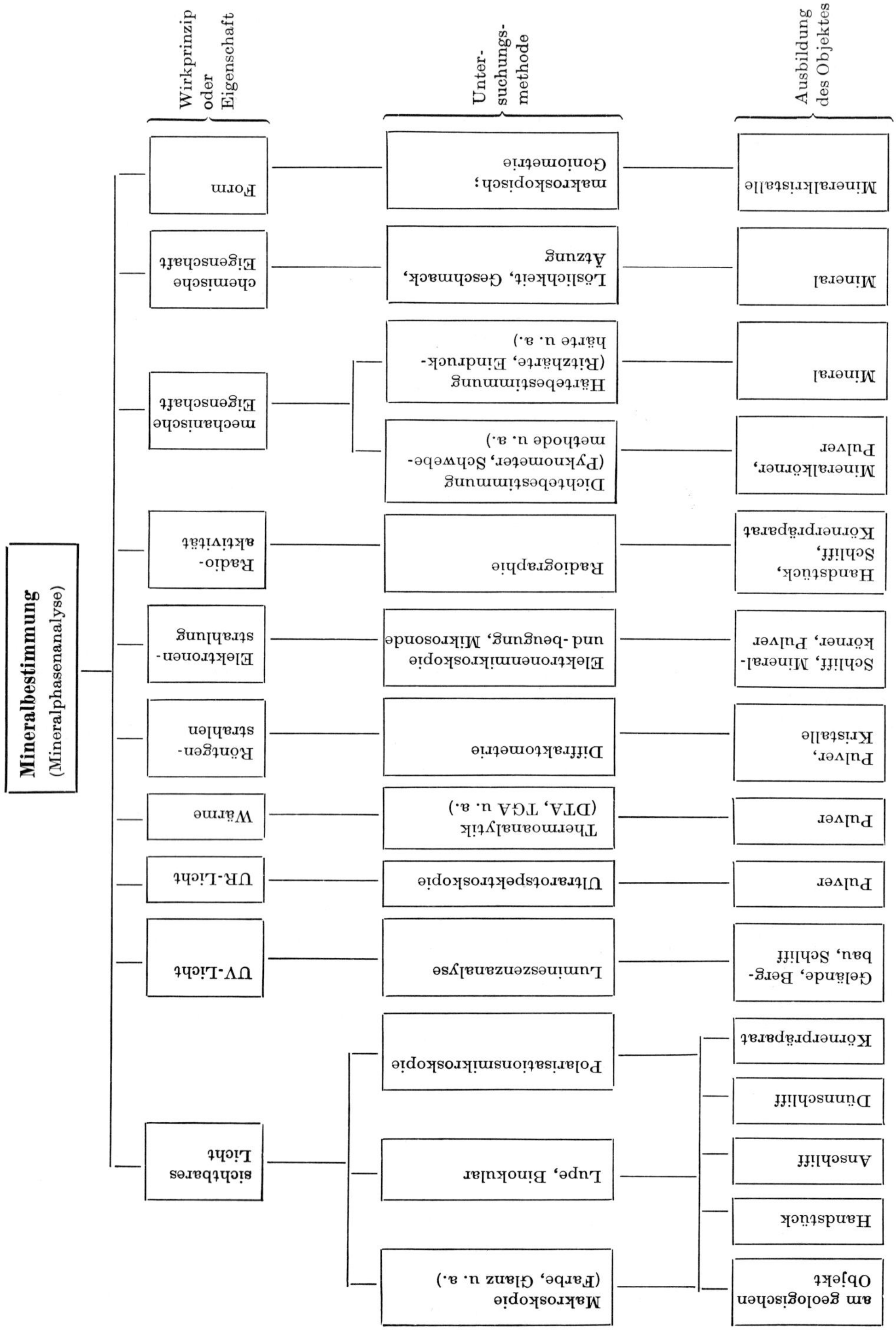

Bild 3.8. Übersicht über die Methoden der phasenmäßigen Mineralbestimmung

sierten Lichtes dienen ein *Polarisator* und ein *Analysator* (heute meist keine NICOLschen Kalkspat-Prismen mehr, sondern GLAN-THOMPSON-Prismen oder Polarisationsfolien); mehrere *Blenden* können den Strahlengang steuern. Bei der Auflichtmikroskopie führt ein sog. *Opakilluminator* das Licht *auf* das Präparat (s. Bild 3.10).

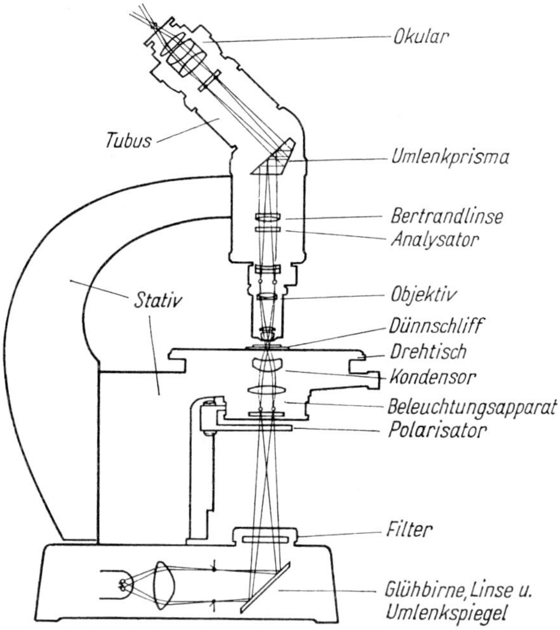

Bild 3.9. Aufbau und orthoskopischer Strahlengang eines modernen Durchlicht-Polarisationsmikroskops [230]

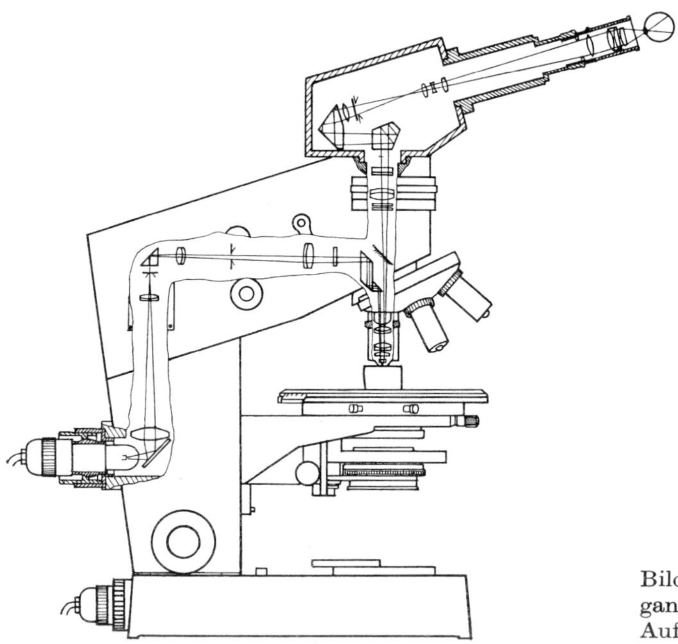

Bild 3.10. Aufbau und Strahlengang in einem modernen Auflichtmikroskop [230]

Durchlichtmikroskopie

Durchsichtige Minerale werden meist im *Dünnschliff*, häufig auch in *Körner- oder Pulverpräparaten* untersucht; in beiden Fällen ist das Objekt auf einen Objektträger aus Glas aufgebracht. Dünnschliffe sollten eine Dicke von 20 bis 30 μm haben; ihr Aufbau ist aus Bild 3.11 ersichtlich. Die Bestimmung der optischen Daten der Minerale kann im orthoskopischen oder konoskopischen Strahlengang erfolgen.
Bei der normalen *orthoskopischen* Betrachtung kann man am Mineral Farbe, Pleochroismus, Korngröße und -form, Spaltbarkeit, Einschlüsse, Lichtbrechung, Doppelbrechung, optische Isotropie oder Anisotropie (einschließlich optischer Ein- und Zweiachsigkeit der Minerale) bestimmen.
Mit der *konoskopischen* Betrachtung (hergestellt durch Einschaltung zweier Hilfslinsen) gelingt die Bestimmung des Winkels der optischen Achsen, des sog. optischen Charakters und anderer Mineralkonstanten.
Weitere Hilfsmittel bei der Mineralanalyse sind sog. *Immersionsflüssigkeiten*, die insbesondere bei Körnerpräparaten die Betrachtung verbessern und die Lichtbrechungsbestimmung erleichtern, sowie feste und drehbare *Kompensatoren*, v. a. für die bessere Bestimmung der Doppelbrechung. Die Beziehung zwischen Doppelbrechung der Minerale, ihrer Interferenzfarbe und der Schliffdicke kann man leicht aus den sog. Interferenztafeln (Anhang, Bild 16.5) ablesen. Es ist grundsätzlich

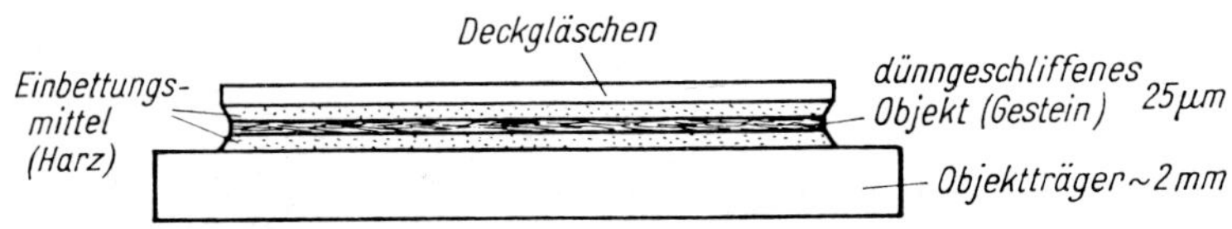

Bild 3.11. Aufbau eines Dünnschliffes (Seitenansicht, nicht ganz maßstabgerecht)

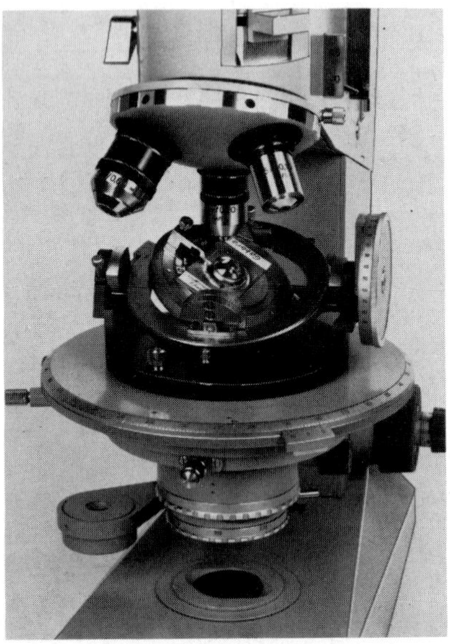

Bild 3.12. Universal-Drehtisch nach Fedorov [230]

empfehlenswert und oft notwendig, sich zur genauen Mineralbestimmung der Zusammenstellungen und Tabellenwerke über die optischen Mineraldaten zu bedienen (s. Literaturverzeichnis, z. B. [11], [17] und [49]).
Unentbehrlich bei der Mineralbestimmung, insbesondere bei den Mischkristallen wie den Feldspäten und Pyroxenen wie auch bei der Gefügeanalyse von Gesteinen, ist oft der *Universal-Drehtisch* (auch FEDOROV-Tisch) geworden (s. Bild 3.12). Er erlaubt, den Schliff so zu drehen und zu kippen, daß man ein Mineral in einer gewünschten Richtung betrachten und so deren optische Konstanten genau messen kann.
Die Beherrschung der Polarisationsmikroskopie ist eine hohe Kunst, die es ermöglicht, in allen Bereichen der Roh- und Werkstoffe auf relativ billige Art und Weise wertvolle Aussagen über die Zusammensetzung und die Entstehung der Stoffe zu machen. Man bedenke, daß jede optische Mineralbestimmung oft eine aufwendige chemische oder andere Analyse ersetzt.

Auflichtmikroskopie

Objekt der Auflichtmikroskopie ist der *Anschliff* (s. Bild 3.13); zu seiner Herstellung wird das Erz (auch die Kohle oder das Gestein mit opaken Mineralen) an der interessierenden Stelle abgeschnitten, geschliffen und poliert sowie mit einer Halterung versehen, die eine Orientierung senkrecht zum auffallenden Licht ermöglicht. Bröckliges Material muß manchmal durch Einbetten mit einem Bindemittel (z. B. natürliche und künstliche Harze) verfestigt werden.
Auch im auffallenden Licht wird mit normalem und polarisiertem Licht gearbeitet. Die wichtigsten registrierten Eigenschaften sind das Reflexionsvermögen (vgl. Kap. 2.4.1.) sowie die Farbe des Minerals; daneben werden der Reflexionspleochroismus, das Schleifrelief (in Abhängigkeit von der Mineralhärte), die sog. Innenreflexe und andere Merkmale festgestellt, natürlich auch Korngröße und -form, Verwachsungsart, Einschlüsse und Entmischungen sowie Mineralhäufigkeit.

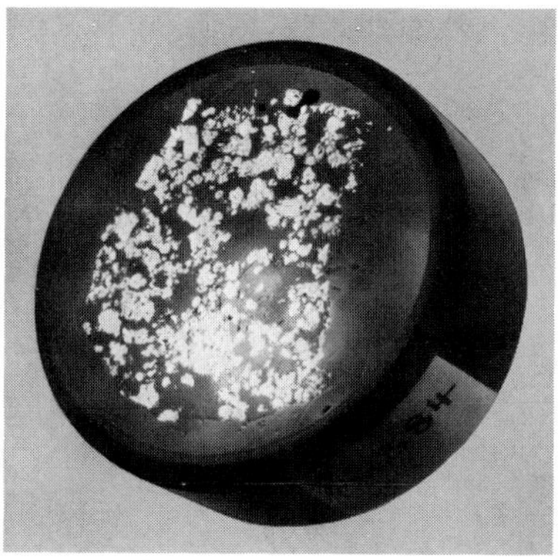

Bild 3.13. Bild eines Anschliffs, eingebettet in eine Harzmasse und eine ringförmige Plastehalterung [221, 228]

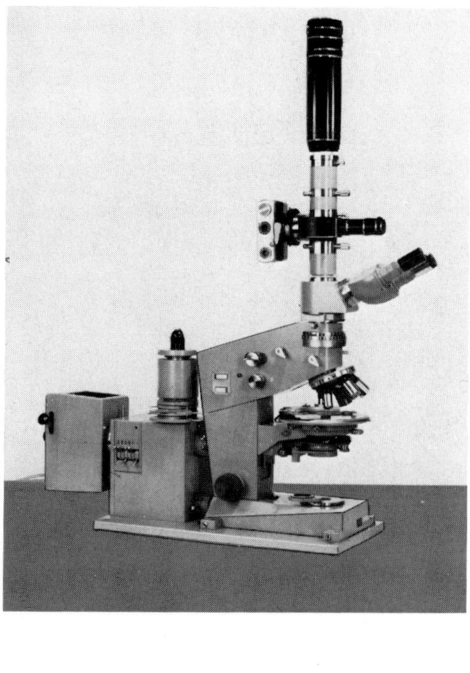

Bild 3.14. Auflichtmikroskop mit aufgesetztem Photoelement zur Messung des Reflexionsvermögens [230]

Die letztgenannten Kenntnisse sind besonders für die Erzaufbereitung wichtig, da hier z. B. für die Zerkleinerung der sog. Aufschlußgrad eines Erzes von Bedeutung ist, andererseits starke Verwachsungen und Entmischungen das Verhalten z. B. bei der Flotation beeinflussen.

Die Erfassung des Reflexionsvermögens erfolgt oft quantitativ mit Hilfe eines Photoelements, das auf den Tubus aufgesetzt wird (s. Bild 3.14). Besonders bei kohligen Substanzen läßt sich der Inkohlungsgrad gut mit dem Reflexionsvermögen korrelieren. Genauere Messungen (auch Mikrophotographien) sollten in der Auflichtmikroskopie unter Verwendung von Ölimmersion erfolgen.

Auf eine Besonderheit sei noch hingewiesen: Bestimmte Strukturen in den opaken Mineralen lassen sich besonders gut beobachten, wenn man den Anschliff mit einer Säure oder Lauge kurze Zeit *anätzt*; auf diese Weise erkennt man hervorragend Wachstumsgefüge wie Zonarstrukturen usw. (vgl. Bild 8.34 b).

Mikrophotographie und Mineralzählung

Die bildliche, insbesondere photographische Darstellung von Mineralen und Mineralverwachsungen ist ein wichtiges Dokument. In diesem Rahmen hat sich die ***Mikrophotographie*** zu einem bedeutungsvollen Hilfsmittel entwickelt.

Die Kameras werden normalerweise auf den Tubus aufgesetzt. Während das sonstige optische System unverändert bleibt, wird das Okular vorteilhafterweise durch ein Projektionsokular ersetzt. Für sehr hohe Ansprüche werden Plattenkameras eingesetzt, jedoch liefern moderne Kleinbildkameras gleichfalls bei richtiger Bedienung hervorragende Bilder. Die Belichtungszeiten werden häufig durch Photometer kontrolliert. Oft empfiehlt sich der Einsatz von Dokumentenfilm und härterem Kopierpapier sowie Farbfilter. Die Herstellung von guten Mikrophotos erfordert jedoch einiges Wissen und viel Erfahrung; allerdings ist ohne einen guten Schliff kaum ein gutes Bild zu machen.

Die zahlenmäßige Registrierung der Mineralkomponenten in einem Mineralaggregat gehörte immer zu den wichtigsten Aufgaben der Mineralogen und anderen Wissen-

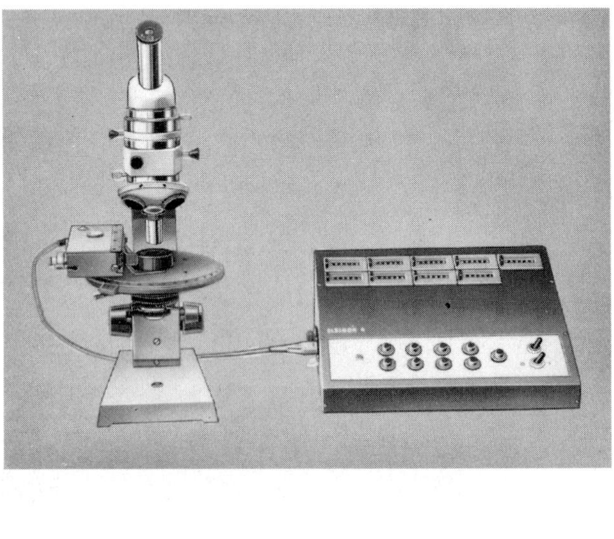

Bild 3.15. Integrationsgerät (Punktintegration nach Glagolev, vgl. Bild 3.16 b)

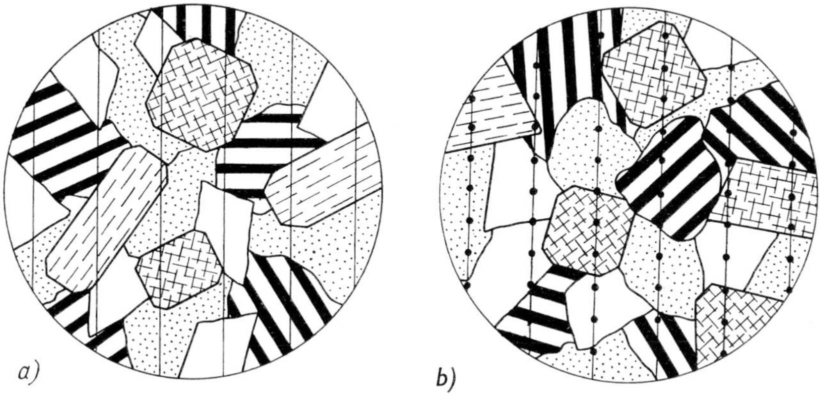

Bild 3.16. Schematische Darstellung der quantitativen Mineralbestimmung in Mineralschliffen nach zwei Methoden

a) Linienintegration: Längs festliegender Linien wird die von einem Fadenkreuz durchfahrene Länge jeder Mineralart (Indikatrix) gemessen und prozentual ausgewertet

b) Punktintegration: Man bestimmt an festgelegten Punkten die Mineralart und zählt ihren prozentualen Anteil

schaftler. Man bedient sich dabei sog. *Integrationsgeräte* (s. z. B. Bild 3.15), die meist entweder nach der Punktmethode oder nach der Linienmethode arbeiten.
Bei der *Punktmethode* wird der Schliff punktweise in festgelegten Schritten betrachtet und die jeweils festgestellte Mineralart mit einem Zählgerät registriert (s. Bild 3.16b). Aus dem Zahlenverhältnis läßt sich der prozentuale Anteil der Minerale berechnen. Bei der *Linienmethode* mißt man mit einem Integrationstisch längs mehrerer festgelegter Geraden auf einem Schliff die Längenschnitte der jeweiligen Minerale und addiert sie (s. Bild 3.16a); auch hier ist das Längenverhältnis der verschiedenen Mineralarten prozentual umzurechnen. Durch zahlreiche Voruntersuchungen ist gesichert, daß sich solche Punkt- und Längenmessungen mit ausreichender Genauigkeit auf die gesuchten Volumenprozente extrapolieren lassen. Werden Angaben in Massenprozenten (Gewichtsprozenten) verlangt, muß man die Werte entsprechend der Dichte der einzelnen Minerale umrechnen.
Die geschilderten Methoden sind sehr zeitaufwendig, da sie zur Absicherung der statistischen Sicherheit viele Meßwerte verlangen (je Schliff einige hundert Bestimmungen) und jeder Meßwert individuell gewonnen werden muß. Man versucht heute mit wechselndem Erfolg, solche Mengenmessungen, z. B. durch Transformation der optischen Mineraleigenschaften in unterschiedliche Grauwerte, zu automatisieren (»Epiquant« des VEB Carl Zeiss Jena u. a.).

3.2.3. Elektronenmikroskopische Verfahren

Mit Lichtmikroskopen erreicht man unter günstigsten Bedingungen (kurzwelliges Licht, Immersionsobjektive mit hoher Apertur) eine maximale Auflösung von 0,2 µm. Eine weitere Erhöhung des Auflösungsvermögens ist mit schnellen Elektronen möglich, mit modernen *Elektronenmikroskopen* (s. Bild 3.17) bis zu 0,0002 µm. Da Elektronen nur eine geringe Eindringtiefe in feste Körper besitzen,

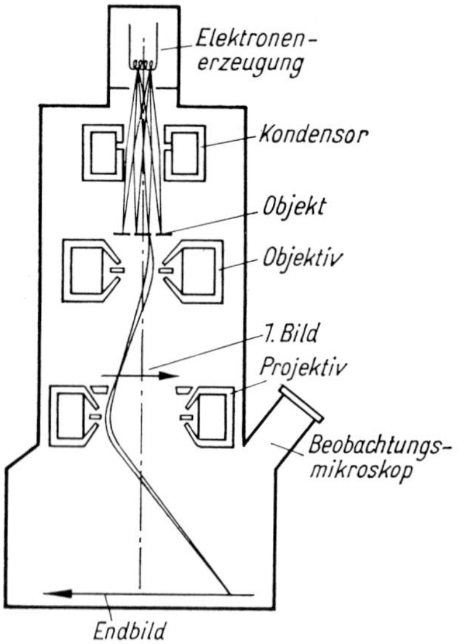

Bild 3.17. Strahlengang in einem einfachen Elektronenmikroskop [98]. Der Kondensor, das Objektiv und das Projektiv sind Magnete, die den Elektronenstrom lenken

kann man nur allerfeinste Minerale durchstrahlen, um ihre innere Form oder Struktur (s. Bild 3.18) zu erkunden. Normalerweise erhält man nur einen Eindruck über Form und Größe der untersuchten Partikel (s. Bild 11.135). Von gröberen Objekten lassen sich jedoch nach der Abdruckmethode ausgezeichnete Bilder des Oberflächenreliefs von Mineralen und Schliffpräparaten herstellen. Dazu wird die Probefläche (z. T. im Vakuum) mit verschiedenen Substanzen (Kohlenstoff) behandelt bzw. bedampft und die entstehenden Oberflächenhäutchen abgezogen; im Strahlenbündel der Elektronen widerspiegeln sie die feinste Morphologie der Objektoberfläche (s. Bild 3.19).

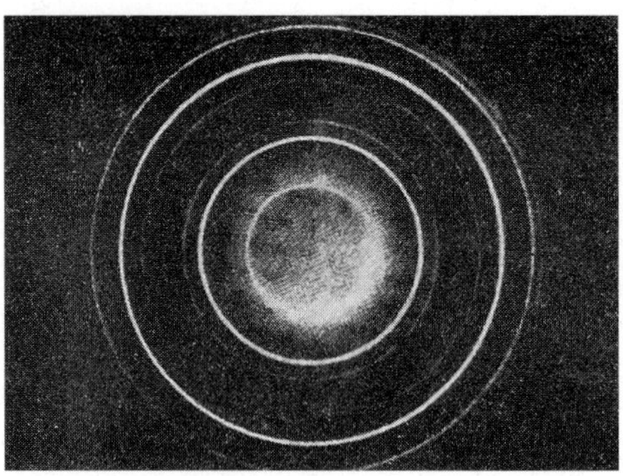

a)

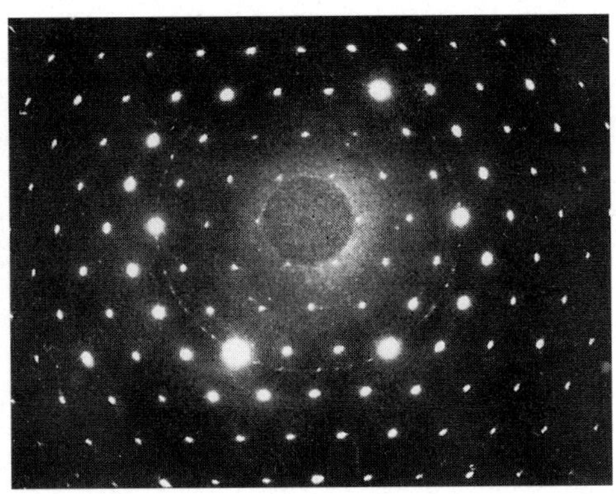

b)

Bild 3.18. Elektronenbeugungsaufnahmen [89]

a) Tonmineralpulverpräparat
b) Dickit (Einkristall)

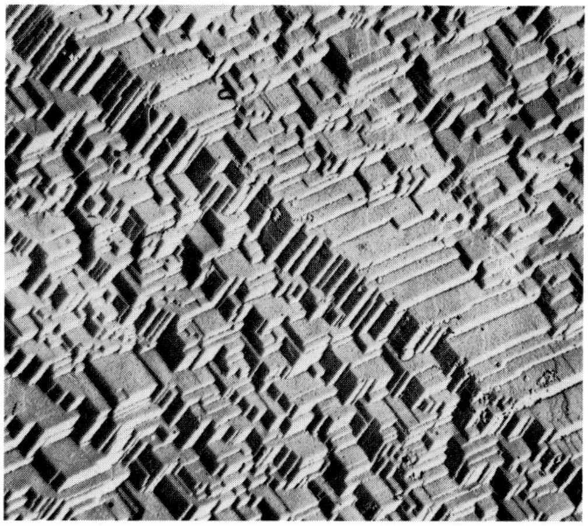

Bild 3.19. Elektronenmikroskopische Aufnahme nach dem sog. Replica-Verfahren (Kohlenstoffabdruck). Objekt ist die thermisch geätzte Oberfläche von Titan-Metall. Vergr. etwa 6 000 × [227]

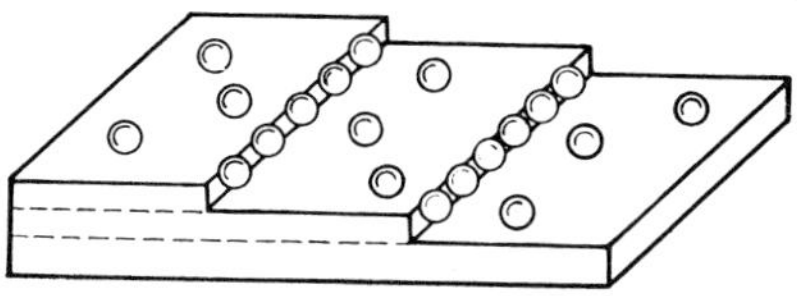

Bild 3.20. Schematische Darstellung der »Dekorierung« von Mineraloberflächen mit Metallpartikeln [8]. Es ist zu erkennen, daß eine bevorzugte Anlagerung (»Keimbildung«) an den Schichtstufen stattfindet

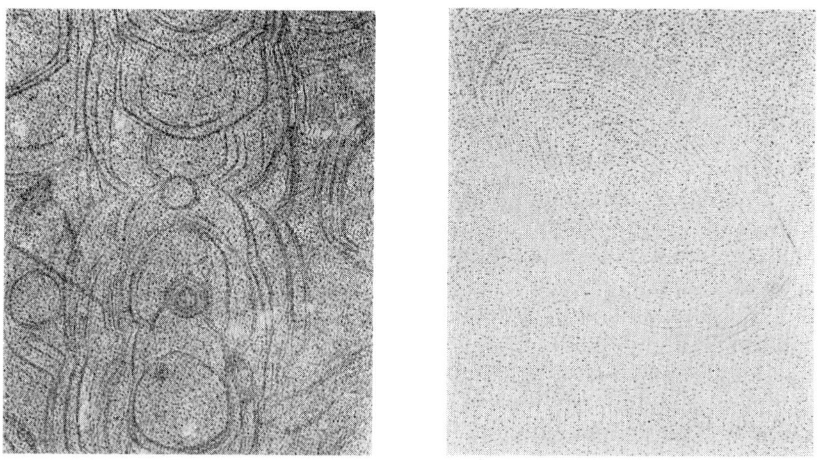

a) b)

Bild 3.21. Beispiele von Dekorierung. Elektronenmikroskopische Aufnahmen [117]

a) grabenförmiges Ätzrelief auf anomitischem Glimmer, Vergr. ≈ 30 000× ; Ätzung mit KOH

b) 1 M-Zinnwaldit, Ätzgrübchen durch HF-Ätzung, Vergr. ≈ 30 000×

Eine weitere Möglichkeit, feinste strukturelle Besonderheiten von kristallinen Produkten nachzuweisen und zu demonstrieren, liegt in der Methode der »*Dekorierung*«. Dazu wird die Mineraloberfläche im Vakuum mit Metallatomen bedampft (Gold z. B.), die sich an den energetisch günstigsten Stellen wie Gitterstörungen, Netzebenenbegrenzungen usw. bevorzugt anlagern (s. Bild 3.20, auf S. 151). Mit Hilfe der Abdruckmethode erhält man im Elektronenmikroskop eindrucksvolle Bilder der Oberflächenstruktur (s. Bild 3.21 auf S. 151).
In den letzten Jahren hat sich die *Rasterelektronenmikroskopie* entwickelt. Mit dieser Methode kann man bei gleich starker Vergrößerung direkt ein Reliefbild des Objektes mit hoher Schärfentiefe erhalten; ein Beispiel ist in Bild 5.15 wiedergegeben.
Die mit einem Elektronenmikroskop erzeugten Elektronen können durch Blenden scharf parallel orientiert werden; durchsetzen sie ein feinkörniges Mineral, so wird wie bei den Röntgenstrahlen ein *Beugungsbild* erzeugt (s. Bild 3.18), das wie dieses ausgewertet werden kann und damit feinstrukturelle Aussagen ermöglicht.

3.2.4. Röntgenographische Verfahren

Allgemeines

Unter den röntgenographischen Verfahren verstehen wir hier die Röntgenphasenanalyse und die Röntgenstrukturanalyse, d. h. die Methoden, die der Bestimmung einer Mineralphase und der Aufklärung ihrer Feinstruktur dienen.
Die Röntgenverfahren beruhen auf der Tatsache, daß Röntgenstrahlen an dem Gitter eines kristallinen Minerals gebeugt werden (s. Bild 3.22) und die gebeugten und registrierten Strahlen Aufschluß über den Charakter der Struktur geben. Als auf Anregung von M. v. LAUE 1912 das erste Mal eine Röntgenbeugung an einem Mineral erfolgreich durchgeführt wurde, war damit die Wellennatur der Röntgenstrahlen als auch die Gitternatur der kristallinen Materie bewiesen (vgl. S. 50).
Die quantitativen Beziehungen, die bei der Beugung (Reflexion) und Interferenz an einem Kristallgitter bestehen, werden durch die *Braggsche Gleichung* erfaßt:

$$n\lambda = 2d \sin \vartheta$$

Es bestehen also gesetzmäßige Beziehungen zwischen der Wellenlänge λ der Röntgenstrahlen, deren Einfallswinkel ϑ sowie dem Abstand d der Netzebenen N_1, N_2, N_3 usw. und dem Faktor n; letzterer drückt aus, daß Interferenz nur bei einem Gangunterschied $n\lambda$ eintritt, wobei $n = 1, 2, 3, 4 \ldots$ sein kann (vgl. Bild 3.23). Die Stärke (Intensität) dieser selektiven Reflexion an den Gitterebenen ist u. a. von deren Besetzungsdichte abhängig.
Bei den meisten Röntgenverfahren wird aus dem von einer Röntgenröhre ausgesandten mono- bzw. polychromatischen Licht durch Blenden ein »paralleles« Strahlenbündel erzeugt und auf das Objekt gelenkt. Das Objekt ist entweder ein Einkristall oder ein polykristallines Pulver. Je nach Verfahren werden die beim Durchstrahlen abgebeugten Strahlen auf einem Film fixiert oder die eintreffenden Röntgenquanten von einem Zählrohr registriert und aufgeschrieben. Bei den Rückstrahlverfahren werden die von der Probe gebeugt zurückgeworfenen Strahlen registriert; dies hat seine Vorteile bei stark absorbierenden oder sehr großen Kristallen.
Zusammenfassend kann festgestellt werden, daß mit Hilfe der Röntgenverfahren hauptsächlich folgende Probleme gelöst werden können:

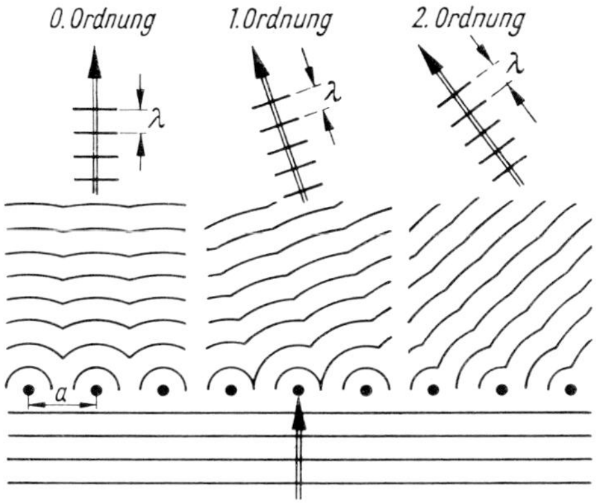

Bild 3.22. Schematische Darstellung der Beugung einer Welle an einer Atomreihe, z. B. eines Mineralgitters [277]

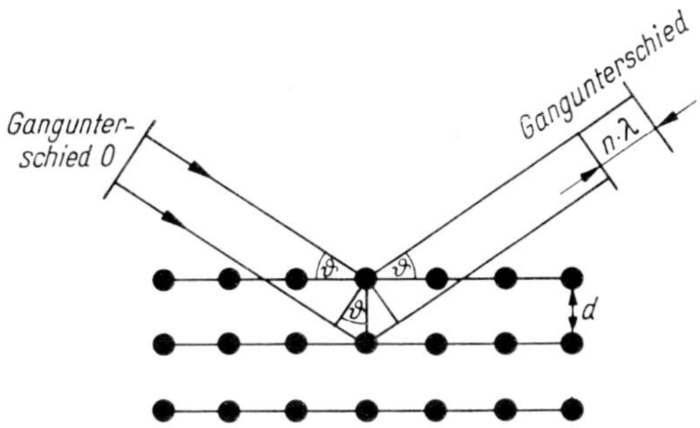

Bild 3.23. Scheinbare Reflexion der Röntgenstrahlen an einem Punktgitter. Ableitung der BRAGGschen Gleichung $n\lambda = 2d \sin \vartheta$

- die Feststellung, ob eine Substanz amorph oder kristallin ist (amorphe Substanzen zeigen keine Röntgenreflexe) und wie hoch der Ordnungsgrad einer kristallinen Substanz ist
- die Bestimmung eines Minerals; dies geschieht dadurch, daß man das Röntgendiagramm der Probe mit denen bekannter Proben vergleicht oder anhand der Netzebenenabstände ermittelt
- die Erforschung der (idealen und realen) Kristallstruktur eines Minerals durch Feststellung der Lage und Intensität der Reflexe
- die quantitative Messung der Mineralanteile in Mineralgemischen; sie erfolgt durch Intensitätsbestimmung der Reflexe der einzelnen Mineralphasen
- die quantitative Bestimmung der Komponenten von Mischkristallen

Einkristallverfahren

Voraussetzung für ihre Anwendung ist das Vorhandensein eines möglichst reinen und genügend großen Mineralkristalls; Ziel der Untersuchung ist die Aufklärung der Struktur eines ansonsten bekannten Minerals oder auch die Identifizierung eines unbekannten Minerals.

Das *klassische Verfahren* ist das von M. v. LAUE, bei dem ein polychromatisches Röntgenlicht einen fest aufgestellten und kristallographisch orientierten Kristall durchdringt

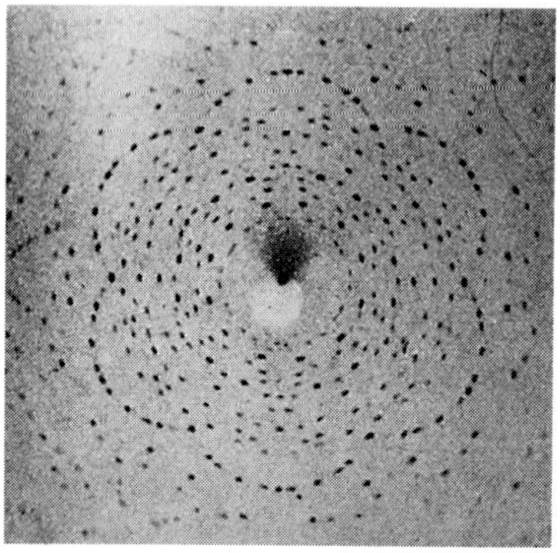

Bild 3.24. Interferenzfigur bei einer LAUE-Aufnahme [98]. Die hexagonale Symmetrie des Kristalls in der Durchstrahlungsrichtung ist gut abzulesen

(vgl. Bild 1.27). Das Gitter beugt die Strahlen gesetzmäßig ab, so daß auf einer dahinter aufgestellten Photoplatte kleine schwarze Flecke verschieden starker Schwärzung entstehen, die eine Interferenzfigur bilden (s. Bild 3.24). Sie ermöglicht das Ablesen der einfachen Symmetrieverhältnisse sowie der Lage der Netzebenen.
Bei der *Drehkristallmethode* wird der orientierte Kristall zusätzlich um seine Achse gedreht. Ein zylindrischer, um den Kristall in seiner Längsachse gelegter Film fängt die Interferenzstrahlen auf. Wie Bild 3.25 zeigt, entstehen parallele Punktlinien (Schichtlinien), deren Abstände die Identitätsperiode (s. Kap. 2.2.) direkt ablesen lassen. Bei einem rhombischen Kristall kann man z.B. aus drei Aufnahmen je in den Hauptachsenrichtungen [100], [010] und [001] die Größe der Elementarzelle bestimmen.
Die Drehkristallmethode wird durch das *Weissenberg-Verfahren* insofern weiterentwickelt, als zusätzlich zur Drehung des Kristalls noch der zylindrische Film parallel zur Drehachse verschoben wird. Dadurch läßt sich aus dem entstehenden Diagramm (s. Bild 3.26) die Lage der inneren Netzebenen und der Winkel zwischen ihnen bestimmen.
Eine weitere vorteilhafte Methode der vollständigen Strukturaufklärung ist das Precession-Verfahren [54].

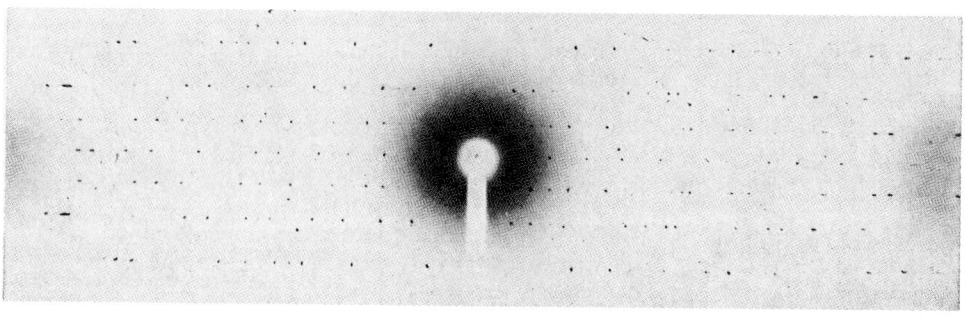

Bild 3.25. Schwenkaufnahme der Kristallstruktur $BaB_2O_4 \cdot 5\,H_2O$. Der Kristall wurde um die b-Achse gedreht, Schwenkbereich $\pm 10°$, monochromatische Strahlung CuK_{α} [263]

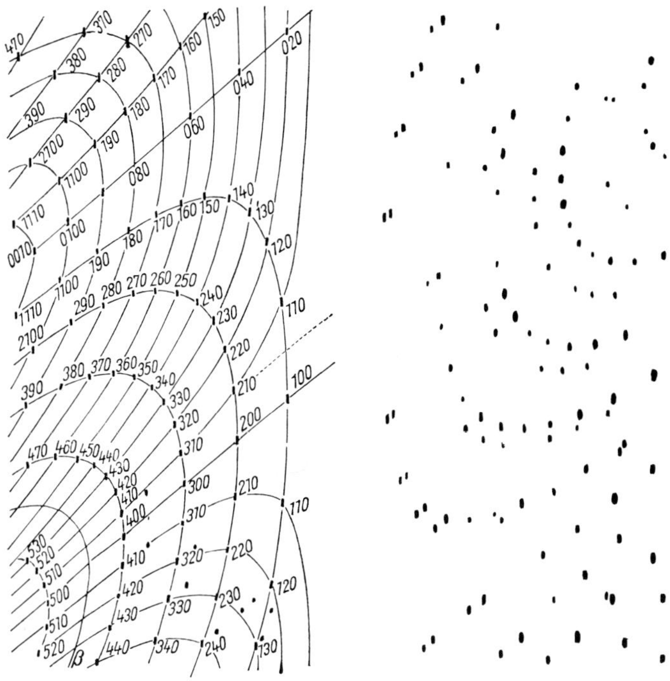

Bild 3.26. Weissenberg-Aufnahme von Diaspor [98]. Rechts: Originalaufnahme, links: strukturell gedeutet und indiziert

Pulververfahren

Das Verfahren, das an Stelle von Einkristallen mono- und polymineralische *Pulver* verwendet, ist das *Debye-Scherrer-Verfahren.* Das von monochromatischem Licht durchstrahlte Pulver erzeugt auf einem Planfilm oder einem um das Pulver in einer Kamera herumgelegten Filmstreifen gekrümmte Interferenzlinien. Aus dem Durchmesser der Interferenzringe lassen sich die Strukturparameter, insbesondere die »*d*-Werte«, als Netzebenenabstände leicht berechnen. In modernen Zähl-

Bild 3.27. Horizontal-Zählrohrgoniometer [231]

1 Röntgenröhre *2* Präparathalterung *3* Zählrohr

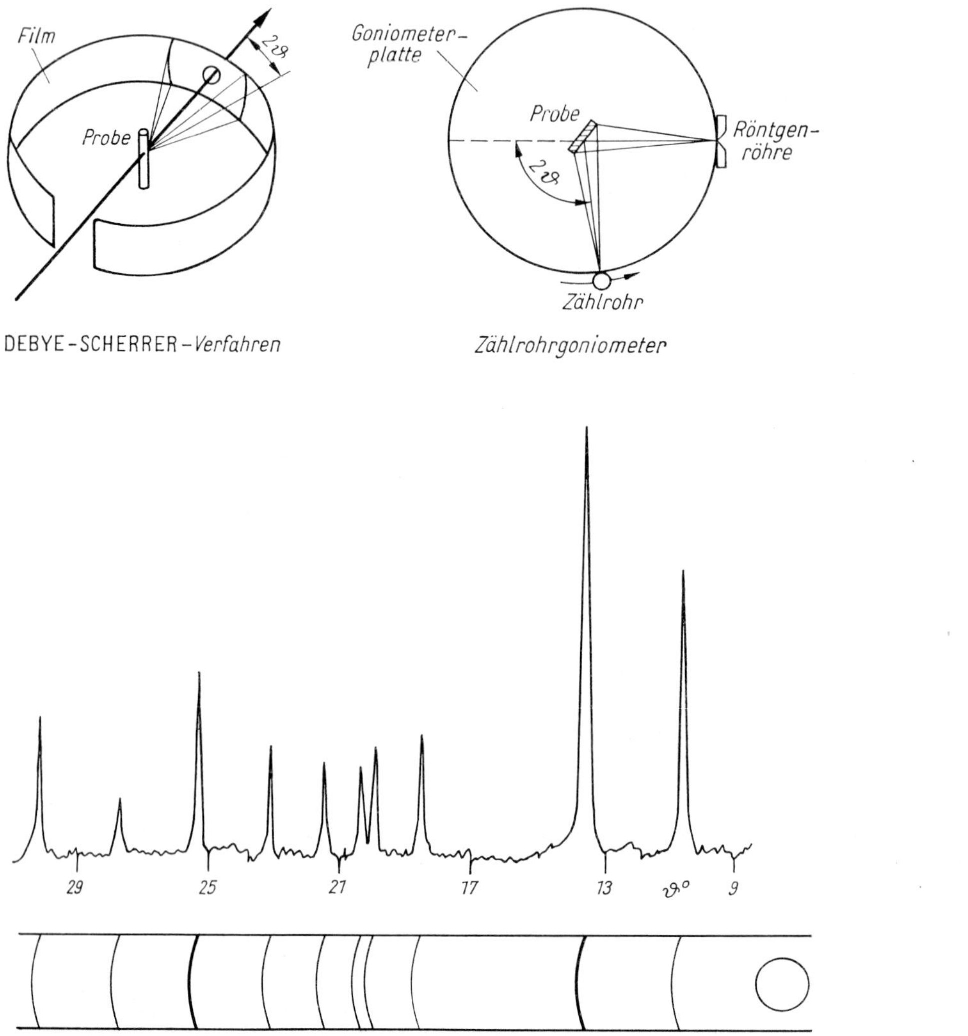

Bild 3.28. Röntgenographische Phasenanalyse mit Hilfe des DEBYE-SCHERRER-Verfahrens (links) und des Zählrohrgoniometers (rechts). Darunter Gegenüberstellung von einem Zählrohrdiagramm (oben) und einer DEBYE-SCHERRER-Aufnahme (Film, unten) einer Quarzprobe [195]

rohrgoniometern (s. Bild 3.27), die nach dieser Methode arbeiten, wird die Registrierung der Reflexe von einem schwenkbaren Zählrohr vorgenommen (Bild 3.28 oben rechts) und die Impulse automatisch aufgezeichnet. In Bild 3.28 (unten) ist ein solches Diagramm den gleichwertigen Filmaufnahmen gegenübergestellt. Die Hauptanwendung dieses Verfahrens liegt bei der Mineraldiagnose (s. Bild 3.28), bei der Mischkristallanalyse (vgl. Bild 3.31) sowie der quantitativen Analyse von Mineralmischungen (vgl. Bild 3.30), insbesondere feinkörniger Substanzen wie zum Beispiel der Tone.

Strukturanalyse

Zu der modernen Mineralogie gehört die Kenntnis der Feinstruktur der wichtigsten Minerale. Sie wird auch in diesem Buch in vielfältiger Form dargestellt, da mit ihrer Hilfe die wesentlichen mineralchemischen und mineralphysikalischen Eigenschaften abgelesen werden können. Deshalb seien einige kurze Ausführungen zu der Durchführung einer Strukturanalyse gemacht. Die wichtigsten Etappen einer Strukturbestimmung sind die folgenden:

- die Ermittlung der Form und Größe der Elementarzelle
- die Bestimmung der Symmetrie des Gitters
- die Berechnung der Zahl der Atome in der Elementarzelle
- die Bestimmung der Translations- und Raumgruppen
- die Bestimmung der räumlichen Atomverteilung im Gitter

Über die ersten Punkte wurde bereits weiter oben einiges angedeutet, eingehendere Aussagen sind hier nicht möglich. Lediglich einige kurze Worte seien dem letzten Punkt, der Bestimmung der Atomlagen, gewidmet. Sie geht prinzipiell auch von der Intensität der Röntgenreflexe aus, die mit Hilfe der FOURIER-Synthese die Berech-

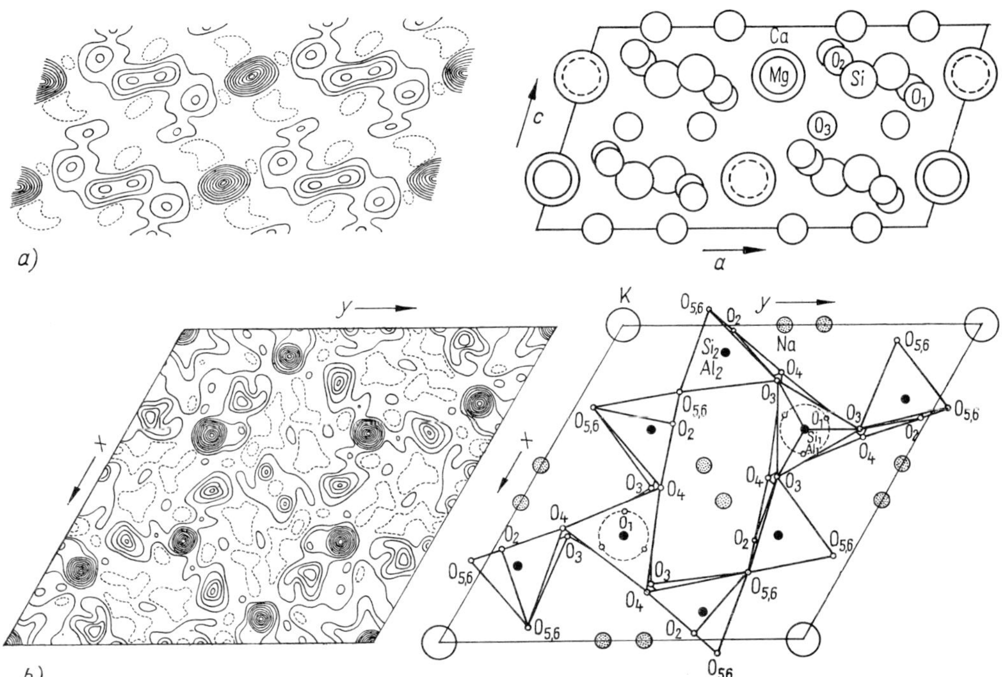

Bild 3.29. Elektronendichteverteilung und abgeleitete Struktur

a) Diopsid $CaMg[Si_2O_6]$, Projektion der Elementarzelle auf (010), nach W. L. BRAGG

b) Nephelin $KNa_3[AlSiO_4]_4$, Projektion der Elementarzelle auf (001), nach Th. HAHN und M. J. BUERGER nung der *Verteilung der Elektronendichte* ermöglicht. Da die Häufungsstellen von Elektronen der Lage der Atome entsprechen, läßt sich dadurch ein ebenes und räumliches Bild der Atomverteilung konstruieren, wobei auch die Kenntnisse der Atomgrößen, Bindungsanalogien u. a. eingehen. Beispiele für Strukturen, die aus Elektronendichteverteilungen gewonnen wurden, zeigt das Bild 3.29.

Quantitative Bestimmungen von Mineralgemengen und Mischkristallen

Jedes natürliche *Mineralgemenge* (Gestein, Boden, Sediment, Erz) baut sich aus bestimmten Mineralphasen mit wechselnden Gehalten auf. Da jedes dieser Minerale mit Röntgenstrahlen ein spezifisches Beugungsspektrum erzeugt, entsteht z. B. bei einer DEBYE-SCHERRER-Aufnahme ein linien- oder peakreiches Diagramm, das es auszuwerten gilt. Bei der qualitativen Analyse der Komponenten des Phasengemisches mißt man entweder die Beugungswinkel der Reflexe (als ϑ- bzw. d-Werte) einschließlich deren Intensität und vergleicht bzw. bestimmt sie mit den in Karteien (z. B. die sog. ASTM-Kartei XRPDF) zusammengefaßten Werten von reinen Mineralen, oder man vergleicht das Diagramm direkt mit eigenen Mineralstandard-

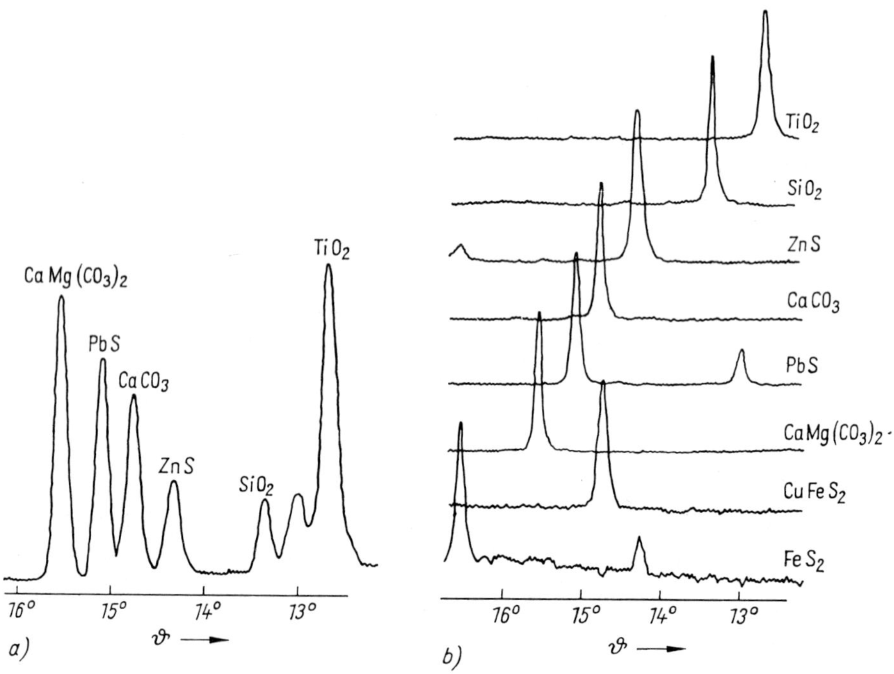

Bild 3.30. Beispiel einer röntgenographischen Gemengeanalyse [195]

a) Zählrohr-Goniometer-Aufnahme einer Eichmischung mit 35 % Calcit ($CaCO_3$), 35 % Dolomit ($CaMg(CO_3)_2$), 10 % Quarz (SiO_2), 10 % Galenit (PbS) und 10 % Sphalerit (ZnS) sowie mit Anatas als innerer Standard (CuK_α-Strahlung)

b) Zählrohr-Goniometer-Aufnahmen von Quarz (SiO_2), Sphalerit (ZnS), Calcit ($CaCO_3$), Galenit (PbS), Dolomit ($CaMg(CO_3)_2$), Chalkopyrit und Pyrit (FeS_2) sowie von Anatas, als innerer Standard, im Bereich von 12,2 bis 16,7° ϑ (CuK_2-Strahlung)

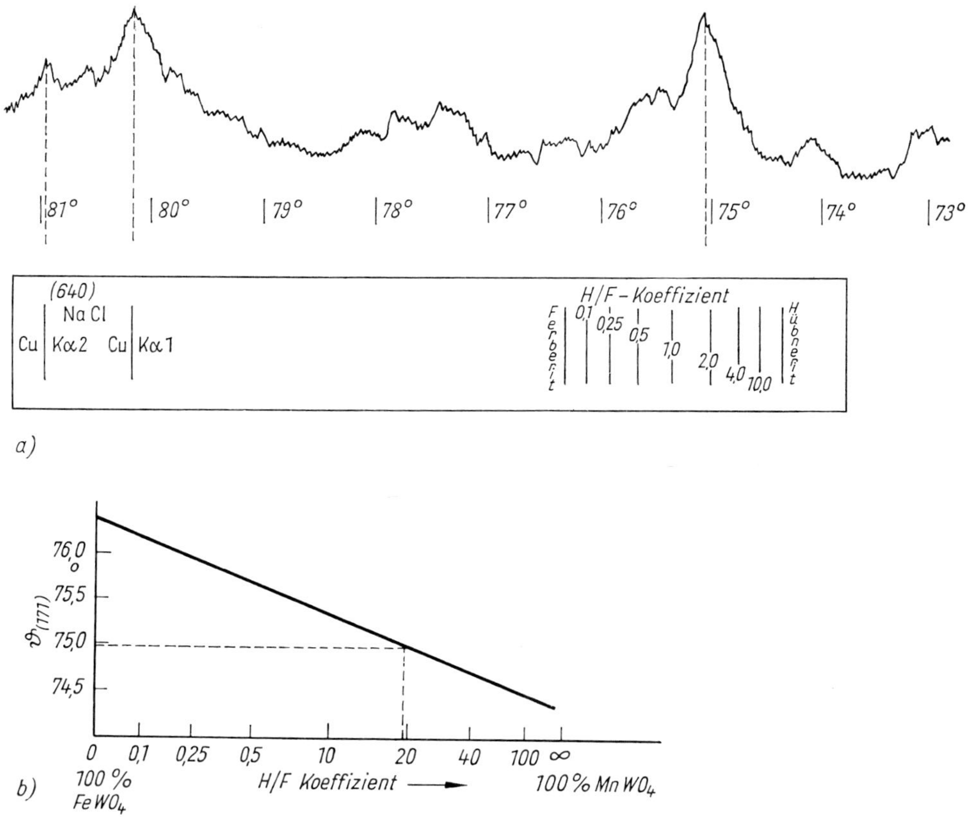

Bild 3.31. Röntgenographische Mischkristallanalyse, hier am Beispiel des Wolframit (Fe, Mn) $[WO_4]$

a) Zählrohr-Interferenz-Diagramm einer Wolframitprobe mit NaCl-Eichsubstanz; darunter ein Auswertestreifen mit NaCl-Eichlinien und Bestimmungsdiagramm für H/F-Verhältnisse [195]

b) andere Darstellung der Beziehungen zwischen dem Beugungswinkel ϑ für die Ebene (171) und CuK_α-Strahlung sowie dem H/F-Quotienten [13]

diagrammen. Da die Intensität eines bestimmten Reflexes von der Häufigkeit (Konzentration) des erzeugenden Minerals im Gemenge abhängt, kann man auch über Intensitätsmessungen bei aller gebotenen Vorsicht *quantitative* Analysen durchführen. Minerale mit Gehalten unter 5% lassen sich meist weder qualitativ noch quantitativ bestimmen. Die Genauigkeit (abs. Standardabweichung) bei der quantitativen Gemengeanalyse liegt meist bei 1 bis 5%.

Schwerpunkte solcher Mineralbestimmungen in Gemengen sind bevorzugt feinkörnige geologische Produkte, die mikroskopisch schwer zu identifizieren sind, insbesondere solche mit Tonmineralen, wie Böden, Tone, Zersetzungsprodukte usw. In Bild 3.30 ist ein Beispiel einer quantitativen Gemengeanalyse gegeben.

Ein einfacher *Mischkristall* baut sich aus zwei reinen kristallinen Endphasen auf, wovon jede eine bestimmte Gitterkonstante besitzt. Die Gitterkonstanten des Mischkristalls liegen, je nach Anteil der beiden Komponenten, zwischen diesen beiden

Grenzwerten. Da die Beziehung Gitterkonstante–Mischkristallzusammensetzung gesetzmäßig ist (VEGARDsche Regel, vgl. Bild 2.47), erhält man über eine röntgenographische Gitterkonstantenbestimmung die chemische Zusammensetzung eines Mischkristalls. Normalerweise muß der Anteil einer Komponente größer als 1% sein, wenn eine quantitative Bestimmung Erfolg haben soll (abs. Fehler $\geqq 0{,}1\,\%$).
Auch hier ist diese Methode an einem Beispiel in Bild 3.31 (S. 159) demonstriert. Das Mineral Wolframit (Fe, Mn)[WO_4] ist ein Mischkristall aus den reinen Komponenten Ferberit Fe[WO_4] und Hübnerit Mn[WO_4]. Ein bestimmter Reflex (Peak) hat für jedes dieser beiden Mischkristallendglieder (in Abhängigkeit von den unterschiedlichen Gitterdimensionen) eine fixierte Stelle im Diagramm; der untersuchte Wolframit liegt zwischen diesen beiden Grenzwerten. Auf diese Weise läßt sich der mengenmäßige Anteil jeder Komponente quantitativ bestimmen. Da das Verhältnis Hübnerit–Ferberit in Wolframiten als sog. H/F-Quotient ein Anzeiger für die Bildungsbedingungen dieses Minerals darstellen kann, ist eine solche Bestimmung auch für genetische Aussagen (z. B. als geologisches Thermometer, vgl. Bild 5.4) wertvoll. Die für die Analyse benötigte Mineralmenge beträgt wenige Milligramm.

3.2.5. Thermische Verfahren

Wenn Minerale erwärmt werden, können sie chemische oder physikalische Umwand lungen erleiden, deren Messung zur qualitativen und z. T. quantitativen Mineral bestimmung benutzt werden kann. Chemische Veränderungen sind zum Beispiel die Dissoziation eines Minerals, insbesondere durch die Abgabe von Wasser und CO_2, bei Mineralgemischen auch chemische Reaktionen einschließlich der Oxydation und Reduktion. Physikalische Veränderungen erfolgen insbesondere durch Gitterreaktionen, speziell die Umwandlung in andere Modifikationen. Meßbar werden diese Umwandlungen insbesondere durch eine (exotherme oder endotherme) Wärmetönung mit Hilfe der Thermoanalyse, durch Masseverlust mit Hilfe der Thermogravimetrie und durch Volumen- bzw. Längenveränderung mit Hilfe der Dilatometrie. Untersuchungsobjekte sind bevorzugt feinkörnige und reaktionsfreudige Substanzen (Tonminerale, Karbonate u. a.).
Die *Thermoanalyse* wird heute fast ausschließlich als Differentialthermoanalyse (DTA) durchgeführt. Die zu untersuchende Probe und eine inerte Vergleichssubstanz werden in einem Ofen mit konstanter Temperatursteigerung erhitzt (s. Bild 3.32). Zur besseren Registrierung der von der Probe aufgenommenen oder abgegebenen Wärme wird die Thermospannung der Untersuchungssubstanz gegen die Thermospannung der Vergleichssubstanz gemessen; ein zweites Thermoelement registriert die Temperatur in der Probe. Das Auftreten von endothermen und exothermen Reaktionen in der Untersuchungssubstanz wird durch Ausschläge in der DTA-Kurve angezeigt. Die Auswertung der Kurven erfolgt meist durch Vergleich mit unter gleichen Bedingungen aufgenommenen Standardproben, die in Veröffentlichungen und in Karteiform zugänglich sind (z. B. SCIFAX-Kartei). Von Interesse sind hierbei als DTA-Daten neben dem endo- bzw. exothermen Charakter die Reaktionstemperatur, -intensität und -halbwertsbreite; sie sind jedoch von der Mineralausbildung und den gerätetechnischen Bedingungen in gewissen Grenzen beeinflußbar. Beispiele von DTA-Kurven für Tonminerale bringen die Bilder 3.33 und 3.34.
Die *thermogravimetrische Analyse* (TGA) wird meistens mit einer Thermowaage durchgeführt, die die temperaturbedingte Massenveränderung kontinuierlich registriert. Dicht aufeinanderfolgende Massenveränderungen erscheinen in der

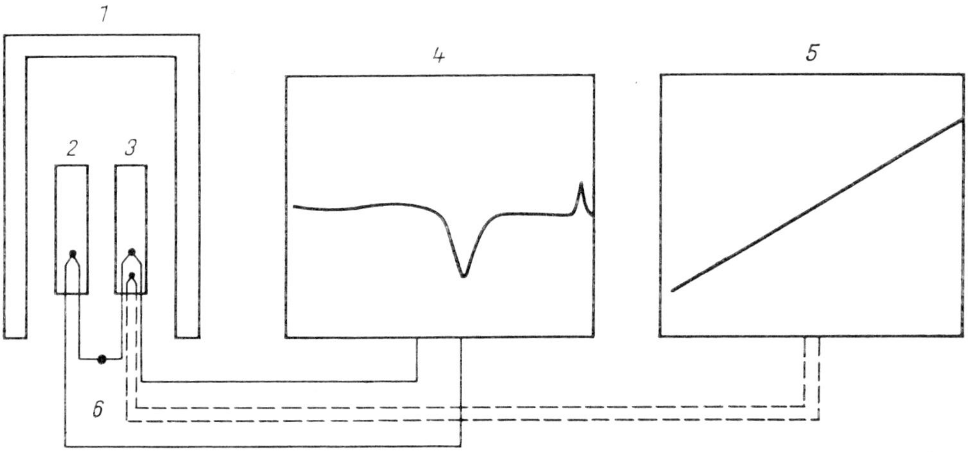

Bild 3.32. Prinzipskizze einer DTA-Apparatur [84]

1 Ofen
2 Platinhülse mit inertem Vergleichsmaterial (z. B. Al_2O_3)
3 Platinhülse für die Analysensubstanz
4 Differentialtemperaturschreiber mit Kaolinit-DTA-Kurve; Abweichung der Null-Linie nach oben entspricht einer exothermen, nach unten einer endothermen Reaktion
5 Temperaturschreiber
6 Thermoelement

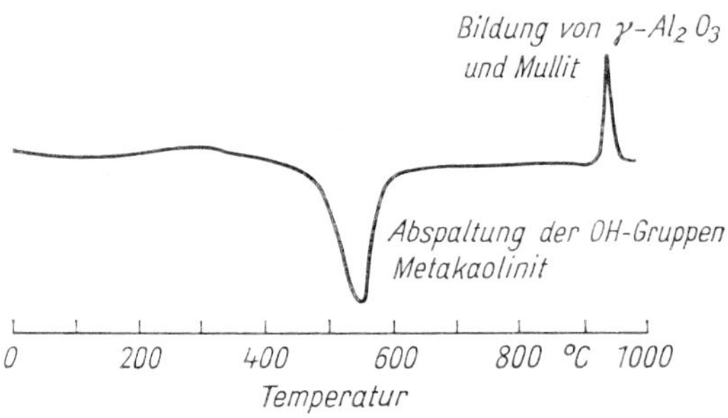

Bild 3.33. Spezielle Verhältnisse der DTA-Kurve von Kaolinit [84]

TG-Kurve als ein einheitlicher Vorgang; mit Hilfe der differenzierten oder derivierten (abgeleiteten) thermogravimetrischen Kurve (DTG-Kurve) können die einzelnen, eine Massenabnahme bedingenden Reaktionen besser unterschieden werden. Von spezifischem Interesse ist z. B. die Unterscheidungsmöglichkeit zwischen verschiedenen »Wasserarten« in den Mineralen (s. Kap. 2.3.).

Moderne thermische Analysengeräte (z. B. der ungarische automatisch arbeitende »Derivatograph«) vereinigen die gleichzeitige Aufnahme von TG-, DTG- und DTA-Kurven. Dadurch wird häufig eine quantitative Bestimmung von Mineralen und Mineralgemischen möglich; so ist aus Bild 3.35 für den Fachmann ersichtlich, daß hier eine Mischung von etwa 86% Kaolinit und 14% Illit vorliegt.

Mit dem *Dilatometer* wird das Dehnungs- und Schwindungsverhalten der untersuchten Proben in Abhängigkeit von der Temperatur registriert. Unter günstigsten Bedingungen, wenn z. B. monomineralische Proben vorliegen, ist die Dilatationskurve mineraltypisch und kann zur Diagnostizierung benutzt werden. Die in Bild 3.36

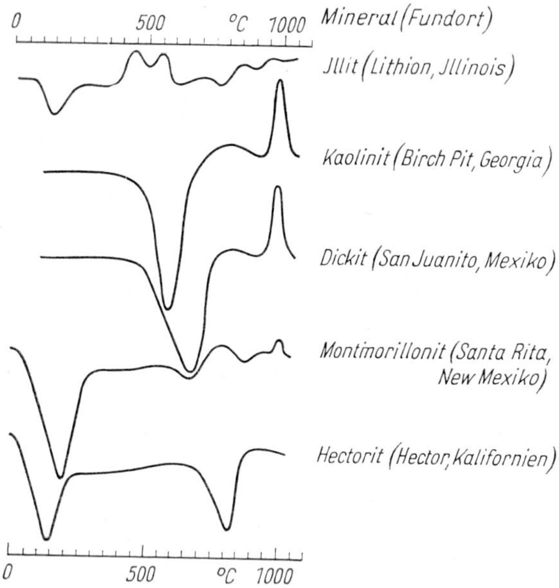

Bild 3.34. DTA-Kurven von Tonmineralen [98]

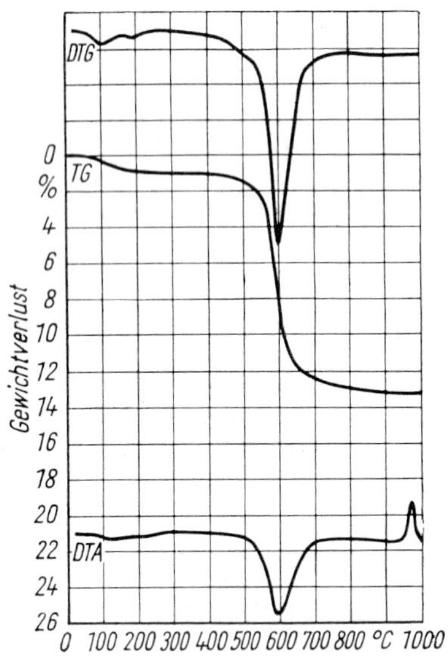

Bild 3.35. Derivatogramm einer Kaolinprobe, in der anhand der DTG- und der TG-Kurve 80% Kaolinit und 14% Illit nachgewiesen wurden (nach TAKÁTS u. BOROS)

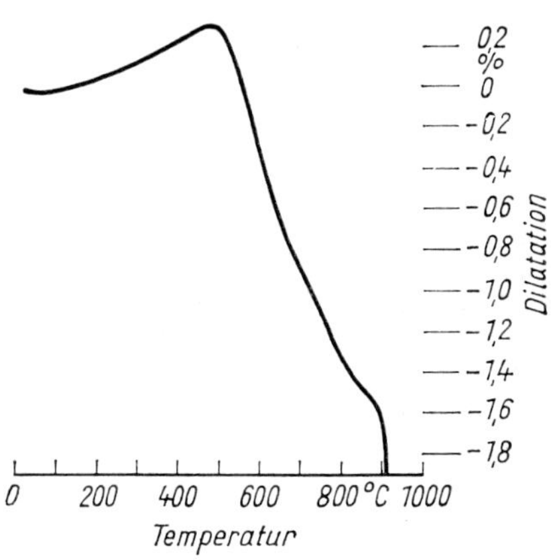

Bild 3.36. Dilatometerkurve von Kaolinit (Erläuterung im Text) [84]

gezeigte Dilatationskurve von Kaolinit wird beispielsweise nach einer anfänglichen Volumenvergrößerung durch eine starke Kontraktion charakterisiert, die durch die Abgabe der Hydroxyl-Ionen bei etwa 500 °C eingeleitet und durch die γ-Al_2O_3- und Mullit-Bildung ab 900 °C fortgesetzt wird (vgl. Bild 3.33). Das Haupteinsatzgebiet der Dilatometrie liegt in der keramischen Industrie.

3.2.6. Ultrarotabsorptionsanalyse

Die UR-Absorptionsanalyse (auch IR-Spektroskopie genannt) wird im geowissenschaftlichen Bereich hauptsächlich zur Strukturuntersuchung, speziell auch von organischen Substanzen wie Kohlen und Kohlenwasserstoffen, sowie zur qualitativen und quantitativen Phasenanalyse feinkörniger Substanzen eingesetzt. Sie beruht darauf, daß die UR-Strahlung beim Durchdringen anorganischer und organischer Substanzen infolge der Wechselwirkung zwischen den Atom-, Molekül- und Molekülgruppen-Schwingungen dieser Stoffe mit den elektromagnetischen Schwingungen des UR-Spektralbereiches unterschiedlich absorbiert wird (s. Bild 3.37).
Bei einer für Minerale ausgearbeiteten Methode wird eine wenige mg große gepulverte Probe mit KBr-Pulver zu einer Tablette gepreßt und im UR-Gerät durchstrahlt. Die Mineralabsorptionsspektren erlauben durch Vergleich mit Standarddiagrammen die Mineralzuordnung, bei Mischproben gelegentlich die Bestimmung des Gehalts der einzelnen Komponenten. Allerdings liegen die Nachweisgrenzen relativ hoch, und Schwankungen des Chemismus machen sich auf die Lage und Ausbildung der Absorptionsspektren stark bemerkbar.

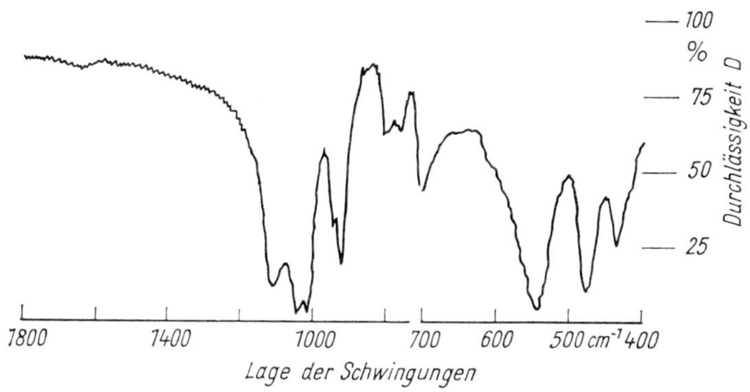

Bild 3.37. UR-Spektrogramm von Kaolinit [84]

3.3. Elementanalytische Verfahren

Die Analyse der chemischen Zusammensetzung der Minerale, mineralischen Rohstoffe und aller geologischen Objekte ist von großer wissenschaftlicher und praktischer Bedeutung, da sie die Suche, Erkundung und Nutzung mineralischer Rohstoffe weitgehend beeinflußt. Von der großen Zahl chemischer, physikochemischer und physikalischer Analysenmethoden werden für spezielle Zwecke, insbesondere in der Forschung, fast alle eingesetzt; in der praktischen Arbeit reduziert sich die Zahl v. a. auf solche Verfahren, die routinemäßig und durch Hilfskräfte durchgeführt werden können und damit größere Analysenzahlen bewältigen. Einen Überblick gibt Bild 3.38.

3.3.1. Chemische Analyse

Die chemische Analyse (hier im Sinne der klassischen naßchemischen Gravimetrie, Titrationsanalyse usw.) gehört immer noch zu den wichtigsten Analysenmethoden. Der Schwerpunkt ihres Einsatzes liegt bei der Analyse von Mineralaggregaten, also Gesteinen und Erzen, insbesondere bei den rohstoffördernden und -nutzenden Betrieben. Da sie relativ personalaufwendig ist, wird sie immer mehr zurückgedrängt und v. a. durch spektralanalytische und kolorimetrische Verfahren ersetzt. Der Schwerpunkt des Einsatzes chemischer Methoden ist auf die Bestimmung von chemischen Hauptkomponenten gerichtet (Gehalte $>0{,}1\,\%$), weniger auf Spurenelemente. Fast unersetzlich ist sie immer noch bei der Bestimmung bestimmter Moleküle und Anionen wie CO_2, N, S u. a.

Die chemische Vollanalyse von Einzelmineralen wird nur unter bestimmten Bedingungen und Zielstellungen durchgeführt. Notwendig ist sie meist bei der Untersuchung neuentdeckter Minerale, wobei es oft schwierig ist, die notwendige Menge (meist 0,2 bis 2 g) zu gewinnen. Weiterhin werden chemische Vollanalysen bei (mineralogisch-geochemischen) Forschungsarbeiten dann durchgeführt, wenn der wechselnde Mineralchemismus (insbesondere bei Mischkristallen und Spurenelementgehalten) Angaben über die Bildungsart der Minerale zuläßt (*chemische Typomorphie*). Voraussetzung für alle solche Analysen ist der monomineralische Charakter der Untersuchungssubstanz und die möglichst hohe Reinheit des Minerals. Nur sie garantiert, daß die Analyse auch zu einer Mineralformel verrechnet werden kann (vgl. Kap. 2.3.).

3.3.2. Spektralanalytische Verfahren

Die spektralanalytischen Verfahren beruhen alle darauf, daß ein vom Untersuchungsobjekt ausgestrahltes (emittiertes) oder von ihm beeinflußtes (z. B. absorbiertes) Licht spektral zerlegt wird und aus den registrierbaren Wellenlängen auf die im Mineral vorhandenen Elemente (und Moleküle) geschlossen werden kann. Die Unterschiede der verschiedenen Methoden resultieren hauptsächlich aus den unterschiedlichen Anregungsbedingungen. Wir besprechen hier kurz die optische Emissionsspektralanalyse, die Flammenspektrometrie, die Atomabsorptionsspektralanalyse und die Röntgenspektralanalyse.

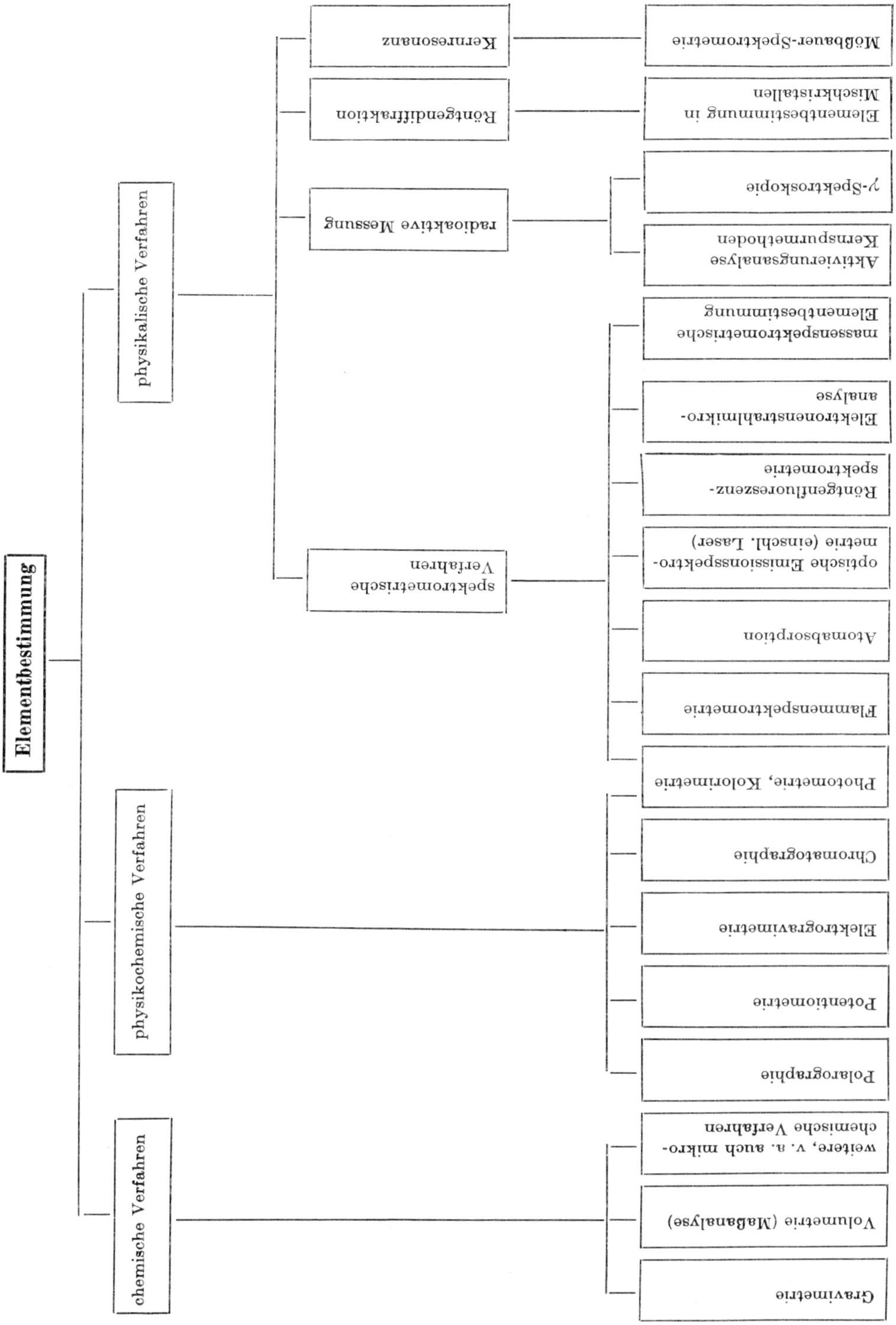

Bild 3.38. Übersicht der wichtigsten Elementbestimmungsmethoden für Gesteine, Erze, Minerale und mineralische Rohstoffe

Das immer noch wichtigste spektralanalytische Verfahren ist die *optische Emissionsspektralanalyse*. Sie dient insbesondere der Vor- und Übersichtsanalyse der Kationen unbekannter Proben sowie der Spurenelementanalyse. Die Vorteile der Emissionsspektralanalyse sind groß:

- der Probenbedarf ist außerordentlich gering (meist 10 bis 100 mg)
- mit einer Analyse können bei photographischer Registrierung eine sehr große Zahl von Elementen gleichzeitig bestimmt werden
- die feste pulverisierte Mineralprobe kann direkt, ohne aufwendige Vorbehandlung, zur Analyse benutzt werden; sie ist daher sehr schnell und ökonomisch, des weiteren auch frei von Verunreinigungen, wie sie oft durch physikalische und chemische Beeinflussung eingeschleppt werden können

Das Bild 3.39 stellt schematisch den Strahlengang in einem *Prismenspektrographen* dar. Die Probe wird in einer Spektralkohle durch einen elektrischen Bogen oder Funken erhitzt und verdampft. Die dadurch angeregten Ionen senden Licht jeweils einer spezifischen Wellenlänge aus, die in einem Prisma abgelenkt und auf einer photographischen Spektralplatte (s. Bild 3.40) fixiert wird. Die meist photometrische Schwärzungsmessung der Spektrallinien ermöglicht, in Verbindung mit dem Einsatz von Eichproben, auch eine quantitative Bestimmung der Elemente.
Eine Variante ist der *Gitterspektrograph*, bei dem das Quarzprisma durch ein Liniengitter ersetzt wird. Die Registrierung kann auch, wie im modernen *Spektrographenautomaten*, über Photozellen, Multiplier und Schreiber erfolgen. Neuerdings setzt man zur Probenanregung auch *Laserstrahlen* ein; dies hat den Vorteil, daß aus einer festen Probe kleinste Mineralkörnchen ohne mechanische Abtrennung analysiert werden können (Punkt- oder Lokalanalyse).
Bei der *Flammenspektrometrie* wird die chemisch gelöste Probe durch eine Flamme thermisch angeregt und von dem ausgesandten Licht die interessierenden Wellen-

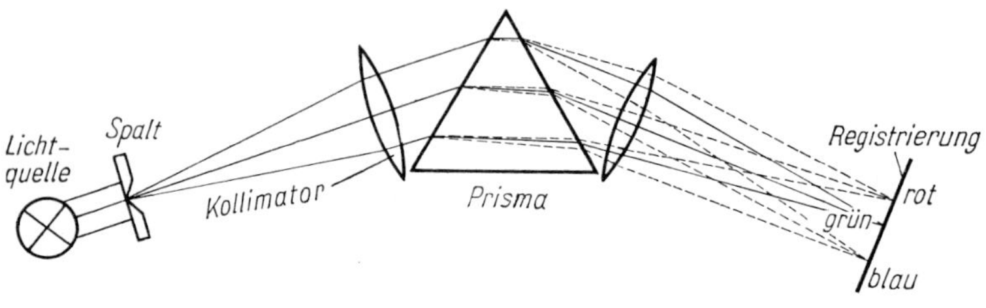

Bild 3.39. Strahlengang in einem Prismenspektrographen.
Die Registrierung erfolgt durch Photoplatten, Auge oder Photozellen

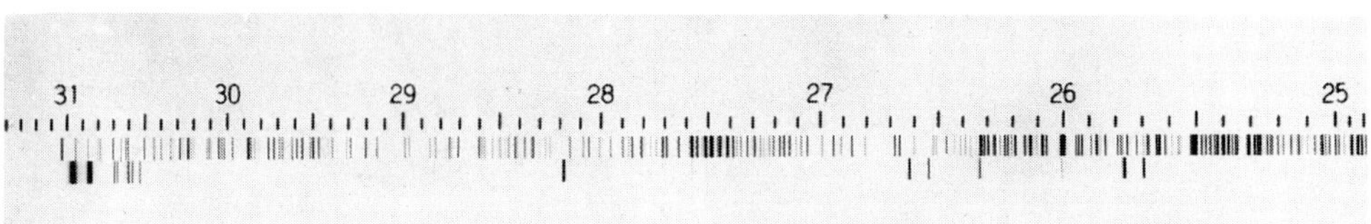

Bild 3.40. Spektralplatte mit zwei Spektren (oben Fe, unten Al) und einer Wellenlängenskala [234]

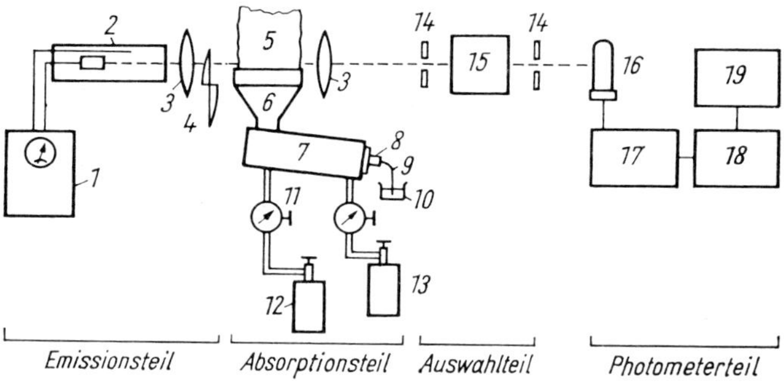

Bild 3.41. Schema und Bild eines Atomabsorptions-Flammenspektrometers [235]

1 Stromquelle
2 Lampe
3 optische Linse
4 Sektor
5 Flamme
6 Brenner
7 Sprühkammer
8 Sprüher
9 Kapillare
10 Probelösung
11 Drossel
12 Brenngas
13 Transportgas
14 Schlitz
15 Spektralwahl
16 Photodetektor
17 Verstärker
18 Ausgabe
19 Rechner

längen registriert. Der Schwerpunkt der Anwendung liegt bei leicht anregbaren Elementen wie den Alkalien und Erdalkalien.

Bei der *Atomabsorptionsspektralanalyse* (AAS) nutzt man die Tatsache aus, daß von weißem (kontinuierlichem) Licht beim Durchgang durch einen Raum mit thermisch dissoziierten Atomen bestimmte, diesen Atomen zuzuordnende Wellenlängen absorbiert werden. Besonders effektvoll ist diese (Selbst-) Absorption, wenn die Strahlungsquelle die gleiche Wellenlänge emittiert wie das zu bestimmende Element bzw. Atom; man erreicht dies durch sog. Hohlkathodenlampen verschiedener Elemente. Im Absorptionsraum wird das zu analysierende Element in einer Flamme in gelöster Form verdampft; in einem Monochromator wird dann die Resonanzlinie isoliert und über Empfänger (Photozelle) und Verstärker zum Ablese- bzw. Schreibgerät geleitet und der Absorptionswert registriert (s. Bild 3.41). Mit modernen Geräten lassen sich heute fast alle Metalle und Halbmetalle nach Eichung routinemäßig quantitativ in einem großen Gehaltsintervall bestimmen; jedoch sind bei komplexen geologischen Proben die Störmöglichkeiten zu beachten.

Große Bedeutung hat heute auch die *Röntgenspektralanalyse.* Sie beruht darauf, daß bei Bestrahlung der Minerale mit Röntgenstrahlen hinreichender Quantenenergie die chemischen Elemente zur Eigenstrahlung angeregt werden. Diese wird mit Analysatoren in Form verschiedener Einkristalle spektral zerlegt und die entstehenden und für bestimmte Elemente charakteristischen Wellenlängen und Intensitäten durch Detektoren registriert.

Es ist möglich, alle Elemente von der Ordnungszahl 11 aufwärts zu erfassen, wobei im Bereich der Ordnungszahlen 11 bis 23 Vakuumspektrographen eingesetzt werden müssen. Es können nach Eichung mit Standard- oder Eichproben quantitative Aussagen für den Bereich 0,1 bis 100% gemacht werden. Der Probenbedarf liegt meist bei 10 bis 100 mg.

3.3.3. Weitere Verfahren

Hier sind insbesondere die Kolorimetrie, die Neutronenaktivierungsanalyse und die Elektronenstrahlmikroanalyse sowie die Radiographie (vgl. Kap. 2.4.6.), Kernspur-Methode (s. Kap. 2.4.6), Chromatographie und Polarographie zu nennen.
Die *Kolorimetrie* beruht darauf, daß die Elemente der in Lösung gebrachten Minerale mit spezifischen Reagenzien Farbreaktionen ergeben, deren Stärke dem Gehalt dieser Elemente entspricht; durch photometrische Messung der Lichtabsorption läßt er sich nach Eichung bestimmen. Das Meßintervall ist groß und reicht von einem zehntel (z. T. hundertstel) bis hundert Prozent. Durch geeignete Maßnahmen (Filter usw.) lassen sich Störeffekte weitgehend unterdrücken.
Obwohl die *Neutronenaktivierung* einen hohen apparativen und auch finanziellen Aufwand erfordert (Bestrahlung und Analysen können meist nur am Atomreaktor durchgeführt werden), hat sie sich für spezielle Untersuchungen, insbesondere bei Elementen mit niedrigen Gehalten oder sonstiger schwieriger Bestimmung, bewährt. Man erreicht Nachweisgrenzen von 10^{-4} bis 10^{-6}%, gelegentlich sogar bis 10^{-10}%.
Die modernste, aber apparativ aufwendigste Methode der chemischen Mineralanalyse ist die *Elektronenstrahlmikroanalyse* mit Hilfe der sog. Mikrosonde. Wie das Bild 3.42 zeigt, wird mit Hilfe magnetischer Linsen ein feiner Elektronenstrahl auf das angeschliffene und polierte Mineral gelenkt. Es wird je nach Mineral- bzw. Elementart eine charakteristische Röntgenstrahlung erzeugt, die über Röntgenspektrographen getrennt und mit Zählrohren registriert wird. Es ist möglich, eine Punktanalyse durchzuführen (mit einem Durchmesser um 1 μm) oder eine Gerade bzw. eine Fläche abzutasten. Man erhält dadurch die entsprechende Häufigkeit bzw. Verteilung eines oder mehrerer Elemente. Ein Beispiel der linearen Verteilung einiger Elemente gibt Bild 3.43.
Die Mikrosonde wird immer mehr zu einem unentbehrlichen Analysengerät bei der Untersuchung von mineralischen Rohstoffen, Metallen und Werkstoffen aller Art. Die Möglichkeit, praktisch die atomare Verteilung der Elemente festzustellen, erlaubt neue Einsichten in den Mineral- und Kristallchemismus. Dies ist von besonderer, auch praktischer Bedeutung, da die homogene oder inhomogene Verteilung der Elemente in einer Phase stark dessen Eigenschaften bestimmt.

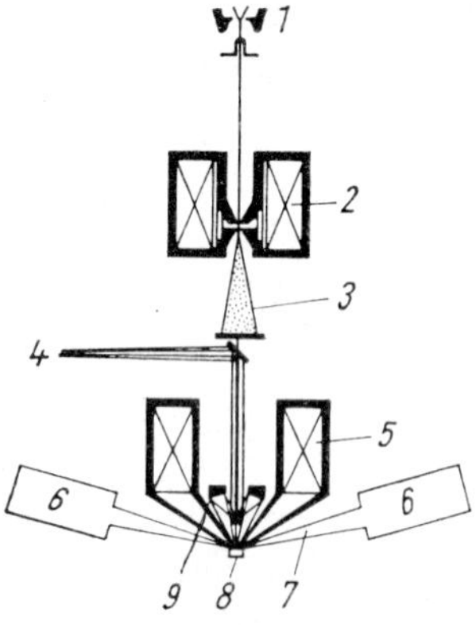

Bild 3.42. Schematische Darstellung eines Elektronen-Mikroanalysators (»Mikrosonde«) nach CASTAING [235]

1 Elektronenquelle
2 magnetische Kondensorlinse
3 Elektronenstrahl
4 Objektbeleuchtung und Beobachtung
5 magnetische Objektlinse
6 Röntgenspektrograph
7 Röntgenstrahlung
8 Probe
9 Spiegelobjektiv

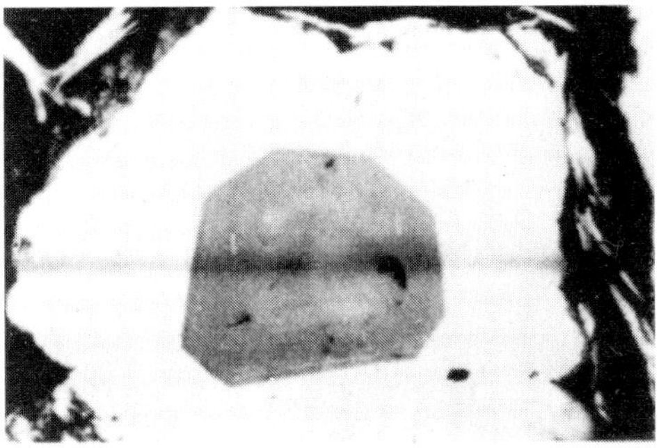

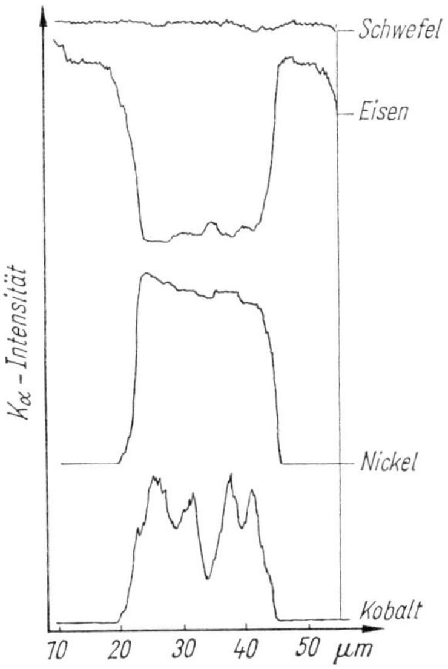

Bild 3.43. Verteilung der Elemente Co, Ni, Fe und S längs einer Linie über eine im Erzanschliff sichtbare Verwachsung von Pyrit (weiß) und Bravoit (grau), gemessen mit einer Mikrosonde [157]

3.4. Isotopenanalytische Verfahren

Die Minerale werden heute nicht nur auf ihre physikalischen Eigenschaften und ihren Chemismus untersucht, sondern immer häufiger auch auf die isotope Zusammensetzung der mineralbildenden Elemente. Ziel dieser Forschungen ist die Klärung der Entstehung der Minerale und damit meist auch der Gesteine und Lagerstätten.
Viele mineralbildende Elemente haben mehrere Isotope (z. B. Sauerstoff 3, Schwefel 4, Blei 4 Isotope). Die Häufigkeit dieser stabilen Isotope ist in der Erdkruste und den Mineralen ziemlich konstant. Einige mineralbildende Vorgänge verschieben jedoch die Isotopenhäufigkeiten und damit die Verhältnisse zwischen ihnen in einem solchen Maße, daß sie noch mit Hilfe von *Massenspektrometern* gemessen werden können. Auf diese Weise kann man durch isotopenanalytische Untersuchungen die Entste-

hungsart (*Genese*) geologischer Objekte bestimmen. Folgendes Beispiel möge dies verdeutlichen:

Verhältnis $^{32}S/^{34}S$ in sedimentären Sulfiden ~21,30 bis 23,20
Verhältnis $^{32}S/^{34}S$ in hydrothermalen Sulfiden ~21,50 bis 22,60

Wenn also ein Sulfid (z. B. Galenit PbS) einen $^{32}S/^{34}S$-Wert von 22,90 hat, kann es nur sedimentär gebildet worden sein.
Von besonderem Interesse sind einige *instabile* (radioaktive) Isotope in den mineralbildenden Elementen. Wegen ihres gesetzmäßigen zeitabhängigen Zerfalls in andere Isotope lassen sie sich zur *Bestimmung des Alters* der Minerale gebrauchen (vgl. Kap. 2.4.6.). Dafür günstige Halbwertszeiten des Zerfalls haben die Isotope ^{40}K und ^{87}Rb sowie die Uran- und Thoriumisotope; wir sprechen daher (unter Angabe

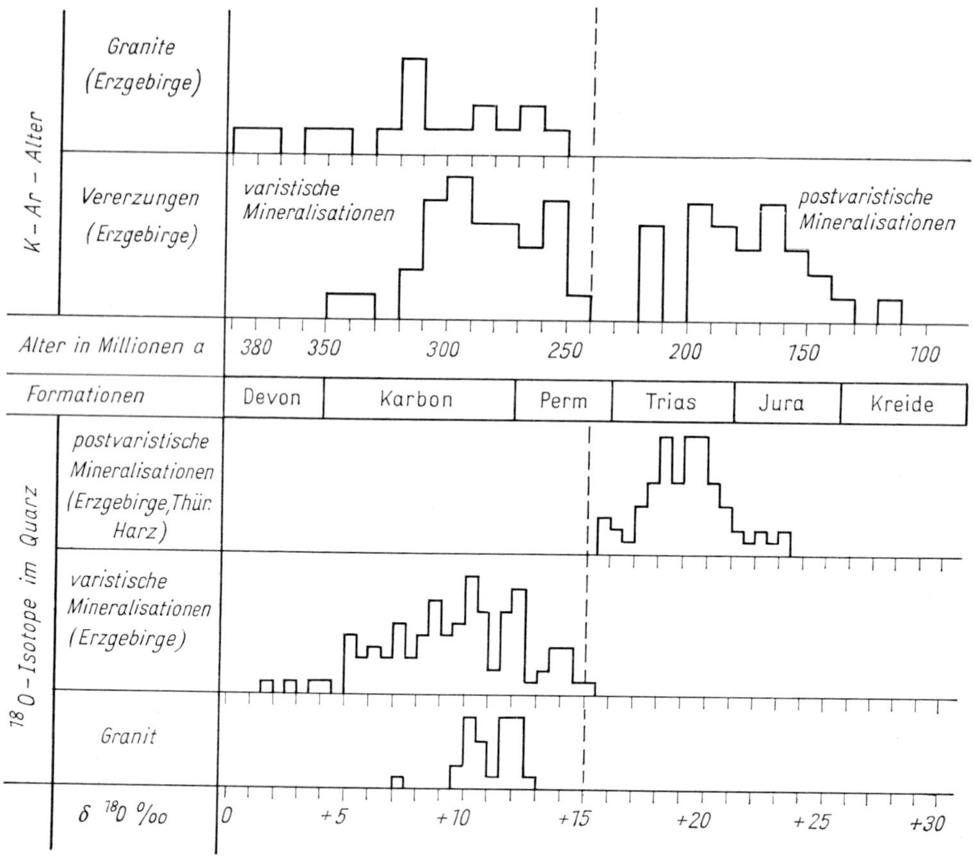

Bild 3.44. Altersmäßige und genetische Einstufung von Gesteinen und Erzen der DDR mit Hilfe stabiler und instabiler Isotope, hier ^{18}O und ^{40}K

der Zerfallsprodukte) von der K–Ar-Methode, der Rb–Sr-Methode sowie der U- bzw. Th–Pb-Methode. Das *radioaktive Zerfallsgesetz* hat die Form

$$M = M_0 \, e^{-\lambda t}$$

M Anzahl der heute vorliegenden radioaktiven Atome
M_0 Anzahl der radioaktiven Atome zur Bildungszeit des Minerals
λ Zerfallskonstante, die mit der Halbwertszeit zusammenhängt
t Alter des Minerals

Die isotopenanalytischen Verfahren erfordern spezielle Kenntnisse, die meistens im Lehrkomplex der Geochemie vermittelt werden. Ein Beispiel für die Anwendung stabiler und radioaktiver Isotope zur Einstufung von Erzlagerstätten gibt Bild 3.44. Es ist zu erkennen, daß im oberen Teil des Bildes die variszischen Vererzungen altersgleich mit den im gleichen Gebiet auftretenden Graniten sind, damit also eine genetische Beziehung zwischen den erzbildenden Lösungen und den Graniten bestehen muß, während im unteren Bildteil diese Korrespondenz durch die gleichen Sauerstoffisotopenwerte gestützt wird. Das heißt andererseits, daß die nach der variszischen Orogenese auftretenden (postvariszischen) Vererzungen offensichtlich keine (direkten) Beziehungen zu den Graniten haben; diese Feststellung hat Auswirkungen auf die Suchstrategie für diese Lagerstätten.

3.5. Schwermineralanalyse

Die Schwermineralanalyse ist eine wichtige und interessante Methode, um die Entstehung von Gesteinen und Mineralen zu entziffern sowie die mögliche Nutzung der Schwerminerale selbst zu beurteilen. Die Schwerminerale sind die meist akzessorisch auftretende Mineralfraktion der Gesteine mit einer Dichte $>2{,}9$. In der Praxis sind es die Minerale, die durch die Schwereflüssigkeit Bromoform ($d = 2{,}87$) von den Leichtmineralen abgetrennt werden können.

Die Abtrennung der Schwerminerale aus dem Gestein sowie ihre qualitative und quantitative Bestimmung hat sich zu einem vielschichtigen Analysensystem entwickelt, in dem viele Mineraltrennungs- und -bestimmungsmethoden kombiniert worden sind. Ein Beispiel gibt in schematischer Form das Bild 3.45.

Endprodukt der Prozedur ist meist ein *Körnerpräparat*, an dem mit mikroskopischen Methoden die Mineralbestimmung vorgenommen wird. Von Interesse sind Mineralart, Mineralmenge (absolut und relativ), Mineralform und -größe sowie Besonderheiten der Mineralausbildung.

Bei der Untersuchung der Schwerminerale in Sedimenten und Sedimentiten steht meistens das Ziel, Aussagen über die Ausgangsgesteine bzw. die Abtragungs- und Herkunftsgebiete des Sedimentmaterials zu erhalten. Man benutzt dabei die Tatsache, daß viele Schwerminerale schlecht verwittern und daher durch ihre Art und Ausbildung Zeugen der Ausgangsgesteine sind, so z. B. Cyanit für Metamorphite, Pyrop für Ultrabasite oder Topas für pegmatitisch-pneumatolytische Mineralisationen.

In Metamorphiten können die Schwerminerale gute Hinweise für die ortho- oder paragene Natur der Gesteinsentstehung geben. Schwerminerale in Magmatiten erlauben häufig, die magmatische Geschichte des Gesteins zu rekonstruieren. Besonders aussagekräftige Minerale sind Zirkon, Allanit (Orthit), Rutil, Topas, Granat und viele andere. In dem Bild 3.46 ist ein Beispiel von Schwermineralen gezeigt.

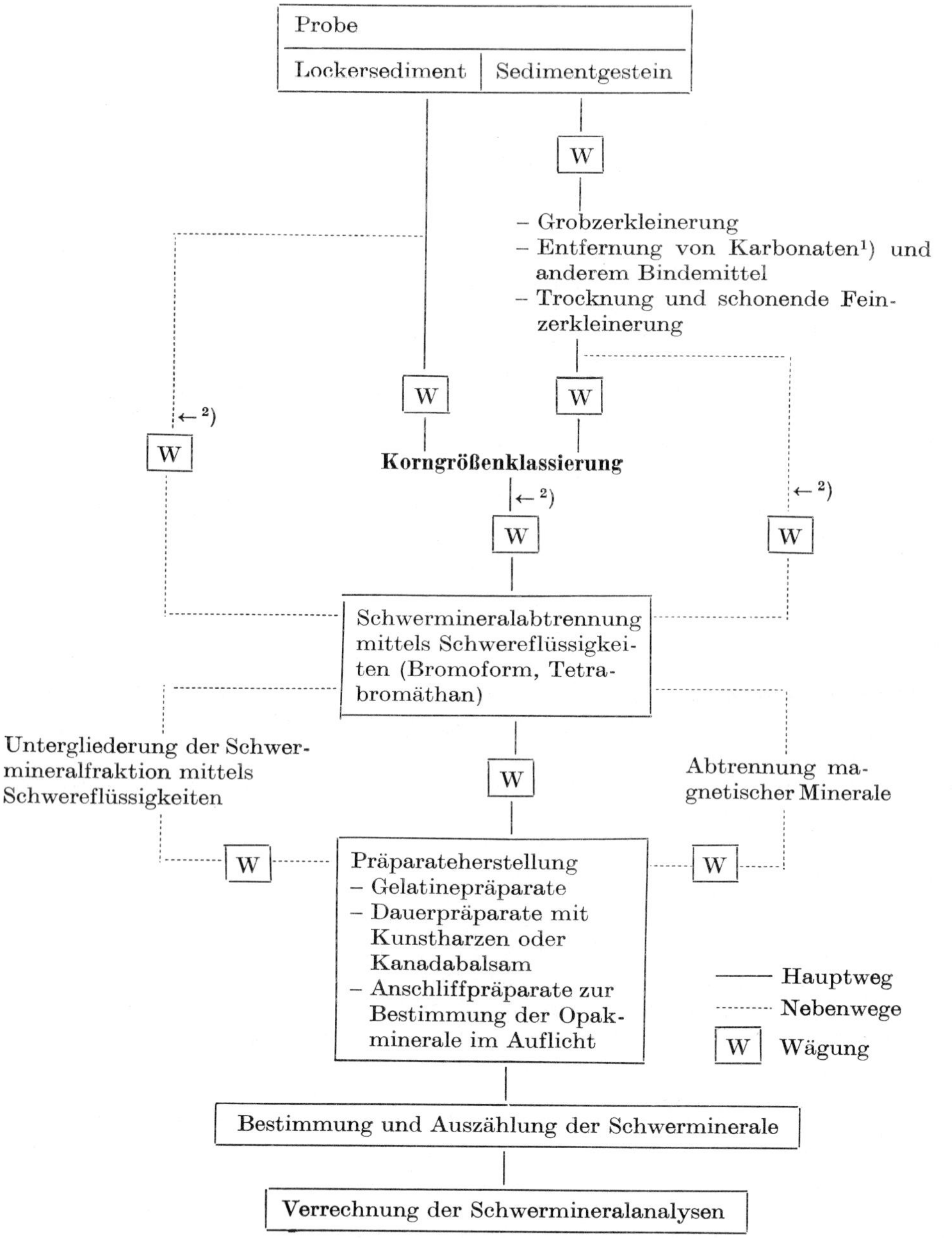

Bild 3.45. Schema einer quantitativen Schwermineralanalyse [236]

¹) Entfernung von Calcit und Aragonit mittels Monochloressigsäure; bei Verwendung von Salzsäure wird z. B. der Apatit, der ein wichtiges Schwermineral ist, gelöst.

²) Vor der Schwermineralabtrennung mittels Schwereflüssigkeiten ist es oft notwendig, Umkrustungen durch Eisenoxide und -oxidhydrate zu entfernen. Schonend geschieht dies durch Schütteln der Probe in einer wäßrigen Lösung von Oxalsäure und Ammoniumoxalat.

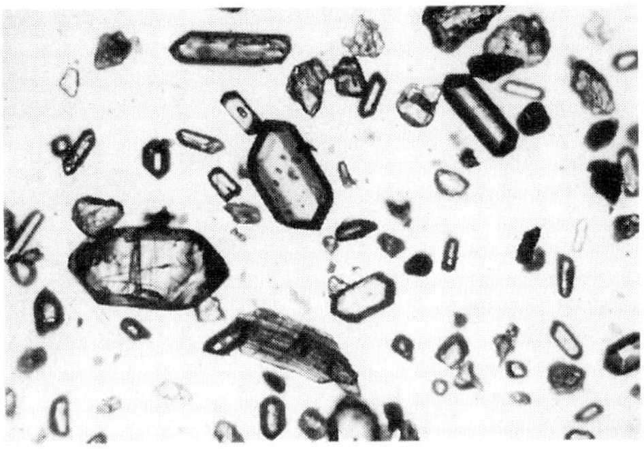

Bild 3.46. Photographische Aufnahme von Schwermineralen in einem Körnerpräparat [265]. Die großen Kristalle sind Zirkon, natürliche Größe maximal 1 mm

Von großer praktischer Bedeutung ist natürlich die Bearbeitung von solchen Schwermineralen, die sich in *Seifen* angereichert haben und als mineralische Rohstoffe genutzt werden können: Kassiterit, Monazit, Zirkon, Gold, Platin und viele andere.

3.6. Verfahren zur Untersuchung von Mineraleinschlüssen

Minerale können beim Wachstum feste, flüssige und gasförmige Produkte in ihren Verband aufnehmen. Diese sind einerseits Fremdkörper für die Mineralstruktur, geben andererseits direkten Aufschluß über das Milieu und die Umgebung, in der das Mineral entstanden ist; sie sind also meist echte, einzige und direkte *Zeugen der Mineralbildung und ihrer Bedingungen.* Aus diesem Grund hat sich das Studium der Mineraleinschlüsse zu einer wichtigen mineralogischen Forschungsrichtung entwickelt.

Von besonderem Interesse sind die Flüssigkeitseinschlüsse von Mineralen, die aus wäßriger Lösung entstanden sind, also in sedimentärem oder hydrothermalem Bereich. Man kann annehmen, daß die in meist µm-großen Bläschen eingeschlossene Flüssigkeit den Chemismus der »Mutterlauge« hat; ihre Analyse ist also von großem Interesse. Meist ist die Flüssigkeit durch die Abkühlung und andere Bedingungen aus ihrem ursprünglichen einphasigen Zustand in einen zwei- oder mehrphasigen übergegangen, d. h., sie hat eine Gasphase (in Form einer Libelle) oder ein oder mehrere feste Phasen als Kriställchen ausgeschieden. Verschiedentlich haben sekundäre Beanspruchungen (z. B. durch tektonische Bewegungen) das Mineral z. T. zerbrochen und/oder Anlaß zu Umlagerungen oder Neubildungen der Flüssigkeitseinschlüsse gegeben (s. Bild 3.47); dann ist natürlich Vorsicht bei den genetischen Interpretationen gegeben.

Flüssigkeitseinschlüsse können auch Auskunft über die *Bildungstemperatur* des Minerals geben. Erhitzt man ein Mineral (z. B. Fluorit) auf einem Heiztisch unter einem Mikroskop, so kann man beobachten, wie die Gaslibelle immer kleiner wird, bis sie ganz verschwindet. Dieser Zustand entspricht der Bildungstemperatur des Minerals und wird als Schließungstemperatur bezeichnet. Erhitzt man das Mineral noch etwas weiter, dann zerplatzt (dekrepitiert) es infolge Überdruckes in den Flüssigkeitseinschlüssen. Wenn man das dabei entstehende Geräusch verstärkt und automatisch registriert, kann man mit dieser *Dekrepitationsmethode* eine große Zahl von Proben untersuchen und die Temperaturen statistisch auswerten.

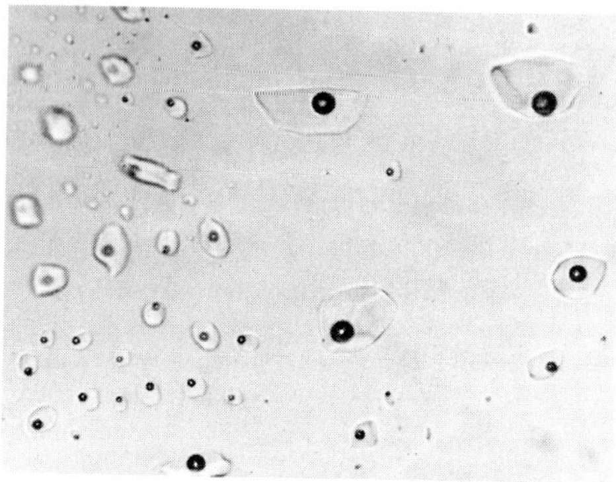

Bild 3.47. Flüssigkeitseinschlüsse mit Gasbläschen in Fluorit; wahrscheinlich sekundäre Einschlußbildung [237]

Mineraleinschlüsse können auch von erheblicher direkter ökonomischer Bedeutung sein. So verursachen z. B. die *CO_2-Einschlüsse in den Kalisalzen* des Werra-Reviers eine erhebliche Behinderung des Bergbaus, wenn sie bei Schießen (Sprengen) des Salzes unkontrolliert frei werden. Durch Forschungsarbeiten wurde erreicht, daß man nach der sog. Knistermethode die gashaltigen Salzpartien erkennen und unter Kontrolle, sogar unter Mithilfe des frei werdenden Gases, gewinnen kann.

3.7. Feldmethoden

Während der geologischen oder bergmännischen Arbeiten »im Gelände« ist die Bestimmung von Mineralen und Mineralaggregaten als erste Übersicht oft unerläßlich, ohne daß aufwendige Analysengeräte eingesetzt werden können. In diesen Fällen wird man mit einfachen sog. Feldmethoden die gestellten Aufgaben lösen müssen. Ist eine genaue Analyse an Ort und Stelle nicht zu umgehen, werden gelegentlich fahrbare Laboratorien eingesetzt; in ihnen kann man meist chemische, kolorimetrische, spektrographische und auch mikroskopische Analysen durchführen.
Die wichtigste Feldmethode ist ohne Zweifel die auf Erfahrung beruhende Mineralkenntnis, die es ermöglicht, mit bloßem Auge oder unter Benutzung von Lupe, Messer und evtl. Strichtafel sowie natürlich des Geologenhammers die wichtigsten gesteins- und erzbildenden Komponenten zu bestimmen. Wie schon gesagt, sind dabei die äußeren Kennzeichen wie Farbe, Glanz, Härte, Spaltbarkeit und Mineralform von großer Bedeutung. Mindestens ebenso wichtig ist aber auch die Kenntnis der genetisch zusammengehörigen Minerale, der Mineralparagenese (s. Kap. 4.4.), sowie der Umbildungen und Neubildungen von Mineralen, speziell in der Nähe der Erdoberfläche, z. B. in der Oxydationszone von Erzvorkommen (s. Kap. 4.1.3.).
Daneben kennt jeder Praktiker eine Reihe von spezifischen Methoden zur Mineralunterscheidung. Aus dem Erzbergbau ist bekannt, daß Pyrit und Arsenopyrit beim Anschlagen mit dem Hammer Funken sprühen und daß Arsenopyrit dabei einen kräftigen Knoblauchgeruch entwickelt. In unseren Salzgruben unterscheiden die Geologen und Bergleute den Carnallit von anderen Salzen dadurch, daß sie mit der Hammerspitze im anstehenden Salz bohren und dadurch ein quietschendes Geräusch erzeugen. Erfahrene Salzleute können auch allein anhand des Geschmackes den

Sylvingehalt und damit den K_2O-Gehalt von Kalisalzen auf einige % genau angeben. Auch manche leichtlösliche Sekundärminerale vom Sulfat- bzw. Alauntyp lassen sich mit Hilfe des Geschmackes zuordnen. Selbst die Wärmeleitfähigkeit gibt die Möglichkeit der Mineralunterscheidung: Von den oft sehr ähnlich aussehenden Mineralen bzw. Gesteinen Gips und Marmor fühlt sich der Marmor wegen seiner hohen Leitfähigkeit kühl an, der Gips warm.
Große ökonomische Bedeutung hat die direkte oder indirekte Mineralbestimmung bzw. deren Nachweis mit Hilfe der Lumineszenz und der Radiometrie (s. Kap. 2.4.1. und 2.4.6.). Es sind zahlreiche Beispiele bekannt, daß solche Minerale wie Scheelit, sekundäre Uranminerale, auch Fluorit, durch die *Lumineszenzanalyse* entdeckt bzw. erkundet wurden. Man bedient sich dazu transportabler UV-Batteriegeräte (mit Quecksilber-Quarzlampen) und sucht unter Tage oder bei Nacht über Tage die höffigen Gebiete ab (Gangzonen, Halden, metasomatische Bereiche usw.). Da viele organische Substanzen (z. B. Öl) gleichfalls leuchten, sollte man sich vor voreiligen Schlußfolgerungen hüten.
Eine gute Methode zum Aufsuchen der radioaktiven Minerale des Urans und Thoriums

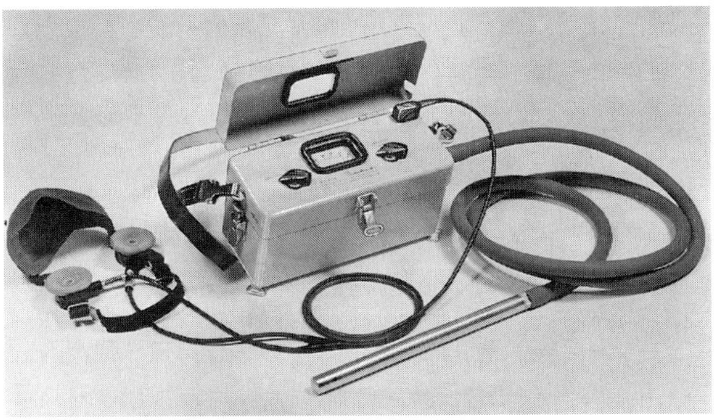

a)

b)

Bild 3.48. Aufsuchen von radioaktiven Rohstoffen mit Hilfe von tragbaren Zählrohrgeräten [273]

a) Batteriegerät mit Zählrohr und Kopfhörer
b) Prospektion mit Batteriegerät mit Skalenregistrierung

Bild 3.49. Lötrohrmethode [221]
Die Probe auf Holzkohle wird mit der von einem Lötrohr durch Blasen abgelenkten Flamme erhitzt und zersetzt

sind tragbare Batteriegeräte mit *Geiger-Müller-Zählrohr* (s. Bild 3.48). Die genauere mineralogische Untersuchung solcher radioaktiven Rohstoffe erfolgt natürlich mit mikroskopischen, radiographischen oder röntgenographischen Methoden.

Häufig werden einfache chemische, thermische oder andere Reaktionen für Mineralbestimmungen benutzt. Die bekannteste ist ohne Zweifel die Unterscheidung des Calcits von allen anderen Mineralen, auch Karbonaten, durch Beträufeln mit verdünnter kalter Salzsäure; viele Geologen tragen daher ein solches kleines Plastefläschchen mit sich. Eingeführt haben sich auch eine Reihe von Anfärbemethoden, mit denen man z. B. Phosphate von Karbonaten, Kalifeldspäte von anderen Feldspäten, Aragonit von Calcit unterscheiden kann. In Tab. 16.8 des Anhanges sind einige dieser Methoden aufgeführt.

Interessant ist auch das Verfahren der sog. *Imbibometrie*. Wenn man auf eine glatte Fläche tonigen Materials bestimmte Flüssigkeiten gibt, verlaufen sie zu unterschiedlichen Formen je nach dem Gehalt an den Tonmineralen Kaolinit, Illit, Montmorillonit usw. [81].

Nicht unerwähnt soll die früher v. a. als Feldmethode berühmte *Lötrohrmethode* bleiben. Mit dem Lötrohr, einem Blasrohr, wird eine Flamme unter oxydierenden oder reduzierenden Bedingungen auf eine Probe (meist Erze) gelenkt und diese dadurch zersetzt (s. Bild 3.49). Die Zerfallsprodukte weisen sich durch ihren Geruch aus oder bilden für bestimmte Elemente typische farbige Niederschläge auf Holzkohle, Porzellan usw. Solche Mineralzersetzungen können mit ähnlichen Effekten auch in Glasröhrchen durchgeführt werden. Weiterhin gehört zum Repertoire dieser Methode das Auflösen der zu diagnostizierenden Probe in einer *Phosphorsalz- oder Boraxschmelze*; die entstandene »Perle« ist je nach Art des erzbildenden Elements unterschiedlich gefärbt oder getrübt. Erfahrene Praktiker dieser Methoden konnten über die Element- bzw. Mineralbestimmung hinaus quantitative Aussagen zur Zusammensetzung des Minerals machen (z. B. Silbergehalt in Galenit) [54], [55].

Einige Elemente, insbesondere die Alkali- und Erdalkalimetalle, lassen sich vorteilhaft durch die *Flammenfärbung* qualitativ nachweisen, wobei dieser Nachweis durch die Benutzung eines Handspektroskops gezieltere Aussagen erlaubt.
Die Mineralbestimmung im *Bohrloch* kann direkt über eine Fernsehsonde erfolgen oder indirekt über die primäre oder induzierte (sekundäre) Strahlung mittels Detektoren. Doch ist der Einsatz dieser Methoden für mineralogische Zwecke noch begrenzt, so daß für genauere Untersuchungen der Bohrkern oder der Bohrschlamm vorliegen muß.

4 Entstehung der Minerale und Mineralaggregate

4.1. Mineralentstehung durch geologisch-geochemische Vorgänge

Die Erforschung der Mineralgenese ist ein Hauptweg, die Minerale für den Menschen nutzbar zu machen. Da die Mineralbildung unter bestimmten geologisch-geochemischen Bedingungen erfolgt, wollen wir diese in ihren Grundzügen kennenlernen.

4.1.1. Entstehung, Aufbau und Zusammensetzung der Erde

Die Minerale bestehen aus chemischen Elementen; da diese Elemente in ihrer Hauptmasse nicht in der Erde entstanden sind, müssen wir nach ihrer Herkunft und ihren Verteilungsgesetzmäßigkeiten fragen.

Entstehung der chemischen Elemente

Wir wissen heute, daß die Sterne (und damit auch unsere Sonne) die Hauptproduzenten der Elemente sind. Sie stellen in ihren Anfangsstadien lose Zusammenballungen von kosmischer Materie in Form von Elementarteilchen (auch Wasserstoff) dar. In ihrer viele Milliarden Jahre umfassenden Lebenszeit komprimieren sich diese Teilchen immer mehr und bauen unter starker Temperaturzunahme die chemischen Elemente mit zunehmender Ordnungszahl auf. Der entscheidende Anfangsschritt ist dabei die Heliumsynthese; aus dem Helium können dann bei steigender Temperatur weitere Elemente entstehen. Sterne einer bestimmten Größenordnung können in ihrer Endphase auch Elemente mit hohen Ordnungszahlen (also hohem Energiebedarf) bilden; allerdings kann dabei das energetische Gleichgewicht gestört werden, der Stern »explodiert« und gibt seine neugebildete Materie als *kosmische Materie* an den Weltraum ab.
Absorptionsspektralanalytische Untersuchungen der Sterne und der anderen kosmischen Produkte (kosmische Nebel, Kometen, Meteoriten usw.) haben gezeigt,

daß im Weltraum die gleichen chemischen Elemente existieren wie auf der Erde. Es konnte weiter nachgewiesen werden, daß mit zunehmender Ordnungszahl (Atommasse) die Häufigkeit der Elemente abnimmt und daß die Elemente mit geradzahligen Ordnungszahlen (bzw. mit durch 4 teilbarer Massenzahl) fast immer häufiger sind als die benachbarten ungeradzahligen. Diese Gesetzmäßigkeiten, auf die wir noch einmal zurückkommen (S. 185), haben ihre Ursache in der bereits beschriebenen Elementsynthese.

Entstehung der Erde

Die bei der Sternzerstörung im Weltraum dispergierten Produkte (die sog. »Sternenasche«), also die Elemente und ihre Bausteine, können von anderen Sternen (Sonnen) ringförmig eingefangen werden und sich zu Planeten verdichten. Dies trifft auch für die Erde zu.
Die die Erde aufbauende kosmische Materie hat sich vor etwa 6 bis 7 Milliarden Jahren zu sammeln begonnen und vor etwa 4,6 Milliarden Jahren einen »festen« Himmelskörper gebildet. Er war anfangs relativ homogen und hatte eine den chondritischen Meteoriten entsprechende durchschnittliche chemische Zusammensetzung, die etwa der von Basalten (einer basischen Silikatschmelze) entspricht.
In den viereinhalb Milliarden Jahren seiner Entwicklung hat sich nun die Erdsubstanz unter Aufheizung bis zu einigen tausend Grad differenziert, d. h. seine Substanz entsprechend der Dichte verteilt. Unter den stark reduzierenden Bedingungen des Erdinneren konnte sich ein metallischer Erdkern entwickeln, der wahrscheinlich (in Analogie zu den nickelhaltigen Eisenmeteoriten) aus einer Eisen-Nickel-Verbindung besteht (Ni–Fe-Kern). Die leichteren Bestandteile wanderten dagegen aus dem Erdmantel nach außen ab und bildeten die feste silikatische Erdkruste und die noch »leichtere« Hydrosphäre, Atmosphäre und letztlich die Biosphäre (s. Bild 4.1).

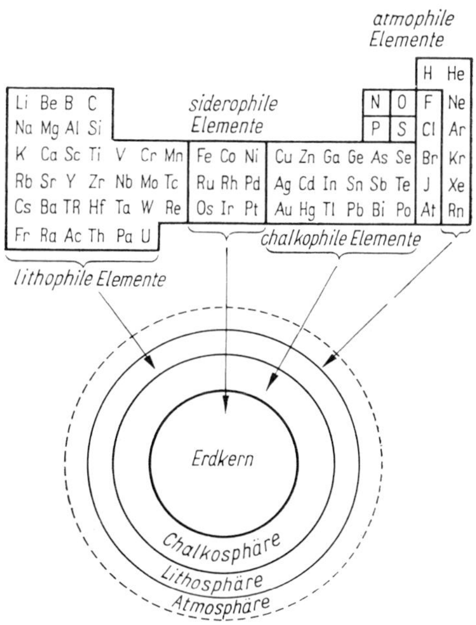

Bild 4.1. Schematische Darstellung des Aufbaus der Erde und der in den Geosphären auftretenden Elemente (nach V. M. Goldschmidt)

Die Geophysik hat aus der Ausbreitung von künstlichen und Erdbebenwellen im Erdinneren den Aufbau der Erde aus solchen etwa kugelförmigen *Geosphären* bestätigt und deren Grenzflächen ziemlich genau festlegen können. Das Bild 4.2 und die Tab. 4.1 vermitteln eine Übersicht über die wichtigsten physikalischen und chemischen Eigenschaften der Erde.

Tabelle 4.1. Charakteristische Daten der Erde

Geosphäre	Mächtigkeit in km	Volumen in 10^{24} cm³	Durchschnittliche Dichte in g/cm³	Masse in 10^{24} g	Masse in %	Zusammensetzung
Biosphäre	(≦10)	(0, n)	~1	≦0,1 C	~0,001	C, O, H, N, S, K, Ca, P
Atmosphäre	(10)	~6	< 0,0015	0,005	0,0001	N_2, O_2, H_2O, Edelgase, CO_2
Hydrophäre	∅3,8	1,37	1,03	1,41	0,024	H_2O, Alkalien, Erdalkalien, Cl, SO_4
Erdkruste	∅30	15	2,8	43	0,7	O, Si, Al, Ca, Mg, Na, K
Erdmantel	2870	892	4,5	4054	67,8	Mg, Fe, Si, O, Chalkophile Elemente
Erdkern	3471	175	10,7	1876	31,5	Fe, Ni, Co, Pt, Mo, P, C
Gesamt	6371	1083	5,52	5974	100,0	

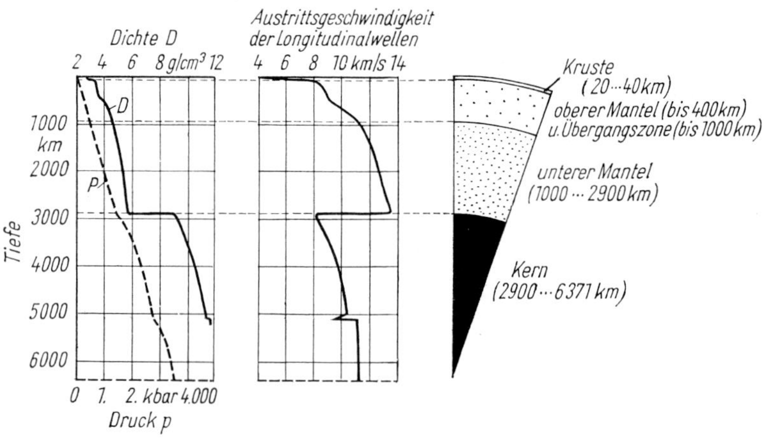

Bild 4.2. Aufbau der Erde und Verteilung der wichtigsten physikalischen Konstanten [in Anlehnung an 224]

Aufbau und Zusammensetzung der Erdkruste

So bedeutungsvoll die Kenntnis von der Entstehung und dem Aufbau der gesamten Erde ist, so haben wir uns insbesondere mit der *Erdkruste* zu beschäftigen; sie ist *der* Teil der Erde, auf dem wir leben und der uns durch unsere Tätigkeit z. T. direkt zugänglich ist.
Wir bezeichnen als Erdkruste den obersten, etwa 10 bis 40 km mächtigen Teil der Erde, der hauptsächlich aus silikatischen Substanzen aufgebaut ist und von dem darunterliegenden Erdmantel durch die MOHOROVIČIĆ-Diskontinuität getrennt ist. Im weiteren Sinne umfaßt die Erdkruste auch noch die Hydrosphäre, die (untere) Atmosphäre und die Biosphäre.
Wie Bild 4.3 zeigt, ist die Erdkruste ungleichmäßig verteilt: Sie ist mächtig in den Bereichen unserer Kontinente und relativ schwach unter den Weltmeeren entwickelt. Wir können weiter eine substantielle Untergliederung feststellen: Getrennt durch die sog. CONRAD-Diskontinuität, haben wir über dieser Grenze meist sehr saure silikatische geologische Körper, die wir als *Sial* (hauptsächlich *Si*lizium + *Al*uminium) oder Granitschicht bezeichnen, und darunter basischere Silikate, das *Sima* (hauptsächlich *Si*lizium + *Ma*gnesium oder die Basaltschicht).

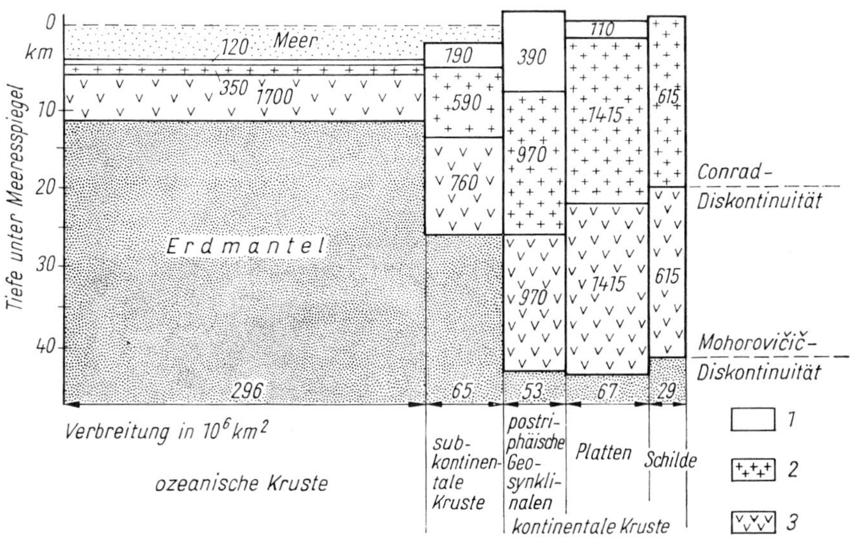

Bild 4.3. Schema des Baues der Erdkruste und der Verbreitung der wichtigsten Gesteinstypen [180]

Die Zahlen geben das Volumen in 10^6 km^3 an

1 Sedimentschicht
2 »Granit«-Schicht
3 »Basalt«-Schicht

Das uns am meisten interessierende *Sial* baut sich aus drei Hauptgesteinsgruppen auf (s. auch Tab. 4.2):

- den aus Silikatschmelzen auskristallisierten *Magmatiten* (z. B. Granit, Porphyr, Andesit, Gabbro, Basalt usw.)
- den durch Druck und Temperatur umgewandelten Gesteinen, den *Metamorphiten* (z. B. Gneis, Glimmerschiefer, Phyllit, Marmor, Quarzit usw.)
- den durch Verwitterung gebildeten Produkten, den Sedimenten und *Sedimentiten* (z. B. Sandstein, Tonschiefer, Grauwacke, Salz, Kohle, Boden usw.)

Tabelle 4.2. Prozentuale und absolute Häufigkeit der wichtigsten Gesteinstypen in der Erdkruste [180]

	Gestein	Anteil in Masse-%		Masse in 10^{24} g
Sedimentite	Sande	1,7	7,9	0,43
	Tone und Tonschiefer	4,2		1,07
	Karbonate (+Evaporite)	2,0		0,51
Magmatite	Granite	10,4	64,7	2,95
	Granodiorite, Diorite	11,2		3,11
	Syenite aller Art	0,4		0,11
	basische Gesteine	42,5		12,70
	ultrabasische Gesteine	0,2		0,06
Metamorphite	Gneise	21,4	27,4	5,96
	kristall. Schiefer	5,1		1,41
	Marmor	0,9		0,25
	Summe	100,0		28,56

Tabelle 4.3. Häufigkeit wichtiger Minerale und Mineralgruppen in der Erdkruste (Angaben in Masse-%)

Feldspäte	58,0 %	Silikate 91,5 %
Pyroxene, Amphibole, Olivin	16,5 %	
Quarz	12,5 %	
Glimmer (3,5 %) und silikatische Tonminerale	4,5 %	
Eisenoxide	3,5 %	
Calcit	1,5 %	
alle anderen Minerale	3,5 %	
Summe	100,0 %	

Jede dieser Gesteinsgruppen und Gesteine zeichnet sich durch eine bestimmte chemische und mineralische Zusammensetzung aus, d. h., jedes Gestein wird hauptsächlich durch seinen Chemismus und seinen davon weitgehend abhängigen mineralogischen Aufbau charakterisiert.

Zum Verständnis vieler geologischer Vorgänge ist es notwendig, einen Überblick über die *durchschnittliche chemische und mineralogische Zusammensetzung der Erdkruste* zu haben. Der für solche Berechnungen allgemein akzeptierte Krustenbereich bis zu einer Tiefe von 16 km (= 10 miles nach CLARKE) ist uns z. T. durch direkte Beobachtung an Material aus Bergwerken und Bohrungen (max. 10 km Tiefe) sowie durch den Hochtransport tiefliegender Gesteinsmassen bei gebirgsbildenden (orogenen) Vorgängen zugänglich. Bei der Zusammenstellung der Mineralzusammensetzung kommt man zu der in Tab. 4.3 aufgeführten interessanten Häufigkeitsverteilung.

Es ist wichtig festzustellen, daß in der Erdkruste über 99% der Minerale Sauerstoffverbindungen, v. a. Silikate, sind, daß also solche praktisch wichtigen Mineralgruppen wie die Chloride oder Sulfide wirklich nur durch ihre starke Konzentration in wenigen Lagerstätten für uns gewinnbar und damit bedeutungsvoll werden. Auch das überragende Hervortreten der Silikate sollte man sich fest einprägen, um bei quantitativen Betrachtungen den richtigen Maßstab zu haben.

Diese mineralische Zusammensetzung der Erdkruste hat natürlich hauptsächlich ihren Grund im Chemismus der Ausgangssubstanzen, aus denen die Minerale auskristallisieren. Die Geochemie hat in jahrzehntelanger Arbeit, beginnend bei den grundlegenden Arbeiten des Amerikaners CLARKE zu Beginn unseres Jahrhunderts, sich bemüht, chemische Durchschnittsgehalte der Erdkruste zu bestimmen. Sie werden nach einem Vorschlag des sowjetischen Geochemikers VERNADSKIJ als *Clarke-Werte* bezeichnet und sind in zahlenmäßiger Form in Tabelle 16.11 (Anhang) dargestellt.

Die CLARKE-Werte bestätigen klar die Tatsache, daß die mengenmäßig überragenden Minerale der Erdkruste Silikate (und Alumosilikate) des Aluminiums, Eisens, Calciums, Natriums, Kaliums und Magnesiums sein müssen. Sie zeigen aber auch, wie relativ und absolut selten solche für unser Leben so wichtigen Elemente wie Zink, Zinn, Blei, Nickel, Uran, Silber und Gold im Durchschnitt der Erdkruste sind (s. Tab. 4.4). Es wird daraus ersichtlich, daß man den geologischen Vorgängen, die zur Anreicherung dieser Elemente in mineralischer Form in Lagerstätten führen, besondere Beachtung schenken muß (s. Tab. 4.5).

Auf einige Besonderheiten sei hier noch hingewiesen: Wenn wir von der Häufigkeit sprechen, meinen wir normalerweise die relative Verteilung der *Masse* der einzelnen Elemente. Stellen wir dagegen die Elemente nach ihren Volumen zusammen (s. Bild 4.4), so ergibt sich insbesondere die einmalige Stellung des Sauerstoffs, die unsere Erfahrungen aus der Koordinationslehre (Kap. 2.3.) unterstreicht. Es ist sicher sehr sinnvoll und lehrreich, sich die Erdkruste als ein Gerüst von Sauerstoffatomen vorzustellen, in dessen Zwischenräumen die große Zahl der anderen Elemente untergebracht, gewissermaßen versteckt ist.

Weiterhin ist es interessant, einmal zu vergleichen, wie die Häufigkeit der Elemente mit der Häufigkeit der Minerale korrespondiert. Wie Tab. 4.6 zeigt, gibt es eine grundsätzliche Parallelität beider Erscheinungen, jedoch auch sehr viele Ausnahmen. Der größte Teil dieser Ausnahmen ist sicher auf die chemischen Besonderheiten der Elemente zurückzuführen, nämlich unterschiedlich häufig schwerlösliche Verbindungen zu bilden. Kann ein Element dies nicht, muß es sich also in anderen Mineralen einbauen lassen und vertritt dann diadoch die geochemisch ähnlichen (Haupt-) Elemen-

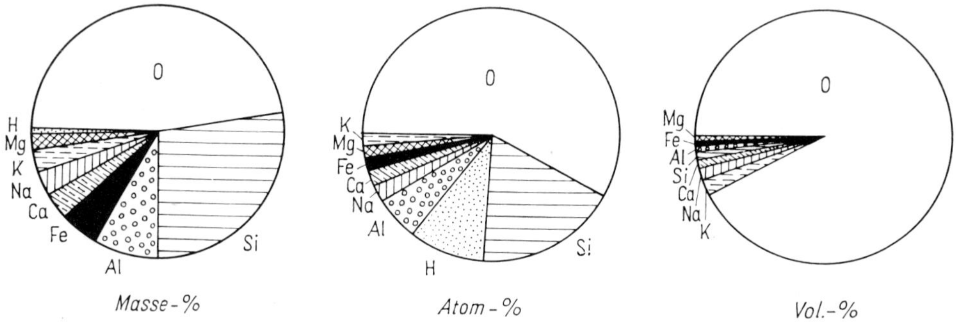

Bild 4.4. Häufigkeit der wichtigsten Elemente nach Masse-%, Atom-% und Volumen-%

Tabelle 4.4. Häufigkeit der chemischen Elemente in der Erdkruste, gegliedert nach Dekaden

Dekade Nr.	Schwankungsbereich in %	Elemente		Häufigkeit der Dekade in %	Häufigkeit gesamt in %
		Zahl	Art		
I	100 ... 10	2	O, Si	75,13	75, 13 (2 Elemente)
II	10 ... 1	7	Al, Fe, Ca, Na, Mg, K, H	23,00	98, 13 (9 Elemente)
III	1 ... 10^{-1}	6	Ti, C, Cl, P, S, Mn	1,48	99,61 (15 Elemente)
IV	10^{-1} ... 10^{-2}	10	F, Ba, N, Sr, Cr, Zr, V, Ni, Zn, Cu	0,33	99,94 (25 Elemente)
V	10^{-2} ... 10^{-3}	14	Sn, Rb, W, Li, B, Y, Co, Pb, Cs, Mo, Br, Th u. a.	0,050 25	99,99 (39 Elemente)
VI	10^{-3} ... 10^{-4}	21	Yb, Sn, La, Se, Cd, As, U, Be, Hf, Ar, Ga, Ge, J u. a.	0,008 525	100,00 (60 Elemente)
VII	10^{-4} ... 10^{-5}	10	Se, Sb, Nb, Ta, Pt, Eu, In, Bi, Tl, Ag	0,000 266	
VIII	10^{-5} ... 10^{-6}	9	Hg, Pd, Os, Rh, Te, He u. a.	0,000 020	
IX	10^{-6} ... 10^{-7}	3	Au, Ne, Ru	0,000 001	
X	10^{-7} ... 10^{-10}	4	Kr, Xe, Ra, Pa	$\ll$0,000 001	

te (vgl. Kap. 2.3.2.). So kommt es, daß so relativ häufige Elemente wie Barium, Cäsium, Rubidium, die Seltenen Erden und Gallium so wenige eigene Mineralarten bilden. Aber auch die meisten anderen Elemente (mit wenigen Ausnahmen) sind mengenmäßig nicht in eigenen Mineralen (z. B. Erzen) eingebaut, sondern sind in ihrer Hauptmenge in den gesteinsbildenden Mineralen der Erdkruste »getarnt«.
Bei der Verteilung der Elemente im Kosmos hatten wir darauf hingewiesen, daß ihre Häufigkeit mit zunehmender Ordnungszahl, also mit zunehmender Größe und Kompliziertheit des Atomkerns, abnimmt. Weiterhin stellten wir fest, daß bei benach-

Tabelle 4.5. Mindestgehalte von Elementen sowie Anreicherungsfaktoren in bauwürdigen Lagerstätten (ohne Seifenlagerstätten), modernisiert nach [16]

Element	Clarkewert, in Masse-%	Mindestgehalt in Masse-%	Anreicherungsfaktor
Al	8,1	30	3,6
Fe	4,7	25	5,3
Mn	0,1	35	350
Cr	0,008	30	3 800
Ni	0,006	1,0	170
Zn	0,008	4,1	500
Cu	0,005	1,0	200
Sn	0,000 3	0,3	1 000
Pb	0,001 6	4,0	2 500
Ag	0,000 001	0,05	5 000
Au	$5 \cdot 10^{-7}$	$5 \cdot 10^{-4}$	1 000

Tabelle 4.6. Abhängigkeit der Zahl der Mineralarten von der Häufigkeit der mineralbildenden Elemente, hier durch den Atomclarke ausgedrückt (nach [3])

Element	Atomclarke	Anzahl der Mineralarten
O	53,39	1 221
H	17,25	798
Si	16,11	377
Al	4,80	268
Na	1,82	100
Mg	1,72	105
Ca	1,41	194
Fe	1,31	170
K	1,05	43
C	0,51	194
Ti	0,22	30
Cl	0,10	67
F	0,07	50

barten Atomen die mit gerader Ordnungszahl häufiger sind als solche mit ungerader. Ähnliches sagt die Tatsache aus, daß die durch 4 teilbaren Massenzahlen (Isotopen) den weitaus größten Anteil der Materie ausmachen. Diese *Erkenntnisse gelten sowohl für die kosmische als auch die irdische Materie*, die Gesetzmäßigkeit wurde also »vererbt«; nach den Entdeckern (Oddo 1914 und Harkins 1917) wird sie als *Oddo-Harkinssche Regel* bezeichnet.

4.1.2. Endogene Prozesse

Unter endogenen Prozessen verstehen wir alle Vorgänge, die sich in und unterhalb der Erdkruste abspielen, das sind sowohl die magmatischen als auch die metamorphen geologischen Prozesse. Hier seien zunächst diejenigen beschrieben, die mit dem Magma in Beziehung stehen.

Ein *Magma* ist normalerweise eine silikatische Schmelze, die sich in unterschiedlichen

Erdtiefen unter dem Einfluß geologisch-tektonischer Vorgänge bilden kann. Wir unterscheiden zwei Hauptbildungsbereiche, nämlich einen sehr tiefliegenden (50 bis etwa 200 km) im oberen Mantel und einen relativ hochliegenden (5 bis 10 km) in der sialischen Kruste. Im ersten Fall werden siliziumarme (basische) Magmen gebildet, im zweiten Fall siliziumreiche (saure) Magmen. Die Hauptmasse der Magmen erstarrt im sog. *liquidmagmatischen* Stadium; die entstehenden Gesteine werden aus den gesteinsbildenden Mineralen aufgebaut. Da jedes Magma einen unterschiedlich hohen Anteil an sog. flüchtigen Bestandteilen enthält (Wasser, CO_2, Fluor- und Chlorverbindungen usw.), wird dieser zum Teil in die Minerale der liquidmagmatischen Phase eingebaut oder bildet nach der Erstarrung der Gesteine in deren Umgebung postmagmatische Mineralaggregate. Zu letzteren gehören insbesondere die postmagmatischen Erze.

Mineralbildung im liquidmagmatischen Stadium

Die Magmen erstarren zu magmatischen Gesteinen oder Magmatiten. Erfolgt die Auskristallisation innerhalb der Erdkruste, so entstehen Tiefen- bzw. Intrusivgesteine oder *Plutonite*; dringen sie als Lava an die Erdoberfläche, so nennen wir die Erstarrungsprodukte Erguß- bzw. Extrusivgesteine oder *Vulkanite*. Eine Mittelstellung nehmen solche magmatischen Gesteine ein, die in Gangspalten als Ganggestein auskristallisieren.
Die primär gebildeten Magmen können ihren Chemismus durch mannigfaltige Vorgänge verändern. Sie können sich z. B. in einem gewissen Umfang im schmelzflüssigen Zustand mischen oder durch Reaktion mit dem festen Nebengestein ihren Chemismus ändern. Auch können nach teilweiser Auskristallisation Restschmelzen entstehen, deren Chemismus wesentlich von dem des Ausgangsmagmas abweicht und die dann als selbständige Magmenkörper auskristallisieren. Diese und andere Vorgänge sorgen dafür, daß uns eine breite Palette chemisch und mineralogisch unterschiedlicher Gesteine entgegentritt. Wir unterscheiden hauptsächlich (vgl. Bild 4.5):

- *ultrabasische Gesteine* mit einem SiO_2-Gehalt von etwa 35 bis 45%
  Hauptminerale: Olivin, Pyroxen
  Hauptelemente: Mg, Fe, (Al)
  Hauptgesteinstypen: Dunit, Pyroxenit, Pikrit u. a.

- *basische Gesteine* mit einem SiO_2-Gehalt von 45 bis 55%
  Hauptminerale: Pyroxen, Plagioklas
  Hauptelemente: Ca, Al, Fe, Mg
  Hauptgesteinstypen: Gabbro, Basalt, Norit, Diabas u. a.

- *intermediäre Gesteine* mit einem SiO_2-Gehalt von 55 bis 65%
  Hauptminerale: Amphibol, Pyroxen, Plagioklas, Glimmer
  Hauptelemente: Al, Ca, Mg, Fe, Na
  Hauptgesteinstypen: Diorit, Andesit, Porphyrit u. a.

- *saure Gesteine* mit einem SiO_2-Gehalt von 65 bis 75% und mehr
  Hauptminerale: Kalifeldspat, Plagioklas, Quarz, Glimmer
  Hauptelemente: Al, K, Na
  Hauptgesteinstypen: Granit, Porphyr, Liparit u. a.

Von den meisten dieser Gesteine existieren noch alkalireiche Typen (*Alkaligesteine*),

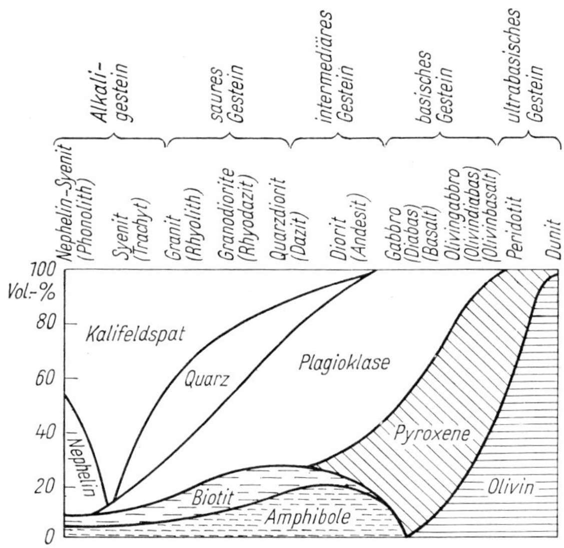

Bild 4.5. Ungefähre Mineralzusammensetzung der magmatischen Gesteine

die durch einen hohen Gehalt an Na_2O und K_2O (>5%) und solche alkalireiche gesteinsbildende Minerale wie Leucit, Nephelin, Glimmer, Alkalipyroxene und -amphibole gekennzeichnet sind.
Die *Ausscheidung der Minerale* bei der Auskristallisation erfolgt meist in einer gesetzmäßigen Reihenfolge. Bei der magmatischen Kristallisation unterscheiden wir (s. Bild 4.6) Minerale der

Frühkristallisation (1200 bis 900 °C):	z. B. Olivin, Chromit, Magnetit, Spinell, Apatit
Hauptkristallisation (900 bis 650 °C):	z. B. Feldspat, Quarz, Glimmer, Pyroxen, Amphibol
Restkristallisation (650 bis 450 °C): (Pegmatite)	z. B. grobkörniger K-Feldspat, Quarz, Glimmer (Li-haltig), dazu Beryll, Turmalin u. a.

Die kristallchemische Gesetzmäßigkeit der Auskristallisation von gesteinsbildenden Silikaten wird durch Bild 4.7 erläutert; es zeigt in Form der sog. BOWENschen Reaktionsserie, daß sich die Minerale entsprechend ihrer Gitterstruktur und damit der Höhe ihrer Gitterenergie (vgl. Kap. 2.2.) aus dem Magma ausscheiden; das jeweilige zurückbleibende Restmagma verändert dabei natürlich kontinuierlich seinen Chemismus.
Lagerstättenbildende Mineralanreicherungen bilden sich im liquidmagmatischen Stadium hauptsächlich zweimal, und zwar in Intrusivgesteinen

- bei der sog. *Kristallisationsdifferentiation* basisch-ultrabasischer Magmen; hierbei sinken Minerale der Frühkristallisation im Schwerefeld der Erde nach unten und bilden einen ultrabasischen »Bodensatz«, der hauptsächlich aus Olivin besteht und solche Minerale wie Chromit (s. Bild 4.8) und Platin anreichert, unter besonderen Bedingungen auch Diamant.

– bei der Restkristallisation saurer und insbesondere alkalireicher Magmen; unter diesen als *pegmatitisch* bezeichneten Bedingungen entstehen meist in den randlichen Partien der Magmatite massige oder gang- und lagerartige grobkörnige Mineralaggregate. Hierbei formen die gesteinsbildenden Minerale, u. a. in Granitpegmatiten, oft die sog. schriftgranitischen Verwachsungen (s. Bild 4.9), auch drusenartige Bildungen (vgl. Bilder 4.53 b oder 11.162). Genutzt werden solche Minerale wie Kalifeldspat und Glimmer, daneben zahlreiche Minerale mit Edelsteinqualität wie Beryll, Turmalin, Topas, Bergkristall sowie Minerale der Seltenen Erden, von Niob, Tantal und anderen seltenen Elementen wie z. B. Lithiumglimmer.

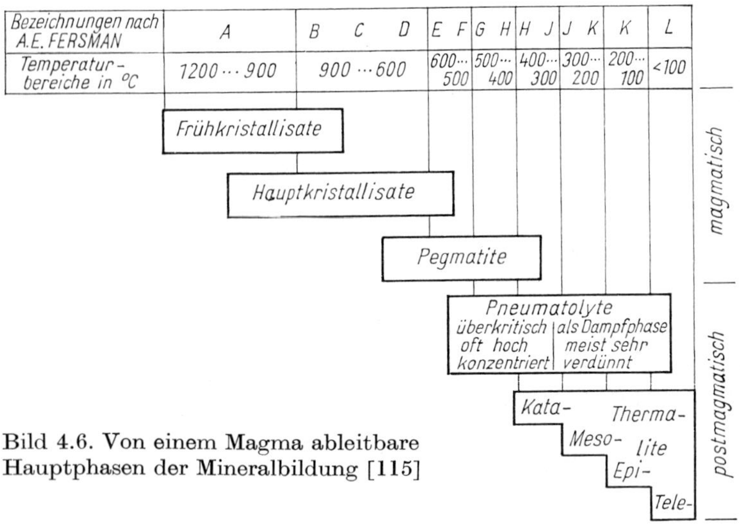

Bild 4.6. Von einem Magma ableitbare Hauptphasen der Mineralbildung [115]

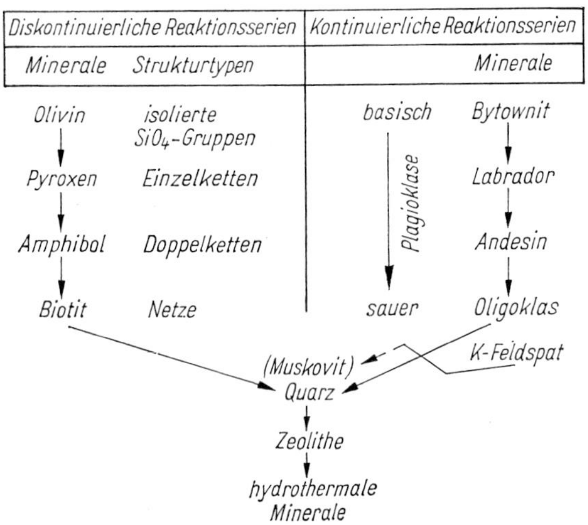

Bild 4.7. Kristallisation eines silikatischen Magmas [13, etwas verändert]

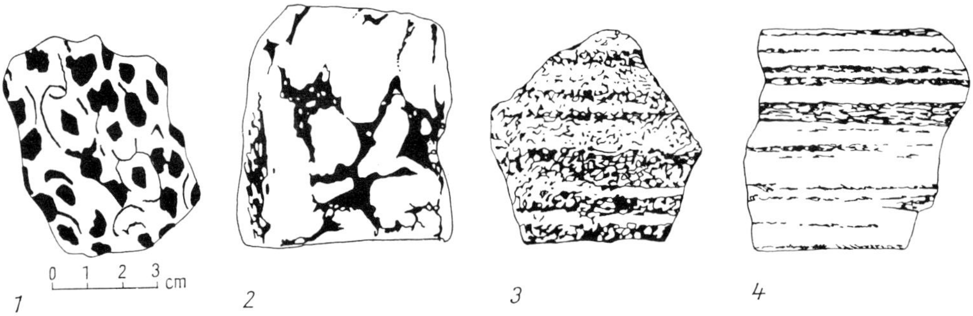

Bild 4.8. Verschiedene Arten der Chromitverteilung in ultrabasischen Magmatiten [189]

1 Leopardenerz mit zweiter Erzschale
2 negatives Leopardenerz
3 plattiges Sprenkelerz
4 Streifenerz

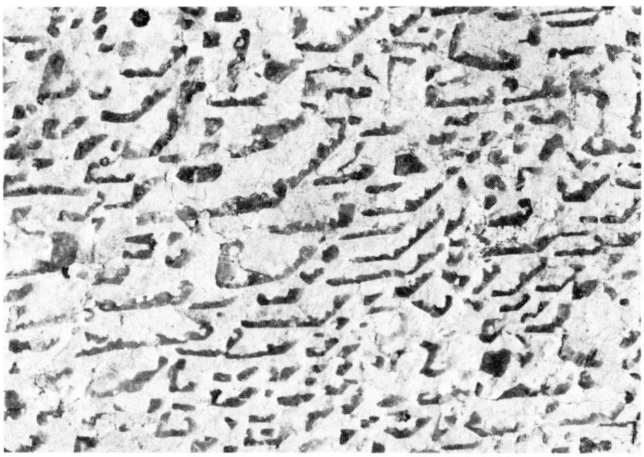

Bild 4.9. Schriftgranit: orientierte Verwachsung von Quarz und Feldspat [221]

Mineralbildung im postmagmatischen Stadium

Wenn die Hauptmenge des Magmas auskristallisiert ist, haben sich die nicht in den Mineralen des liquidmagmatischen Bereiches eingebauten leichtflüchtigen Bestandteile (v. a. Wasser) angereichert und scheiden sich und mit ihnen migrierte Elemente als Minerale des postmagmatischen Stadiums in der näheren und weiteren Umgebung des Magmatits aus. Es ist sehr wahrscheinlich, daß dieser Vorgang auch flüchtige Komponenten aus der Umgebung des magmatischen Körpers einbezieht. Wir unterscheiden (vgl. Bild 4.6):

– die pneumatolytische Phase im Temperaturbereich von 450 bis 370 °C
– die hydrothermale Phase im Temperaturbereich <370 °C

Im *pneumatolytischen Bereich* erfolgt der Elementtransport in gasförmiger Form, auch das Wasser befindet sich im überkritischen (fluiden) Zustand. Der hohe Anteil an Fluor-, Chlor- und auch Borverbindungen verleiht diesen »Fluida« eine hohe Aggressivität gegenüber bereits ausgeschiedenen Mineralen, insbesondere den Silikaten, so daß es in und um Intrusivgesteinen oft zu Verdrängungen (zur Metasomatose) des Nebengesteins kommt. Wichtige Beispiele solcher metasomatischer Mine-

Bild 4.10. Metasomatische Erzbildung in Skarnen. Sphalerit (schwarz) dringt längs der Prismenflächen in Pyroxen ein, Skarnlagerstätte Pöhla (Erzgeb., DDR); Dünnschliff, Vergr. 40 × [191]

ralisationen bilden sich einmal bei der *kontaktpneumatolytischen Vererzung*, wie wir sie bei der Umwandlung von karbonatischen Gesteinen zu *Skarnen* weltweit, auch im Erzgebirge, beobachten (s. Bild 4.10). Hierbei können bedeutende Lagerstätten von Magnetit, Scheelit, Molybdänit usw. entstehen. Bekannt und berühmt sind weiter die pneumatolytischen Verdrängungen von Graniten und deren Nebengestein in Form der sog. *Greisen und Zwitter*; im Erzgebirge sind an diese Metasomatite reiche Zinnlagerstätten gebunden, die neben Kassiterit (Zinnstein) auch die

a)

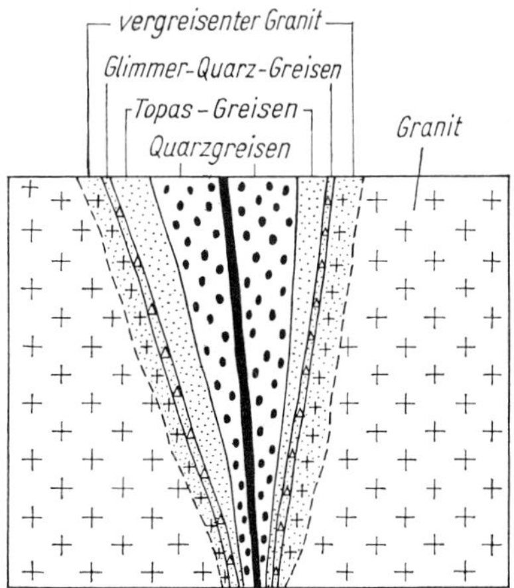

b)

Bild 4.11. Metasomatische Vererzung der pneumatolytischen Kassiteritparagenese

a) Granit, der metasomatisch von sog. Zwitterbändern durchzogen wird; in ihnen befinden sich Kassiterit, Zinnwaldit, Quarz, oft Topas, Wolframit, Molybdänit u. a. (vgl. auch Bild 13.35 bei Wolframit) [221]; b) schematische Darstellung des gleichen Vorganges, abgeleitet von einer pneumatolytischen Lagerstätte der UdSSR [64]

Bild 4.12. Das Innere des Vesuv-Kraters während einer Ausbruchperiode. Der Kraterboden ist mit basaltischer Lava bedeckt, in der Kratermitte entsteht ein zeitweilig existierender kleiner Tuffkegel, der laufend wasserdampfreiche Gase ausstößt [238]

Paragenese-Minerale Topas, Lithiumglimmer, Turmalin, Molybdänit, Wolframit, Scheelit, Quarz und andere führen (s. Bild 4.11).

Auch Magmen, die bei *vulkanischen* Prozessen an die Erdoberfläche vordringen, geben ihre Gase ab. Dies geschieht beim Kontakt mit der Atmosphäre (subaerisch) allerdings so schnell und ungehindert, daß es nur ganz selten zu nennenswerten Mineralanreicherungen kommt (s. Bild 4.12). Gelegentlich finden wir in der Nähe solcher Gasexhalationen an Vulkanen krustenartige Ausscheidungen (Sublimationen) von Schwefel, Bormineralen und verschiedenen Chloriden. Treten die vulkanischen Gase untermeerisch (submarin) aus, so ist ihr »Abdestillieren« durch die überlagernde Wassersäule stark gehindert; infolge Dissoziation ihrer Verbindungen oder beim Übergang in den hydrothermalen Zustand kann es zu nennenswerten sulfidischen und oxidischen Lagerstätten kommen, so von Hämatit, Pyrit, Chalkopyrit, Magnetit usw. (sog. Lahn-Dill-Typ) (vgl. Bild 4.13).

Hydrothermale Minerale bilden sich, wenn die postmagmatischen Fluida, insbesondere also das Wasser, sich weiter abkühlen und unterhalb des kritischen Punktes des Wassers in eine heiße wäßrige Lösung (Hydrotherme) übergehen (vgl. Bild 4.6). Diese Hydrothermen wandern, entsprechend dem Temperaturgefälle, auf den sich um den meist granitischen Intrusivkörper bei seiner Erstarrung bildenden Spalten nach oben, kühlen sich dabei weiter ab und scheiden ihren gelösten Elementbestand überwiegend in Gangform aus (s. Bild 4.14). Wir untergliedern die hydrothermalen Bildungen in

- katathermale Mineralbildungen (t = 375 bis 300 °C), z. B. Arsenopyrit, Pyrrhotin
- mesothermale Mineralbildungen (t = 300 bis 200 °C), z. B. Sphalerit, Galenit, Chalkopyrit
- epithermale Mineralbildungen (t = 200 bis 100 °C), z. B. Fahlerz, Proustit
- telethermale Mineralbildungen (t = $<$100 °C), z. B. Cinnabarit, Realgar

Die hydrothermalen Bildungen sind von besonderer Bedeutung, da sie die Mehrzahl der Buntmetalle, meist in sulfidischer, arsenidischer oder antimonidischer Bindung, führen. Diese Erzminerale werden meist von der sog. *Gangart* begleitet, das sind Nichterzminerale wie Quarz, Calcit, Dolomit, auch Baryt, Fluorit u. a. (s. Bild 4.15).

Wenn Hydrothermen nach oben steigen, verändern sich neben der Temperatur auch

Bild 4.13. Dampfwolken (Fumarolen) in der Umgebung des Vulkans Vulcano (Liparische Inseln), die subaerisch und submarin austreten [238]. Diese »Exhalationen« zersetzen das Gestein, erhitzen das Meerwasser und setzen lokal Borminerale, Schwefel, Eisensulfide und andere Minerale ab

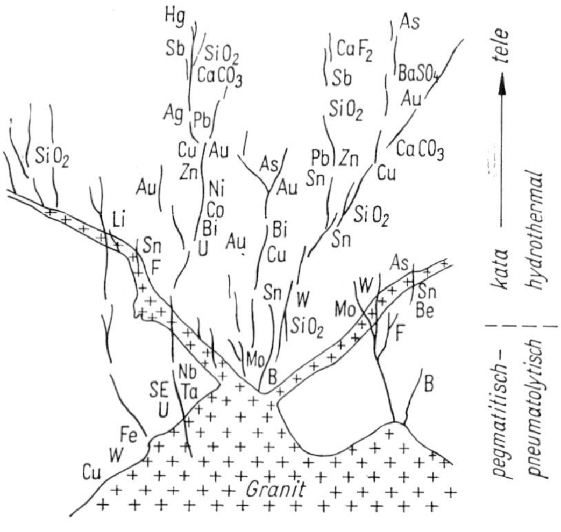

Bild 4.14. Schema der Vererzung oberhalb eines magmatischen Intrusivkörpers [1]

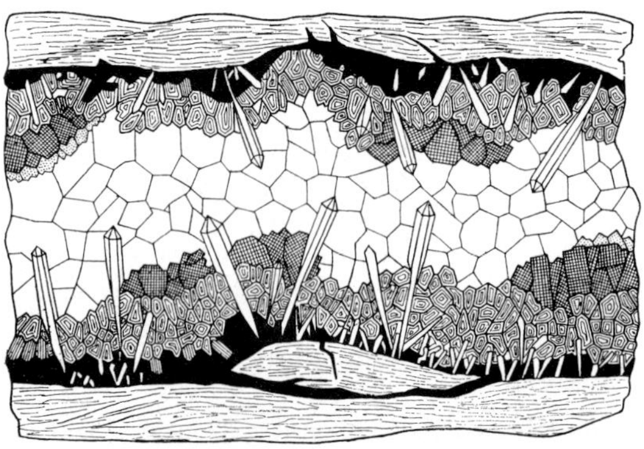

Bild 4.15. Schema einer hydrothermalen Gangvererzung, der sog. »edlen Braunspatformation«, von Brand b. Freiberg [98]

Erzminerale sind: Sphalerit (schwarz), Galenit (Kreuzschraffur), Chalkopyrit (gepunktet)
Gangminerale sind: Rhodochrosit (zonar), Quarz (stenglig), Calcit (weiß)
Der symmetrische Aufbau, die Altersfolge der Minerale sowie die zwei Generationen von Quarz sind gut zu erkennen

andere Faktoren, die die Löslichkeit der Elemente und Verbindungen bestimmen. Selbstverständlich nimmt der Druck ab; auch das Redoxpotential tendiert zu positiven (oxydierenden) Verhältnissen und der pH-Wert zu höheren Werten, also neutralen bis alkalischen Bedingungen. Es ist deshalb verständlich, daß die *Ausscheidungsfolge* der Minerale einen gesetzmäßigen Charakter hat, der sich auch in der räumlichen Verteilung äußert (vgl. Bild 4.14). Ein ausreichendes Elementangebot vorausgesetzt, spielen das Löslichkeitsprodukt der Minerale und deren Gitterenergie eine wichtige Rolle; »Störungen« können insbesondere dann auftreten, wenn die Elemente nicht ionar, sondern komplex oder kolloidal gebunden in der Hydrotherme vorkommen oder wenn die Hydrothermen chemische Wechselwirkungen mit reaktionsfreudigem Nebengestein erleiden, die zur örtlichen und bevorzugten Ausfällung von Mineralen führen. Dieser sog. *topomineralische Effekt* ist besonders deutlich erkennbar bei der Uranmineralkonzentration in Gängen, die basische oder kohlenstoffreiche Gesteine durchsetzen, sowie den gangförmigen Co–Ni-Mineralkonzentrationen beim Durchschlagen des Kupferschiefers; vgl. auch Bild 8.35.

4.1.3. Exogene Prozesse

Unter »exogen« verstehen wir alle geologischen Vorgänge, die sich an der Erdoberfläche, also im Grenzbereich von Lithosphäre, Hydrosphäre, Biosphäre und Atmosphäre, abspielen und als Hauptenergieform nicht die Erdwärme, sondern die von außen zugestrahlte Sonnenenergie nutzen. Wir unterscheiden dabei zwei Hauptvorgänge, die Verwitterung und die Sedimentation.

Verwitterung

Die Verwitterung ist hauptsächlich ein Vorgang der Gesteins- und Mineralzerstörung, untergeordnet der Mineralneubildung. Das liegt daran, daß die gesteins- und erzbildenden Minerale des endogenen Bereichs meist unter hohen Druck- und Temperaturbedingungen entstanden, wie sie an der Erdoberfläche nicht existieren. Die Folge davon ist, daß die Minerale instabil werden, d. h. ihre »erzwungenen« atomaren Bindungen aufgeben, und daß die Zerfallsprodukte (Ionen, Atome, Moleküle) neue, unter exogenen Bedingungen stabile Mineralphasen aufbauen.
Voraussetzung für eine solche »chemische Verwitterung« ist meist eine physikalische Vorbereitung durch die »*physikalische Verwitterung*«, bei der der Gesteinsverband mechanisch aufgelockert wird; hierbei spielen die unterschiedlichen Ausdehnungskoeffizienten der Minerale in den meist polymineralischen Gesteinen sowie die »treibende« Wirkung von gefrierendem Wasser in den Rissen, Spalten und Klüften der Gesteine eine besondere Rolle.
Die wichtigsten Faktoren der *chemischen Verwitterung* sind die Temperatur und das Wasser, dessen Lösungsfähigkeit durch Gehalte an Luftsauerstoff, »Kohlensäure« und anderen gelösten Komponenten meist noch erhöht wird, sowie die Lebenstätigkeit von Mikroorganismen. Als Folge der sich abspielenden Vorgänge der Oxydation, Hydratation Karbonatisierung usw. bilden sich überwiegend neue sauerstoff- und wasserhaltige Verbindungen wie Oxide, Hydroxide, Karbonate, Sulfate, (wasserhaltige) Silikate usw. Beispiele solcher chemischen Verwitterungsvorgänge sind im Anhang (Tab. 16.20) zusammengestellt.

Sedimentation

Die Verwitterungsprodukte existieren

- in ionarer Lösung (z. B. Na, Mg)
- in kolloidaler Lösung (z. B. Tonkolloide)
- als reliktische und neugebildete mineralische Komponenten (z. B. Quarz, Limonit)

Sie werden überwiegend durch das Grund- und Oberflächenwasser abtransportiert und können unter jeweils spezifischen Bedingungen ausgefällt bzw. sedimentiert werden. Die *ionaren Lösungen* geben einen Teil ihrer gelösten Elemente durch Sorption an die negativ geladenen Mangan-, Humus- oder Tonkolloide ab, der andere Teil konzentriert sich im Meer bzw. abflußlosen Seen. Aus beiden kann unter günstigen Bedingungen (abgeschnürte Meeresteile, heißes Klima) durch Verdunstung des Lösungsmittels Wasser der Lösungsinhalt durch Übersättigung ausfallen (s. Bild 4.16); es bilden sich Salzsedimente und salinare Lagerstätten (s. Bild 4.17). Diese primären Mineralparagenesen können durch metasomatische Vorgänge umgewandelt werden (s. Bild 9.13).

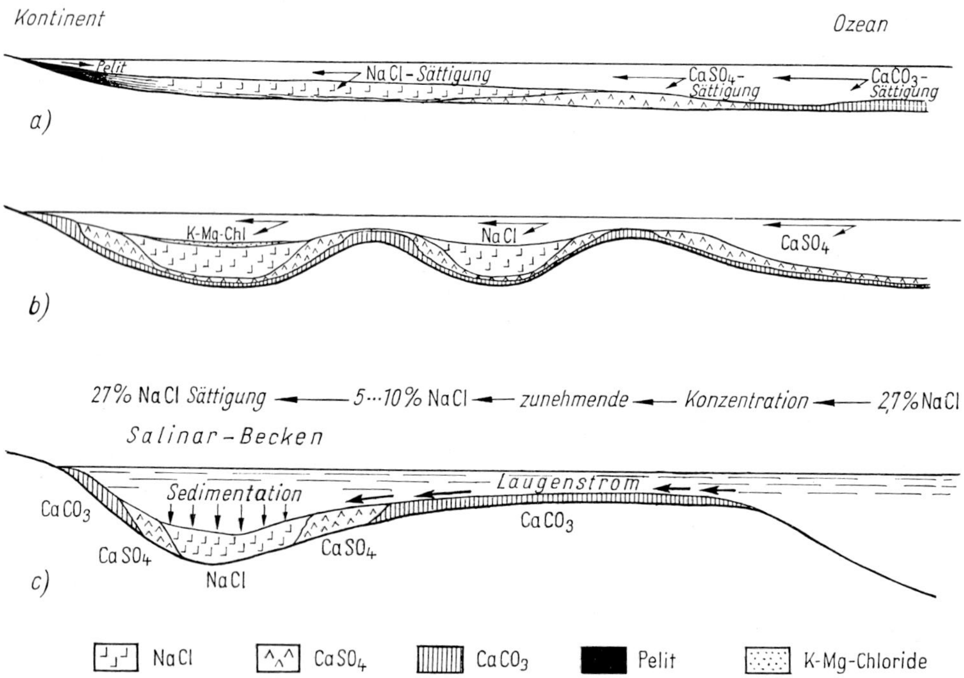

Bild 4.16. Fraktionierte salinare Sedimentation bei verschiedenen Schelftypen. Mächtigkeiten der Halit-Sedimente bis max. 500 m (nach Richter-Bernburg 1953)

a) Flachschelf b) Tiefschelf c) Saturationsschelf

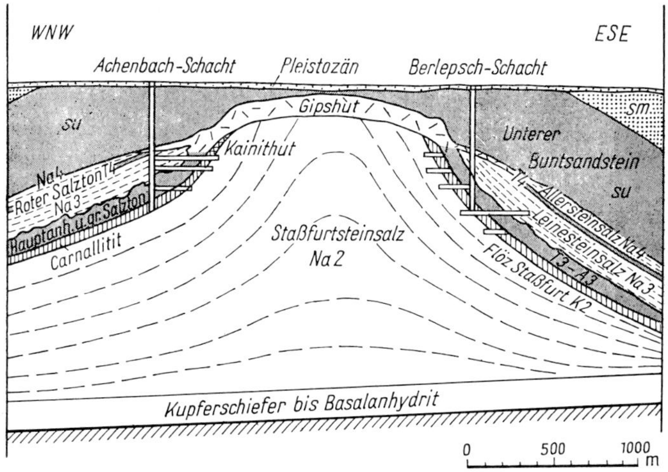

Bild 4.17. Profil durch den Südteil des Staßfurter Sattels (DDR). Beispiel einer diapirartigen Aufpressung einer Salzabfolge und ihrer Ablaugung (Gipshut) im Grundwasserbereich [103]

Der Anteil *kolloidalen* Transports der Verwitterungsprodukte ist größer, als oft angenommen wird. Zu den positiv geladenen Kolloiden gehören so wichtige Komponenten wie die Eisen- und Aluminiumhydroxide, zu den negativen die SiO_2-, Ton-, Humus- und Manganoxidkolloide. Diese Kolloide können sich im Süßwasserbereich gegenseitig ausflocken (koagulieren) und Sedimente in Flüssen und Seen bilden, oder sie werden vom Elektrolytgehalt der Meere in der Nähe der Küste und der Flußmündungen zur Ausflockung gebracht. Auf diese Art entstehen mächtige tonige Sedimente, oft mit wechselnd hohen Gehalten an Karbonaten, SiO_2-Verbindungen, organischen Substanzen, Sulfaten u. a.
Die sehr feinkörnigen Ablagerungsprodukte aus ionarer und kolloidaler Lösung sind relativ reaktionsfähig. Da die Ablagerungsbereiche z. T. sehr unterschiedliche physikochemische Bedingungen in bezug auf den pH-Wert und das Redoxpotential aufweisen (sog. Faziesbedingungen; s. Bild 4.18), werden die Produkte bei und nach der Ablagerung unterschiedliche Mineralphasen und -paragenesen bilden (s. Bild 4.19). Ein Eisenhydroxidsol wird im oxydierenden Küstenbereich sicher ein Eisenhydroxid ausfällen, meist in Form von oxidischen Bildungen (oxydierende Fazies). In tieferen, küstenferneren Bereichen, bei normalerweise geringerem Oxydationspotential, kann das Eisen dagegen z. T. in den zweiwertigen Zustand überführt werden und Eisenkarbonate und -silikate bilden (Siderit, Chamosit). Bei noch stärker reduzierenden Bedingungen im Wasser und Sediment, die meist mit der Bildung von CO_2, NH_3, H_2S aus chemischen und biologischen Vorgängen verknüpft sind, wird das Eisen dann in sulfidischer Form gebunden und kann Anlaß zur Bildung von Schwefelkieslagerstätten sein. Dies ist ein Beispiel einer Faulschlamm- oder Sapropelfazies, wie sie auch bei der Kupferschiefersedimentation vorlag.
Vom Standpunkt der Mineralneubildung sind die *mechanischen* oder *klastischen* Sedimente am wenigsten interessant. Sie bauen sich aus den grobkristallinen, che-

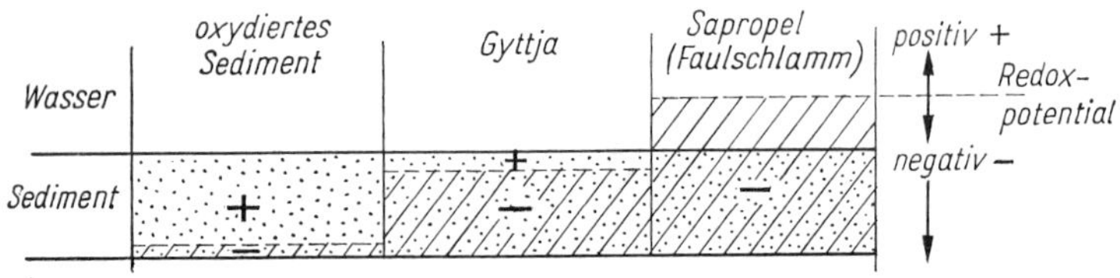

Bild 4.18. Schematische Darstellung der faziellen Ausbildung von Sedimenten im Grenzbereich Sediment–Wasser, in Abhängigkeit vom Redoxpotential

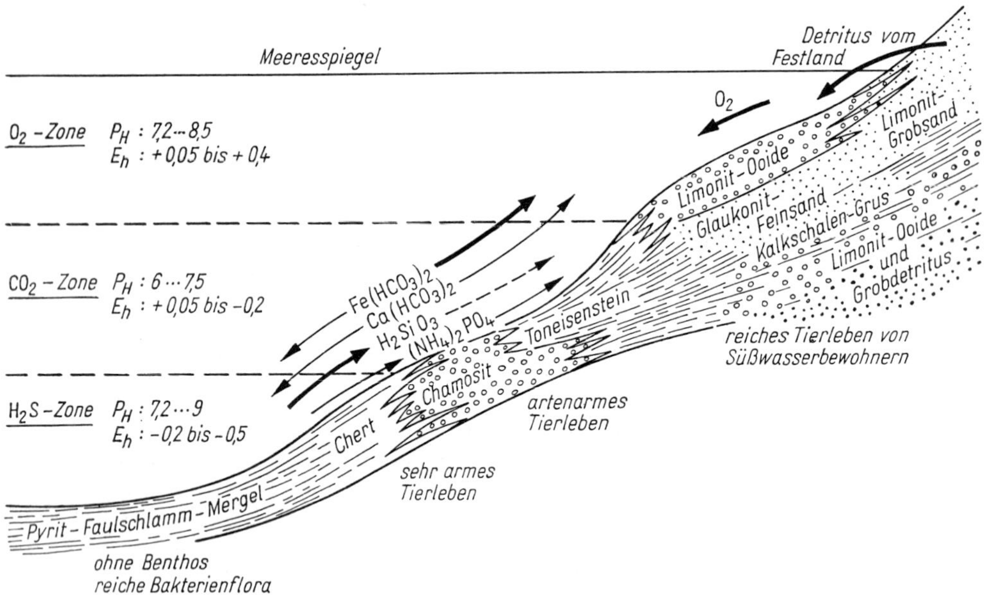

Bild 4.19. Schematische Darstellung der Faziesverhältnisse sowie Eisenbindung und -verteilung im marinen Grenzbereich [13, 115]

misch resistenten und oft polykristallinen Rückständen der Verwitterung auf, die gleichfalls hauptsächlich durch die Oberflächenwasser abtransportiert und oft in den Flußläufen mehrfach umgelagert werden, um dann als Sande, Kiese und Schotter ihre vorläufig letzte Sedimentationsform zu finden. In dieser Ausbildung werden sie als wichtige Baurohstoffe in großem Umfang abgebaut, bzw. sind sie Speichergestein für Wasser, Gas und Erdöl. Von erheblicher Bedeutung ist oft die Verkittung der klastischen Körner durch primäre oder sekundäre Gesteinszemente; in Bild 4.20 sind die wichtigsten Arten dargestellt.

Bei den mehrfachen Umlagerungen können sich die sog. Schwerminerale örtlich in *Seifen* anreichern. In Flußläufen bilden sich Flußseifen (s. Bild 4.21) besonders dort, wo die Fließgeschwindigkeit stark herabgesetzt wird (Hindernisse, Flußkrümmungen usw.); wichtige Beispiele sind die Gold-, Platin- und Kassiteritseifen. An den Küsten der Meere können sich durch die Brandung Meeresstrandseifen bilden,

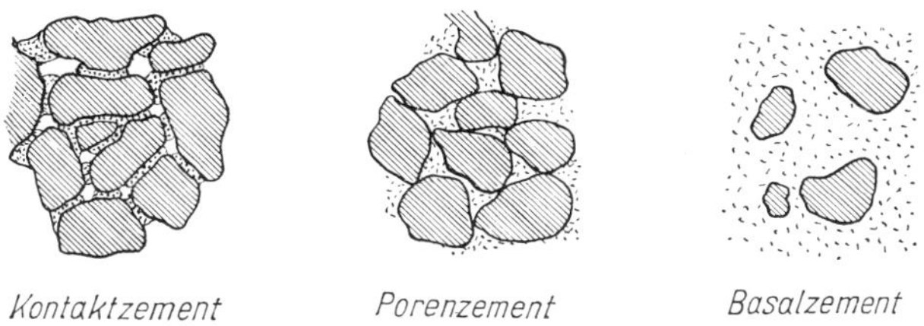

Bild 4.20. Mittelbare Kornbindung in Sedimenten durch kieseliges, karbonatisches, toniges oder andersartiges Zement (punktiert)

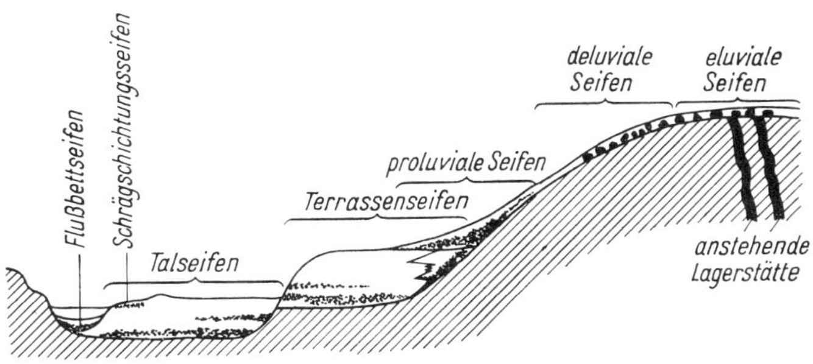

Bild 4.21. Verteilung von Seifenlagerstätten verschiedener Typen in Flußtälern [15]

die meist streifenartige Einlagerungen in den Sanden darstellen; hier sind insbesondere die Diamant-, Rutil-, Zirkon- und Monazitseifen zu nennen.

Zum Abschluß wollen wir die *biogenen* (organogenen) Sedimente nennen, also alle *die* Produkte der Erdoberfläche, die ihre Entstehung der Tätigkeit von pflanzlichen und tierischen Lebewesen verdanken. Pflanzliche Rückstände sammeln sich in Torfen an, die durch Umwandlung (Inkohlung) in Braunkohlen und Steinkohlen übergehen können; auch die Kieselgur ist eine Ansammlung der Opalskelette feinster Kieselalgen (Diatomeen). Tierische Skelette können auch v. a. im marinen Bereich zu mächtigen karbonatischen und z. T. kiesligen Anhäufungen führen; hierzu gehören die biogenen Kalksedimente (z. T. Muschelkalk), die Korallenriffe, die Radiolarite der Tiefsee; die Phosphatablagerungen des Schelfbereiches, auch die phosphatreichen Guanoablagerungen aus Vogelexkrementen und vieles andere. Alle diese Sedimente können durch Verdichtung nach der Sedimentation (der Diagenese) und weitere Umwandlung feste Gesteine wie Kalkstein, Kieselschiefer, Phosphorite bilden.

Nicht unerwähnt soll die indirekte mineralbildende Tätigkeit der *Mikroorganismen* bleiben. Viele der Bakterien beeinflussen die Reduktion und Oxydation von Elementen und Verbindungen. Dadurch werden neue (unlösliche) Verbindungen erzeugt, die direkt oder mit den absterbenden Bakterien sedimentiert werden. Dadurch können u. a. große Eisen-, Mangan-, Sulfid- und Schwefellagerstätten entstehen (s. Bild 4.22). Auch bei der Zersetzung organischer Produkte in den Sedimenten spielen Bakterien eine große Rolle – Vorgänge, die auch zur Bildung von Erdöl und Erdgas führen. In Bild 4.23 stellen wir als Beispiel die Wirkung der »Schwefelbakterien« in einem Teil des Schwefelkreislaufes dar.

Das Ausmaß und der Charakter der Verwitterungsbildung werden entscheidend vom Klima und der Oberflächenmorphologie bestimmt. So liefern z. B. heiße und feuchte

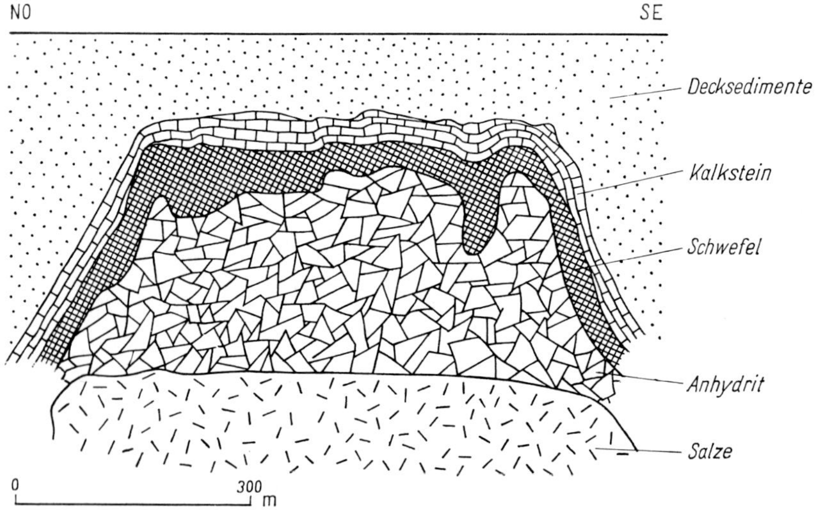

Bild 4.22. Schwefellagerstätte im Staate Louisiana (USA), die durch bakterielle Reduktion von Anhydrit entstanden ist [175]

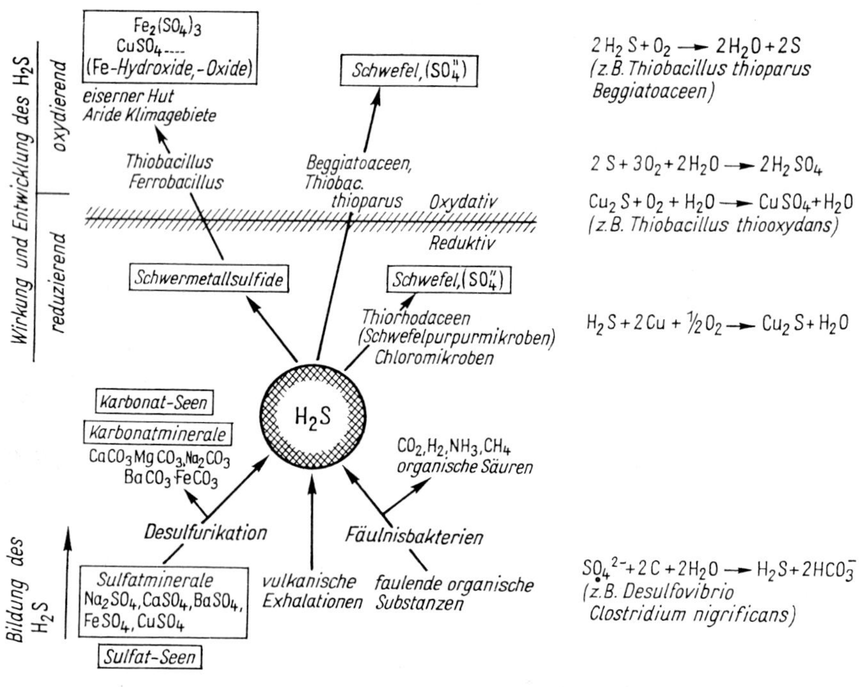

Bild 4.23. Verhalten des Schwefels unter der Einwirkung von Mikroorganismen (in Anlehnung an W. SCHWARTZ [13])

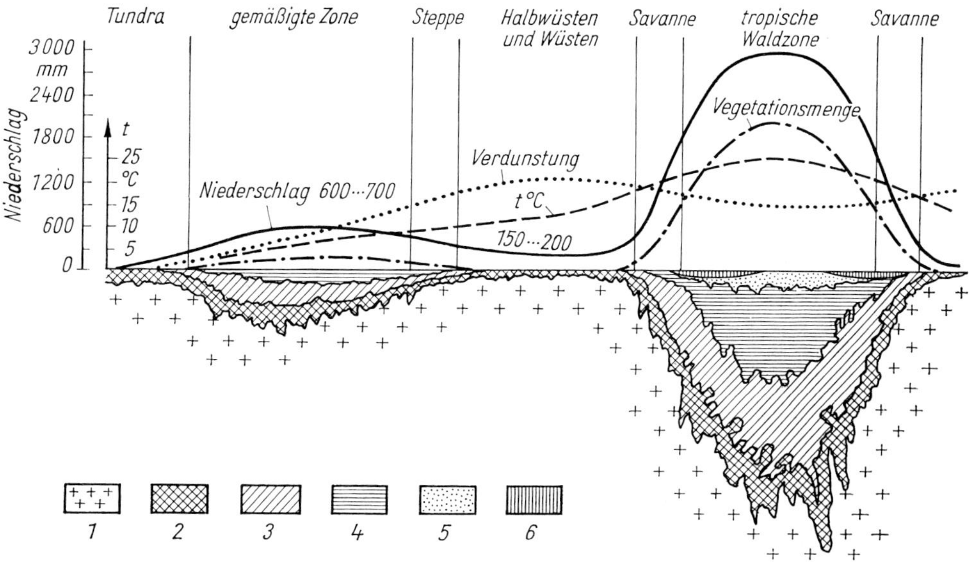

Bild 4.24. Schema der Verwitterungskruste in Abhängigkeit von den Klimazonen der Erde [142]

1 frisches Gestein
2 Zersatzzone (geringe chemische Zersetzung)
3 Hydroglimmer-Montmorillonit-Beidellitzone
4 Kaolinitzone
5 Ocker + Al_2O_3
6 Krusten (Fe_2O_3 + Al_2O_3)

klimatische Verhältnisse durch ihre verwitterungsfördernden Bedingungen tiefgründige Verwitterungskrusten, die z. T. bis hundert und mehr Meter Mächtigkeit in den Tropen und Subtropen erreichen können. Andererseits bestehen in Gebirgen, also Gegenden mit starkem Relief, nur geringe Möglichkeiten zur Anhäufung mächtiger autochthoner Verwitterungsbildungen (s. Bild 4.24).

Viele der heute oder in der geologischen Vergangenheit gebildeten Verwitterungsprodukte haben als mineralische Rohstoffe eine große Bedeutung. Genannt seien die Lagerstätten von Tonen, speziell Kaolin, Bauxit, Lateriteisenerze (s. Bilder 10.41 bzw. 11.118), hydrosilikatische Nickelerze u. v. a. Sie verdanken die (relative) Anreicherung solcher Elemente wie Al, Fe und Ni der stärkeren Abfuhr (Herauslösung) anderer leicht löslicher Elemente und Verbindungen. Gelegentlich können sich auch solche Minerale anreichern, die praktisch nicht verwittern. Neben Quarz sind es v. a. die sog. Schwerminerale wie Kassiterit und Zirkon.

Die *Böden*, als oberste Teile der Verwitterungskruste, haben in Abhängigkeit vom Klima und z. T. vom Muttergestein einen gesetzmäßigen Aufbau mit unterschiedlicher Mineralbildung und -anreicherung in den einzelnen Profilzonen (s. Bild 4.25). Neben dem verwitterungsbeständigen Quarz sind die Hauptkomponenten die silikatischen und hydroxidischen Tonminerale oder ihnen ähnliche Verwitterungsprodukte. Die mineralische Zusammensetzung der Böden bestimmt weitgehend ihre Eigenschaften und damit ihre überragende Bedeutung als Hauptproduktionsmittel der Land- und Forstwirtschaft.

Sulfidische und zum Teil auch andere Erzlagerstätten bilden im Verwitterungsbereich eine *Oxydationszone* aus (Bild 4.26; vgl. Bild 13.25). In ihrem oberen Teil

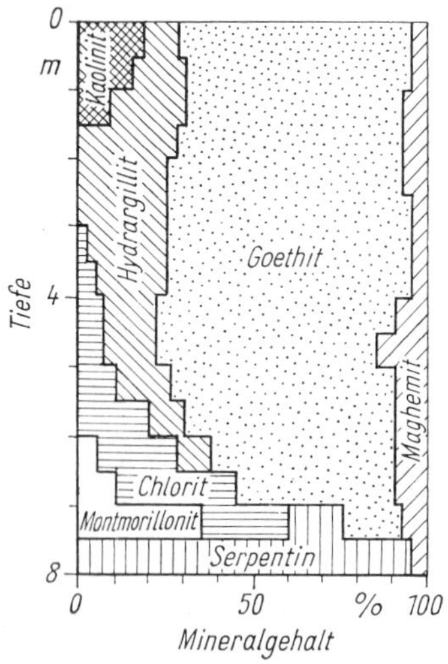

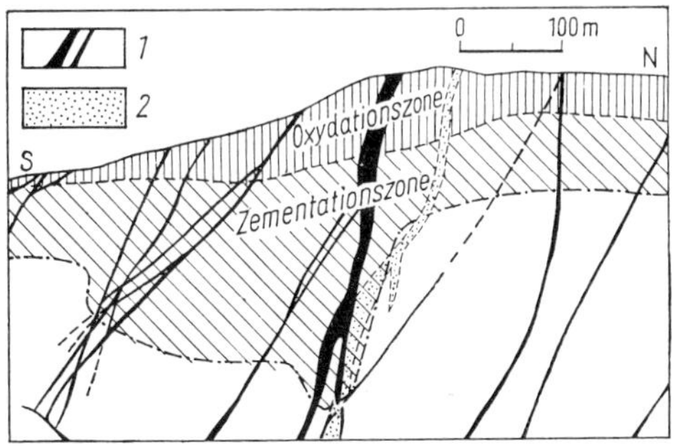

Bild 4.26. Oxydations- und Zementationszone einer Ganglagerstätte [15]
1 Erzgänge *2* Gesteinsgang

◀ Bild 4.25. Mineralogische Zusammensetzung eines tropischen Bodens (Borneo) in Abhängigkeit von der Tiefe [150]

werden die Minerale meist vollständig zersetzt und ihr Bestand in gelöster Form abgeführt; der unlösliche Rückstand besteht hauptsächlich aus Eisenhydroxiden, auch Quarz, Baryt, Manganoxiden, Gold usw. und wird als »Eisener Hut« bezeichnet. Ein Teil der gelösten Elemente wandert im Grundwasser nach unten und kann bei der Reaktion mit den primären Erzen in Form metallreicher Sulfide (Cu, Ag) und auch »gediegener« Minerale eine Reicherzzone, die *Zementationszone*, bilden. Viele Erzreviere der Welt verdanken ihre Hauptblütezeit, besonders in der Vergangenheit, dem Abbau dieser Bereiche. Auch die Reaktion der gelösten Elemente mit dem Nebengestein, z. B. den Karbonaten, kann zur Neubildung von Erzen führen (z. B. Cerussit, Malachit).

4.1.4. Metamorphe Prozesse

Allgemeines

Die metamorphen Prozesse gehören zu den endogenen geologischen Vorgängen: Es werden bereits existierende Gesteine in der Erdkruste unter Einwirkung von Druck oder/und Temperatur umgewandelt (metamorphosiert). Geschieht die Umwandlung bei gleichbleibendem Pauschalchemismus, so sprechen wir von *isochemer* Metamorphose, werden jedoch noch chemische Bestandteile zugeführt (auch abgeführt), so ist dies eine *allocheme* Metamorphose oder *Metasomatose*. Nach der Art der Einwirkung unterscheiden wir die Regionalmetamorphose und die Kontaktmetamorphose. Weiter nennen wir eine metamorphe Umwandlung, die bei zunehmenden pT-Bedingungen erfolgt (der normale Fall!), eine progressive Metamorphose, den umgekehrten selteneren Fall eine retrograde. Sedimentgesteine werden durch Metamorphose zu *Para*metamorphiten (z. B. Paragneis aus Tonschiefer), magmatische Gesteine zu *Ortho*metamorphiten (z. B. Orthogneis aus Granit).

Die meisten metamorphen Prozesse sind verbunden

- mit einer »Entwässerung« bestehender Minerale und Gesteine (Limonit → Hämatit)
- mit einer Kornvergröberung des Ausgangsmaterials (Kalkstein → Marmor)
- mit der Neubildung von Mineralphasen (das Gestein Phyllit mit Illit, Quarz und Chlorit geht in das Gestein Gneis mit Quarz, Feldspat und Glimmer über)

Der Grad der metamorphen Beanspruchung eines Gesteins wird durch die »metamorphe Fazies« ausgedrückt. Bei bestimmten Druck- und Temperaturbedingungen stellt sich bei etwa isochemen Verhältnissen ein bestimmtes Mineralphasengleichgewicht ein, das durch typische Minerale bzw. Mineralparagenese (Leitminerale) gekennzeichnet ist (s. Tab. 16.18, Anhang). Die Bestimmung der gesteinsbildenden Minerale eines Metamorphits läßt also die Geschichte des Gesteins ablesen und ermöglicht seine richtige Benennung.

Regionalmetamorphose

Bei der Regionalmetamorphose werden die Oberflächengesteine, insbesondere Sedimentite, durch tektonische Vorgänge (z. B. die Geosynklinalbildung) in unterschiedlich große Krustentiefen versenkt; damit unterliegen sie einer gleichzeitigen Beeinflussung durch (Überlagerungs-)Druck und Temperatur. Bei gebirgsbildenden (= orogenen) Vorgängen werden diese Gesteine durch seitlichen Druck (Streß) beansprucht und z. T. gefaltet, so daß es zu einer »schiefrigen« Gefügeausbildung kommt (metamorphe Schiefer, s. Bild 4.27). Typische regionalmetamorphe Schiefer sind Phyllite (niedrig oder epizonal metamorph), Glimmerschiefer (mittel oder mesozonal metamorph) und Gneise (stark oder katazonal metamorph). Die moderne Fazieseinteilung ist in Bild 4.28 dargestellt; aus diesem Bild ist auch zu ersehen, daß wir bei hohen Drücken und Temperaturen in den Bereich der *Anatexis* (Aufschmelzung) kommen, also den Grenzbereich der Migmatite und (anatektisch-) magmatischen Schmelzen.
In dem Ausgangsgestein vorhandene Lagerstätten werden durch regionalmetamorphe Vorgänge »überprägt«, d. h. im Kleinbereich umgelagert oder umkristallisiert. Das gilt sowohl für Lagerstätten der Buntmetalle als auch z. B. des Graphits. In reaktionsfähigen geologischen Schichten, wie z. B. Kalkstein, kann es zu erheblichen

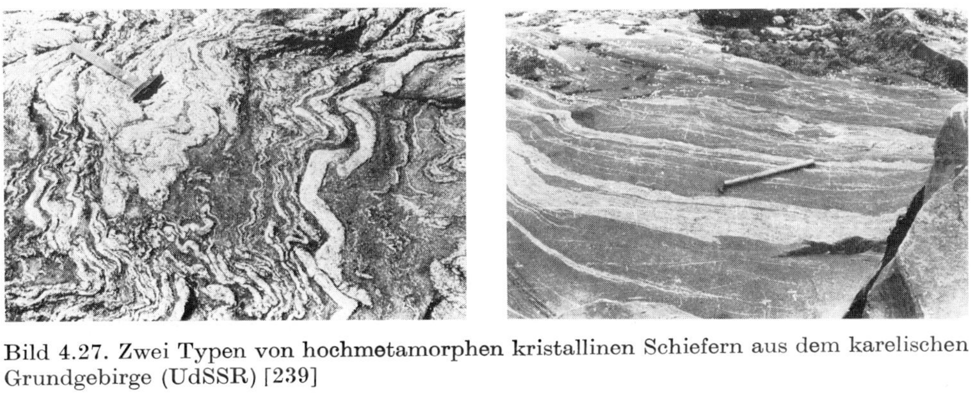

Bild 4.27. Zwei Typen von hochmetamorphen kristallinen Schiefern aus dem karelischen Grundgebirge (UdSSR) [239]

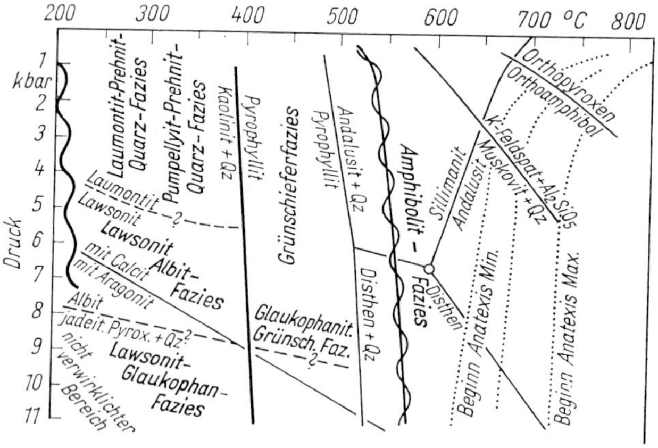

Bild 4.28. Die Faziesbereiche der Metamorphose in Abhängigkeit von Druck, Temperatur und Tiefenlage [211]. Die Minerale Andalusit und Sillimanit im Feld der Amphibolitfazies müssen ausgetauscht werden

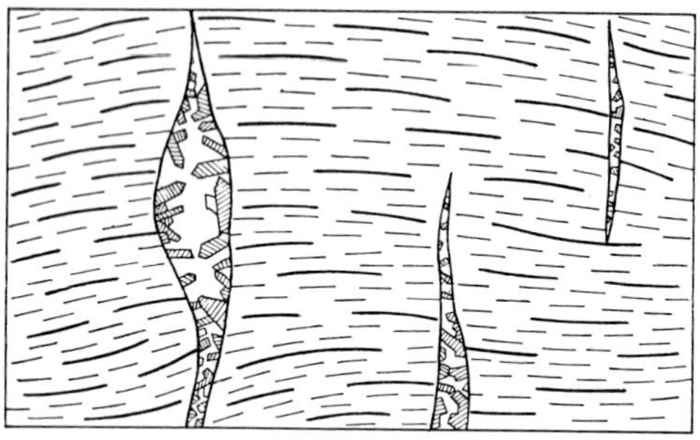

Bild 4.29. Bauschema der »alpinen Klüfte« bzw. »alpinen Gänge«

Mineralneubildungen und -anreicherungen kommen; es entstehen die bekannten Skarnlagerstätten mit Erzen und typischen Mineralneubildungen silikatischer Minerale (»Kalksilikate«: Granat, Wollastonit, Hedenbergit usw.).
Ein interessanter Sonderfall von Mineralbildungen im metamorphen Bereich ist die Bildung der sog. *alpinen Klüfte*; das sind senkrecht zur Schieferung stehende Spältchen und Gängchen (s. Bild 4.29), die ihre Substanz aus dem Nebengestein beziehen (lateralsekretionär) und oft schöne Kristalle von Quarz, Rutil usw. enthalten.

Kontaktmetamorphose

Gemeint ist hier die Metamorphose eines Gesteins im Kontakt mit einem intrusiven oder einem extrusiven Magma. Die Kontaktwirkungen spielen sich in einem relativ flachen Krustenniveau oder untergeordnet an der Erdoberfläche ab, weshalb bei der Kontaktmetamorphose weniger der Überlagerungsdruck als vielmehr die hohe Temperatur des magmatischen Körpers eine Rolle spielt. Die stärksten Kontakthöfe bilden sich um große Granitplutone aus, die in sedimentäre oder schwach parametamorphe Gesteine (z. B. Phyllite) eindringen, wegen ihrer großen Masse langsam erstarren und daher lange Zeit auf das Nebengestein einwirken. Hervorragende Beispiele sind die Kontaktbildungen um die Granite von Kirchberg, Eibenstock und Bergen im Westerzgebirge, die sich in einen inneren (hochtemperierten) und einen äußeren (niedrig-

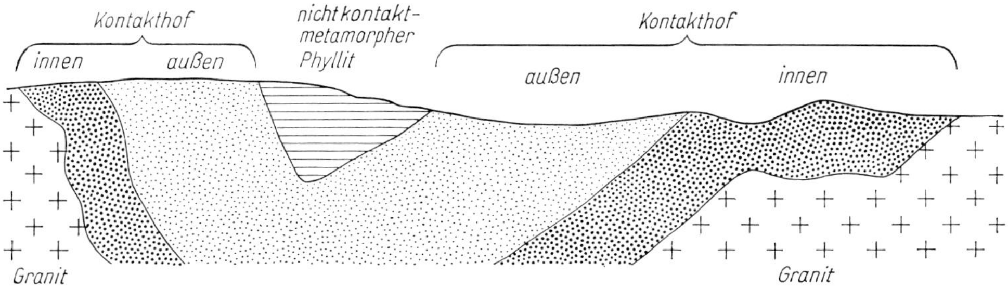

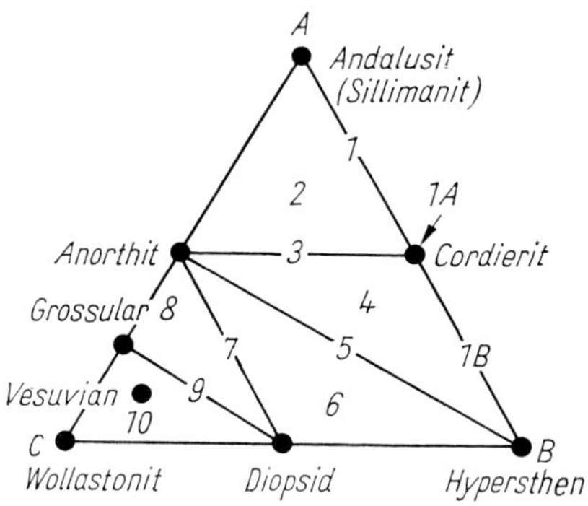

Bild 4.30. Schematische Darstellung der Kontaktverhältnisse zwischen zwei granitischen Plutonen im Westerzgebirge (DDR)

Bild 4.31. Gliederung der Kontakthornfelse nach V. M. Goldschmidt in zehn Klassen, die durch charakteristische Minerale bzw. Mineralparagenesen bestimmt werden [15, 211]

temperierten) Kontakthof untergliedern lassen (s. Bild 4.30) und zu jeweils charakteristischen Mineralparagenesen führen (s. Bild 4.31, vgl. Tab. 16.18 Anhang).
Die Kontaktbereiche um große Intrusivkörper sind oft durch allocheme Bedingungen gekennzeichnet, das heißt, daß das (meist granitische) Magma Stoffe abgibt oder mobilisiert, die zur Bildung von kontaktmetamorphen (bzw. kontaktpneumatolytischen) Lagerstätten führen; sie sind den obengenannten Skarnlagerstätten oft sehr ähnlich bzw. überprägen diese.

4.2. Physikochemische Bedingungen der Mineralbildung

Es wurde bereits mehrmals angedeutet, wie die Mineralbildung von zahlreichen physikalisch-chemischen Parametern abhängt. Genannt wurden der Druck in seiner unterschiedlichen Form (Überlagerungsdruck, gerichteter Druck oder Streß, Gasdruck), die Temperatur, das Redoxpotential, die Sorption, die Wasserstoffionenkonzentration als pH-Wert und natürlich der Chemismus der Ausgangssubstanzen sowie einige andere (z. B. biologische) Faktoren. Da das wissenschaftliche Anliegen der Mineralogie darin besteht, die Gesetzmäßigkeiten der Mineralbildung zu erforschen, kann sie das nur über die Erforschung der qualitativen und quantitativen Wirkung obiger Einflußgrößen tun. Dazu gibt es prinzipiell zwei Hauptmöglichkeiten, nämlich

- die Ableitung aus der Beobachtung am natürlichen geologischen Objekt sowie
- das experimentelle Studium geologischer Vorgänge

Obwohl die Verfolgung physikochemischer Gesetzmäßigkeiten meist einen hohen Grad theoretischer Durchdringung verlangt und deshalb in diesem Buch von seiner Anlage und Zielstellung nicht erfolgen kann, ist es wegen ihrer praktischen Bedeutung unumgänglich, einige grundlegende Ausführungen zu machen und dies an Beispielen zu belegen.
Den Geo- und Rohstoffwissenschaftler interessieren hierbei besonders die Probleme in folgenden geologischen Mineralbildungsbereichen:

- Die Kristallisation magmatischer Schmelzen
  a) ohne flüchtige Komponenten (in sog. trockenen Systemen)
  b) unter Einfluß flüchtiger Komponenten, speziell von Wasser
- Die Mineralbildung und -umbildung unter hydrothermalen Bedingungen
  a) als »trockene« Reaktion von mineralbildenden Substanzen
  b) in der Lösung (v. a. Wasser)
- Die Ausfällung von Mineralen in wäßriger Lösung unter Bedingungen der Erdoberfläche in Abhängigkeit von Lösungsinhalt und Konzentration, Temperatur, pH-Wert und Redoxpotential

Ergebnisse solcher Untersuchungen werden in *Phasen- oder Stabilitätsdiagrammen* zusammengefaßt; aus ihnen sind der Stabilitätsbereich eines Minerals (auch Mischkristalls) oder einer Mineralparagenese unter gegebenen Bedingungen abzulesen. Die in einem solchen »System« mit definierten substantiellen und physikochemischen Bedingungen ablaufenden Reaktionen sollten möglichst ein »Gleichgewicht« erreichen, was jedoch zumindest in der Natur selten der Fall ist; hierdurch treten gelegentlich Widersprüche in den Aussagen experimenteller Untersuchungen und geologischer Beobachtungen auf.
Für die Aufstellung von Phasendiagrammen benötigt man die Kenntnis physikochemischer Grundgesetzmäßigkeiten, so des Le-Chatelierschen Prinzips, der Clausius-Clapeyronschen Gleichung, des Massenwirkungsgesetzes, des Nernstschen Verteilungssatzes, insbesondere aber der Gibbsschen Phasenregel. Letztere besagt in Form der von V. M. Goldschmidt vereinfachten »mineralogischen Phasenregel«, daß unter geologischen Bedingungen die Zahl der in einem System auskristallisierenden Mineralphasen nicht größer sein kann als die Anzahl der an der Reaktion teilnehmenden chemischen Komponenten.
Im folgenden seien einige wichtige Beispiele solcher Phasendiagramme diskutiert. Wir wollen dabei zwischen zwei Haupttypen unterscheiden, nämlich

- den p-T-Diagrammen (Druck, Temperatur), die vor allem im endogenen Bereich Anwendung finden, und
- den pH-Eh-Diagrammen (Wasserstoffionenkonzentration, Redoxpotential), die auch im exogenen Bereich gültig sind.

In beiden Fällen existieren nach der Zahl der beteiligten chemischen Komponenten Einstoff-, Zweistoff- und Mehrstoffsysteme.

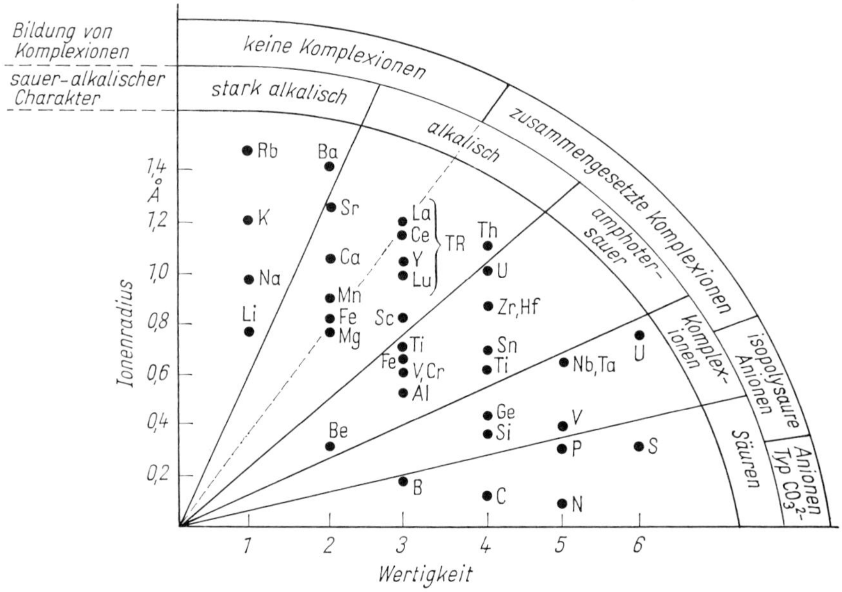

Bild 4.32. Abhängigkeit der Bildung chemischer Verbindungen (also auch der Minerale) von Ionenradius und der Wertigkeit der beteiligten Elemente

Bei der Verfolgung dieser Gedanken und Grundlagen wollen wir aber nicht vergessen, daß jede Mineralbildung ein chemischer Vorgang ist, bei dem die Elemente (Atome) und ihre Eigenschaften die Hauptrolle spielen. Wir vergegenwärtigen uns dies noch einmal an dem Bild 4.32, in dem die Abhängigkeit der Mineralbildung, also die »Ausfällung« von unterschiedlichen chemischen Verbindungen, von der Wertigkeit des agierenden Ions und seiner Größe (Ionenradius) dargestellt wird (vgl. dazu Kap. 2.). Es ist klar ersichtlich, was man von einem Element aufgrund seiner Position beim Mineralbildungsprozeß erwarten darf und was nicht.

Druck-Temperatur-Diagramme

Normalerweise werden die Reaktionen in geschlossenen Gefäßen und unter dem sich bei Temperaturerhöhung einstellenden eigenen Dampfdruck beobachtet; bei Hochdrucksynthesen wird jedoch zusätzlich ein äußerer Druck ausgeübt.

Von den *Einstoffsystemen* betrachten wir die wichtigen Phasen Wasser und Al-Silikat.

Aus dem H_2O-Phasendiagramm (s. Bild 4.33) lesen wir eine Reihe für uns wichtiger Angaben ab. So die Abhängigkeit des Siedepunktes vom Druck (an der Erdoberfläche also von der Höhenlage des Meßpunktes), weiter die Existenz von mehreren Modifikationen des Eises sowie die Lage des kritischen Punktes von Wasser, ein für die postmagmatischen Lösungen wichtiges Kriterium.

Das Al-Silikat-Diagramm (s. Bild 4.34) zeigt uns, daß eine chemische Substanz in drei verschiedenen kristallinen Phasen auftreten kann. Dabei ist bemerkenswert, daß bei Zunahme des erzwungenen Druckes die Koordinationszahl des Al sowie die Dichte wachsen (BUERGERsche Regel).

Bei den *Zweistoffsystemen* (binäre Systeme) können aus einer unbeschränkt mischbaren Lösung oder Schmelze folgende Arten der Kristallisation eintreten:

- keine Mischbarkeit der Kristalle (s. Bild 4.35)
- beschränkte Mischbarkeit der Kristalle (s. Bild 4.36)
- vollständige Mischbarkeit der Kristalle (Mischkristalle, s. Bild 4.37)
- Bildung von mehr als zwei Kristallphasen (s. Bilder 4.38 und 4.39)

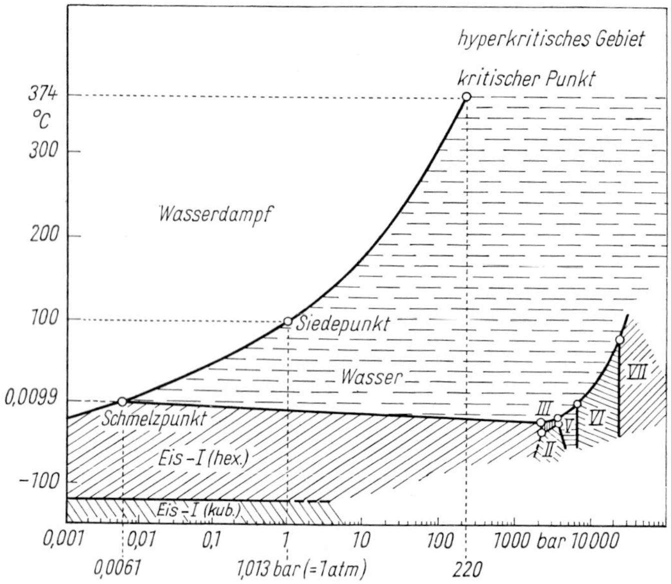

Bild 4.33. Phasendiagramm von Wasser [99]

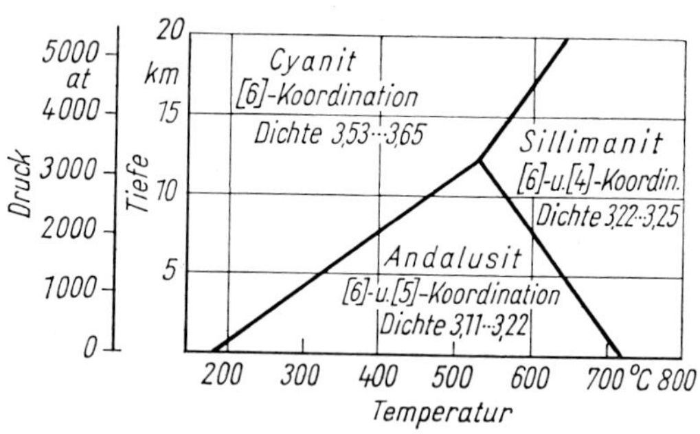

Bild 4.34. Stabilitätsbereich der Al-Silikate Cyanit, Andalusit und Sillimanit [20]: Erhöhung der Koordination durch Zunahme des Druckes

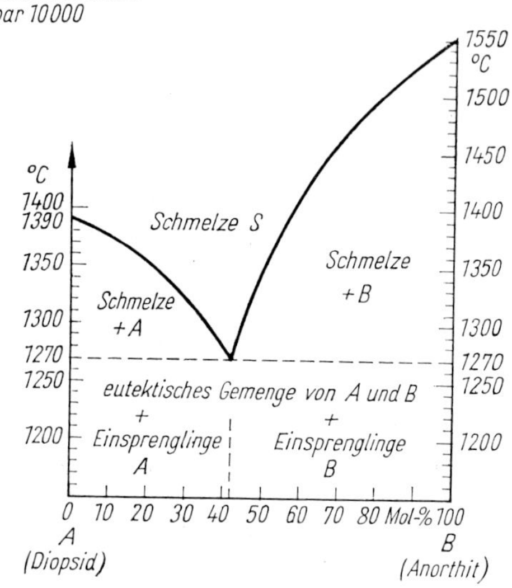

Bild 4.35. Binäres Phasendiagramm aus der Komponente A (Beispiel Diopsid) und der Komponente B (Beispiel Anorthit): Bildung von »reinen« Mineralphasen ohne Mischkristallbildung

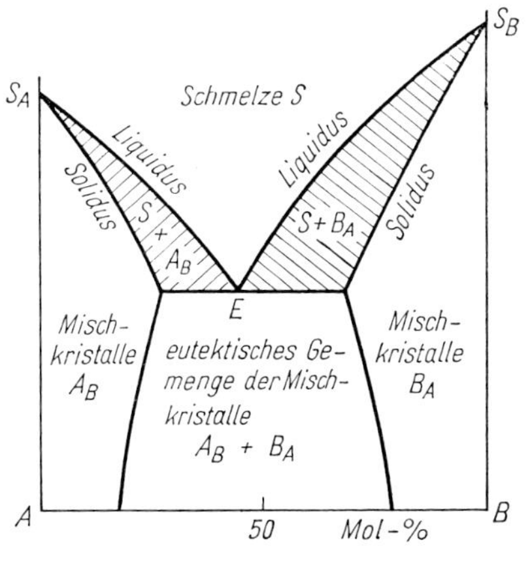

Bild 4.36. Binäres Phasendiagramm aus den Komponenten A und B. Durch beschränkte Mischbarkeit Bildung von A-reichen (A_B) und B-reichen (B_A) Mischkristallen. S_A, S_B = Schmelzpunkt der Komponenten A und B (beispielsweise $NaNO_3$–KNO_3) [98]

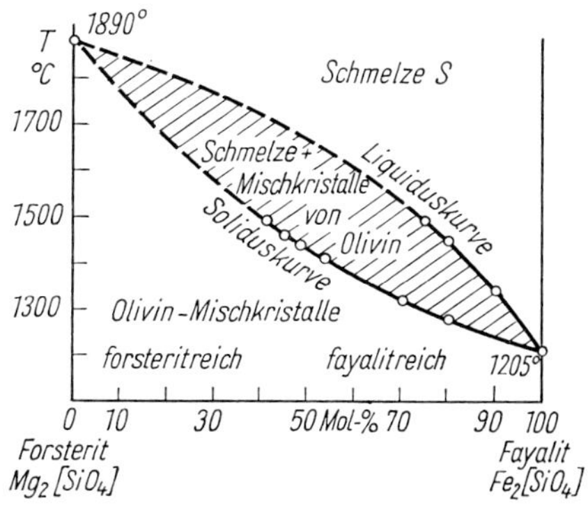

Bild 4.37. Binäres Phasendiagramm aus der Komponente A (Beispiel Forsterit) und B (Beispiel Fayalit). Direkte vollständige Mischbarkeit beider Komponenten, Bildung aller möglichen Mischkristalle

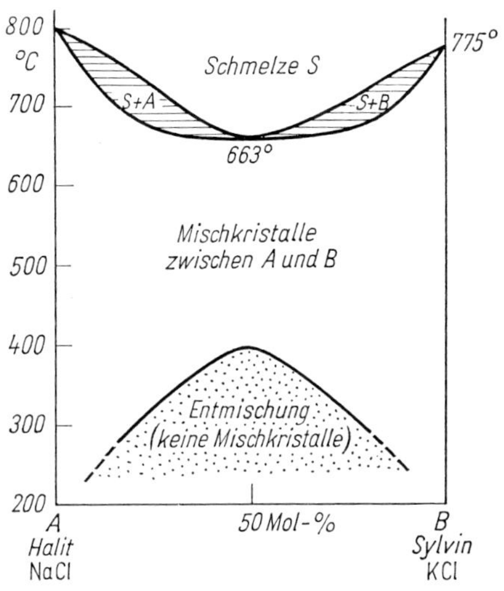

Bild 4.38. Binäres Phasendiagramm aus der Komponente A (Beispiel Halit) und B (Beispiel Sylvin). Durch vollständige Mischbarkeit im hohen Temperaturbereich Bildung einer lückenlosen Mischkristallreihe. Bei niederen Temperaturen keine oder beschränkte Mischkristallbildung bzw. Entmischung [99]

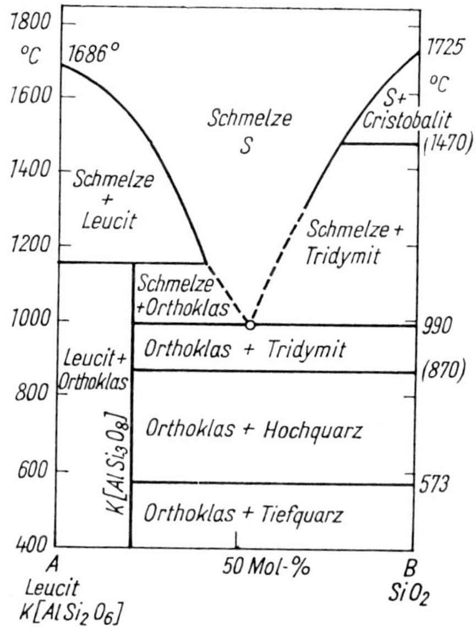

Bild 4.39. Binäres Phasendiagramm aus der Komponente A (Beispiel Leucit) und B (SiO_2)
Bildung von mehreren Phasen ohne Mischkristallbildung (bei 1150 °C »inkongruentes Schmelzen« von Orthoklas) (SCHAIRER und BOWEN 1947)

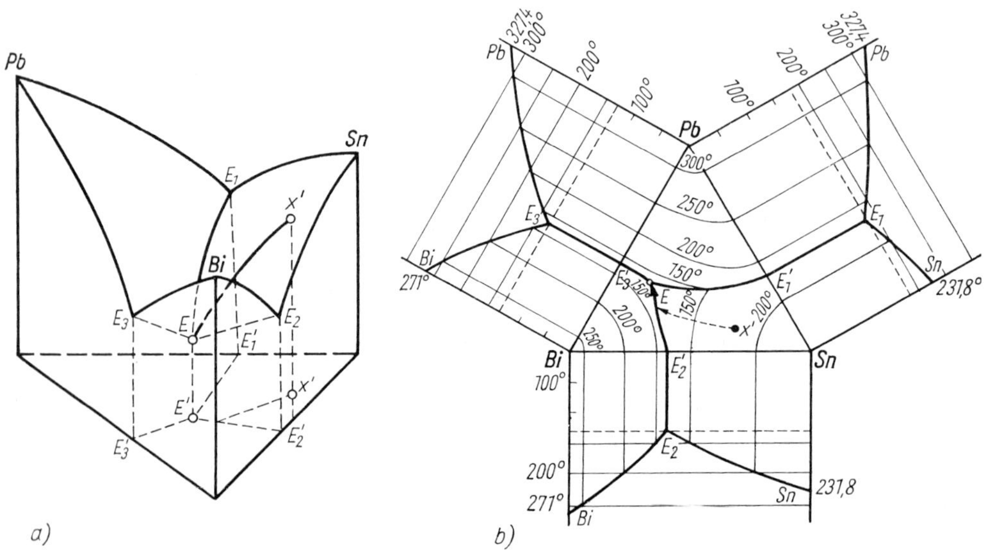

Bild 4.40. Dreistoffsystem Pb–Bi–Sn [98]
a) räumliche Projektion b) Aufsicht (mit herausgeklappten binären Systemen)

Die wichtigen Begriffe Liquiduskurve, Soliduskurve, Mischkristallbereich, Eutektikum, kongruentes und inkongruentes Schmelzen, Entmischungen sind aus den genannten Bildern und ihren Unterschriften zu ersehen.
In einem *Dreistoffsystem* (ternäres S.) sind die substantiellen und Kristallisationsverhältnisse räumlich zu sehen (Bild 4.40a). Für ihre übersichtliche Darstellung projiziert man aber die Werte auf eine Dreiecksebene (OSANNsches Dreieck). Aus dieser Dreiecksdarstellung lassen sich die drei binären Beziehungen, wie Bild 4.40b zeigt, herausklappen. Bild 4.41 zeigt das für petrologische Aussagen wichtige Phasendiagramm $MgO–Al_2O_3–SiO_2$, in dem zusätzlich die in der Keramik genutzten natürlichen und künstlichen Produkte eingetragen sind. Die Verhältnisse in einem sulfidischen System bei verschiedenen Temperaturen veranschaulicht Bild 4.42.
Systeme mit mehr als 3 Komponenten sind in Natur und Technik bedeutungsvoll (vgl. z. B. Bild 9.6), aber experimentell (auch graphisch) schwer zu beherrschen; auf ihre Besprechung wird verzichtet.

pH-Eh-Diagramme

Der pH-Wert ist bekanntlich der negative dekadische Logarithmus der Wasserstoffionenaktivität. Er gibt also die »Azidität« einer Lösung an. Demgegenüber gibt der Eh-Wert (in Volt) den Grad der Oxydation bzw. Reduktion in einem reversiblen Red.-Ox.-System an. In der Natur herrschen meist pH-Werte von 2 bis 11 und Eh-Werte von +0,8 bis −0,4 Volt.
Beide Faktoren wirken v. a. in wäßrigen Medien, so daß ihre Hauptbedeutung im hydrothermalen und exogenen Bereich liegt. Die Wirkung beruht darauf, daß die Löslichkeit einer Verbindung (eines Minerals) bzw. sein Löslichkeitsprodukt stark von diesen Faktoren abhängt. Die Eh-Abhängigkeit hat natürlich hauptsächlich

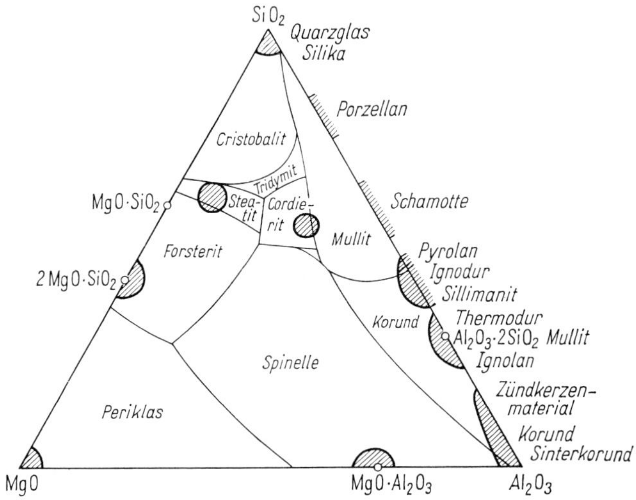

Bild 4.41. Dreistoffsystem $MgO-Al_2O_3-SiO_2$, mit zusätzlicher Eintragung von natürlichen und künstlichen keramischen Produkten [34]

Bild 4.42. Beständigkeit von Mineralen im System Ag–Bi–S bei verschiedenen Temperaturen, auf der Grundlage von experimentellen Daten gezeichnet [91] Schraffierte Flächen sind Schmelzbereiche

a) 625 °C, b) 715 °C, c) 920 °C

▼

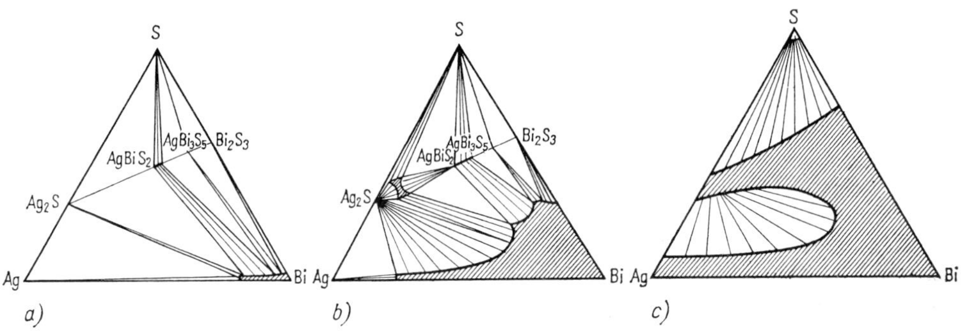

Bedeutung für solche Elemente, die in zwei oder mehr Wertigkeitsstufen auftreten und deren entsprechende Verbindungen unterschiedliche Löslichkeiten bzw. Fällungsbereiche haben.
In den pH-Eh-Diagrammen werden die Stabilitätsbereiche eines bestimmten chemischen, meist ionaren Systems dargestellt, wobei die Konzentration (Aktivitäten) der teilnehmenden Komponenten vorgegeben werden. Diese Diagramme können aus Beobachtungen in der Natur überschlagsmäßig abgeleitet werden, meist werden sie jedoch aus den bekannten thermodynamischen Daten der Elemente berechnet.
Mit Hilfe dieser Diagramme ist man in der Lage, einerseits das Auftreten eines Minerals oder/und einer Mineralparagenese unter festgelegten Bedingungen vorauszusagen; andererseits kann man aus dem Auftreten Schlußfolgerungen für die Bildungsbedingungen ziehen. Sie dienen also der Klärung der genetischen Bedingungen der Mineralbildung und sind damit ein wichtiges Hilfsmittel der Petrologie sowie der Lagerstättensuche und -erkundung.
In diesem Buch sind eine größere Zahl von pH-Eh-Diagrammen für wichtige Mineralparagenesen dargestellt und erläutert (s. Bilder 8.1, 8.8, 8.25, 9.2, 9.6, 10.36, 13.4, 14.16). Eine vertiefte Darstellung dieser Methode erfolgt in geochemischen Lehrbüchern und Lehrveranstaltungen.

4.3. Bildung, Wachstum und Auflösung der Minerale

Wie aus dem weiter oben Dargelegten hervorgeht, können Minerale aus und in allen geologischen Medien entstehen; aus einem flüssigen Stoff bilden sie sich in den magmatischen Schmelzen sowie aus heißen postmagmatischen und kühlen Oberflächenwässern; in metamorphen Gesteinen wachsen sie in einer festen Umgebung; seltener registrieren wir eine Mineralbildung aus gasförmiger Umgebung. Unabdingbare Voraussetzung für den Beginn einer Kristallisation ist die Übersättigung oder die Unterkühlung des Mediums, aus dem die Kristallisation erfolgt, sowie die Bildung bzw. das Vorhandensein eines »Kristallisationsanfanges«, eines irgendwie gearteten »Keimes«. Dabei unterscheiden wir zwischen homogener und heterogener Keimbildung.

Kristallkeimbildung

Die Verhältnisse bei der *homogenen Keimbildung* aus einer flüssigen (molekulardispersen) Phase lassen sich wie folgt erklären. Im ungesättigten Bereich erfolgt keine Keimbildung; bereits existierende Kristallkeime (auch größere Kristalle) werden aufgelöst. Beim Überschreiten der Sättigungsgrenze, die z. B. in wäßriger Lösung durch Zufügung des gelösten Stoffes oder durch Verdampfung des Lösungsmittels erreicht werden kann, erfolgt gleichfalls keine stabile Keimbildung. Erst wenn die Übersättigung einen gewissen Grad erreicht hat, also der sog. metastabile oder OSTWALD-MIERS-Bereich durchschritten ist, beginnt die spontane Bildung neuer Kristallkeime und die Kristallisation.
Kristallkeime sind kleinste kristallin-geordnete Bereiche, die sich aus den gelösten Ionen, Atomen und Molekülen des Kristallisationsmediums aufbauen; sie sind wegen ihrer feinkolloidalen Größe nicht direkt sichtbar. Für ihren Zusammentritt ist eine Keimbildungsarbeit zu leisten, weshalb Systeme höherer Energie (z. B. höhere Temperatur) schneller Kristallkeime bilden. Im Anfangsstadium der Keimbildung entstehen Kristallisationszentren (sog. Subkeime oder Cluster) und lösen sich wieder auf; erst wenn sich eine *kritische* Anzahl von Bausteinen zusammengelagert hat, werden die Keime stabil und wachsen zu Kristallen weiter. Dabei besteht zwischen

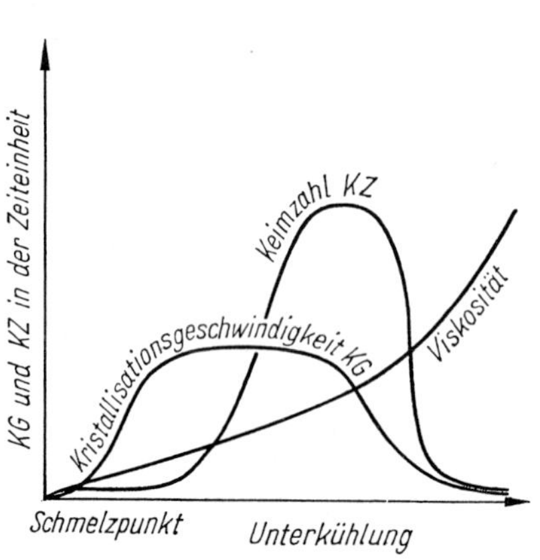

Bild 4.43. Keimbildung und Kristallwachstum [8]

Bild 4.44. Binäres Natriumboratglas, Klarglas (Elmi-Aufn.) Vergrößerung etwa 30000 × [240]. Deutliche Aggregation der Tröpfchenbezirke. Sie vereinigen sich jedoch nicht zu größeren Tröpfchen. Das Glas ist noch völlig blank und zeigt keine sichtbare Trübung

Bild 4.45. Tetraeder des Aluminiummetaphosphats $Al(PO_3)_3$, das sich durch Tempern im Inneren des Glasstücks aus einem Kristallit gebildet hat [240]. Lichtmikr. Aufn., Vergr. 160 ×

der Keimzahl (Keimbildungsvermögen) und der Keimwachstumsgeschwindigkeit die in Bild 4.43 dargestellte Beziehung.

Die Keimbildung im festen Zustand dürfte prinzipiell ähnlichen Gesetzmäßigkeiten unterliegen, ist aber wesentlich schwieriger zu deuten. Das betrifft insbesondere solche Probleme wie die Entmischung von Mischkristallen (auch die Entglasung von Gläsern, s. Bilder 4.44 und 4.45), die Sammelkristallisation, die Pseudomorphosenbildung usw.

Eine homogene (spontane) Keimbildung verliert in dem Augenblick sehr an Bedeutung, wenn der in der Natur häufige Fall eintritt, daß das Medium bereits durch geringe Mengen grobmolekularer oder feinkristalliner Substanzen »verunreinigt« ist. Diese wirken dann als Fremdkeime oder Impflinge und erzeugen die sog. »*heterogene Keimbildung*«. Da die Keimbildungsarbeit erheblich herabgesetzt wird, können sie bereits im geringübersättigten (metastabilen) Bereich zu Kristallen weiterwachsen. Sind die Impflinge dem Substrat (chemisch) fremd, wird ein Weiterwachsen hauptsächlich unter den Bedingungen der Epitaxie oder ähnlichem ermöglicht.

Wachstum der Minerale

Wir wissen bisher, daß nichtkristalline Minerale eine kuglige Form ausbilden, während kristalline Minerale von mehr oder weniger glatten Flächen begrenzt werden, deren Häufigkeit des Auftretens von der atomaren Besetzungsdichte (bzw. der Wachstumsgeschwindigkeit der Kristallflächen, s. Bild 4.46) abhängt. Wie kommt es nun zur Bildung solcher glatten und regelmäßig-symmetrisch auftretenden Flächen; warum diffundieren die Bausteine des Substrats (der Lösung, Schmelze usw.) zum wachsenden Keim und Kristall immer nur an bestimmte Stellen des kristallinen Produkts?

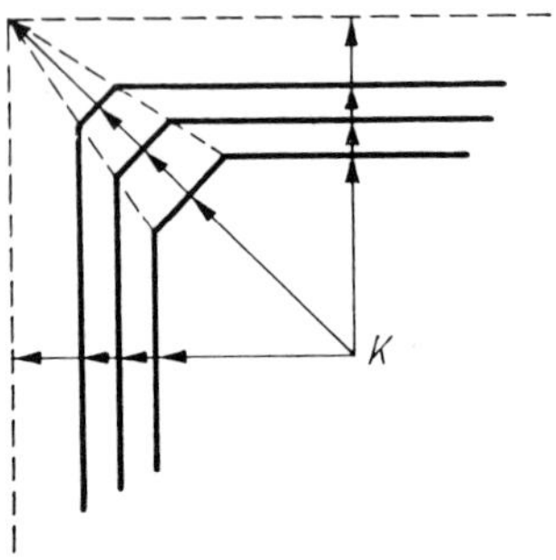

Bild 4.46. Unterschiedliche Wachstumsgeschwindigkeiten (in Richtung der Flächennormalen) führen zur Unterdrückung bzw. zum Verschwinden einer Fläche.

Die im Bild zwischen den Würfelflächen liegende Fläche wächst schneller als die Würfelfläche, daher wird sie von diesen unterdrückt und verschwindet letztlich; es entsteht aus einer Kombination ein einfacher Würfel [98]

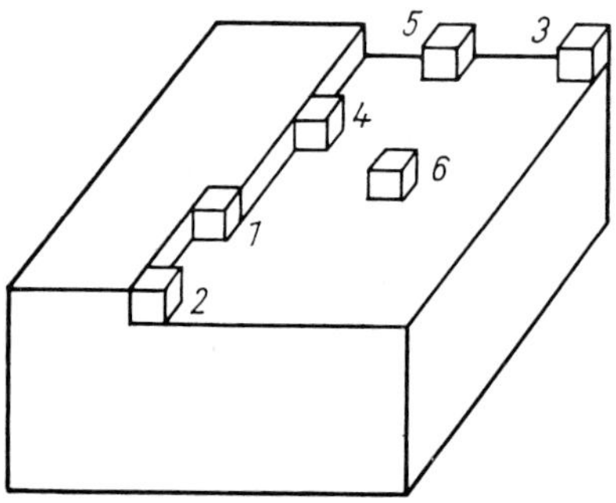

Bild 4.47. Wachstum einer Kristallfläche eines ionaren Gitters nach der Theorie von KOSSEL und STRANSKI [8]

Der relative Energiegewinn bei den einzelnen Anlagerungsschritten kann durch folgende Zahlenwerte charakterisiert werden:

1 = 0,8738; *2* = 0,4941; *3* = 0,2470;
4 = 0,1806; *5* = 0,0903; *6* = 0,0662

Eine gute Erklärungsmöglichkeit gibt die *Theorie von Kossel und Stranski*; sie geht davon aus, daß die dispers verteilten kristallbildenden Bausteine im Substrat eine hohe kinetische Energie besitzen und bestrebt sind, sich dort am Kristall anzulagern, wo sie den höchsten Energiegewinn erreichen. Aus Bild 4.47 ist zu ersehen, daß bei Anlagerung eines Bausteines auf einer fertigen Netzebene der geringste Energiegewinn erfolgt, bei Neubildung einer »Reihe« ein mittlerer und bei Fortsetzung einer Reihe ein hoher Gewinn. Aus diesem energetischen Grunde wird immer erst eine ganze Netzebene fertig aufgebaut, bevor der Zwang zu einer Neubildung besteht.
Diese theoretischen Überlegungen sind strenggenommen nur unter bestimmten Bedingungen (z. B. heteropolarer Bindungstyp) gültig. Auch haben weitere Berechnungen gezeigt, daß viele kristallbildende Medien (Systeme) gar nicht die Energie, insbesondere für den ersten Schritt des Neubeginns auf einer ideal gebauten Netzebene, aufbringen können. Es zeigt sich, daß im Normalfall dieser erste Schritt eines planaren Wachstums dadurch (energetisch) erleichtert wird, daß die *Anlagerung an Störstellen* der Netzebene erfolgt. Da keine der (natürlichen) Minerale ideal gebaut sind, sondern in der Realität eine Vielzahl von Inhomogenitäten aufweisen, ist diese Möglichkeit praktisch immer gegeben.
Wir wissen, daß solche Störungen in Form von atomaren Fehlordnungen (s. Kap. 2.3.2.) oder auch in gröberen Gitterversetzungen, den Baufehlern (s. Kap. 2.2.5.), vorliegen können. Unter den in Bild 4.48 dargestellten Bedingungen kann es daher einmal zu einem sog. Spiralwachstum auf einer Fläche kommen (s. Bild 4.49), zum anderen kommt es zur Ausbildung flacher Wachstumspyramiden (s. Bild 4.50). Diese neuen quasiflächigen Wachstumskörper weichen natürlich in ihrer geometrischen Lage etwas von der Hauptfläche ab und werden deshalb als *Vizinalflächen* bezeichnet. Ihr Studium ist für die Erkenntnis des Wachstumsvorganges, aber auch der Wachstumsbedingungen von großer Bedeutung.

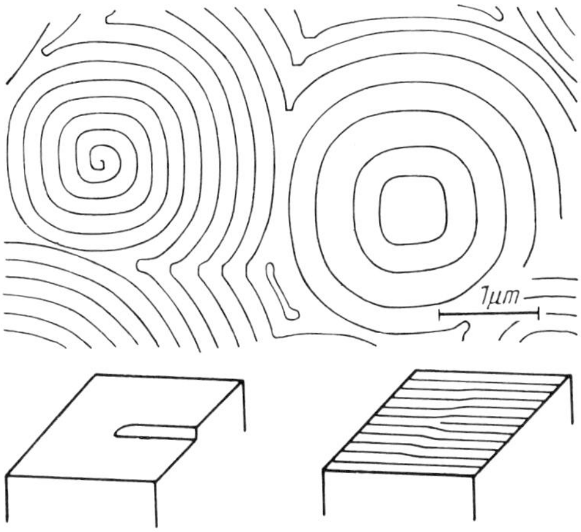

Bild 4.48. Darstellung der Entstehung einer Wachstumsspirale und einer Wachstumspyramide [8] durch
links: Schraubenversetzung
rechts: Stufenversetzung, schematisch

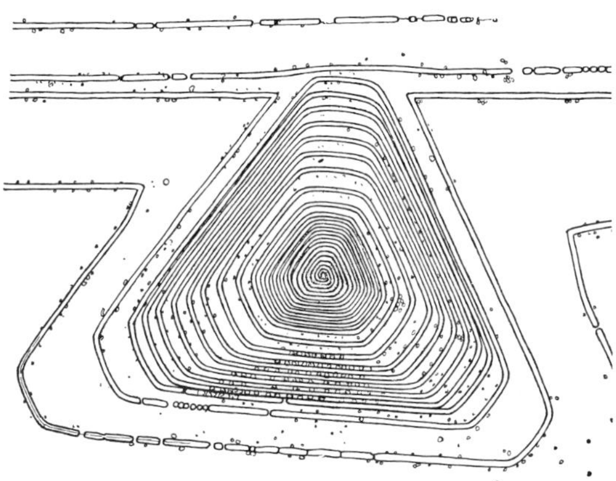

Bild 4.49. Wachstumsspirale auf künstlichem Siliziumcarbid, durch Dekorierung sichtbar gemacht, Vergr. ≈ 100 × (nach GAHM 1965)

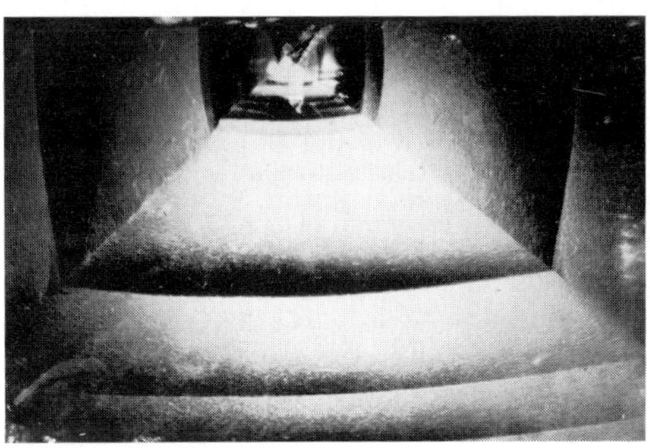

Bild 4.50. Beispiel von Pyramidenwachstum auf Fluorit [190]
Die Spitze der Pyramide ist der Durchstichpunkt eines Zwillingsindividuums, Vergr. ≈ 3 ×

Vollständig ausgebildete Kristalle entstehen nur unter bestimmten normalen Bedingungen. Darunter verstehen wir eine nicht zu schnell erfolgende Unterkühlung oder Übersättigung des Substrats, so daß die ausreichende Zufuhr der kristallbildenden Substanzen zum wachsenden Kristall gewährleistet ist. Ist dies nicht der Fall, so kommt es entweder zur glasigen Gesamterstarrung, zur Bildung kolloidaler Massen oder auch zur Bildung von *Kristallskeletten*. Beim skelettartigen oder dendritischen Wachstum der Kristalle ist die Zufuhr der mineralbildenden Substanz stark gehindert, so daß sie sich bevorzugt an den elektrostatisch am wenigsten abgesättigten Teilen, den Ecken und Kanten, ablagert (vgl. Kap. 2.2.4.) und Formen bildet, wie sie in Bild 4.51 dargestellt sind. Wie die Entstehung von Schneekristallen zeigt, ist das Wachstum aus der gasförmigen Phase zum Skelettwachstum besonders geeignet, tritt aber auch in allen anderen Aggregatzuständen auf (s. Bilder 4.52 und 4.53). Eine besondere Art sind die sog. *Whisker*: Sie sind lange feinfasrige und -stenglige Kristalle, die sich meist in Hohlräumen oder Drusen bilden und die sich durch eine extrem hohe Festigkeit auszeichnen.
Nicht alle Minerale wachsen in ihrer Muttersubstanz gleichmäßig und homogen. Geringfügiger Wechsel des Chemismus, der Konsistenz, der Temperatur oder anderer Faktoren führt dazu, daß das Mineral schneller oder langsamer wächst und dabei Anteile der Nährsubstanz oder Fremdstoffe, besonders bei schnellem Wachstum,

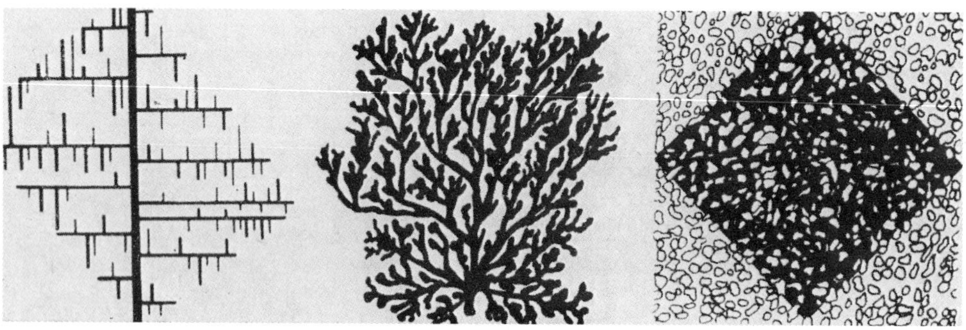

a) b) c)

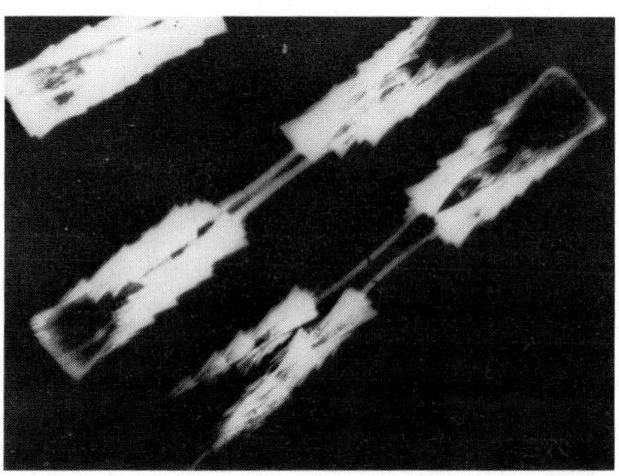

Bild 4.51. Haupttypen unvollständiger Kristallbildung [4]

a) Kristallskelette (vgl. Kap. 2.2.4.)
b) Kristalldendriten (vgl. Bild 10.34)
c) poikilitischer Kristall (mit eingelagerter reliktischer Fremdsubstanz)

Bild 4.52. Beispiel einer Entglasung: Calciumfluoroberyllatkristalle $Ca[BeF_4]$ Auffiederung der Kristallflächen. Lichtmikr. Aufn., Vergr. 400 × [240]

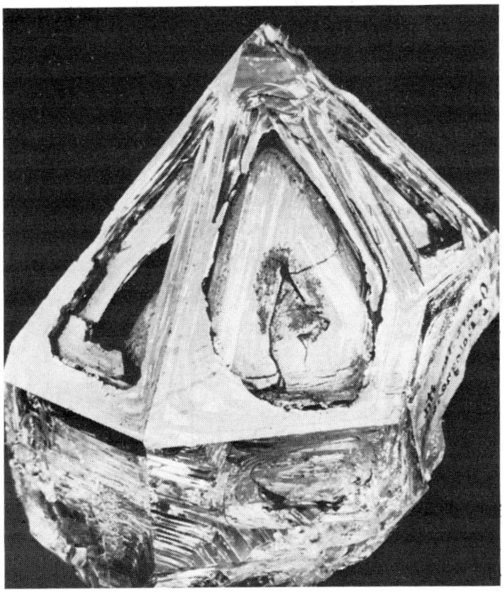

a)

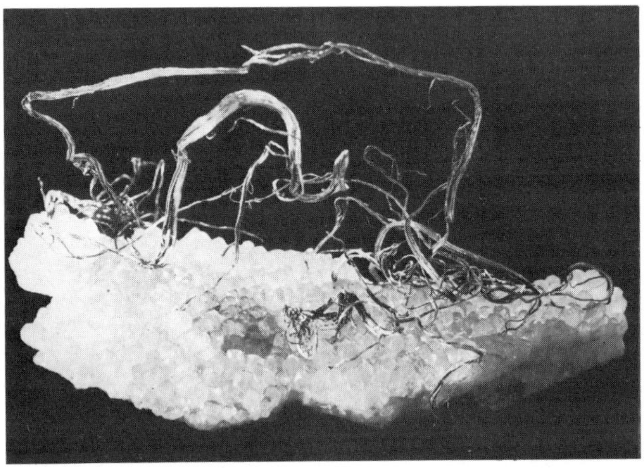

b)

Bild 4.53. Beispiele von Mineralen mit unvollständiger Ausbildung [221]

a) Skelettquarz; unvollständige Ausbildung der Rhomboederflächen eines Tiefquarzes, Größe etwa 10 cm

b) Silberdendriten; in einem Hohlraum hydrothermal auf Calcit aufgewachsen (Freiberg). Etwa natürliche Größe

in den Gitterverband aufnimmt. Dieser periodische Wechsel der Zufuhr macht sich z.B. in einem *zonaren Wachstum* der Kristalle bemerkbar, d. h., es treten Zonen mit wechselndem Chemismus, unterschiedlicher Färbung, Porosität, Verunreinigung usw. auf. Auf die praktische Bedeutung der hierbei gleichfalls entstehenden Flüssigkeitseinschlüsse wurde bereits in Kap. 3.6. hingewiesen. Die Bilder 4.54, 4.55 und 4.56 zeigen Beispiele zonar ausgebildeter Minerale und ihrer genetischen Deutung.

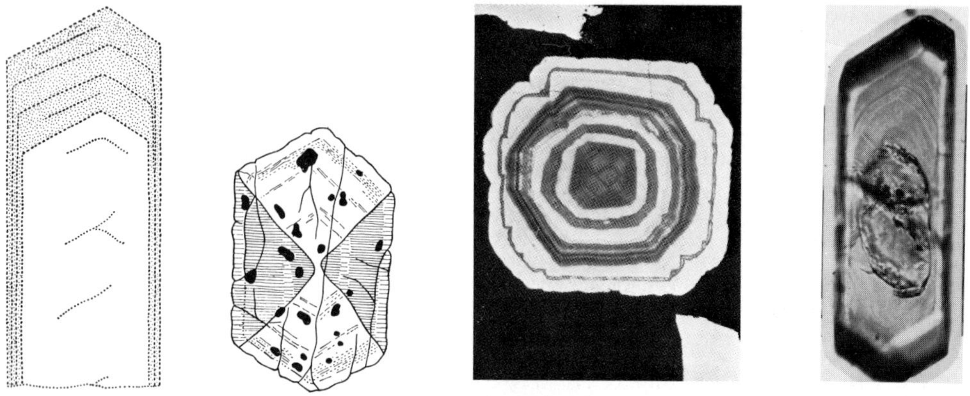

a) b) c) d)

Bild 4.54. Zonares Wachstum

a) Turmalin (schematisch)
b) Pyroxen (schematisch) sog. Sanduhrform
c) zonar aufgebauter Bravoit, der von Pyrit umgeben ist [155]. Aus Bleilagerstätte Maubach in der Eifel (BRD). Anschliff, Vergr. 1000 ×
d) zonar gewachsener Zirkon mit reliktischem Kern, Lausitz (DDR). Vergr. ≈ 250 × [266]

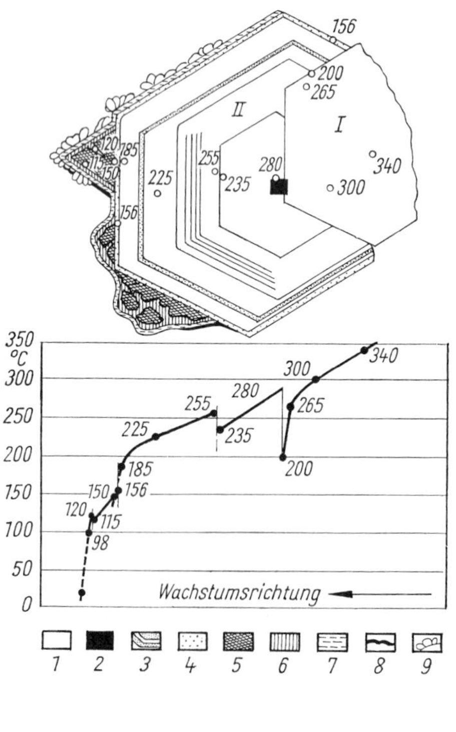

Bild 4.55. Polymineralisches und zonar gebautes Aggregat, bestehend aus zwei Generationen Quarz (nicht zonar I und zonar II, senkrecht c geschnitten) und Fluorit sowie wenig Siderit, Markasit und Serizit [4]. Die Kurve der Homogenisierungstemperatur der Flüssigkeitseinschlüsse zeigt, daß die Tendenz der Kristallisationstemperatur eindeutig fallend ist, aber doch mehrfach unterbrochen wird

1 Quarz (farblos, durchsichtig)
2 Fluorit
3 zonarer Rauchquarz
4 Quarz (milchig-weiß)
5 Fluorit (grün)
6 Fluorit (violett)
7 Quarz (serizitisch)
8 Markasit
9 Siderit

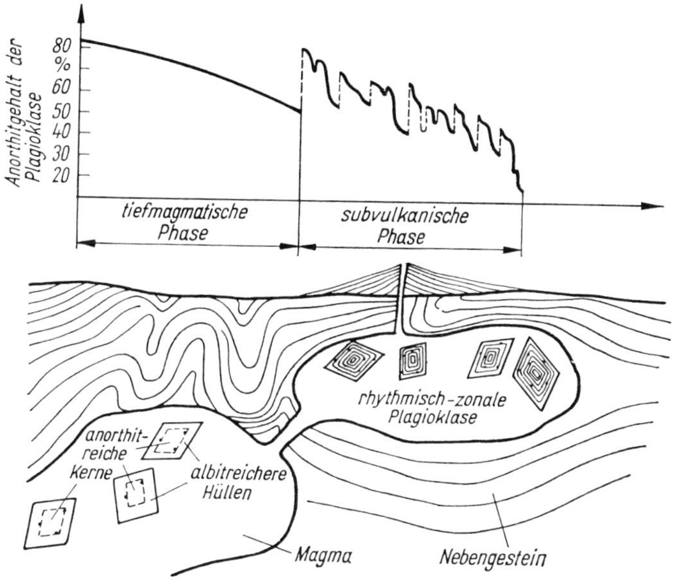

Bild 4.56. Zonarbau und Chemismus der Plagioklase in Abhängigkeit vom Bildungsbereich. Die langsame und ungestörte Auskristallisation in plutonischem Bereich führt zu gleichmäßigerem »Sauerwerden« der Kristalle (links), während die rhythmische Entlastung im vulkanischen Bereich durch vulkanische Vorgänge und Abgabe flüchtiger Komponenten zu einem rhythmischen Wechsel des Mineralchemismus führt (rechts) [115]

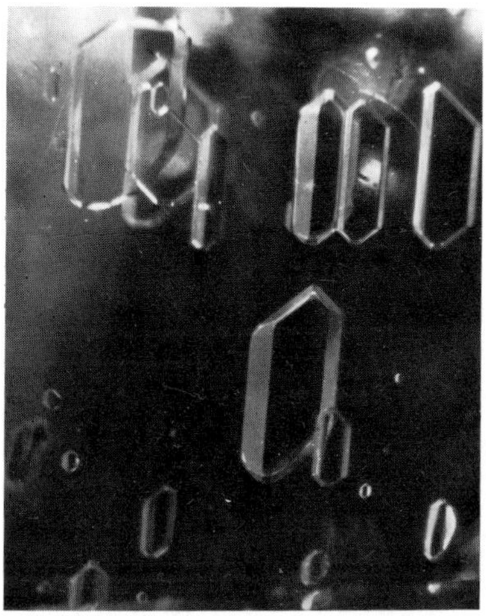

Bild 4.57. Negativkristalle in Quarz von Gyöngyösoroszi (Ungarische VR) [241], Vergrößerung ≈ 20 ×

Als ein Sonderfall unvollständiger Mineralausbildung seien hier noch die sog. Negativkristalle erwähnt (s. Bild 4.57).
Sonderfälle des Mineralwachstums sind auch die Epitaxie und die (orientierte) Entmischung.
Unter der *Epitaxie* (Aufwachsung) verstehen wir ein gerichtetes (orientiertes) Aufwachsen eines Minerals auf ein anderes, wobei die kristallographische Orientierung des aufwachsenden Minerals durch die Feinstruktur der Unterlage festgelegt wird. Es ist verständlich, daß nur solche Kristalle miteinander orientiert verwachsen, deren

Gitterparameter in irgendeiner Art miteinander korrespondieren, zur Deckung gebracht werden können; ein Beispiel zeigt Bild 4.58. Aus der Natur sind zahlreiche epitaktische Verwachsungen bekannt (s. Bild 4.59b). Ihre Hauptbedeutung hat die Epitaxie in der Technik, wo solche künstlich erzeugten gerichteten Aufwachsungen z. B. bei der Herstellung elektronischer Bauelemente genutzt werden.
Ähnlich ist es bei der *Entmischung* von Mischkristallen. Wir wissen, daß Mischkristalle nur unter bestimmten Bedingungen (meist hohe Temperaturen) stabil sind und bei langsamer Abkühlung in ihre (molekularen) Bausteine als Minerale zerfallen (s. Bild 4.60, vgl. Bild 2.48). Die entmischten Mineralphasen können regellos verteilt sein, aber auch bei genügender Abkühlungszeit einen hohen Ordnungsgrad erreichen. Viele unserer Minerale zeigen solche Entmischungskörper in flächiger, lamellarer und anderer Form (s. Bilder 10.12 und 10.14b). Ihr Studium ist zur Klärung geneti-

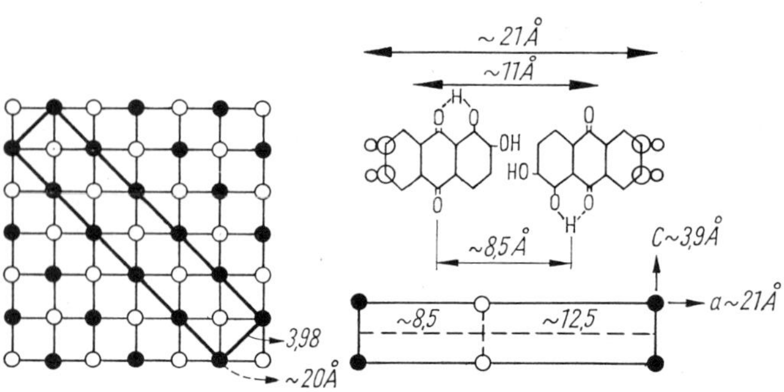

Bild 4.58. Schematische Darstellung der strukturellen Korrespondenz von epitaktisch aufgewachsener Substanz (Alizarin) zur Unterlage (Halit) [5]

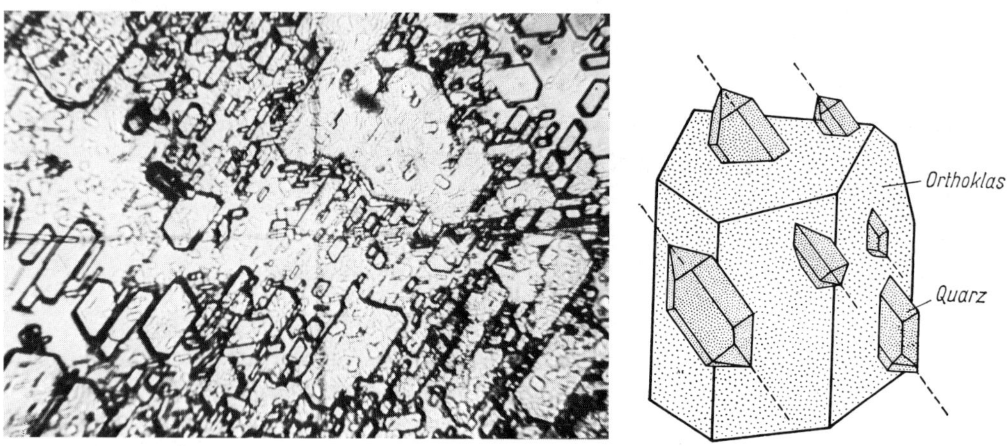

a) b)

Bild 4.59. Epitaktische Verwachsungen

a) Aufwachsen von Alaun/Ammoniumparamolybdat auf Glimmer [242]

b) epitaktische Verwachsung von Orthoklas und Quarz (nach A. E. Fersman)

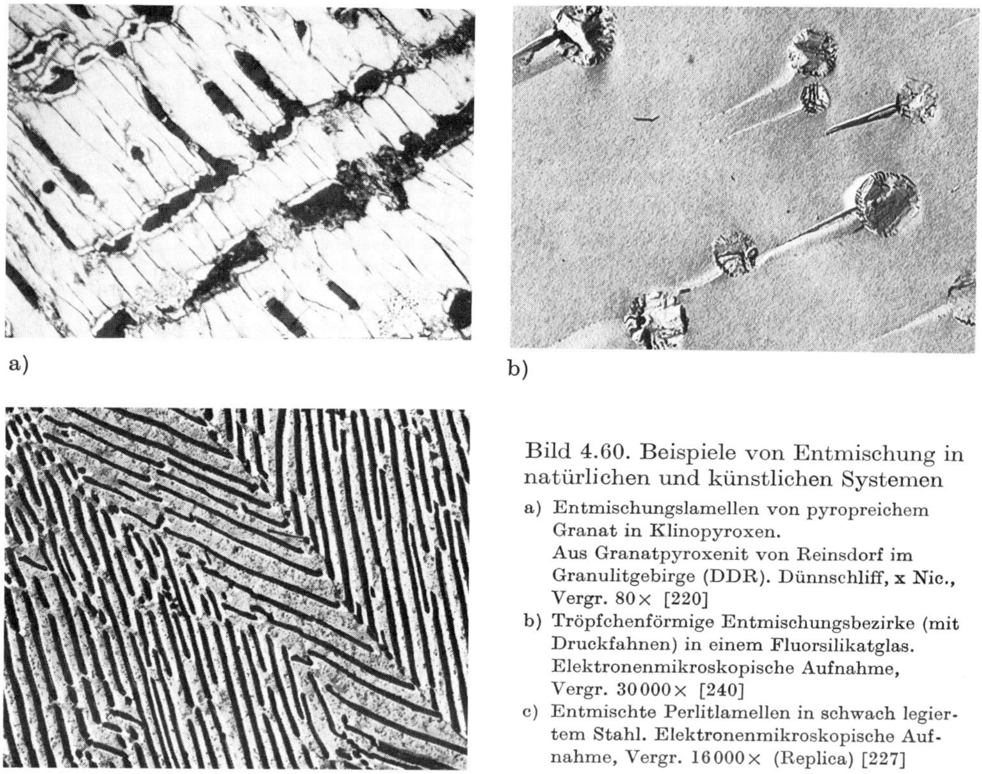

a) b) c)

Bild 4.60. Beispiele von Entmischung in natürlichen und künstlichen Systemen

a) Entmischungslamellen von pyropreichem Granat in Klinopyroxen. Aus Granatpyroxenit von Reinsdorf im Granulitgebirge (DDR). Dünnschliff, x Nic., Vergr. 80× [220]

b) Tröpfchenförmige Entmischungsbezirke (mit Druckfahnen) in einem Fluorsilikatglas. Elektronenmikroskopische Aufnahme, Vergr. 30000× [240]

c) Entmischte Perlitlamellen in schwach legiertem Stahl. Elektronenmikroskopische Aufnahme, Vergr. 16000× (Replica) [227]

scher Fragen (z. B. als geologisches Thermometer), aber auch zur Entscheidung der Mineralnutzung (z. B. bei der Aufbereitung) von Bedeutung.

Auflösung der Minerale

Die Auflösung der Minerale unterliegt den gleichen Gesetzmäßigkeiten wie die Mineralbildung; in vielen Fällen kann man an unvollständig gestalteten Kristallen nicht unterscheiden, welchem Vorgang sie ihre Form verdanken. Verschiedentlich ist sogar zu beobachten, daß Mineralwachstum und -auflösung alternierend wirken, wenn z. B. Übersättigung und Untersättigung des mineralbildenden Substrats wechseln. Einige Daten zur Minerallöslichkeit gibt Tabelle 4.7.

Tabelle 4.7. Löslichkeit von Sulfiden in Wasser (in mol/l) in Abhängigkeit von der Temperatur (nach [1])

Temperatur in °C	Ag_2S	CuS	PbS	FeS	ZnS
100	$2{,}3 \cdot 10^{-12}$	$1{,}1 \cdot 10^{-12}$	$4{,}5 \cdot 10^{-10}$	$1{,}2 \cdot 10^{-6}$	$2{,}4 \cdot 10^{-9}$
200	$4 \cdot 10^{-10}$	$5 \cdot 10^{-11}$	$4 \cdot 10^{-7}$	$1 \cdot 10^{-6}$	$8 \cdot 10^{-9}$
300	10^{-8}	10^{-9}	10^{-7}	10^{-6}	10^{-8}

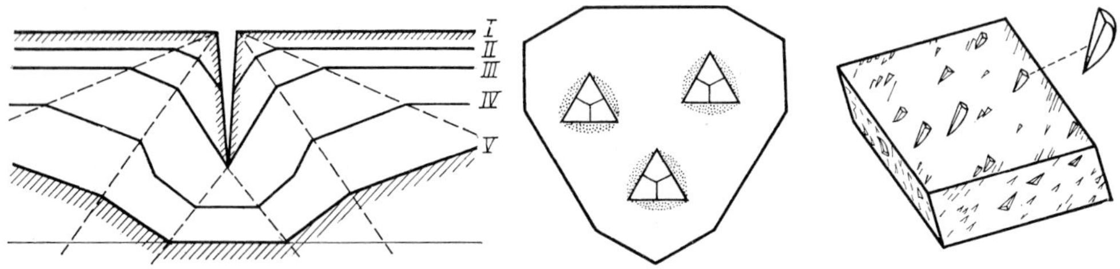

a) b) c)

Bild 4.61. Schematische Darstellung der Bildung und Ausbildung von Ätzfiguren

a) die Auflösung des Minerals beginnt von einer Gitterstörung aus (hier Riß), nach GROSS; I, II, III, IV und V sind Stufen der Lösung [5]

b) orientierte Anordnung der Ätzgrübchen auf einem ditrigonalen Kristall

c) wechselnde Orientierung der Ätzgrübchen auf den Flächen eines Calcitkristalls

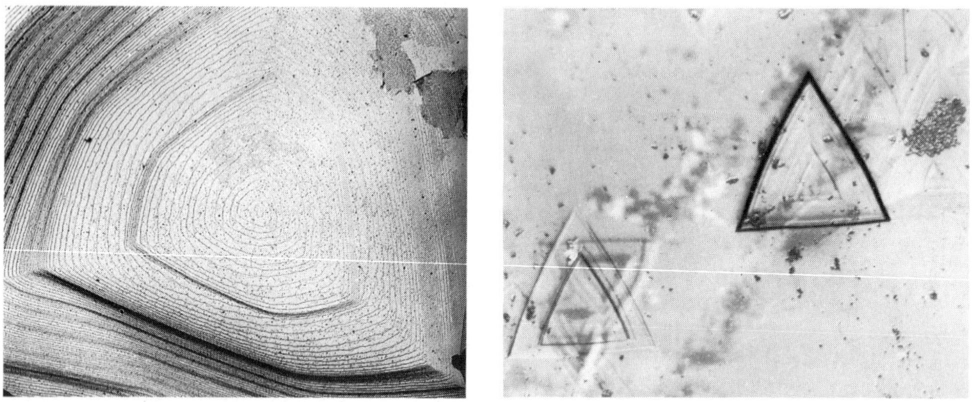

a) b)

Bild 4.62. Elektronenmikroskopische Aufnahmen von Ätzgrübchen auf Glimmer [117]

a) 3T-Lepidolith, HF-Ätzung, dekoriert, Vergr. 22000 ×

b) 1M-Phlogopit, HF-Ätzung, Vergr. 170 ×

Bei geringer Untersättigung wird ein Kristallpolyeder genauso flächig (planar) abgebaut, wie er gewachsen ist. Allerdings beginnt auch hier der Abbau meist an Störstellen auf der Mineralfläche (s. Bild 4.61). Diese können atomare Fehlstellen sein, meist aber mechanisch erzeugte Risse, Durchstichspunkte oder -linien von Versetzungen, Zwillingsbegrenzungen usw. Von diesen energetisch bevorzugten Stellen beginnt die atomare Herauslösung, deren weitere Richtung und Form von der Feinstruktur des Gitters bestimmt wird. Man kann diesen natürlich ablaufenden Vorgang auch durch künstliche Behandlung mit Lösungsmitteln (Wasser, Säuren, Laugen) erreichen und spricht dann von Ätzung der Mineraloberfläche. Wie die Bilder 4.61 und 4.62 zeigen, entstehen dabei für ein Mineral bzw. seine Symmetrie typische *Ätzfiguren*. Sie geben interessante Aufschlüsse über den Symmetriezustand der Kristalle.

In der Natur treten zahlreiche Beispiele der Mineralauflösung auf, wobei die Verwitterung ohne Zweifel der praktisch bedeutendste Bereich ist. Aber auch die »zerfressenen«, »zerhackten« oder »pulvrigen« Mineralformen in hydrothermalen Gängen sind Zeugen solcher Auflösungsvorgänge. Oft weisen nur noch geringe Mengen von *Relikten* oder Reliktstrukturen auf den ursprünglichen Zustand hin. Dies ist besonders wichtig bei der Analyse von metasomatischen Verdrängungen, die ja normalerweise einem (lokalen) Lösungsvorgang ihre Entstehung verdanken.

In diesem Zusammenhang sei auf ein interessantes Gebiet der Mineralauflösung hingewiesen, nämlich die *Pseudomorphosen.* Wir verstehen darunter die (teilweise oder vollständige) Auflösung eines Minerals bei gleichzeitiger Ausfüllung seiner ursprünglichen Form durch Zersetzungs- oder Fremdprodukte (vgl. Bild 11.27). Die pseudomorphe Verdrängung oder Ausfüllung kann sich dabei mehrfach wiederholen, wenn sich die physikochemischen Bedingungen im Bildungsmilieu mit der Zeit ändern. Eine in hydrothermalen Gangbildungen häufige Folge ist aus dem Bild 4.63 zu ersehen.

Bei einer *Paramorphose* wird eine bestimmte Modifikation eines Minerals durch eine andere, bei Beibehaltung des Chemismus, ersetzt. Am häufigsten sind in der Natur Beispiele, wo eine Hochtemperaturmodifikation durch Kristalle der Tieftemperatur-

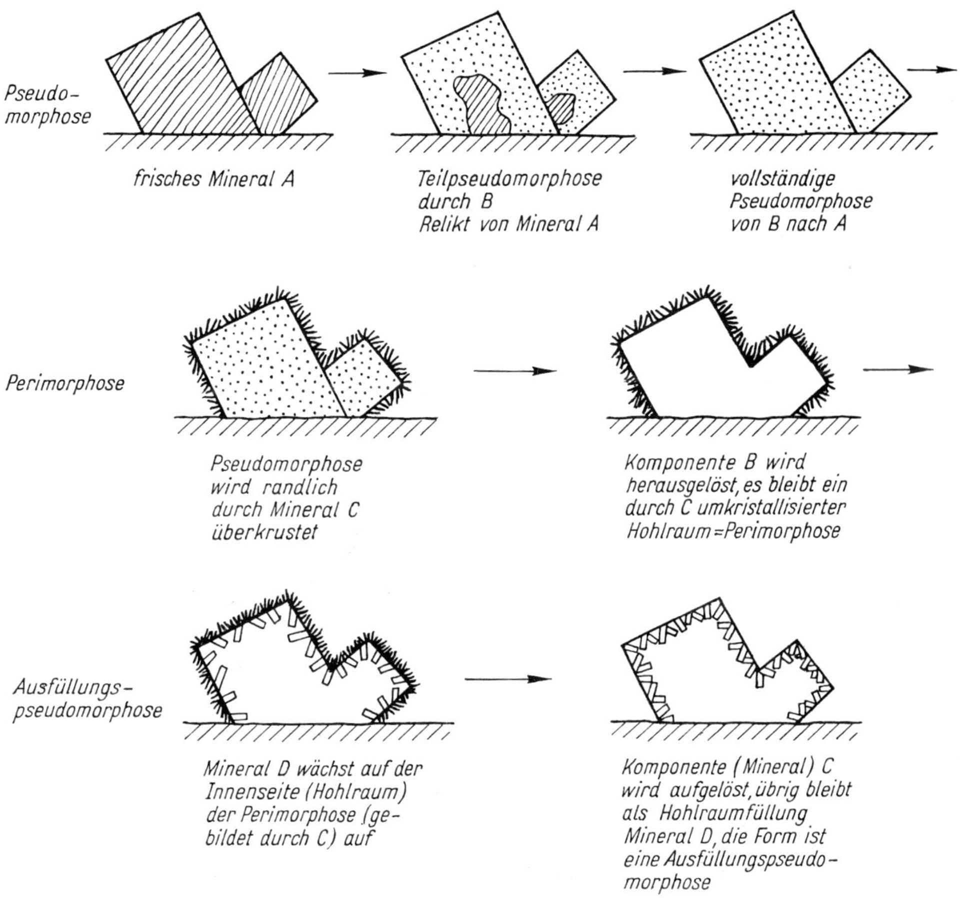

Bild 4.63. Verschiedene Arten der »Pseudomorphosen«

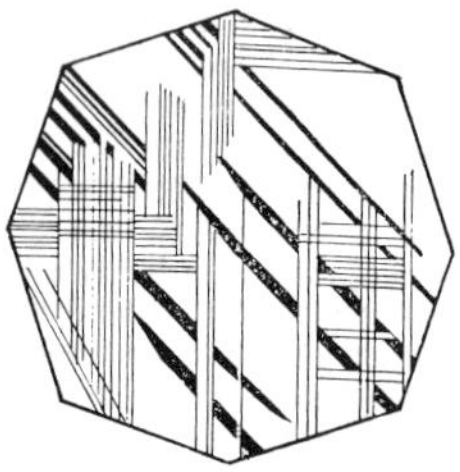

Bild 4.64. Paramorphose von tetragonalem lamellarem Tiefleucit nach kubischem Hochleucit (schematische Darstellung)

modifikation vertreten wird, so z. B. kubischer Hochleucit durch tetragonalen Tiefleucit (s. Bild 4.64).

4.4. Bildung und Ausbildung von Mineralaggregaten

Aus den geologischen Ausgangsmedien (Schmelzen, Flüssigkeiten, Gase, feste Körper) kristallisiert wegen des komplexen Ausgangschemismus und der Vielzahl neugebildeter Kristallkeime fast ausschließlich ein Gemisch von Mineralen aus und bildet Mineralaggregate. Diese bestehen normalerweise aus unterschiedlichen Mineralarten (polymineralische Aggregate, z. B. Granit) oder relativ selten aus einer einzigen Mineralart (monomineralische Aggregate, z. B. Marmor, s. Bild 4.65 a). Wegen der überragenden Bedeutung der Mineralaggregate (Gesteine, Erze, Böden) ist es notwendig, nicht nur die Gesetzmäßigkeiten der Minerale als Bausteine der Aggregate zu kennen, sondern die Aggregate selbst zu studieren.

Bildung von Mineralaggregaten

Wie wir bereits aus Kap. 4.2. wissen, kristallisiert aus einem geologischen Medium bei bestimmtem Chemismus und bestimmten geologischen bzw. physikochemischen Bedingungen immer eine ganz bestimmte Mineralassoziation aus. Da diese qualitativ und quantitativ festgelegt, also gesetzmäßig ist, wird sie im Sinne von A. Breithaupt als *Mineralparagenese* bezeichnet.

Jedes Gestein, jedes Erz hat also eine typische Mineralparagenese; man muß sogar sagen, daß ein geologisches Produkt dieser Art erst seinen Namen hauptsächlich aufgrund seiner mineralparagenetischen Zusammensetzung erhält. Wir wissen aber auch bereits, daß eine solche (primäre) Mineralparagenese durch weitere geologische Vorgänge (z. B. Metamorphose, hydrothermale Überprägung) verändert werden kann und einem neuen Gleichgewichtszustand mit einer neuen (also sekundären) Mineralparagenese zustrebt; meistens enthalten sekundäre Paragenesen noch Relikte der alten primären. Im erweiterten Sinne kann man auch (klastisch-)sedimentär gebildete Mineralassoziationen als Mineralparagenesen bezeichnen. Typische Paragenesen sind im Kap. 16. (Anhang) zusammengestellt (Tab. 16.13 bis 16.18).

Minerale, die für eine bestimmte Paragenese charakteristisch sind und sich nur oder hauptsächlich unter den physikochemischen Bedingungen dieser Paragenese bilden, heißen *Leitminerale*. So ist der Topas ein Leitmineral für den pegmatitisch-pneu-

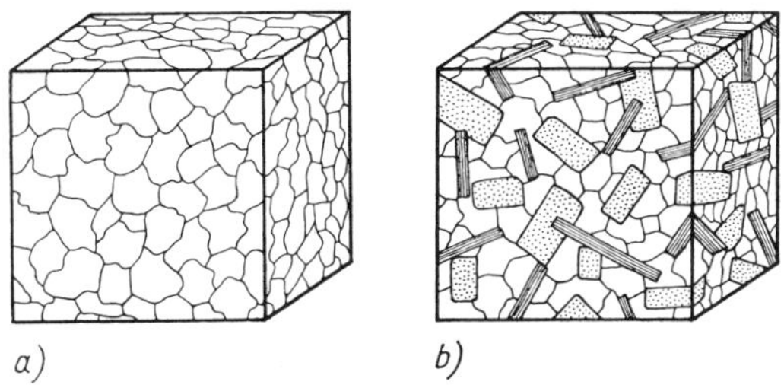

Bild 4.65. Schematische räumliche Darstellung eines

a) monomineralischen Mineralaggregats
b) polymineralischen Mineralaggregats bzw. Gesteins [98]

Wegen der gleichartigen und gleichzeitigen Kristallisation hat a) ein Pflastergefüge, während bei b) eine Kristallisationsfolge festzustellen ist, bei der sich die stengligen Minerale als erste, die gepunkteten als zweite und die weißen als letzte ausgeschieden haben

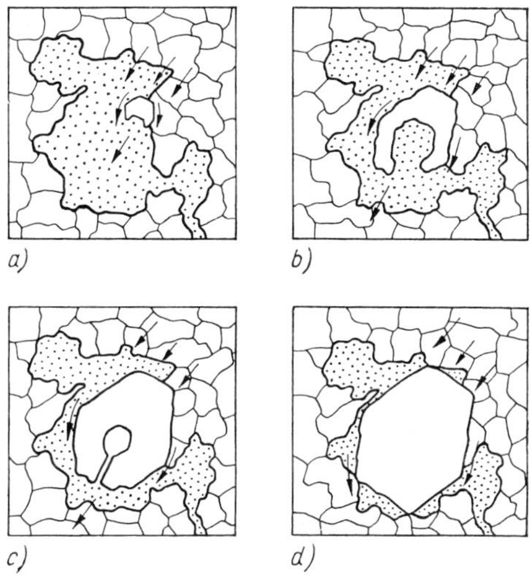

Bild 4.66. Schematische Darstellung des blastischen Wachstums eines Beryllkristalls in einem Pegmatitgang [4]

matolytischen, Antimonit für den tiefthermalen Bildungsbereich. Andere Minerale sind nicht an enge Entstehungsbereiche gebunden; so entsteht z. B. Quarz im magmatischen, metamorphen, hydrothermalen und sedimentären Bereich, er ist ein sog. *Durchläufer.*

Eine wichtige Erscheinung der (polymineralischen) Mineralaggregate ist die Reihenfolge der Auskristallisation der Minerale, also die *Altersfolge.* Bei jedem geologischen Akt erfolgt sie, wie bereits im Kap. 4.3. gezeigt, gesetzmäßig entsprechend den Löslichkeitsprodukten bzw. der Gitterenergie der auskristallisierenden Substanz. Im Erscheinungsbild der Mineralaggregate zeigt sich dies dadurch, daß die zuerst ausgeschiedenen (älteren) Minerale normalerweise von den jüngeren eingeschlossen werden sowie häufig ihre Idiomorphie besser ausbilden als die sich oft gegenseitig im Wachstum beeinflussenden jüngeren Mineralphasen (vgl. Bild 4.65, rechts).

Bei der Umwandlung von Gesteinen im festen Zustand wachsen oft Minerale neu, sie verdrängen die älteren Minerale. Ist die Verdrängung nicht vollständig, so sind in dem »blastisch« gewachsenen Kristall Relikte der älteren Mineralsubstanz eingeschlossen, d. h., auch in diesem Fall umschließt das jüngere Mineral das ältere (s. Bild 4.66). Ähnlich ist die Bildung der sog. *Metakristalle* (s. Bild 4.67).

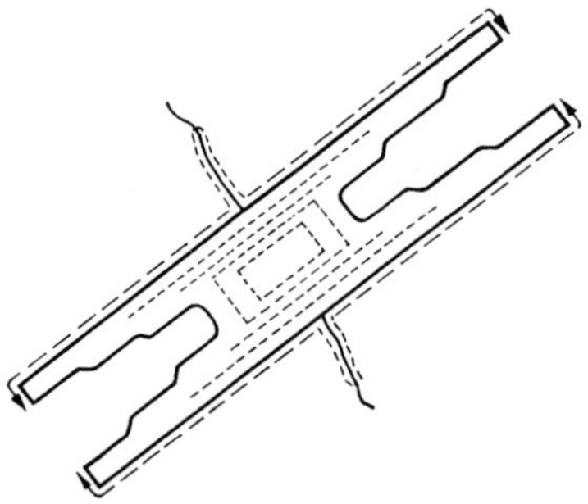

Bild 4.67. Skelettartiger »Metakristall« von Apatit wächst von Klüften aus metasomatisch (blastisch) ins Nebengestein hinein. Die gestrichelten Linien mit Pfeilen geben den Lösungstransport an [57]

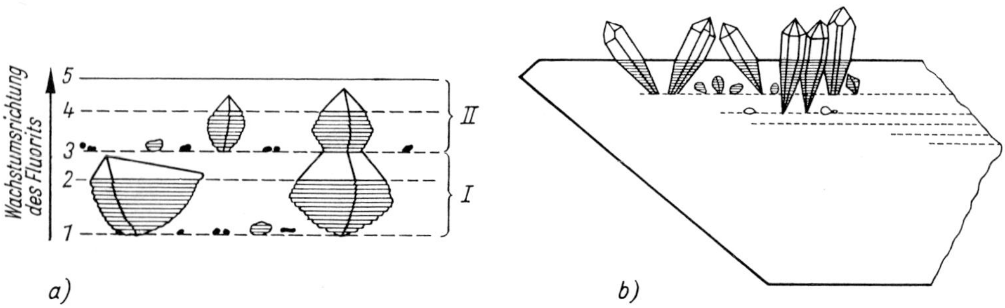

Bild 4.68. Graphische Darstellung zum Begriff der Generation [4]

a) eingewachsener Quarz (und andere Minerale) in Fluorit in zwei Generationen, also zweimalige Keimbildung

b) zwei Quarzgenerationen wachsen von Trübungsflächen aus in einen größeren Quarzmutterkristall. Äußerlich erscheinen sie wie aufgewachsen und als *eine* Generation

Hydrothermale gangförmige Erze haben sich häufig durch mehrfachen Absatz gleicher oder ähnlicher Mineralparagenesen gebildet. Hier und unter vielen ähnlichen Bedingungen kann der Fall eintreten, daß ein bestimmtes Mineral immer wieder in jeder Paragenese auftritt, so z. B. Quarz oder Pyrit. Wir sprechen dann von den unterschiedlichen *Generationen* dieses Minerals, also z. B. Pyrit I, Pyrit II, Pyrit III usw. Minerale verschiedener Generationen können sich aufeinander abscheiden, aber auch getrennt voneinander liegen (s. Bild 4.68, vgl. Bild 4.74).

Ausbildung von Mineralaggregaten

Das Erscheinungsbild der Mineralaggregate ist so vielfältig, daß es schwer ist, eine Ordnung oder Gliederung einzuführen. Andererseits ist es sehr bedeutungsvoll, da aus ihm Genese und Nutzungsmöglichkeit abgelesen werden können. Wichtigste Kriterien sind die Art und Zahl der Mineralarten, ihre Größe und Ausbildung sowie ihre räumliche Anordnung, ihr *Gefüge* (s. Bild 4.69).

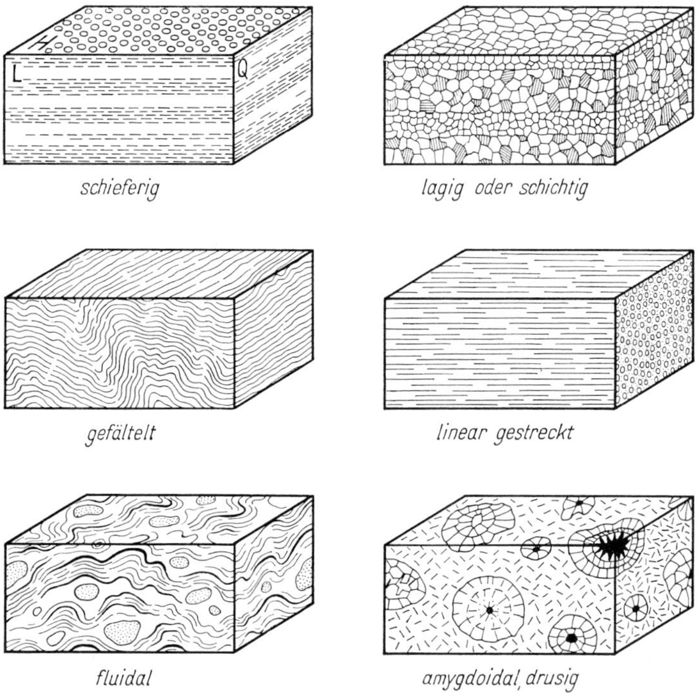

Bild 4.69. Einige wichtige Gefügearten, die oft mit charakteristischer Mineralausbildung verbunden sind [98]

Wir wollen die Mineralaggregate für ihre Besprechung in die folgenden vier Gruppen teilen, obwohl wir wissen, daß manche Grenzfälle schwer einzuordnen sind:

- körnige, kompakte Mineralaggregate (Typ »Gestein und Erz«)
- Aggregate aus freikristallisierenden Mineralen (Typ »Drusenbildung«)
- Mineralaggregate (überwiegend) kolloidaler Entstehung (Typ »Konkretion, Sekretion, Glaskopf«)
- krustenartige und pulvrige Mineralaggregate (Typ »Ausblühung, Ocker«)

Körnige, kompakte Mineralaggregate

Der Normalvorgang der Kristallisation eines einfachen kompakten geologischen Körpers ist in Bild 4.70 dargestellt. Aus den an vielen Stellen gebildeten Mineralkeimen wachsen »freischwebend« *idiomorphe* Minerale; im Endstadium der Erstarrung behindern sie sich gegenseitig, werden *allotriomorph* bzw. *xenomorph* (fremdgestaltig) und bilden ein sog. Pflastergefüge.
Dieser Vorgang gilt zunächst für monomineralische Aggregate, ist sinngemäß aber auch auf polymineralische zu übertragen. Bei diesen setzen dann einige Minerale (meist die früher ausgeschiedenen oder solche mit sog. hoher »Kristallisationskraft«) ganz oder teilweise ihre Idiomorphie durch. Von einem »porphyrischen Gefüge« sprechen

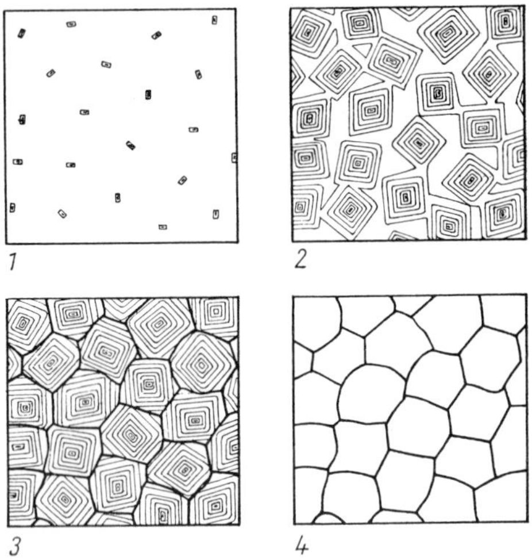

Bild 4.70. Schematische Darstellung der Kristallisation aus einer homogenen Flüssigkeit oder Schmelze [1]

1 homogene Keimbildung
2 freies idiomorphes Weiterwachsen der Keime zu größeren Einkristallen
3 Weiterwachsen bis zur vollständigen Auskristallisation führt zur gegenseitigen Behinderung der Kristalle und ihrer xenomorphen Ausbildung
4 Das entstandene Gefüge ist ein homogen-isotropes »Pflastergefüge«

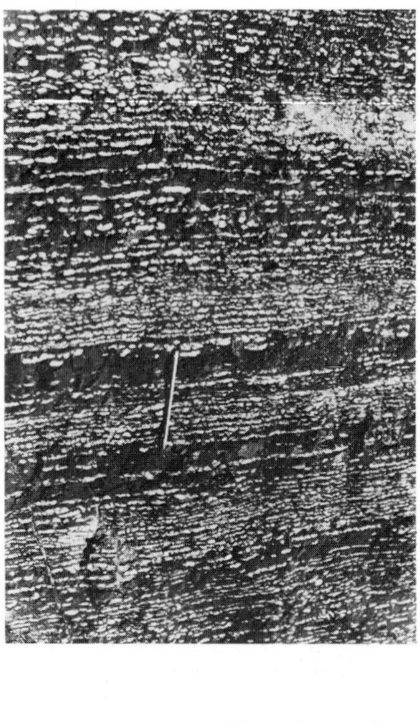

Bild 4.71. Sog. Knollenkalk aus dem Devon von Thüringen. Bändrig angeordnete Calcitknollen lagern rhythmisch in einem tonigen Bindemittel (grauschwarz) [Foto GRÜNDEL] Maßstab Hammer

wir speziell bei Ergußgesteinen, wenn einzelne frühzeitig ausgeschiedene große Kristalle als »Einsprenglinge« in einer feinkörnigen oder glasigen »Grundmasse« liegen (vgl. Bild 11.12). Dabei kann die Grundmasse häufig einen Fließvorgang abbilden und sog. »fluidale Gefüge« zeigen.

Sehr typisch ist die Anordnung der Minerale in sedimentären und metamorphen Gesteinen und Erzen. In Sedimenten und Sedimentiten lagern sich die Minerale

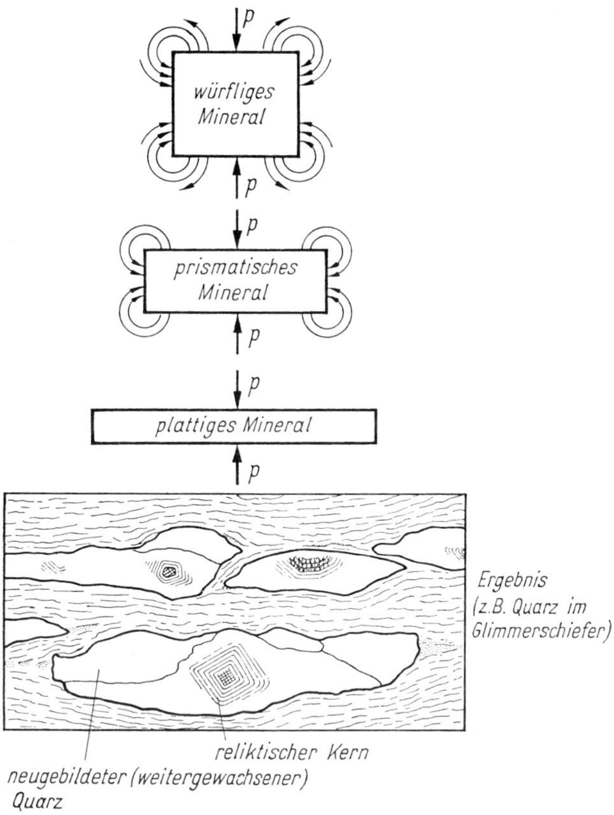

Bild 4.72. Schematische Darstellung des RIECKEschen Prinzips [4]

oben: ein isometrisches Mineral wird durch Druck von oben und unten gelöst (sog. Drucklösung), die gelöste Substanz scheidet sich seitlich wieder aus, so daß der Kristall senkrecht zur Druckrichtung »gelängt« oder »geplättet« wird

unten: das Produkt sind plattige Kristalle, z. B. Quarz, die im Zentrum oft noch Relikte der Ausgangsform haben

unter dem Einfluß der Schwerkraft meist schichtig und lagig, oft rhythmisch ab (s. Bild 4.71). Häufig sind sie durch ein toniges oder aus der Lösung (Grund- oder Tiefenwasser) ausgefälltes kiesliges, karbonatisches usw. *Zement* verkittet, gelegentlich verdrängt (vgl. Bild 4.20).
Metamorphe Gesteine zeigen (meist unter der Einwirkung von seitlichem Druck bei der Regional- oder Dynamometamorphose) schiefrige, plattige und gefältelte Gefüge (vgl. auch Bild 4.27 und 4.69). Die dabei oft zu beobachtende »Plättung« der Minerale (unter Umkristallisation) wird der Wirkung des RIECKEschen Prinzips zugeschrieben (Näheres Bild 4.72). Wenn in dem Metamorphit einzelne große Kristalle (Idioblasten) wachsen, haben wir ein porphyroblastisches Gefüge vor uns

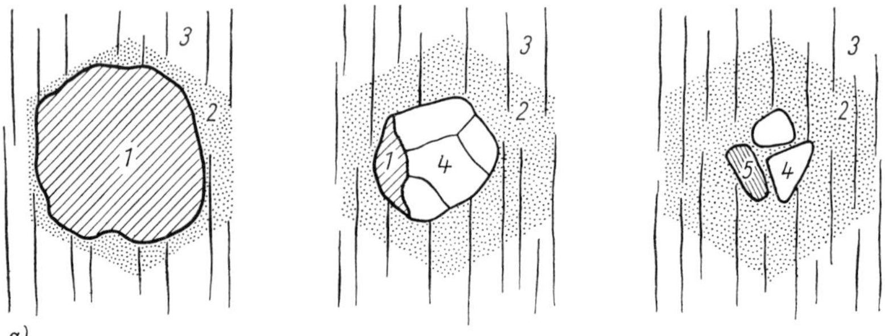

a)

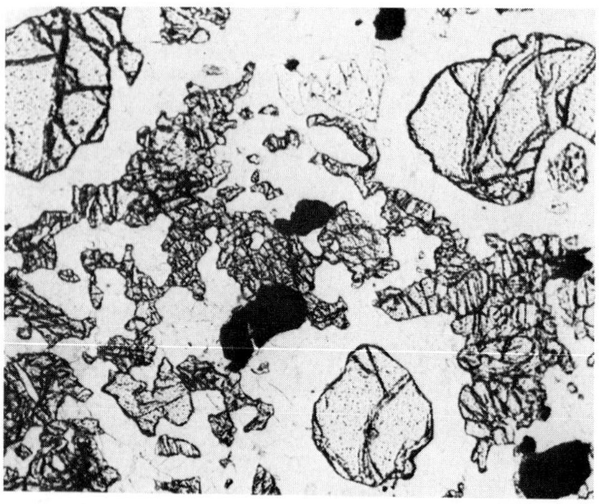

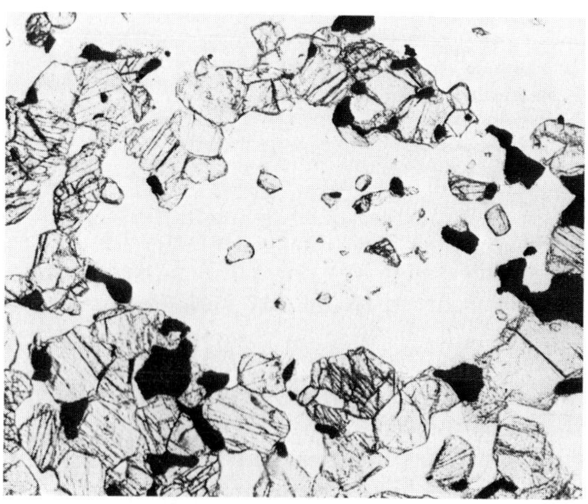

Bild 4.73. Auflösung von Mineralen bei der Metamorphose

a) Schema einer pseudomorphen Umwandlung von Granat in sekundären Amphibol sowie Plagioklas und Zoisit [4]

1 Granat
2 neugebildeter Amphibol, pseudomorph nach Granat
3 primärer Amphibol
4 Plagioklas
5 Zoisit

b) Zerfall von Granatkristallen im Pyroxengranulit (Pyriklasit) aus dem sächs. Granulitgebirge Steinbruch Diethensdorf; Dünnschliff, Vergr. 60 × [220], Anfangsstadium: Granat wird bereits durch Koronarstruktur von Plagioklas umgeben

c) wie b), aber Endstadium: Granat ist verschwunden, in einem Plagioklas»nest« liegen kleine Einzelkristalle von Orthopyroxen, Spinell und opaken Erzmineralen (vgl. Bilder 4.66 und 13.22). Umgekehrt werden bei der Metamorphose bestehende Minerale verschiedentlich instabil; ihre ehemalige Existenz ist dann oft nur noch anhand von Relikten zu vermuten (s. Bild 4.73).

Aggregate von freikristallisierten Mineralen

In fast allen Gesteinen und Erzen existieren feinste bis zum Teil dezimeter- und metergroße Hohlräume. Auf ihren Wänden können ohne Behinderung, meist aus wäßrigen oder gasförmigen Medien, mehr oder weniger ideal ausgebildete idiomorphe Kristalle wachsen. Im weitesten Sinne nennen wir solche Bereiche *Drüsen* (s. Bild 4.74).
Die Keimbildung auf den Drusenwänden erfolgt meist richtungslos. Beim weiteren Wachstum erfolgt eine gegenseitige Behinderung, so daß es zur »geometrischen Auslese« *der* Kristalle kommt, die sich annähernd senkrecht zur Aufwachsfläche entwickeln (s. Bild 4.75). Dadurch entstehen auf konvexen Unterlagen meist divergent- und radialstrahlige Kristallaggregate, auf stark konkaven konzentrisch-strahlige bis sphärolithische; logischerweise entwickeln sich auf einer geraden Aufwachsfläche parallele oder subparallele Kristallverwachsungen, sog. Kristallrasen (s. Bilder 13.3 und 13.31).
Drusenminerale gehören zu den schönsten Bildungen der geologischen Materie. Es ist daher nicht verwunderlich, daß sie für unsere Mineralsammlungen die attraktivsten Mineralstufen liefern.
Jedoch sollte sich der angehende Geologe und Bergmann hüten, diese prachtvollen Kristalle in ihrem Wert als Rohstoff überzubewerten oder sie gar mit dem zu gewinnenden Erz gleichzusetzen. Er wird sehr bald feststellen, daß die ökonomisch wichtigsten Rohstoffe ein meist sehr unscheinbares Äußeres haben. Um so mehr wird er sich an der Schönheit dieser seltenen Geschenke der Natur erfreuen.

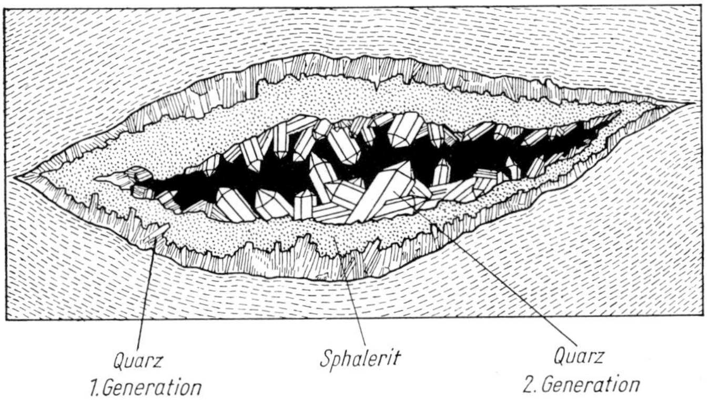

Bild 4.74. Schema eines Drusenhohlraumes in einem schiefrigen Nebengestein. Die 1. Quarzgeneration wird von Sphalerit gefolgt, die 2. Quarzgeneration kristallisiert in den freien Raum (ehemals wahrscheinlich hydrothermale Flüssigkeit) aus [20]

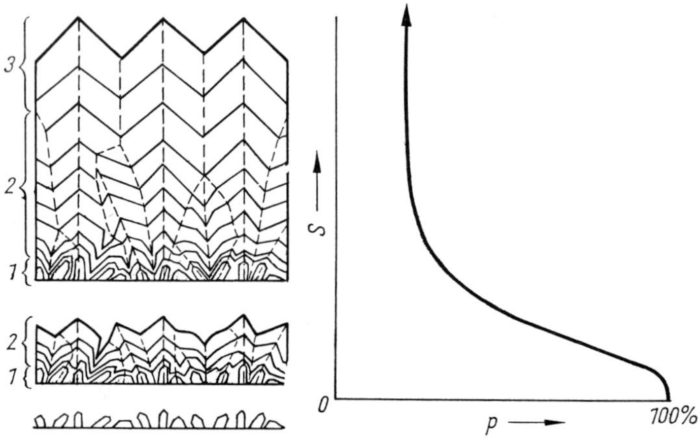

Bild 4.75. Stadien des Gruppenwachstums und der »geometrischen Auslese« von Kristallen [94]

1. Stadium (unten): Die Kristallkeime wachsen mit unterschiedlichen Richtungen auf einer Unterlage auf
2. Stadium (Mitte): Es beginnt die Unterdrückung des Wachstums zahlreicher Kristalle zugunsten einiger weniger
3. Stadium (oben): Die »ausgewählten« wenigen Kristalle wachsen parallel weiter

In der Kurve (rechts) ist die Abnahme der Individuenzahl halbquantitativ dargestellt (P = prozentualer Anteil der Kristalle; S = Wachstumsrichtung)

Mineralaggregate (überwiegend) kolloidaler Entstehung

Die bisher geschilderten Minerale und Mineralaggregate entstehen meist aus ionaren oder komplexmolekularen Bausteinen. In niedrigthermalen Wässern z. B. können sich aber auch kolloidale Partikelchen bilden und ausscheiden.

Die schönsten und häufigsten kolloidalen Minerale bilden sich in Hohlräumen. In vulkanischen Gesteinen kennen wir die kleinen »Mandeln« oder die größeren »Geoden« (s. Bild 4.69). In der Verwitterungszone von Gesteinen und Erzen bilden sich oft größere (Auslaugungs-)Hohlräume, an deren Wänden derartige Mineralaggregate oft in großen Mengen und in typischer wulstig-kugeliger Ausbildung auftreten. Bei den Erzen kennen wir die oft prachtvollen Gebilde der sog. »Glasköpfe« (s. Bild 4.76; Limonit, Psilomelan, Malachit usw., vgl. auch Bilder 10.11, 10.33, 11.28); bei ihnen sowie den Karbonaten kennen wir die Tropfsteinbildungen und Sinter in Form der von der Decke hängenden Stalaktiten und der von unten nach oben entgegenwachsenden Stalagmiten (s. Bilder 10.48 und 13.25).

Die kolloidalen Minerale entstehen meist dadurch (vgl. Kap. 2.2.6.), daß aus der migrierenden kolloidalen Lösung das Lösungsmittel Wasser verdunstet und sich zunächst meist eine gallertartige Masse ausscheidet. Durch weiteren Wasserentzug verfestigt sie sich immer mehr und kann mit der Zeit in einen mikrokristallinen Zustand übergehen. Durch den dabei entstehenden Volumenschwund bilden sich Ablösungsflächen in Form von Schwundrissen aus, vgl. Bild 10.38. Ein interessantes Merkmal vieler solcher kolloidalen Absätze ist deren schicht- und bänderartiger Aufbau. Man kann annehmen, daß diese oft farblich ausgeprägte Bänderung Diffusionsvorgängen ihre Entstehung verdankt, etwa nach dem Prinzip der sog. LIESEGANGschen Ringe (s. Bilder

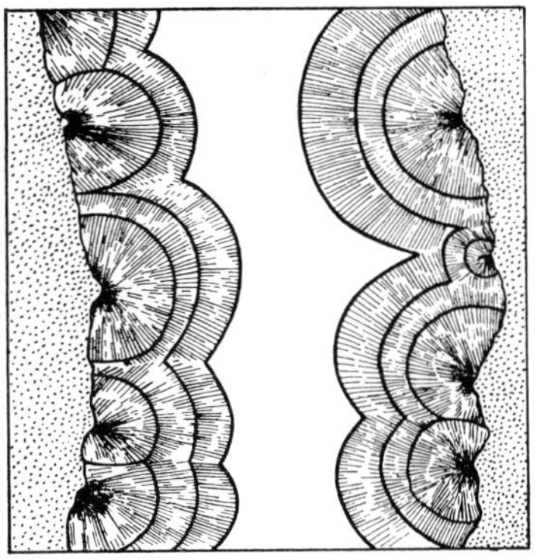

Bild 4.76. Wulstig-kugelige glaskopfartige Bildungen mit konzentrisch-strahligem Aufbau auf den Salbändern eines Ganges [20]

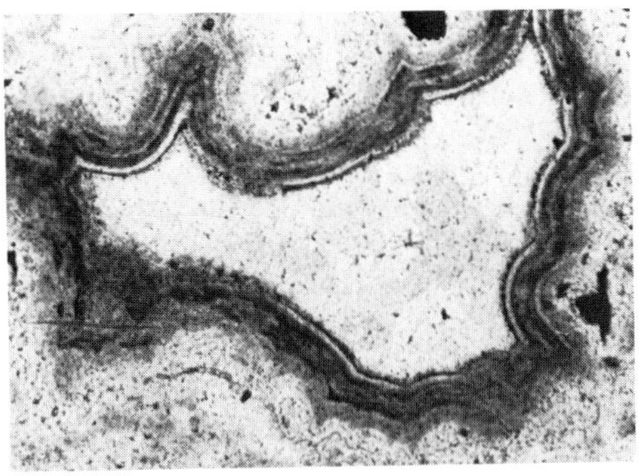

a)

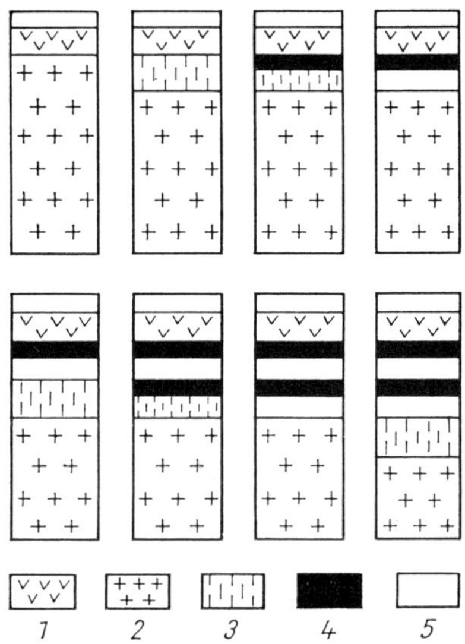

b)

Bild 4.77. »LIESEGANGsche Ringe«

a) Rhythmisch aufgebaute Opalfüllung eines Hohlraumes in einem quarzreichen Sedimentit [261]. Dünnschliff, Vergr. 50 ×

b) Schema der experimentellen Bildung rhythmischer Ausfällungen [60]

1 $AgNO_3$-Lösung
2 Gelatine mit gelöstem $K_2Cr_2O_7$
3 Gelatine mit $Ag_2Cr_2O_7$-Lösung
4 Gelatine mit $Ag_2Cr_2O_7$-Fällung
5 Gelatine mit gelöstem $AgNO_3$

4.77 und 8.24a). Meist kolloidaler Entstehung sind auch die Oolithe und Konkretionen. *Oolithe* sind Gesteine, die sich aus kugligen Aggregaten (*Ooiden*) aufbauen. Sie entstehen im bewegten Wasser dadurch, daß sich meist um einen kleinen Festkörper (Quarzkorn, Mineralbruchstück) feinste kolloidale Schichten absetzen; ist deren Stärke nach vielfacher Wiederholung groß genug, sedimentiert sich das Ooid und bildet das oolithische Gestein (z. B. oolithische Eisenerze oder den Karlsbader Sprudelstein, s. Bild 4.78).

Konkretionen sind kugel-, knollen- oder unförmig-wulstige Bildungen, die sich durch Verdrängung (Blastese) in Sedimenten bilden. Die häufigsten Konkretionen bestehen aus Karbonaten, Phosphorit oder Schwefelkies (Pyrit–Markasit, vgl. Bild 8.24 b), wobei

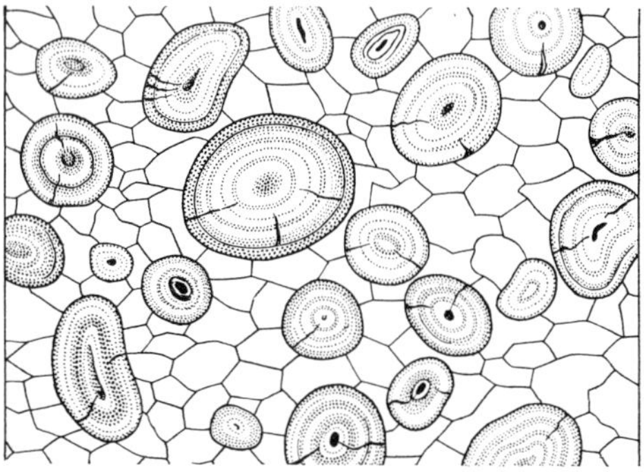

a)

b)

Bild 4.78. Oolithische Gefüge

a) Eisenerzooide in einem karbonatischen Zement [98]

b) sog. Karlsbader Sprudelstein (»Erbsenstein« oder »Pisolith«) [223]

die beiden letzten Typen in Lagerstätten angereichert sein können. Obwohl in den meisten Fällen ein kolloidaler (z. T. biogener) Ursprung anzunehmen ist, liegen diese Konkretionen heute meist in feinkristalliner Form vor (sie sind »rekristallisiert«, oft mit radialstrahligem Aufbau); wegen ihrer metasomatischen Entstehung haben sie auch oft noch reliktische Fremdeinschlüsse.

Krustenartige und pulvrig-erdige Mineralaggregate

Auf vielen Mineralen sind feinkörnige dünnste Überzüge, sog. *Anflüge* und Beschläge, zu beobachten. Sie sind mineralogisch oft schwer zu definieren, zumal es sich häufig um Mineralverwachsungen handelt. Auch die sog. *Ausblühungen* sind hier einzuordnen (vgl. Bild 13.18). Es handelt sich meistens um lockere und feinstfasrige Bildungen, die sich auf Gesteinen und Böden und deren Rissen und Hohlräumen während der Trockenzeiten bilden, bei Regenfällen jedoch wieder aufgelöst werden. Gleichfalls bei Verwitterungsvorgängen, besonders bei den Erzen, entstehen erdig-pulvrige Verwitterungs- und Reaktionsprodukte, u. a. die sog. *Ocker*; am häufigsten sind Eisen- und Manganhydroxide.

4.5. Minerale im extraterrestrischen Raum

Wir haben heute die Möglichkeit, außerirdisch gebildete Minerale und Mineralaggregate hauptsächlich an zwei Objekten zu studieren, nämlich

- an den Meteoriten
- an den Mondgesteinen

In beiden Fällen treten mengenmäßig überwiegend Minerale auf, die wir auch auf der Erde kennen (s. Tab. 4.8). Ein besonderes Kennzeichen aller dieser Minerale ist,

Tabelle 4.8. Die bisher in Mondgestein festgestellten Minerale
(geordnet etwa nach der Häufigkeit des Auftretens)

Mineral	Formel	Mineral	Formel
Pyroxen	$(Ca, Mg, Fe)_2[Si_2O_6]$	Quarz	SiO_2 (hexag.)
Plagioklas	$(Ca, Na)\ [(Al, Si)_4O_8]$	Armalcolit	$(Fe, Mg)Ti_2O_5$
Ilmenit	$FeTiO_3$	Zirkon	$Zr[SiO_4]$
Olivin	$(Mg, Fe)_2[SiO_4]$	Baddeleyit	ZrO_2
Cristobalit	SiO_2 (kubisch)	Apatit	$Ca_5[(PO_4)_3(F, Cl)]$
Tridymit	SiO_2 (rhombisch)	Whitlockit	$Ca_3[(PO_4)_2]$ (trig.)
Pyroxferroit	$(Fe, Ca)_2[Si_2O_6]$	Rutil	TiO_2
Chromit	$FeCr_2O_4$	Perovskit	$CaTiO_3$
Kamazit	Fe	Spinell	$MgAl_2O_4$
Taenit	(Fe, Ni)	Tranquillityit	$Fe(Ti, Zr, Si)O_3$
Troilit	FeS	Cohenit	Fe_3C
Alkalifeldspat	$K[AlSi_3O_8]$	Schreibersit	$(Fe, Ni)_3P$
		Kupfer	Cu

daß sie wasserfrei sind. Da die Meteorite in Kap. 7.4. beschrieben werden, beschränken wir uns hier auf eine kurze Charakteristik der *Mondminerale und Mondgesteine*.
Der Mond ist etwa gleichalt wie die Erde und hatte eine ähnliche basaltisch-chondritische Ausgangssubstanz. Im Unterschied zur Erde hat seine primäre Differentiation (wahrscheinlich wegen der geringeren Größe) nur maximal 1 Milliarde Jahre gedauert und ist dann »eingefroren«. Aus diesem Grund hat der Mond keinen Kern und eine nur schwache silikatische Kruste. Uns liegt heute die kaum differenzierte feinkörnige basaltische Substanz in den Mondmaren (als Einschlagskrater) vor, während die Terra-Gebiete (als »Festländer«) aus Anorthosit-Gesteinen bestehen (Anorthosit ist ein an basischem Feldspat reiches Gestein mit doleritischem Gefüge).
Über beiden Gesteinstypen liegt ein oft mehrere Meter mächtiges Sediment, das als Mondboden oder Regolith bezeichnet wird. Es verdankt seine Entstehung hauptsächlich der Ablagerung von »Zerspratzungsprodukten« der Gesteine, die bei dem Einschlag von Meteoriten entstehen. Hauptbestandteile sind Mineral- und Gesteinsbruchstücke sowie kleine glasige Kügelchen (s. Bild 4.79; vgl. Bild 5.15). Die Kugelform der Gläser bildet sich wegen der fehlenden Atmosphäre und der geringen Anziehungskraft des Mondes aus. Echte Verwitterungserscheinungen gibt es natürlich nicht.
Durch den ungebremsten Einschlag der Meteoriten auf der Mondoberfläche werden die gesteinsbildenden Minerale oft stark mechanisch deformiert, was sich z. B. in Form von Mineralisotropisierung oder lamellenartigen Translationen darstellt (s. Bild 4.79). Solche Erscheinungen beobachten wir auch an den riesigen Meteoriteneinschlagkratern auf der Erde, wie z. B. beim Cañon Diablo in Arizona (USA) oder im Nördlinger Ries (südl. BRD). Die bei einem solchen Einschlag frei werdenden Energien verdampfen nicht nur ganz oder teilweise den Meteoriten selbst, sondern erzeugen große Umwandlungszonen in der Erdkruste. Die Neubildungen von SiO_2-Hochdruckmineralen wie Stishovit und Coesit sind bezeichnende Zeugen dieser Impakte bzw. »Explosionen«. Es ist nicht ausgeschlossen, daß die Tektite auf der Erde (vgl. S. 277) den Glaskügelchen der Mondoberfläche genetisch ähneln.

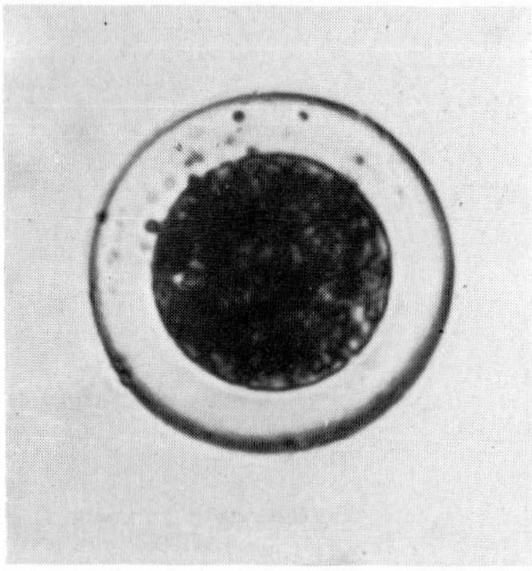

a)

b)

Bild 4.79. Material aus dem Mondboden (Regolith), sowjetisches Luna-20-Unternehmen [243]

a) Eine ältere fast opake Glaskugel ist in einer farblosen Glaskugel eingebettet. Lichtmikroskop. Aufnahme, Vergr. 260 ×

b) Pyroxen mit Deformationslamellen und undulöser Auslöschung. Lichtmikrosk. Aufnahme, x Nic., Vergr. 300 ×

4.6. Künstliche Herstellung von Mineralen

Die künstliche Herstellung von Mineralen (s. Bild 4.80) dient hauptsächlich zwei Zwecken, nämlich

- der Erforschung der Bildungsbedingungen der Minerale, um daraus genetische Schlußfolgerungen für die natürliche (geologische) Entstehung ziehen zu können, und
- der Erzeugung von Einkristallen, auch polykristallinen Aggregaten, für ihren Einsatz als Werkstoffe in der Technik

Bei der *Erforschung der Bildungsbedingungen* der Minerale kommt es vor allem darauf an, wie bereits im Kap. 4.2. angedeutet wurde, die Stabilitätsbereiche der Minerale oder Mineralparagenesen zu erkennen. Es wird hier also nicht angestrebt, große Kristalle zu züchten; feinstkörnige Fällungs- oder Reaktionsprodukte reichen aus, sie mikroskopisch oder röntgenographisch zu identifizieren. Die Reaktion läuft unter festgelegten pT-Bedingungen in Ampullen oder Autoklaven ab (s. Bild 4.81). Wir unterscheiden trockene Reaktionen (Systeme) ohne eine flüchtige Komponente und solche mit einer flüssigen (meist Wasser) und/oder gasförmigen Phase. Die meisten Untersuchungen laufen im Bereich bis 1000 °C und dem in einem geschlossenen System dazugehörigen Dampfdruck (sog. hydrothermaler Bereich). Als eingesetzte Ausgangsprodukte dienen Elemente und Moleküle, die zu Mineralen zusammentreten, oder auch feinkörnige Minerale, die untereinander reagieren und neue Mineralphasen bilden.
Etwas eingehender wollen wir uns mit der *Züchtung von Kristallen* befassen. Einmal, da diese hier verwendeten Methoden auch für die obige Aufgabenstellung von Nutzen

sein können, zum zweiten, weil die hierbei gewonnenen Erkenntnisse von grundlegender Bedeutung für das Mineralwachstum überhaupt sind, und zum dritten, weil die für technische Zwecke und die Schmuckindustrie gezüchteten »Minerale« die natürlichen immer mehr ersetzen. Das liegt daran, daß sie oft größer und reiner als die natürlichen und in praktisch unbegrenzten Mengen erzeugbar sind. Die Reinheit bezieht sich auf die substantielle Homogenität, aber auch die Armut an Gitterfehlern, oft auch an Zwillingsbildungen. Die Bildungsmedien können Lösungen, Schmelzen und Gase sein, aber es gibt auch Kristallzüchtung in festem Zustand, so die Diamantsynthese. Einen Überblick gibt Tab. 16.10 (im Anhang).

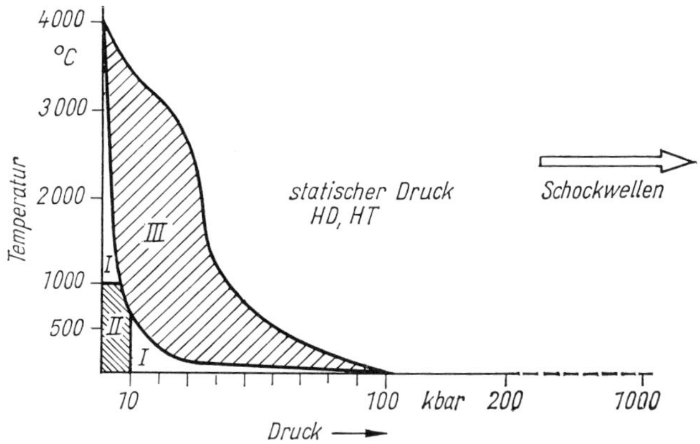

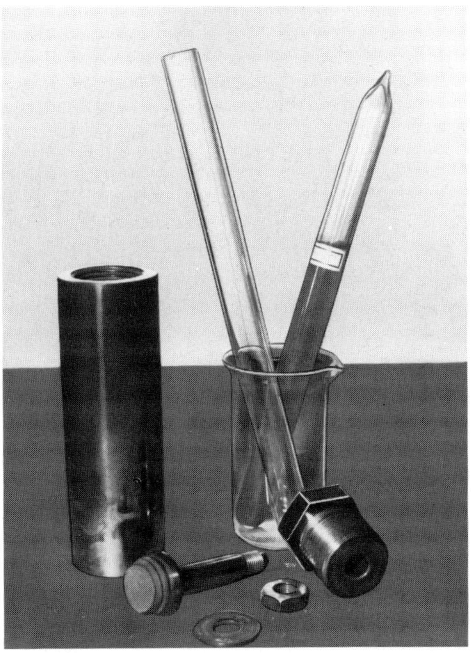

Bild 4.80. Experimentell erreichbares Druck-Temperatur-Feld und die wichtigsten Synthesemethoden [160]

I technisch genutzter pT-Bereich
II Hydrothermalsynthese
III Bridgman-Bereich

Bild 4.81. Autoklavenbombe (mit Verschluß) und Glasampullen (vor und nach der Füllung) für Syntheseexperimente im sog. Hydrothermalbereich [221]

Die *Kristallzüchtung aus der Lösung* ist sicher die bekannteste. Vielen ist der einfache Versuch geläufig, aus einer Alaunlösung durch Verdunsten des Lösungsmittels einen Alaunkeim zu einem großen oktaedrischen Kristall wachsen zu lassen. Hält man einige Parameter konstant (z. B. den Grad der Übersättigung), kann man auf diese Art die technisch bedeutungsvollen Mineralkristalle von Alaun, Seignettesalz, ADP usw. erzeugen. Verbessert wird die Kristallbildung, wenn man durch konstante Erwärmung und Durchbewegung der Flüssigkeit die Zufuhr zum wachsenden Kristall optimiert. Eine Reihe von Mineralen (insbesondere Quarz) hat ihr Bildungsoptimum, wenn sie aus einer heißen wäßrigen Lösung, die in einem Autoklaven unter eigenem Dampfdruck steht, auskristallisieren. Im Schema ist diese Hydrothermalsynthese von Quarz in Bild 4.82 dargestellt (vgl. Bild 5.10). Die Einhaltung des Temperaturgradienten ist von besonderer Bedeutung, da er im metastabilen Bereich liegt und damit wohl das Weiterwachsen des Keimes erlaubt, aber keine unerwünschte spontane Keimbildung zuläßt (vgl. S. 210).
Als klassische Methode der *Kristallbildung aus der Schmelze* haben wir das VERNEUIL-Verfahren (1904) anzusehen, bei dem ein Einkristall aus einem Oxidpulver in einer Knallgasflamme erschmolzen wird. Die Herstellung von mehrere cm großen Korund»birnen« (Rubin, Saphir) (s. Bild 4.84) aus Al_2O_3-Pulver zeigt das Bild 4.83; die rote bzw. blaugrüne Farbe wird durch Farbzusätze wie Chromoxid usw. erreicht. Heute kann man nach dem VERNEUIL-Verfahren Spinell, Rutil, Mullit und viele andere Minerale synthetisieren, die wie der Korund als Schmucksteine, Lagersteine, für optische Zwecke usw. genutzt werden.
Zur Herstellung von Einkristallen für die Halbleiterindustrie wurden in den letzten beiden Jahrzehnten Verfahren eingesetzt, bei denen aus einer Metallschmelze ein Einkristall direkt auskristallisiert. Man kann dies auf zweierlei Art erreichen. Einmal wird die in einem länglichen Tiegel befindliche Schmelze langsam in einen kühleren Bereich gezogen (STOCKBARGER-BRIDGMAN-Verfahren), oder ein Impfkristall bzw. Metallstab wird in eine Schmelze getaucht und langsam herausgezogen (Zieh-

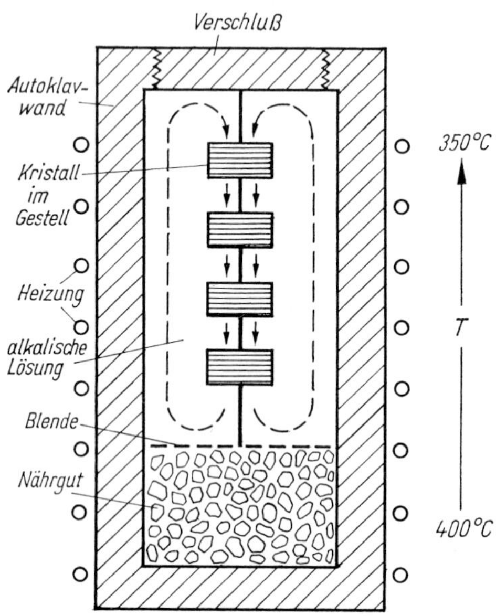

Bild 4.82. Schematische Darstellung der hydrothermalen Quarzsynthese

a)

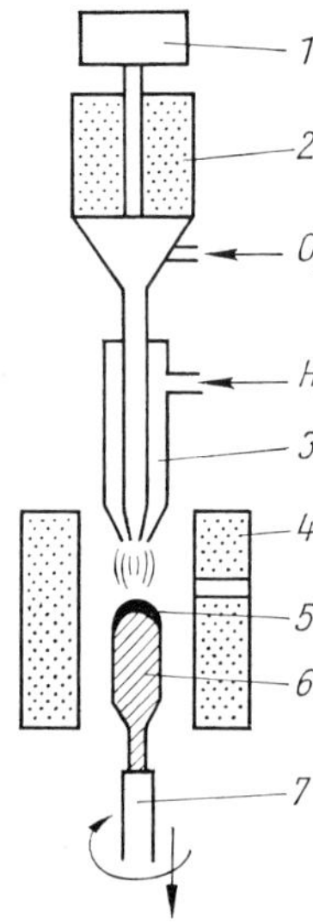

b)

Bild 4.83. Kristallsynthese nach dem VERNEUIL-Verfahren

a) industriemäßige Kristallzüchtung nach dem VERNEUIL-Verfahren im VEB Elektrochemisches Kombinat Bitterfeld [244]

b) schematische Darstellung der Zuchtapparatur
1 Vibrator
2 Behälter mit Al_2O_3
3 Brenner
4 Keramikmuffel
5 Schmelze
6 Kristall
7 drehbarer und senkbarer Kristallträger

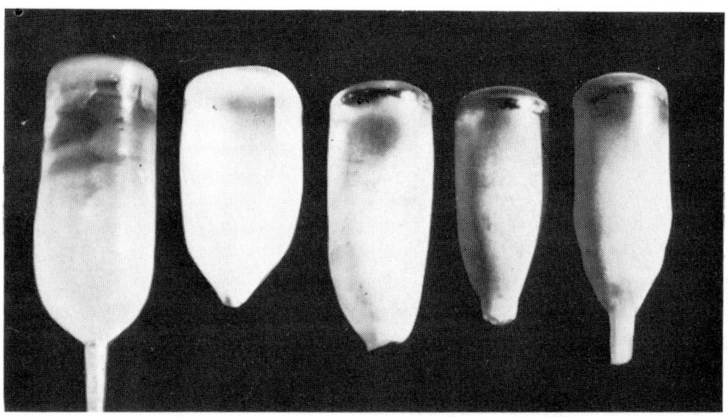

Bild 4.84. Syntheseprodukte (»Korundbirnen«) des VERNEUIL-Verfahrens [244]

verfahren nach CZOCHRALSKI oder NACKEN-KYROPOULOS s. Bild 4.85). Auf diese Art sind dezimetergroße Kristalle herstellbar (s. Bild 4.86).
Die Verfahren der *Kristallzüchtung aus der Gas- bzw. Dampfphase* beruhen darauf, daß eine Substanz, meist in einem geschlossenen Gefäß, erhitzt und verdampft wird und sich an einer kühleren Stelle wieder auskristallisiert (Transportreaktion). Bei einigen Sulfiden und Oxiden hat sich dieses Verfahren gut bewährt, allerdings sind die Kristalle meist relativ klein, oft auch skelettartig (s. Bild 4.87).

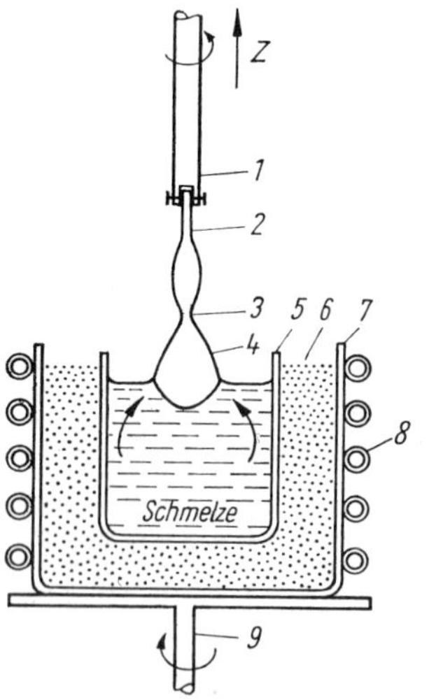

Bild 4.85. Czochralski-Apparatur zur Züchtung von Einkristalldrähten, Laser- und anderen Einkristallen

1 Impfkristallhalter (Z = Ziehrichtung)
2 Impfkristall
3 Einschnürung zur Verminderung von Baufehlern
4 wachsender Einkristall
5 Tiegel
6 Sintermagnesia
7 keramischer Schutztiegel
8 Hochfrequenzheizung
9 drehbarer Tiegelträger

Bild 4.86. 40 cm langer Silizium-Einkristall, hergestellt nach dem Czochralski-Verfahren. An der Spitze befindet sich der Si-Kristallkeim [221]

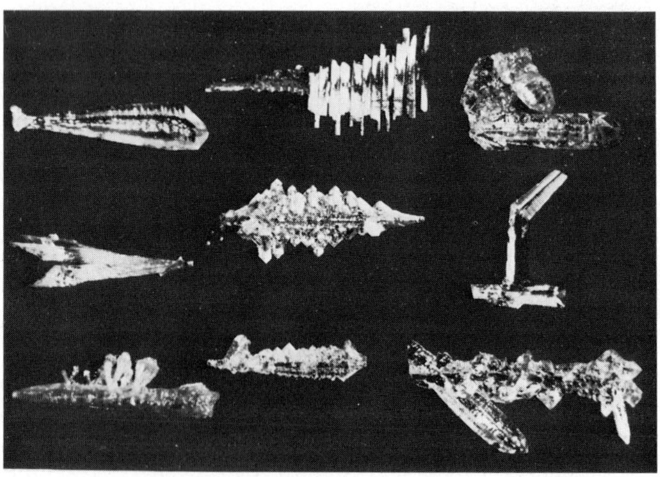

Bild 4.87. Aus der Gasphase gezüchtete, meist skelettartige Kassiteritkristalle, unterschiedlich stark mit anderen Elementen dotiert [245], etwa natürliche Größe

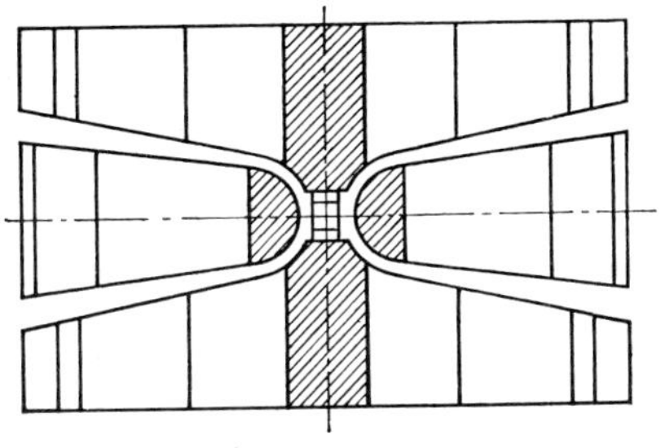

Bild 4.88. Stempelsystem mit Probe bei der Hochdrucksynthese (als Beispiel eine sog. »Belt«anordnung) [270, 78]

Hochdrucksynthese: Einige Minerale, besonders die des Erdmantels, bilden sich nur bei sehr hohen Drücken (und z. T. Temperaturen). Um sie synthetisch herstellen zu können, benötigt man aufwendige Druckapparate (Pressen), die über bestimmte Stempelsysteme Drücke bis zu einigen hundert Kilobar erzeugen können (s. Bild 4.88). Auf diese Weise sind viele z. T. bisher unbekannte Hochdruckmodifikationen der Minerale gebildet worden. Auch die Diamantsynthese (erstmalig 1955) ist unter ähnlichen Bedingungen realisierbar (vgl. Bild 7.21).
Aus diesen Darstellungen ist abzulesen, daß solche HD-HT (Hochdruck-Hochtemperatur-) Untersuchungen zwei Hauptzwecke haben, nämlich

- das Studium der Zustandsbedingungen im Erdinnern einschließlich der Mineralbildung. Es ist z. B. zu klären, ob die geophysikalisch nachgewiesene Dichtezunahme in Richtung Erdkern wie bisher mit einer Zunahme schwererer (metallischer) Elemente zu erklären ist oder ob nicht die geologische Materie unter den extremen Druck- und Temperaturbedingungen (vgl. Bild 4.2) eine höhere Pakkungsdichte der atomaren Bausteine, beispielsweise durch Zulassung höherer Koordinationszahlen, in den Mineralgittern erreicht (Arbeitsgebiet der HD-HT-Mineralogie bzw. -Geochemie)
- die Übertragung geowissenschaftlicher Erkenntnisse auf die Werkstoff-Forschung. Es hat sich herausgestellt, daß viele der neuentstehenden Mineral- bzw. Kristallphasen ungewöhnliche physikalische Parameter haben, so daß diese Produkte als Spezialwerkstoffe eingesetzt werden können.

5 Praktische Anwendung und Bedeutung der Mineralogie und der Minerale

Die Mineralogie erhält, wie jede Wissenschaft, ihren Wert und ihre Bedeutung durch ihre Nützlichkeit für die menschliche Gesellschaft. Diese grundsätzliche Feststellung besagt nicht, wie oft mißverstanden wird, daß die Mineralogie (wie alle anderen Wissenschaften) dadurch in eine (lediglich pragmatische) Hilfsfunktion gedrängt wird, sondern erfordert im Gegenteil zu der optimalen Erfüllung dieser Aufgabe eine hohe theoretische Fundierung, verknüpft mit der Fähigkeit einer praktischen Umsetzung der gewonnenen Erkenntnisse.

5.1. Die Mineralogie bei der Suche und Erkundung von Lagerstätten

Die Anwendung der Mineralogie bei der Unterstützung dieser wohl wichtigsten geologischen Arbeit erfolgt stets in mehr oder weniger enger Verbindung mit den Geologen und der geologisch-lagerstättenkundlichen Zielstellung. Sie konzentriert sich auf folgende Schwerpunkte:

- Unterstützung bei der geologischen Kartierung und Lagerstättensuche an der Erdoberfläche (Boden, Schürfe, Oxydationszonen, geochemische Prospektion usw.)
- mineralogische Untersuchung von Bohrkernen und Bohrklein (s. Bild 5.1)
- qualitative und quantitative Erfassung des Inhalts von Lagerstätten fester mineralischer Rohstoffe einschließlich Lagerstättenkartierung
- mineralogische Untersuchungen zur Lagerstättengenese

Dazu seien einige erläuternde Bemerkungen erlaubt: Bei der *geologischen Kartierung und übertägigen Lagerstättensuche* wird das gesammelte geologische Material eingehend auf lagerstättenanzeigende mineralogische Kriterien untersucht. Das sind insbesondere die Oxydationsminerale von Erzlagerstätten, aber auch Gesteinsumwandlungen in Anstehenden und im Lesesteinen, die z.B. von der pneumatolytischen und hydrothermalen Überprägung herrühren. Besondere Beachtung ist der Analyse verwitterungsbeständiger Erz- und Schwerminerale in Bodenprofilen und jungen Fluß-Sedimenten zu schenken (z. B. Kassiterit, Baryt, Fluorit, Cinnabarit). Diese Analysen sind z. T. im Gelände, meist aber im Labor durchzuführen und beanspruchen einen großen Teil der mineralogisch-analytischen Verfahren, insbesondere mikroskopische, röntgenphasen- und schwermineralanalytische Methoden (s. Bild 5.2).

Das durch *Bohrungen* gewonnene Material ist mit besonderer Sorgfalt zu analysieren, da einerseits diese geologische Substanz mit großem materiellem Aufwand gewonnen werden muß und andererseits von diesen relativ geringen Mengen weitreichende Schlüsse gezogen werden sollen. Wie bei allen anderen substantiellen Untersuchungen werden auch hier die mineralogischen Verfahren mit den geochemischen sinnvoll gekoppelt. Der oft noch zu großzügige Umgang mit Bohrkernmaterial durch lediglich makroskopische Durchmusterung sollte einer stetigen systematischen element- und phasenanalytischen Untersuchung weichen, zumal der analytische Aufwand nur einen winzigen Bruchteil der Gesamtkosten ausmacht. Mit Erfolg wird in zunehmendem Maße auch die tonmineralogische Analyse der Gesteine (speziell bei der Suche von Kohlenwasserstoffen) eingesetzt.

Die qualitative und quantitative Erfassung des Lagerstätteninhalts von festen mineralischen Rohstoffen gehört zu den klassischen Aufgaben der Mineralogie (s. Tab. 5.1). Dabei spielen die richtige Bestimmung der Haupt- und Nebenminerale einschließlich ihrer Besonderheiten, der Verwachsungsverhältnisse, des paragenetischen Charakters

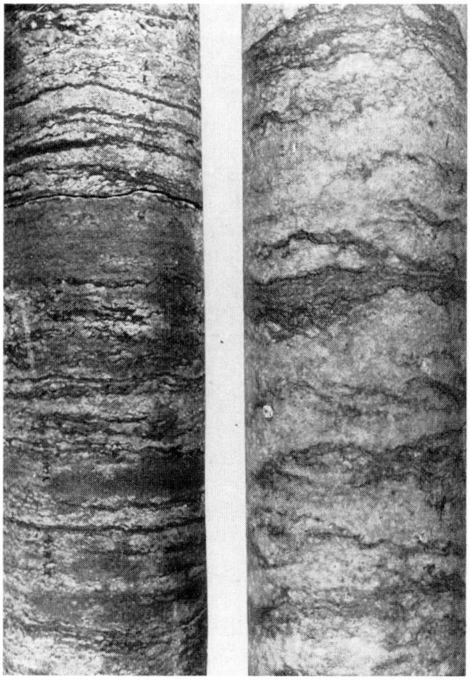

Bild 5.1. Bohrkerne von Anhydrit [246]

Es ist die unterschiedliche Streifung durch unregelmäßige tonig-dolomitische Bänder gut zu erkennen, *links:* Sangerhausen, *rechts:* Udersleben (beide DDR). Etwa 4fache Verkleinerung

Sylvin	63,2 K_2O
Glaserit	38,4 K_2O
Syngenit	27,8 K_2O
Leonit	25,7 K_2O
Schönit	23,4 K_2O
Langbeinit	22,7 K_2O
Kainit	18,9 K_2O
Carnallit	16,9 K_2O
Polyhalit	15,6 K_2O

Tabelle 5.1. Zusammenstellung von Kalisalzen mit abnehmenden K_2O-Gehalten. Sie zeigt, daß die Bedeutung der nutzbaren Kalisalze (Sylvin, Carnallit) von ihrer verfügbaren Menge und ihrer Aufbereitbarkeit abhängt, nicht allein vom K_2O-Gehalt. K_2O-Gehalt in Masse-%

der sekundären Beeinflussung des Rohstoffes und des Nebengesteins sowie auch die Gewinnung von Mineralen für die absolute Altersbestimmung eine besondere Rolle. Es sollte jeder Objektgeologe in der Lage sein, einfachere mikroskopische Bestimmungen und Integrationen bereits auf der Grube durchzuführen. Jede weitere Beobachtung und Besonderheit kann von Bedeutung sein und sollte in einem Speziallabor aufgeklärt werden. Auch die Bestimmung der Rohstoffdichte gehört für die Vorratsberechnung zu den ständigen mineralogisch-lagerstättenkundlichen Aufgaben.

Die Klärung der *Lagerstättengenese* ist für die optimale Erkundung und Gewinnung meist von entscheidender Bedeutung. Neben den geologisch-tektonischen und geochemischen Untersuchungen spielen hier die mineralogischen Verfahren eine wichtige Rolle; sie werden in der »Genetischen Mineralogie« zusammengefaßt. Darunter verstehen wir im wesentlichen die Mineralontogenie (Grigoriev 1975), die Mineralparagenetik sowie die Mineraltypomorphie (vgl. S. 18 unten). Hierbei wird versucht,

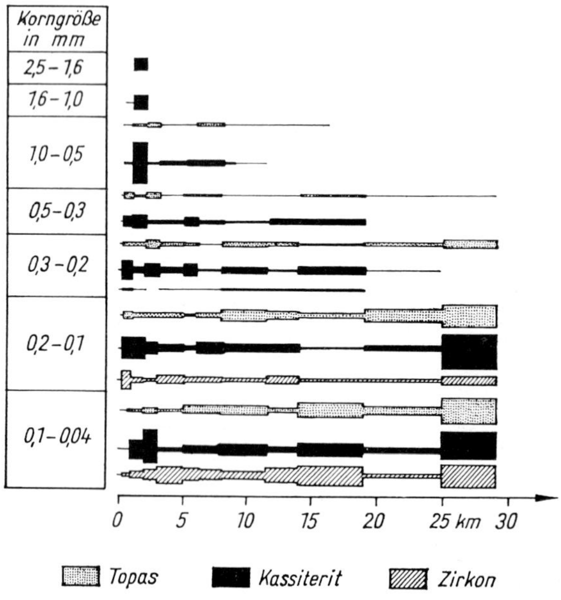

Bild 5.2. Verteilung von Kassiterit, Topas und Zirkon in Abhängigkeit vom Transportweg und der Korngröße in Flußsedimenten des Oberlaufes der Müglitz (Osterzgebirge, DDR) [204]

Die Balkenbreite gibt die relative Häufigkeit an.

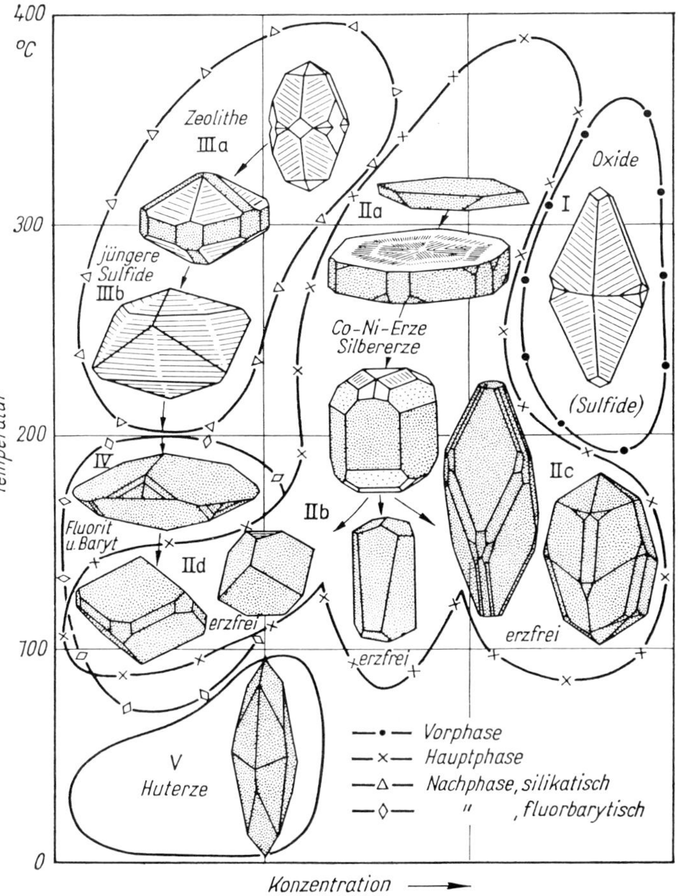

Bild 5.3. Veränderung von Tracht und Habitus des Minerals Calcit in Abhängigkeit von den Bildungsbedingungen (Temperatur, Konzentration, Paragenese) auf Ganglagerstätten des Westharzes (nach A. WILKE 1952) [115]

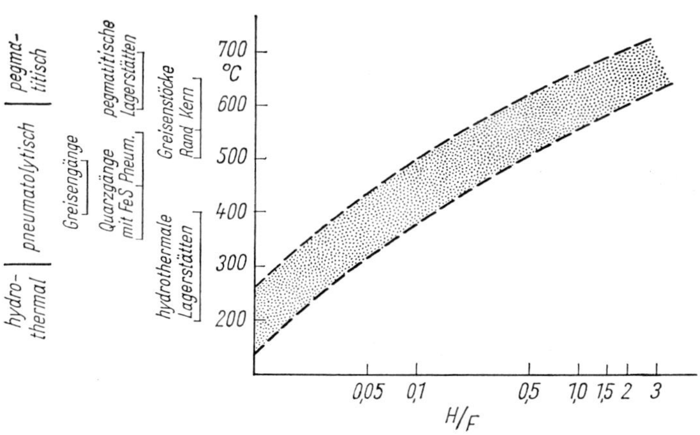

Bild 5.4. Beziehungen zwischen dem Hübnerit–Ferberit-Verhältnis (H/F-Quotient) von Wolframiten und den Bildungstemperaturen bestimmter Wolframitlagerstätten [13]

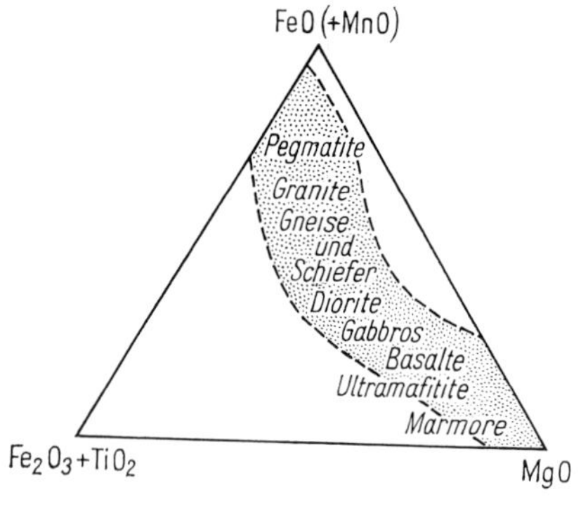

Bild 5.5. Wechsel des Biotitchemismus in Abhängigkeit vom Typ des magmatischen Muttergesteins [13]

aus der Wachstumsgeschichte, Struktur, Form und dem Aufbau der Minerale sowie ihren chemischen Besonderheiten Schlußfolgerungen auf die Entstehung zu ziehen. Es ist bekannt, daß ein Mineral je nach seinen Bildungsbedingungen (z. B. magmatogen oder sedimentär, hoch- oder tiefthermal usw.) oft eine ganz bestimmte Mineralform (kolloidal, stenglig, dendritisch usw., s. Bild 5.3, Kristallhabitus), einen typischen Aufbau (Einschlüsse, Zonarwachstum, Gitterstörungen, Entmischungen usw.), einen abweichenden Chemismus (z. B. bei den Mischkristallen, Spurenelementen, Isotopen) oder besondere physikalische Eigenschaften (z. B. Lumineszenz, Dichte, Härte, Ätzverhalten, Optik usw.) haben kann. In den Bildern 5.4 und 5.5 (sowie auch Bild 11.24) sind Beispiele solcher Abhängigkeiten aufgezeigt. Ergänzend sei mitgeteilt, daß auch die mineralogische Analyse der sedimentären und metamorphen Fazies, der Nebengesteinsumwandlungen usw. oft sehr nützlich ist und wesentliche genetische Hinweise geben kann (vgl. Tab. 16.14 bis 16.24).

5.2. Mineralogie und mineralische Rohstoffe

Für die Bereitstellung mineralischer Rohstoffe an die Volkswirtschaft trägt die Mineralogie eine große Mitverantwortung. Folgt man der in Bild 5.6 dargestellten Gliederung der (festen) mineralischen Rohstoffe, so gilt das prinzipiell für alle drei Hauptgruppen, jedoch nimmt der Anteil mineralogischer Arbeit von den Energierohstoffen über die Inhalts- bzw. Elementrohstoffe zu den Eigenschaftsrohstoffen zu. Das liegt daran, daß die beiden ersten Rohstoffgruppen z. T. auch rein chemisch, unabhängig vom Mineral, charakterisiert werden können, während dies bei den »Eigenschaftsrohstoffen« praktisch ausschließlich durch mineralogisch-physikalische Methoden erfolgt.

Der mineralogische Beitrag für die Nutzbarmachung von *Elementrohstoffen*, insbesondere also Erzen, liegt im detaillierten Studium der Mineralphasen, ihres Makro- und Mikrochemismus, ihrer Form und ihres inneren Aufbaus, der Korngrößen und Verwachsungsverhältnisse. Diese Daten sind für die Verarbeitung, insbesondere die vollständige Nutzung der Rohstoffe (Aufbereitung, Verhüttung), von grundlegender Bedeutung (s. Tab. 5.2). Dazu einige Erläuterungen:

Die Konzentrierung von nutzbaren Mineralkomponenten durch *Aufbereitungsprozesse* setzt normalerweise eine Zerkleinerung des mineralischen Rohstoffes sowie

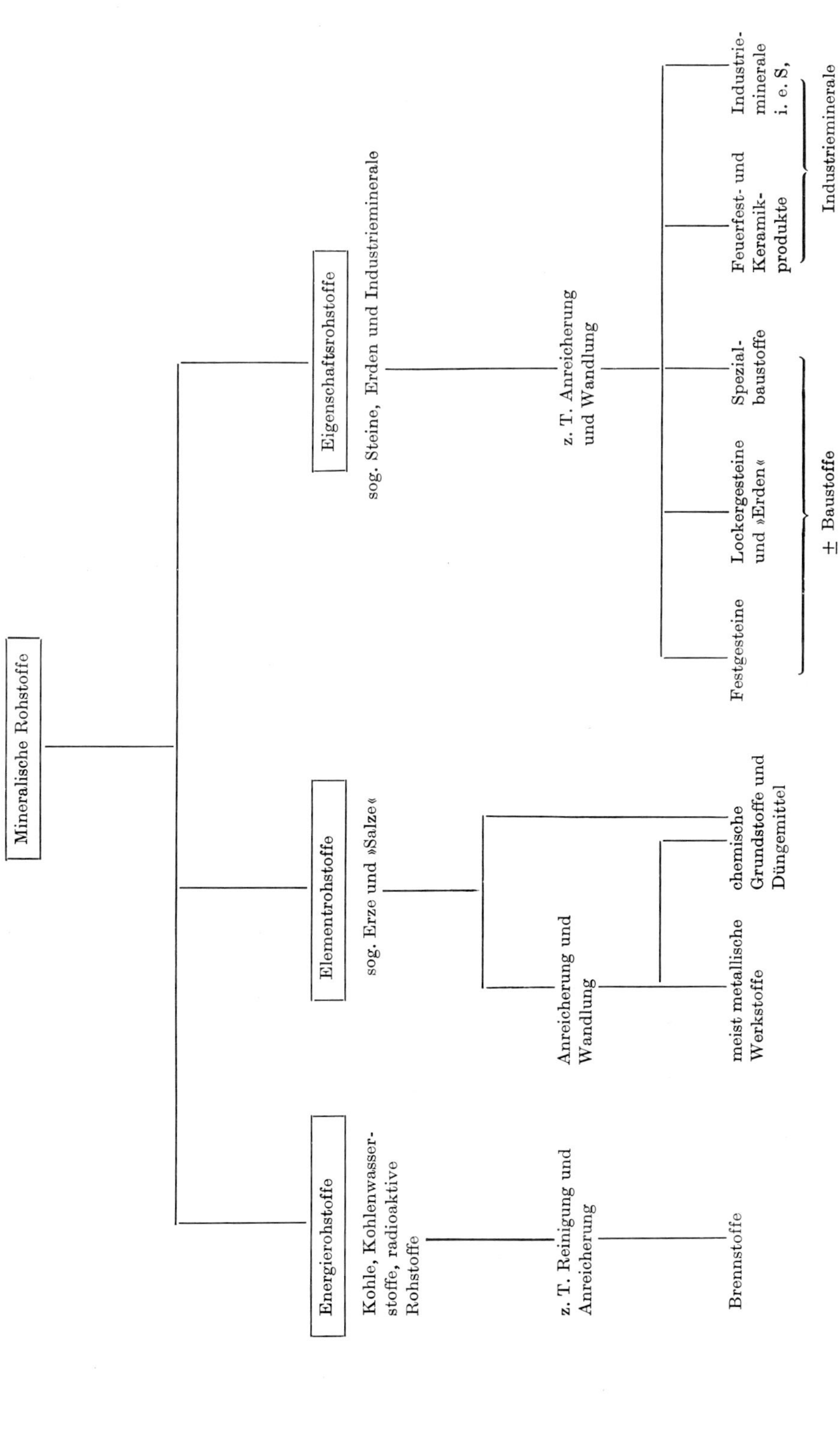

Bild 5.6. Gliederung der mineralischen Rohstoffe

Tabelle 5.2. Anforderungen an den Rohstoff Bauxit bei unterschiedlicher Verwendung [108]

Verwendung	Al_2O_3 %	SiO_2 %	Fe_2O_3 %	TiO_2 %
Aluminium	45 ... 55	max. 4 (bzw. 15)	5 ... 30	
Schleifmittel	min. 55	max. 5	max. 6	min. 2,5
Chemikalien	min. 55 ... 58	max. 5 ... 12	max. 2	
feuerfeste Stoffe	min. 59 ... 61	max. 1,5 ... 5,5	max. 2	max. 2,5

eine Klassierung (Korngrößenfraktionierung, meist durch Sieben) voraus (vgl. Kap. 3.1.). Die Festlegung der »Körnungsschnitte« verlangt eine eingehende, bevorzugt mikroskopische Analyse der Korngrößen und der Verwachsungsverhältnisse. Man muß dabei bedenken, daß viele (v. a. einheimische) Erze immer »schwieriger«, d. h. immer feinkörniger, werden und ungünstige paragenetische und Verwachsungsverhältnisse aufweisen. Bei der Flotation (Schwimmaufbereitung, vgl. Kap. 2.4.4.) wird die Nutzkomponente (meist also das Erzkörnchen) aufgrund ihrer unterschiedlichen Oberflächenspannung von den Nichterzkomponenten getrennt. Die Flotierbarkeit eines Minerals ist von vielen Faktoren abhängig (von den Reagenzien, dem pH-Wert, der Korngröße bzw. dem Anteil an Feinstkorn usw.); es ist aber auch bekannt, daß die Mineralfeinstruktur, die Homogenität der Mineralkörner, der Gehalt an Spurenelementen usw., also direkte Mineraleigenschaften, ein wesentlichen Einfluß haben können.

Es gibt *Verhüttungsverfahren*, bei denen die phasenmäßige Zusammensetzung des Rohstoffes eine geringe Rolle spielt, andere dagegen, bei denen die Aufheizung, die Sinterung, der Schmelzvorgang, die Metallausseigerung usw. stark von dem Korngrößenspektrum und der Elementbindung im Mineral und Erz abhängen. Leider sind diese Beziehungen oft noch ungenügend erfaßt; auch das liegt häufig daran, daß man in der Vergangenheit den Chemismus eines Erzes überbewertet und die phasenmäßige Bindung als unwesentlich betrachtet hat.

Eine besonders interessante und oft unterschätzte Rolle spielen in der Volkswirtschaft die sog. *Eigenschaftsrohstoffe* und unter ihnen die sog. *Industrieminerale*. Sie sind dadurch ausgezeichnet, daß bei ihnen die physikalischen Eigenschaften meist direkt (ohne eine »Wandlung« des Rohstoffes) genutzt werden (vgl. Tab. 16.31) und ihre eingesetzten Mengen oft wesentlich unter denen der Energie- und Inhaltsrohstoffe liegen (Tab. 16.27). Durch mineralogische Untersuchungen können bekannte Industrieminerale oft mit wesentlich höherem Effekt genutzt und an bisher nicht genutzten Mineralen Eigenschaften entdeckt werden, die für eine neuartige Nutzung geeignet sind (s. Bild 5.7 und Tab. 5.3). An dem Beispiel des Industrieminerals Glimmer werden in Bild 5.8 die Anforderungen der Industrie an dieses Mineral dargestellt und in Bild 5.9 die große Einsatzbreite des Blockglimmers (also nur einer Sorte der industriellen Glimmer) in der Industrie gezeigt.

Auch die künstliche (synthetische) Erzeugung solcher Mineralphasen und -aggregate fällt in den Aufgabenbereich der Mineralogie (vgl. Kap. 4.6., s. Bild 5.10 und Bild 5.11). Es gibt heute wenige *ökonomisch* interessante Minerale, die noch nicht synthetisiert worden sind; auch die *Schmucksteine* gehören dazu. Künstliche Schmuck- oder Edelsteine sind normalerweise wesentlich »reiner« als natürliche. Oft sind die fehlenden Ver-

Glasart	% Fe_2O_3
UV- und optisches Glas	0,010
feinstes Kristallglas	0,015
übliches Kristall-, Preß- und Schleifglas	0,02
Weißhohlglas, Kristall-, Spiegelglas	0,03
Glühlampenkolben- und Röhrenglas	0,05
Spiegelglas, gegossen, Tafelglas	0,10
gewöhnliches Tafelglas	0,20
halbweißes, dickeres Glas	0,30
halbweißes, dünneres Glas	0,50
Flaschenglas, Grünglas	0,50 ... 4,00

Tabelle 5.3. Höchstzulässige Fe_2O_3-Gehalte in Glassanden für die Produktion verschiedener Gläser [74]

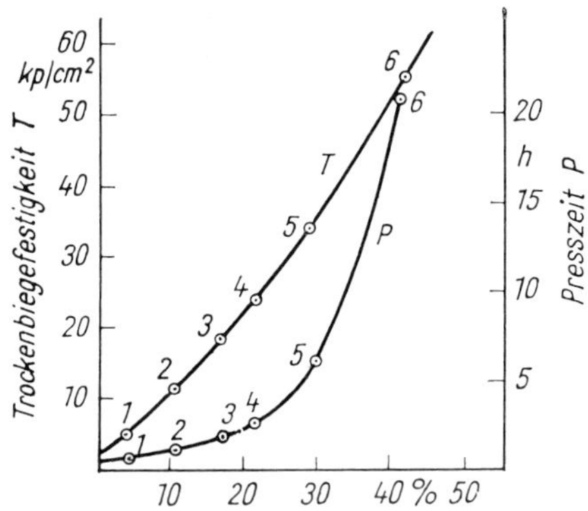

Anteil von Wechsellagerungstonmineralen

Bild 5.7. Beziehungen zwischen dem Gehalt an Wechsellagerungstonmineralen in Kaolin (von Kemmlitz und Seilitz, DDR) und dem Filtrationsverhalten bzw. der Trockenbiegefestigkeit des Kaolins [192]

Kaolinarten:
1 Wolfka
2 BZ
3 Meka
4 Oka
5 Eka
6 Seilitz

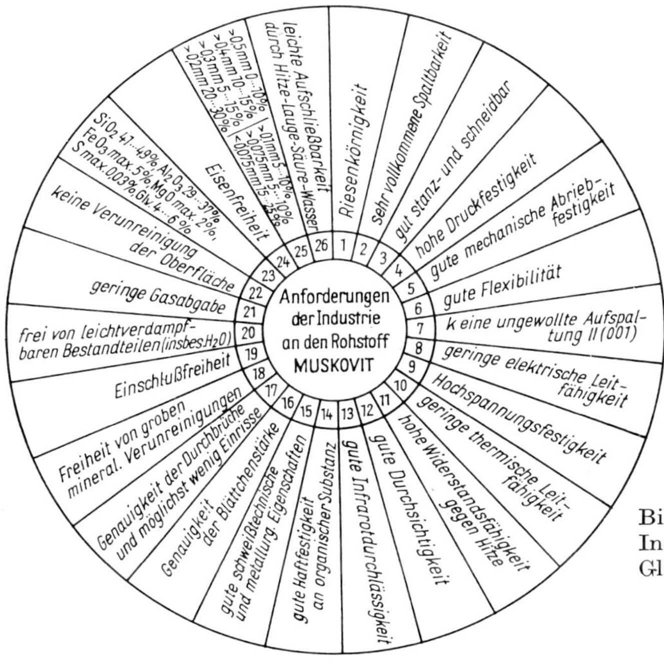

Bild 5.8. Anforderungen der Industrie an den Rohstoff Glimmer (Muskovit), nach [111]

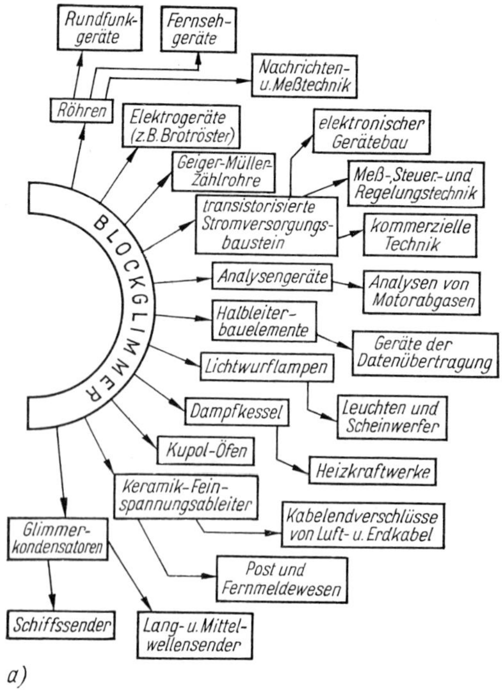

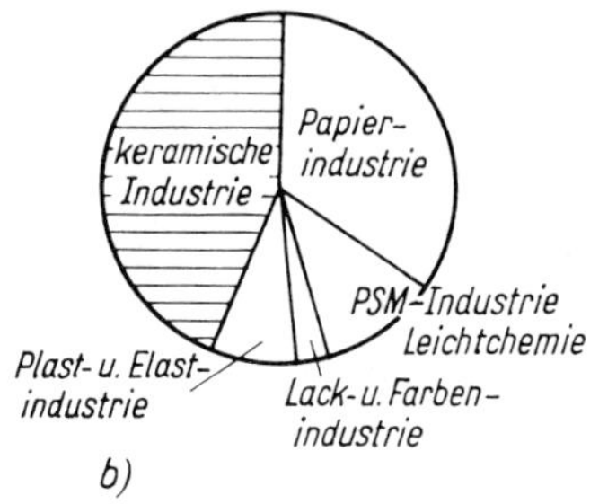

Bild 5.9. Einsatzgebiete von Industriemineralen [273]

a) Blockglimmer
b) Kaolin
c) relativer mengenmäßiger Verbrauch von mineralischen Rohstoffen als Füllstoff

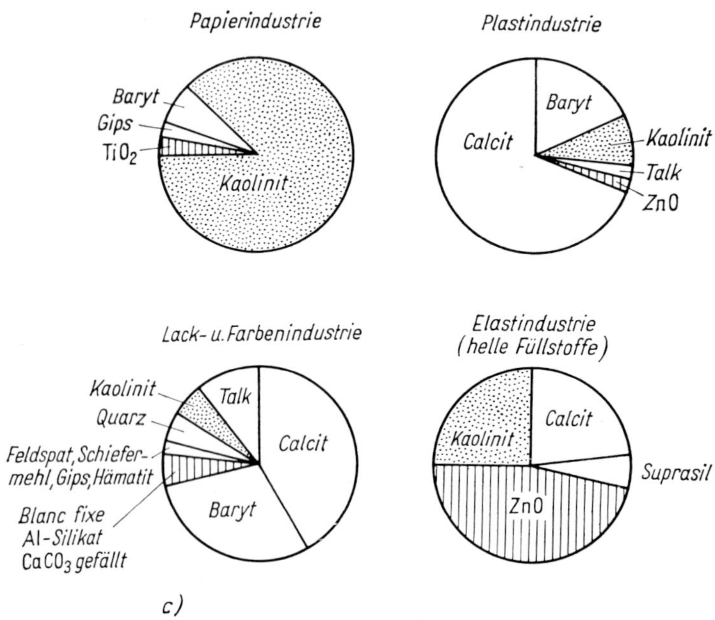

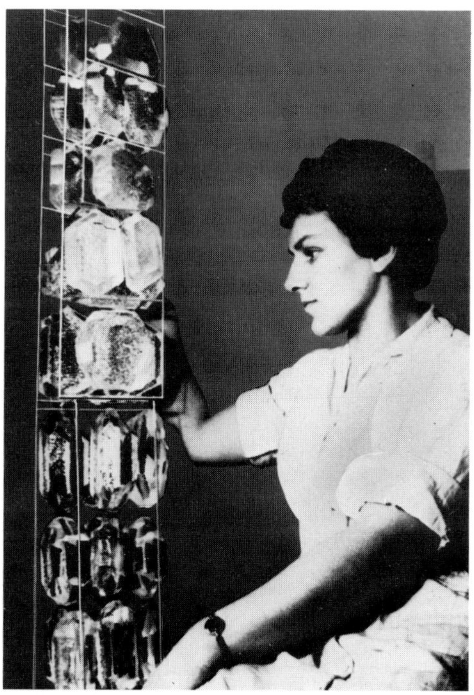

b)

Bild 5.10. Durch Hydrothermalsynthese gezüchteter Quarz [247,78]

a) fertiger Kristall von etwa 16 cm Größe
b) 30 kg neugezüchteter Quarz aus einem Autoklaven

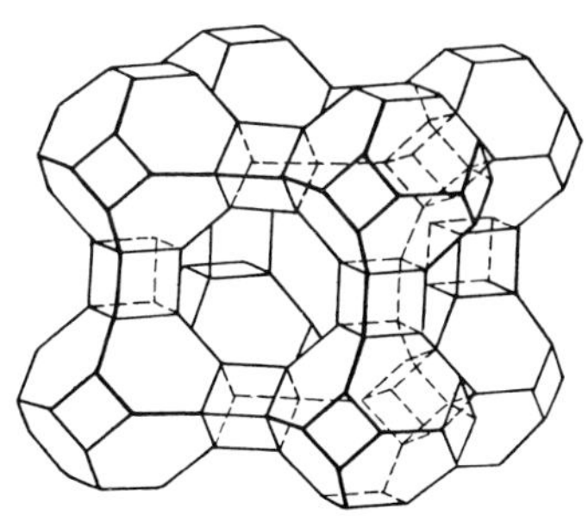

Bild 5.11. Struktureller Aufbau eines synthetischen Zeoliths der Formel $Na_{12}(Si_{12}Al_{12}O_{48}) \cdot 27\ H_2O$
Der Hohlraum im Zentrum hat einen Durchmesser von 11,4 Å. Derartige Zeolithe sind dadurch in der Lage, größere und kleinere Moleküle voneinander zu trennen (Molsiebe) [78]

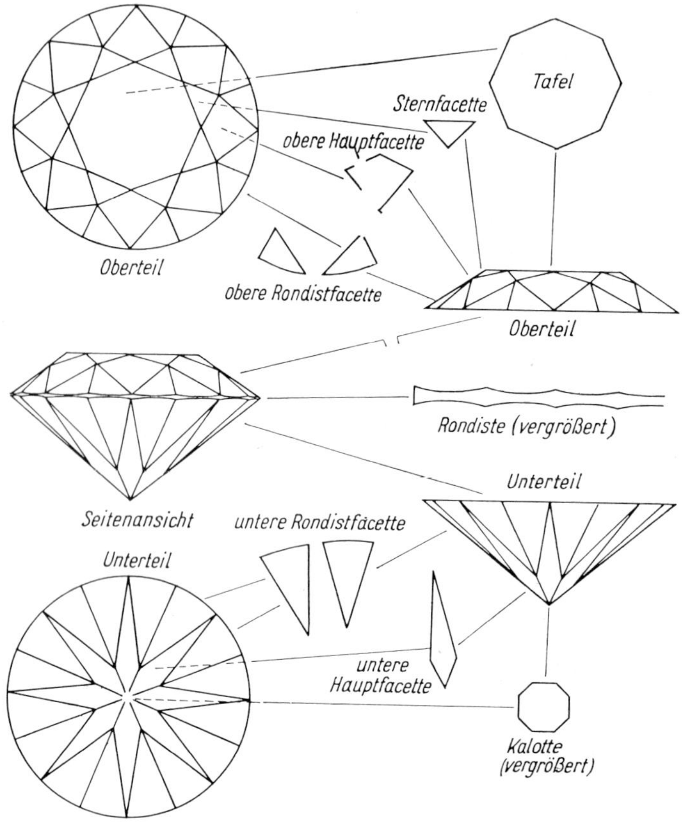

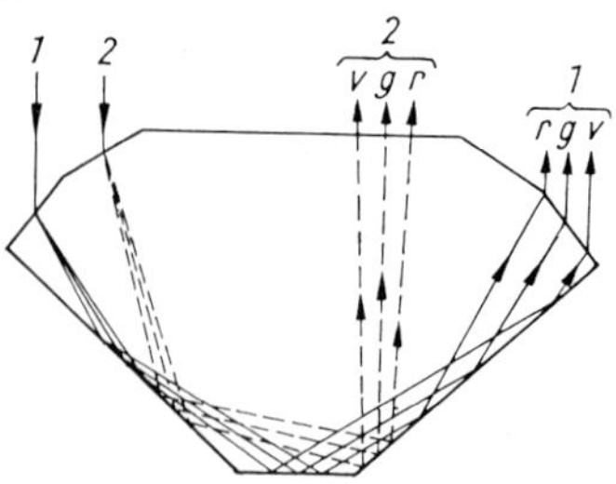

Bild 5.12. Schlifformen vom Schmuckdiamant (Brillantschliff) sowie dessen Lichtbrechung und Lichtdispersion (unten) [144]
v = violett
g = grün
r = rot

unreinigungen die einzige Möglichkeit, künstliche von natürlichen »Steinen« zu unterscheiden. Zur Schmucksteinbestimmung werden auch optische Methoden (Lichtbrechung, Doppelbrechung, Isotropie, Pleochroismus usw.) sowie die Dichte- und Härtemessung benutzt. Meist müssen Schmucksteine zur Erhöhung ihrer optischen Wirkung geschnitten und geschliffen werden (s. Bild 5.12); das gleiche gilt für Hartminerale (Diamant, Rubin), die als *Werkzeuge* und Lagersteine Verwendung finden (s. Bilder 5.13 und 5.14). Für diese Bearbeitung ist die Kenntnis der kristallographisch-physikalischen Eigenschaften des Minerals unbedingte Voraussetzung.

a)

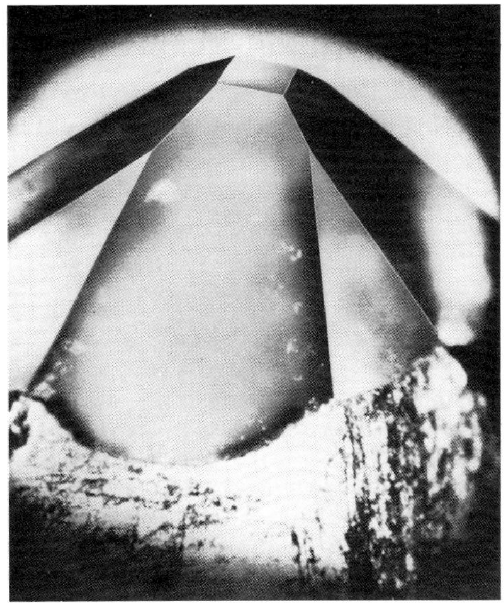

b)

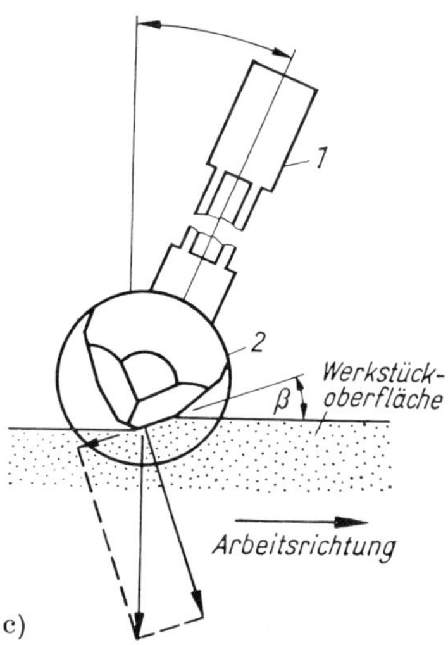

c)

Bild 5.13. Schlifformen und Nutzung von Ritzdiamanten [235]

a) geschliffener Ritzdiamant, Aufsicht
b) geschliffener Ritzdiamant, Seitenansicht
c) Ritzdiamant bei der Bearbeitung einer Werkstückoberfläche

1 Diamanthalter
2 Ritzdiamant, vergrößert
β Anstellwinkel

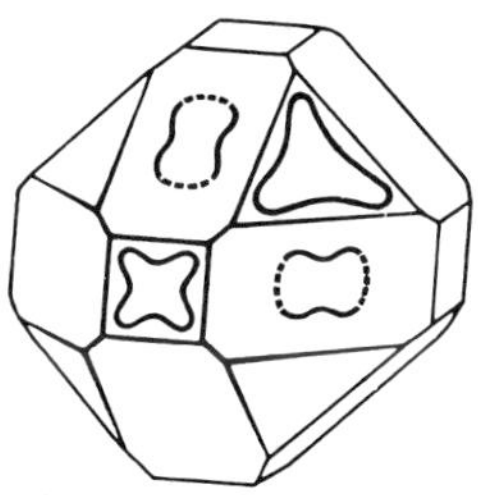

a)

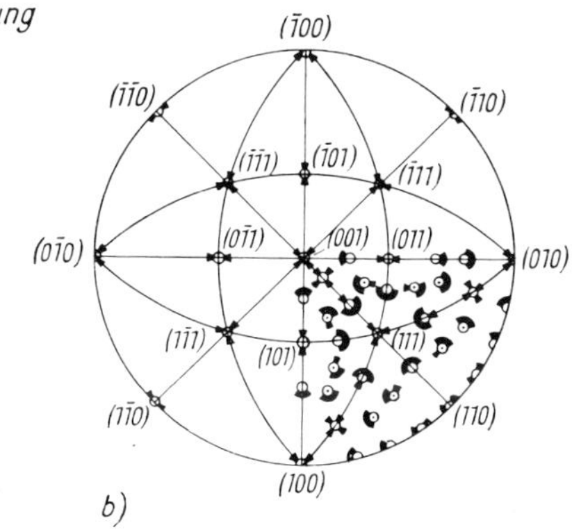

b)

Bild 5.14. Schleifresistenz des Diamanten [225]

a) Härtekurven auf den wichtigsten Flächen
b) qualitative Angaben der Härte in den verschiedenen Richtungen (schwarze Segmente: nicht schleifbar)

5.3. Die Mineralogie in Geotechnik, Bergbau, Geophysik, Landwirtschaft usw.

Die Mineralogie hat auch in weiteren Wissenschaften ein Betätigungsfeld, in denen die geologische Materie eine Rolle spielt.
Die *Geo- und Bergbautechnik* hat sich mit der Schaffung von Hohlräumen und der Standfestigkeit von Bauwerken, Abbaugeräten usw. zu befassen. Dabei ist einmal die Festigkeit von Gesteinen zu bestimmen, zum anderen die Standfestigkeiten des Baugrundes, von Tagebauböschungen, Halden usw. Alle diese physikalischen Eigenschaften werden weitgehend durch die Mineralzusammensetzung, das Gefüge, die Korngröße, den Zersetzungsgrad usw. bestimmt. In Lockersedimenten und Böden ist insbesondere der Gehalt an rutschungsfördernden Tonmineralen (hauptsächlich Montmorillonit) zu beachten.
Die von der *Angewandten Geophysik* genutzten physikalischen Parameter der Gesteine und Erze werden überwiegend durch die Eigenschaften der gesteins- und erzbildenden Minerale bestimmt. Das betrifft die Dichte, die Leitfähigkeiten aller Art, die unterschiedlichen magnetischen Eigenschaften sowie die Radioaktivität. Betreibt man die geophysikalische Erkundung nicht nur aufgrund eines meßbaren Summeneffekts, sondern will man diese Effekte erklären, bedarf es in Zukunft eingehenderer mineralogischer Untersuchungen bzw. Unterstützung. Insbesondere trifft dies auf den petrophysikalischen Sektor zu.
Die gesamte petrographische, gefügekundliche, tektonische und *petrogenetische* Arbeit ist ohne eingehende Kenntnis der Minerale und deren Eigenschaften undenkbar. Wichtigstes Untersuchungsverfahren ist die Polarisationsmikroskopie, verknüpft mit den U-Tisch-Methoden (vgl. Kap. 3.2.2.).
Die *Land- und Forstwirtschaft* arbeitet mit dem Produktionsmittel Boden. Dessen Effektivität wird zu einem großen Teil durch die mineralische Zusammensetzung gesteuert. Deshalb ist die eingehende Kenntnis, insbesondere der Tonminerale, ihrer Art, Korngröße, Sorptionsfähigkeit usw. von großer Bedeutung.

5.4. Die Mineralogie in der Kosmosforschung

Die Kosmosforschung, vorerst konzentriert auf die Untersuchung von meteoritischem und lunarem Material, stellt auch an die Mineralogie hohe Anforderungen, eröffnet ihr aber auch ein ausgezeichnetes Wirkungsfeld (*Kosmische Mineralogie*). Ausgehend von der Erkenntnis, daß das Studium von extraterrestrischem Material wichtige Rückschlüsse auf die Entstehung der Erde ermöglicht, sind die genannten Objekte bisher außerordentlich eingehend mineralogisch untersucht worden. Man kann sogar sagen, daß die Intensität und Tiefgründigkeit in diesem Bereich oft größer ist als bei terrestrisch-geologischen Substanzen. Diese durch die relative Seltenheit des Untersuchungsmaterials geförderte Tatsache hat zur Neu- und Weiterentwicklung mineralogischer Methoden geführt. Die erreichten wissenschaftlichen Erkenntnisse sind beachtenswert. Sie reichen von der Entdeckung neuer, genesisspezifischer Minerale über die Besonderheiten der chemischen Zusammensetzung der Minerale bei Haupt- und Spurenelementen bis zu den hochinteressanten mechanischen Gitterstörungen der Minerale durch Einwirkung von Meteoriteneinschlägen

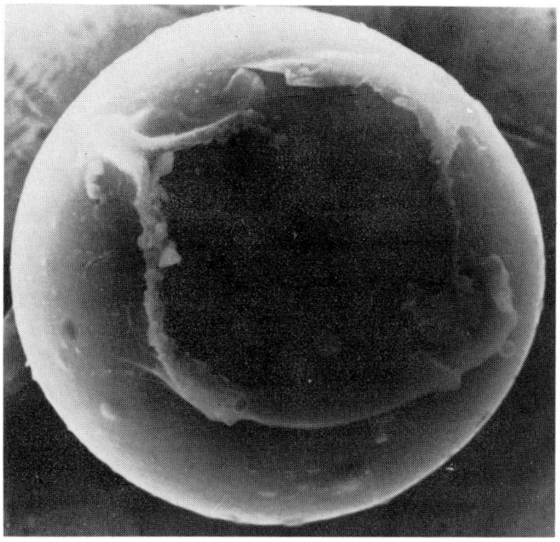

Bild 5.15. Rasterelektronenmikroskopische Aufnahme von Glaskügelchen des Mondbodens (Luna-20-Unternehmen), Vergr. ~ 5000 × [243]. Die Glaskugel ist von einem dünnen, vorn aufgerissenen Glashäutchen überzogen

auf den Mond. In Meteoriten wurden bisher etwa 30 Minerale entdeckt (vgl. Tab. 7.1), die bisher nicht auf der Erde nachgewiesen werden konnten, im Mondmaterial etwa 5 Minerale (s. Tab. 4.8).

Von besonderem Interesse ist (vgl. Kap. 4.5.) auch die Bildung und Zusammensetzung des Mondbodens, des sog. Regoliths. Insbesondere das Studium der feinen Glaskügelchen ermöglicht Vergleiche mit den Tektiten, dem kosmischen Staub und den irdischen Gläsern, auch den Produkten von Meteoriteneinschlägen auf der Erde. Als besonders erfolgreiche Methoden haben sich die Untersuchungen mit der Elektronenstrahlmikrosonde sowie die Rasterelektronenmikroskopie erwiesen (s. Bild 5.15).

5.5. Die Mineralogie in der Technik

Bei der Wandlung mineralischer Rohstoffe im Rahmen hüttenmännischer, keramischer und anderer Verfahren sowie bei vielen technologischen Prozessen (z. B. der Chemie) entstehen neue, meist kristalline Produkte.

Da diese Verarbeitungsprozesse sowohl in bezug auf ihre physikochemischen Parameter als auch auf die sich dabei bildenden kristallinen Phasen und Gläser den geologischen Verhältnissen ähnlich sind, werden diese Neubildungsprodukte häufig von Mineralogen und mit mineralogischen Methoden untersucht (*Technische Mineralogie und Petrographie*). Einige Beispiele mögen dies näher erläutern.

Die *Schlacke* eines Hüttenprozesses ist den natürlichen Laven und Vulkaniten chemisch und im mineralogischen Aufbau und Gefüge oft sehr ähnlich (s. Bild 5.16). Es ist daher verständlich, daß die Mineralogie und Petrographie dem Hüttenmann wichtige Hinweise für die Zusammensetzung oder das Abkühlungsregime, aber auch für deren Nutzung als Schlackenwolle, Schlackenstein (z. B. aus dem Mansfelder Kupferschiefer), Verschleißwerkstoff, Schlackenbims usw. geben kann. Es soll aber auch nicht vergessen werden, daß der Geowissenschaftler aus den Bildungs- und Abkühlungsbedingungen von Schlacken und den jeweils entstehenden Gefügen, Ent-

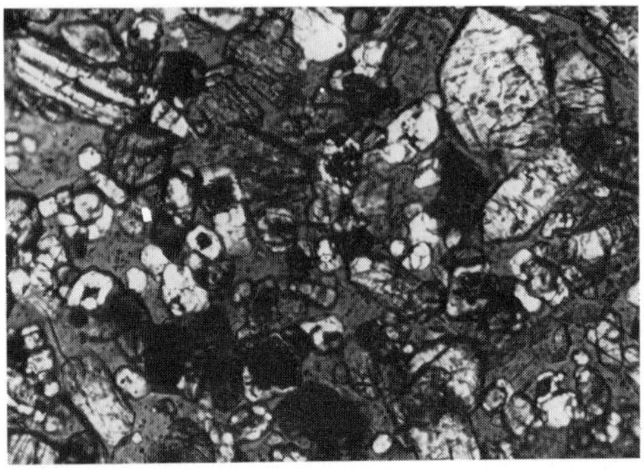

a)

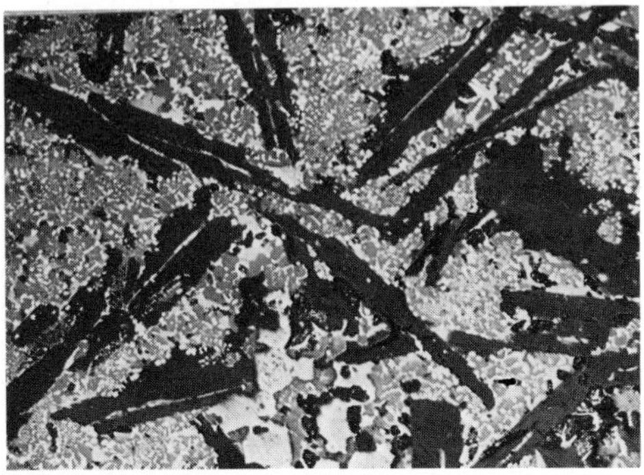

b)

Bild 5.16. Mikrophotographische Aufnahmen von Schlacken [248]

a) Nickelschlacke von St. Egidien
Klinoenstatit (idiomorph und polysynthetisch, paramorph nach Enstatit) und Olivin (mit opakem Kern) in glasiger Grundmasse
Dünnschliff, Nic. 70° x, Vergr. 250 ×

b) Siemens-Martin-Schlacke
Dunkle, längliche Kristalle von Trikalziumsilikat werden von Schmelzphase aus Dikalziumsilikat, Kalziumaluminatferrit und Wüstit korrodiert
Anschliff, Vergr. ≈ 300 ×

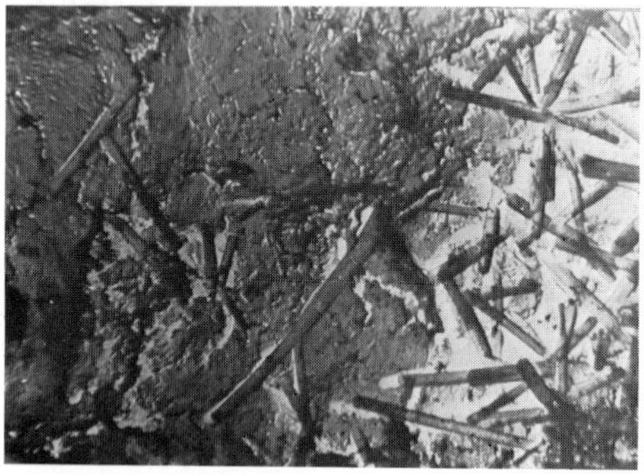

a)

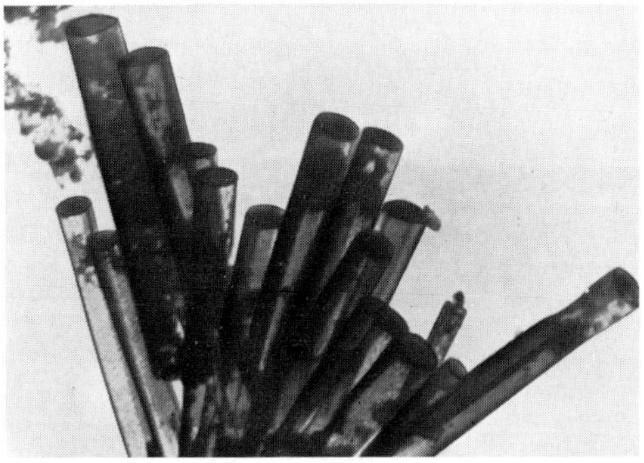

b)

Bild 5.17. Minerale in Braunkohlefilteraschen [248]

a) Neubildung von Ettringit in hydratisierten Braunkohlenfilteraschen, Elmi-Aufnahme, Vergr. ≈ 10000 ×

b) Ettringitkristalle, topochemisch gebildet auf Glaspartikeln; Elmi-Aufnahme, Vergr. ≈ 10000 ×

mischungen usw. wichtige Schlußfolgerungen für die geologischen Prozesse gewinnen kann. Erinnern wir uns daran, daß z. B. aus der Differenzierung des Mansfelder Kupferschiefers im Hochofen entscheidende Schlußfolgerungen für die Gliederung der Erde in einen Metallkern, eine sulfidische Zwischenzone und eine silikatische Außenzone gezogen wurden.

Die Verbrennungsrückstände von Steinkohle, Braunkohle, Torf, aber auch Erdöl, liegen in Form von *Aschen* und Sinter vor (s. Bild 5.17). Diese Produkte werden einerseits immer mehr als Sekundärrohstoffe genutzt (z. B. Kohlenaschen als Eisen-, Titan- und Germaniumerze, als Bodenverbesserer oder als hydraulische Zemente), andererseits bilden sie in den Verbrennungsräumen sehr unliebsame *Sinterabsätze*, die den Wärmeübergang verlangsamen oder verhindern. Die mineralogische Unter-

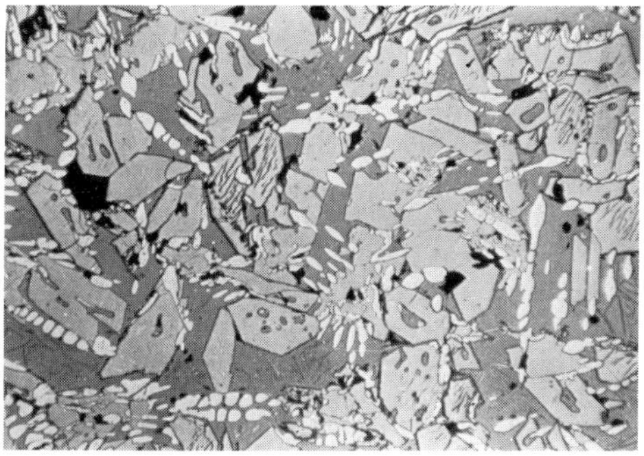

a)

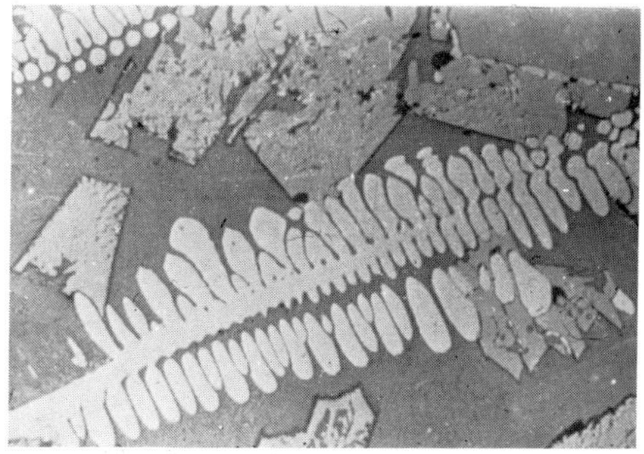

b)

Bild 5.18. Mikrophoto eines keramischen Produkts [248]

a) Korund–Baddeleyit-Stein
Idiomorphe und hypidiomorphe Korundkristalle (mittelgrau) und skelettförmiger Baddeleyit (ZrO_2, weißgrau) in glasiger Grundmasse, Vergr. $\approx 40 \times$

b) Korund–Baddeleyit-Stein
Ausschnitt aus 5.18a: Skelett von Baddeleyit
Vergr. etwa $250 \times$

suchung dieser Produkte gibt wertvolle Hinweise für deren optimale Nutzung bzw. für die Verhinderung schädlicher Auswirkungen.
Viele Hütten- und keramische Verfahren sind mit Sinter-, Umkristallisations- und Entwässerungsvorgängen verknüpft. Hier wäre an die Herstellung von Schamotte, Steingut und Porzellan, an hochfeuerfeste Produkte wie Chromitstein, Silikastein, Dolomit- und Magnesitsteine usw. zu denken (s. Bild 5.18). Aber auch die gesamte Zementproduktion, die Herstellung von gebranntem Gips, die Erzeugung von künstlichem Korund und Siliziumkarbid gehören hierher. Hier dient ebenfalls die eingehende mineralogisch-kristallographische Untersuchung der Produkte einer optimalen Steuerung der Herstellungsprozesse.

5.6. Die Mineralogie im wissenschaftlichen und gesellschaftlichen Leben

Die Vermittlung der Kenntnisse und Erkenntnisse der Mineralogie erfolgt auf vielfältige Weise.
Zur *Ausbildung* des naturwissenschaftlichen und technischen Nachwuchses ist die Mineralogie Lehrfach an vielen Fach- und fast allen Hochschulen. Unterrichtet werden alle Geowissenschaftler, Bergleute und Geotechniker, Aufbereiter, in den meisten Fällen Hüttenleute, Chemiker, Bodenkundler, Land- und Forstwissenschaftler. Ausbildungsträger sind mineralogische Institute, Lehrstühle oder Abteilungen, gelegentlich in Kombination mit der Geologie oder Kristallographie.
Die *mineralogische Forschung* erfolgt für die Grundlagenforschung hauptsächlich an den Hochschulen, Akademien der Wissenschaften und Museen, für die angewandte Forschung in der geologischen Industrie, der rohstoffverarbeitenden Industrie und seltener in Speziallaboratorien der Chemie, keramischen und Hüttenindustrie, der optischen Industrie, in Mineralsynthesebetrieben usw.

Bild 5.19. Übersichtsaufnahme der Mineralogischen Sammlung der Bergakademie Freiberg [221]

Die *Weiterbildung* der Fachkader erfolgt gleichfalls an den Hochschulen, hauptsächlich jedoch in den nationalen und internationalen Fachgesellschaften. Es existiert eine internationale Vereinigung, die »International Mineralogical Association« (IMA), in der auch die Gesellschaft für Geologische Wissenschaften der DDR mit ihrem »Fachbereich Mineralogie/Geochemie« Mitglied ist, wobei die Interessen durch das »Nationale Komitee für Mineralogie« wahrgenommen werden.

Die mineralogische Facharbeit wird fruchtbar ergänzt durch die Tätigkeit vieler Menschen, die an der Verbreitung mineralogischer Erkenntnisse in Schule und Gesellschaft interessiert und beteiligt sind. Hierzu gehört insbesondere auch die große Zahl von *Mineralsammlern*. Sieht man von einigen Auswüchsen auf diesem Gebiet ab, gehören die Mineralsammler zu den besten Verbündeten der Geologen und Mineralogen, da sie einmal unsere schöne Wissenschaft vielen Menschen nahebringen, zum anderen durch ihren Fleiß und ihre Beobachtungsgabe wertvolles Material entdecken, retten oder erschließen.

Das wichtigste Hilfsmittel jeder mineralogischen Lehre und Forschung sind die *mineralogischen Sammlungen*. In ihnen ist das wertvollste Material aus vergangenen Jahrzehnten und oft Jahrhunderten zusammengetragen, auf das jederzeit zurückgegriffen werden kann. Das Material vieler alter Gruben, Steinbrüche und sonstiger geologischer Aufschlüsse ist heute nur noch hier erhalten. Es dient insbesondere dem Vergleich mit neuen Vorkommen, der Bestimmung der Minerale und Mineralparagenesen. Eine gute Mineralsammlung ist der *»Standard«* der speziellen (systemati-

Mineralogische Sammlung der Bergakademie Freiberg

Apatit

blaugrün, 5 mm großer xx,
aufgewachsen auf Quarz,
in Paragenese mit Kassiterit

ded. E. Schulze August 1963	Greifensteine b. Ehrenfriedersdorf, Erzgeb. Nordwand, in 5 m Höhe

Bild 5.20. Beschriftung eines Etiketts für eine Mineralstufe (Beispiel)

schen oder deskriptiven) Mineralogie und sollte dementsprechend behandelt, bearbeitet und gehütet werden. Von besonderer Bedeutung sind solche Minerale und Mineralstufen, die als Originale (sog. type specimens) für eine Mineralart oder -spezies gelten oder an denen erstmals besondere Eigenschaften beobachtet wurden. Die größten und schönsten Sammlungen in der DDR sind die Mineralsammlungen der Bergakademie Freiberg (s. Bild 5.19), des Museums für Mineralogie und Geologie in Dresden sowie des Naturkundemuseums in Berlin. Große Mineralsammlungen Europas befinden sich im Fersman-Museum zu Moskau, im Gorny-Institut zu Leningrad, im Britischen Museum zu London sowie in Wien, Prag, Paris und vielen anderen Orten der Erde.
Entscheidend für den wissenschaftlichen Wert einer Sammlung ist neben ihrer Vollständigkeit (allgemein oder für bestimmte Mineralgruppen) die Sorgsamkeit der *Dokumentation* der Mineralstufen. Für die geologisch-lagerstättenkundliche Forschung ist im allgemeinen eine Mineralstufe ohne genauen Fundort wertlos. Ein ordnungsgemäß ausgefülltes Dokument sollte mindestens den in Bild 5.20 dargestellten Inhalt haben.
Der Aufbau einer Sammlung hängt von ihrem Zweck bzw. der Zielstellung ab. Große zentrale Sammlungen überstreichen meist die gesamte Mineralsystematik und Fundpunkte der ganzen Erde. Kleinere Sammlungen haben oft einen regionalen oder lokalen Charakter bzw. beschränken sich auf eine bestimmte Mineralgruppe. Der Archiv-, Forschungs- oder Lehrcharakter ist bei den einzelnen Sammlungen unterschiedlich und wird durch die Tradition, den Standort, die volkswirtschaftlichen Bedürfnisse, die Art der Leitung bzw. des Leiters und andere Faktoren bestimmt.

Spezielle Mineralogie

6 Einführung in die Spezielle Mineralogie

In der Allgemeinen Mineralogie haben wir die grundlegenden Gesetzmäßigkeiten der natürlichen, insbesondere kristallinen Materie kennengelernt, nämlich die Bildung, Eigenschaften, Analyse und Nutzungsmöglichkeiten der Minerale. Aufgrund dieser Vorbildung können wir nun die einzelnen Minerale mit der Zielstellung beschreiben, daraus Schlußfolgerungen für ihre Suche, Gewinnung und konkrete Nutzung zu ziehen.

6.1. Entdeckungsgeschichte der Minerale

Wie wir bereits im Kap. 1. feststellten, hat der Mensch seit Beginn seiner Entwicklung mineralische Produkte genutzt. Allerdings hat er den Charakter des Minerals selbst sehr spät erkannt, als Folge der fehlenden oder falschen naturwissenschaftlichen Grundvorstellungen. Während im Altertum insbesondere nur einige Edelsteine, »gediegene« Minerale, mineralische Farbstoffe und Erze bekannt waren (ohne Kenntnis des Chemismus!), begann nach einer tausend Jahre währenden Pause die Entdeckung weiterer Minerale erst im Mittelalter, vor allem mit dem Aufblühen des Berg- und Hüttenwesens. Allein die Entwicklung der Mineralogie, Geologie und Chemie um 1800 ermöglichte es, das Mineral als eigenständige Einheit in unserem heutigen Sinn zu erkennen und zu definieren, so daß weit über 95% aller Minerale erst seit dieser Zeit erkannt wurden und Namen und chemische Formel erhielten.
In Bild 6.1 ist die Entdeckungsgeschichte von über 2000 Mineralen und Mineralvarietäten graphisch dargestellt. Sie läßt über das Gesagte hinaus einige interessante Schlußfolgerungen zu:

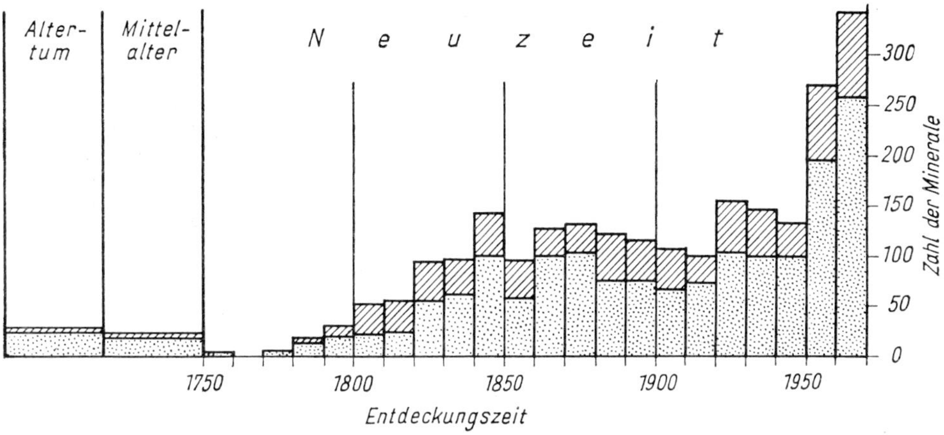

Bild 6.1. Entdeckungsgeschichte der Minerale
gepunktet = Nichtsilikate; *schrägschraffiert* = Silikate

a) Wir können in der neuzeitlichen Entdeckungsgeschichte drei Hauptperioden erkennen, nämlich

- das gesamte 19. Jahrhundert mit der Kulmination in der Mitte des Jahrhunderts
- einen neuen kurzzeitigen Anstieg etwa ab 1920
- eine dritte Entdeckungsperiode in unserer Zeit in den letzten 30 Jahren.

b) Die drei neuzeitlichen Entdeckungsperioden haben ihre Hauptursache in der Entwicklung der Naturwissenschaften (Mineralogie, Chemie, Physik) und ihrer analytischen Methoden:

- die 1. Periode wird hauptsächlich geprägt durch die WERNERsche Methode der Erkennung und Beschreibung der Minerale nach den äußeren Kennzeichen sowie die Entwicklung der Chemie und der (Durchlicht-) Mikroskopie
- die 2. Periode verdankt ihr Auftreten vor allem der röntgenographischen Phasenanalyse, z. T. auch der sich entwickelnden Auflichtmikroskopie
- für die extreme Entwicklung der 3. Entdeckungsperiode sind ohne Zweifel wiederum neue Analysenmethoden, insbesondere die Elektronenmikroskopie sowie die Elektronenmikroanalyse, wesentlich, aber auch verfeinerte Methoden der Röntgenanalyse (Strukturtypen), der Thermoanalysen, Ultrarotanalyse usw.

c) Die oft vorausgesagte kontinuierliche Abnahme der Entdeckung neuer Mineralarten ist nicht eingetreten. Gesetzmäßig ist jedoch, daß die neuentdeckten Minerale kleiner werden und meist feinstkörnige Entmischungen und Sekundärminerale umfassen.

6.2. Gliederung (Systematik) der Minerale

Jede Wissenschaft machte am Anfang ihrer Existenz eine Zeit des Sammelns, des Zusammentragens von Fakten und Daten durch. Erreicht die Zahl der Daten eine kritische Größe, so daß sie unübersichtlich wird, versucht man in einer zweiten Entwicklungsetappe eine Gruppierung und Gliederung des Materials, oft nach unterschiedlichen Gesichtspunkten. Dieser Vorgang fördert die Übersichtlichkeit und läßt gesetzmäßige Beziehungen zwischen den einzelnen Daten erkennen und ermöglicht dadurch die gezielte Entdeckung neuer Daten.

Diese *Entwicklung* hat auch die Mineralogie durchgemacht. Wie aus Tab. 1.3 (Seite 28–29) zu ersehen ist, war die Gliederung der Mineralwelt über 2000 Jahre fast unverändert primitiv-nichtchemisch. Erst die Entwicklung der Chemie um 1800 (insbesondere seit Berzelius 1813) ermöglichte eine chemische Gliederung, die für etwa 100 Jahre gültig war.

Die nächste Zäsur brachte die Möglichkeit der Bestimmung der Mineralstruktur mit Hilfe der Röntgenanalyse (M. v. Laue 1912). Auf dieser Basis gelang es, die chemische Zusammensetzung der Minerale mit der räumlich-strukturellen Zuordnung zu koppeln; es entstand das heute gültige kristallchemische Modell der Gliederung unserer Minerale.

Zu dieser Gesetzmäßigkeit äußerte sich der Mineraloge F. Mohs bereits vor 150 Jahren: »die Nomenclatur giebt einen gedrängten Abriß von der Wissenschaft selbst und von ihrem Zustand in den verschiedenen Perioden ihrer Ausbildung. Sie ist der Spiegel, in welchem die ganze Wissenschaft sich abbildet.«

Man kann also heute feststellen, daß die Befürchtung von A. G. Werner vor fast 200 Jahren, »daß fast alle Mineralogen auf zwey Abwege gerathen sind: in dem der eine Theil derselben die ganze Wissenschaft blos auf die äußeren Kennzeichen bauen, und der andere hingegen alles hierinnen durch die Scheidekunst und durch die Aufsuchung der Bestandteile der Foßilien thun will«, heute als überholt angesehen werden kann: Form und Inhalt haben in den modernen kristallchemischen Systemen ihre Synthese gefunden, Struktur und Chemismus bestimmen gemeinsam Gliederung und Eigenschaften der Minerale.

Die *kristallchemische Klassifikation* der Minerale, insbesondere nach H. Strunz (Mineralogische Tabellen, 1.–6. Auflage, Akadem. Verlagsges. Geest u. Portig, Leipzig 1941 bis 1976), unterscheidet Mineralarten und Varietäten, isotype Mineral-Reihen und homöotype bis heterotype Mineral-Gruppen sowie Abteilungen und Klassen. Die Abfolge der Reihen und Gruppen entspricht nach Möglichkeit den kristallchemischen Verwandtschaftsbeziehungen und gliedert nach dem mengenmäßigen Anteil der Kationen, nach wasserhaltigen und wasserfreien Mineralen, nach dem Vorhandensein eines oder mehrerer Anionen, nach der Verknüpfung der Anionen untereinander (z. B. Silikate und Borate) usw.

Die *Mineralsystematik dieses Buches* besitzt die dargelegte kristallchemische Gliederung als Grundlage und modifiziert sie nach folgenden Gesichtspunkten und aus folgenden Gründen:

a) Die vollständige Gliederung ist aus dem Inhaltsverzeichnis unter den Kapiteln 7. bis 15. sowie aus der folgenden Übersicht zu ersehen. Sie umfaßt demnach 9 Mineralklassen, die in Mineralgruppen unterteilt sind; die Mineralgruppen können zu Mineralabteilungen zusammengefaßt werden. Eine Mineralklasse »Organische Substanzen« wird nicht ausgehalten, die Oxalate werden anhangsweise bei den Karbonaten eingeordnet.

I. Klasse:	*Element-Minerale* (mit 7 Mineralgruppen)
II. Klasse:	*Sulfide und Komplexsulfide* (mit 14 Mineralgruppen)
III. Klasse:	*Halogenide* (mit 4 Mineralgruppen)
IV. Klasse:	*Oxide und Hydroxide* Abt. Oxide (mit 9 Mineralgruppen) Abt. Hydroxide (mit 2 Mineralgruppen)
V. Klasse:	*Quarz und Silikate* Quarzgruppe Abt. Neso- und Soro-Silikate (mit 11 Mineralgruppen) Abt. Ino- und Cyclo-Silikate (mit 8 Mineralgruppen) Abt. Phyllo-Silikate (mit 4 Mineralgruppen) Abt. Tekto-Silikate (mit 3 Mineralgruppen)
VI. Klasse:	*Phosphate* u. a. (mit 8 Mineralgruppen)
VII. Klasse:	*Sulfate* u. a. (mit 6 Mineralgruppen)
VIII. Klasse:	*Karbonate* (mit 6 Mineralgruppen)
IX. Klasse:	*Borate und Nitrate* Abt. Borate (mit 4 Mineralgruppen) Abt. Nitrate (mit 1 Mineralgruppe)

b) Die Abweichungen von den rein kristallchemisch orientierten Gliederungsvorschlägen ergeben sich aus dem Anliegen dieses Buches. Die Mineralsuche, -erkundung und -nutzung baut weitgehend auf dem natürlichen Zusammenvorkommen der Minerale, der Mineralparagenese, auf. Diese Zusammenhänge müssen in einer kristallchemischen Gliederung im Interesse einer strengen Ordnung oft vernachlässigt werden. Dies hat zur Folge, daß in der vorliegenden Gliederung die Klassen und Abteilungen weitgehend übereinstimmen, die Mineralgruppen jedoch bevorzugt nach genetisch-paragenetischen Gesichtspunkten zusammengestellt wurden. Damit wird dem Anliegen der Geologen und Rohstoffnutzer sowie Gliederungstendenzen von I. Kostov (1972) entgegengekommen.

6.3. Bemerkungen zum beschreibenden Teil

Zum Verständnis des Aufbaues des mineralbeschreibenden Teiles sind folgende Bemerkungen notwendig:

- Im Interesse der internationalen Verständigung werden konsequent die internationalen Mineralnamen an die erste Stelle gesetzt und (nach Möglichkeit) die von H. Strunz vorgeschlagenen Strukturformeln benutzt.

- Vollständige Angaben über Gitterparameter, Zugehörigkeit zu Kristallklassen, kristalloptische Daten usw. werden nicht oder nur teilweise mitgeteilt, da sie meist nur für Spezialisten von Bedeutung sind oder den entsprechenden Standardwerken entnommen werden können; z. B.: H. STRUNZ: Mineralogische Tabellen, Leipzig 1976 (6. Auflage); W. E. TRÖGER: Tabellen zur optischen Bestimmung der gesteinsbildenden Minerale, Stuttgart 1952; F. V. ČUCHROV (Edit.): Mineraly, Moskva 1960–1972 (4 Bände)

- Um die Aneignung des Stoffes der Speziellen Mineralogie für die verschiedenen Nutzer bzw. Fachrichtungen zu systematisieren, wurden folgende drucktechnische Unterscheidungen getroffen:

  a) Die wichtigsten gesteins- und erzbildenden Minerale, die also ein Minimum der Mineralkenntnis darstellen, erscheinen in der Größe der Grundschrift und sind in Abschnitte wie »Entdeckung«, »Struktur«, »Chemismus«, »Vorkommen« usw. unterteilt. Sie werden als studentischer Lernstoff für Bergleute, Hüttenleute, Geophysiker, Aufbereiter, Chemiker usw. empfohlen.

  b) Weitere wichtige Minerale sind gleichfalls in der Grundschrift gesetzt, aber nicht untergliedert. Diese Minerale und die der ersten Gruppe stellen etwa den minimalen Lernstoff für Geologen dar. Dazu gehören die allgemeinen einleitenden Worte jeder Mineralgruppe.

  c) Alle weiteren Minerale erscheinen im Kleindruck und stehen zusätzlich als Material für Mineralogen und andere Spezialisten, auch Sammler, zum Nachschlagen zur Verfügung. Einige Mineralnamen sind innerhalb des Kleindrucks halbfett gedruckt, womit ihre relative Bedeutung hervorgehoben wird.

- Bei der Beschreibung der Minerale in Grundschrift werden die abgekürzten Zwischenüberschriften wie folgt erläutert.

  Entdeckung: Zeit der Entdeckung bzw. der Namensgebung; Autor des Namens; Herkunft des Mineralnamens

  Chemismus: chemische Eigenschaften; Makrochemismus; Spurenelemente

  Kristallogr.: Daten zur Feinstruktur und morphologischen Ausbildung

  Phys. Eigensch.: physikalische Eigenschaften wie Farbe, Glanz, Strich, Härte, Spaltbarkeit, Dichte, Optik usw.

  Diagnose: besondere Erkennungs- und Verwechslungsmerkmale

  Genese: Mineralentstehung, Mineralparagenese, Lagerstätten

  Nutzung: Hinweis zur Verwendung des Minerals oder der aus ihm gewonnenen Elemente. Zur Ergänzung sind die Tabellen 16.27 bis 16.32 zu nutzen.

Abkürzungen

Kristallsystem: kub., tetrag., hexag., trigon., rhombisch, monokl., trikl.
Flächensymbole: aus drucktechnischen Gründen werden »allgemeine« Formen nicht in geschweifter Klammer, z. B. {100}, geschrieben, sondern mit runder Klammer, z. B. (100).

X, Y, Z	Richtungen der optischen Indikatrix
n	Brechungsindex optisch isotroper Minerale
n_E und n_O	Hauptbrechungsindizes der optisch einachsigen Minerale (auch $n_{O,E}$)
n_X, n_Y, n_Z	Hauptbrechungsindizes der optisch zweiachsigen Minerale (auch $n_{X,Y,Z}$)
Δn	Doppelbrechung
+Nic	gekreuzte Nicols (bzw. Polarisatoren)
R	Reflexionsvermögen, in %
dsch.	durchscheinend (auch durchsch.)
ds.	durchsichtig (auch durchs.)
Mgl.	Metallglanz
Diamgl.	Diamantglanz
u. d. M.	unter dem Mikroskop
$\parallel$, $\perp$	parallel, senkrecht
Str.	Strich
H	Härte nach Mohs
VH	Eindruckhärte nach Vickers, in kp/mm^2
D, ϱ	Dichte des Minerals
Br	Bruch des Minerals
#	Spaltbarkeit bzw. spaltbar (vgl. Kap. 2.4.2. Spaltbarkeit)
xx, xx′	Kristalle, Kriställchen
ged.	gediegen
v. d. L.	vor dem Lötrohr
Schmp.	Schmelzpunkt
SE	Seltene Erden
N, O, S, W	Nord, Ost, Süd, West
no	nordöstlich
max., min.	maximal, minimal
α, β, γ, ...	Strukturmodifikationen. Die α-Modifikation ist immer die Tieftemperaturmodifikation
gem., berechn.	gemessen, berechnet
1 Å	1 Ångström (= 0,1 nm = 100 pm) Die in den Abbildungen angegebenen Zahlenwerte der Elementarzelle beziehen sich auf die Ångströmeinheit
ppm	ein Millionstel (1 : 1000000)
ppb	ein Milliardstel (1 : 1000000000)

7 Element-Minerale

7.1. Allgemeines

In der Klasse der Element-Minerale werden etwa 80 der meist »gediegenen« Mineralarten und -varietäten vereinigt, die sich aus nur 24 chemischen Elementen aufbauen. Dies ist dadurch bedingt, daß die Elemente z. T. entweder Mischkristalle (z. B. AsSb = Stibarsen) oder unterschiedliche Strukturtypen (z. B. α-, β-, γ-Schwefel) aufbauen, die dann den Charakter eigenständiger Mineralphasen erhalten. Wir gliedern die Minerale wie folgt:

Kupfer–Silber–Gold-Gruppe Quecksilber–Amalgam-Gruppe Eisen–Nickel-Gruppe (+ Meteorite) Platin–Iridosmium-Gruppe	} Metalle
Arsen–Wismut-Gruppe	Halb- oder Semimetalle
Graphit–Diamant-Gruppe Schwefel-Gruppe	} Nichtmetalle

Die *»metallischen« Minerale* haben mehr oder weniger die gleichen Eigenschaften wie die uns bekannten künstlichen Metalle selbst (hoher Glanz, hohe Dichte, große Dehnbarkeit). Wie wir bereits aus dem allgemeinen Teil wissen (Kap. 2.2.), haben die Metalle (bei metallischer Bindung) meist kubisch flächenzentrierte Gitter (Cu-Typ). Da sich die Elemente gruppenweise im Periodensystem häufen (Fe–Co–Ni; Ru–Rh–Pd; Os–Ir–Pt; Cu–Ag–Au) und dadurch ähnliche Atomgrößen besitzen, haben ihre Kristalle sehr ähnliche Eigenschaften. Dies äußert sich besonders durch die starke Tendenz, Mischkristalle zu bilden. Eine gewisse Ausnahme bildet das Quecksilber als fast einziges flüssiges Mineral. Die Bildungsbedingungen der »metallischen« Minerale sind außerordentlich unterschiedlich und reichen vom magmatischen bis in den sedimentären Bereich.

Die *»Halbmetall-Minerale«* haben meist ein verzerrtes kubisches Gitter, das zu einer

trigonalen Symmetrie und damit ähnlichen Kristallformen führt. Auch die größere Sprödigkeit, bessere Spaltbarkeit sowie die relativ geringe Dichte ist eine Folge dieser strukturellen Besonderheit. Mischkristallbildung ist selten; genetisch bestehen große Unterschiede (hydrothermal bis metamorph). An die metallischen Eigenschaften erinnern nur noch der relativ hohe Glanz und z. T. die hellen Farben.
Sehr verschieden sind die »*Nichtmetall-Minerale*« untereinander, so daß eine gemeinsame Besprechung nicht lohnt.

7.2. Kupfer–Silber–Gold-Gruppe

Die Minerale Kupfer, Silber und Gold gehören einer isotypen Reihe an und sind dementsprechend unbegrenzt mischbar. In der Natur wird dies allerdings nur bei Silber und Gold wegen ihrer praktisch gleich großen Gitterparameter realisiert (a_0 für Au = 4,078 Å, für Ag = 4,086 Å), während Kupfer nur bei hohen Temperaturen Legierungen eingeht (da a_0 = 3,615 Å) und bei Abkühlung wieder entmischt.
Das »gediegene« Gold ist das Hauptmineral für die Goldproduktion, während Silber und Kupfer weit überwiegend aus ihren Verbindungen (Sulfide, Karbonate usw.) gewonnen werden.

Kupfer Cu

Entdeckung: Von den Römern als »*aes Cyprium*« (cyprisches Erz) benannt. Alchimistisches Symbol ist ♀.

Chemismus: Meist sehr rein, gelegentlich geringe Beimengungen von Fe (max. 2,5%), Au (max. 3%) sowie Spuren von Ag, As, Bi, Sb, Ge.

Kristallogr.: Kubisch (holoedrisch); kubisch-flächenzentriertes Gitter (a_0 = 3,61, vgl. Bild 2.12). Meist derbe Ausbildung in Form von Klumpen, Blechen, Körnern; häufig auch dendritisch. Gute Kristalle mit meist würfligem Habitus (s. Bild 7.1) sind insbesondere von den alten Cu-Lagerstätten des Oberen Sees (USA) und des Turja-Gebietes im Ural (UdSSR) bekannt; sie sind oft verzerrt und verzwillingt (s. Bild 7.1); verschiedentlich pseudomorph nach anderen Cu-Mineralen, auch fossilen Hölzern u. ä.

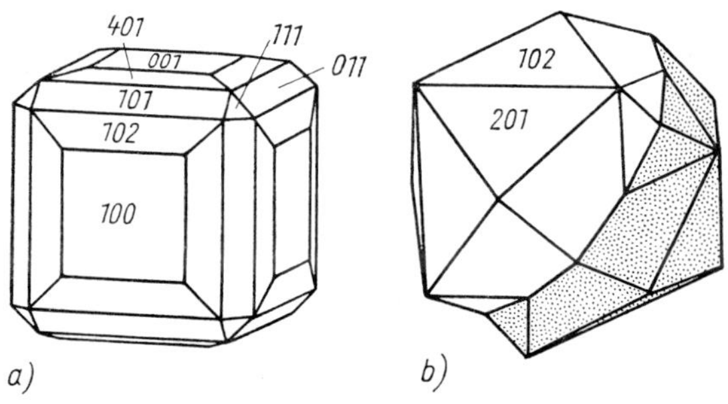

Bild 7.1. Kristalle von Kupfer
a) würfliger Habitus: Kombination aus Würfel (100), (001), Pyramidenwürfel (Tetrakishexaeder) (102) u. (401), Rhombendodekaeder (101) und (011), Oktaeder (111)
b) Zwilling von 2 Tetrakishexaedern nach dem Spinellgesetz (111)

Bild 7.2. Blechartige Bildung von Kupfer auf Kluftfläche von rotliegenden Tuffiten bei Zwickau (DDR). Maßstab 1 : 2 [221]

Physik. Eigensch.: Die bekannten Eigenschaften von Kupfer-Metall: kupferrote Farbe (oft dunkel angelaufen), metallischer Glanz, Strich kupferrot-glänzend, H $2^1/_2$ bis 3 (VH 48 bis 143), leicht verformbar, keine Spaltbarkeit, D 8,9, hohe elektrische Leitfähigkeit, Schmelzpunkt 1083 °C.

Diagnose: Leicht an der Farbe erkennbar; man beachte aber die oft vorhandenen sekundären Überkrustungen (Azurit, Malachit, Tenorit). In HNO_3 leicht löslich, mit Ammoniak blaue Farbe.

Genese: Kupfer entsteht hauptsächlich durch Reduktion aus kupferhaltigen Verbindungen und Lösungen sowie durch Oxydation von Sulfiden.

Beispiele:

Cu_2S (Chalkosin) + 2 O_2 → $CuSO_4$ + Cu
$CuSO_4$ + Fe → $FeSO_4$ + Cu
Cu_2O (Cuprit) + H_2SO_4 → $CuSO_4$ + H_2O + Cu
2 CuO (Tenorit) + C → CO_2 + 2 Cu

Die wichtigsten Bildungsbereiche bzw. Lagerstätten (vgl. Bild 8.1) finden sich

- in Verbindung mit basischen Magmatiten: in Körnern und Klumpen aus präkambrischen Melaphyren im Gebiet des Lake Superior (USA), früher z. T. in tonnenschweren Massen, in Paragenese mit Calcit und Zeolithen; auch anderenorts in umgewandelten Basalten
- im Grenzbereich Zementationszone–Oxydationszone von Cu-Lagerstätten: plattige und unförmig-dendritische Bildungen in Paragenese mit Chalkosin, Malachit usw. Beispiel: Bisbee (Arizona, USA), Siegerland (BRD), Turja-Gruben im nördlichen Ural und von Wolhynien (UdSSR).
- in Sedimenten und Tuffen: Ausfüllung von Zwickeln und Klüftchen, auch konkretionär. Beispiel: Cu-Konkretionen im Sandstein der Naukat-Lagerstätte am Syr-Darja (UdSSR), Cu-Bleche in Porphyrtuffen von Zwickau (DDR, s. Bild 7.2).
- selten in metamorphen Lagerstätten (Långban, Franklin) oder als »Zementkupfer« an Eisenteilen, z. B. aus Grubenwässern.

Nutzung: Mineralisches Kupfer hat heute keine nennenswerte praktische Bedeutung mehr. Über Verwendung von Kupfermetall siehe unter Chalkosin und in Tab. 16.27.

Silber Ag

Entdeckung: Als Metall seit dem Altertum bekannt (*argentum*); die Herkunft des Namens Silber ist unbekannt. Von den Alchemisten mit dem Mond gleichgesetzt (Zeichen ☾).

Chemismus: Reines Ag; häufig aber Legierungen mit Au (unbeschränkte Mischbarkeit); gelegentliche Gehalte an Hg, Cu und Bi (max. 13 %), seltener Sb, As u. a.

Kristallogr.: Kubisch (holoedrisch); kubisch-flächenzentriertes Gitter ($a_0 = 4{,}086$). Meist derbe Massen als Bleche, Klumpen, Körner; sehr häufig auch dendritische Bildungen unterschiedlicher Ausbildung (s. Bilder 4.53b und 7.3) auf Klüften und in Drusen. Kristalle mit würfligem Habitus, besonders schön von Kongsberg (Norwegen). Gelegentlich Pseudomorphosen nach anderen Ag-Mineralen (Argentit, Stephanit, Proustit).

Physik. Eigensch.: Wie Silbermetall: silberweiße Farbe (oft gelblich-braun bis schwarz unter Ag_2S-Bildung angelaufen), mit hohem Metallglanz und Reflexionsvermögen, H 3, D (10 bis) 12, leicht verformbar, keine Spaltbarkeit, hohe elektrische Leitfähigkeit, Schmelzpunkt 960 °C.

Diagnose: Leicht an Farbe, Verformbarkeit, Härte, Dichte und Paragenese erkennbar und von den ähnlich aussehenden Mineralen Platin und Antimonsilber zu unterscheiden.

Genese: Man kann drei Hauptbildungsarten unterscheiden:

– *hydrothermal* in Ag-reichen Sulfidlagerstätten, besonders vom Typ der Pb–Ag- und der Bi–Co–Ni–U–Ag-Formation. Bekannte Lagerstätten sind Freiberg und andere Lagerstätten des sächsischen Erzgebirges (DDR), Jáchimov (ČSSR), Kongsberg (Norwegen), Cobalt-Distrikt (Kanada), Huanchaca (Bolivien). Paragenese: primäre Ag-, Pb-, Zn-, Co-, Ni- und U-Erze.

Bild 7.3. In Calcit eingewachsener blattförmiger Dendrit von Silber aus Mexiko, Vergr. ≈2 × [252]

- in der *Zementationszone* Ag-führender Sulfidlagerstätten als Ausfällung aus Verwitterungslösungen. Weltweite Verbreitung, heute aber meist abgebaut (Freiberg, Broken Hill in Australien, Bolivien usw.). Paragenese Argentit, Pyrargyrit, Stephanit u. a.
- *sedimentär* bzw. diagenetisch: meist fein verteilt, aber auch als Zement oder in Blechen: in Cu-haltigen Sandsteinen vom Typ Colorado (USA), in sapropelitischen Cu-Erzen vom Typ Kupferschiefer (Mansfeld-Sangerhausen, DDR). Gelegentlich in Seifen (z. B. UdSSR).

Nutzung: Silber spielt als eigenständiges Silbererz heute keine Rolle, kommt aber in anderen Ag-Erzen in geringen Mengen vor. Die Verwendung von Silber wird beim Argentit eingehend beschrieben (vgl. auch Tab. 16.27, Anhang).

Chilenit: (Ag, Bi); kubisch. Mischkristalle von Ag mit ~ 10% Bi. Von Copiapó (Chile). Kubisch sind auch die Mischkristalle *Animikit:* (Ag, Sb) und *Huntilith:* (Ag, As); hexagonal dagegen *Allargentum:* ε — (Ag, Sb).

Gold Au

Entdeckung: Seit frühester Zeit der Menschheitsgeschichte bekannt; Herkunft des deutschen Namens unbekannt. Die Alchimisten setzten dieses Metall der Sonne gleich (Zeichen ⊙).

Chemismus: Fast rein (z. B. in Seifengold), meist aber mit geringen bis hohen Silbergehalten (in sog. Berggold); mit Ag-Gehalten von 15 bis 50% wird das Mineral als *Elektrum* (Ural, Altai) benannt (VH 34 bis 82). Selten Gehalte an Kupfer (»Auricuprid«, intermetallische Verbindungen AuCu und Au_2Cu_3), Palladium (›Porpezit«), Rhodium (»Rhodit«), Wismut (»Wismutaurid«) und Eisen.

Kristallogr.: Kubisch (holoedrisch); kubisch-flächenzentriertes Gitter ($a_0 = 4{,}078$ Å). Meist derbe Massen als unregelmäßige Körnchen, Klumpen (in Sedimenten als »Nuggets«), auch Bleche, Dendriten, oft kolloidal (s. Bild 7.4) usw. Kristalle sind selten, meist Oktaeder, seltener Dodekaeder und Würfel, mit unebener Oberfläche (s. Bild 7.5); Verwachsungen, Kombinationen und Zwillinge häufig.

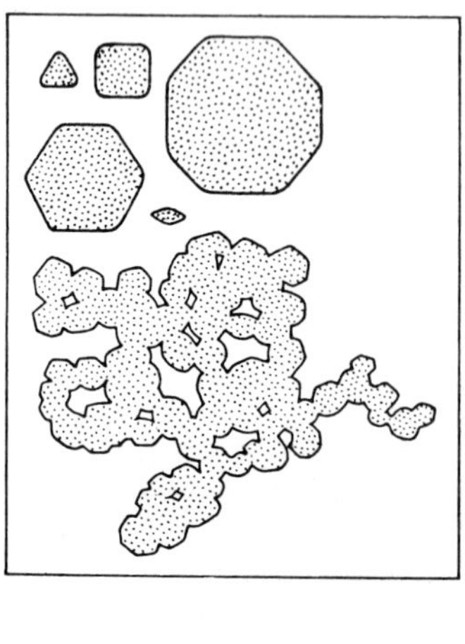

Bild 7.4. Kolloidal gebildete Goldkriställchen, einzeln und aggregiert [168]. Vergrößerung mehrere 10000 ×

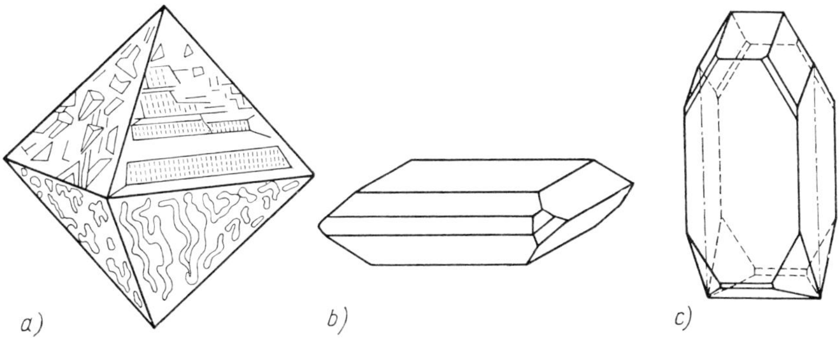

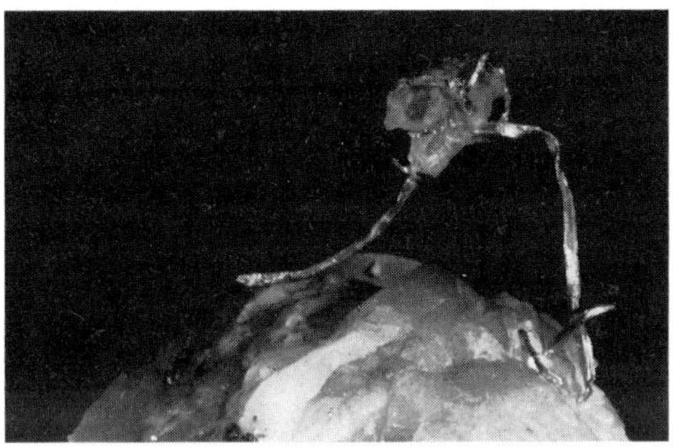

Bild 7.5. Formen makroskopischer Goldkristalle [1,168]

a) oktaedrischer Goldkristall mit unebenen angeätzten Flächen vom Rayon Sysert im Ural [1]
b) Goldkristall aus flacher Lagerstätte der Karpaten (UdSSR) [168]
c) ideale Kristallform (n. V. GOLDSCHMIDT 1918)
d) Gold, drahtförmig; etwa natürliche Größe

Physik. Eigensch.: Wie metall. Gold: goldgelbe Farbe, bei zunehmendem Silbergehalt bis fast weiß. Hoher Metallglanz, H $2^1/_2$ bis 3 (VH 41 bis 94); D 19,3, mit Ag-Gehalt bis 14 abnehmend; leicht verformbar (bis zu feinsten Folien → Blattgold); keine Spaltbarkeit; hohe elektrische und thermische Leitfähigkeit; Schmelzpunkt 1063 °C. In Königswasser, KCN, heißen Alkalipolysulfiden und Quecksilber löslich.

Diagnose: Ähnliches Aussehen haben manchmal Pyrit und Chalkopyrit, oft auch angewitterter Biotit (»Katzengold«). Unterscheidung durch Härte und Verformbarkeit (Gold läßt sich mit Messer schneiden), fehlende Oxydationserscheinungen usw. Bei Zersetzung von Goldtelluriden entsteht Gold als dunkelbraunes Pulver (sog. Senfgold).

Genese: Gold entsteht primär als sog. *Berggold* fast ausschließlich postmagmatisch im pneumatolytisch-hydrothermalen Bereich. Man kann zwei Typen unterscheiden:

- Gold–Quarz-Gänge und Ruschelzonen in meist plutonisch-metamorphen Gebieten der Erde, in Paragenese mit hochthermalem Pyrit, Arsenopyrit, Pyrrhotin, auch Chalkopyrit, Sphalerit, Galenit, Cobaltin, Turmalin u. a. Wichtigste Vorkommen: im Ural (Berezovkij) und Sibirien (Darasun), in Californien (Mother Lode), Indien (Kolarfeld, Mysore), Kanada (Brit. Columbia), Australien (Kalgoorlie, Bendigofeld). In Mitteleuropa gab es früher kleinere Goldvorkommen, die heute meist keine Bedeutung mehr haben: Alpen (»Tauerngold«), Fichtelgebirge (Brandholz, Goldkronach), Thüringer Schiefergebirge u. a.

- Goldgänge und -imprägnationszonen in subvulkanischen Körpern und Tuffmassen; das hier meist silberreichere Gold kommt u. a. in Paragenese mit Chalcedon, Karbonaten, Pyrit, Sphalerit, Silbererzen und Goldtelluriden vor. Wichtige Lagerstätten liegen in der SR Rumänien (Siebenbürgen mit Brad, Rosia Montana, Săcăramb, Zalatna) und den USA (Colorado und Nevada mit Cripple Creek, Comstock Lode u. a.).

Sekundär reichert sich Gold in Oxydationszonen von goldhaltigen Sulfidlagerstätten (s. Bild 7.6), vor allem aber in Seifen an.
Das *Seifengold* ist durch Abtragung primärer Goldlagerstätten entstanden und tritt in Sanden und Konglomeraten in Paragenese mit anderen Schwermineralen wie Zirkon, Granat, Magnetit, Monazit, Korund und Kassiterit auf. Die größte Seifenlagerstätte der Welt ist eine fossile präkambrische Seife, nämlich die des Witwatersrands in Südafrika (etwa 40% der Weltproduktion). Rezente große Seifenlagerstätten liegen in der UdSSR (Aldangebiet in Sibirien), in den USA (Californien, Klondike und Alaska) usw. In Mitteleuropa wurde Gold im Rhein (»Rheingold«), in der Donau und einigen Bächen Thüringens (z. B. Schwarzatal) »gewaschen«. Je nach den Bedingungen werden heute noch Lagerstätten von Berggold bis 10 g/t ausgebeutet, von Seifenlagerstätten oft weit unter 1 g/t. Seifengold hat den zusätzlichen Vorteil, daß es durch teilweises Herauslösen des Silberanteils noch reiner ist.

Nutzung: Das »gediegene« Gold ist als sog. »Freigold« das Hauptgolderz; es liefert über 80% der Weltgoldproduktion. Geringere Mengen werden aus Goldverbindungen insbesondere Goldtelluriden (z. B. Calaverit, Nagyagit, Sylvanit) gewonnen, aber auch aus goldhaltigen Mineralen wie Arsenopyrit, Pyrit, Antimonit (z. B. Boliden in Nordschweden). Der Übergang zwischen dem als Mineralphase noch sichtbaren Freigold und dem diadoch eingebauten Gold ist fließend und wird letztlich nur durch das Auflösungsvermögen der phasenanalytischen Methode bestimmt. Die Jahres-

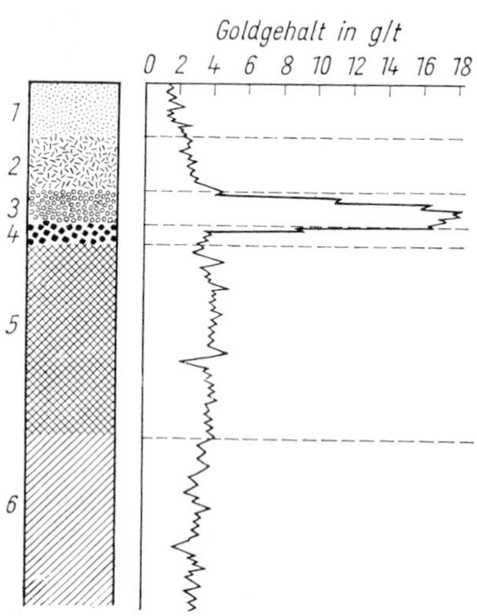

Bild 7.6. Goldanreicherung im Verwitterungsbereich von »kiesigen« Erzlagerstätten [15]

1 Eiserner Hut
2 Opal–Jarosit-Gestein
3 Quarz–Gips-Gemenge
4 zersetzte Sulfide
5 Sulfat–Sulfid-Anreicherung
6 Primärerz

weltproduktion beträgt etwa 1000 t Au. Die Gewinnung des Goldes aus den Erzen erfolgt meist entweder über eine Laugung (Cyanidverfahren) oder Behandlung mit Quecksilber (Amalgamierung). Die Verwendung des Goldes ist allgemein bekannt: Währungs- und Münzmetall, spezielle chemische und physikalische Geräte, Medizin, Schmuck (vgl. Tab. 16.27, Anhang).

7.3. Quecksilber–Amalgam-Gruppe

Aus geochemisch-genetischen Gründen werden das einzige unter natürlichen Bedingungen flüssige Metall Quecksilber und die mit ihm gebildeten Mischkristalle, die Amalgame, gemeinsam besprochen.

Quecksilber Hg: Lange vor der Zeitenwende in China bekannt. Flüssig, erstarrt bei −38,9 °C, kristallisiert trigonal, Siedepunkt 357 °C; D 13,55. Zinnweiß, starker Mgl. Manchmal mit etwas Ag oder Au. Selten; meist in kleinen Tröpfchen, oft in der Verwitterungszone von Cinnabaritlagerstätten, aber auch als aszendent-hydrothermales Mineral, gewöhnlich vergesellschaftet mit Cinnabarit; oft in Vulkangebieten oder nahe von heißen Quellen. Idrija sowie Avala-Berg bei Belgrad (beide Jugoslawien); Moschel-Landsberg (Pfalz, BRD), zusammen mit Silberamalgam; Almaden (Spanien); New Almaden und Sonora (Calif., USA).

Amalgame: Mit Quecksilber sind häufig zwei (Silber-)Amalgame vergesellschaftet:

- *Kongsbergit*, α-(Ag, Hg), Cu-Typ; über 40% Ag; meist derb, VH 48 bis 81, selten.
- *Landsbergit*, γ-(Ag, Hg), ebenfalls kub.; etwa 70% Hg. Oft in schönen flächenreichen xx (110), (001), (112) u. a.; auch derb und körnig. Häufiger als Kongsbergit. Beide Amalgame sind spröd; ohne #, H 3, D 13,5 bis 12. Silberweiß, Mgl. Landsberg b. Ober-Moschel (Pfalz, BRD); Sala (Schweden).

Schachnerit: ($Ag_{1,1}Hg_{0,9}$); hexagonal. Bis 1 cm lange xx, aus Oxydationszone der Hg-Lagerstätte Landsberg (Pfalz, BRD). Sehr ähnlich ist *Para-Schachnerit:* ($Ag_{1,2}Hg_{0,8}$); rhombisch.

»Altmarkit«: $HgPb_2$; tetragonal. Absatz in Rohren bei Erdgasförderung. Altmark (DDR).

Goldamalgam: Au_2Hg_3. ~40% Au, manchmal mit ~5% Ag; D 15,47. In Körnern und Klumpen von weißer oder gelber Farbe; knetbar. Mariposa (Calif., USA); zusammen mit Platin in Kolumbien; Borneo.

Potarit: PdHg; kubische silberweiße Körner mit undeutlich säuliger oder faseriger Struktur. Sehr selten. Potaro River in (Britisch-) Guyana.

Anhang:

Zink: Zn; hexagonal. Sehr selten, metallisch graue Blättchen und Körner (VH 130), aus Oxydationszonen (UdSSR, Australien).

Cadmium: Cd; hexagonal; Paragenese von Fe, Cu und Zn. Kleinste xx′, duktil; aus Gabbro-Aufbereitung. Wiljui-Becken in Sibirien (UdSSR).

Zinn: β-Sn; tetragonal. Unterhalb von 13,2 °C wird α-Zinn, graues Sn, stabil, das eine Struktur vom Diamanttyp hat. Silberweiß, Mgl. (VH 10 bis 15). Äußerst selten! Nur in Saskatchewan (W-Kanada).

Rhenium: Re; hexagonal. Einschlüsse im Wolframit. Von Transbaikalien (UdSSR).

Blei: Pb; kubisch. Sehr selten; in Klumpen und dünnen Platten, selten xx. Manchmal mit etwas Ag oder Sb. Schöne große xx von Långban (Wermland, Schweden). Lose Körner aus zahlreichen Seifen. VH 4 bis 6.

Indium: In; tetragonal. Bis 1 mm große graugelbliche Körner in vergreisten und albitisierten Graniten des Transbaikal (UdSSR), zusammen mit Blei. VH 130 bis 159.

7.4. Eisen–Nickel-Gruppe (einschließlich Meteorite)

Die Fe–Co–Ni-Triade des Periodensystems der Elemente ist eine auch geochemisch-mineralogisch interessante und relativ einheitliche Gruppe. Ihre engen internen Beziehungen werden ergänzt durch mineralchemische Beziehungen zu den beiden Triaden der Platinelemente sowie z.T. zu den benachbarten Elementen Mn, Cr, V und Ti (s. Bild 7.7).
Da von den Mischkristallen dieser drei Elemente das Eisen fast stets die weitaus häufigste Komponente darstellt, besprechen wir sie unter dem Namen »Eisen«. Wir unterscheiden zwischen dem terrestrischen und dem kosmisch-meteoritischen Eisen; die Hauptmenge des Eisens, das in der (relativ) sauerstoffreichen Umgebung der Erdkruste nicht existenzfähig ist, wird verständlicherweise von den Meteoriten gebildet. Das alchimistische Zeichen ist ♂.

Eisen α-Fe

Kubisch (holoedrisch), Gitter innenzentriert (s. Bild 2.9n). Stahlgrau, Metallglanz, H 4 bis 5 (VH 116 bis 288), D 7,3 bis 7,6, ferromagnetisch bis 769 °C, Schmelzpunkt 1528 °C.

Terrestrisches Eisen

Selten in basischen bis ultrabasischen Gesteinen, oft wahrscheinlich unter besonderen reduzierenden Bedingungen gebildet (z. B. Resorption von Kohle durch Magma, daher auch in Paragenese mit Pyrrhotin und Cohenit Fe_3C); selten exogen. Vorkommen: im Basalt der Insel Disko vor Grönland sowie am Bühl bei Kassel (BRD), meist g bis kg große Klumpen. In kleinen Körnchen in Serpentiniten. Chemisch relativ rein (max. 2% Ni, 0,3% Co, 0,4% Cu, 0,1% Pt und C).

Ti V Cr Mn	26 Fe 1,35 (0,82)	27 Co 1,25 (0,82)	28 Ni 1,24 (0,78)
Mo ←	44 Ru 1,33	45 Rh 1,34	46 Pd 1,37
W Re ←	76 Os 1,35	77 Ir 1,35	78 Pt 1,78

Bild 7.7. Ausschnitt aus dem Periodensystem im Bereich der Eisen–Platin-Elemente. Andeutung der kristallchemischen Beziehungen, Angabe der Atom- und einzelner Ionenradien (in Å)

Nickel: Ni; kubisch. Idiomorphe Körner in Heazlewoodit der Ni-Erze von Neu-Caledonien. VH 186 bis 210.

Eisennickel: Ni_3Fe; mit meist 66 bis 77% Ni, Rest Fe, bis 1,4% Co, bis 1,2% Cu, etwas S, P und C; H 5,5; D 7,8 bis 8,2. Starker Metallglanz; silberweiß bis grauweiß, rostet nur langsam. Es findet sich als *Awaruit* (auch *Josephinit* und *Souesit*) terrestrisch als derbe Klumpen in manchen Gold- und Platinseifen; in feinsten Flittern in regional-metamorphen Serpentiniten. Entstanden bei niedriger Temperatur. Awarua Bay, Neu-Seeland; Josephine und Jackson Co. (Oregon, USA).

Wairauit: CoFe; kleinste xx in Serpentin von Neuseeland; H $4^1/_2$, magnetisch.

Meteoritisches Eisen

Eisen mit wenig Ni: Meist 5 bis 7, selten bis 12%; kubisch-raumzentriertes Gitter. $a_0 = 2{,}859$; D 7,3 bis 7,87. Magnetisch. Außer Fe und Ni noch ~0,5% Co und etwas P, S und C. Bildet fast die Masse der Fe-Meteorite mit hexaedrischer Struktur (Hexaedrite) und als *Kamazit* (gr. *kámax* = Balken) oder Balkeneisen den Hauptbestandteil der Eisenmeteorite mit oktaedrischer Struktur (Oktaedrite) (s. Bilder 7.8 und 7.9). Kamazit ist auch der überwiegende metallische Bestandteil der Stein- und der Eisen–Stein-Meteorite.

Bild 7.8. Unterschiedliches Erscheinungsbild der »Widmanstättenschen Figuren« bei verschiedener Schnittlage (schematisch) [98 nach Tschermak 1884]

Bild 7.9. Balkengefüge in Form der »Widmanstättenschen Figuren«. Anschliff eines Eisenmeteoriten [252]

Eisen mit 24 bis 37% Ni: selten bis 48% Ni, außerdem etwas Co, Cu, S; kubisch-flächenzentriertes Gitter (wie β-Ni und γ-Fe); $a_0 = 3{,}590$ Å. Es bildet in allen Oktaedriten als *Taenit* oder Bandeisen (gr. *tainia* = Band) dünne orientiert aufgewachsene Schichten auf beiden Seiten der Kamazitlamellen und kommt auch in einigen Ataxiten vor. *Plessit* oder Fülleisen (gr. *plethos* = Füllung) ist eine sehr feinlamellare Verwachsung von Kamazit und Taenit.

Meteorite

Meteorite sind »vom Himmel gefallene Steine«, die deshalb in prähistorischen Gräbern und in Tempeln als heilig aufbewahrt wurden. Auch der berühmte schwarze Stein in der Kaaba, dem Allerheiligsten in Mekka, ist wohl ein Meteorit. Erst 1794 wurde der kosmische Ursprung der Meteorite von dem Physiker Chladni erkannt. Heute werden die Meteorite meist als Bruchstücke eines oder mehrerer Himmelskörper des Sonnensystems angesehen. Riesenmeteorite haben beim Auftreffen kraterähnliche Vertiefungen in die Erde geschlagen; der größte Meteoritenkrater liegt nördlich von Quebec in festem Granit: Durchmesser 3,6 km, Tiefe 20 m, Höhe des Ringwalls bis 180 m. Bei Henbury in Mittelaustralien liegt ein Kraterfeld mit 13 ähnlichen Kratern. In jüngster Zeit (1908) entstand das durch sowjetische Fachleute gut untersuchte Kraterfeld im Bereich der Steinigen Tunguska (Sibirien). Der Zusammensetzung nach unterscheidet man Eisenmeteorite, Steinmeteorite und die zwischen ihnen stehenden Steineisenmeteorite (Pallasite, Mesosiderite).
Die Eisenmeteorite, etwa 40% aller gefundenen Meteorite, sind am schwersten; der größte Eisenmeteorit wiegt etwa 70 t (Namibia). Die Steinmeteorite überschreiten selten 50 kg; der schwerste hat eine Masse von über 1 t (Süd-Nebraska, USA).
Die Eisenmeteorite (Siderite) bestehen fast ganz aus Nickeleisen, dem Tropfen oder dünne Platten von Troilit (FeS) eingelagert sind; außerdem enthalten sie Karbide und Phosphide von Eisen. Die Steinmeteorite bestehen überwiegend aus einem Silikatgemenge, das basischen Gesteinen der Erde entspricht. Hauptsächlich sind es Mg-reiche Minerale, wie Forsterit, Olivin und gewisse Augite. Minerale mit Wasser oder (OH) (z. B. Hornblenden, Glimmer) und solche, die sich aus wäßrigen Lösungen ausscheiden, fehlen. Außerdem enthalten sie Körner von Nickeleisen (mit bis 20% Ni) und Troilittropfen. Die Steineisenmeteorite bestehen aus Silikaten, z. B. Olivin oder Bronzit, die in eine Grundmasse von Nickeleisen eingebettet sind.
Die *Struktur der »Siderite«*. Ätzt man polierte Schnitte von Meteoreisen mit einer verdünnten Säure, so zeigt sich meist ein Netzwerk von Lamellen, welche Felder verschiedener Größe umschließen. Die Lamellendicke kann mehrere Millimeter erreichen. Diese charakteristischen Zeichnungen heißen nach ihrem Entdecker »Widmanstättensche Figuren« (s. Bild 7.9). Die Lamellen bestehen aus nickelarmem Kamazit und sind beiderseits von dünnen Schichten nickelreichen Taenits eingefaßt. Die Grundmasse zwischen den Lamellen besteht aus Plessit (vgl. meteoritisches Eisen). Die Lamellen schneiden sich unter verschiedenen Winkeln, je nach der Schnittlage, da sie den Flächen eines Oktaeders parallel laufen (s. Bild 7.8). Es gibt sehr große Meteorite, deren Lamellen den Flächen eines einzigen Oktaeders parallel liegen. Siderite mit solcher Struktur heißen *Oktaedrite*; sie bilden die Mehrzahl der Eisenmeteorite. Eine kleine Gruppe von »Sideriten« ist nickelärmer und besteht nur aus Kamazit. Sie spalten nach den Würfelflächen (*Hexaedrite*) und zeigen im Anschliff Scharen sehr feiner paralleler Linien. Die »Naumannschen Linien« sind Querschnitte durch

sehr dünne Zwillingslamellen des Haupteisenkristalls, die beim Aufprall auf die Erde entstanden sind. Die 3. Gruppe der »Siderite« zeigt nach dem Ätzen keine bestimmte Struktur; diese *Ataxite* sind sehr feinkörnig, und ihre meteoritische Natur ist manchmal ungewiß.

Erhitzt man Oktaedrite längere Zeit auf 900 °C, so verschwindet ihre Struktur und macht einem feinkörnigen Gefüge Platz, das dem der Ataxite ähnelt. Künstlich konnte eine den Oktaedriten fast gleiche Struktur, wenn auch nur mikroskopisch klein, durch sehr langsame Abkühlung von Nickeleisenschmelzen erhalten werden. Die grobe Oktaedritstruktur ist offenbar durch Entmischung eines großen Ni–Fe-Mischkristalls bei äußerst langsamer Abkühlung entstanden.

Die *Struktur der Steinmeteorite* ist sehr verschieden. Die weitaus meisten enthalten zahlreiche kristalline, oft radialstrahlige Kügelchen, sog. *Chondren* (gr. *chóndros* = Korn), die in irdischen Gesteinen nicht vorkommen. Die kleinen, selten walnußgroßen Chondren bestehen bald nur aus einem Mineral, gewöhnlich Olivin, bald aus mehreren Mineralen, besonders Enstatit und Augit, daneben Plagioklas, Glas und Nickeleisen. Diese Meteorite heißen *Chondrite*. Eine kleine Gruppe von Steinen, die *Achondrite*, sind frei von Chondren; sie haben die von irdischen Magmagesteinen bekannten ophitischen, porphyrischen oder körnigen Strukturen.

Mit den Meteoriten in Verbindung stehen die *Tektite* (gr. *téktein* = schmelzen). Das sind rundliche flaschengrüne bis schwärzliche Glaskörper, die nur wenige Zentimeter Größe erreichen. Sie sind schwer schmelzbar und enthalten 70 bis 97% SiO_2. In einigen Tektiten wurden Kristalle von Andalusit, Feldspat und anderen Silikaten beobachtet. Die Tektite sind über große Flächen verstreut und werden nach den Hauptfundgebieten als Moldavite (Böhmen), Billitonite (Billiton, Indonesien), Australite (ganz Südaustralien) usw. bezeichnet. Die Tektite sind wahrscheinlich beim Einschlag von Riesenmeteoriten entstanden, indem Gesteinstrümmer verglast wurden.

Der gesamte heute bekannte Mineralbestand der Meteorite ist in Tab. 7.1 aufgeführt. In dieser Liste sind auch fast alle in der Natur bekannten Carbide, Nitride, Phosphide und Silicide enthalten; ergänzend seien an dieser Stelle noch das *Tantalcarbid TaC* (aus Platinseifen) und der *Siderazot* bzw. Silvestrit $Fe_{2-3}N$ genannt, da sie nicht in Meteoriten zu finden sind.

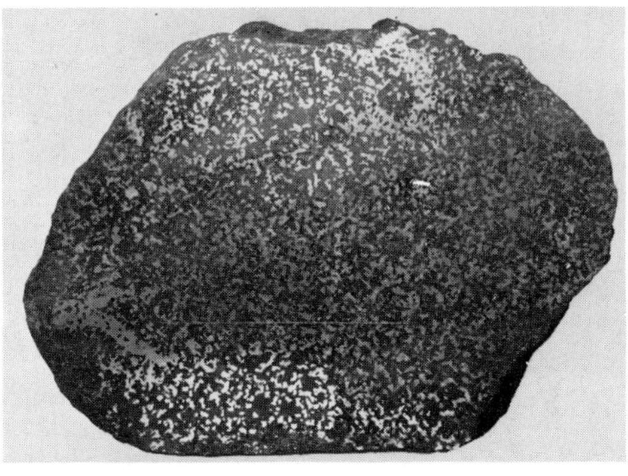

Bild 7.10. Anschliffbild des Eisen-Steinmeteoriten (sog. Siderophyr) von Rittersgrün i. Erzgebirge (DDR). Die hellen Partien sind Nickeleisen, die dunklen überwiegend Pyroxene. Natürliche Größe etwa 50 cm Durchmesser [221]

Tabelle 7.1. Minerale der Meteorite
(* nur in Meteoriten; s = selten; sek. = sekundär entstanden)

Mineralklasse	Mineralname	Formel	Vorkommen
Elemente Legierungen Carbide, Nitride, Phosphide	Gold	Au	Eisenmeteorite
	Kupfer	Cu	in allen Meteoritengruppen
	Nickeleisen		
	a) Kamazit*	(Fe, Ni, Co), Ni < 7,5 %	Eisenmeteorite Siderolithe
	b) Taenit*	(Fe, Ni, Co), Ni > 7,5 %	Steinmeteorite
	Perryit*	$(Ni, Fe)_x(Si, P)_y$ oder Ni_3Si	Eisenmeteorite
	Cohenit	$(Fe, Ni, Co)_3C$	Eisenmeteorite, Chondrite (s)
	Carlsbergit*	CrN	Eisenmeteorite
	Osbornit*	TiN	Achondrite (s)
	Schreibersit (Rhabdit)*	$(Fe, Ni, Co)_3P$	Eisenmeteorite, Siderolithe, Chondrite
	Barringerit	$(Fe, Ni)_2P$	Eisenmeteorite
	Diamant	β-C (kub.)	Steinmeteorite, Eisenmeteorite (s)
	Lonsdaleit*	β-C (hex.)	Steinmeteorite
	Graphit	α-C	Eisenmeteorite Siderolithe (s)
	Moissanit*	SiC	Eisenmeteorite
	Phosphor (?)	P	Eisenmeteorite (s)
	Schwefel	α-S	Eisenmeteorite (s)
Sulfide	Pentlandit	$(Fe, Ni)_9S_8$	Chondrite, Siderolithe
	Sphalerit	α-ZnS	Chondrite, Siderolithe
	Chalkopyrit	$CuFeS_2$	Chondrite
	Chalkopyrrhotin	$CuFe_2S_3$	Chondrite
	Valleriit	$Cu_3Fe_4S_7$	Chondrite
	Troilit*	FeS	in allen Meteoriten
	Mackinavit	FeS (tetrag.)	
	Oldhamit*	CaS	Steinmeteorite (s)
	Daubréelith*	$FeCr_2S_4$	Eisenmeteorite, Chondrite
	Heideit	$(Fe, Cr)_{1+x}(Ti, Fe)_2S_4$	Enstatit-Achondrit
	Niningerit*	(Mg, Fe, Mn)S in Halitstruktur	Enstatit-Chondrite
	Pyrit	FeS_2	Chondrite
	Bravoit	$(Fe, Ni)S_2$	Chondrite
	Djerfisherit*	$K_3(Cu, Na)(Fe, Ni)_{12}S_{14}$	Enstatit-Chondrite
	Ferroalabandin	$(Fe_{0,2}Mg_{0,1}Mn^{2+}_{0.6})S$	Chondrite
	Fe–Mg-Alabandin	$(Fe_{0,2}Mg_{0,3}Mn_{0,5})S$	Chondrite
Chloride	Lawrencit	$FeCl_2$	Eisenmeteorite

Tabelle 7.1. (Fortsetzung)

Mineralklasse	Mineralname	Formel	Vorkommen
Oxide	Spinell	$MgAl_2O_4$	Chondrite
	Magnetit	Fe_3O_4	Chondrite
	Chromit	$(Fe, Mg)Cr_2O_4$	Eisen- und Steinmeteorite, Siderolithe
	Ilmenit	$FeTiO_3$	Steinmeteorite, Siderolithe
	Quarz	SiO_2 (hex.)	Eisen- und Steinmeteorite (s)
	Tridymit	SiO_2 (trig.)	Steinmeteorite, Siderolithe (s)
	Cristobalit	SiO_2 (tetrag.-kub.)	Chondrite
	Rutil	TiO_2	Siderolithe
	Sinoit*	Si_2N_2O	Chondrite
	Limonit	$FeOOH \cdot nH_2O$	Eisenmeteorite (sek.)
Karbonate	Calcit	$CaCO_3$	Karbonat-Chondrite (sek.)
	Magnesit	$MgCO_3$	Karbonat-Chondrite (sek.)
	Fe-Magnesit (Breunnerit)	$(Mg, Fe)CO_3$	Karbonat-Chondrite (sek.)
	Dolomit	$CaMg(CO_3)_2$	Karbonat-Chondrite (sek.)
	Reevesit*	$Ni_6Fe_2[(OH)_{16}/CO_3] \cdot 4\ H_2O$	Karbonat-Chondrite (sek.)
Sulfate	Gips	$Ca[SO_4] \cdot 2\ H_2O$	Karbonat-Chondrite (sek.)
	Epsomit	$Mg[SO_4] \cdot 7\ H_2O$	Karbonat-Chondrite (sek.)
	Astrakanit	$Na_2Mg[SO_4] \cdot 4\ H_2O$	Karbonat-Chondrite (sek.)
Phosphate	Apatit	$Ca_5[F/(PO_4)_3]$ $Ca_5[Cl/(PO_4)_3]$	Steinmeteorite Siderolithe
	Farringtonit*	$Mg_3[PO_4]_2$	Siderolithe
	Brianit*	$Na_2CaMg[PO_4]$	Eisenmeteorite
	Panethit*	$(Na, Ca)_2(Mg, Fe)_2[PO_4]_2$	Eisenmeteorite
	Stanfieldit	$Ca_4Mg_5[PO_4]_6$	Eisenmeteorite
	Merellit*	$Na_2Ca_3[PO_4]_2O$	Eisenmeteorite
	Whitlockit	β-$Ca_3[PO_4]_2$	Eisenmeteorite
	Sarkopsid*	$(Fe, Mn)_3[PO_4]_2$	Eisenmeteorite
	Graftonit*	$(Fe, Mn)_3[PO_4]_2$	Eisenmeteorite
Silikate	Olivin	$(Mg, Fe)_2[SiO_4]$	Steinmeteorite Siderolithe, Eisenmeteorite
	Forsterit	$Mg_2[SiO_4]$	Eisenmeteorite
	Ringwoodit*	$(Mg, Fe)_2[SiO_4]$ (kub.)	Steinmeteorite
	Yagiit*	$(Na, K)_{1,50}Mg_{2,0}(Al, Fe, Mg, Ti)_{3,0}[(Si, Al)_{12}O_{30}]$	Steinmeteorite
	Merrihueit*	$(K, Na)_2(Fe, Mg)_5[Si_{12}O_{30}]$	Chondrite

Tabelle 7.1. (Fortsetzung)

Mineralklasse	Mineralname	Formel	Vorkommen
	Pyroxene		
	a) Orthopyroxene (Enstatit, Bronzit, Hypersthen)	$(Mg, Fe)_2[Si_2O_6]$	Steinmeteorite, Siderolithe
	b) Klinopyroxene (Klinoenstatit, Klinohypersthen, Diopsid, Hedenbergit, Augit, Pigeonit)	$(Ca, Mg, Fe)[Si_2O_6]$	Siderolithe
	Ureyit*	$NaCr[Si_2O_6]$	
	Pecorait	$Ni_6Si_4O_{10}(OH)_8$	Karbonat-Chondrite (sek.)
	Richterit	$Na_2Ca(Mg, Fe)_5[Si_8O_{22}/(OH, F)_2]$	Karbonat-Chondrite (sek.)
	Plagioklase		
	a) Albit-Oligoklas		hauptsächlich in Chondriten
	b) Bytownit oder Anorthit		hauptsächlich in Achondriten
	c) Maskelynit (wie Bytownit)		hauptsächlich Chondrite (sek.)
	Krinovit*	$NaMg_2Cr[Si_3O_{10}]$	Chondrite
	Roedderit	$(Na, K)_2Mg_5[Si_{12}O_{30}]$	Enstatit-Chondrite
	Zirkon	$Zr[SiO_4]$	Chondrite

Anmerkung: Sekundär sind noch folgende Minerale auf und in Meteoriten entstanden: Heazlewoodit, Violarit, Bornit, Genthnerit, Hämatit, Goethit, Lepidokrokit, Akaganeit, Hydronikat, Nepouit, Jarosit, Chlorit-Serpentin u. a., Cassidyit.

7.5. Platin–Iridosmium-Gruppe

Wie bereits gesagt und aus Bild 7.7 zu ersehen, haben die Platinmetalle Ru, Rh, Pd und Os, Ir, Pt viele Gemeinsamkeiten, aber auch Unterschiede. Dies rührt weitgehend daher, daß Ru und Os hexagonal kristallisieren, die übrigen kubisch. Ru und Os bilden mit ihren Nachbarn Rh und Ir leicht Mischkristalle, dagegen nicht mit Pd und Pt. Strukturell ergibt sich folgende Gliederung der Minerale:

Osmiumreihe (hexagonal)	*Platinreihe* (kubisch)
Osmium Os	Palladium Pd
Iridosmium (Os, Ir)	Iridium Ir
(Syssertskit und Newjanskit)	Osmiridium (Ir, Os)
	Platin Pt

Besprochen werden die häufigsten Minerale Iridosmium und Platin.

Iridosmium (Os, Ir) Newjanskit, Syssertskit

Name nach dem Metall bzw. den Hauptfundorten, dem Rayon Nevjansk und Sysert bei Sverdlovsk (Ural, UdSSR). Entdeckung der Eigenständigkeit wahrscheinlich erst 19. Jahrhundert.
Newjanskit: Ir > Os, dazu max. 0,5% Ru, 7,7% Rh, 5,5% Pt, 0,9% Cu, 1,4% Fe. Syssertskit Os > Ir, dazu bis 20% Ru (*Ruthen–Iridosmium*).
Hexagonal (holoedrisch), hexagonal dichteste Packung. Meist gut in hexagonalen Platten und tafligen Körnern kristallisiert (Gegensatz zu Platin!); Vorherrschen von (0001), begrenzt durch Prismen und Pyramiden, v. a. $(11\bar{2}1)$. Häufig Verwachsung zu Aggregaten. Farbe weiß bis grau (Syssertskit dunkelgrau!), Mgl.; H 6 bis 7, spröde. Spaltbarkeit 3 bis 5 nach (0001); D 19 bis 21. Gegenüber Platin und Silber unterschieden durch plattige Kristalle (dadurch auch optisch anisotrop), höhere Härte (v. a. sichtbar im Anschliff), keine Löslichkeit in kochendem Königswasser. Beim Schmelzen mit Salpeter entsteht unangenehmer stechender Geruch von Osmiumtetroxid.
Primär in ultrabasischen Gesteinen wie Peridotiten und Duniten, meist gemeinsam mit Chromit und Platin; seltener in goldhaltigen hydrothermalen Quarzgängen. Sekundär in Seifenlagerstätten, zusammen mit Platin und Gold, hauptsächlich im Ural und Sibirien (UdSSR), in Südafrika, USA, Tasmanien.
Zur Herstellung von Füllfederspitzen, Spezialschneidwerkzeugen u. a. (vgl. Tab. 16.27).

Osmium: Os; hexagonal. Selten auf Platinlagerstätten. *Osmit* ist Osmium mit etwas Ir und Rh.

Aurosmirid: Mischkristalle von vorherrschendem Iridium mit Osmium, Gold und Ruthenium, silberweiß; H > 7; D 20; spröd. Platinlagerstätten des Urals (UdSSR).

Platin Pt Polyxen

Entdeckung: Seit 1601 aus Kolumbien bekannt, aber erst 1735 als selbständig erkannt (als »platina del Pinto« bezeichnet). Erste Funde in Goldseifen des Urals 1819, Abbau erst später. Der Name Polyxen (Hausmann 1913) wurde wegen des Reichtums an diadochen Beimischungen gegeben (gr. *polys* = viel; *xenos* = fremd); der Name »Eisenplatin« stammt von Breithaupt 1832.

Chemismus: Niemals rein, immer mit Fe (4 bis 21%, bei >11% = *Eisen- oder Ferroplatin*); meist Ir (bis 7%, *Iridiumplatin*), Pd (meist <1%, oft ≧7%, *Palladiumplatin*), Rh (meist <1%, manchmal bis 5%, *Rhodiumplatin*), Ni (gelegentlich einige Prozent, *Nickelplatin*), Cu (<1%) u. a.

Kristallogr.: kubisch (holoedrisch), Gitter vom Cu-Typ (flächenzentriert; $a_0 = 3{,}916$ Å). Fast stets in unregelmäßigen Körnern und Massen (»Nuggets« max. 9 kg). Seltene Kristalle haben würfligen Habitus, Verwachsungszwillinge nach (111).

Physik. Eigensch.: Farbe je nach Fe-Gehalt weiß bis grauschwarz. Mgl., hohes Reflexionsvermögen, max. 70%. H 4 bis $4^1/_2$ (VH 114 bis 274; Eisenplatin VH 329 bis 397), formbar, ohne Spaltbarkeit. Dichte rein 21,5, meist 15 bis 19 (auch durch Gaseinschlüsse und Verunreinigungen verursacht). Magnetisch, gute elektrische Leitfähigkeit, Schmelzpunkt 1755 °C.

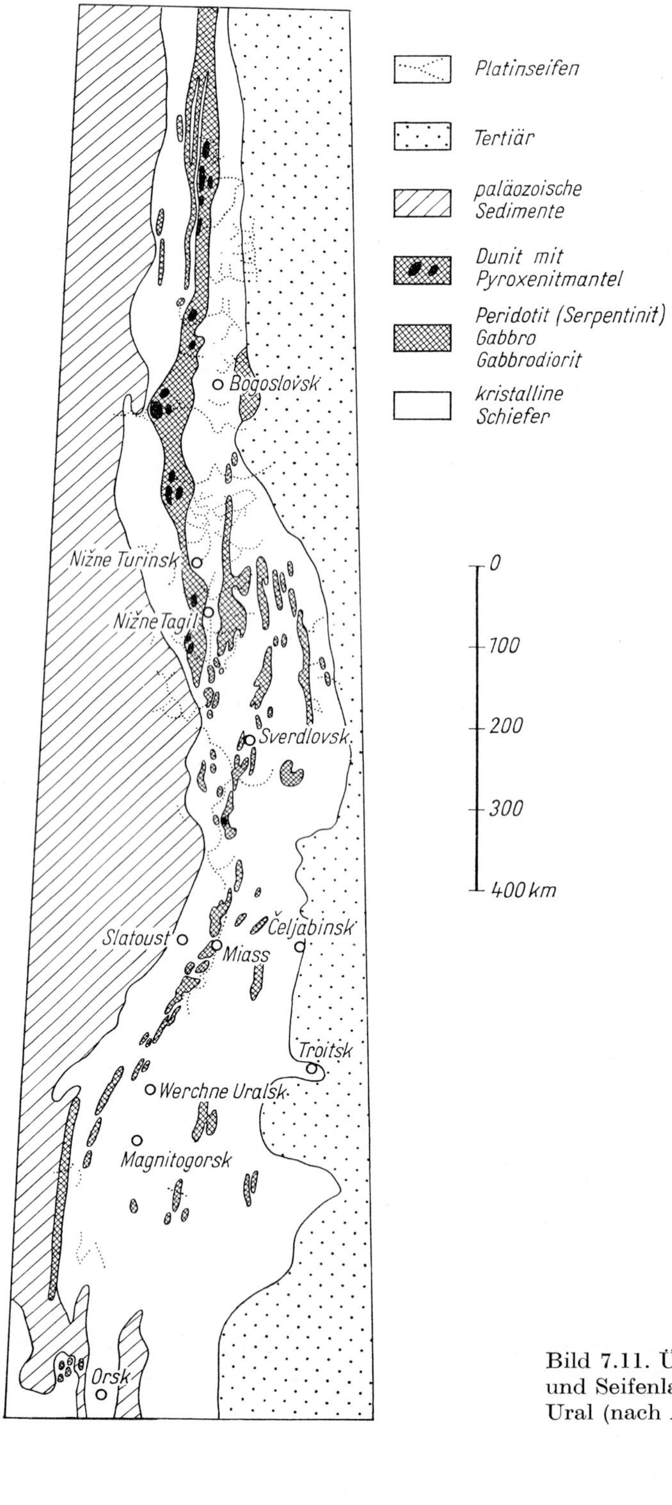

Bild 7.11. Übersicht über die primären und Seifenlagerstätten des Platins im Ural (nach A. G. Betechtin 1935)

Diagnose: Von Silber und Eisen zu unterscheiden durch höhere Härte und Dichte sowie dem Verhalten gegenüber Lösungsmitteln (Pt nur in heißem Königswasser löslich). Wichtig oft Parageneseminerale, z. B. Chromit, Gold.

Genese: Primär in ultrabasischen Gesteinen (Dunit, Peridotit, Serpentinit) als junge (hydrothermale) Nachphase. Durch Zerstörung der primären Lagerstätten Anreicherung in Platinseifen. Ni–Pd-reiches Platin ist überwiegend an basische (noritische) Plutonite gebunden und tritt mit Pyrrhotin, Chalkopyrit und Pentlandit gemeinsam auf (»Nickelmagnetkieslagerstätte« Sudbury in Kanada). Primäre Lagerstätten: Merensky Reef (Transvaal, Südafrika), Norilsk in Nordsibirien und Nižne Tagil im Ural (beide UdSSR), Neuseeland. Seifenlagerstätten: Nižne Tagil (Ural, s. Bild 7.11), Kolumbien, auch Alaska, Borneo u. a.

Nutzung: Wegen der seltenen Eigenschaften (hoher Schmelzpunkt, elektrische Leitfähigkeit, chemische Stabilität) gesuchtes Metall für Labor- und medizinische Geräte, Schmuckmetall, Kontaktmaterial usw., Jahresweltproduktion max. 20 t (vgl. Tab. 16.27 im Anhang).

Iridium: Ir; kubisch. Seltene silberweiße Körnchen in Pt–Au-Seifen von Nižne Tagil (Ural) und Ostindien.

Osmiridium: (Os, Ir), kubisch. Meist wie Iridosmium, VH 297 bis 645.

Palladium: Pd; kubisch, Cu-Typ. Schmiedbar; H 4½ bis 5; D 11,9, schmilzt bei 1555 °C. Weiß, starker Mgl. Natürliches Pd enthält gewöhnlich etwas Pt und Ir. Selten. In Körnern, etwas reichlicher in der Oxydationszone der Pt-Lagerstätten von Transvaal (Südafrika), Kolumbien, Brasilien.

Ruthenium: $Ru_{1,47}\ Ir_{0,18}\ Rh_{0,16}\ Pt_{0,11}\ Os_{0,06}\ Pd_{0,01}\ Fe_{0,01}$. Taflige xx. Von Platin-Seife Horokanai auf Hokkaido (Japan)

Anhang:

Stannopalladinit: Pd_3Sn_2; hexagonal. Enthält noch beträchtliche Mengen von Pt und Cu. In Nickelmagnetkiesvorkommen der UdSSR. Von Norilsk sind weiter bekannt: Pt Pd Sn, (Pd, Au) Pb, Pd (Pb, Bi).

Pavlovit: Pd_2Sn; rhombisch. Rosafarbene Körner aus Cu–Ni-Erz des Talnach-Reviers bei Norilsh (UdSSR); zusammen mit Cubanit und Chalkopyrit.

Niggliit: Pt(Sn, Te); hexagonal. Silberweiß, spröd. Ost-Griqualand (Südafrika). Besitzt NiAs-Struktur.

Zvjagintsevit: $(Pd, Pt)_3(Pb, Sn)$; kubisch. Schwarze Körner von Norilsk (UdSSR).

Norilskit: Pt–Ni–Cu-Legierung, von Norilsk (UdSSR); neuerdings als Mischung erkannt.

7.6. Arsen–Wismut-Gruppe

In dieser Gruppe werden die halb- oder semimetallischen Minerale Arsen, Antimon und Wismut zusammengefaßt. Obwohl gemeinsam in der 5. Gruppe stehend und einheitlich ditrigonal-skalenoedrisch kristallisierend, zeigen sie bei niedrigen Temperaturen nur geringe Tendenz zur Mischkristallbildung (s. Bild 7.12). Die Atomradien sind: As 1,48; Sb 1,61; Bi 1,82 Å.
Das trigonal-rhomboedrische Gitter kann man als über die Raumdiagonale leicht deformierte kubisch primitive Zelle ansehen, dafür zeugt auch die oft würfelähnliche Form der Kristalle. Gegenüber den Metallen sind diese drei metallisch aussehenden Minerale gut spaltbar und spröde (daher auch »Sprödmetalle«). Die Häufigkeit der Minerale nimmt vom Wismut über Arsen zum recht seltenen Antimon ab.

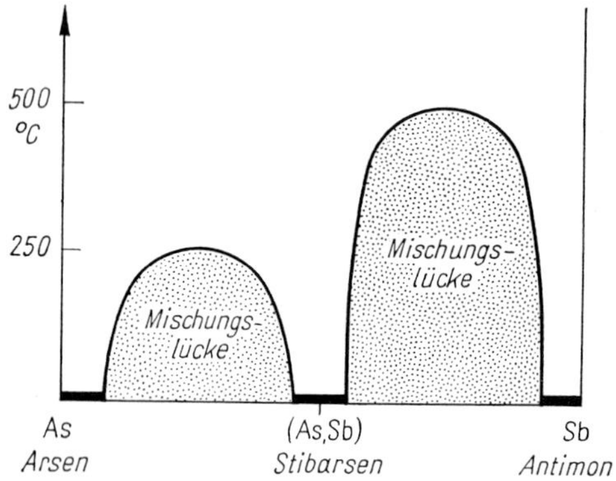

Bild 7.12. Vereinfachte Darstellung der Mischkristallbildung zwischen As und Sb in Abhängigkeit von der Temperatur (nach WRETBLAD 1941)

Arsen As

Das Element ist seit dem Mittelalter bekannt; Herkunft des Namens unbekannt; Antimongehalte bis fast 10%, Wismut in Spuren. Weitere Elemente (Fe, Ni, Ag) wahrscheinlich durch Fremdminerale.
Trigonal-skalenoedrisch. Rhomboedrische und nadlige Kristalle selten, meist derbe, kuglige, schalige (s. Bilder 7.13 und 7.14), stalaktitische und glaskopfartige Gebilde (»*Scherbenkobalt*«). Im frischen Bruch weiß, aber schnell matt-schwarz anlaufend. Dichter Bruch, schwarzer Strich, spröde. H 3 bis 4 (VH 57 bis 167), D 5,6 bis 5,8, Spaltbarkeit 5 nach (0001).
Wichtig Paragenese. Leicht erkennbar auch an Form, Sprödigkeit und Spaltbarkeit. Beim Erhitzen (z. B. von dem Lötrohr) knoblauchartiger Geruch und weißer As_2O_3-Niederschlag; im geschlossenen Röhrchen Arsenspiegel. Verwittert zu Arsenolith As_2O_3.
Hydrothermale, meist kolloidale Bildung, speziell in Lagerstätten der Bi–Co–Ni–Ag–U-Formation. Daher in Paragenese mit As–Sb–S-Verbindungen v. a. von Ag, Co und Ni, auch »gediegen« Wismut; als Gangart meist Karbonate. Im sächsischen Erzgebirge (DDR) vor allem von Freiberg, Schneeberg, Annaberg, Marienberg, Johanngeorgenstadt, bei Aue usw., in der ČSSR von Přibram. Weiter Sadon (UdSSR), Wittichen (Schwarzwald, BRD), Kongsberg (Norwegen), Sterling Hill (USA) u. a.
Kaum Bedeutung als As-Rohstoff, da Arsen bei Verhüttung von Arsenverbindungen ausreichend anfällt.

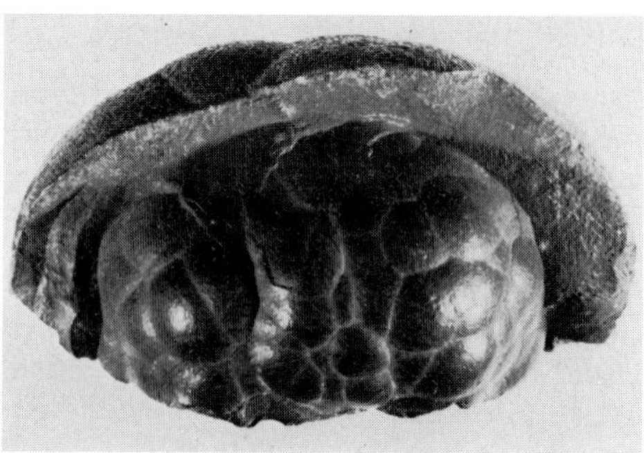

Bild 7.13. Arsen in wulstiger glaskopfartiger Form, sog. Scherbenkobalt [221], etwas verkleinert

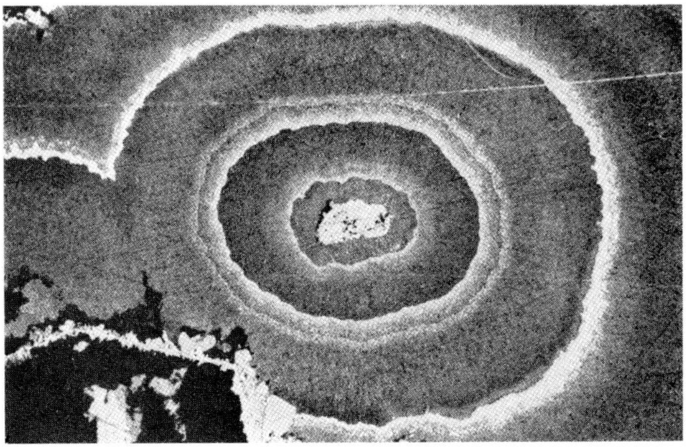

Bild 7.14. Arsen, wechselnd Sb-haltig, umschließt gemeinsam mit Antimon (weiß) zonar-konzentrisch ein Stephanitkorn. Anschliff luftgeätzt, Vergr. 25 × [155]

Arsenolamprit: Er ist eine zweite, äußerst seltene Modifikation von Arsen (gr. *lamprós* = glänzend); vermutlich hexagonales Schichtgitter. Dicktafelige, oft aufgeblätterte xx. Wird von normalem Arsen allmählich verdrängt. Grube Palmbaum nw. von Marienberg (DDR), im gewöhnlichen Scherbenkobalt.

Antimon: Sb; trigonal, isotyp mit Arsen. Meist derb in spätigen Aggregaten. # 4 (0001), H 3 bis $3^1/_2$; (VH 45 bis 135), D 6,7; Schmelzpunkt 630,5 °C; sehr spröd; zinnweiß, Mgl. Ziemlich selten und fast stets ohne wirtschaftliche Bedeutung. Überwiegend deszendent, entstanden aus Antimonit, öfter zusammen mit Kermesit; aszendent auf hydrothermalen Gängen mit Antimonit, Ag- und As-Mineralen, auch mit Gold. Andreasberg (Harz, BRD), Příbram (ČSSR); Allemont (Dauphiné, Frankreich); bei Sala (Schweden) und English Lake District (GB). Verwittert zu Valentinit. Alchimistisches Zeichen ♁.

Allemontit und Stibarsen: Allemontite zeigen typische Entmischungsstrukturen und bestehen aus einem eutektoiden Gemenge von Stibarsen mit Arsen oder mit Antimon. *Stibarsen* AsSb kann auch allein auftreten und ist eine echte Verbindung mit Eigenschaften zwischen Arsen und Antimon; sie wird auch als »Allemontit II« oder als »homogener Allemontit« bezeichnet. Stibarsen wurde im typischen Scherbenkobalt in Gestalt feiner Körperchen beobachtet. Allemontite kommen in hydrothermalen Gängen vom Co–Ni–Ag–Bi-Typ vor sowie in einigen Pegmatiten. Bei Allemont (Frankreich), Marienberg (DDR), Andreasberg (Harz, BRD).

Paradokrasit: $Sb_2(Sb, As)_2$; monoklin. Silberweiße, polysynthetisch verzwillingte xx; ähnlich Arsen, Stibarsen und Dyskrasit.

Duranusit: As_4S; rhombisch; sehr selten. Duranus (Meeralpen, Frankreich).

Wismut Bi

Das Element und Mineral Wismut ist seit dem 15. Jahrhundert bekannt. Fast immer sehr rein; gelegentlich geringe Mengen an As, Sb und S, auch Fe.
Trigonal (ditrigonal-skalenoedrisch). Kristalle (z. T. verzwillingt) selten; meist eingewachsen in kleinen dendritischen Formen (s. Bild 7.15) oder in massig-körnigen Körpern (im sächsischen Erzgebirge ausnahmsweise $\geqq 50$ kg). Farbe gelblich-silberweiß, läuft schnell rötlich an, gelegentlich auch bunt. Strich grau! Stark metallischer Glanz. H 2 bis $2^1/_2$! VH = 9 bis 26; spröde, bei einer Spaltbarkeit 5 nach (0001) aber trotzdem schneidbar. D 9,7 bis 9,8. Schmelzpunkt 280 °C! Stark diamagnetisch. Kaum zu verwechseln (z. B. mit Nickelin und Linneit), da Farbe und andere physikalische Eigenschaften (v. a. geringe Härte und gute Spaltbarkeit) sehr charakteristisch; gleiches gilt für die Paragenese.

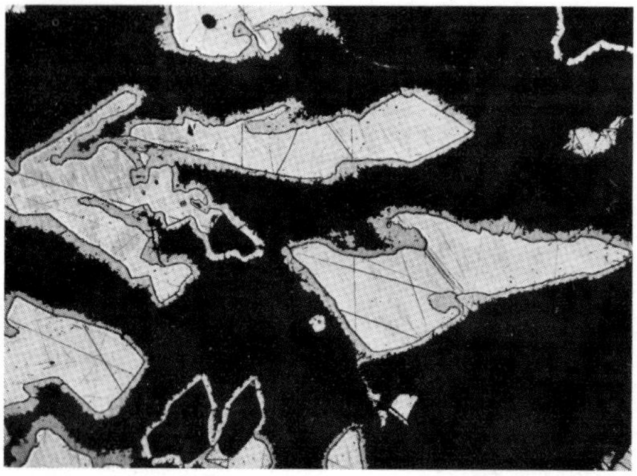

Bild 7.15. »Gediegen« Wismut im mikroskopischen Bild
Wismut-Kristalle (hellgrau mit Schleifkratzern und leicht angedeuteten Zwillingslamellen) werden von Safflorit umkrustet, eingelagert in Quarz (schwarz). Spanien; Anschliff, Vergr. 40 × [155]

Bildung in postmagmatischem Bereich:

- (pegmatitisch-)*pneumatolytisch*: in geringen Mengen und feinkörnig; insbesondere in Kassiterit–Wolframit-Lagerstätten mit weiteren Paragenesemineralen Arsenopyrit, Bismuthin, Molybdänit, Topas, Turmalin. Altenberg und Zinnwald im sächsischen Erzgebirge (DDR), auch Australien.
- *hydrothermal:* häufig in den Bi–Co–Ni-Lagerstätten des sächsischen Erzgebirges (DDR) wie Schneeberg, Johanngeorgenstadt, Annaberg u. a., auch Jáchymov (ČSSR) und Wittichen (Schwarzwald, BRD), Spanien, Kanada, mit der bekannten Paragenese. Wichtig sind die bolivianischen Sn–Ag-Lagerstätten Tasna, Oruro, Uncia-Llallagua, hier insbesondere mit Bismuthin.

Gelegentlich, z. B. in Bolivien, wichtiges Wismuterz. Zur Herstellung leichtschmelzbarer Legierungen (WOODsches Metall), auch in Medizin (vgl. Tab. 16.27, im Anhang).

7.7. Graphit–Diamant-Gruppe

Der hexagonale Graphit und der kubische Diamant sind die natürlichen kristallinen Modifikationen des Elements Kohlenstoff. Obwohl die physikalischen Eigenschaften beider Minerale sehr verschieden sind, haben ihre Gitter gewisse Ähnlichkeiten. Wie aus Bild 7.16 zu ersehen ist, bilden die Kohlenstoffatome in beiden Gittern hexagonale Ringe, wobei sie beim Graphit in einer Ebene (parallel der Basisfläche) liegen, beim Diamant abwechselnd leicht geknickt (parallel der Oktaederfläche) angeordnet sind. Diese Ebenen sind auch gleichzeitig die Spaltbarkeitsebenen.
Stark vorherrschend ist bei beiden Mineralen die Atombindung. Davon ist z. B. die chemische und thermische Stabilität abzuleiten. Andererseits nimmt man beim Graphit einen Anteil »freier« Elektronen an, die gewisse »metallische« Eigenschaften wie elektrische Leitfähigkeit und den halbmetallischen Glanz hervorrufen. Die extrem hohe Härte der Diamanten wird von N. V. BELOV auf alternierende Oszillation der Bausteine zurückgeführt, wobei analog zur ZnS-Struktur (kleine) positive und (große) negative C-Ionen angenommen werden.

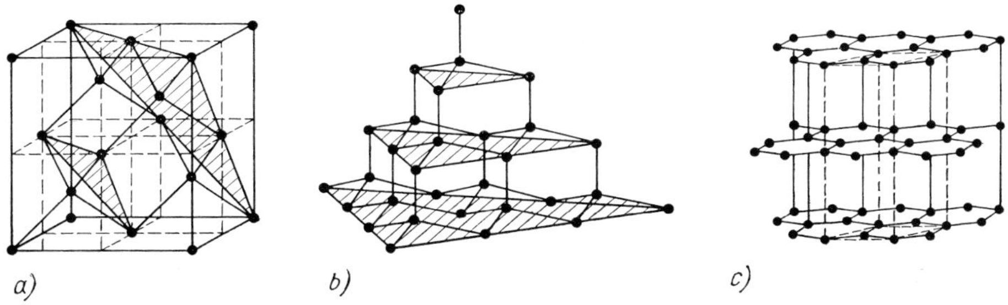

Bild 7.16. Beziehungen zwischen der Anordnung der C-Atome im Diamant- und Graphitgitter

a) Elementarzelle des Diamants mit Eintragung der dichtbesetzten C-Netzebene, etwa parallel der Oktaederfläche [28]

b) gesonderte Darstellung dieser dichtbesetzten Ebenen; sie zeigen die leichte »Einknickung« der Ebene bzw. der hexagonalen Ringe [28]

c) zum Vergleich der ideale ebene Aufbau der Graphitstruktur und seiner Netzebenen; zwischen den Ebenen van-der-Waalssche Bindung

Graphit α-C

Entdeckung: Seit dem Mittelalter bekannt, benannt von Werner 1789. Name wird von gr. *grapho* = ich schreibe abgeleitet, da Graphit leicht abfärbt.

Chemismus: Da Graphit meist metamorph aus organischen Substanzen einschließlich Kohle gebildet wird, ist er meist reich an Verunreinigungen (Aschegehalt bis über 20%). Dazu gehören die gesteinsbildenden Elemente Si, Al, Mg, Ca mit hohen Gehalten und andere wie P, N, Cu, Pb, H mit geringen Gehalten.

Kristallogr.: Hexagonal (holoedrisch). Die Kristallstruktur (s. Bilder 7.16 und 2.15) zeigt ebene Netze, die aus hexagonalen Ringen der C-Atome aufgebaut sind, also ein typisches Schichtgitter darstellen. Aus energetischen Gründen ist jede zweite oder jede zweite und dritte Schicht gegen die erste so verschoben, daß ein C-Atom unter dem Mittelpunkt eines Ringes zu liegen kommt. Am häufigsten ist die erste hexagonale Strukturvarietät (Graphit–2 H) mit der Schichtfolge 12121, seltener die zweite rhomboedrische mit der Folge 123123 (Graphit–3 R). Ruß ist wahrscheinlich einschichtig, aber unregelmäßig orientiert (Typ Graphit–1 Hd). Graphitkristalle sind selten und zeigen entsprechend der Feinstruktur hexagonale Tafeln (s. Bild 7.17), z. T. mit Dreiecksstreifung auf der Basisfläche. Meist aber schuppig-blättrige, auch strahlige und erdig-dichte Aggregate.

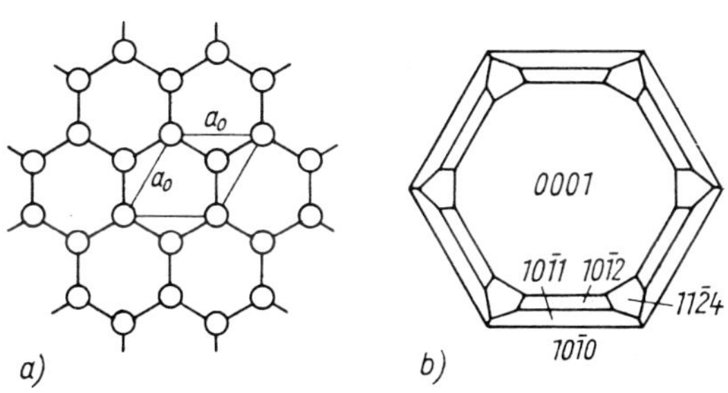

Bild 7.17. Korrespondenz vom hexagonalen Gitter und Kristall beim Graphit [99]

a) Netzebene

b) natürlicher Kristall

Physik. Eigensch.: Farbe grau bis schwarz, ebenfalls die Strichfarbe, metallglänzend bis matt; in feinsten Blättchen durchsch., biegsam. H 1; hohe Translationsfähigkeit, daher abfärbend und sich fettig anfühlend. Spaltbarkeit 5 nach Basisfläche (0001). D (rein) 2,26. Guter Elektrizitäts- und Wärmeleiter. Hoher Reflexionspleochroismus; n_0 = 1,92 bis 2,03. Bei Luftabschluß feuerbeständig, inert gegen Säuren.

Diagnose: Sehr ähnlich Molybdänit; dieser zeigt beim Verreiben seines Strichpulvers aber grünliche Farbe, statt grauschwarzglänzend beim Graphit.

Genese: Die Hauptmenge des Graphits entsteht durch Umwandlung organischer Substanzen der Sedimente durch metamorphe Beeinflussung (letztes Glied der Inkohlungsreihe!). Bei der Kontaktmetamorphose kann Kohle graphitisiert werden, wie z. B. in den Lagerstätten der Steiermark (Österreich). Die Regionalmetamorphose formt tonige, karbonatische und andere Sedimente mit organischen Einlagerungen zu Graphitgneisen, -glimmerschiefern, -marmoren (mit sog. Flinzgraphit) usw. um, die z. B. im Länderdreieck Österreich, BRD, ČSSR (bei Passau und Česke Budějovice) seit langer Zeit abgebaut werden und Grundlage der dortigen Bleistiftindustrie sind. Ähnliche Vorkommen gibt es an vielen Stellen der Erde, z. B. Finnland (Pargas), UdSSR (Ždanov). Von besonderem Interesse sind grobblättrige Graphite, die meist in Spalten an Kontakten von Graniten und Syeniten zu Karbonaten entstehen. Berühmt sind die Vorkommen von Sri Lanka (Ceylon), bedeutungsvoll die von Kanada (s. Bild 7.18), Madagaskar und v. a. Mexiko. In Aliberovsk (UdSSR) reicht der Graphit bis in das magmatische Gestein (Resorption!). In geringen Mengen in fast allen Magmatiten, auch in Meteoriten.

Nutzung: Wichtiges Industriemineral: Herstellung von Graphittiegeln und -elektroden, von Bleistiften; als Schmiermittel, Farbstoff, als Moderator für Kernreaktionen. Der meiste Graphit wird jedoch künstlich hergestellt (Acheson-Ver-

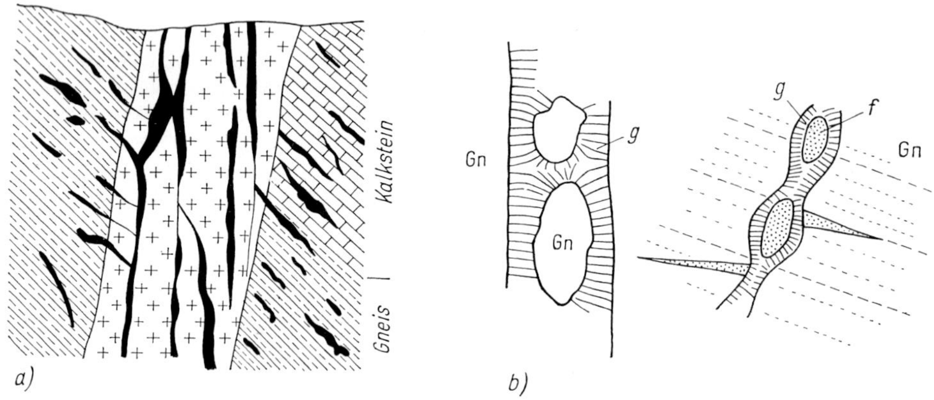

Bild 7.18. Beispiele von Graphitlagerstätten [175]

a) Pegmatitgang (Breite etwa 3 m) im karbonathaltigen Gneis (Cipolingneis) von der Lagerstätte Buckingham-Township (Quebec, Canada). Schwarze Flächen stellen Graphitanreicherungen dar

b) Pegmatitgänge und -schlieren im Gneis (Gn) von Sri Lanka. Die Gängchen sind mit grobblättrigem (g) und feinkörnigem (f) Graphit ausgefüllt fahren), v. a. für Elektroden. Die Weltproduktion von Graphit beträgt einige hunderttausend Tonnen (vgl. Tab. 16.27 im Anhang).

»*Graphitoid*«: extrem feinkörniger Graphit

»*Schungit*«: fast reiner Kohlenstoff in Flözen, aber noch nicht graphitisiert (Šunga in Karelien, UdSSR).

Moissanit: SiC; hexagonal. Seltene grüne xx in vulkanischer bzw. Kimberlit-Breccie (Böhmen, Sibirien); auch in Salzgesteinen. Das meiste SiC wird künstlich als »Carborund« erzeugt; es ist ein wichtiges Schleifmittel (H $9^1/_2$) und tritt in mehreren Strukturtypen auf.

Diamant β-C

Entdeckung: Seit dem Altertum bekannt. Name von gr. *adamas* = unbezwingbar.

Chemismus: Da Diamant aus einer silikatischen Schmelze kristallisiert, liegen meist Verunreinigungen mineralischer und chemischer Art vor (Graphit und Verbindungen von Si, Mg, Ca, Fe, Al, Ti, Ba, Sr, Cr usw.), die einige Prozente erreichen können. Diese verunreinigten und damit farbig, grau bis schwarzen, oft fasrigen und schlakkenartigen Diamantkörper werden *Bort* bzw. *Ballas* oder als *Carbonado* benannt. Reine, klare Diamantkristalle sind auch chemisch reiner Kohlenstoff, oft mit geringem N-Gehalt.

Kristallogr.: Kubisch (hexakistetraedrisch bzw. hexakisoktaedrisch). Gitter s. Bild 7.16; rein kovalente Bindung, a_0 = 3,5595 Å, 4 Strukturvarianten. Kristalle meist idiomorph, nach Häufigkeit geordnet: Oktaeder, Rhombendodekaeder, Hexaeder und Tetraeder. Meist gerundete und angeätzte Kristalle (s. Bilder 7.19 und 7.20, vgl. Bild 6.1), oft kombiniert, verzerrt, verzwillingt, zu Aggregaten verwachsen. Mikroskopisch klein bis faustgroß. Berühmte große Diamanten sind der Cullinan aus Südafrika mit 3106 Karat (wobei 1 Karat = 0,2 g), der Excelsior (995 Karat), Orlov (200 Karat), Kohinoor (186 Karat), Regent (410 Karat) u. v. a.

Physik. Eigensch.: Farblos-wasserklar, farbig bis schwarz. Diamantglanz (und »Feuer«) durch hohe Lichtbrechung n = 2,40 bis 2,48. H 10 (aber starke Härteanisotropie, vgl. Bild 5.13); spröde. Spaltbarkeit 5 nach (111), (s. Bilder 2.69a, 5.13 und Bild 7.16). D 3,5. Oft Lumineszenz (bläulich-grünlich). Schlechter Wärmeleiter, beim Reiben positiv elektrisch. Bei Erhitzen unter Luftabschluß entsteht Graphit, bei Luftzutritt verbrennt er.

Diagnose: Typisch sind Härte, gerundete Kristallformen und Lumineszenz.

Genese: Kristallisiert in großen Erdtiefen (vgl. Bild 7.21) als Frühausscheidung aus ultrabasischen Magmen (Peridotite, »Kimberlite« u. ä.). Primär in Kimberlitschloten (»Pipe«) von Südafrika (Kimberley) (s. Bild 7.22), Sibirien (Jakutien, Grube »Mir« u. a.), Zentralafrika (Zaïre, Provinz Kasai), Indien und anderen Gebieten »alter Schilde«. Der Kimberlit (sog. blue ground) verwittert leicht (zu sog. yellow ground), der Diamant gelangt in die Sedimente und reichert sich in Seifen an. Entsprechend dieser engen Beziehung tritt dort mit Diamant die Schwermineral-

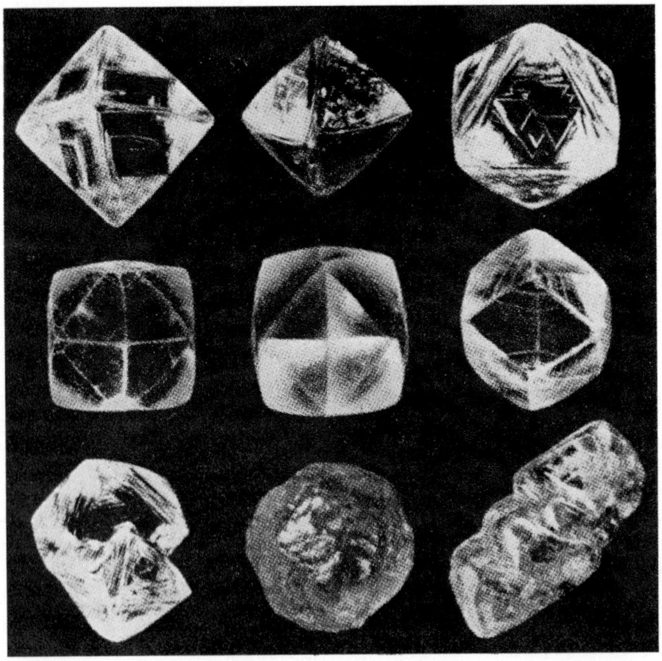

Bild 7.19. Verschiedene Typen von natürlichen Diamantkristallen [225] Vergrößerung ≈ 10×
obere Reihe: Oktaeder, rechts mit dreieckigen Ätzfiguren
mittlere Reihe: links 2 Pyramidenwürfel, rechts Rhombendodekaeder
untere Reihe: links Verwachsung zweier Oktaeder, Mitte und rechts kugliger und unförmiger Diamant

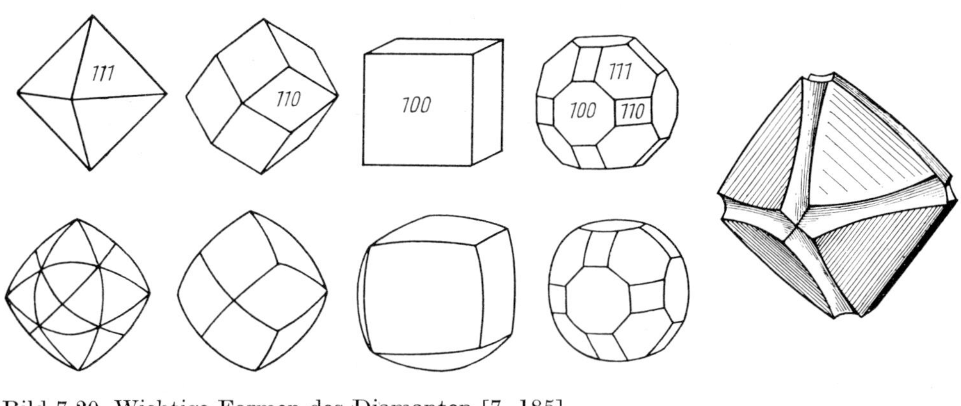

Bild 7.20. Wichtige Formen des Diamanten [7, 185]
obere Reihe: ideale Kristallform (Oktaeder, Rhombendodekaeder, Hexaeder, Kombination)
untere Reihe: reale gerundete Formen der entsprechenden Idealformen (Oktaedroid, Dodekaedroid, Hexaedroid, gerundete Kombination)
rechts außen: Kristall mit charakteristischer Kanteneinkerbung

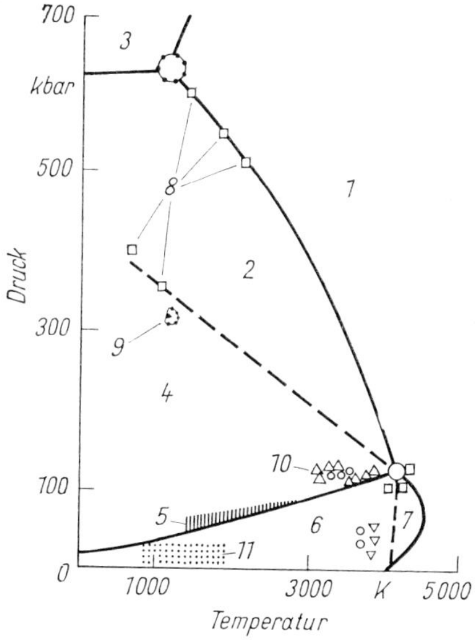

Bild 7.21. Phasendiagramm des Kohlenstoffs [78]

1 Schmelze
2 Bereich des stabilen Diamanten
3 hypothetischer Bereich des metallischen Zustands oder anderer fester Phasen des Kohlenstoffs
4 Bereich des metastabilen Graphits und des stabilen Diamanten
5 Diamantbildungsbereich mit den metallischen Lösungsmittel-Katalysatoren
6 Bereich des metastabilen Diamanten und des stabilen Graphits
7 Bereich des stabilen Graphits
8 und *9* Diamantbildungsversuche im Stoßwellenbereich
10 Diamantbildungsversuche durch die »Impulserwärmungsmethode«
11 Diamantbildungsversuche bei niedrigen p-T-Parametern

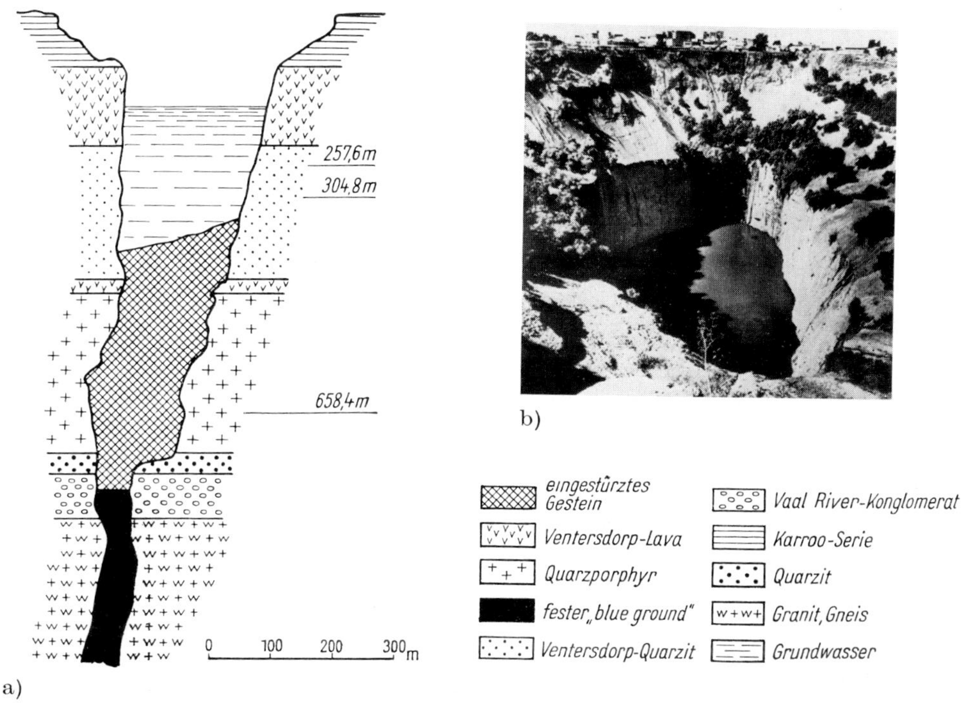

Bild 7.22. Primäre Diamantlagerstätten in Form der Diamantschlote (Pipe) von Südafrika
a) Profilskizze, b) Foto des Pipe-Ausbisses

paragenese Pyrop, Olivin, Zirkon, Spinell, Chromit, Gold, Platin u. a. auf. Diamantseifen werden hauptsächlich in Südafrika, Namibia, Angola, Ghana, Indien, Borneo, Südamerika und Sibirien bebaut.

Nutzung: Wegen seiner Härte wird das Industriemineral Diamant hauptsächlich als Werkstoff bzw. Werkzeug benutzt: zum Schneiden, Ritzen, Schleifen, Fräsen, Polieren von Metall, Glas, Mineralen, Gestein, besonders für Schleifscheiben und Bohrkronen; weiterhin zum Ziehen von feinsten Metalldrähten. Schleifwürdige Diamanten als Schmuckstein (s. Kap. 5.5.). Seit 1955 Herstellung künstlicher Diamanten (s. Kap. 4.6. und Bild 7.21) in mehreren Ländern.

7.8. Schwefel-Gruppe

Hierzu gehören die Elemente Schwefel, Selen und Tellur, also Elemente der 6. Gruppe des Periodensystems, wobei die seltenen Elemente Selen und Tellur halbmetallische Eigenschaften haben. Schwefel und Selen treten in mehreren Modifikationen auf.

Schwefel α-S

Chemismus: Selten chemisch rein; meist mit mechanischen Beimengungen (tonig, bituminös, auch Gaseinschlüsse), gelegentlich diadocher Einbau von Se (bis 5%, *Selenschwefel*), Te, auch Spuren von As und Tl. Alchemistisches Zeichen ♤.

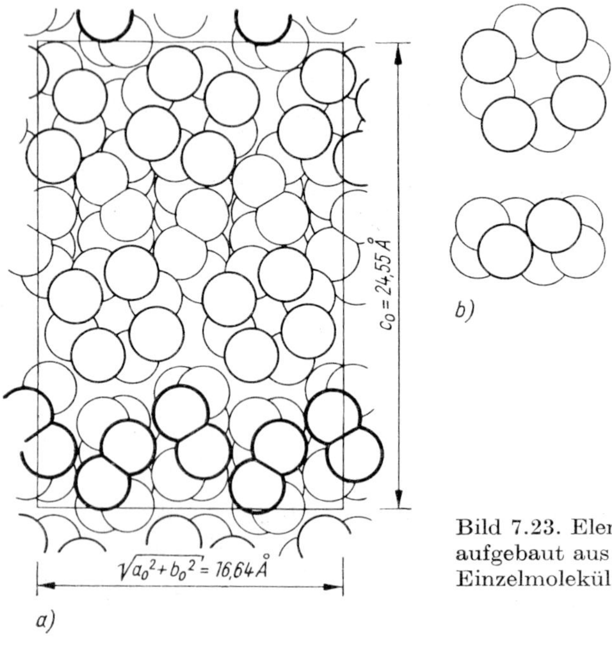

Bild 7.23. Elementarzelle von Schwefel, aufgebaut aus S_8-Molekülen, in b) als Einzelmolekül dargestellt [18]

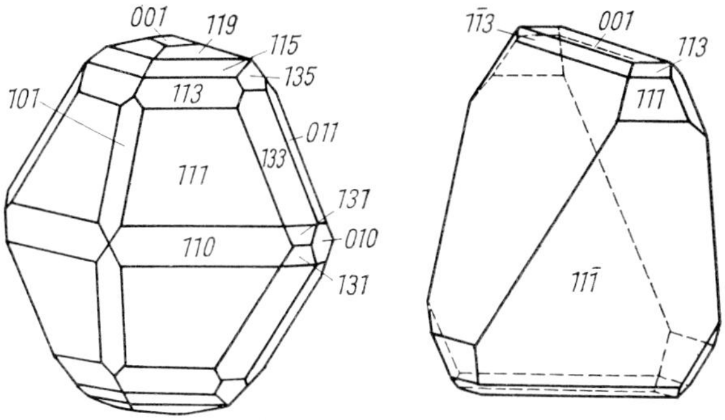

Bild 7.24. Schwefelkristalle mit charakteristischem pyramidalem (links) und sphenoidischem (rechts) Habitus [20]

Kristallogr.: Bekannt sind 6 Modifikationen, davon in der Natur der häufigste α-Schwefel (rhombisch-dipyramidal), der seltene β-Schwefel und γ-Schwefel (*Rosickyit*). Das Gitter des normalen α-Schwefels baut sich aus ringartigen S_8-Molekülen auf (s. Bild 7.23). Kristalle sind häufig und haben meist pyramidalen Habitus, selten sphenoidische Gestalt (s. Bild 7.24). Die Hauptmenge des Schwefels tritt in dichten, oft wulstig-schlierigen Massen auf, oft auch erdig, fasrig, pulvrig sowie krusten- und anflugartig.

Physik. Eigensch.: Farbe schwefelgelb (Kristalle durchsch.), meist grünlich oder bräunlich, bei starker Verunreinigung braunschwarz; Strichfarbe weiß. H um 2 (VH 24 bis 66), sehr spröde (zerspringt beim Erwärmen in der Hand); Spaltbarkeit fehlt praktisch, dafür allseitig muschliger Bruch. D 2,0 bis 2,1. Glanz unterschiedlich: Diamant-, Harz- und Fettglanz; $n_Y = 2{,}040$. Guter Isolator, lädt sich beim Reiben elektrisch negativ auf. Schmelzpunkt 119,2 °C. Praktisch gehen alle diese genannten ungewöhnlichen Eigenschaften auf die Molekülstruktur und die schwache VAN-DER-WAALSsche Bindung zwischen den Molekülen zurück.

Diagnose: Physikalische Eigenschaften typisch; schmilzt mit Streichholzflamme und erzeugt charakteristischen SO_2-Geruch; auch leicht löslich in Schwefelkohlenstoff. Sehr ähnlich ist Auripigment As_2S_3.

Genese: Es bestehen zwei Hauptbildungsarten:

- an *Vulkanen* durch teilweise Oxydation von H_2S nach der Reaktion $2\,H_2S + O_2 \rightarrow 2\,H_2O + 2\,S$ und $2\,H_2S + SO_2 \rightarrow 2\,H_2O + 3\,S$; auch durch Reduktion von SO_2. Ausscheidung in Hohlräumen, als Anflug (Sublimat), gelegentlich als massiger Schwefelstrom (Japan, Indonesien)
- in tonig-mergligen, oft bituminösen *Sedimenten* meist als Reduktionsprodukt von Sulfaten (gelöst, Gips, Anhydrit), auch von SO_2. Meist syngenetische, aber auch epigenetische Bildung, fast stets durch Wirkung bzw. Mitwirkung von (anaeroben) Bakterien (biogene Entstehung, Bild 4.22). Der Schwefel tritt imprägnativ in Lagen und Nestern auf; die wichtigsten Parageneseminerale sind Anhydrit, Gips, Calcit, Aragonit, Cölestin sowie organische Substanzen.
  Die Hauptlagerstätten liegen in den USA (Texas, Louisiana), Mexiko, Italien (Sizilien, Agrigento, s. Bild 7.25), Polen (Tarnobrzeg), Sowjetunion (bei Kujbyšev, sowie Gaurdak und Šorssu in Mittelasien). In SW-Frankreich im Erdgas.

Bild 7.25. Schwefelkristalle von Agrigento (Sizilien) in charakteristischer Paragenese mit Aragonit [221]

Geringe Schwefelmengen entstehen bei der Oxydation von Sulfiden, z. B. in der Oxydationszone von Erzen, auch in Kohle. Reaktion: $FeS_2 + Fe_2(SO_4)_3 \rightarrow 3\,FeSO_4 + 2\,S$.

Nutzung: Hauptrohstoff für die Schwefelsäureproduktion (neben Pyrit und Anhydrit-Gips). Weiter zur Herstellung von Schädlingsbekämpfungsmitteln (Insektizide), Feuerwerkskörpern, Streichhölzern usw.; zum Vulkanisieren von Gummi (vgl. Tab. 16.27 im Anhang).

β-Schwefel: β-S; monoklin. Stabil über 95,6 °C. D 1,96; Schmelzpunkt 119,0 °C. Blaßgelb, oft bräunlich; in Fumarolen in Italien am Vesuv und auf Vulcano, Liparische Inseln. Wandelt sich bei < 95,6 °C rasch in α-S um.

γ-Schwefel: γ-S (*Rosickyit*). Gleichfalls monoklin, doch mit anderen Gitterkonstanten. Winzige Kristalle, blaßgelb. Sehr selten. Gefunden in einer Fumarole auf Vulcano und in Havirna bei Letovice (ČSSR). Wandelt sich bei Raumtemperatur langsam in α-S um.

Schwefelglas ist als die amorphe Modifikation des Schwefels an einem japanischen Vulkan beobachtet worden.

Selen: γ-Se; trigonal (-trapez.). Gitter aus unendlichen schraubenförmigen Zickzackketten || [0001]. Nadelig biegsam. H 2, Farbe grau, Str. rot; Mgl. In dünnsten Splittern rot dsch. Sehr stark licht- und doppelbrechend. Leitet den elektrischen Strom, wenn belichtet. Selten. Entsteht bei Bränden in Kohlengruben. Bildet sich auch bei der Verwitterung von Selenmineralen, wie z. B. Clausthalit. Gewinnung und Verwendung von Selen s. Tab. 16.27.

Tellur: Te; trigonal, isotyp mit Se. Kleine prismatische xx. Meist derb. # 4 $(10\bar{1}0)$. H 2 bis $2^1/_2$ (VH 25 bis 87); D 6,2. Zinnweiß, starker Mgl., Str. grau. Sehr selten. Findet sich mit Telluriden von Au, Ag und Pb als späthydrothermale Bildung; es entsteht auch bei beginnender Verwitterung von Telluriden. Faczebaja, Zalatna, Baia de Aries (SR Rumänien); Balia, Kleinasien.

Selentellur: (Te, Se); Tellur bildet mit Selen Mischkristalle, die bis zu 30 % Se enthalten sollen. Schwärzlichgrau, nur von Honduras.

Iod: I. In hermen des Vesuvs und Volcanello (Italien).

8 Sulfide (Arsenide usw.) und Komplexsulfide

8.1. Allgemeines

Zur Klasse der Sulfide rechnen wir alle einfachen und komplexen Metall-Schwefel-Verbindungen, aber auch Verbindungen mit den »schwefelähnlichen« Elementen Selen, Tellur, Arsen, Antimon und Wismut in Form der Selenide, Telluride, Arsenide, Antimonide und Bismutide.
An der Sulfidbildung (i. w. S.) beteiligen sich praktisch alle Schwermetalle und Halbmetalle, insbesondere der Nebengruppenelemente des Periodensystems, wobei folgende Einschränkungen bestehen: Selenide (nur Cu, Ag, Hg, Pb, Bi); Telluride (nur Cu, Ag, Au, Hg, Pb, Bi, Ni, Pt); Arsenide (nur Fe, Co, Ni, Pt, bei Komplexarseniden Cu, Ag, Pb); Antimonide (nur Ni, bei Komplexantimoniden Cu, Ag, Pb); Bismutide (nur Komplexbismutide von Cu, Ag, Pb). Über die aus diesen Elementkombinationen resultierende relativ hohe Dichte informierte bereits Bild 2.58.
Die Komplexsulfide kann man sich im wesentlichen als Kombination einfacher Sulfide wie PbS, Cu_2S, Ag_2S mit den Molekülen As_2S_3, Sb_2S_3 und Bi_2S_3 vorstellen (z. B. $2\,Cu\,SbS_2 = Cu_2S \cdot Sb_2S_3$ = Wolfsbergit). Der Hauptteil dieser Minerale wird auch unter dem Begriff »Sulfosalez«, auch »Spießglanze« zusammengefaßt. Nicht zu den Komplexsulfiden werden die sog. Sulfarsenide (z. B. FeAsS Arsenopyrit und NiAsS Gersdorfit) und Sulfantimonide gerechnet, da sie von den entsprechenden Disulfiden und Diarseniden (z. B. FeS_2 und $NiAs_2$) abzuleiten sind.
Der Schwefel kann in größerer Menge nur von Se (und Te) diadoch vertreten werden, nicht von As, Sb und Bi. Die überwiegend ionare Bindung führt im Zusammenhang mit den sehr unterschiedlichen Größen der Kationen und Anionen meist zu starker Polarisation der Elektronenhüllen; die Folge sind der fast stets feststellbare hohe (Metall-) Glanz und die Undurchsichtigkeit der Sulfide sowie auch die relativ gute elektrische Leitfähigkeit (vgl. Kap. 2.4.4.). Die wichtigsten Kationen haben folgende charakteristische Koordinationszahlen in den Sulfidgittern [3], siehe S. 296:

KZ 2	Ag, Hg, Tl
KZ 3	Cu, Tl, As, Sb, Bi, (Ag)
KZ 4	Cu, Zn, Fe, Mn, Cd, Ge, Sn, (Ag, Hg)
KZ 6	Fe, Co, Ni, (Hg, Bi)
KZ 7	Pb, Tl
KZ 8 + 9	Pb

Die Sulfide und ihre Analoga bilden bekanntlich einen großen Teil der »Erze«, sie gehören daher zu den sog. Erzmineralen mit ihren charakteristischen Eigenschaften. Die sulfidischen Erzminerale scheiden sich fast ausschließlich aus Wässern aus, selten direkt aus einem Magma. Ihre Entstehung erfolgt unter reduzierenden Bedingungen, weshalb fast alle Sulfide an der Erdoberfläche instabil werden und oxydieren (vgl. Kap. 4.1. und 4.2.). Die wichtigsten Entstehungsbereiche sind das hydrothermale Stadium postmagmatischer Lösungen (s. Kap. 4.1.2.) sowie die Ausfällung vor allem in tonigen und organogenen Sedimenten, meist unter Mitwirkung von Bakterien (vgl. Kap. 4.1.3.).
Wir besprechen die Sulfide in 14 Gruppen, wobei wir mit den metallreichsten und einfachen Sulfiden beginnen und mit den metallarmen Komplexsulfiden enden. Bei der Zuordnung der Minerale zu den Gruppen wird die genetisch-geochemische Beziehung stärker gewertet als die strukturelle. Folgende Gruppen werden ausgehalten (mit Charakterisierung der jeweiligen Elementparagenese):

Mineralgruppe	Elementparagenese
Chalkosin-Gruppe	Cu + S
Argentit-Gruppe	Ag + S
Galenit-Gruppe	Pb + S
Cinnabarit-Gruppe	Hg + S
Sphalerit–Wurtzit-Gruppe	Zn + S
Chalkopyrit–Bornit-Gruppe	Cu, Fe + S
Pyrrhotin–Pentlandit-Gruppe	Fe, Ni, Pt + S, As
Pyrit–Markasit-Gruppe	Fe + S
Arsenopyrit–Löllingit-Gruppe	Fe + As, S
Nickelin–Cobaltin–Skutterudit-Gruppe	Co, Ni + As, S
Molybdänit-Gruppe	Mo + S
Antimonit–Bismuthinit–Auripigment-Gruppe	As, Sb, Bi + S
Proustit–Stephanit-Gruppe	Ag-Komplexsulfide
Tetraedrit–Bournonit–Boulangerit-Gruppe	Cu-, CuPb- und Pb-Komplexsulfide

8.2. Chalkosin-Gruppe

Hier werden kupferreiche Minerale zusammengefaßt, bei denen Cu $\geqq$ S (einschließlich Se, Te) ist; das wichtigste Kupfermineral Chalkosin wird näher besprochen. Weitere komplexere Cu-Minerale werden in der Chalkopyrit- und der Tetraedrit-Gruppe aufgeführt. Über die Stabilitätsbeziehungen wichtiger Cu-Verbindungen informiert Bild 8.1.

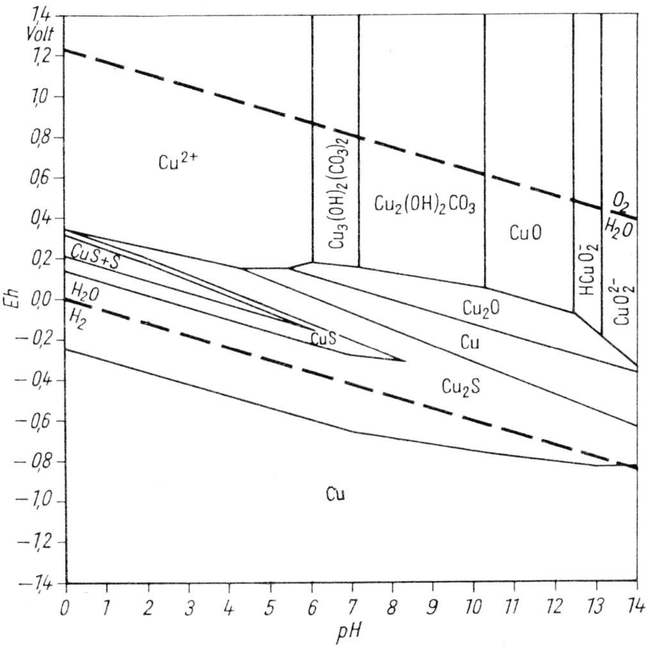

Bild 8.1. Stabilitätsbeziehungen zwischen einigen Kupferverbindungen im System Cu–S–CO_2–H_2O bei 25 °C und 1 bar Gesamtdruck [250]

(Aktivitäten: Σ Cu = 10^{-6}, Σ S = 10^{-2}, Σ $[H_2CO_3]$ + $[HCO_3]$ + $[CO_2^{2-}]$ = 10^{-1} [Mol/l])
Stabile Minerale: Chalkosin Cu_2S, Covellin CuS, Azurit $Cu_3(OH)_2(CO_3)_2$, Malachit $Cu_2(OH)_2(CO_3)$, Tenorit CuO, Cuprit Cu_2O, Kupfer Cu
Sehr gutes Beispiel für die Ausbildung von Zementations- und Oxydationszonen über kupfererzführenden Lagerstätten. Migration nur im sauren Bereich bei hohem Oxydationspotential möglich. Im Verhältnis zu den Sulfiden (und auch den Oxiden) sind die Hydroxokarbonate allerdings ziemlich löslich.

Chalkosin: Cu_2S Kupferglanz

Entdeckung: Entdeckt von BEUDANT 1832; Name vom gr. *chalkos* = Kupfer abgeleitet.

Chemismus: Nach Formel 79,8% Cu und 20,2% S; meist geringe Gehalte von Fe Ag u. a. Weniger Cu im *Djurleit* $Cu_{15,75}S_8$

Kristallogr.: Es existieren zwei Modifikationen, nämlich

- Tief-Chalkosin, rhombisch (-pyramidal), gebildet bei t $\leqq$ 103 °C (meist $<$52 °C)
- Hoch-Chalkosin, hexagonal, gebildet bei t $>$ 103 °C; bildet bei t $<$ 103 °C lamellare Paramorphosen, relativ selten

Die rhombische Elementarzelle kann (nach STRUNZ) als Überstruktur der hexagonalen aufgefaßt werden. Chalkosin bildet relativ selten dicktafelige Kristalle (s. Bild 8.2), oft in Form von Zwillingen und Drillingen. Meist derbe feinkörnige und pulvrige Massen, auch fein eingesprengt in anderen Cu-Mineralen sowie in Sphalerit, Pyrit u. a.

Bild 8.2. Aufgewachsene dicktafelige Kristalle von Chalkosin, Redruth (Cornwall, England); Vergr. 2 × [221]

Physik. Eigensch.: Dunkelbleigraue Farbe, meist mattschwarz angelaufen, auf frischen Flächen metallischer Glanz; H $2^1/_2$ bis 3 (VH 58 bis 99), Spaltbarkeit 2 nach (110); Dichte 5,5 bis 5,8. Guter Elektrizitätsleiter.

Diagnose: Gegenüber den ähnlichen Fahlerzen verformbar und mild. Typisch für die Cu-Mineral-Paragenese (v. a. Bornit). In HNO_3 mit grüner Farbe leicht löslich. Weitere ähnliche Minerale: Argentit, Bournonit, Cuprit.

Genese: Hauptsächlich zwei Bildungsarten:

- *aszendent* in hydrothermalen (selten pegmatisch-pneumatolytischen) Gang- und Verdrängungslagerstätten in Paragenese mit Bornit, Pyrit, Enargit, Fahlerz usw. Wichtige Lagerstätten sind Butte (USA), Džezkazgan (Kasachische SSR, UdSSR), Tsumeb (Namibia), Messina (Südafrika); auch in einigen Pegmatiten, früher in den Turja-Gruben des Nordural (UdSSR)
- *deszendent* in Sedimenten und Zementationszonen angereichert. Wird oft aus kupfersulfathaltigen Lösungen ausgefällt und verdrängt dabei andere Sulfide (vgl. Bild 8.1). Von enormer Bedeutung in den »disseminated pophyry copper ores« wie Bingham und Bisbee (USA), Kounrad und Almalyk, auch Altai (mittelasiatische Teile der UdSSR), weiter in dem Kupferschiefer von Mansfeld-Sangerhausen (DDR) und in Kupfermergeln von Legnica (VR Polen).

Nutzung: Wahrscheinlich wichtigstes Kupfererz. Weltproduktion und Verwendung von Kupfer s. Tab. 16.27, Anhang.

Digenit: Cu_9S_5; kubisch. Struktur ganz ähnlich dem Antifluorittyp. Bildet Mischkristalle mit Cu_2S oder CuS. Ähnlich dem rhombischen Chalkosin, aber stets matter, spröder und deutlich bläulich. Bei wachsendem Gehalt an CuS wird der blaue Farbton stärker, etwas Fe-Gehalt schwächt ihn. Im Naturvorkommen grobspätige Massen mit sehr deutlicher ⋕ (111). Bruch muschelig; VH 30 bis 83. Entstanden meist bei hoher Temperatur; die Bildung ist aber auch unter 78 °C möglich. Digenite mit einem Überschuß an Cu oder seltener an S, die gewöhnlich aszendent entstanden sind, wandeln sich leicht in *paramorphen* oder *lamellaren* Kupferglanz um; dieser besteht aus einem Aggregat oktaedrischer Lamellen des rhombischen Chalkosins nebst Füllseln von Digenitresten oder Bornit. Digenit und die Chalkosine laufen leicht an; zuletzt bildet sich ein pulvriger Beschlag von CuS (Covellin). Zusammen mit Chalkosin, z. B. von Tsumeb (Namibia). Früher als »blauer kubischer Kupferglanz« bezeichnet. Ähnlich ist *Anilith* Cu_7S_4 (rhombisch).

Berzelianit: Cu_2Se; kubisch, Antifluoritgitter. Feine Körnchen und Dendriten. H 2 (VH 22 bis 99), D 6,71. Bläulichweiß, bald indigoblau und schwarz anlaufend; Mgl. Selten. Im Harz bei Tilkerode (DDR), Lerbach und Clausthal (BRD). *Bellidoit* ist tetragonale Tieftemperaturvarietät.

Weißit: Cu_2Te; pseudokubisch. H 3; D 6. Weiß, Mgl.: dunkelblau anlaufend. Good-Hope-Mine b. Vulcan Color., USA).

Umangit: Cu_3Se_2; rhombisch. Nur derb. H < 3 (VH 77 bis 112), D 6,78. Mgl., auffallende Farbe: im frischen Bruch kirschrot bis schwach violettrot, läuft violett- bis schwärzlichblau an. Sehr starke Anisotropieeffekte bei + Nic, ausgezeichnete feinlamellare Zwillingsbildung. In ganz geringer Menge im Harz: Andreasberg, Lerbach, Clausthal (BRD), auch Tilkerode sowie im Westerzgebirge (DDR); Skrikerum (Südschweden). Reichlicher in der Sierra de Umango (Argentinien).

Rickardit: Etwa Cu_3Te_2; tetragonal. H 3 (VH 133 bis 167), D 7,6! Opak. Auf frischem Br. auffallend violettrot. In tellurreichen, subvulkanischen Erzgängen. Sehr selten. Vulcan-Mine (Color., USA). Chemisch ähnlich ist *Vulcanit:* CuTe; rhombisch.

Krutait: $(Cu, Co, Ni, Fe)Se_2$; kubisch. Graue, zonargebaute xx' aus Se-Lagerstätte Petrovice (ČSSR).

Bukowit: $Cu_{3+x}Tl_2FeSe_{4-x}$; tetragonal. Max. 2 mm große Körner mit schwärzlichbraunem metall. Glanz, verwachsen mit Umangit und Eskebornit, aus Se-führenden Lagerstätten der ČSSR. H 2; im Anschliff grau, pleochr., R ~ 24 bis 29%.

Sabatierit: Cu_6TlSe_4. D 6,78, bläulichgrau. Mit Berzelianit von Bukov (ČSSR).

Athabascait: Cu_5Se_4; rhombisch. Leistenförmige, bis 0,1 mm große Einschlüsse in Umangit, von karbonatischem Uraninit in Kanada. Im Anschliff starker Reflexionspleochroismus (ähnlich Klockmannit).

Cuprostibit: $Cu_{2,1}(Sb, Tl)_{0,9}$; tetragonal. Schwarze, bis 1,5 mm große xx in Gängen des Ilimaussaq-Alkali-Massivs (Grönland). D 8,42.

Bambollait: $Cu(Fe, Se)_2$; tetragonal (pseudokubisch). Feinste xx' in Klockmannit der Au–Te-Grube Moctezuma (Mexiko). Im Anschliff cremeweiß, sehr ähnlich Klockmannit.

Larosit: $(Cu_{17,7}Ag_{3,3})(Pb_{1,0}Bi_{1,0})S_{13}$; rhombisch. Aus Bi–Co–Ni-Vererzung von Cobalt (Kanada). Ähnlich ist *Petrovicit:* $Cu_3HgPbBiSe_5$; rhombisch, von Petrovice (ČSSR).

Covellin: CuS Kupferindig

Benannt nach dem italienischen Mineralogen Covelli (1790 bis 1829), der das Mineral als Sublimationsprodukt am Vesuv fand. Theor. 66,1% Cu, meist etwas Fe, auch Spuren von Se, Pb, Ag. Kristallisiert hexagonal, hat charakteristisches hexagonales Schichtgitter (s. Bild 8.3); daher blättchenartige plattige xx (selten), meist als pulvriger oder häutchenartiger Überzug auf primären Cu-Mineralen wie Chalkopyrit, Chalkosin, Bornit u. a. oder in erdig-kollomorphen Kluftfüllungen. Typische indigoblaue Farbe; durch sehr hohe Lichtdispersion Farbwechsel in anderen Medien (Wasser, Öl). Opak, Mgl. bis matt; H $1^1/_2$ bis 2 (VH 59 bis 129), mild, # 5 nach (0001); D 4,68. Schmilzt leicht v. d. L. und brennt mit blauer Flamme (SO_2!). Bildung aus primären Cu-Erzen in den höheren Lagerstättenbereichen, meist unter exogenem Einfluß; dadurch sekundäre Cu-Anreicherung v. a. in Chalkopyrit-Chalkosin-Erzen. Lagerstätten wie bei diesen Erzen. Wir nennen besonders: Butte (USA) mit z. T. primärhydrothermaler Entstehung und guten xx, Bor (Jugoslawien), Kupferschiefer von Sangerhausen (DDR).

Isotyp mit Covellin ist:

Klockmannit: CuSe. H 2 bis 3 (VH 57 bis 86). Dunkelschieferblau, Mgl. Sehr spärlich mit Selenerz im Harz; z.B. Tilkerode (DDR); massenhaft in Uranerzen von Saskatchewan (Kanada).

Valleriit: $CuFeS_2$ (auch $Cu_2Fe_4S_7$); hexagonal. # 5 und Translation || (0001), da Schichtgitter. H 1 (VH 30)

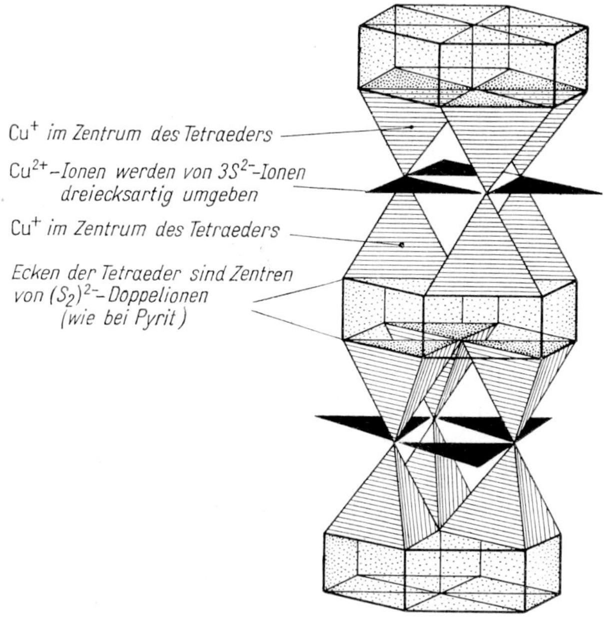

Bild 8.3. Kristallstruktur des Covellins (nach N. V. Belov). Durch die Darstellung in Form der Koordinationspolyeder kommt der schichtgitterartige Aufbau gut zur Geltung. Die Verteilung von Cu^+ und Cu^{2+} sowie S^{2-} und $(S_2)^{2-}$ zeigt, daß die Formel des Covellins eine Vereinfachung von $Cu_2^+S \cdot Cu^{2+}S_2 = CuS$ darstellt.

graphitartig abfärbend. D 4,2. Mgl., schwarz mit Gelbstich. Wahrscheinlich Umwandlungsprodukt von Chalkopyrit und anderen Cu-Erzen, auch von Pentlandit; stets feinstkörnig, meist auf Klüftchen und als Anflug. Bauwürdig nur von Palabora (Südafrika).

Idait: Cu_5FeS_6; hexagonal. Feinste xx-Fasern in Bornit; VH 176 bis 260. Verwitterungsprodukt; Ida-Mine (Namibia). Ähnlich ist der *Nukundamit:* $Cu_{3,4}Fe_{0,6}S_4$; hexagonal. Er bildet kupferrote büschlige xx', # 4 (0001), D 4,30. Von Nukundamu (Fidschi).

Angehängt wird hier der Whitneyit und andere Cu–As-Minerale, die gleichfalls einen hohen Metallüberschuß führen und z. T. Legierungscharakter haben:

Whitneyit: (Cu, As); Mischkristalle von vorherrschendem Cu mit As bis Cu_9As. Kubisch. H $3^1/_2$ (VH 58); D $\geqq$ 8,5; gelblich bis rötlichweiß, starker Mgl. Sonora (Mexiko).

Algodonit: $Cu_{6-7}As$; rhombisch (pseudohexagonal). H 4 (VH 217 bis 255); D 8,6; weißgelb, starker Mgl. Coquimbo (Chile).

α-Domeykit: α-Cu_3As; kubisch. H 3 bis $3^1/_2$ (VH 206 bis 250), gelbweiß, starker Mgl., rasch bunt anlaufend. Im Porphyrtuff von Zwickau (DDR). *β-Domeykit:* β-Cu_3As, hexagonal; sonst ganz ähnlich dem α-Domeykit, den er begleitet. *Stibiodomeykit:* enthält etwas Sb für As.

Horsfordit: Cu_6Sb; stets derb, H $4^1/_2$; starker Mgl.; silberweiß, bald anlaufend. Findet sich in rel. großer Menge bei Mytilene (Türkei); auch Insel Lesbos.

Koutekit: Cu_2As; hexagonal. Aus Karbonatgängchen von Co–Cu–As–U-Erzen von Černy Důl (ČSSR). VH 114 bis 147.

Novakit: $(Cu, Ag)_4As_3$; tetragonal. Grauschwarzes Mineral aus karbonatischen Cu–As–U-Gängen von Černy Důl (ČSSR). Paragenese: verwachsen mit Arsen, weiter Arsenolamprit, Koutekit, Silber, Löllingit, Chalkopyrit, Chalkosin, Uraninit. H 3 bis $3^1/_2$; D 6,75 (berechnet); im Auflicht weiß bis creme, anisotrop.

Kutinait: $Cu_{2,07}Ag_{0,84}As$; kubisch. Silbergraues, opakes, metallgl. Mineral aus Lagerstätte Černy Důl im Riesengebirge (ČSSR), in Paragenese mit Novakit, Calcit, Silber, Arsen, Löllingit, Chalkosin, Clausthalit, Uraninit u. a. Im Auflicht ähnlich Koutekit.

8.3. Argentit-Gruppe

In der Argentit-Gruppe wollen wir hauptsächlich die einfachen und *metallreichen Verbindungen des Silbers* zusammenfassen, einschließlich der Selenide und der *Silber–Gold-Telluride.* Als wichtigstes Mineral besprechen wir eingehend den Argentit. Komplexere Silberminerale sind in der Proustit–Stephanit-Gruppe aufgeführt.

Argentit Hoch (β) – $\mathbf{Ag_2S}$ }
Akanthit Tief (α) – $\mathbf{Ag_2S}$ } = Silberglanz

Entdeckung: Argentit von HAIDINGER 1845, Akanthit von KENNGOTT 1855 benannt. Argentit nach lat. *argentum* = Silber; Akanthit nach der Akanthus-Blattform.

Chemismus: Theor. 87,1% Ag und 12,9% S. Ag kann durch Cu in geringem Umfang diadoch vertreten werden; daneben Verunreinigung durch Elemente der Paragenese-minerale.

Kristallogr.: Meist als kubisch-holoedrische Hochtemperaturmodifikation (Argentit) gebildet, die bei 176 °C in die monokline Tieftemperaturmodifikation (Akanthit) paramorph übergeht. Argentit hat meist würflige Kristallformen (s. Bild 8.4), kombiniert mit (111) und (211), Akanthit meist dendriten- und skelettartigen Habitus. Eine rußartig-pulvrige Ausbildung wird als *Silberschwärze* bezeichnet. Oft Pseudomorphosen nach und durch Silber und andere Ag-Minerale.

Physik. Eigensch.: Farbe bleigrau bis schwarz, mit grauem Strich. Frisch Mgl., aber bald (unter Lichteinwirkung) mattschwärzlich anlaufend (Silberschwärze!). H 2 bis $2^1/_2$ (VH 20 bis 61), schneidbar und formbar. Spaltbarkeit 1 bis 2 nach (100). D 7,3.

Diagnose: Makroskopisch oft schwierig zu bestimmen, da fast stets oberflächlich umgewandelt; wichtig Paragenese, geringe Härte und Struktur. Mikroskopische oder chemische Prüfung (auch Lötrohrverhalten: Silberkorn!). Ähnlich sind v. a. Sulfide und Selenide von Cu und Ag.

Bild 8.4. Argentitkristalle, aufgewachsen auf Calcit. Freiberg (DDR); Vergr. 2 × [221]

Genese: »Argentit« bildet sich hauptsächlich in zwei geologischen Bereichen:

- in *tiefthermalen Ganglagerstätten*, wo er selbständig auftritt (v. a. Zementationszonen) oder feinverwachsen im Galenit, der damit wichtigster »Silberträger« ist. Parageneseminerale sind Sphalerit, Galenit; Silber, Polybasit, Proustit u. a.; auch Bi–Co–Ni-Minerale. Hydrothermale Lagerstätten im sächsischen und böhmischen Erzgebirge (DDR, ČSSR), Comstock Lode (USA), Zacatecas (Mexiko), Altai und Nerčinsk (UdSSR) u. a.
- in *Sandsteinen* mit Chlorsilber, von Utah (USA)

Nutzung: Wichtiges Silbererz. Weiteres siehe Tab. 16.27.

Naumannit: α-Ag_2Se (≦ 133 °C); rhombisch (oder pseudorhombisch). β-Naumannit (> 133 °C), kubisch. # 4 (100), geschmeidig; H 2 (VH 27 bis 56); D 7,8 (theoret.). Heller Mgl., stark nachdunkelnd; Str. eisenschwarz. Im Harz in schmalen Gängchen bei Tilkerode (DDR) und Andreasberg (BRD).

Aguilarit: Ag_4SeS; die β- oder Hochtemperaturform kubisch. Comstock Lode (Nevada, USA).

Argyrodit: 4 Ag_2S · GeS_2; und
Canfieldit: 4 Ag_2S · (Sn, Ge)S_2; beide rhombisch (pseudokubisch), Mischkristalle zwischen Argyrodit und 4 Ag_2S · SnS_2. Gewöhnlich traubige Krusten mit kristalliner Oberfläche. H $2^1/_2$ (VH 133 bis 172); D 6,2 bis 6,3. Schwarz, auf frischem Br. stahlgrau ins Rötliche. Etwa 76 % Ag und $6^1/_2$ % Ge. Der Argyrodit wurde anfangs nur in Freiberg (Sachs., DDR) auf der Grube Himmelsfürst gefunden, wo er einmal reichlich vorkam. Der Canfieldit (gleichfalls von Freiberg) ist ihm sehr ähnlich. Beide hat man später auch in Bolivien gefunden. Im Argyrodit entdeckte 1885 Clemens Winkler in Freiberg das Germanium.

Crookesit: (Cu, Tl, Ag)$_2$Se; monoklin. Bleigrau, Mgl. Etwa 16,6 % Tl. Skrikerum (Südschweden).

Stromeyerit: Cu_2S · Ag_2S (< 78 °C); rhombisch (pseudotetragonal) nach b[010]. Hoch-Stromeyerit (> 78 °C) kubisch. xx sehr selten, H $2^1/_2$ bis 3 (VH 27 bis 62); D 6,26. Farbe und Strich dunkelstahlgrau, Oberfläche läuft bläulichviolett an. In kleiner Menge ist Stromeyerit ziemlich verbreitet. Meist in der Zementationszone entstanden, z. B. Telemarken (Norwegen); aber auch aszendent, so bei Colquijirca (Peru).

Mackinstryit (Mckinstryit): $Cu_{0,82}Ag_{1,18}S$; rhombisch. Stahlgraue xx (bis 3 mm) von Cobalt (Kanada); in Paragenese mit Chalkopyrit, Stromeyerit, Calcit, Silber, Aktinolith u. a. VH 60.

Eukairit: α-Cu_2Se · Ag_2Se; rhombisch (pseudotetragonal). Mäßig schneidbar. H $2^1/_2$ (VH 23 bis 94); D 7,6 bis 7,8. Zinnweiß, aber braun anlaufend; Mgl., Anisotropieeffekte bei + Nic. sehr hoch. Im Harz bei Tilkerode (DDR), Lerbach und Trogtal b. Lautenthal (BRD).

Jalpait: Cu_2S · 3 Ag_2S; pseudokubisch. H $2^1/_2$ (VH 23 bis 30); D 6,76; schneidbar. Lichtgrau, Mgl. Im Altai (UdSSR). Chemisch ähnlich ist der *Arcubisit:* Ag_6CuBiS_4, eingewachsen im Galenit der Kryolithlagerstätten Ivigtut (Grönland).

Dyskrasit: Ag_3Sb; rhombisch (pyramidal, pseudohexagonal). xx pyramidal, auch prismatisch und tafelig. Gewöhnlich derb, blättrig oder körnig. # 2 (001) und (011). H $3^1/_2$ bis 4; schneidbar, doch spröde; D 9,7. Farbe und Strich silberweiß, starker Mgl.; meist grau, gelblich oder schwärzlich angelaufen. 75,4 % Silbergehalt (Andreasberg). Selten, doch örtlich sehr reich und dann ein wichtiges Silbererz. So bei Andreasberg (Harz, BRD); Haupterz früher bei Wolfach a. d. Kinzig (Baden, BRD); von Ste. Marie aux Mines (Elsaß, Frankreich). Der »kubische Dyskrasit« ist wohl dasselbe wie Animikit.

Uytenbogaardtit: Ag_3AuS_2; tetragonal. Feinste Einschlüsse z. B. in Akanthit. Vom Lomstock Lode (Nevada, USA), von Smeïnogorsk im Altai (UdSSR).

Fischesserit: Ag_3AuSe_3; kubisch. Xenomorphe Körner (max. 1 mm) in gangförmigen epithermalen U-Se-Vorkommen aus Böhmen (ČSSR); in Paragenese mit Calcit, Naumannit, Clausthalit, Berzelianit, Gold u. a.; H 2; im Auflicht ähnlich Enargit, Naumannit, Tiemannit.

Maldonit: Au_2Bi; kubisch. Sehr selten! H $1^1/_2$ bis 2; D 15,60; Schmelzpunkt 373 °C. Mgl. silberweiß; läuft dunkelkupferrot an. Maldon-Mine (Viktoria, Australien); im Skarn von Baitsa Bihorului (SR Rumänien).

Hier werden fünf metallreiche Ni-Minerale eingeordnet:

Parkerit: α-$Ni_3(Bi, Pb)_2S_2$; rhombisch. Oft ohne Pb. # 4 (001); H 3; D 8,4. Licht bronzefarbig, starker Mgl. In randlichen Teilen von Nickelmagnetkiesmassen. Frood Mine b. Sudbury (Kanada).

Shandit: β-$Ni_3Pb_2S_2$; rhomboedrisch. Orientiert verwachsen mit Heazlewoodit. H 4 (VH 23 bis 30); Mgl., weiß. In einem chromitführenden Serpentinit von Tasmanien.

Heazlewoodit: Ni_3S_2; trigonal. Lockere Aggregate von würfelähnlichen Rhomboedern. H 4 (VH 221 bis 321); D 5,82. Mgl., weiß bis fahl bronzefarbig. In serpentinisierten Peridotiten. Heazlewood (Tasmanien); Hirt (Kärnten, Österreich).

Oregonit: Ni_2FeAs_2; hexagonal. Weiß, spröd. Einmaliger Fund aus Serpentinit.

Hauchecornit: HNi_9BiSbS_8 tetragonal. H 5; D 6,4, ohne #, licht bronzegelb, Mgl.; läuft dunkler an. Selten! Wissen bei Siegen (BRD). Weiter existiert ein *Bismuto-*, *Arseno-* und *Tellurohauchecornit.*

Silber-Gold-Telluride

Hessit: Ag_2Te; rhombisch (dipyramidal); *β-Hessit* > 155 °C ist kubisch. Oft schöne xx. H 2 bis 3; D 8,3 bis 9. Spröd bis schneidbar. Blei- bis stahlgrau, schwacher Mgl. In subvulkanischen Au–Ag-Gängen neben anderen Telluriden. Von Săcăramb und Baitsa Bihorului (SR Rumänien).

Petzit: Ag_3AuTe_2; kubisch; stets derb. Schneidbar bis spröd. H $2^1/_2$ bis 3 (VH 35 bis 74); D 9,13. Dunkelgrau, Mgl. Selten. In subvulkanischen und intrusiven Goldgängen, besonders mit Hessit. Săcăramb (SR Rumänien), auch Colorado (USA).

Empressit: $Ag_{11}Te_8$; rhombisch. Auch AgTe. Zuweilen flächenreiche Kristalle. H $3^1/_2$ (VH 108 bis 133); D 7,61. Schwarz nach blaß bronzefarbig; starker Mgl. Empress Josephine-Grube (Color., USA). *Stützit* ist Ag_5Te_3; hexagonal

Muthmannit: (Ag, Au)Te; tafelige xx; D 5,598. Hell messinggelb. Selten! Săcăramb (SR Rumänien).

Montbrayit: Au_2Te_3; triklin; H $2^1/_2$; D 9,94. Gelblich-weiß; sehr ähnlich Calaverit und Krennerit. Nur Robb-Montbray-Mine (Quebec, Kanada).

Sylvanit: $AuAgTe_4$; monoklin; zuweilen flächenreiche xx. Oft gestrickte Kristallskelette, die flach in einer Ebene zu schriftähnlichen Gruppen gereiht sind (*Schrifterz*). # 4 (010); H $1^1/_2$ bis 2 (VH 60 bis 250); D 8,16. Stahlgrau bis silberweiß; starker Mgl. Polysynthetische Zwillingsbildung! Verwittert häufig unter Abscheidung feinpulvrigen Goldes. Wohl häufigstes Goldtellurid. Săcăramb in Transsylvanien (SR Rumänien); Calaveras Co. (Calif., USA); Cripple Creek (Color., USA).

Krennerit: $AuTe_2$; rhombisch. Etwa 35 % Au. Enthält bis ~ 6 % Ag. Gewöhnlich grobspätige Aggregate. # 4 (001); H 2 bis 3 (VH 36 bis 130); D 8,62. Silberweiß nach gelb; starker Mgl.; Vorkommen wie Sylvanit und Calaverit, aber seltener; Transsylvanien (SR Rumänien).

Calaverit: $AuTe_2$; monoklin. Im Durchschnitt 41,5 % Au und 1 % Ag. Oft idiomorph; auch derb und körnig. Sehr spröd. H $2^1/_2$ (VH 198 bis 237); D 9,2 bis 9,3. Silberweiß nach blaßgelb, starker Mgl. Häufiges Goldtellurid, an wenigen Stellen reichlich, manchmal einziges Goldmineral. Calaveras Co. (Calif., USA); Cripple Creek (Color., USA).

Nagyagit: $AuTe_2 \cdot 6\,Pb(S, Te)$ (?); rhombisch (dipyram., pseudotetrag.); auch »Blättertellur« genannt. Au-Gehalt 7,4 bis 10,1 %. Meist dünntafelige xx || (101); auch derb und körnig. # 4 (010), dünne Blättchen biegsam, mild. H 1 bis $1^1/_2$ (VH 39 bis 129); D 7,4. Grauweiß, starker Mgl. Wenig verbreitet, doch manchmal reichlich. So in den epithermalen Gängen von Săcăramb (früher Nagyag, SR Rumänien); Cripple Creek-Distrikt (Color., USA).

Kostovit: $AuCuTe_4$; monoklin. Mikroskopisch kleine grauweiße Körner in Au–Te-haltigen Kupfererzen von Bulgarien. Im Auflicht dem Sylvanit ähnlich; VH 35 bis 43.

Bilibinskit: $Au_3Cu_2PbTe_2$. Rosabraun, # 0. Vom Fernen Osten und Kasachstan (UdSSR). Chemisch ähnlich von gleichen Lagerstätten *Bessmertnovit:* $Au_4Cu(Te, Pb)$; rhombisch.

Bogdanovit: $Au_5(Cu, Fe)_3(Te, Pb)_3$; rhombisch. Eigenschaften ähnlich Bilibinskit, R = 30 %, VH 320; von Au–Te-Lagerstätten Kasachstans (UdSSR).

8.4. Galenit-Gruppe

Diese kleine Gruppe der einfachen Bleiverbindungen hat ihren Namen nach dem häufigsten und bedeutendsten Bleimineral Galenit, das wir ausführlich besprechen. Die komplexen Bleiminerale sind in der Tetraedrit–Bournonit–Boulangerit-Gruppe aufgeführt.

Galenit: PbS Bleiglanz

Entdeckung: Bereits von PLINIUS (77 u. Z.) erwähnt; Name von lat. *galena* = Bleierz abzuleiten.

Chemismus: Theor. 86,6% Pb, 13,4% S. Zahlreiche Spurenelemente, die meist auf feinste Verwachsungen und Entmischungen anderer Mineralphasen zurückzuführen sind. Ökonomisch am wichtigsten der Ag-Gehalt, meist zwischen 0,005 und 0,4%, gelegentlich höher; »Silberträger« sind Argentit, Schapbachit, Proustit, Freibergit u. a. Weiter Cu, Fe, Sb, Zn, As, Se, Bi u. a.

Kristallogr.: Kubisch (holoedrisch) mit Gitter vom NaCl-Typ (s. Bild 2.16). In Hohlräumen meist würflige Kristalle (z. T. mehrere cm groß) mit Abstumpfungen von Oktaeder (111) und Rhombendodekaeder (110); selten Oktaederform (s. Bilder 8.5 und 8.6); Zwillinge nach (111) (s. Bild 8.5). Ansonsten derbe, grob- bis feinkörnige Aggregate oder mit Gangmineralen (Quarz, Karbonate, Baryt usw.) bzw. anderen Erzmineralen (Sphalerit, Chalkopyrit usw.) verwachsen. Verschiedentlich dendritisch (s. Bild 8.7), auch tektonisch ausgewalzt als »Bleischweif«.

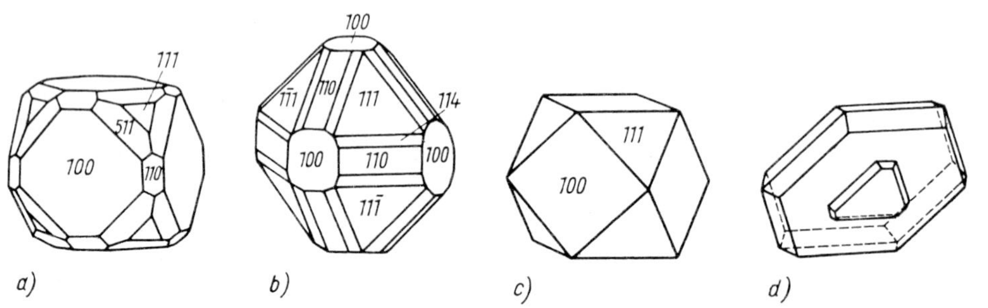

Bild 8.5. Galenitkristalle und -zwillinge
a) Kombination mit würfligem Habitus
b) Kombination mit oktaedrischem Habitus
c) Würfel und Oktaeder im Gleichgewicht
d) Zwilling nach (111), nach Zwillingsebene taflig verzerrt

Bild 8.6. Galenitkristall, aufgewachsen auf Quarz, Kombination von Würfel, Oktaeder und Rhombendodekaeder Neudorf im Harz (DDR), Vergr. 4 × [221]

Bild 8.7. Kristallskelette (Dendriten) von Galenit, in wulstigem sog. Kalk-Baryt mit bändrigem Markasit. Freiberg (DDR), etwa $^1/_2$ nat. Größe [221]

Physik. Eigensch.: Farbe bleigrau (gelegentlich angelaufen); Strich schwarz; stark metallischer Glanz; H $2^1/_2$ (VH 51 bis 116), spröde; Spaltbarkeit 5 nach (100), gelegentlich (111); D 7,4 bis 7,6. Geringe elektrische Leitfähigkeit, Detektoreigenschaften.

Diagnose: Relativ leicht an Form, hoher Dichte, Spaltbarkeit nach dem Würfel sowie Farbe und Glanz zu erkennen. Knistert v. d. L., nach »Abtreiben« des Schwefels Bleikorn, in HNO_3 löslich (weißer Niederschlag). In derben Stufen sind Antimonit, eng verwachsener Sphalerit, Bleispießglanze und Ullmannit ähnlich.

Genese: Bildung vielseitig, meist aber hydrothermal

- *hydrothermale Ganglagerstätten:* Freiberg (DDR), Přibram (ČSSR), Trepča (Jugoslawien), Christian Levin b. Essen (BRD), Linares (Spanien), Sadon, Altai, Nerčinsk (UdSSR), Cœur d'Alène (USA) u. v. a. Paragenesemminerale meist Sphalerit, Chalkopyrit, Pyrit, Baryt, Quarz, Fluorit, Fahlerz, Calcit, Arsenopyrit u. a.
- (*hydrothermal-*) *metasomatische* Lagerstätten (meist in Karbonaten): Gorny Sląsk (VR Polen), Bleiberg (Österreich), Mt. Isa (Australien), Leadville und »Tri State District« (USA), Ačisaj (Kara-Tau, UdSSR); Paragenesemminerale meist Sphalerit, Wurtzit, Pyrit, Markasit.
- (*hydrothermal-*) *sedimentäre* Lagerstätten: »Knottenerz« von Mechernich in der Eifel, Rammelsberg im Harz (BRD), Broken Hill (metamorphosiert, Australien), Kupferschiefer (Mansfeld-Sangerhausen, DDR); Paragenesemminerale: Sphalerit, Pyrit, Chalkosin, Chalkopyrit u. a.
- Auch *subvulkanisch, pneumatolytisch und kontaktpneumatolytisch,* z. B. Tetjuhe (Ferner Osten, UdSSR).

In Oxydationszone häufig starke Verdrängung bis Ersetzung durch Cerussit, Anglesit, auch Pyromorphit, Mimetesit und andere Phosphate, Arsenate, Vanadate, Molybdate. Auslaugung des Silbergehaltes, der in der Zementationszone angereichert werden kann: in ariden Gebieten als Kerargyrit (AgCl) und selten als Bromargyrit (AgBr).

Nutzung: Wichtigstes Blei- und Silbermineral. Verwendung und Produktion von Blei s. Tab. 16.27.

Isotyp mit Galenit sind:

Clausthalit: PbSe; meist feinkörnig, derb; # 3 (100) Mild; H $2^1/_2$ bis 3 (VH 43 bis 74). Grauweiß, starker Mgl. Altait und Galenit ähnlich. Nur von wenigen Orten bekannt; z. B. im Harz von Grube Charlotte bei Clausthal u. Lerbach bei Osterode (BRD); Tilkerode (DDR). Bildungsbedingungen, s. Bild 8.8.

Altait: PbTe; derb, feinkörnig; # 4 (100). Schneidbar; VH 34 bis 60. Grauweiß, sehr starker Mgl., läuft blau an. Stets in geringer Menge. Savodinsk (Altai, UdSSR); Săcăramb (Siebenbürgen, SR Rumänien); Schellgaden (Salzburg, Österreich).

Alabandin: α-MnS (Manganblende); xenomorphe grobe Körner. Feinlamellare Zwillingsbildung. # 5 (100). Spröd. H $3^1/_2$ bis 4 (VH 129 bis 266); D 4,0. Halb-Mgl., wenn frisch; meist matt; eisenschwarz, in dünnen Splittern grün oder braun ds. Kann leicht mit Sphalerit verwechselt werden; ziemlich selten. Kapnik, Baia de Aries (früher Offenbanya, SR Rumänien); Gersdorf, Berggieshübel (DDR); Alabanda bei Aïdin (Türkei). *Kaneit:* Mn As (?)

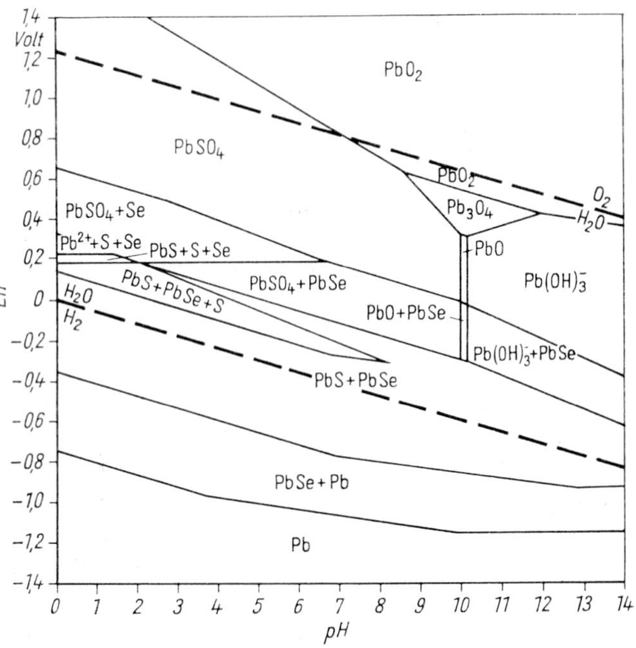

Bild 8.8. Stabilitätsbeziehungen zwischen einigen Bleiverbindungen im System Pb–S–Se–H_2O bei 25 °C und 1 bar Gesamtdruck [250]

(Aktivitäten: Σ Pb = 10^{-5}, Σ S = 10^{-1}, Σ Se = 10^{-6} [Mol/l]).

Stabile Minerale: Galenit PbS, Clausthalit PbSe, Anglesit $PbSO_4$, Massicotit β-PbO, Mennige Pb_3O_4, Plattnerit PbO_2, Blei. Erläuterung: Liegt PbSe neben PbS vor, so bildet sich stets ein Mischkristall! Ausgehend von den gewählten Aktivitäten (= etwa Clarkewerte) wird ein selenführender Galenit ausgefällt. Die Selenführung des Galenits ist ihrerseits von Eh-pH abhängig [200]. Clausthalit (ohne Galenit) tritt nur bei höherem Oxpotential auf, in Paragenese mit Hämatit, evtl. Chalkopyrit. Hier mit Anglesit! Anglesit besitzt ein weit größeres Bildungsfeld als die Oxide. Übereinstimmung mit den natürlichen Gegebenheiten.

Ähnlich sind folgende Sn-haltige Mineralien (hauptsächlich von Bolivien):

Teallit: $PbSnS_2$; rhombisch. Örtlich mit hohem Ag-Gehalt. # 4 (001). H $1^1/_2$ (VH 31 bis 125); D 6,36. Grauweiß, Mgl.; in Carguaicollo (Bolivien) Haupterz.

Herzenbergit: SnS; isotyp mit Teallit. Derb, feinschuppig ähnlich Graphit; H 2 (VH 48 bis 114), D 5,16. Huari b. Oruro (Bolivien). *Montesit:* $PbSn_4S_5$; soll zwischen Teallit und Herzenbergit stehen.

Die folgenden Minerale können in einer Untergruppe vereinigt werden:
Potosiit: $Pb_{48}Sn_4S_{52} \cdot 14\ SnS_2 \cdot 7\ FeS \cdot 8\ Sb_2S_3$; triklin
Franckeit: $Pb_{40}Sn_7S_{47} \cdot 17\ SnS_2 \cdot 7\ FeS \cdot 8\ Sb_2S_3$; triklin
Inkait: $Pb_{31}Sn_4S_{35} \cdot 27\ SnS_2 \cdot 7\ FeS \cdot 8\ Sb_2S_3$; monoklin
Kylindrit: $Pb_{26}Sn_3S_{29} \cdot 31\ SnS_2 \cdot 7\ FeS \cdot 8\ Sb_2S_3$; triklin
Lokal häufig sind *Franckeit* und *Kylindrit.* Franckeit bildet dicke, oft verbogene Tafeln, während Kylindrit tütenförmigschalige Aggregate ausbildet. Grau, H 2 bis 3, Mgl. Potosiit und Inkait sind eng mit Sulfiden und anderen Sulfostannaten verwachsen. Insbesondere auf bolivianischen Lagerstätten, so von Poopó und Huanuni.

Anhang:

Stistait: SnSb; kubisch. Würflige lichtgraue xx (max. 0,15 mm), auf Seifen der Usbekischen SSR (UdSSR).

Aurostibit: $AuSb_2$; H 3; weiß, Mgl. Ähnlich PbS. Fast unlöslich in KCN. Sb-reiche Golderzgänge. Mileschov (ČSSR).

8.5. Cinnabarit-Gruppe

Da Cinnabarit das einzige wichtige Quecksilbererz ist, bleibt die eingehende Besprechung dieser Gruppe praktisch auf dieses Mineral beschränkt.

Cinnabarit: HgS Zinnober

Entdeckung: Seit THEOPHRASTOS 315 v. d. Z. bekannt, Name möglicherweise indischen Ursprungs.

Chemismus: 86,2% Hg, 13,8% S, oft mechanische Verunreinigungen, z. B. durch organische Substanzen.

Kristallogr.: Trigonal (trapezoedrisch); Gitter aus trigonalen Schraubenketten ∥ c aufgebaut (deformiertes NaCl-Gitter). xx (selten) dicktafelig (s. Bild 8.9) oder würfelig, oft Durchdringungszwillinge nach (0001) (s. Bild 8.9). Meist klein- bis mittelkörnige Massen, auch pulvrige Überzüge. In der Lagerstätte Idrija kryptokristallinknollige Massen (sog. *Lebererz*), die durch bituminöse Beimengungen fast schwarz gefärbt sind.

Physik. Eigensch.: Farbe und Strich rot, halbdurchsichtig, mit Blende- bzw. Diamantglanz. H 2 bis $2^1/_2$ (VH 51 bis 98), spröde, Spaltbarkeit 4 nach $(10\bar{1}0)$, D 8,1. Sehr hohe Doppelbrechung und sehr starke Zirkularpolarisation.

Diagnose: Typisch sind rote Farbe und hohe Dichte. Beim Erhitzen leicht zersetzlich (ab 200 °C) unter Ausscheidung von Quecksilber (derart auch technische Gewinnung

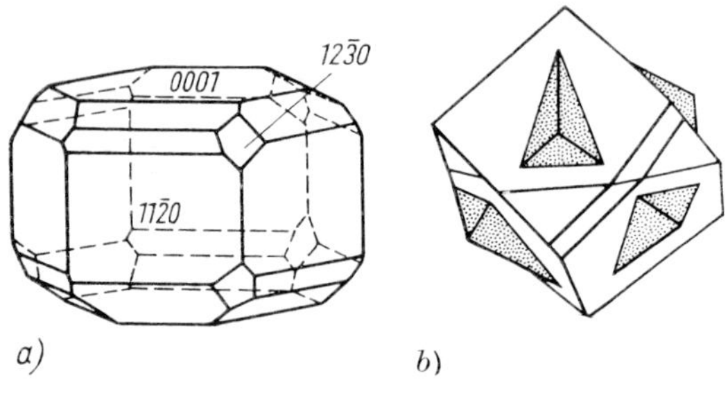

Bild 8.9. Cinnabarit [20]
a) dicktafeliger Kristall aus trigonalen Prismen, Pyramiden und Trapezoeder (12$\bar{3}$0) sowie Basisfläche
b) Durchdringungszwilling nach (0001) von rhomboedrischen, würfelähnlichen Kristallen

des Hg-Metalls). Löslich nur in Königswasser und konz. Alkalisulfidlösungen. Ähnliche Minerale sind Proustit, Realgar, Krokoit.

Genese: Bildung meist aus tiefthermalen Lösungen (< 100 °C), auch aus rezenten Thermen, oft im Zusammenhang mit Vulkanismus. Lagerstätten in brecciösen Zonen und imprägnativ in porösen Tuff- und Sediment-Gesteinen. In Paragenese häufig mit Antimonit, Pyrit, Fluorit, Calcit, Chalcedon, seltener mit Realgar, Arsenopyrit, Dolomit u. a.
Die wichtigsten Lagerstätten sind Almadén (Spanien), Monte Amiata (Italien), Idrija (SFR Jugoslawien), Nikitovka in der Ukraine sowie Ferghana (UdSSR), Californien (USA), weiter Mexiko, Peru, China, untergeordnet in der Pfalz (BRD) sowie u. a. bei Zwickau und Gera (DDR). Wegen seiner Schwerlöslichkeit (s. Bild 8.10) und hohen Dichte gelegentlich in Seifen.

Nutzung: Wichtigstes Hg-Erz; Produktion und Verwendung von Hg, vgl. Tab. 16.27.

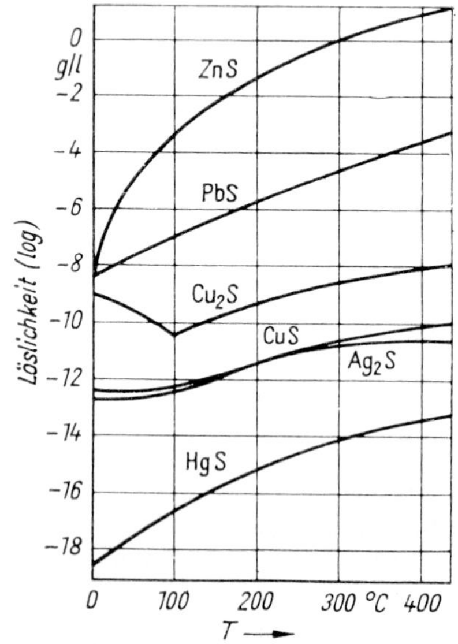

Bild 8.10. Löslichkeit einiger Metallsulfide in wäßriger Lösung bei pH 7 bis 400 °C [13]

Folgende Hg-Minerale sind isotyp mit Sphalerit:

Metacinnabarit: HgS; kubisch. Kleine Einzelkristalle, körnige Aggregate oder als schwarzes Pulver. Stets Zwillingslamellen. H 3 (VH 73 bis 86), D 7,65. Spröd. Stahlgrau, Mgl., Str. schwarz. Metacinnabarit geht bei 400 bis 550 °C monotrop in Cinnabarit über. Begleiter sind Wurtzit, Antimonit, Cinnabarit, Markasit u. a. Sehr häufig in den oberen Teufen der californischen Cinnabaritgruben (USA); Idrija (Jugoslawien); Moschel-Landsberg (Pfalz, BRD).

Tiemannit: HgSe; manchmal mit reichlich S. Körnige Aggregate. H $2^1/_2$ (VH 26 bis 39). Stahlgrau bis schwärzlich bleigrau, Mgl. Schwer erkennbar, meist im Calcit. Clausthal, Zorge, Lerbach (BRD), Tilkerode (DDR), alle im Harz.

Coloradoit: HgTe; derb, körnig; bröcklig. Eisenschwarz nach grau mit rötlichem Strich, Mgl. Schwer erkennbar (VH 23 bis 35); sehr ähnlich Petzit. Selten. In mehreren Gruben des Boulder Co. (Color., USA).

Guadalcazarit (Hg, Zn)(S, Se) und *Onofrit* Hg(S, Se) bilden miteinander Mischkristalle. Von San Onofre (Mexiko). VH 66 bis 89.

Ähnlich sind:

Galchait: $HgAsS_2$; kubisch. Idiomorphe orangefarbene bis rote glasige xx bis 1 cm Größe, aus Hg-Lagerstätten Sibiriens, z. B. Gal-Chaja (Jakutische ASSR, UdSSR). Ähnlich ist der bronzefarbene *Christit:* $TlHgAsS_3$; monoklin, aus der Goldgrube Carlin (Nevada, USA).

Corderoit: α-$Hg_3S_3Cl_2$; Hellorangefarbene, isometrische xx in zersetzten Nebengesteinen von Hg-Vererzung in Nevada (USA).

8.6. Sphalerit–Wurtzit-Gruppe

Von diesen beiden Zinksulfiden wird ausführlich nur der Sphalerit besprochen, da die Eigenschaften beider Minerale sehr ähnlich sind und der Wurtzit keine selbständigen Lagerstätten bildet.

Sphalerit: α-ZnS Zinkblende

Entdeckung: Sphalerit von Glocker 1847 beschrieben, aber als »Blende« bereits von Agricola erkannt. Name nach dem gr. *sphaleros* = trügerisch, da die alten Bergleute in dem immer mit Galenit verwachsenen Mineral kein Blei fanden.

Chemismus: Theor. 67,1% Zn, 32,9% S; selten verwirklicht, da isomorphe Mischung hauptsächlich mit FeS (bis 20%), dann als *Marmatit* oder *Christophit* bezeichnet. Weiter diadocher Einbau von Mn, Cd (bis 0,5%, in Schalenblende auch höher), In (um 0,005%), Ga, Hg (mit 15% Hg *Polhemusit*), Te, Ge. Die gleichfalls auftretenden Spurenelemente Cu, Pb, As, Sb und Sn sind meist an feine Entmischungskörper (s. Bild 8.11) von Chalkopyrit, Stannin, Tetraedrit u. a. gebunden.

Kristallogr.: Kubisch (hexakistetraedrisch); mit typischer Sphaleritstruktur (s. Bild 8.12), die dem Diamantgitter ähnlich ist (vgl. Kap. 2.2.3. und 7.7.). Der tetraedrische Aufbau dieser Elementarzelle verursacht auch den meist tetraedrischen Habitus der Sphaleritkristalle (s. Bild 8.13). Daneben treten auch dodekaedrische, hexaedrische und andere Formen auf; jedoch sind die Kristalle meist verzerrt und verzwillingt (nach 111; oft Zwillingsstreifung), so daß sie schwer zu deuten sind. Sphaleritaggregate sind meist grob- bis feinkörnig »spätig« und in anderen Erzen und

Gangarten eingesprengt. Verschiedentlich Gelbildung mit gebänderter, lagenförmiger Textur und wulstiger Oberfläche; diese sog. *Schalenblende* ist feinstkörnig-fasrig rekristallisiert und sehr oft mit Wurtzit verwachsen.

Physik. Eigensch.: Farbe von schwarz über braungelb bis fast weiß (je nach Eisengehalt), wobei zusätzlich zu Marmatit und Christophit (schwarz) Namen wie *Honigblende* (gelb), *Rubinblende* (rot), *Cleiophan* (weißlich) gebraucht werden. Häufig Zonarstruktur (s. Bild 8.13). Strich weiß bis bräunlich, stets viel heller als Mineralfarbe. Meist hoher blendenartiger Diamantglanz (Schalenblende dagegen matt); durchsichtig bis opak. Spaltbarkeit 4 bis 5 nach (110) im Gegensatz zur oktaedrischen Spaltbarkeit des Diamants; typisch spätiger Bruch (nicht bei Schalenblende), spröde. H $3^1/_2$ bis 4 (VH 128 bis 276); D 3,9 bis 4,2 (reine gelbe Blende 4,06). Piezoelektrisch in Richtung [111], z. T. UV-, Röntgen- und Triboluminescenz. Sphalerit geht bei 1020 °C in Wurtzit über.

Diagnose: Typisch sind heller Strich, meist hoher Glanz, Spaltbarkeit in sechs Richtungen des Rhombendodekaeders, isometrische Formen. Gelegentlich äußerlich ähnlich sind: Wolframit, Enargit, Galenit und Magnetit (bei marmatitischen Typen und enger Verwachsung). V. d. L. knisternd, in konz. HNO_3 unter Schwefelabscheidung löslich.

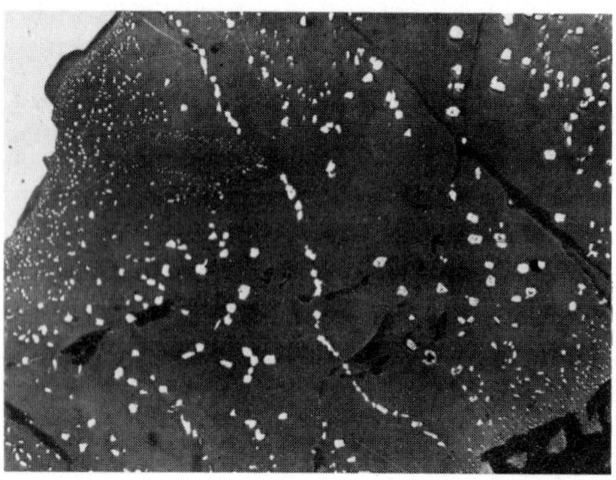

Bild 8.11. Entmischungströpfchen von Chalkopyrit in Sphalerit. Ivigtut, Grönland; Anschliff, Vergr. 100 × [20]

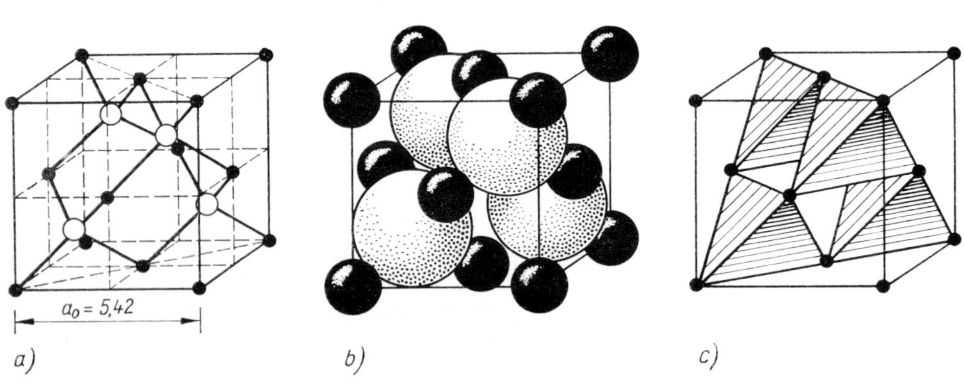

Bild 8.12. Kristallstruktur von Sphalerit [20]

a) Elementarzelle mit Schwerpunktlagen der Zn-Ionen (schwarz) und S-Ionen (weiß)
b) Elementarzelle mit Zn- und S-Ionen und natürlichen Wirkungsbereichen
c) Elementarzelle, dargestellt durch Koordinationstetraeder (im Zentrum jedes Tetraeders befindet sich ein S-Ion)

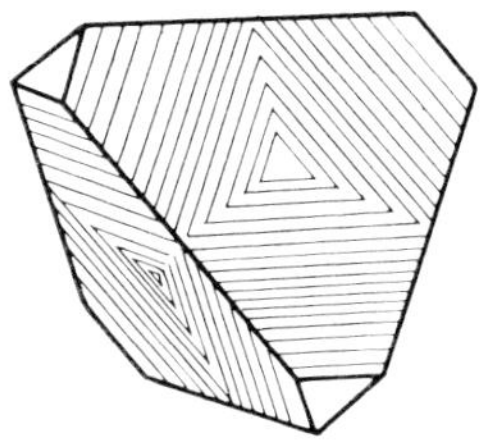
a)

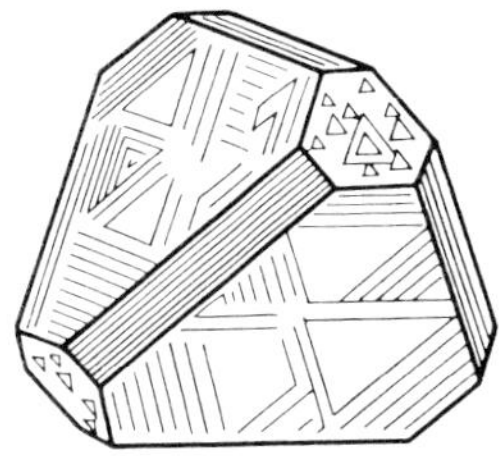
b)

c)

Bild **8.13.** Sphaleritkristalle

a) Kombination von positiven Tetraedern (kleine Flächen) und negativen Tetraedern (mit Kombinationsstreifung); vgl. Bild 2.30 [1]

b) Kombination von positiven Tetraedern (mit Ätzfiguren, dreieckig) und negativen Tetraedern (mit Kombinationsstreifung) sowie dem Würfel (längsgestreift) [1]

c) Sphaleritkristalle, zonar aufgebaut (wahrscheinlich durch Zwillingsstreifung), Vergr. ≈ 5× [20]

Genese: Sphalerit hat weitgehend die gleiche Genese wie Galenit, daher sind viele Ähnlichkeiten in bezug auf Parageneseminerale und Lagerstätten zu verzeichnen. Der Hauptbildungsbereich ist hydrothermal.

1. *hydrothermale Ganglagerstätten* (meist hochthermal): Freiberg (DDR) und viele andere (siehe Galenit, dort auch Paragenese).

2. *hydrothermale Verdrängungslagerstätten* (meist tiefthermal, in Karbonatgesteinen); Stolberg b. Aachen (BRD), Gorny Śląsk (VR Polen), »Tri State District« (USA) u. v. a. (s. Galenit). Typische Paragenese ist Schalen- oder Strahlenblende (ehem. kolloidale Ausscheidung, heute meist rekristallisiertes Gemenge von Sphalerit und Wurtzit), Markasit, (Melnikowit-) Pyrit, Smithsonit bzw. »Galmei«.

3. (pneumatolytische) *kontaktmetasomatische* Lagerstätten (meist Kontakt zwischen Granit und karbonatischen Skarnen): eisenreich (Christophit) von Schwarzenberg und St. Christoph im Erzgebirge (DDR), Banat (SR Rumänien), Trepča (Jugoslawien), Bodenmais (Bayern, BRD), Tetiuhe (Primore oder Fernost, UdSSR), Kanada, Skandinavien. Paragenese: Pyrrhotin, Arsenopyrit, Magnetit, Cubanit, Chalkopyrit.

4. (hydrothermal-) *sedimentär* (oft metamorph überprägt): Kupferschiefer Sangerhausen (DDR), Meggen und Rammelsberg (BRD), Broken Hill (Australien). Gelegentlich spärlich in Tonen, Kalksteinen und Kohlen (wie Galenit).

Sphalerit verwittert in der Oxydationszone leicht zu dem stark wasserlöslichen $ZnSO_4$ (vgl. Bild 8.10), das abtransportiert wird oder, in karbonatischem Nebengestein, als Smithsonit und »Galmei« ausgefällt wird.

Nutzung: Wichtigstes Zink- und Cadmiumerz; auch Rohstoff für In, Ga, Ge. Produktion und Verwendung s. Tab. 16.27, Anhang.

Voltzin: Zn(S, As); hexagonal. H 4 bis $4^1/_2$; D 3,7 bis 3,8. Glas- bis Fettgl.; schmutzig rosa, gelb bis bräunlich (»Leberblende«); dsch. Verschiedentlich im Erzgebirge, so z. B. Jáchymov (ČSSR), und Johanngeorgenstadt (DDR)

Stilleit: ZnSe; grauweiß, halbmetallisch. Einschlüsse in Linneit. Nur in zwei Erzproben von Shinkolobwe (Kasolo, Zaïre) beobachtet.

Wurtzit: β-ZnS

1861 von FRIEDEL beschrieben, benannt nach dem Chemiker C. A. WURTZ. Da meist niedrigthermaler gebildet als Sphalerit, fast stets ärmer an Fe (max. 8%) und Mn, gelegentlich Cd-reich (max. 3,7%). Oft Hauptbestandteil der gelartig gebildeten Schalen- und Strahlenblende, in der er als instabile β-Modifikation oft zu Sphalerit umkristallisiert. Hexagonal (dihex.-pyramidal), ähnliches Gitter wie Sphalerit; es existieren mehrere Strukturvarietäten (z. B. Wurtzit 2 H und 3 R). Alle Eigenschaften ähnlich wie bei hellem Sphalerit, von dem er schwer zu unterscheiden ist (aber oft buckelig-wulstig, meist fasrig-strahlige Ausbildung; s. Bild 8.14); VH 146 bis 264. Lagerstätten: tiefthermale Bildung, meist Verdrängungslagerstätten. Schöne kolloidale Formen in Gorny Śląsk (VR Polen), Přibram (ČSSR), Stolberg bei Aachen (BRD), auch von Freiberg (DDR). Wichtiges Zink- und Cadmiumerz.

Erythrozinkit: (Zn, Mn)S ist rot durchscheinender Mn-haltiger Wurtzit.

Greenockit: β-CdS (Cadmiumblende); isotyp mit Wurtzit (hexagonal). 77,8 % Cd-Gehalt, mit Indium. Meist gelbe bis orangefarbene Pulver und Anflüge in der Oxydationszone von Cd-haltigen Sphalerit- und Wurtzitlagerstätten; selten pyramidale xx. Zu verwechseln mit Auripigment, Realgar, Wulfenit. H 3 bis $3^1/_2$ (VH 52 bis 91); D 4,9 bis 5,0. Ohne nennenswerte praktische Bedeutung. *Xanthochroit* (gleichfalls CdS) bildet gelbe kolloidale Beschläge auf angewitterter Schalenblende. *Hawleyit* ist kubisch, gelbes Pulver auf Sphalerit.

Cadmoselit: β-CdSe; Wurtzittyp. Schwarze xx; VH 203 bis 222; Colorado (USA).

a)

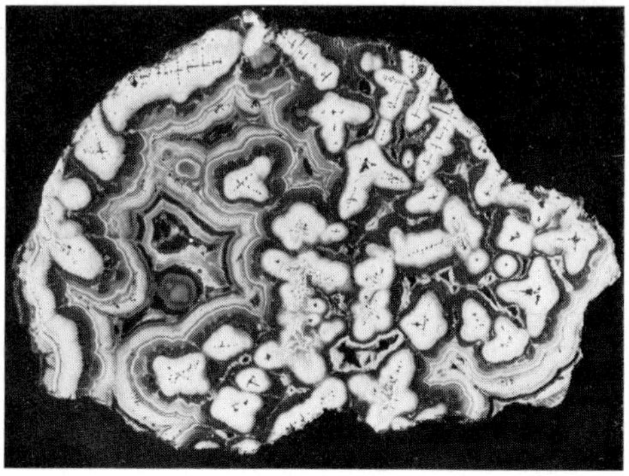

b)

Bild 8.14. Wurtzit

a) in kugliger Form, aufgewachsen auf Karbonaten. Freiberg (DDR), Vergr. 1,5× [221]

b) sog. Schalenblende, mit dendritischen Einlagerungen. Aachen (BRD), etwa nat. Größe

8.7. Chalkopyrit–Bornit-Gruppe

In dieser Gruppe werden eine Reihe von etwas komplexeren Cu–Fe- und Cu–Fe–Sn-Mineralen besprochen, hauptsächlich Chalkopyrit, Bornit und Stannin. Sie sind sich genetisch ähnlich und lehnen sich strukturell an das Sphaleritgitter an, in dem sie bei höheren Temperaturen mischbar sind und dementsprechend bei niedrigeren Temperaturen wieder entmischen können.

Chalkopyrit: $CuFeS_2$ Kupferkies

Entdeckung: Der Name Kupferkies stammt von AGRICOLA (1546); unter Chalkopyrit wurde das Mineral 1725 von HENCKEL beschrieben. Beide Namen deuten den Cu-Gehalt eines »kiesigen« Minerals an.

Chemismus: Theor. 34,6% Cu, 30,5% Fe, 34,9% S, meist rein, mit Spuren von Ag und Au.

Kristallogr.: Tetragonal (skalenoedrisch), mit sphaleritähnlichem Gitter (s. Bild 8.15). Kleine xx treten fast nur aufgewachsen (in Drusen) auf und haben sphenoidischen Habitus (pseudotetraedrisch; s. Bild 8.16); Zwillinge nach (111) und Viellinge sind häufig (s. Bild 8.16). Meist kommt Chalkopyrit in derben Massen, eingesprengt oder auch als orientiert aufgewachsener Überzug auf den Paragenesemineralen Sphalerit und Tetraedrit vor, auch auf Galenit. Selten kollomorphe Aggregate.

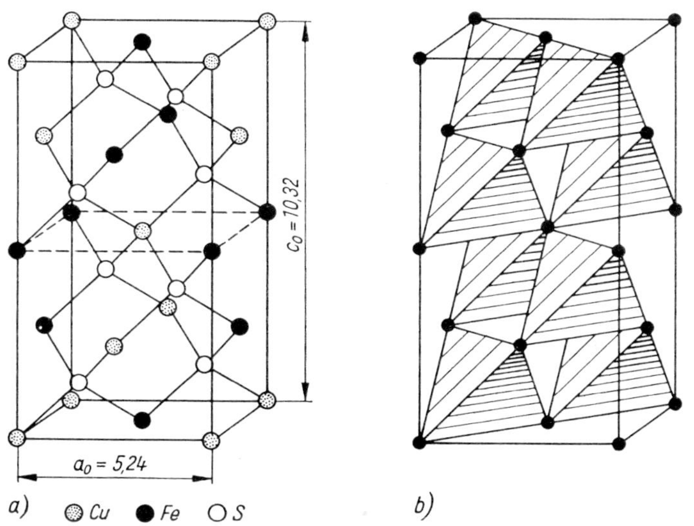

Bild 8.15. Kristallstruktur des Chalkopyrits [20]

a) Elementarzelle mit Ionenschwerpunkten
b) Elementarzelle mit Koordinationstetraedern (vgl. Bild 8.12). Schwarze Kugeln = Cu bzw. Fe

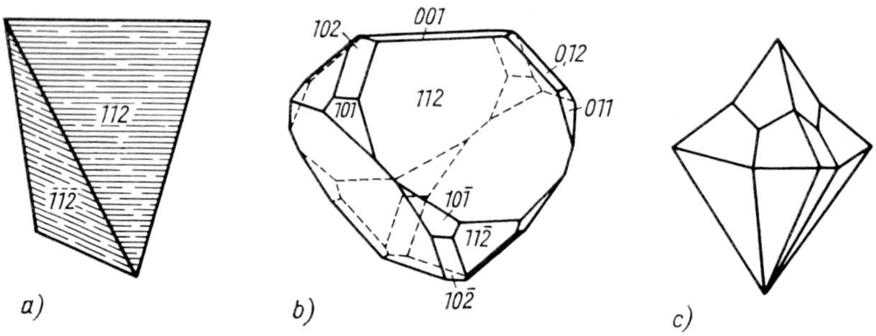

Bild 8.16. Charakteristische Kristallformen von Chalkopyrit
a) tetragonales Disphenoid b) Kombination mit tetraedrischem Habitus c) Fünfling

Physik. Eigensch.: Farbe frisch messinggelb (mit Grünstich); opak, mit hohem Metallglanz; meist bräunlich, bunt und schwärzlich angelaufen. Strich (grünlich-) schwarz, H $3^1/_2$ bis 4 (VH 174 bis 219); D 4,1 bis 4,3. Spröde, Spaltbarkeit 1 nach (201), Bruch muschelig bis uneben.

Diagnose: Typisch sind Farbe und oft Form. Vom Pyrit und Markasit (auch Gold) durch Härte unterschieden. Vorsicht durch Anlauffarbe! In HCl nicht, in HNO_3 schwer unter Schwefelausscheidung löslich. U. d. M. hohes Reflexionsvermögen.

Genese: Bildet sich unter sehr vielen geologischen Bedingungen (»Durchläufer«), in der Hauptmenge jedoch hydrothermal.

- *liquidmagmatisch:* häufig, aber spärlich in (basischen) Magmatiten, meist mit Pyrrhotin, Pentlandit und Magnetit; gelegentlich Anreicherungen.
- *pneumatolytisch* (?) feinverteilt in intermediär bis sauren subvulkanischen Gesteinen, Primärerz der »disseminated copper ores« (USA, UdSSR, Bulgarien, Mexiko u. v. a.)
- *hydrothermal*
  a) in Ganglagerstätten weltweit, v. a. Galenit–Sphalerit-Gänge, z. B. Freiberg (DDR).
  b) submarin hydrothermal-sedimentär, z. T. mit Vulkaniten oft metamorph; meist gemeinsam mit Pyrit: Rio Tinto (Spanien). Kuroko-Erze (Japan), »Kieslager« in Norwegen und Schweden, Rammelsberg (BRD, metamorph), Ural (UdSSR).
- *sedimentär:* in Kupferschiefer (Sangerhausen, DDR), Kasachstan (UdSSR).

Verwittert relativ leicht zu Zwischenprodukten wie »Ziegelerz«, »Kupferpecherz«, Covellin, dann oft in Paragenese mit Malachit, Azurit (bei Karbonatnebengesteinen), Limonit, Kupfersulfaten, auch Cuprit, selten Chrysokoll (bei SiO_2-Angebot), in ariden Gebieten Bronchantit und Atakamit.

Nutzung: Wichtiges Kupfererz; in »Kieserzen« Cu-Gehalt schon von 2% an nutzbar (vgl. Tab. 16.27 im Anhang).

Talnachit: $CuFeS_{1,8}$; kubische Abart des Chalkopyrits, von Norilsk und Talnach (UdSSR).

Mooihoekit: $Cu_9Fe_9S_{16}$; tetragonal. Kleinste Einlagerungen in Pt-führendem Dunit-Pegmatit (Südafrika).

Roquésit: $CuInS_2$; tetragonal. Einschlüsse in Bornit aus Cu–Zn-Erzen; VH 241. Von Akenabe (Japan).

Gallit: $CuGaS_2$; tetragonal (isotyp mit Chalkopyrit). Feine Entmischungskörper in Sphalerit. Von Tsumeb (Namibia) und Kipushi-Mine (Zaïre). Einziges primäres Galliummineral.

Shadlunit: $(Fe, Cu)_8(Pb_{0,7}Cd_{0,3})S_8$; kubisch. Graugelb; von Norilsk (UdSSR). Paragenese: Pentlandit, Cubanit, Talnachit.

Picotpaulit: $TlFe_2S_3$; rhombisch. Mikroskopische Einschlüsse in Realgar, meist pseudomorphosiert in Raguinit, mit anderen Tl-Mineralen von Allchar (SFR Jugoslawien). D 5,20. Ähnlich von der gleichen Lagerstätte *Raguinit:* $TlFeS_2$; rhombisch. Fasrige bronzefarbene Pseudomorphosen.

Ellisit: Tl_3AsS; trigonal. Opak dunkelgrau, H 2, D 7,18. Mit Lorandit und Arsen von Goldlagerstätte Carlin (Nevada, USA).

Bornit: Cu_5FeS_4 Buntkupferkies

Erstmalig von HAIDINGER 1845 beschrieben; Name nach dem deutschen Mineralogen v. BORN (1742 bis 1791). Schwankende Zusammensetzung, Cu-Gehalt meist um 60% (theor. 63,3%), geringer Ag-Gehalt. Kristallisiert als β-Bornit >288 °C kubisch, ist aber bei Raumtemperatur tetragonal (pseudokubisch); kompliziertes fahlerzähnliches Gitter. Selten würflige xx, meist derb, eingesprengt oder Verdrängungsmineral pseudomorph nach Chalkopyrit (s. Bild 8.17). Zwillinge selten. H 3 (VH 68 bis 124); D 4,9 bis 5,3; mild, Bruch muschlig. Opak, Mgl., frisch rötlichbraun, doch kurzfristig bunt anlaufend (Name!), Strich grauschwarz. U. d. M. meist anisotrop.

Wichtiges Cu-Mineral in pneumatolytisch-hydrothermalen Lagerstätten wie Butte (USA), Tsumeb (Namibia), weiter Chile, Südafrika. Durch hydrothermale Zersetzung von Chalkopyrit in vielen Lagerstätten, so z. B. Siegerländer Erzgänge (BRD), Cornwall (England), Ural (UdSSR), früher Berggießhübel (DDR) u. a. Sedimentär in Lagerstätten von Kupferschiefertyp, z. B. Lubin (VR Polen) und Sangerhausen (DDR), Džezkazgan (UdSSR) häufig, und sekundär in Zementationszonen von Cu-Lagerstätten. In Oxydationszone über Chalkosin und Covellin oft zu Malachit–Azurit verwittert. Zu verwechseln (frisch) mit Pyrrhotin und Nickelin, angelaufen mit Covellin und Chalkopyrit. Wichtiges Kupfererz.

Cubanit: $CuFe_2S_3$; kristallisiert rhombisch (pseudohexagonal). Chemisch (nach BETECHTIN) 22 bis 24% Cu, 40 bis 42% Fe, 34 bis 35% S. Farbe metallisch gelb (ähnlich dem Pyrrhotin). H $3^1/_2$, # 1, D 4,0 bis

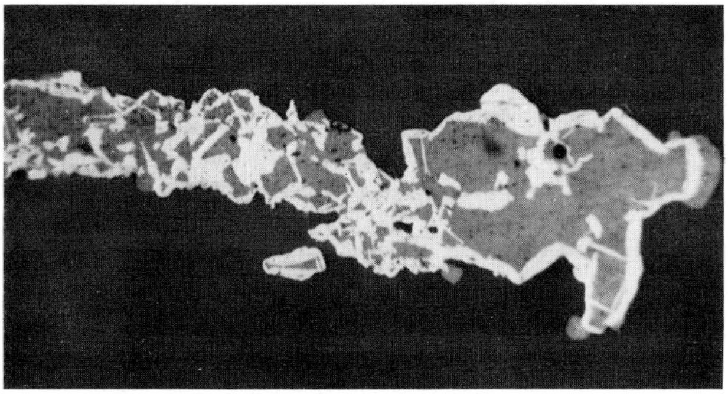

Bild 8.17. Verwachsung von Chalkopyrit (weißgrau) und Bornit (grau) in Calcit (schwarz). Aus Steinkohle von Freital b. Dresden (DDR); Anschliff, Vergr. 110 ×

4,2; stark magnetisch ∥ [010]. In hochthermalen Chalkopyrit- und anderen Lagerstätten meist Zerfallsprodukt des Chalkopyrits. Boliden (Schweden), Frood-Grube (Kanada), Finnland, Brasilien. Im Erzgebirge (DDR) in Freiberg, Geyer und Zinnwald sporadisch.

Haycockit: $Cu_4Fe_5S_8$; rhombisch. Bis 0,5 mm große xx aus Pt-führendem Dunitpegmatit (Südafrika).

Fukuchilit: Cu_3FeS_3; kubisch. Hellbraune xx aus Barytzone der Lagerstätte Hanawa (Japan), mit Pyrit, Gips, Covellin.

Chalcothallit: Cu_3TlS_3; Blauschwarzes metallgl. Mineral in Alkaligestein von Grönland, in Paragenese mit Sodalith, Analcim, Chalkosin u. a.; VH 61 bis 90. Ähnlich ist *Rohait:* Cu_5TlSbS_2; tetragonal; vom gleichen Fundpunkt, eingewachsen in Chalkosin, VH 95.

Stannin: Cu_2FeSnS_4 Zinnkies

Theor. 29,5% Cu, 13,1% Fe, 27,5% Sn, 29,9% S, meist mit erheblichen Schwankungen; weiter oft Gehalte über 1%: Zn, Sb, Cd, Pb, Ag, In. Tetragonal (skalenoedrisch), Gitter analog Chalkopyrit und damit dem Sphalerit ähnlich. Die seltenen Kristalle sind ähnlich Chalkopyrit; meist aber derbkörnige Aggregate und feinkörnige Einsprengungen und Entmischungskörper (in Sphalerit). Farbe grünlichgrau (ähnlich Fahlerz), im Anschliff gelblich. Opak, schwarzer Strich, frisch Mgl.; H 3 bis 4 (VH 140 bis 326), spröde, # 1 bis 2; D 4,3 bis 4,5. Vorkommen in Zinn–Wolfram-Lagerstätten (Zinnwald, Cornwall, Bolivien, Tasmanien) in Paragenese mit Kassiterit, Chalkopyrit, Arsenopyrit, Wolframit; häufiger in hochthermalen Sphalerit–Galenit-Lagerstätten (z. B. Freiberg), hier orientierte Einwachsung in Sphalerit, Chalkopyrit, Fahlerz. Verwittert leicht, Bildung von kollomorphem Kassiterit. Örtlich Cu-, Sn- und Ag-Erz.

Isostannin: kubisch (»Stannin II oder IV«), entsteht beim Erhitzen von Stannin. *Kösterit:* Cu_2ZnSnS_4 ist ein Zn-führender Stannin aus Ostsibirien (UdSSR); VH 320 bis 322.

Stannoidit: $Cu_5(Fe, Zn)_2SnS_8$; rhombisch. Braun von Konje-Grube (Japan). Paragenese: Bornit, Chalkopyrit, Pyrit, Stannit, Silber. D 4,29. *Hexastannin* ist sehr ähnlich dem Stannoidit, ebenso *Stannin-I*. *Rhodostannit* ist $Cu_2FeSn_3S_8$; hexagonal (?).

Sakuraiit: $(Cu, Zn, Fe, Ag)_3(In, Sn)S_4$; tetragonal (pseudokub.). Stahlgraues metallgl. Mineral in gebänderten Erzen der Ikuno-Grube (Japan), in Paragenese mit Stannin, Sphalerit, Mathildit, Calcit u. a. H 4; D 4,45, opt. ± isotrop. Ähnlich ist *Cernyit:* Cu_2CdSnS_4; tetragonal. D 4,776; aus Pegmatit (USA).

Briartit: $Cu_2(Fe, Zn)GeS_4$; tetragonal. Verzwillingte Einschlüsse in Chalkopyrit, Tennantit, Renierit und Sphalerit, aus Shaba (Zaïre).

Hemusit: Cu_6SnMoS_8; kubisch. Gerundete Körner (∅ 0,05 mm) und unregelmäßige Aggregate, aus Luzonit–Enargit–Pyrit-Zone einer komplexen Cu-Lagerstätte des Balkangebirges (Bulgarien). H ~4; im Auflicht violettgrau, R ~22 bis 25%.

Balkanit: $Cu_9Ag_5HgS_8$; rhombisch. Graues metallgl. Mineral aus polymetallischer Lagerstätte Sedmočislenici (Bulgarien).

Mawsonit: $Cu_7Fe_2SnS_{10}$; pseudokubisch. Aus australischen Cu-Erzen: magnetisch; VH 166 bis 210.

Hocartit: Ag_2SnFeS_4; tetragonal. Mit Stannin in Sn-Erzen von Bolivien. Im Auflicht braungrau.

8.8. Pyrrhotin–Pentlandit-Gruppe

In dieser Gruppe werden insbesondere einfache Sulfidverbindungen der Elementparagenese Fe–Ni–Pt(–Co) zusammengestellt, die weitgehend auch genetische

Gemeinsamkeiten haben. Die As–Sb-Verbindungen der Elemente Co und Ni folgen (mit Ausnahme der Pt-Arsenide) in den beiden übernächsten Gruppen.

Pyrrhotin: etwa **FeS** Magnetkies

Entdeckung: Als Magnetkies von BREITHAUPT 1835 erstmalig beschrieben; Name nach der ferromagnetischen Eigenschaft. Pyrrhotin nach gr. *pyrrhos* = feuerfarben.

Chemismus: Die Formel FeS entspricht nicht den natürlichen Realitäten, da Fe infolge Nichtbesetzung eines Teiles seiner Gitterplätze stets im Unterschuß (Ladungsausgleich durch Fe^{3+}-Ionen). Daraus resultiert $Fe_{1-x}S$; wobei x meist 0,1 bis 0,2 ($Fe_{11}S_{12}$). Der *Troilit* der Meteorite ist genau FeS. Die genauen chemischen und strukturellen Besonderheiten der »Pyrrhotine« zeigt Bild 8.18. Durch feinste Einschlüsse von Chalkopyrit und Pentlandit oft geringe Gehalte an Ni, Co, Cu, auch Mn, Zn u. a.

Kristallogr.: Hexagonal (dihexag.-dipyram.), mit Gitter vom Nickelin-Typ (vgl. Bild 8.32). xx selten, dann z. T. zentimetergroß (Trepča) und taflige oder säulig-pyramidale Form; Zwillinge sind selten. Gewöhnlich eingesprengt oder in derbkörnigen Massen.

Physik. Eigensch.: Farbe braungelb (tombakfarben), Strich schwarz, Mgl., H 4 (VH 230 bis 390), spröde, Spaltbarkeit 1 nach (10$\bar{1}$0). D 4,58 bis 4,70. Guter Elektrizitätsleiter, in Richtung der Hauptachse stark magnetisch.

Diagnose: Typisch sind Farbe und Magnetismus. Schwer in Säure löslich.

Genese: Unterschiedlich, meist magmatisch-hochthermal:

- häufig eingesprengt in *basischen Tiefengesteinen*; angereichert und mit Pentlandit verwachsen wichtiges Ni-Erz (s. Pentlandit).
- häufig dispers verteilt in *metamorphen Gesteinen* (Gneise, Glimmerschiefer),

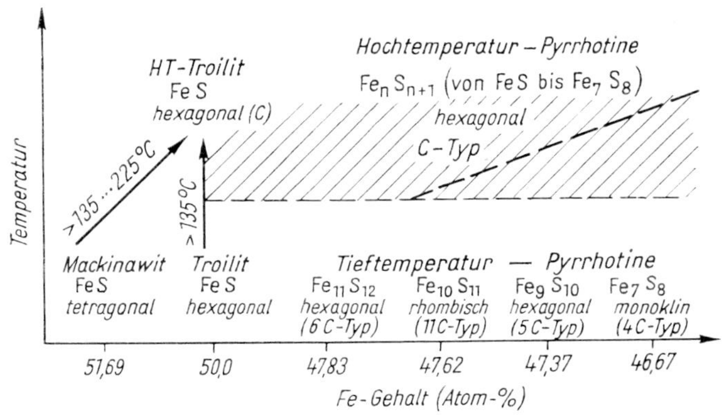

Bild 8.18. Schematische Darstellung der chemischen und strukturellen Besonderheiten bei den »Pyrrhotinen« [3]

wahrscheinlich z. T. durch »Abrösten« aus Pyrit entstanden. Ähnlich bei Granitkontakten.

- In *kontaktmetasomatischen* (Skarn-) Erzen, zusammen mit hochtemperierten Sulfiden, Kassiterit, auch Scheelit, Arsenopyrit, Chalkopyrit, Magnetit, Kalksilikaten usw. (UdSSR, Schweden, Norwegen, Bodenmais in der BRD).
- In *hydrothermalen* Gängen und Stöcken, z. B. Freiberg (DDR), Trepča (Jugoslawien) u. v. a. mit bekannter Mineralparagenese.
- Selten in *Sedimenten*, häufig als Troilit in *Meteoriten.*

Wird leicht pseudomorphosiert (durch Pyrit, Magnetit, Siderit); verwittert außerordentlich leicht (Pyrrhotin → Fe^{II}-Sulfat → Limonit + Schwefelsäure!).

Nutzung: Massige Pyrrhotinerze gelegentlich als Schwefelrohstoff (gegenüber Pyrit mit 45% nur 30% Schwefelgehalt). Bei Einbau von Pentlandit Nickelerz.

Troilit: »Magnetkies« aus Meteoriten mit der idealen Formel FeS (vgl. Bild 8.18). *Hydrotroilit:* ist vielleicht amorphes $FeS \cdot n\,H_2O$.

Smythit: Fe_3S_4, trigonal. Schichtgitter, Tieftemperaturbildung. Indiana (USA).

Jaipurit: γ-CoS; lichtgrau, unvollkommen beschrieben; Jaipur (Ostindien). Das synthetische CoS ist seiner Struktur nach nahe verwandt mit Pyrrhotin.

Achavalit: FeSe, rhombisch. Von Sierra de Cacheuta (Argentinien).

Freboldit: γ-CoSe; hexagonal. Violettrosa, Trogtal b. Lautenthal (Harz, BRD).

Eskebornit: $CuFeSe_2$; kubisch. Von Tilkerode (Harz, DDR).

Mackinawit: FeS; tetragonal. Valleriit-ähnliches Mineral von Outukumpu (Finnland), UdSSR und USA. Geht bei $t > 200\,°C$ in HT-Troilit bzw. HT-Pyrrhotin über (vgl. Bild 8.18).

Greigit: Fe_3S_4; kubisch. Stark magnetische Körner aus tertiären Sedimenten (USA). Im Auflicht grau; VH 312. Gehört zur Linneit-Untergruppe.

Rasvumit: $K_3Fe_9S_{14}$; rhombisch. Feinste metall. glänzende Fasern aus Pegmatit von Rasvumchorr (Kola, UdSSR). D 3,1.

Bartonit: $K_3Fe_{10}S_{14}$; tetragonal (ähnlich Djerfisherit). Schwarzbraun, D 3,3, in Pyrrhotin eines Alnöits in Calif. (USA).

Tochilinit: $2\,(Fe_{0,91}S) \cdot 1{,}67\,[Mg_{0,71}Fe_{0,29})(OH)_2]$; monoklin. Kleine bis 6 mm große bronze-schwarze Körner aus Serpentinit einer Cu–Ni-Lagerstätte (UdSSR), D 2,99.

Pentlandit: $(Ni, Fe)_9S_8$

Chemische Zusammensetzung schwankt, meist ist Ni : Fe aber 1 : 1, so daß 30 bis 35% Ni. Stets Co-Gehalt von 0,4 bis $\geqq 2{,}5\%$, z. T. durch *Kobaltpentlandit* $(Co, Fe)_9S_8$ hervorgerufen (VH 195 bis 303). Kristallisiert kubisch (mit kompliziertem Gitter), tritt aber fast nur in Form kleiner unregelmäßiger Körner und Aggregate in massigen Pyrrhotinerzen auf. Bronzegelb (heller als Pyrrhotin), Strich grünlichschwarz, H $3^1/_2$ bis $4^1/_2$ (VH 245 bis 363), spröde; Spaltbarkeit 4 nach (111). D 4,5 bis 5,0. Elektrizitätsleiter, aber nicht magnetisch. Bestimmung am besten mikroskopisch (s. Bild 8.19), auch Ni-Reaktion (mit Dimethylglyoxim). In HNO_3 löslich (Grünfärbung der Lösung).

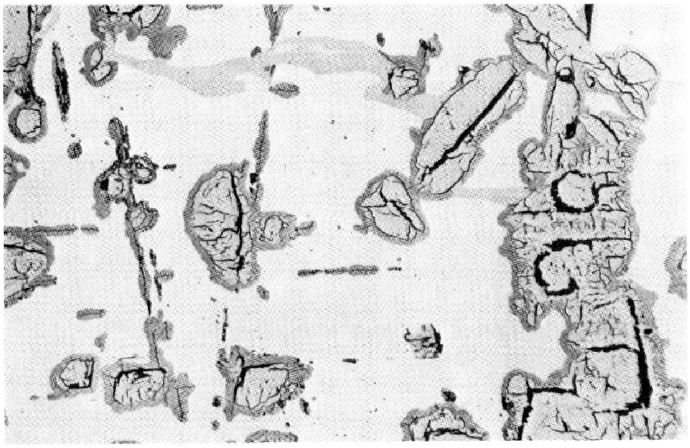

Bild 8.19. Pentlandit (hellgrau) mit Einlagerung von Bravoit (hellgrau: mit hohem Relief) und Violarit (mittelgrau: ohne Relief) [155]. Anschliff, Vergr. etwa 100 ×, von Sudbury (Kanada)

Pentlandit ist das wichtigste Nickelerz der Erde. Sein Auftreten ist beschränkt auf die Pentlandit–Chalkopyrit-Paragenese in basischen Magmatiten (Gabbro-Norittyp), meist auch mit Platinmineralen. Größte Lagerstätte ist Sudbury in Kanada, die etwa die Hälfte der Weltnickelproduktion liefert (Jahresproduktion 150000 t bei Durchschnittsgehalten von 3% Nickel im Erz). Wichtig weiter Norilsk und Petčenga (UdSSR), Bushveld (Südafrika, besonders Pt-reich), Skandinavien (Kobaltpentlandit z. B. von Outukumpu in Finnland). In der DDR ein kleines Vorkommen bei Sohland in der Lausitz. Nutzung und Weltproduktion von Ni, s. Tab. 16.27.

Millerit: NiS Haarkies

Theor. aus 64,7 % Ni und 35,3 % S bestehend, meist aber Gehalte bis 1 % und mehr von Fe, Co und Cu. Trigonal (ditrigonal-pyramidal, also hemimorph), komplizierte Gitterstruktur. Meist nadlige xx, nach [0001] gestreckt und gestreift, oft haarförmig und büschlig (Haarkies!), selten derb. Farbe metallisch-gelb, oft bunt angelaufen. H $3^1/_2$ (VH 192 bis 376), spröde. # 4 (10$\bar{1}$1), verschiedentlich Druckzwillinge. D 5,3. In hydrothermalen Co–Ni-Ganglagerstätten, gemeinsam mit Linneit, Gersdorffit, Fluorit, Calcit, Quarz u. a.; bekannt z. B. von vielen erzgebirgischen Lagerstätten, aus den »Rücken« des Kupferschiefers (beide DDR), aus Sideritgängen des Siegerlandes (BRD) usw. Bildet sich auch durch Zersetzung von Pentlandit, Bravoit und anderen Ni-Mineralen sekundär. Gelegentlich und schön kristallisiert auch in sedimentären Karbonaten. Millerit ist ein reiches Ni-Mineral, hat aber wegen seines selten gehäuften Auftretens nur ganz lokal Bedeutung.

Godlewskit: β-Ni_7S_6; rhombisch. Bis 1 mm großes pentlandit-ähnliches Mineral aus Bornit–Chalkopyrit-Gängen in Paragenese mit Pentlandit, Millerit und Heazlewoodit, aus Norilsk (UdSSR) und Ontario (USA).

Sederholmit: β-NiSe; hexagonal. In uranhaltigen Albititen von Finnland.

Mäkinenit: γ-NiSe; trigonal. Aus U–Se-Gängen (Finnland).

Wilkmanit: Ni_3Se_4; monoklin. Mit Sederholmit in uranhaltigen Gängen von Finnland.

Trüstedit: Ni_3Se_4; kubisch. Aus uranhaltigen Karbonatgängen (Finnland).

Kullerudit: $NiSe_2$; rhombisch. Umwandlungsprodukt von Wilkmanit, in U-Erzen (Finnland). Sehr weich.

Kitkait: NiTeSe; trigonal. Aus karbonatischen Gängen einer Ni–Se-Vererzung (Finnland).

Hastit: $CoSe_2$; rhombisch. Braunrot, von Trogtal im Oberharz (BRD).

Melonit: $NiTe_2$; trigonal. Winzige sechseckige biegsame Täfelchen. # 4 (0001); H 1 bis $1^1/_2$; D 7,73; starker Mgl. Zinnweiß, läuft gelbbraun an. Melones-Mine (Calaveras Co., USA). *Imgreit* soll NiTe sein.

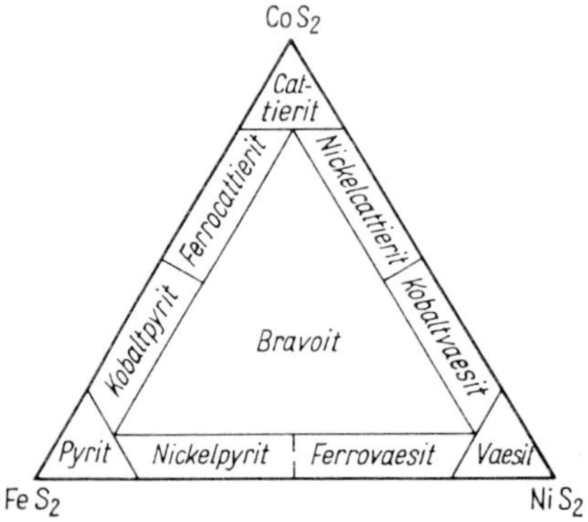

Bild 8.20. Mischkristallbereich der Co-, Ni-, Fe-Disulfide (System FeS_2-CoS_2-NiS_2) [13]
Der Mischkristallcharakter des Bravoits ist nicht sicher (s. Seite 324)

Linneit-Untergruppe (Kobaltnickelkiese)
Anhangsweise werden hier weitere Ni–Co-Minerale vorgestellt, die verschiedentlich in einer Linneitgruppe zusammengefaßt werden: Kubisch (hex. okt.) kristallisierende Minerale mit Gitter vom Spinelltypus (Thiospinell). Oft idiomorph, meist Oktaeder. In den physikal. Eigenschaften sehr ähnlich. Chemisch bestehen Übergänge zwischen mehreren Gliedern. Ziemlich selten. ⋕ 2(100). H $4^1/_2$ bis $5^1/_2$; D 4,5 bis 4,8. Grauweiß mit rötlichem oder gelblichem Stich; oft kupferrot oder violettgrau anlaufend. Nicht leicht bestimmbar. Ziemlich reichlich in vielen Sideritgängen des Siegerlandes (Müsen, Littfeld, BRD).
Siegenit: $(Co, Ni)_3S_4$; am häufigsten; VH 336 bis 580. *Linneit* (Kobaltkies) Co_3S_4; weniger häzfig. *Carrollit* ist eine Varietät von Linneit mit 10 bis 19% Cu an Stelle von Co (VH 351 bis 566). *Polydymit:* Ni_3S_4. *Violarit:* $FeNi_2S_4$ (VH 241 bis 458). *Bornhardtit:* Co_3S_4; Trogtal b. Lautenthal (Harz, BRD). *Fletscherit:* $Cu(Ni, Co)_2S_4$, von der Fletschergrube (Missouri, USA).
Tyrrellit: $(Cu, Co, Ni)_3Se_4$; kubisch.
Indit: $FeIn_2S_4$; kubisch. In zonaren Kassiteriten (UdSSR). D 4,48; R = 27 bis 28 %, VH 293 bis 325 (∅ 309).

Die folgenden Ni–Co–(Ru-) Minerale sind isotyp mit Pyrit (s. Bild 8.20, über Bravoit vgl. S. 324):

Cattierit: CoS_2; rein weiß, Mgl. H 4. Katanga (Zaïre); Gänsberg bei Wiesloch (BRD).

Vaesit: NiS_2; entsteht bei Verwitterung von Chloanthit. Dunkelgrau; VH 773 bis 856. Schneeberg (Erzgebirge, DDR), Nentershausen (Hessen, BRD).

Villamaninit: $(Cu, Ni, Co, Fe)(S, Se)_2$; eisenschwarze xx und kleine Knollen. H $4^1/_2$; D 4,4 bis 4,5, Mgl. Zonenbau. Selten! Villamanin (Leon, Spanien).

Trogtalit: $CoSe_2$; violettrosa, im Clausthalit von Trogtal bei Lautenthal im Harz (BRD).

Penroseit (Blockit): $(Ni, Cu, Co)Se_2$; grauweiß, Mgl., H $2^1/_2$; D 6,1. Nur Bolivien.

Hauerit: MnS_2. ⋕ 3 bis 4 (100); H 4; D 3,5. Braunschwarz, blendeartiger Glanz. Sizilien (Italien).

Aus paragenetisch-genetischen Gründen werden hier anhangsweise die wichtigsten *sulfidisch-arsenidischen Platinminerale* aufgeführt.

Sperrylith: $PtAs_2$

Sperrylith wurde 1889 von WELLS beschrieben und nach dem Chemiker F. SPERRY benannt, der es in den Ni-Erzen von Sudbury entdeckte. Theor. 56,6% Pt und 43,4% As; meist aber erhebliche Beimengen von Rh, Cu, Fe, Sb, Sn. Kristallisiert kubisch, mit Pyritgitter. Fast stets kleine idiomorphe xx (max. 4 cm, Südafrika), würflig, oktaedrisch, auch als Pentagondodekaeder, oft kombiniert (s. Bild 8.21a), keine

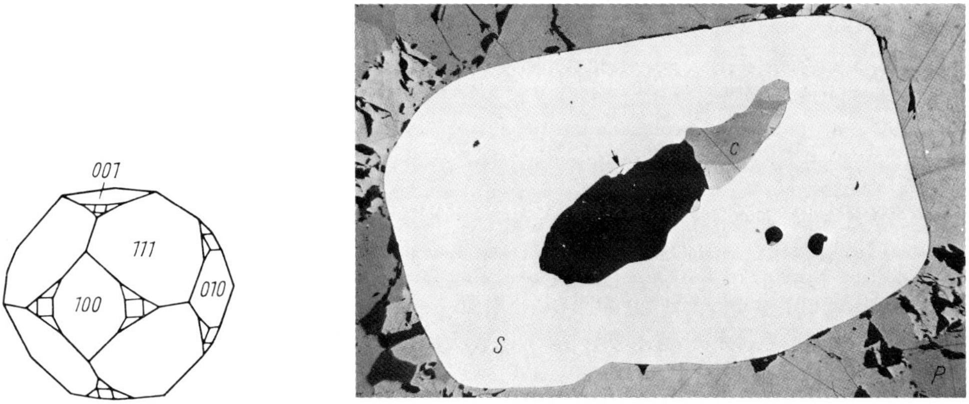

a) b)

Bild 8.21. Sperrylith

a) idiomorpher Kristall [1]

b) großer weißer Kristall von Sperrylith (S) liegt in einem Erzaggregat von Pentlandit und Pyrrhotin (P). Eingeschlossen kleiner Platinkristall (Pfeil) sowie Chalkopyrit und Cubanit (C); schwarz ist Gangart [155]. Anschliff, Vergr. etwa 100×, von Sudbury (Canada)

Zwillinge. Farbe zinnweiß (s. Bild 8.21 b), hoher Mgl., grauschwarzer Strich, H 6 (VH 960 bis 1277), D 10,6. In Säuren nicht löslich.
Fast ausschließlich primär in den Nickelmagnetkies-Lagerstätten vom Typ Sudbury, zusammen mit Pentlandit, Chalkopyrit, Pyrrhotin, Platin. Hauptlagerstätten Sudbury (Kanada) und Bushveld (Südafrika). Selten in hydrothermalen Sulfid- und Goldquarz-Lagerstätten. Verwittert schwer (z. T. zu Pt), findet sich daher in Seifen (z. B. USA, UdSSR, Südafrika). Sehr wichtiges Platinmineral, wird in Pentlandit–Chalkopyrit-Lagerstätten als »Nebenprodukt« gewonnen. Verwendung und Produktion von Platin s. Tab. 16.27 im Anhang.

Cooperit: PtS; tetragonal; etwas Pd für Pt; H∼ 4 (VH 505 bis 588); D 9,5; brüchig. Mgl.; bräunlich-stahlgrau. Pt-Lagerstätten des Bushveld (Südafrika) sowie Norilsk (UdSSR).

Braggit: (Pt, Pd, Ni)S; tetragonal; starker Mgl.; D ∼ 10; opak; VH 742 bis 1030. Selten! Pt-Lagerstätten Südafrikas. Wahrscheinlich gleich ist *Wyssozkit* (Vysotskit): (Pd, Ni)S; tetragonal. Hydrothermale Bildung in Cu–Ni-Lagerstätte Norilsk (UdSSR). Ähnlich ist *Oosterboschit:* $(Pd, Cu)_7Se_5$; rhombisch. Shaba (Zaïre).

Erlichmanit: OsS_2; kubisch. Kleinste Körnchen (20 µm) in Ferroplatin von Edelmetallseifen in Californien (USA) und Äthiopien.

Michenerit: β-$PdBi_2$; grauweiß, Sudbury (Kanada). *Froodit:* α-$PdBi_2$; monoklin.

Moncheit: $(Pt, Pd)(Te, Bi)_2$, hexagonal. Aus Cu–Ni-Lagerstätte (UdSSR). *Merenskyit:* $(Pd, Pt)(Te, Bi)_2$; hexagonal. Kleine weißgraue Körner in Pt-Erzen von Südafrika. *Keithconnit:* $Pd_{2,75}Te$; trigonal. Körnchen im Magnetit, VH 410. Von Stillwater (Montana, USA). Chemisch sehr ähnlich ist der monokline *Telluropalladinit* Pd_9Te_4 vom gleichen Fundort.

Kotulskit: $Pd(Te, Bi)_{1-2}$; hexagonal. Mit Chalkopyrit in Cu–Ni-Lagerstätte (UdSSR).

Berovskit: Pd_3SbTe_4; kubisch. Max. 0,2 mm große Körner in Cu–Ni-Erzen von Karelien (UdSSR).

Insizwait: $PtBi_2$; kubisch. Gerundete weißgraue xx in massivem Pyrrhotin (Südafrika).

Stumpflit: Pt(Sb, Bi); hexagonal. Aus Konzentraten einer Pt-Grube (Südafrika). *Urvantsevit:* $Pd(Bi, Pb)_2$; in Pentlanditerzen von Talnach (UdSSR).

Geversit: $PtSb_2$; kubisch. Kleinste Körner und Verwachsungen in Platinerzen (Südafrika); auch Norilsk (UdSSR). Ähnlich der tetragonale *Genkinit* von Transvaal (Südafrika).

Stibiopalladinit: Pd_3Sb, auch Pd_5Sb_2; wohl ähnliches Gitter wie Dyskrasit. H 4 bis 5; D 9,5, von Südafrika und Tilkerode (Harz, DDR).

Arsenopalladinit: Pd_3As, hexagonal. Ähnlich $(Pd, Pb)_3As$ und $(Pd, Ni)_3As$; von Norilsk (UdSSR). *Vincentit:* $(Pd, Pt)_3(As, Sb, Te)$; braungrau, in Platinkonzentrat von Borneo.

Atheneit: $(Pd, Hg)_3As$; hexagonal. Körner in Konzentraten der Goldwäsche von Itabira (Brasilien). *Stillwaterit:* Pd_8As_3; hexagonal. Cremegrau, D 10,4. Vom Stillwater-Komplex (USA).

Mertierit: $Pd_5(Sb, As)_2$; pseudohexagonal. Gelbliche Körner (ähnlich Stibiopalladinit), in Erz-Konzentrat (Alaska). *Isomertierit:* $(Pd, Cu)_5(As, Sb)_2$; kubisch. Gelblichweiße Körner, max. 0,8 mm, aus Konzentraten der Goldwäsche von Itabira (Brasilien). D 10,33.

Hollingworthit: $(Rh, Pt, Pd)(As, S)_2$; kubisch. Von Pt-Erzen (Südafrika); auch von Norilsk (UdSSR).

Platarsit: (Pt, Rh, Ru)AsS; kubisch. D 8,0. Von Südafrika.

Majakit: $(Pd, Ni)As_2$; hexagonal, von Majak-Grube in Talnach (UdSSR).

Laurit: RuS_2; etwas Os-Gehalt. H 7 bis 8; sehr spröde. D 7,0; weiß, starker Mgl.; Bushveld (Südafrika).

Osarsit: (Os, Ru)AsS; monoklin. Einzelkorn in Seifen aus Californien (USA). *Omeiit:* $OsAs_2$; rhombisch. Feinste graue xx′; von Pentlandit-Lagerstätte in Szechuan (VR China).

Irarsit: (Ir, Ru, Rh, Pt)AsS; kubisch. Schwarze metallglänzende, 1 mm große Körner in den Chromiterzen der Platinlagerstätte Onferwacht in Südafrika, zusammen mit Platin und *Ru-Hollingworthit.*

8.9. Pyrit–Markasit-Gruppe

In dieser Gruppe werden lediglich die beiden wichtigsten Eisensulfide (»Schwefelkiese«) Pyrit und Markasit besprochen. Die strukturell z. T. sehr ähnlichen Sulfarsenide und Arsenide usw. des Co, Ni und Fe werden wegen ihrer Vielfältigkeit, aber auch z. T. genetischen Eigenständigkeit, insbesondere aber ihrer besonderen Rohstoffqualitäten in den beiden nächsten Gruppen behandelt. Das gleichfalls strukturell hierhergehörende Platindiarsenid Sperrylith wurde bereits in der Pyrrhotingruppe genannt.

Pyrit: FeS_2

Entdeckung: Der Schwefelkies (Pyrit) ist schon den Griechen bekannt gewesen. Der Name Pyrit wird von gr. *pyr* = Feuer abgeleitet, wahrscheinlich, weil er wie auch andere »Kiese« beim Anschlagen Funken erzeugt.

Chemismus: Theor. 46,6% Fe, 53,4% S; häufig geringe (bis größere) Gehalte an Co, Ni, As, Sb, Tl, auch Cu, Au, Ag, Zn (letztere meist mechanisch beigemengt).

Kristallogr.: Kubisch (disdodekaedrisch, also hemiedrisch) mit eigenständigem Pyritgitter (s. Bild 2.19). Gute, große, allerdings oft verzerrte xx sind sehr häufig, meist Würfel (100) und »Pyritoeder« (210), häufig miteinander in Kombination, auch mit (111), (110), (321) u. a. Die oft feststellbare Flächenstreifung auf den Würfelflächen (s. Bild 8.22) hat in der hemiedrischen Symmetrie (Pentagondodekaeder!) ihre Ursache. Zwillinge relativ häufig nach (110) (s. Bild 8.23). Derbe körnige Aggre-

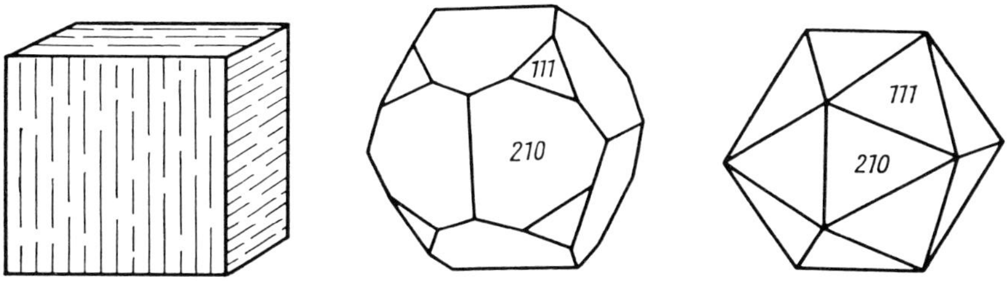

a) b) c)

Bild 8.22. Charakteristische Kristallformen von Pyrit

a) Würfel (100) mit Kombinationsstreifung
b) Pentagondodekaeder (210) kombiniert mit Oktaeder (111)
c) wie b), aber beide Formen im »Gleichgewicht«

Bild 8.23. Pyrit

Durchdringungszwilling von zwei Pentagondodekaedern nach (110); von Spanien. Vergr. ≈ 3× [252]

gate sind weit verbreitet, ebenso in Erzen und Gesteinen eingesprengte xx und Korngruppen. In Sedimenten kuglige und unförmige, oft radialstrahlig aufgebaute Konkretionen, durch Gelbildung (Melnikovit-Pyrit) auch kollomorphe knollige Formen (vgl. Bild 8.24). Pseudomorphosen nach pflanzlichen und tierischen Fossilien und Mineralen (s. Bild 8.24).

Physik. Eigensch.: Farbe hellgelb (»speisgelb«), mit hohem Mgl., oft aber bräunliche und bunte Anlauffarben. Strich grünlichschwarz. H 6 bis $6^1/_2$ (ritzt Glas, VH 913 bis 2056), spröde, muscheliger Bruch, # meist 1 nach (100), selten (111). D 5,0 bis 5,2. Wandelt sich ab 570 °C in Pyrrhotin um. In HNO_3 löslich, nicht in HCl.

Diagnose: Meist an Härte, Glanz, Farbe und Formen (einschließlich Kombinationsstreifung) leicht zu erkennen. Ähnlich sind Chalkopyrit, Markasit, gelegentlich auch Gold und Pyrrhotin.

Genese (vgl. Bild 8.25): Pyrit ist das verbreitetste Sulfid und findet sich praktisch in fast allen Gesteinen und Erzen. Der Hauptbildungsbereich ist hydrothermal. Wir unterscheiden bei den Anreicherungen (in einer Auswahl):

– *(pneumatolytisch-)kontaktmetasomatisch:* in Form der »Skarnlagerstätten« in metamorphen Gesteinen, z. B. Erzgebirge (DDR), oft mit Magnetit (s. Bild 8.26).
– *hydrothermal*
  a) in höherthermalen Ganglagerstätten, meist zusammen mit der bekannten Galenit–Sphalerit-Paragenese, z. B. Freiberg und im Harz (DDR).

a)

Bild 8.24. Pyrit in pseudomorphen Formen

a) Pyritkonkretion im Alaunschiefer, Döschnitz b. Sitzendorf (Thüringen, DDR) [221], etwa nat. Größe
b) zelliger Pyrit/Markasit, Pseudomorphose nach Holz [155]. Anschliff, Vergr. 50×
c) Pyrit in Form der sog. vererzten Bakterien [155]. Anschliff, Vergr. 1000×

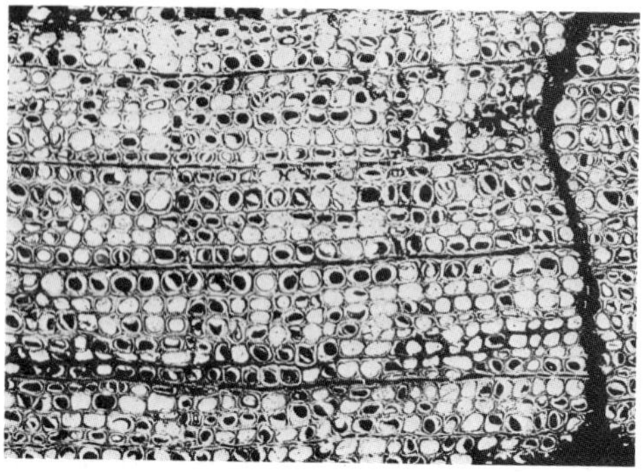

b)

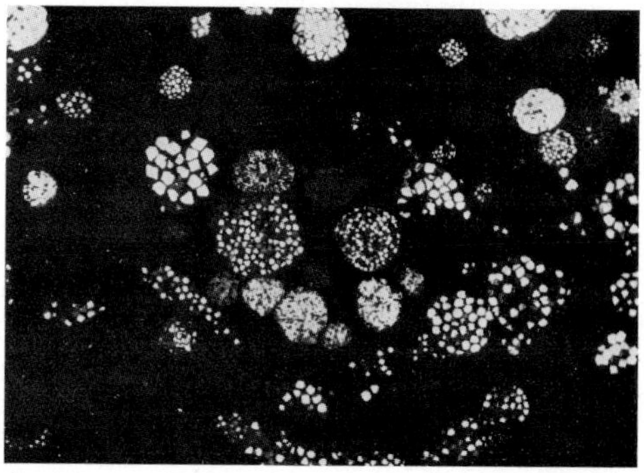

c)

b) in hydrothermal-sedimentären sog. »Kieslagern«: Rio Tinto (Spanien), Rammelsberg und Meggen (BRD), Falun (Schweden), viele Lagerstätten im Ural (UdSSR), Cypern und Skandinavien. In der DDR ist die Grube »Einheit« bei Elbingerode zu nennen. Meist mit Chalkopyrit, dann Cu-Lagerstätten. Viele Lagerstätten sind metamorph überprägt.

– *sedimentär:* in vielen Tonen, Karbonatgesteinen, Kohlen. Besonders reich in bituminösen Schiefern, z. B. Alaunschiefer und Kupferschiefer. In metamorphosierter Form als »Fahlbänder« in Skandinavien, z. B. Kongsberg (Norwegen).

Pyrit verwittert relativ leicht (aber schwerer als Pyrrhotin) und ist zum großen Teil verantwortlich für die limonitreichen Oxydationszonen vieler Erzlagerstätten (sog. »Eiserner Hut«). Die Oxydation ist mit Wärmeentwicklung verknüpft, daher in Gruben erhöhte Temperaturen, bei Pyrit in Kohle gelegentlich Selbstentzündung, pyritreiche Schwärzschiefer ergeben Alaun.

Nutzung: Wichtiges Schwefelerz, gelegentlich auch Cu- und Au-Erz. Die sog. Kiesabbrände (Röstrückstände) können als Eisenerz (S-haltig!), Poliermittel oder braune Farbe genutzt werden. Produktionszahlen s. Tab. 16.27 im Anhang.

Bravoit (Nickelpyrit): $(Ni, Fe, Co)S_2$, ein Ni- und Co-haltiger Pyrit; Mischkristalle mit NiS_2 und CoS_2 fraglich (vgl. Bild 8.20). H ~6, nimmt mit steigendem Ni-Gehalt ab. Rosa, braun bis dunkelbraun, Mgl. matter als am Pyrit. Oft stark zonar. Entsteht sehr häufig bei der Verwitterung von Pentlandit, z. B. Sudbury (Kanada). Mechernich und Maubach (Eifel, BRD).

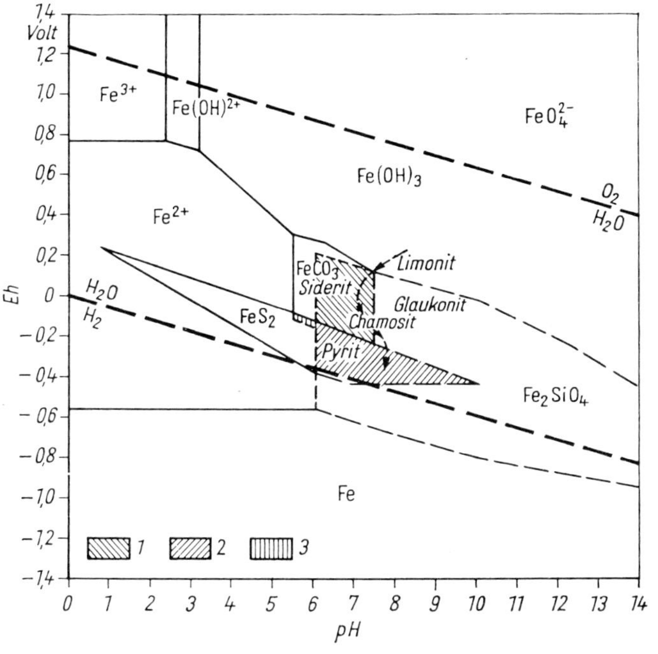

1 Siderit und Fe_2SiO_4 sind stabil
2 Pyrit und Fe_2SiO_4 sind stabil
3 Siderit und Pyrit sind stabil

Bild 8.25. Stabilitätsbeziehungen wichtiger Fe-Minerale im System Fe–S–Si–CO_2–H_2O bei 25 °C und 1 bar Gesamtdruck [250]
(Aktivitäten: Σ Fe = 10^{-4}, Σ S = 10^{-6}, Σ Si = $10^{-1,84}$ (gesättigt), Σ [H_2CO_3] + [HCO_3^-] + [CO_3^{2-}] = 10^{-1} [Mol/l])

Stabile Minerale: Pyrit, Siderit, Limonit, Eisensilikate (Glaukonit, Chamosit), Eisen
Annähernde Bildungsbedingungen im marinen Bereich. Die Position der Minerale Pyrit, Siderit–Limonit–Glaukonit–Chamosit im Diagramm bildet ihre Eh-pH-Bildungsbedingungen ab. Im Glaukonit gilt $Fe^{3+} > Fe^{2+}$, im Chamosit $Fe^{3+} < Fe^{2+}$

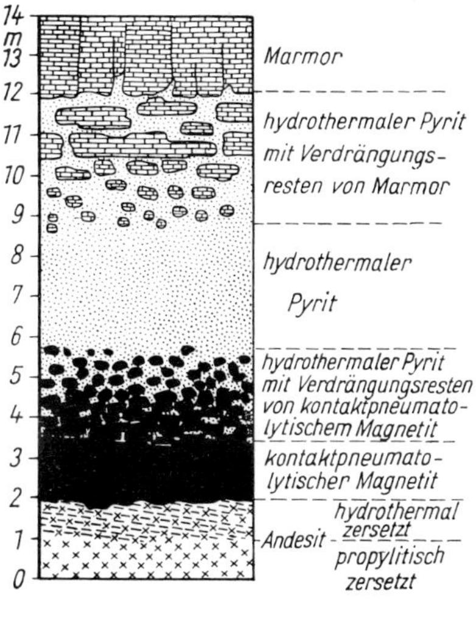

Bild 8.26. Pyrit und Magnetit im Kontaktbereich von Andesit und Marmor, Erzlagerstätte Maidanpek (SFR Jugoslawien); nach SCHNEIDERHÖHN 1927

Markasit: FeS_2

Entdeckung: Erstbeschreibung von Haidinger 1845. Der früher gebrauchte deutsche Name »Strahlkies« weist auf meist stenglig-strahlige Ausbildung hin.

Chemismus: wie Pyrit, oft mit Tl-Gehalt.

Kristallogr.: rhombisch (holoedrisch): Gitter als innenzentrierte rhombische Elementarzelle aus Fe^{2+}- und $[S_2]^{2-}$-Ionen (s. Bild 8.27). Bildet meist taflige oder flachprismatische xx, oft subparallel verwachsen (Bild 8.28). Typisch sind Zwillingsbildungen, meist polysynthetisch, die z. T. mit Namen wie »Kammkies« oder »Speerkies« belegt werden (s. Bild 8.28). Häufig sind auch stenglige und fasrige Aggregate; letztere bilden Krusten auf anderen Mineralen oder kollomorphe Formen (kuglig, wulstig, stalaktitisch, knollig). Bekannt sind die »Markasitknollen« aus Tonen und Braunkohlen. Markasit pseudomorphosiert andere Minerale (Pyrit, Hämatit, Galenit, Wolframit, Calcit u. a.) sowie tierische und pflanzliche Fossilien.

Physik. Eigensch.: Ähnlich Pyrit, aber gelbe Farbe mit Grünstich, häufiger mit limonitischer Oxydationskruste; D geringer (4,8 bis 4,9); u. d. M. kräftige optische und Härte-Anisotropie (VH 762 bis 1561). Wandelt sich >400 °C monotrop in Pyrit um

Diagnose: Gegenüber Pyrit ist an Einzelkristallen die Form entscheidend; ansonsten ist mikroskopische oder röntgenographische Prüfung nötig. Viele strahlige Abarten sind heute Pyrit (z. T. Melnikovitpyrit). Auch Chalkopyrit hat andere Kristallformen.

Genese: Häufig, aber seltener als Pyrit; Bildung bei niedrigeren Temperaturen als Pyrit (oft aber mit ihm in Paragenese):

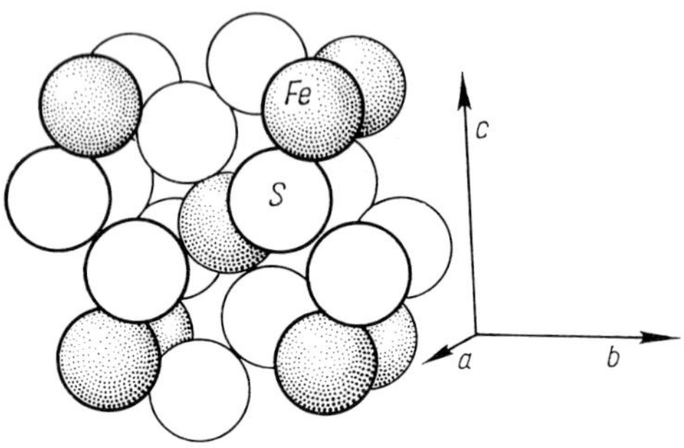

Bild 8.27. Kristallstruktur von Markasit [1]. Innenzentrierte rhombische Elementarzelle aus Fe-Ionen (dunkel), dazwischen S-Ionen (weiß)

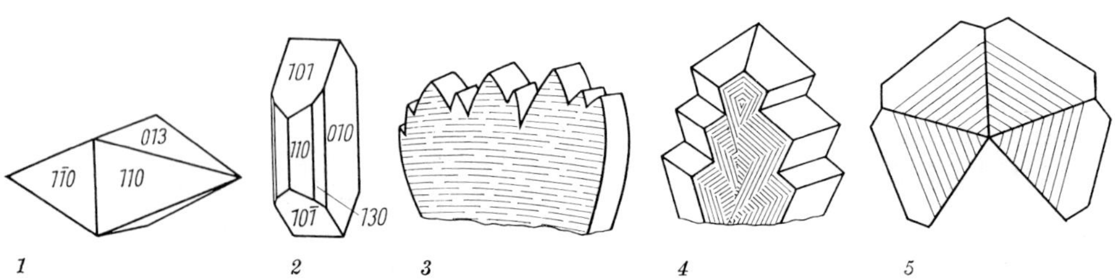

Bild 8.28. Markasit, Kristalle und Kristallaggregate [20]

1 flachprismatisch, aufgebaut aus rhombischen Prismen ‖ der a- und c-Achse
2 taflig nach dem seitl. Pinakoid (010)
3 und *4* Parallelverwachsungen, z. T. sog. Kammkies
5 Wendezwilling nach (110), sog. Speerkies

– *hydrothermal*

a) als relativ junge kühlere Bildung auf Erzgängen, wie der fluorbarytischen Abfolge der Freiberger Lagerstätten (DDR), auch Clausthal (BRD); Bljava (Ural, UdSSR); Bolivien u. a. Paragenese: Galenit, Sphalerit, Baryt, Fluorit, Karbonate.

b) in hydrothermal-sedimentaren oder metasomatischen Lagerstätten in Karbonatgesteinen wie Gorny Sląsk (Oberschlesien, VR Polen), Stolberg bei Aachen und Wiesloch (BRD), USA u. v. a. Paragenese: Sphalerit–Wurtzit, »Galmei«, selten Fluorit–Baryt, Siderit.

– *sedimentär*

Konkretionen und knollige Lagen in Tonen, Kreide, Kohlen (z. B. Braunkohle von Marienborn und Olbersdorf b. Zittau, DDR, Glanzbraunkohle von Most, ČSSR, und Boroviči, UdSSR).

Verwittert meist viel schneller als Pyrit, selbst in den Sammlungen zerfallen markasithaltige Erzstufen unter Ausbildung von meist weißen, fasrig-erdigen Eisensulfaten.

Nutzung: Selten praktische Nutzung, aber als Paragenesemineral von Bedeutung. Markasitknollen aus Braunkohlen wurden zeitweise gern wegen ihrer Spurenelementarmut (wenig As) als Schwefelrohstoff genutzt.

Melnikovit–Markasit: kryptokristallin, ist aus Gel entstandener Markasit.

Ferroselit: $FeSe_2$; mit etwas Co für Fe; zinnweiß. Colorado-Plateau (USA), auch Tilkerode (Harz, DDR). Isotyp mit Markasit.

Frohbergit: $FeTe_2$; weiß mit rotem Stich, Mgl. Robb-Montbray-Mine (NW-Quebec, Kanada), häufig in der SR Rumänien. Sehr selten ist *Mattagamit:* $(Co, Fe)Te_2$; rhombisch. Mattagami-Grube (Quebec, Kanada).

8.10. Arsenopyrit–Löllingit-Gruppe

Diese Gruppe umfaßt im wesentlichen nur diese beiden genetisch und strukturell ähnlichen Eisenarsenide bzw. -sulfarsenide. Ausführlich wird der häufigere und als As-Rohstoff wichtigere Arsenopyrit besprochen.

Arsenopyrit: FeAsS Arsenkies

Entdeckung: Von GLOCKER 1847 beschrieben. Beide Namen drücken den ausgesprochen »kiesigen« Charakter des Minerals aus.

Chemismus: Theor. 34,3% Fe, 46,0% As, 19,7% S; z. T. aber erhebliche Abweichungen durch Co- und Ni-Gehalte für Fe (*Danait* und *Glaukodot* sind Co-haltige Abarten). Gold bildet mikroskopisch feinste Einschlüsse.

Kristallogr.: monoklin (holoedrisch; pseudorhombisch), mit markasitähnlicher Struktur. Gut ausgebildete ein- und aufgewachsene säulig-stenglige xx, meist mit (101), (230) und (120) (s. Bild 8.29), oft mit Flächenstreifung. Aggregate strahlig und körnig-derb (s. Bild 8.30). Häufig Durchkreuzungszwillinge und -drillinge.

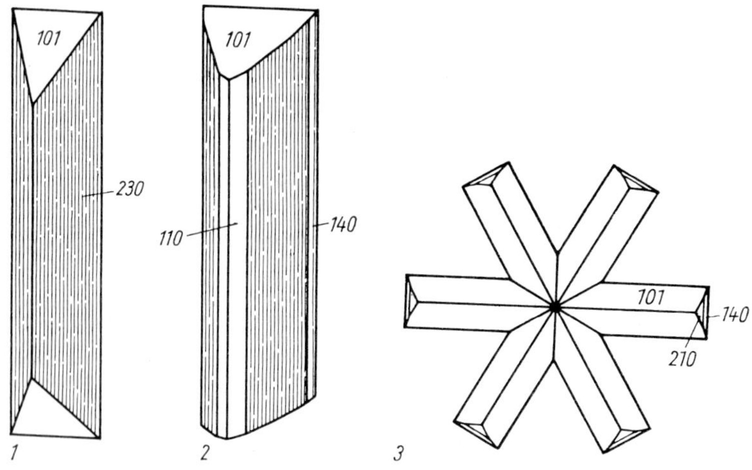

Bild 8.29. Kristallformen von Arsenopyrit und Löllingit [20]
1 Arsenopyrit, Kombination aus zwei Prismen *2* Löllingit, Kombination aus drei Prismen *3* Arsenopyrit, Durchkreuzungsdrilling nach (012)

Physik. Eigensch.: Zinnweiße bis hellgraue Farbe, oft gelblich angelaufen; Strich grauschwarz. H 5 bis 6 (VH 715 bis 1354), spröde, Spaltbarkeit 1 nach (101), D 5,9 bis 6,2.

Diagnose: Farbe und Härte sind typisch; in HNO_3 löslich. Beim Anschlagen und Erhitzen (z. B. v. d. L.) Arsengeruch. Ähnlich sind Löllingit, Cobaltin, wenn angelaufen auch Pyrit-Markasit und Pyrrhotin.

Genese: Hauptsächlich hochthermal in postmagmatischen Lagerstätten, hier häufig.

– *pneumatolytisch*
  a) in Zinnerzlagerstätten wie Altenberg-Zinnwald und Ehrenfriedersdorf (DDR), Cornwall (England), Bolivien, Tasmanien u. a.
  b) in kontaktmetasomatischen Karbonatgesteinen, auch Skarnen; von Słoty Stok (VR Polen, hier Serpentinit), Tetiuhe (Ostsibirien, UdSSR).

Bild 8.30. Arsenopyrit, grobkörnig, parkettiert. Grube Junge Hohe Birke, Freiberg (DDR). Etwa nat. Größe [221]

– *hydrothermal*
  a) auf vielen Goldquarzgängen wie Brandholz im Fichtelgebirge (BRD), Californien (USA), Südafrika, Australien; von Darasun in Ostsibirien, sowie Kočkar und Džetygara im Ural (alle UdSSR).
  b) auf Galenit–Sphalerit–Chalkopyrit-Gängen wie z. B. Freiberg (DDR) und Mitterberg (Österreich).

– *metamorph*
  hier die größte Arsenopyritlagerstätte von Boliden (Schweden) mit einer Jahresproduktion von 400000 t Erz mit etwa 2% Cu, 8% As, 60 ppm Ag und bis 20 ppm Au.

Bei der relativ leichten Verwitterung bildet sich Skorodit in erdig-grünlichen Massen.

Nutzung: Wichtigstes Arsenerz, häufig auch Rohstoff für die (Neben-) Gewinnung von Au, Ag, auch Co und Ni. Produktion und Nutzung von Arsen s. Tab. 16.27 im Anhang.

Gudmundit: FeSbS; rhombisch, homöotyp mit Arsenopyrit. H 5 (VH 402 bis 1221), weiß, starker Mgl. Spärlich, doch ziemlich verbreitet. Gudmundstorp b. Sala (Schweden); Waldsassen (Bayern, BRD).

Löllingit: $FeAs_2$

Von MOHS erstmalig beschrieben, Name von HAIDINGER 1845; benannt nach dem Ort Lölling in Kärnten (Österreich). Theor. 27,2% Fe, 72,8% As, z. T. schwankend, v. a. durch Einbau von Co, Ni, Bi, S, Ag, Au (s. Bild 8.31). Kristallisiert wie Arsenopyrit (aber keine Isotypie) und kommt in gleichen Kristallformen und Aggregaten vor (s. Bild 8.29). Auch sonstige Eigenschaften sehr ähnlich, aber Dichte höher (7,1 bis 7,5) und Farbe heller; VH 368 bis 1048.
Bildung und Lagerstätten oft wie Arsenopyrit. Typische Vorkommen: Lölling (Österreich), Andreasberg (Harz, BRD), Słoty Stok (VR Polen), in Serpentinit, von Agujurna und Sochonda (Sibirien, UdSSR), Varuträsk und Falun (Schweden), Cobalt (Kanada), im sächsischen Erzgebirge z. B. von Skarnlagerstätte Breitenbrunn und Zinnlagerstätte Ehrenfriedersdorf (DDR). Parageneseminerale sind oft: Arsenopyrit, Fe–Cu-Sulfide, Siderit, Co-Arsenide, Quarz, Calcit u. a. Ähnlich sind außer Arsenopyrit Cobaltin und Chloanthit. Verwendung gelegentlich als Arsenerz.

8.11. Nickelin–Cobaltin–Skutterudit-Gruppe

In dieser Gruppe werden die Arsenide und Sulfarsenide von Co und Ni zusammengefaßt. Die strukturellen Beziehungen sind meist sehr eng mit Pyrrhotin, Pyrit und Markasit, z. T. herrscht Isotypie mit ihnen. Die meisten der hier aufgeführten Minerale kommen in den gleichen Lagerstätten vor, hauptsächlich in der weltweit verbreiteten Bi–Co–Ni–Ag-Paragenese mit ihren klassischen Fundpunkten im sächsischen Erzgebirge.

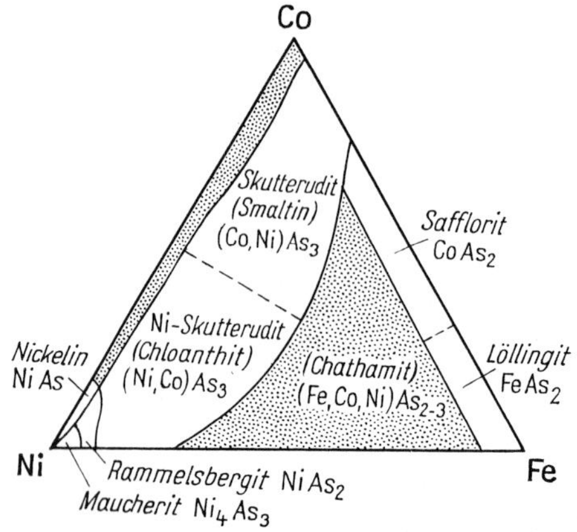

Bild 8.31. Existenzbereiche der Minerale im System der Co-, Ni-, Fe-Arsenide. Nach Unterlagen von [13, 94, 141]

Nickelin: NiAs Rotnickelkies

Von BEUDANT 1832 beschrieben. Der alte deutsche Name beschreibt sehr gut die typische »kiesige« Eigenschaft sowie Farbe. CRONSTEDT entdeckte 1751 im »Kupfernickel« das Element Nickel. Ni–Gehalt um 44%; As wird z. T. sehr stark (fast 30%) durch Sb, auch S, ersetzt, Ni geringfügig durch Fe und Co, s. Bild 8.31. Hexagonal(holoedrisch); charakteristisches Gitter (analog Mg-Struktur) etwa mit gegenseitiger [6]-Koordination von Ni und As (s. Bild 8.32). xx sehr selten, meist derbe Massen; selten dendritisch oder kollomorph; verschiedentlich verzwillingt (s. Bild 8.33). Farbe lichtkupferrot; metallglänzend, aber durch Oxydation oft bräunlich oder matt; sehr häufig grünlich durch das Verwitterungsprodukt »Nickelblüte« (Annabergit). Strich bräunlichschwarz. Spaltbarkeit etwa 1, muschliger bis unebener Bruch. H 5 bis $5^1/_2$, spröde; D 7,7 bis 7,8. Guter Elektrizitätsleiter. Charakteristisch sind Farbe, hohe Härte und Dichte, Auftreten von »Nickelblüte«, Knoblauchgeruch beim Anschlagen. Ähnlich sind Wismut, Pyrrhotin, Breithauptit, Linneit u. a.

Bildung praktisch ausschließlich hydrothermal. Auf allen Bi–Co–Ni-Lagerstätten der Erde mit Wismut, Silber, Arsen, vielen anderen Co–Ni-Arseniden (s. Bild 8.31), Proustit, Uranmineralen: Erzgebirge mit Schneeberg, Aue, Annaberg-Marienberg, Johanngeorgenstadt (DDR), auch Jáchymov (ČSSR); von Cobalt City u. a. (Kanada), Wittichen (Schwarzwald, BRD). Auf den sog. »Rücken« des Mansfelder Kupferschiefers. Mengenmäßig untergeordnetes Nickelerz.

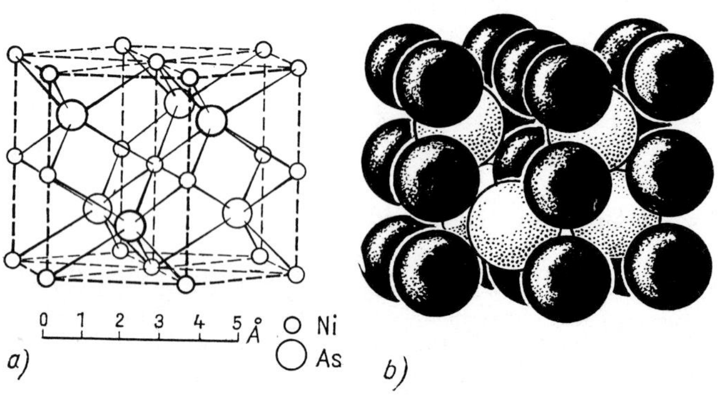

Bild 8.32. Kristallstruktur des Nickelins [1]

a) schematische Darstellung der Atomschwerpunkte, erkennbar ist die hexagonale Symmetrie
b) Darstellung durch die angenäherten Wirkungssphären der Ionen Ni (schwarz) und As (weiß)

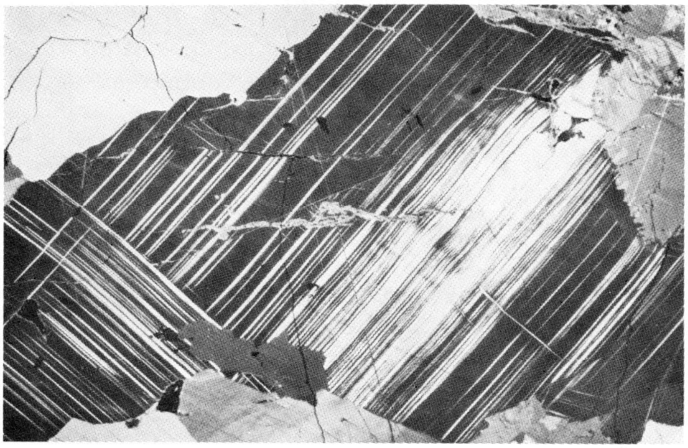

Bild 8.33. Nickelin mit polysynthetischer Druckverzwillingung [155]. Schneeberg, sächs. Erzgebirge (DDR). Anschliff, Vergr. 250 ×

Breithauptit: NiSb; Nickelingitter. Xenomorphe Körner, nadelig oder tafelig; auch derb, eingesprengt, dendritisch. H $5^1/_2$ (VH 412 bis 582); D 8,1 (8,63 theoret.). Auf frischem Bruch lichtkupferrot mit violettem Strich, dunkler anlaufend. Starker Mgl. In hydrothermalen Co–Ni–Ag-Gängen, seltener in Gängen der »edlen Calcitformation« verbreitet. Andreasberg, Harz; Grube Merkur, Ems (beide BRD), Tunaberg (Schweden).

Arit: Ein Mischkristall von NiAs und NiSb; manchmal in Nickelin und Breithauptit zerfallen.

Langisit: $Co_{0,84}Ni_{0,16}As_{1,04}$; hexagonal. Irreguläre Körner und Lamellen in Safflorit; aus Bi–Co–Ni-Vererzung in Kanada. Ähnlich Nickelin.

Modderit: CoAs (Arsenkobalt); rhombisch, wenig deformiertes NiAs-Gitter. Soll in einigen Gruben vom Witwatersrand (Südafrika) vorkommen, z. B. bei Modderfontein.

Westerveldit: (Fe, Ni, Co)As; rhombisch. Feinste Körnchen in Maucherit, aus Chromit–Nickelin-Erz von Spanien.

Orcelit: Ni_5As_2; hexagonal. Ähnlich Nickelin; aus Serpentinit.

Dienerit: Ni_3As, kubisch. Grauweiß, starker Mgl. Ein einziger Kristall wurde bei Radstadt (Salzburg, Österreich) gefunden.

Maucherit: Ni_4As_3 (s. Bild 8.31); tetragonal, meist derb, radialstrahlig oder körnig. Ohne ⧺, spröd, H 5 (VH 602 bis 724), D 8,0. Opak. Silbergrau mit Stich ins Rötliche, läuft rötlich-grau an, Str. dunkelgrau. Hauptsächlich in hydrothermalen Gängen. Stellenweise reichlich in den Mansfelder Kupferschiefer-»Rücken« mit Safflorit, Skutterudit, Nickelin, Chalkosin usw. Schladming (Österreich). Wird neben Nickelin leicht übersehen. Syn. Temiskamit.

Safflorit: $CoAs_2$

Oft mit Fe (bis 15%; vgl. Bild 8.31), rhombisch. ⧺ 2 (100). H $4^1/_2$ bis 5 (VH 430 bis 988). D 7,2. Quirlförmige Durchkreuzungsdrillinge nach (011), auch Zwillinge nach (110). Zinnweiß, starker Mgl.; oft nachdunkelnd, Str. schwarz. Zonenbau; zuweilen »gestrickte« Formen. Ziemlich verbreitet und häufig, besonders in Co–Ni–Ag-Gängen (s. Bild 8.31). Schneeberg (Erzgebirge, DDR), Jáchymov (ČSSR), Cobalt (Ontario, Kanada) u. a. Lokal Kobalterz. *Klinosafflorit:* (Co, Fe, Ni)As_2; monoklin. Eng verwachsen mit Skutterudit, von Cobalt (Kanada).

Rammelsbergit: $NiAs_2$

Bis 2,6% Co und 2,4% S (s. Bild 8.31), rhombisch. Lamellare Zwillingsbildung nach (110). ⧺ 2 (101)· H$5^1/_2$ (VH 459 bis 830), D ~ 7,1. Zinnweiß, starker Mgl. Str. schwarz. Schwer zu erkennen. In den Mansfelder »Rücken« und den Co–Ni–Ag-Gängen von Schneeberg (DDR). Lokal Ni-Erz. *Krutovit:* $Ni_{1-x}As_2$ ($X \leqq 0{,}1$), kubisch. Einschlüsse in Clausthalit. Von Petrovice (ČSSR).

Para-Rammelsbergit: $NiAs_2$; rhombisch (?), wohl homöotyp mit Markasit. Derb, # 4 (001). H 5 (VH 673 bis 824). Reinweiß, sehr starker Mgl. Schladming (Steiermark, Österreich); Ölsnitz (DDR); Cobalt City (Kanada).

Nisbit: $NiSb_2$; rhombisch. Kleinste weiße Körnchen (max. 20 µm) aus Cu–Ni-Erzen von Ontario (Kanada); Paragenese: Pyrrhotin, Sphalerit, Chalkopyrit. VH 479 kp/mm² (5 g), im Auflicht ähnlich Gudmundit.

Cobaltin: CoAsS Kobaltglanz

Erstmalig von Beudant 1832 beschrieben. Theor. 35,4% Co, 45,3% As, 19,3% S; oft hohe Fe-Gehalte bis 12% (*Ferrocobaltin*). Kubisch, mit pyritähnlichem Gitter (aber tetartoedrisch durch As–S-Hantel). Schöne idiomorphe xx mit Würfel- und Pentagondodekaeder-Habitus, in Kombination auch (111); derbe, körnige Aggregate. Die rhombische Form heißt *Alloclasit*, von Bou Azzer (Marokko).
Farbe weiß mit rötlichem Stich, opak, hoher Mgl., Strich grauschwarz. H 5 bis 6 (VH 948 bis 1367), spröde, # 1 bis 2 (100). D 6,0 bis 6,5. Im Auflicht anisotrop (Zwillingslamellierung). Typisch sind Form, Härte und Farbe, aber auch die häufig als Verwitterungsprodukt auftretende rötliche »Kobaltblüte« (Erythrin). Ähnlich sind Linneit, Nickelin und Wismut.

Genese:

- *kontaktpneumatolytisch:* in Metamorphiten und als sog. Fahlbänder verbreitet in Skandinavien; z. B. Tunaberg und Skutterud. Paragenese: Pyrrhotin, Chalkopyrit, Sphalerit, Molybdänit, Cubanit.
- *hydrothermal*
  a) hochthermal in Goldquarzgängen, z. B. von Boliden (Schweden).
  b) in den mesothermalen Bi–Co–Ni-Ganglagerstätten, z. B. Erzgebirge und Kanada, mit bekannter Paragenese.
  c) in Sideritgängen, z. B. Siegerland (BRD).

Wichtiges Kobalterz. Produktion und Verwendung von Kobalt s. Tab. 16.27 im Anhang.

Gersdorffit: NiAsS

Zusammensetzung analog Cobaltin, stark schwankend, weiter mit Co, Fe, Sb u. a. kubisch, xx würflig und oktaedrisch, öfter derbe und eingesprengte Aggregate. Weiß bis grau (nachdunkelnd). H 5 (VH 520 bis 907), spröde, # 4 (100)!; D 5,6 bis 6,2. Schwer von anderen arsenidischen Co–Ni-Erzen zu unterscheiden: wichtig Bildung von Annabergit, chemische und mikroskopische Prüfung, Spaltbarkeit. In HNO_3 mit grüner Farbe löslich. Mengenmäßig untergeordneter Begleiter der arsenidischen Erze der Co–Ni–Ag-Paragenese; auch in Sideritgängen, z. B. von Lobenstein (DDR) und Siegerland (BRD), weiter von vielen Fundpunkten. Nur lokale Bedeutung als Ni-Erz. *Korynit:* Mischkristalle zwischen Ullmannit und Gersdorffit. *Tučekit:* $Ni_9Sb_2S_8$; tetragonal. Metallisch fahlgelb, D 6,15. Von Australien und Südafrika.

Ullmannit: NiSbS; kubisch. Mit wenig Co und As. Gitter ähnlich Cobaltin. # 3 (100). H 5 bis $5^1/_2$; D 6,7. Grauweiß, starker Mgl. Ziemlich selten; nicht leicht zu erkennen. Neudorf (Harz, DDR), Siegerland (BRD).

Willyamit: (Co, Ni)SbS; isotyp mit Ullmannit. Willyama (Neu-Süd-Wales, Australien); Ni : Co = 1 : 1.

Costibit: (Co, Ni)SbS; kubisch. *Paracostibit:* CoSbS; rhombisch. Kleinste Körnchen in Chalkopyrit von Cu–Ni-Erzen in Ontario (Kanada).

Kallilith: Ni(Sb,Bi)S; isotyp mit Ullmannit; Sb : Bi = 6,6 : 1.

Skutterudit: (Co, Ni)As_3. Smaltin, Speiskobalt
Nickelskutterudit: (Ni, Co)As_3. Chloanthit, Weißnickelkies

Entdeckung: Bezeichnet nach dem Ort Skutterud (bei Modum in Südnorwegen), wo dieses Mineral zum erstenmal aufgefunden wurde. Von HAIDINGER 1845 Chloanthit beschrieben; gr. *chloe* = grünes Kraut und *anthos* = Blume; offensichtlich dachte man an die grünen Oxydationsprodukte dieses Minerals (Annabergit), im Gegensatz zu den Kobaltarseniden, welche rosa gefärbte Anflüge ergeben (Erythrin).

Chemismus: Die chemische Zusammensetzung wechselt (s. Bild 8.31). Der Gehalt der einzelnen Komponenten bewegt sich, wie folgende Zusammenstellung zeigt, in weiten Grenzen, da beide Minerale eine vollständige Mischkristallreihe bilden:

Chemische Zusammensetzung der
Skutterudit–Nickelskutterudit-Mischkristalle [1]

Elemente	Skutterudit	Nickelskutterudit
As	76,4 ... 63,4	73,5 ... 71,1
S	0 ... 1,7	0 ... 0,6
Co	24,1 ... 13,8	3,6 ... 6,3
Ni	0 ... 15,0	21,2 ... 14,5
Fe	0 ... 7,3	2,8 ... 5,2

Chemische Analysen zeigen, daß auch Cu, Bi, manchmal Pb und Ag vorkommen. Aller Wahrscheinlichkeit nach wird ihre Anwesenheit durch mechanische Beimengungen bedingt.

Kristallogr.: Kubisch (disdodekaedrisch). Struktur nicht eindeutig geklärt, wahrscheinlich ist Co im Gitter durch 6 As (in Form von As_2-Hanteln) koordiniert. xx bei Skutterudit vorherrschend (111) und (211), bei Chloanthit (100), (111) und (110) s. Bild 8.34a). Beide auch derb und eingesprengt. Oft zonarer Aufbau (s. Bild 8.34b).

a)

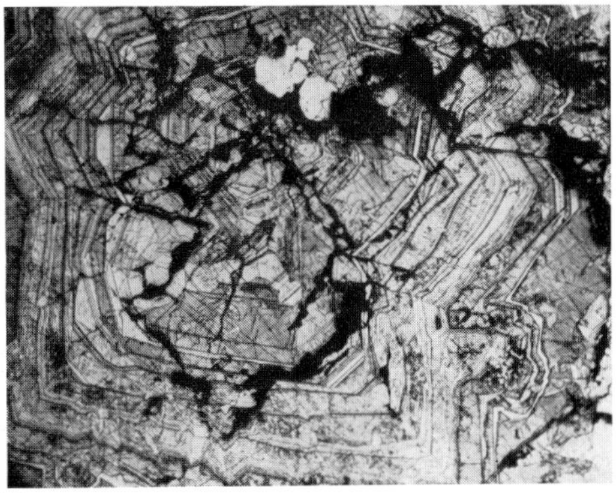

b)

Bild 8.34. Nickelskutterudit (Chloanthit)

a) Kristall von Schneeberg (DDR), Kombination von Würfel (100), Rhombendodekaeder (110) und Oktaeder (111). Vergr. 4× [221]

b) zonar aufgebauter Kristall; angeätzter Anschliff, Vergr. 10× [20]

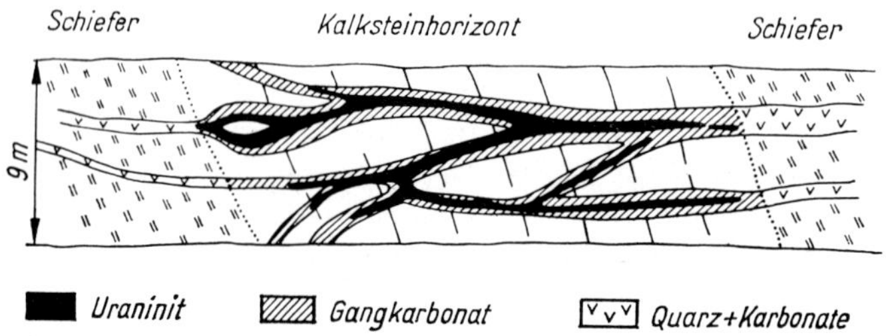

Bild 8.35. Topomineralische Vererzung.
Die Ausscheidung des Erzes (hier Uraninit) erfolgt bei Durchtrümern mechanisch (und/oder chemisch) besonders reagierender Horizonte, im Bild beispielsweise einer Kalksteinschicht. Ähnlich verhalten sich Co–Ni-Minerale

Physik. Eigensch.: Farbe zinnweiß bis grau, Strich grauschwarz; keine Spaltbarkeit (aber Absonderung).

	Härte	Dichte
Skutterudit	6	6,8
Ni-Skutterudit	$5^1/_2$	6,4 ... 6,6

Diagnose: Nickelskutterudit hat oft bauchige Kristallformen. Beide häufig grüne oder rosa Anflüge von Annabergit (Ni) oder Erythrin (Co). Beim Erhitzen As-Geruch. Ähnlich sind Arsenopyrit, Löllingit, Safflorit, Rammelsbergit, aber auch Gersdorffit, Ullmannit u. a.

Genese: Meist auf hydrothermalen Co–Ni-Lagerstätten, zusammen mit den anderen Co–Ni-Arseniden sowie Bi- und U-Mineralen. Sächsisches Erzgebirge vielerorts, auch »Rücken« des Kupferschiefers (DDR) (s. Bild 8.35), Wittichen (BRD), Bou Azzer (Marokko), Temiskaming-District und Großer Bärensee (Kanada). Skutterudit v. a. auch auf den »Kobaltfahlbändern« Skandinaviens (z. B. Skutterud und Snarum).

Nutzung: Wichtige Kobalt–Nickelerze. Förderzahlen, s. Tab. 16.27.

Chathamit: (Fe, Co, Ni)As_{2-3}(?); enthält bis 12% Fe, 9% Ni, 4% Co (vgl. Bild 8.31).

8.12. Molybdänit-Gruppe

Hier werden neben dem Hauptmineral Molybdänit einige weitere Verbindungen vom Typ MX_2 genannt, die entweder (wie WS_2) mit MoS_2 isotyp sind oder gleichfalls ein Schichtgitter haben (SnS_2).

Molybdänit: MoS_2 Molybdänglanz

Entdeckung: Von Hielm erstmalig 1782 beschrieben; Name rührt von gr. *molybdos* = Blei her, als Hinweis auf die bleigraue Farbe.

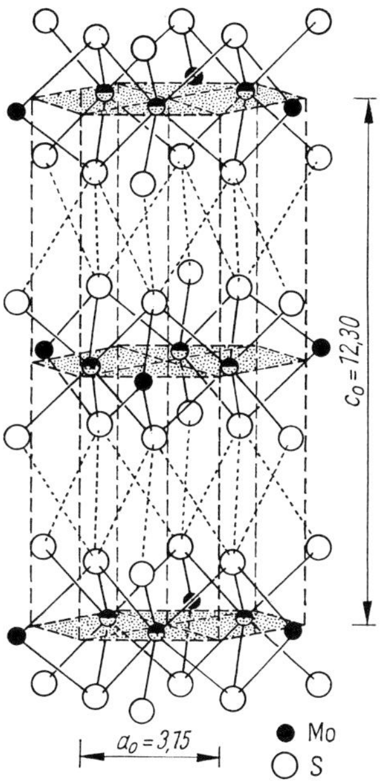

Bild 8.36. Kristallstruktur von Molybdänit [20]

Darstellung der Ionenzentren; die Schichtebenen mit den Mo-Ionen sind punktiert; man beachte die hexagonale Symmetrie

Chemismus: 59,9% Mo, ziemlich rein, doch etwas schwankende Gehalte. Sehr bemerkenswert ist der relativ hohe Rheniumgehalt (bis 0,3%).

Kristallogr.: Hexagonal (dihex.-dipyr.), mit typischem Schichtgitter (s. Bild 8.36). Die geringen Bindungskräfte parallel zur Basisfläche (0001) bewirken die ausgezeichnete Spaltbarkeit (vgl. Bild 8.37). Es gibt mehrere Strukturvarietäten; der rhom-

a)

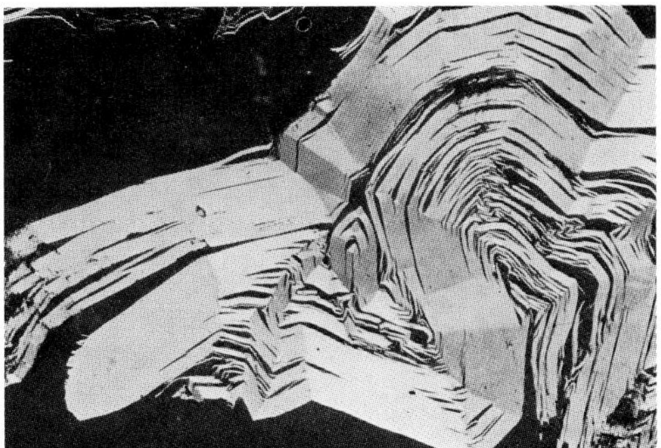

b)

Bild 8.37. Molybdänitkristalle

a) hexagonaler Kristall, auf Quarz aufgewachsen Mamba (Queensland, Australien). Vergr. 1,5× [221]

b) deformierter (geknitterter) Molybdänit im Anschliff, eingelagert in granitischen Quarz und Feldspat (schwarz), von Kasa Kaskin (Türkei) [155]. Vergr. 250× ; man beachte den Reflexionspleochroismus boedrische Molybdänit 3R wird mit der Stapelfolge 123123 statt 121212 (für Typ 2H) erklärt. Nur gelegentlich gut ausgebildete sechsseitige Tafelkristalle (s. Bild 8.37), meist blättrig-schuppige Aggregate, selten dicht.

Physik. Eigensch.: Farbe bleigrau; opak, Mgl. Strich dunkelgrau (beim Verreiben mit zweiter Strichtafel grünlich, Unterscheidung gegenüber Graphit). H 1 bis $1^1/_2$ (VH 8 bis 101), mild-»fettig«, abfärbend, Spaltbarkeit 5 nach (0001); Blättchen biegsam, aber nicht elastisch. D 4,7 bis 4,8. Im Auflicht extremer Reflexionspleochroismus (vgl. Bild 8.37 b).

Diagnose: Wegen der geringen Härte nur mit Graphit zu verwechseln, hier hilft Strichprobe (siehe oben).

Genese: Bildung meist pneumatolytisch:

- *pegmatitisch-pneumatolytisch:* in Gängen und Imprägnationen, meist in oder in der Nähe von Graniten; typische Sn–W–Mo-Paragenese mit Wolframit, Kassiterit, Arsenopyrit, Topas, Turmalin, Quarz u. a. Sehr schön in den erzgebirgischen Lagerstätten der DDR: Ehrenfriedersdorf, Altenberg; in Granit von Niederbobritzsch. Weiter von Cornwall (SW-England), Knaben-Grube (Norwegen).
- *kontaktpneumatolytisch:* meist in Skarnen, z. B. Tyrny-Aus (Kaukasus, UdSSR)
- *(hoch-) hydrothermal:* Fast einmalig in der großen Lagerstätte Climax (Color., USA), wo Quarz-Molybdänittrümchen einen Granit durchschwärmen (0,5% Mo in Erz, aber 80% der Weltproduktion).

Verwittert zu »Molybdänocker«, gelegentlich auch zu Ilsemannit und Powellit.

Nutzung: Weitaus wichtigstes Molybdänerz. Verwendung von Molybdän und Förderzahlen, s. Tab. 16.27.

Jordisit: MoS_2, röntgenamorph, schwarzglänzend wie Kohle; manche Molybdänite sind wohl aus Jordisit entstanden. Verwittert leicht zu blauem löslichem Ilsemannit. Mies (Mesica, NW-Jugoslawien); Bleiberg (Kärnten, Österreich).

Castaingit: $CuS \cdot 2\,MoS_2$; hexagonal. Abart des Molybdänits, diesem ähnlich, vom Mansfelder »Rücken« im Kupferschiefer (DDR).

Femolit: Mo_5FeS_{11}; hexagonal. In mylonitisiertem Porphyr einer U–Mo-Lagerstätte (UdSSR).

Drysdallit: $MoSe_2$; hexagonal. Grauschwarzes Mineral aus Oxydationszone von U-Lagerstätte (Sambia).

Tungstenit: WS_2; isotyp mit Molybdänit, filzige Aggregate. VH 15 bis 16; D 8,1. Grau bis blau, Mgl., sehr ähnlich Molybdänit. Selten! Cottenwood Cañon (Utah, USA), Kipushi (Zaïre).

Berndtit: SnS_2; trigonal (Schichtgitter, isotyp mit Brucit). Gelbes Mineralpulver in sulfidischen Zinnerzen von Bolivien und Namibia. Chemisch ähnlich ist *Ottemannit* Sn_2S_3; rhombisch.

8.13. Antimonit–Bismuthinit–Auripigment-Gruppe

Hier werden die Sulfide der dreiwertigen Nebengruppenelemente As, Sb und Bi (und ihre Analoga) zusammengefaßt. Ausführlicher werden die wichtigen und strukturell isotypen Erzminerale Antimonit und Bismuthinit erläutert, während die »nichtmetallischen« Arsensulfide Auripigment und Realgar wegen ihrer geringeren Bedeutung nur kurz behandelt werden.

Antimonit: Sb_2S_3 Antimonglanz

Entdeckung: Als Stibium seit PLINIUS (77 n. d. Z.) bekannt. Der Name Antimonglanz wurde von den alten deutschen Bergleuten benutzt (Antimon von lat. *antimonum*). Beschrieben von BEUDANT (1832 als Stibin) und HAIDINGER (als Antimonit); auch *Stibnit.*

Chemismus: Theor. 71,4% Sb, 28,6% S, oft relativ rein, aber auch mit geringen Mengen von Fe, Cu, Pb, Zn, Co, Ag und Au (abnehmende Gehalte), meist durch Fremdminerale beigefügt.

Kristallogr.: Rhombisch (holoedrisch), mit Gitter aus Doppelketten von Sb_2S_3 parallel c; daher sind die häufigen xx charakteristisch nadlig-spießig (s. Bild 8.38), mit häufigen Prismenflächen (110) und (210), Pyramidenflächen (111) (121) (361) usw. sowie Pinakoiden (010); häufig gebogene und gedrehte xx (Translation, vgl. Bild 2.44 b!), Zwillingsbildung selten (120). Aggregate aus nadligen xx meist büschlig und wirrstrahlig (s. Bild 8.38), seltener körnig-derb. Kolloidal Metastibhit.

Physik. Eigensch.: Farbe grau, frisch starker Mgl., meist aber matt, schwärzlich oder bunt angelaufen; starker Reflexionspleochroismus (v. a. mikroskopisch); Strich grau. H 2 (VH 42 bis 153), mild, feinste xx biegsam, Spaltbarkeit 5 nach (010), 4 nach (100) und (110), Spaltflächen durch Translationswirkung oft gestreift. D 4,6. Schmilzt in der Kerzenflamme (548 °C); löslich in HCl, flockt orangefarben aus.

Diagnose: Kristalle an Form, Streifung, Farbe, Spaltbarkeit leicht zu erkennen. Bismuthinit hat höhere Dichte, ist meist auch gelblicher. Ähnlich weiter »Spießglanz« und Pyrolusit. Derben Antimonit kann man (nach Pulverung) an der Goldfärbung bei KOH-Behandlung unterscheiden.

Bild 8.38. Nadlig-büschliges Antimonitaggregat aus Drusen von Příbram (ČSSR). Vergr. ~ 2 × [252]

Genese: Typisch hydrothermales, und zwar tiefthermal gebildetes Mineral. Wir können unterscheiden:
Antimonquarzgänge, z. T. mit Gold: früher bei Schleiz (Thüringen, DDR), Slowakei (ČSSR); Pb–Ag-Erzgänge, z. B. von Bräunsdorf bei Freiberg, Wolfsberg im Harz (DDR). Größere Lagerstätten in der Auvergne (Zentralfrankreich), Bolivien, China, Italien, ČSSR, Algerien, Südafrika, Japan (große xx von Ichinokawa auf Shikoku). Verschiedentlich auch metasomatisch in Karbonatgestein und Cinnabarit-Lagerstätten, z. B. Nikitovka (Ukraine, UdSSR).
Verwittert zu gelbem »Antimonocker« oder »Antimonblüte«.

Nutzung: Das wichtigste Antimonerz. Verwendung von Antimon und Produktionszahlen s. Tab. 16.27.

Tellurantimon: Sb_2Te_3; hexagonal. Von Mattagami-Grube in Quebec (Kanada).

Kermesit: (Rotspießglanz) Sb_2S_2O; triklin. H $1^1/_2$; D 4,68. Schneidbar, # 4 (001). Diamgl., tiefrot, dsch. Verbreitetes Oxydationserz von Antimonit; Bräunsdorf bei Freiberg (DDR).

Pierrotit: $Tl_2(Sb, As)_{10}S_{17}$; rhombisch. Grauschwarz, Mgl., D 4,97. Aus Quarzadern (Frankreich). Paragenese: Antimonit, Realgar, Pyrit. *Parapierrotit:* $TlSb_5S_8$ ist monoklin. Von Allchar (Jugoslawien). Sehr ähnlich ist *Chaburneit:* $(Tl, Pb)(Sb, As)_{21}S_{34}$; triklin. Verwachsen mit Antimonit, Pierrotit, Smithit. Jas Roux (Frankreich).

Bismuthinit: Bi_2S_3 Wismutglanz

Entdeckung: Wismutglanz ist ein alter deutscher Bergmannsname; Bismuthin wurde 1832 von Beudant beschrieben. Wismut von lat. *bismuthum*.

Chemismus: Theor. 81,2% Bi; 18,8% S; oft mit nennenswertem Ersatz des S durch Se, weiter in geringen Mengen Cu, Pb, Fe, Te.

Kristallogr.: Rhombisch (holoedrisch); Struktur, Kristallformen und -aggregate fast wie Antimonit (s. Bild 8.39).

Physik. Eigensch.: Farbe zinnweiß, opak, Mgl., oft gelblich, auch bunt angelaufen; Str. grau; H 2 (VH 67 bis 216), mild, Spaltbarkeit 5 nach (010). D 6,8 bis 7,2. Schmilzt an Kerzenflamme.

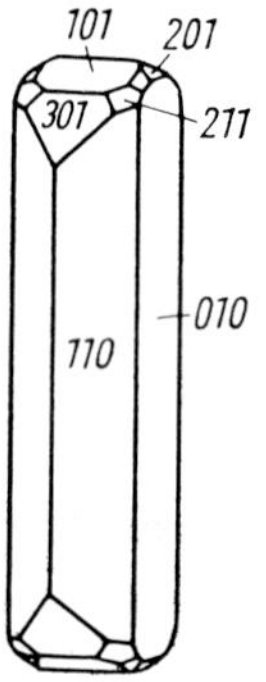

Bild 8.39. Bismuthinitkristall [1]

Diagnose: Verwechselung vor allem mit Antimonit; Bismuthinit aber heller und stärker glänzend, gelbliche Anlauffarbe, höhere Dichte! Auch Lötrohrverhalten typisch.

Genese: Obwohl isotyp mit Antimonit, kommt er kaum mit diesem gemeinsam vor, da hochthermale Bildung:

- *(pegmatitisch-) pneumatolytisch:* in der Kassiterit–Wolframit-Paragenese (z. B. sächs. Erzgebirge) sowie auf Goldquarzgängen, auch in Granitpegmatiten.
- *hydrothermal:* in der weltweiten Bi–Co–Ni–Ag-Paragenese, z. B. im sächsischen und böhmischen Erzgebirge, Schneeberg (DDR) und Jáchymov (ČSSR), weiter Cornwall (England). Besonders reich aber Peru (Cerro de Pasco) und Bolivien (Tasna, Llallagua), hier mit Wismut, Kassiterit, Wolframit, Galenit, Chalkopyrit, Baryt, Ag-Erzen, Arsenopyrit, Quarz, Feldspat, Granat! Metasomatisch z. B. Brič-Mulla (UdSSR).
- *exhalativ:* an Vulkanen, z. B. Vulcano (Liparische Inseln, Italien), geringe Mengen.

Verwittert zu gelbweißem »Wismutocker«.

Nutzung: Wichtiges Wismuterz. Verwendung von Wismut und Produktionszahlen s. Tab. 16.27.

Horobetsuit ist ein Mischkristall: $(Sb, Bi)_2S_3$.

Guanajuatit: $Bi_2(Se, S)_3$; isotyp mit Antimonit und Bismuthinit. H 2; D 6,2 bis 7,0. # 4 (010). Gelbweiß, Mgl. Selten! Selenerzgänge des Harzes (z. B. Tilkerode, DDR). *Paraguanajuatit:* $Bi_4(Se, S)_5$; hexagonal; Schichtgitter; 0,6 bis 6,6 % S für Se. H 2. Gelbweiß, Mgl. Umgewandelt aus Guanajuatit. Guanajuato (Mexiko).

Mit dem Tetradymit folgen Bi-Minerale mit meist ausgezeichneten Schichtgitterstrukturen:

Tetradymit: Bi_2Te_2S Tellurwismut

Name nach gr. *tetradymos* = viermal, wegen der häufigen und typischen Vierlingsbildung. Theor. 59,3 % Bi; 36,2 % Te; 4,5 % S; mit Gehalten von Se, Au, Pb, Cu. Trigonal (rhomboedrisch). Selten taflige xx (verzwillingt), meist blättrige Aggregate. Typische Schichtstruktur. Grau, hoher Mgl. (R = 48 %); H $1^1/_2$ bis 2 (VH 25 bis 75), biegsam, # 5 (0001). D 7,2 bis 7,9. Thermoelektrisch positiv. Ähnlich Molybdänit (aber andere Paragenese!).
Bildung auf komplexen hydrothermalen Goldlagerstätten, hier das häufigste Tellurid; in Paragenese mit anderen Au–Ag-Telluriden, Chalkopyrit, Pyrit, Bismuthin mit Tetraedrit, Gold usw. Tetradymitführende Erze von Au–Bi-Lagerstätten sind nennenswerte Wismut- und Tellurrohstoffe. Gold-Lagerstätten in Rumänien (Baitsa Bihorului), ČSSR (Banska Stiavnica, Slowakei), Sowjetunion (im Ural, bei Sverdlovsk), USA, Kanada, Mexiko u. a. *Csiklovait:* $Bi_2Te(S, Se)_2$; ähnlich Tetradymit. *Tsumoit:* BiTe; trigonal. Taflige silberweiße xx, # 4 bis 5 (001). In Granatskarn der Tsumo-Grube (Japan). Ähnlich *Rucklidgeit* $(Bi, Pb)_3Te_4$; gefaltete weißrosa Aggregate, # 4. Auf Goldlagerstätten von Zod (Armenische SSR) und Kokschar (Ural, beide UdSSR).

Tellurobismutit: Bi_2Te_3; trigonal. Schichtgitter, # 5 (0001), färbt ab; H $1^1/_2$ bis 2, (VH 32 bis 93); D 7,8. Starker weißer Mgl.; Tetradymit sehr ähnlich. In kleiner Menge sehr verbreitet: Boliden (N-Schweden, sehr reichlich); Baitsa Bihorului und Oravicza (SR Rumänien).

Ikunolit: $Bi_4(S, Se)_3$; trigonal. Von Ikuno-Grube (Japan); isotyp mit Joseit. Gelegentlich Pb-haltig.

Joseit: $Bi_4(Te, S)_3$; trigonal. Schichtgitter; taflige Aggregate. H 2 (VH 40 bis 87); silber- bis grauweiß, starker Mgl. Minas Geraes (Brasilien).

Hedleyit: $Bi_{14}Te_6$; außerdem viel Bi in fester Lösung; trigonal; Schichtgitter. H 2 (VH 30 bis 89), zinnweiß, Mgl. Hedley, Brit.-Columbia (Kanada).

Platynit: $Pb_4Bi_7Se_7S_4$; hexagonal. Dünne Blättchen graphitähnlich; Falun (Schweden).

Aleksit: $PbBi_2Te_2S_2$; trigonal. Plattige Körner, D 7,80. Alekseev-Revier, Stanovoi-Gebirge (UdSSR).

Poubait: $PbBi_2(Se, Te, S)_4$; trigonal. Quarz-Karbonat-Gängchen, Oldřichov b. Tachov (ČSSR).

Kawazulit: $BiTe_2Se$; trigonal. Mgl., zinnweiße xx in Quarzadern (Japan) H $1^1/_2$; D 8,08; # 5.

Laitakarit: $Bi_4(Se, S)_3$; trigonal. Aus komplexen Buntmetallerzen von Orijärvi (Finnland).

Auripigment: As_2S_3

Name von lat. *aurum* = Gold und *pigmentatum* = Farbe, wegen der goldgelben Farbe. Theor. 61% As, 39% S, mit isomorphen Beimischungen von Se, Sb, V und Ge, oft verunreinigt (Ton, SiO_2, auch Sb_2S_3). Monoklin (mit Molekülgitter). Gute xx selten (s. Bild 8.40), meist unförmige wulstige Massen, z. T. mit stenglig blättrigem Innenaufbau, oder pulvrige Anflüge. Farbe kräftig gelb; gelegentlich rötlicher oder grünlicher Farbstich. Strich gelb, kleine Blättchen dsch. bis ds. Halbmetall- bis Diamantglanz, da $n_X - n_Z = 2{,}4$ bis 3,0 sehr hoch. H $1^1/_2$ bis 2 (VH 22 bis 58), biegsam, # 5 (010). D 3,4. Verwechselbar evtl. mit sekundären Uranmineralen oder Schwefel; in KOH leicht löslich.
Bildung tiefthermal in Ganglagerstätten, zusammen mit Antimonit, Markasit, Calcit, Gips u. a. Vorkommen Allchar (Maced., Jugoslawien), Mercure (Utah, USA), Kapnik (SR Rumänien) usw. Verschiedentlich in heißen Quellen und vulkanischen Exhalationen. Sedimentär in Tonen und Mergeln, meist mit Realgar, z. B. von Tajowa bei Bystrica (Slowakei, ČSSR), Džulfa (UdSSR). Gelegentlich auch in Kohlen. Lokal As-Rohstoff.

Realgar: AsS (auch As_4S_4)

Von Wallerius 1747 beschrieben. 70,1% As, sehr rein. Monoklin, mit kompliziertem Molekülgitter. Prismatische xx meist klein, aufgebaut aus Prismen und Pinakoiden (s. Bild 8.40); selten derb und Anflüge. Farbe kräftig rot, Strich aber orange; Diamant- bis Fettglanz. H $1^1/_2$ bis 2 (VH 47 bis 60), # 2 (010) und (210). D 3,4 bis 3,6. Zerfällt unter Lichteinwirkung. Zu verwechseln evtl. mit Cinnabarit und Krokoit. Entstehungsbedingungen wie das stetige Paragenesemineral Auripigment, daher die gleichen Vorkommen. Zusätzlich werden genannt: Rača Luchumi (Grusinische SSR, UdSSR), Baia Sprie und Sacaramb (SR Rumänien), Jáchymov (ČSSR). Meist mit Markasit, Bismuthinit, Melnikovitpyrit, Calcit, Quarz. Lokal Arsen- und Arsensulfid-Rohstoff (vgl. Tab. 16.27). Häufiger als Auripigment. *Pararealgar* ist ähnlich.

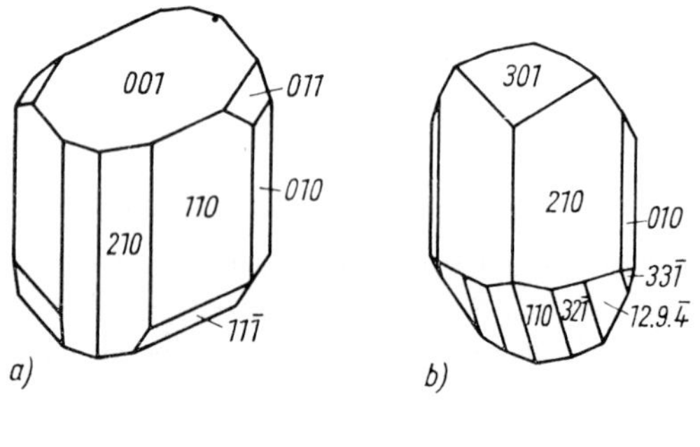

Bild 8.40. Kristallform von Realgar (a) und Auripigment (b) [1, 20]

Dimorphin: As_4S_3; rhombisch; # 0; H 1½. D 2,60. Orangegelb, Diamantgl.; durchsch. Fumarolen der Solfatara bei Neapel (Italien).

Getchellit: $AsSbS_3$; monoklin. Dunkelrotes Mineral auf epithermaler Au-Lagerstätte Getchell (USA), zusammen mit Realgar, Auripigment, Antimonit, Cinnabarit. H 1½ bis 2 (VH 30 bis 50); D 3,92; im Auflicht grauweiß mit blauem Ton, anisotrop, R = 25 bis 30%.

Wakabayashilit: $(As, Sb)_2S_3$; monoklin. Gelbl. xx aus Quarzdrusen der Nishinomaki-Grube (Japan), mit Realgar, Pyrit, von Sibirien (UdSSR); H 1½; D 3,96; # 4; ähnlich Auripigment.

Gerstleyit: $(Na, Li)_4As_2Sb_8S_{17} \cdot 6\,H_2O$; monoklin (?). D 3,62; Zinnoberrot; # 4; in Ton und Borax.

Patronit: VS_4; kristallin. H ~2, schneidbar. Graphitartig bleigrau; gemengt mit S und kohligem Stoff; Mina Ragra (Peru). Patronit war lange das wichtigste Vanadiumerz.

8.14. Proustit–Stephanit-Gruppe (Ag-Komplexsulfide)

In dieser Gruppe werden die komplexen sulfidischen Silberverbindungen aufgeführt. Wie bereits in der allgemeinen Einleitung angedeutet wurde, bauen sich diese »Silber-Sulfosalze« im wesentlichen aus dem Kationenkomplex Ag_2S und den Anionenkomplexen As_2S_3, Sb_2S_3 und Bi_2S_3 (also den Sulfarseniden, Sulfantimoniden und Sulfbismutiden) auf. Die Vielfalt der in der Natur vorkommenden Mineralphasen der beiden Gruppen der Komplexsulfide ist darin begründet, daß die Kationen (und Anionen) in wechselnden Mengenverhältnissen kombiniert werden können, wobei unterschiedliche Kristallsysteme und dementsprechend Kristallstrukturen auftreten. Als Beispiel seien einige Silbersulfantimonide aufgeführt:

$5\,Ag_2S \cdot Sb_2S_3 = Ag_5SbS_4$ Stephanit, rhombisch
$3\,Ag_2S \cdot Sb_2S_3 = Ag_3SbS_3$ Pyrargyrit, trigonal
$Ag_2S \cdot Sb_2S_3 = AgSbS_2$ Miargyrit, monoklin

Da die Komplexanionen keine hohe Stabilität besitzen, verleihen sie auch ihren Gittern etwas andere Eigenschaften, als wir sie bei den einfacheren Sulfiden kennen; die Minerale haben meist geringere Härte, geringeres Reflexionsvermögen, auch höhere Löslichkeit in Säuren.

Proustit: Ag_3AsS_3 Lichtes Rotgültigerz

Entdeckung: Entdeckt von dem französischen Chemiker Proust, als Proustit beschrieben von Beudant 1832. Rotgültigerz alter deutscher Bergmannsname, der Farbe und Silberreichtum ausdrückt.

Chemismus: Theor. 65,4% Ag, 15,2% As, 19,4% S, Gehalte schwanken aber stark; verschiedentlich Sb-Gehalt.

Kristallogr.: Trigonal (ditrig.-pyram., also hemimorph). Oft gute und auch große xx mit prismatischem oder steilpyramidalem Habitus (s. Bild 8.41); Hauptformen Prismen und Pyramiden (s. Bild 8.42), oft mit Streifung. Meist aber derb, eingesprengt oder als Anflug.

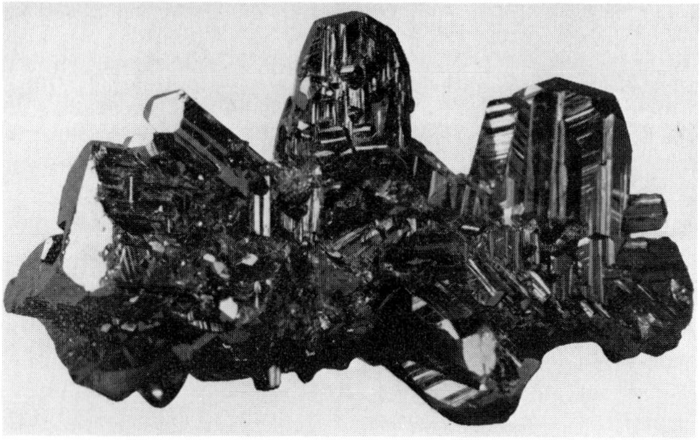

Bild 8.41. Proustitkristalle von Niederschlema (Erzgeb., DDR), gedrungen-prismatischer Habitus. Etwa natürl. Größe [221]

Physik. Eigensch.: Farbe zinnoberrot (s. Schutzumschlag), dunkelt schnell bei Lichteinwirkung nach (Strich bleibt rot), blendeartiger bis Diamantglanz, durchsch. H $2^1/_2$ (VH 50 bis 156), spröde, Spaltbarkeit 2 nach dem Rhomboeder $(10\bar{1}1)$; muschliger Bruch. D 5,57 (bis 5,60). Isolator.

Diagnose: Ähnlich sind Pyrargyrit (hat dunkleren Strich), Cinnabarit, Miargyrit, auch Cuprit und Hämatit. V. d. L. Arsengeruch, durch Reduktion Silberkorn.

Genese: Bildung hydrothermal und in Zementationszonen. Häufig in As-reichen Pb–Zn- und Co–Ni-Ganglagerstätten. Fast immer in Paragenese mit Pyrargyrit, Galenit, Silber, mit anderen Komplexarseniden und -antimoniden, oft mit Co–Ni-Arseniden. Häufig und oft in prachtvollen xx im sächsischen Erzgebirge (Freiberg, Niederschlema u. a., DDR), St. Marie aux Mines (Elsaß, Frankreich), Chañarcillo (Chile), Cobalt (Kanada), ČSSR, USA, Mexiko, UdSSR.
Verwittert leicht in Oxydationszone, dann Neubildung und Anreicherung von Silber in Zementationszone.

Nutzung: Mit Pyrargyrit wichtiges Silbererz. Verwendung von Silber und Produktionszahlen siehe Tab. 16.27.

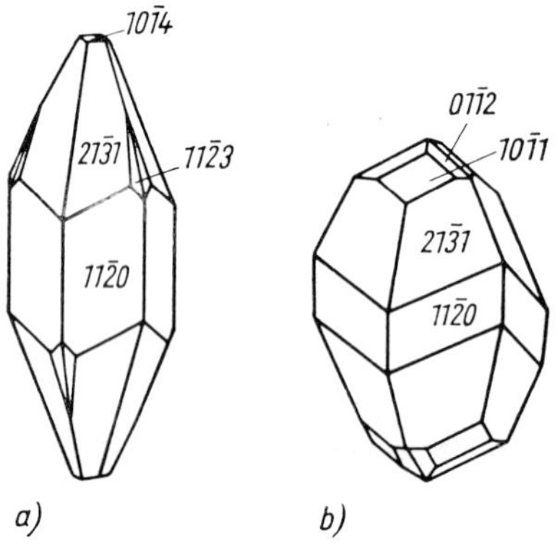

Bild 8.42. Kristallform von Proustit (a) und Pyrargyrit (b)

Pyrargyrit: Ag_3SbS_3 Dunkles Rotgültigerz

Name zusammengesetzt aus den gr. Worten *pyr* = Feuer und *argyros* = Silber; benannt von GLOCKER 1831. Da die Eigenschaften des Pyrargyrits gleich oder ähnlich denen des Proustits sind (s. Bild 8.42), soll hier nur auf einige Unterschiede hingewiesen werden. Farbe und Strich dunkelkirschrot, die Dichte von 5,8 liegt höher, meist häufiger und größere Mengen als Proustit, xx gedrungener.
An zusätzlichen Lagerstätten seien genannt: Andreasberg (Harz, BRD), Kremnica (Slowakei, ČSSR), Zacatecas (Mexiko), Bolivien. Lokal wichtiges Silbererz.

Dem Proustit und Pyrargyrit chemisch gleich sind die zwei folgenden Minerale:

Xanthokon (Rittingerit): Ag_3AsS_3; monoklin (pseudo-rhombisch; $\beta = 90° 30^1/_2{}'$). H 2 bis 3; D 5,54. Gelbbraun bis lichtrot. Str. orangegelb, ds. Vorkommen Freiberg (DDR), Jáchymov (ČSSR) u. a.

Pyrostilpnit: Ag_3SbS_3 (Feuerblende); monoklin, ganz ähnlich Xanthokon ($\beta = 90° 00'$). D 5,94. Freiberg (DDR), Andreasberg (BRD), Příbram (ČSSR).

Silberspießglanze

Stephanit: Ag_5SbS_4 oder $5\,Ag_2S \cdot Sb_2S_3$

Silbergehalt 68,3 %; rhombisch (pyramidal). Vorkommen in kurzprismatischen xx (s. Bild 8.43) sowie dicht, derb und eingesprengt. Schwarz; schwarzer Strich; Mgl. H 2 bis $2^1/_2$ (VH 26 bis 124); spröde. # 3 (010) und (021). D 6,2 bis 6,4. V. d. L. auf Kohle unter Rissigwerden schmelzbar, Bildung eines Beschlages von Sb_2O_3. Mit Soda gibt Stephanit ein Silberkorn. In verdünnter HNO_3 zersetzt er sich unter Ausfall von S und Sb_2S_3. Zusammen mit anderen Silbermineralen kommt Stephanit in sehr kleinen Mengen in hydrothermalen Gängen vor. Beschrieben wird er von Andreasberg (BRD), von Freiberg, Schneeberg, Annaberg (DDR), von Banska Stiavnica, Kremnica, Příbram (ČSSR). Ferner Cornwall (England), Chañarcillo (Chile). Als wichtiges Erzmineral im Comstock Lode (Nevada, USA); in Cobalt District (Ontario, Kanada) usw.

Polybasit: $(Ag, Cu)_{16}Sb_2S_{11}$ oder $8\,(Ag, Cu)_2S \cdot Sb_2S_3$

62,1 bis 74,9 % Ag, 3 bis 10 % Cu. Monoklin (prismatisch). Er tritt in plattigen oder kurzprismatischen pseudohexagonalen xx auf. Die Farbe ist grauschwarz, feine Splitter tiefrot. Schwarzer Strich mit rötlicher Tönung. Mgl., H 2 bis 3 (VH 108 bis 141) # 1 (001). D 6,27 bis 6,33. V. d. L. auf Kohle leicht schmelzbar zu einem metallischen Kügelchen, wobei sich Rauch entwickelt und ein Beschlag von Sb_2S_3 entsteht. Die Phosphorsalzperle wird grünlich-blau (Kupfer).
Zusammen mit anderen Silbersulfosalzen kommt Polybasit in hydrothermalen Gängen niedriger Entstehungstemperatur an manchen Orten vor: Freiberg und Johanngeorgenstadt (DDR); Andreasberg (Harz, BRD), Jáchymov, Příbram, Banska Stiavnica (ČSSR); Zacatecas, Guanajuato, Durango (Mexiko); westliche Staaten der USA, z. B. im Comstock Lode (Nevada); bei Cobalt (Ontario, Kanada).

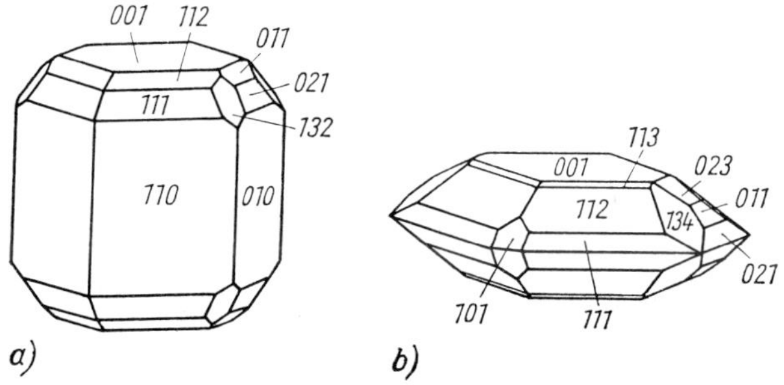

Bild 8.43. Kristallformen von Stephanit [20]
a) säuliger Habitus
b) dicktafeliger Habitus

Arsenpolybasit: (Ag, Cu)$_{16}$(As, Sb)$_2$S$_{11}$ oder 8 (Ag, Cu)$_2$S · As$_2$S$_3$; monoklin pseudohexagonale Täfelchen, aus Silbererzen der DDR und Chile. Dimorph mit Pearceit. Bildet Mischkristalle mit *Antimonpearceit:* (Ag, Cu)$_{16}$(Sb, As)$_2$S$_{11}$; monoklin. Kleine pseudohexagonale Täfelchen aus Silbererzen von Mexiko, dimorph mit Polybasit.

Pearcit: 8 (Ag, Cu)$_2$S · As$_2$S$_3$; monoklin; ($\beta = 90° \, 00'$ pseudohex.). Bildet Mischkristalle mit Polybasit; beide Minerale sind erzmikroskopisch nicht zu unterscheiden und auch sonst sehr ähnlich (VH 142 bis 164). Wohl seltener als Polybasit. Reichlich bei Aspen (Color., USA).

Smithit: Ag$_2$S · As$_2$S$_3$; monoklin. H 1$^1/_2$ bis 2; D 4,88; scharlachrot durchsch.; Diamantglanz. Nur Binnatal (Schweiz). Selten!

Trechmannit: Ag$_2$S · As$_2$S$_3$; hexagonal; ganz ähnlich Smithit. Selten! Binnatal (Schweiz).

Alaskait: (Pavonit) Ag$_2$S · 3 Bi$_2$S$_3$; monoklin. Derb; licht bleigrau; nur Bolivien. Selten!

Bolivian (Bolivianit): Ag$_2$S · 6 Sb$_2$S$_3$; rhombisch (?). Von Bolivien.

Tapalpit: 3 Ag$_2$S · Bi$_2$(Te, S)$_3$ (?); derb; Tapalpa (Mexiko). *Volynskit:* AgBiTe; rhombisch. Armenische SSR.

Billingsleyit: Ag$_7$(As$_{0,86}$Sb$_{0,14}$)S$_6$; rhombisch. Feinkörnige dunkelbleigraue metallische Aggregate in reichen Silbererzen von Utah (USA). Paragenese: Argentit, Tennantit, Bismuthinit, Pyrit, Galenit. H 2$^1/_2$, duktil.

Miargyrit: AgSbS$_2$

Monoklin (prism.); dicktafelige xx oder derb. H 2$^1/_2$ (VH 88 bis 130); D 5,25. Eisenschwarz bis stahlgrau, Diamgl.; in dünnen Splittern blutrot ds., Str. kirschrot. Sehr ähnlich Freibergit, Polybasit, Pyrargyrit, Stephanit. In kleiner Menge ziemlich häufig. Bräunsdorf bei Freiberg (DDR), Transsylvanien (SR Rumänien); in Californien (USA) wichtigstes Ag-Erz.

Aramayoit: Ag(Sb, Bi)S$_2$; triklin (pseudokub.). Derbe spätige Aggregate. Schneidbar; H 2$^1/_2$; D 5,62. Ähnelt Galenit. Eisenschwarz. Selten! Nur Grube Animas b. Atocha (Bolivien).

Schapbachit (Matildit): α-AgBiS$_2$; rhombisch (pseudokubisch).
Hoch-Schapbachit: β-AgBiS$_2$; > 225 °C, kubisch mit PbS-Gitter. Aggregate xenomorpher Körner, stets innig verwachsen mit PbS, mit dem er über 225 °C Mischkristalle bildet; Entmischung unter 225 °C. # 0; H 2$^1/_2$ (VH 59 bis 91); D ~6,9. Eisenschwarz bis grau, Str. hellgrau. Ziemlich verbreitet. Schapbachtal im Schwarzwald (BRD); Grube Matilda b. Morococha (Peru).

Samsonit: 2 Ag$_2$S · MnS · Sb$_2$S$_3$; monoklin. Selten. Andreasberg (Harz, BRD).

Silberkiese (s. Bild 8.44).

Diese »Silberkiese« treten, stets sehr spärlich, in den Co–Ni–Ag-Gängen des Erzgebirges auf: Schneeberg, Annaberg, Marienberg, Freiberg (alle DDR), auch Jáchymov (ČSSR).

Sternbergit: AgFe$_2$S$_3$, rhombisch. Dünntafelige xx; # 4 (001). H 1 bis 2 (VH 5 bis 74); D ~4,2; lichter Mgl., matt braun und bunt.

Argentopyrit: AgFe$_2$S$_3$; rhombisch, pseudohexagonal verzwillingt. Stark säulige xx. # 2 (001); gestreift ∥ [001]. H 3 bis 4 (VH 250 bis 252). D > 6.

Frieseit«: Ag$_2$Fe$_5$S$_8$; rhombisch; bronzegelb; unsicher. *»Argyropyrit«:* Ag$_3$Fe$_7$S$_{11}$; rhombisch; unsicher.

Anhang:

Lorandit: Tl$_2$S · As$_2$S$_3$; monoklin. Kleine, meist taflige xx; # 3; etwas biegsam. H 2 (VH 39 bis 57); D 5,53; tiefrot, durchsch. Häufigstes Tl-Mineral. Allchar (Mazedonien, SFR Jugoslawien), auf Realgar.

Vrbait: Tl$_2$S · 2 As$_2$S$_3$ · Sb$_2$S$_3$; rhombisch. Selten! D 5,3. Dunkelgrauschwarz, dünne Splitter tiefrot. Allchar (Mazedonien, Jugoslawien), auf Realgar. *Weissbergit:* TlSbS$_2$; triklin. Kleine Körnchen; # 4; D 5,79; R 35%. Von Goldlagerstätte Carlin (Nevada, USA).

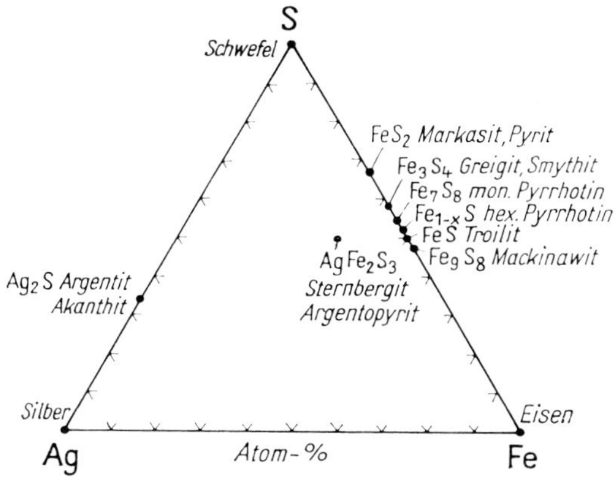

Bild 8.44. Minerale in dem System Ag–Fe–S [197, korrigiert]

Imhofit: $Tl_6CuAs_{15}S_{41}$. Von Lengenbach vom Binnatal (Schweiz); VH 38.

Livingstonit: $HgS \cdot 2\, Sb_2S_3$; triklin; 22 % Hg; H < 2 (VH 74 bis 131); D 4,88. Kleine schwärzlichgraue Nädelchen. Nur in Mexiko gefunden, reichlich bei Huitzuco mit Antimonit, Cinnabarit, Schwefel.

Routhierit: $TlHgAsS_3$; tetragonal. R 28 bis 30 %, sehr selten. Von Frankreich.

8.15. Tetraedrit–Bournonit–Boulangerit-Gruppe (Cu-, CuPb- und Pb-Komplexsulfide)

Für den Aufbau dieser Gruppe gilt analog das bereits in der vorhergehenden Komplexsulfidgruppe Gesagte. Eine gesonderte Besprechung der Cu- und der Pb-Komplexsulfide ist wegen zahlreicher chemischer Überschneidungen schwer möglich, jedoch wird eine Beschreibung derart vorgenommen, daß für die »reinen« Cu-Vertreter die Fahlerze und Enargit, für die Pb–Cu-Verbindungen der Bournonit und für die »reinen« Pb-Minerale der Boulangerit stellvertretend ausführlich besprochen werden. Eingeordnet werden hier auch einige komplexe Tl-, Te- und V-haltige Minerale.

Tetraedrit $\mathbf{Cu_3SbS_{3,25}}$ oder $Cu_{12}Sb_4S_{13}$ } Fahlerze
Tennantit $\mathbf{Cu_3AsS_{3,25}}$ oder $Cu_{12}As_4S_{13}$ }

Entdeckung: Fahlerz ist ein alter deutscher Bergmannsname und drückt sehr klar die wichtige diagnostische Eigenschaft, den »fahlen« Glanz, aus. Tetraedrit wurde 1845 von Haidinger beschrieben und nach dem Hauptkristallhabitus benannt. Phillips gab 1819 dem Tennantit seinen Namen nach dem englischen Chemiker Tennant (1761 bis 1815).

Chemismus: Die Fahlerze sind eine isotype Reihe von der ungefähren allgemeinen Formel A_3XS_3; hierbei ist A = Cu, das in wechselndem, meist untergeordnetem Maße durch Ag (*Freibergit*), Hg (*Schwazit*) sowie Fe und Zn vertreten sein kann, und X = As und/oder Sb mit Spuren von Sn, Ge und Bi. Am häufigsten treten die Mischkristallverbindungen vom Typ $Cu_{12}(As, Sb)_4S_{13}$ auf. Konkret bestehen in den einzelnen na-

Bild 8.45. Tetraedrit-Kristalle, aufgewachsen auf Ankerit
Clausthal (Harz, BRD); etwa natürl. Größe [221]

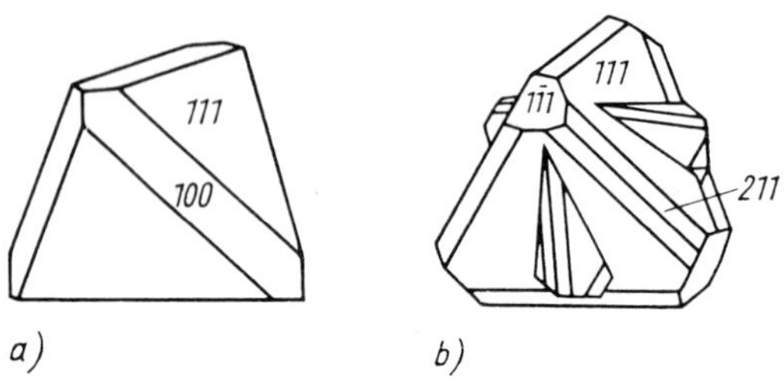

Bild 8.46. Kristallformen von Tetraedrit [20]
a) Kombination von Tetraeder und Würfel
b) Durchwachsungszwilling: Zwillingsachse [111], Zwillingsebene (211)

türlichen Mineralphasen folgende Schwankungen (nach BETECHTIN; Angaben in Masse-%):

Cu	22 ... 53	Hg	0 ... 17,0	As	0 ... 20,0
Ag	0 ... 36	Ni	0 ... 3,5	Sb	0 ... 29,2
Zn	0 ... 9	Co	0 ... 4,2	Bi	0 ... 4,5 (13,07)
Fe	0 ... 13	Mn	0 ... 1,5	S	20,6 ... 29,1

Kristallogr.: Kubisch (hexakistetraedrisch) mit sphaleritähnlichem Gitter. Aufsitzende xx (s. Bild 8.45) stets mit tetraedrischem Habitus, Flächenform (111) (1$\bar{1}$1) (110) (112) (100) u. a. (s. Bild 8.46). Durchkreuzungszwillinge nach [111] häufig (s. Bild 8.46 b). Meist derbe oder eingesprengte Aggregate.

Physik. Eigensch.: Alle Fahlerze sind sich ähnlich, in Abhängigkeit vom Chemismus etwas wechselnd. Farbe grau bis schwarz, mit olivfarbenem Stich (»fahle« Farbe); Strich schwarz bis gelegentlich bräunlich (beim Verreiben), Mgl. H $3^1/_2$ bis $4^1/_2$ spröde, ohne Spaltbarkeit. D 4,6 bis 5,2 (wobei As-haltige Fahlerze geringere Dichte haben).

Diagnose: Wichtige Merkmale sind »fahler« Glanz, Sprödigkeit, fehlende Spaltbarkeit und Form. Ähnlich sind Bournonit und andere Sulfosalze.

Genese: Bildung hauptsächlich hydrothermal, v. a. auf Pb–Zn-Lagerstätten und auf

As–Sb-haltigen Cu-Lagerstätten; selten eigenständige Fahlerzlagerstätten (dies evtl. bei den Hg-haltigen Typen). Die Paragenese ist überwiegend Galenit, Sphalerit, Pyrit, Arsenopyrit, Chalkopyrit, Bournonit, Pyrargyrit, Enargit, Luzonit, Chalkosin u. a. Meist sind die Fahlerze sog. »beibrechende« Minerale, die zum Metallgehalt beitragen, so z. B. der Freibergit als Silberträger, der Schwazit als Hg-Träger usw. Wichtige Fundorte und Lagerstätten sind (in einer Auswahl): Freiberg (DDR), Clausthal (BRD), Přibram (ČSSR), Boliden (Schweden), Tsumeb (Namibia), Kutosan (Japan), Butte (USA), Peru und Bolivien.
Bei der Verwitterung werden Fahlerze zersetzt, es bilden sich Azurit, Malachit, Covellin, Skorodit, Antimonocker usw.

Nutzung: Je nach Zusammensetzung Cu-, Ag-, Hg-, gelegentlich As-Erz.

Freibergit: Ag-reiches CuSb-Fahlerz. Freiberg (Sachsen, DDR); Sunshine-Mine (Idaho, USA). *Schwazit:* (Hermesit) Hg-reiches CuSb-Fahlerz. Schwaz (Tirol, Österreich). *Annivit:* CuAs-Bi-Fahlerz; Anniviertal (Ober-Wallis, Schweiz). *Goldfieldit:* Tellurreiches Fahlerz mit max. 17 % Te. *Binnit:* extrem flächenreicher Tennanit.

Zur Fahlerzuntergruppe gehören außerdem größtenteils:

Germanit: $Cu_3(Ge, Fe)S_4$; H 3; D ~4,46. Rosa mit deutlich violettem Stich, stumpfer Mgl., läuft violett an. Nur derb; # 0; 6 bis 10 % Ge. In einiger Menge von Tsumeb (Namibia) bekannt. Als Pb- und Fe-Analogon des Germanits werden *Morozeviczit* $Pb_3(Fe, Ge)S_4$ und *Polkoviczit* $Fe_3(Fe, Ge)S_4$ angesehen; aus Gängchen des Kupfermergels der VR Polen.

Renierit: $Cu_3(Fe, Ge)S_4$; tetragonal. H 4; D 4,3. Orangegelb, Mgl. magnetisch. Tsumeb (Namibia).

Colusit: $Cu_3(Fe, As, Sn)S_4$; bis 6,7 % Sn; wenig V, Te, Sb. H 3 bis 4; D 4,50. Bronzefarben, Mgl.; Colusa-Revier in Butte (Montana, USA).

Hakit: $(Cu, Hg)_3Sb(Se, S)_{3,25}$ bzw. $(Cu, Hg)_3SbS_3$; kubisch. Max. 0,3 mm große Körner von grauer bis graubrauner Farbe und metallischem Glanz, in Calcitgängen von epithermalen Se–U-Vorkommen Böhmens (ČSSR). H $4^1/_2$; D 6,3, im Auflicht bräunlich isotrop.

Skinnerit: Cu_3SbS_3; rhombisch und monoklin. Zusammen mit Senarmontit, Tetraedrit, Löllingit usw. in der Ilimaussaq-Intrusion (Grönland).

Enargit: Cu_3AsS_4

Theor. 48,4% Cu, 19,0% As und 32,6% S; mit isomorphen Beimengungen von Sb und Fe (z. T. weit über 1%) und Zn, Pb und Ag (durch Fremdminerale). Rhombisch; meist säulige, auch taflige xx (s. Bild 8.47), überwiegend aber derbspätige oder strahlige Massen. Farbe grauschwarz mit bräunlich-schwarzem Strich; opak, Mgl. H $3^1/_2$ (VH 133 bis 383), spröde, Spaltbarkeit 4 (110). D 4,4. Zu verwechseln mit Manganit und schwarzem Sphalerit. Bildung hydrothermal, Vorkommen v. a.

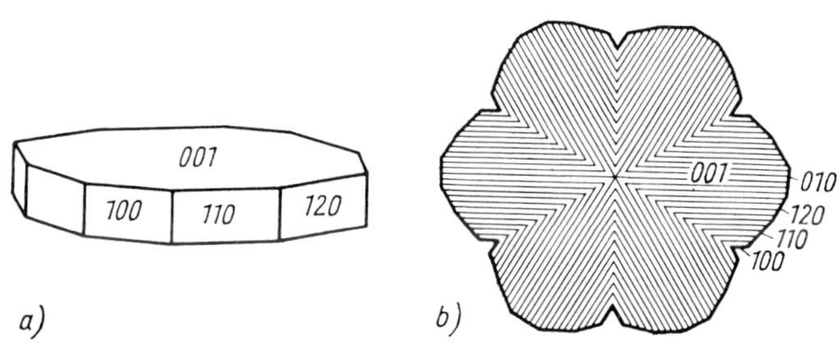

Bild 8.47. Enargit [20]
a) tafeliger Kristall
b) Drilling

in eisenarmen Cu-Lagerstätten wie Bor (SFR Jugoslawien), Recsk (VR Ungarn), viele Lagerstätten in den USA (z. B. Butte), Braden-Grube und Chuquicamata (Chile), Sonora (Mexiko), Tsumeb (Namibia), Insel Luzon (Philippinen) usw. Verwittert leicht in der Oxydationszone, z. B. zu Malachit, Olivenit, Azurit. Lokal wichtiges Kupfererz.

Lazarevičit: Cu_3AsS_4; kubisch. Kleinste Körner mit Enargit, Luzonit, Covellin und Pyrit von Bor (Jugoslawien).

Luzonit: Cu_3AsS_4; tetragonal. Aus Zwillingslamellen aufgebaute Körner; auch konzentrisch-schalig entwickelt; # 0; H $3^1/_2$; D 4,4 bis 4,6. Grau mit gelbem Stich. Mgl., opak. Mancayan auf Luzon (Philippinen).

Stibioluzonit (Famatinit): Cu_3SbS_4; isotyp mit Luzonit und wesentlich seltener als dieser. Grau mit kupferrotem Stich. Die Luzonite sind dem Enargit sehr ähnlich. Sierra de Famatina (Argentinien), Sadisdorf (Erzgebirge, DDR).

Stibioenargit: Cu_3SbS_4; rhombisch, isotyp mit Enargit; sehr viel seltener als dieser.

Permingeatit: Cu_3SbSe_4; tetragonal. Mikroskopische Körner mit lamellarer Verzwillingung, mit anderen Selenmineralen von Předborice (ČSSR). H 4 bis $4^1/_2$; D 5,82.

Kupferspießglanze

Wolfsbergit (Chalkostibit): $Cu_2S \cdot Sb_2S_3$ oder $CuSbS_2$

Rhombisch; dicktafelige xx, auch derb. # 4 (001); brüchig; H 3 bis 4; D 5,0. Bleigrau, manchmal blau anlaufend. Mgl. Translation || (001) und Verbiegungen. Ähnlich ist Bournonit. Wolfsberg (Harz, DDR), mit Antimonit und Quarz.

Emplektit: $Cu_2S \cdot Bi_2S_3$ oder $CuBiS_2$; rhombisch; isotyp mit Wolfsbergit. Selten. xx nadlig oder prismatisch, längsgestreift. # 4 (010). H 2 (VH 158 bis 249); D 6,4; spröd. Zinnweiß bis stahlgrau mit gelbem Stich. Mgl. Schwer zu bestimmen. Wittichen (BRD), Schneeberg, Altenberg (Erzgebirge, DDR).

Cuprobismuthit: $Cu_2S \cdot Bi_2S_3$; monoklin; dimorph mit Emplektit. Nadelgei längsgestreifte xx. Halls Valley (Color., USA).

Wittichenit: $3\,Cu_2S \cdot Bi_2S_3$; rhombisch. Aggregate xenomorpher Körner zwischen Baryttafeln. # 0, H 2 bis 3 (VH 161 bis 216); D 6,19 (theor.). Dunkelgrau; Mgl.; Strich schwarz. In kleiner Menge weit verbreitet. Wittichen i. Schwarzwald und Siegerland (BRD), Mansfelder »Rücken« (DDR).

Epigenit: $4\,CuS \cdot 3\,FeS \cdot As_2S_3$; rhombisch. H $3^1/_2$; D 4,5. Soll dem Arsenopyrit ähnlich sein. Neuglück bei Wittichen (BRD).

Betechtinit: $6\,(Cu, Fe)_2S \cdot PbS$ (?); rhombisch. Schwarze Nädelchen, Mgl., H $2^1/_2$, # nach drei Richtungen. In den »Mansfelder Rücken« (Eisleben, DDR). Ist leicht mit Wittichenit zu verwechseln.

Hodrushit: $Cu_{8,12}Bi_{11,54}Fe_{0,29}S_{22,00}$ oder $(Pb, Ag, Bi)Cu_4Bi_5S_{11}$; monoklin. Nadelige xx (max. 1 mm) aus Cu-Lagerstätte Banska Hodruša (ČSSR).

Anhang:

Berthierit: $FeS \cdot Sb_2S_3$; rhombisch. xx stenglig || c; meist Aggregate; sehr ähnlich Antimonit. # 1; brüchig. H 2 bis 3; D 4,64. Dunkelstahlgrau, oft bunt angelaufen; Mgl.; Str. bräunlich-grau. Ziemlich verbreitet neben Quarz, Pyrit, Antimonit. Bräunsdorf und Reinsberg bei Freiberg (DDR); Urbeis (Vogesen, Frankreich). *Garavellit:* $FeSbBiS_4$; rhombisch. Grünbraun; D 5,64. Von Tetraedrit-Lagerstätte in Italien.

Paxit: Cu_2As_3; rhombisch. Aus Co-Gängen von Černy Důl (ČSSR); H $3^1/_2$; D 5,14.

Lautit: CuAsS; rhombisch; etwas Ag für Cu. Tafelige oder kurzprismatische xx, auch feinfaserig. H 3 bis $3^1/_2$; D 4,9. Sehr spröd. Schwarz nach stahlgrau, leicht rosa getönt. Halb-Mgl. sehr ähnlich Enargit. Neben oder im Arsen. Bekannt nur von Lauta nordwestlich Marienberg (sächsisches Erzgebirge, DDR): und von Grube Gabe Gottes bei Ste. Marie aux Mines (Elsaß, Frankreich).

Sulvanit: Cu_3VS_4; kubisch. H $3^1/_2$; D 3,9 bis 4,0. Bronzegelb, Mgl., Str. schwarz. Nur von zwei Orten bekannt und dort reichlich: Burra (S.-Australien); Utah (USA). *Arsensulvanit:* $Cu_3(As, V)S_4$; wie Sulvanit, 4 bis 5% V, Mongolische VR.

Kuramit: Cu_3SnS_4; tetragonal. Feinste Einschlüsse in Goldfieldit, VH 380 bis 430. Aus Andesit der Kuramia-Berge (Usbek. SSR, UdSSR).

Sinnerit: $Cu_{1,4}As_{0,9}S_{2,1}$; triklin (?). Silberglänzende xx, auf Binnit aufgewachsen; von Binnatal (Schweiz).

Nowackiit: $Cu_6Zn_3As_4S_{12-13}$; trigonal. Graue xx (max. 0,3 mm), auf Sphalerit, von Binnatal (Schweiz).

Aktašit: $Cu_6Hg_3As_5S_{12}$; tetragonal. Bis 0,2 mm große grünschwarze xx mit Mgl., aus As–Sb–Hg-Lagerstätte Aktaš (Jakutien, UdSSR), H $3^1/_2$; D 5,5.

Bournonit: $CuPbSbS_3$

Wichtigster Vertreter der Cu–Pb-Spießglanze, einschließlich Bi-haltiger Abarten (*Aikinit*). Benannt von JAMESON 1805. Theor. 13,0% Cu, 42,6% Pb, 24,6% Sb, 19,8% S, mit z. T. erheblichen isomorphen Beimengungen von Fe sowie Verunreinigungen von Zn, Mn und Ag. Rhombisch (pyramidal). Relativ seltene xx dicktafelig (s. Bild 8.48), oft Wiederholungszwillinge (zahnradähnlich, daher auch »*Rädelerz*«, Bild 8.48); meist körnig und derb, auch feinstkörnig in anderen Mineralen einge-

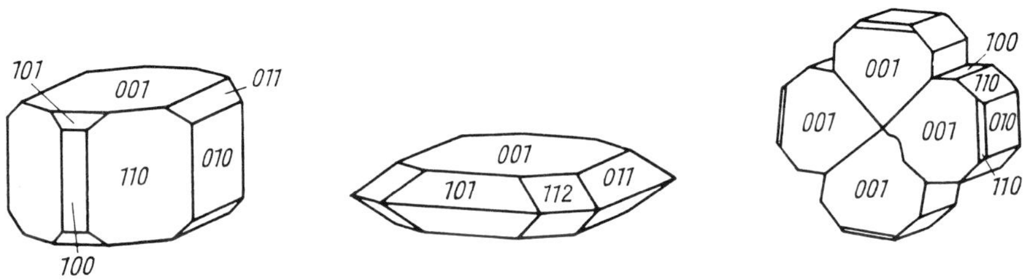

1 *2* *3*

Bild 8.48. Bournonit [20]
1 und *2* dicktafeliger und dünntafeliger Kristall, *3* Bournonitzwilling nach (110), sog. Rädelerz

wachsen. Farbe in Grautönen, oft angelaufen; Mgl. (aber oft matt), grauer Strich. H 3 (VH 132 bis 213), unebener Bruch, # 2 (010). D 5,8. Kein elektrischer Leiter; in Infrarot fast durchsichtig (nach H. STRUNZ). Von dem ähnlichen Tetraedrit durch Spaltbarkeit und helleren Glanz zu unterscheiden (beachte auch Anlauffarbe).
Bildung hauptsächlich mesothermal. Extensiv, seltener aber intensiv in Pb–Zn–Cu–(–Sn)-Lagerstätten. Häufigste Paragenesеminerale sind Galenit, Tetraedrit, andere Sulfosalze, auch Chalkopyrit, Sphalerit, Antimonit usw. Lagerstätten (z. T. mit größeren Anreicherungen) sind oder waren: Neudorf im Harz, Bräunsdorf bei Freiberg, Lengefeld (alle DDR), Hüttenberg (Österreich), Capnic (SR Rumänien), Nagolnykrjaž und Darasun (UdSSR), weiter Bolivien, Peru, Chile, Mexiko, USA, Kanada, Australien. In der Oxydationszone leicht zersetzlich zu Cerussit, Malachit und Antimonocker.
Wichtiges Blei- und Kupfererz.

Seligmannit: $CuPbAsS_3$; isotyp mit Bournonit. #0, H 3; D 5,48. Grauschwarz, Mgl. Binnatal (Schweiz) und andere Vorkommen.

Aikinit: (Patrinit) $CuPbBiS_3$

Zum Teil mit Te und Au. Rhombisch; nadelige xx, schwärzlichgrau, oft mit bräunlicher Anlauffarbe; Mgl. H 2 bis $2^1/_2$ (VH 165 bis 246), spröde. D 7,1. Schwer zu identifizieren. Hydrothermal, z. T. in Goldlagerstätte Beresovka (UdSSR), hier nadelige xx in Quarz, mit Galenit, Tetraedrit, Chalkopyrit und Gold. Auch von Schneeberg, Löhma b. Schleiz (DDR) u. a. O.

Die folgenden vier bis fünf Minerale vermitteln den Übergang vom Aikinit zum Bismuthinit; sie sind wahrscheinlich rhombisch:

Hammarit; (*Wittit* ist selenhaltig). $Pb_2Cu_2Bi_4S_9$; von Gladhammer (Schweden). *Gladit:* $Pb_2Cu_2Bi_{10}S_{18}$; auch von Gladhammer (Schweden).

Lindströmit: $Cu_3Pb_3Bi_7S_{15}$; monoklin. Von Gladhammer (Schweden). *Krupkait:* $CuPbBi_3S_6$; rhombisch. Fasrige xx′, VH 180 bis 192. Von Krupka (ČSSR). *Friedrichit:* $Cu_5Pb_5Bi_7S_{18}$. In hydrothermalen Quarzadern des Habachtales (Österreich). *Rezbanyit:* 2 PbS · Cu_2S · n Bi_2S_3; zugleich ist Rezbanyit der Sammelname für diese Glieder.

Nuffieldit: $Pb_{10}Cu_4Bi_{10}S_{27}$; rhombisch. Feinste prismatische metallisch-weiße xx (VH 149 bis 178); zusammen mit Aikinit und Neyit von Mo-Lagerstätte in Brit. Columbia (Kanada).

Součekit: PbCu[Bi(S, Se)$_3$]; rhombisch. Mit Se-haltigen Mineralen von Oldřichovice (ČSSR).

Benjaminit: (Cu, Ag)$_2$Pb$_2$Bi$_4$S$_9$; Stahlgraue Körner aus Cu–Bi-Lagerstätte Adrasman (Sibirien, UdSSR).

Berryit: Pb$_2$(Cu, Ag)$_3$Bi$_5$S$_{11}$; monoklin. Leistenförmige xx, zusammen mit Cuprobismuthit; z. B. von Erzen der Nordmark-Grube (Schweden).

Wallisit: (Cu, Ag)TlPbAs$_2$S$_5$; triklin. Mit Rathit-I verwachsene xx aus dem Binnatal (Schweiz). Ähnlich (auch dem Gratonit) ist *Hatchit* $PbTlAgAs_2S_5$; triklin. Gleichfalls von Binnatal (Schweiz).

Boulangerit: $Pb_5Sb_4S_{11}$

Wichtiger Vertreter der Blei-Komplexsulfide bzw. Bleisulfosalze (s. Bild 8.49). Mit 55,4% Pb (theor.), z. T. etwas Cu. Monoklin; meist feinfasrige Aggregate (Fasern biegsam). Farbe grauschwarz, opak, Mgl. H $2^1/_2$ bis 3 (VH 90 bis 183), # 3 (100). D 6,2. Schwer ohne Röntgenanalyse von anderen fasrigen Sulfosalzen zu unterscheiden. Hydrothermale Entstehung in Pb–Zn-Lagerstätten, meist junge Bildung. Paragenese: Galenit, Sphalerit, Pyrit, andere Sulfosalze. Verwittert leicht. In geringen Mengen (z. T. schöne Mineral-Aggregate) von Wolfsberg, Neudorf (DDR), Oberlahr (BRD), Přibram (ČSSR). Häufiger von Trepča (Jugoslawien, als »Federerz«); Algačinsk, Klička, Nagolnykrjaž (UdSSR). Lokal als Bleierz von Bedeutung.

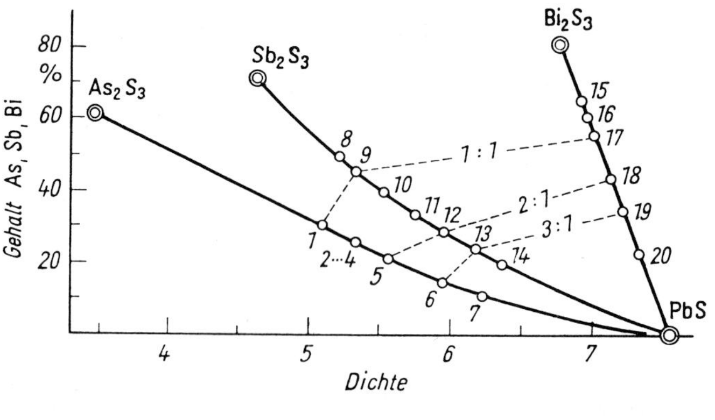

Bild 8.49. Blei-Sulfosalze: Beziehungen zwischen dem Gehalt der Halbmetalle As, Sb und Bi und der Dichte [141]

1 Sartorit
2 bis *4* Liveingit, Baumhauerit, Rathit
5 Dufrenoysit
6 Guitermanit
7 Gratonit
8 Fülöppit
9 Zinckenit
10 Plagionit
11 Heteromorphit
12 Plumosit
13 Falkmanit
14 Meneghinit
15 Ustarasit
16 Bonchevit
17 Galenobismuthit
18 Cosalit
19 Lillianit
20 Beegerit

Jamesonit: $Pb_4FeSb_6S_{14}$ (oder $4\,PbS \cdot FeS \cdot 3\,Sb_2S_3$).

Schwankender Chemismus, z. B. 40 bis 50% Pb, bis 10% Fe, dazu Spuren von Cu und Ag. Monoklin, nadelig-fasrige xx, ein- und aufgewachsen (*Plumosit* oder *Federerz*). Eigenschaften ähnlich fasrigem Boulangerit, aber D 5,5 bis 6,0; VH 67 bis 126. Eindeutige Bestimmung durch Röntgenanalyse. Vorkommen und Paragenese wie Boulangerit, dazu (als Beispiel) Freiberg (DDR), Andreasberg, Waldsassen (BRD), Cornwall (England). *Wismut-Jamesonit:* $PbS \cdot (Bi, Sb)_2S_3$ ist eine Varietät von Jamesonit. *Para-Jamesonit:* hat ein anderes Pulverdiagramm als Jamesonit.

Fülöppit: $3\,PbS \cdot 4\,Sb_2S_3$; monoklin. Bleigrau, Mgl. Spröde; D 5,23. Von Săcarămb (SR Rumänien).

Plagionit: $5\,PbS \cdot 4\,Sb_2S_3$; monokline xx dicktafelig; derb, körnig. # 3 (112). H $2^1/_2$ (VH 120 bis 165), D 5,5 bis 5,6. Schwärzlich bleigrau, Str. dunkel rotbraun; Mgl. Selten. Wolfsberg bei Harzgerode (DDR); Goldkronach (Fichtelgebirge, BRD).

Zinckenit: $PbS \cdot Sb_2S_3$ (?); rhombisch. Pseudohex. xx dünnprismatisch, stark gestreift || c, oft Drillinge. H 3 (VH 123 bis 207), D 5,3. Stahlgrau, Mgl., oft bunt angelaufen. Str. schwarz, ausgerieben braun. Wolfsberg (Harz, DDR).

Robinsonit: $7\,PbS \cdot 6\,Sb_2S_3$; triklin. xx gestreift || (001), oft faserig; grau, Mgl. VH 118 bis 123. Begleitet Boulangerit und ist ihm sehr ähnlich. Nur Nevada (USA).

Heteromorphit: $11\,PbS \cdot 6\,Sb_2S_3$ (?); monoklin. Eisenschwarz, Mgl.; VH 137 bis 187. Arnsberg (Westfalen, BRD) und Wolfsberg (DDR).

Semseyit: $9\,PbS \cdot 4\,Sb_2S_3$; monoklin. H $2^1/_2$ (VH 109 bis 173), D 6,08. Grauschwarz, Mgl., Str. völlig schwarz. Krusten auf PbS, Wolfsberg (Harz, DDR), Baia Sprie (SR Rumänien).

Meneghinit: $4\,PbS \cdot Sb_2S_3$ (?); rhombisch. Säulige xx, stark gestreift || c; # 4 (010), H $2^1/_2$, D 6,36. Dunkel bleigrau, starker Mgl. Str. schwarz. Ochsenkopf bei Schwarzenberg (Erzgebirge, DDR), Goldkronach und Wiesloch (BRD).

Dadsonit: $Pb_{11}Sb_{12}S_{29}$ (oder $11\,PbS \cdot 6\,Sb_2S_3$); monoklin. Nadelige bis 2 mm lange bleigraue xx, in Paragenese mit Jamesonit, von Wolfsberg (DDR), Kanada und USA. H $\sim$2,5.

Playfairit: $16\,PbS \cdot 9\,Sb_2S_3$; monoklin; weiße Körnchen in Randzone anderer Sulfosalze; von Madoc (Kanada). VH 150 bis 171.

Launayit: $22\,PbS \cdot 13\,Sb_2S_3$; monoklin. In Paragenese mit Boulangerit und Veenit, von Erzgrube Madoc (Kanada). VH 179 (171 bis 197).

Bleisilberspießglanze

Hutchinsonit: $(Pb, Tl)S \cdot Ag_2S \cdot 5\,As_2S_3$; rhombisch (dipyramidal). Kleine prismatische bis nadelige flächenreiche xx, längsgestreift. H $1^1/_2$ (VH 170 bis 171); D 4,6. # 3 (010); spröd. Scharlachrot durchsch.; $n > 3$. Nur von Wiesloch in Baden (BRD) und Lengenbach im Binnatal (Schweiz).

Die drei folgenden Minerale sind einander sehr ähnlich!

Fizelyit: $7\,PbS \cdot 1{,}5\,Ag_2S \cdot 5\,Sb_2S_3$; rhombisch. Kleine längsgestreifte Prismen. Sehr spröd und brüchig. Dunkel bleigrau; D $\sim$ 5,4. Wohl nur Herja (ehem. Kisbanya, Rumänien).

Ramdohrit: $6\,PbS \cdot 2\,Ag_2S \cdot 5\,Sb_2S_3$; rhombisch. Nur bekannt von der Grube Chocaya b. Potosí (Bolivien). Ähnlich ist *Sundtit.*

Andorit: $4\,PbS \cdot 2\,Ag_2S \cdot 6\,Sb_2S_3$; rhombisch. In wirtschaftlich wichtiger Menge bei Oruro, Potosí und Colquechaca (Bolivien). VH 140 bis 206.

Nakaséit: $Pb_4Ag_3CuSb_{12}S_{24}$; monoklin. Aus Antimonitgängen in Japan.

Freieslebenit: $4\,PbS \cdot 2\,Ag_2S \cdot 2\,Sb_2S_3$; monoklin (pseudorhombisch). Unregelmäßige Gruppen säuliger xx, diese gestreift || (001). H 2 bis $2^1/_2$ (VH 85 bis 140); D 6,0 bis 6,4. Farbe ähnlich Galenit. Selten! Ehem. Grube Himmelsfürst bei Freiberg (DDR); Spanien.

Marrit: $PbAgAsS_3$; monoklin. Fraglich. Binnatal (Schweiz)

Diaphorit: 4 PbS · 3 Ag_2S · 3 Sb_2S_3; rhombisch. Sehr selten. Gute, oft flächenreiche xx von wechselndem Habitus; gestreift || (001). H $2^1/_2$ bis 3 (VH 197 bis 242); D 6,4. Stahlgrau. Voigtsberg und Bräunsdorf bei Freiberg (DDR).

Teremkovit: 7 PbS · Ag_2S · 4 Sb_2S_3; rhombisch. Ähnlich Owyheeit. Von Transbaikalien (UdSSR).

Owyheeit: 5 PbS · Ag_2S · 3 Sb_2S_3; rhombisch. Sehr selten. Feine Nädelchen oder dicht, mit Anzeichen von Faserstruktur. Sehr spröd; H 2 (VH 29 bis 124); D 6,03. Silberweiß. Owyhee Co. (Idaho, USA).

Schirmerit: PbS · 2 Ag_2S · Bi_2S_3; rhombisch. Feinkörnige Massen; H ~ 2; D 6,74. Bleigrau bis eisenschwarz; Mgl. leicht schmelzbar. Treasury-Mine (Color., USA).

Gustavit: $AgPbBi_3S_6$; rhombisch. Tafelige grauweiße verzwillingte xx (bis 2 mm) aus der Kryolithlagerstätte Ivigtut (Grönland) und von Colorado (USA).

Vikingit: $Pb_8Ag_5Bi_{13}S_{30}$; monoklin. Von Ivigtut (Grönland).

Eskimoit: $Pb_{10}Ag_7Bi_{15}S_{36}$; monoklin. Von Ivigtut (Grönland).

Ourayit: $Pb_{30}Ag_{25}Bi_{41}S_{104}$; rhombisch. In Galenit, von Ouray (Colorado, USA).

Treasurit: $Pb_6Ag_7Bi_{15}S_{32}$; monoklin. Treasary-Grube (Colorado, USA).

Bleiarsenspießglanze:

Sartorit (Skleroklas): PbS · As_2S_3; monoklin (pseudorhombisch). Zwillingslamellierung nach (100) häufig. Sehr spröd und brüchig; H 3 (VH 194 bis 197); D 5,05. Dunkel bleigrau; Str. schokoladenbraun; rote Innenreflexe. Häufigstes Sulfarsenid des Binnatals (Schweiz).

Baumhauerit: 3 PbS · 2 As_2S_3; triklin (pseudomonoklin). xx kurzprismatisch bis tafelig, flächenreich. Zwillingslamellen || (100) sehr häufig. ⧣ 4 (100); H 3 (VH 128 bis 182); D 5,3. Bleigrau. Mgl., manchmal irisierend angelaufen; Str. schokoladenbraun; tiefrote Innenreflexe. Lengenbach im Binnatal (Schweiz).

Liveingit: 4 PbS · 3 As_2S_3; monoklin (pseudorhombisch). Str. bräunlichrot. Verzwillingt nach (100). H 3 (VH 173 bis 183); D 5,2. Binnatal (Schweiz).

Rathit: 3 PbS · 2 As_2S_3; rhombisch. Prismatische und kurzprismatische flächenreiche, längsgestreifte xx. Polysynthetische Zwillingslamellierung. ⧣ 4 (010). H 3 (VH 159 bis 163); D 5,3 bis 5,4. Bleigrau; Mgl.; oft irisierend angelaufen; rote Innenreflexe. Nur im Dolomit des Binnatals (Schweiz).
Rathit-II: 19 PbS · 12 As_2S_3; monoklin. Sehr ähnlich Rathit, ist aber Liveingit.

Dufrenoysit: 2 PbS · As_2S_3; monoklin. Flächenreiche tafelige und etwas gestreckte xx in Rissen des Dolomits. Ähnlich Baumhauerit; VH 145 bis 156. Imfeld im Binnatal (Schweiz).

Lengenbachit: 7 PbS · 2 As_2S_3; monoklin. Sehr selten. xx dünntafelig; biegsam. Weich, abfärbend; VH 29 bis 40. D 5,80 bis 5,85. Stahlgrau; Mgl.; Str. schwarzbraun. Am Lengenbach im Binnatal (Schweiz).

Jordanit: 5 PbS · As_2S_3; monoklin(-prismatisch).
a) tafelige flächenreiche xx (Binnatal, Schweiz) oder
b) konzentrisch kugelige Massen oder krustenförmig in Schalenblende (Gorny Śląsk, VR Polen; Wiesloch, BRD; Japan). Zwillingsbildung lamellar || (001); ⧣ 4 (010); H 3 (VH 149 bis 204); D 6,4. Bleigrau; Mgl.; Str. schwarz. Auch von Transsylvanien (SR Rumänien).

Geokronit: 5 PbS · $AsSbS_3$; monoklin (pseudohexagonal); isotyp mit Jordanit. Mild; Zwillingslamellen; H $2^1/_2$ (VH 95 bis 206); D 6,4 bis 6,5. Blei- bis stahlgrau; Grube Bayerland bei Waldsassen (BRD); Sala und Falun (Schweden); reichlich bei Nerčinsk (UdSSR).

Gratonit: 9 PbS · 2 As_2S_3; trigonal (pyramidal); einziges Mineral dieser Kristallklasse! Kleine, z. T. große xx; flächenreich, ähnliche Kristallformen wie Turmalin. Spröd; H $2^1/_2$; D 6,22. Dunkelbleigrau mit violettbraunem Stich; in Gorny Slask (VR Polen) mit Schalenblende umkrustet; Wiesloch (Baden, BRD).

Sterryit: 12 PbS · 5 $(Sb, As)_2S_3$; rhombisch. Nadelförmige Leisten, zusammen mit anderen Pb-Sulfantimoniden, polysynthetisch verzwillingt, von Madoc (Kanada).

Twinnit: PbS · $(Sb, As)_2S_3$; rhombisch. Schwarze, polysynthetisch verzwillingte xx, mit anderen Sulfantimoniden von Madoc (Kanada). Spröde, starker Reflexionspleochroismus; VH 131 bis 152.

Sorbyit: 17 PbS · 11 $(Sb, As)_2S_3$; monoklin. Grauschwarzes Mineral von Madoc (Kanada). Hoher Reflexionspleochroismus; VH 172 bis 186.

Veenit: 2 PbS · $(Sb, As)_2S_3$; rhombisch. Graues Mineral aus Erzlagerstätte Madoc (Kanada). Sb-Abart des Dufrenoysit; VH 156 bis 172.

Madocit: 7 PbS · 3 $(Sb, As)_2S_3$; rhombisch. Grau bis schwarze xx, mit Jamesonit und Boulangerit in Erzen von Madoc (Kanada). Im Auflicht starke Bireflexion, VH 155.

Guettardit: 9 PbS · 8 $(Sb, As)_2S_3$; monoklin. Grauschwarzes Mineral in Paragenese mit anderen Pb-Sulfantimoniden, von Ontario (USA). Im Auflicht weiß, hoher Reflexionspleochroismus.

Bleiwismutspießglanze

Ustarasit: PbS · 3 Bi_2S_3; prismatische xx mit ⋕ 4; H $2^1/_2$; silbergrau, Mgl. VR China.

Bonchevit: $PbBi_4S_7$; rhombisch. Ähnlich Aikinit; H $2^1/_2$ (VH 129 bis 205); D 6,9. Aus Bulgarien.

Galenobismutit: PbS · Bi_2S_3; rhombisch; strahlige Aggregate nadeliger xx; diese oft gebogen und gedreht; H $2^1/_2$; D 7,1. Zinnweiß; starker Mgl.; Str. schwarz; manchmal gelb oder bunt angelaufen. Schwer erkennbar. Ziemlich verbreitet. Grube Rammelsberg (b. Goslar, BRD; bes. im sog. »Kniest«); Ko-Grube (Nordmarken, Schweden); rezent auf Vulcano (Liparische Inseln, Italien).
Weibullit: wohl ein Galenobismutit mit 12 bis 14% Se. Falun (Schweden).

Cannizarit: $Pb_3Bi_5S_{11}$ (?); monoklin; Vulcano (Liparische Inseln, Italien).

Cosalit: 2 PbS · Bi_2S_3; rhombisch; örtlich mit Se-Gehalt. Aggregate säuliger xx und radiale faserige Massen. Auch körnig, derb, meist dicht. H $2^1/_2$ bis 3; D 6,7 bis 6,8. Blei- bis stahlgrau; Mgl. Ziemlich verbreitet. Baitsa Bihorului (Rumänien); Cosala (Mexiko).

Kobellit: 6 PbS · 2 Bi_2S_3; rhombisch; sehr ähnlich Cosalit. Aggregate von strahligen xx oder von rundlichen Körnern. H $2^1/_2$; D 6,3. Blei- bis stahlgrau. Stets verwachsen mit Galenit. Nur Vena (Schweden).

Giessenit: 8 PbS · 3 Bi_2S_3; rhombisch. Feine grauschwarze Nädelchen auf PbS. Binnatal (Schweiz).

Heyrowskyit: $6(Pb_{0,86}Bi_{0,08}(Ag, Cu)_{0,04})S \cdot Bi_2S_3$; rhombisch. Bis 20 mm lange zinnweiße xx in Quarzadern (ČSSR). Paragenese: Pyrit, Sphalerit, Galenit, Molybdänit, Chalkopyrit.

Neyit: 7 PbS · 3 Bi_2S_3 · $(Cu, Ag)_2S$; monoklin. Prismatisch nadelige bis tafelige bleigraue xx (0,1 bis 3,0 mm) aus Mo-Lagerstätte von Brit.-Columbia (Kanada). Paragenese: Neben Pb–Zn-Sulfiden Aikinit, Molybdänit, Nuffieldit, Cosalit, Tetraedrit. H $2^1/_2$; D 7,02. Im Auflicht mit kräftigen Polarisationsfarben.

Tintinait: 5 PbS · 4 $(Sb, Bi)_2S_3$; rhombisch. Kobellitabart, aus Schweden und Kanada.

9 Halogenide

9.1. Allgemeines

Die vier Halogene F, Cl, Br und I bilden in der Natur in Form der Fluoride, Chloride, Bromide und Iodide, allgemein der Halogenide oder Halide, zahlreiche und z. T. wirtschaftlich wichtige Minerale. Die Gliederung dieser Minerale wird wie folgt durchgeführt:

- Fluorit-Kryolith-Gruppe, in der alle Fluoride zusammengefaßt werden
- Halit–Sylvin-Gruppe mit den einfachen (wasserfreien) Alkalichloriden
- Carnallit–Bischofit-Gruppe, die alle komplexen und wasserhaltigen Leichtmetallchloride umfaßt
- Chlorargyrit–Atacamit-Gruppe mit den Schwermetallhalogeniden und -oxidhalogeniden

Diese Einteilung ist weitgehend chemisch und paragenetisch begründet, läßt aber auch die strukturellen Gemeinsamkeiten erkennen. Dazu sollen einige Erläuterungen gegeben werden:
Die Halogenide der ersten drei Gruppen sind weit überwiegend Fluoride und Chloride der Leichtmetalle (Alkalien, Erdalkalien, untergeordnet Aluminium); sie haben meist ausgeprägte ionare Bindung. Da die Kationen eine niedrige Ladung und einen relativ großen Ionenradius haben, ist ihre polarisierende Wirkung auf die Fluorid- und Chloridanionen gering (vgl. Kap. 2.2.2. und 2.4.1.). Die Folge ist, daß diese Minerale farblos und durchsichtig sind. Weitere gemeinsame Eigenschaften sind niedrige Lichtbrechung, Glasglanz sowie geringe Dichte. Während die Chloride (insbesondere der Alkalien) sehr leicht in Wasser löslich sind, sind fast alle Fluoride schwer löslich. Auch dies ist auf die relativ geringe Größe des Fluoridions (1,33 Å) und damit die andersartige Koordination der Fluoride zurückzuführen.
Demgegenüber haben die Minerale der 4. Gruppe deutlich abweichende physikalische Eigenschaften. Die Schwermetallionen polarisieren die Halogenid-Anionen stark, so

daß homöopolare Bindungstendenzen entstehen und diese Verbindungen überwiegend farbig sind, hohe Lichtbrechung und stärkeren Glanz (bis Diamantglanz) sowie höhere Dichten und geringere Löslichkeiten haben.
Auch genetisch sind diese Gruppen deutlich voneinander unterschieden. Die Fluoride haben ihren Bildungsschwerpunkt im postmagmatischen Bereich, sind also hauptsächlich pegmatitisch bis hydrothermal entstanden; dementsprechend sind sie insbesondere Parageneseminerale der Sulfide. Die leicht wasserlöslichen Minerale der Gruppen 2 und 3 scheiden sich in ihrer großen Masse aus eindunstendem Wasser aus und finden sich entweder in den Ausscheidungen der kontinentalen Salzseen oder als Fällungsprodukte mariner Becken als riesige Salzlagerstätten, meist in Paragenese mit Sulfaten. Ganz anders bilden sich die Schwermetallhalogenide der 4. Gruppe. Diese zahlreich, aber selten in großen Mengen auftretenden Chloride, Bromide und Iodide sind fast ausnahmslos Minerale, die in den Oxydationszonen von (Bunt-) Metall-Lagerstätten, insbesondere in ariden Gebieten, sekundär entstehen. Die Oxidhalogenide bauen unter diesen oxydierenden Bedingungen zusätzlich Sauerstoff (auch OH und H_2O) in das Gitter ein und bilden damit Übergänge zu den Oxiden.

9.2. Fluorit–Kryolith-Gruppe

In dieser Gruppe werden (Leichtmetall-)Fluoride zusammengefaßt; sie sind den beiden Hauptvertretern dieser Gruppe, dem Fluorit oder dem Kryolith, chemisch und strukturell verwandt.

Fluorit: CaF_2 Flußspat

Entdeckung: Bereits von AGRICOLA 1529 als *Fluores* bezeichnet. Flußspat stammt von CRONSTEDT 1778, Fluorit von NAPIONE 1797. »Flußspat« wegen der Verwendung als Flußmittel bei der Verhüttung von Erzen.

Chemismus: Theor. 51,2% Ca, 48,8% F. Diadoche Vertretung des Ca durch Seltene Erden (bis zehntel Prozent), bei höheren Gehalten die Varietäten *Yttrofluorit* und *Cerfluorit*. Durch geringe Urangehalte entstehen als Strahlungsprodukte atomares Fluor, dessen Geruch beim Anschlagen von dunklen Varietäten (»Stinkspat«) typisch ist; auch Helium. Weiter Spuren von Fe, Cl, verschiedentlich auch bituminöse Verunreinigungen.

Kristallogr.: Kubisch (hexakisoktaedrisch). Charakteristisches Fluoritgitter (s. Bild 2.20) mit gegenseitiger [4]- und [8]-Koordination. Häufig (in Drusenhohlräumen) gute würflige Kristalle verschiedentlich bis dm-Größe, in Kombination mit Oktaeder (111) und Rhombendodekaeder (110); selten (111) und (110) allein. Die Flächen verschiedentlich matt, gestreift oder parkettiert (vgl. Bild 2.44). Durchdringungszwillinge nach (111) sind relativ häufig (s. Bild 9.1). Die Hauptmenge tritt in körnig-spätigen Massen auf, verschiedentlich auch dicht und gebändert.

Physik. Eigensch.: Selten farblos-durchsichtig, meist schön farbig oder gefärbt in allen Tönungen, oft zonar. Charakter bzw. Ursache der Färbung unterschiedlich, so

Bild 9.1. Fluoritwürfel, verzwillingt, mit Spaltrissen nach dem Oktaeder (111). Halsbrücke b. Freiberg (DDR), $^1/_2$ nat. Größe [221]

z. B. Spurenelemente, Gitterfehler, mechanische Beimengung und radioaktive Einwirkung usw. Strich weißlich, Glasglanz, geringe Lichtbrechung (n = 1,434) und -dispersion, daher für optische Zwecke nutzbar. D 3,18; H 4, spröde, Spaltbarkeit 4 nach Oktaeder (111)! (s. Bild 9.1). Sehr häufig Fluoreszenz (Name!), beim Erwärmen auch Phosphoreszenz. Elektrischer Nichtleiter, Schmelzpunkt 1392 °C.

Diagnose: Meist an Form, Spaltbarkeit, Härte und Fluoreszenz leicht zu erkennen. Ähnlich evtl. Apatit.

Genese: Überwiegend hydrothermal auf Gängen, gelegentlich in Drusen von Magmatiten, Pegmatiten und Pneumatolyten. Wichtigstes Paragenesemineral ist Baryt, aber auch viele andere hydrothermale Erze und Gangarten wie Galenit, Sphalerit, Quarz, Calcit usw. (s. Bild 9.2). Auch in karbonatisch-sulfatischen Sedimentgesteinen. Weltweit verbreitet! Wichtige Lagerstätten: Straßberg im Harz, Ilmenau im Thüringer Wald, Oelsnitz im Vogtland, auch Freiberg-Halsbrücke (alle DDR), Wölsendorf (BRD), Kalanguj (UdSSR), Frankreich, England, USA; Hauptproduzent Mexiko.

Nutzung: Hauptsächlich in Metallurgie als Flußmittel; zur Herstellung von Flußsäure und künstl. Kryolith, s. auch Tab. 16.27.

Isotyp mit Fluorit sind:

Yttrofluorit: (Ca, Y)$F_{2-2,33}$; er enthält YF_3 als isomorphe Beimischung, meist auch Ce. Im Pegmatit von Hundholmen (N-Norwegen); Chibine Tundra (Kola, UdSSR). *Cerfluorit:* (Ca, Ce)$F_{2-2,33}$; enthält noch Er, Y und wenig H_2O. Finbo und Broddbo bei Falun (Schweden).

Weitere Fluoride sind:

Tysonit (Fluocerit): (Ce, La)F_3; hexagonal. H 4 bis 5; D 6,14. Gelb bis rotbraun. Pikes Peak (Color., USA); wandelt sich in Bastnäsit um. *Treitit:* Ca_{1-x}(Y, SE)$_x$ F_{2+x}($x \approx 0{,}3$); monoklin. Von Telemark (S-Norwegen).

Gagarinit: $NaCaYF_6$; trigonal. Farblos bis rosa, D 4,2 bis 4,5; aus albitisiertem Granit (UdSSR).

Sellait: MgF_2; tetragonal; ideales Rutilgitter. H 5; D 3,15. Bleicherode (S.-Harz, DDR), Grube Clara im Schwarzwald (BRD), Mountiers (Savoyen, Frankreich), in Dolomit-Anhydrit. In Auswürflingen des Vesuvs und Fumarolen am Ätna.

Frankdicksonit: BaF_2; kubisch. Durchs. glasgl. idiomorphe xx, aus hydrothermalen Goldlagerstätten (USA); n = 1,476.

Villiaumit: NaF; isotyp mit NaCl. H 2; D 2,79. Letzte Ausscheidung im Nephelinsyenit des Los-Archipels (Guinea); Chibine Tundra (Kola, UdSSR).

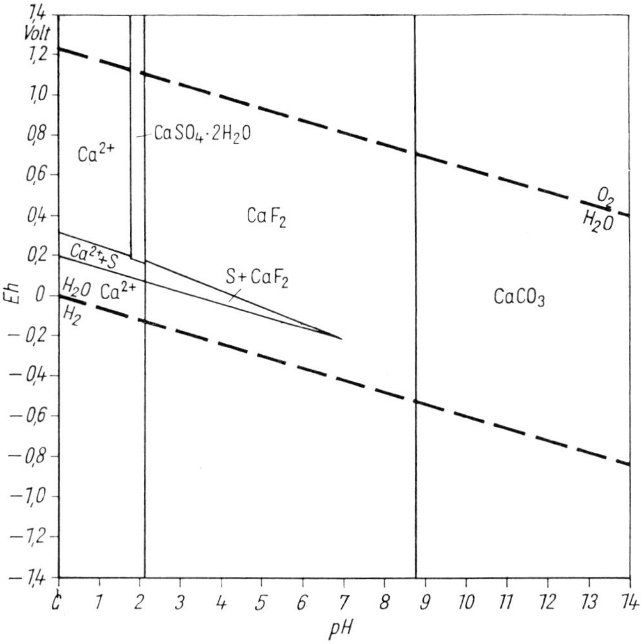

Bild 9.2. Stabilitätsbeziehungen zwischen einigen Kalziumverbindungen im System Ca–S–CO_2–F–H_2O bei 25 °C und 1 bar Gesamtdruck [250]

(Aktivitäten: Σ Ca = $10^{-2,5}$, Σ S = 10^{-2}, Σ [H_2CO_3] + [HCO_3^-] + [CO_3^{2-}] = 10^{-2}, Σ [H_2F_2] + [HF_2^-] + [F_2^{2-}] = $10^{-2,5}$ [mol/l])
Stabile Minerale: Calcit, Fluorit, Gips, Schwefel

Die Bedingungen wurden so gewählt, daß Fluorit gerade noch ausfällt. Fluorit + Calcit sind nur bei *einem* pH wirklich paragenetisch; ansonsten können sie nur *nacheinander* bei Veränderung des pH gefällt werden. Beide sind daher pH-anzeigend! Wenn der Σ F-Gehalt 10^{-3} beträgt, verschwindet das CaF_2-Feld. Dafür dominiert dann Gips/Calcit mit einer Begrenzung der Felder bei pH 6,6

Carobbiit: KF; isotyp mit NaCl; n = 1,362; in Fumarolen der Vesuvlava (Italien).

Fluellit: $AlF_2 \cdot H_2O$; rhombisch; H 3; D 2,17; im Pegmatit von Pleystein und Hagendorf (Oberpfalz, BRD); Mariánské Lázné (ČSSR), als Umwandlung von Triplit.

Neighborit: $NaMgF_3$; rhombisch. Gerundete Körner und verzwillingte Oktaeder (max. 0,5 mm) aus ölführendem Dolomit (Utah, USA). D 3,03.

Kryolith: α-Na_3AlF_6

Monoklines, meist weißes Mineral. Kristalle mit würfligem Habitus, sonst überwiegend derb, spätig und dicht, gelegentlich eingesprengt (z. B. im Granit von Kaffo in Nigeria). Absonderung nach dem Würfel, bedingt durch Zwillingslamellen;

spröde. H $2^1/_2$ bis 3, D 2,95; n_Y = 1,339. Geht bei etwa 500 °C in kubischen β-Kryolith über. Schmilzt sehr leicht und ist in konz. Schwefelsäure leicht löslich. Verwechselungsmöglichkeit mit Anhydrit. Hauptvorkommen im Pegmatit von Ivigtut in Westgrönland, in Paragenese mit Siderit, Galenit, Kassiterit, Quarz, Pyrit u. a.; weiter in UdSSR, USA, Nigeria. Wichtig als Schmelzbad für Al-Elektrolyse, auch Emailherstellung; heute meist künstlich hergestellt.

Weitere *Al-haltige Fluoride* sind:

Thomsenolith: $NaCa[AlF_6] \cdot H_2O$; monoklin. Opalartige Krusten und stalaktitisch. H 2; D 2,981. Farblos. Im Kryolith von Ivigtut (Grönland); Miass (Ilmengeb., UdSSR), Pikes Peak (Color., USA).

Pachnolith: $NaCa[AlF_6] \cdot H_2O$; monoklin. Dimorph mit Thomsenolith. D 2,983. Ivigtut (Grönland), als Umbildung von Kryolith; Pikes Peak (Color., USA).

Chiolith: $Na_5[Al_3F_{14}]$; tetragonal. Meist körnig wie Kryolith. H $3^1/_2$ bis 4; D 2,998; schneeweiß bis fast farblos. Miass (Ural, UdSSR) in Kryolith-Pegmatit. Ivigtut (Grönland), z.T. in Massen im Kryolith.

Weberit: $Na_2Mg[AlF_7]$; rhombisch. Körner und Aggregate, auch als Einschlüsse im Kryolith. H $3^1/_2$; D 2,96; hellgrau. n_Y = 1,348. Ivigtut (Grönland).

Ralstonit: $Na_x(Al_{2-x}Mg_x)(F, OH)_6 \cdot H_2O$; $x \sim {}^3/_8$; kubisch. H $4^1/_2$ D 2,56 bis 2,62; farblos n = 1,399. In Hohlräumen des Kryoliths von Ivigtut (Grönland); Pikes Peak (Color., USA).

Kryolithionit: $Na_3Li_3[AlF_6]_2$; kubisch, isotyp mit Granat; Kristallformen wie Granat, farblos; H $2^1/_2$, D 2,78. Ivigtut (Grönland); Miass (Ural, UdSSR).

Elpasolith: $K_2Na[AlF_6]$; kubisch; H $2^1/_2$; D 2,995. Farblos. Pikes Peak (El Paso Co., USA), in kryolithführendem Pegmatit.

Jarlit: $NaSr_2[AlF_6] \cdot [AlF_5H_2O]$; monoklin; H 4 bis $4^1/_2$; D 3,93. Farblos. Ivigtut (Grönland).

Boldyrevit: $CaNaMg[AlF_5(F, H_2O)]$; optisch isotrop, n = 1,383. In Lava von Kamčatka (UdSSR).

Gearksutit: $Ca[Al(F, OH)_5H_2O]$; pseudotetragonal. Ähnlich Kaolin oder Kreide. H 2; D 2,768. n_Y 1,454. Sekundär; im Kryolith von Ivigtut (Grönland); im Pegmatit von Pikes Peak (USA); Miass (Ural, UdSSR).

Paragearksutit: $Ca_4Al_4F_8(F, OH)_{12} \cdot 3\ H_2O$; derbe weiße Massen, sonst wie Gearksutit.

Carlhintzeit: $Ca_2AlF_2 \cdot H_2O$; triklin. Winzige farblose xx′, von Hagendorf (BRD).

Jaroslawit: $Ca_3[Al_2F_{10}(OH)_2]$; rhombisch. Weiße dünne konische xx, radialstrahlig, in Oxydationszone von Fluorit-SE-Lagerstätte in Sibirien. Paragenese: Sellait, Turmalin, Gearksutit, Chuchrovit. H $4^1/_2$; D 3,09; n_x = 1,413.

Chuchrovit (Čuchrovit): $(Ca, Y, Ce)_{>3}[(Al_7F_6)_2/SO_4] \cdot 10\ H_2O$; kubisch. In Oxydationszone der W–Mo-Lagerstätte von Kara-Oba in Kasachstan (UdSSR).

Usovit: $Ba_2MgCa[Al_2F_{14}]$. Braune kleine xx, in Fluoritgängen in der Nähe von Alkalisyeniten des Jenisseigebietes (UdSSR). Paragenese: Phengit, Zeolithe, Halloysit u. a.; H $3^1/_2$; D 4,18; n_Y = 1,442.

Tichonenkowit (Tikhonenkovit): $SrAlF_4(OH) \cdot H_2O$; monoklin. Blaßrosaf. xx, rosettenförmig, aus Oxydationszone der Eisenerzlagerstätte Karasug (UdSSR); mit Hämatit, Limonit, Gearksutit, Coelestin, Strontianit u. a. D 3,26; n_Y = 1,456.

Fluoride mit einer $[BF_4]$-Gruppe (**Borofluoride**):

Ferruccit: $Na[BF_4]$; rhombisch; isotyp mit Anhydrit. D 2,496. Farblos. In Fumarolen des Vesuvs (Italien).

Avogadrit: $K[BF_4]$; rhombisch; isotyp mit $Na[BF_4]$; D 2,505. Farblos. In Fumarolen des Vesuvs (Italien).

Prosopit: $Ca[Al(F, OH)_4]_2$, monoklin. H $4^1/_2$; D 2,894. Farblos, durchsch. Im Greisen von Altenberg (DDR) und Slavkov (ehem. Schlaggenwald, ČSSR). Oft umgewandelt in Kaolinit oder Fluorit. Kryolith-Pegmatit von Pikes Peak (Color., USA).

Fluoride mit einer $[SiF_6]$-Gruppe (**Silicofluoride**):

Malladrit: $Na_2[SiF_6]$; trigonal; D 2,714. Hell rosa, weiß. Krusten auf Vesuvlava.

Hieratit: $K_2[SiF_6]$; kubisch. D 2,665. Farblos, grau; durchsch. Isotyp mit Kryptohalit. Fumarolen auf Vulcano (Liparische Inseln) und Vesuv (beide Italien). Auch künstlich.

Kryptohalit: $(NH_4)_2[SiF_6]$; kubisch; H $2^1/_2$; D 2,004. Farblos. Vorkommen wie Bararit.

Bararit: $(NH_4)_2[SiF_6]$; trigonal; D 2,152; weiß. Als Sublimat am Vesuv; sublimierte Krusten über brennendem Kohlenflöz (Barari, Indien).

9.3. Halit–Sylvin-Gruppe

Diese Gruppe der Na- und K-Chloride besteht praktisch nur aus den beiden wichtigen einfachen wasserfreien Mineralen Halit und Sylvin. Beide Minerale sind sich in ihren Haupteigenschaften so ähnlich, daß beim Sylvin (trotz seiner großen praktischen Bedeutung) eine verkürzte Darstellung möglich ist.

Halit: NaCl Steinsalz

Entdeckung: Als eßbares und lebensnotwendiges »Kochsalz« seit Jahrtausenden bekannt; als Mineral 1847 von GLOCKER beschrieben. Halit vom gr. *halos* = Meer (da Salz aus Meerwasser gewonnen wird), »Steinsalz« von den bergmännisch gewonnenen Salzgesteinen (z. B. des Zechsteins) abgeleitet.

Chemismus: Theor. 39,4% Na, 60,6% Cl. In sedimentären Bildungen kein diadocher Einbau anderer Elemente ($\leqq$ 0,05% Br für Cl); als hochtemperiertes Fumarolenprodukt jedoch mit KCl vollkommen mischbar (vgl. Bild 4.38). Häufig mechanische Einschlüsse und Verunreinigungen von $MgCl_2$, KCl, Flüssigkeits- und Gaseinschlüssen, tonigen und organischen Substanzen usw.

Kristallogr.: Kubisch (hexakisoktaedrisch); charakteristisches ionares Halitgitter (s. Bild 2.17, 2.18 und 9.3) mit gegenseitiger [6]-Koordination von Na und Cl. Kristalle fast ausschließlich würflig (s. Bild 9.4), selten Zwillingsbildung; in eindunstenden Solen Skelettkristalle (s. Bild 9.5). Lockere Salzsedimente feinkörnig, in umkristallisierten (metamorphen) Salzlagerstätten grobkristalline Massen (»Steinsalz«).

Physik. Eigensch.: Farblos bis weiß, oft gefärbt (durch Ton grau, durch Eisenoxide rot und braun, durch bituminöse Substanzen bis schwarz). Fleckig-blauer Halit entsteht lokal wahrscheinlich durch geringe radioaktive Einwirkung (neutrale Na-Atome entstehen durch Einwirkung von Rb-Strahlung; auch künstlich durch Röntgenstrahlen zu erzeugen). Glasglanz, n = 1,544. H 2, spröde, Spaltbarkeit 5 nach (100), aber auch plastische Verformung (s. Bilder 2.67 und 2.77). D 2,1. Leicht in Wasser löslich (bis 35%), salziger Geschmack. Schmelzpunkt 800 °C.

Diagnose: Unverkennbar ist der salzige Geschmack. Gelbe Flammenfärbung.

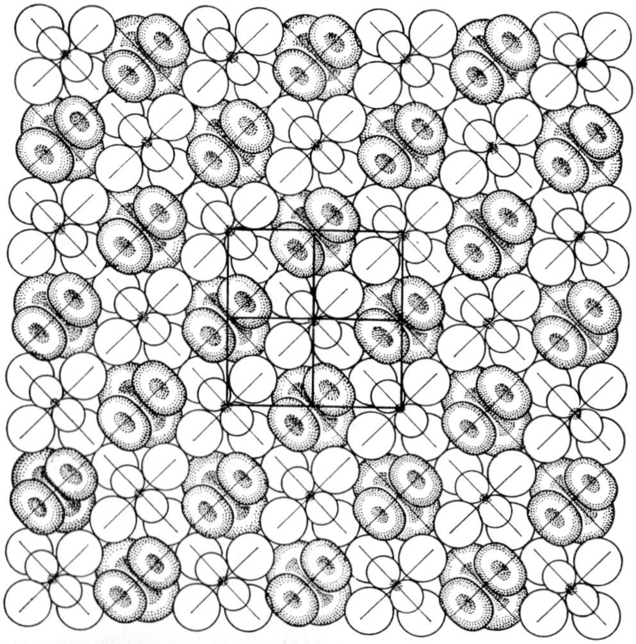

Bild 9.3. Elektronenartige Darstellung des Halitgitters, in der Ebene (001) [276]. In der Mitte ist eine Elementarzelle angedeutet

Bild 9.4. Verwachsung von Halit (idiomorph, weiß) und Sylvin (hellgrau). Soligorsk (UdSSR); Dünnschliff, Vergr. 4 × [44]

a)

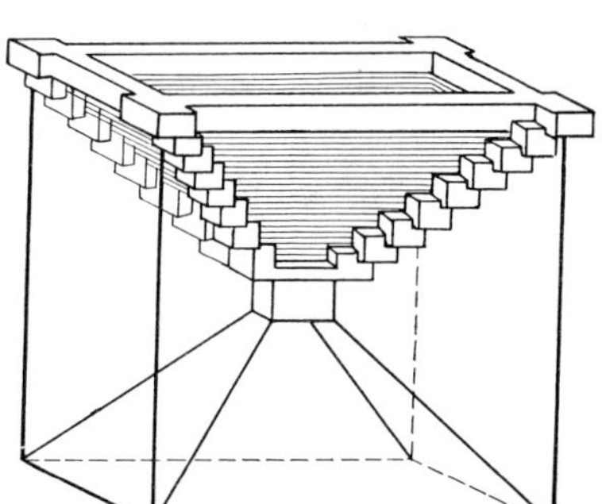

b)

Bild 9.5. Halitskelette, sog. Schiffchen

a) von oben gesehen, Vergr. ≈ 2×, Saline Dürrenberg (DDR) [44]

b) kristallographische Deutung [32]

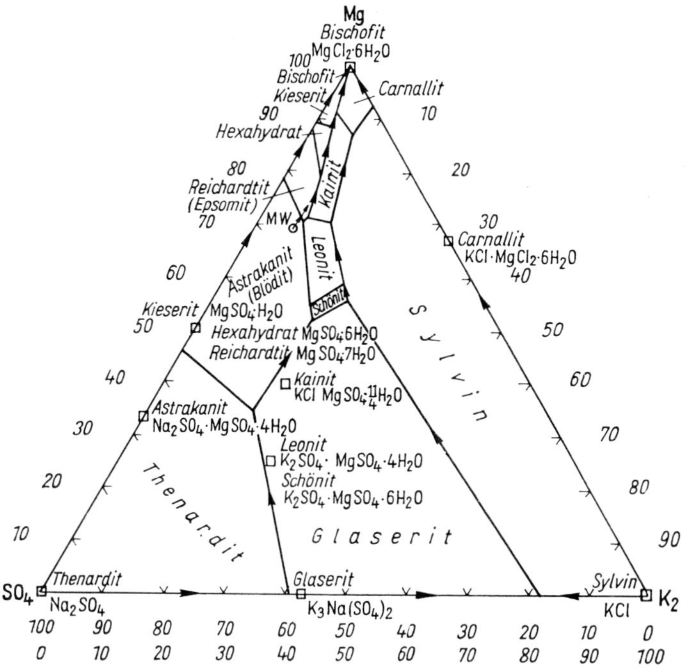

a)

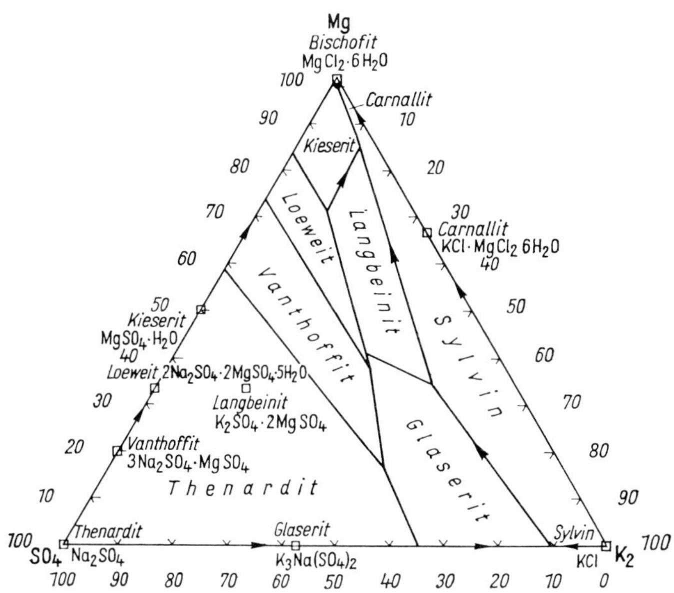

b)

Bild 9.6. Salzparagenesen bei verschiedenen Bildungstemperaturen [250] (statt Loeweit lies Löweit)

a) Gleichgewichtsbeziehungen im quinären System zur Darstellung von Salzabscheidungen aus Meerwasser bei 25 °C und 1 bar; MW ≡ Konzentration des Meerwassers (Das Diagramm zeigt den Kristallisationsverlauf von Ausscheidungen aus Salzlösungen = Meerwasser. Es wird Ca-Freiheit angenommen wegen bereits erfolgter Abscheidung von $CaCO_3$. Die Lösung ist NaCl-gesättigt.) *Erläuterung:* Im Diagramm sind Punkte (kleine Quadrate) dargestellt, die der chemischen Zusammensetzung bestimmter Minerale entsprechen. Außerdem sind Bildungsfelder eingetragen, in denen sich die betreffenden Minerale abscheiden. Der Chemismus der Lösung entwickelt sich zuerst von einer Ausgangskonzentration längs einer Linie, die auf einer Geraden zwischen dem Mineralpunkt und dem Punkt der Konzentration der Lösung liegt. Entsprechend der allgemeinen Zunahme der Löslichkeit in Richtung des Bischofits entwickelt sich die Lösung in Richtung auf diesen Punkt. Nach Erreichen von Kristallisationsbahnen (Linien mit Pfeilen) erfolgt die weitere Entwicklung wie vorgezeichnet. Der Verlauf der Kristallisationsbahnen kennzeichnet die Unterschiede in der Löslichkeit der einzelnen Salzminerale. Zum Vergleich ist die Salzkonzentration des Meereswassers (MW) eingetragen. Bei Eindampfungsprozessen werden folgende Minerale ausgefällt:

1. Astrakanit + NaCl
2. Reichardit + NaCl
3. Reichardit + Kainit + NaCl
4. Kainit + Hexahydrat + NaCl
5. Kainit + Kieserit + NaCl
6. Kieserit + Carnallit + NaCl
7. Bischofit + Carnallit + Kieserit + NaCl

b) Gleichgewichtsbeziehungen im quinären System zur Darstellung von Salzabscheidungen aus Meerwasser bei 83 °C und 1 bar (Erläuterung wie bei Bild 9.6a) *Besonderheiten:* geringere paragenetische Vielfalt; Auftreten von Vanthoffit, Löweit, Langbeinit; Wegfall von Astrakanit, Schönit, Leonit, Kainit, Reichardit, Hexahydrat (stark H_2O-haltige Minerale); Vergrößerungen des Thenarditfeldes; Verkleinerung des Sylvin- und Glaseritfeldes

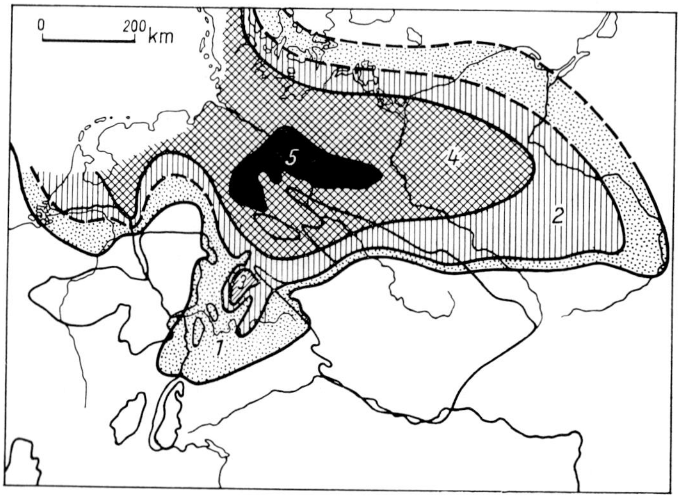

Bild 9.7. Verbreitung der Zechsteinsedimente in Mitteleuropa [103]

1 salzfreie Randzone
2 nur Halitit ist abgeschieden
3 Halitit + Kalisalze (Werra-Serie)
4 Halitit + Kalisalze (Staßfurt-Serie)
5 Halitit + Kalisalze (Leine-Serie)

Genese: Die Hauptmenge des Halits entsteht unter sedimentären Bedingungen als Fällungsprodukt eindunstenden Meerwassers (s. Bild 4.16), meist in lagunenartig abgetrennten Meeresbecken heißer Klimazonen (sog. Barrentheorie); rezente Beispiele sind der Karabogas-Gol am Ostufer des Kaspischen Meeres und der Baskunčaksee am Unterlauf der Wolga. Je nach Löslichkeit entsteht eine gesetzmäßige, zeitlich sich wiederholende Ausfällung vieler anderer Salzminerale, auch von Gips (s. Bild 9.6). Ähnlich haben sich in der geologischen Vergangenheit riesige Salzlager gebildet, in Europa insbesondere im Zechstein (s. Bild 9.7). Diese Sedimente kristallisierten mit der Zeit um und wurden z. T. durch tektonische Vorgänge zu Diapiren aufgepreßt und gefaltet (s. Bild 4.17). Neben den oft über 100 m mächtigen Halitgesteinen (Halitit) sind die oft mit ihnen vergesellschafteten Kalilager (s. Sylvin und Carnallit) von großer wirtschaftlicher Bedeutung. Wichtige Halitlagerstätten sind z. B. Bernburg und Staßfurt (DDR), Hannover (BRD), Salzkammergut, Hallein u. a. (Österreich), Wieliczka bei Kraków (VR Polen), Solikamsk und Slavansk-Artemovsk (UdSSR), England, Spanien u. a. Den Halit begleiten fast stets Anhydrit, Gips sowie tonige und karbonatische Sedimente, auch Kalisalze (vgl. Bild 9.13). Weiterhin bildet sich Halit als Salzausblühung der Böden in ariden Gebieten (sog. Solontschak), auch als Sublimat an Vulkankratern.

Nutzung: Vielseitige Bedeutung (vgl. Tab. 16.27, 16.28, 16.31, 16.32)

- Rohstoff für Natrium, Chlor, Salzsäure, Ätznatron usw.
- als »Speisesalz« (meist aus Salzsolen oder Meeressalinen gewonnen)
- als Konservierungsmittel für Nährmittel und Rohstoffe
- als Reduktionsmittel, als Sorbens, als Katalysator u. v. a.

Salmiak (Salammoniak): α-NH_4Cl; kubisch; sehr plastisch. D 1,532; farblos, weiß. n = 1,639. Zuweilen ist $FeCl_3$ bis zu 12% beigemengt. Fumarolen am Vesuv, Ätna, Stromboli, Vulcano (Italien); besonders dort, wo die Lava über Erde und Pflanzen geflossen ist. Sublimat auf brennenden Kohlenflözen; auch in Guanolagern.

Sylvin: KCl

Entdeckung: Erstmalig beschrieben von BEUDANT 1832, benannt nach einem französischen Chemiker.

Chemismus: Theor. 52,44% K, 47,56% Cl. Das Chlor wird stets in geringen Mengen durch Brom ersetzt (meist 0,01 bis 0,1%), das Kalium durch Spuren von Rubidium und auch Caesium. Alle anderen feststellbaren Elemente entstammen mechanischen Verunreinigungen (NaCl, Fe_2O_3) oder Gas- und Flüssigkeitseinschlüssen (N_2, CO_2, H_2, He); (vgl. Bild 9.8).

Kristallogr.: Kubisch (hexakisoktaedrisch), mit Halitstruktur (vgl. Bild 2.17, aber $a_0 = 6{,}277$). Die würfligen xx sind im Gegensatz zum Halit meist mit (111) kombiniert (s. Bild 9.9). Von Interesse ist auch die unsymmetrische Lage von Ätzfiguren, die auf Einwirkung optisch aktiver Substanzen zurückzuführen ist. Zwillinge und Aggregate wie beim Halit.

Physik. Eigensch.: In den Haupteigenschaften gleich oder ähnlich dem Halit (s. Bild 9.10). Abweichend ist die Dichte von 1,99, der stechendsalzige Geschmack (Diagnosemerkmal!) sowie bei klaren Kristallen die gute Durchlässigkeit für langwellige Wärmestrahlung (Prismen für UR-Spektroskopie). Schmelzpunkt 790 °C; n = 1,490; violette Flammenfärbung.

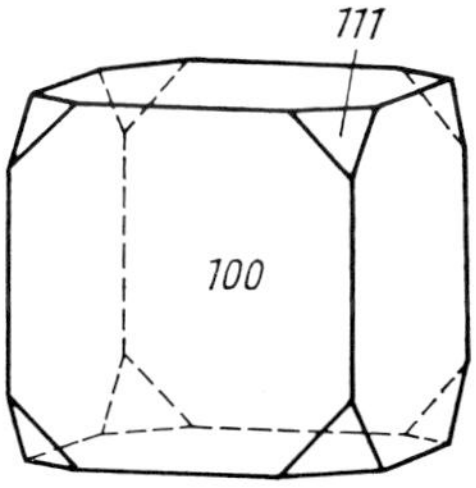

Bild 9.9. Sylvinkristall

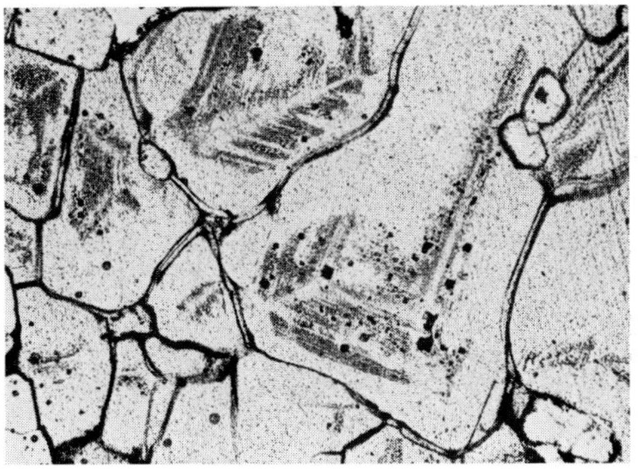

Bild 9.8. Reliktgefüge in Sylvin (sog. Tressenstruktur).
Soligorsk (UdSSR), Dünnschliff, Vergr. 20 × [44]

Bild 9.10. Sog. Hartsalz (Kieserit–Halit–Sylvinit), bestehend aus Sylvin (hellgrau, gute Spaltbarkeit), Halit und Kieserit (hell). Merkers (Rhön, DDR), Flöz Hessen; Dünnschliff, Vergr. 9 × [44]

Genese: Wie Halit, aber noch leichter löslich. Daher primär in Salzlagerstätten als Spätausscheidung (vgl. Bild 4.16), häufig auch durch metasomatische Umwandlung von Carnallititen entstanden (s. Bild 9.13); selten als Sublimat an Vulkanbauten. Die großen europäischen Salzlagerstätten haben meist permisches Alter (Zechstein): in der DDR das Werra- und Südharzrevier, in der BRD bei Hannover, in der Sowjetunion in Solikamsk; tertiäres Alter haben die Kalisalze des Elsaß (Frankreich). Weitere große Lagerstätten in Kanada u. a.

Nutzung: Wichtigstes Kalidüngemittel, geringe Mengen in der chemischen Industrie zur Herstellung von Kalisalzen (vgl. auch Tab. 16.27 und 16.29).

9.4. Carnallit–Bischofit-Gruppe

In dieser Gruppe werden alle komplexer zusammengesetzten Chloride (einschließlich der wasserhaltigen) zusammengefaßt und aus genetisch-paragenetischen Gründen auf die Leichtmetalle, also Alkalien, Erdalkalien und das Aluminium, beschränkt. Die meisten Minerale dieser Gruppe kommen in Salinarsedimenten und Salzlagerstätten vor, einige wenige auch als Sublimate an Vulkanen. Das wirtschaftlich bedeutendste Mineral ist der Carnallit.

Carnallit: $KMgCl_3 \cdot 6\,H_2O$

Entdeckung: Im Jahre 1856 von Rose beschrieben, benannt nach dem Berghauptmann v. Carnall.

Chemismus: Theor. 14,1% K, 8,7% Mg, 38,3% Cl, 38,9% H_2O. Fast stets geringe Gehalte an Br (für Cl, bis 0,5%, gewinnbar) sowie Na, Rb und Cs (für K, Rb bis 0,2%), gelegentlich Spuren von Li, Tl und NH_4; Mg wird durch geringe Gehalte an Fe vertreten, das nach Oxydation das Mineral (durch Hämatit-Bildung) oft charakteristisch rot färbt. Ansonsten, wie bei Halit und Sylvin, häufig mechanische Verunreinigungen sowie Gas- und Lösungseinschlüsse.

Kristallogr.: Rhombisch (dipyramidal). xx mit pseudo-hexagonaler Form sind selten (s. Bild 9.11), meist gesteinsbildend in dichten körnigen Massen. Häufig polysynthetische Zwillinge (s. Bild 9.12).

Physik. Eigensch.: Selten weiß oder farblos, meist gelb, rot und braun durch Eisenoxide gefärbt. Glas- bis Fettglanz ($n_Y = 1{,}475$). H 1 bis 2, spröde, ohne Spaltbarkeit, Br. muschlig. D 1,60. Leicht löslich, stechend bitterer Geschmack, stark hygroskopisch (zerfließlich). Beim Lösen in Wasser meist knisterndes und bei mechanischer Beanspruchung knirschendes Geräusch. Fluoresziert meist stark.

Diagnose: Typisch sind Salinarparagenese, Alkohollöslichkeit, Knirschen bei mechanischer Beanspruchung und Geschmack.

Genese: Eine der letzten Ausscheidungen in Salzseen und marinen Eindunstungsbecken. In Salzlagerstätten mächtige Sedimente, die z. T. metasomatisch durch Wasser zu Sylviniten (Hartsalz) umkristallisieren (s. Bild 9.13). In großen Mengen in den Salzlagerstätten der DDR (s. Halit und Sylvin), der BRD, in Solikamsk und Kalusz (UdSSR) usw.

Bild 9.11. Carnallitkristall, pseudohexagonal-pyramidal, mit angewachsenem Halit. Vergr. ≈ 2×
Alexandershall (DDR) [253]

Bild 9.12. Polysynthetische Verzwillingung von Carnallit
Dünnschliff, Vergr. ≈ 10 × [44]

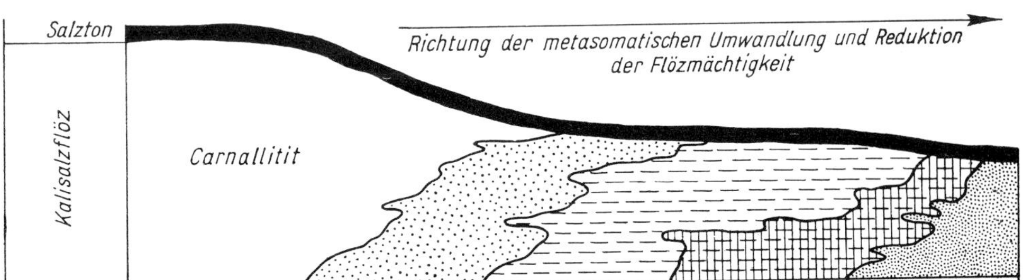

Gestein / % Minerale	Carnallitit	kieseritisches Hartsalz	kieseritisches polyhalitisches Hartsalz	langbeinitisch polyhalitisches Hartsalz	Vertaubung
Carnallit	52,0	3,5	1,6	0,3	0,6
Sylvin	—	28,9	22,9	13,7	1,5
Polyhalit	—	3,1	10,1	9,3	6,7
Langbeinit	—	—	1,0	17,7	0,6
Kieserit	12,0	18,8	14,4	6,9	2,4
Anhydrit	1,8	2,5	2,1	0,4	1,4

Bild 9.13. Schema der metasomatischen Umwandlung eines Carnallit-Flözes über eine Umwandlungszone (Hartsalz aus Sylvin–Polyhalit–Langbeinit) bis zur sog. Vertaubung [125]. Unstrut-Kalirevier (DDR)

Nutzung: Wichtiger Rohstoff für die Herstellung von Kalidüngemitteln, auch für Gewinnung von Magnesium und Brom (vgl. Tab. 16.27 und 16.29).

Weitere komplexe Leichtmetallchloride sind:

Almerait: $KCl \cdot NaCl \cdot MgCl_2 \cdot H_2O$ (?); rötliche körnige Aggregate aus dem Salzlager Suria (Prov. Barcelona, Spanien). Vielleicht ein Gemenge von Carnallit und Halit.

Tachyhydrit: $CaCl_2 \cdot 2\,MgCl_2 \cdot 12\,H_2O$; trigonal; derb, oft in Knollen. # 4 $(10\bar{1}1)$; H 2; D 1,667. Wachs- oder honiggelb, auch farblos; sehr zerfließlich. $n_0 = 1{,}520$. In carnallitischen Kalisalzen, hier regional und stratigraphisch begrenzte Vorkommen, Entstehung noch unsicher. Staßfurt und Teutschenthal b. Eisleben (DDR). In Brasilien m-mächtige Lagerstätten.

Chloraluminit: $AlCl_3 \cdot 6\,H_2O$; trigonal; Krusten und Stalaktiten; xx sind rhomboedrisch; farblos, gelblich; zerfließlich. $n_0 = 1{,}560$. In Fumarolen am Vesuv, mit Molysit und Chloromagnesit.

Cadwaladerit: $Al(OH)_2Cl \cdot 4\,H_2O$; opt. isotrop. n = 1,513; D 1,66; zitronengelbe Körner. Im Sulfatlager des Cerro Pintados bei Iquique (Chile).

Koenenit: Etwa (Mg, Al) (OH, O) (OH, Cl); hexagonal oder pseudohexagonal. Krusten aus undeutl. xx; spitze Skalenoeder und Rhomboeder; auch tafelig; # 4 (0001); H ~ $1^1/_2$; D 1,98. Rein farblos, meist gelb bis dunkelrot. $n_{OE} = 1{,}55$; 1,58. Im Salzton und Hauptanhydrit; Kalirevier Hannover (BRD).

Bischofit: $MgCl_2 \cdot 6\,H_2O$

Monoklin. Körnig, blättrig, auch fasrig; xx kurzprismatisch nach [001]. Polysynth. Zwillingslamellen durch Druck. H 1 bis 2; D 1,604; farblos; zerfließlich. $n_Y = 1{,}507$. Bestandteil von Salzlagerstätten. In Staßfurt (DDR) neben Carnallit, Halit und Kieserit sporadisch in knollenförmigen Anreicherungen im obersten Teil des Kalilagers, ferner in Vienenburg und Leopoldshall (Gebiet Staßfurt). Nestförmige Anreicherungen wurden zeitweise selektiv gewonnen. In der Prikaspi-Senke (UdSSR) mächtige Bischofit-Lager.

Hydrohalit: $NaCl \cdot 2\,H_2O$; monoklin; aus Salzwasser bei sehr großer Kälte gebildet; so von Hallein bei Salzburg (Österreich). Stabil unter −5 °C.

Antarcticit: $CaCl_2 \cdot 6{,}25\,H_2O$; hexagonal. Nadelartige Aggregate, die aus konz. $CaCl_2$-Lösung eines Sees ausfallen, aus Antarktis. *Sinjarit* ist $CaCl_2 \cdot H_2O$. Von Sinjar (Irak).

Es folgen einige Kalium-Schwermetall-Chloride:

Rinneit: $K_3Na[FeCl_6]$; trigonal. Körnig; D 2,347. Starker Glasglanz, oft Seidenglanz; farblos, grün, auch rosa, gelb und braun. Überzieht sich bei Wassereinwirkung (Luftfeuchtigkeit) mit dichter, brauner Kruste. $n_0 = 1{,}5886$; z. B. Salzdetfurth; Flöz Riedel bei Hannover (alle BRD); auch im Werra-Gebiet (DDR).

Chloromanganokalit: $K_4[MnCl_6]$; isotyp mit Rinneit. H $2^1/_2$; D 2,31; blaßgelb, $n_Y = 1{,}59$; zerfließt schnell. In Bomben des Vesuvs.

Mitscherlichit: $K_2[CuCl_6(H_2O)_2]$; tetragonal. D 2,418; grünlich blau. $n_0 = 1{,}6365$. Stalaktitisch auf dem Kraterboden des Vesuvs.

Douglasit: $K_2[Fe^{2+}Cl_4(H_2O)_2]$; monoklin. Selten. Grobkörnige Massen mit Carnallit, Halit. Lichtgrün, wird braunrot; $n_0 = 1{,}488$. Douglashall bei Staßfurt (DDR).

Erythrosiderit: $K_2[Fe^{3+}Cl_5H_2O]$; rhombisch. Rubin- bis braunrot; schnell zerfließend; D 2,372; $n_Y = 1{,}75$. In Fumarolen des Vesuvs neben Molysit und Hämatit; auch vom Ätna. In Staßfurt als Beschlag auf Rinneit. Im *Kremersit* ist K z. T. durch NH_4 ersetzt; er bildet rote, leicht zerfließende pseudokubische xx. Fumarolen des Vesuvs (Italien).

Anhang:

Chloromagnesit: $MgCl_2$. Hexagonale Tafeln, neben NaCl und KCl, in Fumarolen des Vesuvs. Zerfließlich, D 2,325.

Hydrophilit: $CaCl_2$; rhombisch. Als mehlige Krusten in Anhydrit, Gips, Halit; Lüneburg b. Hannover (BRD); auch anderenorts.

Bäumlerit (Chlorocalcit) $KCaCl_3$. Rhombisch (pseudokubisch). H $2^1/_2$ bis 3; weiß, auch violett. $n_Y = 1{,}52$. Fumarolen am Vesuv; Kali-Grube Desdemona (Leinetal, BRD).

9.5. Chlorargyrit–Atacamit-Gruppe

Hier werden alle Schwermetall-, insbesondere Buntmetallhalogenide (außer Fluoride) zusammengefaßt, wobei die Bromide und Iodide von besonderem Interesse sind. Hervorzuheben sind die beiden ökonomisch wichtigen Minerale Chlorargyrit (Ag) und Atacamit (Cu).

Chlorargyrit: AgCl Kerargyrit, Hornsilber

75,3% Ag, gelegentlich etwas Hg und Br. Kubisch (Halitgitter); aber selten xx, meist dichte wachs- und hornartige Massen und Krusten. Farblos, bräunlich bis schwarz. H $1^1/_2$ bis 2, mit Messer schneidbar. D 5,5. Relativ häufig in der Oxydationszone von silberhaltigen Erzlagerstätten, besonders in ariden Gebieten. Fundpunkte: Sächs.-böhmisches Erzgebirge, Südamerika, Mexiko, Australien. Lokal wichtiges Silbererz; heute allerdings seltener, da Reicherzzonen abgebaut.

Gleichfalls Halitgitter haben:

Huantajayit: NaCl mit 3 bis 11% AgCl. Von Peru.

Bromargyrit: AgBr. Meist in Krusten, wachs- oder hornartig, sehr geschmeidig. H $2^1/_2$; D 6,474; grau bis grünlich-braun. Schmp. 434 °C. Häufiger ist *Bromchlorargyrit* (Embolit): Ag(Cl, Br).

Iodobromit: Ag(Cl, Br, I); mit $\leqq$16% I. Vorkommen, gemeinsam mit Bromargyrit und Chlorargyrit- Dernbach im Westerwald (BRD); im Donez-Becken (Ukraine, UdSSR); San Onofre (Mexiko); reichlich bei Chañarcillo (Chile).

Iodargyrit (Iodyrit): β-AgI

Hexagonal. Prismatische oder tafelige xx von hemimorpher Gestalt; derb und blättrig. # 4 (0001); biegsam; H $1^1/_2$; D 5,69. Diamantgl.; frisch farblos, belichtet mattgelb, auch schwefelgelb, grau, braun. Bei 146 °C Umwandlung in kubisches α-AgI. Sekundäres Mineral der Oxydationszone von Ag-Lagerstätten. Dernbach bei Montabaur im Westerwald (BRD); Spanien; Frankreich; Shaba (Zaïre).

Miersit: α-AgI, kubisch dimorph; enthält etwa 20% Cu. Tetraedrische xx; Krusten und Aggregate; # 4 (101). H $2^1/_2$; D 5,64; Diamgl.; kanariengelb. n = 2,20. Broken Hill (Australien).

Nantokit: CuCl; kubisch, derb, körnig; H $2^1/_2$; D 4,136; farblos bis weiß, n = 1,930. Nantoko bei Copiapó (Chile); Broken Hill (Australien). Geht an der Luft oberflächlich in *Paratakamit* (Atelit) $Cu_2(OH)_3Cl$ über.

Marshit: CuI; kubisch. Einzelkristalle und Krusten; # 4 (011); H $2^1/_2$; D 5,68; Diamgl.; farblos, wird am Licht rot. Broken Hill (Australien), Chuquicamata (Chile).

Es folgen zwei isotype *Quecksilber-Minerale:*

Kalomel (Hornquecksilber): α-Hg_2Cl_2
Tetragonal; lineare Moleküle Cl–Hg–Hg–Cl. xx tafelig, prismatisch, pyramidal; Krusten aus winzigen xx; derb, erdig. Schneidbar; H $1^1/_2$; D 7,15. Diamgl.; farblos, gelb, braun; dunkler bei Belichtung. $n_{0E} = 1{,}973$; 2,656. Entsteht sekundär bei der Umwandlung Hg-haltiger Minerale. Moschel-Landsberg (Pfalz, BRD); Kastilien (Spanien); Texas (USA).

Coccinit: HgI_2. Es soll leuchtend scharlachrote Krusten winziger Würfel auf Limonit der Broken-Hill-Grube in N. S. Wales (Australien) gebildet haben.

Weitere Metallchloride sind:

Scacchit: $MnCl_2$; trigonal. Weich; farblos, wenn rein und frisch; meist rosarot, rot und braun. D 2,98; zerfließlich. Fumarolen des Vesuvs (Italien).

Lawrencit: $FeCl_2$; trigonal. Mit beträchtlichem Ni-Gehalt. Grün bis braun; zerfließlich. In Spalten von Fe-Meteoriten und in metall. Eisen von Ovifak (Grönland).

Rokühnit: $Fe_{0,9}Mg_{0,1}Cl_2 \cdot 2\,H_2O$; monoklin. $n_Y = 1{,}633$, stark hygroskopisch. Mit Rinneit, Carnallit, Halit in Salzton; von Salzdetfurth b. Hannover (BRD).

Molysit: $FeCl_3$; trigonal. Weich, gelb bis braunrot; sehr zerfließlich; D 2,90. Fumarolenbildung auf Laven des Vesuvs, Ätna und Vulcano (Italien). Wird von Wasser schnell in Eisenhydroxid verwandelt.

Eriochalcit (Antofagastit): $CuCl_2 \cdot 2\,H_2O$; rhombisch. Wollartige, blaugrüne Aggregate am Vesuv. D 2,47; $n_Y = 1{,}685$. Sekundäres Mineral; mit Atakamit bei Calama (Nord-Chile).

Nickelbischofit: $NiCl_2 \cdot 6\,H_2O$; monoklin. Grüne Sublimate, von Quebec (Kanada).

Die folgenden zahlreichen Minerale gehören zu den **Oxidhalogeniden** und haben zusätzlich O oder OH eingebaut.

Atakamit: $Cu_2(OH)_3Cl$; rhombisch (dipyr.). Dünne prismatische xx nach (001) mit Endflächen; gestreift ‖ [001]; auch tafelig nach (010). Wirre Aggregate stengliger xx; auch derb, faserig, körnig und als Sand. ⧺ 4 (010); H 3 bis $3^1/_2$; D 3,760; Glas- bis Diamgl.; hell- bis schwärzlich-grün; Str. apfelgrün. $n_Y = 1{,}861$; Sekundäres Mineral, entstanden durch die Oxydation von Cu-Mineralen im Trockenklima und bei Zutritt von Salzlösungen. Begleiter sind Malachit, Cuprit, Brochantit usw. Atakamit ist im trockenen Küstengebiet von Chile und Peru weit verbreitet, so bei Copiapó, Paposa und Remolinos (Prov. Atakama); in den Prov. Tarapacá und Antofagasta, z. B. in Chuquicamata; in Kalifornien (USA); S-Australien. Fumarolen am Vesuv und Ätna (Italien). Gruben von Turja (Bogolovsk-Distrikt, UdSSR). Wandelt sich in Malachit und Chrysokoll um.

Mit dem Atakamit sind folgende Minerale verwandt:

Paratakamit: (Atelit): $Cu_2(OH)_3Cl$; trigonal. Rhomboedrische xx; derb, körnig, pulvrig; H 3; D 3,74; grün bis dunkelgrün. $n_0 = 1{,}843$. Dimorph mit Atakamit. Sedundär in Chile. Am Vesuv aus Fumarolen, entstanden aus Tenorit.

Botallackit: $Cu_2(OH)_3Cl$; monoklin; chemisch gleich den beiden vorhergehenden Mineralen (Trimorphie). Krusten winziger xx; blaugrün bis grün; D ~ 3,6. $n_Y = 1{,}800$; Sekundär; Botallack-Grube St. Just (Cornwall, England). Auch als Überzug auf alter ägyptischer Bronze.

Melanothallit: $CuCl_2$ oder $Cu(Cl, OH)_2$; nur derb. Am Vesuv (Italien). *Hydromelanothallit:* etwa $Cu(Cl, OH)_2 \cdot {}^1/_2\,H_2O$; nur derb; grün, mit Cu-Mineralen an Fumarolen des Vesuvs (Italien).

Kempit: $Mn_2(OH)_2Cl$; rhombisch. Smaragdgrüne prismatische xx. D ~ 2,94; $n_Y = 1{,}695$. Isotyp mit Atakamit. Neben anderen Mn-Mineralen bei San José (Calif., USA).

Weitere Oxidchloride sind:

Buttgenbachit: $Cu_{19}[Cl_4/(OH)_{32}/(NO_3)_2 + 2\,H_2O]$; hexagonal. Nadelige, azurblaue xx und filzige Aggregate; D 3,33. $n_0 = 1{,}738$. Nur bei Likasi (Zaïre).

Connellit: $Cu_{19}[Cl_4(OH)_{32}SO_4 + 4\,H_2O]$; hexagonal. D 3,36; sonst wie Buttgenbachit. Cornwall (England); Mouzaia (Algerien).

Anarakit: $(Cu, Zn)_2(OH)_3Cl$; monoklin. Smaragdgrüne xx aus Oxydationszone von Pb–Zn-Lagerstätte (Iran). D 3,9.

Calumetit: $Cu(OH, Cl)_2 \cdot 2\,H_2O$; rhombisch. Blaue xx, meist sphärolith-schuppig, aus Oxydationszone von Cu-Lagerstätte (Michigan, USA). H 2; $n_Y = 1{,}690$.

Anthonyit: $Cu(OH, Cl)_2 \cdot 3\,H_2O$; monoklin. Prismatische, blaßlilafarbene xx aus Oxydationszone von Cu-Lagerstätte in Michigan (USA).

Zirklerit: etwa $9\,FeCl_2 \cdot 4\,AlOOH$, mit wenig Mn, Ca und Fe^{3+}; trigonal (?). Nur derb oder körnig; D $\sim$ 2,6; $n = 1{,}552$. Grube Adolfsglück bei Hannover (BRD).

Quecksilber-Oxidchloride:

Terlinguait: $2\,HgO \cdot Hg_2Cl_2$; monoklin; xx prismatisch [010] oder dicktafelig; pulvrig und derbe Aggregate. # 4 (101); H $2^1/_2$; D 8,725. Gelb bis grünlich-gelb; wird am Licht olivgrün. Terlingua (Texas, USA).

Eglestonit: Hg_6Cl_4O; kubisch; D 8,33; Diamgl. Gelb oder orangegelb. Terlingua (Texas, USA); Transvaal (Südafrika).

Mosesit: $[Hg_2N]Cl \cdot H_2O$; kubisch; oktaedrische xx; H $3^1/_2$; Diamgl.; zitronengelb. Sehr spärlich bei Terlingua in Texas, auch Nevada (USA).

Kleinit: $[Hg_2N](Cl, SO_4) \cdot x\,H_2O$; hexagonal. xx kurzprismatisch; # 3 (0001); H $3^1/_2$ bis 4; D 8,0. Blaßgelb bis orange; Terlingua (Texas, USA).

Blei-Oxidhalogenide:

Cumengeit: $5\,PbCl_2 \cdot 5\,Cu(OH)_2 \cdot {}^1/_2\,H_2O$; tetragonal. Parallele Aufwachsungen auf (Pseudo-)Boleit. H $2^1/_2$; D 4,67. $n_0 = 2{,}041$; indigoblau. Neben Boleit und Pseudo-Boleit bei Boleo unweit Santa Rosalia (Mexiko).

Boleit: $5\,PbCl_2 \cdot 4\,Cu(OH)_2 \cdot AgCl \cdot 1^1/_2\,H_2O$; tetragonal (pseudokubisch). # 4 (001); H 3 bis $3^1/_2$; D 5,05. Tiefblau, Str. grünlichblau; $n_0 = 2{,}05$. Sekundäres Mineral. Boleo bei Santa Rosalia (Mexiko); Chile; Broken Hill (Australien). Gleichfalls tetragonal ist *Pseudoboleit:* $5\,PbCl_2 \cdot 4\,Cu(OH)_2 \cdot 2^1/_2\,H_2O$; tetragonal (pseudokubisch). Nur Parallelverwachsungen mit Boleit, so daß einspringende Winkel entstehen. H $2^1/_2$; D 4,85. Indigoblau, ganz ähnlich Boleit.

Percylith: $PbCl_2 \cdot Cu(OH)_2$; kubisch (?). Kleine kubische xx; auch derb. H $2^1/_2$. Himmelblau. Opt. isotrop, $n = 2{,}05$. Mineral der Oxydationszone. Mit Gold und Limonit von Sonora (Mexiko); Namaqualand (Südafrika); Chile.

Diaboleit: $2\,PbClOH \cdot Cu(OH)_2$; tetragonal. xx tafelig (001) mit quadr. Umriß; # 4 (001); H $2^1/_2$; D 5,42. Tiefblau; Str. blaßblau; $n_0 = 1{,}98$. Oxydationszone. Mendip Hills (England); gute xx von der Mammoth-Grube (Arizona, USA).

Chloroxiphit: $Pb_3O_2Cl_2 \cdot CuCl_2$; monoklin; blättrige xx; # 4 (101), sehr spröd. H $2^1/_2$; D 6,763. $n_Y = 2{,}24$; oliv- oder pistaziengrün. Oxydationszone; größere xx von Medip Hills (England).

Hämatophanit: $4\,PbO \cdot Pb(Cl, OH)_2 \cdot 2\,Fe_2O_3$; tetragonal; blättrige Aggregate; D 7,7. $n_0 = 2{,}3$; tief rotbraun. Jakobsberg (Schweden).

Bideauxit: $Pb_2AgCl_2(F, OH)_2$; kubisch. Farblose bis lavendelfarbige xx bis 7 mm Länge, verwachsen mit Boleit; aus Oxydationszone einer Pb-Lagerstätte in Arizona (USA). Paragenese: Leadhillit, Matlockit, Anglesit, Cerussit, Covellin, Galenit usw. H 3; D 6,274.

Fiedlerit: $Pb_2(OH)_2Cl_4$; monoklin. Leistenförmige xx; D 5,88; farblos; $n_Y = 2{,}04$. Laurion (Attika, Griechenland), auf alter Bleischlacke.

Blixit: $Pb(O, OH)_3Cl$; rhombisch. Gelbe Krusten und Gängchen, von Långban (Schweden).

Laurionit: Pb(OH)Cl; rhombisch; H 3 bis $3^1/_2$; D 6,24; Diamgl.; Farblos. $n_x = 2{,}08$. Isotyp mit Cotunnit. In alten Bleischlacken, auf die Seewasser einwirkte, von Laurion (Griechenland) u. a. *Paralaurionit:* Pb(OH)Cl; monoklin; dünntafelige xx; geschmeidig; D 6,15; farblos. $n_Y = 2{,}15$. Sekundär in umgewandelten alten Bleischlacken; Laurion (Griechenland); Cornwall; Chile; große xx von Mammoth-Mine (Arizona, USA).

Cotunnit: $PbCl_2$; rhombisch. Flache, gestreckte xx; derb, körnig. # 4 (010); H $2^1/_2$; D 5,80; farblos bis gelblich; Diamgl. Sublimat vom Vesuv; aus der Oxydationszone von Sierra Corda (Chile); Peru; Arizona (USA). *Pseudocotunnit:* ist wahrscheinlich K_2PbCl_4; rhombisch.

Matlockit: PbFCl; tetragonal; Schichtgitter. xx tafelig || (001); derb, grobblätrig. # 4 (001); H $2^1/_2$ bis 3; D 7,12; Diamgl.; farblos oder gelb. $n_0 = 2{,}15$. Oxydationszone; bei Matlock (Derbyshire, England); Chile; Laurion (Griechenland).

Mendipit: $PbCl_2 \cdot 2\,PbO$; rhombisch. Faserige oder säulige Aggregate, oft strahlige Gruppen. # 4 (110); H $2^1/_2$; D 7,24; farblos, weiß; Diamgl. $n_Y = 2{,}27$. Mendip Hills b. Churchill (England), aus Oxydationszone von Brilon (Westfalen, BRD).

Lorettoit: $PbCl_2 \cdot 6\,PbO$; tetragonal (?). Grobe Fasern oder Blätter; # 4 (001); H $2^1/_2$ bis 3; D 7,39. Honig- bis rötlichgelb. Oxydationszone von Loretto (Tennessee, USA).

Penfieldit: Pb_2OHCl_3; hexagonal. Prismen oder steile Dipyramiden; tafelig; sehr kleine xx; D 6,61; farblos. $n_0 = 2{,}13$. Laurion (Griechenland), wo Seewasser alte Bleischlacken benetzte. Sierra Gorda (Antofagasta, Chile).

Yedlinit: $Pb_6Cl_6CrX_6Y_2$, wobei X = O oder OH; Y = H_2O oder (O, OH); hexagonal. Rötliche, bis 1 mm lange xx, von der Mammoth-Grube (Arizona, USA), in Paragenese mit Diaboleit, Wulfenit, Phosgenit u. a. H $2^1/_2$; D 5,85.

Nadorit: $PbSbO_2Cl$; rhombisch. Tafelige oder prismatische xx. # 4 (010); H $3^1/_2$ bis 4; D 7,02. Diamgl.; rauchbraun bis gelb. Oxydationszone von Djebel Nador (Algerien); St. Endellion (Cornwall, England); Pajsberg und Långban (Schweden). Wandelt sich in Cerussit um.

Heliophyllit: $Pb_3AsO_4Cl_2$; rhombisch (pseudotetragonal). xx spitzpyramidal, tafelig, auch grobblättrig; # 3 (011). H ~2; D 6,89. Glas- und Fettglanz; grünlichgelb. Mit Ekdemit von Jakobsberg, Pajsberg, Långban (Schweden).

Ekdemit: chemisch wie Heliophyllit; tetragonal. Kleine tafelige xx; H $2^1/_2$ bis 3; D 7,14. Glas- und Fettglanz; $n_0 = 2{,}32$. Mit Heliophyllit in Långban, Pajsberg, Jakobsberg (Schweden); Mammoth-Mine (Arizona, USA).

Abschließend werden die seltenen *wismuthaltigen* Oxidhalogenide genannt:

Bismoclit: BiOCl; tetragonal; isotyp mit Matlockit. Derb, auch erdig oder schuppig. # 4 (001); plastisch; H 2 bis $2^1/_2$. D 7,717; Fettglanz; kremweiß, grau. $n_0 = 2{,}15$. Sekundär, entstanden aus Bismuthinit oder Wismut. Jackals Water (Namaqualand, Südafrika); Bygoo (Australien); Goldfield (Nevada, USA). *Daubréeit* hat etwas (OH) an Stelle von Cl.

Sawaritzkit (Zavaritskit): BiOF; tetragonal. Pseudomorph nach Bismuthit, in Topas–Quarz–Muskovit-Greisen (UdSSR).

Perit: $PbBiO_2Cl$; rhombisch. Gelb, mit Hausmannit, Calcit u. a., von Långban (Schweden).

10 Oxide und Hydroxide

10.1. Allgemeines

Mit der Klasse der Oxide und Hydroxide beginnen wir die Besprechung der sauerstoffhaltigen Verbindungen in der Natur. Wir können bei den Oxiden und Hydroxiden zwischen einfachen und zusammengesetzten Verbindungen unterscheiden:
einfache sind z. B. MgO, TiO_2, Fe_2O_3, $Mg(OH)_2$;
zusammengesetzte sind z. B.: Magnetit Fe_3O_4 (= FeO · Fe_2O_3); Perowskit (einschl. Niobate und Tantalate) $CaTiO_3$ = (CaO · TiO_2).
An der Bildung der Oxide und Hydroxide beteiligen sich die Mehrzahl der chemischen Elemente; lediglich bei den Alkalien, den »edlen« Elementen Au, Ag, Pt usw. sowie einigen weiteren Elementen (Gruppe der Seltenen Erden, In, Tl, Ge) sind keine oder selten derartige Verbindungen in der Natur bekannt. Trotzdem machen die oxidischen und hydroxidischen Minerale (ohne die SiO_2-Minerale) nur etwa 5% der Masse aller Mineralphasen aus, wobei die Fe-Verbindungen die weitaus häufigsten sind. Die wichtigsten Elemente mit ihren häufigsten Koordinationen (KZ) sind die folgenden:

KZ	Kationen
[4]	Be^{2+}, Mg^{2+}, Fe^{2+}, Mn^{2+}, Ni^{2+}, Zn^{2+}, Cu^{2+}, Si^{4+}
[6]	Mg^{2+}, Fe^{2+}, Mn^{2+}, Al^{3+}, Fe^{3+}, Cr^{3+}, Ti^{4+}, Zr^{4+}, Sn^{4+}, Ta^{5+}, Nb^{5+}
[8]	Zr^{4+}, Th^{4+}, U^{4+}
[12]	Ca^{2+}, Na^{1+}, Y^{3+}, Ce^{3+}, La^{3+}

Oxide und Hydroxide können überall dort entstehen, wo Sauerstoff (bzw. Wasser) zur Verfügung steht. Das betrifft insbesondere den Bereich der Erdoberfläche und die oberen Teile der Erdkruste. Wir finden diese Minerale also hauptsächlich im Bereich der Verwitterung und Sedimentation sowie deren metamorphen Umwandlungsprodukten, in geringeren Mengen im magmatischen und postmagmatischen Stadium.

Wenn wir von den im magmatischen und postmagmatischen Bereich gebildeten Oxiden absehen, haben wir zwei Hauptentwicklungsrichtungen:

- den Zerfall der unter »höheren« *pT*-Bedingungen gebildeten Minerale, hauptsächlich der Silikate und Sulfide, unter den stark oxydierenden Bedingungen der Erdoberfläche. Diese Zerstörung der »primären« Minerale wird insbesondere gefördert durch den Luftsauerstoff, auch CO_2- und sauerstoffreiches Regen- und Grundwasser sowie durch die Tätigkeit von Lebewesen (v. a. Bakterien). Dabei spielt der Übergang niedrigwertiger Elemente in höherwertige (z. B. Fe, Mn, U) eine große Rolle. Zwischenprodukte dieser Vorgänge sind oft instabile Bildungen (z. B. Sulfate, Karbonate, Chloride usw.) oder kolloidale Systeme (z. B. SiO_2-Sole, Mn- und Fe-Hydroxidsole usw.). Diese Zwischenprodukte zerfallen wieder und/oder kristallisieren über gelartige Massen zu Oxiden und Hydroxiden. Wichtigste Bereiche sind Verwitterungs- und Bodenzonen sowie die Oxydationszonen von Erzlagerstätten.
- unter den Bedingungen der Kontakt- und vor allem Regionalmetamorphose werden diese Verbindungen wieder teilweise oder stark reduziert und entwässert und bilden meist gröber kristalline einfache wasserfreie Oxide.

Die meisten Oxide haben eine relativ einfache Kristallstruktur mit überwiegend ionarer Bindung. Die starke Affinität zu Sauerstoff führt zu sehr stabilen Gittern, was durch die meist hohe Härte (zwischen 6 und 9 nach Mohs) und die sehr geringe Löslichkeit gekennzeichnet wird; daher finden wir viele dieser Oxide als stabile Schwerminerale in Sedimenten wieder. Aus den gleichen Gründen haben die Oxide auch meist eine hohe Dichte sowie einen hohen Schmelzpunkt, auch sind sie meist dunkel gefärbt oder opak.
Ganz im Gegensatz dazu haben die Hydroxide meist eine schwache van-der-Waals-sche Bindung (Hydroxylbindung) und einen schichtgitterartigen Aufbau. Dementsprechend besitzen sie eine geringe Härte und eine gute Spaltbarkeit; kennzeichnend sind auch geringere Dichte und oft hellere Farben.
Die Besprechung der oxidischen und hydroxidischen Minerale wird nach folgender Gliederung durchgeführt:

Gruppengliederung	Wichtigste Elementparagenese
Oxide	
Cuprit–Zinkit–Tenorit-Gruppe	einfache Buntmetall-Oxide
Korund–Spinell–Chrysoberyll-Gruppe	Mg–Al-Oxide (z. T. mit Kationen Mn, Be, Zn u. a.)
Hämatit–Ilmenit–Magnetit-Gruppe	Fe-Oxide (z. T. mit Kationen Ti, Mg, Mn u. a.)
Chromit-Gruppe	Cr-Oxide (mit Kationen Fe, Mg, Mn u. a.)
Perowskit–Pyrochlor–Columbit-Gruppe	Ti–Nb–Ta-Oxide (mit Kationen Fe, Ca, Mn, Mg u. a.)
Rutil–Kassiterit-Gruppe	Einfache Ti- und Sn-Oxide
Pyrolusit–Manganit-Gruppe	Mn-Oxide

(Fortsetzung)

Gruppengliederung	Wichtigste Elementparagenese
Uraninit–Ianthinit-Gruppe	U-Oxide und -Hydroxide
Ocker–Tellurit-Gruppe	Oxide (und Hydroxide) der Nicht- und Halbmetalle As, Sb, Bi, Se, Te, J, V sowie einiger »Metall-Ocker«
Hydroxide (bzw. Oxidhydrate)	
Hydrargillit–Diaspor-Gruppe	Al(–Mg)-Hydroxide
Goethit–Lepidokrokit-Gruppe	Fe-Hydroxide

Oxide

10.2. Cuprit–Zinkit–Tenorit-Gruppe

In dieser Gruppe werden die einfachen und metallreichen Oxide (Typ M_2O und MO) der Buntmetalle, insbesondere von Cu und Zn, zusammengefaßt.

Cuprit: Cu_2O Rotkupfererz

Theor. 88,8% Cu, 11,2% O; als Umbildungsprodukt von Cu-Sulfiden häufig mit Fe-Hydroxiden, Kupfer, Malachit und Azurit feinverwachsen. Kubisch; oft

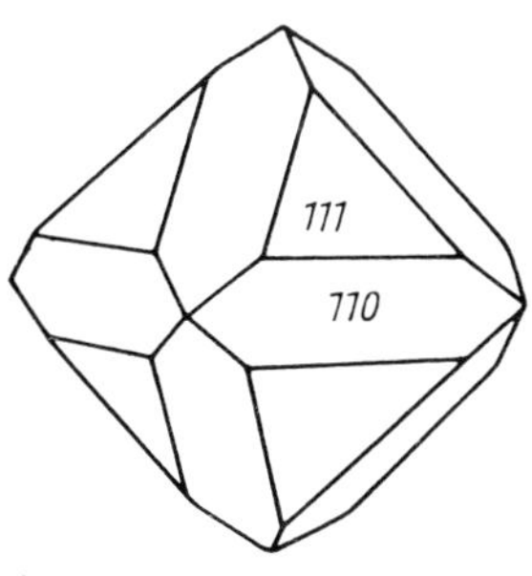

a)

b)

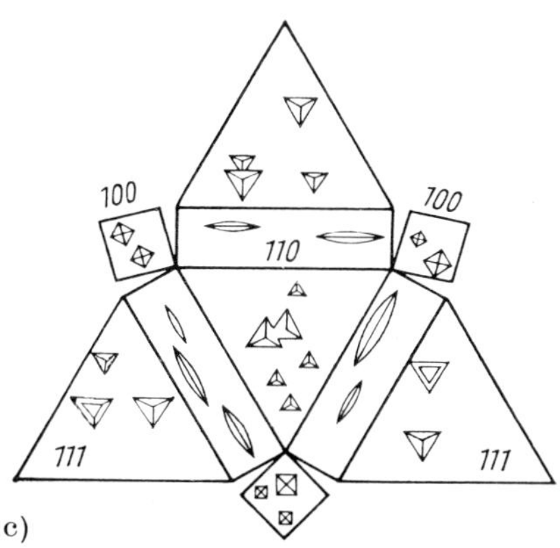

c)

Bild 10.1. Cuprit-Kristalle

a) oktaedrischer Habitus, Kombination von Oktaeder und Rhombendodekaeder
b) Rhombendodekaeder, von Chessy b. Lyon (Frankreich), Größe 2 × 2 cm [223]
c) Ätzfiguren auf Cuprit, mit HNO_3 erzeugt [212]

schöne oktaedrische xx, auch Rhombendodekaeder (s. Bild 10.1); meist jedoch dicht, körnig, in kolloidalen Massen oder pulvrig. Rot (bis grau), Str. braunrot, in Splittern durchsch., n ~ 2,85. H $3^1/_2$ bis 4 (VH 179 bis 218), spröde. D ~ 6. Äußerlich ähnlich sind Rotgültigerze, Hämatit und Cinnabarit.
Entsteht aus Cu-Sulfiden, meist an der Grenze von Oxydations- zur Zementationszone. Vorkommen auf vielen Cu-Lagerstätten, z. B. Gumeševo, Mednorudjansk, Turja-Gruben (UdSSR), Chessy (bei Lyon, Frankreich; gute Kristalle), Bisbee (Arizona, USA), Peru, Chile, Tsumeb (Namibia); in der DDR früher vom »Roten Berg« bei Saalfeld, von Schwarzenberg und Schönbrunn. Örtlich wichtiges Cu-Erz.

«*Ziegelerz*« ist ein rotbraunes Gemisch mit Fe-Hydroxiden. »*Kupferpecherz*« ist ein gelartig-dichtes Gemisch mit Fe-Hydroxiden und SiO_2. »*Chalkotrichit*« (Kupferblüte) ist hellroter, fasrig-nadliger Cuprit. *Hydrocuprit* ist wasserhaltiges, gelartiges Cu_2O.

Tenorit: CuO

Theor. 79,9% Cu. Monoklin; fast stets in schwärzlichen feinschuppigen, erdigen, kolloidalen, rußigen Aggregaten und als Überzug auf anderen Cu-Erzen. Schwarzer Str., halbmetall. Glanz, stark anisotrop (n = 2,63 bis 3,17). H $3^1/_2$ (VH 203 bis 254), spröde, D 6. Leicht in Säuren löslich.
Typisches Oxydationsmineral vieler Cu-Lagerstätten, zusammen mit Chalkosin, Cuprit, Chrysokoll, Limonit, Mn-Hydroxide, Malachit usw. Häufig von Katanga (Zaïre), Atacama (Chile), Lake Superior (Michigan, USA), auch von Bulgarien, Waldsassen (BRD), in geringen Mengen auf Vulkanlaven. Neben anderen Cu-Erzen lokal von erheblicher Bedeutung.

Hierher gehören folgende weitere Cu-Oxide:

Paratenorit (Paramelakonit): CuO; tetragonal; dick-prismatische xx. H $4^1/_2$; D 6,04; pechschwarz. Sekundäres Mineral von der Copper-Queen-Grube, Bisbee (Arizona, USA). Umwandlung in Tenorit.

Delafossit: $CuFeO_2$; trigonal; xx tafelig; traubige Krusten. H $5^1/_2$; D 5,41; Mgl. Farbe und Str. schwarz; opak. Sverdlovsk (Ural, UdSSR); Pfaffenreuth (Oberpfalz, BRD); größere Mengen in Bisbee (Arizona, USA). Isotyp ist *McConnellit*: $CuCrO_2$.

Anhang:

Crednerit: $CuMnO_2$; monoklin; pseudohexagonal, durch Zwillingsbildung. Dünne sechsseitige Täfelchen; auch als erdige Überzüge. H 4; D 5,01; lebhafter Mgl.; eisenschwarz; sekundär. Friedrichroda (Thür., DDR), verwachsen mit Psilomelan und Hausmannit.

Ähnlich sind die folgenden Pb-, Pd- und Hg-Oxide:

Montroydit: HgO; rhombisch; spitz-prismatische xx; auch wurmartig, röhrenförmig; kugelige Aggregate; # 4 (010); schneidbar, biegsam; D 11,23; tiefrot bis braun. Terlingua in Texas sowie Californien (beide USA).

Lithargit: (rot); α-PbO; tetragonal. Säume an Schuppen von Massicot; auch in Krusten. Rot, durchsch. In der Oxydationszone von Pb-Lagerstätten der USA, bildet Paramorphosen nach Massicot.

Massicotit: β-PbO (Bleiglätte, gelb, > 489 °C); rhombisch; derb, erdig, schuppig; # (100); xx biegsam H 2; D 9,56; fettgl. bis matt; schwefelgelb bis tiefgelb. Entsteht zuweilen bei der Oxydation von PbS und anderen Pb-Mineralen. Badenweiler (BRD); Freiberg (DDR); Mesica (Jugoslawien); Laurion (Griechenland); in Mexiko am Popocatepetl.

Palladinit: PdO, erdig; soll auf Porpezit vorgekommen sein.

Santanait: $Pb_{11}CrO_{16}$; hexagonal. Strohgelb, bis 0,5 mm große plattige xx aus Hohlräumen von korrodiertem Galenit aus Chile. H ~ 4; D 9,155; n_0 = 2,32; # 5 (0001).

Zinkit: ZnO Rotzinkerz

Theor. 80,3% Zn; meist Mn-Gehalte (durch entmischten Hausmannit) bis 9%. Hexagonal (Wurtzittyp); fast stets massig oder in körniger Form eingesprengt. Gelb bis rotbraun, gelber Str., Fett- bis Diamantglanz, $n_0 = 2{,}013$. H $4^1/_2$ bis 5 (VH 150 bis 318), Spaltbarkeit 3 nach $(10\bar{1}1)$. D 5,5. Säurelöslich, Detektoreigenschaften. Als Erz nur von der metamorphen Lagerstätte Franklin (New Jersey, USA), zusammen mit Willemit, Franklinit und Calcit. Selten von Olkusz (VR Polen), Sarawezza (Toskana, Italien) u. a.

Bromellit: BeO; isotyp mit Zinkit; prismatische xx; H 9; D 3,017; weiß. $n_E = 1{,}733$; $n_0 = 1{,}719$. Långban (Schweden) in winzigen xx in einem Calcitgang; sehr selten.

Die folgenden Metalloxide gehören nur z. T. zu den einfachen Buntmetalloxiden, haben aber mit dem Hauptmineral Periklas gemeinsam eine kubische NaCl-Struktur:

Periklas: MgO

Oktaedrische xx; meist unregelmäßig oder rundl. Körner. Spinellzwill.; # 4 (001); H $5^1/_2$; D 3,56. Glasgl.; farblos, auch gelb; n = 1,735; metamorphes Mineral. In Kalkauswürflingen des Monte Somma am Vesuv; von Teulada in Sardinien; im Marmor von Predazzo, Tirol (alle Italien); Nordmark (Schweden) u. a.

Bunsenit: NiO; oktaedrische xx; H $5^1/_2$; D 6,898. Glasgl.; dunkelgrün. Im oxydierten Teil eines Ni–U-Erzganges bei Johanngeorgenstadt (Erzgebirge, DDR).

Wüstit: FeO; kubisch. Selten natürlich, z. B. Scharnhausen (BRD).

Manganosit: MnO; oktaedrische xx; meist unregelmäßige Körner; D 5,364. Smaragdgrün auf frischem Br., schwarz werdend; Glasgl.; Str. braun. Långban und Nordmark (Schweden); Franklin (New Jersey, USA).

Monteponit: CdO; oktaedrische winzige xx; auch pulvrig; D 8,1 bis 8,2; schwarz glänzend; durchsch. Iglesias (Sardinien, Italien), als Überzug auf Hemimorphit.

Calciumoxid: CaO. Soll am Vesuv in Kalksteinblöcken vorgekommen sein, die in Laven eingeschlossen waren; selten.

Murdochit: $PbCu_6O_8$; NaCl-Überstruktur. Winzige schwarze Oktaeder; Arizona (USA).

Anhang:

Eis: H_2O

Kristalline Form des Wassers. Hexagonal; je nach Bildungsart in verschiedenen Kristallklassen und Ausbildungsformen, stabil von 0 bis −80 °C (darunter kubisches Eis). Bild 10.2 zeigt, daß Eis bei sehr tiefen Temperaturen hemimorph entwickelt ist und damit polare Symmetrie hat, daß es bei strengem Frost (−10 bis −30 °C) taflig, bei Rauhreif und Schneefall skelettartig ausgebildet ist. Aggregate sind massig (z. B. See- und Gletschereis), körnig (z. B. Graupel), fasrig (z. B. Fasereis in Böden), dendritisch (Schneeflocken, Eisblumen), stalaktitisch (Eiszapfen). # 0, spröde, aber ausgezeichnete Translation parallel der Basisfläche (0001), dadurch Verformbarkeit des Eises (z. B. Gletscherfließen). H $1^1/_2$; D 0,9175; n_0 = 1,309; n_E = 1,310. Das Phasendiagramm des Wassers ist in Bild 4.33 (S. 206) dargestellt.

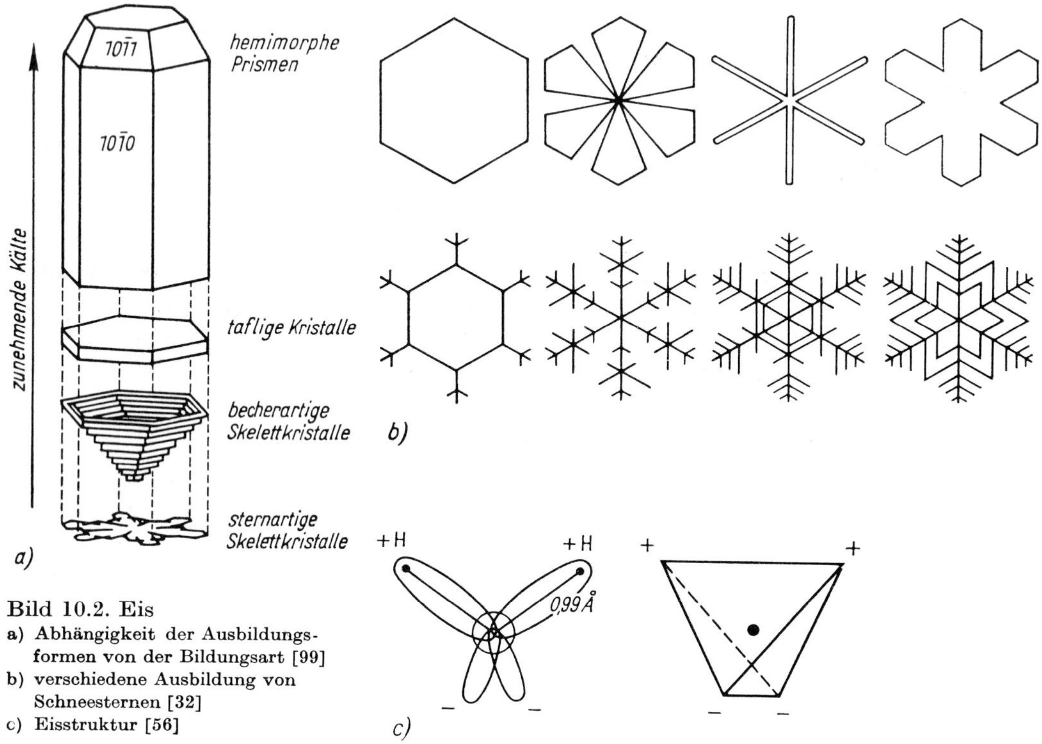

Bild 10.2. Eis
a) Abhängigkeit der Ausbildungsformen von der Bildungsart [99]
b) verschiedene Ausbildung von Schneesternen [32]
c) Eisstruktur [56]

10.3. Korund–Spinell–Chrysoberyll-Gruppe

Hier werden einfache und komplexe Al-Oxide (Al_2O_3 bzw. $MO \cdot Al_2O_3$) zusammengefaßt. Sie entstehen hauptsächlich unter metamorphen und pegmatitischen Bedingungen und haben viele weitere gemeinsame Eigenschaften.

Das Mineral Spinell ist namengebend für eine ganze Reihe von Mineralen, die unter anderen Klassifizierungsmethoden als »*Spinellgruppe*« zusammengefaßt werden; diese Minerale kristallisieren kubisch mit oktaedrischen Kristallformen und haben die Typenformel $AO \cdot B_2O_3$ (oder AB_2O_4), sind also Doppeloxide. Für A können, z. B. in gegenseitiger diadocher Vertretung, die zweiwertigen Elemente Mg, Fe, Zn und Mn, für B die dreiwertigen Elemente Al, Fe und Cr eintreten. Wir untergliedern dementsprechend die »Spinelle« wie folgt (vgl. auch Bild 10.3):

Aluminatspinelle	Ferritspinelle	Chromitspinelle
Spinell $MgAl_2O_4$	Magnesioferrit $MgFe_2O_4$	Magnesiochromit $MgCr_2O_4$
Hercynit $FeAl_2O_4$	Magnetit $FeFe_2O_4$	Chromit $FeCr_2O_4$
Galaxit $MnAl_2O_4$	Jakobsit $MnFe_2O_4$	
Gahnit $ZnAl_2O_4$	Franklinit $ZnFe_2O_4$	
	Trevorit $NiFe_2O_4$	

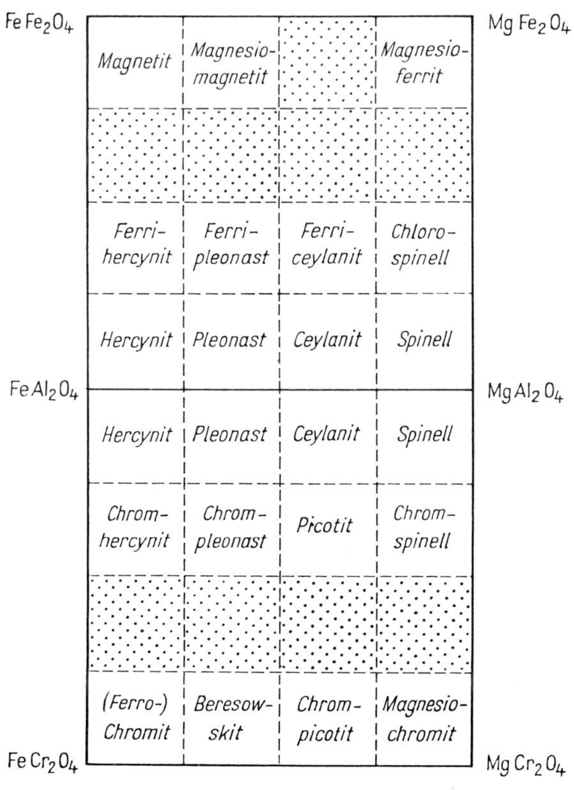

Bild 10.3. Mischkristallsystem der Spinelle, reduziert auf die Beziehungen von FeO, MgO, Fe_2O_3, Al_2O_3, Cr_2O_3 [13]

Einen ähnlichen Aufbau haben die Minerale Coulsonit FeV_2O_4 (Vanadiumspinell), Ulvit $FeFeTiO_4$ (Titanspinell) und Chrysoberyll. Die meisten dieser »Spinelle« bilden sich unter metamorphen Bedingungen; sie werden in den entsprechenden paragenetisch gegliederten Gruppen abgehandelt. Gemeinsame Eigenschaften sind ihre optische Isotropie, die Zwillingsbildung nach (111) (= Spinellgesetz), das praktische Fehlen einer Spaltbarkeit, ihre hohe mechanische, thermische und chemische Stabilität sowie die hohe Härte von $5^1/_2$ bis 8.

Korund: α-Al_2O_3

Entdeckung: Name altindischen Ursprungs

Chemismus: Theor. 53,04% Al; durch geringe Menge von Cr rot, von Fe und Ti blau gefärbt.

Kristallogr.: Trigonal (ditrigonal-skalenoedrisch), künstlich auch β-Al_2O_3 (hexag.) und γ-Al_2O_3 (kub.). Die Korundstruktur wird durch Sauerstoffebenen senkrecht zur c-Achse aufgebaut, in deren Zwickeln die kleinen Al-Atome eingelagert sind (s. Bild 10.4). Kristalle sind häufig, meist eingesprengt, oft cm- bis dm-groß. Taflig, auch säulig-tonnenförmige xx aus Basisfläche, Rhomboeder und verschieden steilen hexagonalen Dipyramiden (s. Bild 10.5). Zwillingsbildung, oft polysynthetisch, dadurch kräftige Flächenstreifung. Häufig derbe spätige Massen; auch lose als Seifenmineral.

Physik. Eigensch.: Selten farblos, meist grau, auch blau (*Saphir*), rot (*Rubin*), grün bis schwarz gefärbt, z. T. fleckig und zonar, auch mit Asterismus (*Sternsaphir*, s. Kap. 2.4.1. und Bild 2.54) und Pleochroismus, $n_0 = 1{,}769$, $n_E = 1{,}761$; Glasglanz, durchsichtig bis undurchsichtig-trüb. H 9. Ohne deutliche Spaltbarkeit, muschlig bis splittriger Bruch. D 3,9 bis 4,1. Schmelzpunkt 2040 °C. In Säuren nicht löslich.

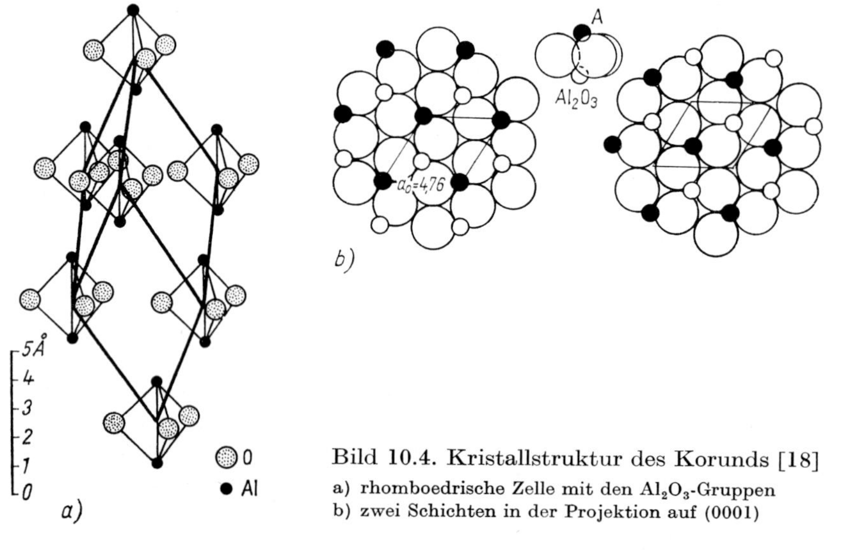

Bild 10.4. Kristallstruktur des Korunds [18]
a) rhomboedrische Zelle mit den Al_2O_3-Gruppen
b) zwei Schichten in der Projektion auf (0001)

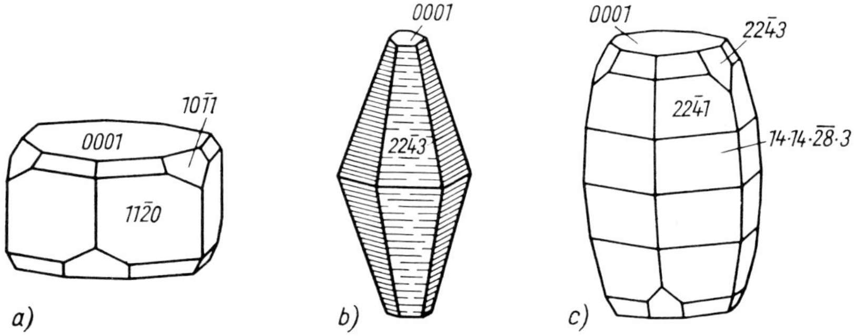

Bild 10.5. Korundkristalle

a) taflig b) pyramidal c) tonnenförmig

Diagnose: Relativ leicht an der großen Härte, oft an der Form und Streifung sowie fehlender Spaltbarkeit zu erkennen. Die farbigen Korunde ähneln ihren Paragenesemineralen in Seifen: Granat, Spinell, Zirkon, Rutil, auch Smaragd, Turmalin, Topas und Cyanit.

Genese: Bei den natürlichen Korunden können wir primäre und sekundäre Bildung bzw. Vorkommen unterscheiden:

primär: *magmatisch* in Al-reichen Gesteinen wie Syeniten, Graniten und deren Pegmatiten, selten Peridotiten und Anorthositen. *Metamorph* in paragenen kristallinen Schiefern, Marmoren und Dolomiten.

sekundär: aufgrund seiner chemischen und mechanischen Widerstandsfähigkeit häufig in *Sedimenten*, angereichert in *Seifen* (dort gelegentlich hydrothermale Umwandlung zu Diaspor).

Nach den physikalischen Eigenschaften und der Art des Vorkommens können wir zwei Korundtypen unterscheiden:

- den *»gemeinen« Korund* in Form unscheinbarer trüber Kristalle und kristalliner Massen, oft stark durch Fe-Oxide usw. verunreinigt (dann *Smirgel*, engl. emery), aus kristallinen Schiefern, Kalksteinen und Pegmatiten. Vorkommen weltweit, speziell USA, Kanada und Südafrika, für Smirgel Griechenland, UdSSR, USA.
- den *»edlen« Korund* in Form farbiger und durchsichtiger Einzelkristalle, die bevorzugt als Schmucksteine Verwendung finden (hauptsächlich Rubine und Saphire, vgl. Tab. 16.30, Anhang). Hauptgewinnung aus Seifen Südostasiens (Sri Lanka, Burma) und Australiens.
  Edelsteinqualitäten (Rubin, Saphir) werden heute überwiegend *künstlich* (synthetisch) nach dem VERNEUIL-Verfahren hergestellt (vgl. Kap. 4.6.), als Schmuckstein und Industriemineral (Kap. 5.5.). Industriekorund (als Schleifmittel und Feuerfestmineral) wird aus Bauxit gewonnen, der in elektrischen Öfen geschmolzen wird (in der DDR z. B. in Zschornewitz).

Nutzung: Wichtiges Industriemineral. Gewinnung natürlicher Korunde (auch edle Varietäten) geht zugunsten synthetischer Produkte zurück. Produktion, s. Tab. 16.30.

Spinell: $MgAl_2O_4$ Magnesiospinell

$MgO \cdot Al_2O_3$: theor. 28,2% MgO, 71,8% Al_2O_3. Durchsichtige gefärbte Spinelle (Sammelname *Edelspinelle*) entstehen durch diadochen Ersatz von MgO durch FeO (bis 3,5%, *Blauer oder Saphirspinell*), von MgO und Al_2O_3 durch Spuren von CuO und Fe_2O_3 (bis 15%; *Grüner oder Chlorospinell*), von Al_2O_3 durch Spuren von Cr_2O_3 (*Edler Spinell, hell- bis dunkelrot*, sehr wertvoll); auch geringe Gehalte von ZnO und MnO. Größere Gehalte an FeO und Fe_2O_3 rufen braune bis schwarze Farben hervor.
Kubisch (holoedrisch), eigener Strukturtyp (s. Bild 10.6); fast stets oktaedrische Kristalle (s. Bild 10.7), meist mm-, oft cm-groß, sehr häufig nach (111) verzwillingt (*Spinellgesetz*! vgl. Bild 2.41). Farblos selten, meist gefärbt; Glasglanz, n = 1,72 bis 1,77 (optisch isotrop, Unterscheidung von Rubin).
H $7^1/_2$ bis 8, Spaltbarkeit 2 nach (111), spröde. D 3,6. Säureunlöslich, Schmelztemperatur 2135 °C (für hochfeuerfeste Tiegel).
Entstehung meist kontaktmetamorph in Karbonaten, v. a. mit Korund und Granat; auch in Magmatiten, Pegmatiten und kristallinen Schiefern. Wegen seiner Resistenz typisches Schwermineral, angereichert und gewonnen in Seifen, zusammen mit Gold, Granat, Zirkon, Magnetit, Epidot, Korund und seinen Varietäten usw. Wichtigste Seifenlagerstätten Sri Lanka, Burma, Thailand. Primär weltweit und selten, so z. B. Schweden, UdSSR u. a., auch in Kalkeinschlüssen vulkanischer Laven (z. B. Mittelitalien). Schmucksteinproduktion etwa 10000 Karat (~2 kg) pro Jahr.

Weitere Aluminatspinelle sind:

Hercynit: (Ferrospinell): $FeAl_2O_4$; schwarz, Str. graugrün; im Dünnschliff tiefgrün durchs. n ~ 1,80. In feinster Form in magmatischen Titanomagnetiten, entstanden durch Entmischung. VH 1402 bis 1561; D 3,92. Im Granulit (N-Sachsen, DDR); in Granitporphyr von Schenkenzell (Schwarzwald, BRD).

Pleonast und *Ceylanit:* (Mg, Fe)O · $(Al, Fe)_2O_3$; dunkelgrün bis schwarz; im Dünnschliff grün durchs. D > 3,65. Kontaktmineral; in basischen Magmatiten. In Auswürflingen des Vesuvs (Italien), vom Schwarzwald und Odenwald (BRD).

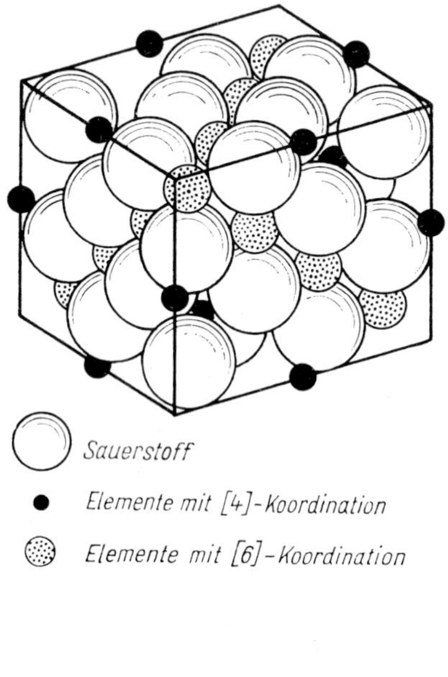

Bild 10.7. Edelspinelle von Sri Lanka, oktaedrisch und kombiniert, Kristalle 3 bis 5 mm [222]

Bild 10.6. Strukturmodell der Spinelle in ionarer Darstellung [124]

Galaxit (Manganspinell): $MnAl_2O_4$; gewöhnlich enthält er noch viel FeO. Schwarz, in Splittern braunrot. H $7^1/_2$; D 4,23. n = 1,923. Galax (N.-Carolina, USA), Japan. Selten.

Gahnit: $ZnAl_2O_4$ (Zinkspinell), mit diadochem Einbau von Mg, Fe, Mn, auch Sn (*Limait*). Oft cm-groß; dunkelgrün, halbdurchs., Glasgl. n ~ 1,80. H $7^1/_2$ bis 8 (VH 1910 bis 2420), spröde. D 4,0 bis 4,6. Leicht mit einigen Mineralen zu verwechseln, aber selten (UdSSR, Schweden, BRD, Brasilien). Häufig von der metamorphen Mn–Zn-Lagerstätte Franklin (USA), zusammen mit Zinkit und Franklinit, Broken Hill (Australien). Ohne wirtschaftliche Bedeutung.

Angehängt werden hier noch:

Mayenit: 12 CaO · 7 Al_2O_3; kubisch. Farblose, etwa 60 μm große, rundliche Körner in Kalksteineinschlüssen von Leucittephrit, Ettringer Bellerberg bei Mayen i. d. Eifel (BRD). D 2,85.

Brownmillerit: 2 CaO · $(Al, Fe)_2O_3$; rhombisch. Rotbraune Neubildung in Kalksteineinschlüssen von Tephrit, in der Eifel (BRD), auch in Zementklinkern. D 3,76.

Slavyanskit: $CaAl_2O_4 \cdot 8{,}5\ H_2O$; tetragonal. Farblose Pyramiden, D 2,52. Salzkuppel Slavyansk (UdSSR).

Chrysoberyll: Al_2BeO_4

19,7% BeO, stets mit Fe_2O_3 (max. 6%), oft TiO_2 (max. 3%) und Cr_2O_3 (max. 0,4%, Grünfärbung = *Alexandrit*). Rhombisch (isotyp mit Olivin); stets einzelne, meist olivinähnliche, dicktafelige xx (s. Bild 10.8); verschiedentlich Drillinge mit Streifung parallel c-Achse. Farbe gelb bis grünlich, bei Alexandrit grün (Farbe wird bei elektrischer oder Kerzenbeleuchtung rot). Glasglanz, gelegentlich wogender Lichtschein (Chrysoberyllkatzenauge), n_Y = 1,747, manchmal pleochroitisch. H $8^1/_2$, spröde. Spaltbarkeit 2 nach (010), muschliger Bruch. D ~ 3,7. Ähnlich ist Beryll.
Entstehung in Pegmatiten, Granaten oder (kontakt-)metamorphen Schiefern, in Paragenese mit pegmatitisch-pneumatolytischen Mineralen wie Topas, Turmalin, Apatit, Granat, Spinell u. a. neben Feldspat und Quarz. Wegen seiner Widerstandsfähigkeit in Seifen, z. T. mit den gleichen Mineralen. Häufig von Minas Geraes (Brasilien), in Mähren (ČSSR), Kolsva (Schweden), Takovaja (Ural, UdSSR), in Seifen besonders von Südasien (Sri Lanka, Burma). Alexandrit ist wertvoller Schmuckstein.

Taaffeit: Al_4MgBeO_8; hexagonal. D 3,613. Ähnlich Olivin. Sri Lanka. Sehr selten.

Swedenborgit: $NaSbBe_4O_7$; hexagonal. Kurzprismatische xx. H ~ 8; D 4,285. Farblos, auch gelb. $n_{O;E}$ = 1,772; 1,770. Långban (Schweden) im Skarn.

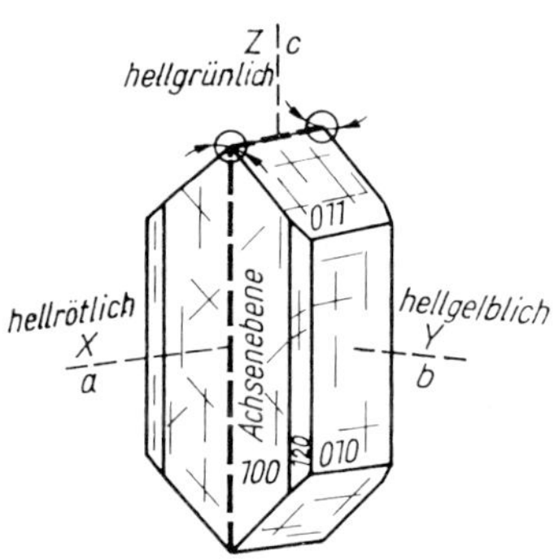

Bild 10.8. Kristall von Chrysoberyll, mit kristallographischer und optischer Orientierung sowie der Lage der Spaltrisse [49]

10.4. Hämatit–Ilmenit–Magnetit-Gruppe

In dieser Gruppe werden die ökonomisch wichtigen Eisenoxide beschrieben. Der trigonale Hämatit Fe_2O_3 ist mit Korund Al_2O_3 isotyp, der kubische Magnetit ($Fe_3O_4 = FeO \cdot Fe_2O_3$) ist der wichtigste Vertreter der Ferritspinelle. Hinzugefügt wird aus genetisch-paragenetischen und strukturellen Gründen der Ilmenit $FeTiO_3$, der bei hohen Temperaturen mit Hämatit lückenlos mischbar ist.

Hämatit: α-Fe_2O_3 Eisenglanz, Roteisenstein

Entdeckung: Bereits von THEOPHRASTOS 315 v. d. Z. erwähnt; Name Hämatit nach gr. *hämateios* = blutig, wegen der oft roten Farbe des Minerals (Roteisenstein!).

Chemismus: 70,0% Fe; oft mit kleinen Mg- und Ti-Gehalten sowie gelegentlich Spuren von Cr, Mn und Th; bei kolloidalen Massen auch Al, Si und H_2O (*Hydrohämatit*). Es existieren Übergänge zum Ilmenit (s. Titanohämatit; vgl. Bild 10.9).

Kristallogr.: Trigonal (ditrigonal-skalenoedrisch, wie Korund; das γ-Fe_2O_3 = Maghemit s. weiter unten). Häufig aufgewachsene, bis cm-große xx mit plattig-tafligem (tiefthermal) oder würflig-rhomboedrischem (hochthermalem) Habitus (*Eisenglanz*), als Kombinationen von Basisfläche, Rhomboeder und Skalenoeder (s. Bild 10.10); dadurch Streifung auf der Basisfläche. Verschiedentlich schuppige oder rosettenartige Aggregate (sog. Eisenrosen), auch feinverteilt und damit färbend in Mineralen und Gesteinen. Sehr häufig auch, besonders bei hydrothermaler Bildung, kryptokristalline radialstrahlige Massen mit kolloidalen Formen (*Roteisenstein* in Form des sog. Roten Glaskopfes; s. Bild 10.11); auch erdig und pulvrig (sog. *Rötel*). Pseudomorphosen von Hämatit nach Magnetit heißen *Martit*, Teilpseudomorphosen *Ferrotin* (vgl. Bild 10.12).

Physik. Eigensch.: Kristalle grauschwarz und metallglänzend, verschiedentlich blau oder bunt angelaufen; feinkörnig-dichte sowie erdige Arten (Roteisenstein) rot;

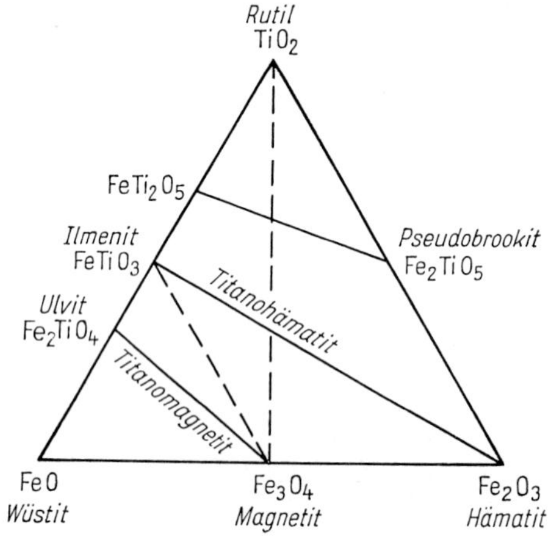

Bild 10.9. Mineralparagenetische Beziehungen im System FeO–Fe_2O_3–TiO_2 [13]

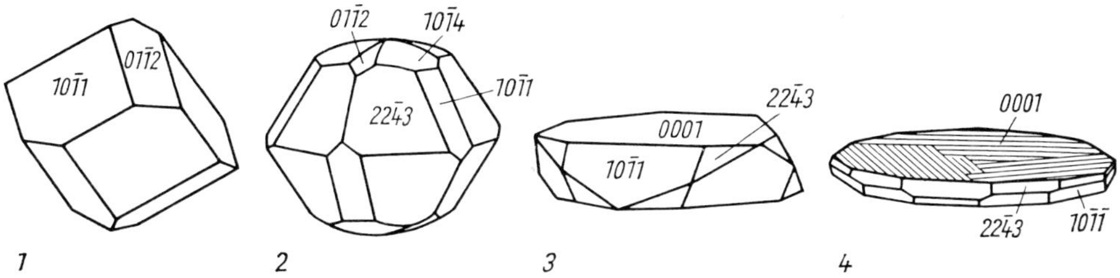

Bild 10.10. Hämatitkristalle

1 rhomboedrisch (würfelähnlich), Typ Altenberg [20]
2 rundlich, Typ Elba [20]
3 plattig [1]
4 dünntaflig [1]

Die Reihenfolge 1 bis 4 entspricht etwa der Abnahme der Bildungstemperatur (pneumatolytisch bis tiefthermal)

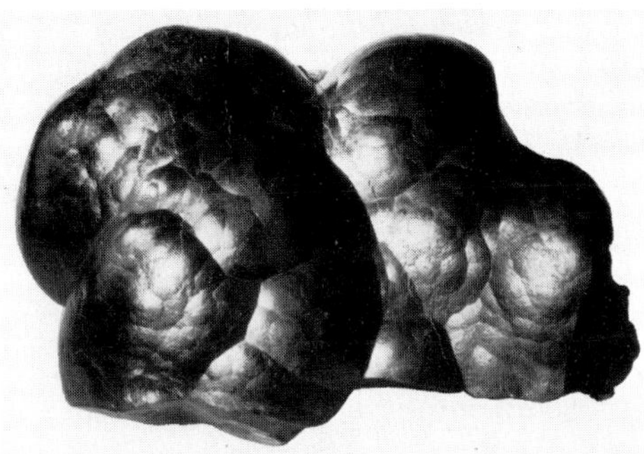

Bild 10.11. Hämatit, als Roter Glaskopf. Ulverstone (Lancastershire, England). $^1/_3$ der Originalgröße [223]

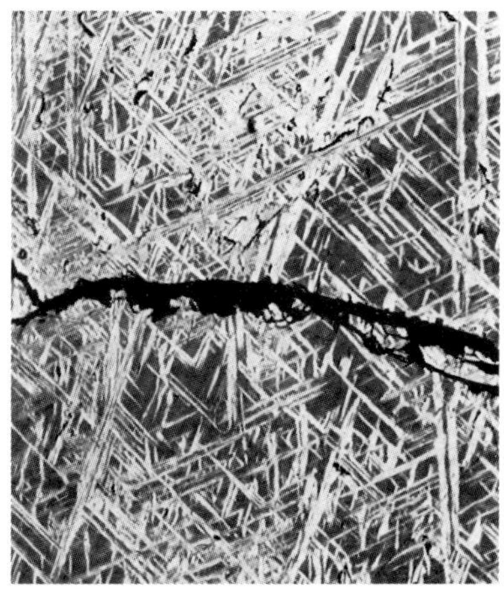

Bild 10.12. Martitisierung von Magnetit. Hämatit bildet parallel zu den (111)-Flächen des Magnetits metasomatisch ein gitterartiges Netzwerk [155];
Insel Elba, Anschliff, Vergr. 1000 ×
(schwarz: Riß im Schliff)

beide mit roter bis rotbrauner Strichfarbe. Opak, in feinsten Blättchen rot durchsch. Ohne Spaltbarkeit, häufig aber Teilbarkeit nach der Basisfläche (0001). H 6 bis $6^1/_2$ (VH 739 bis 1114), spröde, Bruch muschlig. D 5,2 bis 5,3. In HCl langsam löslich.

Diagnose: Charakteristische Eigenschaften sind roter Strich, relativ hohe Härte, oft Form; bei Reduktion magnetisch (Magnetitbildung). Äußerlich ähnlich sind gelegentlich Magnetit, Ilmenit, Limonit, auch Pyrargyrit, Bournonit, Cinnabarit, Chromit u. a.

Genese: Hämatit entsteht als hochoxydiertes, wasserfreies Eisenoxid in einem breiten Bildungsbereich; der Schwerpunkt liegt bei mittleren Temperaturen. Bei humiden Bedingungen der Erdoberfläche wird er meist von Limonitmineralen vertreten, bei höheren Temperaturen meist von Magnetit. Dementsprechend finden wir ihn:

- meist feinverteilt und damit als rotfärbendes Mineral in der *Verwitterungskruste*, wo er primär oder durch Dehydratisierung des Limonits entsteht. Angereichert ist er verschiedentlich in den Oxydationszonen von Erzlagerstätten (»Eiserner Hut«).
- als primäre *hydrothermale* Bildung

  a) in Ganglagerstätten, gemeinsam mit Baryt, Quarz, Siderit u. a. Siegerland, Wölsendorf (BRD), Mitterberg (Österreich), Kutimsk (Ural, UdSSR) u. a. In der DDR im mittleren Erzgebirge, Thüringen, Harz.

  b) in Kratern von *Vulkanen* und deren Umgebung; besonders angereichert in der Nähe submariner Vulkanbauten (Roteisenerze des Lahn-Dill-Typs), z. B. Elbingerode und Schleiz (DDR), Lahn-Dill-Gebiet (BRD), auch Insel Elba (Italien), Grängesberg, Kiruna u. a. (Schweden).
- durch Dehydratisierung und Oxydation von sedimentären limonitischen und hydrohämatitischen Erzen infolge *Diagenese und Metamorphose.* Hierher gehören die riesigen kiesligen präkambrischen Hämatiterze vom Typ der Eisenquarzite, meist zusammen mit Magnetit und Fe-Chlorit. Riesenlagerstätten in Krivoi Rog (UdSSR), Minas Geraes (Brasilien, Itabirite), auch Oberer See und Mesabi Range (USA), weiter Indien, Afrika u. a. Oolithische Hämatiterze z. B. im Mittel-Ural (UdSSR), ähnlich auch von Schmiedefeld (Thüringen, DDR).
- durch Oxydation infolge »*Martitisierung*« *von Magnetit* (s. Bild 10.12); z. B. die Martiterze von der Lagerstätte Magnitnaja Gora bei Nižne Tagil im Ural. Da chemisch widerstandsfähig, oft klastisch in Sedimenten; kaum Umwandlung in »Limonit«.

Nutzung: Sehr wichtiges Eisenerz, Produktion s. Tab. 16.32. Feinstkörniger oder gemahlener Hämatit als Farbstoff und Poliermittel, meist künstlich.

Maghemit: γ-Fe_2O_3; kubisch; Struktur spinellähnlich; magnetisch (!), durch Oxydation von Magnetit entstanden. H 5; D 4,87. Farbe und Strich braun. In verwittertem Shonkinit am Katzenbuckel (Baden, BRD); Iron Mountain (Calif., USA); in den Magmatiten des Bushvelds (Südafrika). *Titanomaghemit* entsteht durch Oxydation von Titanomagnetit.

Der Magnetoplumbit und weitere Minerale haben Ähnlichkeit mit dem Hämatit:

Magnetoplumbit: $PbO \cdot 6\,Fe_2O_3$; hexagonal; spitze Pyramiden; H 6; D 5,517; grauschwarz; stark magnetisch. Auch Mn^{3+}, Mn^{2+}, Ti, Al sind außer Pb und Fe vorhanden. In Långban (Schweden) nicht selten. Isotyp mit Magnetoplumbit ist *Hibonit*; hauptsächlich $CaAl_{12}O_{19}$ mit Y, Ti, Si, Mg, hexagonal. Madagaskar.

Plumboferrit: $PbO \cdot 2\,Fe_2O_3$; trigonal; dicktafelige xx; H 5; D 6,07; fast schwarz; Str. rot. Gitterkonstanten ziemlich genau doppelt so groß wie bei Magnetoplumbit, was auf enge strukturelle Verwandtschaft schließen läßt. Jakobsberg und Sjö-Grube in Örebro (Schweden).

Högbomit (Taosit): $(Na, K)_x(Al, Fe, Ti, Mg, Zn)_{24-x}O_{36-x}$; trigonal (rhomboedrisch); Polytypen 4 H, 5 H, 15 H und 18 R. Schwarze hexagonale Tafeln in Magnetit–Ilmenit-Erzen. D 3,5; H $6^1/_2$; $n_0 = 1{,}853$; pleochr. (im Durchlicht). Von Routivare (Schweden), USA, Südafrika.

Anhang:

Nigerit: $(Al, F)_{12}(Sn, Zn, Mg)_3H_2O_{24}$; trigonal. H $8^1/_2$, D 4,51. Von Kabba in Nigeria.

Ilmenit: $FeTiO_3$ Titaneisen

Entdeckung: Beschrieben 1827 von KUPFFER, benannt nach dem Fundort Ilmengebirge im südl. Ural (UdSSR).

Chemismus: Die selten auftretende formelreine Verbindung heißt *Crichtonit*, sie hat theor. 36,8% Fe und 31,6% Ti. Meist erhebliche Fe_2O_3-Gehalte, da mit Hämatit bei höheren Temperaturen mischbar; die Mischkristalle entmischen bei niedrigen Temperaturen Hämatit und Ilmenit (vgl. Bild 10.14). Ähnliche Mischbarkeit besteht mit $MnTiO_3$, $MgTiO_3$ und Fe_3O_4.

Kristallogr.: Trigonal (rhomboedrisch), Struktur ähnlich Hämatit bzw. Korund. Meist ein-, selten aufgewachsene taflige und rhomboedrische Kristalle, Tracht und Form s. Bild 10.13. Überwiegend eingesprengt oder kompakte Aggregate in basischen Gesteinen, bestehend aus tafligen oder dickkörnigen, oft verzwillingten Kristallformen. Oft Entmischungsprodukt, z. B. in Magnetit.

Physik. Eigensch.: Schwarz mit bräunlichem Farbstich, Strich analog. Opak, in feinsten Blättchen durchsch., starker Reflexionspleochroismus, halbmetall. bis matt. H 5 bis 6 (VH 501 bis 752). Bruch muschlig, ohne Spaltbarkeit, aber Absonderung durch Zwillingslamellen (s. Bild 10.14). D 4,5 bis 5,0. In Säuren schwer löslich; nicht bis schwach magnetisch.

Diagnose: Charakteristisch ist rhomboedrisch-plattige Kristallform und schwärzlicher Strich. Ähnlich sind Hämatit, Magnetit und Chromit.

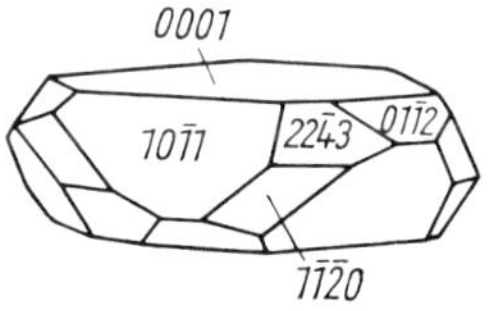

Bild 10.13. Ilmenitkristall, dicktaflig [20]

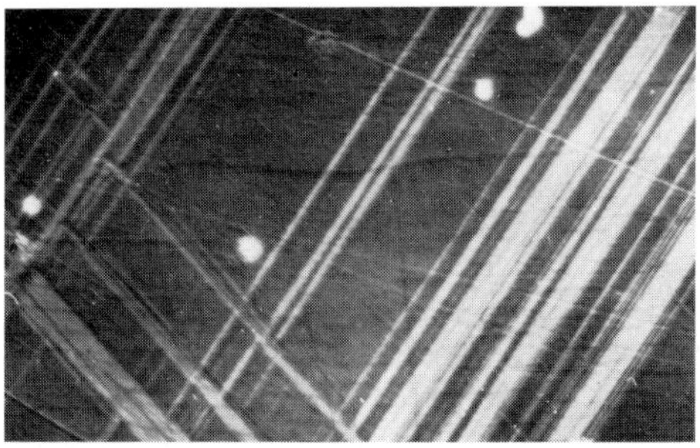

a)

b)

Bild 10.14. Ilmenit

a) polysynthetisch verzwillingt, mit Entmischungsleisten von Hämatit (links), die die Lamellen durchsetzen. Ekersund (Schweden). Anschliff, Vergr. 250×, + Nic. [10]

b) Ilmenit (verschieden grau) mit hellen Entmischungsspindeln von Hämatit (hellgrau) und Hämatit mit Entmischungsspindeln von Ilmenit. Von Quebec (Kanada). Anschliff, Vergr. ≈100× [155]

Genese: Die Hauptmenge des Ilmenit bildete sich in allen, hauptsächlich aber basischen Magmatiten (Gabbro, Diabas), oft begleitet von seinem Umwandlungsprodukt *Leukoxen*, einem feinstkörnigen Gemisch von Eisen- und Titanoxiden. Verschiedentlich derbmassige Erzanreicherung, so von Routivare (Schweden), Kragerö (Norwegen), UdSSR, Kanada u. a. Schöne xx als Kluftminerale (Alpen). Häufig als Schwermineral in Sanden und Seifen, aus denen er gleichfalls gewonnen wird (Indien, Australien).

Nutzung: Wichtiger Titanrohstoff; Titan für Spezialstähle, Titandioxid für Farben (vgl. Tab. 16.27).

Dem Ilmenit isotyp oder ähnlich sind:

Titanohämatit (α- und γ-Form) und *Ferriilmenit* sind Mischkristalle zwischen Hämatit und Ilmenit. *Pikroitmenit* enthält bis 16 % MgO, *Manganilmenit* bis 14 % MnO. *Magnetoilmenit* sind hexagonale Mischkristalle von Ilmenit mit wenig »Magnetit«.

Geikielith: $MgTiO_3$; isotyp mit Ilmenit; xx tafelig, oft gerundet; # 1(10$\bar{1}$1); H 6; D 4,05; bräunlich-schwarz, opak, dünne Splitter rot durchsch.; n_{OE} = 2,31; 1,95. In Edelsteinsanden von Sri Lanka.

Pyrophanit: $MnTiO_3$; isotyp mit Ilmenit; schuppige xx; # 4 (0221); H 5; D 4,54. Tief blutrot; n_{OE} = 2,481; 2,21. Pajsberg (Schweden).

Davidit: (Fe, La, U, Ca)(Ti, Fe)$_{15}$(O, OH)$_{36}$ mit einem U_3O_8-Gehalt bis ~ 10 %; isotropisiert; wichtiges Uranerz, z. B. Australien, Moçambique. *Ferrutit* ist hexagonaler Davidit. *Senait:* Pb-haltige Varietät von Davidit, ähnlich auch *Mohsit* (Fe, Ca, Mg)$_2$$Ti_5O_{12}$ (?).

Loveringit: (Ca, SE)(Ti, Fe, Cr)$_{21}$$O_{38}$; trigonal. Metamikt, in Bronzit von Australien.

An den Ilmenit werden folgende Minerale angehängt:

Armalcolit: (Mg, Fe)Ti_2O_5; rhombisch. Mit Ilmenit im Mondgestein. Gehört zur Pseudobrookitgruppe.

Macedonit: $PbTiO_3$; tetragonal. Bis 0,2 mm große opake xx, akzessorisch in amazonitreichen Quarz-Syenit-Gängen aus Pyroxen-Amphibol-Schiefern von Jugoslawien. Paragenese: Aegirin, Riebeckit, Rutil, Zirkon, Apatit, Allanit (Orthit), Baryt, Epidot u. a. Im Dünnschliff braungelb, D 7,82.

Landauit: (Zn, Mn, Fe)[Ti_3O_7]; monoklin. Schwarze opake Aggregate in Albitgängchen eines Alkaligesteins im Baikalgebiet (UdSSR). Paragenese: Polylithionit, Brucit, Chabasit, Monazit, Bastnäsit. H 7½; D 4,42.

Kassit: $CaTi_2O_4(OH)_2$; rhombisch. Gelbe blättrige, oft rosettenartig angeordnete xx, max. 1 mm groß; als hydrothermale Bildung in Pegmatitdrusen der Halbinsel Kola (UdSSR). Paragenese: z. T. pseudomorph nach Perowskit, Ilmenit und Titanit; wird verdrängt von Cafetit, Leukoxen und *Hydrokassit.* H 5; D 3,42; n_Y = 2,13; # 5 (010).

Magnetit: Fe_3O_4

Entdeckung: Name wahrscheinlich nach dem ersten Fundort Magnesia in Mazedonien; beschrieben und benannt erstmalig von HAIDINGER 1845.

Chemismus: Theor. 72,4% Fe, (31% FeO, 69% Fe_2O_3), meist nur geringe Gehalte von Ti, Cr, V, Ni, Co, Al. Höhere Gehalte in Hochtemperaturmagnetiten, z. B. *Titanomagnetit* (max. 30% TiO_2; vgl. Bild 10.9) und *Coulsonit* (Vanadomagnetit) mit max. 5% V_2O_5, auch an Cr, Al und Mg (max. 2 bis 10%). Diese Gehalte können sich bei langsamer Abkühlung entmischen.

Kristallogr.: Kubisch (holoedrisch); Ferroferrispinell: $Fe^{2+}Fe_2^{3+}O_4$. Oft gute, oktaedrische oder rhombendodekaedrische xx, ein- und aufgewachsen, häufig gestreift und verzwillingt (s. Spinellgesetz (111), Bild 2.40). Pseudomorphosen von Hämatit nach Magnetit heißen »Martit« (vgl. Bild 10.12). Hauptmenge massig als dichte oder körnige Aggregate. Als »Schwermineral« abgerundet in Sanden und Seifen.

Physik. Eigensch.: Opakes, eisenschwarzes Mineral, mit schwarzem Str.; Mgl., auch matt. H $5^1/_2$ (VH 440 bis 1100), muschliger Br., Spaltbarkeit 1 (auch Absonderung) nach (111). D 5,2. Starker Ferromagnetismus (bis 580 °C), guter Elektrizitätsleiter.

Diagnose: Charakteristisch sind oft Farbe und Form sowie fast stets Magnetismus (Jakobsit hat rötlichschwarzen Strich!). Ähnlich sind Chromit, Ilmenit, Hausmannit, auch Hämatit.

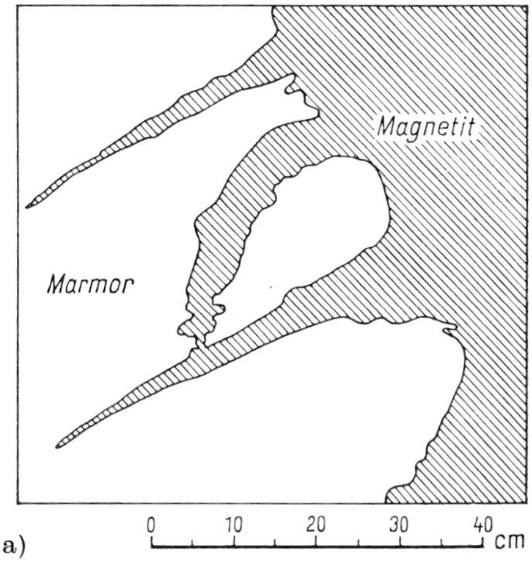

a)

b)

Bild 10.15. Magnetitbildung

a) metasomatisch im karbonatischen Skarn. Sächs. Erzgebirge, Grube Pöhla [191]

b) Neubildung auf Rissen bei der Serpentinisierung von Duniten. Anschliff, etwas verkleinert [20]

Genese: Magnetit entsteht meist unter relativ hohen Temperaturen und verkleinertem Oxydationspotential. Die Hauptbildungsbereiche sind:

– *magmatisch*

a) feinverteilt in fast allen Gesteinen, hauptsächlich in basischen Tiefengesteinen wie Diorit, Diabas, Gabbro, auch Basalt,

b) als Titanomagnetit lagerstättenbildend in Kristallisationsdifferentiaten basischer Magmen, meist in Paragenese mit Ilmenit, Spinell und Olivin. Wichtige Lagerstätten in Skandinavien, z. B. Taberg in Schweden und Otanmäki in Finnland, weiter Südafrika u. v. a.

– *postmagmatisch*

a) Oft mächtige Magnetitlager in räumlichem Zusammenhang mit Vulkaniten, verschiedentlich mit Hämatit und Apatit. Riesenlagerstätte Kirunavaara in

Nordschweden, weiter Luossavaara, Gellivaara, Grängesberg (alle Schweden) und am Oberen See (USA) Kanada. Ähnlich Magnetitanreicherungen in Eisenerzen vom Lahn-Dill-Typ (z. B. DDR, BRD).

b) Magnetiterze in (Kalk-) Skarnen, genetisch z. T. identisch mit a), oft in Paragenese mit Ca-Silikaten wie Granat, Wollastonit, Hedenbergit u. a. sowie Sulfiden:
in der DDR im Erzgebirge (Breitenbrunn, Pöhla, Berggieshübel, s. Bild 10.15) und in Thüringen; Großlagerstätten in der Sowjetunion (Magnitnaja Gora, Altai, Blagodat, Daškesan), in Schweden (Dannemora, Persberg), in Norwegen u. v. a.
Beide Typen oft durch metamorphe Überprägung entstanden.

– *metamorph*
meist entstanden aus primären limonitischen und hämatitischen Eisenerzen, in geringem Umfang kontaktmetamorph; große Lagerstätten regionalmetamorph, so z. B. bei vielen »Eisenquarziten« wie Krivoi Rog und Kursk; auch in Chamositerzen von Schmiedefeld (Thüringen, DDR), in Phylliten usw.

– *sedimentär*
selten primäre Magnetitbildung, z. B. diagenetisch aus anderen Eisenerzen; meist wegen hoher physikalischer und chemischer Stabilität als klastisches Schwermineral in Sanden. Gelegentlich Gewinnung mit anderen Schwermineralen wie Zirkon, Ilmenit, Monazit u. a. aus Strandseifen (z. B. Indien).

– *künstlich*
häufig im Silikat- und Eisenhüttenwesen, auch anderswo.

Nutzung: Sehr wichtiges Eisenerz. Titanomagnetite sind wichtiger Rohstoff für die Titan- und Titanoxidgewinnung (beides vgl. Tab. 16.27).

Brunogeierit: $(Ge_xFe_{1-x})Fe_2O_4$; kubisch. Graue dünne Krusten auf Tennantit, aus unterer Oxydationszone von Tsumeb (Namibia). Ferromagnetisch.

Magnesioferrit: $MgFe_2O_4$; kleine schwarze Oktaeder, regelmäßig mit Hämatit verwachsen, in Vesuvlaven; auch kontaktmetasomatisch. D 4,6 bis 4,7. Str. dunkelrot. Reichlich b. Ilimpeia (Sibirien, UdSSR).

Jakobsit: $MnFe_2O_4$; mit Mg- und Fe-Gehalt. Oktaedrische xx und gerundete eingesprengte Körner, auch körnige Aggregate. D 4,75. Eisenschwarz; Str. rötlichschwarz. Stark magnetisch. In körnigem Kalkstein zu Jakobsberg (Wermland, Schweden), wo er als Mn-Erz abgebaut wird. Dimorph ist *Iwakiit:* $Mn^{2+}(Fe^{3+}, Mn^{3+})_2O_4$; trigonal. Körnchen im Mn-Erz, D 4,85. Von Gozairko-Grube, Iwaki (Japan).

Trevorit: $NiFe_2O_4$; H 5; D 5,164. Stark magnetisch. Sehr ähnlich Magnetit. Barberton (Transvaal, Südafrika).

Ulvit: (Ulvöspinell) $Ti^{4+}Fe_2{}^{2+}O_4$; findet sich in vielen »Titanomagnetiten« in feinsten Körnchen, die durch Entmischung entstanden sind. Der Titanomagnetit ist als Mischkristall Ulvit–Magnetit anzusehen. Södra, Ulvö (Schweden); Bühl b. Kassel (BRD) neben Eisen in kleinen xx.

Franklinit: $(Zn, Fe, Mn)(Fe, Mn)_2O_4$

Kubisch. In den physikalischen Eigenschaften dem Magnetit ähnlich. Undurchs.; rötlich-brauner Str. Etwas magnetisch. VH 667 bis 847, D 5,07 bis 5,22. Unschmelzbar. In bedeutenden Mengen kommt er in der kontaktmetasomatischen Lagerstätte Franklin in New Jersey (USA) vor. In Paragenese mit ihm treten in kristallinem Kalkstein auf: Zinkit, Willemit, Calcit, seltener Gahnit, Axinit, Mangansilikate, Apatit und viele andere Minerale.

10.5. Chromit-Gruppe

In dieser Gruppe sind die Chromitspinelle zusammengefaßt. Wie auf Bild 10.3 zu ersehen war, bilden sie eine Mischkristallreihe zwischen dem $FeCr_2O_4$ (Ferro-Chromit) und dem $MgCr_2O_4$ (Picrochromit oder Magnesiochromit). Dies sind im allgemeinen Sprachgebrauch die »Chromite« (unter denen als Mineral Chromit meist das eisenreichste Endglied der Mischkristallreihe angesehen wird). Im weiteren Sinne gehören zu dieser Gruppe auch die wesentlich Cr-ärmeren, dafür aber Al-reicheren »Chromspinelle«, die gleichfalls eine Mischkristallreihe zwischen den Endgliedern Chromhercynit und Chromspinell bilden (gleichfalls Bild 10.3). Alle diese Spinelle haben die gleiche Entstehung: sie sind Kristallisate ultrabasischer Magmen.
Die lagerstättenbildenden »Chromite« haben eine erhebliche Schwankungsbreite in ihrem Chemismus, jedoch wird im Rohstoffhandel ein minimaler Cr_2O_3-Gehalt von 48% verlangt. Da theoretisch der Cr_2O_3-Gehalt zwischen 68 und 79% liegt, resultiert daraus ein erheblicher Ersatz der Cr_2O_3 durch Al_2O_3, Fe_2O_3, aber auch durch TiO_2 (bis 2%), V_2O_3 (bis 0,2%). Auch das Fe und Mg kann durch Mn, Zn, Ni, Co in geringerem Umfang ersetzt werden. Dementsprechend könnte die allgemeine Spinellformel AB_2O_4 ausführlich folgendermaßen geschrieben werden: (Fe, Mg, Mn, Zn, Ni, Co) (Cr, Al, Fe, Ti, V)$_2$O$_4$. Eine etwas abweichende Darstellung der Chromspinelle gibt Bild 10.16.
Wir besprechen im folgenden die eisen- und chromreiche Varietät, den Chromit.

Chromit: (Fe, Mg)Cr_2O_4 Chromeisenstein

Entdeckung: Von Haidinger 1845 erstmals beschrieben, benannt nach dem Chemismus.

Chemismus: $FeCr_2O_4$ theor. 32,1% FeO und 67,9% Cr_2O_3; weitere Elemente s. o.

Kristallogr.: Kubisch; Spinellstruktur (vgl. Bild 10.6; a_0 = 8,34 Å). Selten Oktaeder, meist in Serpentinit eingesprengte gerundete Körner. Chromiterze je nach Textur als Sprenkelerz (s. Bild 10.17), Schlierenerz, Kokardenerz, Derberz bezeichnet (vgl. Bild 4.8); oft riesige Massen in schichtiger, linsenförmiger oder stockförmiger Anordnung.

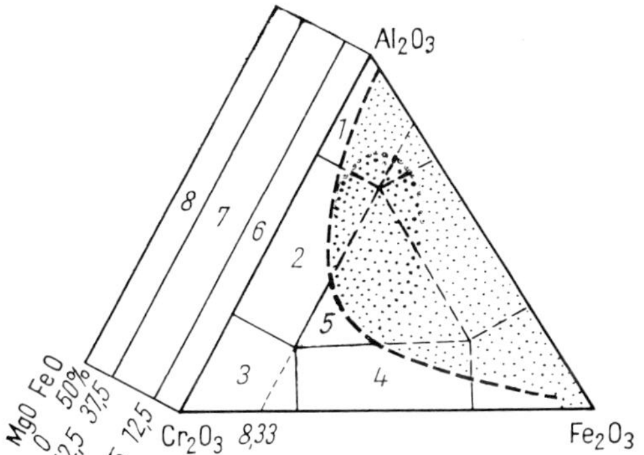

Bild 10.16. Chromspinelle, nach der Gliederung von Sokolov [15]
1 Picotit
2 Chrompicotit
3 Chromit
4 Ferrichromit
5 Ferrichrompicotit
6 Magnochromspinelle
7 Magnoferrochromspinelle
8 Ferrochromspinelle
gepunktet: Mischkristallücke

Bild 10.17. Chromiterz, sog. Sprenkelerz, von Raduša b. Skoplje (SFR Jugoslawien)

schwarz: Chromit, *hellgrau:* Serpentinit, 1/3 von Originalgröße [221]

Physik. Eigensch.: Schwarz, opak, aber brauner Str.; halbmetallischer, fettartiger Glanz. Unebener Br., H $5^1/_2$ (VH 1036 bis 2000); keine Spaltbarkeit. D 4,5 bis 4,8. Meist unmagnetisch.

Diagnose: Charakteristisch durch Farbe, Strich, Härte und insbesondere die Paragenese (stets in Peridotiten und Serpentiniten). Ähnlich sind Magnetit, Ilmenit, Franklinit, auch Gahnit und Hercynit. Notfalls Chromnachweis.

Genese: Fast ausnahmslos frühmagmatische Ausscheidung ultrabasischer Magmen, also *liquidmagmatisch.* Muttergesteine sind also Peridotite bzw. Serpentinite, selten Pyroxenite, Pikrite u. a. Parageneseminerale dementsprechend die gesteinsbildenden Minerale Olivin und Serpentin, auch Chromgranat (Uwarowit), Chromchlorite (Kämmererit), Platin–Osmiridium-Minerale, Rutil u. a. Wegen der hohen mechanischen und chemischen Widerstandsfähigkeit finden wir Chromit häufig in Sedimenten sowie sekundären Lagerstätten in Form von Seifen (z. B. Platinseifen des Urals). Große primäre Chromitlagerstätten werden abgebaut: in der Sowjetunion, z. B. Ural, in der Türkei (z. B. Guleman), in Südafrika (Transvaal), in Simbabwe (Lagerstätte Selukwe), in Griechenland, Jugoslawien, Indien, Kuba, Finnland u. a.

Nutzung: Chromit ist der wichtigste Rohstoff für die Chromgewinnung, das als Stahlveredler, zum Verchromen, für die Herstellung von Chromsalzen als Farbstoff, Oxydationsmittel, Beizmaterial für Leder, in der Feuerfestindustrie usw. Verwendung findet. Vgl. Tab. 16.27.

Magnesiochromit (Pikrochromit): $MgCr_2O_4$. Ein Endglied der Mischkristallreihe $MgCr_2O_4$–$FeCr_2O_4$. In Peridotiten oft ebenso häufig wie (Ferro-) Chromit (siehe dort).

Beresowskit und *Chrompicotit* sind Mischungsglieder der Chromitreihe (vgl. Bild 10.3).

Picotit: $(Mg, Fe)(Al, Cr, Fe)_2O_4$; eisenreich; schwarz, im Dünnschliff braun oder gelb ds. D 4,08. Gemengteil olivinreicher Gesteine und in den aus ihnen hervorgegangenen Serpentiniten. Eisenreicher sind *Chrompleonast* und *Chromhercynit* (vgl. Bild 10.3).

Donathit: $(Fe, Mg, Zn)(Cr, Fe, Al)_2O_4$; tetragonal. Xenomorphe opake Körner in peridotitischen Chromitvorkommen von Norwegen. Im Auflicht ähnlich Chromit. H $6^1/_2$ bis 7; magnetisch.

Angehängt wird hier:

Eskolait: Cr_2O_3. Prismatische und taflige, graue metallgl. bis 1 cm große xx, mit grünem Strich. In Chalkopyrit von Outukumpu (Finnland). H 8 (VH 2077 bis 3200), D 5,2. Künstl. grünes Pulver, für Polier- und Schleifzwecke.

10.6. Perowskit–Pyrochlor–Columbit-Gruppe

Diese Gruppe umfaßt im wesentlichen die Minerale der Elementparagenese Ti–Nb–Ta. Die Nb–Ta-Minerale sind sich genetisch sehr ähnlich, jedoch strukturell und im kristallchemischen Aufbau unterschiedlich; sie lassen sich aber folgendermaßen ableiten bzw. gliedern:

- In der *1. Gruppierung* fassen wir die Minerale zusammen, die sich von *Perowskit* $CaTiO_3$ ableiten lassen. Dabei wird das vierwertige Ti unterschiedlich stark durch das fünfwertige Niob und/oder Tantal ersetzt; als Ladungsausgleich muß das Ca^{2+} entsprechend durch Na^{1+} vertreten werden. Das Ca seinerseits kann durch Minerale aus dem Bereich der Seltenen Erden ersetzt werden, so durch Ce, La, Y, aber auch U, Th, Fe. Es entsteht dadurch z. B. $CaTiO_3 \rightarrow (Na, Ce, Ca)(Nb, Ti)O_3$ = Loparit.
- Als *2. Gruppierung* kann man die Nb–Ta-Minerale auffassen, die sich vom Mineral *Rutil* TiO_2 ableiten lassen. Auch hier muß der diadoche Ersatz von Ti^{4+} durch Nb^{5+} und Ta^{5+} ladungsmäßig ausgeglichen werden, und zwar als gekoppelte Substitution $2\,Nb^{5+} + Fe^{2+} \rightleftharpoons 3\,Ti^{4+}$. Es entsteht dadurch beispielsweise $TiO_2 \rightarrow (Fe, Mn)Nb_2O_6$ = Niobit.

In dieser Mineralgruppe wird der Perowskit aus genetischen und kristallchemischen Gründen mit besprochen, während der Rutil als einfaches Oxid gemeinsam mit Kassiterit SnO_2 erst in der nächsten Gruppe abgehandelt wird.

Perowskit: $CaTiO_3$

Von Rose 1839 nach dem russischen Grafen L. A. Perowsky benannt. Theor. 41,2% CaO, 58,8% TiO_2; verschiedentlich mit Gehalten von Fe, Cr, Al und SE. Äußere Bildungsform kubisch, jedoch in monokline Zwillingslamellen zerfallen (Hoch- und Tieftemperaturmodifikationen ähnlich wie bei Leucit). Struktur und Form s. Bild 10.18. Meist in Gesteinen eingesprengte würflige Einzelkristalle, mit

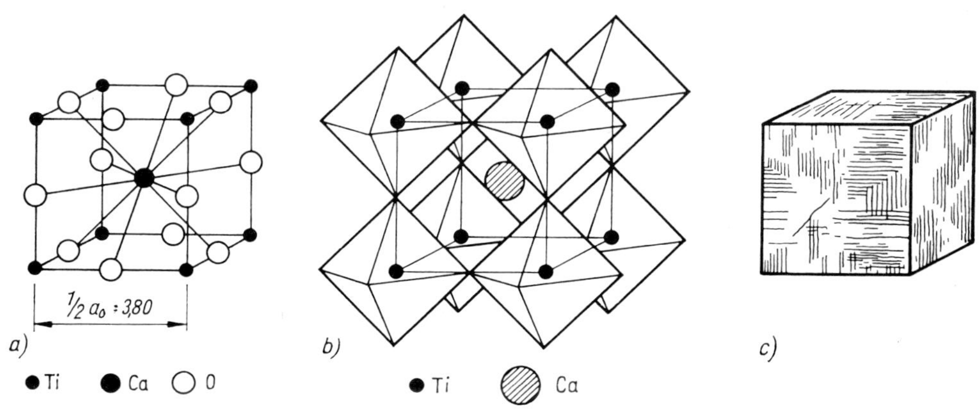

Bild 10.18. Perowskit [1;124]

Kristallstruktur in zwei Darstellungsarten, (a) atomar und (b) koordinativ, (c) Mineralform, paramorph zerfallen

(111) und (110), oft mit Flächenstreifung. Farbe von grauschwarz über braun bis gelb, Strich dementsprechend braun bis weiß; Diamantglanz (n ~ 2,3). H $5^1/_2$ bis 6 (VH 925 bis 1131), Spaltbarkeit 2 nach (100). D 4,0. Charakteristisch sind Form, Streifung, Strich und Härte. Nur in kochender H_2SO_4 löslich.
Meist magmatisch und metamorph, selten hydrothermal entstanden. In kleinen xx in Basalten und metamorphen basaltischen Tuffen, auch Phylliten, so im Ural, in den Alpen bei Zermatt (Schweiz) und Pfitsch (Tirol). Häufiger in Magnetit-, Titanomagnetit- und Chromitlagerstätten, insbesondere von Zlatoust im Ural sowie Vuorijärvi (UdSSR), Brasilien u. a. Keine nennenswerte wirtschaftliche Bedeutung.

Knopit: Ein Perowskit mit 4 bis 5 % Cererden. D 4,2; schwarz. Mgl. Alnö (Schweden), Kola (UdSSR). *Uhligit* wahrscheinlich identisch mit Perowskit.

Dysanalyt: (Ca, Ce, Y, Na)(Ti, Nb, Fe)O_3; rhombische Varietät von Perowskit, in dem Ca z. T. durch Ce, Y, Na, und Ti z. T. durch Nb und Fe ersetzt sind. Schwarze xx kubo-oktaedrisch oder oktaedrisch. D 4,1. In kontaktmetamorphem Kalkstein vom Kaiserstuhl (BRD); in körnigem Kalkstein am Magnet Cove (Arkansas, USA).

Rynersonit: $Ca(Ta, Nb)_2O_6$; rhombisch. Weißrosa, D 6,40, # 0. Himalaya-Pegm. (Calif., USA).

Latrappit: $(Ca_{0,75}Na_{0,21}SE_{0,02})_{0,98}(Nb_{0,54}Ti_{0,21}Fe_{0,16}Mg_{0,08}Mn_{0,02})_{1,01}O_3$; rhombisch. Pseudokubische schwarze xx, D 4,40; von Quebec (Kanada).

Loparit: (Na, Ce, Ca)(Nb, Ti)O_3

Mit SE-Gehalten bis 34 % und Nb-Gehalten bis 10 %, z. T. H_2O-Einbau. Würflige Formen wie Perowskit, oft Zwillinge. Grauschwarz, halbmetall. Glanz. H 6 (VH 648 bis 895), ohne Spaltbarkeit (# 0). D ~ 4,8. Unlöslich in Säuren. Bildung magmatisch, meist in Nephelinsyeniten und deren Pegmatiten; in Paragenese mit Kalifeldspat, Nephelin, Agirin, Eudialyt, Titanit; auch in Karbonatiten. Lagerstätten auf Halbinsel Kola (UdSSR), hier Rohstoff für Cerproduktion, auch von Nb, Ti und anderen SE. *Metaloparit:* Ist hydrothermal umgewandelter Loparit, der Wasser aufgenommen, dagegen Alkalien und z. T. Erdalkalien eingebüßt hat.

Lueshit: $NaNbO_3$; ± kubisch. Schwarze würflige xx. H $5^1/_2$ (VH 490 bis 760). D 4,44. Als Nioberz in Lueshe (Katanga, Zaïre) aus Karbonatit gewonnen. Identisch ist vielleicht *Igdloit.*

Irinit: $(Na, Ce, Th)_{1-x}(Ti, Nb)[O_{3-x}(OH)_x]$ hat Perowskitstruktur und ist metamikt; xx (100) und (111).

Zirkelit: (Ca, Ce, Y, Fe)(Ti, Zr, Th)$_3O_7$. Mit 1 bis 14 % U_2O_8; hexagonal. Sri Lanka; Brasilien.

Pyrochlor: $(Na, Ca)_2(Nb, Ti, Ta)_2O_6(OH, F, O)$

Entdeckung: Von Wöhler 1826 beschrieben; Name aus gr. *pyr* = Feuer, und *chloros* = grün, da beim Erhitzen oft gelbgrün.

Chemismus: Chemismus stark schwankend (s. Bild 10.19); bei starkem Überwiegen von Ta *Mikrolith* genannt; maximal festgestellte Gehalte sind (nach Betechtin) 63 % Nb_2O_5, 77 % Ta_2O_5, 18,1 % CaO, 15,5 % UO_3, 13,5 % TiO_2, 13,3 % $(Ce, La)_2O_3$, 11,4 % UO_2, 10,0 % FeO, 9,7 % Fe_2O_3, 7,7 % MnO, 6 % Na_2O, 6 % (bis 14 %) H_2O, 5,7 % Cr_2O_3, 5 % ThO_2, 5,1 % Y_2O_3, 4,0 % SnO_2, 1,4 % K_2O (wenn höher, dann *Kalipyrochlor*), weiter W, Sb, Mg, Pb, Hf, Si, Al, Sr, Be, Cu, Bi, Ge u. a.

Kristallogr.: Kubisch (holoedrisch); Gitter durch Isotropisierung (U- und Th-Gehalt!) meist gestört. Oktaeder-Kristalle bis 2 cm groß, oft dichte und kollomorphe Massen.

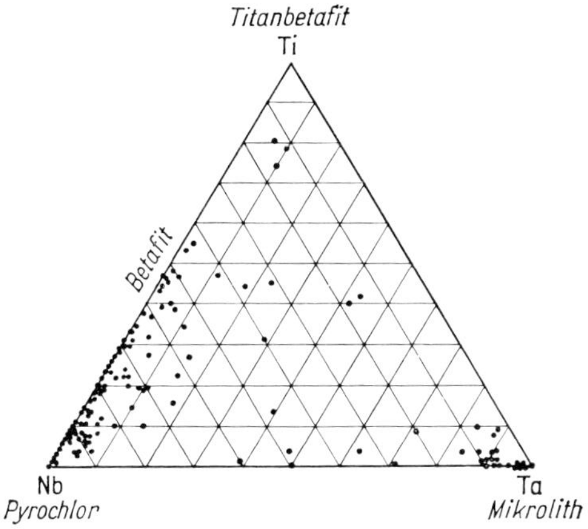

Bild 10.19. Chemismus und Minerale im Pyrochlor-Mischkristallsystem [3]

Physik. Eigensch.: Farbe dunkelbraun bis hellgelb, Strich jeweils heller. Diamant- bis Pechglanz (je nach Isotropisierungsgrad). H 5 bis $5^1/_2$ (VH 255 bis 826), spröde, ohne Spaltbarkeit. D ~4,2, bei Ta-Reichtum bis 4,9. Oft radioaktiv, mit Thermolumineszenz.

Diagnose: Charakteristisch sind Kristallform, Glanz, auch Farbe, insbesondere Paragenese (Alkalisyenite). Ähnlich sind Zirkon und Scheelit. In Mineralnähe oft gelbe Sekundärbildungen.

Genese: Magmatisch in Nephelinsyeniten und deren Pegmatiten, auch Karbonatiten (bei Loparit). In Paragenese befinden sich Alkalifeldspate, Biotit, Nephelin, Zirkon, Apatit, Ilmenit, Titanit, Calcit usw. Zahlreiche Vorkommen und Lagerstätten; genannt seien: Larvik (Schweden), Ural, Kola (UdSSR), Tansania, Uganda, Kanada, Norwegen u. a.

Nutzung: Je nach Zusammensetzung bedeutungsvoller Rohstoff für die Gewinnung von Nb, Ta, U, SE.

Identisch mit Pyrochlor sind *Koppit* (z. B. vom Kaiserstuhl, BRD), *Endeiolith* und *Marignacit.*

Plumbopyrochlor (Pb...)(Nb, Ta, Ti)$_2$O$_6$(O, OH, F); kubisch. Oktaedrische rötliche xx (max. 2 mm), aus albitisierten Graniten des Ural (UdSSR).

Uran-Pyrochlor: (Na, K, Ce, Y, U, Pb)(Nb, Ti, Ta)$_2$(O, OH)$_7$; kubisch; Fluoritgitter mit Ionendefizit; D 4,77 bis 4,90; H 5 bis $5^1/_2$. UO_3 ~ 15,5%. In Pegmatiten von Mitchell Co. (N-Carolina, USA) mit Samarskit; Monteagle Township (Ontario, Kanada), als braune oder gelbe Massen in rotem Calcit mit Zirkon, Titanit und Rauchquarz. *Ellsworthit, Hatchettolith* und *Samiresit* sind dasselbe wie Uran-Pyrochlor.

Betafit: (Ca, Ce, Y, U, Pb)(Nb, Ti, Ta)$_2$(O, OH)$_7$(?); kubisch; stets metamikt, rekristallisiert nach Erhitzen mit $a_0 = 10{,}32$; xx oktaedrisch, oft mit (110); H 4 bis $5^1/_2$ (VH 173 bis 815); D 3,7 bis 5. Wachs- bis Glasgl.; grünlichbraun; $n = 1{,}925$; stark radioaktiv. In Granitpegmatiten Madagaskars mit Euxenit, Fergusonit, Allanit usw.; xx bis zu 7 cm Größe bei Betafo. In Sibirien b. Sljudjanka am Baikalsee (UdSSR). *Titan-Betafit* mit Ti > Nb und Ta (vgl. Bild 10.19). Als Yttrotitanpyrochlore sind zu bezeichnen: *Yttrobetafit* und *Obruchevit* (Y, Na, Ca)$_2$(Nb, Ti, Ta)$_2$O$_6$(O, OH, F). *Pandait* ist Ba(Nb, Ti, Ta)$_2$O$_6$(H$_2$O). *Mendelejewit* ist eine Abart von Betafit. *Wiikit* (besser Pyrochlor-Wiikit): $Ca_3UNb_3O_{12}OH$; kubisch; hat angeblich dieselbe Struktur wie Betafit. Gelb oder braun und wachsartig; H $4^1/_2$ bis 6; D 3,6 bis 5,1 Impilahti am Ladogasee (UdSSR). *Stibiobetafit:* mit hohem Sb-Gehalt, kubisch. Dunkelbraune Oktaeder, in Pegmatit von Věžná (Mähren, ČSSR). Weiter existiert ein *Aluminobetafit.*

Mikrolith: $(Ca, Na)_2(Ta, Nb, Ti)_2O_6(OH, F, O)$; vgl. Bild 10.19; kubisch, (a_0 = 10,41 Å). Gewöhnlich metamikt; xx manchmal 6 cm lang; auch unregelmäßige Massen; H 5 bis $5^1/_2$ (VH 341 bis 916); D 4,2 bis 6,4. Blaßgelb bis braun; Glasgl.; n = 2,023. In albitisierten Teilen von Granitpegmatiten mit Tantalit und Niobit. In Norwegen, Schweden und USA. Wahrscheinlich dasselbe wie Mikrolith sind *Haddamit, Neotantalit* und *Metasimpsonit*. Eine Abart ist *Stibiomikrolith* von Varuträsk (Schweden), vielleicht auch *Westgrenit:* $(Bi, Ca)(Ta, Nb)_2O_6OH$; kubisch und *Bismutomikrolith* (max. 4% Bi_2O_3).

Uran-Mikrolith: $(Ca, Na, U, Ce, Y)(Ta, Nb, Ti)_2(O, OH)_7$; *Djalmait* ist wohl Uran-Mikrolith.

Muratait: $(Na, Y, Er)_4(Zn, Fe)_3(Ti, Nb)_6O_{18}(F, OH)_4$; kubisch. Schwarze Aggregate aus Pegmatit (Color., USA). H 6 bis $6^1/_2$; D 4,69; n = 2,13.

Petchekit ist $U^{4+}Fe^{2+}(Nb, Ta)_2O_8$ und *Liandrit* $U^{6+}(Nb, Ta)_2O_8$.

Äschynit: $(Ce, Th, Ca)(Nb, Ti, Ta)_2O_6$

Bildet mit dem nachfolgend beschriebenen gleichfalls rhombischen Priorit eine isomorphe Reihe. Die Gehalte aller Komponenten, besonders der Seltenen Erden, schwanken dementsprechend stark. Einige cm große prismatische, schwarze bis braune xx, oft isotropisiert. H 5 bis 6, muschliger Bruch. D ~5,2. Vorkommen in Pegmatiten der Nephelinsyenite, z. B. Miass (Ural, UdSSR), Hitterö (Norwegen) und andernorts.

Isotyp mit Äschynit sind folgende drei Minerale:

Tantal-Äschinit: $(Cu_{0,28}(Y, Ce)_{0,425}(Th, U)_{0,11})(Ta_{0,75}Ti_{0,62}Nb_{0,60}Fe_{0,05})_2O_6$; braunschwarze xx in Raposa-Pegmatit (Brasilien). H $5^1/_2$ bis 6; D 5,75 bis 6,13. Paragenese: Mikroklin, Columbit, Beryll u. a.

Priorit (Blomstrandin): $(Y, Ce, Th, Ca, Na, U)(Ti, Nb, Ta)_2O_6$; rhombisch. Prismatische, z. B. cm-große xx. H 5 bis 6. D 4,95. Schwarz bis braun und gelb. Isotropisiert, n = 2,24. Auf Hitterö (Norwegen), Miass (Ilmengebirge, UdSSR).

Polymignit: $(Ce, La, Y, Th, Mn, Ca)[(Ti, Zr, Nb, Ta)_2O_6]$; rhombisch, xx prismatisch; H $6^1/_2$; D 4,77 bis 4,85; lebhafter Mgl.; schwarz, Str. dunkelbraun. Dsch. in dünnen Splittern; n = 2,22. Frederiksvärn (Norwegen) in Pegmatit, und im Laurvikit der Insel Svenör (Schweden).

Vigezzit: $(Ca, Ce)(Nb, Ta, Ti)_2O_6$; rhombisch. Gelbe flache xx. Im Pegmatit von Novarra (Italien).

Brannerit: $(U, Ca, Th, Y)(Ti, Fe)_2O_6$
Monoklin. Gerölle oder prismatische xx; H $4^1/_2$ (VH 387 bis 907); D 4,5 bis 5,43, schwarz, in dünnen Splittern braunrot dsch.; metamikt. In einer Goldseife b. Kelly Gulch (Idaho, USA); Bou Azzer (Marokko); in großer Menge von Blind River am N-Ufer des Huron-Sees (Kanada). Sehr wichtiges Uranerz. Ähnlich ist *Thorutil:* $ThTi_2O_5 \cdot \frac{1}{2} H_2O$. *Orthobrannerit* soll UTi_2O_6OH sein. Von Yünan (VR China).

Mit dem folgenden Euxenit sind eine Reihe weiterer Minerale isotyp oder nahe verwandt:

Euxenit: $(Y, Er, Ce, U, Pb, Ca)[(Nb, Ta, Ti)_2(O, OH)_6]$
Rhombisch; xx dickprismatisch; gestreift; auch derb; H $5^1/_2$ bis $6^1/_2$; D 5,00; wenn Ta-reich, dann 5,3 bis 5,9; lebhafter metallähnlicher Gl.; schwarz, nach grün oder braun; Str. gelblich, grau, rötl. braun. Isotropisiert. n = 2,06 bis 2,24 (nach Aufglühen). In Granitpegmatiten manchmal ziemlich reichlich; an vielen Stellen Norwegens (Insel Kragerö; bei Iveland und Evje); von Pitkäranta (Finnland); Madagaskar; Ontario (Kanada). *Eschwegeit* ist Ta-reicher Euxenit. *Fersmit:* $(Ca, Ce, Na)(Nb, Fe, Ti, Al)_2(O, OH, F)_6$; rhombisch, scheint auch eine Varietät von Euxenit zu sein.

Kalkowskyn: Etwa $(Fe, Ce, Ca, Mg)(Ti, Ta, Nb, Si)_2O_6$; steht wohl dem Euxenit und Äschynit nahe; H $3^1/_2$; D 4,01. Lichtbraun bis schwarz; n = 1,769. Serro do Itacolumy (Minas Geraes, Brasilien).

Polykras: $(Y, Er, Ce, U, Pb, Ca)(Ti, Nb, Ta)_2(O, OH)_6$; rhombisch (dipyr.); ist dem Euxenit sehr ähnlich. n = 2,248. Enthält viel Ti, während Euxenit mehr Nb und Ta enthält. Marietta (Süd-Carolina, USA), Norwegen. *Kobeit:* $(Y, U \ldots)(Ti, Nb \ldots)_2(O, OH)_6$ ist wohl eine Abart von Polykras.

Delorenzit: $(Y, U, Fe, Ti)[Ti_2O_6]$; rhombisch; xx länglich und tafelig; H $5^1/_2$ bis 6,00; D 4,7; Harzgl.; schwarz; in dünnen Splittern dsch. Isotropisiert. In Pegmatit b. Craveggia (Piemont, Italien). Sehr ähnlich ist *Yttrokrasit.*

Chlopinit: Soll etwa die Formel $(Y, U, Th)(Nb, Ti, Fe)_2O_6$ haben. Schwarz; D 5,24; n = 1,768, Khilok (Transbaikalien, UdSSR).

Samarskit: $(Y, U, Ca)(Nb, Fe^{3+})_2(O, OH)_6$
Stark schwankende Gehalte, z. B. 6,4 bis 14,5 % Y_2O_3, 2,7 bis 13,4 % Er_2O_3, 4,0 bis 16,0 % UO_2; *Ischikawcit:* 27,8 bis 46,4 % Nb_2O_5, 1,8 bis 27,0 % Ta_2O_5. Rhombisch; prismatische xx, verschiedentlich mit Columbit verwachsen. Physikalische Eigenschaften ähnlich Äschynit, pechartiger Glanz. D ~ 5,7; stark radioaktiv. In Granit–Pegmatit-Gängen in Paragenese mit Äschynit, Columbit, Monazit, Turmalin, Granat; von Carolina, Colorado, Maryland (USA); Moss (Schweden), Miass (Ural, UdSSR), Antsirabe (Madagaskar). *Loranskit* ist samarskitähnlich, mit Zr und SE.

Samarskit–Wiikit: rhombisch; Zusammensetzung schwankt; viel Nb, Ta, Ti, Ytter- und Cererden, U; auch SiO_2 bis 16 %; stark radioaktiv. Finnland.

Plumbo–Niobit (bzw. –Columbit) ist wahrscheinlich eine Pb-führende Varietät von Samarskit, isotropisiert. Im Pegmatit von Morogora (Tansania).

Yttrotantalit: $(Y, Ce)(Ta, Nb, Ti)_2O_6$; rhombisch. Enthält noch Ca, Fe, U, W, Sn, Na. xx prismatisch und taflig; H 5 bis $5^1/_2$; D 5,7. Schwarz bis braun, Halb-Mgl., Glas- und Fettgl.; Str. grau, im Dünnschliff rotbraun; isotropisiert. n = 2,15. In Pegmatiten; Hattevik (Norwegen); Ytterby und bei Falun (Schweden).

Rankamait: $(Na, K, Pb, Li)_{5,86}(Ta, Nb, Al)_{22,16}(O, OH)_{60}$; rhombisch. Cremeweiße Körner aus Schwermineralkonzentrat alluvialer Seifen (Zaïre). H 3 bis 4; D 5,5.

Changhaiit: $PbNb_2O_6$; trigonal. Gelbgrüne xx, D 6,48, # 4 (0001). Aus VR China.

Columbit: $(Fe, Mn)(Nb, Ta)_2O_6$

Sammelname für die Vertreter der *lückenlosen Mischkristallreihe* aus *Niobit* $(Fe, Mn)(Nb, Ta)_2O_6$ und *Tantalit* $(Fe, Mn)(Ta, Nb)_2O_6$, dementsprechend stark wechselnde Elementgehalte (s. dazu Bild 10.20), geringe Menge von Sn, W, Ti, Zr und U. Rhombisch; meist plattig-taflige, auch stenglige xx (s. Bild 10.21), oft Zwillingsbildung. Farbe und Glanz wie alle isotropisierten Nb–Ta-Minerale dieser Gruppe, Verwechselbarkeit auch mit Allanit (Orthit) und Ilmenit; Farbe schwarz bis braun, Str. bräunlich; opak, Pechglanz, H 6, spröde. D 5,1 bis 8,2. In Pegmatitgängen mit Quarz, Albit, Hellglimmer, Zirkon, Wolframit, Turmalin. Lagerstätten: Moss und Kragerö (Norwegen), Schweden, Australien, Lueshe (Tansania), auch Ivigtut (Grönland), Hagendorf (BRD) u. a. Lokal Nb–Ta-Erz.

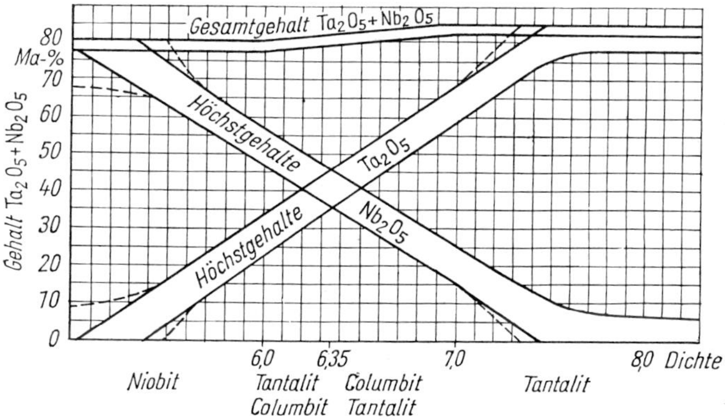

Bild 10.20. Chemische Beziehungen in der Mischkristallreihe Niobit–Tantalit (Columbit-Minerale) sowie die Abhängigkeit der Dichte vom Chemismus [13]

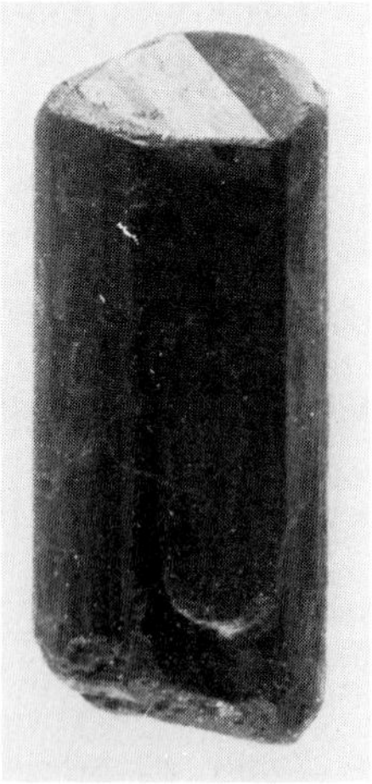

Bild 10.21. Columbitkristall, Vergr. 4 × [221]

Manganniobit und *Mangantantalit* (Alvarolith) haben mehr Mn als Fe.
Uranniobit, Urantantalit und *Toddit* sind Columbite, bei denen (Fe, Mn) durch U ersetzt ist; dadurch die häufige Isotropisierung dieser Minerale.

Magnocolumbit: $MgNb_2O_6$; rhombisch. Schwarze taflige xx aus spinellführenden Pegmatiten eines Dolomit-Marmors (Pamir, UdSSR). Paragenese: Ilmenorutil, Oligoklas, Quarz, Mikroklin. D 5,17.

Tapiolit

Tapiolit: (Fe, Mn)(Ta, Nb)$_2$O$_6$; tetragonal (sog. Polyrutil-Reihe nach Strunz). Die gut entwickelten xx sind schwarz; H 6 bis $6^1/_2$; D 6,5 bis 8,0 (höher bei größerem Ta-Gehalt). Glanz diamantähnlich; Str. braun bis bräunlichschwarz. $n_0 = 2{,}27$. Tapiolit ist ziemlich verbreitet. Er kommt in Granitpegmatiten vor, so bei Tammela und Kimito (Finnland). In W-Australien in Seifen und in Pegmatiten im Pilbara-Goldfeld.

Strüverit und *Ilmenorutil* sind wohl Mischkristalle von TiO_2 und Tapiolit im Verhältnis 4 : 1 und 5 : 1. Der Ilmenorutil einiger Fundorte besteht aber nur aus gesetzmäßigen Verwachsungen von Columbit mit Rutil.

Fergusonit: Y(Nb, Ta)O_4

und *Formanit:* $YTaO_4$ bilden prismatische bis pyramidale tetragonale xx; auch Körner und unregelmäßige Massen. H $5^1/_2$ bis $6^1/_2$ (VH 683 bis 897); D 5,6 bis 5,8. Gewöhnlich isotropisiert; werden sie erhitzt, so glühen sie auf und rekristallisieren über α- zu γ-Fergusonit (tetragonal bzw. monoklin). Auf Bruchflächen starker Glasgl.; bräunlichschwarz bis schwarz; Str. braun. $n_{isotr.} = 2{,}05$ bis 2,17. Fergusonit findet sich in Granitpegmatiten, die reich an SE, Nb, Ta, Be sind. Julianehaab (Grönland); viele Stellen in S.-Norwegen: Moss. Ärendal, Hundholmen; Ytterby (Schweden), Königshain b. Görlitz (DDR); Madagaskar. Formanit kommt reichlich in W-Australien vor. *Risörit:* (Y, ...)(Nb, Ti)O_4 ist ein Ti-haltiger Fergusonit. Risör (Norwegen).

Vom Cervantit Sb_2O_4 (s. Seite 415) lassen sich folgende Sb(–Bi)-Niobite und -Tantalite ableiten:

Stibioniobit: Sb(Nb, Ta)O_4 und
Stibiotantalit: Sb(Ta, Nb)O_4; beide rhombisch. Prismatische gestreifte xx; H $5^1/_2$; D 5,98 bis 7,34 (höher bei größerem Ta-Gehalt). Harz- bis Diamgl.; dunkelbraun bis lichtgelbbraun. Pyroelektrisch. Reichlich in Zinnseifen des Wodgina District (W-Australien). Schöne xx in Pegmatit bei Mesa Grande (Calif., USA). Halbinsel Kola (UdSSR).

Bismutotantalit: Bi(Ta, Nb)O_4; rhombisch. xx dickprismatisch, unförmig oder unregelmäßig; H 5; D 8,26; pechschwarz. In Pegmatiten von Gamba Hill (Uganda). Oberflächlich oft rosagelb umgewandelt.

Anhangsweise werden hier aufgeführt:

Simpsonit: $AlTaO_4$; hexagonal. xx taflig oder kurzprismatisch; D 5,92 bis 6,05; farblos, die xx außen umgewandelt und matt. n_{OE} = 2,045; 1,994. In Pegmatit von Tabba Tabba (W-Australien).

Thoreaulith: Sn(Ta, Nb)$_2O_7$; monoklin. xx prismatisch; braun; # 4 (100). H 6; D 7,6; neben Kassiterit im Pegmatit von Monone (Shaba, Zaïre).

Ixiolith: (Ta, Nb, Sb, Mn, Fe)$_2O_4$; rhombisch. Existenz fraglich. Wodginit mit Sn (s. Seite 403)

Rijkeboerit $Ba_{0,3}Ta_2O_{5\ 3} \cdot 2\,H_2O$; kubisch. Rötl. Mineral aus Sn–Nb-Pegmatit von Minas Geraes (Brasilien).

10.7. Rutil–Kassiterit-Gruppe

Diese Gruppe umfaßt einfache Oxide vom Typ AX_2, insbesondere die Verbindungen TiO_2 und SnO_2, deren wichtige tetragonale Phasen Rutil und Kassiterit (wegen ihrer fast gleichen Ionenradien 0,68 und 0,71 Å) isotyp miteinander sind und dementsprechend einen gleichen Gittertyp (Rutiltyp, s. Bild 10.22) haben. Beide Minerale entstehen auch hauptsächlich unter gleichen pegmatisch-pneumatolytischen Bedingungen und sind wegen ihrer Widerstandsfähigkeit gegen Verwitterungsangriffe in klastischen Sedimenten zu finden und in Seifenlagerstätten angereichert. Beim TiO_2 kennen wir zwei weitere polymorphe Modifikationen, nämlich Brookit und Anatas.
Die Nb–Ta-Minerale, die infolge eines mehr oder weniger vollständigen diadochen Ersatzes von Ti durch Nb und Ta entstehen, wurden bereits im vorhergehenden Kapitel aufgeführt; Übergangsglieder werden hier anhangsweise eingeordnet. Die strukturell ähnlichen MnO_2-Verbindungen folgen im nächsten Kapitel.

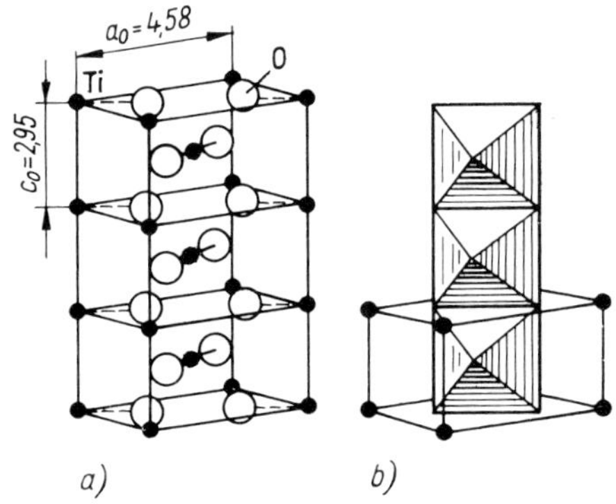

Bild 10.22. Kristallstruktur von Rutil [1]
a) atomare Darstellung
b) Darstellung in Form der Koordinationspolyeder, hier der TiO_6-Oktaeder

Rutil: TiO_2

Entdeckung: Von WERNER 1803 beschrieben und benannt; Name nach lat. *rutilis* = rötlich.

Chemismus: Theor. 61% Ti; aber verschiedentlich mit Gehalten an Fe^{2+}, Fe^{3+}, Sn^{4+}, V^{3+}, Cr^{3+}, Nb^{5+}, Ta^{5+}.

Kristallogr.: Tetragonal (ditetragonal-dipyramidal). Eigener Gittertyp (s. Bild 10.22), in dem Ti oktaedrisch durch O koordiniert auftritt. Die Bindung der Oktaeder über die Kanten (!) führt zu eindimensionalen Strukturen, die sich in der meist stenglig-nadligen Form der Rutilkristalle widerspiegelt (s. Bild 10.23). Auch die häufige Zwillingsbildung (mit einem Winkel von 120 °; s. Bild 10.24) ist durch die Eigenart der Sauerstoffpackung zu erklären. Flachplattige Zwillingsaggregate werden als *Sagenit* bezeichnet. Verschiedentlich beobachtet man epitaktische Verwachsungen mit Hämatitkristallen, auch nadlige Einwachsungen in Quarz (s. Bild 10.23).

Physik. Eigensch.: Selten farblos, meist gelb, rot, braun, mit hohem Fe-Gehalt auch schwarz (*Nigrin*); Str. gelb. Diamgl. (n_{OE} = 2,616; 2,903). H 6 (VH 933 bis 1280), spröde; Spaltbarkeit 4 nach (100). D 4,2. Extrem hohe Lichtdispersion, extrem hoher Schmelzpunkt.

Bild 10.23. Rutil, eingewachsen in Bergkristall
Bolivien; etwa natürl. Größe [252]

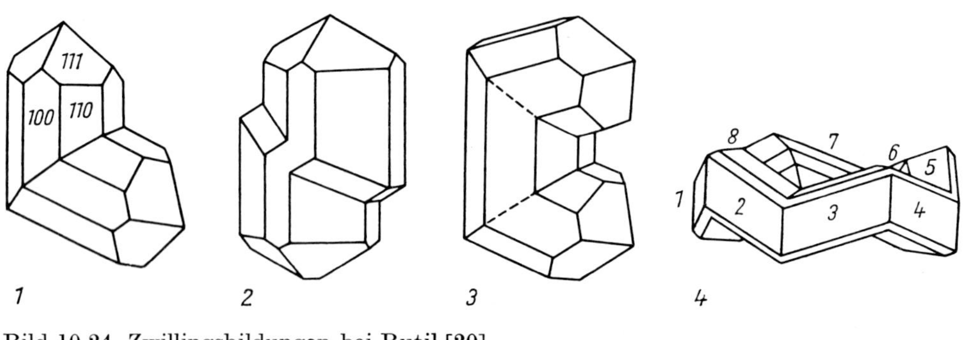

Bild 10.24. Zwillingsbildungen bei Rutil [20]
1 einfacher Berührungszwilling, *2* bis *4* Wiederholungs- und Wendezwillinge

Diagnose: Charakteristisch sind Form, Zwillingsbildung und Unlöslichkeit in Säuren. Verwechselungsmöglichkeiten bestehen mit Zirkon, Kassiterit, bei schwarzem Rutil auch mit Ilmenit oder Turmalin.

Genese: Rutil bildet sich als häufigster der drei TiO_2-Modifikationen (Rutil, Brookit, Anatas) primär hauptsächlich bei relativ hohen Temperaturen, so

- im *magmatischen* Bereich insbesondere von basischen und Alkaligesteinen: Ilmengebirge im Ural (UdSSR); Kragerö in Norwegen; Amherst Co. in den USA; Mexiko. Paragenese: Ilmenit, Magnetit, Hämatit, Korund
- in *metamorphen* Gesteinen wie Phyllite, Glimmerschiefer, Gneise, Amphibolite usw.; lagerstättenbildend in der Sowjetunion, USA und Südafrika
- seltener *hydrothermal*, besonders schön in »alpinen Klüften« (Alpen, Brasilien u. a.), verschiedentlich in Quarz eingewachsen, oft in Paragenese mit Brookit und Anatas. Das gleiche gilt für Neubildungsprodukte bei der Verwitterung titanhaltiger Minerale, z. T. pseudomorph.

Nutzung: Wichtiger Titanrohstoff; gewonnen wird Rutil in großen Mengen aus (sekundären) Seifenlagerstätten, so aus Flußseifen des Ural und den Meeresstrandseifen von Australien und Brasilien, gelegentlich gemeinsam mit Diamant, Gold und anderen Schwermineralen. Verwendung von Titan s. Tab. 16.27. Synthetische Darstellung nach dem VERNEUIL-Verfahren.

Anatas: TiO_2

Tetragonal; gleiche Kristallklasse, aber andere Kristallstruktur wie Rutil. Fast stets dipyramidale kleinste xx (s. Bild 10.25), meist pseudomorph nach Ilmenit, Rutil, Titanit u. a. (in sog. Leukoxen, s. Brookit), in kristallinen Schiefern und basischen Gesteinen. Gute xx (s. Bild 10.26) auf sog. »alpinen Klüften« (Alpen, Ural, Brasilien). Sonstige Eigenschaften ähnlich Rutil, aber # 4 nach (001) und (111), D 3,9. Geht bei 915 °C monotrop in Rutil über. Mikroskopisch feinste Kriställchen in den meisten Tonen und Sanden, gelegentlich auch Goldseifen. Ohne praktische Bedeutung.

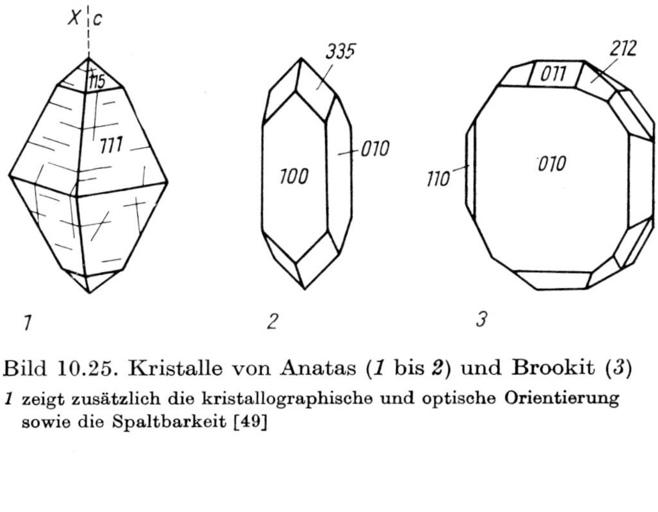

Bild 10.25. Kristalle von Anatas (*1* bis *2*) und Brookit (*3*)

1 zeigt zusätzlich die kristallographische und optische Orientierung sowie die Spaltbarkeit [49]

a)

b)

Bild 10.26. Kristallbilder von Anatas und Brookit [221]

a) Anatas, dipyramidal. Binnatal (Schweiz), Vergr. ≈5×

b) Brookit, plattig. Tremadoc (Wales, Großbritannien), Vergr. 8×

Brookit: TiO_2

Rhombisch (dipyramidal), dementsprechend meist kleine plättchenartige xx (s. Bild 10.25 und 10.26). Beim schwarzen *Arkansit* (aus Arkansas, USA) treten Formen mit hexagonal-dipyramidalem Habitus auf. Sonstige Eigenschaften ähnlich Rutil, aber H $5^1/_2$, undeutliche Spaltbarkeit (⋕ 1), D 4,0. Schöne große xx von Miass u. a. O. (Ural, UdSSR), Österreich, Schweiz, USA. In feinster Verwachsung mit Rutil, Anatas und Titanit in sog. *Leukoxen*, einem Umwandlungsprodukt Ti-haltiger Minerale wie Ilmenit, Titanomagnetit usw. Oft auf Klüften basischer Gesteine, angereichert in Sedimenten. Keine eigenständige praktische Bedeutung.

Beispiele für den diadochen Ersatz von Ti sind die Minerale um Columbit und Tapiolit, auch der Ilmenorutil (Seite 396) sowie die folgenden Minerale:

Pseudobrookit: $Fe_2^{3+}TiO_5$; rhombisch. Die kleinen xx sind rechteckige Täfelchen nach (100), ähnlich Brookit; zuweilen nadelig; sie enthalten sehr oft Rutileinschlüsse. H 6; D 4,39. Dunkel rötl.-braun bis schwarz. n_{XZ} = 2,38; 2,42. Entstehung pneumatolytisch oder von Fumarolen abgesetzt, auch durch Zersetzung von Ilmenit. Aranyer Berg b. Piski (Transsylvanien, Rumänien), mit Tridymit und Hypersthen; in Nephelinit des Katzenbuckels (Odenwald) und in der Eifel (beide BRD) u. a. O. *Kennedyit:* $Fe_2MgTi_3O_{10}$ ist ähnlich Pseudobrookit.

Freudenbergit: $NaFe(Ti, Nb)_3O_7(O, OH)_2$, hexagonal. Braunschwarze Blättchen; Odenwald (BRD).

Priderit: $(K, Ba)_{1,33}(Ti, Fe^{3+})_8O_{16}$; tetragonal. Hat ein Kryptomelangitter, doch ähnelt er in manchen Eigenschaften dem Rutil. xx bis 1 mm Größe. D 3,86; $n_0 > 2,10$. Pleochroitisch: tief rotbraun und schwarz. Kimberley in W-Australien, aus Leucitgestein.

Redledgeit: $(Mg, Ca, OH, H_2O)_{\leq 2}[(Ti, Cr^{3+})_8O_{16}]$. Schwarze xx, von der Red Ledge Mine (Calif., USA).

Cafetit: (Ca, Mg)(Fe, Al)$_3$Ti$_4$O$_{12}$ · 4 H$_2$O. Nadlige, farblose bis hellgelbe xx. H 4; D 3,28; $n_y = 2{,}08$. Aus Dysanalyt gebildet, von Sibirien (UdSSR).

Staringit: (Fe, Mn)$_{0,5}$(Sn, Ti)$_{4,5}$(Ta, Nb)$_{1,0}$O$_{12}$; tetragonal. Feinste Entmischungskörper in Tapiolit, aus brasilianischen Pegmatiten.

Beljankit: (Ti, Nb, Zr, Ca)(O, OH)$_2$ · 2 H$_2$O. Gelbbraun. Aus Nephelinsyenit von Kola (UdSSR). Die Nb-reiche Varietät ist *Gerassimovskit* NbTi(OH)$_9$.

Tasheranit: $(Zr_{2,36}Ca_{0,77}Ti^{3+}{}_{0,70}Ti^{4+}{}_{0,13}Al_{0,06}Fe_{0,05})_{4,07}O_{6,97}$; kubisch (?). Isometrische rötliche Körner (max. 0,2 mm) mit Diamgl. aus Alkaligesteins-Massiv Tažeran am Baikalsee (UdSSR), mit Periklas, Brucit, Dolomit, Spinell, Forsterit u. a., H 7$^1/_2$; D 5,01; n = 2,35. Sehr ähnlich dem Calzirtit.

Calzirtit: CaZr$_3$Ti$_3$O$_9$; tetragonal. Dunkelbraune Aggregate, aus Ostsibirien (UdSSR). *Zirkonolith:* CaZrTi$_2$O$_7$; Metamikte Oktaeder. Aus UdSSR.

Schreyerit: V$_2$Ti$_3$O$_9$; monoklin. Schwarz, n = 2,7. Aus Sillimanitgneis von Kenia.

Kassiterit: SnO$_2$ Zinnstein

Entdeckung: Als Zinnstein mindestens seit dem Mittelalter bekannt. Name Kassiterit (gr. *kassiteros* = Zinn) stammt von Beudant 1832.

Chemismus: Theor. 78,6% Sn; hochtemperiert gebildete Minerale fast stets mit isomorphen Beimischungen von Fe^{3+}, Fe^{2+}, Nb, Ta, Ti, Mn, Zr, W.

Kristallogr.: Tetragonal (ditetrag.-dipyr.), isotyp mit Rutil; daher sehr ähnliche Kristallformen. xx häufig und gut ausgebildet, aufsitzend in Drusen und Gängen, auch eingesprengt, gelegentlich bis cm-Größe; Formenbeispiele s. Bild 10.27. Hochther-

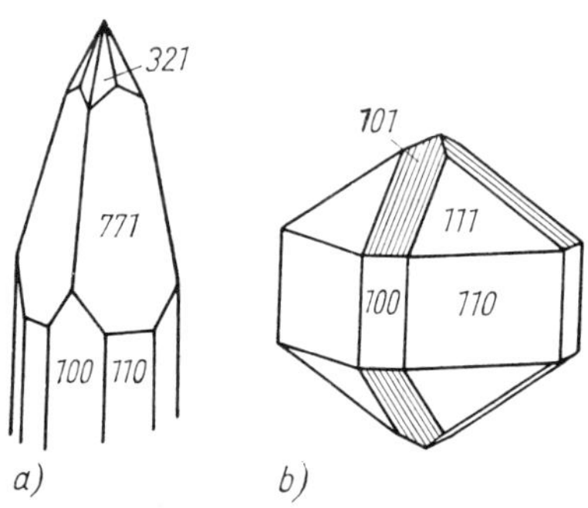

Bild 10.27. Kristallformen von Kassiterit [20]

a) stenglig (Cornwall- oder cornischer Typ)
b) gedrungen (Altenberger Typ)

a)

Bild 10.28. Kassiteritzwilling, sog. Visiergraupe

a) Horni Krupka (ČSSR). Vergr. ≈ 2× [221]
b) Zwillingsmodell, gleiche Stellung

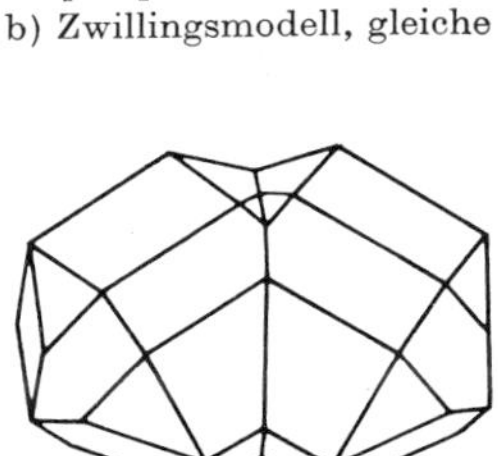

b)

male (pegmatitisch-pneumatolytisch) gebildete xx meist gedrungen-isometrisch (»Altenberger Typ« und nach (101) verzwillingt als sog. »Visiergraupen«, s. Bild 10.28) tiefthermale xx langstenglig bis nadlig (Cornwall-Typ); metasomatische Bildungen allotriomorph. Meist Einzelkörner, aber auch derbe körnige Massen (z. B. in Skarnen). Lokal häufig (z. B. Bolivien) knollige, oftmals kolloidale Massen (sog. »*Holzzinn*«).

Physik. Eigensch.: Durch Beimengung meist braun bis schwarz, oft zonar ausgebildet; Str. weiß-bräunlich; durchsch., Diamgl., selten Halbmetallgl.; $n_0 = 1{,}99$. H 7 (VH 811 bis 1532), spröde; # 2 nach (100); muschliger Bruch. D 6,8 bis 7,1. Manchmal pleochroitisch; in Säuren unlöslich; Fe-reiche Abarten paramagnetisch.

Diagnose: Leicht mit Rutil und Zirkon zu verwechseln, zumal paragenetisch oft ähnlich. Entscheidend ist der Zinn-Nachweis: Kassiterit auf Zinkblech mit HCl betropfen; naszierender Wasserstoff reduziert das Mineral zu metallischem Zinn.

Genese: Kassiterit entsteht primär (als »*Bergzinn*«) im postmagmatischen Bereich v. a. saurer Magmatite, speziell der Granite:

- *pegmatitisch-pneumatolytisch:* Pegmatite, Inprägnationen und Gänge in und in der Nähe von Graniten, in charakteristischer Paragenese von Topas, Quarz, Wolframit, Zinnwaldit, Turmalin, auch Lepidolith, Beryll, Apatit, Molybdänit, Scheelit, Arsenopyrit, Fluorit u. a. Weltweit, so z. B. Altenberg, Zinnwald, Ehrenfriedersdorf (DDR), Slavkov, Krupka (ČSSR), Savita am Baikalsee, Takfan in Mittelasien, Onon in Transbaikalien (alle UdSSR), Cornwall (England), Portugal, Malaysia, Nigeria, Tasmanien, China u. a. Vererzungstypen sind sog. Greisen (z. B. Altenberg), Zwitter (z. B. Cinovec), Skarne (z. B. Erzgebirge, Alaska, Pitkjaranta).
- *hydrothermal:* Meist Gangmineralisationen, mit Arsenopyrit, Sphalerit (s. Bild 10.29), Stannin, Galenit, Chalkopyrit, Pyrit, Bismuthinit, Silbererze, Vorkommen und Lagerstätten sind: Freiberg, Oelsnitz (DDR), Chaptčeranga (Transbaikalien, UdSSR), Bolivien u. a.

Auf sekundärer Lagerstätte (als sog. »*Seifenzinn*«) wird der Kassiterit wegen seiner Widerstandsfähigkeit in großen, v. a. fluviatilen Seifenarealen angereichert, aus denen die Hälfte der Weltproduktion stammt. Hauptsächliche Förderländer sind heute Malaysia und Indonesien mit den Inseln Bangka und Billiton, im Mittelalter auch das sächsisch-böhmische Erzgebirge.

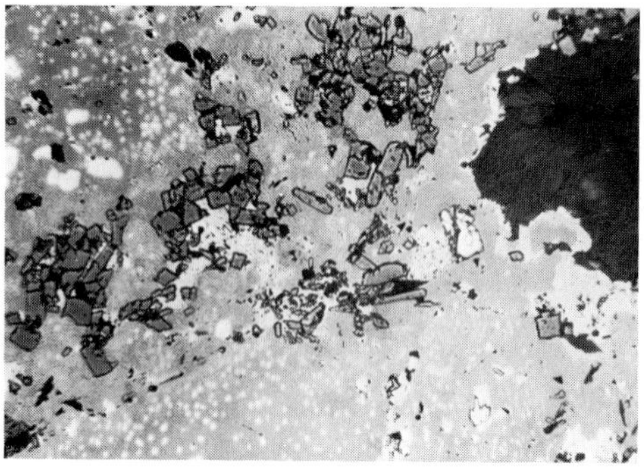

Bild 10.29. Kassiteritkriställchen (grau, hohes Relief), mit Chalkopyrit (weiß) in Sphalerit (hellgrau)
Marienberg (Erzgebirge, DDR)
Anschliff, Vergr. 160 × [10]

Nutzung: Kassiterit ist das wichtigste Sn-Erz. Produktion und Nutzung, s. Tab. 16.27.

Anhangsweise werden hier genannt:

Hydro-Kassiterit (Souxit, Varlamoffit) ist (nach STRUNZ) »hydratisierter Kassiterit« bzw. (Sn, Fe) $(O, OH)_2$.
Arandisit ist anscheinend ein feines Gemenge von grünem Hydro-Kassiterit und Quarz.

Wodginit: $(Ta, Sn, Mn)_{16}O_{32}$; monoklin. Braun bis schwarze xx, akzessorisch in Li–Cs-Pegmatit (Australien). Ähnlich Columbit.

Sukulait: $Ta_2Sn_2O_7$; kubisch. Mikrosk.-kleine gelblichbraune Körner in Kassiterit (Finnland).

Romarchit: SnO; tetragonal. Schwarzes Verwitterungsprodukt auf Zinngeschirr.

Plattnerit: PbO_2; isotyp mit Rutil und Kassiterit. Meist knollig oder traubig; H $5^1/_2$; D 9,42; Mgl. bis Diamgl.; schwarz; Str. kastan.-braun; opak. Neben Pyromorphit und Limonit von Idaho (USA), von der Ojuela-Grube (Mexiko), von Taft (Iran).

10.8. Pyrolusit–Manganit-Gruppe

In dieser Gruppe fassen wir Manganoxide (und wenige Hydroxide) zusammen, die hauptsächlich der Verbindung MnO_2 gleich oder ähnlich sind. Ein Teil von ihnen ist in der Technik unter dem Begriff »Braunstein« bekannt.
Die Minerale dieser Gruppe bilden sich in ihrer überwiegenden Mehrheit sedimentär unter Verwitterungsbedingungen (s. Bild 10.30). Im terrestrischen Bereich entstehen

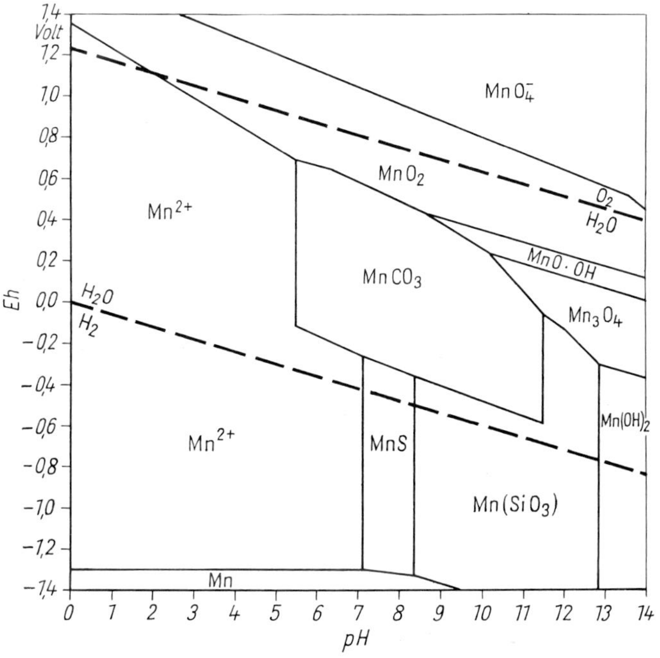

Bild 10.30. Stabilitätsbeziehungen zwischen einigen Manganverbindungen im System $Mn–Si–S–CO_2–H_2O$ bei 25 °C und 1 bar Gesamtdruck [250]
(Aktivitäten: Σ Mn = 10^{-4}, Σ Si = $10^{-1,84}$ (gesättigt), Σ S = 10^{-2}, Σ $[H_2CO_3]$ + $[HCO_3^-]$ + $[CO_3^{2-}]$ = 10^{-1} [mol/l])
Stabile Minerale: Alabandin MnS, Rhodochrosit $MnCO_3$, Pyrolusit/Psilomelan MnO_2, Manganit MnOOH, Hausmannit Mn_3O_4, Rhodonit $Mn(SiO_3)$, Pyrochroit (oder Groutit) $Mn(OH)_2$
Erläuterung: Kleines Prädominanzfeld des MnS. Deswegen und wegen der hohen Löslichkeitsprodukte im Verhältnis zu anderen Sulfiden wird MnS primär nur selten gebildet. Klare Abhängigkeit der Bildung der einzelnen Minerale von Eh-pH

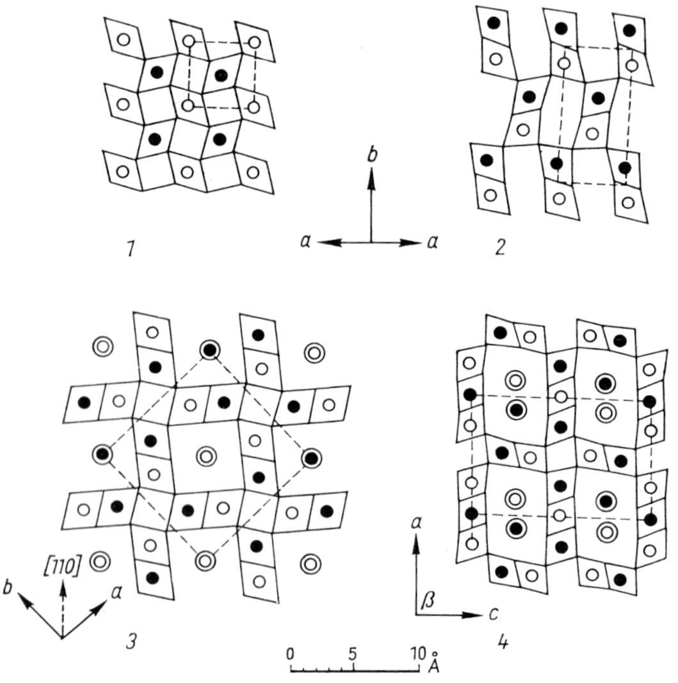

Bild 10.31. Strukturschemata von Manganoxiden [141]

1 Pyrolusit
2 Ramsdellit
3 Hollandit
4 Psilomelan
weiße und schwarze Punkte: Mangan, weiße und schwarze Punkte mit Kreis: Barium und H_2O. Hauptstrukturelement sind die MnO_6-Oktaeder (wobei für O z. T. OH eintreten kann)

sie meist in der Oxydationszone von Lagerstätten Mn-haltiger Minerale (Rhodochrosit, Rhodonit, Siderit u. a.), im marinen Bereich bilden sie z. T. mächtige, oft oolithische oder knollige Ablagerungen. Da sie fast alle aus ausgeflockten Kolloiden entstehen, haben sie meist wenig ausgeprägte Gitterstrukturen und Kristallformen und einen mehr oder weniger hohen Gehalt an Fremdsubstanzen sorptiv eingebaut (H_2O bzw. OH, K, Pb, Ba, Zn, Co, V u. a; s. Bild 10.31). Wenige seltene Typen, wie z. B. Manganit und Hausmannit, entstehen überwiegend hydrothermal bzw. metamorph. Wir wollen diese artenreiche Gruppe wie folgt untergliedern:

- *Pyrolusit* β-MnO_2 relativ rein und gut kristallisiert in kleinen Kriställchen, meist massig in großen Lagerstätten.
- *Manganomelane* (hauptsächlich Kryptomelan) mit zahlreichen Mineralarten, von α-MnO_2 abzuleiten, meist kollomorph bis pulvrig. Komplexer Chemismus: allgemein $(H_2O, K, Na, Ca, Sr, Ba, Pb)_{\leq 2}(Mn^{4+}Mn^{2+})_8O_{16}$.
- *Manganit* MnOOH, gut kristallisiert, meist hydrothermal, seltener.
- *Hausmannit* Mn_3O_4 (Spinelltyp), metamorph, selten.

Pyrolusit: β-MnO_2

Theor. 63,2% Mn, oft mit geringen H_2O-Gehalten und Verunreinigungen wie SiO_2, Fe_2O_3. Tetragonal (dipyramidal). Selten in kleinsten, z. T. verzwillingten tetragonalen Kriställchen (früher Polianit), grau mit Mgl., z. B. von Horni Blatná

Bild 10.32. Strahliger Pyrolusit, Elgersburg b. Ilmenau (Thüringen, DDR). Etwa die halbe natürl. Größe [221]

(Erzgeb.). Häufiger pseudomorph nach anderen Mn-Mineralen, insbesondere Manganit (z. B. Ilfeld im Harz, DDR), durch allerfeinste Pyrolusitfasern. Am häufigsten in kollomorphen, erdigen, oolithischen und strahligen Massen (s. Bild 10.32), die große Lagerstätten zusammensetzen. Aufgrund der stark wechselnden Strukturvarietäten sind auch die physikalischen Daten wechselnd; als Anhalt möge dienen: eisengraue Farbe, Glanz grauweiß und metallisch, z. T. abfärbend, Str. schwarz. Spröde, H theor. 6, aber meist viel geringere Pseudohärte (»Weichmanganerz«). D 4,5 bis 5,0. Mit HCl entwickelt sich gasförmiges Chlor.
Bildung typisch sedimentär unter oxydierenden Bedingungen; Vorkommen bzw. Lagerstätten sind:

- bei *mariner* Entstehung: Čiatura (Grusinische SSR) und Nikopol (Ukrainische SSR), die größten Mn-Lagerstätten der Erde in der Sowjetunion, aus reichem kryptokristallinem und oolithischem Pyrolusit
- bei *terrestrischer* Entstehung: in den Oxydationszonen zahlloser Lagerstätten mit Mn-haltigen Mineralen; z.B. Ilmenau, Elgersburg und Öhrenstock (Thür. Wald, DDR, hier z.T. auch hydrothermal) oder Siegerländer Sideritgänge (BRD). Häufig Rückstandslagerstätten auf karbonatischen Gesteinen, so Waldalgesheim und Lindener Mark (BRD), Minas Geraes (Brasilien) und Indien

Wichtiges Mn-Erz; vielseitige Nutzung (vgl. Tab. 16.27 und 16.28): Oxydationsmittel in Batterien und Glasindustrie, Farbmittel, Stahllegierungsmittel, chemische Industrie u. v. a. Künstlich existieren 7 MnO_2-Strukturvarietäten: $\alpha, \beta, \gamma, \delta, \varepsilon, \eta$ und *Ramsdellit.*

Ramsdellit: γ-MnO_2; rhombisch. Blättrige xx. VH max. 1200 kp/mm²; D 4,37. Mit Pyrolusit von Lake Valley (New Mexiko, USA).

Nsutit: γ-MnO_2; hexagonal. Schwarze Aggregate in Mn-Erzen verschiedener Vorkommen. H $8^1/_2$; VH 1150.

Manganomelane: meist $\mathbf{Me_{\leqq 2}Mn_8O_{16}}$

Kryptokristalline, meist aus Gelen entstandene kollomorphe bis erdige Massen, bei denen ein wechselnder Anteil an $Mn^{<4+}$ zur Ladungskompensation durch Kationen in Wasser führt. Daraus resultieren die allgemeine Formel (H_2O, K, Ca, Sr, Ba, Pb)$(Mn^{4+}Mn^{2+})_8O_{16}$ und unterschiedliche Mineralarten bzw. -varietäten. Früher wurden diese Minerale als *Psilomelane oder Hartmanganerze* zusammengefaßt. Der Name Psilomelan leitet sich von gr. *psilos* = kahl und *melas* = schwarz ab, der im

Deutschen zur Bezeichnung »schwarzer Glaskopf« für die kollomorphen Erze führte (s. Bild 10.33). Pulvrige und sehr leichte wasserhaltige Aggregate werden als *Wad* bezeichnet. Alle Manganomelane treten weltweit in den Oxydationszonen von Lagerstätten Mn-haltiger Minerale auf, verschiedentlich auch dendritisch auf Gesteinsklüften (s. Bild 10.34). Oft gemeinsam, aber keine Übergänge durch Mischkristallbildung. Folgende eigenständige Manganomelan-Minerale seien genannt:

Kryptomelan $K_{\leq 2}(Mn^{4+}Mn^{2+})_8O_{16}$

Tetragonal und monoklin. Häufigstes feinstnadliges Mn-Mineral in vielen tieftemperierten Mn-Lagerstätten, auch von Ilmenau und Arlesberg (Thür., DDR). D 4,3. *Romanèchit* ist gleich oder ähnlich.

Manjiroit: $Na_{\ll 2}Mn_8O_{16}$; tetragonal. Von Kohare-Grube (Japan).

Hollandit: $Ba_{\leq 2}Mn_8O_{16}$; tetragonal und monoklin (vgl. Bild 10.31). Neben gelegentlichen guten grauschwarzen Kristallen (in Kontaktlagerstätten) meist kollomorphe und strahlige Aggregate, v. a. von Indien. VH max. 1048.

Psilomelan: $(Ba, Mn^{2+})_3(O, OH)_6Mn_8O_{16}$; rhombisch (vgl. Bild 10.31). Von Schneeberg (Erzgebirge, DDR), auch andere Vorkommen; ähnlich Hollandit. VH 203 bis 813.

Coronadit: $Pb_{\leq 2}Mn_8O_{16}$; tetragonal und monoklin. Fast stets kollomorph, hauptsächlich von Imini (Marokko) und Coronado-Gang des Clifton-Morenci-Distrikts (USA), auch Broken Hill (Australien). Ähnlich ist *Cesarolith* von Tunis.

Todorokit: $(Mn^{4+}Mn^{2+})_8(O, OH)_{16} + 2\,H_2O$; monoklin. Pulvrig bis graphitartig, z. T. braun, von Todoroki (Japan), auch Cuba, Österreich u. a. Aus Manganknollen der Tiefsee mit Formel (Na, Ca, K) $(Mn^{4+}Mn^{2+}, Mg)_6O_{12} \cdot 3\,H_2O$. Beim feinstkörnigen *Woodruffit* wird Mn^{2+} z. T. durch Zn ersetzt, z. B. von Sterling Hill (USA).

a)

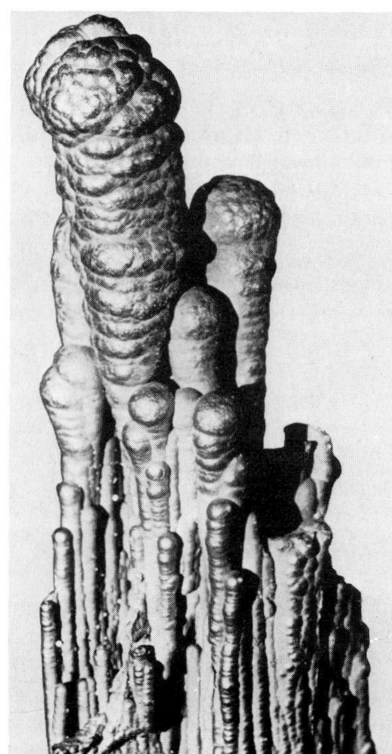

b)

Bild 10.33. Manganomelane aus dem sächs. Erzgebirge (DDR)

a) glaskopfartiger Kryptomelan. Johanngeorgenstadt, 1/2 natürl. Größe [252]

b) stalaktitischer Manganomelan. Schwarzenberg, etwa natürl. Größe [252]

Bild 10.34. Psilomelan im Solnhofer Plattenkalk. $^1/_2$ natürl. Größe [252]
Man erkennt, daß die Mn-haltigen Lösungen von einer Kluft senkrecht zur Bildebene (unten) eingedrungen sind und sich in der Bildebene dendritisch ausgebreitet haben

Asbolan (Kobaltschwärze) ist Co-haltiger Wad. *Cuproasbolan* (Kupferschwärze) ist Cu-haltig. Freiberg und Kamsdorf (DDR).

Zinkdibraunit: amorphes $ZnMn_2O_3 \cdot 2\,H_2O$, mit einigen Prozenten PbO oder PbO_2.

Vernadit: $MnO_2 \cdot n\,H_2O$; hexagonal (?) (ähnlich oder gleich dem amorph bis feinkristallinen δ-MnO_2, das gleichfalls meist Wasser enthält). Hauptbestandteil der Manganknollen der Ozeane (neben γ-MnO_2 und Birnessit).

Birnessit: $(Ca, Mg, Ni, K)_{\leqslant 1}(Mn^{4+}Mn^{2+})(O, OH)_2$; ähnliches Pulverdiagramm wie δ-MnO_2. Eifel (BRD).

Manganogel ist amorphes $MnO_2(\pm H_2O)$, das sich durch starke diffuse Röntgenschwärzung in manchen Psilomelanen bemerkbar macht.

Plumangit: $(Cu_{0,85}Zn_{0,15})O \cdot PbMn_4O_{16}$; unregelmäßige Körnchen zusammen mit Murdochit und ihm ähnlich (Iran).

Parwelit: $Mn_5Sb(Si, As)O_{12-x}$; monoklin. Von Långban (Schweden).

Lithiophorit: $(Al, Li)(OH)_2 \cdot MnO_2$; monoklin; Schichtgitter. Feine Schüppchen, auch dicht, traubig. H 3; D 3,14 bis 3,36; # 4. Glanz matt bis metallisch; bläulich schwarz. Str. schwärzlichgrau. Um Schneeberg und am Pöhlberg (Erzgeb., DDR); Pretoria (Südafrika).

Jouravskiit: $Ca_6H_4[SO_4/CO_3/(MnO_4)^{4-}]_2 \cdot 28\,H_2O$; hexagonal. Max. 3 mm große xx aus Mn-Lagerstätte in Marokko, eng verwachsen mit Calcit, Manganit, Hausmannit, Baryt u. a. H $2^1/_2$; D 1,95; $n_0 = 1{,}556$.

Manganit: γ-MnOOH

Theor. 62,5% Mn; der »Wassergehalt« ist theor. 10,2%, durch Adsorption in kryptokristallinen Massen oft höher; Beimengungen von SiO_2, Fe_2O_2, weniger Al_2O_3, Ca u. a. Rhombisch. Gute prismatische xx, oft viele cm lang, mit Streifung parallel zur Längserstreckung (s. Bild 10.35), oft Zwillinge. In Drusen schöne strahlig-büschlige Aggregate (z. B. Ilfeld im Südharz, DDR), aber auch kryptokristalline und oolithische Massen (z. B. in der Mn-Lagerstätte Nikopol, UdSSR).
Farbe frisch braunschwarz, mit dunkelbraunem Strich, durchsch.; meist aber durch Pyrolusit pseudomorph verdrängt, dann grau metallglänzend, mit schwarzem Strich (ähnlich Antimonit). H 4, spröde, # 4 nach (010). D 4,3. Wasser wird erst bei Temperaturen > 200 °C abgegeben.
Bildung hydrothermal und sedimentär. In den obersten Bereichen von hydrothermalen Barytgängen in Ilfeld bei Nordhausen, in Öhrenstock und Elgersburg bei Ilmenau (alle DDR), auch Cornwall u. a. O. Feinstkörnig in den Mn-Lagerstätten Nikopol (UdSSR). Als selbständiges Mn-Erz heute von untergeordneter Bedeutung.

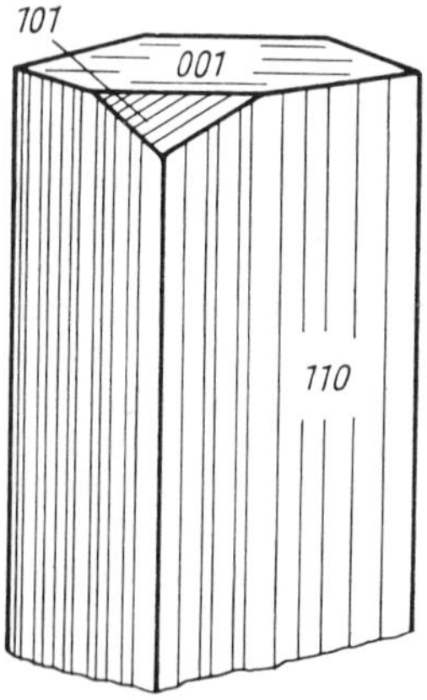

a)

b)

Bild 10.35. Manganit

a) Manganitkristall (mit charakteristischer Streifung)

b) Manganit, von Ilfeld im Südharz (DDR), etwa natürl. Größe [221]

Groutit: α-MnOOH; rhombisch. Schöne taflige xx, meist linsenförmig nach (001). # 4 (010) H ~ 4 (VH 613 bis 813); D 4,14. Mgl.; schwarz; feinstes Pulver dunkelbraunrot. Ähnlich Manganit. Wohl aszendent. Cuyuna Range (Minnesota, USA), Hammereisenbach (Schwarzwald, BRD). In Drusen von Eisenerzen. *Feitknechtit:* β-MnOOH; hexagonal.

Chalkophanit: $ZnMn_3O_7 \cdot 3\,H_2O$; triklin (pseudotrigon.). Winzige taflige xx, meist traubige oder stalaktitische Krusten (VH 71 bis 246); D 3,98; Mgl.; schwarz. Verwitterungsbildung des Franklinits von New Jersey (USA); mikroskopisch in manchen Kryptomelanen.

Quenselit: $PbO \cdot MnOOH$; monoklin. Taflige winzige xx, fast glimmerartig, biegsam; H $2^1/_2$ (VH 153 bis 186); D 6,84. Pechschwarz; nur von Långban (Schweden) in Calcit.

Ranciéit: $(Ca, Mn^{2+})Mn_4^{4+}O_9 \cdot 3\,H_2O$. Dünnblättrig; schwarz, braun oder violett; heller Mgl. D 3,2 bis 3,3. In dünnen Splittern braun durchsch. Im Limonit bei Rancié (Frankreich) gefunden.

Aurorit: (bzw. Silberaurorit) $(Ag_2, Ba, Ca, Pb, K_2, Cu, Mn^{2+})Mn_3O_7 \cdot 3\,H_2O$; schuppige halbopake Kluftfüllung von Mangancalcit, in Mn- und Ag-Erzen der Aurora-Grube (Nevada, USA). Im Auflicht gelbgrau, anisotrop, starke Bireflexion; H < 3; n > 2,0.

Pyrochroit: $Mn(OH)_2$; isotyp mit Brucit, taflige xx nach (0001); gewöhnlich blättrige Massen. # (0001), H $2^1/_2$ (VH 224 bis 245); D 3,25. Blaßgrünlich bis braun, dann schwarz. Dünne Blättchen, durchsch., n_{OE} = 1,723, 1,681. Hydrothermal entstanden, begleitet von Hausmannit, Rhodochrosit, Calcit. Långban u. Persberg (Schweden), Gonzen bei Sargans (Schweiz), Franklin (New Jersey, USA).

Janggunit: $Mn_5^{4+}(Mn, Fe)O_8(OH)_6$; rhombisch. Radialstrahlig, D 3,59, schwarz. Mit Nsutit, Todorokit von Mn-Grube Janggun in Korea.

Anhang:

Heterogenit: CoOOH
Oxydationsbildung von Skutterudit und Linneit; kommt in knolligen schwarzen Massen vor. H 4; D 3,846. Bei Middelburg (Transvaal, S-Afrika).
Zu Heterogenit gehören wohl auch: *Transvaalit, Stainierit, Mindigit, Trieuit, Boodtit, Heubachit* u. *Schulzenit*; *Winklerit* ist ein Gemenge. Alle diese Minerale sehen sehr oft kolloidal aus, psilomelanartig, sind aber schon kristallin und geben das Pulverdiagramm des Heterogenits. Zusammensetzung zum Teil $Co_2O_3 \cdot H_2O$. Sie kommen in einigen Gruben Katangas (Zaïre) vor und liegen als Knollen in mulmigen, sehr kobaltreichen Massen (20 bis 45 % CoO). Sie sind hier aus Linneit entstanden, z. B. über Kobaltspat. Die Knollen mit den erdigen Massen werden in großer Menge abgebaut und liefern einen beträchtlichen Teil der Co-Welterzeugung. H $4^1/_2$; D 4,32. Pechglänzend schwarz und erdig schwarz. Str. tief dunkelbraun. Trigonal.

Luishia, Mindige, Etoile du Congo, alle in Shaba (Zaïre); Saalfeld, Schneeberg (DDR), Leon (Spanien), Bou Azzer (Marokko).

Kellyit: $Mn_4Al_2Si_2Al_2O_{10}(OH)_8$; hexagonal. Bis 1 mm große gelbdurchsichtige Körner in Mangankarbonat einer Mn-Lagerstätte (USA), in Paragenese mit Galaxit, Jakobsit, Alleghanit, Sonolith u. a. D 3,07; $n_y = 1{,}646$.

Hausmannit: Mn_3O_4

Theor. 72,0% Mn, daneben oft etwas Fe, auch Zn. Tetragonal, mit spinellähnlichem Gitter. xx stets körnig und (in Drusen) aufgewachsen; oft mit horizontaler Streifung, sehr häufig verzwillingt, meist polysynthetisch. Aggregate derb-körnig. Farbe eisenschwarz, starker Glanz ($n_0 = 2{,}45$), Str. rötlichbraun (!). H $5^1/_2$ (VH 466 bis 724), spröde, Spaltbarkeit 4 nach (001). D 4,7. In HCl löslich. Nicht magnetisch. Leicht mit vielen Mn-Mineralen, auch Magnetit, zu verwechseln.
Vorkommen in hydrothermalen bis metamorphen Mn-Lagerstätten, in Paragenese mit fast allen anderen Mn-Mineralen, besonders Braunit, Tephroit, Rhodonit, ansonsten mit Baryt. Entsteht meist aus wasserhaltigen und höher oxydierten Mn-Mineralen, daher oft pseudomorph. Selbständige Hausmannit-Lagerstätten gibt es nicht, aber beibrechendes Mineral auf vielen Mn-Lagerstätten. Wir nennen: Ilfeld, Elgersburg, Öhrenstock (DDR), Långban (Schweden), Sapalsk bei Nižne Tagil (UdSSR).

α-Vredenburgit: $(Mn, Fe)_3O_4$; tetragonal; strukturell verwandt mit Hausmannit. Långban (Schweden). Selten! Meistens ist dieser Mischkristall in Jakobsit und Hausmannit zerfallen; das Zerfallsgemenge heißt Vredenburgit. Der α-Vredenburgit von Långban ist eine Pseudomorphose nach Bixbyit. *Zinkvredenburgit* von Franklin (USA).

Hetaerolith: $ZnMn_2O_4$; tetragonal. Oktaederähnliche xx; auch derb; Fünflinge; H 6 (VH 585 bis 813); D 5,18; fast Mgl.; schwarz; Str. dunkelbraun. Sterling Hill (New Jersey, USA) als Drusen-xx mit Franklinit, auch derb mit Chalkophanit. In Franklin (USA) mit Jeffersonit, Willemit und Calcit.

Hydro-Hausmannit und *Hydro-Hetaerolith* sind wasserhaltige Varietäten von Hausmannit und Hetaerolith.

Anhang:

Marokit: $CaMn_2O_4$; rhombisch. Schwarze prismatische xx, in dolomitischen Gängen von Vulkaniten im Anti-Atlas (Marokko), zusammen mit Baryt, Hausmannit, Crednerit u. a. H $6^1/_2$ (VH 800); D 4,64.

Bixbyit (Sitaparit): $(Mn, Fe)_2O_3$
Kubisch. H 6 bis $6^1/_2$ (VH 882 bis 1168); D 4,945; matter Mgl. Farbe und Str. schwarz; mit Topas, Granat, rosa Beryll in Rhyolith der Thomas Range (Utah, USA). In großen Mengen bei Sitapar (Indien, Sitaparit), mit Braunit und Hollandit, auch vom Bellerberg (Eifel, BRD). Fast reines Mn_2O_3 (*Partridgeit*) von Långban und Murjek (Schweden).

Avicennit: Tl_2O_3; kubisch. Schwarze xx′. Von Dzuzumli bei Buchara (Usbek. SSR, UdSSR).

10.9. Uraninit–Ianthinit-Gruppe

Hier werden die ökonomisch wichtigsten Oxide und Hydroxide des Urans zusammengefaßt, an der Spitze der Uraninit (± Uranpechblende). Angehängt werden die genetisch oft eng an Uranminerale gebundenen U–Te–Se-Verbindungen; sie schaffen den Übergang zur folgenden Ocker–Tellurit-Gruppe.

Uraninit: UO_2 Pechblende z. T.

Entdeckung: »Pechblende« (Born 1772) nach dem pechartigen Glanz, insbesondere der kollomorphen Varietäten; den Namen Uraninit gab Dana 1868.

Chemismus: Theor. $\approx 79\,\%$ U; meist aber niedriger durch Oxydation ($\sim U_3O_8$), durch Hydratisierung sowie durch Neubildung von Elementen infolge radioaktiven Zerfalls des Urans (s. Kap. 2.4.6.), dadurch Gehalte an Pb, He, Ra. Primäre z. T. starke diadoche Vertretung des U durch Th und SE, besonders bei hochtemperiert (z. B. pegmatitisch) gebildeten Varietäten. Bei Verwitterung Aufnahme vieler Fremdelemente, die v. a. zu Uranhydroxiden, -phosphaten, -vanadaten und -silikaten führen (s. Bild 10.36). Verschiedentlich enge Verbindung mit organischen Substanzen (s. Thucholith, S. 412).

Kristallogr.: Kubisch, Fluoritgitter, meist jedoch durch radioaktive Einwirkung isotropisiert. Wir unterscheiden *zwei Varietäten:* Den meist würfligen *hochtemperiert entstandenen Uraninit* i. e. S. (s. Bild 10.37) sowie die *kollomorphe Uranpechblende* (vgl. Bild 10.38), die sich tiefthermal bildet (auch von *Nasturan*).

Physik. Eigensch.: Durch die Isotropisierung sind die primären Eigenschaften oft stark verwischt, so daß bei den Mineralen etwa folgende, meist stark schwankende Daten festzustellen sind: schwarze Farbe, opak, Pechglanz, Str. schwarz bis grau-

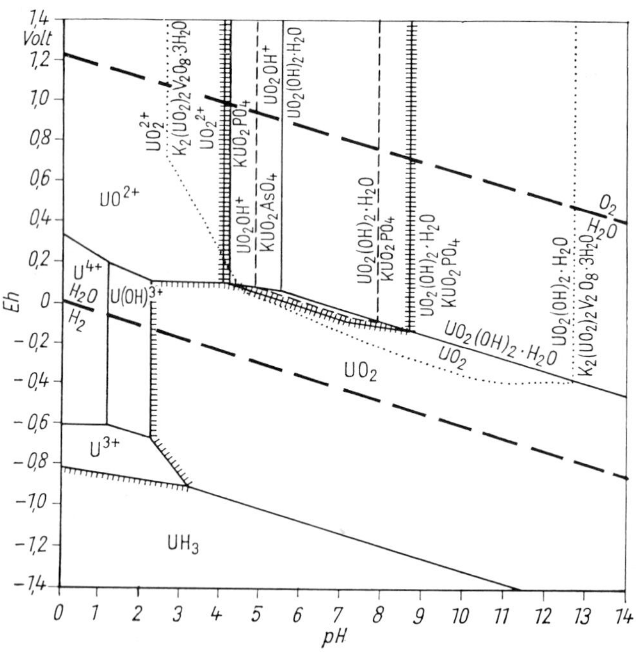

Bild 10.36. Stabilitätsbeziehungen zwischen einigen Uranverbindungen im System U–K–P–As–V–H_2O bei 25 °C und 1 atm Gesamtdruck [250]

(Aktivitäten: m U = 10^{-4}, m K = 10^{-3}, m P = 10^{-5}, m As = 10^{-5}, m V = 10^{-5} [mol/l])
Stabile Minerale: Carnotit, Uraninit, Arsen- und Phosphoranaloga des Carnotits, evtl. Schoepit bzw. Masuyit = $[UO_2/(OH)_2] \cdot H_2O$
Erläuterung: Bildungen der Oxydationszone in U-führenden Lagerstätten. Es werden die Stabilitätsbeziehungen charakterisiert → Carnotit ist am stabilsten (von pH 2,5 bis 12,7). Die U–Vanadate, Arsenate und -Phosphate sind auch noch stabil bei Σ C bis 10^{-1} [Mol/l]. Das bedeutet, daß selbst dann Uran noch nicht nennenswert als Karbonatkomplex in Lösung geht. Die Vanadate-Phosphate-Arsenate sind im Gegensatz zum Uranhydroxid (Schoepit) bei niedrigen pH-Werten (< 5,5) schon stabil. Diese Vanadate-Phosphate-Arsenate treten in U-Lagerstätten auf mit Uraninit und Sulfiden, wobei letztere bei Oxydation für den niedrigen pH sorgen

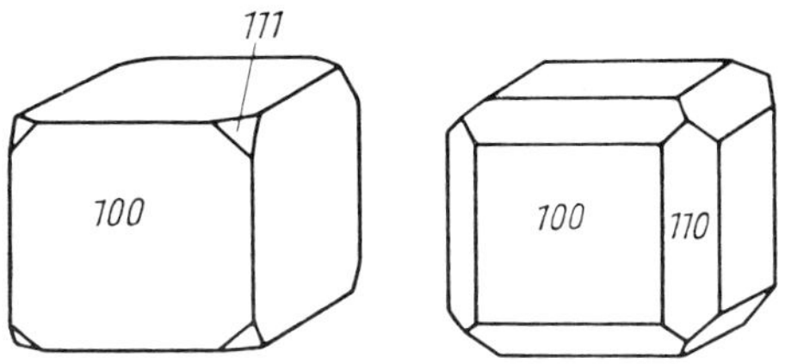

Bild 10.37. Uraninit-Kristalle

braun, Spaltbarkeit selten erkennbar, dann 1 nach (111), muschliger Bruch, spröde. H $\leqq$ 6 (VH Uraninit 625 bis 929). D $\leqq$ 10,6. Leicht in Salpetersäure löslich (mit Ammoniak gelber Niederschlag).

Diagnose: Typisch sind die starke Radioaktivität (u. a. radiographisch feststellbar, Bild 2.105), die schwarze Farbe, der pechartige Glanz und bei der Pechblende die kollomorphe (gelartig-wulstige) Form. Verschiedentlich grellfarbige (gelb bis rötliche) Oxydationsprodukte.

Genese: Uranoxide bilden sich unter den unterschiedlichsten Bedingungen, so v. a. pegmatitisch, hydrothermal sowie sedimentär.

- *pegmatitisch:* in Granit- und Syenitpegmatiten, hier meist als gut kristallisierter Uraninit, fast immer Th- und Ce-reich (*Bröggerit*). Charakteristische Paragenese Columbit und andere Nb–Ta–SE-Minerale, Monazit, Zirkon, Feldspäte usw. Verschiedentlich Bindung des Urans an organischen Substanzen (Thucholith, Carburan). Fast in allen Plattformgebieten der Erde, so Skandinavien, USA-Kanada, Afrika usw.
- *hydrothermal:* auf Gängen und in metasomatischen Körpern, meist als Th-arme kollomorphe Pechblende (s. Bild 10.38), fein eingesprengt und massig. Charakteristische Paragenese: Karbonate, Co-, Ni-, Ag-, Bi-Minerale wie Chloanthit, Nickelin, Argentit, Bismuthinit sowie Arsen, Silber, Wismut; seltener Goldtelluride und Selenide, Cu-Minerale, Pyrit, schwarzer Fluorit (»Stinkspat«), Hämatit, Baryt usw., häufig zahlreiche sekundäre Uranverbindungen (Hydroxide, Phosphate,

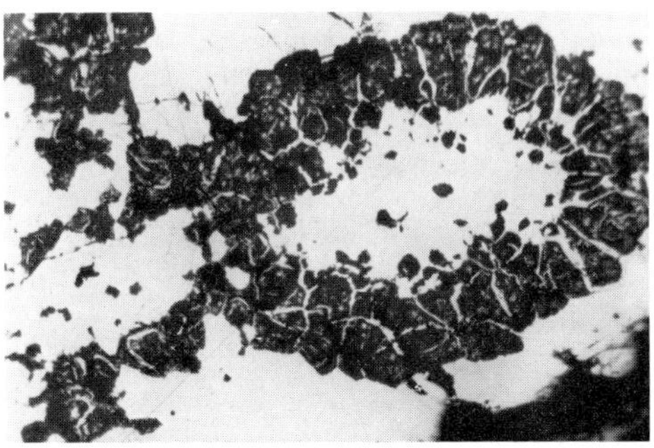

a)

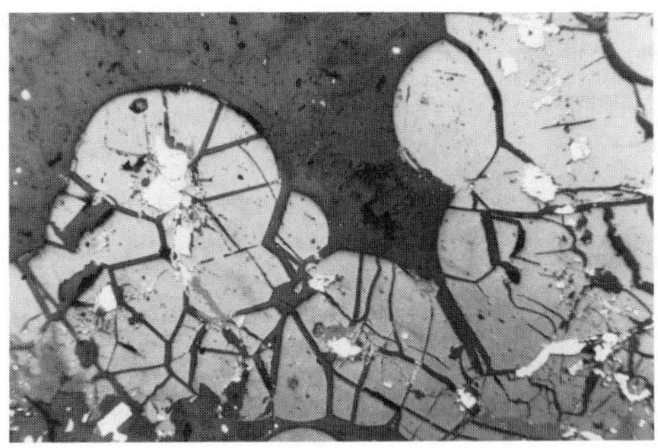

b)

Bild 10.38. Kollomorpher Uraninit (Uranpechblende) aus dem sächs. Erzgebirge [10]

a) Pechblende (dunkel, mit Schwundrissen) in Chloanthit. Johanngeorgenstadt (Erzgeb., DDR); Anschliff, Vergr. 250×, Ölimmersion

b) Pechblende (hellgrau), mit Schwundrissen und fleckigem Galenit (weiß) in Karbonaten (dunkelgrau). Niederschlema (Erzgeb., DDR); Anschliff, Vergr. 64×

Silikate usw.). Vorkommen in Europa: Schneeberg, Aue (DDR), Jáchymov (ČSSR), Wittichen, Wölsendorf (BRD), Frankreich, Italien, UdSSR. Große Lagerstätten in Shinkolobwe (Shaba, Zaïre), Großer Bärensee und Goldfields (Kanada), Rum Jungle (Australien) u. v. a.

– *sedimentär:* durch die leichte Löslichkeit des 6-wertigen Urans Transport in die Sedimente; dort z. T. Reduktion durch organische Substanzen (z. B. inkohltes Holz) und andere Minerale zu feinsten Uranoxiden (Uranschwärze), z. T. auch derbe kolloidale Massen. Bildung riesiger und weltweit verbreiteter, meist aber ärmerer U-Lagerstätten. Prototyp sind die U-haltigen Colorado-Sandsteine (USA). Ähnliche Anreicherungen in Zementationszonen U-haltiger Lagerstätten. Genetisch eigenartig sind präkambrische Konglomerate mit abgerolltem klastisch-transportiertem Uraninit; von Ontario (Kanada), Witwatersrand (Südafrika), Brasilien.

Nutzung: Heute hauptsächlich Kernbrennstoff (vgl. auch Tab. 16.27 und 16.28).

Thorianit: $(Th, U)O_2$

Isotyp mit Uraninit, xx (100), meist gerundet. Durchdringungszwill. nach (111) sehr häufig. H $6^1/_2$ (VH 920 bis 1235); D 9,7. Halbmgl. Dunkelgrau bis schwarz; Str. grau bis grünlichgrau. In dünnsten Splittern dsch., n $\sim$ 2,20. Pb und He sind meist vorhanden, oft Ce und La. Radioaktiv. Von Sri Lanka in Pegmatiten und Flußsanden; Madagaskar; im Bošogoch-Fluß (Transbaikalien, UdSSR), Easton (Pennsylv., USA). *Aldanit* ist eine Abart von Thorianit mit 14,9 bis 20,4 % UO_2 und 11,2 bis 12,5 % PbO; Ostsibirien (UdSSR). Weitere Abarten sind: *Nivenit, Cleveit* und *Mozambikit.*

Cerianit: $(Ce, Th)O_2$; isotyp mit Uraninit und Thorianit, auch sonst diesen sehr ähnlich.

Thucholith: asphaltartig, glänzend schwarz; neben vorherrschenden Kohlenwasserstoffen enthält er U, Th, Ti, SE, SiO_2 und H_2O. Oft in würfligen xx, die wohl Pseudomorphosen nach Uraninit sind; ihre Entstehung ist unbekannt. Aus Pegmatit neben Uraninit von Parry Sound (Ontario, USA), Nordschweden, Südafrika.

Als Anhang werden strukturell ähnliche Zirkonoxide aufgeführt:

Baddeleyit: ZrO_2; monoklin (prismatisch, pseudokubisch); deformierter Fluorittypus. 5 mm große, nach (100) tafelige xx; auch prismatisch. Zuweilen knollig und gefärbt; farblos, gelb, rötlich- oder grünlichbraun bis schwarz. Str. weiß bis bräunlichweiß. n_{XZ} = 2,13; 2,20. In Magnetit–Pyroxenit b. Jacupiranga (Brasilien). Abgerollte Massen in fossilen Seifen von Minas Geraes (Brasilien). Monte Somma (Italien) in Drusen von Sanidinit. Bozeman (Montana, USA) in Korundsyenit. Palabora (Südafrika).

Zirkonoxid: wohl optisch einachsig und vielleicht eine zweite Modifikation von ZrO_2. Tritt in Krusten bis zu 15 mm Dicke, grünlichgrau, radialfasrig, auf hydrothermalzersetztem eudialitreichem Syenit auf (Zirkonglaskopf), auch massenhaft als Flußgerölle (Zirkon–Favas); letztere sind braun bis schieferblau und kommen in Minas Geraes (Brasilien) vor. H $7^1/_2$; D 4,9 bis 5,4. Chemisch bis zu 97 % ZrO_2. Verwendet wird es als hochfeuerfester Stoff (reines ZrO_2), zu Glasuren, Legierungen, zur Herstellung von Zr-Verbindungen.

Die nachfolgend aufgeführten zahlreichen Minerale sind als **Uranyl-Hydroxide** Verwitterungsbildungen des Uraninits. Sie kristallisieren rhombisch und sind damit dem Ianthinit bzw. Fourmarierit isotyp.

Ianthinit: $[UO_2/(OH)_2]$

Rhombisch. Winzige rechteckige Täfelchen; auch prismatisch oder dicktafelig. H 2 bis 3. n_Y = 1,90. Violettschwarz, extrem pleochroitisch. Shinkolobwe-Kasolo (Shaba, Zaïre) neben Schoepit und Becquerelit. Wölsendorf (Bayern, BRD). Ähnlich ist *Epiianthinit.*

Masuyit: $[UO_2/(OH)_2] \cdot H_2O$; rhombisch. Orangefarben, chemisch ähnlich Schoepit. Von Shaba (Zaïre).

Schoepit: 8 $[UO_2/(OH)_2] \cdot 8\,H_2O$; rhombisch; xx tafelig oder kurzprismatisch. H 2 bis 3; D 4,8. Diamgl. Schwefel- bis zitronengelb. $n_{XY} = 1{,}690$; 1,735. Verwitterungsbildung von Pechblende oder Ianthinit. Kasolo (Shaba, Zaïre); Wölsendorf (Bayern, BRD). *Paraschoepit* ist identisch mit Schoepit.

Becquerelit: 6 $[UO_2/(OH)_2] \cdot 4\,H_2O$; rhombisch. xx tafelig; auch derb. Wiederhol.-Zwill. (110), ähnlich Aragonit. # 4 (001). H 2 bis 3; D 5,2. Diamgl.; gelb bis bräunlichgelb. $n_{X,Z} = 1{,}735$; 1,830. Wölsendorf (BRD), Kasolo (Shaba, Zaïre), Großer Bärensee (Kanada).

Billietit: 6 $[UO_2/(OH)_2] \cdot Ba(OH)_2 \cdot 4\,H_2O$; rhombisch. Ist dem Becquerelit strukturell und auch sonst sehr ähnlich.

Fourmarierit: 8 $[UO_2/(OH)_2] \cdot 2\,Pb(OH)_2$
Rhombisch; xx tafelig (001) und gestreckt (010). # 4 (001), H 3 bis 4; D 6,046. Gelb bis goldgelb; auch braun. $n_Y = 1{,}92$. Kasolo (Shaba, Zaïre); Wölsendorf (Bayer, BRD). Ähnlich sind *Vandendriesscheit:* 8 $[UO_2/(OH)_2] \cdot Pb(OH)_2 \cdot 4\,H_2O$. *Wölsendorfit:* 2 $[UO_2/(OH)_2] \cdot PbO$, beide rhombisch.

Die nachfolgend aufgeführten Minerale sind z. T. komplexer zusammengesetzt:

Vandenbrandeit: $[UO_2/(OH)_2] \cdot Cu(OH)_2$; triklin. Kleine flache xx, oft parallel geordnet; derb. D 5,03. Dunkelgrün bis fast schwarz; $n_Y = 1{,}78$. Kalongwe und Shinkolobwe (Shaba, Zaïre).

Curit: 3 $PbO \cdot 8\,UO_3 \cdot 4\,H_2O$; rhombisch. Prismatische xx. Gewöhnlich derb, Aggregate feiner Nadeln erdig. H 4 bis 5; D 7,26. Diamgl.; Orangerot. Kasolo (Shaba, Zaïre), auch Oberschlema (DDR).

Uranosphärit: $[UO_2/(OH)_2/BiOOH]$; rhombisch. Halbkugelige Aggregate, die aus kleinen spitzen xx bestehen. H 2 bis 3; D 6,36. $n_Y = 1{,}985$. Grube Weißer Hirsch bei Schneeberg (DDR). *Richetit:* Kommt in pseudohexagonalen Plättchen vor, # 3 nach der Basisfläche.

»Gummit«: Gummiartig aussehend, bildet die bunte innere, also erste Umwandlungszone um das frische Uranpecherz. Sie besteht aus einem Gemenge von U-Mineralen, besonders vom Becquerelit–Fourmarierit-Typ, daneben noch mit Clarkeit und Curit. Die weiter außen liegende Zone enthält Uranylsilikate, wie Uranophan, Kasolit, ferner Soddyit, Sklodowskit und andere. Als äußerste Zone folgt zuweilen das Uranylkarbonat Rutherfordin.

Vanuranylit: $(H_3O)_2[(UO_2)_2/V_2O_8] \cdot 4\,H_2O$; rhombisch (?); pseudohexagonal. Dünne Anflüge und plattige Kristallite. Oxydationsbildung in Sandstein aus UdSSR. H 2; leicht schmelzbar, in Paragenese mit Uranophan und Soddyit.

Roubaultit: $Cu_2(UO_2)_3(OH)_{10} \cdot 5\,H_2O$; triklin. Grünliche plattige xx in 3 mm großen radialstrahligen Aggregaten, aus Oxydationszone der U-Lagerstätte Shinkolobwe (Zaïre); H 3; D 5,02; $n_Y = 1{,}800$, starker Pleochroismus.

Rameauit: $K_2CaU_6O_{20} \cdot 9\,H_2O$; monoklin. Bis 1 mm große, orangefarbene xx aus U-Lagerstätte (Zentralmassiv, Frankreich). D 5,55.

Bauranoit: $BaO \cdot 2\,UO_3 \cdot 4$ bis $5\,H_2O$; feinkörnige rotbraune Aggregate auf Uraninit (UdSSR).

Metacaltsuranit: $(Ca_{0,37}Na_{0,31}Ba_{0,24}Pb_{0,08})O \cdot 2{,}1\,UO_3 \cdot 1{,}7\,H_2O$; feinkörnige orangefarb. Aggregate in Pechblende (UdSSR). D 4,90; $n_Y = 1{,}91$.

Compreignacit: $K_2O \cdot 6\,UO_3 \cdot 11\,H_2O$; rhombisch. Gelbe rechteckige Plättchen, aus Platinkonzentraten (Südafrika). # 5 (001); D 5,03.

Agrinierit: 2 $(K_2, Ca, Sr)O \cdot 6\,UO_3 \cdot 8\,H_2O$; rhombisch. Taflige orangefarb. xx aus U-Lagerstätte Marignac (Zentralmassiv, Frankreich).

Clarkeit: $Na_2U_2O_7$; derb, dicht. H 4 bis $4^1/_2$; D 6,39. Muschliger Br. Dunkel rötlich-braun. $n_Y = 2{,}098$. Spruce Pine (N-Carolina, USA). Manchmal zeigt sich innen noch ein Kern von Uraninit.

Die hier aufgeführten **Uran-Selenite** und **Uran-Tellurite** bilden den Übergang zu der folgenden Mineralgruppe:

Schmitterit: UO_2TeO_3; rhombisch. Strohgelbe glimmerartige xx in Rosetten (max. 1 mm), von der Moctezuma-Grube in Mexiko; zusammen mit Emmonsit, Moctezumit u. a. H $\sim$ 1 (schmierig); $n_Y = 2{,}05$.

Cliffordit: UTe_3O_8; kubisch. Gelbe diamgl. Oktaeder (bis 0,2 mm), aus Oxydationszone von Te–Au–Ag-Grube (Mexiko). H 4; n > 2,11.

Moctezumit: $Pb[UO_2/(TeO_3)_2]$; monoklin. Blättchenförmige, bis 3 mm große xx aus Oxydationszone der Te–Au-Lagerstätte Moctezuma (Mexiko). H 3; D 5,4 bis 5,7 (?).

Derriksit: $Cu_4UO_2(SeO_3)_2(OH)_6 \cdot H_2O$; rhombisch. Grüne mikrokristalline Überzüge (xx selten, bis 0,7 mm) aus Oxydationszone der Cu–Co-Lagerstätten von Katanga (Zaïre).

Marthozit: $Cu(UO_2)_4(SeO_3)_4(OH)_2 \cdot 10\ H_2O$; rhombisch. Grünlichbraune mm-große xx aus Oxydationszone einer Cu–Co-Lagerstätte in Katanga (Zaïre). Paragenese: Se-haltiger Digenit, Kasolit, Cuprosklodowskit, Uranotil, Malachit u. a. D 4,4; n_X = 1,780 bis 1,785, pleochroitisch.

Guilleminit: $Ba[(UO_2)_3/(OH)_4/(SeO_3)_2] \cdot 3\ H_2O$; rhombisch. Kleinste gelbe tafelige xx, aus Oxydationszone der Cu–Co-Erze von Katanga (Zaïre).

Demesmaekerit: $Pb_2Cu_5(SeO_3)_6(UO_2)_2(OH)_6 \cdot 2\ H_2O$; triklin. Fast opake prismatische xx in lamellaren Gruppen, aus der Oxydationszone einer Cu-Lagerstätte in Katanga (Zaïre); in Paragenese mit Cuprosklodowskit, Kasolit, Malachit, Guilleminit, Se-Digenit u. a. H 3 bis 4; D 5,28; n_X = 1,835, pleochroitisch.

10.10. Ocker–Tellurit-Gruppe

In dieser komplexen Mineralgruppe werden eine große Zahl von Mineralen unterschiedlicher Zusammensetzung und Struktur zusammengefaßt. Ihnen gemeinsam ist, daß sie meist nur in geringen Mengen auftreten, überwiegend feinstkörnig-pulvrig sowie grellfarbige sekundäre Bildungen (z. T. durch Verwitterung) von primären Mineralen sind. Wir wollen grob unterscheiden:

- eine *Ocker-Untergruppe*, die v. a. Oxide und Hydroxide von Metallen und Halbmetallen umfaßt (As, Sb, Bi, V, Mo, W)
- die *Untergruppe der Selenite und Tellurite*. Die Uranselenite und -tellurite wurden bereits im vorhergehenden Kapitel besprochen. Angehängt werden die wenigen Selenate und Tellurate.

Ocker

Wir stellen zunächst die Oxide und Hydroxide der Elemente As, Sb und Bi zusammen, gegliedert nach dem einfachen und komplexen Chemismus.

Einfache As–Sb–Bi-Ocker:

Claudetit: As_2O_3

Monoklin; dünnplattige xx; # 4 (010); biegsam; H $2^1/_2$; D 4,15. Glasgl., farblos; n_Y = 1,92. Sekundär entstanden bei der Oxydation von Realgar, Arsenopyrit usw. Sublimat bei Grubenbränden. Butte (Montana, USA) u. v. a.

Arsenolith: As_2O_3; kubisch; sternförmige Aggregate oder Krusten; traubig, pulvrig. Giftig! H $1^1/_2$; D 3,87. Glasgl.; weiß; n = 1,755. Dimorph mit Claudetit. Entsteht selten bei der Oxydation As-haltiger Minerale, auch als Sublimat bei Grubenbränden. Wittichen (BRD); bei Johanngeorgenstadt (DDR); Kutna Hora (ČSSR) usw.

Bild 10.39. Senarmontit, oktaedrische Kristalle. Constantine (Algerien), Vergr. ≈ 2 × [221]

Senarmontit: Sb_2O_3

Kubisch; oktaedrische xx (s. Bild 10.39); auch derb und als Krusten; H 2 bis $2^1/_2$; D 5,50; farblos; n = 2,087; starke anomale Doppelbrechung. Dimorph mit Valentinit. Entsteht zuweilen bei der Oxydation Sb-haltiger Minerale; reichlich und gut kristallisiert bei Haminat (Prov. Constantine, Algerien), hier gangförmig im Kalkstein.

Valentinit (Antimonblüte): Sb_2O_3

Rhombisch; xx prismatisch oder tafelig; oft in strahligen Büscheln; derb, stengelige, körnige Aggregate; # 4 (110); H $2^1/_2$ bis 3; D 5,76; Diamgl.; farblos, weiß; n_{XZ} = 2,18; 2,35. Dimorph mit Senarmontit. Entsteht bei der Oxydation von Antimonit, Antimon usw.; weit verbreitet. Bräunsdorf bei Freiberg (DDR), Příbram (ČSSR); Chalanches b. Allemont (Dauphiné, Frankreich) usw.

Cervantit: Sb_2O_4; rhombisch; # (001). Oxydationsprodukt auf Antimonit; von SFR Jugoslawien.

Onoratoit: $Sb_8O_{11}Cl_2$; triklin. Weiße Nadeln als Oxydationsprodukt des Antimonits (Italien).

Stibiconit: $SbSb_2O_6OH$; kubisch; derb, dicht; pulvrig, in Krusten, traubig; H 4 bis $5^1/_2$; D 5,58. Perlgl. bis matt; blaßgelb durchsch.; n = 1,60 bis 2,00. Entstanden durch Oxydation von Antimonit und anderen Sb-Mineralen; begleitet von Cervantit und Valentinit. Als Antimonocker häufig, aber nur wenige Vorkommen sind sicher Stibiconit. Losacio (Spanien). Altar Distrikt (Sonora, Mexiko), Cajamarca (Peru) usw. Identisch sind *Stibianit, Hydroromeit, Volgerit.*

Bismit: α-Bi_2O_3

Monoklin; derb; körnig bis pulvrig; H $4^1/_2$; D 8,64 bis 9,22; graugrün bis gelb; n_Y = 2,42. Polymorph mit Sillénit. Entsteht bei der Oxydation von Wismut und anderen Bi-Mineralen. Colavi (Bolivien); Meymac (Frankreich); Schneeberg, Schwarzenberg (DDR) usw. Viele angebliche Bismite sind Bi-Karbonate.

Sillénit: γ-Bi_2O_3; kubisch; feinkörnig, erdig, weich; olivgelbbraun, grün, gelb; sekundär; mit Bismut bei Durango (Mexiko).

Russellit: $(Bi_2, W)O_3$; tetragonal. Nur feinkörnige Massen. D 7,35. Blaßgelb bis grünlich. Entstanden wohl aus Wismut; Dinas-Castle-Grube (Cornwall, England).

Koechlinit: Bi_2MoO_6; rhombisch. Dünne, rechteckige Täfelchen nach (010); auch derb, erdig. # 4 (010); D 8,29 (berechn.). Grünlichgelb; Str. etwas heller; n_Y = 2,61. Grube Daniel b. Schneeberg (DDR); Coolgardie (W-Australien).

Komplexe As–Sb–Bi-»Ocker« und ähnliche Verbindungen:

Romeit: (Ca, Na, H)Sb_2O_6(O, OH, F) (Antimonocker)

Kleine oktaedr. xx; derb. D 4,7 bis 5,4. Glasgl., Fett- oder Diamgl. Blaßgelb bis gelblichbraun; durchsch. n = 1,83 bis 2,09. St. Marcel-Grube (Piemont, Italien), mit Epidot und Mn-Oxiden. In Wermland (Schweden) auf Gängen b. Långban und Jakobsberg; Schneeberg (DDR). Etwa dasselbe wie Romeit sind *Atopit, Schneebergit, Weslienit, Mauzeliit, Lewisit.*

Partzit: $Cu_{1-2}Sb_{2-1}(O, OH, F)_7$; derb. H 3 bis 4; D 3,8. Gelblichgrün bis schwarz. Ag-Gehalt 4 bis 12%. Blind Spring (Calif., USA).

Stetefeldtit: $Ag_{1-2}Sb_{2-1}(O, OH, H_2O)_7$; derb; H 3½ bis 4½; D 4,12 bis 4,24. Schwarz bis braun. Nevada (USA); Peru.

Bindheimit: $Pb_{1-2}Sb_{2-1}(O, OH, H_2O)_{6-7}$

Kryptokristalline Massen, dicht bis erdig; knollig, niedrig konzentrisch-schalig. H 4 bis 4½; D 4,6 bis 5,6; Harzgl. Gelb, braun. n = 1,84 bis 1,87. Weitverbreitet in den Oxydationszonen von Pb–Sb-Erzen. Gewöhnlich vermengt mit anderen kryptokristallinen sekundären Mineralen. Nerčinsk (Sibirien); bei Hüttenberg (Österreich); reichlich Broken Hill (N. S. Wales, Australien); Coeur d'Alène (Idaho, USA). *Monimolit* ist dasselbe wie Bindheimit. *Coronguit* ist Ag-Bindheimit.

Mit dem folgenden Trippkeit sind isotyp:

Trippkeit: $CuAs_2O_4$; tetragonal; grünlich-blaue kurzprismatische xx, die oft etwas gebogen sind; # 4 (100), weich; D 4,8. Starker Gl., $n_{OE} = 1{,}90; 2{,}12$. Kupferlagerstätte b. Copiapó (Chile), neben Olivenit.

Leiteit: $ZnAs_2O_4$; monoklin. Farblos bis braun, # 4 (100), D 4,31. Von Tsumeb (Namibia).

Schafarzikit: $FeSb_2O_4$; tetragonal; prismatische xx; # 4 (110); H 3½; D 4,3; rot (braun); opak; $n_0 > 1{,}74$. Auf Antimonit sehr spärlich von Pernek (Slowakei, ČSSR).

Versiliait: $Fe_2^{2+}Fe_4^{3+}Sb_6O_{16}S$; rhombisch. D 5,15, H 3; mit Schafarzikit im Dolomit, Versiliatal (Toskana, Italien).

Mennige (Minium): Pb_2O_4; nur derb, erdig; mikroskopisch kleine Schüppchen; D 8,9 bis 9,2; scharlachrot; Str. orange-gelb; stark pleochroitisch. Entstanden bei der Umwandlung von PbS in kleiner Menge, auch durch Grubenbrand. Badenweiler und Bleialf (BRD); Bleiberg (Österreich) usw.

Die folgenden ditetragonalen Minerale werden als »**Polyrutile**« zusammengefaßt, da ihre Struktur gegenüber Rutil in der c-Achse verdreifacht ist (»Trirutil«):

Byströmit: $MgSb_2O_6$; D 5,4; hellblaugrau. $n_{OE} = 1{,}90; 1{,}91$. Neben Stibiconit bei Antimonio (Sonora, Mexiko).

Tripuhyit: $FeSb_2O_6$; mikrokristalline Aggregate; grünlichgelb bis dunkelbraun; D 5,82; $n_Z = 2{,}33$. In zinnoberführenden Sanden von Tripuhy (Minas Geraes, Brasilien) mit Lewisit, Monazit, Rutil. Auch in Trümern von Dacit-Lava (Argentinien).

Ordoñezit ist $ZnSb_2O_6$; tetragonal. Braun; durchs., Diamgl. n ~ 2,0. Mexiko.

Es folgen einige (primär gebildete) Verbindungen des *Antimons mit Fe und Mn:*

Melanostibian: $Mn(Sb, Fe)O_3$; trigonal. Blättrige Massen oder winzige xx; H 4; schwarz, Str. kirschrot; opak. Auf Gängen in Dolomit, Sjö-Grube bei Örebro (Schweden).

Haematostibit: $8\,(Mn, Fe)O \cdot Sb_2O_5$(?); rhombisch oder monoklin; schwarze opake Körner oder blättrige Massen; H 5; Str. braun; im durchfall. Licht blutrot. Sjö-Grube (Schweden).

Manganostibiit: $Mn_2^{2+}Mn_4^{4+}Sb_2O_{15}$; rhombisch. Ist ähnlich Haematostibiit, hat aber weniger Fe und etwas As für Sb. $n_Y = 1{,}95$. Selten! Neben Hausmannit in der Moss-Grube (Nordmark, Schweden).

Derbylith: $Fe_3Ti_3SbO_{11}OH$; monoklin; prismatische xx; D 4,53; pechschwarz. In zinnoberführenden Sanden bei Ouro Preto (Minas Geraes, Brasilien).

Stibiatil, Chondrostibian, Mangnetostibian sind ungenügend bekannte komplexe Sb-Oxide.

Die folgenden **Oxide, Hydroxide und Komplexverbindungen des Vanadiums** haben gleichfalls weitgehend Ockercharakter. Sie werden hier in der Reihenfolge zunehmender Komplexität der Formel aufgeführt.

Vanadinocker: V_2O_5; erdiges, gelbliches Pulver. Es wurde auf Quarz der Kupfergrube Cliff-Mine am Lake Superior gefunden. Synthetisches V_2O_5 ist rhombisch.

Stscherbinait: V_2O_5; rhombisch. Gelblichgrüne glasgl., bis 1,5 mm lange xx, z. T. bröcklige Massen, als Fumarolenbildung an Vulkanen von Kamčatka (UdSSR). D 3,2; n = 2,42.

Karelianit: V_2O_3; trigonal (isotyp mit Korund). Schwarzes Mineral mit muschligem Br., H 8 bis 9! Von Outukumpu (Finnland).

Montroseit: (V, Fe)OOH; winzige, schwarze xx. Montrose (Color., USA). *Paramontroseit:* VO_2; rhombisch, entsteht aus Montroseit; Colorado (USA).

Lenoblit: $V_2O_4 \cdot 2\,H_2O$; massige, blaue bis grünliche Substanz von Uranlagerstätte in Gabun (Afrika).
Bariandit: $V_2O_4 \cdot 4\,V_2O_5 \cdot 12\,H_2O$; monoklin. Schwarzglänzende deformierbare nadlige xx bis 3 mm Länge, aus Uranlagerstätten von Gabun (Afrika). D 2,7; n > 1,85; starker Reflexionspleochr.; # 5 (001).

Vanoxit: $2\,V_2O_4 \cdot V_2O_5 \cdot 8\,H_2O$; mikroskopisch kleine xx; auch derb. Schwarz, opak. Paradox Valley (Color., USA), als Bindemittel im Sandstein und dünne Beschläge auf Rissen, größere Menge als Verdränger von Holz. Neben Carnotit und Gips. Als Konkretionen im Sandstein.

Corvusit: $V_2{}^{4+}V_{12}{}^{5+}O_{34} \cdot n\,H_2O$; rhombisch; H $2^1/_2$ bis 3; D 2,82. Blauschwarz bis braun; opak. Imprägnation im Sandstein. Colorado (USA).

Doloresit: $6\,VO_2 \cdot 4\,H_2O$; monoklin. D 3,41, $n_Y \sim 1{,}9$; feinkörnig; schwarz bis rotbraun. Colorado (USA).

Duttonit: $VO(OH)_2$; monokline hellbraune Krusten. Im Sandstein von Colorado (USA).

Navajoit: $V_2O_5 \cdot 3\,H_2O$; monoklin. Dkl.-braune, fasrige Aggregate. In Konglomeraten von Arizona (USA).

Häggit: $V^{3+}V^{4+}O_2(OH)_3$; monoklin. Schwarze Fasern. USA

Nolanit: $Fe_3{}^{3+}V_8O_{18}$; hexagonal. Kleine Schüppchen, auch dicht und dann schwarz. D 4,65. Kanada.

Tomichit: $(V, Fe)_4Ti_3As^{3+}O_{13}OH$; monoklin. Schwarze taflige xx′. Von Kalgoorlie (Australien).

Schubnelit: $Fe_2[V_2O_8] \cdot 2\,H_2O$; triklin. Schwarze glänzende xx (max. 0,5 mm), meist verzwillingt, aus Oxydationszone der Uranlagerstätte Mounana (Gabun).

Heyit: $Pb_5Fe_2(VO_4)_2O_4$; gelbe xx in Sandstein von Nevada (USA); H 4; D 6,3; $n_Y = 2{,}219$.

Duhamelit: $Cu_4Pb_2Bi(VO_4)_4(OH)_3 \cdot 8\,H_2O$; rhombisch. Grün; D 5,8, H 3.

Chervetit: $Pb_2V_2O_7$; monoklin. Graue und braune diamantgl. und flächenreiche xx bis einige cm Größe; aus Oxydationszone einer Urangrube in Rep. Gabun (Afrika). Paragenese: Francevillit, Corvusit, Roscoelith, Torbernit, org. Subst. und Sulfide. D 6,49; n = 2,2 bis 2,6, pleochroitisch.

Simplotit: $CaV_4O_9 \cdot 5\,H_2O$; monoklin; dkl.-grün. D 2,64. Colorado (USA).

Hendersonit: $Ca_2H_xV^{4+}{}_{(1+x)}V^{5+}{}_{(8-x)}O_{24} \cdot 8\,H_2O$, wobei $x \leqq 0{,}1$; rhombisch. Mikroskopische bräunliche Fasern und Plättchen aus Oxydationszone der U–V-Lagerstätten in Colorado (USA). D 2,79. Pleochroitisch.
Fernandinit: $CaV_2{}^{4+}H_2V_{10}{}^{5+}O_{40} \cdot 4\,H_2O$; rhombisch. Grün; Minas Ragra (Peru).

Pascoit: $Ca_3V_{10}O_{28} \cdot 16\,H_2O$; monoklin. Rot; Minas Ragra (Peru). *Sherwoodit:* $Ca_3V_8O_{22} \cdot 15\,H_2O$; tetragonal. Blauschwarz; Colorado (USA). *Melanovanadit:* $Ca_2V_{10}O_{25} \cdot n\,H_2O$; triklin. Schwarz; Minas Ragra (Peru).

Rossit: $CaV_2O_6 \cdot 4\,H_2O$; triklin. Gelb; Colorado (USA). *Metarossit* hat 2 H_2O; entsteht aus Rossit.

Hewettit: $CaV_6O_{16} \cdot 9\,H_2O$; monoklin. Rot. Wahrscheinlich gleich *Alait.* Es soll auch ein Na-Hewettit existieren. *Metahewettit* mit 3 H_2O. Utah (USA).

Grantsit: $(Na, Ca)_2V_6O_{16} \cdot 4\,H_2O$; monoklin. Mikroskopisch kleine braune Mineralfasern in Oxydationszone der U–V-Lagerstätten von Colorado (USA). Sehr weich; D 2,14; pleochroitisch.

Huemulit: $Na_4MgV_{10}O_{28} \cdot 24\,H_2O$; triklin. Feinste Nadeln und dünne Krusten, gelblich, im uran- und asphalthaltigen Sandstein von Argentinien. D 2,40; $n_Y = 1{,}734$, pleochroitisch.

Barnesit: $Na_2V_6O_{16} \cdot 3\,H_2O$; monoklin. Rote, blättrige und fasrige mikrosk. kleine xx, als Nester und Krusten, Umwandlungsprodukt anderer V-Minerale. Von Utah (USA).

Hummerit: $K_2Mg_2V_{10}O_{28} \cdot 16\,H_2O$; triklin. Gelb; Hummer-Grube, Colorado (USA).

Bokit: $KAl_3Fe_6^{3+}V_{20}^{5+}O_{76} \cdot 30\ H_2O$; fast opake, radialstrahlige Krusten, in Oxydationszone einer sedimentären V-Lagerstätte des Kara-Tau (UdSSR). VH 60 bis 90, R = 11 %.

Satpaevit: $6\ Al_2O_3 \cdot V_2O_4 \cdot 3\ V_2O_5 \cdot 30\ H_2O$; rhombisch (?). Gelbe Krusten, aus V-haltigem Schiefer (UdSSR).

Alvanit: $3\ Al_2O_3 \cdot V_2O_5 \cdot 11\ H_2O$; monoklin. Kleine pseudohex., zu Rosetten angeordnete Plättchen; aus der Oxydationszone vanadinhaltiger Schiefer (UdSSR); Paragenese: Vanadate, Sulfate, Phosphate. D 2,41.

Vanalit: $NaAl_8V_{10}O_{38} \cdot 30\ H_2O$; gelbe Krusten in verwittertem V-haltigem Schiefer (Kasachstan, UdSSR).

Minasragrit: $V_2^{4+}[(OH)_2/(SO_4)_2] \cdot 15\ H_2O$; monoklin. Zarte Ausblühungen winziger blauer xx, auf Patronit $n_Y = 1{,}525$. Minasragra b. Cerro de Pasco (Peru).

Oxide von Molybdän, Wolfram u. a.

Molybdit: MoO_3 (bzw. $FeO \cdot 3\ MoO_3 \cdot 8\ H_2O$) (Molybdänocker):
Rhombisch (vgl. Ferrimolybdit $Fe_2^{3+}[MoO_4] \cdot 7\ H_2O$; rhombisch). Oxydationsprodukt von Molybdänit.

Ilsemannit: Mo_3O_8 + aq. $\pm\ H_2SO_4$; amorph. Stimmt mit dem Molybdänblau überein. Meist kolloid; erdige Massen und Krusten, als fleckig verteilter Farbstoff. Schwarzblau, gibt mit Wasser ein tiefblaues Sol. Es entsteht durch Oxydation von Molybdänglanz und anderen Mo-Mineralen. Es kommt neben Sulfaten von Fe, Al oder Mg vor und färbt deren xx oft blau. Bleiberg in Kärnten (Österreich); Sadisdorf und Freiberg (DDR); Südafrika; Australien; USA.

Tungstit: $WO_2(OH)_2$ (Wolframocker):
Rhombisch; derb, erdig bis pulvrig; mikroskopisch kleine breite xx. H $2^1/_2$. Harzgl. hellgelb, goldgelb, gelblich-grün; durchsch. $n_Y = 2{,}24$. Oxydationsbildung von Wolframit und anderen W-Mineralen. Chanteloube (Haute Vienne, Frankreich); Cornwall (England); Oruro und Tazna (Bolivien) usw.

Hydrotungstit: $WO_2(OH)_2 \cdot H_2O$; monoklin. Sehr ähnlich Tungstit. D 4,5. $n_{XZ} = 1{,}70,\ 2{,}04$; stark pleochroitisch. *Meymacit* ist amorphes $WO_3 \cdot 2\ H_2O$. *Alumotungstit* ist $(W, Al)_{16}(O, OH)_{46} \cdot x\ H_2O$.

Thorotungstit: $2\ W_2O_3 \cdot H_2O + (ThO_2, Ce_2O_3, ZrO_2) + H_2O$; wohl rhombisch. Tatsächlich aber soll es *Yttrotungstit* mit (Y..): (Ce...) = 3 : 1 sein. Winzige xx, die quer und längs spaltbar sind. Gelb. D 5,55; n = 1,74. Als Umbildung von Wolframit wurde es in einer Kassiteritseife von Malaysia gefunden.

Tantalocker: Ist vielleicht Ta_2O_5. Braune Überzüge auf Tantalit-xx; Finnland.

Jixianit: $Pb(W, Fe^{3+})_2O_5(O, OH, H_2O)$; kubisch. Rote Oktaeder. Aus W-Lagerstätte, VR China.

Die folgenden **Uranyl-Sulfate** haben meist einen typischen »Ocker-Charakter«, so daß sie aus paragenetischen Gründen hier angehängt werden:

Uranopilit: $[6\ UO_2/5\ (OH)_2H_2O/SO_4] \cdot 12\ H_2O$ (Uranocker):
Monoklin. Samtige Krusten und kugelige oder nierige faserige Massen. Hell- bis goldgelb. D 3,70 bis 4,0. Im UV-Licht gelblichgrün fluoreszierend; nicht pleochroitisch. $n_Y = 1{,}625$. In trockener Luft sinkt der Wassergehalt auf 5 H_2O. Sekundär, auf verwitternder Pechblende; Johanngeorgenstadt (DDR); Jáchymov und Příbram (ČSSR); Shinkolobwe (Katanga, Zaïre). Ähnlich ist *Meta-Uranopilit.*

Zippeit: $[6\ UO_2/3\ (OH)_2 \cdot 3\ H_2O/3\ SO_4] \cdot 12\ H_2O$ (Uranblüte)
Rhombisch. Zerbrechliche Krusten, nierige Aggregate aus feinsten Fasern; pulvrig; orangegelb: ähnlich Uranopilit. Grün fluoreszierend; pleochroitisch. $n_Y = 1{,}615$ bis 1,710! Verwitterungsbildung. Jáchymov, Příbram (ČSSR); Wölsendorf (Oberpfalz, BRD); Cornwall (England); Großer Bärensee (Kanada). *Cuprozippeit* soll 5 % CuO enthalten.

Johannit (Uranvitriol): $Cu[UO_2(OH)SO_4]_2 \cdot 7\ H_2O$; triklin. xx prismatisch und dicktafelig. Beschläge und kleine kugelige faserige Aggregate. D 3,32; smaragd- bis apfelgrün. Stark pleochroitisch. $n_Y = 1{,}595$. Verwitterungsbildung der Pechblende; Johanngeorgenstadt (DDR); Jáchymov (ČSSR); Cornwall (England). *Peligotit* ist identisch mit Johannit.

»Uranblüte« = *Uranoflorescit«* sind Sammelnamen für nicht gelbe sekundäre U-Minerale.

Selenite und Tellurite (sowie Selenate und Tellurate)

Vor der Besprechung der *Selenite und Tellurite* werden die beiden Se- und Te-Oxide genannt. Fast alle Minerale sind Neubildungen in Buntmetall-Lagerstätten.

Tellurit: TeO_2; rhombisch; xx nadelig und dünntafelig; in Büscheln und kugligen Massen; als pulvriger Beschlag; biegsam. H 2; D 5,90; weiß bis gelb; durchsch. Entsteht bei der Oxydation von Tellur oder Telluriten; selten. In Transsylvanien (Rumänien); Cripple Creek (USA). *Paratellurit* ist tetragonal.

Selenolith: SeO_2; tetragonal. Weiße Nadeln; selten. Chacheuta (Argentinien), Pacajake (Bolivien). Gleich ist *Downeyit:* SeO_2; tetragonal. Farblose xx′ aus Anthrazitgrube in Pennsylvania (USA).

Selenite und Tellurite (Ergänzung s. S. 427)

Chalkomenit: $Cu[SeO_3] \cdot 2\,H_2O$; rhombisch. Winzige nadlige xx; Prismenflächen oft gestreift oder gerundet. D 3,35. Hellblau bis blaugrün. $n_Y = 1{,}732$. Oxydationsbildung von Cu-Seleniden. In Gängen des Cero de Chacheuta (Mendoza, Argentinien); auch Bolivien.

Teineit: $Cu[TeO_3] \cdot 2\,H_2O$; rhombisch. xx prismatisch nach [001], als Krusten und wirre Aggregate. H $2^1/_2$; D 3,80; tief himmelblau. $n_Y = 1{,}782$. Teine-Grube (Japan); entstanden durch Oxydation von Tetraedrit und Tellur.

Quetzalcoathit: $Cu_4Zn_8[TeO_3]_3$; hexagonal. Hellblaues Mineral in reichen Ag-Erzen, aus Pb-Cu-Te-Lagerstätten, z. B. Sonora (Mexiko). H 3; D 6,05; $n_0 = 1{,}802$.

Zemannit: $(Zn, Fe)_2[TeO_3]_3Na_xH_{2-x} \cdot y\,H_2O$; hexagonal. Feinstprismatische xx aus Au-Te-Grube Moctezuma (Mexiko).

Spiroffit: $(Mn, Zn, Ca)_2[Te_3O_8]$; monoklin. Kleine spaltbare Massen ohne idiomorphe xx, von der Au-Te-Lagerstätte Moctezuma (Mexiko). D 5,01.

Denningit: $(Mn, Ca, Zn)Te_2O_5$; tetragonal. Farblose mm-große xx oder grünliche Massen, von Moctezuma-Grube (Mexiko).

Molydomenit: $Pb[SeO_3]$; monoklin. Weiße blättrige Kriställchen.

Emmonsit: $Fe_2[TeO_3]_3 \cdot 2\,H_2O$; monoklin oder rhombisch. Fasrige Krusten, kugelige Aggregate oder dichte mikrokristalline Massen. D 4,52. Glasgl.; gelblichgrün. $n_{XZ} = 1{,}962$; 2,10. Entsteht durch Oxydation von Tellurit und Tellur. Cripple Creek und Silver City in Neu Mexiko (beide USA).

Rodalquilarit: $Fe_2^{3+}[TeO_3^{2-}(TeO_3H)_3^{-}Cl^{-}] \cdot {}^1/_2\,H_2O$; triklin. Grüne kleinste xx aus Oxydationszone goldführender Andesite (Spanien). H 2 bis 3; D 5,10; ⋕ 3. Paragenese: Alunit, Jarosit, Hämatit u. a.

Sonorait: $Fe_2^{3+}Te^{4+}O_6(OH)_2 \cdot 2\,H_2O$; monoklin. Bis 1 mm große Plättchen (ähnlich Emmonsit), aus Oxydationszone der Au-Te-Grube Moctezuma (Mexiko). H ~ 3; D 3,95.

Mackayit: $Fe[TeO_3]_3 \cdot x\,H_2O$; hexagonal. Grünliche xx′ von Goldfield in Nevada (USA).

Ahlfeldit: $Ni[SeO_3] \cdot 2\,H_2O$; monoklin. Grünliche bis gelbliche xx mit rötlichbraunem Überzug. Entstanden durch Umwandlung von Penroseit, bei Colquechaca (Bolivien). *Cobaltomenit* $Co[SeO_3] \cdot 2\,H_2O$; monoklin.

Poughit: $Fe_2[(TeO_3)_2/SO_4] \cdot 3\,H_2O$; rhombisch. Taflige grünlichgelbe xx von Sonora (Mexiko). D 3,758, pleochroitisch.

Selenate und Tellurate

Kerstenit: $Pb[SeO_4]$; isotyp mit Baryt; traubige hellgelbe Massen mit faserigem Bruch. Entstanden durch Verwitterung von Clausthalit. H 3 bis 4. Ehem. Grube Friedrichsglück b. Hildburghausen (Thür., DDR). *Schmeiderit* wohl $(Pb, Cu)_2\,[(OH)_2SeO_4]$.

Montanit: $[(BiO)_2/TeO_4] \cdot 2\,H_2O$; monoklin. Weich, erdig oder fasrig bis derb; gelblich, grünlich bis weiß. Entstanden aus Tetradymit. Highland (Montana, USA) u. a.

Ferrotellurit: $Fe[TeO_4]$(?); zarte radialfaserige gelbe Büschel. Magnolia-Distrikt (Color., USA).

Magnolit: $Hg_2[TeO_4]$(?); haar- und nadelförmige, weiße xx. Auf Tellurquecksilber (Coloradoit). Magnoliadistrikt (Color., USA).

Hydroxide

10.11. Hydrargillit–Diaspor-Gruppe

In dieser Gruppe werden vorzugsweise die ökonomisch wichtigen Al-Hydroxide Hydrargillit, Böhmit und Diaspor besprochen. Angehängt wird der dem Hydrargillit im Strukturbau ähnliche Brucit $Mg(OH)_2$, während der Sassolin $B(OH)_3$ bei den Boraten besprochen wird.
Alle Minerale sind plattig, blättchenförmig bis schuppig ausgebildet und meist sehr feinkörnig. Sie bauen hauptsächlich den wichtigsten Al-Rohstoff der Erde, das Sedimentgestein *Bauxit,* auf und sind wichtige gesteinsbildende Minerale in den tropischen und subtropischen Böden vom Typ »*Laterit*«. Sie sind wahrscheinlich zum großen Teil aus gelartigen Al-Hydroxiden entstanden.
Zwischen den Al-Hydroxiden dieser Gruppe und den Fe-Hydroxiden der folgenden Gruppe bestehen neben genetischen auch enge strukturelle Beziehungen:

	Al-Hydroxide $Al(OH)_3$	AlOOH	Fe-Hydroxide FeOOH
α-Form	»Bayerit«	Diaspor	Goethit
γ-Form	Hydrargillit	Böhmit	Lepidokrokit
β-Form	–	–	Akaganeit
amorph		Alumogel	Siderogel

Die Gitter des $Al(OH)_3$ und $Mg(OH)_2$ sind sehr ähnlich. Zwischen je zwei (OH)-Schichten liegen die Kationen oktaedrisch koordiniert eingebaut. Beim Brucit sind die Oktaederzentren vollständig besetzt (trioktaedrisch), bei Hydrargillit nur $^2/_3$ der vorhandenen Plätze (dioktaedrisch); (s. Bild 10.44).

Hydrargillit: $Al(OH)_3$ Gibbsit

Theor. 65,43% Al_2O_3; für Al oft Fe^{3+}-Gehalte bis 2%, in Spuren stets Ga. Monoklin, mit pseudohexagonaler Schichtgitterstruktur (s. Bilder 10.40 und 10.44). Kristalle meist klein (Ausnahmen bis 5 mm) und sechseckig-taflig, sehr häufig verzwillingt nach (100) und (110). Normalerweise feinschuppige, blättrig-strahlige oder kollomorphe Formen. Silbrigweiß bis grünlich, glasgl. n_{XZ} 1,567; 1,598. H $\sim$ 3, Spaltbarkeit wie Glimmer 5 nach (001). D 2,3 bis 2,4. Wandelt sich beim Erhitzen unter zweistufiger Wasserabgabe bei $\sim$200 und 510 °C über Böhmit (AlOOH) in kubisches Al_2O_3 um (analog ist die Umwandlung bei der Regionalmetamorphose: Hydrargillit → Diaspor → Korund; s. Diaspor). Ähnlich sind Diaspor und Hellglimmer. Wichtige Komponente der Bauxite und lateritischen Böden, auch der sog. »Terra rossa«, selten als hydrothermales Umwandlungsprodukt von Silikaten (z. B. im Ural).
Bauxit ist ein z. T. »bodenartiges« Verwitterungsprodukt, das aus einem Gemenge von Hydrargillit, Böhmit, Diaspor sowie Eisenhydroxid, Titanoxidhydraten usw. besteht. Wir unterscheiden (Bild 10.41):

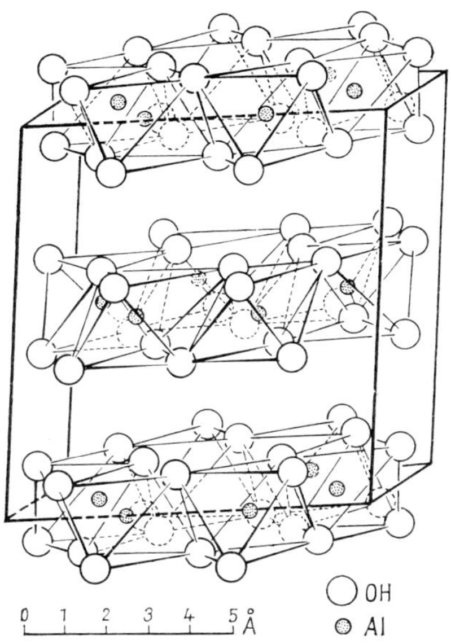

Bild 10.40. Hydrargillit-Gitter [20]. Elementarzelle mit Schichten aus $Al(OH)_3$-Oktaedern

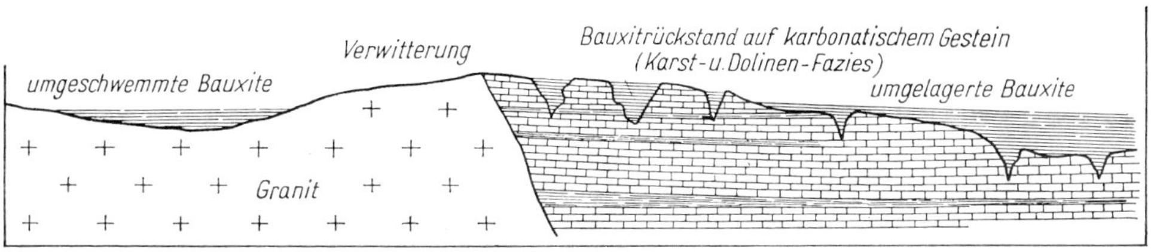

Bild 10.41. Bauxit-Lagerstätten

Bildung von Bauxit bei der Verwitterung von feldspathaltigem Gestein (hier Granit) mit unterschiedlicher Ab- und Umlagerung [1 15]

a) Kalkbauxite, die sich auf Karbonatgestein bilden und durch Umlagerung schichtig und z. T. oolithisch sind. Wichtige Lagerstätten: Gant (Ungarn), Les Beaux (Frankreich), Tichvin (UdSSR), Jugoslawien, Indien, Haiti.

b) Silikatbauxite, die sich aus silikatischen Gesteinen bilden (allitische Verwitterung, Wegfuhr von SiO_2):
Vogelsberg (BRD), tropische Länder wie Guinea, Guayana u. a.

Diaspor: α-AlOOH (bzw. $AlHO_2$)

Theor. 85,0% Al_2O_3, gelegentlich mit isomorph eingebauten Fe und Mn, in geringen Mengen stets Ga. Rhombisch, schichtgitterartiger Aufbau (mit Ähnlichkeit zum Rutilgitter, vgl. Bild 10.42). xx klein und taflig (s. Bild 10.43), oft knieförmige Zwillinge, meist blättrige und stenglige Aggregate. Farblos bis blaß gefärbt; Glas- bis Perlmuttglanz, z. T. durchsichtig; $n_{XYZ} = 1{,}702,\ 1{,}722,\ 1{,}750$. H $6^1/_2$ bis 7 (!), sehr spröde (!), Spaltbarkeit 5 nach (010). D $\sim 3{,}4$. Löst sich nicht in H_2SO_4. Äußerlich ähnlich Hydrargillit, Hellglimmer und Chloritoid. Zwei Hauptbildungsarten:

– feinstkörnig in Kalkbauxiten, hier häufig in großen Mengen (Lagerstätten s. Bauxit unter **Hydrargillit**).

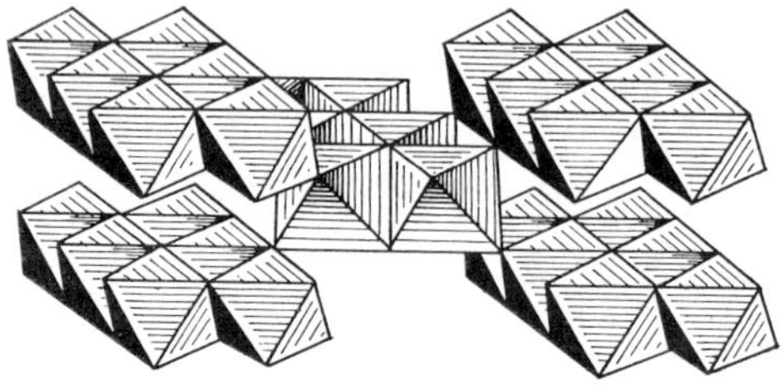

Bild 10.42. Kristallstruktur von Diaspor, dargestellt durch Koordinationspolyeder [1]

- in Al-reichen kontakt- und regionalmetamorphen Gesteinen und Lagerstätten, in Paragenese mit Korund, Calcit, Dolomit, Hämatit, Cyanit, Chloritoid, Serpentinit, Mn-Oxide u. a.; Vorkommen Insel Naxos (Ägäisches Meer), Ural (UdSSR), Massachusetts (USA) u. v. a.

Böhmit: γ-AlOOH
Rhombisch. Nur röntgenographisch oder mit DTA von Diaspor zu unterscheiden. Wichtiger Gemengeteil der Kalkbauxite.

Alumo-Gel (Kliachit): AlOOH + aq.
Findet sich zuweilen ganz rein und röntgenamorph; meist stark verunreinigt. Formlose Massen, auch bröcklig, oft oolithisch; manchmal sind noch gute Strukturen des Ausgangsgesteins zu erkennen. Br. muschelig; H gering. D 2,4 bis 2,5. Weiß, falls rein; gewöhnlich gefärbt, oft fleckig.

Bayerit: α-$Al(OH)_3$; hexagonal, metastabil, kommt angeblich in ungarischen Bauxiten vor. Künstlich.

Scarbroit: $Al(OH)_3$; triklin (pseudohexagonal). Weiße Täfelchen. Auf Klüften in Kalkstein; Scarborough (England). *Nordstrandit:* $Al(OH)_3$; triklin. Tafelförmige rötliche Kriställchen in Böden (Sarawak und Guam); H 3; D 2,43; $n_Y = 1{,}581$.

Tučanit: $2\ Al_2(OH)_6 \cdot H_2O$; weiße rhomboedrische Plättchen aus Bauxitlagerstätte (Jugoslawien). D 2,21.

Hydrocalumit: $2\ Ca(OH)_2 \cdot Al(OH)_3 \cdot 3\ H_2O$; monoklin. Derb. D 2,15. Farblos bis lichtgrün; stark pyroelektrisch. $n_Y = 1{,}553$. Seltene Verwitterungsbildung der Kontaktminerale von Scawt Hill bei Antrim Irland), Bellerberg (Eifel, BRD).

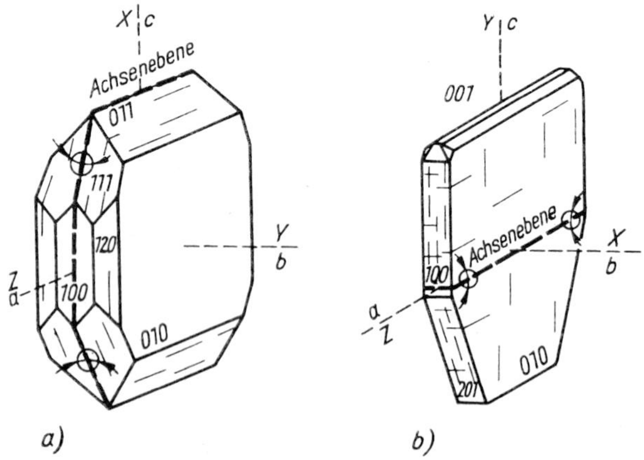

Bild 10.43. Kristallformen von Diaspor (a) und Rubinglimmer (b). Vergleich der kristallographischen und optischen Orientierung sowie der Spaltbarkeit [49]

Anhang:

Brucit: $Mg(OH)_2$

Theor. 69% MgO, verschiedentlich für Mg Einbau von Fe (*Ferrobrucit*) und Mn (*Manganbrucit*). Trigonal; schichtgitterartige Struktur, in der zwischen Hydroxylschichten eine Mg-Schicht liegt, oktaedrische Koordination (s. Bild 10.44). Tafelige xx, meist aber blättrige talkähnliche Aggregate, auch körnig und kollomorph; asbestartig (*Nemalith*). Farblos, weiß, grünlich, mit Fe und Mn braun; Glas- bis Perlmuttglanz; $n_{OE} = 1{,}566,\ 1{,}581$. H $2^1/_2$, biegsam, spaltbar 5 nach (0001). D 2,4. Leichte Löslichkeit in HCl. Ähnlich Talk, Pyrophyllit, Hydrargillit, Gips. Wandelt sich in saurem Medium leicht in Hydromagnesit um. Bildet sich aus Mg-reichen Gesteinen wie Serpentinit, Dunit usw., auf Klüftchen und Spalten, meist in Paragenese von Karbonaten. Auf Asbestlagerstätten wie Baženovo (Ural, UdSSR) und

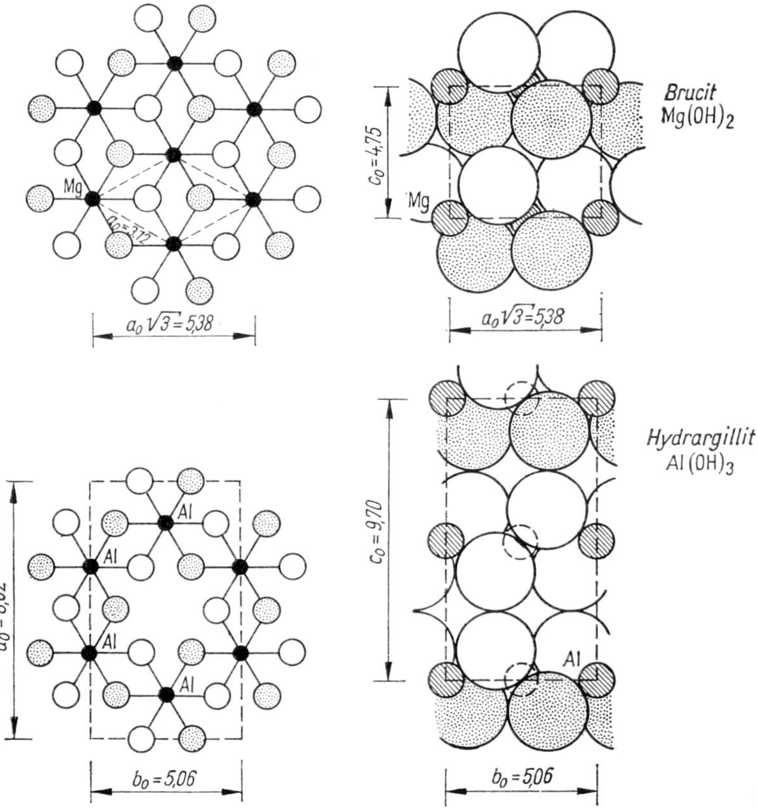

Bild 10.44. Vergleich der Strukturen von Brucit (oben) und Hydrargillit (unten) [18]

Schwarz: Mg- bzw. Al-Ionen; *Kreise:* OH-Ionen, *gepunktet:* tiefer liegend als Kation, *weiß:* höher liegend, *links:* jeweils Projektion in der a-b-Ebene, also senkrecht zur c-Achse. Mg besetzt alle möglichen Positionen, Al nicht, *rechts:* jeweils Projektion senkrecht zur a-b-Ebene, parallel zur c-Achse

Asbestos (Quebec, Kanada). Häufig in weiteren Ultrabasitregionen, dort auch gewinnbar. Nutzung als Mg-Rohstoff oder Reinigungsmittel von Kohlenwasserstoffen.

Iowait: $4\,Mg(OH)_2 \cdot FeOCl \cdot <4\,H_2O$; hexagonal. Bläulichgrüne plattige xx in zersetzten Serpentiniten von Iowa (USA), in Paragenese mit Chrysotil, Dolomit, Brucit u. a.; geht in Pyroaurit über. D 2,11; H $1^1/_2$; $n_O = 1{,}543$, # 5 (0001). *Takovit* ist etwa $5\,Ni(OH)_2 \cdot 4\,Al(OH)_3 \cdot 4\,H_2O$.

Portlandit: $Ca(OH)_2$. Selten! Winzige tafelige xx. Schneidbar. H 2; D 2,230, farblos, durchsch. $n_O = 1{,}574$. Neben Afwillit und Calcit im Kontaktgestein von Scawt Hill b. Antrim (Irland). Als gelbes Pulver in Vesuv-Fumarolen. Künstlich.

Honessit: $(Ni_{5,6}Fe_{2,4}{}^{3+})(OH)_{16}(SO_4)_{1,2} \cdot 4\,H_2O$; von Ni-Lagerstätten in Unst/Shetland (GB). *Hydrohonessit* hat zusätzlich $3\,H_2O$ und $NiSO_4$, hexagonal; hellgelb, $n_0 = 1{,}63$. Ni-Lagerstätte Kambalda (Westaustralien).

10.12. Goethit–Lepidokrokit-Gruppe

Die beiden Eisenhydroxide Goethit und Lepidokrokit bauen das wichtige Eisenerz *Limonit* auf. Sie sind die wichtigsten Verwitterungs-Minerale der meisten eisenhaltigen Minerale, selten treten sie auch hydrothermal auf. Die Hauptmenge entsteht aus Eisenhydroxid-Gelen. Goethit ist sehr viel häufiger als Lepidokrokit. Rost besteht zu einem großen Teil aus Limonitmineralen (s. Bild 10.45).
Der Limonit ist weltweit verbreitet. Je nach seiner speziellen Entstehungsart hat er unterschiedliche Ausbildung. Fast überall in den Böden, angereichert in tropischen Böden und in der Oxydationszone von Erzlagerstätten (»Eiserner Hut«, s. Bild 10.46); hier häufig als formlose, zellige und pulvrige Massen (»Brauneisenerz«) oder in wulstig-kollomorphen Formen (»Brauner Glaskopf«; s. Bild 10.48). Durch unterschiedlichen Wassergehalt und Beimengungen oft gelbe und gelbbraune Produkte (sog. Ocker oder Xanthosiderit) oder pechglänzend (als Raseneisenerz, Stilpnosiderit u. a.). In oolithischer Form bildet Limonit mächtige Ablagerungen, die in Flachwassergebieten gebildet wurden. Hierzu gehören die Dogger-Erze von Lothringen, die sog. Minette, sowie ähnliche Bildungen im Süden der BRD oder von Kerč (UdSSR). Ähnlich sind die knollenartigen »Bohnerze« von Salzgitter (BRD) und mehreren Stellen der DDR. Limonit ist wegen seiner leichten Verhüttbarkeit ein gesuchtes Eisenerz. Wechselnde Gehalte von P, Mn, Al, Si, V sind auf Grund der kolloidalen Genese charakteristisch.

Bild 10.45. Rost. Querschliff an der Grenze Metall (weiß)-Rost (gebändert); schwarz: Einbettungsmittel. Anschliff; Vergr. ≈250 × [254]

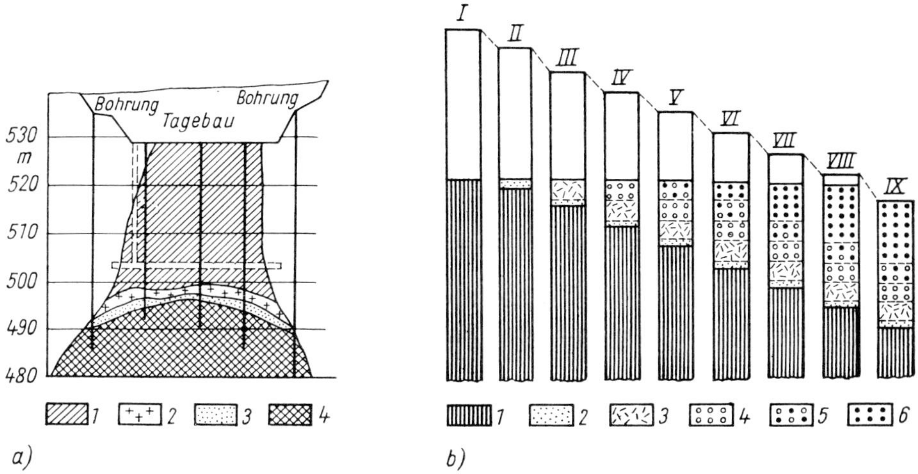

Bild 10.46. Bildung und Ausbildung von limonitischen Oxydationszonen [15]

Beide Bilder zeigen, daß die Umbildung der primären Sulfide in sekundäre Hydroxide unter besonderen Bedingungen über ein sulfatisches Oxydationsstadium, nämlich Baryt und Jarosit, verläuft

a) Ausbildung des »Eisernen Hutes« über einer Kieslagerstätte im Ural (nach Kallistov)
1 Limonit
2 Baryt
3 zersetzter Pyrit
4 frisches, massiges Erz

b) Bildungsstadien einer Oxydationszone (nach Čuchrov)
1 frischer Pyrit
2 zersetzter Pyrit
3 stark oxydierter Pyrit
4 Jarosit
5 Jarosit und Limonit
6 Limonit

Goethit: α-FeOOH (= $FeHO_2$) Nadeleisenerz

Name von Lenz (1806) nach dem Dichter J. W. v. Goethe. Theor. 62% Fe, mit wechselndem H_2O-Gehalt sowie sorptiven Anteilen an P, V, Mn, Si, Ba, Ca u. a. Rhombisch; feinste prismatisch-nadelige xx, meist zu strahligen Massen aggregiert. Auch massig, dicht, pulvrig und gelartig. Häufig pseudomorph nach Fe-Mineralen wie Pyrit und Siderit. Schwarz, braun bis gelb, gelbbraun durchsch.; unterschiedlicher Glanz je nach Ausbildung; $n_Y = 2{,}35$. Unter »Samtblende« versteht man aufgewachsene braune kuglige Aggregate mit samtartiger Oberfläche. Strich braun. H max. $5^1/_2$ (VH 525 bis 1010), spröde, # 4 nach (010), aber schlecht feststellbar. D max. 5,3. Entstehung, Vorkommen und Lagerstätten s. Limonit (oben).

Lepidokrokit: γ-FeOOH Rubinglimmer

Wie Goethit, aber feinste tafelige xx, die meist aufgewachsen und rosettenartig angeordnet sind (vgl. Bild 10.47). Oft rot durchs. bzw. durchsch. $n_Y = 2{,}20$; sehr hohe Doppelbrechung. H 5 (VH 147 bis 782); D 4,0. Weiteres s. bei Limonit (oben).

Akaganéit: β-FeOOH; tetragonal. Verwitterungsbildung, aus Pyrrhotin in Limonitlagerstätte Akagane (Japan). Paragenese: Eisensulfat, Goethit, Hydrohämatit. Auch in Mondgestein.

Feroxyhyt: δ-FeOOH; hexagonal. Biogenes Fällungsprodukt in Sedimenten. In Tiefseeablagerungen und Böden.

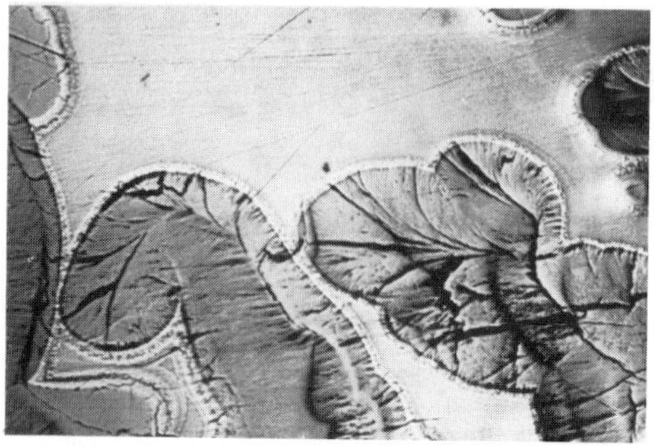

a)

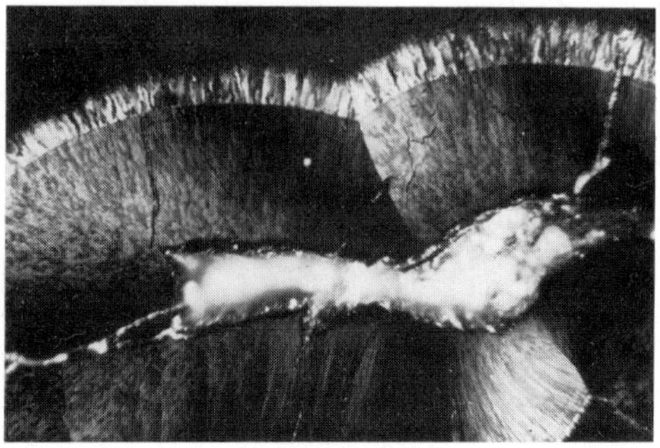

b)

Bild 10.47. Lepidokrokit mit Psilomelan und Pyrolusit. Trusetal (Südthüringen, DDR), Erzanschliffe [10]

a) zu Lepidokrokit sammelkristallisiertes und mit Schwundrissen durchzogenes ehem. Eisenhydroxidgel, in Zwickeln homogener Psilomelan, als feinlagiger Übergang Pyrolusit. Vergr. 40×

b) vergrößerter Ausschnitt aus a). Mitte und unten strahliger Lepidokrokit; zwischen ihm und Psilomelan (schwarz, oben) dünne Kruste von feinfasrigem Pyrolusit. Vergr. 110×, +Nic.

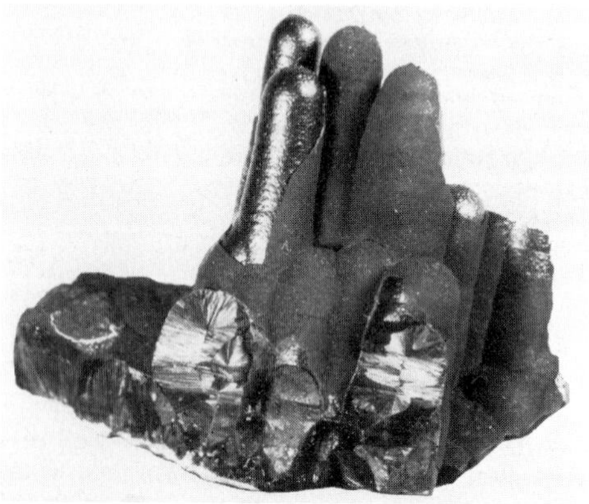

Bild 10.48. Limonit

Stalaktitische Formen, radialstrahlig aufgebaut und von einer dünnen Schicht überkrustet Roßbach (Westf., BRD); etwa $^1/_3$ natürl. Größe [221]

Siderogel (amorpher Limonit oder »Brauneisen«) findet sich in Sumpf- und Wiesenerzen, ist aber wohl ziemlich selten. Ähnlich ist *Stilpnosiderit*.

Muskoxit: etwa $2\,Fe_2O_3 \cdot 7\,MgO \cdot 10\,H_2O$; trigonal. Feinste rotbraune xx in Serpentinitklüftchen; von der Muskox-Intrusion (Kanada).

Ferrihydrit: $5\,Fe_2O_3 \cdot 9\,H_2O$. In Erzlagerstätten vom Altai (UdSSR).

Amakinit: $(Fe, Mg)(OH)_2$; trigonal. Gelbgrüne Gängchen im Kimberlit, $n_{0,E} = 1{,}707;\ 1{,}722$, D 2,98. Von Jakut. ASSR (UdSSR).

Bracewellit: β-CrOOH; rhombisch. Mit gleichem Chemismus *Guayarait* und *Grimaldit*.

Anhang:

Die folgenden Minerale sind untereinander homöotyp:

Söhngeit: $Ga(OH)_3$; kubisch. Hellbräunliche xx aus Oxydationszone von Tsumeb (Namibia), zusammen mit Gallit und Germanit. H 4 bis $4^1/_2$; D 3,84; n = 1,736.

Dshalindit (Djalindit): $In(OH)_3$; kubisch. Pseudomorphose nach Indit, gelbbraune Neubildung in Oxydationszone von Kassiterit-Lagerstätte bei Chabarovsk (UdSSR).

Wickmanit: $Mn[Sn(OH)_6]$; kubisch. Kleine gelbe Oktaeder (max. 2 mm), als junge Bildung von Långban (Schweden). D 3,89; n = 1,705. *Tetrawickmanit:* $MnSn(OH)_6$; tetragonal. Gelbbräunliche xx (bis 1 mm) aus Pegmatit (USA).

Schoenfliesit: $MgSn(OH)_6$; kubisch. Feinkörnig, hydrothermal, aus Hulsit entstanden. D 4,83.

Stottit: $FeGe(OH)_6$; tetragonal (pseudokubisch). Kleine braune oktaederähnliche xx; Oxydationsprodukt von Ge-haltigen Mineralen; Tsumeb (Namibia). D 3,63; $n_O = 1,737$; # 3.

Manganhydroxide siehe bei Manganit Seite 407 bis 408.

Ergänzung zu S. 419:

Mandarinoit: $Fe_2^{3+}[SeO_3]_3 \cdot 4\,H_2O$; monoklin. Grüne verzwillingte xx. Von Bolivien, Zypern und Honduras.

Graemit: $CuTeO_3 \cdot H_2O$; rhombisch. Blaugrüne xx, von Bisbee (Arizona, USA).

Rajit: $CuTe_2O_5$; monoklin. Grüne xx' in Rhyolithbreccie, D 5,75. Cone Pine (Neumexiko, USA).

Cesbronit: $Cu_5(TeO_3)_2(OH)_6 \cdot 2\,H_2O$; rhombisch. Hellgrüne Krusten. Von Moctezuma (Mexiko).

Khinit: $PbCu[(OH)_6/Fe^{6+}O_4]$; rhombisch. Feinste grüne xx', H $3^1/_2$. Von Tombstone (Arizona, USA). Hexagonal ist *Parakhinit.*

Choloalit: $CuPb(TeO_3)_2 \cdot H_2O$; kubisch. Grün, D 6,4, n = 2,04. Von Moctezuma (Mexiko).

Tlalocit: $Cu_{10}Zn_6Cl(OH)_{25}TeO_3(TeO_4)_2 \cdot 27\,H_2O$; rhombisch. Blaue Krusten in Erz von Mexiko.

Dugganit: $Pb_3Zn_3[(OH)_3/TeO_6/AsO_4]$; hexagonal. Grünliche xx', D 6,33. Von Tombstone (Arizona, USA).

Tlapallit: $H_6(Ca, Pb)_2\,(Cu, Zn)_3\,(SO_4)\,(TeO_3)_4\,(TeO_6)$; monoklir. $n_y = 1,960$. Moctesuma (Mexiko).

Fairbankit: $Pb[TeO_3]$; triklin. Farblose Kruste; von Tombstone (Arizona, USA).

Girdit: $H_2Pb_3(TeO_3)TeO_6$; monoklin. Feinste Sphärolithe; von Tombstone (Arizona, USA).

Obayerit: $H_6Pb_6(TeO_3)_3(TeO_6)_2 \cdot 2\,H_2O$; triklin. Weiße sphärolithische xx'. Tombstone (USA).

Schieffelimit: $PbO \cdot TeO_3 \cdot SO_3 \cdot H_2O$; rhombisch. Weiß, D 4,88. Von Arizona (USA).

Carlfrieseit: $CaH_4(TeO_3)_3$; monoklin. Gelbe Kruste; von Moctezuma (Mexiko).

Winstonleyit: $Ti[Te_3O_8]$; kubisch. Gelbe Würfel, D 5,57, n = 2,34. Von Arizona (USA).

11 Quarz und Silikate

11.1. Struktur und Gliederung der Silikate

Einführung

Zu den Silikaten gehört eine sehr große Anzahl von Mineralen; auf sie entfällt etwa ein Drittel aller in der Natur bekannten Mineralarten (vgl. Tab. 16.26). Ihre quantitative Bedeutung tritt noch mehr hervor, wenn wir ihre Verbreitung und ihre Häufigkeit in der Erdrinde betrachten.

Nach Berechnungen von A. E. Fersman besteht die Erdrinde zu über 75 % aus Silikaten. Wenn man noch die 12 % »Kieselsäure« hinzunimmt, die hauptsächlich als Quarz und Opal vorliegt, so wird die außergewöhnliche Rolle klar, die das Silizium in der Geochemie und Geologie spielt (vgl. Bild 4.4 und Tab. 4.3).

Die Silikate sind nicht nur in allen magmatischen Gesteinen und den kontaktmetasomatischen Bildungen die wichtigsten gesteinsbildenden Minerale, sondern auch in deren Verwitterungsprodukten, in vielen Sedimentgesteinen (hauptsächlich in Tonen und tonhaltigen Gesteinen) und in den verschiedenartigen kristallinen Schiefern. Sie spielen bei fast allen Erzlagerstätten eine bedeutende Rolle, und das nicht nur als Begleiter der Erzminerale, sondern auch verschiedentlich als Träger wertvoller Metalle (Ni, Zn, Be, Zr, Li, Cs, Rb, U, SE usw.). Wir kennen auch viele nichtmetallische Bodenschätze, die aus Silikaten bestehen. Dazu gehören z. B. Asbest, Kaolin, die Bentonite, die Feldspäte (als Rohstoff für die Glas- und Keramikindustrie) usw., von den verschiedenen Baumaterialien gar nicht zu reden. Eine Anzahl von Silikaten (Smaragd, Aquamarin, Turmalin, Topas, Rhodonit, Nephrit u. a.) wird seit altersher als Schmuck- oder Ornamentstein verwertet. Die wichtigsten Elemente, die an der Zusammensetzung der Silikate teilnehmen, sind die folgenden:

Na, K, Li
Ca, Mg, Fe^{2+}, Mn^{2+}, Be
Al, Fe^{3+}, B
Si, Zr, Ti
O, F, H (als H^+, OH^- und H_2O)

Zahlreiche andere Elemente (Rb, Cs, Ba, Sr, Pb, Zn, Ni, Co, Cu, Bi, Sb, Cr, V, Sc, Y, die Seltenen Erden, Th, Sn, U, Nb, S, Cl, C als $[CO_3]^{2-}$ und andere) kommen in selteneren silikatischen Mineralen vor.
Ungeachtet der verhältnismäßig kleinen Anzahl der oben aufgeführten Hauptelemente, die an der Zusammensetzung der Silikate teilnehmen, beobachten wir in der Natur eine ungewöhnliche Vielfalt von Verbindungen mit oft sehr kompliziertem Gitterbau und variabler Zusammensetzung.
An die Klärung dieses sehr schwierigen Problems ging man durch sorgfältigen Vergleich der empirischen Mineralformeln, indem man die Silikate als Salze verschiedener Kieselsäuren ansah (Ortho-, Meta-, Polysilikate), ferner durch eingehende Untersuchung der chemischen und physikalischen Eigenschaften der Minerale und synthetisch hergestellten Produkte sowie des Verhaltens der Minerale in der Natur, besonders ihrer Zersetzungsprodukte. Alles das führte zur Aufdeckung einer Reihe von Gesetzmäßigkeiten; eine Lösung brachte jedoch erst die strukturelle Untersuchung.

Struktur

Röntgenometrische Untersuchungen vieler äußerst verschiedenartig zusammengesetzter Silikate (W. L. Bragg, J. Schiebold, L. Pauling, N. V. Belov u.a.) führten zu folgenden sehr wichtigen Schlußfolgerungen über den Aufbau der Kristallstrukturen dieser Verbindungen:

- Bei fast allen untersuchten Silikaten wird jedes Si^{4+}-Ion immer von 4 O^{2-}-Ionen umgeben, die an den Ecken des um das Si^{4+}-Ion gelegten Tetraeders angeordnet sind (s. Bild 11.1). Die Bindung der Sauerstoffionen mit dem Siliziumion ist viel stärker als mit anderen Elementen, die als Kationen in den Kristallstrukturen der Silikate auftreten. Die Größe dieser Siliziumsauerstofftetraeder ist beinahe konstant. Der Abstand Si–O beträgt insgesamt 1,60 Å. Das Siliziumsauerstofftetraeder $[SiO_4]^{4-}$ ist die grundlegende Struktureinheit aller Silikate.
- Die SiO_4-Tetraeder können sich in den Kristallgittern der Silikate entweder als

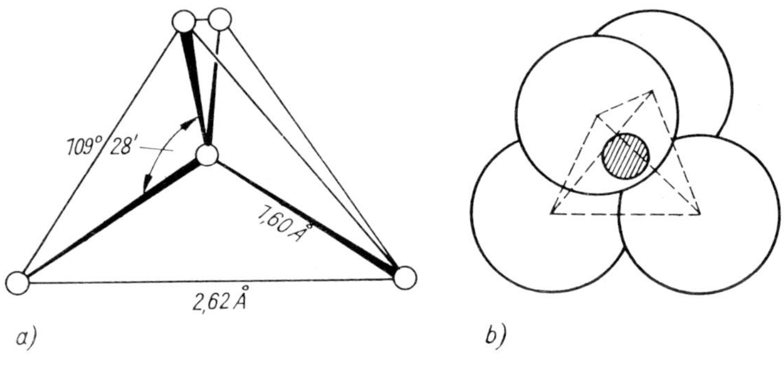

Bild 11.1
SiO_4-Tetraeder
a) schematisch mit Größenangaben
b) etwa reale Größenverhältnisse der Bausteine

voneinander isolierte SiO_4-Struktureinheiten befinden, oder sie können sich auf verschiedene Art miteinander und mit anderen Polyederkomplexen verbinden und zusammengesetzte Anionenmoleküle bilden. Hierbei vollzieht sich die Verbindung nur über die Tetraederecken (mit gemeinsamem Sauerstoffion), jedoch nicht über Kanten oder Flächen. Eine allseitige räumliche Verknüpfung liegt z. B. bei den Kristallstrukturen der Quarz-Gruppe mit der allgemeinen Formel SiO_2 vor. Folglich kann sich das Verhältnis O : Si in den Anionenmolekülen der Silikate in den Grenzen von 4 : 1 bis 2 : 1 bewegen (vgl. Tab. 11.1).

- Je nachdem, ob und wie die Verbindung der SiO_4-Tetraeder erfolgt, haben wir folgende verschiedene räumliche Anordnung der Anionentetraeder:

  a) *Das Anionenmolekül besteht aus isolierten $[SiO_4]^{4-}$-Tetraedern* (s. Bild 11.2 a), die nur durch die Kationen anderer Elemente im Gitter verknüpft sind. Die negative Gesamtladung jedes derartigen Tetraeders ist gleich vier. Dieser Strukturtyp ist bei den Orthosilikaten in großem Umfang vertreten, z.B. bei Zirkon $Zr[SiO_4]$, Forsterit $Mg_2[SiO_4]$, Grossular $Ca_3Al_2[SiO_4]_3$ usw. (vgl. Bild 11.28).

  b) *Das Anionenmolekül besteht aus $[Si_2O_7]^{6-}$-Gruppen*, die aus zwei miteinander verbundenen SiO_4-Tetraedern unter Bildung einer gemeinsamen Ecke aufgebaut sind (s. Bild 11.2b). Es ist leicht zu berechnen, daß die negative Gesamtladung dieses Moleküls gleich sechs ist. Die Ladung des Sauerstoffions, das in der gemeinsamen Spitze liegt, ist innerhalb der Tetraeder abgesättigt. Die aktiven Sauerstoffionen, deren negative Restladungen in der Kristallstruktur von den Kationen der Elemente neutralisiert werden, liegen an den einander gegen-

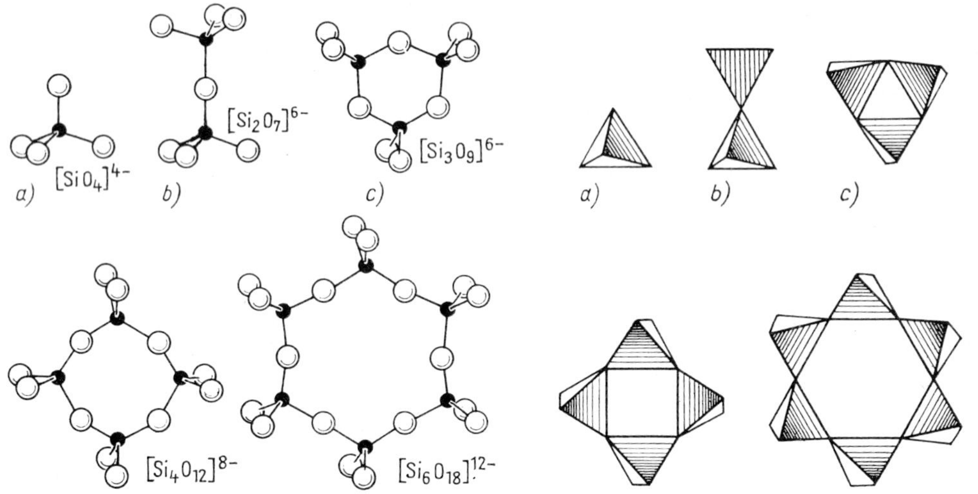

Bild 11.2. Isolierte Gruppen von Silizium–Sauerstoff-Tetraedern (in zwei Darstellungsarten

a) isoliertes $[SiO_4]^{4-}$-Einzeltetraeder
b) Gruppen aus zwei miteinander über eine gemeinsame Ecke verbundenen Tetraedern mit der Formel $[Si_2O_7]^{6-}$
c) aus drei Tetraedern bestehende Gruppe, verbunden zu einem Ring (sog. Dreierring), mit der Formel $[Si_3O_9]^{6-}$
d) aus vier Tetraedern bestehende Gruppe, verbunden zu einem Ring (sog. Viererring) von der Formel $[Si_4O_{12}]^{8-}$
e) aus sechs Tetraedern bestehende Gruppe, verbunden zu einem Ring (sog. Sechserring), von der Formel $[Si_6O_{18}]^{12-}$

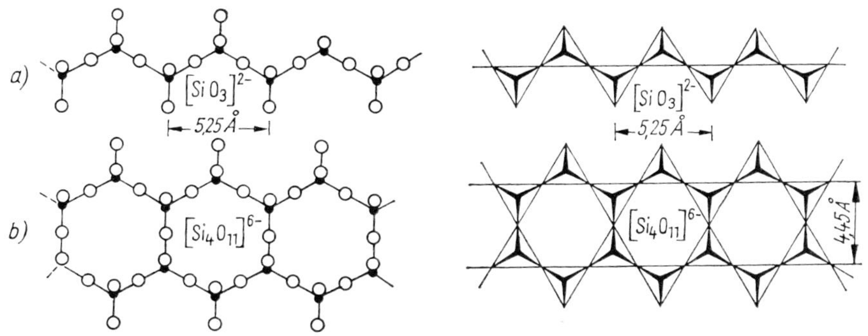

Bild 11.3. Typen eindimensionaler unendlicher Ketten von Silizium–Sauerstoff-Tetraedern in zwei Darstellungsarten:

a) einfache Kette $[SiO_3]^{2-}$ b) Doppelkette (Band) $[Si_4O_{11}]^{6-}$

überliegenden Ecken des Anionentetraeders. Beispiele von Verbindungen mit derartigen Anionenmolekülen sind nicht zahlreich (Thortveitit, $Sc_2[Si_2O_7]$, auch Hemimorphit, vgl. Bild 11.64).

c) *Drei, vier oder sechs SiO_4-Tetraeder können zu geschlossenen, ebenen Ringen verbunden sein* (s. Bild 11.2c bis e). Die Anionenmoleküle haben in diesen Fällen folgende Formeln: $[Si_3O_9]^{6-}$, $[Si_4O_{12}]^{8-}$ und $[Si_6O_{18}]^{12-}$. Die Gesamtwertigkeit jedes derartigen Radikals wird durch die Zahl der äußeren Sauerstoffionen bestimmt, bei denen jedes eine nicht kompensierte negative Ladung trägt. Als Beispiele können dienen: Benitoit $BaTi[Si_3O_9]$ (vgl. Bild 2.23) und Beryll $Al_2Be_3\,[Si_6O_{18}]$ (vgl. Bild 11.96).

d) *Die Anionentetraeder bilden eindimensionale unendliche Ketten.* Im oberen Teil von Bild 11.3 ist eine einfache Kette dargestellt, bei der jedes Tetraeder mit den benachbarten Tetraedern über zwei Ecken (mit abgesättigten Sauerstoffionen) verbunden ist. Die beiden aktiven Sauerstoffionen sind in jedem Tetraeder so angeordnet, daß sich eines von ihnen über dem Si-Ion befindet (in der Zeichenebene). Das andere liegt abwechselnd bald oben, bald auf der abgewandten Seite unten. Zwischen diesen reihenförmigen Radikalen liegen die Kationen der Elemente (vgl. Bild 11.80).
Wie beim vorhergehenden Typ gehören in jedem SiO_4-Tetraeder zwei Sauerstoffionen vollständig zu einem Si-Ion, und die beiden übrigen werden gleichsam zur Hälfte zwischen den benachbarten Tetraedern aufgeteilt. Insgesamt kommen auf jedes Si-Ion drei Sauerstoffionen, von denen zwei eine freie Valenz haben. Daher sind Zusammensetzung und Valenz solcher Radikale folgendermaßen auszudrücken: $n[Si_2O_6]^{4-}$, wobei n = n-fache Polymerisation bedeutet. Ein derartiger Aufbau des Säureradikals ist für die Gruppe der Pyroxene charakteristisch, die zu den Silikaten mit der allgemeinen Formel $A_2^{2+}[Si_2O_6]$ gehören.
Auf dem unteren Teil von Bild 11.3 ist eine Doppelkette oder ein Band von unendlich vielen miteinander verbundenen SiO_4-Tetraedern dargestellt. Man kann dieses Band aus der einfachen Kette erhalten, indem man diese an einer senkrecht zur Zeichnung und parallel der Achse der Kette gelegenen Fläche spiegelt. Derartige Bandverbindungen der Siliziumsauerstofftetraeder sind für die Gruppe der Amphibole kennzeichnend. Es ist leicht zu berechnen, daß Zu-

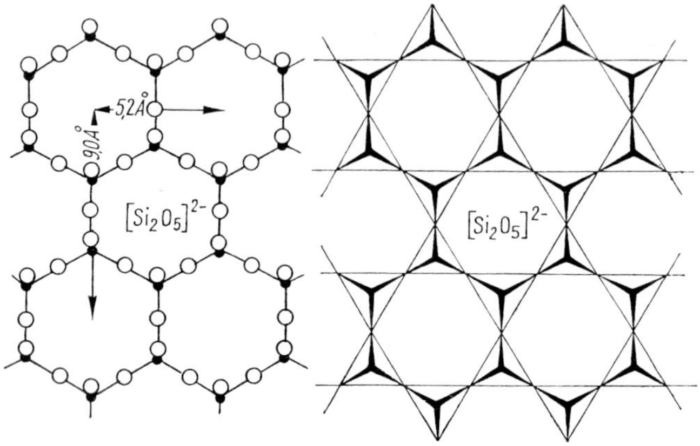

Bild 11.4. Hexagonal aufgebaute Schichtebene von Silizium–Sauerstoff-Tetraedern

sammensetzung und Wertigkeit dieser Radikale innerhalb einer Periode (5,25 Å; vgl. Bild 11.3) durch die Formel $[Si_4O_{11}]^{6-}$ auszudrücken sind.

e) *Die Anionentetraeder bilden zweidimensionale Schichten.* In derartigen Radikalen sind die Tetraeder bereits durch drei gemeinsame Ecken verbunden und bilden eine flache, unendlich ausgedehnte Schicht (s. Bild 11.4) entsprechend einem hexagonalen Netz.
Die »aktiven« Sauerstoffionen (je eins bei jedem Tetraeder) sind alle nach einer Seite gerichtet (nach oben oder unten von der Zeichenfläche aus) und bilden eine besondere, aktive Ebene in der Tetraederschicht (vgl. Bild 11.109). Die chemische Formel dieser Anionenschicht innerhalb eines Sechsecks ist $[Si_2O_5]^{2-}$; hierbei wird nicht selten ein Teil der Si-Ionen in den SiO_4-Tetraedern durch Al-Ionen mit der Koordinationszahl 4 ersetzt. Jede derartige Schicht ist mit Hilfe der »aktiven« Sauerstoffionen über die Kationen der Elemente auf verschiedene Art mit anderen Schichten verbunden. Als Beispiele derartiger Kristallstrukturen kann der Feinbau plattiger Minerale angeführt werden, die sehr vollkommene Spaltbarkeit (# 5) in einer Ebene besitzen (die Glimmer, Talk, die Chlorite usw., vgl. Bild 11.110).

f) *Die Anionentetraeder bilden unendliche dreidimensionale Gerüste,* bei denen jedes Sauerstoffion gleichzeitig zwei Tetraedern gemeinsam ist. Es gibt keine einzige Tetraederspitze mit einem »aktiven« Sauerstoffion. Wie bereits erwähnt, sind die Minerale der Quarzgruppe, die gleichsam das reine Anhydrid (der Silikate) mit der Formel SiO_2 darstellen, ein Beispiel für derartige Gerüste. Jedoch haben auch einige Silikate entsprechende Kristallgitter (s. Bild 11.5). Hierbei wird immer ein Teil der Si^{4+}-Ionen durch Al^{3+}-Ionen mit derselben Koordinationszahl ersetzt. Die chemische Formel der Anionenkomplexe mit Gerüstbau kann in allgemeiner Form folgendermaßen ausgedrückt werden:

$$[(Si_{n-x}Al_x)O_{2n}]^{x-}$$

Da ein gewisser Teil der Si^{4+}-Ionen durch Al^{3+}-Ionen ersetzt wird (unter Beibehaltung der Gesamtzahl der Sauerstoffionen), besitzt dieses Radikal eine gewisse negative Restladung. Als Beispiel sind die Feldspäte: $Na[AlSi_3O_8]$, $Ca[Al_2Si_2O_8]$ und viele andere Minerale anzuführen. Die Kationen der Elemente Na, Ca u. a., welche die negative Valenz der Anionengerüste ausgleichen, liegen

Tabelle 11.1. Systematik der Siliziumsauerstoffanionen auf der Basis des Verhältnisses Si : O [1, ergänzt]

Si : O	Formel und Typ des Anions	Ladung des Anions	Die auf ein Si entfallende Ladung	Beispiele
1 : 4	$[SiO_4]$ Einfache Tetraeder	−4	−4	Forsterit $Mg_2[SiO_4]$
2 : 7	$[Si_2O_7]$ Doppeltetraeder	−6	−3	Thortveitit $Sc_2[Si_2O_7]$
1 : 3	$[Si_3O_9]$ Dreier-Ring	−6	−2	Benitoit $BaTi[Si_3O_9]$
1 : 3	$[Si_4O_{12}]$ Vierer-Ring	−8	−2	Axinit $Ca_2(Fe, Mn)$ Al Al $[BO_3OH/Si_4O_{12}]$
1 : 3	$[Si_6O_{18}]$ Sechser-Ring	−12	−2	Beryll $Al_2Be_3[Si_6O_{18}]$
1 : 3	$[Si_2O_6]$ Kette	−4n	−2	Diopsid $CaMg[Si_2O_6]$
4 : 11	$[Si_4O_{11}]$ Band (Doppelkette)	−6n	−1,5	Tremolit $Ca_2Mg_5[(OH, F)/Si_4O_{11}]_2$
2 : 5	$[Si_2O_5]$ Schicht	−2n	−1	Talk Mg_3 $[(OH)_2/Si_4O_{10}]$
1 : 2	$[(Al_xSi_{n-x})O_{2n}]$ Gerüst	−x	0	Albit $Na[AlSi_3O_8]$

innerhalb dieser Gerüste (in entsprechenden »Hohlräumen« des Gitters). Daher können die allgemeinen Züge der Kristallchemie der Silikate auf der Basis der Gliederung der Anionenkomplexe in 0-, 1-, 2- und 3dimensional angeordnete SiO_4-Tetraeder zusammengefaßt werden (Tab. 11.1).

– Eine der wichtigsten und bemerkenswertesten Besonderheiten bei der Konstitution vieler Silikate bildet die Anwesenheit von Al-Ionen in ihren Kristallstrukturen. Die Untersuchung der Silikatstrukturen mit Röntgenstrahlen wies, wie wir soeben bei den Gerüstsilikaten sahen, nach, daß innerhalb der Silikatgruppe sogenannte *Alumosilikate* existieren; dies sind Silikate, bei denen das Al das Si im SiO_4-Tetraeder teilweise ersetzt. Jedoch sind daneben häufig auch »normale« Silikate des Aluminiums festzustellen. Daher spielt Al^{3+} beim Aufbau der Silikate eine Doppelrolle: bald als Komponente der Anionenradikale, in denen es ebenso wie Si^{4+} von vier Sauerstoffionen umgeben wird; bald als Kation, allein oder zusammen mit den Kationen

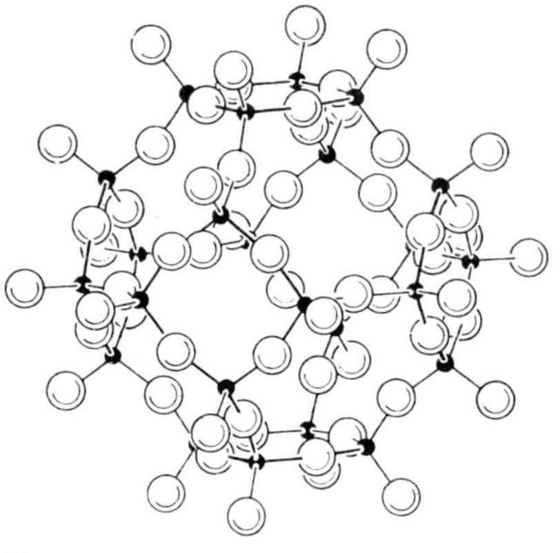

Bild 11.5. Silizium–Sauerstoff-Gerüst in der Kristallstruktur des Noseans. Das Si ist z. T. durch Al ersetzt [224]

anderer Elemente, die die negative Ladung der Anionen ausgleichen, wobei es von sechs Sauerstoff- oder Hydroxylionen umgeben wird. Es sind auch viele Beispiele bekannt, daß bei ein und demselben Silikat ein Teil der Al-Ionen im Anionenkomplex und ein anderer Teil als Kationen am Aufbau des Gitters teilnehmen. Die Möglichkeit des Ersatzes der SiO_4-Tetraeder durch AlO_4-Tetraeder geht aus rein geometrischen Erwägungen hervor (vgl. Bild 2.10): Das Verhältnis der Ionenradien von O^{2-} zu Al^{3+} ist gleich 0,364, d. h., es befindet sich nahe der Grenze zwischen möglicher Viererkoordination (wie Si^{4+}) und möglicher Sechserkoordination (wie Mg^{2+}). Ein derartiger Ersatz von Si^{4+} durch Al^{3+} hat jedoch sehr wichtige Folgen, die bei der Konstitution der Alumosilikate deutlich zum Ausdruck kommen.
Während im Siliziumsauerstofftetraeder (SiO_4) vier ungesättigte Valenzen vorhanden sind, erhöht sich im Aluminiumsauerstofftetraeder (AlO_4) diese Zahl auf fünf. Folglich vergrößert jedes AlO_4-Tetraeder im Anionenradikal dessen negative Ladung um eine Einheit und erfordert den Ausgleich durch irgendein positiv geladenes Kation. Dies ist am Beispiel von Kristallgittern mit Gerüstaufbau leicht zu zeigen:

Quarz $SiO_2(=Si_4O_8)$ — Nephelin $KNa_3[AlSiO_4]_4$ (vereinfacht $Na_2[Al_2Si_2O_8]$)
Albit $Na[AlSi_3O_8]$ — Anorthit $Ca[Al_2Si_2O_8]$

Das AlO_4-Tetraeder ist im Vergleich zum SiO_4-Tetraeder gitterenergetisch ungünstiger, da die Größenverhältnisse keine lückenlose Berührung der Wirkungsbereiche zulassen bzw. die Wirkungsbereiche deformiert sind. Das Verhältnis Si : Al muß nicht unbedingt ganzzahlig sein, jedoch ist der Ausgleich der positiven und negativen Ladungen für die Stabilität des Kristallgitters unbedingt erforderlich. Das erklärt, warum die Ergebnisse der chemischen Analysen der Alumosilikate nicht immer einfach auf die chemische Formel des Minerals berechnet werden können.

Die Bildung von Gerüsten, die aus Tetraedergruppen von $[AlO_4]^{5-}$ und $[SiO_4]^{4-}$ bestehen, geht einher mit dem Einbau verhältnismäßig großer Kationen mit niedrigerer Ladung (Na^+, K^+, Ca^{2+}, Ba^{2+}). Es ist charakteristisch, daß bei der Verwitterung die Alkali- und Erdalkalimetalle ausgelaugt werden und infolgedessen die $[AlO_4]^{5-}$-Tetraeder zerfallen: In dem sich aus den Feldspäten bildenden Kaolinit nimmt Al^{3+} bereits in der Sechserkoordination teil. Dasselbe geschieht auch mit anderen Kristallstrukturen, in denen das $[AlO_4]^{5-}$-Molekül als Bestandteil der Anionen teilnimmt. $[AlO_4]^{5-}$-Tetraeder entstehen bei hohen Temperaturen. Es wurde experimentell gezeigt, daß sich Minerale wie Kaolinit und Cyanit, in denen das gesamte Al^{3+} in der Sechserkoordination vorliegt, bei diesen Bedingungen (1400 bis 1500 °C) z. T. in Sillimanit oder Mullit umwandeln, d. h. in Silikate, die auch $[AlO_4]^{5-}$-Gruppen mit der Viererkoordination enthalten. Hierbei treten auf den thermischen Kurven (vgl. Kap. 3.25) scharf ausgeprägte exotherme Effekte auf, die dem Augenblick des Gitterumbaues entsprechen.

- An der Zusammensetzung vieler Silikate nehmen auch sogenannte zusätzliche Anionen teil: O^{2-}, $[OH]^-$, F^-, Cl^-, $[CO_3]^{2-}$ und andere. Auch H_2O beteiligt sich am Aufbau einer Anzahl von Silikaten. Oft besitzt es »zeolithischen« Charakter; dabei werden die H_2O-Moleküle gewöhnlich nur sehr schwach in den Hohlräumen und Kanälen des Kristallgitters gebunden (vgl. Kap. 2.3.1).
- In allen Silikaten überwiegt die Menge der Sauerstoffionen die Ionen der übrigen Elemente. Da das Sauerstoffion gegenüber den Kationen einen bedeutend größeren Ionenradius besitzt, hängt die Größe der Elementarzellen, wie auch in den anderen

Sauerstoffverbindungen, in der Hauptsache von der Anzahl der Sauerstoffionen in der Zelle und ihrer räumlichen Anordnung ab.

– Bei den Silikaten ist neben der isovalenten Diadochie auch die heterovalente Diadochie weit verbreitet. Ein klassisches Beispiel der heterovalenten Diadochie bildet die Plagioklasreihe: $Ca[Al_2Si_2O_8]$–$Na[AlSi_3O_8]$. Hier wird Ca^{2+} durch das ähnlich große Na^+ ersetzt. Die hierbei eintretende Erniedrigung der positiven Ladung um eine Einheit wird von einem entsprechenden Ersatz im Radikal begleitet: Nur ein Si^{4+}-Ion wird durch ein Al^{3+}-Ion ersetzt oder das Anion $[SiO_4]^{4-}$ durch das Anion $[AlO_4]^{5-}$, d. h., auch die negative Ladung nimmt um eine Einheit ab.

Daher wird an diesem wie auch an vielen anderen Beispielen bestätigt, daß die Komponenten, die Mischkristalle bilden, folgende Eigenschaften haben müssen (Kriterien der Diadochie; vgl. Kap. 2.3.2)

a) gleiche Größe des Ions (z. B. Mg^{2+}–Fe^{2+})

b) bei ungleicher Ladung erfolgt gekoppelte heterovalente Diadochie (z. B. NaSi–CaAl)

c) gleiches geochemisches Verhalten (z. B. Diadochie von Fe^{2+} und Mn^{2+} in Silikaten, aber kaum in Sulfiden)

d) Anwesenheit der Elemente während der Kristallisation (z. B. Seltene Erden können nur in Ca-Mineralen eingebaut werden, wenn sie in der Schmelze oder Lösung vorhanden sind).

Die beschränkte Mischbarkeit isotyper Verbindungen, d. h. von Verbindungen mit gleicher Kristallstruktur, wird durch einen bedeutenden Größenunterschied von ersetzenden und ersetzten Ionen bedingt. Es wurde z. B. seit langem festgestellt, daß die Silikate von Ca und Mg, die den gleichen Typ aufweisen, leicht Doppelverbindungen ergeben (Monticellit, Diopsid u. a.). Diese sind mit ihren Komponenten (den Endgliedern der Reihe) in beschränktem Maße nur bei hohen Temperaturen mischbar.

– Ein wichtiges Kennzeichen der Struktur der Silikate bilden ferner die Koordinationszahlen, von denen die isomorphen (diadochen) Ersetzungen abhängen. Einige Kationen haben zwei oder sogar drei und vier Koordinationszahlen. Im folgenden geben wir ein Verzeichnis der in den Silikaten am stärksten verbreiteten Ionen sowie ihrer Koordinationszahlen:

B	3 (4)	Al	4 (5) u. 6	Mn^{2+}	6 (8)	Ti	(4) 6
Si	4 (6)	Fe^{3+}	(4) 6	Na	8 (6)	Zr	6 (8)
Be	4	Mg	6 (4, 8)	Ca	8 (6, 7)	K	(6, 8, 10) 12
Zn	4	Fe^{2+}	6 (8, 4)	Li	4, 6	Ba	8, 9, 12

Wie zu erwarten war, steigen die Koordinationszahlen mit zunehmendem Ionenradius. Aus dem angeführten Verzeichnis ist auch zu ersehen, daß Zr^{4+} nicht von vier Sauerstoffionen umgeben werden und folglich Si^{4+} in den SiO_4-Tetraedern nicht ersetzen können. Diese Elemente nehmen in den Kristallstrukturen der Minerale als gewöhnliche Kationen teil, die in den Gittern zwischen den Anionenradikalen angeordnet sind. Es gelang, bei einigen stark eisenhaltigen Mineralen zu beweisen, daß bei verhältnismäßig hohen Temperaturen Ti^{4+} das Si^{4+} (z. B. in den Pyroxenen) ersetzen kann. Auch Fe^{3+} ersetzt, wie Al^{3+}, gelegentlich in geringen Anteilen das Si^{4+} in den Anionenradikalen.

Gliederung

Da heute die röntgenometrischen Untersuchungen der Minerale große Fortschritte gemacht haben, darf die Klassifizierung der Silikate natürlich nicht nur auf der Basis

der chemischen Zusammensetzung erfolgen, sondern sie muß auch die oben betrachteten Kristallstrukturen berücksichtigen. Die verschiedenen Kombinationsarten der SiO_4-Tetraeder geben sowohl den chemischen Formeln der Minerale und den morphologischen Eigenschaften der Kristalle als auch vielen physikalischen Eigenschaften (Brechungsindizes, Doppelbrechung, Dichten usw.) ein ganz bestimmtes Gepräge.
Wir unterscheiden folgende Silikate (vgl. Tab. 11.1.):

1. Insel- oder Nesosilikate (gr. *nesos* = Insel)
2. Gruppen- oder Sorosilikate (gr. *soros* = Gruppe)
3. Ketten- oder Inosilikate (gr. *inos* = Faser)
4. Ring- oder Cyclosilikate (gr. *cyclos* = Kreis)
5. Schicht- oder Phyllosilikate (gr. *phyllos* = Blatt)
6. Gerüst- oder Tektosilikate (gr. *tektoneia* = Fachwerk)

– Die *Neso- oder Inselsilikate* enthalten isolierte $[SiO_4]^{4-}$-Tetraeder, d. h. Tetraeder, die nicht miteinander über Ecken verknüpft sind. Demzufolge hat die Anionengruppe die Formel $[SiO_4]^{4-}$.

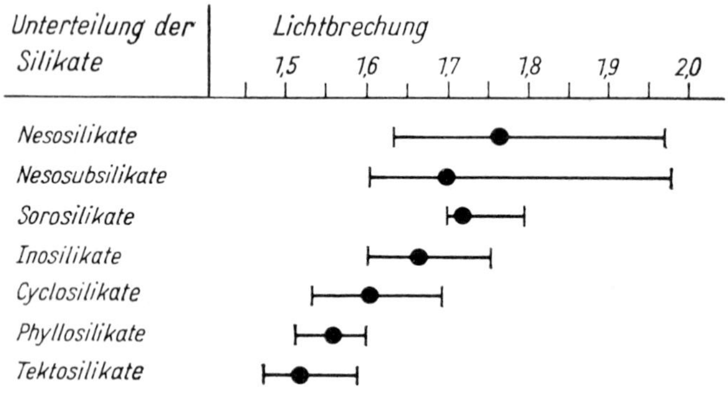

Bild 11.6. Abhängigkeit der Lichtbrechung n vom Polymerisationsgrad der SiO_4-Tetraeder [232]

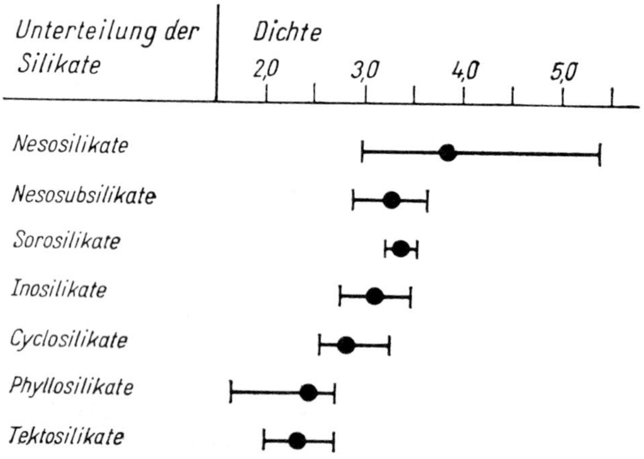

Bild 11.7. Abhängigkeit der Dichte vom Polymerisationsgrad der SiO_4-Tetraeder [232]

- Eine Verknüpfung von zwei SiO_4-Tetraedern über ein gemeinsames Sauerstoffion liegt in den *Soro- oder Gruppensilikaten* mit dem komplexen Anion $[Si_2O_7]^{6-}$ vor.
- Die *Ino- oder Kettensilikate* enthalten eindimensional unendliche Baugruppen. Innerhalb dieser Silikate wird wie folgt untergliedert:
  a) Silikate mit Einfachketten der Zusammensetzung $[SiO_3]^{2-}_{\infty}$. Hier sind Verknüpfungen über zwei Ecken jedes Tetraeders vorhanden.
  b) Silikate mit Doppelketten (Bandsilikate); mit dem Anionenradikal $[Si_4O_{11}]^{6-}_{\infty}$
- In den *Cyclo- oder Ringsilikaten* treten ringförmige Tetraedergruppen auf. Einfachringe zeigen Verknüpfung von drei, vier oder sechs SiO_4-Tetraedern über je zwei gemeinsame Ecken und sind durch die allgemeine Formel $[SiO_3]^{2n-}_{n}$ ($n = 3, 4, 6$) gekennzeichnet.
- *Phyllo- oder Schichtsilikate* bestehen aus (zweidimensional unendlichen) Schichten von miteinander über drei Ecken verbundenen SiO_4-Tetraedern. Für die allgemeine Anionenformel ergibt sich $[Si_2O_5]^{2-}_{2\infty}$. Die freien Tetraederspitzen einer Schicht weisen meist in die gleiche Richtung; die Richtung kann aber auch in periodischer Form wechseln (vgl. Bild 11. 127).
- *Tekto- oder Gerüstsilikate* zeigen eine dreidimensional unendliche Verknüpfung der SiO_4-Tetraeder, d. h., jedes Sauerstoffion gehört gleichzeitig zu zwei Si^{4+}-Kationen. Es ergibt sich für die Zusammensetzung des Gerüstes $[SiO_2]_{\infty}$.

Der unterschiedliche Verknüpfungs- bzw. Polymerisationsgrad der $[SiO_4]$-Tetraeder läßt sich anhand der relativ empfindlichen Eigenschaften Lichtbrechung und Dichte zeigen (s. Bilder 11.6 und 11.7). Mit zunehmendem Polymerisationsgrad vermindern sich Lichtbrechung und Dichte. Die Streubreite der Einzelwerte ist ein Ausdruck der Wirkung der Kationen zwischen den Anionentetraedern.
Die Darstellungen zeigen, daß die Cyclosilikate zwischen die Ino- und Phyllosilikate einzuordnen sind. Die Nesosubsilikate, in denen sowohl $[SiO_4]$-Inseln und $[Si_2O_7]$-Gruppen auftreten, stellen – wie die Bilder zeigen – eine lockerere Packung dar als die Sorosilikate. Auf einige weitere Besonderheiten der einzelnen Kristallstrukturen wird bei der Behandlung der Minerale eingegangen.
Das Gliederungsprinzip ist auch bei den Silikaten nicht allein die Struktur, sondern es werden darüber hinaus berücksichtigt:

- die Paragenese
- die volkswirtschaftliche Nutzung der Minerale

Die letztgenannten Aspekte gestatten es zum Beispiel, alle Mn-Silikate und alle Li-Silikate unabhängig von ihrer Struktur zusammenzufassen. Das Primat der Struktur wurde bei den wichtigen gesteinsbildenden Mineralen beibehalten.

11.2. Quarz–Opal-Gruppe

Die SiO_2-Minerale sind eine vielseitige und interessante Gruppe, deren technisch wichtigste Vertreter solche z. T. mit Handelsnamen belegte Rohstoffe sind wie: Pegmatitquarz, Bergkristall, Quarz-Schmuckstein-Varietäten, Gangquarz, Felsquarzit (metamorpher Quarzit), Tertiärquarzit (z. T. sedimentärer Quarzit), Kieselschiefer, Flint, Kieselgur, Opal, Sande verschiedener Qualität sowie Kiese und Sandsteine.

Das SiO_4-Tetraeder (vgl. Bild 11.1), der Grundbaustein aller Silikate, liegt beim Quarz in unendlicher, räumlicher Verknüpfung vor. Alle O^{2-}-Ionen sind jeweils Bestandteil von zwei Tetraedern; man kann auch von Sauerstoffbrücken zwischen den Si^{4+}-Ionen sprechen. Die Wirkungsbereiche der O^{2-}-Ionen sind nicht polarisiert.
Die Einordnung der Minerale der Quarzgruppe bei den Silikaten ergibt sich aus dem oben Gesagten. Quarz ist von der chemischen Natur her aber ein Oxid, so daß er auch häufig zusammen mit den Oxiden behandelt wird.
SiO_2 bildet eine Reihe polymorpher Modifikationen (s. Bilder 11.8 bis 11.10). Das erste Phasendiagramm des Einstoffsystems SiO_2 veröffentlichte 1913 FENNER. In der Folgezeit war das Temperatur-Druck-Zustandsdiagramm wiederholt Forschungsgegenstand und hat heute z. B. die im Bild 11.9 wiedergegebene Form. Es werden bei Normaldruck folgende Modifikationen ausgehalten:

(Tief-) Quarz $\xrightleftharpoons[575\,°C]{}$ Hochquarz $\xrightleftharpoons[\sim 870\,°C]{}$ Hochtridymit $\xrightleftharpoons[\sim 1470\,°C]{}$ Hochcristobalit $\xrightleftharpoons[\sim 1720\,°C]{}$ Schmelze

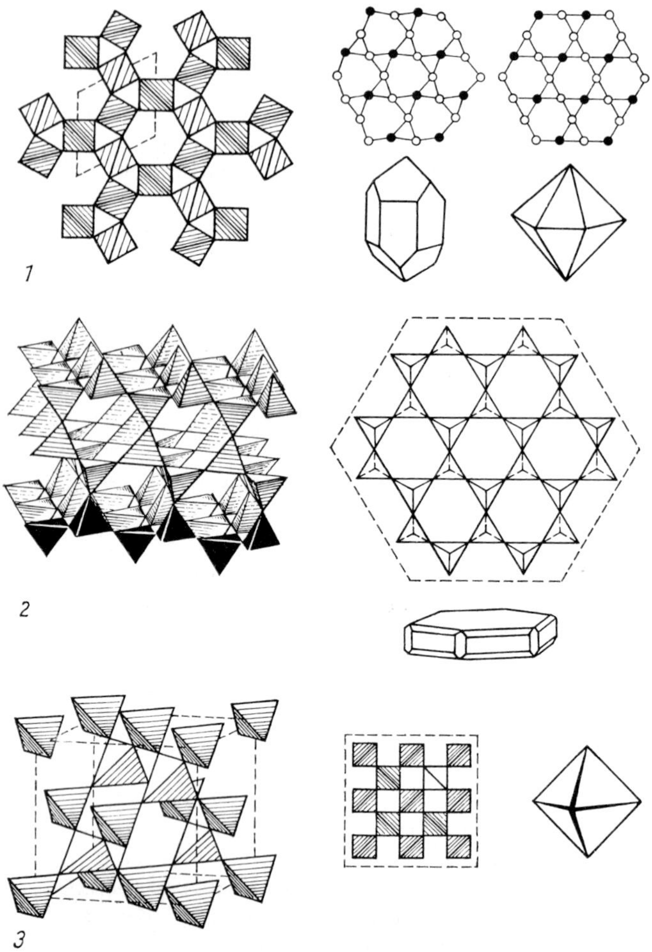

Bild 11.8. Struktur einiger SiO_2-Modifikationen [122]
1 Tief- und Hochtemperaturquarz
2 Tridymit
3 Cristobalit

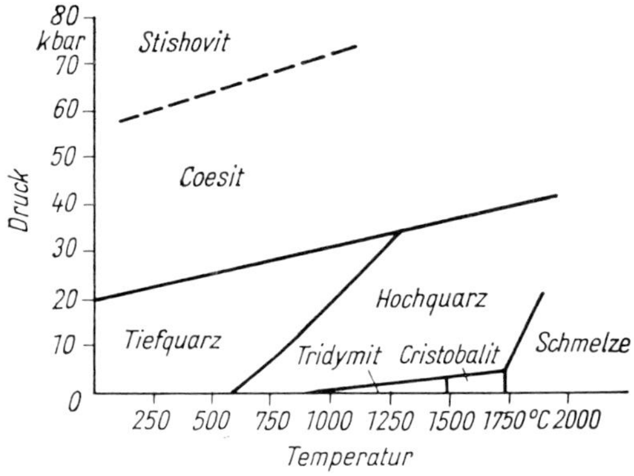

Bild 11.9. pT-Diagramm von SiO_2 [275]

Die Umwandlung Tief-/Hochquarz ist enantiotrop, sie verläuft in einem engen Temperaturbereich »schlagartig«. Die Umwandlung Hochquarz-Hochtridymit (bzw. Hochcristobalit) ist eine Langzeitreaktion in einem großen Temperaturbereich. Deshalb kann Hochquarz direkt (bei etwa 1600 °C) zur Schmelze gebracht werden.
Die Langzeitreaktion bei der Umwandlung von SiO_2 läßt neben dem »Überfahren« von Stabilitätsbereichen auch bei raschem Abkühlen die Ausbildung einer Tieftemperaturmodifikation des Cristobalits zu.

$$\text{Tiefcristobalit} \underset{180 \text{ bis } 270\ °\text{C}}{\rightleftharpoons} \text{Hochcristobalit}$$

Die Wirkung der Langzeitreaktion versuchte FENNER 1913 durch Zugabe von Mineralisatoren (in diesem Falle waren es verschiedene Alkaliverbindungen) einzuengen. Bei seinen Versuchen erhielt er die Modifikation Tridymit (die nach neueren Untersuchungen von einigen Autoren nicht als reine SiO_2-Modifikation angesprochen wird). Der Hochtridymit bildete sich bei Anwesenheit von 1 bis 2 Masse-% Alkaliverbindungen oberhalb 870 °C:

$$\text{Hochquarz} \underset{\sim 870\ °\text{C}}{\rightleftharpoons} \text{Hochtridymit} \underset{\sim 1470\ °\text{C}}{\rightleftharpoons} \text{Hochcristobalit}$$

Von Hochtridymit gibt es ebenfalls Tieftemperaturmodifikationen bei 163 bzw. 117 °C.
Die Temperaturangaben für die Stabilitätsbereiche gelten nur für Normaldruck; schon bei 10 kb verlagert sich die Umwandlungstemperatur von Tiefquarz zu Hochquarz von 575 °C auf etwa 800 °C. Die Wirkung des Druckes auf die »lockere« räumliche Verknüpfung der SiO_4-Tetraeder zeigt sich aber auch durch das Auftreten der zwei Hochdruckmodifikationen Coesit und Stishovit. Bei all diesen Modifikationen liegt die Verknüpfung der SiO_4-Tetraeder über Sauerstoffbrücken vor (Ausnahme: Stishovit hat oktaedrische Koordination), jedoch sind die Orientierung und die Gesamtsymmetrie der Tetraederanordnung verschieden (s. Bild 11.8). Ein Ausdruck für die unterschiedliche Tetraederanordnung ist die Dichte und die Lichtbrechung (s. Tab. 11.2 auf Seite 441).
Die räumliche Verknüpfung führt zur Ausbildung von O-Sechserringen, die beim Tief-Quarz gewinkelt sind. In diesem Sechserring können Ionen mit einer Radiengröße bis zu 1,4 Å eingebaut werden. Dieser Kationeneinbau erfolgt aber nur bei elektrischer Neutralität des gesamten Gitters, d. h., der Einbau ist nur möglich bei gleichzeitiger Si-Substitution in den Tetraedern (z. B. durch Al^{3+}).

SiO_2-Modifikationen:

Quarz (trigonal), **Hochquarz** (hexagonal), **Tiefcristobalit** (tetragonal), **Hochcristobalit** (kubisch), **Tieftridymit** (monoklin), **»Mittel«tridymit** (rhombisch), **Hochtridymit** (hexagonal), **Coesit** (monoklin), **Stishovit** (tetragonal), **Melanophlogit** (kubisch), **Keatit** (tetragonal), **Fasriges SiO_2** (rhombisch), **Opal** (amorph), **Le Chatelierit** (amorph)

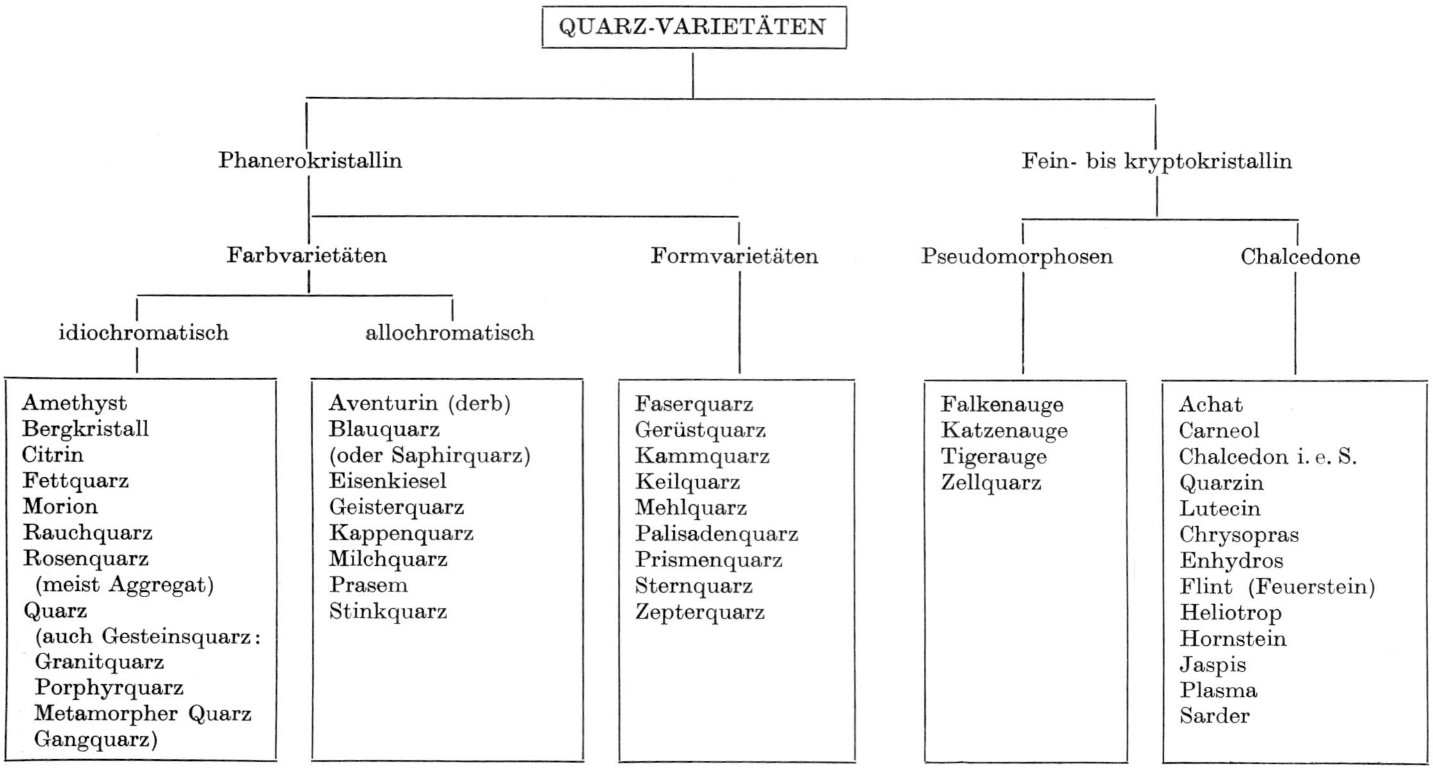

Bild 11.10. Schema der SiO_2-Modifikationen und Quarzvarietäten

Tabelle 11.2. Kristallsystem, Dichte und Lichtbrechung der verschiedenen SiO_2-Modifikationen

Modifikation	Kristallsystem	Dichte	Brechungsindex		
			n_x	n_y	n_z
			n_0	n	n_E
Stishovit	tetragonal	4,28 ... 4,35	1,800		1,845
Coesit	monoklin	2,92 ... 3,01	1,594	1,596	1,599
Quarz	trigonal	2,65	1,544		1,553
Hochquarz	hexagonal	2,51	1,530		1,540
Keatit	tetragonal	~2,50	1,522		1,513
Cristobalit	tetragonal	2,32	1,487		1,484
Tridymit	rhombisch	2,27	1,469	1,469	1,473
Hochtridymit	hexagonal	2,26	1,477		1,479
Hochcristobalit	kubisch	2,20		1,479	
Lechatelierit	amorph	2,20		1,460	
Melanophlogit	kubisch	~2,05		1,467	
Fasriges SiO_2	rhombisch	~1,97			
Opal	amorph	1,9 ... 2,5		~1,45	

Dies ist u. a. eine Erklärung dafür, daß der natürlich gebildete Quarz im Gegensatz zu den meisten anderen Mineralen so arm an Element-»Verunreinigungen« ist.
Eine Übersicht der in der Natur vorkommenden SiO_2-Modifikationen und Quarzvarietäten gibt Bild 11.10.

Quarz: SiO_2 α- und β- Quarz bzw. Tief- und Hochquarz

Entdeckung: Die Mineralbezeichnung wird auf Agricola 1529 zurückgeführt; die Herkunft des Namens wird unterschiedlich gedeutet.

Kristallogr.: Trigonal (trapezoedrisch). Gerüstsilikat: SiO_4-Tetraeder sind über die Sauerstoffbrücken so miteinander verknüpft, daß pseudohexagonale O-Ringe entstehen (vgl. Bild 11.8). Diese Sechserringe sind beim Tiefquarz gewinkelt und beim Hochquarz gestreckt; der Modifikationswechsel ist also nur eine Gitteraufweitung. Die Streckung verursacht hexagonale Symmetrie. Neben den Sechserringen existieren auch noch Dreierringe. Wie aus Bild 11.11 zu ersehen ist, bilden die Tetraeder Schraubenlinien. Die sogenannten Rechts- und Linksquarze unterscheiden sich eben

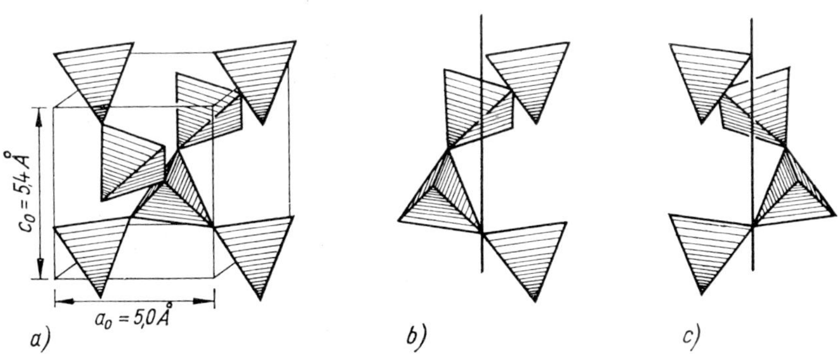

Bild 11.11. Idealisierte Struktur von Quarz [20]

a) Elementarzelle, b) Tetraederanordnung des »Linksquarzes«, c) Tetraederanordnung des »Rechtsquarzes«

dadurch, daß die Drehung dieser Schraubenlinien nach rechts oder links erfolgt (Rechtsquarz hat Linksschraube). Eine Drehung um die sechszählige Achse um 60° und eine Verschiebung um ein Drittel der Höhe der Elementarzelle längs der c-Achse führt zum Zusammenfallen mit der früheren Stellung der Tetraeder.
Die Tieftemperaturmodifikation, Quarz, kommt in gut ausgebildeten Kristallen v. a. in Hohlräumen oder lockeren Massen vor. Bekannt sind einzelne sehr große Kristalle, bis zu 1 und sogar 40 t Masse (vgl. Tab. 16.4). Wenn auch die Formen der Kristalle sehr verschiedenartig sind, so sind diese doch durch das Vorhandensein der Flächen des Prismas (10$\bar{1}$0), mit Horizontalstreifung, der Rhomboederflächen (10$\bar{1}$1) und (01$\bar{1}$1), der trigonalen Dipyramide (11$\bar{2}$1), des trigonalen Trapezoeders (51$\bar{6}$1) u. a. außerordentlich charakteristisch (vgl. Bild 2.28, s. Bild 11.13). Es kommen Individuen vor, bei denen die Flächen des Haupt- und Nebenrhomboeders gleich groß sind. Die Kristalle haben in diesen Fällen die Form einer »hexagonalen Dipyramide«. Jedoch unterscheiden sich die Rhomboeder immer voneinander in den physikalischen Kennzeichen: Die Flächen des einen sind glänzend, die des anderen matter, die Ätzfiguren sind ebenfalls nicht gleich. Nach der Lage der Flächen des trigonalen Trapezoeders und der Dipyramiden unterscheidet man Rechts- und Linksquarz (vgl. Bild 2.28). Beim Linksquarz liegt die Fläche x links unter der Hauptrhomboederfläche r, beim Rechtsquarz liegt sie rechts. Diese Flächen bilden mit den Kanten des Prismas einen Winkel von 120° und liegen oben und unten, aber an verschiedenen Seiten der Kante.
Die Kristalle des Hochquarzes (richtiger die Paramorphosen von Quarz nach Hochquarz), die in kieselsäurereichen Vulkaniten (Lipariten, Quarzporphyren u. a.) als Frühausscheidungen aus dem flüssigen Magma vorkommen, haben die Form einer hexagonalen Dipyramide, wobei die Flächen des Prismas stark verkürzt sind oder völlig fehlen (s. Bild 11.12). Die Kristalle sind gewöhnlich sehr klein, aber in gewissen Gesteinen werden sie im Querschnitt doch 1 bis 2 cm groß.
Außer den deutlich kristallinen Modifikationen des Tief- und Hochquarzes sind kryptokristalline Varietäten bekannt (s. S. 444).

Zwillinge treten beim Tiefquarz sehr häufig und nach verschiedenen Gesetzen auf. Sie stellen meist Durchwachsungszwillinge dar. Zur praktischen Bedeutung siehe Kap. 5.1.; ihre Entstehung zeigt schematisch Bild 11.14:

- Die Dauphinéer Zwillinge (s. Bilder 11.14c und d sowie 11.15) durchwachsen einander so vollständig, daß sie einfachen Kristallen ähneln; von diesen unterscheiden

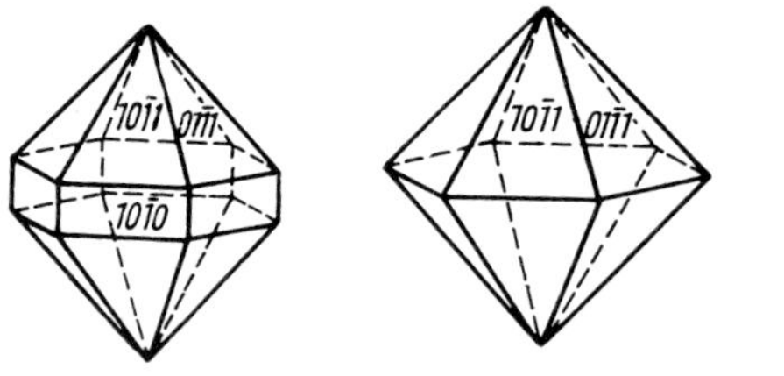

a)

b)

Bild 11.12. Kristallformen des Hochquarzes

a) die häufigsten Kristallformen
b) Hochquarz in Quarzporphyr. Dünnschliff, Vergr. ~10× [265]. Man erkennt idiomorphe und xenomorphe, auch Skelettformen

Bild 11.13. Tiefquarz als sog. Szepterquarz. Banska Stiavnica (ČSSR) [20, 221]

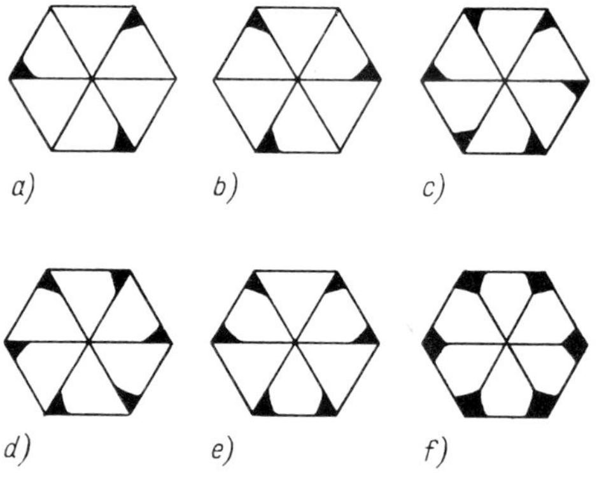

Bild 11.14. Schematische Darstellung der Bildung von Durchdringungszwillingen bei Tiefquarz (mit Hilfe der Flächen des trigonalen Trapezoeders)

a) einfacher Rechtsquarz
b) einfacher Linksquarz (vgl. auch Bild 2.28)
c) Verzwillingung von zwei Rechtsquarzen nach dem Dauphinéer Gesetz
d) Verzwillingung von zwei Linksquarzen nach dem Dauphinéer Gesetz
e) Verzwillingung von Rechts- und Linksquarz nach dem Brasilianer Gesetz (vgl. auch Bild 2.41g)
f) Kombination von Dauphinéer und Brasilianer Gesetz

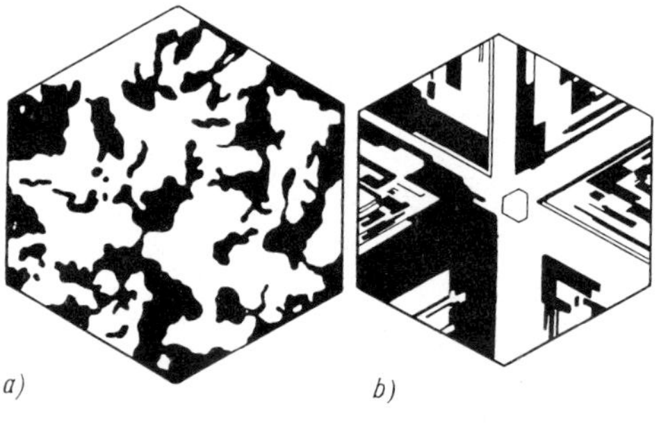

Bild 11.15. Angeätzte Querschnitte von Quarzzwillingen senkrecht zur c-Achse [152]

a) Dauphinéerzwilling; die Grenzen der Individuen sind sehr unregelmäßig
b) Brasilianerzwilling; scharfe Grenzen der Zwillingsindividuen

sie sich dadurch, daß die Flächen des Trapezoeders in doppelter Anzahl entwickelt sind, so daß sie durch Drehung um die vertikale Achse nicht um 120°, sondern um 60° zur Deckung kommen. Die Prismenflächen beider Individuen verschmelzen, und die Flächen der Rhomboeder fallen zusammen (s. Bild 11.14). Die optischen Achsen beider Individuen sind parallel; der Zwillingsaufbau ist z. B. durch Anätzen feststellbar (s. Bild 11.15). Die Zwillingsfugen sind gewunden; hier ist die c-Achse Zwillingsachse.

- Die Brasilianer Zwillinge (s. Bild 11.14 e) unterscheiden sich von den Dauphinéer Zwillingen dadurch, daß sich bei ihnen die Trapezoederflächen, die wiederum in doppelter Anzahl auftreten, anders ableiten: durch Spiegelung an der vertikalen Ebene, der Zwillingsebene. Der Zwillingsaufbau ist leicht im polarisierten Licht und durch Ätzen festzustellen (s. Bild 11.15). Gegenüber dem Aufbau der Dauphinéer Zwillinge beobachten wir hier geradlinige Zwillingsnähte.
- Seltener sind die Japaner Zwillinge nach der trigonalen Dipyramide $(11\bar{2}2)$; die Individuen sind hier unter einem Winkel von 84° 33′ gegeneinander geneigt, also Berührungszwillinge. Weitere Zwillingsgesetze sind Esterel $(10\bar{1}1)$, Sardinien $(10\bar{1}2)$ und Breithaupt $(11\bar{2}1)$.

Aggregate: In Hohlräumen von Gesteinen und Erzen sind Drusenaggregate von Quarzkristallen weit verbreitet, bisweilen in Verwachsung mit Kristallen anderer Minerale. Dichte Quarzmassen dagegen stellen meist körnige Aggregate dar; ihr Aufbau ist in Dünnschliffen unter dem Mikroskop bei gekreuzten Nicols leicht zu erkennen und genetisch zu deuten.
Chalcedon, der einen äußerst feinfasrigen Aufbau besitzt (Faserrichtungen $[11\bar{2}0]$ und $[10\bar{1}0]$), ist häufig in Form von Krusten, nierenartigen Fließformen, Sphärolithen oder häufig in Form von Knollen zu finden. Die Achate (Mandeln und Kugeln in Vulkaniten; s. Bild 11.16) haben einen konzentrischen Aufbau,

Bild 11.16. Achat. Uruguay [221]. In der Mitte und oben links feinkörniger Quarz Anschliff, etwa natürliche Größe

der durch den Wechsel verschieden langfasriger und gefärbter Chalcedon-, bisweilen Quarzschichten bedingt wird. Die zentralen Teile dieser Geoden bestehen häufig aus phanerokristallinem Quarz, verschiedentlich in Form des Amethysts.

Physik. Eigensch.: Die Farbe des Quarzes kann höchst verschiedenartig sein, doch sind die meisten Quarze farblos, milchweiß und grau. Durchsichtige oder halbdurchsichtige, schön gefärbte Varietäten tragen besondere Bezeichnungen (vgl. Bild 11.10):

- *Bergkristall:* farblose, wasserklar durchsichtige Kristalle
- *Amethyst:* violett, meist gut ausgebildete Kristalle
- *Rauchquarz:* rauchfarbene, durchsichtige Arten
- *Morion:* schwarze Quarzkristalle
- *Citrin:* goldgelbe oder zitronengelbe Kristalle. »Goldtopase« gewinnt man durch Erhitzen von Amethyst
- *Rosenquarz* ist lichtrosarot und kommt stets derb in Pegmatitgängen vor; die Farbe bleicht oft aus
- *Saphirquarz* oder Blauquarz: trübblau, gefärbt durch Einschlüsse von Krokydolithfasern oder feinsten Rutilnädelchen (vgl. Bild 10.23)

Außer den hier aufgezählten ± durchsichtigen Quarzvarietäten kommen auch deutlich allochromatisch gefärbte Quarzkristalle vor, die also durch Einschlüsse von Fremdmineralen eine bestimmte Farbe enthalten. Sie tragen gleichfalls eigene Bezeichnungen: *Prasem* – grünlicher Quarz mit Einschlüssen grüner Aktinolithnadeln; *Aventurin* – gelblicher oder bräunlich-roter Quarz mit glänzendem Schimmer, der durch kleinste Einschlüsse von Glimmer, Hämatit u. a. hervorgebracht wird.

Eisenkiesel ist durch Einschlüsse von Eisenoxidhydrat oder Eisenoxid undurchsichtig gelbbraun bis rotbraun gefärbter Quarz, der in Klüften von Sedimenten vorkommt. *Kappenquarz* ist trübgrauer Quarz von zonarem Aufbau, der in Erzgängen auftritt; einzelne Zonen lassen sich leicht abheben. *Tigerauge* und *Falkenauge* sind goldbraune bzw. grüngraue bis graublaue seidig schimmernde Pseudomorphosen von SiO_2 nach Asbest (bes. Krokydolithasbest); von Griquatown am Oranjefluß (Süd-Afrika), auch Indien. *Quarzkatzenauge* ist eine derbkörnige Quarzmasse mit parallel eingeschlossenen feinsten Hornblendefasern; Sri Lanka, selten von Treseburg (Harz, DDR).

Die in hydrothermalen Lagerstätten weit verbreitete milchweiße Farbe der Quarzmassen (*Milchquarz*) wird oft durch eine große Menge winziger Einschlüsse von Flüssigkeiten und Gas bedingt (vgl. Bild 3.47). In anderen Fällen wird die milchweiße Farbe der Quarzkristalle durch zahllose Risse bewirkt, die durch mechanische Einwirkungen entstanden sind (ebenso, wie vollkommen durchsichtiges Eis beim Schlag mit einem Hammer an der beschädigten Stelle milchweiß wird).
Chalcedon ist als feinstfasriger Quarz häufig in den verschiedensten Farben und Tönungen gefärbt: gelb, rot, orange, zimtfarben, graubraun (*Sarder*), grün (*Plasma*), apfelgrün durch Nickelverbindungen (*Chrysopras*), dunkelgrün mit roten Flecken (*Heliotrop*) u. a. *Achate* und *Onyxe* bestehen häufig aus feinsten, verschieden gefärbten, konzentrisch-schaligen oder flachparallelen Chalcedonschichten (vgl. Bild 11.16) und können die verschiedensten Farbverknüpfungen haben: schwarz mit weiß (*arabischer Onyx*), braun mit weiß (*Sardonyx*), rot mit weiß (*Carneolonyx*).
Quarz hat Glasglanz, Chalcedon dagegen Wachsglanz, oder er ist matt. Optische Konstanten: Quarz ist optisch einachsig. $n_E = 1{,}553$ und $n_0 = 1{,}544$.
Er dreht die Polarisationsebene nach rechts oder links, je nachdem, ob es sich um einen Rechts- oder Linksquarz handelt. H 7. Spaltbarkeit fehlt oder ist sehr undeutlich nach dem Rhomboeder. Muscheliger Bruch. D 2,5 bis 2,7, bei reinen xx 2,65;

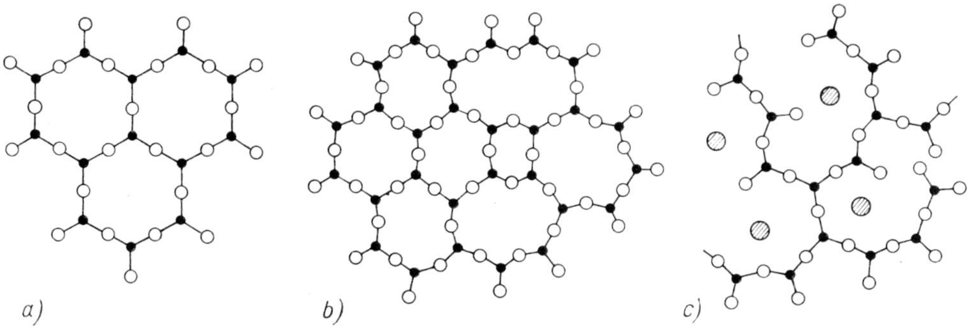

Bild 11.17. Feinstruktur SiO_2-reicher Produkte

a) geordnetes SiO_4-Gitter (z. B. Quarz)
b) wenig geordnetes SiO_4-Gerüst (z. B. reines Kieselglas)
c) weitgehend aufgelöstes SiO_4-Gerüst (z. B. alkalihaltiges Glas oder Obsidian)

Hochquarz, der ein weniger dichtes Gitter besitzt, hat eine etwas geringere Dichte (vgl. auch Tab. 11.2).
Sonstige Eigenschaften: Quarz läßt ultraviolette Strahlen hindurch. Er besitzt piezoelektrische Eigenschaften (vgl. Kap. 2.4.4). Die Schmelztemperatur des Quarzes beträgt etwa 1600 °C. Beim Erkalten der Schmelze bildet sich Quarzglas (s. Bild 11.17), das einige wertvolle Eigenschaften besitzt (Säurebeständigkeit, sehr kleiner Ausdehnungskoeffizient, Durchlässigkeit für ultraviolette Strahlen u. a.).

Diagnose: Typische Eigenschaften des Quarzes sind die Form, die Härte, der muschelige Bruch mit dem Fettglanz und das Fehlen der Spaltbarkeit. Säureresistent (ausgenommen HF, mit dem er leicht SiF_4 bildet).
Chalcedon ist zu verwechseln mit Opal, Smithsonit, kryptokristallinem Fluorit u. a.; deshalb Härte beachten. Durch KOH zersetzbar.

Genese: Quarz ist in der Natur weit verbreitet. Er kommt in allen Bildungsbereichen vor, ist also ein sogenannter »Durchläufer«:

- In vielen sauren *magmatischen Gesteinen* Hauptbestandteil, z. B. in Graniten, Rhyolithen. Porphyrquarze zeigen oft noch hexagonale Form der Hochtemperaturmodifikation und weisen verschiedentlich Einschlüsse von vulkanischem Glas auf.
- Große Kristalle kommen zusammen mit Kalifeldspat und Muskovit in *Pegmatiten* vor; schriftgranitische Verwachsungen mit Kalifeldspat treten auf (s. Bild 4.9). Dieser Quarz ist meist grobkristallin, häufig trüb und nur selten als Bergkristall ausgebildet.
- Häufig bildet sich Quarz im *hydrothermalen* Bereich, meist in Paragenese mit zahlreichen Erzmineralen wie Wolframit, Molybdänit, Pyrit, Chalkopyrit, Sphalerit, Galenit u. a. sowie zusammen mit Turmalin, Karbonaten, Chloriten u. a. Fast immer enthält Quarz mikroskopische Einschlüsse von Gasen, Flüssigkeiten und festen Mineralen.

Die vollkommen farblosen, durchsichtigen Quarze (Bergkristall) entstanden in größeren, wirtschaftlich interessanten Kristallen nur bei Vorliegen folgender Kristallisationsbedingungen:

a) geringer Fremdionengehalt der SiO_2-Lösungen
b) Vorhandensein größerer Hohlräume
c) geringe Keimzahl
d) niedrige Abkühlungsgeschwindigkeit

Der Bergkristall, der als Piezo-Quarz oder als optisches Medium eingesetzt wird, darf keinerlei Einschlüsse aufweisen und muß unverzwillingt sein. Meist enthalten makroskopisch fehlerfreie Kristalle doch noch mikroskopisch sichtbare Fremdmineraleinschlüsse (Rutil, Hornblende, Turmalin, Dolomit u. a.) oder kleinste Hohlräume. Daneben können bei den Quarzen auch Spuren von Fremdionen im Kristallgitter auftreten. Es wird verständlich, daß völlig fehlerfreies Bergkristallmaterial nur aus Lösungen, die extrem geringe Fremdionengehalte aufweisen, entstanden sein kann. Die wirtschaftlich wichtigen Einkristalle haben ein Gewicht zwischen 50 kg und einigen Dekagramm. Der Anteil handelsfähiger Ware ist wechselnd, aber außerordentlich gering; das Verhältnis Bergkristall zu nicht verwendbarem Material ist in Bergkristallgewinnungsbetrieben 1 : 1 000 bis 1 : 100 000, im Mittel lassen sich nur 0,01 % verwenden.
Kristallisieren reine, meist hydrothermale SiO_2-Lösungen in Gesteinsklüften aus, kann es zur Bildung von Gangquarzlagerstätten kommen. Derartige derbe Quarzrohstoffe können extrem rein sein, im Taunus (BRD) wurde ein Material mit 0,001 % Fe_2O_3 abgebaut und in der Glasindustrie genutzt.

Tabelle 11.3. Wichtige Lagerstätten der Quarz- bzw. SiO_2-Rohstoffe

Rohstoff	Lagerstätte	Kurze Kennzeichnung
Pegmatitquarz	Norwegen: Süden Finnland: Insel Kemiö u. a. BRD: Hagendorf/Pfalz	zahlreiche Pegmatite des Frederikshaldegranits u. a. Granite mächtigster stockförmiger Pegmatitkörper Europas
Bergkristall	Brasilien: insbesondere Gürtel Minas Geraes–Bahia Madagaskar: von Tanatave bis zur SO-Küste	Pegmatit, hydrothermale Gänge Taschen, Stöcke, Drusen, Gänge, z. T. in präkambrischen Quarziten
Gangquarz	DDR: versch. Vorkommen BRD: Bayrischer Pfahl	Gänge unterschiedlicher Mächtigkeit
Felsquarzit	DDR: Sproitz/Lausitz	max. 80 m mächtiger Körper
Tertiärquarzit	DDR: Glossen b. Mügeln u. Großkorbetha b. Weißenfels	Einkieselung tertiärer Sande; Bänke und Blöcke
Kieselschiefer	DDR: Pansberg/Lausitz	bankig, mit Wechsellagerung mit Ton- u. Alaunschiefer
Flint	DDR: Klementelvitz/Rügen Frankreich: Pariser Becken	SiO_2-Konkretionen in biogenen Karbonatsedimenten (z. B. Kreide)
Kieselgur	DDR: Klieken b. Coswig UdSSR: im Kaukasus, ČSSR: Bilin, Borovany, Österreich: Limberg, Dänemark: Mol, BRD: Lüneburger Heide	biogene Sedimente von meist 5 bis 20 m Mächtigkeit
Spezialsande	DDR: Hohenbocka (vgl. Bild 11.18), Weferlingen, ČSSR (Strelec), VR Polen (Biala Gora), BRD (Frechen u. a.), Frankreich, Belgien, Niederlande	Meist tertiäre Sande unterschiedlicher Mächtigkeit, geringer Verunreinigungsgehalt: als Glas- und Gießereisande

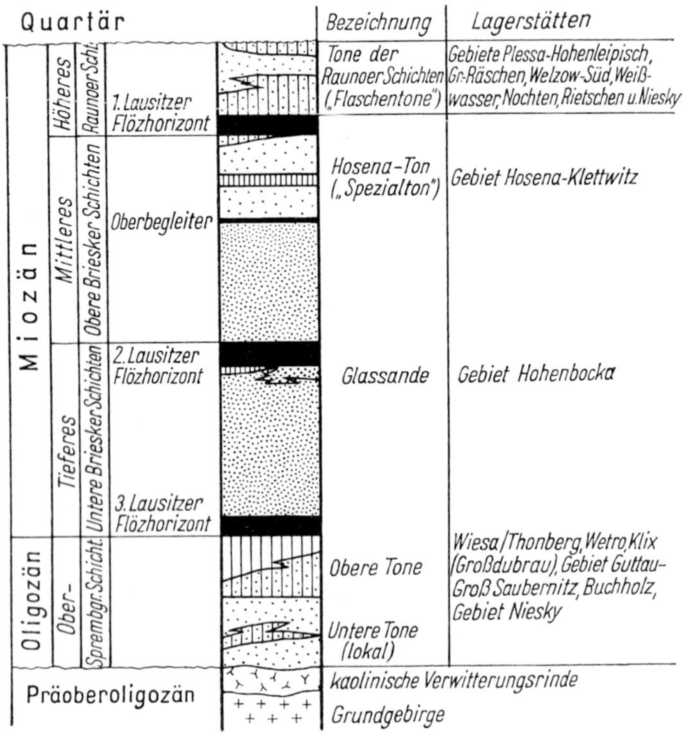

Bild 11.18. Geologische Position der Glassande innerhalb der miozänen Braunkohlenabfolge einschließlich der wichtigsten Tonlagerstätten. Ostelbisches Braunkohlenrevier der DDR [270]

- Auf Grund der Verwitterungsresistenz von Quarz können sich im sedimentären Bereich die *Sand- und Kieslagerstätten* bilden (s. Bild 11.18; Nutzung siehe weiter unten).
- Bei *metamorphen* Vorgängen rekristallisieren die Quarzsubstanzen sedimentärer (oder auch magmatischer) Gesteine. Je nach *pT*-Bedingungen und den anwesenden Elementen sind die Neubildungen verunreinigt (vgl. Bild 4.72). Bei der Metamorphose von Quarzsanden bilden sich Quarzite (auch Felsquarzite genannt). Durch die erhöhten Druck- und Temperaturbedingungen entwässern opal- und chalcedonhaltige Sedimente unter Neubildung von feinkörnigem Quarz zu Jaspis, Hornstein und anderen SiO_2-Gesteinen.

Pseudomorphosen des Quarzes wurden nach den verschiedensten Mineralen festgestellt: nach Calcit, Baryt, Gips, Krokydolith u. a. Mineralen, auch nach organischen Substanzen.
In der Tabelle 11.3 ist eine Übersicht über die wichtigsten Lagerstätten der Quarzrohstoffe zusammengestellt. Hierbei wurden vor allem die DDR-Lagerstätten erfaßt, weil bei den Quarzrohstoffen der Bedarf im wesentlichen durch eigene Aufkommen gedeckt wird.

Nutzung

Bergkristall: Optischer Quarz wird gesägt, geschliffen und poliert und zur Herstellung von Linsen, Prismen und polarisationsoptischen Teilen verwendet. Dabei spielt die kristalloptische Orientierung eine Hauptrolle. Prismen werden z. B. in Spektrographen als Cornu-Prismen, in denen links- und rechtsdrehende Quarze kombiniert werden, oder als strahlenaufspaltende Prismen (z. B. Wollaston-Prismen) gebraucht. Seiner (geringen) Doppelbrechung wegen findet der Quarz von jeher Verwendung in der Polarisationsoptik als Kompensator, wie Rot I. Ordnung, Quarzkeile, Halbschattenplatten.
Zu erwähnen sind ferner planparallele Küvettenfenster aus Bergkristall für Untersuchungen im UV und sein Einsatz als Piezoquarz in quarzgesteuerten Normalsendern und in Quarzuhren (quarzgesteuerte Sender mit absoluter Frequenzkonstanz von 1 bis $2 \cdot 10^{-8}$, d. h. einer Ungenauigkeit von 1/5 Sekunde in 100 Tagen). Nicht zuletzt wird ein großer Teil walnußgroßer Bergkristallbruchstücke als Schmelzquarz verwendet; er wird »geschränkt« (geglüht und anschließend in Wasser abgeschreckt), gebrochen, gereinigt und zu optischem Quarzglas verarbeitet. Während also beim Bergkristall in der Optik und als Piezoquarz v. a. die UV-Durchlässigkeit, Licht- und Doppelbrechung, Piezoelektrizität sowie Riesenkörnigkeit und gute Verarbeitbarkeit genutzt werden, ist es beim Schmelzquarz vor allem der spezifische Chemismus.

Felsquarzit: Der z. B. bei Sproitz i. d. Lausitz abgebaute Quarzit wird zu 50% in der Ferrosiliziumindustrie eingesetzt. Darüber hinaus werden saure Stampfmassen für Gießerei- und Hüttenbetriebe (Innenauskleidung von Kupol- und Industrieöfen, Bessemerkonverter usw.), Stampfmassen mit Koks und Steinkohlenteer als Stichlochmasse für Hochöfen, Abstichrinnen für SM-Öfen, Zustellung von FeSi-Pfannen, Silikatmörtel als Verfugmaterial für Silikasteine (Stahlindustrie u. a.), Spritzmassen usw. gefertigt.

Tertiärquarzit, Kieselschiefer, Flint: Diese sedimentär gebildeten SiO_2-Rohstoffe werden überwiegend zur Herstellung von Silikasteinen benötigt. Die Steine enthalten 93 bis 95% SiO_2, 1,8 bis 2,5% CaO, weiterhin Al_2O_3, TiO_2 und Alkalien. Dem gebrochenen Quarzit werden deshalb 1,5 bis 3% gebrannter Kalk und Wasser zugesetzt, bevor er zu Steinen geformt und gebrannt wird. Silikasteine haben eine relativ hohe Druckfeuerbeständigkeit bis kurz vor ihrem Schmelzbereich bei 1700 °C. Da die Steine gebrannt eingesetzt werden, ist die Umwandlung des Ausgangsmaterials in Cristobalit schon mehr oder weniger abgeschlossen, und das Produkt zeigt oft nur die Wärmeausdehnung bei 230 bis 280 °C (Cristobalit – Modifikationswechsel) und ist im Bereich oberhalb 300 °C sehr hoch temperaturwechselbeständig. Da die Umwandlung von Quarz bzw. Chalcedonsubstanz in Cristobalit eine solch entscheidende Rolle spielt und letzterer sich wesentlich leichter umwandelt und die Formbeständigkeit der Steine gewahrt bleibt, sind nur solche Rohstoffe geeignet, die sich schon bei der Herstellung der Steine gut umwandeln.
Tertiärquarzit ist praktisch schon nach dem ersten Brand »zur Ruhe gekommen«, während Felsquarzit selbst nach fünf Bränden seinen Endzustand noch nicht erreicht haben muß. Genutzt werden also bei diesen Rohstoffen

- der Chemismus
- das Umwandlungsverhalten
- die Feuerfestigkeit des Cristobalits

Flint wird darüber hinaus auch als Mahlstein für Kugelmühlen verwendet. Das Mühlenfutter besteht für Spezialzwecke mitunter aus Silex, einem Tertiärquarzit.

Spezialsande: Die Quarzsande werden von der Glas- und Gießereiindustrie eingesetzt. Während bei der ersteren die Güteforderungen insbesondere den Chemismus betreffen (vgl. Tabelle 5.3, betr. Fe-Gehalte), werden von der letzteren auch bestimmte physikalische Eigenschaften genutzt. Weitere Verwendungsbereiche sind: SiC-Herstellung, chemische Industrie, Porzellanindustrie, Schleifereien, Sandstrahleinrichtungen und Filterschichten.

Tridymit: SiO_2

Meist etwas alkalihaltige SiO_2-Modifikation. Tridymit wurde 1868 von v. Rath beschrieben, benannt nach dem griechischen Wort *tridymos* = dreifach (häufig auftretende Drillinge). Rhombisch (dipyramidal); Hochtridymit kristallisiert hexagonal. Pseudohexagonale Plättchen. Drillinge mit einem Winkel von 35°18′ zwischen den Plättchen. Rosetten- oder dachziegelartige Aggregate. Weiß, grauweiß, bisweilen farblos. Glasglanz. n_Y = 1,479. H $6^1/_2$ bis 7. Ohne Spaltbarkeit. D 2,27.
Vorkommen in Hohlräumen saurer Effusivgesteine, in Trachyten des Siebengebirges (BRD), von San Cristobal (Mexiko), in Auswürflingen des Vesuvs, gesteinsbildend in Laven und kieselsäurereichen technischen Produkten.

Cristobalit: SiO_2

1887 beschrieben von v. Rath; benannt nach dem Berg San Cristobal (Mexiko), wo das Mineral auftritt. Tetragonal (trapezoedrisch). Hochcristobalit kristallisiert kubisch. Formen: Oktaeder, skelettartig. Cristobalit-Chalcedone (*Lussatit* mit Faserrichtungen [$1\bar{1}0$], [$10\bar{1}$], [$01\bar{1}$] und *Lussatin* mit Faserrichtung [111]). Zwillinge nach (111). Milchweiß. Glasglanz. n_y = 1,487. H $6^1/_2$ bis 7. D 2,32 (Hochcristobalit: 2,20).

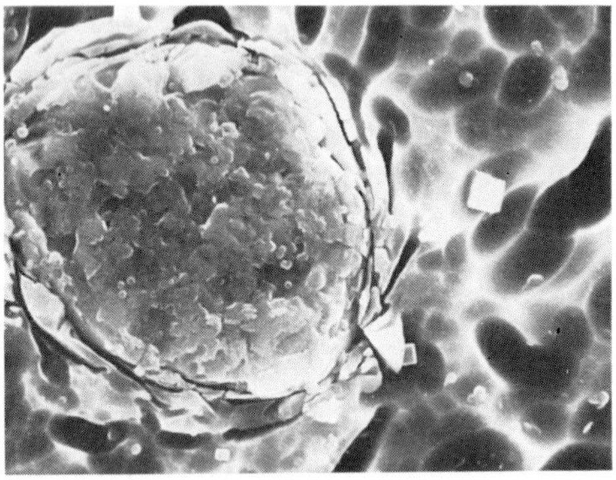

a)

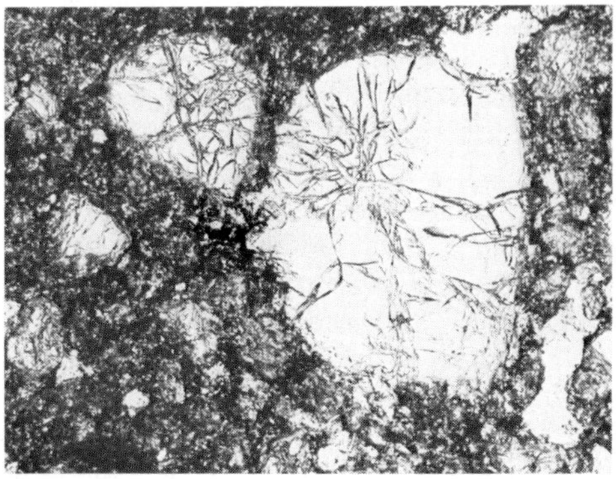

b)

Bild 11.19. Cristobalit

a) kuglig-blättrig im porösen Kalifeldspatglas, rasterelektronenmikroskopische Aufnahme (REM), Vergr. 3000×, Ätzung mit HF für 5 Min. [269, 270]

b) Umwandlung von Quarz in Cristobalit beim Brennen eines Schamottesteins. Anfangsstadium; Cristobalitbildung auf Rissen. Dünnschliff, Vergr. 100× [269, 225]

Vorkommen gemeinsam mit Tridymit in Andesiten von San Cristobal (Mexiko), im Yellowstone Park (USA) und in SiO_2-reichen technischen Produkten (Quarzglas und Dinassteine; vgl. auch Bild 11.19).

Coesit: SiO_2-Hochdruckmodifikation (vgl. Bild 11.9); monoklin (pseudohexagonal). In Meteoritenkratern und künstlich.

Stishovit: SiO_2-Hochdruckmodifikation (> 160 kbar und 1200 bis 1400 °C, vgl. Bild 11.9). Tetragonal isotyp mit Rutil. Im Stishovit ist Si^{4+} oktaedrisch von 6 O^{2-} umgeben. In Meteoritenkratern und künstlich.

Keatit: SiO_2; tetragonal. Nur synthetisch.

Fasriges SiO_2; rhombisch. Nur synthetisch aus 2 SiO + O_2. Unendliches Kettenmolekül mit SiO_4-Tetraedern verknüpft über zwei gemeinsame O (Kantenverknüpfung). Faserachse b [010].

Melanophlogit: SiO_2; kubisch (LASAULX 1876). Im SiO_2-Gerüst sollen organische Moleküle eingelagert sein.

Virgilit: $Li_{0,61}(Si_{2,37}Al_{0,06}..)O_6$; hexagonal. Farblos, n = 1,520. In vulk. Glas von Peru.

Opal: SiO_2 + aq

Nach PLINIUS 77 u. Z. *Upala* oder *Opalus*. Amorph, festes Hydrogel. Chemische Zusammensetzung ist sehr wechselnd: Wassergehalt 1 bis 21% (bis 34%). Opale können bereits einen Teil des Wassers beim Trocknen im Exsikkator abgeben (s. Bild 11.20); beim Erwärmen bis 100 °C geben sie die Hauptmenge des Wassers ab.

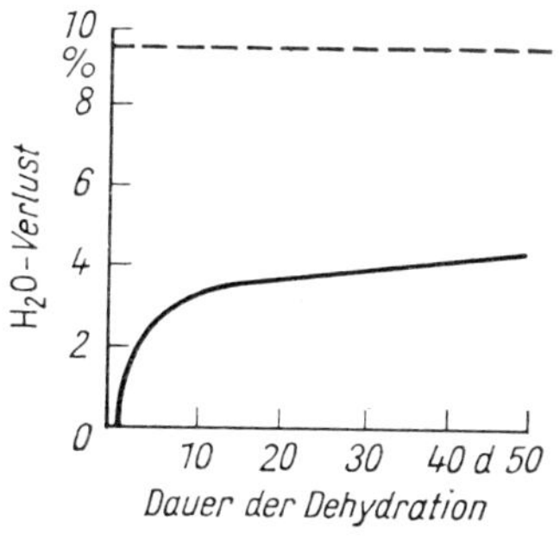

Bild 11.20. Entwässerungskurve des Opals über H_2SO_4 [1]

Dichte, glasartige Massen; Fließformen. Häufig Bestandteil von Organismen, bildet Panzer der Diatomeen, die Hartteile der Schwämme, die Skelette der Radiolarien usw. Kieselsäuresole können Baumstämme durchtränken und sie durch Opalablagerungen völlig unter Beibehaltung aller Einzelheiten des Aufbaues ersetzen (*Holzopal*).
Farblos. Durch verschiedene Beimengungen (Fe u. a.) gelb, braun, rot, grün, schwarz. *Edelopal* mit Opaleszenz und Farbenspiel. *Hyalit* (Glasopal), stalaktitenförmige Bildungen oder sphärolithisch aufgebaute Kügelchen. Glasglanz (poröse Massen haben Wachsglanz oder erscheinen matt). Halbdurchsichtige Varietäten zeigen Opaleszenz. n = 1,40 bis 1,46. Härte 5,5 bis 5,6. Spröde. D 1,9 bis 2,5.
Feste Opale zeigen glasartiges Aussehen und Fließformen. Äußerlich hat Opal viel mit Chalcedon gemeinsam. Er löst sich ziemlich leicht in KOH und in HF. Oft enthält Opal Tiefcristobalit.

Genese: Opal wird nicht selten von heißen Quellen und Geysiren in vulkanischen Gebieten in Form von Krusten (*Kieselsinter, Geysirit*) abgesetzt, manchmal in weißen durchscheinenden Fließformen mit Perlmutterfarbspiel. Er ist ebenso in Hohlräumen und Spalten von Effusivgesteinen verbreitet, manchmal in Form von Geoden und Mandeln. Meist jedoch bildet er sich unter exogenen Bedingungen bei der Zersetzung der Silikate im Verlauf der Verwitterung der verschiedenartigsten Gesteine, am häufigsten bei der Zersetzung ultrabasischer Gesteine. Die Kieselsäure der Silikate geht bei dem Zerfall der Kristallgitter in ein Sol über, bei dessen Koagulation Opal in der Eluvialzone in fließförmigen Konkretionen ausfällt, häufig zusammen mit Hydroxiden von Eisen, Aluminium und anderen Elementen. Sehr große Opalmassen bilden sich sedimentär als Flöze durch Koagulation der durch die Flußwässer herbeigeführten Kieselsäuresole in den Küstenzonen der Meeresbecken, oft unter Mitwirkung SiO_2-konzentrierender Lebewesen wie Diatomeen, Radiolarien usw. Dazu gehören Tripel, Diatomit, Kieselgur usw., die lockere oder feinporöse, manchmal mehr oder weniger feste Gesteine darstellen; sie werden an der Oberfläche infolge der mechanischen Wirkung des sie durchtränkenden gefrierenden Wassers oft in kreideähnliche Massen umgewandelt. Die Kieselsäurekolloide bewirken die Verkieselung von Pflanzenresten und insbesondere von Baumstämmen. Opal geht allmählich in kryptokristallinen Quarz über.
Lagerstätten sind in verschiedenen Ländern der Erde weit verbreitet. So z. B. in Klieken (DDR), der Lüneburger Heide (BRD), Böhmen (ČSSR), Italien, Ostural und Transkaukasien (UdSSR), Tripolis (Libyen), woher die Bezeichnung Tripel stammt; u. v. a. Die wichtigsten Lagerstätten von Edelopalen liegen am Südhang der Karpaten, nördlich von Košice (in den Hohlräumen eines Andesits), in Australien (großflächig in Sandsteinen, Konglomeraten und Tonen), in Mexiko.

Nutzung: Edelopale dienen als Schmucksteine. Tripel wird zum Polieren von Metallen, Steinen und für andere Zwecke verwendet. Die Verwendung reiner Kieselgur ist sehr vielseitig, z. B. für Filtrationen von Lösungen, als Filterhilfsmittel in der Zuckerindustrie, als Bakterienfilter, als Füllstoff für Kautschuk, Kunststoffe und Farben, als Trägerstoff für Katalysatoren, als Isolationsmaterial, zur Herstellung von Wasserglas, hydraulischem Mörtel, Leichtsteinen, Wärmeschutzmassen, Polier- und Putzmitteln usw.

Hyalit, glasartig, wasserhell; traubig, nierig. In und auf vulkanischen Gesteinen.

Feueropal, feuerrot, rötlichbraun oder gelb, durchscheinend bis durchsichtig. Zimapan (Mexiko); bei Brussa, NW-Türkei *Milchopal*, milchweiß, durchscheinend.

Hydrophan: schmutzigweiß und sehr porös; durch Einlegen in Wasser wird er durchsichtig und erlangt manchmal Farbenspiel; Hubertusburg (DDR, im Melaphyr).

Prasopal ist durch Ni-Verbindungen apfelgrün gefärbt.

Jaspopal: undurchsichtig, rot bis braun durch Fe-Verbindungen. *Kascholong* (weiß oder gelblich; porös). *Feuerstein* oder *Flint* und *Hornstein* sind Opale, die z. T. in Chalcedon (innig gemengt mit ihm) übergegangen sind. Der Feuerstein kommt lagerartig in der Schreibkreide von Rügen (DDR), Dover (S-England) usw. und in eiszeitlichen Ablagerungen in ganz Norddeutschland vor; aus ihm fertigten die Menschen der Steinzeit ihre Werkzeuge (vgl. Bild 1.4).

Der *Menilit* oder *Knollenopal* bildet graubraune knollige Konkretionen in sedimentären Gesteinen (Menilmontant b. Paris); ganz ähnlich ist der *Schwimmkiesel.*

Geysirit (Kieselsinter) ist aus Thermalquellen ausgeschiedene Opalmasse. Island; Yellowstone-Park (USA); Neuseeland.

Lechatelierit: SiO_2-Glas, findet sich in Form dünner zackiger Röhren in reinen Quarzsanden als sog. Blitzröhren oder Fulgurite; sie sind durch Blitzschlag, vereinzelt auch durch Meteoritenfall entstanden.

Bild 11.21. Achat. St. Egidien (DDR). In einer sog. Porphyrkugel sind die Hohlräume randlich mit farbigem Chalcedon-Achat ausgefüllt; in der Mitte befindet sich grobkörniger Quarz [221], etwa natürliche Größe

Achate und *Onyxe* sind opalartige Substanzen, die teilweise oder ganz in *Chalcedon* umgewandelt sind. Sie treten als Mandeln (Sekretionen) der verschiedensten Formen und Größen in vielen Effusivgesteinen, so Melaphyren, Basalten, Andesiten, Porphyren (s. Bild 11.21), weit verbreitet auf. Ihre Bildung ist wahrscheinlich auf die Wanderung konzentrierter kolloidaler Kieselsäurelösungen im letzten Abschnitt der Erstarrung zurückzuführen.
Bei exogenen Vorgängen bilden sich Quarz und Chalcedon als feinkörnige Aggregate bei der Entwässerung und Auskristallisation der Kieselsäure. Jedoch bildet sich Chalcedon in weit größerem Umfang nicht nur bei der Dehydratisierung der Kieselsäuregele, sondern auch selbständig. Es wurde beobachtet, daß er nach Opal in Hohlräumen zwischen den kollomorphen Abscheidungen des letzteren abgesetzt wurde.
Am weitesten verbreitet ist Chalcedon in Form von Knollen in Kalksteinen und in Gestalt von Konkretionen in der Verwitterungskruste. Diese Konkretionen erinnern äußerlich an die Mandeln des wahrscheinlich hydrothermal entstandenen homogenen Chalcedons in Effusivgesteinen (vgl. Bild 11.16, Zentrum).

Silhydrit: $3\,SiO_2 \cdot H_2O$; rhombisch (?). Mikrokristalline monomineralische Massen, die sich durch Auslaugung aus Magadiit an der Erdoberfläche bilden; Californien (USA). n = **1,466.**

Neso- und Sorosilikate (Insel- und Gruppensilikate)

11.3. Allgemeines

Bei den Nesosilikaten sind SiO_4-Tetraeder und bei den Sorosilikaten sind Si_2O_7-Doppeltetraeder (sogenannte Gruppen) durch Kationen (und z. T. auch durch weitere O- und OH-Anionen) miteinander verknüpft. Die allgemeine Typenformel lautet:
Nesosilikate $A_2^{2+}[SiO_4]$, $A^{4+}[SiO_4]$ u. a.
Sorosilikate $A_2^{3+}[Si_2O_7]$.
Als Kationen treten vor allem folgende Elemente in diesen Gittern auf:

Be^{2+}, Mg^{2+}, Ca^{2+}, Fe^{2+}, Mn^{2+}
Al^{3+}, Fe^{3+}, Cr^{3+}, Sc^{3+}
Zr^{4+}, Th^{4+}, U^{4+}

Durch diadoche und isomorphe Vertretungen gibt es mehrere Mischkristallreihen und eine große Anzahl interessanter Substitutionen. Diese Beziehungen haben eine große Bedeutung für den Chemismus, für den Gitterbau und für die daraus ableitbaren Eigenschaften der Minerale.
Da die Polymerisation der SiO_4-Tetraeder noch einen sehr geringen Grad aufweist, werden die physikalischen Eigenschaften stark durch die Eigenschaften des Kations beeinflußt. Der Einfluß von Druck und Temperatur auf die Koordination des Al zu O (Al^{3+} kann wegen seines Ionenradius von 0,51 Å sowohl in [4]-, [5]- als auch in [6]-Koordination auftreten) wird am Beispiel der Minerale der Andalusitgruppe gezeigt (vgl. auch Bild 4.34).
Einige der Neso- und Sorosilikate sind als Industrieminerale, andere als Elementrohstoffe und wiederum andere sind als Indikatorminerale für die geologische Suche und Erkundung von Bedeutung. Zu den wirtschaftlich wichtigen Industriemineralen gehören z. B. die Minerale der Andalusit-, der Olivin- und der Granatgruppe. Zu den Elementrohstoffen kann man die Minerale der Zirkon-, Braunit-, Uranophan-, Datolith- und Hemimorphitgruppe zählen. Für petrologisch-geologische Aussagen wichtig sind neben den oben genannten Mineralen noch die Vertreter der Topas-Staurolith-Titanit- und die der Epidot-Vesuvian-Gruppe.

11.4. Olivin-Gruppe

Zu dieser Gruppe gehören die Nesosilikate des Typs $A_2^{2+}[SiO_4]$, wobei A = Mg, Fe, Mn, Ni, Co, Ca und Pb sein kann. Eine große Bedeutung hat dabei die isovalente Diadochie der zweiwertigen Ionen Mg, Fe, Ni und Co. Ca und Pb bedingen infolge ihrer großen Ionenradien die Bildung von Doppelverbindungen. Das Bild 11.22 zeigt die Olivin-Mischkristallreihe. Neben diesen Mineralen gehören noch einige weitere seltenere zur Olivingruppe (s. Bild 11.23). Die unbegrenzte Mischbarkeit in der Olivinreihe kommt auch in den binären Schmelzdiagrammen Forsterit-Fayalit (vgl. Bild 4.37) und in der kontinuierlichen Änderung der optischen Eigenschaften und der Dichte (s. Bild 11.24) zum Ausdruck.
Forsterit hat mit 1890 °C einen wesentlich höheren Schmelzpunkt als Fayalit (1205 °C). Daher scheiden sich aus einer Schmelze gegebener Zusammensetzung zuerst Mg-reiche Olivine mit höherem Schmelzpunkt aus. So erklärt sich auch der verschiedentlich zu beobachtende Zonarbau der Olivine.
Von großer wirtschaftlicher Bedeutung ist auch die Substitution von Mg bzw. Fe in den Olivinmineralen durch Ni. Der NiO-Gehalt liegt bei 0,1 bis 0,6 Masse-% ; in dieser Konzentration ist er allerdings gegenwärtig noch nicht aus den Olivingesteinen gewinnbar. Bei der Verwitterung derartiger Gesteine kommt es aber v. a. durch die selektive Wegfuhr von Mg und teilweise Fe und Si zur Anreicherung von Ni bis zu einer Zehnerpotenz im Verwitterungsrückstand (in den sogenannten Nickelhydrosilikatlagerstätten, siehe z. B. Garnierit, S. 576).

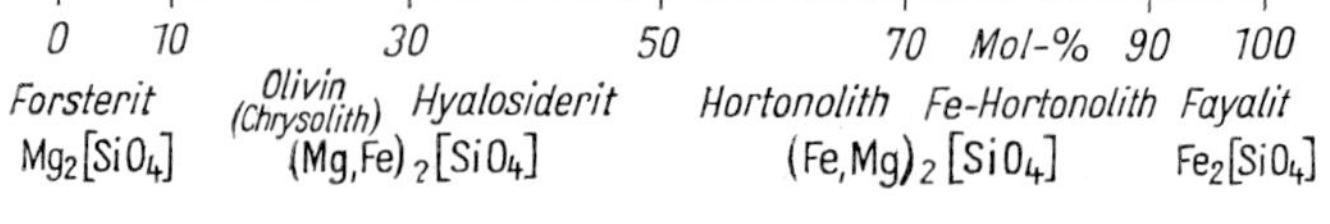

Bild 11.22. Olivin-Mischkristallreihe

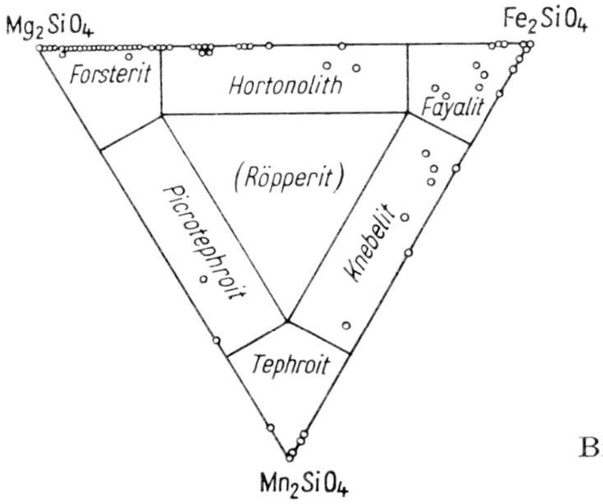

Bild 11.23. Olivingruppe [1]

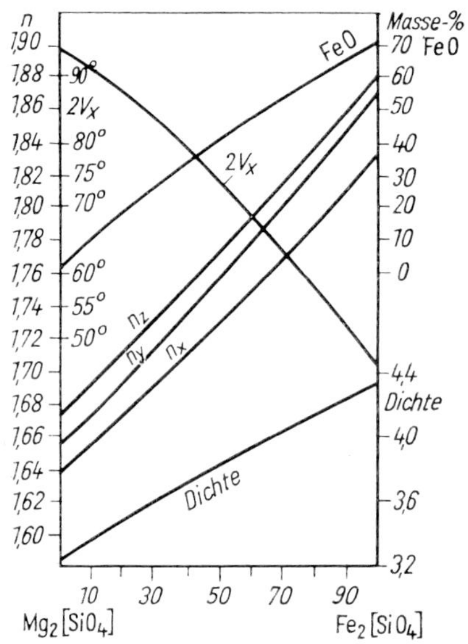

Bild 11.24. Abhängigkeit optischer Eigenschaften und der Dichte von der chemischen Zusammensetzung der Olivin-Mischkristallreihe [20]

Forsterit: $Mg_2[SiO_4]$

Das Mineral wurde von LEVY 1824 nach J. FORSTER benannt. Es bildet das Magnesiumsilikat-Endglied der isomorphen Mischkristallreihe $Mg_2[SiO_4]$–$Fe_2[SiO_4]$ mit einem max. Fayalitanteil von 10%. Theor. Zusammensetzung des $Mg_2[SiO_4]$: 57,1% MgO und 42,9% SiO_2. Daneben können zahlreiche weitere Elemente in geringer Menge enthalten sein (s. Olivin).
Rhombisch (dipyramidal). Die Kristallstruktur wird beim Olivin beschrieben. Die Kristalle haben isometrische oder leicht gedrungene Gestalt und bilden Kombinationen hauptsächlich folgender Formen: (100), (110), (010), (111) und (001). Farblos, in Aggregaten hellgrün, durchs. Starker Glasglanz. n_{ZYX} = 1,670, 1,651 und 1,635. H $6^1/_2$ bis 7. Spaltbarkeit 2 nach (010). D 3,22.
Härte, Glanz, Bruch, Farbe, Transparenz und Dichte sind gute Bestimmungskri-

terien. In der Mischkristallreihe besitzt Forsterit die geringste Dichte. Unlöslich in HCl; das Mineralpulver bildet nach Reaktion mit H_2SO_4 ein SiO_2-Gel. In Dünnschliffen u. d. M. ist Forsterit nach den optischen Daten genau zu bestimmen (vgl. Bild 11.24). Makroskopisch evtl. mit kleinkörnigem Quarz zu verwechseln, deshalb Paragenese beachten.
Forsterit kommt in kontaktmetamorphen Gesteinen (Dolomiten und Kalksteinen) vor, z. B. im Gebiet Sludjanka am Baikalsee (UdSSR) in Paragenese mit Chondrodit und Phlogopit. Bekannt sind Fälle, daß sich Forsterit auf Kosten serpentinisierter ultrabasischer Gesteine bildet, z. B. in Snarum (Norwegen) mit Magnesit, Phlogopit, Hämatit und Spinell.

Nutzung: Ausschließlich aus Olivin bestehende Gesteine mit geringem Eisengehalt, die unverändert oder nur teilweise serpentinisiert sind, bilden einen hochwertigen Rohstoff für die Herstellung feuerfester Forsteritziegel (hoher Schmelzpunkt!). Da bei ihrer Herstellung unter den Bedingungen des oxydierenden Röstens das ganze Eisen als Magnetit abgetrennt wird, ist es sehr wichtig, daß im Ausgangsstoff nur eine minimale Menge dieses Elements vorhanden ist und daß das Mol-Verhältnis $MgO : SiO_2$ dem Wert 2 nahekommt. Anderenfalls bildet sich beim Rösten neben dem Forsterit der kieselsäurereichere Pyroxen, der eine geringere Feuerfestigkeit besitzt. Zur Kompensation des Eisen(II)-oxids, das aus der Zusammensetzung des Silikatteiles verschwindet, gibt man in das Röstgemisch eine entsprechende Menge Magnesit.

Deutliche Beziehungen zum Forsterit bzw. Olivin haben folgende kontaktmetamorph gebildete Minerale:

Norbergit: $Mg_3[(OH, F)_2/SiO_4]$; rhombisch. Sehr selten, z. B. Norberg (Schweden); vgl. Seite 484ff.

Chondrodit: $Mg_5[(OH, F)_2/(SiO_4)_2]$; monoklin. Hellfarbene bis rötlichbraune flächenreiche körnige Kristalle in kontaktmetamorphen Kalksteinen (z. B. Fichtelgebirge, BRD), z. T. in Erzlagern (z. B. Tåberg, Schweden). D 3,1 bis 3,2. n_Y = 1,60 bis 1,63.

Humit: $Mg_7[(OH, F)_2/SiO_4]_3$; rhombisch. Ausbildung und Vorkommen ähnlich Chondrodit. Sehr selten. *Manganhumit* von Värmland (Schweden) führt etwas Mn für Mg. *Klinohumit:* $Mg_9[(OH, F)_2/(SiO_4)_4]$; monoklin. Eigenschaften ähnlich Chondrodit. Kontaktmineral; z. B. vom Baikalsee (UdSSR). Verschiedentlich Ti-haltig als *Titanklinohumit.*

Olivin: $(Mg, Fe)_2[SiO_4]$

Entdeckung: WERNER benannte das Mineral 1790 nach seiner olivgrünen Farbe.

Chemismus: Olivin ist ein Mineral aus der Mischkristallreihe Forsterit–Fayalit mit 10 bis 30% Fayalitanteil. Daraus resultiert folgende chemische Zusammensetzung: 45 bis 50% MgO, 8 bis 12% FeO, 40 bis 42% SiO_2. Durch isovalente Diadochie können im Olivin weiterhin enthalten sein: 0,1 bis 0,6% NiO (im Olivin des Kempirsai-Massivs im Südural wurden 0,62% NiO gefunden), 0,01 bis 0,08% CoO (im Olivin des Kimberlits aus Jakutien: 0,08% CoO), bis 0,48% Cr_2O_3, in eisenreichen Olivinen bis 5% MnO, 0,08 bis 0,5% CaO, 0,1 bis 0,7% Al_2O_3, 0,1 bis 2% Fe_2O_3, 0,1 bis 1% TiO_2 (in synthetischen Olivinen bis 7%).

Kristallogr.: Rhombisch (dipyramidal). Die Struktur des Olivins ist in Bild 11.25 in der Projektion auf die Fläche (010) dargestellt. Frei ausgebildete Kristalle kommen verhältnismäßig selten vor; meist ist der Olivin eingewachsen. Die charakteristischen Formen zeigt Bild 11.26. Zwillinge nach (011) sind selten.

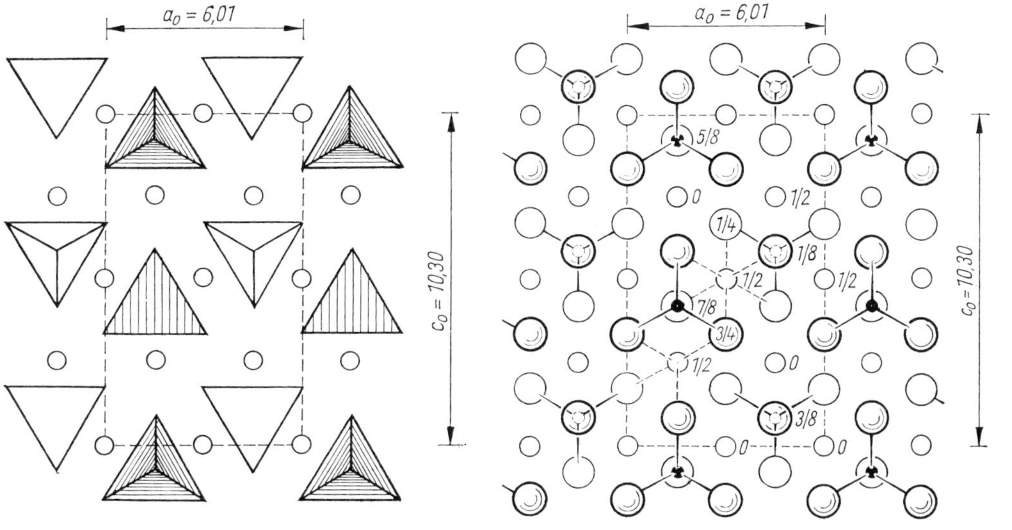

a) b)

Bild 11.25. Kristallstruktur des Olivins in der Projektion auf die Fläche (010)

a) koordinative Darstellung. Die SiO_4-Tetraeder sind abwechselnd mit ihren Ecken nach oben und unten gerichtet, wobei sie sich in verschiedenen Blöcken auf verschiedenen Höhenlagen befinden (die schraffierten Tetraeder liegen höher). Durch die kleinen Kreise werden die Magnesiumionen bezeichnet [20]
b) atomare Darstellung [99]

Physik. Eigensch.: Farbe grünlichgelb, auch farblos. Durchsichtig. Glas- und Fettglanz. $n_{ZYX} = 1{,}68,\ 1{,}66,\ 1{,}64$. H $6^1/_2$ bis 7. Spröde. Spaltbarkeit 2 bis 3 nach (010) seltener (100), oft muscheliger Bruch. D 3,3 bis 3,5 (abhängig vom Fe-Gehalt).

Diagnose: Olivin ist an Farbe, Härte, Glanz, Bruch und der meist isometrischen Form sowie der Paragenese gut zu erkennen. In HCl fast unlöslich. Das Mineralpulver zersetzt sich in konzentrierter H_2SO_4 stürmisch; es bildet sich ein SiO_2-Gel. Verwechselungsmöglichkeiten grünlicher Olivine bestehen u. a. mit Epidot und Diopsid.

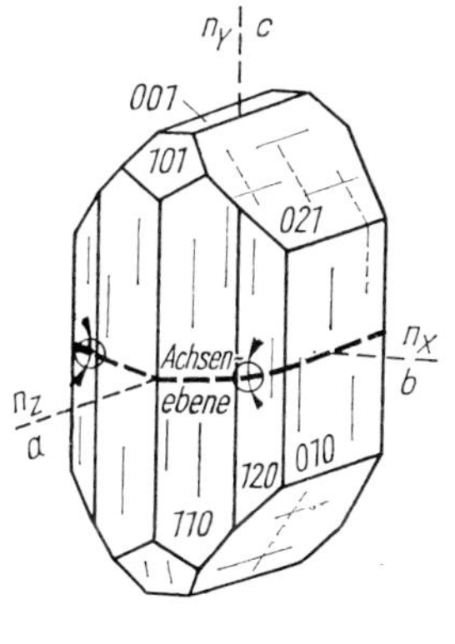

Bild 11.26. Kristallform des Olivins einschließlich Spaltbarkeit; die optischen Verhältnisse entsprechen dem Forsterit [49]

Genese: Olivin ist ein charakteristisches Mineral der kieselsäurearmen basischen und ultrabasischen Gesteine. Es gibt ganze Massive aus Olivingesteinen, die sogenannten Dunite. In Peridotiten kommt er neben Pyroxenen vor. Er ist zusammen mit Pyroxenen und Ca-Feldspäten Bestandteil der basischen Gesteine Gabbro, Diabas, Basalt und deren Tuffe. Olivin ist in einem sehr weiten Druck- und Temperaturbereich stabil (siehe auch sein Auftreten in Kimberliten zusammen mit Pyroxen, Pyrop und Diamant sowie in Meteoriten).
Bei der Hydratisierung des Olivins, der Serpentinisierung (vgl. Tabelle 16.20 und 16.22), erfolgt gleichzeitig eine Oxydation des Eisens (Braunfärbung!)

$$\underset{\text{Olivin}}{3\,Mg_2[SiO_4]} + 4\,H_2O + SiO_2 \rightarrow \underset{\text{Serpentin}}{2\,Mg_3[(OH)_4/Si_2O_5]}$$

An diesem Prozeß kann sich die Bildung von Talk und Magnesit anschließen:

$$\underset{\text{Serpentin}}{2\,Mg_3[(OH)_4/Si_2O_5]} + 3\,CO_2 \rightarrow \underset{\text{Talk}}{Mg_3[(OH)_2/Si_4O_{10}]} + \underset{\text{Magnesit}}{3\,Mg[CO_3]} + 3\,H_2O$$

Der Eisengehalt der Olivine wird bei derartigen Zersetzungen frei und scheidet sich in Form von Magnetitkörnchen auf Rissen und Korngrenzen aus. Die genannten Umwandlungen beginnen meist von feinen Rissen aus (»Maschenstruktur«, s. Bild 11.27, auch 10.15b) und sind wegen der Wasseraufnahme mit einer Volumenvergrößerung verbunden. Durch Reaktion des Olivins mit kalkreicher Schmelze können sich Biotitsäume um das Mineral bilden. Reagiert Olivin mit Plagioklas, so entstehen *Kelyphit*säume, die im wesentlichen aus Granat, Pyroxen und Amphibol bestehen (vgl. Bild 11.37).
Große Massive von Dunit und Peridotit, die z. T. stark serpentinisiert sind, kommen weltweit vor, z. B. UdSSR (verschiedene Gebiete des Urals, vgl. Bild 7.11, nördl. Kaukasus, Transkaukasien, Südsibirien), Türkei, Philippinen, Südafrika, Simbabwe, Kuba, Jugoslawien, Österreich. An viele dieser Massive sind Lagerstätten von Chromit, bisweilen Platin, Serpentinasbest und im Verwitterungsbereich oxidische Eisenerze und Nickelhydrosilikate gebunden (vgl. Serpentin).

Nutzung: Durchsichtige, schön gefärbte Kristalle finden im Juweliergewerbe als Schmucksteine Verwendung (Varietät *Chrysolith*). Ansonsten siehe unter Forsterit.

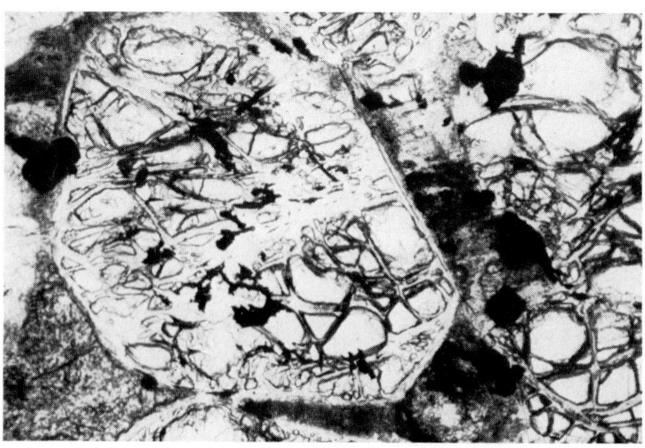

Bild 11.27. Serpentinisierung von idiomorphem Olivin (hohes Relief), die von Spalten und Rissen aus beginnt; »Maschenstruktur« und Ausscheidung von Magnetit (schwarz). Peridotit aus Zypern. Dünnschliff, Vergr. 58 × [20]

Hyalosiderit $(Mg, Fe)_2[SiO_4]$ sowie *Hortonolith* und *Ferrohortonolith*, beide $(Fe, Mg)_2[SiO_4]$, sind Mischungsglieder der Olivinreihe (s. Bild 11.22). Sie sind seltener als Olivin. Gesteinsbildend treten sie z. B. in den Hortonolithduniten des Bushveldkomplexes in Südafrika auf. *Talaskit:* Synonym für eisenreiche Glieder der Olivinreihe.

Roepperit: Mn-haltiger Hortonolith (vgl. Bild 11.23). Metamorphe Manganlagerstätten wie Franklin (USA) und Långban (Schweden).

Fayalit: $Fe_2[SiO_4]$

GMELIN benannte 1840 das Mineral nach dem ersten Fundort, der Insel Fayal (Azoren). Fayalit kann bis zu 10% Forsteritmoleküle enthalten, er ist das Eisensilikat-Endglied der isomorphen Mischkristallreihe $Mg_2[SiO_4]$–$Fe_2[SiO_4]$ und auch der Mischkristallreihe zum $Mn_2[SiO_4]$ (*Tephroit*) (vgl. Bild 11.23). Theor. Zusammensetzung des $Fe_2[SiO_4]$: 70% FeO und 30% SiO_2. Daneben können enthalten sein: einige Prozent MgO und MnO, ZnO, Al_2O_3 sowie Cr, Ti, Co, Ca u. a. in Spuren. Struktur und Form: siehe Olivin; bisweilen tafelig oder kurzprismatisch. Mit dreiwertigem Eisen existiert der rhombische *Ferrifayalit* $(Fe^{3+}, Fe^{2+}, Mn^{2+}, \ldots)[SiO_4]$ sowie der monokline *Laihunit* $Fe^{3+}(Fe^{2+}, \ldots)[SiO_4]$.
Farbe dunkelgelb bis grünlich schwarz; oxydierte Kristalle sind graubraun-zimtfarben. Starker Glasglanz, der dem Diamantglanz nahekommt. $n_{ZYX} = 1{,}875; 1{,}865; 1{,}827$. H 6 bis $6^1/_2$. Spaltbarkeit 2 nach (010). D 4,0 bis 4,35. V. d. L. schmilzt er zu einem schwarzen magnetischen Glas. In HCl unter Bildung eines SiO_2-Gels löslich. Natürlich gebildet ist Fayalit ein seltenes Mineral. Er kommt gelegentlich in Hohlräumen im Obsidian vor. In dichten körnigen Massen tritt er z. B. am Südufer des Baikalsees (UdSSR), weiter von Harzburg (BRD) und Tunaberg (Schweden) auf. Künstlich bildet er sich bei der Kristallisation eisenreicher Schlacken im Hüttenprozeß. Fayalit wird nicht wirtschaftlich genutzt.

Knebelit: $(Mn, Fe)_2[SiO_4]$; ein Mn-Fayalit, und *Eisenknebelit:* $(Fe, Mn)_2[SiO_4]$; beide rhombisch. Grauschwarze breitstenglige Aggregate in metamorphen Fe–Mn-Lagerstätten, z. B. Dannemora (Schweden).

Tephroit: $Mn_2[SiO_4]$. Endglied der Mischungsreihe Fayalit–Tephroit. Rötlichgrau. Meist derb. In metamorphen Mn-Lagerstätten wie Långban (Schweden) und Franklin (USA). *Picrotephroit,* s. Bild 11.23.

Mit Olivin können folgende strukturgleiche Minerale genannt werden:

Monticellit: $CaMg[SiO_4]$. Kleine, farblose oder weißliche xx in kontaktmetamorphen Kalksteinen. Auswürflinge des Monte Somma (am Vesuv, Italien), Halbinsel Kola (UdSSR), Tunguska/UdSSR, hier Kalkstein im Kontakt mit Trapp-Basalten. Oft Gehalte an Fe, Mn und Zn. $n_Y = 1{,}646$ bis $1{,}664$. D 3,2.

Kirschsteinit: $CaFe[SiO_4]$; rhombisch, aus Alkalibasalt von Kiwu (Zaïre).

Glaukochroit: $CaMn[SiO_4]$; rhombisch. Hellblaugrüne eingewachsene xx von Franklin (USA).

Ähnlich sind weiter (meist Ca-haltige Kontaktminerale):

Merwinit: $Ca_3Mg[SiO_4]_2$; monoklin. Kontaktmineral in Kalksteinen. Hellgrün; polysynthetisch verzwillingt. Vorkommen wie Monticellit. D 3,15; $n_Y = 1{,}711$. Auch in Schlacken.

Larnit: β-$Ca_2[SiO_4]$; monoklin. Graues Kontaktmineral, ähnlich Merwinit, von Scawt Hill (Antrim, Irland). Als Kunstprodukt mit hydraulischen Eigenschaften im Zement, stabil > 675 °C.

Bredigit: γ-$Ca_2[SiO_4]$; rhombisch. Sehr seltenes Kontaktmineral, von Scawt Hill (Antrim, Irland), als Kunstprodukt bei 750 °C beständig.

Kanemit: $NaH(SiO_4)(OH)_2 \cdot 2\,H_2O$; rhombisch. Bis 2 mm große sphärolithische xx, Absatz des Tschadsees (Afrika). D 1,926.

Spurrit: $Ca_5[CO_3/(SiO_4)_2]$; monoklin. Farblos bis weißes Kontaktmineral. Bekannt von Mexiko, auch Bellerberg (Eifel, BRD). $n_Y = 1{,}67$; D 3,01. *Paraspurrit* ist chemisch gleich und auch monoklin. Aus Granulit von USA. *Fukalith* ist $Ca_4[(OH, F)_2/CO_3/Si_2O_6]$; rhombisch. Weiße xx', D 2,77, $n_Y = 1{,}605$, aus Skarnen von Fuka (Okoyama, Japan).

Hillebrandit: $Ca_2[SiO_4] \cdot H_2O$; monoklin. Fasriges weißes Zersetzungsprodukt von Spurrit. D 2,7; $n_Y = 1{,}61$. *Foshagit:* Zersetzter Hillebrandit.

Orientit: $Ca_4Mn_3H[(OH)_2/SiO_4]_6 \cdot H_2O$; rhombisch. Braunschwarze radialstrahlige xx von Kuba, Provinz Oriente. D 3,05 (vgl. S. 491).

Thaumasit: $Ca_3H_2[CO_3/SO_4/SiO_4] \cdot 13\,H_2O$; hexagonal (Si in [6]-Koordination!). Weiße erdige, wirrnadelige oder dichte Massen. Långban (Schweden), New Jersey (USA), Haslach (Baden, BRD). D 1,9. H $3^1/_2$. $n_O = 1{,}507$. Ähnlich sind: *Latiumit:* $Ca_6(K, Na)_2Al_4[(CO, CO_3, SO_4)/(SiO_4)_6]$; monoklin, weiße Kriställchen, sowie *Birunit.* auch *Tuscanit:* $K(H_2O)(Ca, Na)_6(Si, Al)_{10}O_{22}(SO_4)_{1,4}(CO_3OH)_{0,6}(OH)_{0,4}$; monoklin; $n_Y = 1{,}590$; von Pitigliano (Italien).

Harkerit: $Ca(Mg, Al)[(Si, B, H)O_4] \cdot CaCO_3$; kubisch. Farbloses Kontaktmineral. Insel Skye bei Schottland.

Roeblingit: $PbCa_3H_6[SO_4/(SiO_4)_3]$. Weiße feinkristalline Aggregate von Franklin (USA). D 3,43; $n_Y = 1{,}64$

Afwillit: $Ca_3[SiO_3OH] \cdot 2\,H_2O$; monoklin. Farblose xx von Ettringer Bellerberg (Eifel, BRD) und Kimberley (Südafrika).

Bultfonteinit: $Ca_2[F/SiO_3OH] \cdot H_2O$; triklin. Rosarote radialstrahlige xx von Kimberley (Südafrika).

Rankinit: $Ca_3[Si_2O_7]$; monoklin. Kontaktmineral von Scawt Hill (Antrim, Irland); Paragenese mit Wollastonit und Melilith. Künstlich in Zementklinkern und Schlacken. *Kilchoanit:* $Ca_3[Si_2O_7]$; wie Rankinit, aber rhombisch.

Canasit: $(Na, K)_5Ca_4[(OH, F)_3/Si_{10}O_{25}]$; monoklin. # 3, in Pegmatit von der Halbinsel Kola (UdSSR).

11.5. Granat-Gruppe

Die Minerale der Granatgruppe sind typische Vertreter der Nesosilikate vom Typ $A^{2+}{}_3B^{3+}{}_2[SiO_4]_3$, wobei

$A^{2+} = Mg, Fe^{2+}, Mn^{2+}$, Ca und
$B^{3+} = Al, Fe^{3+}, Cr^{3+}$

sein kann.
Beziehung zwischen Chemismus, Kristallstruktur und Eigenschaften: In der Tabelle 11.4 ist die chemische Zusammensetzung der wichtigsten Granatminerale angegeben, und im Bild 11.28 wird die Kristallstruktur des Grossulars (als Beispiel für alle Granate) verdeutlicht. Da diese Minerale isotyp sind, alle im kubischen System kristallisieren, die gleiche Form (s. Bild 11.29 bis 11.30), die gleiche Härte von 6,5 bis 7,5, schlechte Spaltbarkeit und muscheligen Bruch aufweisen, sollen im folgenden einige wichtige Zusammenhänge und Unterschiede zwischen den Granaten herausgearbeitet werden. Das Bild 11.31 zeigt die Beziehung zwischen den Ionenradien der Kationen und dem Gitterabstand der Elementarzelle des jeweiligen Minerals der Granatgruppe. Es ist erkennbar, daß bei gleichem Gittertyp der Abstand a_0 mit zunehmendem Ionenradius des Kations wächst.

Tabelle 11.4. Theoretische Zusammensetzung der Granate, in Masse-%

Minerale	MgO	FeO	MnO	CaO	Al_2O_3	Fe_2O_3	Cr_2O_3	SiO_2
Pyrop[1])	29,8	–	–	–	25,4	–	–	44,8
Almandin[2])	–	43,3	–	–	20,5	–	–	36,2
Spessartin[3])	–	–	43,0	–	20,6	–	–	36,4
Grossular[4])	–	–	–	37,3	22,7	–	–	40,0
Andradit[5])	–	–	–	33,0	–	31,5	–	36,5
Uwarowit[6])	–	–	–	33,5	–	–	30,6	35,9

[1]) $Mg_3Al_2[SiO_4]_3$
[2]) $Fe_3Al_2[SiO_4]_3$
[3]) $Mn_3Al_2[SiO_4]_3$
[4]) $Ca_3Al_2[SiO_4]_3$
[5]) $Ca_3Fe_2[SiO_4]_3$
[6]) $Ca_3Cr_2[SiO_4]_3$

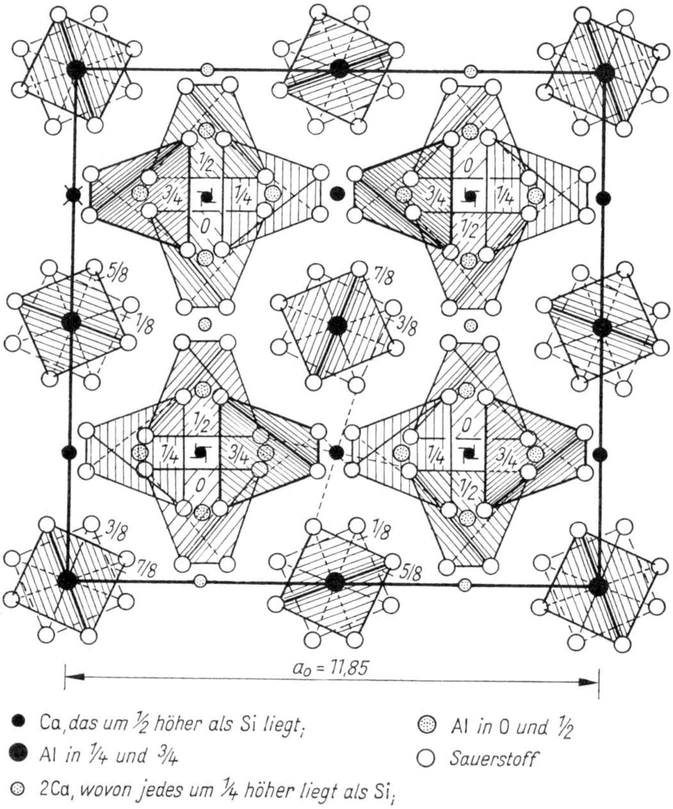

Bild 11.28. Kristallstruktur des Granats Grossular $Ca_3Al_2\,[SiO_4]_3$; Projektion auf (100) [18]

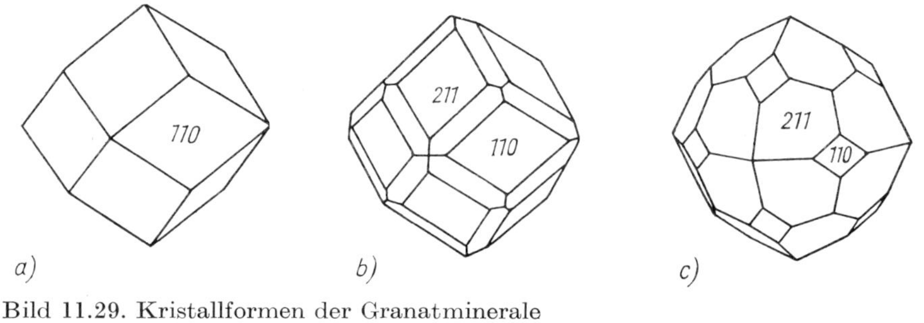

Bild 11.29. Kristallformen der Granatminerale

a) Rhombendodekaeder b) und c) Kombination Rhombendodekaeder-Ikositetraeder

Bei den Granatmineralen spielt die isovalente Diadochie eine gewisse Rolle. Bei Kenntnis der Ionenradien z. B. der zweiwertigen Kationen ist das Auftreten von Mischkristallen zwischen

Pyrop und Almandin $(Mg, Fe)_3Al_2[SiO_4]_3$ sowie
Almandin und Spessartin $(Fe, Mn)_3Al_2[SiO_4]_3$

verständlich. Der Größenunterschied zwischen Mg und Mn und zwischen Mg, Fe, Mn einerseits und Ca andererseits ist so beträchtlich, daß bei den Granatmineralen diese Diadochie nicht auftritt (z. B. Bild 11.32). Das folgende Bild 11.33 zeigt, daß auch die äußere Form (Tracht), die als Ausdruck der Wachstumsanisotropie anzusehen ist, gewisse gesetzmäßige Unterschiede aufweist. Während bei den Al-Granaten einfache Formen vorherrschen, sind bei Andradit Kombinationen häufiger.
Bei den Mineralen der Granat-Gruppe kann ein weiterer wichtiger Zusammenhang zwischen dem Elementbestand des Gitters und der Lichtbrechungen dargestellt werden. In Bild 11.34 ist die Summe der Atommassen der zwei- und dreiwertigen Kationen für die jeweiligen Minerale den Lichtbrechungswerten gegenübergestellt. Es gibt eine eindeutige Abhängigkeit zwischen der Summe der Atommassen der Kationen und der Lichtbrechung. Beide Größen hängen nur mittelbar zusammen, aber jedes Element mit einer höheren Atommasse hat auch eine höhere Elektronendichte, und daraus resultiert eine geringere Ausbreitungsgeschwindigkeit der Welle (entspricht einem höheren n) im Mineral. Mit der exakten Messung der Lichtbrechung besteht also eine einfache Möglichkeit der Granatunterscheidung.

Bild 11.30. Rhombendodekaeder (110) von Granat [221] (»Granatoeder«)

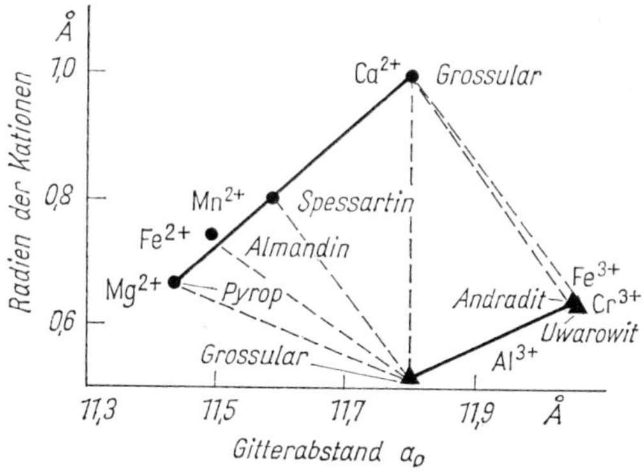

Bild 11.31. Beziehung zwischen den Ionenradien der Kationen und dem Gitterabstand a_0 der wichtigsten Granatminerale [232]

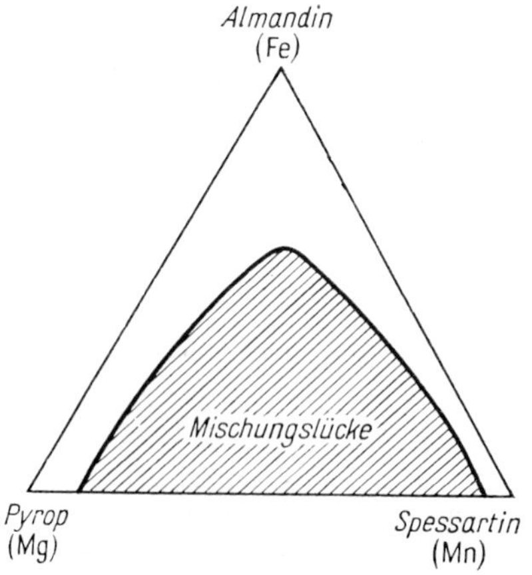

Bild 11.32. Mischungsdreieck Pyrop–Almandin–Spessartin [232]

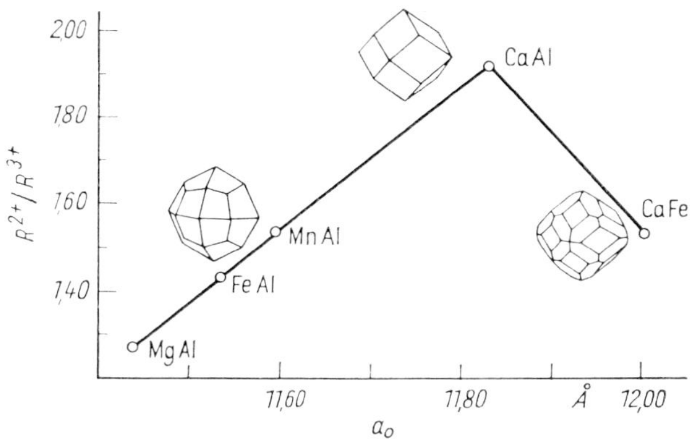

Bild 11.33. Wechsel der Tracht der Granatkristalle in Abhängigkeit vom Kationenradius und der Größe der Elementarzelle [141]

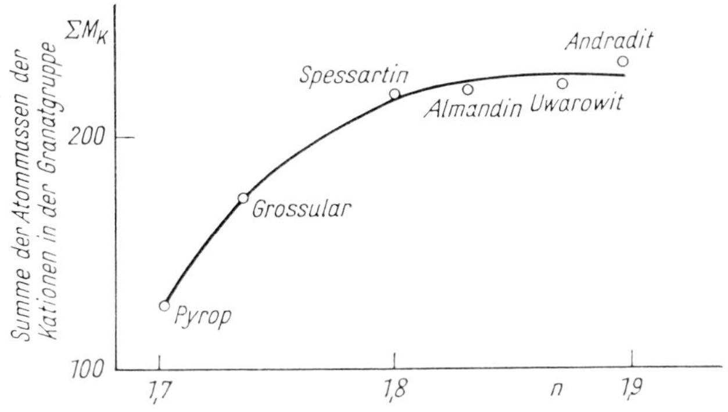

Bild 11.34. Abhängigkeit der Lichtbrechung n der Granatminerale von der Summe der Atommassen der Kationen (Σ M_K) [232]

Tabelle 11.5. Dichte und Farbe der Granatminerale (die charakteristische Farbe ist kursiv gedruckt)

Mineral	Dichte	Farbe
Pyrop	3,51	*dunkelrot*, rosarot
Grossular	3,53	honiggelb, *blaßgrün*, braun, rot
Spessartin	4,18	dunkelrot, orangegelb, *braun*
Almandin	4,25	rot, *braunrot*
Andradit	3,75	gelb, *grünlich*, braunrot
Uwarowit	3,52	*smaragdgrün*

In der Tabelle 11.5 sind einige weitere Eigenschaften der einzelnen Minerale der Granatgruppe enthalten (Dichte, Farbe). In der Tabelle 11.6 sind die wichtigsten Bildungsbereiche der Granatminerale angegeben; Granate haben also einen breiten Stabilitätsbereich. Während der Metamorphose wachsen Granate entweder isochem, d. h. ohne Stoffzufuhr von außen, oder unter Stoffzufuhr (metasomatisch, s. Bild 11.35) im Gestein. Häufig heben sich derartig gebildete Kristalle durch die Größe von den sie umgebenden Mineralkörpern ab. In diesem Falle spricht man von Porphyroblasten, hier also Granatporphyroblasten. Zonarbau mit entsprechender Änderung des Chemismus ist deshalb nicht selten (s. Bild 11.36).

Tabelle 11.6. Wichtigste Bildungsbereiche der Granatminerale

	Pyrop	Almandin	Spessartin	Grossular	Andradit
magmatisch					
Granit und Pegmatit	–	+	+	–	–
Kimberlit und Peridotit	+	+	–	+	–
regionalmetamorph					
Biotitschiefer	+	+	–	+	–
Amphibolschiefer	+	+	–	+	–
Eklogit	+	+	–	+	–
kontaktmetamorph-metasomatisch					
silikat. Edukt	–	+	+	–	–
karbon. Edukt	–	–	–	+	+

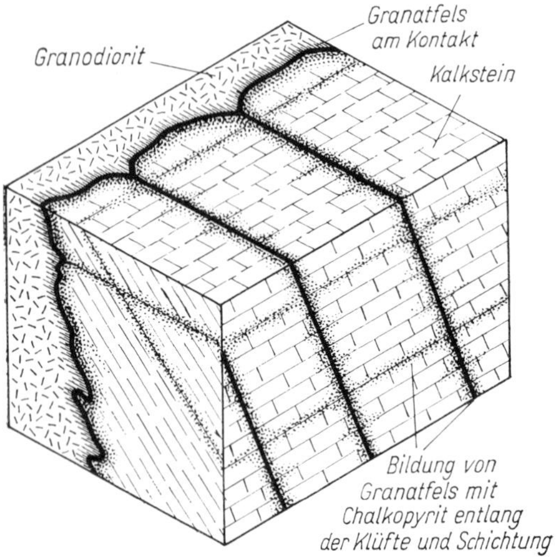

Bild 11.35. Schema der Kontaktmetasomatose zwischen einem Granodiorit und einem Kalkstein unter Granatbildung. Lagerstätte Aranzazu in Mexiko (nach A. Bergeat)

Bild 11.36. Andradit mit Zonarbau. Aus Phonolith vom Kaiserstuhl (BRD). Dünnschliff, Vergr. 57 × [20]

Bild 11.37. Fasriger Kelyphitsaum um Granat (untere Mitte). Aus Pyroxenserpentinit von Greifendorf bei Hainichen (DDR). Dünnschliff, Vergr. 20 × [220]

Wegen ihrer Verwitterungsresistenz sind Granate häufig in grobklastischen Sedimenten (Sanden) anzutreffen, so auch der pyropreiche »böhmische Granat« von Trebenice. Bei der Verwitterung sind eisen- und manganhaltige Granate etwas unbeständiger als Pyrop und Grossular. Umwandlungen von Granatmineralen lassen sich bei hydrothermaler Beeinflussung beobachten – es bilden sich dann meist Chlorit und Epidot. Um Almandin und Pyrop können sich bei rückschreitender (retrograder) Metamorphose Kelyphitsäume (meist radial gestellte Pyroxen- und Amphibolsäulchen) bilden (s. Bild 11.37, vgl. auch Tabelle 16.22). Bei Aufnahme (Resorption) von Almandin durch ein Magma kann ein Gemenge von Spinell und Hypersthen entstehen.
Als Beispiel wird im folgenden der häufigste Granat Almandin besprochen.

Almandin: $Fe_3Al_2[SiO_4]_3$

Entdeckung: Almandin ist abzuleiten vom Ortsnamen Alabanda (Kleinasien), wo im Altertum Steine geschliffen wurden (»Alabandischer Granat« des PLINIUS).

Chemismus: Almandin bildet Mischkristalle sowohl mit Pyrop als auch mit Spessartin. Theor. Zusammensetzung des $Fe_3Al_2[SiO_4]_3$: 43,3% FeO, 20,5% Al_2O_3 und 36,2% SiO_2. Diadoch können zahlreiche Elemente eingebaut sein (in natürlichen und synthetischen Granaten wurden bis 40 Elemente nachgewiesen bzw. bewußt eingebaut). Fremdmineraleinschlüsse sind aufgrund der meist blastischen Genese nicht selten.

Kristallogr.: Kubisch. Die Struktur gleicht der des Grossulars (vgl. Bild 11.28). Die isolierten SiO_4-Tetraeder sind auf der Darstellung in verschiedenen Niveaus angeordnet, z. B. in 0, $^1/_4$, $^2/_4$ und $^3/_4$. Zwischen den Tetraedern lagern die zwei- und dreiwertigen Kationen; erstere in [8]- und letztere in [6]-Koordination zum Sauerstoff. Gut ausgebildete und gelegentlich cm-große xx in einfachen und kombinierten Formen treten häufig auf, vor allem (110) und (211), seltener (111) und (100). Zwillinge nach (210) sind sehr selten. Dichtkörnige Massen (Granatfels) kommen gelegentlich vor.

Physik. Eigensch.: Farbe rot, rotbraun bis schwarz. Durchschn., selten durchs. Fett- bis Glasglanz, seltener Diamantglanz. n = 1,830. H 7 bis $7^1/_2$. Spaltbarkeit 1 nach (110). Bruch muschelig bis splittrig. D 4,25.

Diagnose: Form, (Farbe), Härte, fast fehlende Transparenz und Spaltbarkeit sind charakteristisch für diesen Granat; die Paragenese wechselt. Verwechslung mit Spinell und Pyrop möglich.

Genese: Almandin bildet sich vor allem metamorph (z. B. Glimmerschiefer), aber auch magmatisch (vgl. Tabelle 11.6). Deshalb ist die Paragenese wechselnd, häufig sind Biotit, Muskovit, Quarz, Cyanit, Sillimanit, Graphit, Rutil, Magnetit.
Granatlagerstätten befinden sich in Trebenice (ČSSR, hier Pyrop!), im Sverdlovsker Gebiet des Ural und in Karelien (UdSSR), in der Bayrischen Oberpfalz (BRD), in den USA, in Spanien, Japan und vielen anderen Orten.

Nutzung: Gelegentlich Schleifmaterial für glas- und holzverarbeitende Industrie.

Seltenere Granatvarietäten sind:

Schorlomit: $Ca_3(Al, Fe, Ti)_2[(Si, Ti)O_4]_3$. D 3,88. n = 2,0; schwarz, bräunlichschwarz. Andraditvarietät

Aplom: Al-Andradit, *Melanit:* Ti-haltiger Andradit, v. a. in Phonolithen

Demantoid und *Topazolith* sind grünlichgelbe Varietäten von Andradit. *Grandit* steht zwischen Grossular und Andradit. *Yttrium-Granat* (= Yttergranat): enthält Y für Ca.

Hessonit: Fe^{3+}-Grossular, daher rot. *Hibschit:* Hydrogrossular $Ca_3Al_2[(Si, H_4)O_4]_3$.

Kimzeyit: $Ca_3Zr_2[Al_2SiO_{12}]$. Mit 20,2 % ZrO_2. *Goldmanit:* $Ca_3V_2^{3+}[SiO_4]_3$; von Albuquerque (USA).

Knorringit (Hanleit): $Mg_3Cr_2[SiO_4]_3$; Chromgranat aus Kimberlit von Lesotho (Afrika), neues Endglied bei der Granatgruppe.

Selten und z. T. noch hypothetisch sind folgende Granate: *Khoharit:* $Mg_3Fe_2[SiO_4]_3$. *Skiagit:* $Fe_3Fe_2[SiO_4]_3$, *Calderit:* $Mn_3Fe_2[SiO_4]_3$, *Blythit:* $Mn_3Mn_2[SiO_4]_3$, *Titangranat:* $Ca_3Ti_2[SiO_4]_3$ (Imanit)

Anhang:

Krinovit: $NaMg_2Cr[Si_3O_{10}]$; monoklin. Kleine tiefgrüne Körner, vom Cañon Diablo (in Graphitnadeln) und aus Meteoriten.

Gerstmannit: $(Mn, Mg)Mg(OH)_2[ZnSiO_4]$; rhombisch. Hellgefärbte Rosetten, D 3,68, von der Sterling-Hill-Grube (New Jersey, USA).

11.6. Zirkon–Titanit-Gruppe

Die Minerale der Zirkon–Titanit-Gruppe, deren wichtigste Vertreter Zirkon und Titanit sind, gehören einerseits strukturell zu den Nesosilikaten vom Typ $A[SiO_4]$, wobei A = Zr, Th und U sein kann, und andererseits zu den Nesosilikaten mit »fremdem Anion« vom Typ $AB[O/SiO_4]$, die in der Topas-Staurolith-Gruppe näher beschrieben werden. Erstere sind aber gleichzeitig isotyp mit zwei wichtigen Phosphaten. Diese Isotypie ist für den Chemismus der genannten Minerale von großer Bedeutung. Gleichzeitig ist sie für das Verständnis der Komplexität der Beziehungen zwischen Chemismus und Struktur der Minerale und mineralischen Rohstoffe einerseits und ihren Eigenschaften andererseits als besonders charakteristisch anzusehen; deshalb soll darauf etwas näher eingegangen werden.

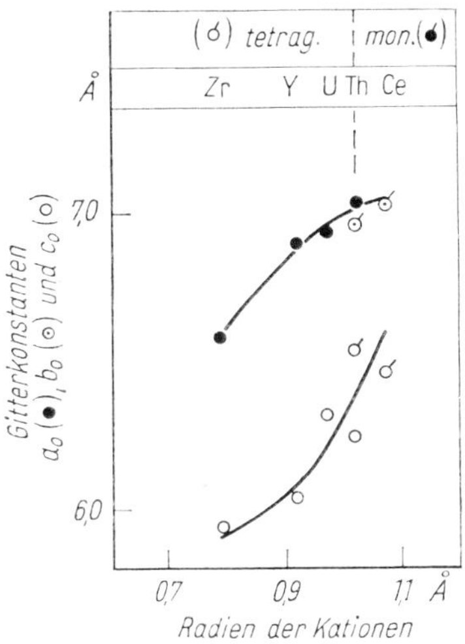

Bild 11.38. Beziehung von Kationenradius und Gitterkonstanten der Minerale der Zirkongruppe [232]

Im Bild 11.38 wird die Beziehung zwischen den Ionenradien der Kationen folgender isotyper Minerale

Zirkon	$Zr[SiO_4]$	tetragonal	Thorit	$Th[SiO_4]$	tetragonal
Xenotim	$Y[PO_4]$	tetragonal	Huttonit	$Th[SiO_4]$	monoklin
Coffinit	$U[SiO_4]$	tetragonal	Monazit	$Ce[PO_4]$	monoklin

und den Gitterkonstanten a_0, b_0 und c_0 der jeweiligen Minerale dargestellt. Das Bild zeigt, daß mit steigendem Kationenradius die Abstände der Gitterbausteine größer werden und bei Th^{4+} = 1,02 Å die tetragonale Symmetrie in die monokline übergeht; das $Th[SiO_4]$ tritt sowohl tetragonal als auch monoklin auf.

Eine ähnliche Erscheinung ist von den Karbonaten bekannt: Alle einfachen Karbonate mit einem kleineren Kationenradius als Ca kristallisieren trigonal, und alle einfachen Karbonate mit einem größeren Radius kristallisieren rhombisch. $Ca[CO_3]$ zeigt sowohl trigonale als auch rhombische Symmetrie (Dimorphie).

Die Isotypie von $Zr[SiO_4]$ und $Y[PO_4]$ ist die Ursache für eine gekoppelte Substitution von Zr^{4+} und Si^{4+} durch Y^{3+} und P^{5+}.
Neueste Mikrosondeuntersuchungen haben gezeigt, daß im Zirkonwirtsmineral feinste Xenotimbereiche auftreten; die Verfasser sprechen von Xenotimsubstitution. Es erscheint aber besser, hier eine Entmischung anzunehmen, denn die Kationenradien liegen so weit auseinander, daß eine lückenlose Diadochie wohl nur bei höheren Temperaturen gegeben ist. In den Xenotimbereichen weisen die Autoren erhöhte Gehalte von Ce, Dy, Er, Yb und Ca nach. Die Ionenradien dieser Elemente sind dem Wert von Yttrium ähnlich; es liegt also hier eine echte Diadochie von Y durch diese Elemente im $Y[PO_4]$ vor. Damit erklären sich die im Zirkon nachgewiesenen hohen Y-, SE- und Ca-Gehalte.
Daneben enthält Zirkon aber auch noch Hf (in extremen Fällen bis 31% HfO_2), Nb, Ta. Diese Elemente substituieren Zirkonium im $Zr[SiO_4]$, da ihr Ionenradius dem des Zr^{4+} gleicht. Weiterhin wird im Zirkon mitunter bis 12% ThO_2 und bis 1,5% U_3O_8 angetroffen. Ein Blick auf das Bild 1.38 zeigt, daß Th und U das Element Zr schwerlich diadoch vertreten können.

Tabelle 11.7. Dichte und Lichtbrechung der Minerale der Zirkongruppe

Minerale	Dichte	Lichtbrechung	
Zirkon	4,3 ... 4,8	n_E = 1,97 ... 2,02	n_0 = 1,92 ... 1,96
Coffinit	> 5,1	n_E = 1,731	n_0 = 1,725
Thorit	5,4 ... 6,4	n_E = 1,72 ... 1,86	n_0 = 1,68 ... 1,76
Huttonit	7,1	n_z = 1,922, n_y = 1,900, n_x = 1,898	

Zwischen Coffinit und Thorit gibt es weitgehende Mischbarkeit: Im Thorit können 10 bis 16% U_3O_8 enthalten sein; es gibt auch ein Mineral der Formel (Th, U) [SiO_4], den *Uranothorit*. In den Thoriumsilikaten wurden neben Uran auch Seltene Erden und CaO nachgewiesen.
Die Abhängigkeit einiger Eigenschaften von diesen komplizierten Diadochiebeziehungen zeigt die obige Tabelle 11.7. Diese Gegenüberstellung verdeutlicht, daß die Dichte und auch die Lichtbrechungswerte, bedingt durch den wechselnden Chemismus, außerordentlich stark schwanken.
Angehängt an die Minerale der Zirkon-Titanit-Gruppe werden die Zr-, Ti-, SE-, Y- und Nb-Silikate, die meist Produkte spät- und postmagmatischer Vorgänge sind.

Zirkon: Zr[SiO_4]

Entdeckung: Die Bezeichnung Zirkon geht auf WERNER 1783 zurück; da das Mineral aber schon länger bekannt ist, wird der Name auch von der Insel Ceylon (heute Sri Lanka) abgeleitet.

Chemismus: Auf Grund der Isotypie des Zirkongitters mit dem des Xenotims Y[PO_4] gibt es vielfältige Diadochiebeziehungen, Entmischungen und Einlagerungen im Zirkon (s. o.). Eine Folge davon ist ein breites Spektrum von Begleitelementen. Theor. Zusammensetzung des Zr[SiO_4]: 67,1% ZrO_2 und 32,9% SiO_2. Die wichtigsten Begleitelemente sind Hf, Y, Ce und andere SE, P, Nb, Ta, Th, Al, U, Fe und Ca. Hafnium hat sich hinter Zirkonium so gut »getarnt«, daß es erst 1922 entdeckt wurde. Der Zirkon ist oft durch unterschiedliche Einschlüsse verunreinigt; einen Eindruck davon vermittelt Bild 11.39.

Kristallogr.: Tetragonal (ditetragonal-dipyramidal). Die Struktur ist im Bild 11.40 dargestellt. Das Zr-Ion wird von 8 O-Ionen der SiO_4-Tetraeder umgeben. Idiomorphe xx sind nicht selten; Zirkon ist kurzsäulig ausgebildet, es treten die tetragonalen Prismen (100) und (110) und die Dipyramide (111) auf (s. Bild 11.41). Zwillinge nach (111), (221) und (101) kommen vor. Zirkon ist fast immer eingewachsen. Im sedimentären Bereich wird er beim Transport abgerundet.

Physik. Eigensch.: Farblos, auch gelb, orange, rot, seltener grün und dunkelbraun (dunkelbraun tritt er nur bei höherem U- und Th-Gehalt auf, dieser führt durch Radioaktivität zu Gitterzerfall = Isotropisierung oder metamikter Zustand). Durchsichtig bis durchscheinend. Diamantglanz, manchmal Fettglanz. n_E = 1,97 bis 2,02, n_0 = 1,92 bis 1,96. H 7 bis 8. Spaltbarkeit 2 selten nach (110), Bruch muschelig. D 4,3 bis 4,8. Durch Isotropisierung sinken Licht- und Doppelbrechung, Härte, Dichte. Die Radioaktivität führt oft auch zu pleochroitischen Höfen in entsprechenden Wirtsmineralen (vgl. Bild 2.98).

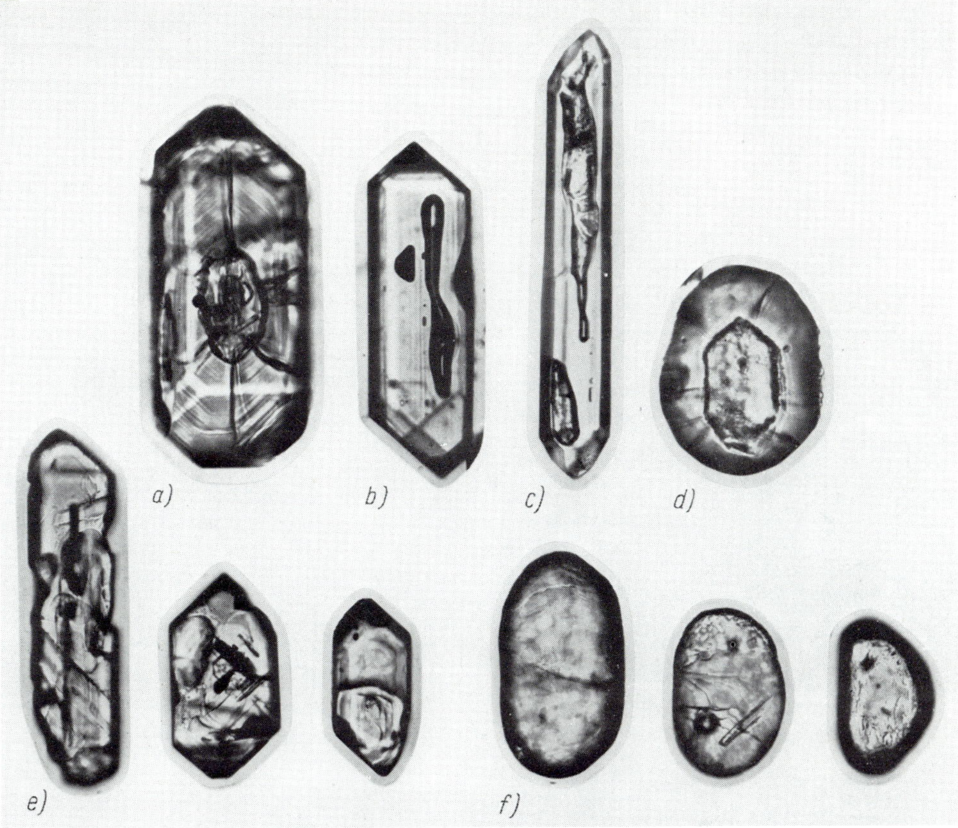

Bild 11.39. Akzessorischer Zirkon mit unterschiedlicher Genese im Körnerpräparat [266]

a) mit altem Zirkonkern, von dem Sprünge ausgehen; aus Pyroxenquarzporphyr, von Hohburg (NW-Sachsen, DDR), M 550 : 1
b) aus Kaolin, hervorgegangen aus Pyroxengranitporphyr, Bennewitz bei Wurzen (DDR), M 300 : 1
c) aus Granitporphyr, Bodegang bei Treseburg, (Harz, DDR) M 375 : 1
d) aus Sandstein (obere Wettiner Schichten), Herkunft vermutlich aus Gneis, Wettin bei Halle (DDR), M 375 : 1
e) aus Tertiärsand, Geiseltal bei Merseburg (DDR), Herkunft von Quarzporphyr, M 225 : 1
f) aus Tertiärsand, Geiseltal bei Merseburg (DDR), Herkunft aus Buntsandstein, M 200 : 1

Diagnose: Form, Farbe, Glanz, Einschlüsse und hohe Lichtbrechung sind für Zirkon charakteristische Eigenschaften. Verwechslungen mit Rutil, Kassiterit, Xenotim, Titanit sind denkbar.

Genese: Zirkon hat eine weite Verbreitung als akzessorischer Gemengteil vor allem in Gesteinen der Granit-, Syenit- und Alkalisyenitfamilie, insbesondere in den entsprechenden Pegmatiten (vgl. Tabelle 16.13 und 16.14). Hervorzuheben sind die lagerstättenkundlich bedeutsamen Anreicherungen in Nephelinsyenitpegmatiten bei Miass (Ural), in Paragenese mit schwarzen Glimmern, Nephelin, Albit, Apatit und Mineralen mit Nb, Ta, U und Th, die des Langesundfjordes in Norwegen sowie in Granitpegmatiten von Nord-Carolina (USA).

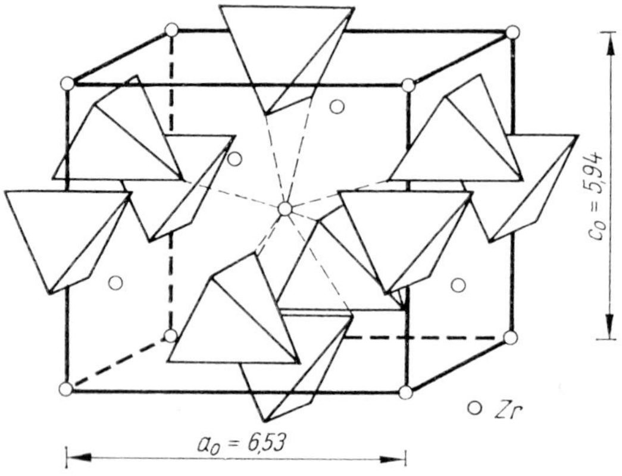

Bild 11.40. Kristallstruktur des Zirkons mit Eintragung der Elementarzelle in koordinativer Darstellung [20]

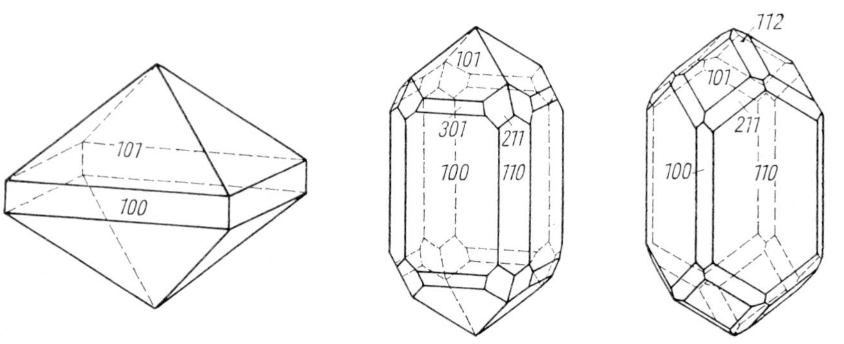

Bild 11.41. Drei der häufigsten Kristallformen des Zirkons [224]

Wegen seiner chemischen und mechanischen Resistenz reichert sich Zirkon in Seifen zusammen mit Korund, Granat, Spinell und manchmal auch Gold an (vgl. Tabelle 16.23). Die bedeutendsten Zirkonlagerstätten sind die Seifen an den Küsten von Queensland (Australien), Florida (USA), Brasilien, Indien und Sri Lanka. Weitere Lagerstätten in Südnorwegen (Hitterö, Kragerö, Telemarken u. a.).
Umwandlungserscheinungen zeigt der Zirkon nur im Zusammenhang mit dem »metamikten« Zerfall; derartige Minerale können bis zu 10 Masse-% H_2O aufnehmen.

Nutzung: Zirkon ist das wichtigste Zirkonium- und Hafniumerz. Zr wird zur Herstellung von Schmelztiegeln und in der Pyrotechnik verwendet; Hf dient zur Herstellung von Glühfäden. Des weiteren werden Zr-Legierungen mit Stahl und Kupfer genutzt. ZrO_2 hat einen sehr hohen Schmelzpunkt (etwa 3000 °C), deshalb erfolgt seine Verwendung als Feuerfestmaterial. ZrO_2 ist weiterhin Trübungsmittel für Email, dient zur Erhöhung der Lichtbrechung und der Festigkeit von Gläsern. Edelsteinqualitäten (*Hyacinth* und *Jargon*) werden zu Schmuck verarbeitet (vgl. Tabelle 16.30).
Für geologisch-genetische Forschungen hat das Mineral eine besondere Bedeutung. Einerseits kann es wegen seines U- und Th-Gehaltes für radioaktive Altersbestimmungen benutzt werden (vgl. Kap. 2.4.6.), andererseits ermöglicht die Untersuchung

der Form und eventueller Einschlüsse, die Herkunft und den Werdegang des Zirkons und damit oft des einbettenden Gesteins abzulesen (s. Bild 11.39).

Alvit: Zirkon mit 6% HfO_2, Th und SE; *Naegit*, Zirkon mit Y, Nb, Ta, Th und U. *Malakon* ist undurchsichtiger, isotropisierter Zirkon.

Eudialyt: $Na_3(Ca, Fe)_3Zr[(OH, Cl)/(Si_3O_9)_2]$

Zuerst beschrieben von STROMEYER 1819. Name von gr. *eu* = gut; *dialytos* = zersetzbar. Chemische Zusammensetzung: 11,6 bis 17,3% Na_2O, 8,9 bis 11,3% CaO, 3,1 bis 7,1% FeO, 12,0 bis 14,5% ZrO_2, 47,2 bis 51,2% SiO_2, 0 bis 2,9% H_2O, 0,7 bis 1,6% Cl. Durch Diadochie weiterhin enthalten: 0,3 bis 2,9% $(Ce, La, Y)_2O_3$ und 0,3 bis 3,1% MnO. Eukolit und Mesodialyt sind Nb-haltig.
Es gibt von Eudialyt keine Strukturdarstellung, das Mineral wird den Ringsilikaten (Dreier-Ringe) zugeordnet. Aus dem Vergleich der Volumina der Elementarzelle, geteilt durch die Anzahl der SiO_4-Tetraeder, ergeben sich aber derartige große Abweichungen von den anderen Dreierringsilikaten, daß Bedenken gegen diese Zuordnung bestehen. Trigonal (ditrig.-skalenoedr.). Kristalle dicktafelig, plattig, seltener prismatisch. Formen: (0001), $(10\bar{1}1)$, $(10\bar{1}0)$. Weiter in unregelmäßigen Körnern, seltener in dichten gangförmigen Massen. Farbe rosa, himbeerrot, rötlichbraun, braun, hellgelb. Glasglanz. $n_{O,E}$ = 1,608, 1,610. H 5 bis $5^1/_2$. Spröde. Spaltbarkeit 1 nach (0001). D 2,84 bis 2,98.
In alkalischen Eruptivgesteinen, besonders in Paragenese mit zirkoniumhaltigen Silikaten (vgl. Tabelle 16.14). In Säuren schnelle Auflösung (Name!), auch durch hydrothermale Vorgänge leichte Zersetzung (Neubildung von Katapleit und Zirkon). Bei Verwitterung werden Alkalien und Kieselsäure weggeführt, zurück bleiben braune poröse Massen (Fe_2O_3 oder Fe-Hydroxide und ZrO_2). Die leichte Zersetzbarkeit ist aus dem großen Volumen der Elementarzelle ableitbar.
Gelegentlich Zr-Erz: Der Eudialytgehalt in Eudialytlujavriten beträgt 5 bis 8%, bisweilen 30% und mehr.

Weitere Zr-Silikate unterschiedlicher Struktur:

Oyamalith: (Zr, Th, SE)[(Si, P)O_4], mit 18% SE. Varietät des Zirkons, von Oyama (Japan).

Keldyshit: $Na_2Zr[Si_2O_7]$; rhombisch. Weiß; polysynth. Zwillinge, spröde. In Foyaiten. *Parakeldyshit* ist triklin. Von Larvik (Norwegen).

Wöhlerit: $Ca_2NaZr[(F, OH, O)_2/Si_2O_7]$; monoklin. Gelbliche, dicktafelige, spröde xx. Langesundfjord (Norwegen), auch vom Laacher See (BRD).

Låvenit: $(Na, Ca, Mn)_3Zr[(F, OH, O)_2/Si_2O_7]$; monoklin. Gelbe bis dunkelbraune langgestreckte xx aus Eläolithsyenitpegmatiten, auch Effusiva der Azoren und Eifel (BRD).

Guarinit: $Ca_2NaZr[(F, O)_2/Si_2O_7]$; triklin. Ähnlich Wöhlerit. Mt. Somma (Italien), Langesundfjord (Norwegen).

Katapleit: $Na_2Zr[Si_3O_9] \cdot 2\,H_2O$; hexagonal (dipyramidal). Rosettenartig angeordnete kleine, blättrige, blaue bis grüne Kriställchen aus Pegmatitgängen vom Langesundfjord (Südnorwegen), mit Zeolithen von Julianehoop (Grönland). Der *Calcium-Katapleit* $CaZr[Si_3O_9] \cdot 2\,H_2O$ ist rot, vom Baikal (UdSSR).

Wadeit: $K_2Zr[Si_3O_9]$; hexagonal (dipyramidal). Weißes Mineral im Leucit–Diopsid–Amphibol-Gestein in Westaustralien.

Dalyit: $K_2Zr[Si_6O_{15}]$; triklin. Aus Alkaligesteinen. Sehr selten.

Elpidit: $Na_2Zr[Si_6O_{15}] \cdot 3\,H_2O$; rhombisch. Weißes, faserig-stengliges Mineral aus Pegmatiten von Südgrönland. Im *Titanelpidit* ist Zr z. T. durch Ti substituiert. Aus Nephelin-Syenit von der Halbinsel Kola (UdSSR).

Lovozerit: $Na_2Zr[Si_6O_{12}(OH)_6] \cdot 3\,H_2O$ (?); monoklin. Zersetzungsprodukt des Eudialyts.

Zirkophyllit: sehr komplexes K–Mn–Fe–Zr-Silikat, braun bis schwarz, aus Natrolithzone von Alkali-Pegmatit aus Sibirien.

Armstrongit: $CaZrSi_6O_{15} \cdot 2{,}5\,H_2O$; monoklin. Braune glasgl. xx bis 2 cm Größe, poikilitisch in Schlieren von Alkaligranit-Pegmatit (Mongol. VR); Paragenese: Quarz, Mikroklin, Aegirin, Arfvedsonit. H $4^1/_2$; D 2,71; $n_Y = 1{,}569$; polysynthetisch verzwillingt; # 5.

Lemoynit: $(Na, Ca)_3Zr_2[Si_8O_{22}] \cdot 8\,H_2O$; monoklin. Gelblich-weiße Sphärolithe aus Hohlräumen eines Alkali-Syenit-Pegmatites aus Kanada; deuterisch-hydrothermale Bildung. D 2,29; $n_Y = 1{,}553$.

Vlasovit: $Na_2Zr[O/Si_4O_{10}]$; monoklin. Hellbraune xx vom Lovozero-Massiv (Kola, UdSSR).

Zekzerit: $LiNaZrSi_6O_{15}$; rhombisch. Farblose xx im Granit (USA).

Bazirit: $BaZrSi_3O_9$; hexagonal. D 3,82, farblos (fluoresziert). Rockall-Island (Schottland, GB).

Imandrit: $Na_{12}Ca_3Fe_2[Si_6O_{18}]$; rhombisch. Gelbe Körner, in Apatit-Lagerstätten von Halbinsel Kola (UdSSR).

Titanit: $CaTi[O/SiO_4]$ Sphen

Entdeckung: Benannt nach dem Chemismus von Klaproth 1795. (Sphen von Hauy 1801 nach der keilartigen Form).

Chemismus: Theor. 28,6% CaO, 40,8% TiO_2 und 30,6% SiO_2. Weiterhin bis 6% FeO, bis 3% MnO, MgO, Fe_2O_3, Al_2O_3, Cr, Zr, Nb u. a. Elemente. Da Ca durch Y und SE ersetzt werden kann, gibt es einen Yttrotitanit *Keilhauit* (Ca, Y, Ce) (Ti, Al, Fe^{3+}) $[O/SiO_4]$, ähnlich *Grothit*. *Alshedit* ist V-haltig, *Greenovit* Mn-haltig; *Zinn-Titanit* hat 10 bis 25% SnO_2. Yttrium-Silikate, vgl. S. 475.

Kristallogr.: Monoklin (prismatisch); die Kristallstruktur ist im Bild 11.42 dargestellt. Ti wird oktaedrisch von O umgeben. Kristalle mit (111), (100), (110) und (001) sind häufig; Form verschiedenartig (s. Bild 11.43): häufig kuvertähnliche Prismen, die im Querschnitt keilartig aussehen (s. Bild 11.44). Zwillinge nach (100) häufig, nach (001) selten. Feinstkörnig im Leukoxen (s. dort).

Physik. Eigensch.: Gelbe, braune, grüne, graue, manchmal schwarze, rosa und rote Farben, aber weißer Strich. Durchsichtig bis undurchsichtig. Fast Diamantglanz oder Diamant-Fettglanz. $n_Z = 1{,}979$ bis 2,054, $n_Y = 1{,}894$ bis 1,935 und $n_X = 1{,}888$ bis 1,918. H 5 bis 6. Spaltbarkeit 2 nach (110). D 3,29 bis 3,56.

Diagnose: Form und Glanz sind charakteristische Kennwerte. In konz. H_2SO_4 vollständige Lösung. Zu verwechseln mit Kassiterit und Rutil.

Genese: Titanit besitzt einen recht weit gespannten Stabilitätsbereich: spätmagmatisch bis deuterisch durch Verdrängung, dann meist neben grüner Hornblende, Quarz und Feldspat. In Pegmatiten häufig, auch pneumatolytisch-hydrothermal. Metamorph wird Titanit in Amphiboliten, Skarnen und Marmoren gebildet (niedrigthermale Kontaktmetamorphose). Als Schwermineral in Sanden, wenn Sedimentation in räumlich und zeitlich nicht allzu großem Abstand vom Primärgestein erfolgte. Titanit tritt selten in bedeutenden Mengen auf, z. B. in der Chibine-Tundra der Halbinsel Kola (UdSSR). Schöne kleine Kristalle auf Kluftflächen vom Syenit des Plauenschen Grundes bei Dresden (sog. Titanitspiegel).

Nutzung: Gelegentlich Ti-Erz (vgl. Tab. 16.27).

Weitere Ti-Silikate:

Fersmanit: $Na_4Ca_4Ti_4[(O, OH, F)_3/SiO_4]_3$(?); monoklin. Pseudotetragonale braune xx in Alkaligesteinspegmatiten (Nephelinsyeniten) der Chibine-Tundra (Halbinsel Kola, UdSSR). D 3,44; H 5 bis $5^1/_2$; $n_Y = 1{,}930$.

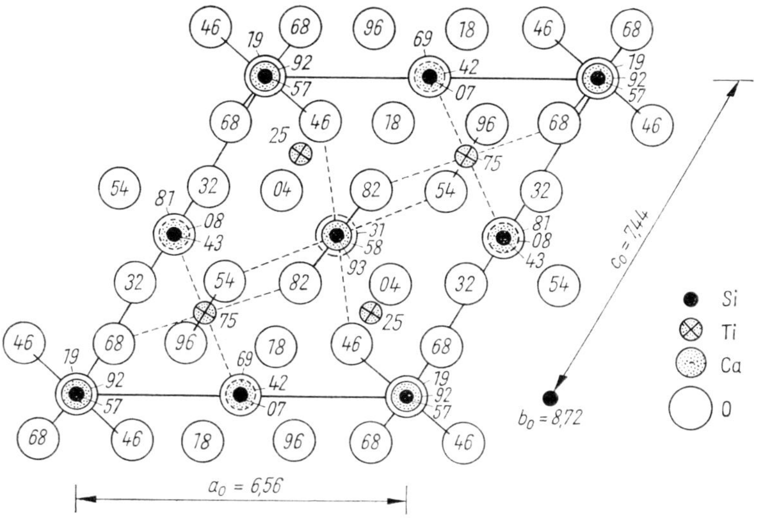

Bild 11.42. Kristallstruktur des Titanits. Projektion auf (010). Die Zahlen geben die relative Höhenlage der Ionen an [99]

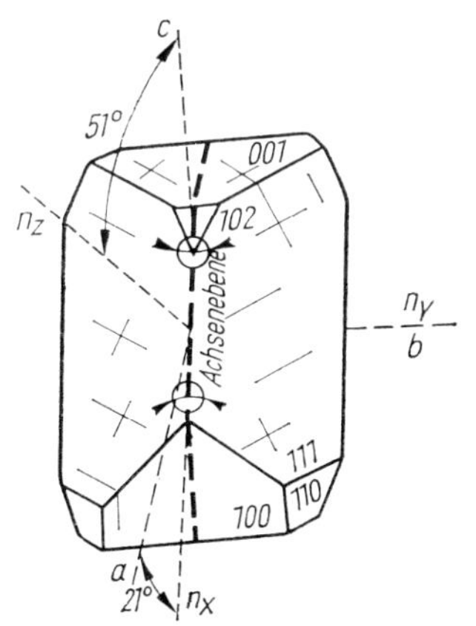

Bild 11.43. Kristallform und Kristalloptik des Titanits [49]

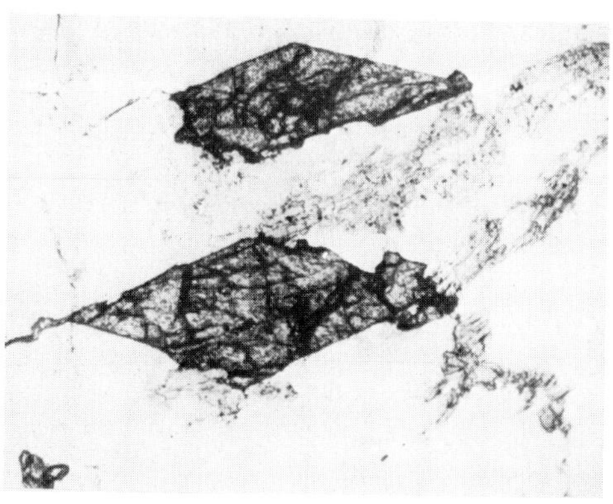

Bild 11.44. Titanitkristalle als Rhombenquerschnitte. Syenodiorit von Coswig (DDR). Dünnschliff, Vergr. 40 × [20]

Murmanit: $Na_2MnTi_3\,[O/Si_2O_7]_2 \cdot 8H_2O$; triklin. Selten. Tafelige metallischglänzende xx in Pegmatiten der Halbinsel Kola. Er bildet eine isomorphe Mischungsreihe mit dem triklinen *Lomonossowit:* $Na_2Ti[O/(Si,P)O_4]$ bzw. $Na_2MnTi_3[SiO_4]_4 \cdot 2\,Na_3PO_4$. Ähnlich ist *Beta-Lomonossowit.*

Batisit: $Na_2BaTi_2[Si_2O_7]_2$; rhombisch. Aus Nephelinsyeniten des Aldan (UdSSR), auch Eifel (BRD).

Astrophyllit: $(K_2, Na_2, Ca)(Fe^{2+}, Mn)_4(Ti, Zr)[OH/Si_2O_7]$; triklin. xx selten und unvollkommen. Bronzebraun, goldgelb, orange. Glasgl.; $n_Y = 1{,}703$. H 3 bis $3^1/_2$; spröde. # 4 (100). D 3,28 bis 3,30. In basischen Intrusivgesteinen (Nephelinsyeniten u. a.) mit Ägirin, Glimmer u. a. Im Langesundfjord (Norwegen).

Kupletskit: $(K_2, Na_2, Ca)(Mn, Fe^{2+})_4(Ti, Zr)[OH/Si_2O_7]_2$; triklin. *Caesium-Kupletskit:* $(Cs, K, Na)_3$ $(Mn, Fe, Li)_7(Ti, Nb)_2Si_8O_{24}(O, OH, F)_7$; triklin. Rosettenartige goldbraune xx in Ägirin-Pegmatit des Altai (UdSSR); Paragenese: Pyrochlor, Stillwellit, Tienshanit, Thorit. H 4; D 3,68; $n_Y = 1{,}726$.

Bafertisit: $BaFe_2Ti[O_2/Si_2O_7]$; rhombisch. Hellbraune xx in hydrothermalen Gängen.

Fresnoit: $Ba_2Ti[O/Si_2O_7]$; tetragonal. Akzessorisch in Metamorphiten (USA); D 4,43; $n_O = 1{,}775$.

Seidozerit: $Na_4MnTi(Zr_{1,5}Ti_{0,5})[O/F, OH)/Si_2O_7]_2$; monoklin. *Calciumseidozerit:* Ca statt Na und Mn.

Lamprophyllit: $Na_3Sr_2Ti_3[(O, OH, F)_2/Si_2O_7]_2$; rhombisch. xx tafelig und oft sehr groß; auch Rosetten sowie sternartige Aggregate. Goldbraun; Glasglanz; $n_Y = 1{,}475$ bis $1{,}754$. H 2 bis 3, ⋕ 5 (100). D 3,44 bis 3,53. In Nephelinsyeniten verbreitet, auch in Pegmatiten. Charakteristisches Mineral der Alkaligesteine. Beim *Barytolamprophyllit* (monoklin) steht Ba (und Ca) für Sr.

Innelit: $Ba_2(Na, K, Mn, Ti)_2Ti[O, OH, F)_2/(S, Si)O_4/Si_2O_7]$; triklin. Von Inagli-Massiv, Aldan (UdSSR).

Joaquinit: $NaBa(Ti, Fe)_3[Si_4O_{15}]$; rhombisch. Gelbe xx, mit Benitoit. Von Benito (Calif., USA). Varietäten sind *Strontiojoaquinit* und *Barytojoaquinit*.

Leukosphenit: $Ba(Na, Ga)_4Ti_3[BO_3/Si_8O_{24}]$; monoklin. Von Narsarsuk (Grönland).

Benitoit: $BaTi[Si_3O_9]$; ditrigonal-dipyramidal. Körnige, meist blaue, bis 3 cm große xx in Paragenese mit Neptunit und Natrolith, aus Gängchen im Glaukophanschiefer von San Benito (Calif., USA). Sehr selten. Typisches Dreierringsilikat (s. Bilder 11.45 und 2.23).

Jonesit: $Ka_{<1}Ba_2Ti_2[(Si, Al)_3O_9]_2 \cdot 3\,H_2O$; rhombisch. D 3,25, $n_y = 1{,}66$. Von San Benito (USA).

Muirit: $Ba_5CaTi[O_4/Si_4O_{12}] \cdot 3\,H_2O$ (?); tetragonal. Orangefarbene xx (max. 3 mm) aus Sanborit-Quarz-Gestein, USA.

Taramellit: $Ba_2(Fe^{3+}, Ti, Fe^{2+})_2[(OH)_2/Si_4O_{12}]$; rhombisch. Fasrig, braun pleochroitsch.

Neptunit: $Na_2FeTi[Si_4O_{12}]$; monoklin. Schwarz, D 3,23. In Pegmatiten. Von Grönland.

Traskit: $Ba_5Fe^{2+}Ti[(OH)_4/Si_6O_{18}]$; hexagonal. Kleinste braunrote xx, von Californien (USA).

Zorit: $Na_2Ti(Si, Al)_3O_9 \cdot n\,H_2O \cdot m$ aq; rhombisch. Prismatische rosafarb. glasgl. xx aus hydrothermaler Nachphase des Lovozoro-Pegmatits (Kola, UdSSR). D ~ 2,38.

Tinaksit: $NaK_2Ca_2TiSi_7O_{19}(OH)$; triklin. Blaßgelbe, mm-körnige xx-Aggregate in Kalimetasomatiten der Alkalimagmatite (Aldan, UdSSR). H 6; D 2,82.

Narsarsukit: $Na_2Ti[O/Si_4O_{10}]$; tetragonal. Gelbe xx im Pegmatit von Narsarsuk (Grönland).

Ramsayit: $Na_2Ti_2[O_3/Si_2O_6]$; rhombisch. ***Lorenzenit*** ist ein Ramsayit mit 20% Zr statt Ti.

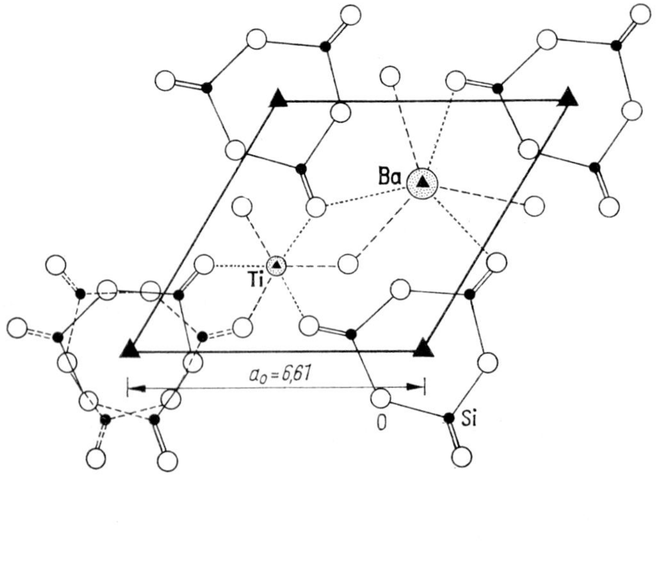

Bild 11.45. Kristallstruktur des Benitoits. Deutlich sichtbar sind die Dreierringe der SiO_4-Tetraeder [18]. Vgl. auch Bild 2.23

Nb-Silikate:

Belyankinit: $Ca_2NbZrTi_{12}[O_{20}/(OH)_{17}/SiO_4] \cdot 20\,H_2O$; rhombisch oder monoklin. Gelbbraune tafelige Aggregate.

Epistolit: (Na, Ca)$_2$(Nb, Ti, Mg, Fe, Mn)$_2$[O|(OH)$_2$|Si$_2$O$_7$]; triklin. Weiße, titanitähnliche xx in Pegmatitgängen von Nephelinsyeniten. Julianehaab (Grönland).

Scherbakovit (Ščerbakovit): (K, Na, Ba)$_3$(Ti, Nb)$_2$[Si$_2$O$_7$]$_2$; monoklin. Von Halbinsel Kola (UdSSR).

Nenadkewitschit (Nenadkevičit): (Na, K, Ca)(Nb, Ti)[Si$_2$O$_7$] · 2 H_2O; rhombisch.

Niobophyllit: (K, Na)(Fe, Mn)$_4$(Nb, Ti)[(OH, F)/Si$_2$O$_7$]$_2$; triklin. Von Seal Lake in Labrador (Kanada).

Labuntšovit: (K, Na, Ba)(Ti, Nb)[(Si, Al)$_2$(O, OH)$_7$]$_3$ · H_2O; rhombisch. Von Halbinsel Kola (UdSSR).

Komarowit: (Ca, Mn)Nb$_2$[O$_3$/Si$_2$O$_7$] · 3,5 H_2O; rhombisch. Rosafarbene schuppige Aggregate; junge Bildung in Alkalipegmatit eines Natrolithstockes (Kola-Halbinsel, UdSSR). H 1$^1/_2$ bis 2; D 3,0; $n_Y = 1{,}766$.

Niocalit: Ca$_3$(Nb, Ca, Mg)[(O, F)$_2$/Si$_2$O$_7$]; rhombisch. Gelbe xx, von Oka in Quebec (Kanada).

Rosenbuschit: (Ca, Na)$_6$Zr(Ti, Mn, Nb, ...)[(F, O)$_2$/Si$_2$O$_7$]$_2$; triklin. Hell- bis dunkelbraune wirrnadelige Kristallaggregate vom Langesundfjord (Norwegen).

Baotit: Ba$_4$(Ti, Nb)$_8$[Cl/O$_{16}$/Si$_4$O$_{12}$]; tetragonal. Braune xx, von Baotou (China).

Ilimaussit: $Na_4Ba_2CeFeNb_2Si_8O_{28} \cdot 5\,H_2O$; hexagonal. Bis 15 mm große lamellare Aggregate, aus hydrothermalem Ussingit–Analcim-Gang in Sodalith-Syenit von Grönland, stets in Paragenese mit Tschkalowit und Epistolit. H 4; D 3,6; $n_O = 1{,}698$, z. T. polysynthetische Zwillinge.

Vuonnemit: $Na_4TiNb_2Si_4O_{17} \cdot 2\,Na_3PO_4$; triklin. Hellgelbes glasgl. Mineral in albitisierten Alkaligesteinen von Kola (UdSSR). D 3,13; $n_Y = 1{,}651$.

Barsanovit: (Na, Ca)$_9$(Mn, Fe)$_2$(Zr, Nb)$_2$Si$_{12}$(O, Cl)$_{37}$; monoklin. Aus Alkalipegmatit der Chibine Tundra (Kola, UdSSR). H 5; D 3,073.

Y-Silikate:

Yttrotitanit (Keilhauit): (Ca, Y, Ce)(Ti, Al, Fe^{3+})[O/SiO$_4$]. Meist in derben braunschwarzen Massen, nicht häufig. Norwegen. *Grothit:* steht zwischen Titanit und Keilhauit.

Tscheffkinit: ist durch Fe-Gehalt dunkler als Yttrotitanit und wegen eines geringen Th-Gehaltes meist isotropisiert. Pegmatite im Ural, Madagaskar und USA (vgl. Seite 476).

Rowlandit: (Y, Fe, Ce)$_3$[(F, OH)/(SiO$_4$)$_2$]. Isotropisiert D 4,55.

Thortveitit: (Sc, Y)$_2$[Si$_2$O$_7$]; monoklin. Prismatische, meist dunkelgrüne xx aus Granitpegmatiten von Norwegen und Madagaskar. H 6$^1/_2$; D 3,57; $n_Y = 1{,}793$, klassisches Mineral der Si$_2$O$_7$-Gruppe. Ähnlich ist *Befanamit.*

Thalenit: Y$_2$[Si$_2$O$_7$]; monoklin. Hellrote, tafelige und gedrungene, meist in Granitpegmatiten eingewachsene xx von Schweden und Norwegen. *Yttrialith:* ist ein Thalenit mit 6 bis 10% ThO$_2$, nach H. Strunz hexagonaler α-Y$_2$[Si$_2$O$_7$]

Mosandrit: (Ca, Na, Y)$_3$(Ti, Zr, Ce)[(F, OH, O)$_2$/Si$_2$O$_7$]; monoklin. xx schlecht ausgebildet, gestreckt nach c; 7 bis 8 cm lang. Oft dichte, körnige oder garbenartige Aggregate. Glasartige kryptokristalline Varietät = *Lovtschorrit.* Dunkelgelb, bräunlichgelb, grünlichgelb. Glasgl.; $n_Y = 1{,}645$ bis 1,667. H 5; spröde. # 4 (100). D 3,40, bei Lovtschorrit 3,2 bis 3,36. In Pegmatiten sehr alkalireicher Intrusivgesteine, z. B. in Nephelinsyeniten. Zusammen mit Feldspäten, Nephelin, Ägirin, Hornblende, Eudialyt u. a. Erz der Seltenen Erden, bei entsprechender Anreicherung. *Rinkit* hat etwas andere Optik.

Kainosit: Ca$_2$Y$_2$[CO$_3$/Si$_4$O$_{12}$] · H_2O; rhombisch. Gelbbraune xx, meist aus Pegmatiten.

Tranquillityit: Fe_8^{2+}(Zr, Y)$_2$Ti$_3$Si$_3$O$_{24}$. Feinste Leistchen und Garben aus Mondbasalt.

Jimoriit: $(Y, Ca, Zr)_{15}(Mg, Fe, Al)(Si, Al, P)_9O_{34}(OH)_{16}$; triklin. Graue glasgl. xx bis 3 cm Größe, aus Quarz-Mikroklin-Pegmatit (Japan). D 4,22; $n_Y = n_Z = 1{,}827$.

Černikit: $(Ba_{0,28}Na_{0,2}K_{0,07})(Y_{1,13}{}^{3+}V_{0,3}{}^{4+}Al_{0,65}Mg_{0,18}Fe_{0,02})(Si_{2,30}Al_{1,70})O_{10}(OH)_2$; monoklin. Dunkelgrünes Mineral in V-haltigen paläoz. Schichten von Kasachstan (UdSSR). D 3,15.

Silikate der Seltenen Erden:

Steenstrupin: $Na_2Ce(Mn, Ta, Fe)H_2[(Si, P)O_4]_3$; hexagonal. Durch Th-Gehalt z. T. metamikt. Aus grönländischen Nephelinsyenitpegmatiten. Th-haltig als *Thorosteenstrupin.*

Cerit: $(Ca, Mg)_2(SE)_8[SiO_4]_7 \cdot 3\,H_2O$; hexagonal. Meist derbe feinstkörnige spröde Aggregate mit graurötlichen Farbtönen und Fettglanz. Bastnäs (Schweden); aus Gneisen. Ähnlich ist *Törnebohmit.*

Melanocerit: ungefähr $Na_4Ca_{16}(Y, La)_3(Zr, Ce)_6[F_{12}/(BO_3)_3/(SiO_4)_{12}]$; hexagonal. Tafelige braunschwarze bis schwarze rhomboederartige Kristalle vom Langesundfjord (Norwegen). Sehr selten. *Karyocerit:* Th-reicher Melanocerit; dadurch isotropisiert.

Beckelith und *Lessingit:* $(Ca, Ce, La, Nd)_5[(O, OH, F)/(SiO_4)_3]$; hexagonal. Sehr seltene, gelbliche, würflige xx in Nephelinsyeniten von Mariupol (Ukraine, UdSSR), Lessingit ist meist rötlich, vom Ural; mit zusätzlichen Gehalten an Y und Er (3,5 % $(Y, Er)_2O_3$). Ähnliche Boro-Silikate sind *Tritomit* und *Spenceit.*

Erikit: etwa $(Na, Ca, Ce)_2(Al, Ce, La, Nd)_3[OH/((Si, P)O_4)_3] \cdot H_2O$. Gelbbraune feinstenglige Kristallaggregate von Grönland und der Halbinsel Kola (UdSSR).

Hellandit: $(Ca, Y, Er, Mn)_{<3}(Al, Fe)[(OH)_2/Si_2O_7]$; monoklin. Braunrot, meist stark zersetzt, aus Pegmatiten von Kragerö (Norwegen).

Götzenit: $(Ca, Na)_3(Ti, Ce, \ldots)_{<1}[F_2/Si_2O_7]$; triklin. D 3,14; aus Alkaligesteinspegmatiten.

Perrierit: $Ce_4(Fe^{2+}, Fe^{3+}, Ti)_3Ti_2[O_4/Si_2O_7]_2$; monoklin. In Strandsanden von Nettuno (Italien).

Tscheffkinit (Čevkinit): $(Ce, La)_2Ti_2[O_4/Si_2O_7]$; monoklin. Durch Ce, Y, Th isotropisierter Titanit. Pegmatite im Ural, Madagaskar und USA.

Ilmajokit: $(Na_{8,8}Ba_{0,5}SE_{0,7})Ti_5(Si_{13,9}Al_{0,1})O_{22}(OH)_{44} \cdot n\,H_2O$; monoklin (?). Körnige Krusten aus hellgelben glasgl. xx (max. 2 mm); aus Hohlräumen der Natrólithzone in Lovozero-Pegmatit (Kola, UdSSR). Paragenese: Halit, Sphalerit, Ägirin u. a.

Cappelenit: $(Ba, Ca, Ce, Na)_3(Y, Ce, La)_6[(BO_3)_6/Si_3O_9]$; hexagonal. Grünlichbraun, D 4,4; Norwegen.

Stillwellit: $(Ce, La)B^{[4]}[O/SiO_4]$ hexagonal. Meist derbe Massen in Kontakten; von Australien.

Tombarthit: (Y, SE) **H** $[SiO_4]$ monoklin. Derbe braunschwarze Substanz aus Granitpegmatit von Evje (Norwegen). H 5 bis 6; D 3,6; n = 1,639.

Rait: $(Na, Ca, K, SE)(Mn, Ti, Fe^{3+}, Mg, Fe^{2+})[Si(O, OH)_3] \cdot 2{,}5\,H_3O + 6{,}6\,H_2O$; goldbraune glänzende Nadeln (max. 2 mm) aus Pegmatit des Lovozero-Massivs (Kola, UdSSR). H 3; D 2,39; $n_Y = 1{,}542$.

Tundrit: $Na_2Ce_2Ti[O_4/SiO_4] \cdot 4\,H_2O$; triklin. Im Pegmatit der Lovozero-Tundra (Kola, UdSSR). H 3; D 3,70; $n_Y = 1{,}80$, pleochroitisch.

Nordit: etwa $Na_4(Ce, La)_{1,5}(Sr, Mn, Ca, Mg)_3Si_8O_{23}$; rhombisch. Braune xx, von Halbinsel Kola (UdSSR).

Caplandit: $Na_4CeTi[Si_7PO_{22}] \cdot 5\,H_2O$; rhombisch. Fasrige Aggregate. Vom Lovozero-Massiv auf Halbinsel Kola (UdSSR).

Th- und U-Silikate:

Thorit: $Th[SiO_4]$. Beschreibung zum Gittertyp, Chemismus und zu einigen Eigenschaften siehe Allgemeines zur Zirkon–Titanit-Gruppe. Farbe schwarz, braun, gelb, orange (*Orangit*). Strich dunkelbraun. In HCl löslich. H $4^1/_2$ bis 5. Vorkommen in Graniten und Syeniten zusammen mit Zirkon. Fast stets isotropisiert. *Uranothorit:* $(Th, U)[SiO_4]$; tetragonal. Fast stets isotropisiert. Uranhaltiger Thorit. *Wisaksonit* ist metamikt. Beim *Arsenothorit* etwa 2 % As für Si.

Thorogummit: (Th, U)[$(OH)_4$|SiO_4]; tetragonal. *Mac-Intoshit* (Mackintoshit) mit Cer.

Auerlith: (Th...)[(Si, P)O_4]; tetragonal, Thorit-Varietät. *Ekanit:* K(Ca, Na)$_2$Th[Si_8O_{20}]; tetragonal.

Huttonit: Th[SiO_4]; monokline, farblose xx aus Strandsanden von Neuseeland. *Cerphosphorhuttonit:* (Th, Ce)$_2$[(Si, P)O_4]$_2$ · 3 H_2O; monoklin. Bis 2 cm große xx in Amazonitpegmatit von Sibirien (UdSSR).

Ekanit: K(Ca, Na)$_2$Th[Si_8O_{20}]; tetragonal (Doppel-Vierer-Ringe). Fraglich, von Sri Lanka.

Coffinit: U[SiO_4]; tetragonal. Erläuterung der chemischen und strukturellen Besonderheiten siehe bei Zirkon–Titanit-Gruppe, S. 466. Auftreten von Leerstellen, mitunter Einbau von H_2O; H 5 bis 6. Vorkommen auf Uranlagerstätten, im sächsischen Erzgebirge von Schneeberg und Aue beschrieben. *Bilibinit* soll metamikter, *Nenadkevit* idiomorpher Coffinit sein.

11.7. Andalusit–Sillimanit–Cyanit-Gruppe

Ähnlich wie das SiO_2 bei der Quarzgruppe, tritt das Aluminiumsilikat, je nach den Druck-Temperatur-Bedingungen, in mehreren Modifikationen auf, die durch die Minerale Andalusit, Sillimanit, Cyanit (und Mullit) gekennzeichnet werden. Wie das Bild 4.34 (Seite 206) zeigt, ist Andalusit die bei Normalbedingungen stabilste Modifikation, Cyanit ist die Hochdruckmodifikation, und Sillimanit entsteht bei hohem Druck und bei hoher Temperatur.

Aus den Dichtewerten der Tabelle 11.8 ist zu entnehmen, daß die Packungsdichte im Gitter bei Cyanit wesentlich höher ist als bei Andalusit, eine logische Folge des Druckeinflusses bei der Entstehung dieses Minerals. Die Druckwirkung auf die Bildung des Sillimanitgitters wird teilweise aufgehoben durch die Gitteraufweitung bei hohen Temperaturen, deshalb liegt die Dichte des Sillimanits zwischen der des Andalusits und der des Cyanits. Die Lichtbrechungswerte zeigen die gleiche Tendenz. Die Eigenschaftswerte von Mullit liegen zwischen denen des Andalusits und denen des Sillimanits.

Strukturell gehören die Minerale der Andalusitgruppe zu den Nesosilikaten vom Typ $A_1A_2[O/SiO_4]$, wobei

A_1 = Al in [6]-Koordination zu O und
A_2 = Al im [4]-, [5]- oder [6]-Koordination zu O ist.

Unter Beachtung dieser koordinativen Verhältnisse haben die einzelnen Minerale folgende Formeln:

Andalusit $Al^{[6]}Al^{[5]}[O/SiO_4]$ Cyanit $Al^{[6]}Al^{[6]}[O/SiO_4]$
Sillimanit $Al^{[6]}Al^{[4]}[O/SiO_4]$ Mullit $Al^{[6]}Al^{[4]}[(O, OH, F)/SiO_4]$

Tabelle 11.8. Dichte, Lichtbrechung und Gitterkonstanten der Minerale der Andalusitgruppe

	Dichte	Lichtbrechung			Gitterkonstanten			Volumen
		n_z	n_y	n_x	a_0	b_0	c_0	$a_0 \cdot b_0 \cdot c_0$
Andalusit	3,11 ... 3,22	1,638	1,633	1,629	7,78	7,92	5,57	337,6
Sillimanit	3,22 ... 3,25	1,68	1,66	1,66	7,44	7,60	5,75	326,3
Cyanit	3,53 ... 3,65	1,73	1,72	1,71	7,10	7,74	5,57	306,1
Mullit	3,15 ... 3,23	1,653	1,641	1,639	7,50	7,65	5,75	329,9

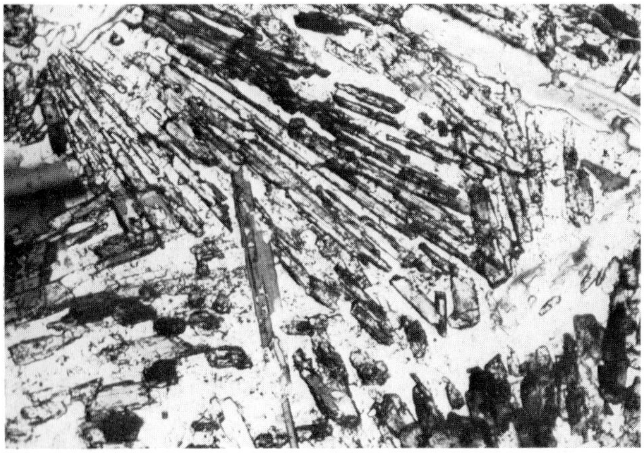

Bild 11.46. Stenglig-strahliger Andalusit. Aus Andalusitschiefer von Mitterteich (Fichtelgebirge, BRD). Dünnschliff, Vergr. 60 × [20]

Da beim Sillimanit und Mullit das eine Al-Ion in [4]-Koordination zum O auftritt und diese Tetraeder mit den SiO_4-Tetraedern über Sauerstoffbrücken verknüpft sind, ist diese Struktur nicht mehr zu den Nesosilikaten zu rechnen, sondern zu den Ino- oder Kettensilikaten, und zwar zu den »Einerdoppelketten«. Die Formel des Sillimanits würde dann $Al[AlSiO_5]$ lauten, wobei das Al in der Klammer das Si zu 50% substituiert.

Da die Al-Silikate typische Minerale des metamorphen Bildungsbereiches sind, werden unter erhöhtem Druck mitunter auch Elemente mit größerem Ionenradius (wie Ca, Mg, Fe^{2+} und Ti); aber in diesem Fall kann man nicht von Diadochie i. e. S. sprechen; es sind erzwungene Fehlordnungen im Gitter, die lokal starke Druckspannungen verursachen. Eine Folge davon ist, daß derartige Kristalle bei mechanischer Belastung sehr anfällig sind (unter dem Mikroskop beobachtet man neben der Spaltbarkeit häufig unregelmäßige Rißbildung, s. Bild 11.46; makroskopisch ist eine Absonderung nach (001) für Cyanit typisch).

An die polymorphen Modifikationen der Aluminiumsilikate wird aus paragenetischen Gründen die Behandlung des Cordierits angeschlossen.

Andalusit: $Al^{[6]}Al^{[5]}[O/SiO_4]$

Entdeckung: Benannt nach der Provinz Andalusien in Spanien, wo das Mineral zum ersten Mal aufgefunden wurde (Delametherie 1789).

Chemismus: Theor. 63,1% Al_2O_3 und 36,9% SiO_2. Gewöhnlich sind weiter enthalten: Fe_2O_3, Cr_3O_3, CaO, MgO, FeO und TiO_2 sowie Spuren Ga und K. Andalusit enthält von den drei Aluminiumsilikat-Modifikationen auf Grund des Gitterbaues den höchsten Begleitelementgehalt. Eine Mn-und Fe-reiche grüne Varietät wird *Viridin* genannt (bis 10% Mn_2O_3); mit Mn_2O_3-Gehalt entsteht die rote Varietät *Mangan-Andalusit.*

Kristallogr.: Rhombisch (dipyramidal); die Struktur ist im Bild 11.48 dargestellt. Hauptformen sind das rhombische Prismen (110), (101), das Pinakoid (001) u. a. Es kommen auch strahlig-stenglige und körnige Aggregate vor.

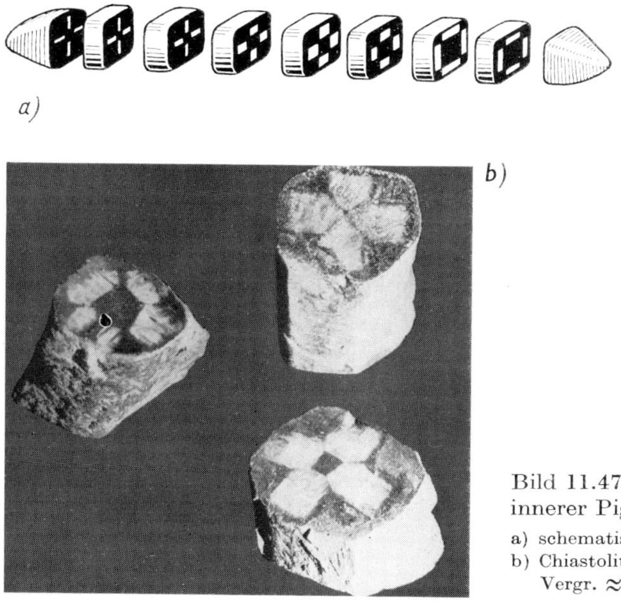

Bild 11.47. Chiastolith mit orientierter innerer Pigmentverteilung

a) schematische Darstellung
b) Chiastolith von Vermont (USA); Vergr. ≈ 2× [252]

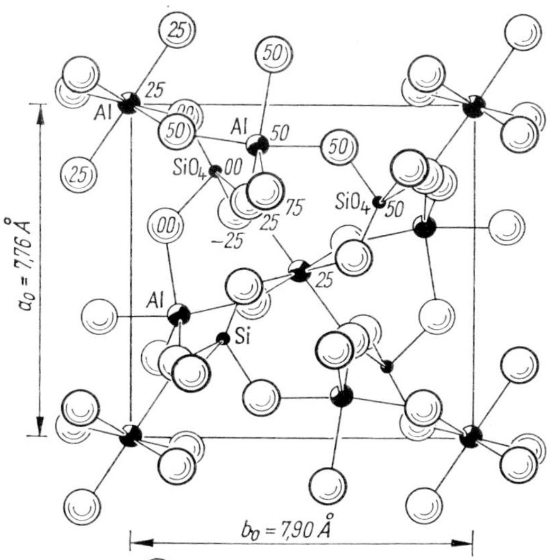

Bild 11.48. Kristallstruktur von Andalusit [224]

In kohlig-tonigen Schiefern kommen bisweilen Kristalle vor, die Kohlenstoff so orientiert eingelagert enthalten, daß im Querschnitt die Form eines weißen Kreuzes (s. Bild 11.47) und im Längsschnitt weiße Streifen zu erkennen sind. Diese Ausbildungsform wird *Chiastolith* genannt.

Physik. Eigensch.: Farblos-grau, gelb, braun, rosa, rot und dunkelgrün gefärbt. Durchsch. Glasglanz. $n_Z = 1{,}638$ bis $1{,}647$, $n_Y = 1{,}633$ bis $1{,}644$, $n_X = 1{,}629$ bis

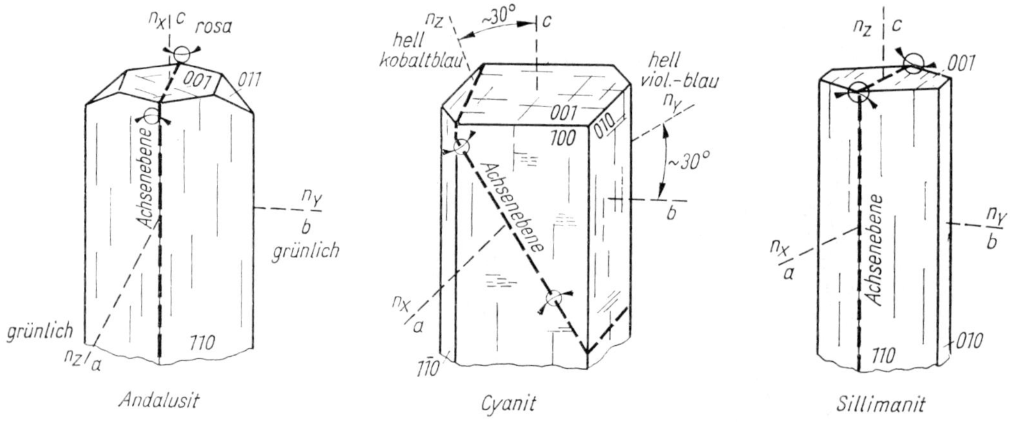

Bild 11.49. Lage der Indikatrix und Spaltbarkeit im Andalusit, Cyanit und Sillimanit [49]

Beim Andalusit liegt $n_Z \parallel a$, $n_Y \parallel b$ und $n_X \parallel c$, beim Sillimanit liegt $n_X \parallel a$, $n_Y \parallel b$, $n_Z \parallel c$, und beim Cyanit ist die Auslöschungsschiefe n_Z zu c 30°, n_Y zu b 30° und $n_X \parallel a$ charakteristisch. AE = Achsenebene. Hervorhebenswert ist auch der Pleochroismus beim Andalusit und beim Cyanit

1,640, weitere Angaben zur Optik siehe Bild 11.49. H 7 bis $7\frac{1}{2}$. Spaltbarkeit 2 bis 3 nach (110); unebener, splittriger Bruch. D 3,11 bis 3,22.

Diagnose: Fast rechtwinklige prismatische Formen (pseudotetragonal) mit prismatischer Spaltbarkeit sowie die große Härte sind wichtige Bestimmungskriterien. Bei Temperaturen über 1380 °C erfolgt Zersetzung unter Bildung von Mullit. In Säuren unlöslich. Verwechslungsmöglichkeiten bestehen zu Sillimanit, Prismatin und Enstatit.

Genese: Im Unterschied zu Sillimanit und Cyanit kann Andalusit auch in sauren, niedrig temperierten Restmagmen gebildet werden. Er ist ein typisches Mineral des streßfreien Kontaktbereiches. In Knotenschiefern tritt er häufig porphyroblastisch als Chiastolith zusammen mit Quarz und Sericit auf. Regionalmetamorph kommt er in Glimmerschiefern mit Muskovit, Biotit, Almandin, teilweise mit Cordierit, Staurolith und Sillimanit vor. Auf Grund seiner Entstehung sind kompakte Massen selten. Die bekannteste Lagerstätte ist die von White Mountain in Californien (USA), wo das sehr andalusithaltige Gestein (85%) in Form von Linsen und Nestern in Quarziten und Quarz-Sericit-Tumalinschiefern auftritt.

Nutzung: Andalusit-, cyanit- und sillimanitreiche Gesteine sind wertvolle Rohstoffe für die Herstellung hochtonerdehaltiger feuerfester Baustoffe für pyrotechnische Anlagen. Da die Rohstoffe säurefest und resistent gegen Alkalien sind, werden Erzeugnisse aus diesen Rohstoffen auch für solche Beanspruchungen eingesetzt. Andalusit wird weiterhin zur Herstellung von Zündkerzen und hochfeuerfestem Porzellan verwendet (vgl. Tab. 16.28, auch 16.31, 16.32).

Kanonait: $(Mn_{0,76}^{3+}Al_{0,23}Fe_{0,02}^{3+})^{[6]}Al^{[5]}[O/SiO_4]$; rhombisch. Grünlich-schwarz, D 3,395, in Gahnit-Chloritschiefer, von Kanona (Sambia).

Cyanit: $Al^{[6]}Al^{[6]}[O/SiO_4]$, Disthen

Der Name Cyanit wurde dem Mineral von WERNER 1789 gegeben (Disthen von HAUY 1801). Chemismus gleicht dem Andalusit. Cyanit kristallisiert triklin. Säulige Kristalle nach c-Achse gestreckt. Zwillinge nach (010). Radialstrahlige Aggregate (Rhätizit). Farbe himmelblau, grün oder gelb. Glasglanz, auf Spaltflächen zuweilen Perlmutterglanz. n_{ZYX} = 1,73, 1,72, 1,71 (weitere Angaben zur Optik s. Bild 11.49). Große Härteanisotropie (vgl. Bild 2.59): auf (100) parallel Längserstreckung 4,5, quer dazu 6; auf (010) und (110) 7. Spaltbarkeit 4 nach (100) und 2 nach (010), Ablösung nach (001). D 3,53 bis 3,65. Erkennung leicht an Farbe, Form und Härteanisotropie sowie Paragenese (s. Bild 11.50). In HCl unlöslich.
Cyanit ist ein Mineral der Katazone (Granulitfazies), tritt aber auch in niedriger metamorphen Gesteinen zusammen mit Glimmern, Staurolith, Granat und Amphibolen auf.
Als chemisch stabiles Mineral geht Cyanit bei der Verwitterung in Sedimente und Seifen über (vgl. Tabelle 16.21 und 16.23).
Lagerstätten: Lapsa-Buru (westl. Kalkutta, Indien) in Paragenese mit Andalusit und Korund; Virginia und Süd-Carolina (USA), Kenia. Vorkommen im Granulit von Mittweida und Roßwein (Granulitgebirge, DDR).
Nutzung wie Andalusit (vgl. Tab. 16.28).

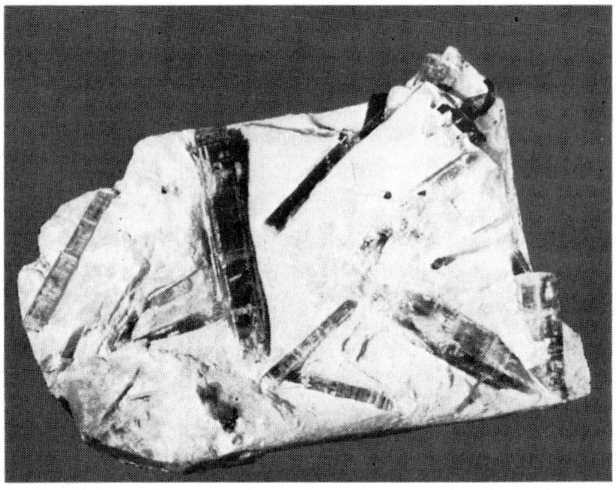

Bild 11.50. Cyanit in Paragonitschiefer. St. Gotthard (Tessin, Schweiz), etwa $^1/_2$ nat. Größe [221, 232]

Sillimanit: $Al^{[6]}[AlSiO_5]$

Benannt nach dem Chemiker B. SILLIMAN. Chemismus wie Andalusit. Rhombisch. Kristallstruktur s. Bild 11.51. Nadelige Form; strahlige Massen und faserige Aggregate häufig (s. Bild 11.52). Häufig auch als Einschluß in Quarz und Feldspat Grau, hellbraun, blaßgrün. Glasglanz. n_{ZYX} = 1,677, 1,658, 1,657 (weitere Angaben zur Optik siehe Bild 11.49). H 7; Spaltbarkeit 4 nach (010). D 3,22 bis 3,25. Erkennung an der nadligen, stengligen und haar-ähnlichen Form. Zersetzung bei 1545 °C, Entstehung von Mullit. In Säuren unlöslich. Entstehung kontaktmetamorph (unmittelbar am Kontakt); häufiger bei katazonaler Regionalmetamorphose in Ortho- und Paragneisen. Lagerstätten seltener als Cyanit, z. B. Khasi Hills und Pipra (Indien), Simbabwe. Gelegentlich im Glimmerschiefer des Granulit- und Erzgebirges (DDR). Nutzung wie Andalusit (vgl. Tab. 16.28).

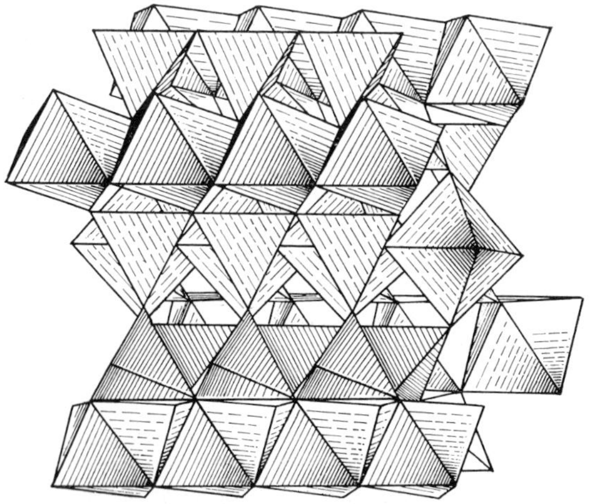

Bild 11.51. Struktur des Sillimanits (nach BELOV)

Der c-Achse parallel laufen Tetraederketten (AlO_4- und SiO_4-Tetraeder) im Wechsel mit Oktaederketten

Bild 11.52. Fasrig-büschliger Sillimanit, in der Mitte offensichtlich von Spinell resorbiert. Cordieritgneis von Bodenmais (Bayrischer Wald, BRD), Vergr. 150 × [220]

Mullit: $Al[AlSiO_5]$ mit geringem OH- und F-Anteil anstelle von O. Benannt nach der Insel Mull in Schottland. Rhombisch. Nadlig; verfilzte Nädelchen und radialstrahlige bzw. parallelfasrige Aggregate (s. Bild 11.53). H 6 bis 7. D 3,15 bis 3,23.

a)

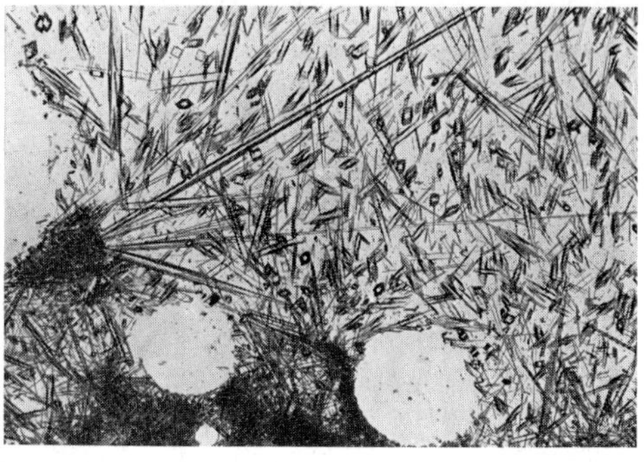

b)

Bild 11.53. Mullit

a) in einem Porzellanscherben. Elektronenmikroskopaufnahme (Replica Abdruck), Vergr. 2000× [255]

b) nadlig, in hochfeuerfestem Mullitstein. Grenze zwischen feinkörnigem (unten, dunkel) und grobkörnigem (oben, hell) Bereich. Vergr. 100× [269, 225]

Natürliche Bildung in Toneinschlüssen von Basalten, z. B. Insel Mull (Schottland, GB) und Eifel (BRD). Künstlich entsteht Mullit bei der Zersetzung der Aluminiumsilikate bis 1350 °C neben SiO_2-Schmelze (1350 °C – Cyanit, 1380 bis 1400 °C Andalusit und 1545 °C Sillimanit). Mullit selbst zerfällt oberhalb 1800 °C zu Korund und SiO_2-Schmelze.

Yoderit: $(Al, Mg, Fe)_2[(O, OH)/SiO_4]$; monoklin. Rötliche xx in Paragenese mit Cyanit.

Cordierit: $(Mg, Fe)_2Al_3[AlSi_5O_{18}]$, Dichroit

Entdeckung: LUKAS benannte das Mineral 1813 nach dem französischen Geologen CORDIER (*Dichroit* nach gr. *dichroos* = zweifach; wegen seines Pleochroismus).

Chemismus: 1,5 bis 13,7% MgO, 0 bis 15,3% FeO, 30,0 bis 35,6% Al_2O_3, 43,3 bis 51,4% SiO_2. Substitution von Fe^{3+}, Mn und Na möglich; Einbau von H_2O in Hohlräumen. Öfters Zirkon- und Xenotim-Einschlüsse (mit pleochroitischen Höfen). Eisenreicher Cordierit heißt *Eisen-Cordierit.* Das reine Fe-Analogon des Mg-Cordierits $Mg_2Al_3[AlSi_5O_{18}]$ ist formell der *Sekaninait* $Fe_2Al_3[AlSi_5O_{18}]$ oder $Fe_2[Al_4Si_5O_{18}]$, gleichfalls rhombisch.

Kristallogr.: Rhombisch (dipyramidal); die Struktur ist der des Berylls ähnlich. In den SiO_4-Tetraedern sind knapp 20% des Si durch Al in [4]-Koordination substituiert. Dadurch ist der Ersatz eines zweiwertigen Kations durch ein dreiwertiges möglich. Die drei Al-Kationen weisen [6]-Koordination auf; Mg bzw. Fe liegen ebenfalls in [6]-Koordination vor. Kristalle sind selten zu beobachten, meist treten undeutlich prismatische Formen auf, die infolge Zwillingsbildung (wie beim Aragonit) pseudohexagonale Form aufweisen (s. Bild 11.54). Häufig in dichten Massen und in unregelmäßigen, eingesprengten Körnern verbreitet. Eine hexagonale Hochtemperaturform heißt *Indialith.*

Physik. Eigensch.: Farblos oder häufiger in verschieden blauen und violetten, seltener gelblichweißen oder braunen Tönungen. Durchsch., seltener durchs., Glasgl. n_{ZYX} = 1,541, 1,539, 1,534. H 7 bis $7^1/_2$. Spröde; Spaltbarkeit 1 nach (100) und (001), muschliger Bruch. D 2,60 bis 2,66. An durchscheinenden Kristallen kann man Dichroismus (violettblau-rauchgrau bis gelb) makroskopisch erkennen.

Diagnose: Bläuliche Farbe, Transparenz, Bruch und Paragenese (ggf. Dichroismus)

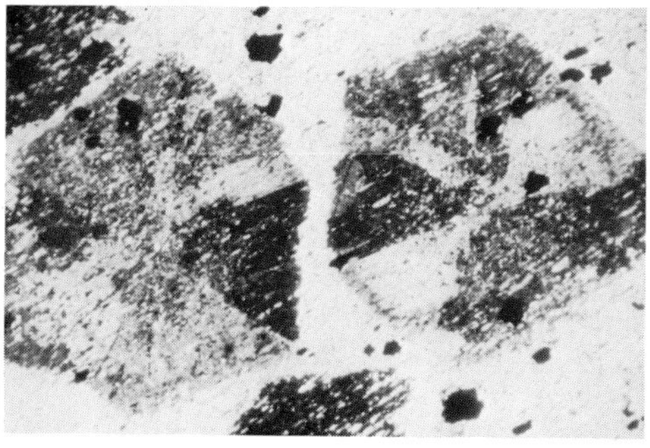

Bild 11.54. Cordierit, Durchkreuzungszwillinge. Porphyroblasten in Fruchtschiefer von Theuma (Vogtland, DDR). Dünnschliff, Vergr. 30 ×, Nic. × [20]

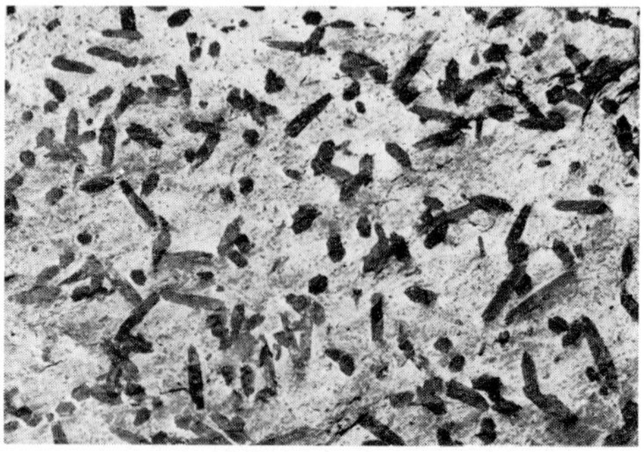

Bild 11.55. Cordierit im sog. Fruchtschiefer von Theuma (Vogtland, DDR), etwa nat. Größe [20]

sind wichtige Bestimmungskriterien. Zu verwechseln mit Saphir und Quarz. In Säuren keine Zersetzung.

Genese: Cordierit kommt in Magmatiten (Granite bis Norite) vor; in Vulkaniten oft intensiv blau gefärbt und reich an Glaseinschlüssen. Auch in Pegmatiten beobachtet. Auftreten in Metamorphiten stark abhängig vom H_2O-Druck; bis 500 °C Zerfall zu Pyrophyllit und Chlorit.
Cordierit tritt vor allem kontaktmetamorph auf. Porphyroblasten in sog. Fruchtschiefern (s. Bild 11.55) und Garbenschiefern, auch in Hornfelsen, zusammen mit Sericit, Chlorit, Biotit, Quarz. Durch Verwitterung oder hydrothermale Beanspruchung werden die Kristalle instabil, sie »verglimmern« (Pinitisierung, vgl. Tabelle 16.22); deshalb sehr selten in Sedimenten.
Im Bereich der Regionalmetamorphose gelegentlich in der Amphibolitfazies bei relativ niedrigen Drücken, wegen des geringen H_2O-Druckes in der Granulitfazies und in hochmetamorphen Paragneisen (mitunter bis 50% und mehr); damit Anzeichen für hohen Al-Gehalt des Edukts der kristallinen Schiefer. Unter speziellen Bedingungen auch neben Cyanit und/oder Andalusit stabil. Vorkommen weltweit, im Fruchtschiefer von Theuma (Vogtland, DDR), in den Cordieritgneisen des sächs. Granulitgebirges und von Bodenmais (BRD), bei Kragerö (Norwegen) usw.

Nutzung: Gelegentlich als Keramik-Rohstoff. Künstlich in keramischen Werkstoffen, (z. B. »Cordoflam«), dann große Temperaturwechselbeständigkeit.

11.8. Topas–Staurolith-Gruppe

Zu den Mineralen mit dem Anion $[(O, OH, F)/SiO_4]$ gehören neben Andalusit, Cyanit und Sillimanit:

Topas	$Al_2[F_2/SiO_4]$
Norbergit	$Mg_3[(OH, F)_2/SiO_4]$
Staurolith	$Fe^{2+}Al_4[O/OH/SiO_4]_2$
Chloritoid	$Fe^{2+}{}_2Al_4[(OH)_4/O_2/SiO_4]_2$
Titanit	$CaTi[O/SiO_4]$
Malayait	$CaSn[O/SiO_4]$

und eine Reihe weiterer, meist noch etwas komplizierter zusammengesetzter Minerale. Wir besprechen ausführlich die wichtigen Minerale Topas und Staurolith; der Norbergit wurde bereits im Kap. 11.4. und Titanit im Kap. 11.6. abgehandelt; der Chloritoid folgt im Kap. 11.28.

Von den genannten Vertretern dieser Gruppe wurde das Volumen der Elementarzelle errechnet und eine entsprechende Zuordnung der Minerale vorgenommen (s. Bild 11.56). Diese Daten lassen folgende interessante Zusammenhänge erkennen:
Topas enthält gegenüber Andalusit anstelle von einem O-Ion zwei F-Ionen; alle anderen Bestandteile im Gitter sind gleich. Da F^- einen Ionenradius von 1,33 Å hat und damit dem O^{2-} sehr ähnlich ist (1,40 Å), muß das Vorhandensein von 2 F^- anstelle von 1 O^{2-} Konsequenzen für das Gitter haben; es gibt zwei Möglichkeiten:

- entweder weist das Topasgitter starke Deformationen der Wirkungssphären der Fluorionen (und der angrenzenden Ionen) auf, und das Andalusitgitter ist ungestört, oder
- das Topasgitter ist ungestört, und das Andalusitgitter weist eine zu lockere Packung auf. Mit anderen Worten: Die SiO_4-Tetraeder und Al-Kationen haben eine derartige Anordnung im Gitter, daß ein geringerer Raumausfüllungsgrad vorliegt. Die höhere Dichte des Topases läßt beide Interpretationen zu.

Für die zweite Erklärung spricht die Polymorphie der Minerale der Andalusitgruppe und die ungewöhnliche [5]-Koordination des einen Al-Ions im Andalusit (die Hochdruckmodifikation Cyanit weist für beide Al-Ionen [6]-Koordination auf). Wenn F-Ionen in der sauren Schmelze enthalten sind, entsteht kein Andalusit, sondern der gitterenergetisch günstigere Topas; beide Minerale schließen sich sozusagen aus.
Im kontaktmetamorphen Bereich, dem typischen Bereich der Andalusitbildung, herrscht ein starkes Temperaturgefälle. Da es keinen F-freien Topas (etwa der Zusammensetzung $Al_2[(OH)_2/SiO_4]$) gibt, kann in diesem metastabilen Bereich der gitterenergetisch ungünstigere Andalusit entstehen.
Werden an die Stelle der 2 Al im »Topasgitter« 3 Mg eingebaut, dann führt das zu einer beträchtlichen Erweiterung des Gitters (Ionenradius Al = 0,51, Mg = 0,66 Å) und zur Verminderung der Dichte (*Norbergit*). Werden in das »Andalusitgitter« mit der im Vergleich zum Topas lockereren Packung $^1/_2$ Fe^{2+} und 1 OH-Ion eingebaut, liegt das *Staurolith*gitter vor (im Bild 11.56 ist die doppelte Anzahl aller Elemente angegeben). Dieser Einbau kompensiert die lockere Packung und führt zu einer geringfügigen Aufweitung. (Die Ionenradien von O und OH im Anionengitter des Stauroliths entsprechen denen der 2 F-Ionen im Topasgitter; das $^1/_2$ Fe^{2+}-Ion führt zur Aufweitung.)

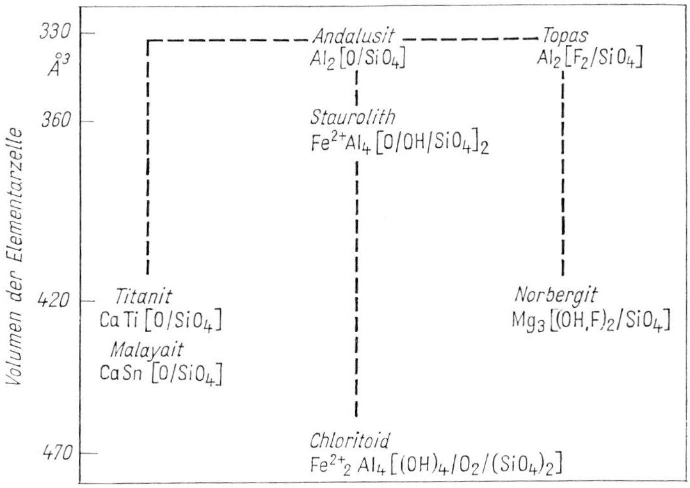

Bild 11.56. Volumen der Elementarzelle einiger Nesosilikate mit »fremden« Anionen vom Typ $[(O, OH, F)/SiO_4]$. Von oben nach unten Abnahme der Symmetrie (rhombisch bis triklin, Ausnahme Norbergit) [232]

Die etwas höheren Werte für die Dichte des Stauroliths gegenüber Topas können weitgehend durch den Eiseneinbau erklärt werden. Werden in das »Staurolithgitter« wiederum $^1/_2$ Fe^{2+}- und 1 OH-Ion eingebaut, führt das zu einer beträchtlichen Gitteraufweitung (*Chloritoid*). Diese Aufweitung ist die Ursache für die Verminderung der Dichte, die aber durch den Eiseneinbau fast kompensiert wird.
Sind anstelle von 2 Al^{3+}-Ionen in das Gitter mit dem Anionenkomplex $[O/SiO_4]$ Ca^{2+} und Ti^{4+} eingebaut (*Titanit*), liegt Ladungsausgleich vor, aber beide Elemente haben wesentlich größere Ionenradien (Ca^{2+} = 0,99, Ti^{4+} = 0,68), so daß das wesentlich größere Volumen der Elementarzelle erklärt werden kann. Die höhere Dichte gegenüber Andalusit wird durch den Ti-Einbau verursacht. (Das Ca kann heterovalent durch Y diadoch vertreten sein; es gibt Yttrotitanit. Diese Substitution ist sehr bedeutungsvoll, insbesondere für die Zirkongruppe.) Im *Malayait* tritt an die Stelle von Ti^{4+} das Ion Sn^{4+}; beide haben fast den gleichen Ionenradius, so daß hier eine isovalente Diadochie möglich ist. Es gibt *Zinn-Titanite* mit 10 bis 25 % SnO_2 und titanhaltige Malayaite mit mehr als 6 % TiO_2.

Topas: $Al_2[F_2/SiO_4]$

Entdeckung: Bezeichnet nach der Insel Topasos im Roten Meer (de Boodt 1636).

Chemismus: Theor. ≈55% Al_2O_3, ≈32% SiO_2 und ≈13% F. Meist enthält der Topas diadoch für F Hydroxylionen eingebaut. Das Verhältnis F : OH beträgt max. 3 : 1 (*Hydroxyltopas*). Eine vollständige Substitution von F durch OH kommt in der Natur nicht vor. Durch den wechselnden OH-Gehalt ergibt sich folgender Chemismus: 62,0 bis 48,2% Al_2O_3, 39,0 bis 28,2% SiO_2, 13,0 bis 20,4% F und 0 bis 3,25% H_2O. Topas enthält häufig gasförmige und flüssige Einschlüsse.

Kristallogr.: Rhombisch (dipyramidal). Die Struktur ist im Bild 11.57 dargestellt. Ähnlichkeiten und Unterschiede zu Andalusit wurden bereits oben aufgezeigt. Gut ausgebildete Kristalle in Drusen u. a. Hohlräumen häufig; nicht selten flächenreich. (001), (010), (110), (120), (021) usw. (s. Bild 11.58).

Physik. Eigensch.: Farblos, gelb, blau, violett, grün, rosa, bisweilen rot gefärbt, durchs. Bei längerer Einwirkung von Sonnenstrahlen tritt häufig ein Verblassen der

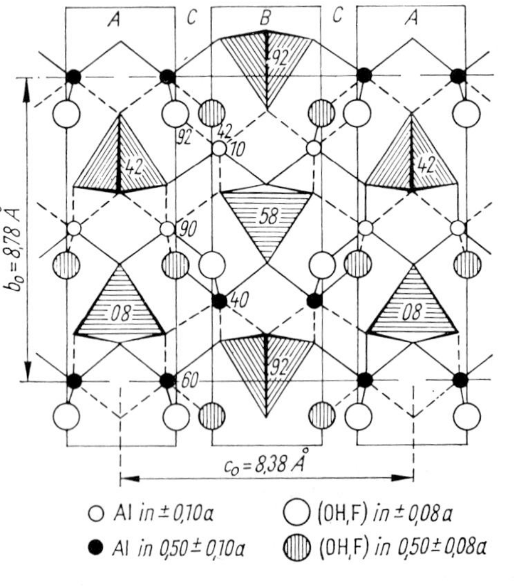

Bild 11.57. Topasstruktur [277]
Projektion auf die b/c-Ebene. Die Struktur ist in Teilblöcke (A, B) mit $[SiO_4]$-Tetraedern und zwischengeschalteten [Al(OH, F)]-Lamellen (C) und parallel (001) zerlegt

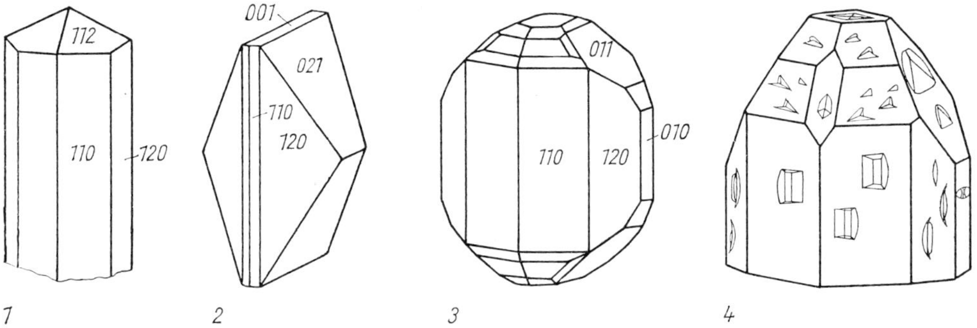

Bild 11.58. Topaskristalle mit verschiedener Tracht [20]. Ganz rechts Ätzfiguren auf Topas [212]

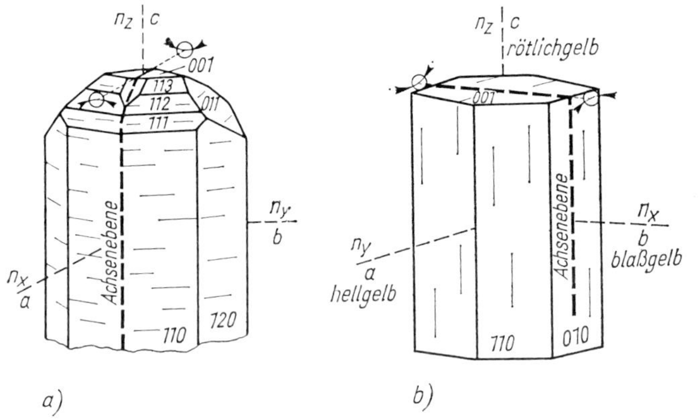

Bild 11.59. Lage der Indikatrix und Spaltbarkeit in Topas (a) und Staurolith (b) [49]

Beim Topas liegen $n_X \parallel a$, $n_Y \parallel b$ und $n_Z \parallel c$, und beim Staurolith liegen $n_Y \parallel a$, $n_X \parallel b$ und $n_Z \parallel c$. Hervorhebenswert ist der Pleochroismus beim Staurolith

Farben ein. Glasglanz. $n_Z = 1{,}616$ bis $1{,}644$, $n_Y = 1{,}610$ bis $1{,}637$, $n_X = 1{,}607$ bis $1{,}635$ (weitere Angaben zur Optik s. Bild 11.59). H 8. Spaltbarkeit 4 nach (001); Bruch muschelig. D 3,52 bis 3,57.

Diagnose: Härte, Form, Dichte, Spaltbarkeit sind für Topas charakteristische Eigenschaften. Verwechslungsmöglichkeiten sind gegeben durch Quarz, Chrysoberyll, Phenakit, evt. Andalusit und Sillimanit, Coelestin u. a. Minerale.

Genese: Topas kommt nur ausnahmsweise primär in sauren Eruptiva (Graniten und Rhyolithen) und Pegmatiten vor, meist bildet er sich spätmagmatisch (deuterisch) oder postmagmatisch durch Fluorzufuhr auf Kosten aluminiumhaltiger Silikate, v. a. in sauren Plutoniten. Der Topas ist dabei häufig idiomorph ausgebildet, mit ihm sind zerstörte Glimmer und fleckig albitisierte Plagioklase, Lithiumglimmer, Turmalin, Fluorit, Beryll, Kassiterit, Wolframit und andere pneumatolytische Minerale anzutreffen. Die Topasierung kann auch über den Kontakt hinaus in das

Bild 11.60. Pyknit (stengliger Topas). Altenberg (Erzgebirge, DDR). Etwa $^1/_2$ nat. Größe [221]

Nebengestein übergreifen. Man faßt die Produkte dieser metasomatischen Umwandlung als »Greisen« zusammen, Sonderausbildungen als »Zwitter« (vgl. Kap. 4.1.2.). Auf Grund seiner Verwitterungsresistenz gelangt er in die klastischen Sedimente.
In der DDR gibt es zwei bekannte Topasvorkommen: Die schönen weingelben Kristalle vom Schneckenstein im Vogtland (sie wurden in früherer Zeit als Schmucksteine verarbeitet) und ein stengliger Topas in Form des *Pyknits* von Altenberg im Osterzgebirge (s. Bild 11.60). Sowjetische Vorkommen finden sich im Ural bei Murzinka, Alabaska und Južakova (nordöstl. Sverdlovsk). Hier wurden bläuliche und zarthimmelblaue Topase im 18./19. Jh. aus miarolithischen Hohlräumen und Pegmatitgängen der Granit-Gneis-Zone gewonnen. Im Volynsker Gebiet werden Topas-Pegmatite abgebaut. Bedeutungsvoll sind weiterhin die Seifen von Sri Lanka und Minas Geraes (Brasilien).

Nutzung: Schmuckstein. Lagerstättengenetisch von Bedeutung als Indikator pneumatolytischer Prozesse.

Sapphirin: $Mg_2Al_4[O_6/SiO_4]$. Monoklin. Blaues bis grünes taflig-körniges Mineral aus regional- und kontaktmetamorphen, auch magmatischen Gesteinen (Glimmerschiefer, Gneise, Quarzite, Anorthosite). Vorkommen auf Madagaskar, Grönland, im Ural, in Indien, auch von Waldheim (Granulitgeb., DDR). H $7\frac{1}{2}$. D 3,3 bis 3,5. n_Z = 1,708 bis 1,734.

Staurolith: $Fe^{2+}Al_4[O/OH/SiO_4]_2$

Benannt durch DELAMETHERIE 1792 nach den typischen kreuzförmigen Zwillingen (gr. *stauros* = Kreuz). Theor. 17,4% FeO, 49,3% Al_2O_3, 29,0% SiO_2, 4,3% H_2O. Fe^{2+} kann ersetzt sein durch Mg (1,1 bis 3,2% MgO), Ti (0,6 bis 1,1% TiO_2), Mn^{2+} (0,1 bis 0,4% MnO); anstelle von Al kann Fe^{3+} (0,9 bis 1,5% Fe_2O_3) treten.

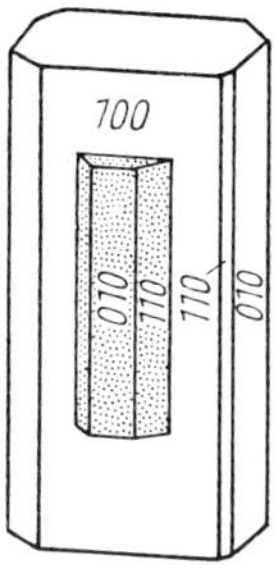

a)

Bild 11.61. Staurolith und Staurolith-durchkreuzungszwillinge [20]

a) orientierte Aufwachsung von Staurolith auf Cyanit

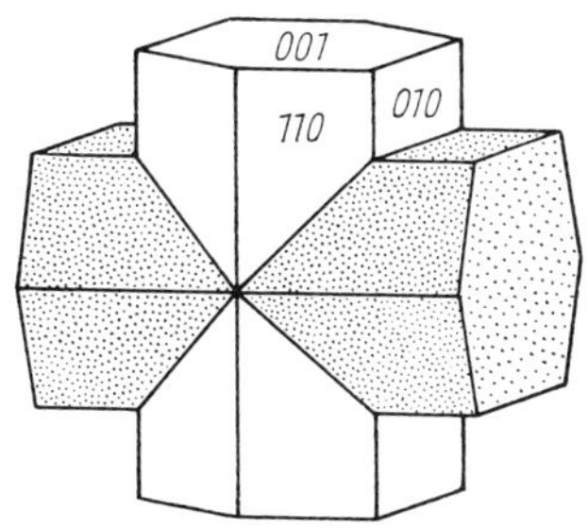

b)

b) Zwilling nach (032). Taos Co. (New Mexiko, USA), daneben Modell

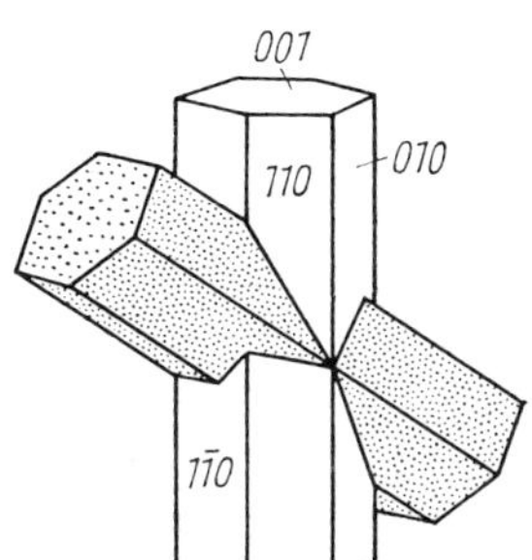

c)

c) Zwilling nach (232). Bretagne (Frankreich), daneben Modell

Monoklin (pseudorhombisch); kompliziertes Gitter. Die Kristalle haben gewöhnlich die Form kurzer Prismen. Hauptform: (110), (010), (001), bisweilen auch Prisma (101). Sehr charakteristisch sind Zwillinge nach (032) als rechtwinkliges Kreuz und nach (232) als schiefwinkliges Kreuz (s. Bild 11.61).
Rötlichbraun bis bräunlichschwarz gefärbt. Selten durchs. Weißer bis gelblicher Strich. Glasglanz. n_{ZYX} = 1,746, 1,741, 1,736 (weitere Angaben zur Optik s. Bild 11.59). Spaltbarkeit 2 nach (010), H 7 bis $7^1/_2$; unebener Bruch. D 3,65 bis 3,77. Leicht zu

erkennen an Farbe und Form der Kristalle, insbesondere der Zwillinge. In Säuren unlöslich; in der Hitze Angriff durch HF. Verwechslungen kaum möglich.
Typisch regionalmetamorph; nur enger Druck-Temperatur-Stabilitätsbereich, kritisch für mesozonale Staurolithfazies. Er kommt zusammen mit den Mineralen der Andalusitgruppe, Glimmer sowie Almandin in Glimmerschiefern und in Granat-Glimmerschiefern vor. Es sind epitaktische Aufwachsungen von Staurolith (010) auf Cyanit (100) bekannt (s. Bild 11.61). Bei katazonaler Beanspruchung wird Staurolith instabil, er wandelt sich in Almandin–Cyanit bzw. Almandin–Sillimanit um. Diaphthoretisch entsteht aus Staurolith unter epizonalen Bedingungen Chloritoid. Wegen seiner Verwitterungsresistenz kann er in Sanden auftreten.
Wirtschaftlich wird das Mineral nicht genutzt. Geologisch ist es fazieskritisch.

Lusakit: Co-haltiger Staurolith. Schwarz. Taflige xx. Reiche Vorkommen in Lusaka (Sambia). In Dünnschliff blau, stark pleochroitisch. *Fraipontit:* $Zn_8Al_4[(OH_8/(SiO_4)_5] \cdot 7\,H_2O$.

Angaralith: $(Mg, Ca)_2(Al, Fe^{3+})_{10}[O_5/(SiO_4)_6]$. Hexagonal. Tafliges Kontaktmineral von der Angara (Sibirien, UdSSR). Sehr selten. Jüngst als Chlorit erkannt.

Chantalit: $CaAl_2SiO_4(OH)_4$; tetragonal. Farblose xx′, D 2,97. Von der Türkei.

Kosmochlor: $Fe_2Al_3Cr_9[O_3/(SiO_4)_9]$. Selten; aus Meteoriten.

Malayait: $CaSn[O/SiO_4]$; monoklin, isotyp mit Titanit. H $3^1/_2$ bis 4; D 4,3 bis 4,55, $n_Y = 1{,}784$. Theor. 21,0% CaO, 56,5% SnO_2 und 22,5% SiO_2. Zusammen mit Kassiterit in Skarnen; in Granitkontakten zusammen mit Wolframit, Diopsid, Vesuvian, auch mit Datolith und Granat.

11.9. Braunit-Gruppe

In der Braunitgruppe werden wichtige *Mangansilikate* zusammengefaßt. Von der datenreichen Gruppe werden die beiden wirtschaftlich wichtigen Minerale Braunit $Mn^{2+}Mn_6^{4+}[O_8/SiO_4]$ und Rhodonit $CaMn_4[Si_5O_{15}]$ ausführlich besprochen.
Die Elementarzelle der Minerale mit »fremdem« Anion (z. B. also Braunit) ist durch den verstärkten Einbau der großen O-Ionen wesentlich größer als die der bisher besprochenen Inselsilikate. Je mehr Bausteine in einer solchen Elementarzelle Platz haben, um so größer ist die Variationsbreite. In diese Minerale können z. B. As, Zn und Sb eingebaut werden. Eine weitere Folge ist, daß diese Minerale selten Isotypie, sondern meist Heterotypie aufweisen und damit in verschiedene Kristallsysteme einzuordnen sind, unterschiedliche Eigenschaften aufweisen usw.
Rhodonit weist im Gegensatz zu den genannten Mn-Silikaten Fünferkettenstruktur auf.

Braunit: $Mn^{2+}Mn_6^{4+}[O_8/SiO_4]$

Braunit wurde erstmalig von Haidinger 1831 beschrieben. Der SiO_2-Gehalt ist gering, er erreicht max. 8%. Durch Diadochiebeziehungen kann dagegen der Fe-Gehalt bis 10% und mehr betragen.
Braunit kristallisiert tetragonal (skalenoedrisch). Tetragonale Dipyramide (pseudooktaedrische Form); häufiger sind dichte körnige Aggregate. Schwarz, Strich bräunlichschwarz, undurchsichtig. Halbmetallglanz. H 6 bis $6^1/_2$. Spaltbarkeit 2 nach (111) D 4,7 bis 5,0. Nicht magnetisch. Ähnelt anderen Mn-Oxiden (z. B. Hausmannit) und Magnetit. In HCl schwer löslich, durch HNO_3 zersetzt.

Kontaktmetasomatisch, auch in hydrothermalen Gängen in Begleitung verschiedener Mangan- und Eisenminerale, Baryt, Quarz u. a. In bedeutenden Massen ist er in regionalmetamorphen sedimentären Manganlagerstätten verbreitet. In der Oxydationszone nicht beständig (Umwandlung in Psilomelan oder Pyrolusit). Sowjetische Lagerstätten in Zentralkasachstan (Džezdy, im Rayon Karsakpaj) und im Ural (Sapalsk bei Nižnij Tagil); in Indien (Sitapar); Brasilien (Minas Geraes); von Otjusondu (Namibia); Schweden, USA, Südafrika. Kleine Mengen bei Elgersburg und Öhrenstock sowie Ilfeld (Thür., DDR). Lokal Mn-Erz (z. B. Indien).

Långbanit: $Mn^{2+}Mn_6^{4+}[O_8/SiO_4]$; hexagonal, wohl Modifikation von Braunit. Schwarzes säuliges und tafliges Mineral auf kontaktmetamorphen Mn-Lagerstätten, wie Långban (Schweden). H $6^1/_2$. D 4,9.

Kanoit: $(Mn^{2+}, Mg)_2[Si_2O_6]$; monokliner Klinopyroxen. Bräunliche xx, D 3,60. Aus Metamorphit von Hokkaido (Japan).

Katoptrit: $Mn_{14}Sb_2(Al, Fe)_4[O_{21}/(SiO_4)_2]$; monoklin. Schwarze tafelige xx von der Mn-Lagerstätte Nordmarken (Schweden). Sehr selten. H $5^1/_2$. D 4,5.

Sursassit: $Mn_3Al_2[SiO_4]_3 \cdot 2\,H_2O$; monoklin. Rotes faseriges Mineral von Graubünden (Schweiz). Sehr selten. Wahrscheinlich Manganepidot.

Dixenit: $Mn_5As_2[O_6/SiO_4] \cdot H_2O$; trigonal. Rote xx von Långban (Schweden).

Yeatmanit: $(Mn, Zn)_{16}Sb_2[O_{13}/(SiO_4)_4]$; triklin. Dunkelbraunes Mineral, meist in Form pseudorhombischer Zwillinge, von Franklin (USA).

Welinit: $(Mn^{2+}, Mg)_2(Mn^{3+}, Fe^{3+})[(OH)_3/SiO_4]$; hexagonal. Rötlichbraune bis schwarze Mineralbruchstücke bis 2 cm Größe, verwachsen mit Calcit, Baryt, Sarkinit und Adelit, von Långban (Schweden).

Henritermierit: $Ca_3(Mn_{1,5}Al_{0,5})[(OH)_4/(SiO_4)_2]$; tetragonal. Fleckenförmige Überzüge brauner kurzprismatischer xx (< 1 mm), zusammen mit Hausmannit und Marokit, aus Mn-Lagerstätte im Antiatlas (Marokko). D 3,34; $n_O = 1{,}765$, schwach pleochroitisch, verzwillingt.

Ericssonit: $BaMn_2Fe^{3+}[O/OH/Si_2O_7]$; rhombisch. Von Långban (Schweden).

Tinzenit: $CaMn_2Al_2[BO_3/OH/Si_4O_{12}]$; monoklin (ein Mn-Axinit). Gelbliche bis bräunliche xx von den Mn-Vorkommen Tinzen (Schweiz).

Ardennit: $Mn_4MgAl_5[(OH)_2/(V, As)O_4/(SiO_4)_5] \cdot 2\,H_2O$; rhombisch. Gelbliches regionalmetamorph gebildetes Mineral.

Hancockit: $(Ca, Pb, Sr, Mn)_2(Al, Fe, Mn)_3[O/OH/SiO_4/Si_2O_7]$. Rotbraunes Mineral von Franklin (USA).

Alleghanyit: $Mn_5[(OH)_2/(SiO_4)_2]$; monoklin. Rötliche glänzende Körner, meist metamorph gebildet, v. a. aus den USA. D 4,02, $n_Y = 1{,}78$. *Gageit:* $Mn_7[(OH)_6/Si_3O_{10}]$; rhombisch.

Leukophoenicit: $Mn_7[(OH)_2/(SiO_4)_3]$; rhombisch. Von Franklin (USA).

Sonolith: $Mn_9[(OH, F)_2/(SiO_4)_4]$; monoklin. Rötlich; D 3,82. Von Sono-Grube (Japan).

Mcgovernit: $Mn_9Zn_2Mg_4[O/(OH)_{14}/(AsO_4)_2/(SiO_4)_2]$; trigonal. Rotbraun; D 3,72; $n_0 = 1{,}761$.

Kolicit: $Mn_7Zn_4(AsO_4)_2(SiO_4)_2(OH)_8$; rhombisch. Gelborange xx, D 4,17, $n_Y = 1{,}786$; mit Franklinit, Willemit, Calcit. Von Sterling Hill (New Jersey, USA). Weniger Zn hat *Kreisslit:* $Mn_6Zn[(OH)_3/AsO_4/(SiO_4)_2]$; hexagonal. Braune Blättchen, ⋕ 4 (0001), $n_0 = 1{,}805$, gleichfalls von Sterling Hill.

Orientit: $Ca_4[Mn^{3+}, Mn^{2+}, Al]_6[(OH)_6/(Si, H_4)O_4/(SiO_4)_2/Si_3O_{10}]$; rhombisch. D 3,05, Schwarzbraun von Prov. Oriente (Kuba).

Ottrelith (Salmit): $Mn_2AlAl_3[(OH)_4/O_2/(SiO_4)_2]$. Monoklin (?). In epimetamorphen Schiefern, z. B. Ottrez (Ardennen, Belgien) und Wippraer Zone (Ostharz, DDR).

Deerit: $(Fe^{2+}, Mn, Mg)_{13,0}(Fe^{3+}, Al)_{6,9}[(OH)_{11,1}/Si_{13,0}O_{43,9}]$; monoklin. Schwarze, nadelige amphibolähnliche xx in metamorphen Schiefertonen, Si-haltigen Eisenerzen und Kalksteinen aus Californien (USA), auch als Verwitterungsprodukt von Hämatit. Paragenese: Stilpnomelan, Granat, Riebeckit, Krokydolith, Grünerit u. a. D 3, 837; n_X = 1,840, schwacher Pleochroismus.

Howieit: $(Na, Ca)_{1,05}(Mg, Mn, Fe^{2+})_{9,84}(Fe^{3+}, Al)_{2,19}[(OH)_{12,69}/(Si, Ti)_{12,00}O_{31,3}]$; triklin. Dunkelgrüne bis schwarze blättrige xx aus metamorphen eisenreichen Sedimenten von Californien (USA). D 3,378; n_Y = 1.720, pleochroitisch, # 3 (100).

Rhodonit: $CaMn_4[Si_5O_{15}]$

Jasche beschrieb das rosafarbene Mineral 1819 (gr. *rhodon* = Rose). Chem. 30 bis 46% MnO, 2 bis 12% FeO, 4 bis 6,5% CaO, 45 bis 48% SiO_2. Weiter kommen vor: Al_2O_3, Alkalien.
Triklin (pinakoidal). Fünferkettenstruktur. Die seltenen xx sind schlecht ausgebildet mit rauhen Flächen und gerundeten Kanten; tafelige, isometrische und prismatische Form. Meist dichte, feste oder körnige Aggregate. Rosa bis rosagrau. Glasglanz. n_Y = 1,726. H $5^1/_2$ bis 6. Spaltbarkeit 2 nach Prisma (110), 4 nach (001). D 3,4 bis 3,75. Die rosarote Farbe ist charakteristisch. Zusammen mit Rhodonit kommen oft Manganhydroxide vor. In HCl erfolgt langsame Zersetzung.
Rhodonit entsteht bei verhältnismäßig niedrigen Temperaturen und kommt bisweilen in hydrothermalen, ebenso in kontakt-metasomatischen Lagerstätten zusammen mit Rhodochrosit, Bustamit und anderen Mn-Mineralen vor. In bedeutenden Massen bildet er sich, wenn sedimentäre Manganerze der Regionalmetamorphose unterworfen werden. Bei der Verwitterung wird er leicht oxydiert und von schwarzen Beschlägen, Krusten und Adern über- bzw. durchzogen.
Die besten europäischen Rhodonitvorkommen befinden sich im Ural, südlich von Sverdlovsk. Von hier stammen viele Monolithblöcke, die für größere und kleinere kunstgewerbliche und Architekturarbeiten verwendet werden. Viele solcher Arbeiten werden in den Museen aufbewahrt. Kleinere Lagerstätten metamorphosierter sedimentärer Manganerze kommen an vielen Stellen in der Nähe des Magnitnaja Gora, in schichtigen roten Jaspisen, Tuffiten und anderen metamorphosierten Sedimentgesteinen vor. Die Oxydationszonen bestehen aus reichen Manganerzen. Große Vorkommen in Indien und Broken Hill (Australien). In kleinen Mengen im Harz; mit Kieselschiefern bei Elbingerode (DDR) und bei Lautenthal (BRD).
Nutzung: Kunstgewerbliche Artikel und Innenarchitektur (Station Majakovskaja der Moskauer U-Bahn). Untergeordnet als Mn-Erz.

Hsihutsunit ist ein Mg-Rhodonit, *Fowlerit* ein Zn-Rhodonit. Gleichfalls Fünferkettenstruktur hat *Nambulit* $(Li, Na)Mn_4Si_5O_{14}(OH)$; triklin. Bis 3 cm große xx in Pegmatiten. *Hydrorhodonit* hat mehr Wasser als Nambulit.

Marsturit: $Mn_3CaNaHSi_5O_{15}$; triklin. Weiße Nadeln, von Franklin (New Jersey, USA).

Inesit: $Ca_2Mn_7[Si_5O_{14}OH]_2 \cdot 5\,H_2O$; triklin. Meist radial-strahlige rote Kristallaggregate. H 6. D 3,1. n_Y = 1,62. Aus Mn-Lagerstätten: Nanzenbach bei Dillenburg (BRD), Jacobsberg und Långban (Schweden), Broken Hill (Australien), auch auf hydrothermalen Erzgängen der Karpaten u. a.

Pyroxmangit: $(Fe, Mn)_7[Si_7O_{21}]$; triklin. Körnige Aggregate eines gelblichen Minerals. Iva (Süd-Carolina, USA), Tunaberg (Schweden); in Paragenesen mit Hedenbergit, Granat und Diopsid. n_Y = 1,76. D 3,8.

Taneyamalit: $(Na, Ca)(Mn^{2+}, Mg, Fe^{3+}, Al)_{12}Si_{12}(O, OH)_{44}$; triklin. Grünlichgelb, # 4 (010), H 5, n_Y = 1,664, pleochroitisch. Aus metamorpher Mn-Lagerstätte in Japan.

11.10. Uranophan-Gruppe

Diese Nesosilikate sind sekundäre U-Minerale; sie enthalten eine Uranyl-Gruppe und Kristallwasser:

$[UO_2/SiO_4]_2 \cdot 2\text{–}12\ H_2O$

Als Kationen treten Ca, Mg, Cu, Pb und H (nach STRUNZ) bzw. H_3O (nach ČUCHROV u. a.) auf. Da U^{4+} einen Ionenradius von 0,97 Å aufweist, ist eine tetraedrische Anordnung der O-Ionen nicht möglich. In der Uranylgruppe sind die Ionen linear (O–U–O) in der a–b-Ebene angeordnet; der U–O-Abstand beträgt 1,91 Å. Die fünf Wassermoleküle und die drei O-Ionen umgeben das Kation in [8]-Koordination. Da die SiO_4-Tetraeder und UO_2-Gruppen parallel der (100)-Ebene angeordnet sind, ergibt sich eine Spaltbarkeit 5 nach (100) und eine Längserstreckung parallel der b-Achse. Die Minerale bilden sich meist durch Zersetzung von Uraninit.

Uranophan: $CaH_2[UO_2/SiO_4]_2 \cdot 5\ H_2O$

WEBSKY beschrieb das Mineral erstmals 1853; der Name setzt sich zusammen aus dem Wort Uran und dem griechischen Wort *phainetai* = scheinen. Theor. Zusammensetzung: 6,5% CaO, 66,8% UO_3, 14,0% SiO_2 und 12,6% H_2O. Beimengungen: Sr, Ba (*Barium-Uranophan*), Pb, P. Monoklin. Hauptformen (100), (010), (110), Kristalle prismatisch, strahlig, gestreckt nach b-Achse; verfilzte Aggregate. Gelbe Farbe durchsch. Glasglanz, auf Spaltflächen Perlmutterglanz. Spaltbarkeit 5 nach (100). n_{ZYX} = 1,67, 1,66, 1,65. H $2^1/_2$. D 3,7 bis 3,9. Wasserabgabe bei 175 °C.
Uranophan ist meist Neubildung auf Uraninit-Lagerstätten, z. B. Jáchymov (ČSSR); bekannt auch von der Fluoritlagerstätte Wölsendorf (BRD) und aus Granitdrusen. Große Kristalle von Lagerstätten des Colorado-Plateaus (USA).

Sklodowskit: $MgH_2[UO_2/SiO_4]_2 \cdot 5\ H_2O$. Monoklin. Hellgelbe feinste Nadeln ähnlich Uranophan. Bekannt von Shaba (Zaïre). *Cuprosklodowskit:* $CuH_2[UO_2/SiO_4]_2 \cdot 5\ H_2O$. Rhombisch. Cu für Mg, daher hellgrün. Shaba (Zaïre) und Jáchymov (ČSSR).

Kasolit: $Pb_2[UO_2/SiO_4]_2 \cdot 2\ H_2O$; monoklin. Braungelbe, harzglänzende Kriställchen von Katanga (Zaïre) und Wölsendorf (BRD). Ähnlich ist *Orlit.*

Boltwoodit: $K_2H_2[UO_2/SiO_4]_2 \cdot 4\ H_2O$; monoklin. Von Swakopmund (Namibia).

Weeksit: $K_2[(UO_2)_2/(Si_2O_5)_3] \cdot 4\ H_2O$; rhombisch. Gelb; n_Y = 1,603. Von USA.

Haiweeit: $Ca[(UO_2)_2/(Si_2O_5)_3] \cdot 4\ H_2O$; monoklin. Gelb; D 3,35; n_Y = 1,575. Bad Gastein (Österreich), USA. *Meta-Haiweeit* soll andere optische Daten und weniger Wasser haben.

Ursilit: $(Ca, Mg)_2[(UO_2)_2/SiO_{14}] \cdot 9$ bis 10 H_2O. Gelb. Erdige Massen in Quarzporphyr (UdSSR).

Ranquilit: $Ca[(UO_2)_2/(Si_2O_5)_3] \cdot 12\ H_2O$ (?); rhombisch. Gelb; n $\approx$ 1,564. Ranquil (Argentinien).

Soddyit: $(UO_2)_{15}[(OH)_{20}/Si_6O_{17}] \cdot 8\ H_2O$; rhombisch. Gelbe feinnadelige xx von Shaba (Zaïre).

Pilbarit: $PbTh[UO_2/(SiO_4)_2] \cdot 4\ H_2O$. Gelbe, nadelige und erdige Aggregate.

11.11. Datolith-Gruppe

Zu den Mineralen der Datolithgruppe gehören die Bor-*Silikate* mit BO_3-Dreiecken und BO_4-Tetraedern im Gitter. Die wichtigsten Vertreter sind:

Datolith	$CaB^{[4]}[OH/SiO_4]$
Homilit	$Ca_2FeB_2[O/SiO_4]_2$
Kornerupin	$Mg_4Al_6[(O, OH)_2/BO_4/(SiO_4)_4]$
Dumortierit	$(Al, Fe)_7[O_3/BO_3/(SiO_4)_3]$
Howlith	$Ca_2[(BOOH)_5/SiO_4]$
Danburit	$Ca[B_2Si_2O_8]$

Da B^{3+} einen sehr kleinen Ionenradius (0,23 Å) aufweist, tritt das Element meist in [3]-Koordinaten zu O auf; oft kommen auch BO_4-Tetraeder vor. Der BO_3- bzw. BO_4-Komplex ist genau wie das SiO_4-Tetraeder fähig, Gitter mit verknüpfbaren Komplexen zu bilden.

Datolith: $CaB[OH/SiO_4]$

Entdeckung: ESMARK beschrieb das Mineral 1806; der Name leitet sich ab von den griechischen Wörtern *dateomai* = teilen und *lithos* = Stein.

Chemismus: Theor. Zusammensetzung: 35,0% CaO, 21,8% B_2O_3, 37,6% SiO_2 und 5,6% H_2O. Geringfügige Beimengungen: Na, K, Mg, Mn, Al, Fe.

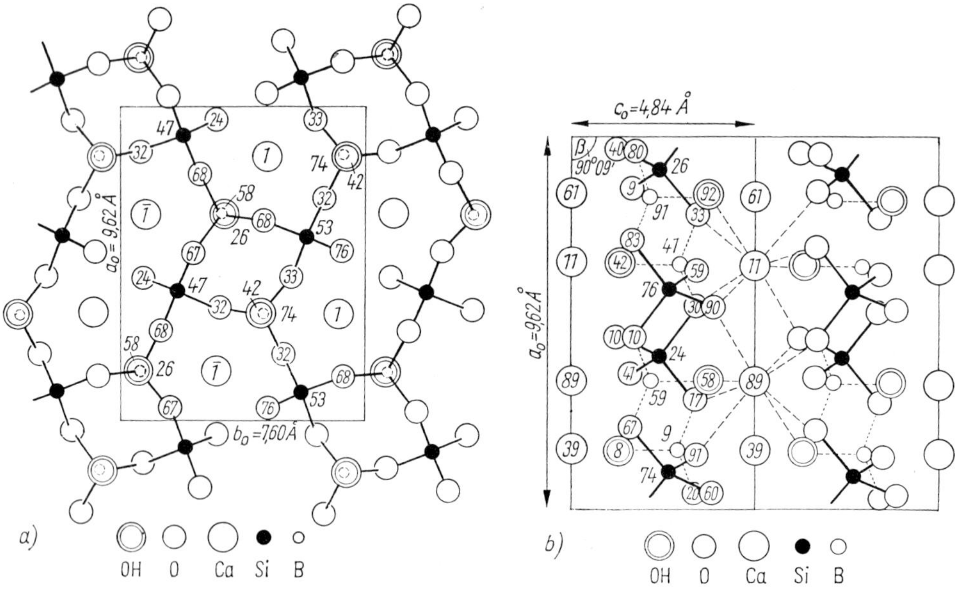

Bild 11.62. Projektion der Struktur des Datoliths (nach BRAGG u. CLARINGBULL), a) auf (001), b) auf (010)

Kristallogr.: Monoklin (prismatisch). Die Struktur zeigt das Bild 11.62. Im Datolith werden die SiO_4-Tetraeder mit BO_3OH-Tetraeder zu Schichten parallel (001) verknüpft. Ca wird in [8]-Koordination von 6 O und 2 OH umgeben. Es treten ungewöhnlich flächenreiche Kristalle der verschiedenen Formen auf; die Flächen (110), (011) und (201) herrschen vor (pseudorhombisch-kurzsäulig). Körnige Aggregate sind weit verbreitet.

Physik. Eigensch.: Weiß, bisweilen grau, aber auch blaßgrüne, gelbe, rote, violette und olivgrüne Farben. Durchsch. Glasglanz. n_{ZYX} = 1,670, 1,653, 1,625. H 5 bis $5^1/_2$. Keine Spaltbarkeit; muscheliger Bruch. D 2,9 bis 3,0.

Diagnose: Charakteristischer Glasglanz, muscheliger Bruch. Die Flamme wird grün gefärbt. In HCl erfolgt Zersetzung unter Ausfall von Kieselgel. Verwechslung mit Prehnit und Danburit möglich.

Genese: Typisch postmagmatisches Mineral (hydrothermal; besonders an basische Magmatite gebunden (Gabbro bis Serpentinit), zusammen mit Calcit, Prehnit und Zeolithen. Im Kontaktbereich tritt Datolith als hydrothermale Bildung zusammen mit Grossular, Wollastonit und/oder Diopsid auf. Weiter in Skarnen und in Calcit-Epidotfelsen. Lagerstättenbildung im Rayon Tetjuche (Ferner Osten) und den Turja-Gruben im nördlichen Ural (beide UdSSR). Vorkommen in Andreasberg (BRD), in Arendal (Norwegen).

Nutzung: Lokal Borerz; muß mit Säuren aufgeschlossen werden.

Bakerit: borreiche Datolithvarietät, weißliche Konkretion, von Californien (USA).

Homilit: $Ca_2FeB_2[O/SiO_4]_2$; monoklin. 18,7 % B_2O_3-Gehalt. H $4^1/_2$ bis $5^1/_2$. D 3,3. n_Y = 1,725. Fast schwarze, körnige und tafelige Minerale aus dem Nephelinsyenit bei Brevig im Langesundfjord (Norwegen). Sehr selten.

Kornerupin (Prismatin): $Mg_4Al_6[(O, OH)_2/BO_4/(SiO_4)_4]$; rhombisch. 2,5 bis 3,6 % B_2O_3-Gehalt. Regionalmetamorph in Al-reichen Gesteinen. Stenglige, z. T. strahlige xx. Weiß bis dunkelgelb. Vorkommen im Granulit von Waldheim (DDR), Grönland, Madagaskar. H ~ 7, D 3,3. n_Y = 1,673.

Painit: 5 Al_2O_3 · $Ca_2[(Si, B, H)O_4]$; hexagonal. Rote Körner. Mogok (Burma).

Dumortierit: $(Al, Fe)_7[O_3/BO_3/(SiO_4)_3]$; rhombisch. 6,1 % B_2O_3-Gehalt. Blau bis rot gefärbte feinstfaserige Mineralaggregate aus pegmatitischen und pneumatolytischen Bildungen. Riesengebirge (VR Polen), Nevada (USA), vom Ural und bei Taškent (UdSSR). H 7. n_Y = 1,68. D 3,3 bis 3,4. Verwendung als keramischer Rohstoff (Isolatoren, Laborgeräte), kunstgewerbliche Artikel.

Serendibit: $(Ca, Mg)_5(AlO)_5[BO_3/(SiO_4)_3]$; triklin. Bläuliches Kontaktmineral in Marmor. D 3,4. Sri Lanka.

Grandidierit: $(Mg, Fe)Al_3[O/BO_4/SiO_4]$; rhombisch. Große blaugrüne stenglige xx. Aus Pegmatit von Madagaskar.

Howlith: $Ca_2[(BOOH)_5/SiO_4]$; monoklin. Weiße feinfaserige Knollen im Gips von Nova Scotia und in der californischen Mohave-Wüste. D 2,58. H 3 bis 4.

Garrelsit: $(Ba, Ca)_2[(BOOH)_3/SiO_4]$; monoklin. Sehr selten. Aus Ölbohrung (USA).

Danburit: $Ca[B_2Si_2O_8]$; rhombisch. Besitzt wie die Feldspäte SiO_4- bzw. BO_4-Tetraeder in Viererringform. Prismatische, farblose bis hellgefärbte seltene xx (s. Bild 11.63); von unterschiedlicher Genese. In Erzgängen (Mexiko), in vulkanischen Auswürflingen, in alpinen Klüften, in Dolomiten und Salzlagerstätten des Südharzes (DDR). H 7 bis $7^1/_2$. D 2,9 bis 3,0. n_Y = 1,633.

Reedmergnerit: $Na[BSi_3O_8]$, ein B-Albit; triklin; sehr selten. Aus Ölbohrung (USA).

Holtit: $H[(Al, Fe)_7BSi_3O_{18}]$; rhombisch. Bis 1 mm große grünlich-braune xx in Sedimenten von Australien. H $8^1/_2$; D 3,90; n_Y = 1,756.

Bild 11.63. Danburit von Charcas bei San Luis Potosi (Mexiko), etwa nat. Größe [221]

Searlesit: $Na_2B_2[(OH)_4/Si_4O_{10}]$; monoklin. Farblos, wasserlöslich. Von Searles Lakes (USA).

Tienshanit: $Na_2BaMnTi[(BO)_2/Si_6O_{18}]$; hexagonal; grüne massige glasgl. Substanz, aus Alkali-Pegmatit (UdSSR), mit Ägirin, Pyrochlor, Danburit, Sphen u. a. H 6 bis $6^1/_2$; D 3,29; n_O = 1,666; # (001).

Hyalotekit: $(Pb, Ca, Ba)_4B[Si_6O_{17}(F, OH)]$, s. auch Hemimorphit-Gruppe.

Weitere Borsilikate: siehe Beryll–Turmalin-Gruppe, Kap. 11.22. (S. 541).

11.12. Gehlenit–Ilvait-Gruppe

Die Minerale gehören zu den Sorosilikaten (Gruppensilikaten). Das Vorkommen der Minerale der Gehlenit–Ilvait-Gruppe ist insbesondere an den Kontaktbereich Ca-reicher Sedimentgesteine zu meist basischen Plutoniten geknüpft. Sie treten in Skarnen zusammen mit Granatmineralen, Amphibolen bzw. Pyroxenen, Wollastonit und anderen kontaktmetamorphen Mineralen auf.
Da die Minerale dieser Gruppe meist selten und wirtschaftlich unbedeutend sind, seien nur Gehlenit, Melilith und Ilvait etwas näher behandelt.

Gehlenit: $Ca_2Al[(Si, Al)_2O_7]$

FUCHS benannte das Mineral 1815 nach dem schwedischen Chemiker GEHLEN. Theor.: 40,9% CaO, 37,2% Al_2O_3 und 21,9% SiO_2; geringe Gehalte an Na_2O, K_2O, MnO, FeO, Fe_2O_3. Das Mineral kristallisiert tetragonal (skalenoedr.). Hauptformen: (001), (100), (110), (111); kleine gedrungene Kristalle. Weißes, graues, gelbliches Mineral. Glasglanz. n_{OE} = 1,67, 1,66. H $5^1/_2$ bis 6. # 2 (001). D 3,03.
Kontaktmineral, stets eingewachsen, zusammen mit Wollastonit, Grossular u. a. in Kalksteinen, z. B. von Monzoni im Fassatal (ital. Alpen). Gehlenit-Monticellit-Subfazies der Sanidinfazies im regionalmetamorphen Bereich; auch künstlich.

Strätlingit: $Ca_2Al_2SiO_7 \cdot H_2O$; trigonal. In Kalkeinschluß von Basalt. Vom Bellerberg bei Mayen (DDR). Auch künstlich.

Melilith: $(Ca, Na)_2(Al, Mg)[(Si, Al)_2O_7]$

Delamétherie benannte das Mineral 1796 nach seiner gelben Farbe (gr. *melichroos* = honigfarbig). Melilith kann man als Mischkristall der Endglieder Gehlenit und Åkermanit ansehen. Ca^{2+} wird zusätzlich heterovalent diadoch durch Na^+ vertreten (Natrium-Melilith). Weiter können enthalten sein: K, Fe^{2+}, Fe^{3+}. Oft Zonarbau mit Åkermanitkern. Bekannt sind Melilithe mit relativ hohem Wassergehalt.
Das Mineral kristallisiert tetragonal (skalenoedrisch). Hauptformen sind (001) und (100), meist tafelig, auch kurzprismatisch, idiomorph eingewachsen oder in Drusen. Gelbe, braune, graue Farben; kantendurchscheinend. Glasglanz. n_{OE} = 1,62 bis 1,66, 1,62 bis 1,67. H 5 bis 6. Spaltbarkeit 2 nach (001). D 2,95 bis 3,05. Bildet sich in von gabbroiden Magmen resorbierten Kalksteinen; auch im Kontaktbereich; meist in Paragenese mit Pyroxenen, Olivin, Perowskit. In jungen basischen Ergußgesteinen (Melilithbasalten, Polzeniten) weltweit, als Beispiel Böhmisches Mittelgebirge (ČSSR). Keine Nutzung. Auftreten auch in Hochofenschlacken.

Åkermanit: $Ca_2Mg[Si_2O_7]$; tetragonal. Das gleichfalls in Kontaktgesteinen auftretende Mineral wurde von Vogt 1884 zum ersten Mal beschrieben, benannt nach dem schwedischen Metallurgen Åkerman. Durch Substitution auch *Eisenakermanit* $Ca_2Fe[Si_2O_7]$. Kristallform wie Melilith. H 5,5 bis 6. D 2,94 bis 2,98. Weiß, gelblich. n ~ 1,63. Letzterer nur künstlich in Schlacken.

Cebollit: $Ca_5Al_2[(OH)_4/(SiO_4)_3]$ (?). Weißes fasriges Zersetzungsprodukt des Meliliths.

Hardystonit: $Ca_2Zn[Si_2O_7]$, siehe Hemimorphitgruppe. *Gugiait:* $Ca_2Be[Si_2O_7]$, siehe Beryll–Turmalin-Gruppe.

Ilvait: $CaFe_2^{2+}Fe^{3+}[OH/O/Si_2O_7]$

Die Bezeichnung stammt von dem lateinischen Namen der italienischen Insel Elba (Steffen 1811). Die chemische Zusammensetzung ist nicht konstant; theor. 13,7% CaO, 35,2% FeO, 19,6% Fe_2O_3, 29,3% SiO_2, 2,2% H_2O; der MnO-Gehalt erreicht max. 9%. Synonym auch *Lievrit.*
Das Mineral kristallisiert rhombisch (dipyramidal). Die Kristallform ist größtenteils prismatisch; die Flächen der Prismen sind vertikal gestreift. Gewöhnlich in unregelmäßigen Aggregaten. Ilvait ist schwarz mit bräunlicher oder grünlicher Tönung. Grau oder bräunlich-schwarzer Strich. Halbmetall- und Fettglanz. Undurchsichtig, in Dünnschliffen braun durchsch. n_Y = 1,89. H $5^1/_2$ bis 6. Spröde. Spaltbarkeit 2 nach (010), unebener, z. T. muschliger Bruch. D 3,8 bis 4,1. Charakteristisch sind die Farbe, die Strichfarbe und die Härte. In HCl leicht löslich unter Ausfall von Kieselgallert.
Gewöhnlich kommt er in kontaktmetasomatischen Eisenlagerstätten vor, hauptsächlich in Skarnen zusammen mit Granat (Andradit), Hedenbergit, Magnetit, Eisen- und Kupfersulfiden; zuweilen in Nephelinsyeniten. Bei der Verwitterung bilden sich Limonit und bisweilen Manganhydroxide. Vorkommen auf Elba (im Fluß Marina große Kristalle), im nördlichen Ural bei Turja (UdSSR), in der BRD.

Lawsonit: $CaAl_2[(OH)_2/Si_2O_7] \cdot H_2O$; rhombisch. Große, z. T. tafelige, farblose bis blaue Kristalle. H 6, D 3,1, spröde. ⋕ 5. In epimetamorphen Schiefern und auf alpinen Klüften, v. a. in Glaukophanschiefern (Alpen, Apenninen, Korsika), fazieskritisch.

Cuspidin: $Ca_4[(F, OH)_2/Si_2O_7]$; monoklin. Rosafarbenes bis graues Kontaktmineral, v. a. aus Skarnen Untere Tunguska (O-Sibirien, UdSSR), Franklin und Custer (USA) u. a. O.

Tilleyit: $Ca_5[(CO_3)_2/Si_2O_7]$; monoklin. Weißes Kontaktmineral.

Foshallassit: $Ca_3[Si_2O_7] \cdot 3\,H_2O$; rhombisch. Weiß, D 2,5. Von Kola (UdSSR), auch Scawt Hill (Irland). *Afwillit* hat gleichen Chemismus; monoklin (vgl. Seite 460).

Harstigit: $(Ca, Mn, Mg)_8Al_2[(OH)_4/(Si_2O_7)_3]$; rhombisch. Farblose säulige Kristalle in Paragenese mit Rhodonit und Granat von Pajsberg (Schweden).

Bicchulit: $Ca_2Al_2Si_2O_7 \cdot H_2O$; farblose xx aus Granat–Gehlenit-Skarnen von Japan und Irland. D 2,813; n = 1,625.

Rustumit: $Ca_4[(OH)_2/Si_2O_7]$; monoklin. Tafelige xx (max. 2 mm) in metamorphen Kalksteinen von Schottland.

Dellait: $Ca_{12}[(OH)_4/Si_6O_{22}]$; mit Rustumit in Metamorphiten von Schottland; $n_X = 1{,}650$.

Solanit (Suolunit): $Ca_2H_2[Si_2O_7] \cdot H_2O$; rhombisch. Feinkörniges weißes Material mit glasigem bis harzigem Glanz, in cm-mächtigen Gängchen von Harzburgit (VR China). D 2,683; $n_Y = 1{,}620$.

Killalait: $Ca_3Si_2O_7 \cdot {}^1/_2\,H_2O$; monoklin. Bis 2 mm lange xx aus metamorphem Sandstein (Irland), in Paragenese mit Calcit und Afwillit. D 2,88.

Lombaardit: $(Ca, Fe)_2(Al, Fe)_5[(O, OH)_4/(SiO_4)_3]$; monoklin. Dunkelbraun. Auf Zinnerzlagerstätten (z. B. Transvaal, Südafrika) mit Turmalin, Quarz und Fluorit.

11.13. Hemimorphit-Gruppe

In der Hemimorphitgruppe sind die *Zn- (und buntmetallhaltigen) Silikate* zusammengefaßt. Die Minerale sind überwiegend Neubildungen in der Oxydationszone von sulfidischen Blei-Zink-Lagerstätten, können aber auch durch metamorphe Vorgänge entstehen (z. B. Willemit). Der Hemimorphit bildet, u. a. gemeinsam mit Smithsonit, ein wichtiges Zinkerz (Galmei), deshalb soll er näher behandelt werden.

Hemimorphit: $Zn_4[(OH)_2/Si_2O_7] \cdot H_2O$, Kieselzinkerz

Entdeckung: Benannt von KENNGOTT 1853 nach der hemimorphen Kristallform.

Chemismus: Theor. 67,6% ZnO, 24,9% SiO_2 und 7,5% H_2O. Spurenelemente: Ca, Mg, Fe, Ti, Al, Cd u. v. a. Die Hälfte des Wassers (Kristallwasser) entweicht beim Erwärmen auf 500 °C gleichmäßig, ohne daß die Kristalle undurchsichtig werden. Das Konstitutionswasser (OH-Gruppen) entweicht erst bei höheren Temperaturen (650 °C); dabei zerfällt das Gitter.

Kristallogr.: Rhombisch (pyramidal). Die Struktur (s. Bild 11.64) ist dadurch gekennzeichnet, daß jeweils die Si_2O_7-Doppeltetraeder verknüpft sind durch Zn_2O_6OH-Gruppen (ebenfalls Doppeltetraeder); die H_2O-Moleküle lagern in den Hohlräumen zwischen diesen Gruppen. Die Kristalle sind gewöhnlich klein und kommen nur in

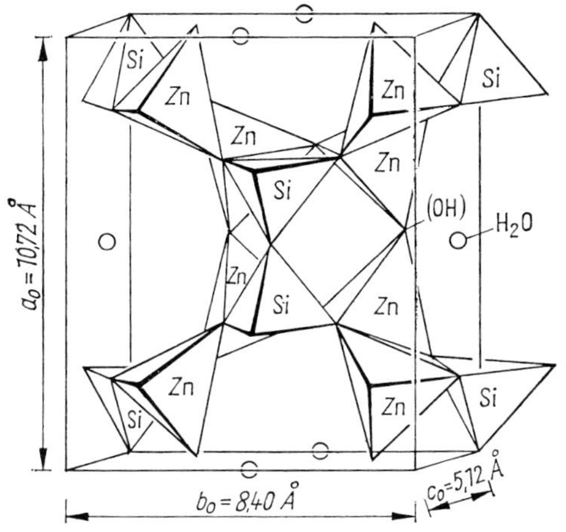

Bild 11.64. Struktur der Elementarzelle des Hemimorphits [20]

Si_2O_7-Doppeltetraeder werden verknüpft durch Zn_2O_6OH-Doppeltetraeder. H_2O-Moleküle (Kreise) lagern in den durch die Tetraeder gebildeten Hohlräumen. Sie werden bei Erwärmung bis 500 °C kontinuierlich abgegeben, ohne daß das Gitter zerstört wird. OH-Moleküle entweichen bei 650 °C, das Gitter zerfällt dann

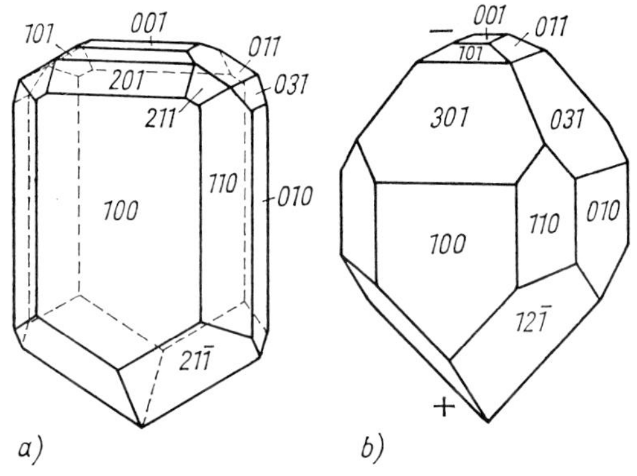

Bild 11.65. Kristallformen des Hemimorphits. Plattiger und etwa isometrischer Habitus; polare c-Achse, dadurch starke Pyroelektrizität

Hohlräumen vor; sie besitzen tafelige Form mit (010), (001), (110) (s. Bilder 11.65 und 11.66). In Richtung der c-Achse sind sie deutlich hemimorph, d. h., es fehlt die Symmetrieebene parallel zu (001). Häufiger sind Kristallkrusten mit radialstrahligem Aufbau; ferner in nierenartigen oder stalaktitähnlichen Massen, seltener in dichten, körnigen Aggregaten oder in erdiger Form.

Physik. Eigensch.: Farblos, in festen Massen weiß oder grau, aber auch gelblich, bräunlich, grünlich und bläulich. Durchs. bis durchsch. Glasglanz, auf Spaltflächen Perlmutterglanz. n_{ZYX} = 1,636, 1,617, 1,614. H 4 bis 5. Spaltbarkeit 4 nach (110) und 2 nach (101). D 3,4 bis 3,5. Pyroelektrisch (polare c-Achse).

Diagnose: Die Kristalle sind durch Form, Farbe, Glanz und Härte gut charakterisiert; Aggregate sind zu verwechseln mit Smithsonit (mit dem er oft zusammen vorkommt), mit Calcit und anderen feinstkörnigen Aggregaten.

Genese: Hemimorphit entsteht sedimentär zusammen mit Smithsonit und mitunter mit Cerussit, Limonit, Psilomelan in der Oxydationszone sulfidischer Blei-Zink-

Bild 11.66. Dünntaflige Hemimorphitkristalle. Nerčinsk (UdSSR), etwa nat. Größe [20, 221]

Lagerstätten. Möglicherweise auch primär hydrothermal gebildet; es gibt Pseudomorphosen nach Smithsonit, Calcit, Dolomit, Fluorit, Pyromorphit, Galenit u. a. Mineralen. Vorkommen sind zahlreich; Lagerstätten in Olkusz in Gorny Sląsk (VR Polen), Taininsk in Transbaikalien sowie Gulšad in Zentralkasachstan (UdSSR), Österreich (Raibl und Bleiberg), USA (Morenci in Arizona).

Nutzung: In Paragenese mit anderen Zn-Mineralen wichtiges Zinkerz.

Klinoedrit: $Ca_2Zn_2[(OH)_2/Si_2O_7] \cdot H_2O$; monoklin. Sehr seltene flächenreiche Kriställchen von weißer bis bläulichweißer Farbe. Franklin (USA).

Hardystonit: $Ca_2Zn[Si_2O_7]$; tetragonal. Weiße körnige Aggregate von Franklin (USA).

Hodgkinsonit: $MnZn_2[(OH)_2/SiO_4]$; monoklin. Rötlichbraunes metamorphes Mineral von Franklin (USA).

Willemit: $Zn_2[SiO_4]$ trigonal. 73,0 % ZnO. Kristalle selten, nadelige Rasen und radialstrahlige Aggregate. Farblos oder gelbbraun. Glasglanz; $n_O = 1{,}69$. H 5 bis 6. # 2 (0001), muscheliger Bruch. D 3,89 bis 4,18. Mitunter grüne Lumineszenz. In Oxydationszone sulfidischer Blei- und Zinklagerstätten, bisweilen Pseudomorphosen nach Hemimorphit. Broken Hill (Sambia), Kumys-Tag (Kirgis. SSR, UdSSR); Altenberg bei Aachen (BRD), Tsumeb (Namibia). *Troostit* ist rosagefärbter Mn-haltiger Willemit.

Nasonit: $Pb_6Ca_4[Cl_2/(Si_2O_7)_3]$; hexagonal. In Calcitgängen von Långban (Schweden) und Franklin (USA). Sehr selten.

Ganomalith: $Pb_6Ca_4[(OH)_2/(Si_2O_7)_3]$; hexagonal (?). Meist körnige Kristalle oder derbe Massen. Farblos bis weiß, starker Glanz. Sehr spröde. Långban (Schweden) u. a.

Molybdophyllit: $Pb_2Mg_2[(OH)_2/Si_2O_7]$; trigonal. Blättrige, gelbgrünliche Massen von Långban (Schweden).

Melanotekit: $Pb_2Fe_2^{3+}[O_2/Si_2O_7]$; rhombisch. Meist derbe, schwarze Massen, von Långban (Schweden).

Kentrolith: $Pb_2Mn_2^{3+}[O_2/Si_2O_7]$; rhombisch. Kleine, dunkelbraune bis schwarze xx, meist subparallel verwachsen. Långban, Jakobsberg und Nordmarken (Schweden).

Barysilit: $Pb_3[Si_2O_7]$; trigonal. Tafelige, krummblättrige, weiße xx von Franklin (USA) und Långban (Schweden). D 6,72.

Larsenit: $PbZn[SiO_4]$; rhombisch. Weiße prismatische xx; von Franklin (USA). *Calciumlarsenit (= Esperit):* $Ca_3PbZn_4\,[SiO_4]_4$; monoklin (prismatisch, pseudohexagonal). Gleichfalls von Franklin (USA); D 4,28; hellgrüne Fluoreszenz.

Hyalotekit: $(Pb, Ca, Ba)_4B[Si_6O_{17}(F, OH)]$; rhombisch. Derbe feldspatähnliche weißgraue Aggregate von Långban (Schweden).

Kutumsakit: $(Zn, Ni, Cu)Al_8[(VO_4)_2/SiO_4)_5] \cdot 27\,H_2O$; rhombisch. Von UdSSR. *Fraipontit:* $Zn_8Al_4[(OH)_8/(SiO_4)_5] \cdot 7\,H_2O$. Von Belgien.

Papagoit: $CaCuAlH_2[OH/(SiO_4)_2]$; monoklin. Hellblau; D 3,25. Von Arizona (USA).

Queitit: $Pb_4Zn_2[SO_4/SiO_4/Si_2O_7]$; monoklin. Farblos. $n_Y = 1{,}901$. Tsumeb (Namibia)

Jagoit: $Pb_8Fe_2^{3+}[(Cl, O)/Si_3O_9]_3$; trigonal. Grünlich, glimmerähnlich. Von Långban (Schweden).

Hendricksit: $K(Zn, Mn, Mg, Fe)_3[(OH)_2/AlSi_3O_{10}]$; monoklin. Plattig-massige biotitartige Aggregate in der metamorphen Zn–Mn-Lagerstätte Franklin (USA) mit der bekannten Paragenese. D 3,42.

Wickenburgit: $Pb_3Al_2Ca[(OH)_6/Si_{10}O_{24}]$; hexagonal. Farblose xx (max. 1,5 mm) aus Oxydationszone eines Pb–Zn-Erzganges (USA).

Anhangsweise wird hier besprochen:

Eulytin: $Bi_4[SiO_4]_3$; kubisch. Synonyme: Agricolit, Kieselwismut, Wismutblende. Bildet kleine aufgewachsene Tetraeder, auch radialstrahlige, kuglige Aggregate mit blassen, gelblichen, bräunlichen und grünlichen Farben. Als seltenes Sekundärmineral auf Wismutlagerstätten des Sächsischen Erzgebirges (Schneeberg, Johanngeorgenstadt; DDR).

Bismutoferrit: $BiFe_2[OH/(SiO_4)_2]$; rhombisch. Gelb, grün; pulvrig. Von Schneeberg (DDR).

Chapmanit: $SbFe_2[OH/(SiO_4)_2]$; rhombisch. Grün; D 3,6. Von Cobalt (Kanada).

Haradait: $Sr_2V_2[O_2/Si_4O_{12}]$; rhombisch. Hellgrün, D 3,80. Von Japan.

Kinoit: $Cu_2Ca_2Si_3O_{10} \cdot 2\,H_2O$; monoklin. xx aus Skarnen von Arizona (USA), mit Apophyllit und Kupfer.

Pabstit: $Ba(Sn_{0,77}Ti_{0,23})[Si_3O_9]$, trigonal (dipyramidal). Meist xenomorphe Körner bis 2 mm Größe als Kluftfüllung eines schwach erzführenden Marmors von Californien (USA). H 6; D 4,03; $n_O = 1{,}685$. Ein Sn-Benitoit.

11.14. Epidot–Vesuvian-Gruppe

In dieser Gruppe sind für den metamorphen Faziesbereich wichtige gesteinsbildende Minerale zusammengefaßt; wirtschaftliche Bedeutung hat nur Allanit (Orthit), wenn er in größeren Konzentrationen auftritt. Zu der Gruppe gehören die in der Tab. 11.9 zusammengestellten Minerale. Es sind O- und OH-haltige Sorosilikate, die neben den Si_2O_7-Gruppen noch SiO_4-Tetraeder enthalten. Als Kationen treten vor allem Ca und Al sowie Fe auf.

Das Volumen der Elementarzelle, geteilt durch die Anzahl der SiO_4-Tetraeder, zeigt interessante Unterschiede. Der Zoisit und der Vesuvian weisen Werte über 300 Å³ und die Minerale der isotypen Epidotgruppe Werte bei 170 Å³ auf. Da die Dichte und die Lichtbrechung diese deutlichen Unterschiede nicht zeigen, kann also kein Unterschied in der Packungsdichte vorliegen. Auch die breiten Stabilitätsbereiche in der metamorphen Fazies für alle Minerale weisen auf ein stabiles Gitter bei allen Vertretern dieser Gruppe hin. Čuchrov beschreibt die Gitter folgendermaßen: Die Al–O-Oktaeder sind parallel zur kristallographischen b-Achse angeordnet. Beim Epidot (s. Bild 11.67) gibt es im Unterschied zum Zoisit z. B. zwei Typen von Oktaederketten: Ein Teil dieser Oktaeder ist über 4 Kanten miteinander verknüpft, ein anderer Teil nur über 2 Kanten. Beim Zoisit dagegen sind alle Oktaeder so miteinander verbunden, daß $^2/_3$ drei gemeinsame Kanten und $^1/_3$ zwei gemeinsame Kanten aufweisen. Zwischen diesen Ketten befinden sich die SiO_4-Tetraeder und die großen Ca-Ionen. Das Ca weist in jedem Fall [8]-Koordination auf. Der Abstand Ca–O schwankt zwischen 2,3 und 2,8 Å. Tröger dagegen gibt für zwei Al-Ionen in der Elementarzelle der Epidotminerale [4]-Koordination an. Sowohl die oktaedrische als auch die tetraedrische Koordination ist beim Al-Ion möglich. Aus dem Zustandsdiagramm der $Al_2[O/SiO_4]$-Minerale ist bekannt, daß die Hochdruckmodifikation [6]-Koordination und die Hochdruck-Hochtemperaturmodifikation [4]-Koordination aufweist. Eine direkte Übertragung dieser Kenntnisse auf die komplizierten Strukturen der Epidot–Vesuvian-Gruppe ist sicher nicht möglich, aber damit wäre möglicherweise eine Deutung für die wesentlich kleinere Elementarzelle für die Minerale der Epidotgruppe gegeben.

Tabelle 11.9. Minerale der Epidot–Vesuvian-Gruppe, ihr Chemismus und einige ihrer wichtigsten Eigenschaften

Mineral	Formel	Volumen der EZ, geteilt durch Anzahl der SiO_4-Tetraeder	Dichte	Lichtbrechung n_0, n_y
Zoisit	$Ca_2Al_3[O/OH/SiO_4/Si_2O_7]$	305,1	3,25 ... 3,36	1,696
Klinozoisit	$Ca_2Al_3[O/OH/SiO_4/Si_2O_7]$	171,0	3,21	1,67 ... 1,73
Epidot	$Ca_2(Fe^{3+}, Al)Al_2 \cdot [O/OH/SiO_4/Si_2O_7]$	172,5	3,35 ... 3,38	1,73
Allanit	$(Ca, Ce)_2(Fe^{2+}, Fe^{3+}) \cdot Al_2[O/OH/SiO_4/Si_2O_7]$	176,1	4,1	1,65 ... 1,78
Vesuvian	$Ca_{10}(Mg, Fe)_2Al_4 \cdot [(OH)_4/(SiO_4)_5/(Si_2O_7)_2]$	322,9	3,34 ... 3,44	1,71 ... 1,73

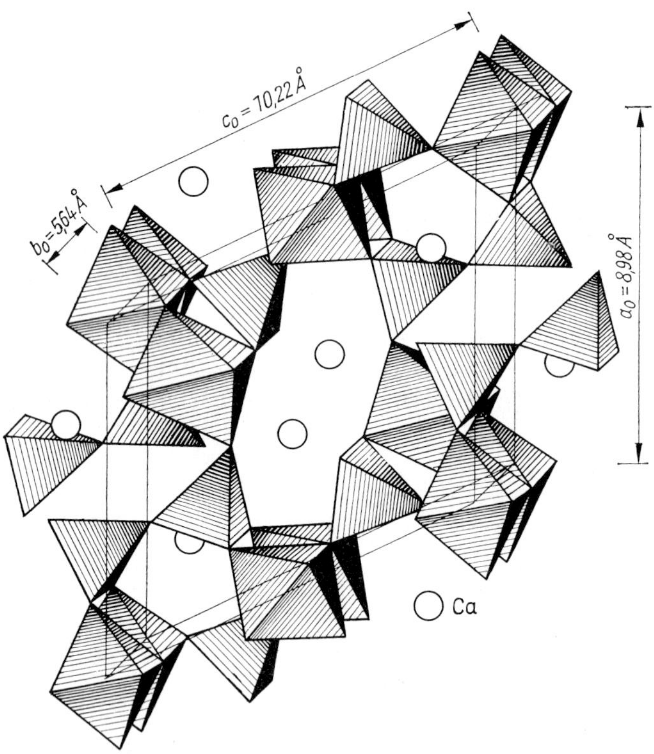

Bild 11.67. Epidotstruktur (Elementarzelle). Die AlO_6-Oktaeder sind parallel der b-Achse angeordnet. Die $[Si_2O_7]$-Gruppen und die $[SiO_4]$-Tetraeder verbinden diese Oktaeder in Richtung der a- und c-Achse miteinander. Die Ca-Ionen befinden sich in [8]-Koordination in den Hohlräumen zwischen diesen Tetraedern und Oktaedern [20]

Zoisit: $Ca_2Al_3[O/OH/SiO_4/Si_2O_7]$

Entdeckung: Benannt von WERNER 1805 nach dem Entdecker des Minerals Baron von ZOIS.

Chemismus: Theor. 24,6% CaO, 33,9% Al_2O_3, 39,5% SiO_2 und 2,0% H_2O. Al_2O_3 kann bis zu 10% durch Fe_2O_3 ersetzt werden; Mn substituiert bis 0,5% MnO das Ca (*Thulit*), und Mg kann bis zu 1% MgO das Al diadoch vertreten. Seltener treten Sr, Ba, Cr und V auf.

Kristallogr.: Rhombisch (dipyramidal). Struktur vgl. Bild 11.67. Die AlO_6-Oktaeder sind parallel zur b-Achse angeordnet, sie weisen folgende Unterschiede auf: Es gibt Al–O-Oktaeder, die drei gemeinsame Kanten und an den freien Ecken OH-Ionen aufweisen, und es gibt Al–O-Oktaeder, die nur zwei gemeinsame Kanten haben – in diesen ist das Al z.T. durch Fe substituiert. Das Ca weist [8]-Koordination auf, der Abstand Ca–O schwankt aber in weiten Grenzen (2,31 bis 2,79 Å). xx sind prismatisch; die Flächen des Prismas sind gewöhnlich stark gestreift. Aggregate weisen stengligen bis körnigen Aufbau auf.

Physik. Eigensch.: Aschgrau; auch grün, bisweilen rosa bis rotbraun. Fast stets undurchsichtig. Glasglanz. n_{ZYX} = 1,702, 1,696, 1,696 (weitere Angaben zur Optik s. Bild 11.69). H 6 bis $6^1/_2$. Spaltbarkeit 4 nach (100), unebener Bruch. D 3,25 bis 3,36. Beständig bis 995 °C, Schmelztemperatur 1090 °C.

Diagnose: Zuverlässig ist er nur durch die optischen Eigenschaften u. d. M. zu bestimmen. Zu verwechseln mit Klinozoisit, Apatit, Sillimanit. Durch Säuren wird Zoisit nicht zersetzt; nach vorherigem Glühen und Schmelzen gibt er mit HCl Kieselgallerte.

Genese: Auftreten im epi- bis katazonalen Bereich der Regionalmetamorphose als Ersatz für Anorthit. In Epizone in Aktinolith- und Grünschiefern. Weiter in Saussurit, einer krypto-kristallinen Abart mit Aktinolith, Chlorit u. a. Mineralen, der bei der hydrothermalen Zersetzung von basischen Plagioklasen entsteht. In Feldspat-Amphiboliten neben Klinozoisit und Epidot. In Katazone neben Diopsid in Kalksilikatfelsen, aber auch in Gneisen, Granuliten und Eklogiten (in der Paragenese Zoisit-Cyanit-Quarz). Weniger verbreitet im Bereich der Kontaktmetamorphose. Für die Entstehung von Zoisit sind immer höhere Drücke und die Anwesenheit von H_2O nötig (bei T = 405 °C pH_2O = 1,7 kbar und bei T = 650 °C pH_2O = 3,8 kbar). Vorkommen weltweit.

Nutzung: Gelegentlich als Schmuckstein.

Jennit: $Na_2Ca_8[(OH)_6/(SiO_3)_3/Si_2O_7] \cdot 8\,H_2O$ (?); triklin. Junge Kluftfüllung in skarnartigen Kontaktgesteinen von Crestmer (USA). Paragenese: Calcit, Monticellit, Hercynit, Vesuvian, Wollastonit, Tobermorit, Scawtit. D 2,32; n_Y = 1,564. *Meta-Jennit:* $Na_2Ca_8[(OH)_6/(SiO_3)_3/Si_2O_7] \cdot 4\,H_2O$; monoklin. Umwandlungsprodukt von Jennit (bei 70 bis 90 °C).

Roggianit: $NaCa_6Al_8(AlSi_{13})O_{26}(OH)_{40}$; tetragonal. Sepiolithähnliche Fasern in Na-Feldspat; in italienischen Alpen. D 2,02; n_O = 1,527.

Klinozoisit: $Ca_2Al_3[O/OH/SiO_4/Si_2O_7]$

WEINSCHENK beschrieb das Mineral 1896 zum ersten Mal. Monoklin, dimorph mit Zoisit. Der Unterschied besteht in der Anordnung der Al–O-Oktaeder: Beim Klinozoisit weisen etwa $^1/_3$ aller Oktaeder jeweils vier gemeinsame Kanten auf, die anderen jeweils zwei: letztere haben OH angelagert. Die Packung in der Elementarzelle ist dichter als bei Zoisit. n_{ZYX} = 1,68 bis 1,735, 1,674 bis 1,729, 1,670 bis 1,724; abhängig vom Fe-Gehalt des Minerals. Klinozoisit kann als eisenarme Varietät des Epidots aufgefaßt werden. In kontakt- und regionalmetamorphen Gesteinen.

Anhang:

Prehnit: $Ca_2Al_2[(OH)_2/Si_3O_{10}]$. Rhombisch. Kurzsäulig bis taflig. Häufig nierenförmige Aggregate mit radialfasrigem Aufbau. In Hohlräumen hydrothermal zersetzter basischer Eruptivgesteine. Weiß, grau, grünlichgrau, gelblichgrün. Glasglanz. n_Y = 1,618. H $6^1/_2$. # 2 (001). D 2,8 bis 3,0. Oberer See (USA), Fassatal (ital. Alpen), Harzburg und Idar-Oberstein (BRD), Ural, Kaukasus (UdSSR).

Litidionit: $(Na, K)_2Cu[Si_3O_7]_2$ (?). Monoklin (?). Tafliges blaues Mineral vom Vesuv (Italien).

Stokesit: $CaSn[Si_3O_9] \cdot 2\,H_2O$. Rhombisch. Weiß, nur von Cornwall (England) bekannt.

Epidot: $Ca_2(Fe^{3+}, Al)Al_2[O/OH/SiO_4/Si_2O_7]$

Entdeckung: HAUY 1801, Name nach gr. *epidosis* = Zunahme.

Chemismus: Theor. (bei Annahme $Fe^{3+} : Al = 1 : 2$): 23,0% CaO, 20,3% Al_2O_3, 17,8% Fe_2O_3, 37,0% SiO_2 und 1,9% H_2O. Fe_2O_3-Gehalt schwankt in weiten Grenzen (6,5 bis 17,9%), weiterhin können im Epidot enthalten sein: bis 1,1% SrO, Na, K, Mg, Fe^{2+}, Mn, Ti, aber auch 0,1% U und 0,1 bis 5% Seltene Erden (Ce, La, Nd).

Kristallogr.: Monoklin (prismatisch). Struktur s. Bild 11.67. Die Al–O-Oktaeder sind parallel zur b-Achse angeordnet, im Unterschied zum Zoisit existieren aber zwei Typen von Oktaederketten: Es gibt im Epidotgitter Al–O-Oktaeder mit jeweils vier gemeinsamen Kanten und solche mit zwei gemeinsamen Kanten; letztere binden das OH im Gitter. Das Ca weist [8]-Koordination auf, wobei der Abstand Ca–O zwischen 2,3 und 2,8 Å schwankt. Die Kristalle sind prismatisch ausgebildet, gestreckt nach der b-Achse, bisweilen auch stenglig. Gut ausgebildete Kristalle werden häufig durch einen ungewöhnlichen Flächenreichtum gekennzeichnet. Die Flächen parallel zur b-Achse sind gewöhnlich stark gestreift. Zwillinge häufig nach (100), seltener nach (001). Öfter in körnigen, radialstrahligen und parallelstengligen Aggregaten.

Physik. Eigensch.: Gewöhnlich grün gefärbt (»pistaziengrün«, *Pistazit*), seltener gelb, schwarz und grau. Je höher der Fe_2O_3-Gehalt, desto dunkler die Färbung. Meist durchsch. Starker Glasglanz. n_{ZYX} = 1,74, 1,73, 1,72. H 6 bis 7. Spaltbarkeit 4 nach (001). D 3,35 bis 3,38. Stark pleochroitisch. Beständig bis 970 °C; bis 990 °C Abgabe des Konstitutionswassers und Zerfall des Gitters.

Diagnose: Form und Farbe sind charakteristisch. Durch hohen Fe-Gehalt Angriff von Säuren leichter möglich als beim Klinozoisit. Kann verwechselt werden mit Amphibolen und Vesuvian.

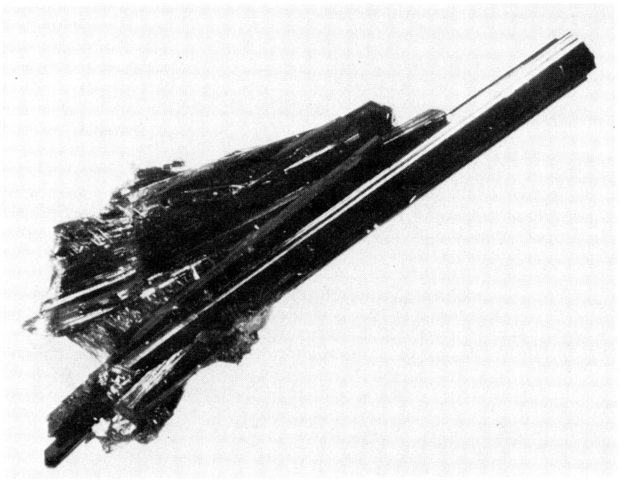

a)

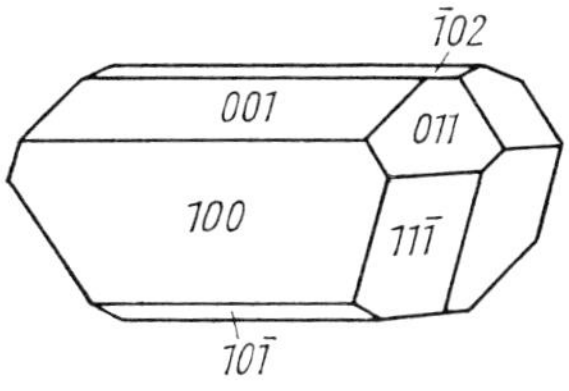

b)

Bild 11.68. Epidot

a) Epidot-Mineral von Knappenwand im Untersulzbachtal (Österreich). Etwa nat. Größe [221]

b) Kristallform

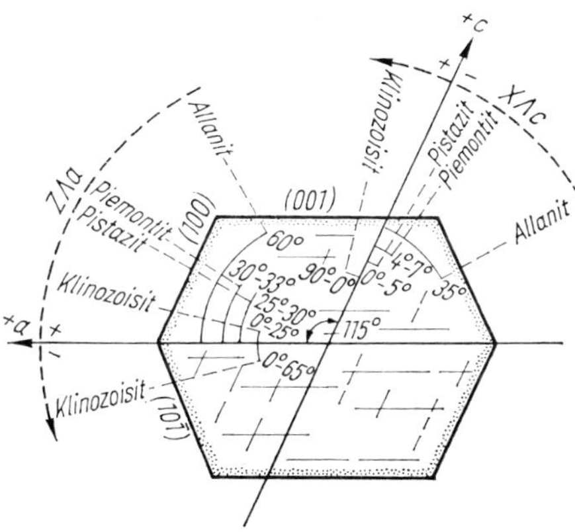

Bild 11.69. Optische Daten in der Epidotgruppe [20]

Genese: Regionalmetamorph tritt Epidot epi- und mesozonal auf, zusammen mit Aktinolith und Mikroklin bzw. mit Chlorit und Plagioklas oder Vesuvian. Kontaktmetamorph bzw. -metasomatisch kommt er im Bereich der Knotenschiefer- und Biotithornfelszone vor; weiter in Silikatmarmoren, Kalksilikatfelsen und Skarnen. In Magmatiten recht häufig deuterisch durch autohydrothermale Umwandlung von Pyroxenen und Amphibolen sowie Plagioklasen. Auch in Pegmatiten, als Füllung in Miarolen, Drusen und Klüften in Magmatiten. Bildung bis herab zu Temperaturen von 250 °C möglich. Vorkommen weltweit.

Nutzung: Gelegentlich als Schmuckstein.

Varietäten: Chrom-Epidot (*Tawmawit*), *Hancockit*, *Sursassit*. Beim *Manganepidot* ist das Ca des Piemontits z. T. durch Mn ersetzt.

Muchinit: $Ca_2Al_2V[SiO_4/Si_2O_7]O(OH)$. Prismat., schwarze xx aus Fe-Lagerstätte Taselginsk (W-Sibirien, UdSSR), gemeinsam mit Goldmanit, Muskovit, Sphalerit u. a. Sulfiden. H 8; ⧺ (001); $n_Y = 1{,}733$.

Piemontit: $Ca_2(Al, Fe, Mn)_2Al[O/OH/SiO_4/Si_2O_7]$. Rote bzw. dunkelrote strahlige Aggregate aus einigen metamorphen Manganlagerstätten, z. B. von S. Marcel in Piemont (Italien). Schmuckstein.

MacFallit: $Ca_2(Mn^{3+}, Al)_3[(OH)_3/SiO_4/Si_2O_7]$; monoklin. Graue Masse und xx', ⋕ 4 (001), D 3,43, n_Y 1,795. Von Copper Harbor (Michigan, USA).

Vuagnatit: $CaAlSiO_4(OH)$; rhombisch. D 3,416, in niedrigmetamorphen Gesteinen von Calif. (USA).

Yoshimurait: $(Ba, Sr)_2(Mn, Fe, Mg)_2(Ti, Fe)[(OH, Cl)_2/(S, P, Si)O_4/Si_2O_7]$; triklin. Von Japan.

Pumpellyit: $Ca_2(Mg, Fe, Mn, Al)(Al, Fe, Ti)_2[(OH, H_2O)_2/SiO_4/Si_2O_7]$ (?); monoklin. Feinnadeliges blaugrünes Mineral, meist aus Blasenräumen von Melaphyren und Porphyriten (auch Spiliten). In Kupferlagerstätten des Oberen Sees (USA), Witwatersrand (Südafrika) und Ural (UdSSR), bei Lobenstein (DDR). D 3,2; n_Y = 1,685 bis 1,716.

Julgoldit: $Ca_2Fe^{2+}Fe_2^{3+}[(OH)_2/SiO_4/Si_2O_7] \cdot H_2O$; monoklin. Pumpellyitartiges Mineral von Långban (Schweden).

Tuhualith: $(Na, K, Mn)_2Fe^{2+}(Fe^{3+}, Al, Mg, Ti)H[(Si, Al, H)_8O_{20}]$; rhombisch. Blauschwarz und stark pleochroitisch. Von Tuhua (Neuseeland).

Allanit: $(Ca, Ce)_2(Fe^{3+}, Fe^{2+})Al_2[O/OH/SiO_4/Si_2O_7]$ Orthit

Das Mineral beschrieb Thomson 1810 erstmals und benannte es nach dem schottischen Mineralogen Allan (Orthit nach gr. *orthos* = gerade).
Der Chemismus wird bestimmt durch die Diadochie Ca–Seltene Erden. Der SE_2O_3-Gehalt erreicht Werte bis 28,1% (3,8 bis 7,0% Ce_2O_3, 7,0 bis 8,4% Sm_2O_3, 2,2 bis 4,2% La_2O_3 und 0,1 bis 1,3% Y_2O_3). Steigt der Y_2O_3-Gehalt bis auf 8%, spricht man von *Yttroallanit*. Weiter werden eingebaut: bis 5,6% ThO_2, bis 0,15% U_3O_8, auch Na, K, Mg, Sr, Mn, Ti, Pb u. a. Elemente.
Monoklin. Struktur wie Epidot. Kristallform dicktafelig, häufiger in körnigen Aggregaten. Farbe braun, pechschwarz, seltener gelb; undurchsichtig. Glasglanz bis Fettglanz. n_Y = 1,65 bis 1,78. H 6. Spröde. Ohne Spaltbarkeit, muschliger Bruch. D 4,0 (starke Abhängigkeit von der radioaktiven Zerstörung des Gitters; s. Bild 11.70). Bildung in Graniten, Syeniten, Granodioriten und anderen sauren Magmatiten und Pegmatiten autopneumatolytisch. Kontaktpneumatolytisch bis hydrothermal in Kontaktgesteinen. In Metamorphiten breites Stabilitätsfeld. Vorkommen: Ural (UdSSR) in Pegmatitgängen zusammen mit Feldspat, Zirkon, Korund; in der Magnetitlagerstätte von Kragerö bei Arendal (Norwegen), bei Falun (Schweden); lagerstättenbildend im Amherst County (Virginia, USA). Auftreten von Allanit im »Syenit« des Plauenschen Grundes bei Dresden, im Granit von Niederbobritzsch bei Freiberg (DDR). Nutzung gelegentlich als Erz der Seltenen Erden.

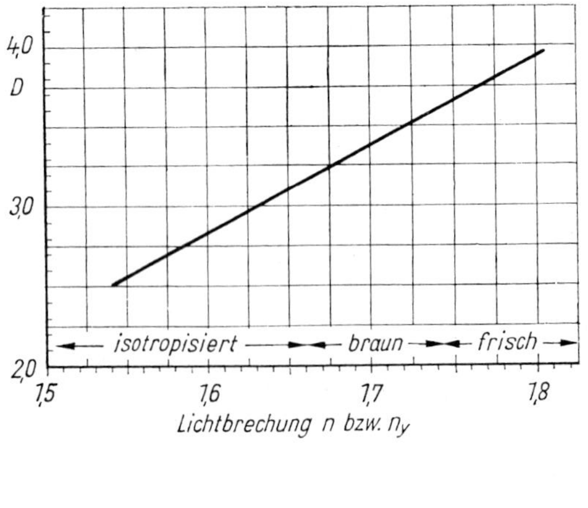

Bild 11.70. Allanit (Orthit). Abhängigkeit der Dichte *D* und der Lichtbrechung vom Grad der Isotropisierung (radioaktiver Zerstörung) des Gitters [49]

Magnesiumorthit: $(Ca, Ce)_2MgAl_2[O/OH/SiO_4/Si_2O_7]$, mit 14% MgO. Braun. Kontaktmetamorph. Östanmossa-Grube (Schweden).

Nagatelith: $(Ca, Ce)_2(Fe^{2+}, Fe^{3+}, Al)Al_2[O/OH/SiO_4/(Si, P)_2O_7]$; monoklin. Varietät des Allanits mit 6,5% P_2O_5. Fast schwarzes, radioaktives Mineral aus Pegmatiten von Japan.

Vesuvian: $Ca_{10}(Mg, Fe)_2Al_4[(OH)_4/(SiO_4)_5/(Si_2O_7)_2]$

Entdeckung: Vesuvian wurde von WERNER 1795 nach dem ersten Fundort benannt.

Chemismus: Zusammensetzung schwankt: 33 bis 37% CaO, 13 bis 16% Al_2O_3, 35 bis 39% SiO_2, 2 bis 3% H_2O. Weiterhin kommen vor: bis 9% Fe_2O_3, bis 3,7% MgO, bis 4,3% Cr_2O_3 (*Chrom-Versuvian*), bis 4,7% TiO_2, sogar bis 9,2% BeO (*Berylliumvesuvian*) und bis 1,5% Li_2O, weiter K, Na, Mn (*Mangan-Vesuvian*), Zn, Sr, Fe^{2+}, in Einzelfällen wurden bis 16,7% Seltene Erden nachgewiesen (s. *Cer-Vesuvian* Seite 508). OH mitunter durch F bis zu 2% substituiert. Es wurden auch bis 4,7% B_2O_3 (*Wiluit*) sowie Ni, Cu, V, Co, Ga, Ge u. v. a. Elemente im Vesuvian analysiert.

Kristallogr.: Tetragonal (ditetragonal-dipyramidal). Wegen der Kompliziertheit der Verhältnisse wurde bisher noch keine Gitterdarstellung publiziert. Hauptformen: Prismen (100) und (110), Pyramide (111) und Pinakoid (001) (s. Bild 11.71). Häufig idiomorphe Kristalle meist prismatisch, gedrungene Formen. Dichte bis körnige Vesuvianaggregate.

Physik. Eigensch.: Gelb, grau, grün, braun in verschiedenen Tönungen, bisweilen schwarz, selten blau, rot, rosa und smaragdgrün (Cr-haltig). Durchsch., seltener durchs. Glas- und Fettglanz. $n_O = 1{,}705$ bis 1,732, $n_E = 1{,}701$ bis 1,726. H $6^1/_2$. Spröde. Spaltbarkeit 2 nach (100) und (110), unebener, muschliger Bruch. D 3,34 bis 3,44. Bei 1050 °C Dehydratisierung und Zerfall des Gitters.

Diagnose: Kristalle sind an der Form (und den anderen physikalischen Eigenschaften) zu erkennen. In Aggregaten leicht zu verwechseln mit Grossular und Epidot, evtl. auch mit Apatit. In HCl teilweise löslich.

Genese: Fast stets metamorph. Kontaktmetamorph in Marmoren und Kalksilikatfelsen zusammen mit Diopsid, Wollastonit und/oder Grossular, mit Amphibolen, Glimmer und Quarz. In Skarnen zusammen mit Andradit, Magnetit u. a. In regional-

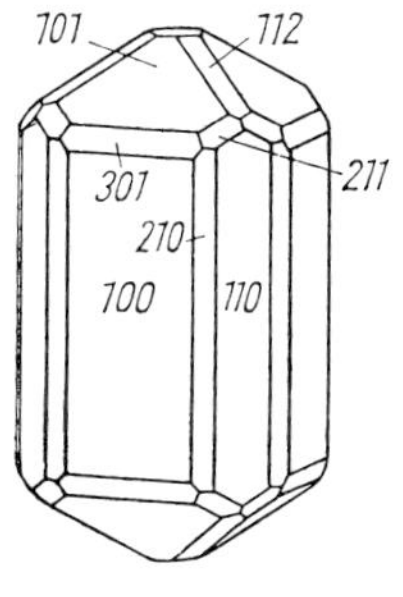

a)

b)

Bild 11.71. Vesuvian

a) Beispiel einer Kristallform [224]
b) natürlicher Kristall (Varietät Wiluit). Vom Fluß Viljui in Jakutien (Sibirien, UdSSR); etwa nat. Größe [20]

metamorphen Kalksteinen zusammen mit Diopsid. Unter extremen Drücken (Granulitfazies) kein Vesuvian. In Magmatiten ist Vesuvian ganz selten. Vorkommen weltweit. Keine *Nutzung.*

Cer-Vesuvian: $(Ca, SE)_{10}(Mg, Fe)_2(Al, Ti)_4[(OH)_4/(SiO_4)_5/(Si_2O_7)_2]$; tetragonal. Vesuvianähnliche xx auf Klüften veränderter Grünsteine in der Nähe der Benitoitgrube Dallas (Californien, USA), zusammen mit Melanit, Chlorit, Perowskit. H 5 bis 6; D 3,60; $n_0 = 1{,}762$.

Zunyit: $Al_{12}[AlO_4/(OH, F)_{18}Cl/Si_5O_{16}]$; kubisch. Farblose bis sehr hell gefärbte tetraedrische xx. Sie bilden sich bei der hydrothermalen Zersetzung des Nebengesteins von Intrusiv- und Extrusivgesteinen. Vorkommen Zuni-Grube in Colorado (USA), Altai und Aserbaidžan (UdSSR) u. a.

Ino- und Cyclosilikate (Ketten- und Ringsilikate)

11.15. Allgemeines

Zu den *Ino- oder Kettensilikaten* gehören die weit verbreiteten Minerale der *Pyroxen- und der Amphibolgruppe.* Sie sind als gesteinsbildende Minerale sowohl im magmatischen als auch im metamorphen Bereich sehr wichtig. Die Pyroxene haben Zweiereinfachkettenstruktur und enthalten keine OH-Moleküle; sie bilden sich magmatisch meist vor den Amphibolen, so daß erstere vor allem in basischen und letztere in intermediären Gesteinen verbreitet sind. Die Amphibole weisen Zweierdoppelkettenstruktur auf und enthalten OH-Moleküle. Als Elementrohstoffe spielen diese Minerale nur eine untergeordnete Rolle (es gibt z. B. wirtschaftlich interessante Li-Silikate); als Eigenschaftsrohstoffe werden nur die Amphibolasbeste eingesetzt.
Zu den *Cyclosilikaten* gehören der bekannte Turmalin, der in sauren magmatischen Restschmelzen zur Kristallisation gelangt und deshalb in einigen Graniten und Pegmatiten vorkommt, sowie der Beryll, der als Be-Erz und als Schmuckstein Verwendung findet.
Da die Minerale mit Ino- bzw. Cyclostruktur eine große Bedeutung haben, soll im folgenden versucht werden, die Beziehungen zwischen Elementbestand, Struktur und Eigenschaften herauszuarbeiten.

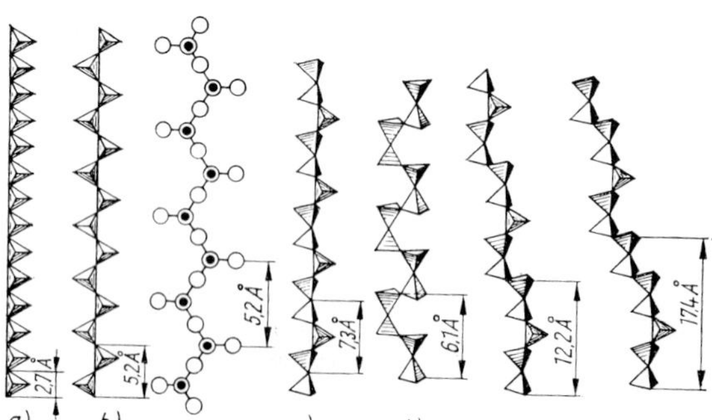

Bild 11.72. Kettentypen [148]
a) Einereinfachkette
b) Zweiereinfachkette mit atomarer Darstellung
c) Dreiereinfachkette
d) Viereinfachkette
e) Fünfereinfachkette
f) Siebenereinfachkette

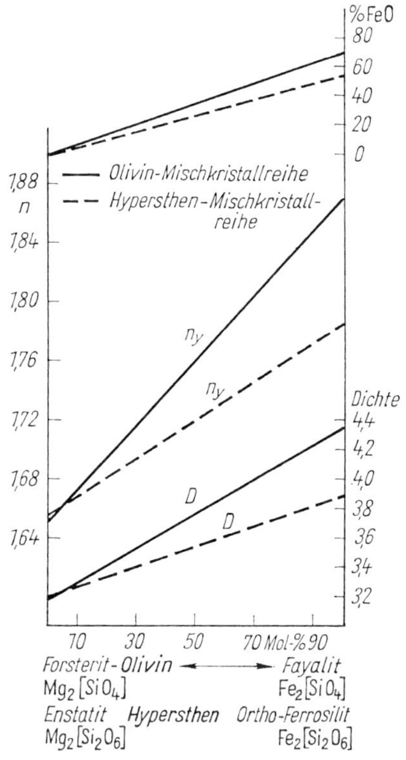

Bild 11.73. Vergleich von physikalischen Daten (D, n) der Olivin- mit der Hypersthen-Mischkristallreihe

Allgemeines zu den Pyroxenmineralen (Zweiereinfachketten)

Die Pyroxene gehören zu den Ino- oder Kettensilikaten, und zwar zu den Zweiereinfachketten (s. Bild 11.72) mit der allgemeinen Formel

$AB[Si_2O_6]$,

wobei für A vor allem Ca und Na (auch Li, Mg und Fe^{2+}) und für B = Mg, Fe^{2+}, Fe^{3+} und Al stehen kann. In geringen Mengen können auch Ti^{4+}, V^{3+} und Cr^{3+} eingebaut werden. Wir unterscheiden strukturell zwei Hauptgruppen, nämlich die *monoklinen oder Klino-Pyroxene* (Hauptvertreter Diopsid-Augit-Hedenbergit) und die *rhombischen* oder *Ortho-Pyroxene* (Hauptvertreter Enstatit-Hypersthen).

Ein Vergleich wichtiger Daten der Enstatit-Hypersthen-Mischkristallreihe (rhombische Inosilikate) mit der Olivin-Mischkristallreihe (rhombische Nesosilikate) ist im Bild 11.73 zu sehen. Die beiden Mg-Silikate haben die gleiche Lichtbrechung und die gleiche Dichte. Die beiden Fe-Silikate zeigen dagegen deutliche Unterschiede, die durch den unterschiedlichen Fe-Gehalt (Fayalit mit 70,4% FeO, Orthoferrosilit mit 54,4% FeO) erklärbar sind.

Zieht man für den Vergleich der Eigenschaften aber noch das Volumen der Elementarzelle heran, dann zeigen sich sehr große Unterschiede (s. Tab. 11.10). Bei etwa gleichem Elementbestand und bei gleicher Dichte muß es für diese Unterschiede im Volumen zwischen den Mineralen Forsterit und Enstatit eine Erklärung geben.

Tabelle 11.10. Volumen der Elementarzelle und Molekularmasse einiger Mg- und Fe-Silikate

Minerale	Volumen der Elementarzelle Å³	Molekularmasse
Forsterit	294,8	140,7
Fayalit	296,8	203,7
Enstatit	836,3	200,8
Bronzit	838,5	~215
Hypersthen	843,9	~227
Ferrosilit	?	263,8

Wenn die Bausteine des Forsterits mit einer Molekularmasse von 140,7 ein Volumen der Elementarzelle von 294,8 Å³ einnehmen, dann müßte bei vergleichbarem Elementarbestand und der Molekularmasse von 200,8 ein Volumen von

$$\frac{294{,}8 \cdot 200{,}8}{140{,}8} = 420{,}4 \text{ Å}^3$$

vorliegen. In Wirklichkeit weist aber das Volumen einen genau doppelt so großen Wert auf.
Die Erklärung ist in der Verzwillingung zu suchen: Die rhombischen Pyroxene weisen (nach Strunz) eine »Raumgitter-Verzwillingung nach a (100)« auf.
Wenn die Verzwillingung die einzige Erklärung für die (pseudo-)rhombische Kristallstruktur ist, dann sind Enstatit, Bronzit und Hypersthen strenggenommen keine »reinen« Zweiereinfachkettenstrukturen, da sie nur in der verzwillingten Form existieren. Die Formel sollte deshalb diese Verhältnisse besser durch Verdoppelung der Werte darstellen: $(Mg, Fe)_4[Si_2O_6]_2$. Das würde dem doppelten Volumen der Elementarzelle auch besser entsprechen.
Der monokline Klinoenstatit, ein Mineral, das nur unter extremen Bildungsbedingungen entsteht (in Meteoriten und Kimberliten), hat ein Volumen der Elementarzelle von 420,9 Å³. Dieser Wert entspricht dem oben errechneten Volumen genau. Der Klinoenstatit ist die »reine« Zweiereinfachkettenstruktur. Ausgehend von diesen Daten ist zu schlußfolgern,
– daß die Zweiereinfachkettenanordnung von $Mg_2[Si_2O_6]$ bzw. $Fe_2[Si_2O_6]$ gitterenergetisch nicht so günstig ist wie die Inselsilikatstruktur von Mg bzw. Fe^{2+}. Es sind hohe Drücke (und ggf. höhere Temperatur) zur Bildung von Klinoenstatit notwendig.
– Die »Raumgitter-Verzwillingung« bei den $(Mg, Fe)_4[Si_2O_6]_2$ ist offensichtlich eine strukturell wesentlich günstigere Anordnung, denn die Minerale Enstatit, Bronzit und Hypersthen sind in der Natur nicht selten.
Da Enstatit durch hydrothermale Einwirkung leichter als Olivin und die monoklinen Pyroxene in Serpentin (Bastit) umgewandelt wird, ist anzunehmen, daß selbst die Zwillingsstruktur des $Mg_2[Si_2O_6]$ eine höhere Gitterenergie aufweist als das Inselsilikat. Gitterenergetisch günstigere Verhältnisse liegen bei den Zweiereinfachkettenstrukturen vor, wenn größere Kationen, z. B. Ca und Na, eingebaut werden. Dabei ist wichtig festzustellen, daß

1. das reine $Ca_2[Si_2O_6]$ mit Zweiereinfachkettenstruktur bisher nicht in der Natur festgestellt wurde und
2. mehrere Kationen-Elementkombinationen auftreten, z. B.
   $CaMg[Si_2O_6]$ Diopsid
   $CaFe^{2+}[Si_2O_6]$ Hedenbergit
   $NaAl[Si_2O_6]$ Jadeit
   $(Ca, Na)(Mg, Fe^{2+}, Fe^{3+}, Al)[Si_2O_6]$ Omphacit u. a.

Der große Radius des Ca-Ions ist für die Verknüpfung der relativ »starren« SiO_4-Zweiereinfachketten genauso ungünstig wie der kleine Radius des Mg-Ions. Während letzteres unter hohem Druck noch ein eigenständiges Mineral (Klinoenstatit) bildet, ist die $Ca_2[Si_2O_6]$-Anordnung bisher noch nicht nachgewiesen worden. Die Kombination von zwei Kationen mit einer Ionenradiensumme von 1,48 bis 1,79 erscheint gitterenergetisch am günstigsten (Kationenradiensumme von Mg_2 : 1,32 Å und von Ca_2 : 1,98 Å).
Als Vertreter dieser »Normalpyroxene« wäre etwa der Diopsid $CaMg[Si_2O_6]$ bzw. der Hedenbergit $CaFe^{2+}[Si_2O_6]$ zu nennen.

Das breite Spektrum der in der Natur vorkommenden Minerale der Pyroxengruppe (speziell der Klinopyroxene) ist durch die vielfältigen Diadochiebeziehungen (s. Bild 11.74) gegeben.

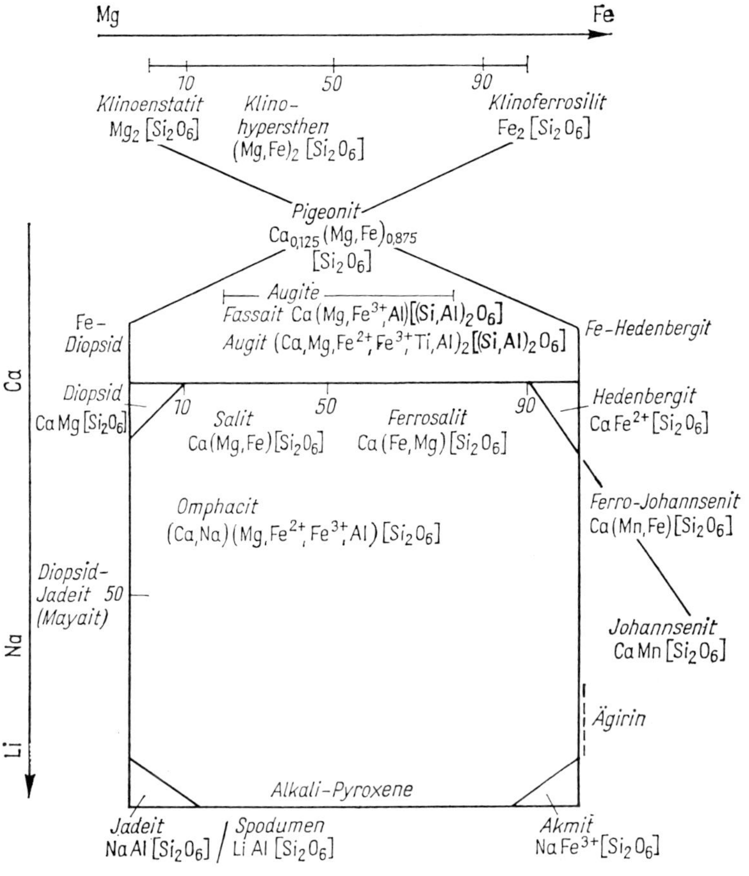

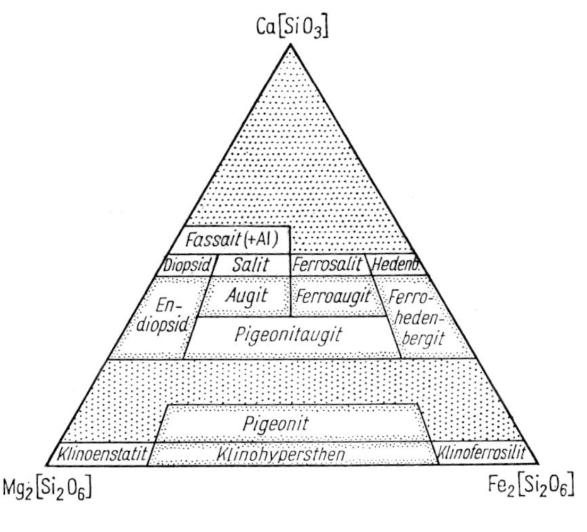

Bild 11.74. Übersicht über die monoklinen Pyroxene (Klinopyroxene) [232]

Links die Darstellung im System $CaSiO_3$–$Mg_2[Si_2O_6]$–$Fe_2[Si_2O_6]$ [49]

Folgende einfache Substitutionen treten auf:

Mg–Fe^{2+}: Ca(Mg, Fe^{2+}) [Si_2O_6]-Mischkristallreihe mit den Mineralen Diopsid-Salit-Ferrosalit-Hedenbergit

Fe^{2+}–Mn^{2+}: Ca(Fe, Mn) [Si_2O_6]-Mischkristallreihe mit den Mineralen Hedenbergit-Ferrojohannsenit-Johannsenit

Weiterhin gibt es u. a. folgende gekoppelte Substitution:

CaMg–NaAl (z. B. Diopsidjadeit)
$CaFe^{2+}$–$NaFe^{3+}$ (z. B. Ägirin)
CaMg/$CaFe^{2+}$–NaAl/$NaFe^{3+}$ (z. B. Omphacit)
MgSi–(Fe^{3+}, Al)Al (z. B. Fassait und Augit)

Der Augit ist der Pyroxen mit den vielfältigsten Diadochiebeziehungen: (Ca, Mg, Fe^{2+}, Fe^{3+}, Ti, $Al)_2$ [$(Si, Al)_2O_6$].
Das Pyroxenmineral Spodumen LiAl[Si_2O_3] nimmt in mehrfacher Hinsicht eine gewisse Sonderstellung ein; es wird gemeinsam mit anderen Li-Silikaten spätmagmatischer Entstehung in der Beryll-Turmalin-Gruppe besprochen.
Die Mischkristallreihe Klinoenstatit–Klinoferrosilit (es wird bisher nur der Mischkristall Klinohypersthen ausgehalten) ist weder faziell noch rohstoffseitig von Interesse.
Die Mischkristallreihe Diopsid–Hedenbergit mit den beiden Mischkristallen Salit und Ferrosalit ist gesteinsbildend von Bedeutung.
Zwischen den Mineralen Diopsid und Jadeit wird der Diopsidjadeit als selbständiges Mineral geführt, und zwischen Hedenbergit und Akmit liegt der Bereich für Ägirin. Jadeit und Akmit sowie Spodumen sind Alkalipyroxene. Omphacit enthält Anteile der Endglieder Diopsid–Hedenbergit–Jadeit–Akmit.
Fassait und Augit werden gebildet durch vielfältige Diadochiebeziehungen; hervorzuheben ist die nur bei diesen beiden Mineralen der Pyroxengruppe auftretende Substitution von Si durch Al. In diesen beiden Mineralen weist Al sowohl [4]-Koordination (in den Ketten) als auch [6]-Koordination (zwischen den Ketten) auf.
Zwischen Hedenbergit und Johannsenit existiert eine weitere (faziell und wirtschaftlich unbedeutende) Mischkristallreihe mit dem Mischkristall Ferro–Johannsenit.
Pigeonit ist ein Mineral, das zwischen Klinoenstatit–Klinoferrosilit–Diopsid–Hedenbergit steht. Der Ca-Einbau weitet das Gitter derartig auf, daß das Volumen der Elementarzelle einen Wert sehr nahe bei dem des Diopsids aufweist.
Die Bildung dieser Pyroxene ist auf den Bereich hoher Temperaturen sowie relativ geringer Wasserdampfdrücke beschränkt; sie treten sowohl in magmatischen (meist basisch bis intermediär) als auch in meist hochmetamorphen Gesteinen auf.

Allgemeines zu den Amphibolmineralen (Zweierdoppelketten)

Die allgemeine Formel der Amphibole kann mit

$AB_{1,5\ldots2,5}C[(OH, F)/Si_4O_{11}]$

(manchmal auch in verdoppelter Form: $A_2B_{3-5}C_2[(OH, F)_2/Si_8O_{22}]$) angegeben werden, wobei

für A meist Ca oder Na (aber auch Mg und Li)
für B meist Mg und Fe^{2+}
für C meist Al und Fe^{3+}

steht. Auch die Diadochie Si durch Al und OH durch F ist häufig vertreten.
Einige wenige Amphibolminerale kristallisieren rhombisch, die meisten haben monokline Struktur. Im Gegensatz zu den Pyroxenen enthalten die Amphibole Zweierdoppelketten (s. Bild 11.75), die in dem Anionenkomplex $[Si_4O_{11}]$ zum Ausdruck kommen. Wichtig ist weiterhin der OH-Einbau zwischen den Doppelketten.
Auch bei den Amphibolen gibt es vielseitige Diadochiebeziehungen; besonders wichtig ist hier die Substitution Mg–Fe^{2+}. Die einzelnen Mischkristallglieder sind weniger untergliedert als bei den Pyroxenen (s. Bild 11.76).

Es gibt die Cummingtonit-Mischkristallreihe $(Mg, Fe)_7[OH/Si_4O_{11}]_2$ mit den Mineralen Cummingtonit und Grunerit und die Tremolit–Aktinolith-Mischkristallreihe $Ca_2(Mg, Fe)_5[(OH, F)/Si_4O_{11}]_2$ mit den Endgliedern Tremolit und Ferroaktinolith.
Weiterhin gibt es die Mischkristallreihe der Alkaliamphibole Riebeckit–Magnesioriebeckit $Na_2(Mg, Fe)_3Fe_2{}^{3+}[(OH, F)/Si_4O_{11}]_2$; bisher ohne weitere Mischungsglieder.
Zwischen Magnesioriebeckit und Glaukophan $Na_2Mg_3Al_2[(OH, F)/Si_4O_{11}]_2$ steht der Crossit $Na_2Mg_3(Al,Fe^{3+})_2[(OH, F)/Si_4O_{11}]_2$. Ob aber dieses Mineral als Mischkristall anzusehen ist, sei dahingestellt (Al^{3+} mit 0,51 Å und Fe^{3+} mit 0,64 Å liegen an der Grenze der Substitutionsmöglichkeit). Richterit und Arfvedsonit stehen auf Grund ihrer Chemismen zwischen Tremolit/Ferroaktinolith und Glaukophan/Riebeckit.

Bei den Amphibol–Alumosilikaten gibt es folgende Mischkristallreihen:

Magnesiokatophorit–Katophorit	$Na_2Ca(Mg, Fe)_4/(Fe^{3+}, Al)[(OH, F)_2/AlSi_7O_{22}]$
Edenit–Ferroedenit	$NaCa_2(Mg, Fe)_5[(OH, F)_2/AlSi_7O_{22}]$
Pargasit–Hastingsit	$NaCa_2(Mg, Fe)_4(Al, Fe^{3+})[(OH, F)_2/Al_2Si_6O_{22}]$
Tschermakit–Ferrotschermakit	$Ca_2(Mg, Fe)_3(Al, Fe^{3+})_2[(OH, F)_2/Al_2Si_6O_{22}]$

Auch hier sind gegenwärtig noch keine Mischglieder als selbständige Minerale ausgehalten.
Die Hornblende ist ein Mischkristall der Endglieder Pargasit/Hastingsit und Tschermakit/Ferrotschermakit (die »Basaltische Hornblende« enthält im Gegensatz zur »Gemeinen Hornblende« etwas Titan und einen geringfügig höheren Fe^{3+}-Gehalt, der die Farbe und auch die optischen Eigenschaften beeinflußt). Durch die Substitution Fe^{2+}–Mn^{2+} gibt es einige weitere Mischkristalle.

Etwas näher besprochen werden von den zahlreichen *Amphibolmineralen*

- die Cummingtonit–Anthophyllit-Gruppe,
- die Tremolit–Glaukophan–Riebeckit-Gruppe und
- die Hornblende-Gruppe.

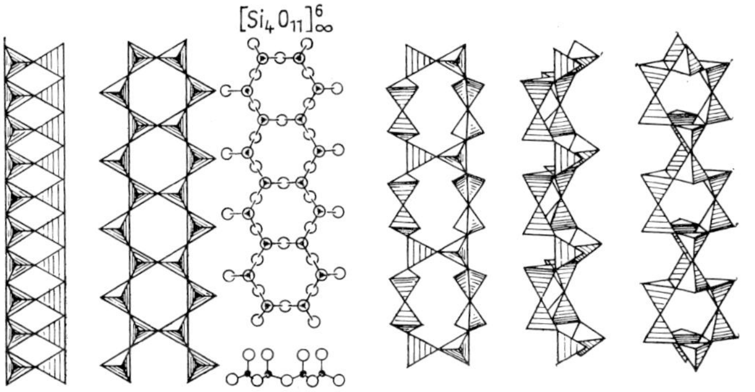

Bild 11.75. Darstellung der Zweierdoppelkette der Amphibolminerale (2. und 3. Darstellung) und andere Doppelketten

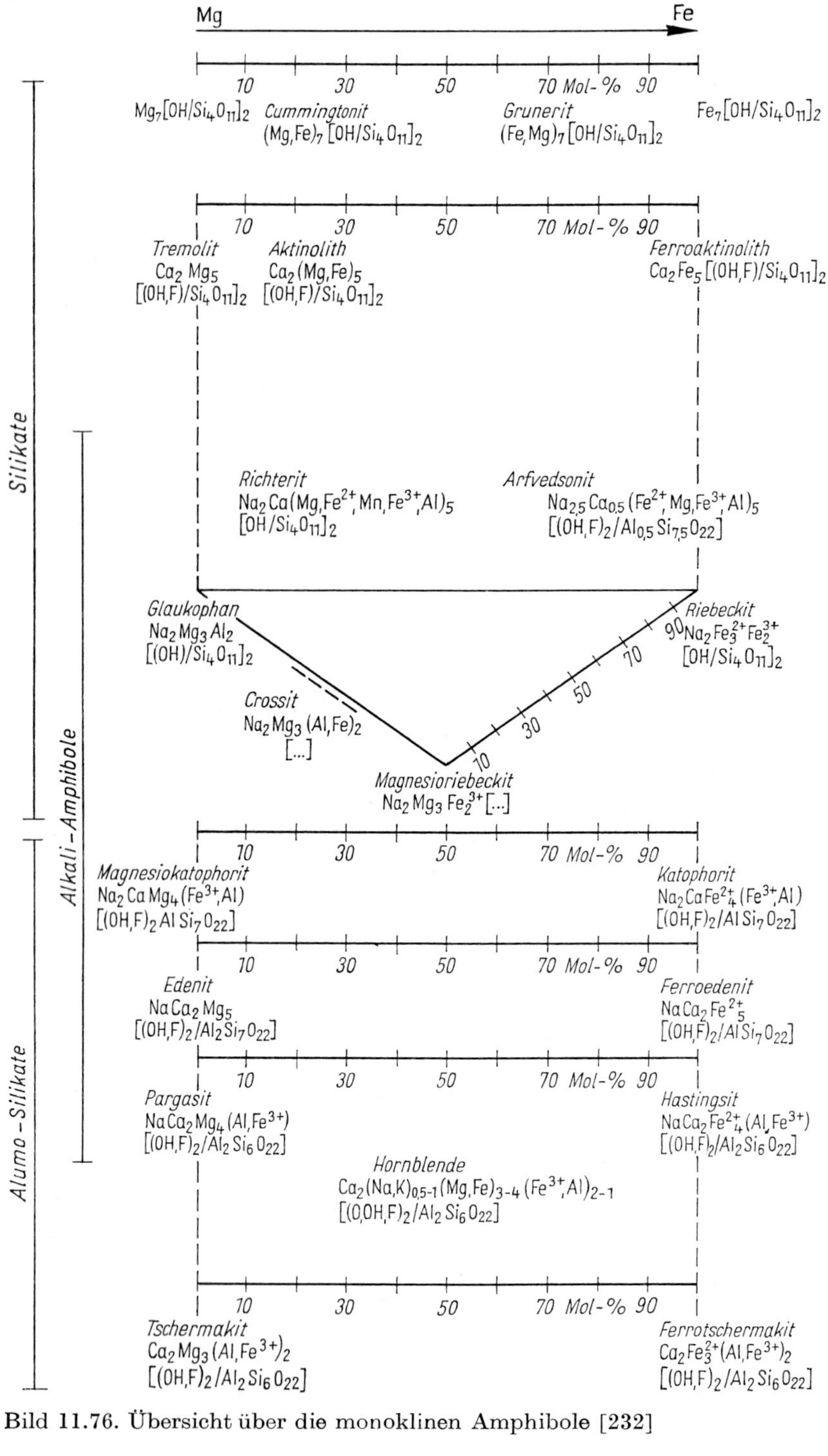

Bild 11.76. Übersicht über die monoklinen Amphibole [232]

Zur Schreibweise der Formel sei gesagt, daß diese meist verdoppelt wird, um bei den Zahlenindizes möglichst ganze Zahlen zu haben. Richtig wäre für Tremolit die Formel

$CaMg_{2,5}[(OH, F)/Si_4O_{11}]$ an Stelle von $Ca_2Mg_5[(OH, F)/Si_4O_{11}]_2$

Zur Entstehung der Amphibole ist festzustellen, daß der Bildungsbereich wesentlich breiter ist als der der Pyroxene. Die Amphibole entstehen magmatisch und z. T. noch unter hydrothermalen Bedingungen. Bei entsprechendem OH-Angebot bilden sich Amphibole auch im niedrig-metamorphen Bereich.
In Magmatiten erfolgt die Ausscheidung der Amphibole durch die relative Anreicherung der Schmelze an OH und F im Anschluß an die Pyroxenbildung; seltener kommen beide primär nebeneinander vor.
Bei günstigen geologischen Bedingungen können auch faserförmige Amphibole, sog. *Asbeste*, entstehen:

Krokydolith (Blauasbest) ist ein fasriger Riebeckit
Amosit ist fasriger Grunerit
Tremolitasbest ist fasriger Tremolit
Amianth ist fasriger Aktinolith
Anthophyllitasbest ist fasriger Anthophyllit

Allen diesen Asbesten gilt, wenn sie bauwürdig auftreten, wirtschaftlich großes Interesse.

Allgemeines zu den Pyroxenmineralen

Bei der Behandlung der Pyroxenminerale wurde die Mischkristallreihe Diopsid–Hedenbergit, also die Minerale mit einem großen und einem kleinen Kation, als die »Normalpyroxene« angesprochen. Vergleicht man nun diese mit den Analoga bei den Amphibolmineralen, mit der Mischkristallreihe Tremolit–Ferroaktinolith (s. Tab. 11.11), dann lassen sich folgende Feststellungen treffen:

1. Achsenabschnitte

   a_0 (Pyroxene) $\approx$ a_0 (Amphibole)
   b_0 (Pyroxene) $\approx$ $2b_0$ (Amphibole)
   c_0 (Pyroxene) $\approx$ c_0 (Amphibole)

2. Summe der Kationen (Masse-%)

CaO + MgO	
Diopsid	44,4
Tremolit	38,4
Differenz	6,0

CaO + FeO	
Hedenbergit	52,6
Ferroaktinolith	47,6
Differenz	5,0

3. Bei der Interpretation der Bilder 11.72 und 11.75 ergibt sich folgender Kettenabstand in Richtung b_0:

   Pyroxene: 1,3 Å
   Amphibole: 5,6 Å

4. Setzt man die Molekulargewichte und das Volumen der Elementarzelle in Beziehung, ergibt sich folgender Zusammenhang (s. Tab. 11.12):

   Eine gleiche Packungsdichte vorausgesetzt, ergibt sich für Tremolit ein Volumen der Elementarzelle von

$$\frac{455{,}1 \cdot 406{,}1}{216{,}6} = 853{,}3\ \text{Å}^3 \text{ und für Ferroaktinolith } \frac{467{,}3 \cdot 484{,}8}{248{,}1} = 913{,}1\ \text{Å}^3$$

Tabelle 11.11. Vergleich der Daten einiger Pyroxene und Amphibole

Zugehörigkeit	Mineral	Formel	Gittergrößen in Å			Chemismus in Masse-%			Weitere Eigenschaften	
			a_0	b_0	c_0	CaO	MgO/FeO	SiO_2	Dichte	n_y
Pyroxenminerale	Diopsid	$CaMg[Si_2O_6]$	9,73	8,91	5,25	25,9	18,5	55,6	3,27 bis 3,38	1,671
Amphibolminerale	Tremolit	$CaMg_{2,5}[(OH, F)/Si_4O_{11}]$	9,84	18,05	5,28	13,8	24,6	58,8	2,9 bis 3,0	1,613
Pyroxenminerale	Hedenbergit	$CaFe[Si_2O_6]$	9,85	9,02	5,26	22,2	29,4	48,4	3,5 bis 3,6	1,745
Amphibolminerale	Ferroaktinolith	$CaFe_{2,5}{}^{2+}[(OH, F)/Si_4O_{11}]$	9,97	18,34	5,30	11,4	36,2	48,9	~3,5	1,689

Tabelle 11.12. Vergleich der Molekularmasse und Volumina der Elementarzelle von Pyroxen und Amphibolen mit vergleichbarem Chemismus

	Molekularmasse	Volumen der Elementarzelle in $Å^3$
Diopsid	216,6	455,1
Tremolit	406,1	937,8
Hedenbergit	248,1	467,3
Ferroaktinolith	484,8	938,7

Nachgewiesen wurde aber für Tremolit ein Volumen von 937,8 Å³ und für Ferroaktinolith ein Volumen von 938,7 Å³. Das bedeutet, daß der Tremolit etwa um 10 % und der Ferroaktinolith etwa um 3 % lockerer gepackt ist als das jeweilige Analogon bei den Pyroxenen (Fe^{2+} hat einen etwas größeren Ionenradius als Mg^{2+}).

5. Da der größere Gitterabstand zwischen den Ketten bei den Amphibolen mit einer Abnahme des Masseanteils an Kationen einher geht, erfolgt die Gitteraufweitung durch den OH-Einbau.

6. Aus der relativen Gitteraufweitung bei den Amphibolen (im Vergleich zu den Pyroxenen) ergibt sich für den Tremolit eine um etwa 10 % geringere Dichte und eine niedrigere Lichtbrechung (für Ferroaktinolith liegt noch keine exakte Dichtebestimmung vor). Die Spaltbarkeit nach dem Prisma (110) ist besser als bei den Pyroxenen.

7. Bei einer Umwandlung von Pyroxenen im metasomatischen Bereich benötigt der sich bildende Amphibol ein um etwa 10 % größeres Volumen.

8. Da bei Anwesenheit von OH und F in der Schmelze (und entsprechender Temperatur- und Druckverhältnisse) meist Amphibole und seltener Pyroxene gebildet werden, muß diese Struktur gitterenergetisch günstiger sein.

Abschließend noch eine Bemerkung zu den rhombischen Amphibolmineralen:
Bei den rhombischen Pyroxenmineralen, die genau wie die rhombischen Amphibolminerale eine Raumgitterverzwillingung nach a (100) aufweisen, konnte gezeigt werden, daß diese Verzwillingung ein »Ausweg« aus einer gitterenergetisch ungünstigen Situation ist. Bei den Pyroxenen traten diese (pseudo-)rhombischen (»pseudo« deshalb, weil das Gitter verzwillingt ist) Minerale dann auf, wenn die Kationensummen kleiner 1,4 Å sind (Enstatit, Bronzit, Hypersthen); die »reine« Zweiereinfachkettenstruktur (Klinoenstatit) bildete sich nur unter extremen Bedingungen. Obwohl die Zweierdoppelkettenstruktur gitterenergetisch günstiger als die Zweiereinfachkettenstruktur ist, treten auch hier (pseudo-) rhombische Minerale auf. Interessant ist, daß diese Amphibole ebenfalls eine kleinere Kationensumme aufweisen (kleiner 2,45 Å) als die häufiger vorkommenden monoklinen Amphibole (2,45 bis 3,33 Å). Bei einer Kationensumme von 2,45 Å tritt sowohl die monokline Modifikation des $(Mg, Fe)_{3,5}[OH/Si_4O_{11}]$, der Cummingtonit, als auch die (pseudo-)rhombische Modifikation, der Anthophyllit, auf.

Allgemeines zu den Dreiereinfachketten (Wollastonit)

Bei den Pyroxenen wurde gezeigt, daß die Ca-Ionen als alleinige Kationen zwischen den Zweiereinfachketten nicht auftreten, weil sie zu groß sind. Auch bei den Amphibolen, also bei den Zweierdoppelketten, treten »reine« Ca-Silikate nicht auf. Erst die SiO_4-Dreiereinfachkette schafft die Bedingungen für die Bildung von Ca-Silikaten. Die Strukturen mit Vierer- bis Siebenerketten werden hier nicht ausführlich beschrieben, weil sie relativ selten auftreten.

Allgemeines zu den Ringsilikaten (Turmalin u. a.)

Zu den Ring- oder Cyclosilikaten gehören folgende wichtige, in der Tab. 11.13 zusammengestellte Minerale. Bei den Dreierringen sind drei Tetraeder über O-Brücken miteinander verknüpft, die Verbindung dieser Ringe ist durch weitere Kationen gegeben. Bei Viererringen und bei Sechserringen sind es vier bzw. sechs SiO_4-Tetraeder, die über eine gemeinsame Ecke unmittelbaren Kontakt miteinander haben.

Von den Ringsilikaten werden ausführlich die Minerale Axinit, Turmalin und Beryll besprochen; sie haben die größte petrologische und wirtschaftliche Bedeutung. Ihre genetische Gemeinsamkeit ist groß, da sich alle drei Minerale im pegmatitisch-pneumatolytischen Bereich bilden. Es sei darauf hingewiesen, daß der Cordierit als Al-reiches Mineral bereits in der Andalusit-Gruppe (Kap. 11.7.) behandelt wurde und die weniger wichtigen Dreierringsilikate, als Ti- und Zr-reiche Minerale, in der Zirkon-Titanit-Gruppe (Kap. 11.6.) erwähnt wurden.

Tabelle 11.13. Übersicht über einige wichtige Cyclosilikate

Ring	Mineral	Formel	Volumen der Elementarzelle, geteilt durch die Anzahl der SiO_4-Tetraeder in $Å^3$	Radius der Kationen (Summe) in Å
Dreier	Benitoit	$BaTi[Si_3O_9]$	141,7	2,02
	Katapleit	$Na_2Zr[Si_3O_9] \cdot 2\ H_2O$	183,8	2,73
	Eudialyt	$Na_3(Ca, Fe)_3Zr \cdot [(OH, Cl)/(Si_3O_9)_2]$	1035,4	6,67 (bei Ca_3)
Vierer	Axinit	$Ca_2(Fe, Mn)AlAl \cdot [BO_3OH/Si_4O_{12}]$	142,2	3,74 (bei Fe)
Sechser	Beryll	$Al_2Be_3[Si_6O_{18}]$	130,5	2,07
	Cordierit	$Mg_2Al_3[AlSi_5O_{18}]$	278,2	2,85
	Schörl	$NaFe^{3+}{}_3Al_6[(OH)_{1+3}](BO_3)_3[Si_6O_{18}]$	307,0	4,95

11.16. Enstatit–Hypersthen-Gruppe

Zur Enstatit–Hypersthen-Gruppe, den Orthopyroxenen, gehören die im Bild 11.77 zusammengestellten rhombischen Minerale (vgl. Bild 11.73). Auf Grund der im allgemeinen Teil (Kap. 11.15.) gegebenen Erläuterungen zur Struktur dieser Minerale, insbesondere der immer vorhandenen Raumgitterverzwillingung, wird hier die Verdopplung der Formeleinheit verwendet. Die Verdopplung (gegenüber den anderen Pyroxenmineralen), also $A_4[Si_2O_6]_2$, wobei A = Mg, Fe, bringt gleichzeitig besser das große Volumen der Elementarzelle zum Ausdruck.

Enstatit: $Mg_4[Si_2O_6]_2$

Entdeckung: Kenngott benannte das Mineral 1855 nach seiner Schwerschmelzbarkeit vor dem Lötrohr (gr. *enstates* = Gegner).

Chemismus: Theor.: 40,1% MgO und 59,9% SiO_2. Durch isovalente Diadochie kann Mg lückenlos durch Fe^{2+} ersetzt werden, beim Enstatit bis 5% FeO (entspricht 10% Orthoferrosilikat-Anteil). Bei FeO-Gehalten von 5 bis 14% (10 bis 30% Orthoferrosilikat) bezeichnet man das Mineral als *Bronzit* (vgl. Bild 11.83, S. 524). Weitere Glieder der Mischkristallreihe, vgl. Bild 11.77. Für MgO kann weiterhin diadoch NiO (bis 0,2%), MnO und Fe_2O_3 eingebaut werden; Si kann geringfügig durch Al ersetzt werden. Daneben tritt mitunter etwas CaO auf.

Kristallogr.: Rhombisch (dipyramidal). Wegen der immer vorhandenen Raumgitterverzwillingung (siehe oben) weist Enstatit keine »reine« Zweiereinfachketten-Struktur auf. Das Mg verbindet die Ketten, die parallel zur c-Achse angeordnet sind; Mg weist gegenüber Sauerstoff [6]-Koordination auf. Die Enstatitkristalle besitzen kurz-

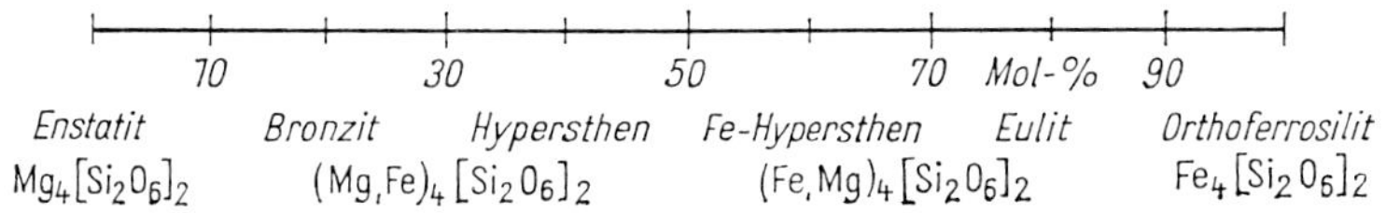

Bild 11.77. Mischkristallreihe Enstatit–Hypersthen

prismatische, mitunter auch taflige Form (s. Bild 11.78). Oft treten Entmischungslamellen von Diopsid parallel (100) auf; die Lamellierung kann so dicht sein, daß die Messung optischer Daten im Dünnschliff erschwert, ja sogar unmöglich ist.

Physik. Eigensch.: Farblos, grauweiß mit grünlicher Tönung, seltener bräunlichgrün. Durchsch. Glasglanz. n_{XYZ} = 1,665, 1,659, 1,656 (weitere Daten zur Optik, vgl. Bild 11.78). H $5^1/_2$. Spaltbarkeit 2 bis 3 nach Prisma (110); Spaltwinkel 85°. D 3,1 bis 3.3. (Abhängigkeit vom Fe-Gehalt, vgl. Bild 11.73). Bei Erwärmung auf 1140° geht Enstatit in die monokline Modifikation Klinoenstatit über, und bei 1557° zersetzt sich das Mineral, und es bilden sich Forsterit und Cristobalit nach folgender Reaktion:

$$Mg_4[Si_2O_6]_2 \rightarrow 2\ Mg_2[SiO_4] + 2\ SiO_2$$

Diagnose: In unregelmäßigen Körnern kann Enstatit nur im Dünnschliff unter dem Mikroskop nach den optischen Konstanten zuverlässig bestimmt werden. Bei Kristallen sind die Kristallform und der Spaltwinkel, bei Beachtung der Farbe, zur Erkennung heranzuziehen. In Säuren unlöslich. Zu verwechseln mit Diopsid, auch mit Andalusit, Zoisit und Gehlenit.

Genese: Enstatit (bis Bronzit) ist ein typisches Mineral magnesiumreicher, magmatischer Gesteine. Zusammen mit Olivin bildet er häufig die Peridotite, insbesondere

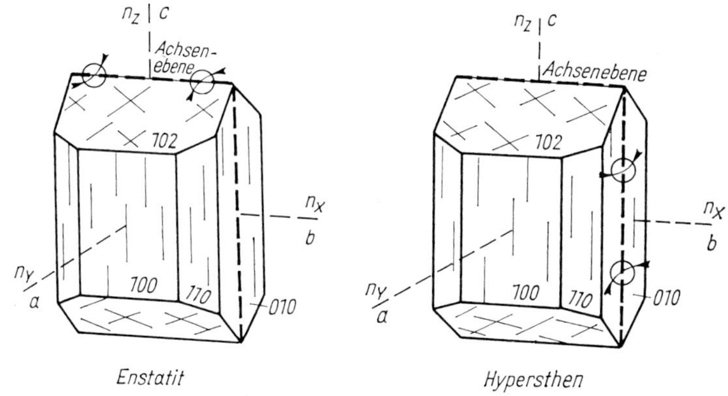

Bild 11.78. Kristallform, Optik und Spaltbarkeit bei Enstatit und Hypersthen [49]

Bei beiden Mineralen der Hypersthen-Mischkristallreihe liegt $n_Y \parallel a$, $n_X \parallel b$ und $n_Z \parallel c$, aber die Mittellinie des optischen Achsenwinkels liegt beim Enstatit annähernd parallel zur kristallographischen c-Achse und beim Hypersthen ∥ zur b-Achse. Weiterhin zeigt Hypersthen einen deutlichen Pleochroismus die Harzburgite, ferner ist er ein wesentlicher Bestandteil der Gabbros und Norite, bisweilen der Diorite. Auch in Effusivgesteinen (Basalten, Andesiten) ist er zu beobachten. Viel seltener kommt er in kontaktmetasomatischen Bildungen vor, dafür aber verschiedentlich in großen, gut ausgebildeten Kristallen. Durch hydrothermale Einwirkung wird er leichter als Olivin und die monoklinen Pyroxene in Serpentin, oft als »Einkristall« *Bastit*, umgewandelt. Dieser Bastit besitzt goldgelbe oder bronzene Farben auf den Spaltflächen, wodurch man ihn leicht in zersetzten enstatithaltigen Gesteinen erkennen kann. Als gesteinsbildendes Mineral kommt Enstatit weltweit in vielen magnesiumreichen Intrusivgesteinen insbesondere der Ophiolithzonen der Erde vor: Balkan, Ural, Kaukasus, Alpen, Pyrenäen und in anderen Gebieten. Bekannt sind die in Bastit umgewandelten Bronzitgesteine von der Baste bei Harzburg (Oberharz, BRD).

Nutzung: Reine Enstatitgesteine können, ebenso wie forsteritreiche Olivine, als hochfeuerfeste Rohstoffe eingesetzt werden.

Hypersthen: $(Mg, Fe)_4[Si_2O_6]_2$

Das Mineral wurde von Haüy 1806 nach seiner Härte benannt (gr. *hyper* = über, und *sthenos* = Kraft, d. h. größere Härte). Teil der Mischkristallreihe Enstatit $Mg_4[Si_2O_6]_2$–Orthoferrosilit $Fe_4[Si_2O_6]_2$ mit 30 bis 50 % Anteil des Eisensilikats (mitunter wird auch nur der Ferrohypersthen $(Fe, Mg)_4[Si_2O_4]_2$ als Hypersthen bezeichnet). In der Struktur gleicht er dem Enstatit. Durch höheren Fe-Gehalt, höhere Dichte (3,3 bis 3,5) und höhere Lichtbrechung (n_Y = 1,724, siehe auch Bild 11.78). Grüne bis grünlichschwarze Farbe. H 5 bis 6. Im Gegensatz zu Enstatit schmilzt Hypersthen leicht zu einem grünlichschwarzen Glas (Flußmittelwirkung des Eisens). In HCl erfolgt teilweise Zersetzung.
Bildung von Hypersthen in eisenreicheren basischen Eruptivgesteinen, so in Gabbros und Noriten (Ferrohypersthen in Ferrogabbro), selten in Trachyten und Andesiten (z. B. Mt. Dore, franz. Zentralmassiv), auch in Gneisen. Ferrohypersthen im Gebiet Sludjanka (SW-Baikalgebiet, UdSSR). Große Kristalle von der Paulsinsel an der Küste von Labrador (Kanada). Auch in Meteoriten und eisenreichen Schlacken.

11.17. Diopsid–Augit-Gruppe

In dieser Gruppe werden die Mischkristallreihen Diopsid–Hedenbergit, die Alkalipyroxene sowie der weit verbreitete Augit besprochen.

Diopsid: $CaMg[Si_2O_6]$

Entdeckung: Das Mineral wurde 1800 von D'Andrada beschrieben; der Name leitet sich von den gr. Wörtern *dis* = doppelt und *opsis* = Anblick ab.

Chemismus: Theor. 25,9% CaO, 18,5% MgO und 55,6% SiO_2. Es gibt eine lückenlose Mischkristallreihe auf Grund der Diadochie Mg–Fe^{2+} mit dem $CaFe[Si_2O_6]$-Hedenbergit. Das Bild 11.74 zeigt, daß in dieser Reihe Salit und Ferrosalit ausgehalten werden. Da es sich eingebürgert hat, in Mischkristallreihen die Abstufungen 0–10–30–50–70–90–100% der teilnehmenden Komponenten einzuhalten (siehe Olivinreihe, Enstatit-Hypersthenreihe, Plagioklasreihe usw.), ist es sinnvoll, für die so wichtigen gesteinsbildenden monoklinen Pyroxenminerale ebenfalls eine solche Einteilung zu schaffen (s. Bild 11.79).

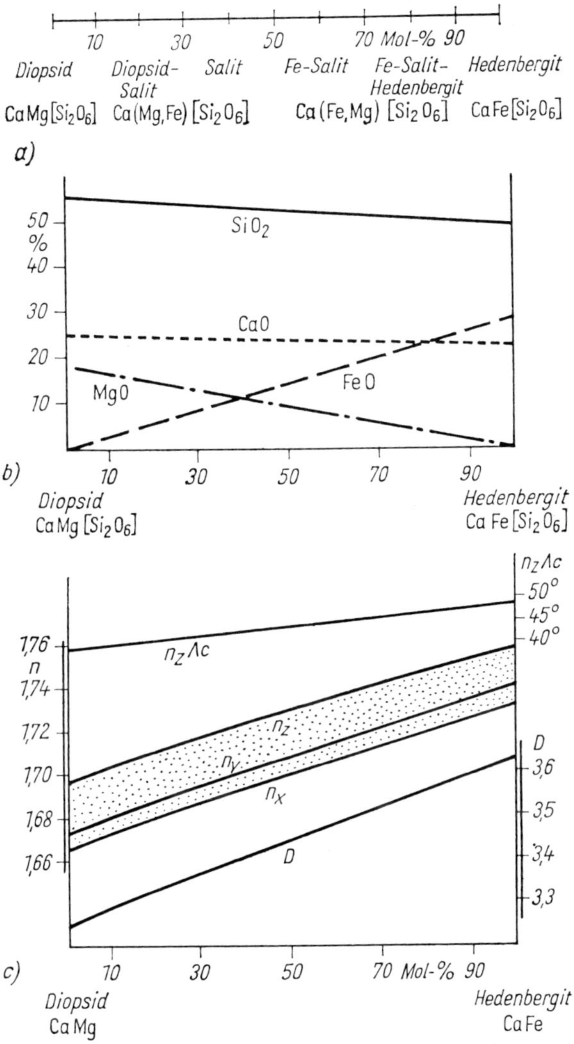

Bild 11.79. Gliederung (a), Chemismus (b) und einige physikalische Eigenschaften (c) der Diopsid–Hedenbergit-Mischkristallreihe (Auslöschungsschiefe n_z zu c)

Im Diopsid können durch Substitution des Mg folgende Elemente eingebaut sein: Fe^{2+}, Mn, Fe^{3+}, Cr^{3+} (*Chromdiopsid*), V^{3+} (bis 4% *Lawrowit*) und Ti^{4+}. Da ein Teil dieser Elemente eine höhere Ladung aufweist, erfolgt gekoppelte Substitution mit Ca–Na oder mit Si–Al. *Endiopsid* ist ein Diopsid mit einem höheren Mg-Gehalt (selten in Kimberliten).

Kristallogr.: Monoklin (prismatisch). Zweiereinfachkettenstruktur, Ca und Mg verbinden in [6]-Koordination die Ketten (s. Bild 11.80). Gut ausgebildete Kristalle sind verhältnismäßig selten, gewöhnlich kurzsäulig mit den Pinakoiden (100) und (010) (s. Bild 11.81). Zwillinge nach (100) und (101) sind nicht selten. Häufig körnige, auch stenglige und radialstrahlige Aggregate.

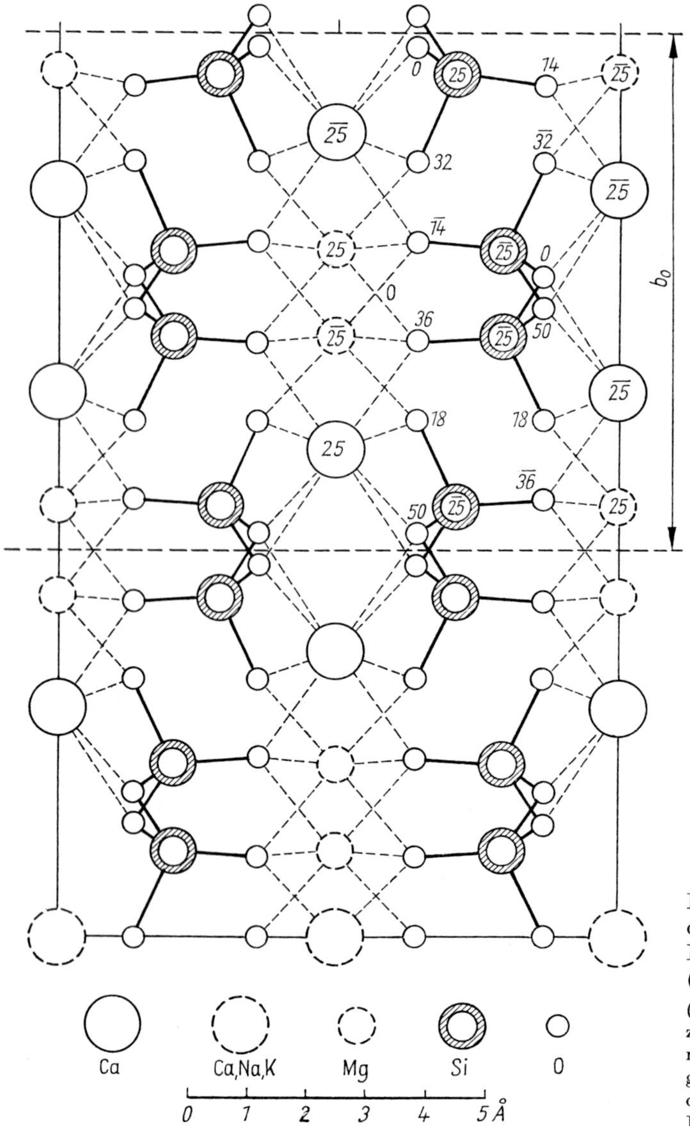

Bild 11.80. Projektion des Kettensilikatgitters Diopsid auf die Ebene (001)

(nach WARREN). Die stark gezeichneten Ketten sind senkrecht zu ihrer Längsstreckung geschnitten. Die Zahlen geben die relative Höhenlage der Ionen an

Physik. Eigensch.: Selten farblos; schmutziggrüne bis graue Tönung. Durchsch. Glasglanz. n_{ZYX} = 1,694, 1,671 und 1,664 (weitere Daten zur Optik, s. Bild 11.82). H 5 bis 6. Spröde. Spaltbarkeit 2 bis 3 nach (110), Spaltwinkel 87° (s. Bild 11.85). Absonderung nach (100). D 3,27 bis 3,38 (Abhängigkeit der Eigenschaften vom Fe-Gehalt, s. Bild 11.79). Schmelzpunkt 1390 °c (vgl. Bild 4.35).

Diagnose: Form, Härte, Spaltbarkeit und Farbe sind typisch. Gut ausgebildete Kristalle weisen gegenüber Augit eine stärkere Entwicklung der seitlichen und vor-

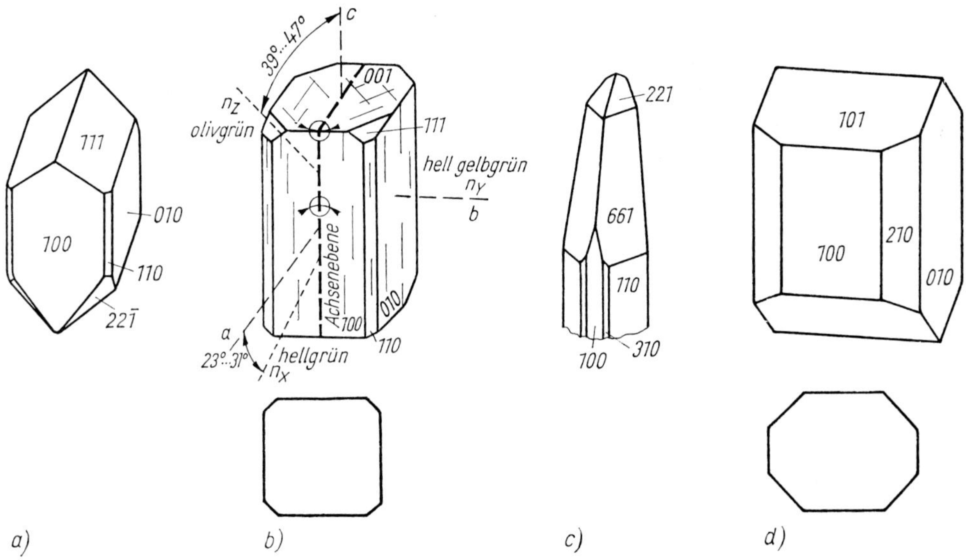

Bild 11.81. Kristallform, Optik und Spaltbarkeit verschiedener Pyroxene

a) Diopsid
b) Augit mit optischen Daten (unter den Kristallen von b) und d) Schnitte senkrecht c)
c) Ägirin
d) Enstatit

Bei diesen Pyroxenen tritt eine Auslöschungsschiefe n_X zu a und n_Z zu c auf, die im Bild 11.81b noch einmal dargestellt ist. Bei Diopsid/Hedenbergit und Augit tritt Pleochroismus auf, der bei Jadeit fast ganz fehlt (blaßgelblich und blaßgrünlich) [49]

deren Pinakoide auf. Durch vielfältige Diadochiebeziehungen ist die exakte Bestimmung selbst mikroskopisch nur schwer möglich. Von Säuren fast nicht angegriffen. Verwechslung mit anderen Pyroxenen.

Genese: Diopsid (diopsidischer Augit) bildet sich in Alkaligabbros, Monzoniten und Syeniten sowie ihren Ergußgesteinen. Chromdiopsid kommt in Duniten und verwandten Ultrabasiten vor. Entstehung hauptsächlich metamorph: kontaktmetamorph

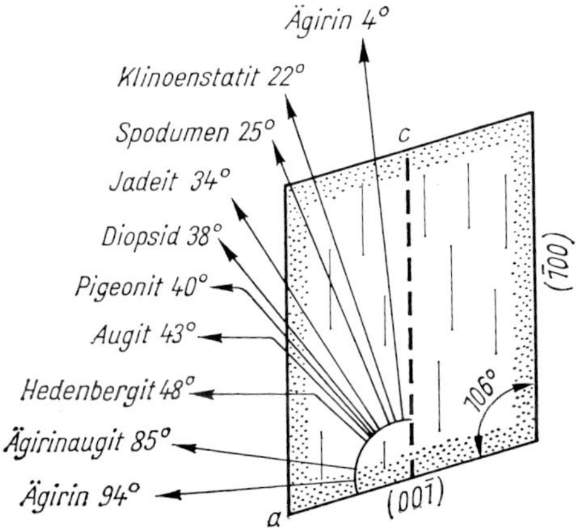

Bild 11.82. Auslöschungsschiefe n_Z zu c der Pyroxene im Schnitt // (010), [49]

Bild 11.83. Grobkörniger Bronzit, mit polysynthetischer Verzwillingung, vgl. Enstatit. Etwa nat. Größe [20, 265]

zusammen mit Grossular, Forsterit und Wollastonit; regionalmetamorph in epizonalen Kalkschiefern. Vorkommen als Salit in Schwarzenberg (sächs. Erzgebirge, DDR), im Rayon Zlatoust (Ural), am Vesuv (Italien), in Nordmarken (Schweden), in Sludjanka (SO des Baikal, UdSSR), von Sala (Schweden).

Nutzung: Keine selbständige Verwendung als Mineral.

Hedenbergit: $CaFe[Si_2O_6]$

BERZELIUS benannte 1819 das Mineral nach dem schwedischen Chemiker L. HEDENBERG, der das Mineral zuerst analysierte. Theor. 22,2% CaO, 29,4% FeO und 48,4% SiO_2. Zahlreiche Diadochiebeziehungen (siehe Diopsid). Endglied der Mischkristallreihen $CaMg[Si_2O_6]$–$CaFe[Si_2O_6]$ und $CaFe[Si_2O_6]$–$CaMn[Si_2O_6]$ (Johannsenit). Monoklin. Zweiereinfachkettenstruktur mit Ca und Fe^{2+} in [6]-Koordination zu O zwischen den Ketten. Vorwiegend in radialstrahligen oder großstengligen Aggregaten. Dunkelgrün bis schwarzgrün. Hellgrauer Strich mit grünlicher Tönung. Glasglanz. $n_Y = 1{,}745$. H $5^1/_2$ bis 6. # 2 bis 3 (110). D 3,5 bis 3,6. (Abhängigkeit der Eigenschaften vom Mg- bzw. Fe-Gehalt, siehe Bild 11.79.)
Neben Salit ist Hedenbergit ein charakteristisches Mineral vieler kontaktmetasomatischer Magnetitlagerstätten, insbesondere der Skarne. Mit Hedenbergit kommen Ilvait, Magnetit, Andradit, einige Sulfide, Calcit und Epidot vor. Von Schwarzenberg (sächs. Erzgebirge, DDR) und vielen anderen Orten bekannt.
Keine eigenständige Verwendung des Minerals.

Außer Diopsid und Hedenbergit gehören zur Mischkristallreihe:

Kokkolith (Diopsid–Salit): $Ca(MgFe)[Si_2O_6]$, 25% CaO, 13 bis 16% MgO, 3 bis 9% FeO, 53 bis 55% SiO_2. Monoklin. Graugrün; Glasglanz. $n_Y = 1{,}680$ bis 1,693. H $5^1/_2$ bis 6. D 3,28 bis 3,37. Magmatisch und kontaktmetamorph; selten.

Salit: $Ca(Mg, Fe)[Si_2O_6]$ 24% CaO, 9 bis 13% MgO, 9 bis 14% FeO, 52 bis 53% SiO_2. Monoklin. Grün; Glasglanz. $n_Y = 1{,}693$ bis 1,706. H $5^1/_2$ bis 6. D 3,37 bis 3,44. Selten magmatisch, häufiger kontaktmetamorph. Schwarzenberg (Erzgeb., DDR).

Ferrosalit: $Ca(Fe, Mg)[Si_2O_6]$ 24% CaO, 14 bis 20% FeO, 6 bis 9% MgO, 51 bis 52% SiO_2. Monoklin. Dunkelgraugrün. Glasglanz. n_Y = 1,706 bis 1,719. H $5^1/_2$ bis 6. D 3,44 bis 3,52. Kontaktmetamorph.

Aus der Mischkristallreihe Hedenbergit–Johannsenit werden folgende Minerale genannt:

Johannsenit: $CaMn[Si_2O_6]$; monoklin. Braungraue fasrige Sphärolithe, z. B. aus Franklin (USA) und Toskana (Italien). D 5,6; n_Y = 1,719. *Ferrojohannsenit:* Etwa 10% FeO. *Ruizit:* $CaMn^{3+}[SiO_3]_2 \cdot 2\,H_2O$; monoklin. Orangebraun; n_Y = 1,715. Von Christmas-Grube (Arizona, USA).

Pigeonit $(Mg, Fe, Ca)_2[Si_2O_6]$ mit (Mg, Fe): Ca $\sim$ 7:1, leitet von der Klinoenstatitreihe über zum Diopsid–Hedenbergit. Pigeonit ist als gesteinsbildendes Mineral weit verbreitet und wegen dieser Übergangsstellung petrogenetisch bedeutsam.

Schefferit: Mischkristall von Diopsid–Hedenbergit–Johannsenit. *Jeffersonit:* Zn-haltiger Schefferit von Franklin (USA).

Jadeit: $NaAl[Si_2O_6]$

Damour 1863. Theor. 20% NaO, 25% Al_2O_3, 55% SiO_2. Durch Diadochie enthält Jadeit etwas Ca, Mg und Fe. Alkalipyroxen! Monoklin. Kristalle sind selten. Apfelgrün, grünlich-blau, auch weiß. Häufig in Aggregatform. Glasglanz. n_Y = 1,659. H $6^1/_2$ bis 7. Ungewöhnlich zähe. Spaltbarkeit 2 nach (110). Kryprokristalline Varietäten besitzen unebenen, splittrigen Bruch. D 3,3 bis 3,4.
Jadeit ist dem Nephrit sehr ähnlich. In Säuren nicht zersetzbar. Vorkommen in metamorphen epizonalen Alkaligesteinen, seltener im kontaktmetamorphen Bereich. Val di Susa in Piemont (Italien); Urutal (Burma) u. a. Für kunstgewerbliche Steinschnitzereien.

Diopsidjadeit (Mayait) ist ein Mineral, das zu etwa gleichen Teilen aus Jadeit und Diopsid besteht. Na und Ca können sich diadoch vertreten, aber eine lückenlose Mischbarkeit zwischen Mg^{2+} und Al^{3+} ist nicht vorhanden. *Ägirinjadeit* mit höherem Eisengehalt.

Ägirin: $(Na, Ca)(Fe^{3+}, Fe^{2+})[Si_2O_6]$

Mischkristall der Endglieder *Akmit* $NaFe^{3+}[Si_2O_6]$ und Hedenbergit $CaFe[Si_2O_6]$. Benannt von Berzelius 1835 nach dem isländischen Meeresgott Ägir. Durch Diadochie auch Gehalte an Mg, Ti, V und in geringen Mengen Seltene Erden, Be, Zr, Th, auch Mn (z. B. *Blanfordit* als Akmitvarietät). Zwischen Ägirin und Hedenbergit gibt es weitere Mischkristalle (*Ägirinhedenbergit*), auch zu Diopsid gibt es Mischbarkeit (*Ägirindiopsid, Urbanit*) sowie zum Augit (*Ägirinaugit, Fedorowit*).
Monoklin. Zweiereinfachkettenstruktur mit den Kationen Na, Ca, Fe^{3+}, Fe^{2+} in [6]-Koordination zu O zwischen den Ketten. Gewöhnlich treten langprismatische, säulige oder nadlige xx auf (vgl. Bild 11.81). Auf den Flächen häufig Streifung und Furchung. (100) ist fast immer gut entwickelt. Zwillinge nach (100) sind häufig, meist stenglig und radialstrahlig.
Dunkelgrün, bisweilen rötlichbraun. Glasglanz. n_Y = 1,768. H 6 bis $6^1/_2$. Spaltbarkeit 2 nach (110). D 3,43 bis 3,60. Leicht an der Form der Kristalle bei Beachtung der Spaltbarkeit (Spaltwinkel 89°) und der Farbe zu erkennen.
Vorkommen in alkalireichen Intrusiv- und Effusivgesteinen, weltweit. In Pegmatitgängen in Südnorwegen, in Elfdalen (Schweden), Serra de Monchique (Portugal).
Keine Nutzung als Mineral. Alkaligesteine können aber wichtige Rohstoffe für Keramiken, für Leichtzuschlagstoffe u. a. sein.

Chloromelanit: Mischkristall von Diopsid + Jadeit + Ägirin (1:1:1).

Omphacit: (Ca, Na)(Mg, Fe^{2+}, Fe^{3+}, Al)[Si_2O_6]. Monoklin. Mischkristall mit Anteilen von Diopsid–Jadeit und etwas Hedenbergit–Akmit. Von WERNER 1815 erstmals beschrieben. Meist nur granoblastische Körper im Eklogit. Vorwiegend regionalmetamorph (Katazone). Farblos bis grün. # 3 bis 4 (110). Gleicht in optischen Daten dem Diopsid (n etwas geringer).

Aenigmatit: $Na_4Fe_{10}Ti_2[O_4/Si_2O_6]_6$. Triklin. Schwarze, z. T. große xx in Alkaligesteinen: Syenite von Grönland und der Halbinsel Kola, UdSSR. D 3,8. $n_Y = 1{,}80$. *Cossyrit:* Aenigmatit mit höheren Gehalten vor allem an Fe_2O_3. Weitere Abarten sind *Pseudoaenigmatit* und *Rhönit*, evtl. auch *Hainit*.

Augit: (Ca, Mg, Fe^{2+}, Fe^{3+}, Ti, Al)$_2$[(Si, Al)$_2O_6$]

Entdeckung: WERNER beschrieb das Mineral 1792 und benannte es nach dem gr. Wort *auge* = Glanz.

Chemismus: Sehr komplex durch vielfältige Diadochie. Al_2O_3-Gehalt zwischen 4 und 9%, 0,7% TiO_2 (3 bis 5% = *Titanaugit*). Wichtig ist die Substitution von Si durch Al in der Kette; Augit ist ein Alumosilikat. Übergänge zum Ägirin (Fedorowit und Ägirinaugit).

Kristallogr.: Monoklin (prismatisch). Zweiereinfachkettenstruktur mit Si–Al-Substitution; zwischen den Ketten lagern Ca, Mg, Fe^{2+}, Fe^{3+}, Ti und Al in [6]-Koordination zu Sauerstoff. Kristallform kurzprismatisch (s. Bilder 11.81 und 11.84), tafelig, seltener isometrisch. Gegenüber Diopsid Prisma (110) stärker entwickelt als Pinakoide. Der Querschnitt erscheint als Achteck. Zwillinge nach (100) sind häufig (s. Bild 11.84). Aggregate sind körnig.

Physik. Eigensch.: Schwarz, grünlich und bräunlichschwarz, seltener dunkelgrün oder braun; kantendurchscheinend. Glasglanz. $n_Z = 1{,}710$ bis 1,724, $n_Y = 1{,}692$ bis 1,706, $n_X = 1{,}685$ bis 1,700 (weitere optische Daten, s. Bild 11.81). H 5 bis 6. Spaltbarkeit 2 bis 3 nach (110). Absonderung nach (100). Augite mit außerordentlich starker Absonderung wurden früher als *Diallag* bezeichnet. Oft Zonarbau (s. Bild 11.85). D 3,2 bis 3,6.

Diagnose: Form, Spaltbarkeit, Spaltwinkel, Farbe sind wichtige Bestimmungskriterien. Genauere Angaben nur unter dem Mikroskop möglich (vgl. Bild 11.81). In Säuren außer HF unlöslich; Titanaugit in kochender HCl vollkommen zersetzbar. Verwechslung mit anderen dunkelgrünen bis grünschwarzen Pyroxenmineralen, mit Amphibolen und ggf. mit schwarzem Turmalin (Schörl) möglich. Im postmagmatischen Bereich sind bei Augit wie auch bei anderen monoklinen Pyroxenen Umwandlungen in Minerale der Amphibol-Gruppe festzustellen. Unter dem Mikroskop kann man oft beobachten, daß sich die Hornblende als einheitliches Ganzes unter Beibehaltung der Form aus Pyroxenen entwickelt. Derartige Pseudomorphosen werden als *Uralit* bezeichnet, da sie zuerst im Ural entdeckt wurden. Bei hydrothermaler Zersetzung der Erstarrungsgesteine wird Augit zerstört und häufig durch Epidot, Chlorite, Calcit und andere Minerale verdrängt (vgl. Tab. 16.22).

Genese: Augit kommt am häufigsten in einigen basischen Effusivgesteinen vor: in Andesiten, Phonolithen, Basalten sowie deren Tuffen. In diesen Gesteinen kann man bisweilen ziemlich große, gut ausgebildete xx antreffen (*basaltischer Augit*). Als Fund-

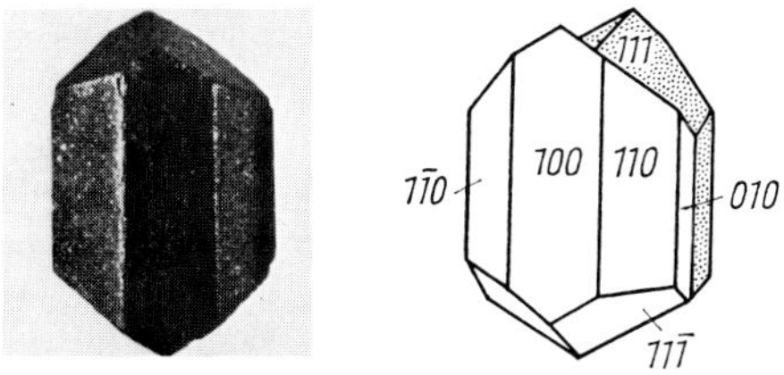

Bild 11.84. Idiomorpher Augitkristall aus dem Basalttuff des Vulkans Stromboli (Liparische Inseln, Italien). Zu erkennen sind die Formen (100), (110) und (1̄11); etwa doppelte Größe [232]. Rechts Augitzwilling nach (100)

punkte für schöne Augitkristalle in Basalttuffen sind das Duppauer Gebirge (bei Karlovy Vary, ČSSR) und der Vulkan Stromboli (Liparische Inseln, Italien) zu nennen. Ägirinaugit kommt in Alkaligesteinen vor, z. B. in den Eläolithsyeniten des Ilmengebirges (südl. Ural, UdSSR), ebenso in ihren effusiven Analoga, den Phonolithen, Leucitophyren u. a.
Keine *Nutzung* als Mineral, aber wichtiges gesteinsbildendes Mineral.

Der Begriff »*Gemeiner Augit*« wird als Sammelname für Diallag und basaltischen Augit benutzt. *Basaltischer Augit* weist meist erhöhten Ti-Gehalt auf.

Fassait: Ca(Mg, Fe^{3+}, Al) [(Si, $Al)_2O_6$]; monoklin. Grün. Kontaktmetamorph ein- und aufgewachsen in bzw. auf Marmoren. Fassatal und Mte. Somma (Italien).

Anhang:

Karpholith: $MnAl_2[(OH)_4/Si_2O_6]$: rhombisch. Feinfaserige gelbe seidenglänzende büschlige Aggregate. D 2,9. $n_Y = 1{,}62$. Vorkommen in Quarzknauern der epimetamorphen Karpholithschiefer von Wippra (Unterharz, DDR), auch gelegentlich in Greisenkörpern und Drusenhohlräumen. *Ferrokarpholith:* $FeAl_2[(OH)_4/Si_2O_6]$ ist dunkelgrün, sonst dem Karpholith ähnlich.

Taramellit: $BaFe^{3+}[OH/Si_2O_6]$; rhombisch. Rotbraune faserig-büschlige Aggregate in metamorphen Schiefern, z. B. Alpen.

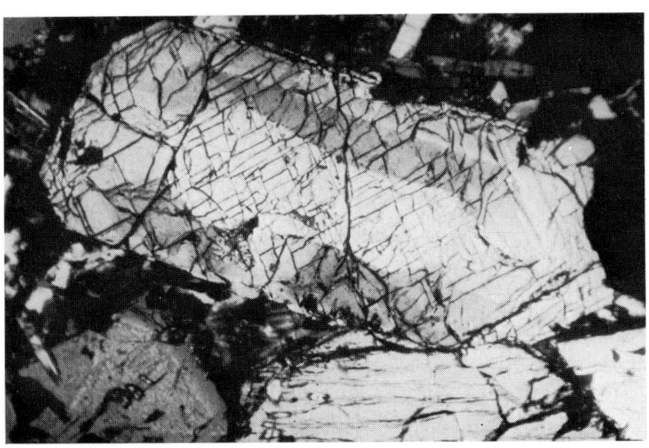

Bild 11.85. Zonar aufgebauter Augit. Nephelindolerit vom Löbauer Berg (Oberlausitz, DDR). Der Kristall ist etwa senkrecht zur c-Achse geschnitten und zeigt die sich unter angenähert 90° schneidenden Spuren der Spaltflächen. Dünnschliff, Vergr. 25 ×, +Nic. [265]

11.18. Cummingtonit–Anthophyllit-Gruppe

Cummingtonit (Mg, Fe)$_7$[OH/Si$_4$O$_{11}$]$_2$ und Grunerit (Fe, Mg)$_7$[OH/Si$_4$O$_{11}$]$_2$ sind monokline Mischkristalle der hypothetischen Endglieder Mg$_7$[OH/Si$_4$O$_{11}$]$_2$ und Fe$_7$[OH/Si$_4$O$_{11}$]$_2$ (vgl. Bild 11.76). Anthophyllit (Mg, Fe)$_7$[OH/Si$_4$O$_{11}$]$_2$ kristallisiert rhombisch. Sie gehören zur Amphibol-Familie.
Die beiden Minerale Cummingtonit und Anthophyllit treten unter vergleichbaren geologischen Bedingungen auf, die Zweierdoppelkettenstruktur mit dem kleinen Kation Mg (und bis etwa 40 Atom-% Fe^{2+}) läßt sowohl die monokline Anordnung als auch die Raumgitterverzwillingung nach der a-Achse zu. Bei dieser Verzwillingung steht die zweite b–c-Netzebene invers zur ersten, und die dritte hat wieder die gleiche Stellung wie die erste. Dadurch ergibt sich die rhombische Symmetrie. Bei einem größeren Fe^{2+}-Gehalt kann Verzwillingung nicht mehr auftreten.
Die Minerale der Cummingtonit–Anthophyllit-Gruppe bilden sich nur, wenn wenig Ca-Ionen »im Angebot« sind. Ansonsten bilden sich die gitterenergetisch günstigeren Minerale Tremolit und Aktinolith. Da sich weiterhin die Amphibole nur bei entsprechendem H_2O-Partialdruck bilden können und so in der magmatischen Ausscheidungsfolge meist nach den Pyroxenen entstehen, und da in dieser Phase der Ausscheidungsfolge meist Ca vorhanden ist, sind Cummingtonit und Anthophyllit selten in magmatischem Bereich zu finden. Bei der Metamorphose Mg- und Fe-reicher und Ca-armer Sedimente entstehen sie dagegen häufiger.
Die Minerale dieser Gruppe sind nur in ihrer fasrigen Ausbildung als Asbeste wirtschaftlich bedeutungsvoll. Anthophyllit ist häufiger, deshalb sei er hier ausführlicher behandelt.

Anthophyllit: (Mg, Fe)$_7$[OH/Si$_4$O$_{11}$]$_2$

Anthophyllit beschrieb Schumacher 1801 erstmalig. Der Chemismus ist schwankend, im Anthophyllit kann Mg bis zu 40 Atom-% durch Fe^{2+} ersetzt sein. Fluor tritt nur selten für OH ein.
Anthophyllit ist ein Amphibol und gehört zu den Zweierdoppelkettensilikaten; in Richtung der a-Achse sind die b–c-Netzebenen verzwillingt, so daß rhombische Symmetrie (dipyramidale Klasse) entsteht. Zwischen den Ketten befinden sich Mg- und Fe-Ionen in [6]- und wohl auch in [8]-Koordination zu O und OH. Die seltenen Kristalle haben prismatische Kristallform; gewöhnlich tritt er in strahligen, stengligen, nicht selten in fasrigen Aggregaten (Anthophyllitasbest!) auf.
Bräunlich- oder gelblichgrau, bräunlichgrün, bisweilen rötlichbraun. Glasglanz. $n_Y = 1{,}616$ bis 1,651. H $5^1/_2$. Spaltbarkeit 4 nach dem Prisma (110); Spaltwinkel 125°. D 2,8 bis 3,2.
In Säuren unlöslich. Oberhalb 400 °C geht er in den monoklinen Cummingtonit und bei etwa 1000 °C in den Enstatit über.
Anthophyllit ist ein typisches Mineral der Mg-reichen, aber Ca- und Al-armen Metamorphite (Anthophyllitfels und -schiefer); vor allem in der Epi- und tieferen Mesozone; auch kontaktmetamorph. Vorkommen u. a. im Gebiet Sverdlovsk (UdSSR), Kongsberg (Norwegen) und Bodenmais (BRD).
Anthophyllit*asbest*lagerstätten in Paakkila, Rikkavesi und Usinmäki (Finnland), in Hamersley (Australien), in den Sall Mountains von Georgia und in North Carolina (USA).

Die Nutzung des Minerals erfolgt in der Asbestindustrie: Säureschutzbau, Asbestgarne u. a. (vgl. Bild 5.9 und Tab. 16.31).

Cummingtonit: $(Mg, Fe)_7[OH/Si_4O_{11}]_2$; monoklin. Chemismus wie Anthophyllit. Zweierdoppelketten in »normaler«, monokliner Anordnung. Meist fasrige bis strahlige Aggregate. Farblos bis braun. In Metamorphiten von Hornblenden begleitet z. B. am Oberen See (Kanada), Harzburg (BRD). *Dannemorit:* Mn-haltiger Cummingtonit (*Tirodit* enthält bis 8 % MnO).

Grunerit: $(Fe, Mg)_7[OH/Si_4O_{11}]_2$; monoklin. Enthält mehr Eisen als Magnesium; bildet mit Cummingtonit zusammen eine Mischkristallreihe. Zweierdoppelkettenstruktur (hat im Gegensatz zum Cummingtonit keine rhombische Modifikation). Meist fasrig (Gruneritasbest heißt *Amosit*) bis strahlige Aggregate. Braun. In Metamorphiten verbreitet (mesozonal und kontaktmetamorph).
Amositlagerstätten sind aus Südafrika zwischen Chuniespoort und Malipstrift (Lagerstätten Penge und Streatham mit Faserlängen bis 35 mm) bekannt. »*Monasit*« ist ein Amosit mit höherem SiO_2-Gehalt.

Bedenit: $Ca_2(Mg, Fe^{3+}, Al)_5[OH/Si, Al)_4O_{11}]_2$, rhombisch. Weiß, asbestartig. Von Kaukasus (UdSSR).

Angehängt werden an diese Gruppe noch die weiteren rhombischen Amphibole:

Gedrit: $(Mg, Fe)_{6-5}Al_{1-2}[OH/(Al, Si)Si_3O_{11}]_2$; rhombisch. Al-haltiger, meist graugelber bis brauner Anthophyllit in blättriger Ausbildung. In Metamorphiten z. B. aus Norwegen, Finnland, den Pyrenäen, dem Schwarzwald und dem Radautal (BRD). *Snarumit* soll eine Fe-reiche Varietät sein. *Ferrogedrit:* $Fe^{2+}{}_5Al_2[OH/AlSi_3O_{11}]_2$; rhombisch. In Hornfels am Granodioritkontakt in Japan.

Chesterit: $(Mg, Fe)_{17}[(OH)_6/Si_{20}O_{54}]$; rhombisch (mit Zweifach- und Dreifachketten); $n_Y = 1{,}632$. Von Chester in Vermont (USA).

Jimthompsonit: $(Mg, Fe)_{10}[(OH)_4/Si_{12}O_{32}]$; rhombisch. Lichtrötlich, mit Anthophyllit verwachsen, # 4(110). Von Carlton-Talkgrube, Chester in Vermont (USA). *Klinojimthompsonit* bei gleicher Formel monoklin.

11.19. Tremolit–Glaukophan–Riebeckit-Gruppe

Zu dieser Gruppe der Amphibole gehören die gesteinsbildend und z. T. als Asbeste wichtigen Minerale und Rohstoffe Tremolit, Aktinolith, Glaukophan, Riebeckit, Arfvedsonit u. a. (vgl. Bild 11.76, mittlerer Teil). Tremolit, Aktinolith und Ferroaktinolith (auch Ferrotremolit genannt) bilden die Mischkristallreihe $Ca_2(Mg, Fe)_5[(OH, F)/Si_4O_{11}]_2$. Die Stellung des Aktinoliths in dieser Reihe ist noch nicht fest fixiert; weitere Mischkristallglieder werden als eigenständige Minerale bisher nicht ausgehalten.

Zwischen den Alkaliamphibolen Glaukophan und Riebeckit gibt es anscheinend keine Mischkristalle (Al^{3+} 0,51 Å und Fe^{3+} 0,64 Å liegen an der Grenze der Substitutionsmöglichkeit). Auch zwischen Glaukophan und Tremolit sind aus dem gleichen Grund keine Mischkristalle bekannt. Zwischen Ferroaktinolith und Riebeckit müßte eine gekoppelte, heterovalente Diadochie $CaFe^{2+}$–$NaFe^{3+}$ existieren; bisher wurden aber noch keine Minerale der Zusammensetzung $(Ca, Na)_2$ $(Fe^{2+}, Fe^{3+})_5$ $[(OH, F)/Si_4O_{11}]_2$ beschrieben. Richterit und Arfvedsonit stehen in ihrem Chemismus etwa zwischen den oben genannten Endgliedern. Zwischen Riebeckit und Magnesioriebeckit gibt es Mischbarkeit, auch wenn noch keine Varietäten ausgehalten worden sind. Zwischen Glaukophan und Magnesioriebeckit gibt es den Crossit, wobei hier anscheinend Al durch Fe^{3+} substituiert ist.

Alle Minerale dieser Gruppe können magmatisch (intermediärer bis saurer Bereich) sowie metamorph (epi- bis mesozonal und kontaktmetamorph) entstehen; das Auftreten von Amphibolen in Sedimenten ist (als Verwitterungsrest) möglich.
Wirtschaftlich wichtige Asbeste sind vom Riebeckit (der sog. Krokydolith oder Blauasbest) und vom Tremolit (Tremolitasbest) bekannt.

Tremolit: $Ca_2Mg_5[(OH, F)/Si_4O_{11}]_2$ Grammatit

Entdeckung: Höpfner beschrieb das Mineral bereits 1790, benannt nach dem Val Tremola (Gotthard-Paß), wo das Mineral aber nicht vorkommt. Deshalb hat der Bezeichnungsvorschlag Grammatit von Hauy 1801 an sich Priorität.

Chemismus: Theor. 13,8% CaO, 24,5% MgO, 58,9% SiO_2 und 2,8% H_2O. Als Endglied der Mischkristallreihe Tremolit–Ferroaktinolith enthält er isomorph bis 3% FeO (entspricht 10% Ferroaktinolithanteil). Ferner kommt vor: etwas MnO, Al_2O_3 und Alkali.

Kristallogr.: Monoklin (prismatisch); Zweierdoppelkette. Ca in [8]- und Mg in [6]-Koordination zu O und OH(F) (s. Bild 11.86); die Kationen verbinden die Ketten. Langprismatische, nadlige, bisweilen fasrige (Asbeste!), nach der c-Achse gestreckte Kristalle, auch filzartige und feinstenglige Aggregate. Seltener in festen, kryptokristallinen, ungewöhnlich zähen Massen (*Nephrit*, s. Seite 532).

Physik. Eigensch.: Weiß oder hellfarbig-grau. Glasglanz. n_{ZYX} = 1,624, 1,613, 1,599. H $5^1/_2$ bis 6. Spröde. Spaltbarkeit 4 nach Prisma (110); Spaltwinkel 124° (vgl. Bild 11.87). D 2,9 bis 3,0.

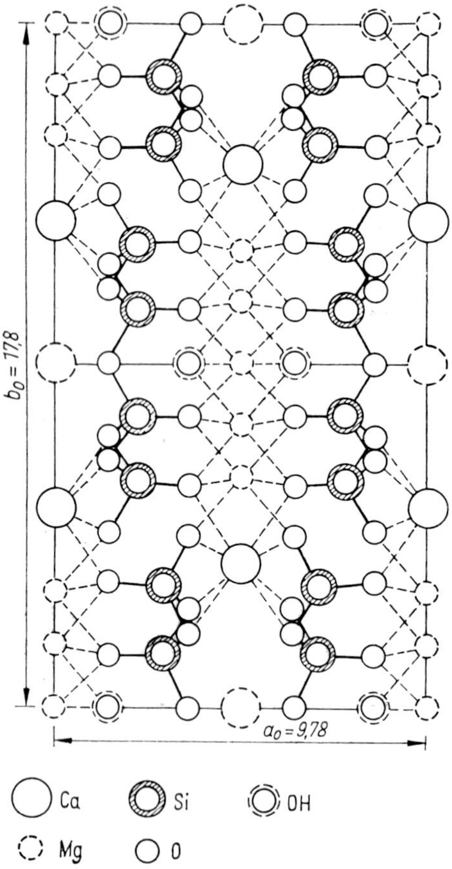

Bild 11.86. Feinstruktur des Amphibolminerals Tremolit; Projektion auf die Ebene (001). Die Doppelketten sind senkrecht zu ihrer Längsstreckung geschnitten. Die Zahlen geben die relative Höhe der Atome an [20]

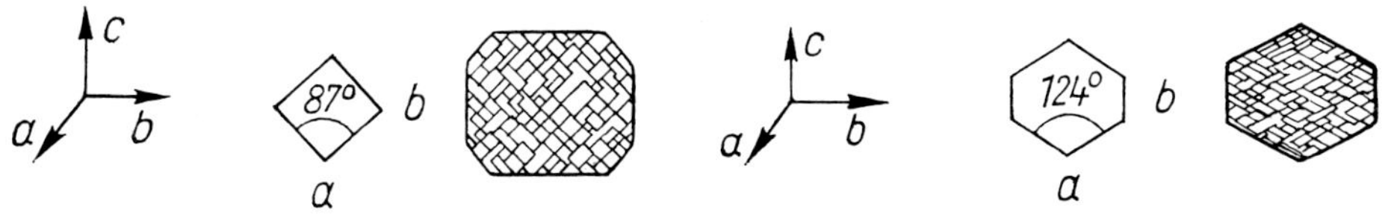

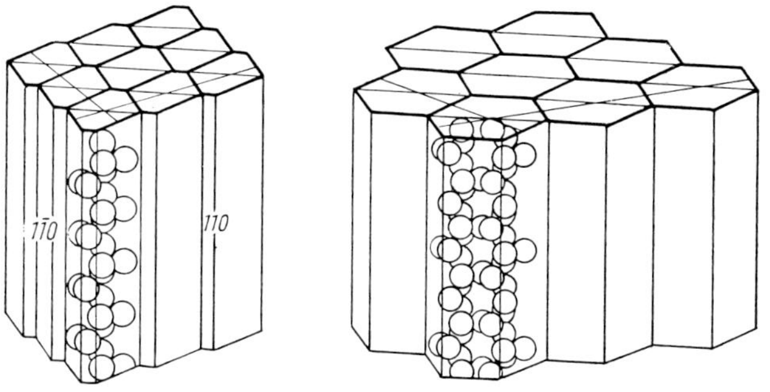

Bild 11.87. Zusammenhang zwischen Anionenbau und Spaltform der Amphibole (rechts) und Pyroxene (links) [20]

Diagnose: Form, Spaltbarkeit, Spaltwinkel und Farbe sind charakteristisch. Von Aktinolith unterscheidet er sich durch die Farbe und Säureresistenz.

Genese: Tremolit ist einer der in der Natur am weitesten verbreiteten Amphibole. In Eruptivgesteinen bildet er sich, bei verhältnismäßig tiefen Temperaturen, meist sekundär aus Kalzium–Magnesium-Pyroxenen. Häufig und oft gut kristallisiert ist er in metamorphosierten kristallinen Kalksteinen und Dolomiten, ferner in kristallinen Schiefern und Hornfelsen, Talkschiefern und Serpentinen zu finden.
Gut ausgebildete Kristalle in alpinen Klüften, z. B. von Campolongo im Tessin (Schweiz); bei Windhoek (Namibia); in den Ostalpen; in der ČSSR und anderen Gebieten. In der UdSSR kommt Tremolit in den Dolomiten an den Flüssen Sanarka und Kamneka im Rayon Kočkar (südlicher Ural), im Rayon Sludjanka (südwestliches Baikalgebiet) und an verschiedenen anderen Stellen vor.
Tremolitasbestlagerstätten in Finnland (Paakila), in Italien (westlich Turin) und in den USA.

Nutzung der Tremolit-Asbeste: Asbestindustrie, z. B. für hitze- und säurebeständige Filter, vgl. Tab. 16.31.

Aktinolith: $Ca_2(Mg, Fe)_5[(OH, F)/Si_4O_{11}]_2$

Kirwan beschrieb das Mineral 1794, benannt nach den gr. Wörtern *aktis* = Strahl und *lithos* = Stein (→ Strahlstein). Mischkristall der Reihe Tremolit–Ferroaktinolith; Fe-Gehalt gewöhnlich zwischen 6 und 13% (das entspricht einem Ferroaktinolithanteil bis etwa 30%).
In bezug auf die Eigenschaften entspricht Aktinolith weitgehend dem Tremolit; durch den höheren FeO-Gehalt ist die Farbe grün bis flaschengrün, D mit 3,1 bis 3,3 etwas höher als beim Tremolit; auch die optischen Eigenschaften sind ver-

Bild 11.88. Amianth, vergesellschaftet mit Bergkristall. Teufelstal (Schweiz); etwas verkleinert [20, 221]

ändert ($n_Y = 1{,}659$). Fasriger Aktinolith (Aktinolithasbest) heißt *Amianth* (s. Bild 11.88). Das Mineral entsteht in hydrothermal veränderten magmatischen, meist basischen Gesteinen und im metamorphen Bereich (epi- bis mesozonal, auch kontaktmetamorph), zusammen mit Tremolit, Epidot, Chlorit, Zoisit, Talk u. a. Mineralen.

Vorkommen weltweit. Amianthlagerstätten bei Beloročka und Kalata (UdSSR), in Finnland, Italien und USA. Nutzung in Asbestindustrie.

Nephrit (gr. *nephros* = Niere) ist eine kryptokristalline Varietät des Aktinoliths. Grün, splittriger Bruch, bisweilen kräftiger Glanz. Vorkommen als Rollsteine an den Flüssen Onon, Cikoj und in ursprünglicher Lagerung in Aktinolithschiefern an dem Bach Chara-Želga (westlich des Baikalsees) und an anderen Stellen der UdSSR, VR China, in Neuseeland, Tasmanien, Neukaledonien und andere polynesische Inseln; auch von Jordanov (VR Polen) und Raudatal (Harz, BRD). Nutzung insbesondere prähistorisch als Beile, Lanzenspitzen, Vasen, Teller, Kultgegenstände, Amulette u. a.

Ferroaktinolith: $Ca_2Fe_5[(OH, F)/Si_4O_{11}]_2$. Chemismus: 11,4 % CaO, 36,2 % FeO, 48,9 % SiO_2 und 3,5 % H_2O. $n_Y = 1{,}689$. Selten.

Die folgenden Minerale sind charakteristische Alkaliamphibole (Natronhornblenden):

Glaukophan: $Na_2Mg_3Al_2[OH/Si_4O_{11}]_2$

HAUSMANN 1845. Anstelle von Mg kann Fe^{2+} eingebaut sein; weiterhin kommt etwas Fe_2O_3 und CaO vor. Monoklin. Säulige, strahlige und fasrige Aggregate. Graublau, intensiv blau und bläulich schwarz; bläulichgrauer Strich. Glasglanz. $n_Y = 1{,}622$ (weitere Daten zur Optik s. Bild 11.89). H 6 bis $6^1/_2$. # 3 (110). D 3,0 bis 3.2. Säureresistent.

Vorwiegend schwach regionalmetamorph, zusammen mit Karbonaten, Klinozoisit, Paragonit, Jadeit, Albit, Epidot und Quarz. Krivoj Rog (UdSSR), Alpen, Bretagne u. a. O. Fazieskritisch.

Crossit: $Na_2Mg_3(Al, Fe^{3+})_2[OH/Si_4O_{11}]_2$. In epizonalen Metamorphiten z. B. vom Hunsrück (BRD) und Californien (USA). $n_Y = 1{,}659$. Mischkristall (?) zwischen Glaukophan und *Magnesioriebeckit* $Na_2Mg_3Fe_2^{3+}[OH/Si_4O_{11}]_2$.

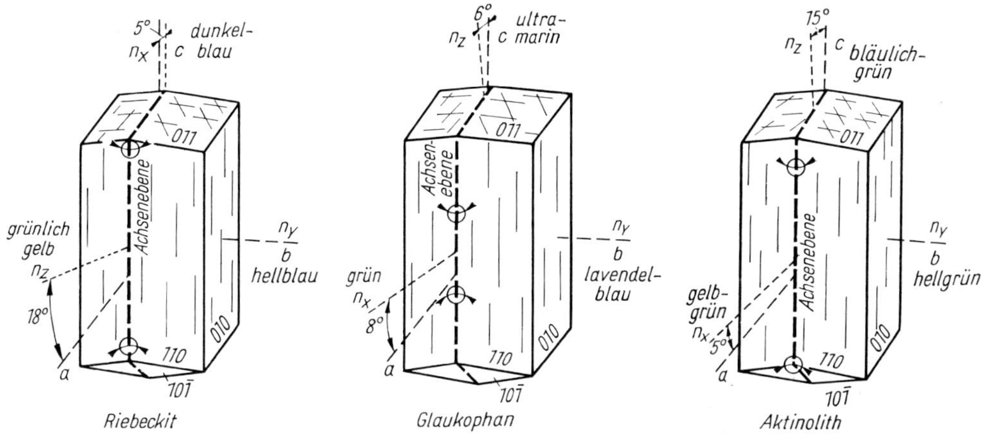

Bild 11.89. Lage der Indikatrix und der Spaltbarkeit bei Riebeckit, Glaukophan und Aktinolith [49]

Zu beachten ist bei Glaukophan und Riebeckit der ähnliche Pleochroismus; die Minerale unterscheiden sich insbesondere in der Auslöschung und in den Achsenwinkeln

Riebeckit: $Na_2Fe_3^{2+}Fe_2^{3+}[OH/Si_4O_{11}]_2$

Benannt von Sauer 1888. Anstelle von Fe^{2+} kann Mg (*Magnesioriebeckit*) eingebaut sein. Monoklin. Säulige, strahlige und fasrige Aggregate (Riebeckitasbest heißt *Krokydolith* oder Blauasbest). Blau. # 3 bis 4 (110). Im Dünnschliff starker Pleochroismus. $n_Y = 1{,}687$ (weitere Daten zur Optik, s. Bild 11.89). Vorkommen in sauren, leukokraten Magmatiten (Alkaligranit u. a.), seltener kontaktmetamorph. Langesundfjord (Norwegen), Krivoj Rog (UdSSR) u. a. O.

Krokydolith (s. Bild 11.90) ist wohl der wirtschaftlich wichtigste Amphibolasbest. Die Fasern sind im Gegensatz zum Chrysotilasbest nicht hohl, sondern stellen dünne Stäbchen dar.

Der Durchmesser der Faser liegt bei 100 bis 200 μm. Die Länge der Faser ist von den geologischen Bildungsbedingungen abhängig. Die Oberfläche der Fasern wird durch die SiO_4-Tetraeder gebildet. Faserhärte 5 bis 6. Spröde. D 3,0 bis 3,4. Zugfestigkeit 15 bis 47 · 10^3 kp/cm². Negative elektrokinetische Aufladung. Feuerfest (OH-Abgabe oberhalb 500 °C, oberhalb 900 °C bilden sich Na_2SiO_3, Fe_2O_3 und SiO_2). 49 bis 57 % SiO_2, 20 bis 40 % Fe_2O_3(+ Al_2O_3), 2 bis 8 % Na_2O(+ CaO), 2 bis 4 % H_2O; und auf Grund der Diadochie Fe^{2+}–Mg bis 15 % MgO. Säureresistent.

Krokydolith entsteht vorwiegend in epimetamorph überprägten eisenreichen Quarziten und Dolomiten. Große Lagerstätten, zusammen mit abbauwürdigen Eisen- und Manganlagerstätten, in Griqualand (von Lovedale in Südafrika bis nach Botswana), in Osttransvaal (Südafrika) und in Westaustralien.
Nutzung in der Asbestindustrie. In verkieselter Form als *Tigerauge* (von Rhode Island, Australien u. a. O.)

Osannit: Varietät von Riebeckit, leitet über zum Arfvedsonit. Blauschwarz bis schwarz. Vorkommen in Alkalipegmatiten.

Bild 11.90. Krokydolith als fasrige Kluftfüllung. Pretoria (Südafrika) [221, 232]

Richterit: $Na_2Ca(Mg, Fe^{2+}, Mn, Fe^{3+}, Al)_5[(OH)/Si_4O_{11}]_2$. In Skarnen oder metamorph-sedimentären Manganerzlagerstätten, zusammen mit Mangansilikaten (Braunit, Rhodonit u. a.). MnO-Gehalt 3 bis 18 Masse-%. Kurzsäulig bis nadlig. Gelbbraun. Långban (Schweden). *Ferririchterit = Chiklit*

Arfvedsonit: $Na_{2,5}Ca_{0,5}(Fe^{2+}, Mg, Fe^{3+}, Al)_5[(OH, F)_2/Al_{0,5}Si_{7,5}O_{22}]$. BROOKE 1823. Typisches Mineral der hellen Alkalimagmatite, neben Ägirin und Ägirinaugit, seltener regionalmetamorph. Monoklin. Säulige xx, stenglige oder körnige Aggregate. Schwarz, im Schliff blaugrün. $n_Y = 1{,}696$. H $5^1/_2$ bis 6. # 4 (110). D 3,44 bis 3,46. Säureresistent. In Pegmatiten werden xx bis 20 cm gefunden. Rayon Mariupol (Ukrain. SSR, UdSSR), Langesundfjord (Norwegen) u. a. O. *Mangan–Arfvedsonit = Juddit*

Eckermannit: $Na_{2,5}Ca_{0,5}(Mg, Fe^{2+}, Fe^{3+}Al)_5[(OH, F)_2/Al_{0,5}Si_{7,5}O_{22}]$. Durch Diadochie Mg–$Fe^{2+}$ mit Arfvedsonit verwandt. Blaugrau bis schwarz. $n_Y = 1{,}644$. Vorkommen in Alkaligesteinen z. B. in Südschweden.

Anhang:

Joesmithit: $(Pb, Ca, Ba)Ca_2Fe^{3+}(Mg, Fe)_4[(OH)_2/Si(O, OH)_4/Si_2O_6]_2$; monoklin. Amphibolähnliches Mineral von Långban (Schweden).

Magbasit: $KBa(Al, Sc)(Mg, Fe)_6[F_2/Si_6O_{20}]$. 5 mm große tremolitartige Körner, hydrothermal mit Fluorit, Baryt, Parisit; aus Alkali-Granosyenit. H 5; D 3,41; $n_Y = 1{,}609$; pleochroitisch.

Verplanckit: $Ba_2(Mn, Fe, Ti)[(OH, Cl)_2/(Si_2O_6)] \cdot 3\,H_2O$; hexagonal. Bräunliche xx bis 3 mm Länge, aus Sanborit-Quarz-Gestein (USA).

Kozulit: $2[Na_{2,54}K_{0,27}Ca_{0,19}Mn_{3,69}Mg_{0,63}Fe_{0,33}{}^{3+}Al_{0,31}Si_8O_{21,78}(OH)_{2,22}]$; monoklin. Prismatischer rötlichschwarzer Alkaliamphibol, aus Tanohata-Grube (Japan). D 3,30; $n_Y = 1{,}717$.

11.20. Hornblende-Gruppe

Die Minerale der Hornblendegruppe gehören zu den monoklinen Amphibolen und sind Alumosilikate (s. Bild 11.76, unterer Teil); ein Teil des Si (max. 25%) ist durch Al ersetzt; daneben kommt in den Hornblendemineralen häufig noch Al in [6]-Ko-

ordination vor; dieses Al befindet sich zwischen den Ketten. Als Kationen treten weiterhin auf: Na, Ca, Mg, Fe^{2+} und Fe^{3+}.
Die Endglieder der vier (z. T. theoretischen) Mischungsreihen (vgl. Bild 11.76)

Magnesiokatophorit – Katophorit
Edenit – Ferroedenit
Pargasit – Hastingsit
Tschermakit – Ferrotschermakit

sind relativ seltene Amphibolminerale. Der Mischkristall hat einen komplizierten Chemismus und wird Hornblende genannt. Wir wollen ihn ausführlich besprechen. Die Hornblenden sind wichtige gesteinsbildende Minerale, eine selbständige wirtschaftliche Bedeutung haben sie nicht.

Hornblende: $Ca_2(Na, K)_{0,5-1}(Mg, Fe)_{3-4}(Fe^{3+}, Al)_{2-1}[(O, OH, F)_2/Al_2Si_6O_{22}]$

Entdeckung: Sowohl die sog. *Basaltische Hornblende* als auch die *Gemeine Hornblende* wurde von WERNER erstmals beschrieben (erstere 1792, letztere 1789).

Chemismus: Die Formel zeigt die Komplexität der chemischen Zusammensetzung. Durch die Diadochiebeziehungen Ca–Na, Mg–Fe^{2+}, Si–Al, OH–O–F (und mit Einschränkungen auch Al–Fe^{3+}) ist der Chemismus schwankend. Die Formeln dieser Minerale werden wie folgt angegeben:

Basaltische Hornblende

$Ca_2(Na, K)_{0,5-1}(Mg, Fe)_{3-4}(Fe^{3+}, Al)_{2-1}[(O, OH, F)_2/Al_2Si_6O_{22}]$

Gemeine Hornblende

$(Ca, Na, K)_{2-3}(Mg, Fe^{2+}, Fe^{3+}, Al)_5[(OH, F)_2/(Si, Al)_2Si_6O_{22}]$

Da die Basaltische Hornblende fast immer etwas TiO_2 enthält (meist in Mengen von 0,1 bis 1,25%), wird mitunter ein eigenständiges Mineral, der *Kaersutit*, bei höheren Gehalten an Alkalien, Mn und Al_2O_3 wird der *Barkevikit* (barkevikitische Hornblende) ausgehalten.

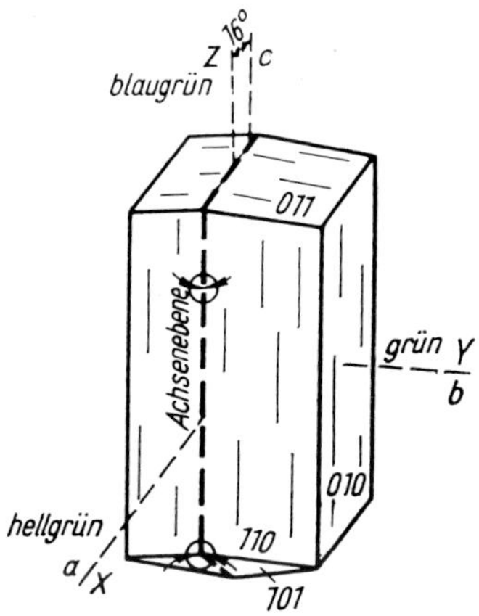

Bild 11.91. Lage der Indikatrix und Spaltbarkeit bei Gemeiner Hornblende [49] (X, Y, Z = n_x, n_y, n_z)

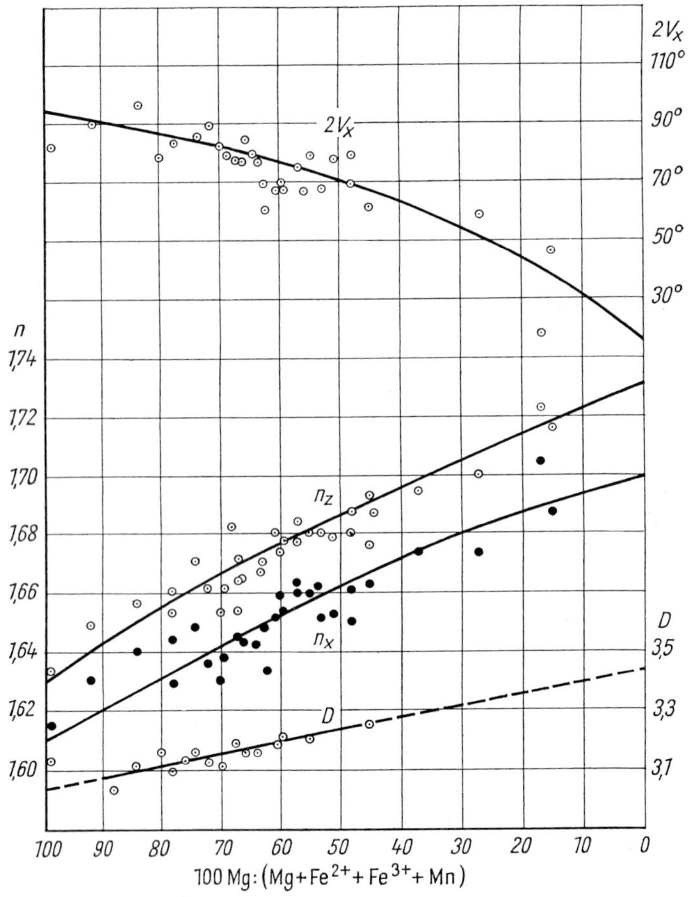

Bild 11.92. Beziehungen zwischen chemischer Zusammensetzung, optischen Eigenschaften und Dichte bei den »Gemeinen Hornblenden« [20]

Man beachte, daß die Einzelwerte erheblich schwanken, die resultierende Korrelationskurve stellt also die Entwicklung der Mittelwerte dar

Kristallogr.: Monoklin (prismatisch); Zweierdoppelkettenstruktur (vgl. Bild 11.75). Der weite Kettenabstand in der b-Richtung von über 5 Å (siehe »Allgemeines zu den Amphibolmineralen«) ermöglicht den Einbau sowohl großer (Ca, Na, K) als auch relativ kleiner Kationen (Mg, Fe, Al) sowie auch von OH, F und O. Die großen Kationen befinden sich in [8]-, die kleineren in [6]-Koordination zum O bzw. OH. Da der Abstand der Ketten in der a-Richtung nur etwa 2 Å beträgt, werden in dieser Richtung die großen Anionen OH, O oder F nicht eingebaut. Die Verknüpfung wird hier durch die kleineren Kationen wahrgenommen.

Die Kristallform ist prismatisch, säulig, seltener isometrisch. Im Bild 11.91 sind die häufigsten Formen, die Prismen (110) und (011) sowie die Pinakoide (010) und (001), dargestellt. Zwillinge nach (100) sind bekannt.

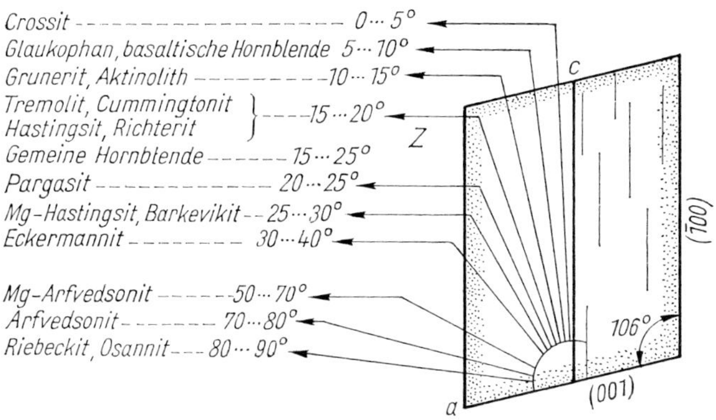

Bild 11.93. Mittlere Auslöschungsschiefe n von Z bzw. n_Z zu c im Schnitt// (010) bei den Amphibolen [49]

Kurzsäulig meist in Magmatiten, langsäulig bis nadlig insbesondere in Metamorphiten. Stenglige bis wirrfasrige Aggregate (Uralit).

Physik. Eigensch.: Grün, dunkelbraun bis schwarz; kantendurchscheinend. Im Dünnschliff kräftig pleochroitisch. Grünlich- oder bräunlichgrauer Strich. Glasglanz. $n_Z = 1{,}64$ bis $1{,}70$, $n_Y = 1{,}64$ bis $1{,}70$, $n_X = 1{,}63$ bis $1{,}68$ (weitere Daten zur Optik, s. Bilder 11.91, 11.92 und 11.93). H $5^1/_2$ bis 6. Spaltbarkeit 4 nach Prisma (110), Spaltwinkel 124°. D 3,1 bis 3,3. Die optischen Eigenschaften und die Dichte sind in Abhängigkeit vom Fe-Gehalt im Bild 11.92 dargestellt; steigender Fe-Anteil führt wie bei anderen Mischkristallen mit Mg–Fe-Diadochie auch hier zur Erhöhung der Dichte und der Lichtbrechung. Im Bild 11.93 ist die Auslöschungsschiefe verschiedener Amphibole dargestellt.

Diagnose: Spaltbarkeit, Spaltwinkel, Form und Farbe sind typisch. Verwechslung mit anderen dunkelfarbigen Amphibolen und gegebenenfalls mit Augit und Schörl möglich. In Säuren unlöslich.

Genese: Hornblende tritt gesteinsbildend v. a. in intermediären bis basischen Magmatiten sowie in Metamorphiten der Amphibolitfazies auf. Dabei hat die basaltische Hornblende ihren Schwerpunkt in jüngeren basischen Vulkaniten, die gemeine Hornblende i. e. S. in metamorphen Gesteinen wie Amphibolite, Hornblendegneise, metamorphe Gabbros usw. (s. Bild 11.94).
Uralit ist eine Pseudomorphose von Hornblende nach Pyroxenmineralen, vor allem nach Augit. Der Vorgang der Uralitisierung ist in der Natur weit verbreitet. Durch hydrothermale Einwirkung sind Umwandlungen der Hornblende in Serpentin, Chlorit, Epidot mit Calcit und Quarz ziemlich häufig. Im Verlauf der Verwitterung wird die Hornblende wie auch die anderen Eisen–Magnesium-Silikate (z. B. die Pyroxene) zersetzt und u. a. in Nontronit und Karbonate umgewandelt; an der Erdoberfläche geht sie in Limonit, Opal, Halloysit u. a. Minerale über (vgl. Tab. 16.22). Vorkommen weltweit.

Keine *Nutzung* als Mineral, dagegen häufige Verwendung von hornblendehaltigen Gesteinen (als Ornamentgesteine u. ä.).

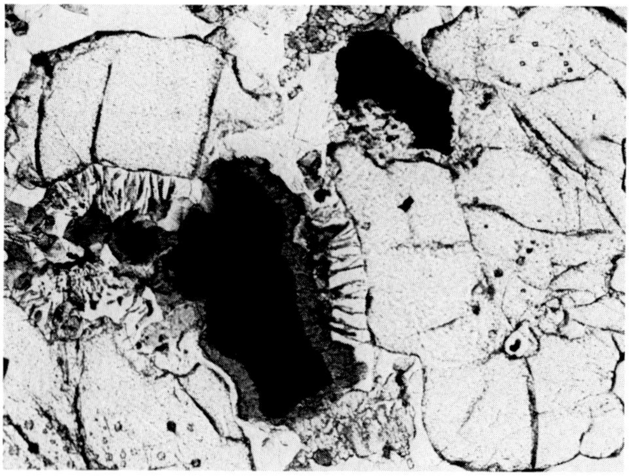

Bild 11.94. Braune Gemeine Hornblende (grau) als Reaktionsprodukt zwischen Granat (weißgrau, hohes Relief) und opakem Erzmineral. Aus »Granatfels« (Pyrigarnit) des Steinbruches Greifendorf im sächs. Granulitgebirge (DDR), Dünnschliff, Vergr. etwa 50 × [220]

Kaersutit: $Ca_2(Na, K)(Mg, Fe^{2+}, Fe^{3+})_4Ti[(O, OH, F)_2/Al_2Si_6O_{22}]$.

Barkevikit: $Ca_2(Na, K)(Fe^{2+}, Mg, Fe^{3+}, Mn)_5[(OH, F)_2/Al_{1,5}Si_{6,5}O_{22}]$.

Tschermakit: $Ca_2Mg_3(Al, Fe^{3+})_2[(OH, F)_2/Al_2Si_6O_{22}]$. Regionalmetamorph (mesozonal), auch kontaktmetamorph. *Ferrotschermakit:* $Ca_2Fe_3(Al, Fe^{3+})_2[(OH, F)_2/Al_2Si_6O_{22}]$, theor. Molekül, bisher nicht als Mineral bekannt.

Karinthin: pleochroitische Hornblende der Eklogite. *Byssolith:* fasrige Hornblende.

Alkalireichere Glieder der Hornblendengruppe sind:

Katophorit: $Na_2CaFe_4(Fe^{3+}, Al)[(OH, F)_2/AlSi_7O_{22}]$. In Alkaligesteinen des Langesundfjordes/Norwegen und im Odenwald/BRD. *Magnesiokatophorit:* $Na_2CaMg_4(Fe^{3+}, Al)[(OH, F)_2/AlSi_7O_{22}]$. Erst 1957 von Miyashiro beschrieben.

Edenit: $NaCa_2Mg_5[(OH, F)_2/AlSi_7O_{22}]$. Sog. *grüne Hornblende.* Farblos bis hellbläulichgrün. Relativ seltenes, körniges bis stengliges, oft strahlsteinartiges Kontaktmineral in Kalksteinen, z. B. von Edenville bei New York (USA). *Ferroedenit:* $NaCa_2Fe_5[(OH, F)_2/AlSi_7O_{22}]$, theor. Mischkristallglied, bisher nicht als Mineral bekannt.

Pargasit: $NaCa_2Mg_4(Al, Fe^{3+})[(OH, F)_2/Al_2Si_6O_{22}]$. Regional- und kontaktmetamorph. Kurzsäulig; zusammen mit Diopsid, Skapolith, Phlogopit u. a. z. B. von Pargas in Finnland.

Hastingsit: $NaCa_2Fe_4(Al, Fe^{3+})[(OH, F)_2/Al_2Si_6O_{22}]$. Alkalihornblende, magmatisch in sauer-intermediären Alkaligesteinen; auch in Skarnen. Monoklin. Grün. Säulig.

Mboziit: $Na_2CaFe_3^{2+}Fe_2^{3+}[(OH)_2/Al_2Si_6O_{22}]$; monoklin. In Alkaligesteinen von Westafrika. Stark pleochroitisch; $n_Y = 1{,}713$.

11.21. Wollastonit-Gruppe

Wollastonit: $Ca_3[Si_3O_9]$

Entdeckung: Leman beschrieb das Mineral 1818 erstmalig; benannt nach dem englischen Chemiker W. Wollaston (1766-1828).

Chemismus: Theor. 48,3% CaO; 51,7% SiO_2; oft höhere Gehalte an FeO (bis 9%) und geringe Menge an Na, Mg und Al.

Kristallogr.: Wollastonit ist trimorph. Genau wie bei den Pyroxenen und Amphibolen gibt es eine unverzwillingte, »normale« Anordnung der Dreiereinfachketten und eine Raumgitterverzwillingung nach a (100). Im Gegensatz aber zu den genannten Zweierkettengittern, wo die Verzwillingung nur bei den Magnesiumsilikaten auftrat, liegt sie hier beim Ca-Silikat vor. In Anlehnung an die Zweierkettenstrukturen könnte man hier schlußfolgern, daß das Ca-Ion zu klein ist, um den Raum zwischen den Dreierketten voll auszufüllen, und deshalb die Raumgitterverzwillingung die energetisch günstigere Variante des Ca-Silikats darstellt. Der a_0-Gitterabstand der verzwillingten Struktur ist mit 15,4 Å weniger als doppelt so groß wie der der unverzwillingten Struktur (a_0 = 7,9 Å). Ein weiterer Unterschied zu den Zweierkettengittern besteht darin, daß die unverzwillingte Struktur des Ca-Silikats triklin (pinakoidal) und die verzwillingte Struktur monoklin (prismatisch) kristallisiert. Und letztlich sind zum Unterschied zu den Mg-Amphibolen den beiden Ca-Silikaten bisher keine eigenständigen Namen gegeben worden. Im folgenden sind die Bezeichnungen gegenübergestellt:

	unverzwillingt	*verzwillingt*
Pyroxene:	Klinoenstatit	Enstatit
Amphibole:	Cummingtonit	Anthophyllit
Ca-Silikate:	Wollastonit (1T)	Wollastonit (2M)

Neben dem triklinen und dem monoklinen Wollastonit gibt es oberhalb 1125 °C noch die pseudohexagonale Modifikation, den *Cyclo-* (*Pseudo-*)*Wollastonit.*
Kristalle sind oft gestreckt nach b, mitunter auch tafelig (sog. Tafelspat). Zwillinge nach (100). Aggregate sind blättrig, radialstrahlig oder stenglig, schalig, selten fasrig und dendritisch.

Physik. Eigensch.: Weiß, grau und rötlich; mitunter farblos durchs. Glasglanz, auf Spaltflächen Perlmutterglanz. n_{ZYX} = 1,632, 1,630, 1,618. H $4^1/_2$ bis 5. Spaltbarkeit 2 nach (100) und 4 nach (001). D 2,78 bis 2,91.

Diagnose: Dichte Massen gewöhnlich weiß oder grauweiß, oft radialstrahlige Aggregate. Paragenese mit anderen kontaktmetasomatisch entstandenen Mineralen wie Granat, Diopsid u. a. In HCl vollkommene Zersetzung. Zu verwechseln mit Pektolith und anderen dichten weißen Massen.

Genese: Wollastonit ist ein typisches metamorphes Mineral. Im Bereich der Kontaktmetamorphose tritt er in der Pyroxen-Hornfelsfazies der Silikatmarmore und Kalksilikatfelse auf, begleitet von Diopsid, Fassait, Grossular. Er entsteht auch bei erhöhten Drücken oberhalb 400 °C aus Calcit und SiO_2 in kiesligen Kalksteinen. Zu nennen sind u. a. die skarnähnlichen Vorkommen des Wollastonits in den Turja-Gruben (nördl. Ural) und den Erzlagerstätten von Minussinsk (Ostsibirien, beide UdSSR). Weiter verdienen die Wollastonitmassen (einige tausend Kubikmeter) bei Santa Fé in Mexi' o Erwähnung. In Form von Kristallen wurde er in vulkanischen

Bild 11.95. Pektolith von England, etwa nat. Größe [265]

Auswürflingen am Monte Somma (Vesuv, Italien) beobachtet. Außerdem seien noch Berggießhübel (Osterzgeb., DDR) und Auerbach an der Bergstraße (BRD) genannt.

Nutzung: Feuerfestrohstoff. Zur Herstellung von weißer »Bergwolle« über Schmelzverfahren in Elektroöfen (vgl. Tab. 16.28).

Bustamit: $(Mn, Ca)_3[Si_3O_9]$; triklin. Mn-Wollastonit. Graurot, radialstrahlig, von Broken Hill (Australien).

Pektolith: $Ca_2Na[Si_3O_8OH]$; triklin. Durch OH-Einbau ist Diadochie Ca–Na möglich. Oft radialstrahlige (s. Bild 11.95), dichte Aggregate auf Klüften basischer Eruptiva, z. B. im Diabasporphyrit des Nahegebietes (BRD). Mn-haltige Varietäten sind *Serandit* und *Schizolith*.

Anhang:

Okenit: $Ca_{1,5}[Si_3O_6(OH)_3] \cdot 1{,}5\ H_2O$; triklin. Derbe weißliche, feinstfasrige Aggregate, zeolithähnlich, in Basalten (z. B. Island, Färöer). *Nekoit:* $Ca_{1,5}[Si_3O_6(OH_3)] \cdot 2{,}5\ H_2O$; triklin. Faserige Ausbildung, wie Okenit. Neuer Schichtgittertyp.

Rosenhahnit: $Ca_3[Si_3O_9] \cdot H_2O$; triklin. Farblose mm-große leistenförmige xx, aus Gängen mit Pektolith, Granat, Calcit u. a., in Metasedimentiten von Californien (USA), H $4^1/_2$ bis 5; D 2,905; $n_Y = 1{,}640$, # 5 (100).

Plombierit: $Ca_5H_2[Si_3O_9]_2 \cdot 6\ H_2O$. *Riversideit:* $Ca_5H_2[Si_3O_9]_2 \cdot 2\ H_2O$. Instabil; von Riverside (Calif., USA).

Scawtit: $Ca_6[Si_3O_9]_2 \cdot CaCO_3 \cdot 2\ H_2O$; monoklin. Farblos bis weißes Kontaktmineral in Kalken. Am Basaltkontakt von Scawt Hill (Irland) u. a. D 2,77.

Vertumnit: $Ca_4Al_4Si_4O_6(OH)_{24} \cdot 3\ H_2O$; hexagonal. D 2,15, aus Phonolithdrusen, Viterbo (Italien).

Tobermorit: $Ca_5H_2[Si_3O_9]_2 \cdot 4\ H_2O$; rhombisch. Feinstkörnige, weiße Aggregate. Auch künstlich. Ähnlich ist *Tacharanit*.

Foshagit: $Ca_4[(OH)_2/Si_3O_9]$. Entsteht aus Hillebrandit. Von Crestmore (Calif., USA).

Margarosanit: $Pb(Ca, Mn)_2[Si_3O_9]$; triklin. Von Franklin (USA) und Långban (Schweden).

Alamosit: $Pb_3[Si_3O_9]$; monoklin. Radialstrahlig angeordnete farblose bis weiße Kriställchen; sehr selten. In der Oxydationszone von Alamos (Sonora, Mexiko).

Juxporit: Fasersilikat mit Dreierkette. Gleichfalls *Miserit:* $KCa_5[Si_5O_{14}OH] \cdot H_2O$. Aus Wollastonit (USA).

Jusit: (Ca, KH, NaH)(Si, AlH)O_3 · H_2O; monoklin(?), aus Melilithbasalt. Gleichfalls monoklin ist *Istisuit:* (Ca, NaH)(Si, AlH)O_3.

Xonotlit: $Ca_6[(OH)_2/Si_6O_{17}]$; monoklin. Meist weiße bis graue dichte Aggregate von fasriger und nadeliger Ausbildung. Mexiko sowie Californien (USA). Natroxonotlit = *Miserit*

Babingtonit: $Ca_2Fe^{2+}Fe^{3+}[Si_5O_{14}OH]$; triklin. Kleine braune bis schwarze Kristalle, tafelig oder kurzsäulig. Aggregate radialstrahlig, sehr starker Pleochroismus. Besonders in Graniten und Syeniten; u. a. in Baveno (Piemont, Italien), China, Nassau (BRD). H $5^1/_2$ bis 6; D 3,4.

Cavansit (Pentagonit?): $Ca[VO/Si_4O_{10}]$ · 6 H_2O; rhombisch. Grünlichblaue glasgl. prismatische xx, radialstrahlig, aus Hohlräumen in zeolithhaltigem Basalt und Tuff von Oregon (USA). D 2,31.

Walstromit: $BaCa_2[Si_3O_9]$; triklin. Aus Wollastonit-Quarzit (USA). Fluoresziert.

Pellyit: $Ba_2Ca(Fe, Mg)_2[Si_6O_{17}]$; rhombisch. Aus Skarnen, von Kanada.

Krauskopfit: $Ba_2[Si_4O_{10}]$ · 6 H_2O; monoklin. Bis 6 mm große kurzprismatische xx in verwittertem Sanbornit-Quarz-Gestein (USA).

Macdonaldit: $BaCa_4[Si_{15}O_{35}]$ · 11 H_2O; rhombisch. Radialstrahlige Nädelchen aus Sanbornit-Quarz-Gestein (USA). D 2,27; n_Y = 1,524.

11.22. Beryll–Turmalin-Gruppe

Beryll und Turmalin sind zwei für den pegmatitisch-pneumatolytischen Bildungsbereich sehr charakteristische Minerale mit Cyclostruktur (Sechserring). Sowohl das Beryllium als auch das Bor (im Turmalin) reichern sich wegen ihrer kleinen Ionenradien (Be^{2+} 0,35 Å; B^{3+} 0,23 Å) in dieser Phase der magmatischen Differentiation soweit an, daß sie eigene Minerale bilden können.
Für die Be-Gewinnung ist das Mineral Beryll das wichtigste Erz. Für Bor gilt das nicht im gleichen Maß; es gibt noch eine Reihe von Bormineralen mit wesentlich höheren B-Gehalten, als er im Turmalin auftritt (Turmalin, Axinit und die in der Datolithgruppe behandelten Borsilikate sind also in der Ausscheidungsfolge die ersten Borminerale). Im Anschluß an den Beryll werden weitere berylliumhaltige Silikate kurz besprochen.

Beryll: $Al_2Be_3[Si_6O_{18}]$

Entdeckung: Die Herkunft des Namens ist unbekannt; im Mittelalter wurde das Mineral zur Herstellung von Brillengläsern verwendet (gr. *beryllos* = Brille).

Chemismus: Theor. 19,0% Al_2O_3, 14,1% BeO, 66,9% SiO_2. Weiter können enthalten sein: bis 7% Alkalien (bisweilen Rb_2O und Cs_2O: *Caesium-Beryll* oder *Worobieffit* (Cs, Be, Li)$_3$$Al_2$. [$AlSi_5O_{18}$]); mitunter ist sogar H_2O (bis 3%), Ar und He auf den Kanälen in den Sechserringen parallel der c-Achse anwesend. *Bazzit* ist $Sc_2Be_3[Si_6O_{18}]$.

Kristallogr.: Hexagonal (dihexagonal-dipyramidal). Die Struktur ist im Bild 11.96 dargestellt: Die Si_6O_{18}-Ringe sind übereinander angeordnet. Zwischen den Ringen in der Horizontalen und Vertikalen befinden sich die Al- und Be-Ionen. Die Al-Ionen weisen [6]- und die Be-Ionen [4]-Koordination auf. In den so vorliegenden Kanälen

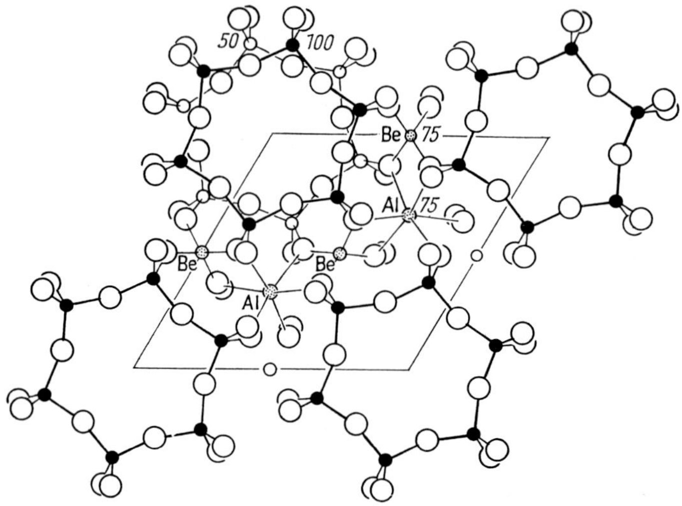

Bild 11.96. Projektion des Kristallgitters des Berylls auf die Fläche (0001). Die SiO_4-Tetraeder bauen Sechserringe auf, wobei jeder zweite Ring um 30° versetzt ist [1, 224]

»vagabundieren« einige chemische Elemente, wie die großen Alkali-Ionen und die anderen oben angegebenen Elemente. Typisch sind Gas- und Flüssigkeitseinschlüsse (s. Bild 11.97). Die Kristallform (s. Bilder 11.97 und 11.98) ist gekennzeichnet durch eine Kombination der einfachen Formen Prisma $(10\bar{1}0)$, Pinakoid (0001), den Dipyramiden $(11\bar{2}1)$, $(10\bar{1}1)$ u. a. Die Prismenflächen sind oft vertikal gestreift. Riesenkörnigkeit nicht selten (vgl. Tab. 16.4). Gelegentlich gibt es stenglige Aggregate in derben Massen.

Physik. Eigensch.: Grünlichweiß, gelblichgrün, gelb, blau, tiefgrün, bisweilen rosa gefärbt, auch farblos. Neben dem »gemeinen Beryll« unterscheidet man folgende Farbvarietäten:

1. *Smaragd* zeigt eine angenehme tiefgrüne Farbe (daher die häufig verwendete Farbbezeichnung smaragdgrün). Durchsichtige Exemplare ohne Risse sind als Edelsteine hoch geschätzt. Die Färbung wird durch einen unbedeutenden Gehalt an Chrom hervorgerufen.

2. *Aquamarin*, eine durchsichtige, himmelblaue Varietät. Die Bezeichnung stammt von den lat. Wörtern *aqua* = Wasser und *mare* = Meer (s. Bild 11.97).

3. *Worobieffit*, eine rosafarbene cäsiumhaltige Varietät. Zu Ehren des russischen Mineralogen W. I. Worobieff (V. I. Vorobev) benannt. Ähnlich ist *Morganit.*

4. *Heliodor*, eine gelbe durchsichtige Varietät. Sie enthält eine geringe Menge von Eisenoxid. Farblos ist *Goshenit.*

Glasglanz. n_O = 1,568 bis 1,602, n_E = 1,564 bis 1,595. H $7^1/_2$ bis 8. Spröde. Spaltbarkeit 2 nach $(10\bar{1}0)$ und (0001), unebener, oft muschliger Bruch. D 2,63 bis 2,91.

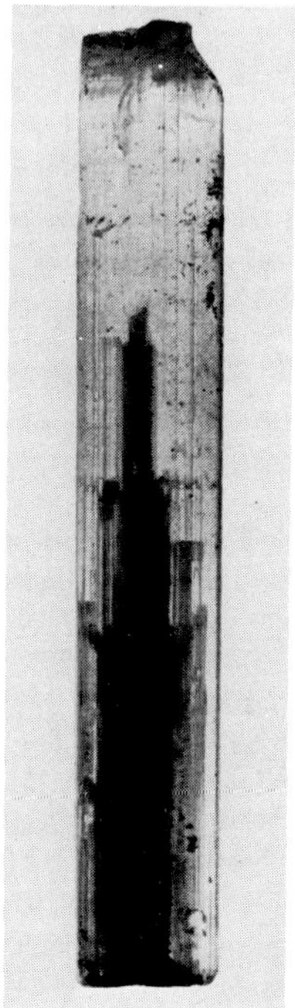

Bild 11.97. Beryll
Kristall vom Aquamarin mit makroskopisch sichtbaren Hohlräumen. Adunčilon-Gebirge in Transbaikalien (UdSSR), etwa nat. Größe [265]

Bild 11.98. Beryllkristalle mit unterschiedlicher Tracht und verschiedenem Habitus [20]

a) langprismatisch
b) kurzprismatisch
c) pyramidal

hexagonales Prisma (10$\bar{1}$0), hexagonale Pyramiden (11$\bar{2}$1), (10$\bar{1}$1)

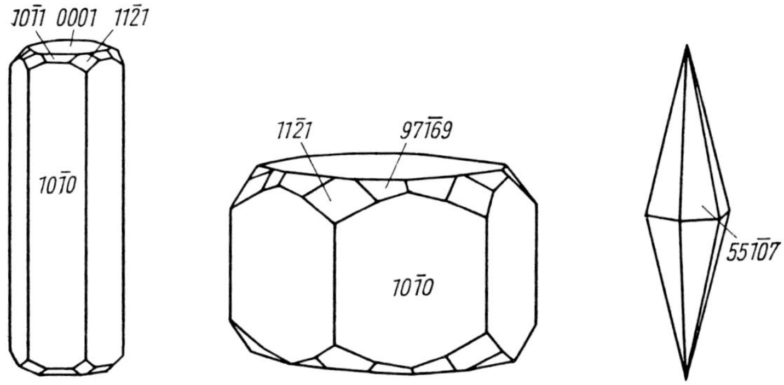

a) b) c)

Diagnose: Form und Härte sowie Farbe und Bruch sind charakteristisch. Verwechslungen mit Apatit, Chrysoberyll und Phenakit sind möglich.

Genese: Am häufigsten kommt Beryll in Pegmatitgängen saurer Intrusivgesteine oder in der Umgebung pegmatitisch-metasomatischer Bildungen (z. B. Glimmerschiefer, auch basische Gesteine, s. Bild 11.99) vor. Er ist auch in Graniten, die durch pneumatolytische Prozesse zersetzt wurden (Greisen), zu beobachten; seltener kommt er in Drusenhohlräumen in den Graniten selbst vor. Zusammen mit ihm sind neben Feldspat, Glimmer und Quarz häufig Topas, Turmalin, Flußspat, bisweilen Phenakit, Chrysoberyll, Wolframit, Kassiterit, Sulfide (Arsenopyrit, Molybdänit) u. a. zu beobachten. Als chemisch beständiges Mineral geht Beryll bei der Verwitterung und Abtragung der primären Lagerstätten in die Sedimente und Seifen über, wo er in abgerundeten Kristallen auftritt. Erwähnenswert ist, daß bisweilen auf den Kristallflächen Ätzfiguren zu beobachten sind und daß Beryll durch Kaolinit (offensichtlich hydrothermal) verdrängt wird. Bedeutende Beryllagerstätten befinden sich in Südkorea (Produktion 1969 3,5 Mill. kg), Brasilien, Indien (im Zusammenhang mit den weltwirtschaftlich bedeutenden Muskovitlagerstätten), UdSSR, Argentinien, Uganda u. a.
Smaragdlagerstätten: Takowaja-Tal bei Sverdlovsk (Ural, UdSSR), Muzo-Grube (Columbien), Indien, Südafrika.
Aquamarinlagerstätten: Tansania, Brasilien, Ural und Nerčinsk (UdSSR).

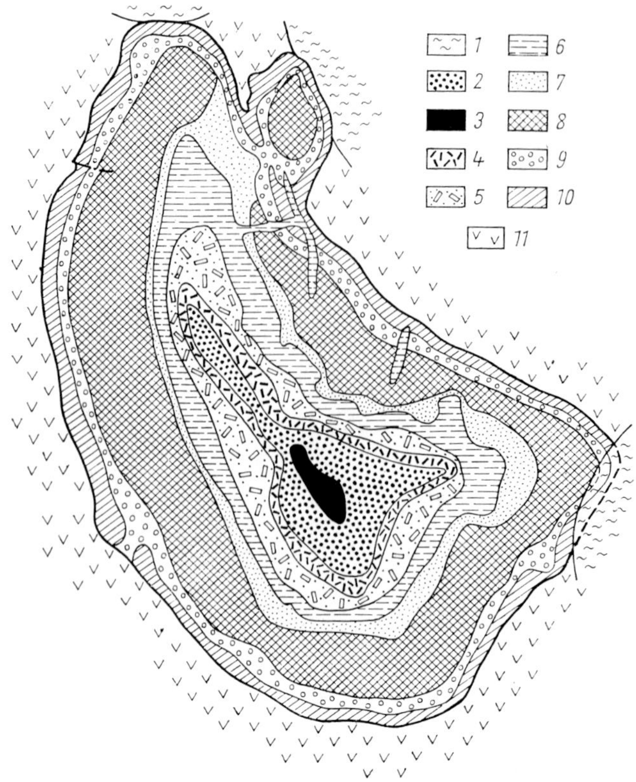

Bild 11.99. Zonaler beryllhaltiger Pegmatit, eingelagert in Gabbro [142]

1 massiger Quarz
2 Lepidolith-Zone
3 massiger Mikroklin
4 Albitzone
5 Quarz-Spodumen-Zone
6 Clevelandit-Spodumen-Zone
7 Quarz-Muskovit-Zone
8 massiger Mikroklin I
9 Albit
10 schriftgranitische Quarz-Mikroklin-Verwachsung
11 Gabbro als Nebengestein

Nutzung: Wichtigstes Be-Erz. Beryllium wird als Neutronenreflektor in Atomreaktoren und wegen seiner geringen Absorption als Austrittsfenster für Röntgenstrahlen benötigt. Weiterhin Legierungsmetall für Cu; wichtig auch in der Leichtindustrie (vgl. Tab. 16.27). Edelsteinqualitäten in der Schmucksteinindustrie.

Weitere Be-Silikate (mit unterschiedlicher struktureller Zuordnung)

Phenakit: $Be_2[SiO_4]$; Nesosilikat, trigonal. 45,5 % BeO. Rhomboedrische, kurzsäulige xx; Durchwachsungszwillinge nach $(10\bar{1}0)$ häufig. Durchs., farblos bis rosa und braun. Glasgl. n = 1,654. H $7^1/_2$; muscheliger Bruch. D 3,0. Pegmatitisch-pneumatolytisch; zusammen mit Beryll mitunter Be-Erz, auch Schmuckstein. Kragerö in Telemarken (Norwegen).

Gugiait: $Ca_2Be[Si_2O_7]$; tetragonal, xx 2 bis 3 mm, tafelig (001). ⋕ 2 (010). H 5. D 3,03. $n_O = 1{,}664$. Max. 9,75 % BeO. In Skarnen, am Kontakt Syenit-Karbonat, in VR China, zusammen mit Vesuvian, Titanit, Apatit, Ägirin.

Aminoffit: $Ca_2(Be, Al)[Si(Si, Al)O_7] \cdot H_2O$ (?); tetragonal. Kleine farblose dipyramidale xx auf Klüften, von Långban (Schweden).

Melinophan: $(Ca, Na)_2(Be, Al)[Si_2O_6F]$; tetragonal. Tafelige gelbe xx aus Nephelinsyenitpegmatiten vom Langesundfjord (Norwegen).

Leukophan: $(Ca, NaH)_2Be[Si_2O_6/OH, F)]$ (?); rhombisch. Ähnlich Melinophan.

Bavenit: $Ca(BeH_2, AlH, Si)[Si_2O_7]$; rhombisch. Radialstrahlige weiße xx aus pegmatitischen Granitdrusen von Baveno (Piemont, Italien).

Baryllith: $BaBe_2[Si_2O_7]$; rhombisch. Farblose fettglänzende, blättrige xx aus metamorphen Kalksteinen von Långban (Schweden) und Franklin (USA).

Milarit: $KCa_2AlBe_2[Si_{12}O_{30}] \cdot {}^1/_2\ H_2O$; hexagonal. Farblose oder hellgefärbte hexagonale Kriställchen aus Granitklüften der Alpen; von Namibia. n ~ 1,53; D 2,6.

Eudidymit: $NaBe[OH/Si_3O_7]$; monoklin. Farbloses bis weißliches, tafeliges Mineral aus Eläoithsyeniten, z. B. vom Langesundfjord (Norwegen). H 6; D 2,55. *Epididymit:* $NaBe[OH/Si_3O_7]$; rhombisch. Die Struktur des Epididymit entsteht (nach Strunz) aus derjenigen von Eudidymit durch eine Art innere Verzwillingung nach c (001). Farblose lange Kristalle vom Langesundfjord (Norwegen).

Euklas: $AlBe[OH/SiO_4]$; monoklin. Flächenreiche, meist farblose xx mit ausgezeichneter Spaltbarkeit. Selten. Aus Pegmatiten z. B. des Urals (UdSSR) und der Tauern (Österreich). H $7^1/_2$.

Beryllit: $Be_3[(OH)/SiO_4] \cdot H_2O$; rhombisch? Entsteht aus Epididymit. Auch von Kola (UdSSR).

Bertrandit: $Be_4[(OH)_2/SiO_4/SiO_3]$; rhombisch. Kleine durchsichtige, farblose bis weißlich-hellgefärbte, oft tafelige Kriställchen aus Granitpegmatiten (oft als Zersetzungsprodukt des Beryll). $n_Y = 1{,}603$; D 2,6.

Gadolinit: $Y_2Fe^{2+}Be_2[O/SiO_4]_2$; monoklin. Meist derb mit muschligem Bruch, da isotropisiert (metamikt). Braun bis schwarz mit fettartigem Glanz; Strich grünlichgrau. H $6^1/_2$ bis 7. D 4 bis 4,7. In Granitpegmatiten von Skandinavien und Grönland, selten im Radautal (Harz, BRD). *Calciogadolinit* $CaYFe^{3+}Be_2[O/SiO_4]_2$.

Liberit: $Li_2Be[SiO_4]$; monoklin. Kleine Körnchen aus Sn–W-Erzen am Granitkontakt (VR China). ⋕ 5 (010); $n_Y = 1{,}6332$.

Lovdarit: $(Na, K, Ca)_4(Be, Al)_2Si_6O_{16}$; rhombisch. Farblose prism. xx (max. 2 mm) oder weißgelbe Masse in Alkalipegmatit des Lovozero-Massivs (Kola, UdSSR). H 5 bis 6. D 2,33. $n_Y = 1{,}516$.

Helvin: $(Mn, Fe, Zn)_8[S_2/(BeSiO_4)_6]$; kubisch mit 13,6% BeO. Die Farbe ist gelb, gelbbraun, rotbraun, seltener grün; halbdurchs. Glas- und Pechglanz; n = 1,746. H 6 bis $6^1/_2$. Unebener, muscheliger Bruch. Spaltbarkeit 2 nach (111). D 3,16 bis 3,36. Helvin ist dem Granat sehr ähnlich. Er unterscheidet sich von ihm durch den Gehalt an Schwefel, der leicht durch die Heparprobe oder mit As_2O_3 in H_2SO_4 beim Kochen des Pulvers nachgewiesen werden kann (Helvin bedeckt sich mit einem intensiv kanariengelb gefärbten Beschlag von As_2S_3). Beim Erhitzen bläht er sich auf und schmilzt zu einem gelblichbraunen undurchsichtigen Glas. Löslich in HCl, wobei H_2S frei wird; beim Verdunsten bildet sich Kieselgallert. Helvin kommt in Pegmatitgängen zusammen mit Quarz, Albit und Amazonit vor. In Norwegen wurde er in den Augitsyeniten im Gebiet des Langesundfjordes angetroffen. In den USA ist er in einigen Glimmerbergwerken bei Amalia Co. (Virginia) bekannt. In bedeutenden Mengen kommt er in den Kontaktzonen der Rhyolithe und Granite mit Kalksteinen (Skarne) neben Magnetit und Flußspat vor, so in Sierra und Socorro (New Mexiko, USA), bei Schwarzenberg und Breitenbrunn (Erzgeb., DDR). In größeren Mengen kann er als Berylliumerz wertvoll sein.

Danalith: $Fe_8[S_2/BeSiO_4)_6]$; kubisch. In Pegmatiten der Iron Mountain in New Mexico (USA). Rotgrau.

Genthelvin: $Zn_8[S_2/(BeSiO_4)_6]$; kubisch. Rot. West Cheyenne Cañon (Color., USA) und Nordnigeria. Kontaktpneumatolytisch.

Semenovit: $(Fe^{2+}, Mn, Zn, Ti)SE_2Na_{0-2}(Ca, Na)_8(Si, Be)_{20}(O, OH, F)_{48}$; rhombisch. Braun, D 3,140; $n_Y = 1{,}614$, stets verzwillingt. Von Grönland.

Trimerit: $CaMn_2[BeSiO_4]$; monoklin. (pseudohex. Drillinge). Farblos bis rosa, in Calcit der metamorphen Fe–Mn-Lagerstätte Pajsberg (Schweden).

Tschkalowit (*Čkalovit*): $Na_2[BeSi_2O_6]$; rhombisch. Weiß. D 2,662. Von Kola-Halbinsel (UdSSR).

Sörensenit: $Na_4Sn[(OH)_4/Be_2Si_6O_{16}]$; monoklin (prismatisch). Durchs. bis durchsch. farblose, auch milchigweiße, länglich bis tafelige xx bis 10 cm Größe. Aus Nephelin-Sodalith-Syenit von Südgrönland, meist mit Analcim. H 5 bis $5^1/_2$; D 2,9. $n_Y = 1{,}581$ bis 1,585, z. T. anomale Interferenzfarben.

Tugtupit: $Na_8[Cl_2/(BeAlSi_4O_{12})_2]$; tetrag. (pseudokubisch). Von Ilimaussaq in Grönland. Von Halbinsel Kola (UdSSR).

Turmalin

Elbait	$Na(Li, Al)_3Al_6[(OH)_{1+3}/(BO_3)_3/Si_6O_{18}]$
Dravit	$NaMg_3Al_6[(OH)_{1+3}/(BO_3)_3/Si_6O_{18}]$
Schörl	$NaFe_3^{2+}Al_6[(OH)_{1+3}/(BO_3)_3/Si_6O_{18}]$
Uvit	$CaMg_3(Al_5Mg)[(OH)_{1+3}/(BO_3)_3/Si_6O_{18}]$

Entdeckung: Elbait (VERNADSKY 1913), Dravit (TSCHERMAK 1883), Schörl (MATTHESIUS 1524), Uvit (KUNITZ 1929), Turmalin: singhalesisch *turamali* = Bezeichnung für Edelsteine, die 1703 von Ceylon nach Holland eingeführt wurden.

Chemismus: Sehr wechselnd wegen zahlreicher Isomorphiebeziehungen. 30 bis 44% SiO_2, 8 bis 12% B_2O_3, 18 bis 44% Al_2O_3, 0 bis 38% FeO + Fe_2O_3, 0 bis 25% MgO, 0 bis 6% Na_2O, 0 bis 4% CaO, 1 bis 4% H_2O. Weiterhin: bis 2,5% K_2O, bis 1,3% Li_2O, bis 3,5% MnO, bis 17,0% Cr_2O_3 (*Chrom-Turmalin*), bis 1,2% F usw. In Bild 11.100 sind die Mischkristallsysteme des Turmalins dargestellt.

Kristallogr.: Trigonal (ditrigonal-pyramidal). Die Struktur (s. Bild 11.101) besteht aus polaren Si_6O_{18}-Ringen und planaren BO_3-Inseln, die durch Na, Mg, Fe und Al zusammengehalten werden. Zusätzlich vorhandenes OH ermöglicht [6]-Koordination von Al und Mg(Fe); das Na-Ion weist eine Polykoordination auf. Im Unterschied zum Beryll, der keine BO_3-Inseln aufweist, ist die Struktur des Turmalins hemimorph, die c-Achse ist polar (Pyro- und Piezoelektrizität!, vgl. Kap. 2.4.4.). Die Kristalle sind gewöhnlich säulig ausgebildet (s. Bild 11.102 und 11.103) bis 20 cm und mehr. Immer Kombinationen einfacher Formen: Prismen $(10\bar{1}0)$, $(11\bar{2}0)$, trigonale Pyramiden $(10\bar{1}1)$, $(02\bar{2}1)$ usw. Insgesamt wurden etwa 180 Formen festgestellt. Oft Streifung auf Prismenflächen und im Querschnitt sphärische Dreiecke, die durch die Kombination zahlreicher Flächen der prismatischen Zone bedingt sind. Zwillinge nach $(10\bar{1}1)$ selten. Turmalin kommt oft in stengligen, radialstrahligen Aggregaten (sog. Turmalinsonnen, Bild 11.103) vor. Seltener in dichten, feinkörnigen und kryptokristallinen Massen.

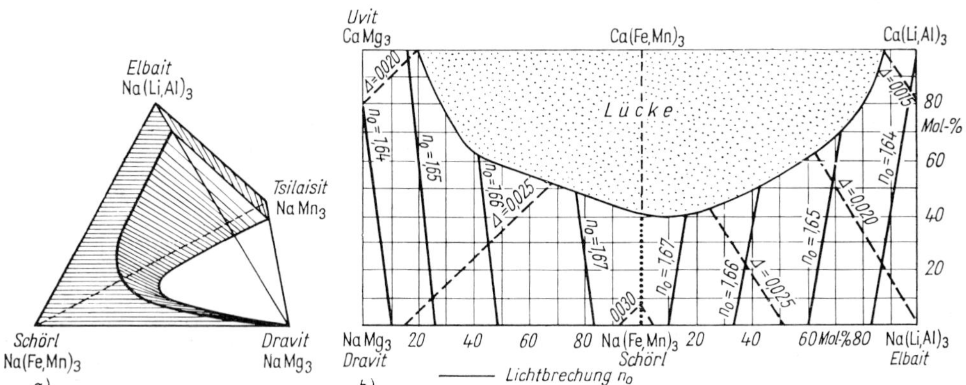

Bild 11.100. Mischkristallsystem der Turmaline

a) räumliche Darstellung der Alkali-Turmaline [3]

b) flächenmäßige Darstellung der Alkali-Erdalkali-Turmaline mit Eintragung der Licht- und Doppelbrechung [209]

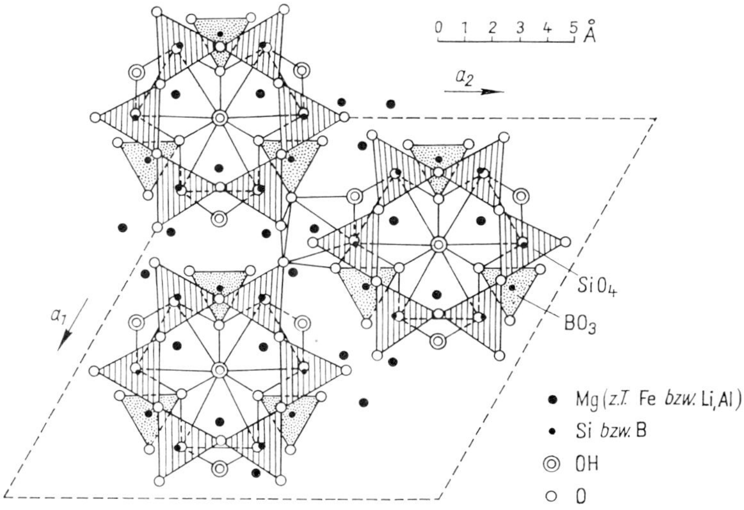

Bild 11.101. Projektion der Struktur des Turmalins auf (0001) (nach Barton). Die Trigonalität ist durch die Lage der BO_3-Moleküle gegeben. Es liegen untereinander der SiO_4-Sechserring, der BO_3-Dreierring und (z. B. beim Dravit) der oktaedrische $MgO_4(OH)_2$-Dreierring

Physik. Eigensch.: Die Farbe und andere optische Eigenschaften hängen sehr stark vom Chemismus und der Realstruktur ab: rote, rosa und grüne Varietäten weisen wenig Fe auf. Die rosa Farbe wird vermutlich durch Anwesenheit von Mn, Li und Cs und die dadurch verursachten Gitterfehler hervorgerufen. Dunkelrote Turmaline heißen *Rubellit*. Mg-reiche Turmaline sind häufig braun und gelb gefärbt. Fe-haltige Varietäten sind dunkelbraun bis schwarz (*Schörl*), dunkelgrün, dunkelblau (*Indigolith*). Seltener sind farblose Kristalle (*Achroit*). Cr-haltige Turmaline sind tiefdunkelgrün (*Verdelith*). Mitunter gibt es auch an einem Kristall verschiedene Farben (sog. Mohrenköpfe von der Insel Elba), auch zonare Färbung ist häufig. Durchs. Glasglanz. $n_{O\,E} = 1{,}689,\ 1{,}658$ (Schörl). H 7 bis $7^1/_2$. Spaltbarkeit fehlt; unebener bis muschliger Bruch. D 2,90 bis 3,25. Pyro- und Piezoelektrizität.

Diagnose: Charakteristisch sind der trigonale Querschnitt (vgl. Bild 11.102 oben), die starke Vertikalstreifung, die Härte und der Bruch (bzw. die fehlende Spaltbarkeit, die ansonsten bei den Pyroxenen und Amphibolen auftritt); Verwechslungsmöglichkeit mit Pyroxenen, Amphibolen und ggf. mit Rutil und Epidot. Borreaktion.

Genese: Die Hauptmenge des Turmalins kommt im pegmatitisch-pneumatolytischen Bereich vor, daher finden wir ihn häufig in Paragenese mit anderen, flüchtige Komponenten (F, B, H_2O, OH) enthaltenden Mineralen in Pegmatiten; Rubellit und mehrfarbige sog. »Polychrom«-Turmaline wurden ausschließlich dort beobachtet. Nicht selten trifft man ihn in hochthermalen Erzlagerstätten, weiter in pneumatolytisch veränderten Gesteinen jeglicher Art. In z. T. mikroskopisch kleinen Kriställchen ist er auch in einigen Graniten und ihren Kontakthöfen zu beobachten, hauptsächlich zusammen mit Quarz, Topas, Kassiterit und anderen Mineralen in den Greisen. Bei der Verwitterung der Gesteine bleibt er meist unverändert und geht in Sedimente und Seifen über. Die gelegentlich auf den Turmalinkristallen zu beobachtenden

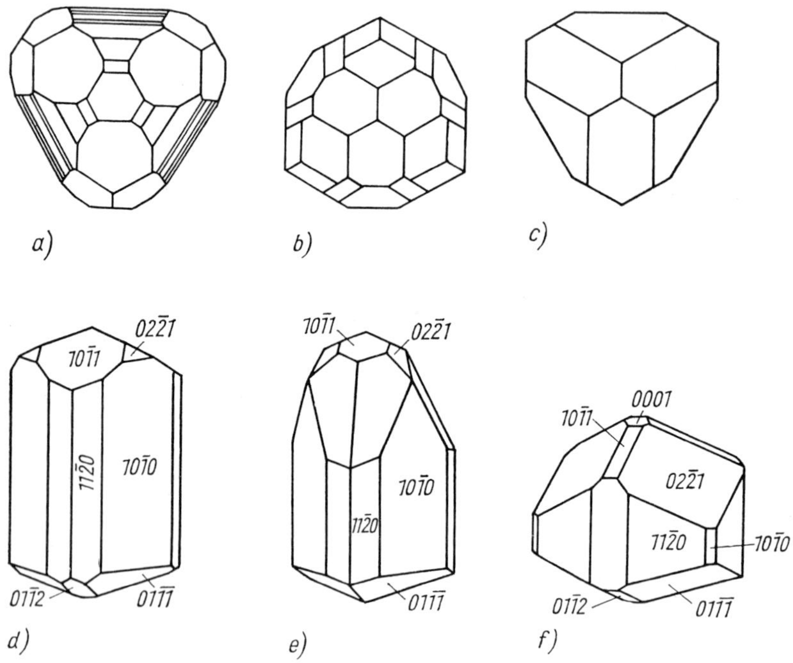

Bild 11.102. Turmalinkristalle [20]

Oben: Kopfbilder; *unten:* Kristalle in unterschiedlicher Ausbildung mit trigonalem Prisma $(10\bar{1}0)$, hexagonalem Prisma $(11\bar{2}0)$, trigonalen Pyramiden oben $(10\bar{1}1)$, $(0\bar{2}21)$, trigonalen Pyramiden unten $(01\bar{1}\bar{1})$, Basispedion (0001)

a)

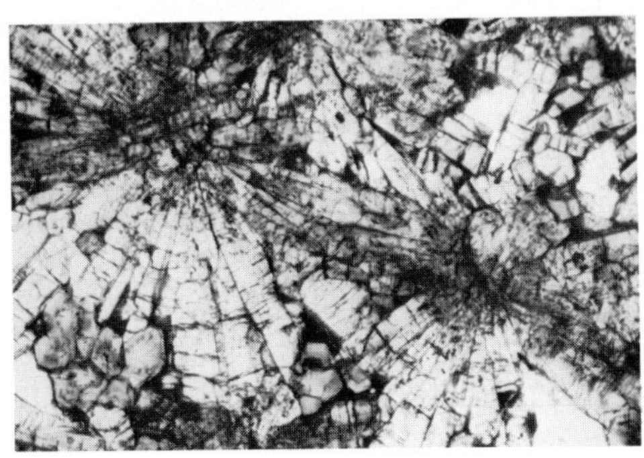

b)

Bild 11.103. Turmalinaggregate

a) Schörl, subparallele Verwachsung. Hirschfeld bei Zwickau (DDR), etwa $^1/_2$ nat. Größe [252]
b) radialstrahliges Turmalinaggregat (Turmalinsonne). Mount Bishoff (Tasmanien). Dünnschliff, Vergr. $\approx 30\times$, $+$N [265]

Ätzfiguren verdanken wahrscheinlich hydrothermalen Vorgängen ihre Entstehung. Turmalinnädelchen bilden sich auch diagenetisch in tonigen Sedimenten.
Turmalin tritt weltweit auf. Bekannte Lagerstätten sind die Pegmatitgänge im Ural (Sverdlovsk) u. a. karminrote Turmaline von Sarapulka, auf Madagaskar, in Californien (USA), Sri Lanka, Brasilien, Afghanistan.
Häufig als Schörl in erzgebirgischen Graniten und im Brockengranit sowie deren Kontakthöfen; bei Penig/Sa. rötliche Turmaline (alles DDR).

Nutzung: Potentielles und gelegentlich schon genutztes Borerz. Edelsteinqualitäten in der Schmuckindustrie.

Magnodravit: Dunkelblauer Mg-reicher Dravit aus kontaktmetamorphen Boratlagerstätten in VR China. D 2,99; $n_0 = 1{,}637$. Der schwarze *Ferridravit* hat viel Eisen und ist rhombisch, von Bolivien.

Liddicoatit: $Ca(Li, Al)_3Al_6B_3Si_6O_{27}(O, OH)_3(OH, F)$; trigonal. Das Ca-Analogon zum Elbait. D 3,02; $n = 1{,}636$. Von Antsirabe (Madagaskar).

Buergerit: $NaFe_3^{3+}Al_6[F/O_3/(BO_3)_3/Si_6O_{18}]$. Ein Ferriturmalin mit kurzprismatischem Habitus von Mexiko. D 3,31; $n_E = 1{,}655$; prismatische # !

Anhang:

Eine Struktur aus (Doppel-)Sechserringen haben auch:

Armenit: $BaCa_2Al_3[Al_3Si_9O_{30}] \cdot 2\,H_2O$; hexagonal. Von Kongsberg (Norwegen).

Osumilith: $(K, Na, Ca)(Fe, Mg)_2(Al, Fe)_3[Al_2Si_{10}O_{30}] \cdot H_2O$; hexagonal. Cordieritähnlich; in Vulkaniten des Laacher Sees (BRD). In antarktischen Gneisen und Granuliten.

Eifelit: $KNa_2Mg_{4,5}[Si_{12}O_{30}]$; Na in Oktaederposition. Eifel (BRD).

Roedderit: $(Na, K)_2Mg_5[Si_{12}O_{30}]$. Von Osumi (Japan), vom Laacher Vulkangebiet (BRD).

Combeit: $Na_4Ca_3[Si_6O_{16}(OH, F)_2]$; trigonal. In Basalten der Eifel (BRD), von Kiwu (Zaïre).

Verplanckit: $Ba_6Mn_2[(OH)_6/Si_6O_{18}]$; hexagonal. Einstufung fraglich. Braungelb, von Californien (USA).

Axinit: $Ca_2(Mn, Fe)AlAl[BO_3OH/Si_4O_{12}]$

Haüy beschrieb 1797 erstmalig dieses Mineral und benannte es nach der Form (gr. *axine* = Beil). Chemismus: bis 20% CaO, bis 16% Al_2O_3, 2 bis 14% MnO, bis 1,7% FeO, bis 42% SiO_2 und bis 5% B_2O_3.
Triklin (pinakoidal). Axinit wird neuerdings zu den Cyclosilikaten (mit Viererringen) gezählt. Eine Strukturdarstellung gibt es noch nicht. Die BO_3-Moleküle treten wie beim Turmalin als planare Inseln auf, die durch die Kationen Ca, Mn, Fe und Al an die SiO_4-Ringe gebunden sind. Die Si_4O_{12}-Ringe sind parallel (010) angeordnet.
Die Kristalle sind flächenreich (s. Bild 11.104), die Flächen oft gestreift (häufig in Drusen). Er bildet auch dichte Massen, blättrige und plattige Aggregate.

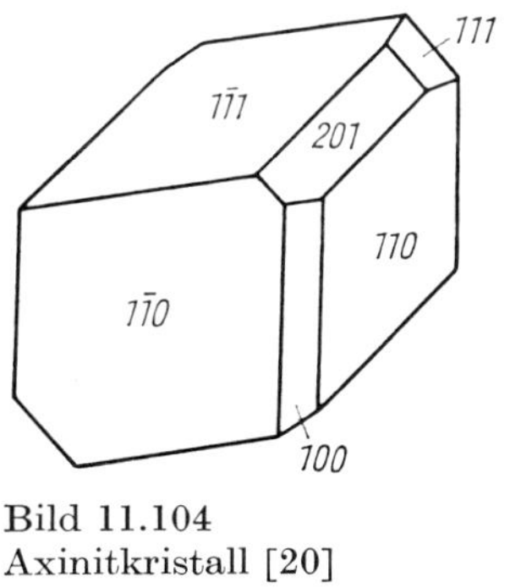

Bild 11.104
Axinitkristall [20]

Zimtfarben, rosa, violettblau, weiß, grau, gelb (*Manganaxinit*). Durch Chloriteinschlüsse wird er bisweilen grünlich-grau gefärbt. Durchsichtig bis durchscheinend. Glasglanz. H $6^1/_2$ bis 7. Spaltbarkeit 3 nach (010). D 3,25 bis 3,30. Form, Härte und Farbe sind zur Bestimmung geeignet. Titanit hat ähnliche Form, aber geringere Härte. Bornachweis kann entscheidend sein; in HCl keine Zersetzung.
Als pneumatolytisch-hochthermales Mineral ist Axinit bisweilen in Drusen von Granitoiden, auch in Gangtrümern von Diabas zu beobachten; meist bildet er sich in den Kontaktzonen zu Ca-reichen Sedimenten (Kalksilikathornfelse) um saure Plutonite. Dem-

entsprechend ist er ziemlich häufig eingewachsen, aber auch in Form von aufgewachsenen Kristallen, besonders in »alpinen Klüften« tonreicher Schiefer zu finden. Spezifische Parageneseminerale sind: Quarz, Epidot, Chlorit, auch Titanit, Turmalin, Calcit und in den skarnartigen Erzlagerstätten Magnetit, Sulfide (Sphalerit, Chalkopyrit, Arsenopyrit u. a.).
Vorkommen an vielen Stellen der Erde, besonders schön in Skarnen und Skarnlagerstätten der UdSSR (Ural, Pamir, Ferner Osten); in der DDR von Schwarzenberg im Erzgebirge und am Brockenkontakt. In Klüften von Granitoiden und kristallinen Schiefern: französische und schweizer Alpen, in der DDR in Diabasträumern bei Treseburg und an der Wormke (Harz).

11.23. Spodumen-Gruppe

In dieser Gruppe werden alle Lithiumsilikate, unabhängig von ihrer Struktur, zusammengefaßt. Zum Teil sind diese Minerale wirtschaftlich wichtige Li-Erze.
Spodumen ist ein Pyroxenmineral mit Zweiereinfachkettenstruktur, und Lepidolith sowie Zinnwaldit sind Dreischichtsilikate; sie werden als Li-Minerale bereits hier besprochen, gewissermaßen als Übergang zu den Schichtsilikaten (ab Kap. 11.24.).

Spodumen: $LiAl[Si_2O_6]$

Entdeckung: D'ANDRADA beschrieb das Mineral 1800 zum ersten Mal, benannt nach dem gr. Wort *spodies* = aschgrau.

Chemismus: Theor. 8,1% Li_2O, 27,4% Al_2O_3, 64,5% SiO_2. Spodumen enthält nur geringe Mengen Na_2O, CaO, MgO und hin und wieder Cr_2O_3 (*Hiddenit*). Interessant ist das Auftreten von 10 bis 20 Mol-% $HAl[Si_2O_6]$ in pegmatitischem Spodumen.

Kristallogr.: Monoklin (prismatisch). Zweiereinfachkettenstruktur mit Li und Al zwischen den Ketten. Die häufigen und großen Kristalle sind prismatisch, Vertikalflächen // c gestreift. Zwillinge nach (100). Plattig-stengelige Aggregate; auch kryptokristalline Massen.

Physik. Eigensch.: Grauweiß, nicht selten mit grünlicher Tönung, ferner gelblichgrün, auch violett (*Kunzit*). Durchs. Glasglanz, auf Spaltflächen schwacher Perlmutterglanz. n_{ZYX} = 1,676, 1,660, 1,651.

Diagnose: Form, Spaltbarkeit, Farbe und Transparenz sind kennzeichnende Eigenschaften. Auch die Paragenese ist charakteristisch für dieses Pyroxenmineral. Verwechslung evt. mit Quarz und Albit möglich. Nach Schmelzen mit CaF_2 und $KHSO_4$ färbt er die Flamme intensiv rot (Li). In HCl unlöslich.

Genese: Spodumen bildet sich fast ausschließlich in Granitpegmatiten, zusammen mit Quarz, Feldspäten, Lithionglimmer und Turmalin. Unter der Einwirkung Na_2O-haltiger Lösungen wird er leicht zersetzt, wobei sich Eukryptit ($LiAlSiO_4$), Albit und Sericit bilden.

Von den ziemlich zahlreichen Spodumenlagerstätten seien nur einige erwähnt: Bekannt ist die große Lagerstätte Keystone in Süd-Dakota (USA), in der gigantische Kristalle zersetzten Spodumens mit einer Länge bis zu 16 m, einer Dicke von etwa 1 m und einer Masse bis zu 90 t vorkommen. Die Pegmatitlagerstätten der Insel Madagaskar sind dadurch interessant, daß dort unveränderte, durchsichtige, verschieden gefärbte (gelblichgrüne und rosafarbene) Spodumenarten vorkommen. Aus Europa seien die Vorkommen von Varuträsk (Schweden) und der Sowjetunion (vgl. Bild 11.99) genannt.

Nutzung: Wichtiges Li-Erz (vgl. Tab. 16.27); Schmuckstein (rosaroter *Kunzit* und grüner Hiddenit, vgl. Tab. 16.30).

Holmquistit: $Li_2Mg_3Al_2[OH/Si_4O_{11}]_2$; rhombisch. $n_Y = 1{,}642$ bis 1,660. 2 % Li. In Pegmatiten von Utö (Schweden) und Nordcarolina (USA). *Klinoholmquistit:* $(Na, Ca)_{<1}Li(Mg, Fe)_3Al_2](OH, F)_2/Si_8O_{22}]$; monoklin. In Li-Pegmatit von Sibirien (UdSSR). D 3,0; $n_Y = 1{,}627$, schwach pleochroitisch.

Daraposit: $KNa_2LiMnZnZr[Si_{12}O_{30}]$; hexagonal. Hellgefärbt, $n_{0,E} = 1{,}580$, 1,575. Aus Granosyenit der Tadžik. SSR (UdSSR). Ähnlich der hexagonale gelbgrüne *Sugilit:* $(K, Na)(H_2O, Na)_8(Fe^{3+}, Na, Ti, Fe^{2+}) \cdot (Li, Al, Fe^{3+})_3[Si_{12}O_{30}]$. Gelbgrün, D 2,74. Von Inagi (Japan).

Eukryptit: $LiAl[SiO_4]$; trigonal. Weiße feinstfaserige xx als Verwitterungsprodukt des Spodumens. Bekannt aus den Spodumenpegmatiten von Branchville (USA).

Brannockit: $KLi_3Sn_2Si_{12}O_{30}$; hexagonal. Farblos-transparente Substanz in Li–Sn-haltigem Pegmatit (USA). D 2,98. $n_O = 1{,}567$.

Petalit: $Li[AlSi_4O_{10}]$ (Kastor); monoklin. Meist derbe, farblose bis rötliche spätige Massen mit vollkommener Spaltbarkeit (# 4–5); aus Granitpegmatitgängen von Elba, Varuträsk u. a. H $6^1/_2$. D 2,4. $n_{ZYX} = 1{,}516$, 1,510, 1,504. Gelegentlich Li-Erz.

Bikitait: $Li[AlSi_2O_6] \cdot H_2O$; monoklin. Große, weiße xx vom Bikita-Pegmatit (Simbabwe).

Hsianghualith: $Ca_2[(Li, Be, Si)_6O_{12}] \cdot CaFe_2$; kubisch. Weiß D 2,99; n = 1,613. VR China.
Sogdianit: $(K, Na)_2(Zr, Ti, Fe)_2(Li, Al)_3[Si_{12}O_{30}]$; hexagonal.

Es folgen die beiden wichtigsten lithiumhaltigen Glimmer Lepidolith und Zinnwaldit (s. Bild 11.105):

Lepidolith: $KLi_{1,5}Al_{1,5}[(F, OH, ^1/_2\, O_2)AlSi_3O_{10}]$

Entdeckung: Name von Klaproth 1792; *lepidos* ist im Griechischen Genetiv von *lepis* = Schuppe.

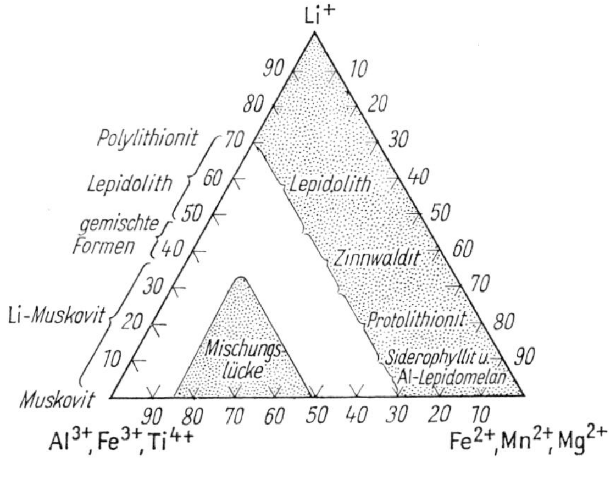

Bild 11.105. Einteilung der Li-Glimmer aufgrund der in der Oktaederschicht auftretenden Elemente (nach M. D. Foster 1960) [13]

Chemismus: 1,2 bis 5,9% Li_2O, 4,8 bis 13,8% K_2O, 11,3 bis 28,8% Al_2O_3, 46,9 bis 60,1% SiO_2, 0,6 bis 3,2% H_2O und 1,4 bis 8,7% F. Als Beimengungen kommen vor: Mg, Fe, Mn, Ca, Na, Cs und Rb (manchmal bis zu 3%).

Kristallogr.: Monoklin. Phyllosilikat! Plattige, pseudohexagonale Form; Aggregate blättrig und schuppig.

Physik. Eigensch.: Die Farbe des Lepidoliths ist weiß, häufiger rosa, blaßviolett, bisweilen pfirsichblütenrot (Gehalt an Mn). Glasglanz, auf Spaltflächen Perlmutterglanz. $n_{ZY} = 1{,}55$ und $n_X = 1{,}53$. H 2 bis 3. Die Blättchen sind biegsam und elastisch. Spaltbarkeit 5 nach (001) und 2 nach (110) und (010). D 2,8 bis 2,9.

Diagnose: Von anderen Glimmern ist er durch die meist rosa Farbe zu unterscheiden.

Genese: Lepidolith kommt in zersetzten Graniten (Greisen) und einigen Pegmatitgängen vor, bisweilen in hochthermalen Gängen. Er wird gewöhnlich von Feldspäten, Quarz und Muskovit begleitet; mit letzterem ist er bisweilen in Parallelverwachsungen zu beobachten. Daneben kommen u. a. Spodumen, Lithiumturmalin, Topas, Kassiterit und Fluorit vor.
Lagerstätten gibt es in der Sowjetunion im mittleren Ural (Pegmatite: blättriger violetter Lepidolith zusammen mit stark zersetzten Kali-Natron-Feldspäten, verschiedenfarbigem Turmalin, Topas, Bergkristall u. a. Mineralen); größere Lepidolithvorkommen bei Rožna in der ČSSR; ferner Vorkommen auf der Insel Utö (unweit von Stockholm, Schweden); von Maine und San Diego Co. in Californien (USA). In kleinen Mengen bei Penig/Sa. (DDR).

Nutzung: Gemeinsam mit Zinnwaldit bildet er eine der Hauptquellen zur Gewinnung von Lithiumsalzen, die u. a. bei der Herstellung von Laugenakkumulatoren (für Unterseeboote), zur Herstellung optischer Spezialgläser (Flintglas, Opal- und weiße Gläser), in der Pyrotechnik (intensives rotes Licht), in der Medizin, bei der Synthese organischer Verbindungen, bei der Herstellung künstlicher Mineralwässer, zur Reinigung der Luft (als LiCl) in Klimaanlagen, bei der Reinigung des Heliums, in der Photographie und in der Röntgenographie Verwendung finden. In der letzten Zeit gewinnen Speziallegierungen von metallischem Lithium mit Kalzium, ferner mit Kupfer, ebenso mit Aluminium (zur Erhöhung der Festigkeit) besondere Bedeutung (vgl. Tab. 16.27).

Zinnwaldit: $KLiFe^{2+}Al[(F, OH)_2/AlSi_3O_{10}]$

Li_2O-Gehalt kleiner 5%, FeO bis 12,5%. Monoklin. Phlogopitartiges Phyllosilikat! Fein- oder grobblättrige xx und schuppige Aggregate. Grau, braun, selten dunkelgrün. Undurchsichtig bis durchscheinend. Glasglanz. $n_Y = 1{,}57$. H 2 bis 3. Spaltbarkeit wie Muskovit. D 2,9 bis 3,2. Von Säuren wird er zersetzt. Zinnwaldit kommt unter den gleichen pegmatitisch-pneumatolytischen Bedingungen wie Lepidolith vor (hauptsächlich in Greisen), meist zusammen mit Wolframit, Scheelit, Kassiterit, Fluorit, Topas und Quarz. Bei der Verwitterung wandelt er sich in ein kaolinartiges Produkt um, das durch Eisenhydroxide intensiv gelbbraun und braun gefärbt wird. Von den Lagerstätten erwähnen wir Cornwall (England) und Zinnwald im Erzgebirge (DDR), wo Zinnwaldit auf »flachen« Gängen im Granit vorkommt (s. Bild 11.106).

Bild 11.106. Zinnwaldit mit Quarz. Zinnwald (Osterzgebirge, DDR); etwa nat. Größe [265]

Taeniolith: $KLiMg_2[F_2/Si_4O_{10}]$; monoklin. Ein farbloses bis hellbläuliches Mineral aus Pegmatiten von Alkaligesteinen; von Grönland und Halbinsel Kola (UdSSR). D 2,828.

Manandonit: $LiAl_2[(OH)_2/AlBSi_2O_{10}] \cdot Al_2(OH)_6$, ähnlich Li-Glimmern, von Antsirabe (Madagaskar).

Cookeit: Li-Sudoit; meist Verwitterungsprodukt von Petalit.

Emeleusit: $Li_2Na_4Fe_2{}^{3+}[Si_{12}O_{30}]$; rhombisch. Farblos, D 2,76, in Alkaligestein von Südgrönland.

Masutomilit: $K_2(Mn^{2+}, Fe^{2+})_{2-1}Li_{2-3}Al_2[Al_{2-1}Si_{6-7}O_{20}]$; monoklin. Rosa, an großen Glimmerplatten; D 2,94, # 5 (001). Aus Pegmatit (Japan).

Phyllosilikate (Schichtsilikate)

11.24. Allgemeines

Zu den Phyllosilikaten gehören die wirtschaftlich so wichtigen Minerale Kaolinit (Hauptbestandteil des Kaolins und vieler Tone), Montmorillonit (Hauptbestandteil des Bentonits), Chrysotil (Handelsname Asbest), Muskovit als Vertreter der Glimmerrohstoffe u. v. a. Die Phyllosilikate sind auch gesteinsbildend sehr wichtige Minerale, ihr Auftreten ist oft für geologische Aussagen über die Bildung von Gesteinen und Lagerstätten von großer Bedeutung.
Es gibt Zweischichtsilikate mit der allgemeinen Formel

$$A_{2\,\text{oder}\,3}[(OH)_4/Si_2O_5]$$

und Dreischichtsilikate mit der allgemeinen Formel

$$A_{2\,\text{oder}\,3}[(OH)_2/Si_4O_{10}]$$

wobei A = Al oder Mg, seltener Fe^{2+}, Fe^{3+}, Mn und Ni sein kann. Durch Si–Al-Substitution können weitere Kationen eingebaut werden, z. B. K^+, Na^+ und Ca^{2+}. Weitere wichtige Minerale entstehen durch die Einlagerung von Hydroxid- oder Wassermolekülen zwischen die Zweischicht- oder Dreischichtpakete. Eine allgemeine Übersicht geben die Bilder 11.107 und 11.108.

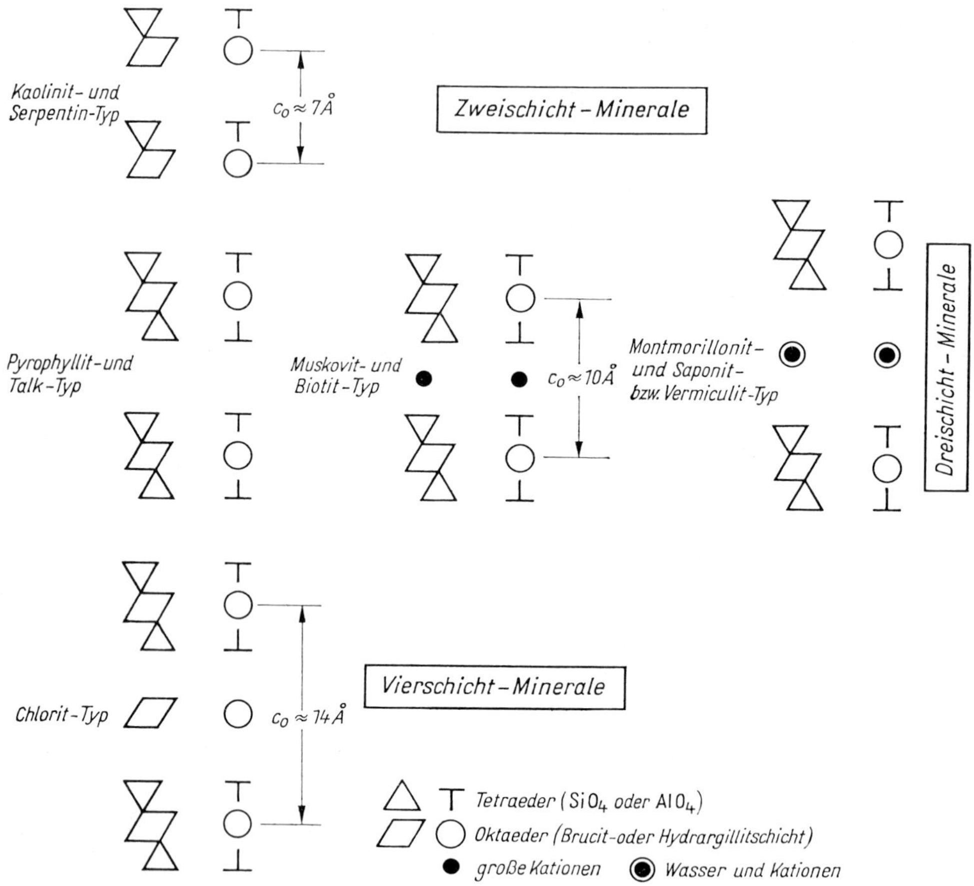

Bild 11.107. Stark schematisierte Darstellung der wichtigsten Phyllosilikattypen

In Anbetracht der großen Bedeutung der Phyllosilikate sei ihre Struktur etwas näher erläutert (s. Bild 11.109).

Die *Basisschicht* besteht aus SiO_4-Tetraedern. Bei den Schichtsilikaten sind die SiO_4-Tetraeder so miteinander verknüpft, daß jeweils drei Sauerstoffionen eines Tetraeders Sauerstoffbrücken zu den benachbarten Tetraedern bilden, während das vierte O-Ion das nicht tut, es ragt sozusagen aus der Papierebene heraus, während die anderen drei O-Ionen aufliegen. Im Bild 11.109 zeigt das untere Drittel der Darstellung eine solche SiO_4-Tetraederschicht. Verändert man die Blickrichtung und schaut senkrecht auf die Schicht (s. Bild 11.110), so ist deutlich zu erkennen, daß die SiO_4-Tetraeder aneinandergereiht ein nahezu hexagonales Netzwerk ergeben (die Sechserringe sind etwas deformiert).

Bei der Basisschicht besetzen also die O-Ionen die Tetraedereckpunkte, und das Silizium befindet sich in der Mitte bzw. in der Lücke zwischen den vier Sauerstoffionen. Für diese Schicht ergibt sich ein Si : O-Verhältnis von 2 : 5 bzw. $[Si_2O_5]^{2-}$. Es gibt Schichtsilikate, bei denen am Aufbau der Tetraederschicht nur Si und O beteiligt sind (die eigentlichen Silikate), und solche, bei denen statt Si teilweise Al

		nichthydratisiert		hydratisiert	
	Oktaeder-schicht / Tetraeder-schicht	dioktaedrisch	trioktaedrisch	dioktaedrisch	trioktaedrisch
Zwei-Schicht	Silikate	Kaolinitgruppe $Al_4[(OH)_8/Si_4O_{10}]$	Serpentingruppe $Mg_6[(OH)_8/Si_4O_{10}]$	Hydrohalloysit $Al_4[(OH)_8/Si_4O_{10}] \cdot (H_2O)_4$	–
	Alumosilikate	Donbassit $(Na, Ca, Mg)Al_4$ $[(OH)_8/AlSi_3O_{10}]$	Berthieringruppe $(Fe, Mg, Al)_6$ $[(OH)_8/(AlSi)_4O_{10}]$	–	–
Drei-Schicht	Silikate	Pyrophyllit $Al_2[(OH)_2/Si_4O_{10}]$	Talk $Mg_3[(OH)_2/Si_4O_{10}]$	Montmorillonitgruppe $(Al, Mg)_2[(OH)_2/Si_4O_{10}] \cdot (Na, Ca)_x(H_2O)_n$	Saponitgruppe $(Mg, Fe)_3[(OH)_2/Si_4O_{10}] \cdot (Ca, Na)_x(H_2O)_n$
	Alumosilikate	Muskovitgruppe $KAl_2[(OH)_2/AlSi_3O_{10}]$	Biotitgruppe $K(Mg, Fe)_3[(OH)_2/AlSi_3O_{10}]$	Vermiculit-Reihe $(Al, Fe, Mg)_2$ $[(OH)_2/AlSi_3O_{10}] \cdot$ $(Mg, Ca)_x(H_2O)_n$	$(Mg, Fe)_3$ $[(OH)_2/AlSi_3O_{10}] \cdot$ $Mg_x(H_2O)_n$
Vier-Schicht	Silikate	–	–	–	–
	Alumosilikate	Sudoit $Al_2[(OH)_2/AlSi_3O_{10}] \cdot Al_{2,33}(OH)_6$	Chloritgruppe $(Mg, Fe, Al)_3[(OH)_2/(Si, Al_4)O_{10}]$. $(Mg, Fe)_3(OH)_6$	–	–

Bild 11.108. Systematik der wichtigsten Schichtsilikate [84] (Anmerkung: Die Muskovit- und Biotitgruppe werden als Glimmer und die Montmorillonit- und die Saponitgruppe als Smektite zusammengefaßt.)

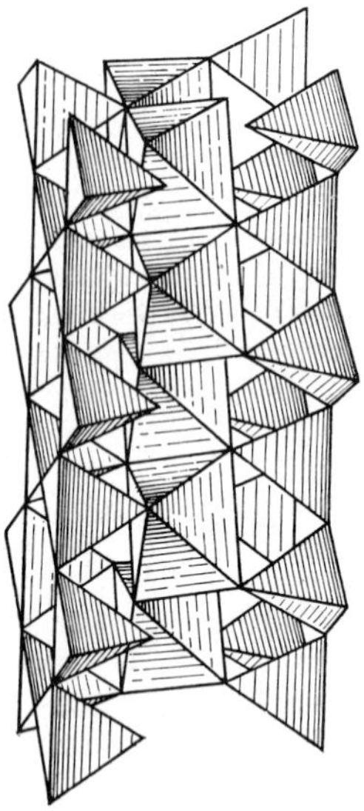

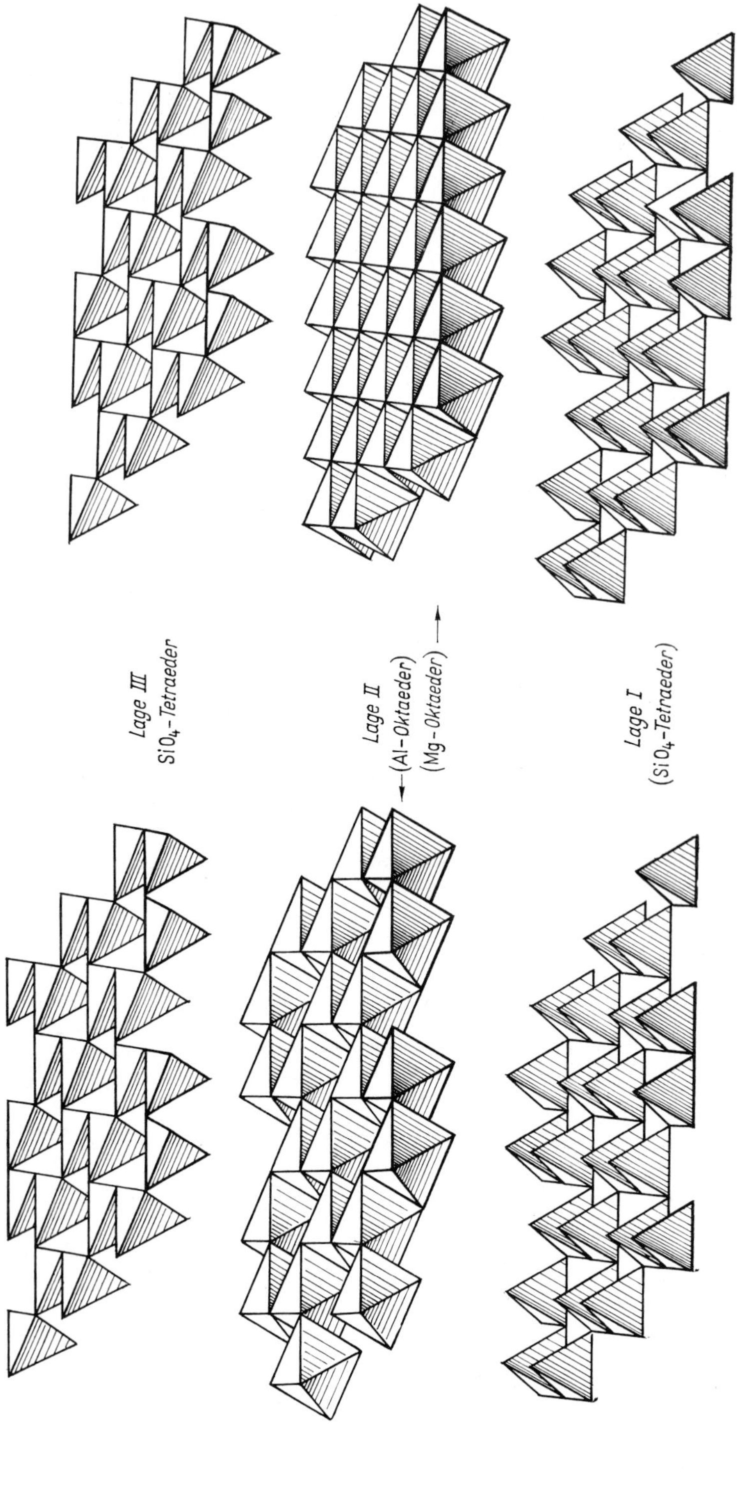

Bild 11.109. Dreischichtiges Phyllosilikat, zerlegt in seine drei Lagen. Links dioktaedrisch; rechts trioktaedrisch [20]

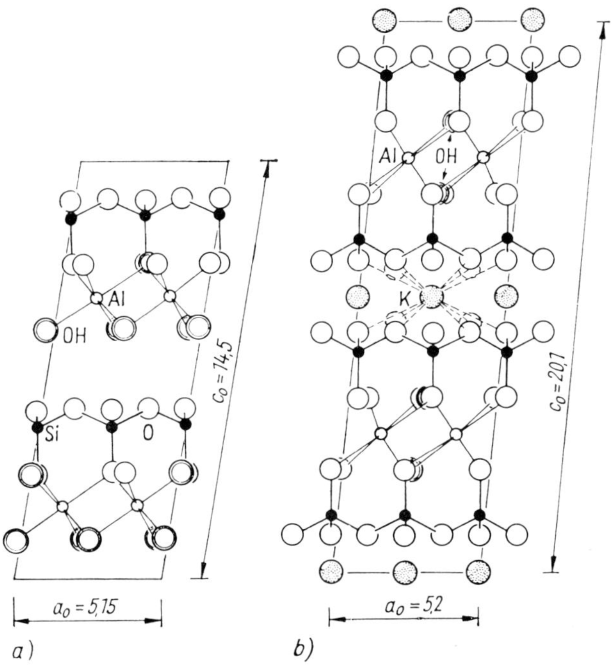

Bild 11.110. Atomare Darstellung der Zweischicht- (a) und der Dreischichtstruktur (b)[224]. Beispiel Kaolinit und Muskovit

eingebaut sein kann (sog. *Alumosilikate*). Es gibt keine Minerale, die nur aus einer Folge dieser Basisschichten bestehen.

Die *zweite Schicht* besteht aus Magnesium- oder Aluminiumhydroxid-Oktaedern (vgl. Bild 11.109); die OH-Ionen befinden sich an den sechs Ecken (teilweise ist OH durch O ersetzt).

Jedes der Oktaeder ist so angeordnet, daß es mit einer Dreiecksfläche auf den Spitzen der SiO_2-Tetraederschicht liegt. Dabei bilden zwei Oktaederecken Sauerstoffbrücken mit den SiO_2-Tetraedern, und die dritte Ecke »schwebt« in dem pseudohexagonalen Ring der Basisschicht. Bei dieser Art der Anordnung sind also zwei Ecken des Oktaeders mit Sauerstoff und vier Ecken mit OH-Ionen besetzt.

Die zweite Schicht kann aus $Mg(OH, O)_6$-Oktaedern bestehen (es handelt sich dann um die sog. Brucitschicht), hier ist jede Oktaedermitte durch Magnesiumionen besetzt. Bei Vorliegen von $Al(OH, O)_6$-Oktaedern (sog. Hydrargillitschicht) ist dagegen jede dritte oktaedrische Koordination nicht durch Aluminiumionen besetzt. Durch diese Verringerung der Kationen in der Oktaederschicht wird die höhere Ladung ausgeglichen.

Die Hydrargillitschichten werden entsprechend der $^2/_3$-Besetzung der Oktaederplätze als dioktaedrische Schichten und die Brucitschichten, bei denen alle ($^3/_3$) Oktaederplätze ausgefüllt sind, als trioktaedrische Schichten bezeichnet. Zweiwertige Kationen bilden also *trioktaedrische* und dreiwertige Kationen *dioktaedrische Schichtgitter* (vgl. Bild 11.109).

Derartige Zweischichtstrukturen haben die Zusammensetzung $Mg_3[(OH)_4/Si_2O_5]$ (Chrysotil) bzw. $Al_2[(OH)_4/Si_2O_5]$ (Kaolinit). Die Minerale mit Zweischichtstruktur (z. B. Kaolinit, s. Bild 11.110) bestehen aus einer rhythmischen Aufeinanderfolge von Zweischichtpaketen; nach der zweiten Schicht folgt wieder die Basisschicht usw. Zwischen den einzelnen Zweischichtpaketen bestehen nur geringfügige Bindungskräfte (van-der-Waalssche Kräfte).

Ist eine *dritte Schicht* am Aufbau des Gitters beteiligt, so besteht sie aus SiO_4-Tetraedern, deren Spitzen aber nun entgegengesetzt (in Richtung Oktaederschicht bzw. Basisschicht) angeordnet sind; wenn die Tetraederspitzen der Basisschicht nach oben zeigen, zeigen die Spitzen der dritten Schicht nach unten (vgl. Bild 11.109). Zwischen diesen beiden SiO_4-Tetraederschichten befindet sich also die Mg- oder Al-Hydroxid-Oktaederschicht.

Die freien Spitzen der oberen Tetraederschicht sind über O-Brücken, genau wie die Basisschicht, mit der Oktaederschicht verbunden. Auch hier »schwebt« die dritte Oktaederecke frei im pseudohexagonalen Ring.

Bei derartigen Dreischichtstrukturen müssen sich in den Formeln die Baueinheiten der SiO_4-Tetraederschichten zweimal $[Si_2O_5]^{2-}$ und die zwei frei im pseudohexagonalen Ring »schwebenden« OH-Ionen darstellen. Die beiden wichtigsten Vertreter dieser Dreischichtstrukturen sind Talk $Mg_3[(OH)_2/Si_4O_{10}]$ und Pyrophyllit $Al_2[(OH)_2/Si_4O_{10}]$.

Die Minerale bestehen also aus einer rhythmischen Aufeinanderfolge von Dreischichtpaketen (vgl. Bilder 11.107 und 11.110 oben); nach der dritten Schicht folgt wieder die Basisschicht usw. Zwischen den Dreischichtpaketen bestehen genau wie bei den Zweischichtstrukturen nur van-der-Waalssche Bindungskräfte.

Bei der Beschreibung der Basisschichten wurde schon vermerkt, daß an Stelle des Siliziums in das Tetraeder teilweise Aluminium (Al-Ionenradius 0,51 Å) eingebaut werden kann. Kommt es beim Gitteraufbau zu diesem Ionenaustausch, liegt ein Mangel an positiver Ladung vor, der innerhalb der Dreierschicht nicht abgesättigt werden kann. Zum Ladungs- oder Valenzausgleich treten dann zwischen zwei Dreischichtpakete große Kationen, wie z.B. K, Na, Rb, Cs, Ca, ein. Solche Strukturen weisen die Minerale der Glimmergruppen auf (Muskovit $KAl_2[(OH)_2/AlSi_3O_{10}]$, Phlogopit $KMg_3[(OH)_2/AlSi_3O_{10}]$). Die Glimmer bestehen also aus einer rhythmischen Aufeinanderfolge von Dreischichtpaketen (bei teilweisem Ersatz von Si durch Al) + große Kationen; nach diesen großen Kationen folgt wieder die Basisschicht des nächsten Paketes. Im Bild 11.111 ist der strukturelle Aufbau der Glimmergruppe dargestellt.

Der Aufbau derartiger Phyllosilikate läßt sich wie folgt veranschaulichen. Das SiO_4-Tetraeder hat eine »Höhe« von 4,8 Å, und das $Al(OH, O)_6$-Oktaeder hat eine »Dicke« von 5,6 Å. Da die Gitterdimension c_0 beim Kaolinit aber mit 7,3 Å angegeben wird, müssen zwei Bedingungen erfüllt sein:

1. Das in Richtung Oktaeder zeigende O des SiO_4-Tetraeders ist Bestandteil des Oktaeders, dadurch ergibt sich eine Paketdicke von 7,7 Å.

2. Die Zweischichtpakete sind zueinander so angeordnet, daß sie auf Lücke sitzen, so daß sich der Paketabstand um 0,4 Å verringert.

Das Dreischichtmineral Pyrophyllit weist einen Gitterabstand c_0 von 9,3 Å auf. Hier gilt analog das gleiche, wie oben zum Kaolinit ausgeführt.

Tritt an die Stelle des Al in der Hydroxidoktaederschicht das etwas größere Mg-Ion (Al^{3+} 0,51 Å, Mg^{2+} 0,66 Å), muß sich logischerweise das Gitter etwas aufweiten:

Serpentin	c_0 7,46 Å (Mg),	Kaolinit	c_0 7,3 Å (Al)
Talk	c_0 9,42 Å (Mg),	Pyrophyllit	c_0 9,3 Å (Al)

Werden 25% des Si durch Al ersetzt, kann Kalium (seltener auch Natrium) eingebaut werden. Dieses Kation ist wie folgt angeordnet (s. Bild 11.112). Die SiO_4-Tetraeder bilden, wie oben schon ausgeführt, pseudohexagonale Ringe. Diese Ringe lassen die Einlagerung eines Ions mit einem Durchmesser bis 2,8 Å zu, K^+ hat einen Durchmesser von 2,72 Å.

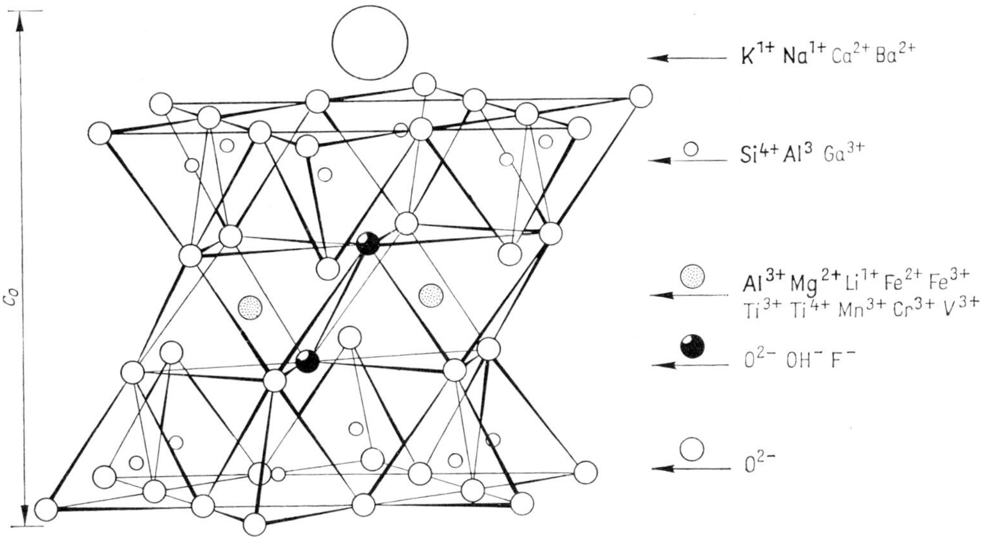

Bild 11.111. Bauschema und Diadochiebeziehungen von Glimmer

Da der Abstand Basiskante Tetraederschicht zu Basiskante Oktaederschicht 2,0 Å beträgt, kann das K-Ion in den pseudohexagonalen Ring bis zu 2,0 Å »einsinken«, oder mit anderen Worten: Es ragt aus der Tetraederschicht nur mit 0,72 Å heraus.

Es ergibt sich so für den Muskovit $KAl_2[(OH)_2/AlSi_3O_{10}]$ ein c_0-Gitterabstand von 10,0 Å. Das bedeutet, daß das Kaliumion nicht zwischen den Dreischichtpaketen liegt, sondern es ist Bestandteil einer der beiden Tetraederschichten des Dreischichtpaketes und ragt aus dieser Schicht nur zu $^1/_4$ seines Durchmessers heraus.

Wenn nun alle K-Ionen eines Dreischichtpaketes z. B. in der Basis-Tetraederschicht angeordnet sind, dann ist zu erwarten, daß auch nur dort die Si–Al-Substitution erfolgt. Denkbar wäre also eine Anordnung, wie sie im Bild 11.112 dargestellt ist. Es ist aber auch möglich, daß die K-Ionen sowohl in der Basis- als auch in der Deckschicht eingebaut sind. Energetisch etwas günstiger ist aber der geordnete Zustand, d. h. also die Anordnung der K-Ionen in einer der beiden Schichten.

Wird das K-Ion durch das H_3O^+-Molekül teilweise ersetzt, liegt das Mineral Hydromuskovit (oder auch Illit) vor:

$(K, H_3O)Al_2[(OH)_2/AlSi_3O_{10}]$

Da das H_3O-Molekül nur wenig größer als Kalium ist, kommt es nur zu einer sehr geringen Gitteraufweitung.

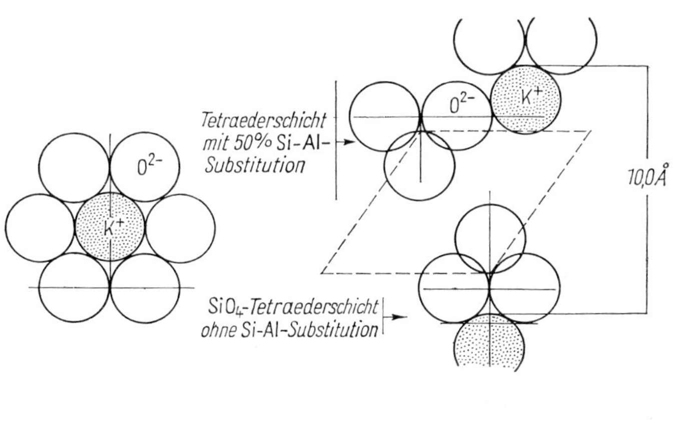

Bild 11.112. Geometrische Darstellung der Muskovitstruktur [232]

Das K^+-Ion paßt genau in den pseudohexagonalen $(Al, Si)O_4$-Ring und »sinkt« 2,0 Å tief in diese Tetraederschicht ein

Werden 50 % des Si durch Al ersetzt, kann Ca eingebaut werden (Margarit $CaAl_2[(OH)_2/Al_2Si_2O_{10}]$). Da Ca^{2+} einen kleineren Ionenradius als K^+ hat, beträgt der Gitterabstand c_0 nur 9,7 Å.
Da zwischen den Zweischicht- bzw. Dreischichtpaketen nur van-der-Waalssche Bindung vorliegt, können unter gewissen Umständen zwischen diesen Paketen Hydroxid- bzw. H_2O-Molekülschichten eingelagert werden, die zu den jeweiligen Zwei- oder Dreischichtpaketen meist keine Valenzbindungen aufweisen.
Wird in ein Kaolinitgitter eine $Al(OH)_6$-Oktaederschicht zwischengelagert, entsteht ein hypothetischer »Hydrargillit–Kaolinit« mit der Formel

$$\left\{\begin{matrix} Al_2[(OH)_4/Si_2O_5] \\ Al(OH)_3 \end{matrix}\right\}$$

Wird in das Dreischichtgitter eine $Al(OH)_6$-Oktaederschicht eingelagert, liegt das Mineral Sudoit

$$\left\{\begin{matrix} Al_2[(OH)_2/AlSi_3O_{10}] \\ Al_{2,33}(OH)_6 \end{matrix}\right\}$$

vor. Der Gitterabstand c_0 erreicht dann den Wert 14,2 Å für Sudoit. Die OH-Ionen der Hydroxidschicht zwischen den Dreischichtpaketen sind bei Temperaturerhöhung wesentlich leichter aus dem Gitter zu entfernen als die der durch Valenzbindung fest zwischen die SiO_4-Tetraederschichten eingebauten $Al(OH, O)_6$-Oktaederschicht.
Wird zwischen die Zweischichtpakete eine H_2O-Molekülschicht eingelagert, liegt z.B. das Mineral Halloysit

$$\left\{\begin{matrix} Al_2[(OH)_4/Si_2O_5] \\ (H_2O)_2 \end{matrix}\right\}$$

vor. Der Gitterabstand wird um 2,7 Å auf 10,1 Å vergrößert. Der Montmorillonit mit der Formel

$$\left\{\begin{matrix} (Al_{1,67}Mg_{0,33})[(OH)_2/Si_4O_{10}] \\ Na_{0,33}(H_2O)_4 \end{matrix}\right\}$$

kann als Dreischichtsilikat mit zwischengelagerten H_2O-Molekülen angesprochen werden. Der Gitterabstand c_0 beträgt 15,2 Å.

Abschließend sei noch vermerkt, daß es mehrere *Wechsellagerungsminerale* (»mixed-layer minerals«) gibt. Am häufigsten sind Wechsellagerungen zwischen
Montmorillonit–Illit,
Chlorit–Saponit,
Sudoit–Montmorillonit.
Bei diesen Strukturen wechseln die Schichtpakete *regelmäßig* oder auch *unregelmäßig* miteinander ab, so daß wir regelmäßige Wechsellagerungsminerale und unregelmäßige Wechsellagerungen kennen (Näheres siehe Seite 570).

11.25. Kaolinit–Montmorillonit-Gruppe

In dieser Gruppe sind die Phyllosilikate zusammengefaßt, die hauptsächlich in den Kaolinen und Tonen vorkommen und so als Rohstoffe z. B. für die Keramik-, Papier-, Gießerei- und Glasindustrie sowie als Füllstoffe in zahlreichen Bereichen der Wirtschaft eine wichtige Grundlage für die Produktion bilden. Genutzt werden dabei die Eigenschaften, die sich aus der Struktur und der Teilchengröße ergeben, wie z. B. das Bindevermögen, die Plastizität, die Thixotropie, die Quellung und Schrumpfung. Gebildet werden diese Minerale vorzugsweise im Bereich der Verwitterung von (feldspatreichen) Gesteinen.

Kaolinit: $Al_2[(OH)_4/Si_2O_5]$

Entdeckung: Die Bezeichnung dieses Minerals wurde von JOHNSON 1867 aus dem Chinesischen übernommen. Kao-ling = hoher Berg. Kaolinit von HUSSAK (1887).

Chemismus: Theor. 39,5% Al_2O_3, 46,5% SiO_2 und 14,0% H_2O. Die Gehalte schwanken etwas, als »Verunreinigungen« in unbedeutender Menge treten Ti, Fe^{3+}, Mg, Ca, Na, K und Ba auf.

Kristallogr.: Kaolinit kristallisiert sowohl triklin als auch monoklin. Die Strukturvarianten lassen sich durch zwei Faktoren erklären: 1. Richtung und Betrag der Schichtversetzung und 2. Verteilung der unbesetzten Oktaederplätze in der Schicht.
Kaolinit kann in der Stapelordnung 1–1–1 (triklin) und in der Stapelordnung 1–2–3–1 (monoklin) auftreten. Die Stapelordnung 1–2–1 heißt *Dickit* (bei einem c_0-Basisabstand von 14,74 Å) oder *Nakrit* (bei einem c_0-Basisabstand von 15,70 Å). In den Sedimentgesteinen sind Kaolinite häufig, die in der a–b-Ebene fehlgeordnet sind.
Kaolinit ist ein Zweischichtsilikat (vgl. Bilder 11.107 und 11.110), bestehend aus einer SiO_4-Tetraederschicht und einer $Al(OH, O)_6$-Oktaederschicht (Hydrargillitschicht). Zwischen den Zweischichtpaketen bestehen nur VAN-DER-WAALSsche Bindungskräfte. Dadurch erklärt sich die ausgezeichnete Spaltbarkeit.
Gut ausgebildete Kristalle sind selten und sehr klein (bis 1 mm). Einzelne Schüppchen und Plättchen besitzen hexagonale (s. Bild 11.113), seltener rhombische oder trigonale Form. Die Aggregate sind mürbe, schuppig, dicht oder feinkörnig; bisweilen kommen geldrollenähnliche Pakete vor (s. Bild 11.114), die auch z. T. als *Leverrierit* benannt wurden und wahrscheinlich kaolinisierte Glimmer darstellen.

Physik. Eigensch.: Einzelne Schüppchen und Plättchen sind farblos. Dichte Massen sind weiß, nicht selten mit gelber, bräunlicher, rötlicher, bisweilen grünlicher oder bräunlicher Tönung. Einzelne Schüppchen haben Perlmutterglanz, dichte Massen erscheinen matt. n_{ZYX} = 1,566, 1,561, 1,560 (weitere Daten zur Optik s. Bild 11.115). H etwa 1. Einzelne Schüppchen sind milde biegsam. Spaltbarkeit 4 nach (001). D 2,58 bis 2,60.

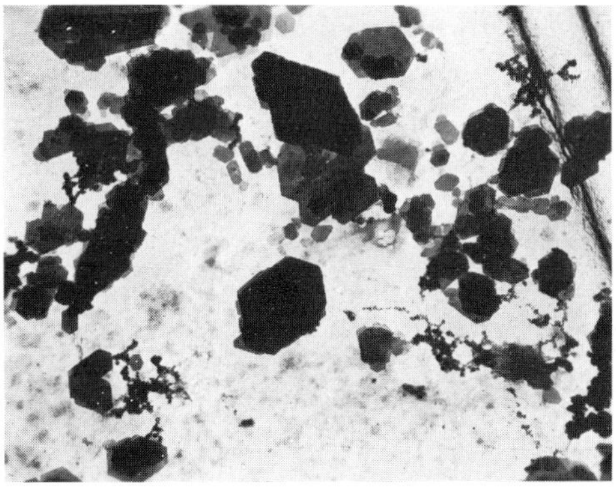

Bild 11.113. Kaolinit. Lamor Pit (Carolina; USA). Elektronenmikroskopische Aufnahme, Vergr. 15000 × [256]

Bild 11.114. Kaolinit, wurmartig aggregiert. Kohlentonstein von Doberlug-Kirchhain (DDR). Dünnschliff, Vergr. 50 × [265]

Diagnose: In dichten erdigen Massen ist Kaolinit zwischen den Fingern zerreibbar, trocken absorbiert er gierig Wasser, feucht gibt er einen ungewöhnlich plastischen Teig. Feinkristalline Schüppchen sind unter dem Mikroskop an der Form und den optischen Konstanten zu erkennen; genaue Bestimmung röntgenographisch und durch DTA (vgl. Abschn. 3.2.4 und 3.2.5) möglich. HCl und HNO_3 zeigen fast keine Wirkung, in H_2SO_4 erfolgt besonders beim Erwärmen verhältnismäßig leicht Zersetzung.

Genese: Kaolinit entsteht hauptsächlich bei der Verwitterung magmatischer und metamorpher Gesteine, die reich an Alumosilikaten (Feldspäten, Glimmer u. a.) sind: Granite, Gneise, Rhyolithe, auch Grauwacken usw. Dieser Vorgang der Kaolinitbildung erfolgt in bevorzugt humidem Klima (s. Bild 11.116) unter dem Einfluß von H_2O und CO_2. Die Alkalien werden hierbei mit einem Teil des SiO_2 und der Erdalkalien weggeführt (s. Bild 11.117). Quarz und andere chemisch stabile Minerale bleiben als Verwitterungsreste in den Gesteinen, die als Kaolin bezeichnet werden, zurück. Die sich auf diese Weise bildenden Kaoline können ausgewaschen und zuweilen weit von ihrem Bildungsort in Becken mit stagnierenden Wässern als feindisperse, schlammige Sedimente (Kaolintone) abgesetzt werden. Die Kaolinitisierung erfolgt auch bei hydrothermalen Vorgängen, die bei niederer Temperatur verlaufen. Hierbei wirken offensichtlich saure CO_2-haltige Wässer auf die

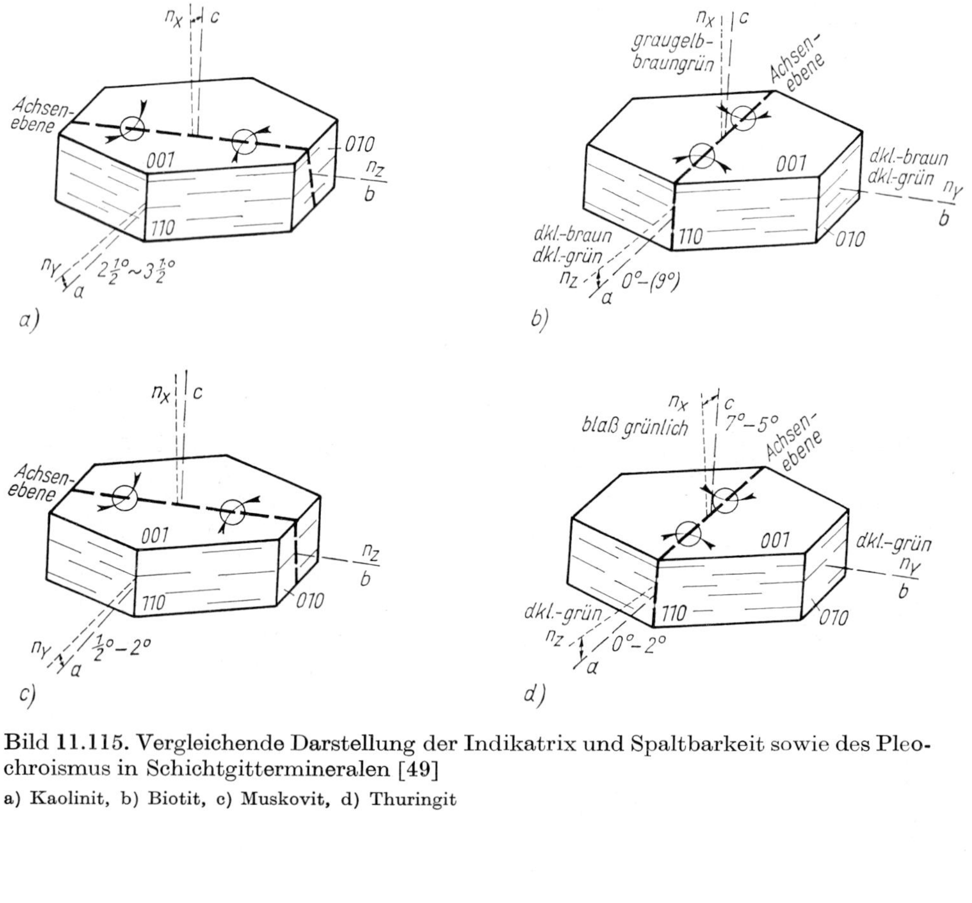

Bild 11.115. Vergleichende Darstellung der Indikatrix und Spaltbarkeit sowie des Pleochroismus in Schichtgittermineralen [49]

a) Kaolinit, b) Biotit, c) Muskovit, d) Thuringit

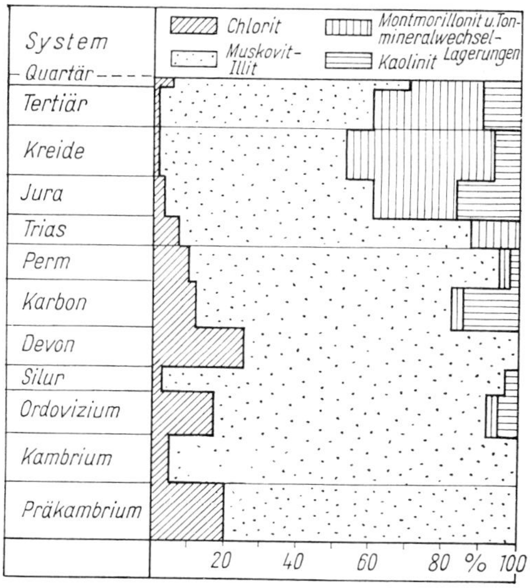

Bild 11.116. Relative Tonmineralgehalte von Sedimentgesteinen am Nordrand der Böhmischen Masse, die überwiegend dem marinen Faziesbereich entstammen. In kontinentalen Ablagerungen nimmt der Kaolinitgehalt auf Kosten des Montmorillonits und des Anteils an Wechsellagerungstonmineralen zu [223]

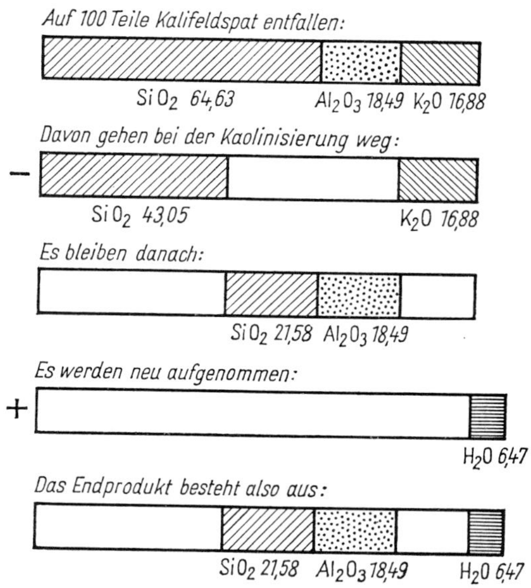

Bild 11.117. Schematische Darstellung der Umwandlung von Feldspat in Kaolinit (nach DIENEMANN u. BURRE). Die Prozentzahlen beziehen sich auf das Ausgangsmaterial

Al-haltigen Silikate ein. Dieser Prozeß führt im wesentlichen zur Bildung von Pseudomorphosen des Kaolinits nach verschiedenen Mineralen, so z. B. nach Feldspäten, Muskovit, Topas, Leucit, Andalusit, Pyrophyllit usw. Bei der bei höherer Temperatur vor sich gehenden Regionalmetamorphose gehen die kaolinitischen Sedimente in feste Tonschiefer (Argillite, z. T. Phyllite) über. Zwischen 200 und 400 °C wird Kaolinit vollständig zerstört: Bei Anwesenheit von Alkalien, Erdalkalien und Eisen wandelt er sich u. a. in Sericit, Chlorit, Glimmer und Feldspäte um; wenn diese Kationen fehlen, geht er in Aluminiumsilikate wie Andalusit, Sillimanit, Cyanit, Granate und andere Minerale der kristallinen Schiefer über.

Bild 11.118. Kaolintagebau Caminau bei Bautzen (DDR) [278]. Gewinnung erfolgt im Hoch- und Tiefschnitt

Kaolinlagerstätten sind in vielen Ländern Europas verbreitet. In der DDR gibt es drei große Areale: die Lausitzer Grauwacken- und Granodioritkaoline, die Kemmlitzer Quarzporphyrkaoline und die Kaoline aus dem Gebiet um Meißen, die bei der Verwitterung von sehr feinkörnigen sauren Ergußgesteinen entstanden sind. Weitere Kaolinlagerstätten sind Sedlec bei Karlovy Vary (ČSSR), Hirschau in Bayern (BRD), Cornwall (England, »china-clay«), vielerorts in der Ukrainischen SSR u. a.
Kaolinit ist ein wichtiger Bestandteil zahlreicher Tone; Tonlagerstätten weltweit.
Nutzung: Kaolin findet in vielen Industriezweigen Verwendung. Je nach der Menge der Fremdbeimischungen wird er entweder roh, d. h. ohne vorherige Aufbereitung, oder nach dem Schlämmen verwertet.

1. Der wichtigste und älteste Verbraucher des Kaolins ist die keramische Industrie. Von Eisenoxidbeimischungen freier Kaolin wird hauptsächlich in der Feinkeramik bei der Herstellung von Porzellan und Fayence verwendet. Hierbei verwertet man verschiedene Eigenschaften: die plastischen Eigenschaften, die Fähigkeit, mit Wasser beständige Suspensionen zu bilden, und die wichtigste Eigenschaft – sich durch Brennen in eine feste dauerhafte steinartige Masse umzuwandeln, die im Wasser nicht aufquillt und bei niedrigen und höheren Temperaturen stabil bleibt. Feuerfeste Tone, die eine sehr hohe Schmelztemperatur besitzen (nicht unter 1580 °C), werden hauptsächlich in der Metallurgie als Schamotteziegel, Stopfen, Röhren, Trichter usw. verwendet. Zur Herstellung von Tontöpfen, Dachziegeln, Röhren usw. dienen weniger hochwertige unreinere Kaolintone, die als Terrakotta-, Dachziegel-, Ziegel- und sonstige Tone bezeichnet werden.

2. Im Bauwesen finden die wasserundurchlässigen Tone als Schutzschicht unter dem Fußboden der Kellerräume, für die Füllung der Fundamente, bei der Ausführung von Wasserstauanlagen, bei der Herstellung von Ziegeln, zur Herstellung von Zement usw. Verwendung.

3. In der Papierindustrie dient Kaolin als Füllmittel und Appretur, um dem Papier eine glattere Oberfläche, eine höhere Festigkeit usw. zu geben. In einigen Papiersorten beträgt der Kaolingehalt 40%. Die hier benötigten Mengen liegen z. T. über denen der Keramik. Weiterhin wird Kaolin als Trägersubstanz für Insektizide u. ä. eingesetzt (vgl. Bild 5.9).

In anderen Industriezweigen dienen Kaolinitmassen zur Herstellung von Wachstüchern, Linoleum, Gemischen mit Ölfirnis und anderen Stoffen, Bleistiften, Farben, insbesondere Ultramarin (gemischt mit Kieselsäure, Soda, Schwefel und organischen Stoffen) und zur Herstellung von Aluminiumoxid.

Dickit: $\mathbf{Al_4[(OH)_8/Si_4O_{10}]}$; monoklin (domatisch). Polymorphe Form von Kaolinit mit Stapelanordnung der Zweischichtpakete 1–2–1 und einem c_0-Gitterabstand von 14,74 Å. Viele Eigenschaften wie Kaolinit. Dickit kommt am häufigsten als hydrothermales Mineral vor, oft zusammen mit Sulfiden, Dolomit und Fluorit. Auch in kristallinen Krusten, in Drusenhohlräumen und in Chalcedonknollen ist er beobachtet worden.
In der UdSSR wird Dickit in bedeutenden Mengen in Zentralkasachstan angetroffen, und zwar in Kara Čeku, 150 km südlich von Kavkapalinsk, in einem Gebiet hydrothermal zersetzter Laven und Tuffbrekzien.

Nakrit: $\mathbf{Al_4[(OH)_8/Si_4O_{10}]}$; monoklin (domatisch). Grobschuppig = *Pholerit.* Polymorphe Form von Kaolinit mit Stapelanordnung der Zweischichtpakete 1–2–1 und einem c_0-Gitterabstand von 15,70 Å. Durch Gitteraufweitung etwas veränderte Eigenschaften: n_{ZYX} = 1,563, 1,562, 1,557. H 2. D 2,627.
Nakrit bildet sich endogen; Vorkommen auf hydrothermalen Gängen und Klüften, so in Brand bei Freiberg (DDR) auf Erzgängen. Als »Steinmark« tritt er z. B. auf Zinn- und Fluoritlagerstätten, auch im Porphyrtuff des Rochlitzer Berges (DDR) auf.

Anauxit ist isotyp mit Kaolinit; Al z. T. durch H_3 ersetzt.

Donbassit: (Na, $^1/_2$ Ca, $^1/_2$ Mg)$Al_4[(OH)_8/AlSi_3O_{10}]$. Durch Si–Al-Substitution ist Einbau von weiteren Kationen möglich. Röntgenographisch ähnlich Kaolinit, nach STRUNZ dioktaedr. Chlorit. Bekannt von Klüften im Anthrazit des Donezbeckens (UdSSR).

Sudoit $\left\{\begin{matrix} Al_2[(OH)_2/AlSi_3O_{10}] \\ Al_{2\,33}(OH)_6 \end{matrix}\right\}$; Tonmineral. Erst 1961/62 entdeckt. Hydrargillitschicht zwischen Dreischichtpaketen. c_0 = 14,2 Å. Auch in Wechsellagerungs-Tonmineralen, vgl. Bild 11.124 und Seite 560.

Halloysit: $\left\{\begin{matrix} \mathbf{Al_4[(OH)_8/Si_4O_{10}]} \\ \mathbf{(H_2O)_4} \end{matrix}\right\}$ Halloysit (10 Å)
Metahalloysit: $\mathbf{Al_4[(OH)_8/Si_4O_{10}]}$ Halloysit (7 Å)

Beide Minerale treten in tonigen Sedimenten häufig gemeinsam auf.

Entdeckung: Von BERTHIER 1826 nach dem Entdecker des Minerals O. D'HALLOY benannt.

Chemismus: Halloysit theor.: 34,7% Al_2O_3, 40,8% SiO_2 und 24,5% H_2O; davon liegen rund 10% des Wassers als H_2O-Moleküle vor. Die Menge dieses molekularen Wassers ist nicht konstant; Metahalloysit ist ein bei mäßiger Temperatur (50 °C) entwässerter Halloysit. Dementsprechend schwanken auch die Gehalte der übrigen Komponenten. Bemerkenswert ist, daß die Entwässerung nicht reversibel ist; es erfolgt kein neuer Einbau des Wassers! Als Beimischungen treten in geringen Mengen häufig Fe_2O_3 (*Ferri-Halloysit*), Cr_2O_3 (0,6% Cr_2O_3 *Chrom-Halloysit*, auch »*Chromocker*« oder *Alexandrolith*), Mg, Fe, bisweilen Ni, Cu und Zn auf.

Kristallogr.: Monoklin (domatisch). Zweischichtsilikat mit Einlagerung von H_2O-Molekülen zwischen den Zweischichtpaketen (Kaolinitschichten). Halloysit tritt in der Form hohler Röllchen (s. Bild 11.119) bzw. zonarer Stäbchen mit einem Außendurchmesser von etwa 800 Å und einem Innendurchmesser von etwa 500 Å auf. Der Gitterabstand c_0 schwankt zwischen 9,5 bis 10,1 Å, beim Metahalloysit zwischen 7,5 bis 7,9 Å.

Physik. Eigensch.: Die Farbe der »Halloysite« ist weiß, häufig mit verschiedenen hellen Farbtönungen. Porzellanähnliche, frische Arten besitzen Wachsglanz, poröse und lockere Arten erscheinen matt. Der mittlere Brechungsindex schwankt von 1,507 bis 1,550 (mit der Abnahme des H_2O-Gehaltes wird sein Wert größer). H 1 bis 2, spröde. Beim Reiben mit dem Fingernagel ist er leicht zu polieren. Lockere Arten fühlen sich häufig talkartig an. Feste Arten werden beim Trocknen an der Luft rissig und zerfallen in kleine eckige Stücke mit flachmuscheligem Bruch (eine für alle Minerale der Halloysit-Gruppe sehr charakteristische Erscheinung). Die Dichte bewegt sich beim Halloysit je nach dem H_2O-Gehalt von 2,0 bis 2,2. Metahalloysit hat d $\approx$ 2,60.

Diagnose: Lockere Halloysitarten sind äußerlich von den in gleicher Weise vorkommenden Kaolinitarten nicht zu unterscheiden. Dagegen unterscheiden sie sich von Kaolinit durch den Wassergehalt, die optischen Konstanten, ferner nach dem Verhalten der Entwässerungskurven, besonders in den Anfangsstadien. Auffällig sind ferner die geringere Härte, die Fähigkeit, sich mit dem Fingernagel polieren zu lassen, und die geringe Dichte. In Säuren und Alkalien wird er z. T. zersetzt, besonders beim Erwärmen. In Wasser zerfällt er allmählich in Stückchen, ohne aufzuquellen. Trocken klebt er an der Zunge.

Genese: Halloysit ist ein typisch exogen gebildetes Mineral. Er kommt hauptsächlich in der Verwitterungskruste mancher Gesteine (Gabbro, Diabase, Porphyrite) und einiger Nickel-, Kupfer- und Zinklagerstätten vor. Gewöhnlich bildet er kleine linsenförmige Massen und Anhäufungen, nicht selten zusammen mit anderen Mineralen dieser Gruppe, ferner mit Alunit, bisweilen Diaspor, Montmorillonit und Allophan. Er kommt ferner in Karstsenken, in Kalksteinen und schließlich in sauren Böden vor, die reich an organischen Säuren sind.

Halloysitreiche Tone sind aus der Ost-Slowakei (Michalovce) bekannt. Weiterhin ist Halloysit in der Verwitterungskruste vieler Nickelhydrosilikatlagerstätten des südlichen Urals ziemlich weit verbreitet, z. B. in den Lagerstätten Ajdyrlin und Chalilovo, auch von Zuravala am Fluß Čusovaja in einer Karstsenke gemeinsam mit Alunit und Hydrargillit an der Grenze von Kalksteinen und braunen Tonen. Aus Belgien in einem Gebiet alter Eisen- und Zinkbergwerke in den Kalksteinen von Angleur bei

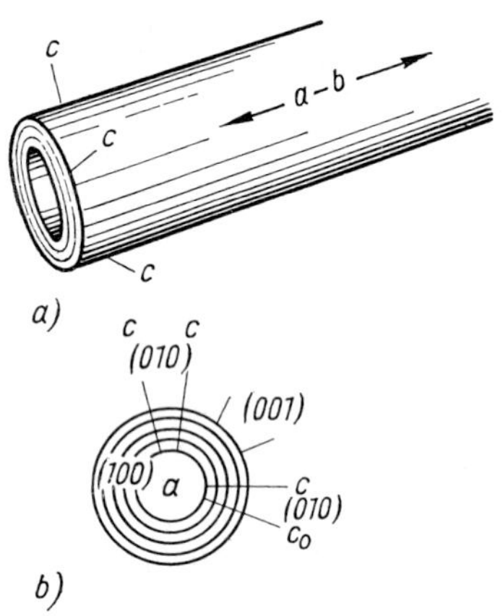

Bild 11.119. Röhrchenform des Halloysits [7]
a) Einzelröhrchen
b) Querschnitt von a)

Bild 11.120. Allophan. Steinach (Thür., DDR), etwa nat. Größe [221]

Lüttich (»Galapectit«); von Altenberg bei Aachen (BRD) und Tarnowice (VR Polen), von Marokko u. a. O.

Nutzung: Halloysitreiche Tone haben wegen ihrer spezifischen Eigenschaften Bedeutung als Keramikrohstoffe.

Bol (Bolus) ist feinerdiges Gemenge von Halloysit mit Limonit.

Allophan: Röntgenamorphes Aluminiumsilikat hat Al : Si = 1 : 1 und einen Wassergehalt von 39 bis 44 %. Enthält weiterhin zahlreiche andere Elemente, z. B. Fe (*Ferriallophan*), Mg, Ca, Alkalien, CuO (bis 1,6 %), ZnO (bis 4 %), CO_2, P_2O_5 (bis 1,3 %). Glasartige Massen, nierig-traubige Oberfläche (s. Bild 11.120). Blaßblau bis grünlichgelb, auch grün, braun und farblos. Durchsch. Glas- bis Fettglanz. n = 1,47 bis 1,51. H $\approx$ 3. Sehr spröde. D 1,85 bis 1,89. In HCl Zersetzung.
Exogene Bildung: In Spalten und Hohlräumen der Oxydationszonen von Erzlagern, ferner in Hohlräumen von Mergeln, in Tonen, in Kohlen usw.
Vorkommen bei Banská Štiavnica (ČSSR), Weißenfels und Wunsiedel (BRD), in der Alunitlagerstätte Zuravlavka (UdSSR) und an anderen Orten. Keine Nutzung als Mineral, aber Komponente mancher Tone.

Hisingerit: Ferrisilikat, röntgenamorph. Schwarz, in Paragenese mit Fe-Chloriten. *Canbyit* soll Hisingerit sein.

Montmorillonit $\left\{\begin{matrix} Al_{1,67}Mg_{0,33}[(OH)_2/Si_4O_{10}]^{0,33-} \\ Na_{0,33}(H_2O)_4 \end{matrix}\right\}$

Entdeckung: Das Mineral wurde von Mauduyt 1847 beschrieben; benannt nach der Fundstätte Montmorillon in Süd-Frankreich.

Chemismus: Sehr stark abhängig vom Wassergehalt. 48 bis 56% SiO_2, 11 bis 22% Al_2O_3, 5% und mehr Fe_2O_3, 4 bis 9% MgO, 0,8 bis 3,3% CaO, 12 bis 24% H_2O, weiter Na_2O und K_2O.

Kristallogr.: Monoklin. Das stets äußerst feinkörnige Mineral besteht aus Dreischichtpaketen (vor allem Pyrophyllitschichtpaketen) mit eingelagerten Kationenwasserschichten zwischen den Dreischichtpaketen. Je nach Wassergehalt verändert sich der c_0-Gitterabstand: 2 H_2O je Formeleinheit $c_0 \sim 12{,}4$ Å, mit 4 $H_2O \sim 15{,}4$% Å, auch höhere Wassergehalte mit $c_0 \sim 18{,}4$ und 21,4 Å sind bekannt. Die innerkristalline Quellung geht um so leichter vor sich, je kleiner die Zwischenschichtkationen, je größer deren Ladung und je geringer die Ionenbesetzung der Zwischenschichtoberfläche sind (Strunz).

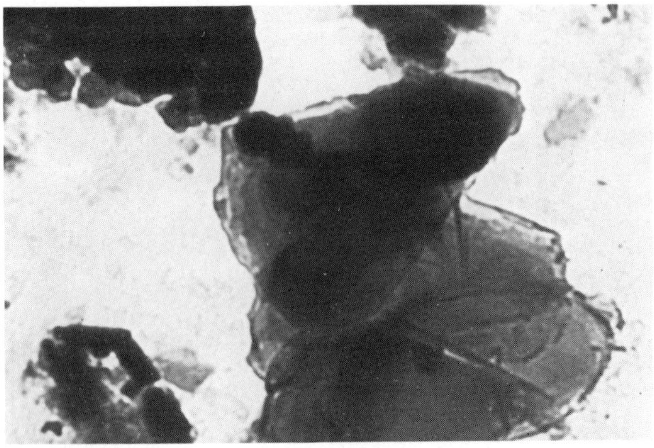

Bild 11.121. Montmorillonit. Elektronenmikroskopische Aufnahme, Vergr. 30000 × [232, 227]

Physik. Eigensch.: Die Bestimmung der Mineraldaten ist schwierig, da Montmorillonit stets feinstkörnige Komponente bestimmter Tone (Bentonite) ist. Die Farbe des Montmorillonits ist weiß, grauweiß, bisweilen mit bläulicher Tönung, ferner rosa, rosarot, bisweilen grün. Trocken erscheint er matt. n = 1,516 bis 1,526. Sehr weich. Fettig. Die Schüppchen (s. Bild 11.121) besitzen vollkommene Spaltbarkeit nach (001). Die Dichte ist nicht konstant: 1,9 bis 2,3 (s. Bild 11.122), dadurch Zunahme des Fe^{3+}-Gehalts Mischkristalle bis zum Nontronit (siehe dort).

Diagnose: Die Anwesenheit von Montmorillonit in Tonen kann man auf Grund der durch Wasseraufnahme hervorgerufenen starken Aufblähung und der damit zusammenhängenden »Fettigkeit« vermuten. Jedoch ist eine genaue Erkennung ohne röntgenometrische Untersuchungen unmöglich. Bemerkenswert sind einige äußere Erscheinungen, die montmorillonit- und beidellitreiche Bentonittone beim Ausstreichen an der Erdoberfläche erkennen lassen: Nach Regenfällen verwandeln sie sich in eine glitschige, gallertartige Masse. Bei der Austrocknung entstehen Risse, und zugleich erfolgt unter dem Einfluß der sich fortsetzenden starken Aufblähungen der tieferen Teile eine weitere Aufwölbung. Dadurch erhalten sie ein stark geschrumpftes, von Spalten zerrissenes Aussehen, das an Korallen erinnert. Bei anhaltend trokkenem Wetter werden diese Tone an der Oberfläche außerordentlich mürbe.

Genese: Montmorillonit bildet sich bei der Verwitterung vulkanischer Aschen; häufig schon entstand er durch die hydrothermale Spätphase des Vulkanismus.
Montmorillonit bildet sich weiterhin bei der Verwitterung der Eruptivgesteine, besonders in Klimazonen, in denen die Bodenlösungen beschränkt beweglich sind und somit Mg, Ca und Fe nicht vollständig weggeführt werden. Die Montmorillonitbildung verlangt eine alkalische Reaktion der Bodenlösung, da dadurch das erforderlich hohe Si/Al-Verhältnis geschaffen wird.
In der Sowjetunion kommen Bentonite in Westgrusinien und Nordarmenien als flözförmige Lager vor; erwähnt sei ferner die oberkretazische Lagerstätte Kila auf der Krim. Bentonitlagerstätten sind in den USA weit verbreitet, so in Florida, Georgia, Alabama und Californien. Weitere Lagerstätten und Vorkommen befinden sich in Frankreich (Montmorillon, Dep. Vienne); Irland (Antrim); ČSSR; Ungarn, BRD

(Bayern) und in anderen Ländern. In der DDR haben sich Bentonittone aus zersetzten Basalten (südl. Görlitz, Rhön) und Porphyrtuffen (erzgeb. Mulde) gebildet.

Nutzung: Montmorillonitreiche Tone und Bentonite werden vor allem in der erdölgewinnenden Industrie und in der Gießereitechnik eingesetzt. In den Bohrungen, insbesondere bei tiefen und übertiefen Bohrungen, ist Bentonit unentbehrlich: Bei Stillstand der Bohrung dickt die Spülung ein, und das Bohrgut kann nicht absinken; bei Wiedereinsetzen der Bohrung wird die Spülung auf Grund der großen Thixotropie des Montmorillonits schnell wieder flüssig. Im Gießereiwesen dient Bentonit zur Herstellung von synthetischen Formstoffmischungen.
Weitere Einsatzbereiche: Landwirtschaft und Rekultivierung, als Bleicherden in der Lebensmittel- und chemischen Industrie zur Entfärbung von Lösungen und organischen Stoffgemischen (Öle, Fette u. a.) sowie zum Entfetten von festen Stoffen (Wolle), im Bauwesen zum Abdichten, als Katalysator im Crack-Prozeß bei der Benzinherstellung, in der Trinkwasseraufbereitung und Abwasserreinigung, in der Keramik, Verpackungsmittelindustrie, Pharmazie und Kosmetik (vgl. Tab. 16.28 und 16.31).

Wolchonskit: Cr- und Fe-haltiger Montmorillonit aus dem Ural (UdSSR). *Surit:* ist bleikarbonathaltiges Mineral, monoklin, weiß # 5 (001), von Oxydationszone der Pb–Zn-Lagerstätten in Argentinien.

Mrazekit: Mg-Montmorillonit, zusammen mit Chrysotil, Sepiolith, Saponit, Talk usw. aus hydrothermalzersetztem Banatit (SR Rumänien).

Beidellit: $\left\{ \begin{matrix} Al_2[(OH)_2/Al_{0,5}Si_{3\,5}O_{10}]^{0,5-} \\ (Ca, Na)_{0,3}(H_2O)_4 \end{matrix} \right\}$

Tonmineral, das zwischen Montmorillonit und Vermiculit einzuordnen ist. Rhombisch. $c_0 \sim 15{,}2$ Å. Weiß, gelblich, bräunlich, rötlich. Feste Massen mit Wachsglanz. D 2,6. Im Wasser bläht er auf; wie Montmorillonit ausgeprägtes Kationenaustauschvermögen. In Verwitterungskruste basischer und ultrabasischer Gesteine. Missouri (USA) u. a. O. Ferri-Beidellite sind *Ammersonit*, *Elbrussit* und *Racewinit*.

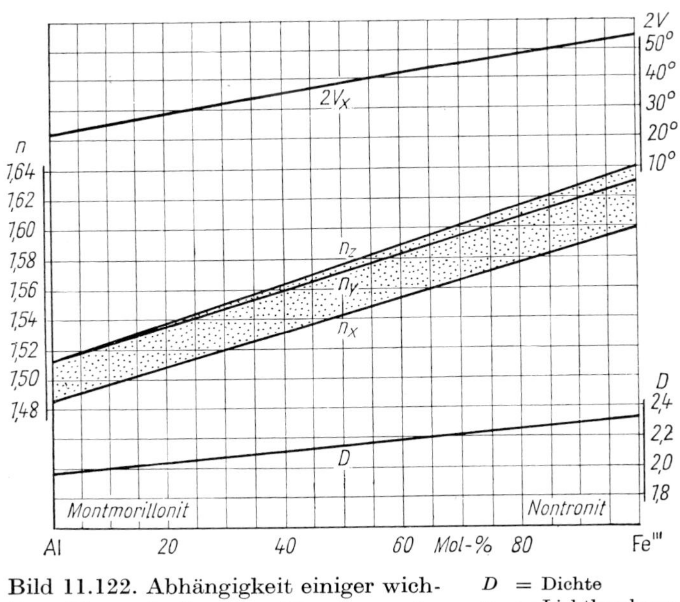

Bild 11.122. Abhängigkeit einiger wichtiger Eigenschaften vom Chemismus in der Montmorillonitreihe [49]

D = Dichte
n = Lichtbrechung
$2V$ = Achsenwinkel

Nontronit: $\left\{ \begin{array}{l} Fe_2^{3+}[(OH)_2/Al_{0,33}Si_{3,67}O_{10}]^{0,33-} \\ Na_{0,33}(H_2O)_4 \end{array} \right\}$

Monoklin. $c_0 \sim 15{,}8$ Å. Chemismus sehr variabel. Bis 14 % Al_2O_3 (*Al-Nontronit*). Grünlichgelb bis bläulichgrün. Lockere Masse matt, feste mit Wachsglanz (Chloropal). $n_\gamma = 1{,}585$ bis 1,64. H 2 bis $2^1/_2$. Spröde, mürbe, fühlt sich fettig an. D 1,73 bis 2,3 (s. Bild 11.122). In HCl Zersetzung. Verwitterungsbildung ultrabasischer, eisenhaltiger Gesteine, meist im unteren Teil des Verwitterungshorizontes.
Nontronit ist in den alten Verwitterungskrusten der Serpentinitmassive häufig angereichert, in der UdSSR v. a. im Rayon Chalilovo und bei Kempirsaj im Gebiet Aktjubinsk sowie am Magnitnaja Gora (alle Ural), weiter von Nontron (Dept. Dordogne, SW-Frankreich); Heppenheim (BRD), Gellivare (Nordschweden); Ostthüringen und Wolkenstein im Erzgebirge (DDR).
Nontronitmassen mit Ni können untergeordnet Bedeutung als Ni-Erz haben.

Wechsellagerungsminerale

Unter Wechsellagerungsmineralen versteht man Phyllosilikate, meist im Korngrößenbereich der Tonminerale, bei denen Zwei- und/oder Dreischichtpakete von unterschiedlichem Chemismus regelmäßig oder unregelmäßig übereinander gestapelt sind. Ein

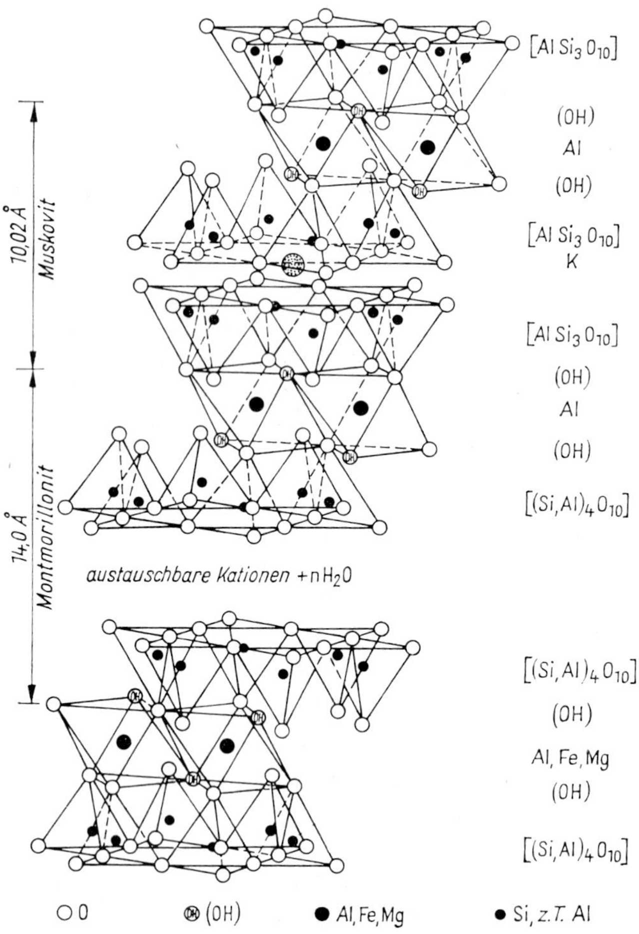

Bild 11.123. Schematische Darstellung des Wechsellagerungsminerals Muskovit–Montmorillonit [28]

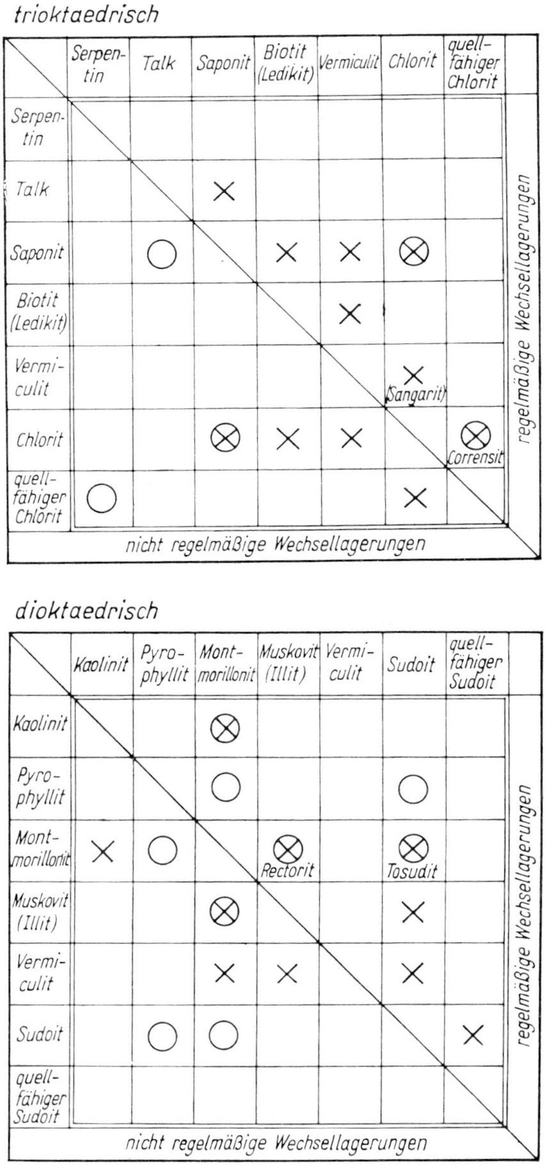

Bild 11.124. Übersicht über die natürlich (Kreuz) und experimentell (Kreis) gebildeten Wechsellagerungs-Tonminerale [183]
oben: trioktaedrisch,
unten: dioktaedrisch

Anmerkung: Nach neueren Untersuchungen wird das trioktaedrische Wechsellagerungsmineral aus Saponit und Talk als *Aliettit* bezeichnet. Außerdem existiert eine natürliche Bildung trioktaedrischer Art aus Chlorit und Talk unter dem Namen *Kulkeit*.

Beispiel einer regelmäßigen Wechsellagerung gibt Bild 11.123. Besonders häufig kommen folgende Wechsellagerungs-Tonminerale in der Natur vor:

Montmorillonit–Illit (regelmäßig und unregelmäßig)
Chlorit–Saponit (regelmäßig und unregelmäßig)
Sudoit–Montmorillonit (regelmäßig)

Eine Übersicht über die bisher im natürlichen Verband festgestellten sowie die durch Hydrothermalexperimente künstlich hergestellten Wechsellagerungen gibt Bild 11.124.

Wechsellagerungstonminerale treten hauptsächlich in Sedimenten aller Art auf, sie bilden sich meist bei unterschiedlicher diagenetischer Beanspruchung. Des weiteren finden wir sie in Kontaktbereichen, als Kluftminerale sowie als Produkte der hydrothermalen Gesteinsumwandlung.
Es ist bisher nicht völlig geklärt, ob Wechsellagerungsminerale eindeutige Stabilitätsbereiche haben, auf Grund deren sie als Diagenese- bzw. Metamorphoseindikatoren genutzt werden könnten. Man muß wohl annehmen, daß die meisten von ihnen »Übergangsphasen« zwischen einer ionaren oder kristallinen Ausgangssubstanz und einem bei höheren *pT*-Bedingungen stabilen Mineral sind, wobei die Existenz des Übergangsbereiches durch das Elementangebot, die Milieufaktoren sowie die Zeit bestimmt wird. Insbesondere experimentelle Synthesen im Hydrothermalbereich (vgl. Bild 4.80) versuchen, hier Klarheit zu bringen.

Auch die Frage nach dem »Mineral«-Charakter dieser Wechsellagerung wirft interessante Probleme auf: Gewöhnlich sprechen wir von »Wechsellagerungsmineralen«. Aber bei der Anwendung der Mineral- (Kristall-) Definition ergeben sich bereits Schwierigkeiten, wenn wir an die unregelmäßigen Wechsellagerungsstrukturen denken. Nach der Definition wird vorausgesetzt, daß ein Mineral (Kristall) ein homogener, d. h. stofflich einheitlicher Körper ist. Nun ist aber der Begriff »Homogenität« auf Grund des diskontinuierlichen Charakters der Materie nur relativ, d. h. vom Standpunkt und vom Maßstab abhängig. Die Abhängigkeit vom Standpunkt der Betrachtung bringt es mit sich, daß wir die Homogenität präziser fassen und einen Körper dann als homogen bezeichnen, wenn er in parallelen Richtungen gleiche Eigenschaften aufweist.
Die Homogenität in Abhängigkeit vom Maßstab der Betrachtung schließt die Eigenschaft der Periodizität ein, d. h., in periodischen Abständen muß Identität vorliegen. Hieraus wird ersichtlich, daß die Mineraldefinition im strengen Sinne nur auf regelmäßige Wechsellagerungsstrukturen angewendet werden kann, da bei ihnen die Identitätsabstände in Richtung der Stapelung gleich bleiben, während sie sich bei den unregelmäßigen Wechsellagerungsstrukturen stets ändern und sich nur statistisch einem Wert nähern.
Diese Erscheinung macht sich in den Röntgeninterferenzen bemerkbar; die Basisreflexe $d(001)$ der regelmäßigen Wechsellagerungen ergeben sich durch Addition der Basisreflexe der beteiligten Komponenten. Außerdem tritt eine integrale Folge höherer Ordnung der Basisinterferenz auf. Dagegen weisen die unregelmäßigen Wechsellagerungen eine Basisinterferenz auf, die zwischen den Basisreflexen der beteiligten Komponenten liegt und deren d-Wert entsprechend dem prozentualen Anteil der Wechsellagerungskomponenten variabel ist.
Man kann eine regelmäßige Wechsellagerung auch als eine Überstruktur bezeichnen. Auf unregelmäßige Wechsellagerungen bezogen, könnte man von Überstrukturen mit starker Fehlordnung sprechen.

11.26. Serpentin–Talk–Pyrophyllit-Gruppe

Die Minerale dieser Gruppe entstehen bei der hydrothermalen (metasomatischen) Umwandlung magnesium- bzw. aluminiumhaltiger Gesteine. Ausgangsminerale sind für Serpentin und Talk vorwiegend Olivin und rhombische Pyroxene, während es für Vermiculit vorwiegend Mg-Glimmer und für Pyrophyllit vorwiegend Feldspäte sind.
Serpentin ist ein Zweischichtsilikat, Talk und Pyrophyllit sind Dreischichtsilikate, und Vermiculit ist ein Dreischichtsilikat mit zwischengelagerten H_2O-Molekülen. Alle vier genannten Minerale sind wichtige Rohstoffe, die vor allem als Industrieminerale, also wegen ihrer physikalischen und physikochemischen Eigenschaften genutzt werden:

- Chrysotilasbest (der fasrige Serpentin) bildet die Grundlage der Asbestindustrie und findet besonders Verwendung zur Herstellung von Asbestbetonerzeugnissen.

- Talk ist vor allem Füll- und Trägersubstanz und wird in der Pharmazie und Kosmetik sowie (als »Speckstein«), auch in der Technokeramik verwendet.
- Pyrophyllit ist ähnlich wie Talk verwendbar.
- Vermiculit ist Rohstoff für Wärme- und Schallisolationsmassen u. a. Erzeugnisse.

Serpentin: $Mg_3[(OH)_4/Si_2O_5]$

Entdeckung: Name von lat. *serpentinus* = schlangenartig. Serpentin ist ein Sammelname für die Strukturvarietäten Antigorit = Blätterserpentin (SCHWEIZER 1840, nach dem Antigorio-Tal bei Airolo, Schweiz) und Chrysotil = Faserserpentin (KOBELL 1834, nach gr. *chrysos* = Gold und *tilos* = Faser).

Chemismus: Theor. 43,0% MgO, 44,1% SiO_2 und 12,9% H_2O. Mg kann diadoch vertreten sein durch Fe^{2+} (*Ferro–Antigorit*), Mn (*Mangan–Antigorit*), Ni (*Nickel–Antigorit* oder *Garnierit*), Cr (*Chrom-Antigorit*), Al (*Alumo-Chrysotil*); auch *Connarit.*

Kristallogr.: Zweischichtsilikat mit SiO_4-Tetraederschicht und $Mg(OH, O)_6$-Oktaederschicht (Brucitschicht). Da das Mg-Ion etwas größer ist als das Al-Ion, kommt es zu einer geringfügigen Aufweitung in der Hydroxidoktaederschicht; die Folge davon ist, daß der Gitterabstand in der Brucitschicht nicht exakt identisch ist mit dem der SiO_4-Tetraederschicht. Das Zweischichtpaket krümmt sich, rollt sich ein; dabei gelangt das SiO_2 auf die konkave und das $Mg(OH)_2$ auf die konvexe Seite. So erklärt sich die fasrige Form des *Chrysotils* (s. Bilder 11.125, 11.126). Da der Krümmungsradius durch die Gitterabstände in der Brucit- und in der SiO_4-Tetraederschicht vorgegeben ist, sind der Einrollung eines solchen Zweischichtpaketes Grenzen gesetzt (maximaler und minimaler Krümmungsradius). Dadurch ergeben sich hohle Fasern mit einem Innendurchmesser von etwa 18 nm und einem Außendurchmesser von etwa 34 nm, d. h., daß eine Faser eine Wanddicke von 8 nm hat bzw. aus etwa 10 Zweischichtpaketen aufgebaut ist.
Beim *Antigorit* führt die Nichtübereinstimmung der Größenverhältnisse von Brucitschicht und SiO_4-Tetraederschicht zu einem periodischen Wechsel bzw. »Umklappen«

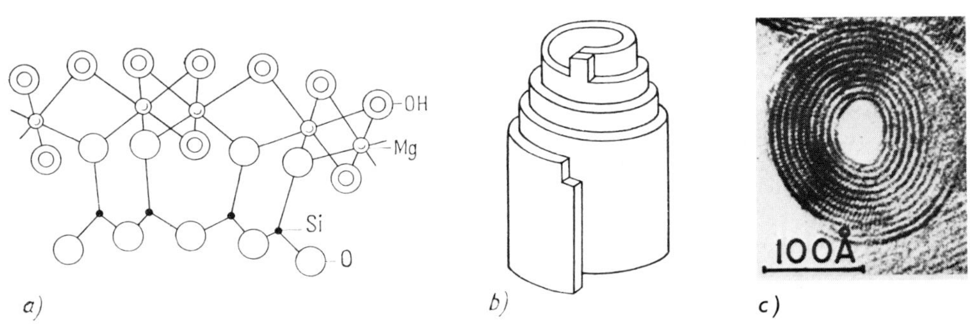

a) b) c)

Bild 11.125. Chrysotilstruktur [141]

a) atomare Darstellung
b) schematische Darstellung der Röllchenstruktur
c) elektronenmikroskopische Aufnahme eines Chrysotilröllchens aus Transvaal (Südafrika); nach YADA

Bild 11.126. Chrysotil aus einer Kluftfüllung. Serpentinit von Waldheim/Sa. (DDR)

Elektronenmikroskopische Aufnahme. Vergr. 56000 × [258]

der Bauelemente einer »wellblechartigen Struktur der blättchenartigen Kristalle«, in der je zwei »Halbwellen« über »Mg-Brücken« alternierend aneinander gekoppelt sind (s. Bild 11.127).

In Anbetracht dieses komplizierten Gitteraufbaues ist es nicht verwunderlich, daß der Antigorit sowohl monoklin mit $c_0 = 7{,}46$ Å als auch hexagonal mit $c_0 = 2 \cdot 7{,}265$ Å auftritt. Vom Chrysotil soll es auch zwei Modifikationen geben (monoklin und rhombisch) – für beide wird der gleiche c_0-Abstand angegeben. Weitere Modifikationen sind *Lizardit* ($c_0 = 7{,}31$ Å) und *Ferrolizardit*. »Bergleder« und »Bergkork« sind Habitusvarietäten von Chrysotil und Palygorskit.

Physik. Eigensch.: Flaschengrün bis grünschwarz, bisweilen auch bläulichgrün und grau. Glas- und Fettglanz. $n_Z = 1{,}55$ bis $1{,}57$, $n_Y = 1{,}55$ bis $1{,}57$, $n_X = 1{,}546$ bis $1{,}568$. H $2^1/_2$ bis $3^1/_2$. Spaltbarkeit nur bei grobblättrigem Antigorit zu beobachten: 4 nach (001). D 2,5 bis 2,7. Chrysotilasbest: D 2,0 bis 2,6. Spezifische Wärme 0,266 kcal/kg · °C. Oberfläche maximal 50 m²/g. Zugfestigkeit 37 bis $38 \cdot 10^3$ kp/cm². Im Gegensatz zur Hornblendeasbestfaser ist Chrysotil wesentlich fester und biegsamer. Extreme Faserfeinheit. Ausdehnungskoeffizient zwischen 20 und 400 °C $2{,}2 \cdot 10^{-6}$. p_H-Wert einer Suspension von Chrysotil in CO_2-freiem Wasser beträgt 10,3. Abbau

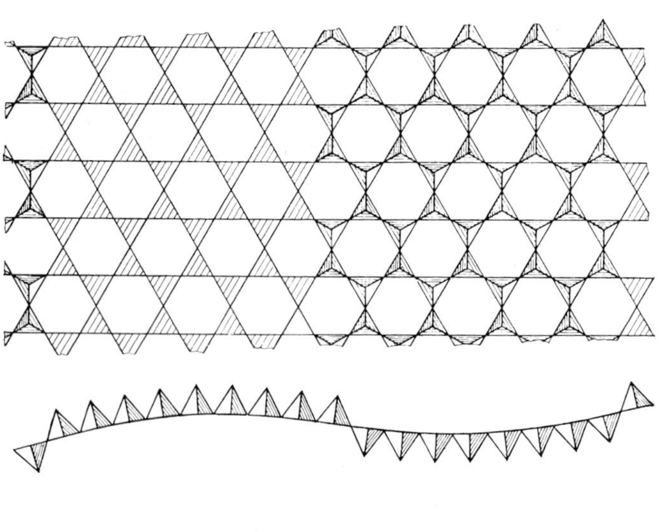

Bild 11.127. Erklärung der »Wellblechstruktur« des Antigorits. Im Bild Halbwellenschicht (Tetraederschicht) in Aufsicht und Seitensicht [20]

der Hydroxylgruppen und Bildung eines schwach hydratisierten amorphen Mg-Silikates zwischen 440 und 510 °C; Bildung von Forsterit zwischen 720 und 900 °C. Nicht säurefest.

Diagnose: Die Paragenese, Farbe, geringe Härte, der Fettglanz, oft die Fasrigkeit sind charakteristisch für die Bestimmung. Kompakte Massen sind mit Chlorit und ähnlichen Mineralen zu verwechseln (Röntgenanalyse!).

Genese: Serpentinite sind Serpentin-Gesteine und bilden sich durch hydrothermale Zersetzung ultrabasischer, hauptsächlich olivinhaltiger Gesteine (Dunite, Peridotite u. a.). Am leichtesten werden Olivin und Enstatit, ferner Diopsid und Hornblenden durch Serpentin verdrängt. Durch die Verwitterung werden serpentinisierte Gesteine allmählich karbonatisiert und zersetzt, besonders stark in subtropischem und tropischem Klima. Hierbei sammeln sich als Restprodukte an der Erdoberfläche erdige Eisenhydroxide an (s. Bild 11.128). Magnesium wandert in Form von Bikarbonaten in die unteren Horizonte der Oxydationszone. Die Kieselsäure geht in kolloidale Lösung über und fällt als Opal aus, der nicht selten die liegenden Gesteine verkieselt. Ebenso wird das Nickel mobil und in Form von Ni-Hydrosilikaten in tieferen Horizonten abgesetzt.
Ein großer Teil von Asbesten, insbesondere von Serpentinasbest, ist in parallelfasriger Form mehr oder weniger senkrecht auf Kluftwänden aufgewachsen (sog. Querfasern). Es muß angenommen werden, daß die Fasern ohne mechanische Einwirkung in den »freien« Raum wuchsen, der wahrscheinlich mit lateralsekretionären wäßrigen oder kolloidalen Substanzen gefüllt war (s. Bild 11.129). Auf Grund des Fehlordnungswachstums sind nicht unbedingt hohe Übersättigungen erforderlich. Die Keimbildung ist wahrscheinlich durch epitaxe Aufwachsung auf die Serpentinminerale der Kluftwände erleichtert. Eine zunächst gewisse regellose Orientierung der Fasern kann schnell durch gegenseitige Wachstumsbehinderung aufgehoben werden (vgl. Kap. 4.3. und Bild 4.75). Wichtige Chrysotilasbestlagerstätten sind: Baženovo, Asbest, Džetygara, Kiembaj (alle Ural, UdSSR), Quebec, Ontario, Brit. Columbia (alle Kanada), Südafrika, Simbabwe, Botswana u. a. Ländern. In der DDR im Serpentinit von Zöblitz (Erzgebirge) sowie von Klettighammer (Ostthüringen).

Nutzung: Chrysotil ist ein sehr wichtiger Rohstoff für folgende Erzeugnisse: Asbest-

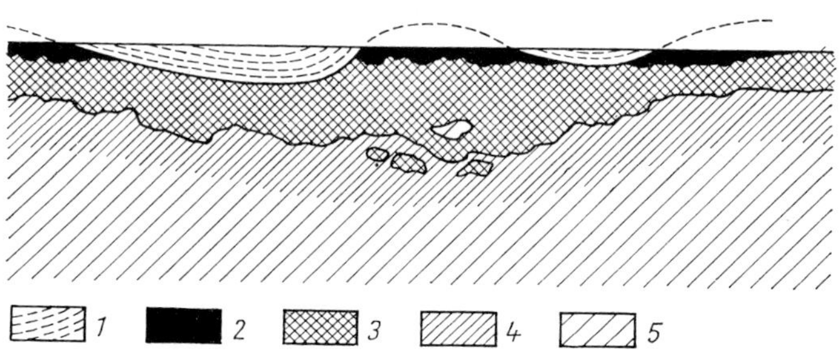

Bild 11.128. Profilmäßige Darstellung der großräumigen Verwitterung von Serpentiniten [15]

1 Deckgestein
2 Laterit
3 Nontronitzone mit Nickelanreicherung
4 zersetzter Serpentinit mit Nickelmineralen
5 unzersetzter Serpentinit

Bild 11.129. Chrysotilasbest auf Klüften des Serpentinits von Morris Country bei Montville (New Jersey, USA) [265]

zementprodukte, Feuerfestplatten, Asbest-Bitumen-Kombinationen, Reibbeläge, Asbestdichtungsmaterialien, Asbestplatten, Asbestfilterschichten, Garne (vgl. Tabelle 16.28, 16,31 und 16.32).

Chrysotilähnlich sind: *Karachait*, *Kolskit*, *Adigeit* und *Maufit*. Dagegen ist *Karyopilit*: $Mn_3[(OH)_4/Si_2O_5]$ isotyp mit Antigorit.

Garnierit: $(Ni, Mg)_3[(OH)_4/Si_2O_5]$ wurde bisher als ein Nickelserpentin angesehen. Neuere Untersuchungen ergaben, daß Garnierit ein Gemenge aus 7 Å-, 10 Å- und Wechsellagerungsmineral-Anteilen ist. Der Name Garnierit soll für die 10 Å-Komponente (Ni-Talk) vorgesehen werden. Gelartige Massen, dem Serpentin oft sehr ähnlich. n = 1,57 bis 1,59. H 2 bis 4. D 2,3 bis 2,8. Entstehung wie Serpentin, neben Ni-Chloriten. Zahlreiche Garnierit-Lagerstätten, so von Neu Caledonien, Cuba, Brasilien, Philippinen. In der UdSSR kommt Garnierit in den Lagerstätten von Ufaley (Mittelural) in tonigen Sedimenten mit Halloysit–Garnierit-Mineralen vor; hier konzentriert er sich in Karsttrichtern der Kalksteine in der Nachbarschaft eines Serpentinitmassivs. Verhältnismäßig weit verbreitet ist er auch in der Verwitterungskruste der Serpentinite in den Gebieten Akkerman, Chalilovo und bei Kempirsaj im Gebiet Aktjubinsk. In der DDR untergeordnet von der Ni-Hydrosilikatlagerstätte St. Egidien. Garnierit bildet zusammen mit anderen Nickelhydrosilikaten wichtige Ni-Erze.

Greenalith: $(Fe^{2+}, Fe^{3+})_3[(OH)_4/Si_2O_5]$; monoklin. Feinstkörnige, meist oolithische Aggregate, die die Greenalithschiefer der Eisenerzlagerstätten des Oberen Sees (USA) aufbauen. Oft gelb und braun oxydiert. n = 1,650 bis 1,674 (± isotrop). D 2,85 bis 3,15.

Berthierin: $(Fe^{2+}, Fe^{3+}, Al, Mg)_6[(OH)_8/Al_{1,5}Si_{2,5}O_{10}]$; monoklin, rhombisch und hexagonal. Chamositartige dichte grüne Substanzen, z. T. bräunlich oxydiert (Ferri-Berthierin), besonders in der »chloritischen Facies« der Eisenerze des Lahn-Dill-Typs (z. B. bei Schleiz in Ostthüringen, DDR). Reiner Ferro-Berthierin geht beim Erhitzen an der Luft bei 400 °C in Ferri-Berthierin über. Basisabstand 7 Å (daher 7 Å-Chlorit bzw. 7 Å-Chamosit).

Cronstedtit: $Fe^{2+}{}_4Fe^{3+}{}_2[(OH)_8/Fe_2{}^{3+}Si_2O_{10}]$. Sieben Polytypien; hexagonal oder monoklin. Selten pyramidale Kristalle, meist grünlichschwarze radialfasrige Aggregate auf hydrothermalen Erzgängen (z. B. Příbram, ČSSR und Cornwall). Ähnlich ist *Lillit.*

Grovesit: $(Mn, Mg, Al)_6[(OH)_8/(Si, Al)_4O_{10}]$; monoklin; n_O = 1,667. Ähnlich Cronstedtit.

Amesit: $(Mg, Fe^{2+})_4Al_2[(OH)_8/Al_2Si_2O_{10}]$; monoklin bzw. hexagonal. Grüne talkähnliche Massen.

Talk: $Mg_3[(OH)_2/Si_4O_{10}]$

Entdeckung: Talk ist die alt-arabische Bezeichnung dieses Minerals.

Chemismus: Theor. 31,7% MgO, 63,5% SiO_2, 4,8% H_2O. Im Gegensatz zum Serpentin weist der Talk also einen höheren SiO_2-Gehalt und einen niederen H_2O-Gehalt auf. Mg kann diadoch vertreten sein durch Fe (bis 5% FeO) und Ni. In der Hydroxidoktaederschicht können mitunter auch »Hydrargillitmoleküle« vorkommen (bis 2% Al_2O_3). *Calciotalk:* $CaMg_2[(OH)_2/Si_4O_{10}]$ soll ein Übergang zu Margarit und Muskovit sein.

Kristallogr.: Monoklin. Dreischichtsilikat; zwischen zwei SiO_4-Tetraederschichten ist eine Brucitschicht ($Mg(O, OH)_6$-Oktaederschicht) eingelagert (vgl. Bild 11.107). Die Dicke des Dreischichtpaketes beträgt 9,43 Å. Meist wird c_0 mit 18,58 Å angegeben, d. h., die Stapelordnung des Talkes ist 1–2–1–2–1. Kristalle sind pseudohexagonal; Aggregate schuppig, blättrig oder dicht. Dichte, körnige Aggregate werden als *Speckstein* oder *Steatit* bezeichnet (der Name Steatit ist auch für ein keramisches Produkt üblich).

Physik. Eigensch.: Blaßgrün, weiß, gelblich, bräunlich, grünlich. Dünne Blättchen sind durchs. oder durchsch. Glasglanz und Perlmutterglanz. $n_Z = 1{,}589$ bis 1,590, $n_Y = 1{,}589$, $n_X = 1{,}539$ bis 1,545. H 1; Talk fühlt sich fettig an. Die Blättchen sind milde biegsam. Spaltbarkeit 5 nach (001). D 2,7 bis 2,8. Schlechter Wärme- und Elektrizitätsleiter. Feuerfest (nach Austreiben des H_2O).

Diagnose: Geringe Härte, sehr vollkommene Spaltbarkeit und Farbe sind charakteristische Bestimmungsgrößen; außerdem ist er daran zu erkennen, daß er sich fettig anfühlt. Zu verwechseln nur mit Pyrophyllit. In Säuren unlöslich.

Genese: Talk bildet sich am häufigsten bei der hydrothermalen Zersetzung magnesiumreicher ultrabasischer Gesteine. In diesen Fällen ist er oft mit restlichen Körnern von Chromspinellen und Neubildungen von Mg-Karbonaten (Ferromagnesit, Magnesit), bisweilen von Ca-Karbonaten verwachsen. Neubildungen von Hämatit oder Magnetit, bisweilen von Apatit. Der Paragenese der Minerale nach zu urteilen, erfolgt die Bildung des Talks auf Kosten der Magnesiumsilikate durch die Einwirkung von kohlensäurehaltigen hydrothermalen Lösungen. Hierbei gilt folgendes Reaktionsschema:

$$\underset{\text{Olivin}}{4\,(Mg, Fe)_2[SiO_4]} + H_2O + 3\,CO_2 + 2\,O_2 \rightarrow \underset{\text{Talk}}{Mg_3[(OH)_2/Si_4O_{10}]} + \underset{\text{Magnesit}}{3\,Mg[CO_3]} + \underset{\text{Hämatit}}{2\,Fe_2O_3}$$

Die Anwesenheit des Hämatits weist auf den oxydierenden Charakter dieser Reaktion hin. Im reduzierenden Medium bilden sich Magnetit und Ferromagnesit; der Talk selbst enthält eine kleine Menge von FeO.
Die Talklagerstätten stehen auch mit kontaktmetasomatischen Vorgängen in Verbindung, indem sie sich bei hydrothermaler Einwirkung an der Grenze von Dolomiten mit Intrusivgesteinen bilden. In diesen Fällen kommt Talk in linsenförmigen Körpern vor und zeichnet sich durch hohe Reinheit aus. Seine Bildung erfolgt offensichtlich nach folgendem Schema:

$$\underset{\text{Dolomit}}{3\,CaMg[CO_3]_2} + 4\,SiO_2 + H_2O \rightarrow \underset{\text{Talk}}{Mg_3[(OH_2/Si_4O_{10}]} + \underset{\text{Calcit}}{3\,Ca[CO_3]} + 3\,CO_2$$

Bekannt sind Pseudomorphosen von Speckstein nach Olivin, Enstatit, Diopsid, Aktinolith und anderen magnesiumhaltigen Mineralen, auch nach Quarz.

Lagerstätten: Salda östl. Nižni Tagil, südlich Sverdlovsk, im Bezirk Čeljabinsk, im Onoter Gebiet und anderen Orten der Sowjetunion, Rabenwald (Österreich), Specksteinlagerstätte Göpfersgrün (BRD), weitere Lagerstätten in Italien, Frankreich, Norwegen. In der DDR unreiner Talk bei St. Egidien.

Nutzung: Talk: Farben-, Gummi- und Papierindustrie, Kosmetik, Schmiermittel. Speckstein: Keramik. Feingemahlener Talk wird als Talkum gehandelt (vgl. Tab. 16.28).

Minnesotait: $(Fe^{2+}, Mg, H_2)_3[(OH)_2/(Si, Al, Fe^{3+})_4O_{10}]$; monoklin. Eisenhaltiger Talk. Feine grüne Schüppchen. D 3,01. $n_Z = 1{,}615$. Von der Eisenlagerstätte Mesabi Range, Minnesota (USA). In Paragenese mit Siderit, Magnetit, Greenalith u. a.

Willemseit: $(Ni, Mg)_3[(OH)_2/Si_4O_{10}]$; monoklin. Lichtgrünes talkartiges Mineral von Barberton (Südafrika).

Vermiculit: $\left\{\begin{matrix} Mg_{2,36}Fe^{3+}_{0,48}Al_{0,16}[(OH)_2/Al_{1,28}Si_{2,72}O_{10}]^{0,64-} \\ Mg_{0,32}(H_2O)_4 \end{matrix}\right\}$

WEBB benannte das Mineral nach seiner charakteristischen Eigenschaft (gr. *vermis* = Wurm), sich beim Erhitzen stark aufzublähen und wurmförmig zu krümmen. Vermiculite sind Dreischichtminerale mit eingelagerten Kationen-Wassermolekül-Schichten, $c_0 = 2 \cdot 14{,}36$ Å. Hervorhebenswert ist außerdem die Si–Al-Diadochie in der Tetraederschicht. Monoklin. Der Chemismus wechselt: 14 bis 23% MgO, 5 bis 17% Fe_2O_3, 1 bis 3% FeO, 37 bis 42% SiO_2, 10 bis 13% Al_2O_3 und 8 bis 18% H_2O. Pseudomorphosen nach Biotit und eisenhaltigem Phlogopit.
Das Mineral ist braun, gelbbraun, goldgelb, bronzegelb, bisweilen grünlich. Häufig Fettglanz. $n_Y = 1{,}58$. H 1 bis $1^1/_2$. Spaltbarkeit 4 nach (001). D 2,4 bis 2,7. Beim Glühen starke Vergrößerung des Volumens (18- bis 25fach!). Geglühter Vermiculit hat goldige oder silbrige Farbe und niedrigere Dichte (0,6 bis 0,9). Gute Wärmeisolationseigenschaften. Hohes Kationenaustauschvermögen.
Entsteht bei der hydrothermalen Umwandlung von Biotit bzw. Phlogopit sowie bei der Verwitterung dunkler gesteinsbildender Minerale. Lagerstätten: Libby (Montana, USA), Palabora (Transvaal, Südafrika), Bulgarien, Australien u. a. Gebrannte Vermiculitmassen dienen als Wärmeisolationsmaterial zum Verputzen von Dampfleitungsrohren, Kesseln, Öfen usw. und als Schallisolationsmaterial. Auf Grund der schönen Farbe Verwendung in der Tapetenindustrie.

Protovermiculit enthält etwas weniger Al und Fe^{3+}. Ähnlich *Hallit* und *Jefferisit.*

Batavit ist eisenfreier Vermiculit. Farblos. D 2,18. Aus Graphit von Passau (Österreich).

Saponit: $\left\{\begin{matrix} Mg_{3-2,25}Fe_{0-0,75}[(OH)_2/Al_{0,33}Si_{3,67}O_{10}]^{0,33-} \\ (1/2\ Ca, Na)_{0,33}(H_2O)_4 \end{matrix}\right\}$

Dichte, weißgraue, auch anders gefärbte und sich fettig anfühlende Substanzen; ein quellfähiges Dreischichtsilikat. H $1^1/_2$. D 2,3. Hydrothermales Zersetzungsprodukt in Serpentinen. Varietäten des Saponits sind: *Aluminium–Saponit*; *Ferri–Saponit* (= *Griffithit* = *Lembergit*), ein dunkelgrünes, vulkanisch-hydrothermal gebildetes Mineral; *Zink–Saponit* (= *Saukonit*), ein Zn–Al-Saponit aus der Verwitterungszone von Zn-Lagerstätten, z. B. in Altenberg bei Aachen (BRD); *Kupfer-Saponit* (= *Med-*

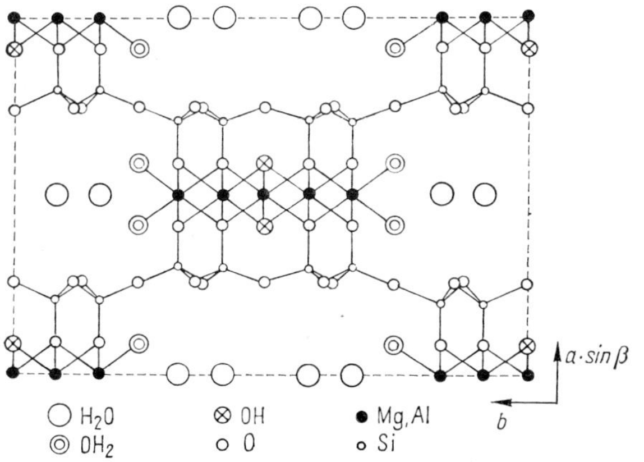

Bild 11.130. Palygorskitstruktur. Projektion der SiO_4-Doppelketten auf die (001)-Ebene [84]

montit) aus der Oxydationszone von Cu-Lagerstätten in Paragenese mit Chrysokoll; *Nickel-Saponit* (= *Pimelit*), ein grünes, dichtes, specksteinartiges Verwitterungsprodukt von Olivingesteinen, gemeinsam mit Garnierit und anderen silikatischen Ni-Mineralen auf Nickellagerstätten. *Stevensit* ist ein Mn-Saponit; *Hectorit* ein Li-Saponit; *Cardenit* ist ein Ca-reicher Saponit. Ähnlich ist der zinkhaltige *Zinalsit*.

Palygorskit: $(Mg, Al)_2[OH/Si_4O_{10}] \cdot 2\,H_2O + 2\,H_2O$. Rhombisch oder monoklin. Tetraederschichtstruktur mit kettenförmigen Bauelementen (s. Bild 11.130) in Richtung [100]. Ein Teil des Wassers ist Konstitutionswasser (OH) bzw. Kristallwasser ($\cdot\,2\,H_2O$), ein anderer Teil ist zeolithisch gebunden ($+ 2\,H_2O$). Chemismus ist schwankend (auch *Ferripalygorkit*). Oft wirrfasrige Massen, mit alten Bezeichnungen wie *Bergleder*, Bergkork, Bergholz, Bergfleisch. Hohe Porösität, geringe Dichte (2,1 bis 2,3). Weiß, grau, gelblich, bräunlich. $n_Y = 1{,}55$. H 2 bis $2^1/_2$. Bei 220 °C wird bis zu 15 % des Wassers allmählich abgegeben. In verwitterten Mg-reichen Gesteinen. In Nestern und unregelmäßigen, flözförmigen Lagern entsteht er auch in Sedimentgesteinen. In der Sowjetunion kommt Palygorskit in verhältnismäßig großen Mengen u. a. an der Wolga in der Gegend von Gorki; in der Tatarischen ASSR (Rayon Tetjusinsk); in der Ukraine (Rayon Korosten); auf der Krim bei Simferopol. In den USA z. B. bei Attapulgus (Georgia) als *Attapulgit*. Wo er in größeren Mengen vorkommt, kann er als Wärme- und Schallisolationsmaterial Verwendung finden. Weiterhin kann er zur Trennung von globularen Molekülen eingesetzt werden (vgl. Zeolithe).

Sepiolith: $Mg_4[(OH)_2/Si_6O_{15}] \cdot 2\,H_2O + 4\,H_2O$; rhombisch, auch *Meerschaum* genannt. Kryptokristalline erdige oder porös-knollige kompakte, meist weiße Massen, bestehend aus feinsten Nädelchen. H 2 bis $2^1/_2$. D 2, schwimmt aber wegen seiner Porosität auf Wasser. Stark an der Zunge klebend. Zersetzungsprodukt von Mg-reichen Gesteinen. *Ferrisepiolith* mit Fe^{2+} und Fe^{3+}. *Loughlinit* mit Na für einen Teil des Mg.
In der größten Sepiolithlagerstätte Eskesehiv in der Türkei befindet sich das wirtschaftlich genutzte Mineral in den obersten erdigen Partien einer holozänen Serpentinitbrekzie. Weitere Lagerstätten in Tansania (Massai-Distrikt) und Kenia. Nutzung zur Wärme- und Schallisolation, Meerschaum für Tabakpfeifen u. a.
Ni-haltig ist *Falcondoit* $(Ni, Mg)Si_{12}O_{30}(OH)_4 \cdot 12\,H_2O$; rhombisch. Von Banao, Dominik. Republik.

Pyrophyllit: $Al_2[(OH)_2/Si_4O_{10}]$

Entdeckung: Hermann benannte das Mineral 1829 nach den griechischen Wörtern *pyr* = Feuer und *phyllon* = Blatt.

Chemismus: Theor. 28,3 % Al_2O_3, 66,7 % SiO_2, 5,0 % H_2O. In der Oktaederschicht treten häufig Brucitmoleküle auf (bis 9 % MgO); weiter kommen vor Fe (bis 4 %), Ca, Alkalien und Ti.

Kristallogr.: Monoklin. Dioktaedrisches Dreischichtsilikat; zwischen den beiden SiO_4-Tetraederschichten ist eine Hydrargillitschicht ($Al(O, OH)_6$-Oktaederschicht) eingebettet. Keine einzelnen Kristalle, stets feinschuppige oder plattigstrahlige Aggregate; derartige feste Gesteine werden *Agalmatolith* (*agalma* = Statue) oder *Pagodit* genannt.

Physik. Eigensch.: Weiß, gelblich, blaßgrün, durchsch. Glasglanz. Perlmutterglanz bei schuppigen Aggregaten. n_{ZYX} = 1,600, 1,588, 1,552. H 1 bis $1^1/_2$; fühlt sich fettig an; milde biegsam. Spaltbarkeit 4 nach (001). D 2,66 bis 2,90. Säurefest.

Diagnose: Charakteristisch sind Härte, Farbe und Glanz; zu verwechseln mit Talk.

Genese: Pyrophyllit kommt gelegentlich in tiefthermalen Ganglagerstätten in Begleitung von Quarz, Karbonaten, Hämatit und anderen Mineralen vor. Bisweilen in sehr großen Mengen in tonerdereichen metamorphen Schiefern verbreitet. Er bildet sich wahrscheinlich auf Kosten beidellit- oder montmorillonitreicher Sedimentgesteine bei bedeutend höheren Temperaturen. Er ist auch in Pseudomorphosen nach Andalusit, Cyanit, Muskovit und anderen Aluminium- und Alumosilikaten bekannt, die sich wahrscheinlich durch hydrothermale Einwirkung gebildet haben.
In größeren Mengen wird Pyrophyllit in Japan, Südkorea, Südafrika, USA, Brasilien und Peru gewonnen. In Japan arbeiten etwa 40 Gruben in der Nähe von Okoyama. In der DDR gelegentlich als Kluftmineral in metamorphen Gesteinen (z. B. Schwarzburger Sattel).

Nutzung: Als Füllstoff und keramischer Rohstoff in der Papierindustrie, Keramik, Gummiindustrie.

Burckhardtit: $Pb_2(Fe, Mn)^{3+}AlTeSi_3O_{10}(OH)_2O_2 \cdot H_2O$; monoklin. Rote Rosetten, von Mactezuma (Mexiko).

Cuprorivait: $CaCu[Si_4O_{10}]$; tetragonal. Blättrige blaue Aggregate, D 3,09, pleochroitisch. Von Vesuv.

Gillespit: $BaFe[Si_4O_{10}]$; tetragonal. Kontaktmetamorph. Rote, schuppige Aggregate von Alaska. H 4. D 3,3. n_0 = 1,621.

Fenaksit: $KNa(Fe, Mn)[Si_4O_{10}] \cdot {}^1/_2\, H_2O$; monoklin. Rosa, D 2,74. Aus Pegmatit von Halbinsel Kola (UdSSR).

Apophyllit: $KCa_4[F/(Si_4O_{10})_2] \cdot 8\, H_2O$; tetragonal. Stets aufgewachsene, perlmutterartig glänzende, meist weißlich-rötliche pyramidale und würfelige xx. Blättrige sowie körnige Aggregate. In Basaltmandeln: Siebengebirge (BRD), Böhmisches Mittelgebirge (ČSSR); auf Erzgängen, z. B. Andreasberg (BRD) und Kongsberg (Schweden); bei Bombay (Indien). *Natroapophyllit* ist rhombisch.

Sanbornit: $Ba_2[Si_4O_{10}]$; triklin. Weißes Kontaktmineral. Von Californien (USA).

Reyerit: $Ca_2[Si_4O_{10}] \cdot H_2O$; trigonal. Weißes Kontaktmineral in Basalten. Bei Usti (ČSSR). *Gyrolith:* $Ca_2[Si_4\,O_{10}] \cdot 4\, H_2O$; trigonal. Kontaktmineral, wie Reyerit.

Zeophyllit: $Ca_4[F_2/(OH)_2/Si_3O_8] \cdot 2\, H_2O$; triklin. Kontaktmineral, in Vulkaniten, z. B. in der Eifel (BRD).

Tscharoit (Čaroit): $(K, Ba, Sr)(Ca, Na)_2Si_4O_{10}(OH, F) \cdot H_2O$, monoklin. Violett, Kontaktgestein (mit Tinaksit) zwischen Alkaligestein und Kalkstein. Sibirien (UdSSR).

11.27. Muskovit–Biotit–Illit-Gruppe (Glimmer und Hydroglimmer)

In der »Glimmer«gruppe sind einige gesteinsbildend sehr wichtige Minerale zusammengefaßt: Biotit, Muskovit, Phlogopit und Margarit bilden sich magmatisch bis pegmatitisch (in meist sauren Gesteinen) sowie metamorph; Hydromuskovit (Illit) und

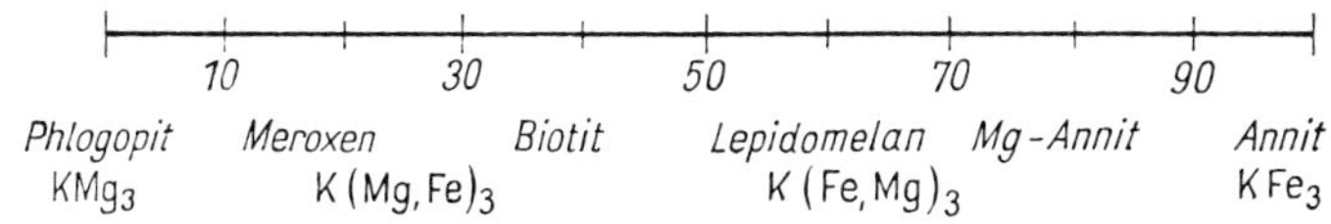

Bild 11.131. Gliederung der Dunkelglimmer (Biotitmischkristallreihe) nach den Kationen

Hydrobiotit entstehen bei gleichzeitigem K^+- und H_3O^+-Angebot im hydrothermalen und im Verwitterungsbereich.
Die Glimmerminerale sind Dreischichtsilikate, wobei durch das Ladungsdefizit infolge Si–Al-Substitution in die pseudohexagonalen Ringe der $(Si, Al)O_4$-Tetraederschicht Kalium, seltener Natrium- und Kalziumionen eingelagert sind (s. o.). Der c_0-Gitterabstand liegt deshalb bei 10 Å.
Eisenfreie Glimmer wie Muskovit und Phlogopit sind wichtige Industrieminerale; sie werden vor allem wegen ihrer Isolationswirkung (Elektro- und Wärmeisolation) genutzt. Illit ist ein wichtiger Bestandteil vieler Tone.
Biotit ist ein Mischkristall zwischen den beiden Endgliedern
Phlogopit $KMg_3[(OH, F)_2/AlSi_3O_{10}]$ und
Annit $KFe_3[(OH)_2/AlSi_3O_{10}]$.
Da diese Mischkristallreihe im wesentlichen durch die $Mg–Fe^{2+}$-Diadochie (wie bei der Olivin-, der Diopsid–Hedenbergit- und anderen Mischkristallreihen) gesteinsbildend wichtige Minerale einschließt, wird die im Bild 11.131 gezeigte vereinfachte Einteilung benutzt.

Muskovit: $KAl_2[(OH, F)_2/AlSi_3O_{10}]$

Entdeckung: Dana beschrieb das Mineral 1850. Name (Moskauer Glas) wahrscheinlich deshalb, weil die sibirischen hellen Glimmer früher über Moskau exportiert wurden.

Chemismus: Theor.: 11,8% K_2O, 38,5% Al_2O_3, 45,2% SiO_2, 4,5% H_2O. Ein intensiv grüner chromhaltiger Glimmer (Cr_2O_3 bis zu 4%) wird als *Fuchsit* (= Chrommuskovit) bezeichnet. Weiter können folgende Elemente enthalten sein: Ti (bis 3,9% TiO_2), Fe^{2+} (bis 6,5% FeO), Fe^{3+} (bis 8,3% Fe_2O_3, *Ferrimuskovit*), Mn (bis 2,3% MnO_2), Mg (bis 0,8% MgO), Ca (bis 4,5% CaO), Na (bis 5,2% Na_2O).

Kristallogr.: Dreischichtsilikat (dioktaedrisch) mit 25% Si–Al-Substitution und Einlagerung von K-Ionen in die Tetraederschichten zwischen die Dreischichtpakete, so daß ein Basisabstand von etwa 10 Å entsteht.
Es werden folgende Stapelfolgen ausgehalten (einfache polytype Strukturvarietäten):

1–1–1	(1 M)	Monoklin	$c_0 \sim 10,0$ (s. Bild 11.132)
1–2–1	(2 M)	Monoklin	$c_0 \sim 20,0$
1–2–3–1	(3 T)	Triklin	$c_0 \sim 30,0$

Die 1–2–1-Stapelfolge ist die häufigste (monoklin prismatisch). Kristalle gewöhnlich taflig oder plattig mit pseudohexagonalem Querschnitt (s. Bild 11.133). Seitenflächen sind meist in horizontaler Richtung stark gestreift. Zwilling nach dem Glimmergesetz

a)

b)

c)

Bild 11.132. Glimmer im mikroskopischen Bild

a) 1 M-Muskovit; Neubildung im Rotliegenden. Elmi-Aufnahme Vergr. 12000× [259]
b) idiomorphe Biotitkristalle, z. T. skelettartig, in Amphibolit, Vergr. etwa 20× [265]
c) idiomorpher Biotit im Amphibolit, Vergr. etwa 20× [265]

häufig (s. Bild 11.133). Aggregate blättrig-körnig oder schuppig mit Seidenglanz. Feinschuppiger Muskovit heißt *Sericit.*

Physik. Eigensch.: In dünnen Spaltblättchen durchsichtig und fast farblos, gelegentlich blaß gefärbt; Fuchsit ist intensiv grün. Glasglanz, auf Spaltflächen Perlmutterglanz. $n_Z = 1{,}588$ bis $1{,}615$, $n_Y = 1{,}582$ bis $1{,}611$, $n_X = 1{,}552$ bis $1{,}572$ (weitere Daten zur Optik s. Bild 11.115). H 2 bis 3. Elastisch biegsam. Spaltbarkeit 5 nach (001), 1 nach (110) und (010). D 2,76 bis 3,10. Elektro- und Wärmeisolator. Säurefest. Zerstörung der Hydrargillitschicht bei 600 °C.

Diagnose: Spaltbarkeit, Glanz, Härte, Transparenz und Biegsamkeit sind wichtige Bestimmungskriterien. Zu verwechseln mit Phlogopit.

Genese: Muskovit ist weit verbreitet. Als gesteinsbildendes Mineral gehört er zu den Gemengteilen einiger Intrusivgesteine, insbesondere mancher Granite und der Greisen, d. h. ihrer pneumatolytisch zersetzten Abarten. In Paragenese mit Muskovit treten u. a. Topas, Lithiumglimmer, Quarz, bisweilen Wolframit, Kassiterit und Molybdänit auf. Muskovit bildet sich in diesen Fällen hauptsächlich aus den früher auskristallisierten Kalifeldspäten.
Verhältnismäßig häufig kommt Muskovit in granitischen Pegmatitgängen in großen Kristallen vor, die industrielle Nutzung finden. Muskovit tritt in diesen Gängen, besonders in den zentralen Teilen, nicht selten in nestförmigen Anhäufungen von 1 bis 2 m im Querschnitt auf. Gewöhnlich aber ist er in Form großer Kristalle in der ganzen Masse des Pegmatits oder längs bestimmter Zonen regellos verstreut. Als

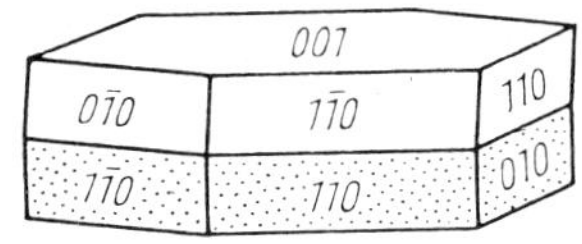

Bild 11.133. Glimmerkristalle von unterschiedlichem Habitus [221, 265]

Oben: Phlogopit (Moss, Norwegen), Biotit (Brevik, Norwegen)
Mitte: Muskovit (Hill City, Süddakota, USA)
Unten: Muskovit (Bamble, Norwegen)
Rechts oben: Zwilling nach dem Glimmergesetz; Verwachsungsebene (001)

kleinste Einschlüsse in den Muskovitkristallen sind bisweilen Zirkon, Rutil in Form des Sagenits, Apatit, Spinell, Granat, Turmalin, Quarz und Magnetit verschiedentlich orientiert eingelagert festzustellen.
In kontaktmetasomatischen Lagerstätten kommt Muskovit selten vor. Bekannt sind Beispiele, wo sich kleinkörniger Muskovit in Sandsteinen am Kontakt mit Graniten und anderen sauren Eruptivgesteinen bildet. In hydrothermalen Erzlagerstätten und hydrothermal zersetzten Gesteinen sind die Vorgänge der Sericitisierung außerordentlich stark entwickelt (vgl. Tab. 16.16, 16.17 u. 16.22).
In metamorphen Gesteinen sind Muskovit (und Sericit) weit verbreitet. Bekannt sind ausgedehnte Vorkommen von Gneisen, Glimmerschiefern, sericithaltigen Tonschiefern und Phylliten sowie muskovitführenden Quarziten. In diesen Gesteinen fehlen gewöhnlich die Feldspäte.
Bei den Verwitterungsvorgängen ist Muskovit chemisch verhältnismäßig beständig und geht oft in die Sedimente über. Infolge seiner Fähigkeit, leicht in feine Blättchen zu zerspalten, und infolge seiner relativ geringen Dichte wird er gewöhnlich in Form kleinster, silbriger Flitter in Schlammabsätzen und geschichteten Tonen angehäuft, die sich in den Wasserbecken bei geringer Wasserbewegung absetzen. Bei intensiv chemischer Verwitterung kann Muskovit in wasserreichere Hydroglimmer (Hydromuskovit, Illit) übergehen. Bei saurer Reaktion der Lösung erfolgt seine Umwandlung zu Kaolinit.
Die größten Muskovitproduzenten sind die USA, Indien, die UdSSR und Norwegen. Indien ist bekannt durch großformatige Glimmerplatten aus den Lagerstättenarealen von Bihar, Radjastan, Andhra Pradesch u. a.

Die *Nutzung* basiert auf einer Vielzahl von Eigenschaften (vgl. Bilder 5.8 und 5.9). Block-, Spalt- und Abfallglimmer werden in den verschiedensten Erzeugnissen als Elektro- und Wärmeisolator verwendet (Generatoren, Kondensatoren, Röhren, elektrische Lampen, Heizgeräteisolation). Weiterhin wird Glimmer in der Tapetenindustrie für Brokatfarben und für eine Reihe anderer Erzeugnisse verwendet.

Pinit ist feinstblättriger Muskovit, pseudomorph nach Cordierit (vgl. Tab. 16.22).
Bariummuskovit (= *Öllacherit*) $(K, Ba)(Al, Mg)_2[(OH, F)_2/AlSi_3O_{10}]$ enthält bis 10% BaO.

Phengit: $K(Fe, Mg)Al[(OH, F)_2/(Al, Si)Si_3O_{10}]$ aus epizonal metamorphen Schiefern. *Alurgit* ist ein roter Mn-haltiger, *Mariposit* ein Cr-haltiger Phengit. *Leukophyllit:* $K\,MgAl[(OH)_2/Si_4O_{10}]$

Paragonit: (Natronglimmer) $NaAl_2[(OH, F)_2/AlSi_3O_{10}]$. Feinschuppige bis dichte weiße bis hellgrüne Massen. Gesteinsbildend im epizonalen Paragonitschiefer, z. B. aus den Alpen und dem Ural.

Roscoelith: $KV_2[(OH)_2/AlSi_3O_{10}]$. Kleinschuppiger, olivgrüner bis dunkelbraungrüner Vanadiummuskovit. Selten, auf quarzreichen hydrothermalen Erzgängen sowie häufig im Coloradosandstein (USA).

Glaukonit: $(K, Ca, Na)_{<1}\,(Al, Fe^{3+}, Fe^{2+}, Mg)_2[(OH)_2/Al_{0,35}Si_{3,65}O_{10}]$

KEFERSTEIN beschrieb das meist blaugrüne Mineral 1828 (gr. *glaukos* = bläulich). Der Chemismus schwankt in weiten Grenzen, z. B. 4 bis 9,5% K_2O und 5 bis 13,5% H_2O; Al-reiche bzw. Fe^{3+}-reiche Varietäten können als *Aluminoglaukonit* oder *Eisenglaukonit* bezeichnet werden. Monoklin. Kristalle selten, pseudohexagonal (mit 1-M- oder 1-Md-Struktur). Meist gerundete Körnchen und Kügelchen (bis zu einigen Millimetern s. Bild 11.134). Grün, dunkelgrün bis grünlichschwarz. Matt bis Glas- oder Fettglanz. n_Y = 1,613 bis 1,643. H 2 bis 3. Spröde. D 2,2 bis 2,8. In konzentrierter HCl wird er zersetzt.

Glaukonit entsteht in Sedimenten fast ausschließlich im marinen Bereich (in Sandsteinen, Mergeln, Tonen, Tonkarbonatgesteinen, in Phosphoritschichten), und zwar in verhältnismäßig geringer Tiefe, in Küstenzonen (Schelfgebieten) der Meere und Ozeane. Durch Verwitterung entstehen aus Glaukonit Eisenhydroxid und SiO_2. Mit diesen Vorgängen hängt häufig die Bildung gewisser Limonitlagerstätten zusammen. Eine riesige Lagerstätte von phosphoritführenden Glaukonitsanden aus der oberen Kreide befindet sich in der Ukraine, sie sind aber auch in tertiären Ablagerungen am Ostabfall des Urals, im Wolgagebiet und an vielen anderen Stellen verbreitet. In Mitteleuropa kennen wir glaukonitführende Sedimente aus der Kreide (z. B. als »Essener Grünsande«) sowie aus dem Tertiär (z. B. der oligozäne Glaukonitsand bei Leipzig, im Deckgebirge der Braunkohlenflöze). Genutzt wird Glaukonit als grüne, säure- und alkalibeständige ungiftige Farbe, auch zur Wasserenthärtung, Bodenverbesserung und für andere Zwecke. Dem Geologen ist er ein wichtiger Faziesanzeiger.

Dem Glaukonit ähnlich ist der seltene *Skolit*, etwa $K(Mg, Fe^{2+} Ca)(Al, Fe^{3+})_3H_4Si_6O_{20}$

Seladonit: $K_{0,8}(Fe_{1,4}{}^{3+}Mg_{0,7})[(OH)_2/Al_{0,4}Si_{3,6}O_{10}]$. Im frischen Zustand grüne, dicht- bis feinblättrige Aggregate; ein hydrothermales Zersetzungsprodukt basischer Gesteine und einiger ihrer Minerale (v. a. Olivin, Augit), auch Ausfüllung von »Mandeln« in Spiliten, Melaphyren usw. Bekannt von Zwickau und Ostthüringen (DDR), Oberer See (USA) usw.

Bild 11.134. Glaukonit aus der Kreide von Slenaken bei Maastricht (Holland), Korngröße 0,063 bis 0,5 mm [274]

Biotit: $K(Mg, Fe)_3[(OH, F)_2/AlSi_3O_{10}]$

Entdeckung: HAUSMANN beschrieb das Mineral 1847; benannt nach dem Physiker J. B. BIOT.

Chemismus: Nach der oben gegebenen Abgrenzung des Biotits von den anderen Mineralen der Mischkristallreihe (vgl. Bild 11.131) gilt folgender Chemismus: 10,2 bis 10,6% K_2O, 14,5 bis 20,5% MgO, 12,5 bis 21,0% FeO, 11,1 bis 11,5% Al_2O_3, 39,4 bis 41,0% SiO_2 und 4,1% H_2O. Durch weitere Diadochie kommen meist Mn und Fe^{3+} (*Monrepit*), Ti, Na, ferner Li, Ba, Sr, Cs vor.

Kristallogr.: Dreischichtsilikat; durch 25% Si–Al-Substitution Einlagerung von K-Ionen in die pseudohexagonalen Ringe der Tetraederschicht. Biotit tritt vor allem als 1M- (Stapelfolge 1–1–1), aber auch als 3T-Glimmer (1–2–3–1) auf; er ist also vorwiegend monoklin (prismatisch). Kristalle tafelig, pseudohexagonal (s. Bild 11.133), oft säulig, pyramidal. Aggregate als dichte plattig- oder schuppig-körnige Massen.

Physik. Eigensch.: Dunkelbraun bis schwarz, dunkelgrün, bisweilen mit orange, rötlicher oder anderer Tönung. Undurchsichtig bis durchscheinend. Glasglanz, auf Spaltflächen Perlmutterglanz. $n_{Z,Y}$ = 1,60 bis 1,66, n_X = 1,56 bis 1,60 (weitere Daten zur Optik s. Bild 11.115). H $2^1/_2$ bis 3. Elastisch biegsam. Spaltbarkeit 5 nach (001). D 3,02 bis 3,12. HCl wirkt schwach ein; in H_2SO_4 vollständige Zersetzung.

Diagnose: Spaltbarkeit, Härte, Glanz, Transparenz und Biegsamkeit sind wichtige Bestimmungskriterien. Zu verwechseln mit anderen Gliedern der Mischkristallreihe.

Genese: Gesteinsbildend kommt Biotit in vielen Magmatiten vor, so in Graniten, Syeniten, Dioriten, in Trachyten und Porphyren; selten in basischen Gesteinen; in großen Kristallen in Pegmatitgängen saurer Gesteine. Verschiedentlich in Paragenese mit Muskovit, mit dem er bisweilen parallele oder zonare Verwachsungen bildet, wobei die Spaltflächen durch beide Glimmer ohne Unterbrechung hindurchlaufen. In hydrothermalen Erzgängen kommt Biotit äußerst selten vor, und dann meist im »halbzersetzten« Zustand. Biotit ist in einigen metamorphen Gesteinen weit verbreitet: in kristallinen Schiefern, besonders in den Gneisen und Glimmerschiefern, auch in Kontakthornfelsen.
Durch chemische Verwitterung wird er relativ schnell zersetzt (z. B. Baueritisierung). Hierbei verliert er die Alkalien, und das zweiwertige Eisen geht in dreiwertiges über. Gleichzeitig erfolgt anscheinend eine Hydratisierung (Übergang in Hydrobiotit). Das Mineral verliert Glanz und Elastizität und wird »mürbe«. Im Endstadium der chemischen Zersetzung bilden sich Eisenhydroxide und Tonminerale. Bei schneller Erosion geht Biotit in die Sedimente über, wird gespalten, zerkleinert und mit anderem feinem Material in ruhenden Gewässern abgesetzt. Als leichtes Material werden die Kristalle auf der Oberfläche des ausgewaschenen Sediments abgesetzt. Hier erleidet der Biotit mit der Zeit gewisse Veränderungen (vgl. a. Oxydation) und nimmt eine kräftige Goldtönung an. Im Volksmund werden diese Flitter als »Katzengold« bezeichnet.
Nutzung: Biotit kommt weltweit vor: das Mineral wird allein nicht genutzt.

Natronbiotit: $(Na, K)(Al, Mg, Fe, Li)_{2-3}[(OH, F)_2/AlSi_3O_{10}]$. *Siderophyllit:* $KFe_{2,5}Al_{0,5}[(OH)_2/Al_{1,5}Si_{2,5}O_{10}]$. *Manganophyllit:* Mn-reicher Biotit (MnO bis 18%), z. B. von Långban (Schweden). ***Titanbiotit*** enthält Ti für Al (***Wodanit*** bis 12% TiO_2). ***Caesiumbiotit*** mit 3,1% Cs_2O. ***Anomit*** ist ein Biotit mit abweichender Lage der optischen Daten. ***Astrolith*** angeblich $(Na, K)_2Fe^{2+}(Al, Fe^{3+})_2Si_5O_{15} \cdot H_2O$; aus dem Vogtland (DDR). *Montdorit:* $K_2(Fe^{2+}, Mg, Mn)_5[Si_4O_{10}]$, monoklin. Grüne Blättchen. Von Mon Dore (Frankreich).

Phlogopit: $KMg_3[(F,OH)_2/AlSi_3O_{10}]$

ist das Mg-Endglied der Biotitmischkristallreihe, der sog. Magnesiaglimmer. Im Gegensatz zum Biotit, der vor allem in der Hauptkristallisation der Magmatite gebildet wird, entsteht der Phlogopit pegmatitisch und pneumatolytisch, besonders auch im Bereich magmatischer Kontakte zu Dolomiten. Paragenese: Diopsid, Forsterit, Spinell, Skapolithe, Apatit usw. Seine physikalischen Eigenschaften sind mit Biotit ähnlich. Er ist aber heller (in der Farbe meist zwischen Muskovit und Biotit), hat bessere elektrische Isolatoreigenschaften und kommt oft in größeren Kristallen vor. Bekannte Vorkommen: Sludjanka am südlichen Baikal (UdSSR), Kanada, Madagaskar, Indien, Korea; in Europa: Schweden, Finnland, Alpen. Lokal praktische Bedeutung (vgl, Glimmer Tab. 16.31, Bilder 5.8 und 5.9).

Agrellit: $NaCa_2Si_4O_{10}F$; pseudomonoklin. In metamorphen Alkaligesteinen von Kanada.

Hydromuskovit: $(K, H_3O)Al_2[(OH)_2/AlSi_3O_{10}]$ Illit z. T.

Illite sind Hydromuskovite in Tonteilchengröße (s. Bild 11.135), sie besitzen vorzugsweise 1Md-, 1M-, seltener 2M-Struktur, sind also monoklin. Durch den teilweisen Ersatz von K durch H_3O-Moleküle erfolgt nur eine sehr geringfügige Gitteraufweitung; der c_0-Abstand wird mit 20,05 Å angegeben. Die H_3O-Moleküle sind nur wenig größer als das K-Ion ($H_3O^+ \approx 1{,}5$ Å, K = 1,33 Å), sie passen genau wie das K^+ in den pseudohexagonalen Ring der Tetraederschicht zwischen die Dreischichtpakete. Der K_2O-Gehalt liegt zwischen 2 und 9%. Aggregate sind schuppig, feinplattig. Weiß. Fühlt sich fettig an. Weniger elastisch biegsam als Muskovit. n = 1,55 bis 1,58 (abhängig vom H_2O-Einbau).
Hydromuskovit entsteht meist durch teilweise Hydrolyse des Muskovits, z. B. von Glimmerschiefern und Quarz-Serizitgesteinen. Der sericitische Hydromuskovit (Sericit) ist fast immer bei der Umwandlung der Feldspäte (in Kaolinit) neu gebildet worden. Deshalb ist er in Böden und jungen Sedimenten anzutreffen, die sich bei semiaridem Klima v. a. auf sauren und intermediären Eruptivgesteinen gebildet haben. Er ist das häufigste Tonmineral der jüngeren Tone (v. a. Tertiär) in Mitteleuropa.

Hydroparagonit: $(Na, H_3O)Al_2[(H_2O, OH)_2/AlSi_3O_{10}]$. Monoklin (auch *Brammallit* genannt).

Gümbelit ist ein Mg-Hydromuskovit. In Tonschiefern und Kieselschiefern auf Klüftchen und in Fossilien (z. B. Graptolithen). *Bravaisit, Göschwitzit, Kryptotil* und *Schilkinit* sind dem Illit ähnlich oder gleich.

Hydrobiotit: $(K, H_3O)(Mg, Fe^{3+}, Mn)_3[(OH)_2/AlSi_3O_{10}]$. *Ledikit* ist Hydrobiotit in Tonteilchengröße.

Hydrophlogopit: $(K, H_3O)Mg_3[(OH)_2/AlSi_3O_{10}]$. c_0 = 10,44 Å (Phlogopit hat c_0 = 10,26 Å, also nur geringfügige Gitteraufweitung).

Bild 11.135. Illit. Elektronenmikroskopische Aufnahme, Vergr. 20000 × [259]

Stilpnomelan: Übergangsmineral von Hydro-Lepidomelan zu Montmorillonit (Dreischichtmineral mit H_3O-Molekülen anstelle der K-Ionen und H_2O-Molekülschicht zwischen den Schichtpaketen (c_0 = 12,14 Å)). Auf Klüften von Eisenerzen des Lahn-Dill-Typs, in Diabasen usw. Monoklin (pseudohex.), oft grobblättrig, auch erdig und fasrig; D 2,8 bis 3,0.

Parsettensit: Mn-Stilpnomelan. Hydrothermal auf Klüften sowie regionalmetamorph, z. B. von der Parsettens-Alpe (Graubünden, Schweiz).

Ekmanit: $(Fe^{2+}, Mg, Mn, Fe^{3+})_{<3}[(OH)_2/(Si, Al)Si_3O_{10}] \cdot (H_2O)_2$. Kluftmineral auf Fe–Mn-Lagerstätten. Hellgraugrün. Hydrothermal.

Ganophyllit: $(Na, K, Ca)_{1,2}(Mn, Fe^{3+}, Al, Mg)_{4,7}[(OH)_5/(Si, Al)_6O_{15}] \cdot 2\,H_2O$; monoklin.

Stilpnochloran: $(Ca, K, H_3O)(Al, Fe, Mg)_3[(OH, O)_2/(Si, P)_4O_{10}] \cdot (H_2O)_4$. Braungelbes, chloritartiges Verwitterungsprodukt von Stilpnomelan. Ähnlich sind *Kerrit, Maconit, Epichlorit* und *Vaalit.*

Margarit: $CaAl_2[(OH)_2/Al_2Si_2O_{10}]$

FUCHS benannte das Mineral 1823 nach dem gr. Wort *margarites* = Perle (Perlglimmer). Margarit enthält 14% CaO, 51% Al_2O_3, 30% SiO_2 und etwa 5% H_2O. Durch 50% Si–Al-Substitution ist Einlagerung von Ca^{2+} in die pseudohexagonalen Ringe der Tetraederschicht möglich. Da Ca kleiner als K ist, erreicht der c_0-Gitterabstand nur 19,75 Å. Stapelfolge 1–2–1. Monoklin (prismatisch). Kristalle feinplattig; gut ausgebildete Kristalle sind selten. Aggregate blättrig, schuppig.
Perlweiß, hellgrau, rosa und gelblich. Auf Spaltflächen Perlmutterglanz. n_Y = 1,643. H $3^1/_2$ bis $5^1/_2$. Spröde (daher auch Sprödglimmer). Spaltbarkeit 4 nach (001). Schlag- und Druckfigur gegenüber Muskovit umgekehrt. D 2,99 bis 3,08. In kochender HCl teilweise Zersetzung. Regionalmetamorph. In Chloritschiefern im Zillertal (Tirol, Österreich), im Ural (UdSSR), in USA.

Weitere Sprödglimmer:

Ephesit: $(Na, Ca)Al_2[(OH)_2/Al(Al, Si)Si_2O_{10}]$ Na-Margarit; monoklin. Auf Manganerzlagerstätte Postmasburg (Südafrika).

Bityit (Bowleyit): $CaLiAl_2[(OH)_2/AlBeSi_2O_{10}]$; monoklin. Muskovitähnlich, von Bity (Madagaskar).

Xanthophyllit: $Ca(Mg, Al)_{3\ 2}[(OH)_2/Al_2Si_2O_{10}]$. Monoklin. Gelbgrün bis graubraun. Aus epimetamorphen Schiefern (Opt. Achse ∥ b). *Clintonit* wie Xanthophyllit, aber optische Achse ⊥ b (010).

Anhang:

Fedorit: $K_{0,25}NaCa[Al_{0,25}Si_{3,75}O_9(OH)] \cdot 1,5\,H_2O$. Pseudohexagonale glimmerähnliche xx aus fenitisierten Sandsteinen von Kap Turja (UdSSR); D 2,58; n_X = 1,522.

Carletonit: $KNa_4Ca_4[(F, OH)/(CO_3)_4/Si_8O_{18}] \cdot H_2O$; tetragonal. Rosa bis fahlblaue derbe Massen, # 5 (001), also Schichtgitterstruktur; von thermisch metamorphosierten Einschlüssen, z. B. Kanada. Paragenese: Pektolith, Albit, Arfvedsonit, Calcit, Fluorit, Apophyllit. H 4 bis $4^1/_2$; D 2,45; n_0 = 1,521.

Bannisterit: $(K, Na, Ca, H_2O)_{0,5}(Mn, Mg, Fe^{2+}, Zn, Al)_{4,8}[(OH)_5/Si_6O_{15}] \cdot 2\,H_2O$. Dunkelbraune glimmerartig-tafelige xx von Franklin (USA), die bisher als Ganophyllit beschrieben wurden. D 2,92; n_Y = 1,586, stark pleochroitisch.

Zussmanit: $K(Fe^{2+}, Mg)_{12}[(OH)_7/Si_3O_9/Si_{5,5}Al_{0,5}O_{18}]_2$; trigonal (rhomboedrisch). Fahlgrüne tafelige xx aus metamorphen Sedimenten von Californien (USA). D 3,146; n_0 = 1,643, geringer Pleochroismus (Paragenese vgl. Deerit).

Svetlozarit: $(Ca, K_2Na_2)[Al_2Si_{12}O_{28}] \cdot 6\,H_2O$; rhombisch. In Chalcedonen von Bulgarien.

11.28. Chlorit–Chloritoid-Gruppe

Die Chlorite sind Minerale, die im Anschluß an Talk hätten behandelt werden können. Sie bestehen aus Talkschichten mit zwischengelagerten $(Mg, Fe)(OH)_6$-Oktaederschichten, haben also ein Vierschichtgitter; c_0 wird dadurch 14,3 Å. Sie entstehen ebenfalls vorwiegend durch metasomatische Veränderung Mg-reicher Gesteine. Das Mischkristallsystem der Chlorite wird chemisch, wie das Bild 11.136 zeigt, hauptsächlich durch die Komponenten

Fe^{2+}, Fe^{3+}, Mg und Al

bestimmt.

Dementsprechend kann man unterscheiden:

– *Talk-Chlorite* (Mg-Chlorite), (Mg-reich, häufig)

z. B. Pennin $\left\{\begin{matrix}(Mg,Al)_3[(OH)_2/Al_{0,5...0,9}, Si_{3,5...3,1}O_{10}] \\ Mg_3(OH)_6\end{matrix}\right\}$

Bei Ersatz von Mg durch Ni entstehen *Ni-Chlorite* (z. B. Schuchardtit), bei Ersatz von Al durch Cr entstehen *Cr-Chlorite* (z. B. Kämmererit)

– *Ferro-Chlorite*, (Fe^{2+}-reich)

z. B. Brunsvigit $\left\{\begin{matrix}(Fe^{2+}, Al, Mg)_3[(OH)_2/AlSi_3O_{10}] \\ (Fe, Mg)_3(OH)_6\end{matrix}\right\}$

– *Ferro-Ferri-Chlorite* (Leptochlorite), (Fe^{3+}-reich)

z. B. Chamosit $\left\{\begin{matrix}(Fe^{2+}, Fe^{3+})_3[(OH)_2/AlSi_3O_{10}] \\ (Fe, Mg)_3(O, OH)_6\end{matrix}\right\}$

Thuringit $\left\{\begin{matrix}(Fe^{2+}, Fe^{3+}, Al)_3[(OH)_2/Al_{1,2-2}Si_{2,8-2}O_{10}] \\ (Mg, Fe^{2+}, Fe^{3+})_3(O, OH)_6\end{matrix}\right\}$

Nach neueren Untersuchungen lassen sich Orthochlorite (primär grobkristallin) durch vorsichtiges Erhitzen ohne Änderung der Kristallstruktur zu Leptochloriten (primär feinstkristallin) oxydieren. Durch Erhitzen entwässern Chlorite in zwei Stufen; zuerst erfolgt die Wasserabgabe in der Brucitschicht, in der zweiten Stufe dann die Dehydrierung und Bildung von Olivin. Bei noch höheren Temperaturen entstehen schließlich Spinell und Enstatit.
Etwas näher beschrieben werden die häufiger vorkommenden und z. T. wirtschaftlich wichtigen Talk-Chlorite und die Leptochlorite Chamosit und Thuringit.
Angeschlossen wird die Behandlung des Chloritoids, der mit den Chloriten makroskopische Ähnlichkeiten aufweist und mit ihnen verwechselt werden kann.

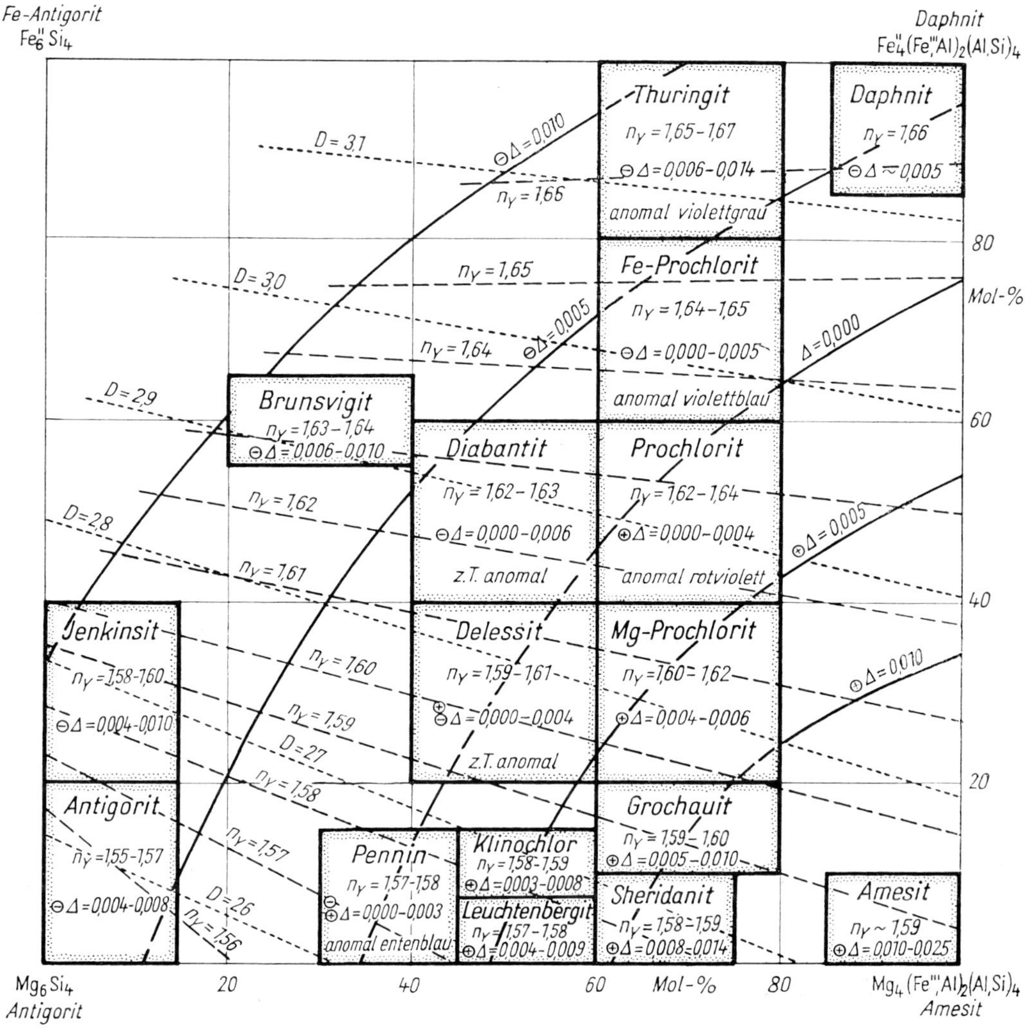

Bild 11.136. Chlorit-Diagramm [49]. Bestimmung der Chloritvarietäten anhand der optischen Daten und der Dichte

Talkchloride

Zu den Talkchloriten gehören folgende monokline Minerale, geordnet nach steigender Si–Al-Substitution:

Talk-Chlorit (DES CLOIZEAUX, 1862)	$\left\{\begin{matrix} Mg_3[(OH)_2/Si_4O_{10}] \\ Mg_3(OH)_6 \end{matrix}\right\}$
Pennin (FRÖBEL und SCHWEIZER, 1840)	$\left\{\begin{matrix} (Mg, Al)_3[(OH)_2/Al_{0,5-0,9}Si_{3,5-3,1}O_{10}] \\ Mg_3(OH)_6 \end{matrix}\right\}$
Klinochlor (BLAKE, 1851)	$\left\{\begin{matrix} (Mg, Al)_3[(OH)_2/AlSi_3O_{10}] \\ Mg_3(OH)_6 \end{matrix}\right\}$
Sheridanit (WOLFF, 1912)	$\left\{\begin{matrix} (Mg, Al)_3[(OH)_2/Al_{1,2-1,5}Si_{2,8-2,5}O_{10}] \\ Mg_3(OH)_6 \end{matrix}\right\}$
Rhipidolith (KOBELL, 1839) Prochlorit	$\left\{\begin{matrix} (Mg, Fe, Al)_3[(OH)_2/Al_{1,2-1,5}Si_{2,8-2,5}O_{10}] \\ Mg_3(OH)_6 \end{matrix}\right\}$
Korundophilit (SHEPARD, 1851)	$\left\{\begin{matrix} (Mg, Fe, Al)_3[(OH)_2/Al_{1,5-2}Si_{2,5-2}O_{10}] \\ Mg_3(OH)_6 \end{matrix}\right\}$

Pennin

Chemismus schwankt: 17,4 bis 34,9% MgO, 13,8 bis 21,3% Al_2O_3. Monoklin. xx pseudorhombisch plattig, tafelig, auch tonnenförmig. Seitenflächen horizontal gestreift. Zwillinge nach Penningesetz (001). Aggregate schuppig, plattig (s. Bild 11.137). Flaschengrün bis grünlichschwarz, bisweilen rosa und violett, selten silberweiß. In feinen Blättchen durchs. Mitunter zonar gefärbt. Auf Spaltflächen Perlmutterglanz. $n_Y = 1{,}571$. H 2 bis $2^1/_2$. Milde biegsam. Spaltbarkeit 5 nach (001). D 2,5 bis 2.6. In H_2SO_4 zum größten Teil zersetzt. Hydrothermale Bildung auf Klüften, auch in metamorphen Gesteinen (Chloritschiefer). Weltweit. Gelegentlich Verwendung in der Tapetenindustrie.

Klinochlor

Chemismus schwankt wie bei allen Chloriten. xx pseudohexagonal oder -rhombisch, tafelig, prismatisch und tonnenähnlich; gut ausgebildete xx kommen häufig vor. Zwillinge nach dem Pennin- und Glimmergesetz. Aggregate grobschuppig-körnig bis feinschuppig. Bläulichgrün bis blaß-olivgrün, gelb, bisweilen weiß, mit grauer, rosa, violetter Färbung. Durchs. bis durchsch. Auf Spaltflächen Perlmutterglanz. $n_Y = 1{,}56$. H 2 bis $2^1/_2$. Milde biegsam. Spaltbarkeit 5 nach (001). D 2,61 bis 2,78. Neben Pennin in Chloritschiefern weit verbreitet. Schöne große Kristalle z. B. aus dem Chloritschiefer der Sisimsker und Nazjamsker Berge am Westabfall des südlichen Urals (Rayon Zlatoust) mit ausgezeichneten Klinochlor- und Leuchtenbergitkristallen neben Epidot, Diopsid, Granat, Vesuvian, Kalkspat und Titanit. Ferner aus dem Alatal in Piemont (ital. Alpen).

Etwas Al-reicher ist *Sheridanit* (Grochauit; Rumpfit). Vorkommen wie Klinochlor. Eisenreichere Chlorite heißen *Pyknochlorit*. *Amesit* ist der fast reine Mg–Al-Chlorit, der gleiche Chemismus kann allerdings auch eine kaolinitähnliche Struktur aufweisen. Das gleiche trifft für *Grovesit* $(Mn, Mg, Al)_6[(OH)_8/(Si, Al)_4O_{10}]$ zu. Cr-haltig ist der *Chrom-Amesit*.

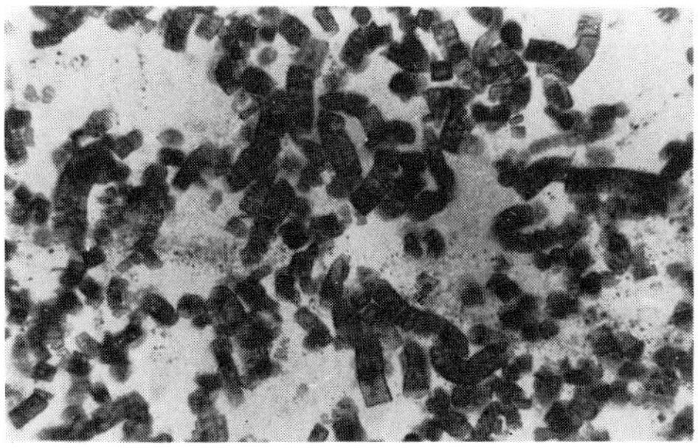

a)

b)

Bild 11.137. Chlorit

a) Chlorit-»Röllchen« im Quarz, lichtmikroskopische Aufnahme, Vergr. 20×

b) relativ grobkörniger Chlorit (≈ Delessit), meist radialstrahlig, lichtmikroskopische Aufnahme, Vergr. ≈20× [265]

Zu den Talkchloriten gehören die *Chrom-* und *Nickelchlorite*:

Chromchlorite:

Sie entstehen v. a. aus Mg-reichen Chloriten durch oft erheblichen Ersatz des Al durch Cr.

Kämmererit, ein Cr-Pennin, hat oft 5% Cr_2O_3. Es bildet sich in der Nähe von Chromiten bei der Serpentinisierung von Ultrabasiten. Rosarote Anflüge oder pfirsichblütenrote xx. Auf vielen Chromitlagerstätten, z. T. neben Uwarowit, z. B. im Ural (Syssert), in der Türkei (Guleman), im Kaukasus, Balkan usw.

Kotschubeit, ähnlich Kämmererit, ein Cr-Klinochlor vom Südural (UdSSR).

Nickelchlorite

Es handelt sich meistens um Mg-reiche (Talk-) Chlorite, bei denen das Mg teilweise durch Ni ersetzt ist.
Schuchardtit: $(Ni, Mg, Al)_6(OH)_6[(OH)_2/(Al, Si)Si_3O_{10}]$, der wirtschaftlich bedeutendste Ni-Chlorit, da er große Teile der wichtigen Ni-Hydrosilikatlagerstätten aufbaut. Feinschuppig, knollig, z. T. talkartig, lebhaft grüne Farbe, oft in Paragenese mit anderen Ni-Hydrosilikaten wie Garnierit, auch Chrysopras. Von Zabkowice (Dolny Śląsk, VR Polen), Kuhschnappel b. St. Egidien (DDR) u. a. O.

Röttisit, ein Ni-Pennin (oder *Ni-Antigonit*) von Röttis im Vogtland (DDR). Ähnlich ist *Nepouit* und *Rewdanskit*.

Nimit: $(Ni, Mg, Fe, Al)_{12}(Si, Al)_8O_{20}(OH)_{16}$; monoklin. Gelblichgrüner Chlorit von der Scotia Talc Mine (Südafrika).

Es folgen die *Leptochlorite* (so genannt wegen ihrer überwiegenden Feinkristallinität) oder »oxydierten Chlorite« (wegen ihres meist hohen Fe^{3+}-Gehalts, auch Ferro-, Ferrichlorite). Sie sind für uns bedeutungsvoll, da sie als Eisenchlorite z. T. sehr große Eisenerzlagerstätten aufbauen.

Chamosit

Chemismus: 34 bis 43% FeO, 0 bis 6% Fe_2O_3, 13 bis 20% Al_2O_3, 23 bis 29% SiO_2, 10 bis 13% H_2O, 0 bis 4% MgO. Monoklin. Gewöhnlich kommt er in oolithischer Ausbildung mit konzentrisch-schaligem Aufbau vor (s. Bild 11.138), auch in dichten,

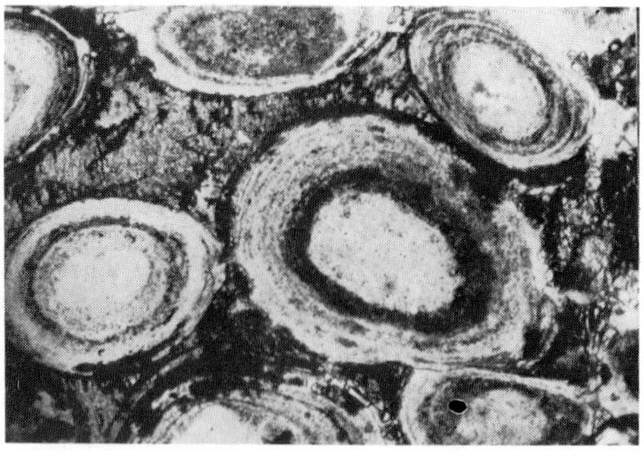

Bild 11.138. Chamositoolith. Schmiedefeld/Thüringen (DDR). Dünnschliff, Vergr. 70 × [265]

kryptokristallinen und erdigen Massen. Grünlich-dunkelgrau bis schwarz; undurchsichtig. Matter bis schwacher glasartiger Glanz. n_Y = 1,62. H 3. D 3,0 bis 3,4. Chamosit bildet sedimentäre Eisenerze, die im Paläozoikum und Mesozoikum auftreten, oft in Paragenese mit Eisensulfiden und Siderit. Chamosit bildet sich bei Sauerstoffmangel in den Küstenzonen der Meere. Bei der Verwitterung wird er leicht oxydiert. Lagerstätten: Mit Thuringit von Schmiedefeld/Thür. (DDR), am Ostabhang des Urals und im Nordkaukasus (UdSSR), in den USA u. a. O. Nutzung als »saures« Eisenerz.

Thuringit

Benannt nach den Thuringitlagerstätten in Thüringen (DDR). Die chemische Zusammensetzung ist nicht konstant: 19,8 bis 39,3% FeO, 7,2 bis 31,7% Fe_2O_3, 15,6 bis 25,1% Al_2O_3, 19,4 bis 28,8% SiO_2, 4,6 bis 13,2% H_2O. Beimischungen MgO (bis 6%), CaO (bis 1,9%), MnO (bis 2,7%), P_2O_5 (bis 1,2%) u. a. Monoklin. Hin und wieder kommt er in kleinen Schüppchen vor. Gewöhnlich ist er jedoch in dichten kryptokristallinen festen oder mürben Massen zu beobachten. Die Farbe des Thuringits ist olivgrün bis dunkelgrün. Bei deutlich schuppigen Abarten Perlmutterglanz. n_Y = 1,64 bis 1,68. H 2 bis $2^1/_2$. D 3,15 bis 3,19. Charakteristisch sind die dunkelgrüne Farbe, der blaßgrüne Strich, bisweilen der Perlmutterglanz (bei schuppigen Aggregaten). Zuverlässig ist er nur durch die chemische Analyse zu identifizieren. In HCl erfolgt Zersetzung unter Ausfall von Kieselgallerte.
In großen Massen kommt er in einigen schwach metamorphosierten sedimentären Eisenerzlagerstätten vor. Nicht selten ist er zusammen mit kleinen Magnetitoktaedern, manchmal mit jüngerem Siderit zu beobachten. Zuweilen ist das Mineral bei hydrothermaler Zersetzung eisenreicher Gesteine entstanden. Wo er in bedeutenden Mengen auftritt, ist er ebenso wie Chamosit ein wichtiges Eisenerz (s. Chamosit).

Brunsvigit, *Daphnit* (= *Bavalit*), *Pseudothuringit* sind Ferro-Chlorite. *Grängesit* ist Brunsvigit mit wenig Mn. *Aphrosiderit* ist Varietät von Daphnit.

Delessit ist wie Chamosit und Thuringit ein Ferro-Ferri-Chlorit. *Klementit* ist Mg-reicher Thuringit. Hierher gehören vielleicht auch *Moravit*, *Parathuringit*, *Steatargillit*, *Strigovit*. *Mackensit*, *Viridit*, *Epiphanit*.

Manganhaltig sind:

Pennantit: rotbrauner Chlorit, fast 40% MnO; ähnlich ist *Gonyerit*.

Pyrosmalith: $(Mn, Fe)_8[(OH, Cl)_{10}/Si_6O_{15}]$; trigonal. *Friedelit:* $(Mn, Fe)_8[(OH, Cl)_{10}/Si_6O_{15}]$; trigonal.

Schallerit: $(Mn, Fe)_8[(OH)_{10}/(Si, As)_6O_{15}]$; trigonal. Hellbraun, von Franklin (USA).

Bementit: $Mn_8[(OH)_{10}/Si_6O_{15}]$; rhombisch. Fasrig, serpentinähnlich (mit Vierschichtstruktur?).

Naujakasit: $Na_4Fe^{2+}Al_4H_4Si_8O_{27}$; monoklin. In Alkalisyeniten. $n_Y = 1,551$. Von Grönland.

Anhang:

Tungusit: $Ca_4Fe_2{}^{2+}[(OH)_5/Si_6O_{15}]$. Chloritartige radialstrahlige Aggregate (bis 5 mm) in Lavahohlräumen von der Unteren Tunguska (UdSSR), in Paragenese mit Zeolithen, Calcit, Quarz u. a.; H 2; D 2,59.

Chloritoid: $Fe_2^{2+}Al_4[(OH)_4/O_2/(SiO_4)_2]$

Das Mineral wurde von Rose 1837 nach der äußeren Ähnlichkeit mit den Mineralen der Chloritgruppe bezeichnet. Die Ergebnisse der chemischen Analysen zeigen folgende Schwankungen: 26 bis 28% FeO, 2 bis 4% MgO, 38 bis 41% Al_2O_3, 24 bis 26% SiO_2 und 7 bis 8% H_2O. Weiterhin bis 1,4% CaO, bis 9% MnO; eine MnO-reiche Varietät wird als *Ottrelith* und eine MgO-reiche Varietät wird als *Magnesiumchloritoid* bezeichnet. *Mavinit* ist Ferrichloritoid.
Chloritoid kristallisiert sowohl monoklin als auch triklin (Polymorphie). Nach neueren Untersuchungen besitzt das Mineral Inselstruktur. Die Kristallform ist plattig-pseudohexagonal. Gut ausgebildete Kristalle sind selten; Zwillinge sind häufig. Gelbe und grüne Farben, auch dunkelgrün bis schwarz. Kanten durchscheinend. Grünlichweißer Strich. Glasglanz. $n_Y = 1,72$ bis 1,77. H 6 bis $6^1/_2$. Spröde. Spaltbarkeit 4 nach (001). D 3,4 bis 3,6.
Verwechslungsmöglichkeiten bestehen zu den Chloriten, aber Chloritoid ist härter, spröder und zeigt andere optische Daten. Konz. H_2SO_4 zersetzt ihn vollständig. Chloritoid wird in Glimmer- und Tonschiefern regionalmetamorph gebildet; er ist als epizonales Äquivalent des Stauroliths anzusehen. Typische Paragenesemineralе sind: Quarz, Sericit, Chlorit, Almandin, Rutil, Eisenoxide. Bei größeren Chloritoidgehalten Bezeichnung der Schiefer als Chloritoidschiefer (Ottrelithschiefer). Aus Ural, Alpen, Ardennen u. a. O.

Akatoreit: $(Mn, Fe, Mg, Ca)_9[(OH)_{8,8}/Al_{2,09}Si_{7,75}O_{23,2}]$; triklin. Prismatische gelblichweiße xx bis 1 cm Länge; in Karbonatlinsen schwachmetamorpher Mn-haltiger Hornsteine von Neuseeland. Paragenese: Rhodochrosit, Pyroxmangit, Rhodonit u. a. H 6; D 3,48; $n_Y = 1,704$, im Dünnschliff lamellare Zwillinge.

Anandit: $(Ba, K)(Fe, Mg)_3[(O, OH)_2/(Si, Al, Fe)_4O_{10}]$; monoklin prismatisch. Schwarzglänzendes opakes Mineral vom Sprödglimmertyp; aus Eisenerz von Sri Lanka. D 3,94; $n_Y = 1,85$, starker Pleochroismus.

Kinoshitalit: $(Ba, K)(Mg, Mn^{2+}, A, Mn^{3+})_3[Al_2Si_2O_{10}](OH, F, O)_2$; monoklin (Bariumglimmer), D 3,30, gelbbraun. Von Manganlagerstätte Misago (Japan).

Tektosilikate (Gerüstsilikate)

11.29. Feldspat-Gruppe

Die Feldspäte sind eine sehr wichtige Mineralgruppe, sowohl im Hinblick auf die Petrologie als auch als mineralische Rohstoffe. Wie wir von Tab. 4.3 und Bild 4.5 wissen, machen sie immerhin fast 60% der Erdkruste aus. Die Feldspäte treten in den basischen bis sauren magmatischen Gesteinen und in vielen metamorphen Gesteinen auf. In den Sedimenten sind sie wegen ihrer leichten Verwitterbarkeit seltener anzutreffen. Als Rohstoffe werden z. Z. fast ausschließlich die Alkalifeldspäte genutzt. Als Hauptvertreter dieser Gerüstsilikate und »Eckpunkte« des Mischkristallsystems (s. Bild 11.139) sind zu nennen:

Anorthit (An)	$Ca[Al_2Si_2O_8]$
Albit (Ab)	$Na[AlSi_3O_8]$
Orthoklas (Or)	$K[AlSi_3O_8]$

Hervorzuheben ist die lückenlose Mischbarkeit zwischen Anorthit und Albit (*Plagioklasreihe*), die als gekoppelte heterovalente Diadochie Si–Al und Ca–Na anzusehen ist. Auf Grund der großen Unterschiede im Ionenradius gibt es zwischen Na^+ und K^+ nur bei höheren Temperaturen Mischbarkeit; derartige »Mischkristalle« entmischen schon beim Abkühlvorgang. Zur Plagioklasreihe gehören die im gleichen Bild 11.139 wiedergegebenen Mischkristalle.

Die Feldspäte kristallisieren monoklin oder triklin, wobei sie sich morphologisch wenig voneinander unterscheiden. Auch in ihren physikalischen Eigenschaften haben die Feldspäte Gemeinsamkeiten: Sie sind vorwiegend hellgefärbt; die Brechungsindizes sind verhältnismäßig niedrig; sie besitzen die Härte 6 bis $6^1/_2$ und Spaltbarkeit 4 nach zwei Richtungen, die sich unter einem Winkel von etwa 90° schneiden; die Dichten sind verhältnismäßig klein (2,5 bis 2,7). Nach diesen Merkmalen sind sie von ähnlichen Mineralen zu unterscheiden.

Nach dem Chemismus kann man die Feldspäte untergliedern in

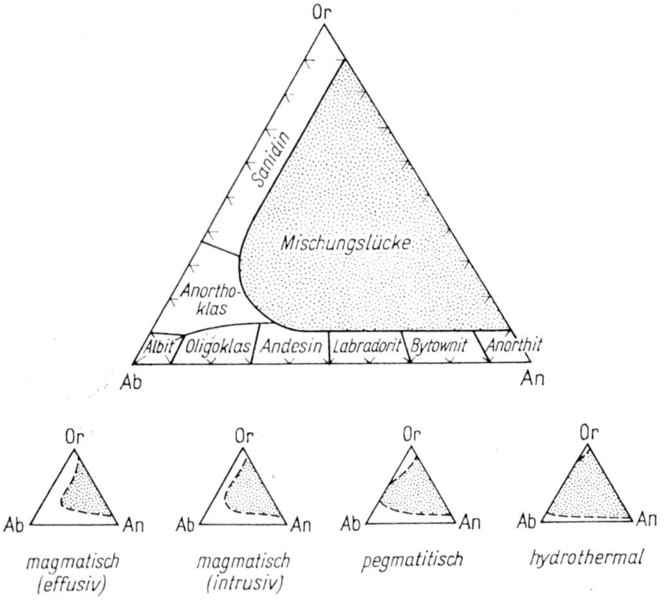

Bild 11.139. Zustandsdiagramm sowie Nomenklatur und chemische Zusammensetzung der Feldspäte im System Or (Orthoklas)- Ab (Albit)- An (Anorthit). Unten die unterschiedliche Mischbarkeit bei verschiedenen geologischen Bildungsbedingungen

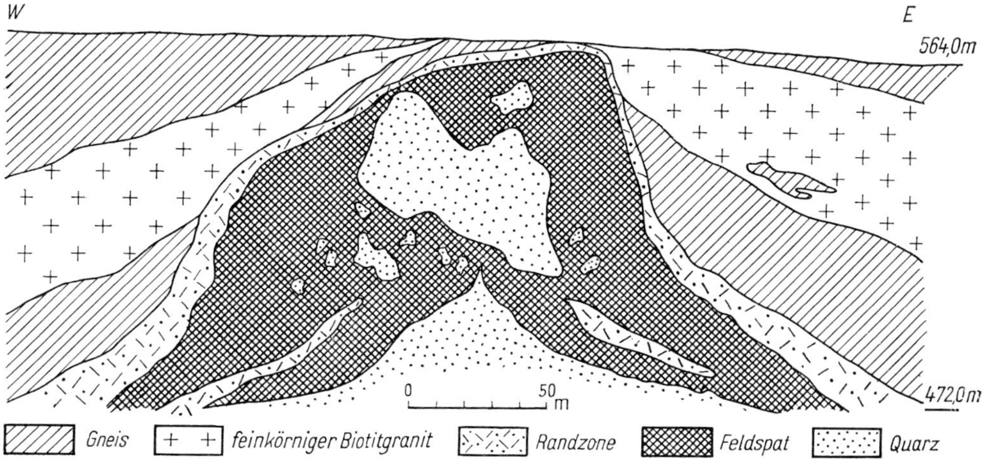

Bild 11.140. Pegmatitlagerstätte Hagendorf-Süd (BRD) [278]

Bild 11.141. Makroperthit. Die hellen Streifen sind Albit. Perth (Kanada); Vergr. 2,5 × [20, 221]

a) *Natrium–Calcium-Feldspäte* oder *Plagioklase.* Sie bilden eine lückenlose Mischkristallreihe mit folgenden Mineralbezeichnungen (An = Anorthit-Anteil in Mol-%)

0 bis 10% An Albit	50 bis 70% An Labradorit
10 bis 30% An Oligoklas	70 bis 90% An Bytownit
30 bis 50% An Andesin	90 bis 100% An Anorthit

b) *Kalium–Natrium-Feldspäte.* Auf Grund des großen Unterschiedes im Kationenradius (K^+ = 1,33 Å, Na^+ = 0,97 Å) ist eine Mischkristallbildung schwer möglich. Bei hohen Temperaturen (etwa oberhalb 600 °C) ist jedoch das Gitter so stark erweitert, daß beide Kationen in dem $(Al, Si)O_4$-Gerüst sich isomorph vertreten können. Diese »Mischbarkeit« bei hohen Temperaturen führt bei der Abkühlung zur Entmischung; die entmischten Alkalifeldspäte haben folgende Bezeichnungen erhalten:

Perthit: Albitkriställchen in Orthoklas
Antiperthit: Orthoklaskriställchen in Albit.
Diese Einlagerungen können verschiedene Abmessungen haben, worauf eine Klassifikation der Perthite nach TUTTLE (1952) beruht:

1. »Sub X-ray perthite« $<0{,}15\ \mu m$
2. »X-ray perthite« $<1\ \mu m$
3. Kryptoperthit 1 bis 5 μm
4. Mikroperthit 5 bis 100 μm
5. Perthit (Makroperthit) 0,1 bis 1 mm (s. Bild 11.141)

c) *Kalium–Barium-Feldspäte.* Auf Grund des Clarkewertes von Ba (425 ppm) sind Ba-haltige Feldspäte im Verhältnis zu den unter a) und b) genannten in der Natur selten. Der Ba-Feldspat heißt Celsian, der K–Ba-Mischkristall Hyalophan (S. 603).

Plagioklase

Plagioklas bedeutet in der Übersetzung aus dem Griechischen »Schiefspaltender« (86° 24′ bis 85° 50′ statt 90°). Albit und Oligoklas nennt man auch saure Plagioklase; Andesin, Labradorit sind neutrale und Bytownit und Anorthit sind basische Plagioklase (mit entsprechend geringerem SiO_2-Gehalt).
In der Plagioklas-Mischkristallreihe ändern sich vom Albit zum Anorthit neben dem Chemismus auch die Dichte, Lichtbrechung, die Lage der optischen Achsenebenen und andere Eigenschaften kontinuierlich (s. Bild 11.142 und 11.143). Es ist weiterhin charakteristisch, daß mit dem Grad der Basizität der Gesteine auch die Zusammen-

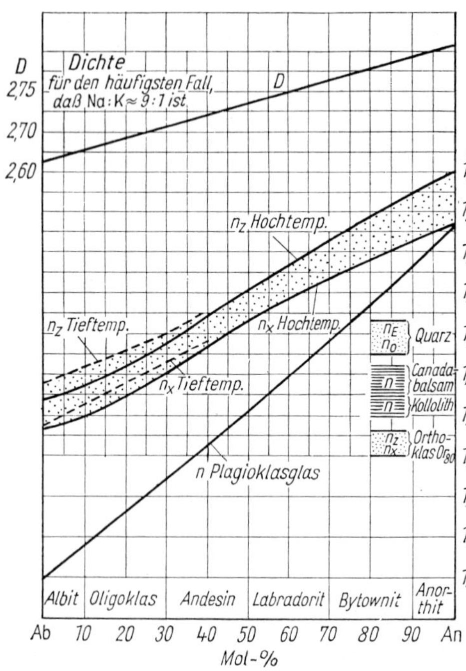

Bild 11.142. Kontinuierliche Änderung der Dichte und der Lichtbrechung mit der Zusammensetzung der Plagioklase [49]

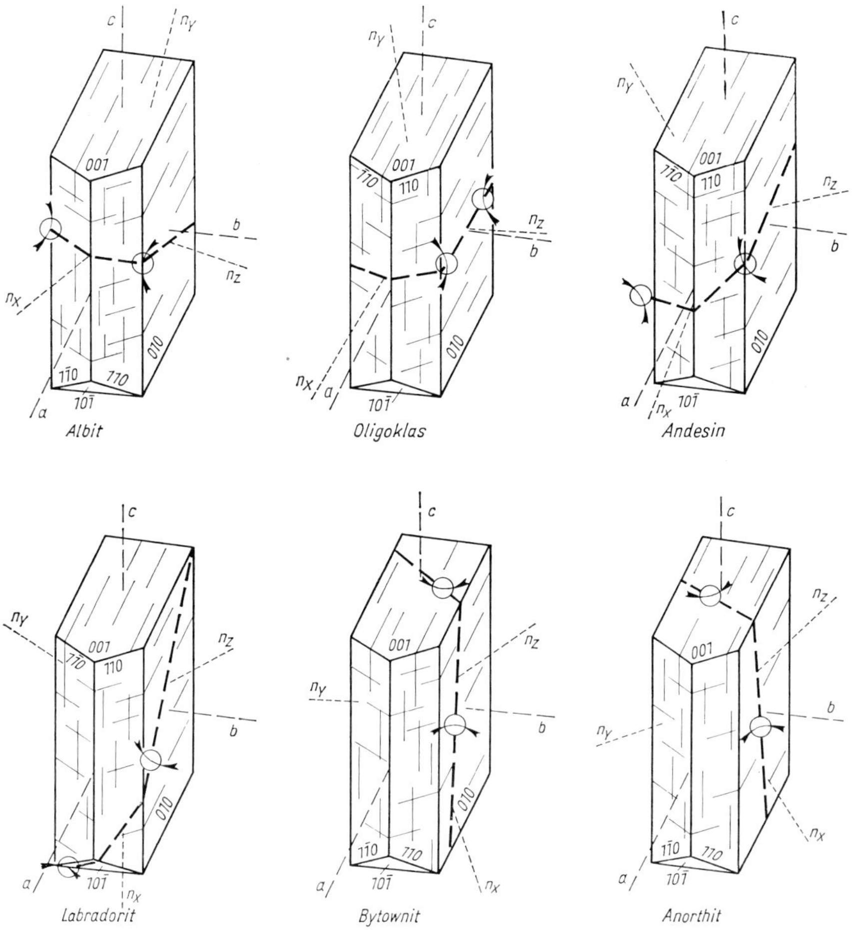

Bild 11.143. Darstellung der Veränderung der Lage der Indikatrix (einschließlich der Achsenebenen) in Abhängigkeit vom Chemismus bei den Mineralen der Plagioklas-Mischkristallreihe [49]

Bild 11.144
Zonarer Plagioklas aus Syenit. Dognacea (Banat, SR Rumänien). Dünnschliff, Vergr. 34 ×, + Nic. [265]

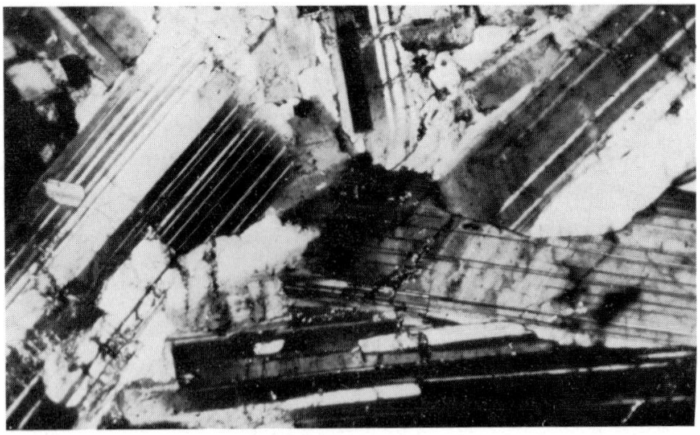

Bild 11.145. Plagioklas mit polysynthetischer Zwillingslamellierung. Lamprophyr, Weifaer Höhe bei Schirgiswalde (Lausitz, DDR). Dünnschliff, Vergr. 75 ×, + Nic. [265]

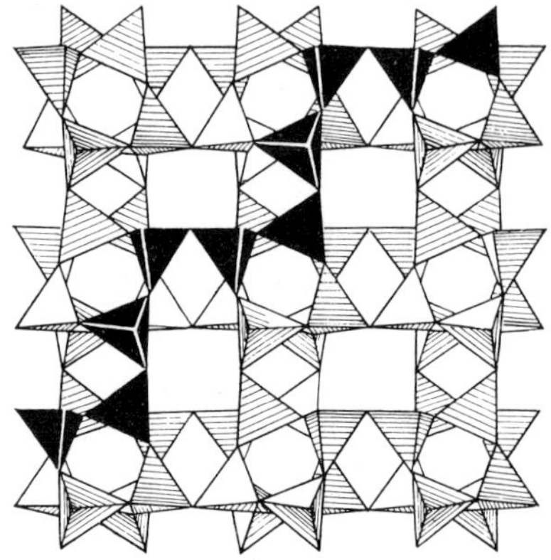

Bild 11.146. Feldspatstruktur: eine SiO_4-Viererkette ist schwarz gekennzeichnet [20]

setzung der Plagioklase übereinstimmt. Mitunter tritt Zonarwachstum auf (s. Bild 11.144). Fast immer sind in den Plagioklasen geringe Mengen K_2O, BaO (etwa 0,2%) und SrO (etwa 0,2%), FeO und Fe_2O_3 enthalten.
Die Plagioklase kristallisieren triklin (pinakoidal). Gut ausgebildete xx kommen nicht allzu selten vor; sie haben tafelige oder tafelig-prismatische Form. Kompliziert zusammengesetzte polysynthetische Zwillinge sind außerordentlich weit verbreitet (s. Bild 11.145, Zwillinge nach dem Albitgesetz). Die Plagioklase sind Gerüstsilikate (s. Bild 11.146) mit 25 bis 50% Substitution Si durch Al in den Tetraedern; sie sind wie alle Feldspäte also Alumosilikate.
Von den Plagioklasen ist besonders der Albit von wirtschaftlichem Interesse, deshalb wird er ausführlicher behandelt.

Albit: $Na[AlSi_3O_8]$

Entdeckung: GAHN und BERZELIUS beschrieben den Albit erstmalig 1815; der Name ist abgeleitet von dem lat. Wort *albus* = weiß.

Chemismus: Theor. $Na[AlSi_3O_8]$: 11,8% Na_2O, 19,4% Al_2O_3 und 68,8% SiO_2. Auf Grund der Na–Ca-Diadochie tritt immer CaO auf. Durch Mischbarkeit bei höheren Temperaturen mit K und anderen Elementen ist Albit immer durch K_2O, BaO (bis 0,2%), SrO (bis 0,2%), FeO und Fe_2O_3 »verunreinigt«.

Kristallogr.: Triklin (pinakoidal). Gerüstsilikat mit 25% Al^{3+} anstelle von Si^{4+} in den Tetraedern; durch diese Substitution ist der Einbau von Na möglich. Die Kristalle sind taflig oder taflig-prismatisch ausgebildet. Ihre übliche Gestalt ist im Bild 11.147 dargestellt. Einfache Zwillinge sind seltener; häufig treten polysynthetische Zwillinge (vgl. Bild 11.145) auf. In Dünnschliffen sind sie bei gekreuzten Nicols sofort zu erkennen und so typisch, daß man die Plagioklase schnell von den anderen Mineralen unterscheiden kann.

In Hohlräumen sind Kristallrasen und -stöcke (auch in plattigen Kristallen, die bisweilen als *Clevelandit* bezeichnet werden) zu beobachten. Es kommen auch körnig-kristalline Gesteine vor, die fast ausschließlich aus Albit bestehen, so z.B. ein zuckerkörniges Albitgestein (Albitite), das sich nicht selten metasomatisch in Pegmatiten bildet.

Physik. Eigensch.: Weiß, grauweiß, selten grünlich, bläulich oder rötlich. Glasglanz. n_{ZYX} = 1,536, 1,529, 1,525. H 6 bis $6^1/_2$. Spaltbarkeit 4 nach (001) und (010). D 2,62. Meist trüb.

Diagnose: Härte, Farbe, Spaltbarkeit und Transparenz sind charakteristisch. Zu verwechseln mit allen anderen Plagioklasen; Unterscheidung nur mikroskopisch möglich. Auch mit Orthoklas zu verwechseln.

Genese: In sauren Eruptivgesteinen (Diorite, Granite, Rhyolithe) sind saure Plagioklase, also auch Albit, in Paragenese mit Biotit, Muskovit und Quarz angereichert; große Kristalle in Pegmatiten. Auch in basischen Vulkaniten wie z. B. den Spiliten. In epizonalen Metamorphiten oft auf Klüften, v. a. auf sog. alpinen Gängen.

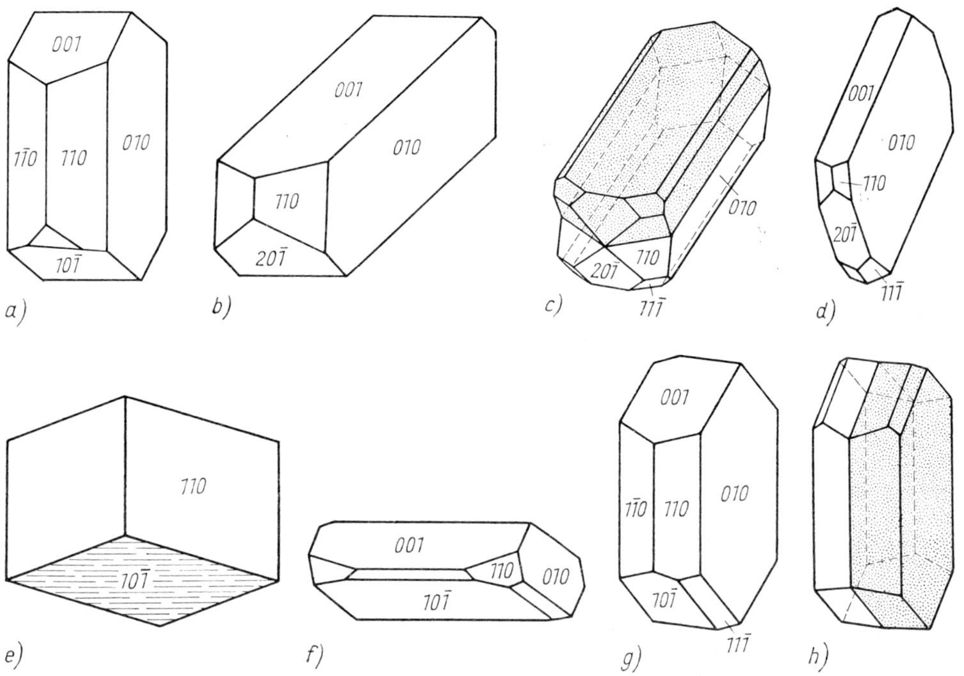

Bild 11.147. Gegenüberstellung der verschiedenen Tracht und des unterschiedlichen Habitus von Feldspäten [20]

a) dicktafeliger Orthoklas
b) prismatischer Orthoklas
c) Orthoklas-Zwilling nach dem Manebacher Gesetz
d) tafeliger Sanidin
e) Adular (Fläche $(10\bar{1})$ zeigt Wachstumsstreifung)
f) Periklin
g) Plagioklas
h) Plagioklaszwilling nach dem Albitgesetz

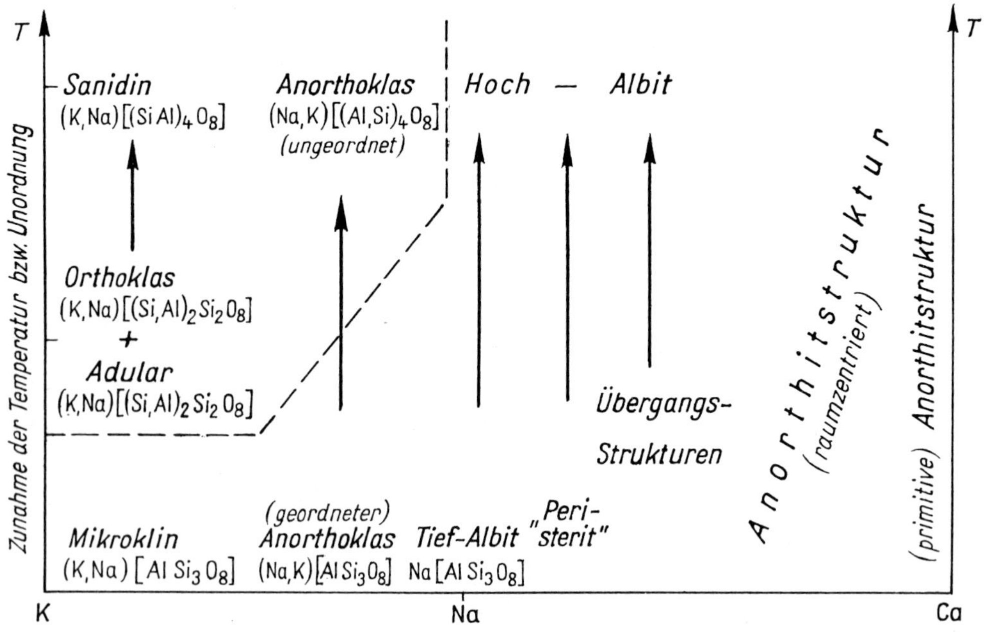

Bild 11.148. Schematische Darstellung der chemischen und strukturellen Verhältnisse der Feldspäte (speziell des Al-Ordnungsgrades) in Abhängigkeit von der Temperatur [3]. Die gestrichelte Linie ist die Grenze zwischen monoklinen und triklinen Feldspäten

Albit ist der verwitterungsbeständigste Plagioklas. Zerfällt wie alle Feldspate letztlich unter Abführen von Alkalien und Erdalkalien zu Tonmineralen. Albitreiche Gesteine (Albitite) kommen gelegentlich in dem apikalen Teil von Granitstöcken vor, z. B. Darzo b. Trento (Italien), Nordböhmen (ČSSR), Jugoslawien.

Nutzung: Keramischer und Email-Rohstoff, insbesondere als Glasurspat.

Analbit ist ein trikliner, *Monalbit* ist ein monokliner Hochtemperaturalbit (s. Bild 11.148).

Peristerite sind saure Tieftemperaturplagioklase, die in einem fast reinen Albit und einem Plagioklas mit annähernd 30% An entmischt sind (s. Bild 11.148).

Oligoklas: (Na, Ca)[(Si, Al)$_4$O$_8$] mit 10 bis 30% Anorthitanteil. Weiß, grau; Glasglanz; n ~ 1,54; D 2,64. Härte und Spaltbarkeit wie Albit. Entsteht vorwiegend magmatisch im sauren Bereich und metamorph.

Andesin: (Na, Ca)[(Si, Al)$_4$O$_8$] mit 30 bis 50% Anorthitanteil. Weiß, grau; Glasglanz; n ~ 1,55; D 2,67. Härte und Spaltbarkeit wie Albit. Entsteht vorwiegend magmatisch (intermediär bis saurer Bereich) und metamorph.

Labrador: (Ca, Na)[(Si, Al)$_4$O$_8$], mit 50 bis 70% Anorthitanteil. Weiß bis dunkel. Häufig auf Spaltflächen schöner Farbschiller, in blauen und grünen Tönen. Glasgl.; n ~ 1,56. D 2,70. Härte und Spaltbarkeit wie Albit. Entsteht vorwiegend im basischen bis intermediären Bereich der magmatischen Abfolge. Nutzung als gesteinsbildendes Mineral zu Schmuck- und Dekorationszwecken.

Bytownit: (Ca, Na)[(Si, Al)$_4$O$_8$], mit 70 bis 90% Anorthitanteil. Weiß, grau; Glasgl.; n ~ 1,57. D 2,73. Härte und Spaltbarkeit wie Albit. Entsteht vorwiegend im basischen Bereich der magmatischen Abfolge.

Anorthit: Ca[Al$_2$Si$_2$O$_8$]. Theor. 20,1% CaO, 36,6% Al_2O_3 und 43,3% SiO_2. Enthält immer etwas Na_2O. Form und Zwillinge wie Albit. Weiß, grau; Glasgl.; n_Y = 1,583. H 6 bis 6$^1/_2$. # 4 (001) und (010). D 2,76. Wird vorwiegend in basischen Gesteinen (Gabbro) gebildet, daher in Paragenese mit Pyroxenen und Amphibolen. Verwittert leicht, deshalb nicht in Sedimenten und auch seltener in Metamorphiten, wenn diese aus Sedimenten entstanden sind.

Periklin sind nach b [010] verzwillingte Plagioklase. Verwachsungsebene ist Basisfläche oder »rhombischer Schnitt«.

Sonnenstein und *Aventurinfeldspat* sind Plagioklase mit eingelagerten Hämatit- oder Glimmerschüppchen.

Orthoklas: K[AlSi$_3$O$_8$]

Entdeckung: Breithaupt benannte das Mineral 1823 nach den gr. Wörtern *ortho* und *klas* = rechtwinklig Spaltender.

Chemismus: Theor. K[AlSi$_3$O$_8$]: 16,9% K_2O, 18,4% Al_2O_3 und 64,7% SiO_2. Häufig ist Na_2O (bis zu mehreren Prozenten) anwesend; weiterhin sind enthalten BaO, FeO und Fe_2O_3.

Kristallogr.: Monoklin (prismatisch). Gerüstsilikat mit 25% Si–Al-Substitution in den Tetraedern; dadurch ist K-Einbau in das Gerüst möglich. Kristalle häufig prismatisch. Die vorherrschenden Flächen der Prismen sind gewöhnlich mit den Flächen der Pinakoide (010), (001), bisweilen ($10\bar{1}$) u. a. kombiniert (s. Bilder 11.147 und 11.149). Enfache Zwillinge sind ziemlich häufig. Als Verwachsungsebene dient am häufigsten (010), als Zwillingsachse [001]. Zwillingsbildung erfolgt nach dem *Karlsbader Gesetz* (s. Bild 11.150). Hierbei verschmilzt die Fläche (001) des einen Individuums bisweilen mit ($10\bar{1}$) des anderen zu einer Fläche. Ein Unterschied zwischen ihnen ist lediglich hinsichtlich Glanz und Spaltbarkeitsrichtungen festzustellen. Hin und wieder ist das *Bavenoer Gesetz* der Zwillingsbildung mit der Zwillingsebene (001) (s. Bild 11.151) zu beobachten.

Physik. Eigensch.: Hellrosa, bräunlichgelb, rötlichweiß, bisweilen fleischrot. Glasgl. Gewöhnlich undurchs., trüb. n_{ZYX} = 1,524, 1,522, 1,518. H 6. Spaltbarkeit 4 nach ($\bar{2}01$) und 3 nach (010) unter rechtem Winkel. D 2,54 bis 2,57.

Bild 11.149. Orthoklas. Wieza (Sląsk, VR Polen) [221]

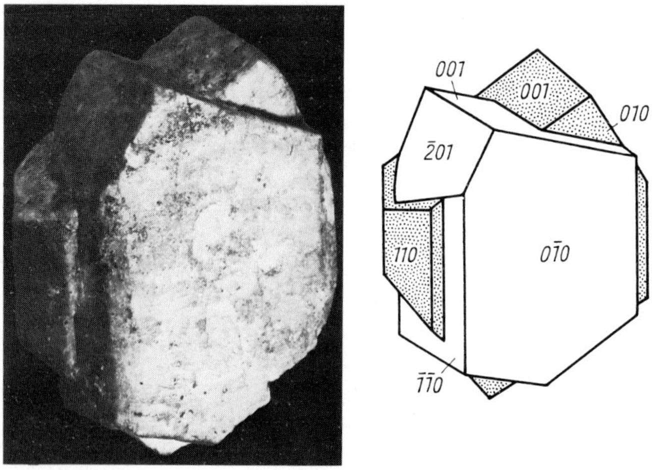

Bild 11.150. Orthoklas, Karlsbader Zwilling. Becov bei Karlovy Vary (ČSSR) sowie schematische Darstellung [20]

Diagnose: Härte, Farbe, Spaltbarkeit und Transparenz sind typische Eigenschaften. Zu verwechseln mit anderen Feldspäten.

Genese: Orthoklas kommt wie auch die anderen Kali–Natron-Feldspäte hauptsächlich in sauren Eruptivgesteinen vor.
In den Granitpegmatiten trifft man Orthoklas im Gegensatz zu Mikroklin verhältnismäßig selten an. Er wird ebenso wie Mikroklin in den späteren Stadien der Pegmatitbildung albitisiert. Bestimmte Gneise, insbesondere Orthogneise, sind oft reich an Orthoklas. Bei der Verwitterung werden Orthoklas, Mikroklin und andere Feldspäte unter der Einwirkung von Oberflächenagenzien (O_2, CO_2, H_2O) zersetzt und kaolinisiert. Daneben kommt Orthoklas in wenig transportierten Sedimentgesteinen vor. Lagerstätten s. Mikroklin.

Nutzung: wichtiger Rohstoff für die Keramik und Glasindustrie.

Adular: $K[AlSi_3O_8]$. Varietät des Orthoklases. Hydrothermal gebildet. Oft glasklar.

Bild 11.151. Orthoklas. Baveno (Piemont, Italien) [20]
Einspringende Kanten kennzeichnen Verzwillingung nach dem Bavenoer Gesetz

Mikroklin: $K[AlSi_3O_8]$. Trikliner Kalifeldspat. In vielen Eigenschaften dem Orthoklas ähnlich. Farbe mitunter auch grün (*Amazonenstein*). Im Dünnschliff unter dem Mikroskop leicht an dem auffälligen gitterartigen Aufbau der Individuen zu erkennen (s. Bild 11.152). Häufiger Kalifeldspat in sauren und alkalischen Intrusivgesteinen (Graniten, Granodioriten, Syeniten u. a.); er ist ferner in pegmatitischen Bildungen das Hauptmineral. Als Begleiter des Mikroklins sind am häufigsten Quarz, Albit, bisweilen Nephelin (in Nephelinsyenitpegmatiten) und Glimmer anzutreffen (vgl. Tab. 16.13 und 16.14, s. Bild 11.153). Verbreitet sind Verwachsungen von Quarz und Mikroklin, die als »Schriftgranit« bezeichnet werden (vgl. Bild 4.9). Mikroklin tritt weiterhin in Metamorphiten und Sedimentgesteinen auf. Vorkommen weltweit, nutzbare Lagerstätten in Pegmatiten: Skandinavien, Karelien (UdSSR), Hagendorf (BRD), Frankreich, USA, Indien und in vielen anderen Ländern.
Nutzung in der Keramik- und Glasindustrie sowie in der Emailindustrie.

Sanidin: $K[AlSi_3O_8]$; monokline Hochtemperaturmodifikation des K-Feldspats. Farblos. Undurchs. In sauren Ergußgesteinen (z. B. Trachyten, s. Bild 11.154, S. 605), Insel Pantelleria und Monte Somma (Italien), im Kaukasus u. a. O.
Na-haltige homogene Varietäten der Kalifeldspäte sind *Natron-Sanidin*, *Natron-Orthoklas* und *Natron-Mikroklin*. »Barbierit« wird monokliner Sanidin genannt. *Buddingtonit* ist $(NH_4)[AlSi_3O_8]$; monoklin.

»Mondstein«: durch Entmischung leicht milchig getrübter Sanidin oder auch Plagioklas.

Anorthoklase sind Na-reiche, homogene oder nicht homogene, monokline oder trikline Phasen oder Phasengemenge, meist $Or_{70}Ab_{30}$ bis $Or_{20}Ab_{80}$ (vgl. aber Bild 11.139).

Celsian: $Ba[Al_2Si_2O_8]$; monoklin. Mit 3,4 bis 4,2 % K_2O. Farblos. Durchsch. Rot bis schwarz (Beimengungen von Eisenoxid oder Manganoxid). Glasgl. H 6. Spaltbarkeit wie Orthoklas. D 3,31 bis 3,37. Kontaktmetasomatisch. Wermsland (Schweden), Halbinsel Canarvon in Wales (Großbritannien).

Paracelsian: $Ba[Al_2Si_2O_8]$; monoklin. In pseudomorphen, topasähnlichen Kristallen und Massen in Wales (Großbritannien) und Piemont (Italien). (Das Ba-Alumosilikat ist polymorph: Celsian hat Feldspatstruktur, und Paracelsian kristallisiert wie Danburit; darüber hinaus gibt es noch eine Hochtemperaturform mit hexagonalem Gitter.)

Banalsit: $BaNa_2[Al_2Si_2O_8]_2$, rhombisch. Derbe, farblose feldspatähnliche Massen mit Tephroit, Calcit, Baryt u. a. von Wales (Großbritannien).

Bild 11.152. Mikroklin mit Zwillingsgitterung. Dünnschliff, Vergr. 40 ×, + Nic. [265]

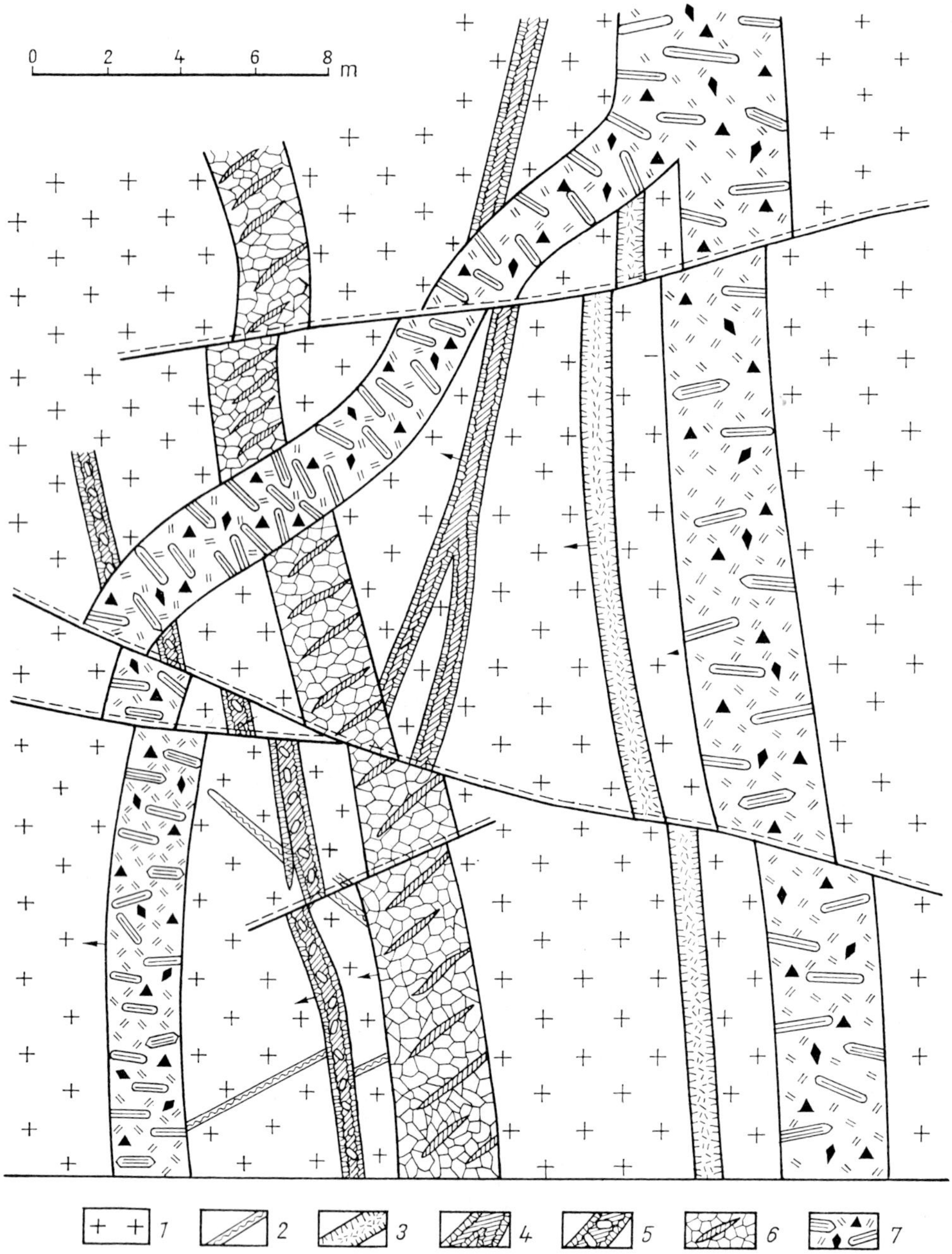

Bild 11.153. Pegmatitgänge im Granit [142]

1 Granit
2 und *3* Turmalinpegmatit
4 und *5* Mikroklin–Quarz-Pegmatit
6 albitisierter Mikroklin–Quarz-Pegmatit
7 Spodumen-Pegmatit

Bild 11.154. Sanidin vom Drachenfels (Siebengebirge, BRD). Etwa nat. Größe [20, 221]

Hyalophan: (K, Ba)[Al(Al, Si)Si_2O_8]; monoklin. Beimengungen von Na_2O, CaO, bisweilen SrO. Ähnlichkeiten mit Orthoklas. Wasserklar durchs., bisweilen grau mit gelblicher, grünlicher und bläulicher Tönung, seltener rot. Glasgl., auf Spaltflächen Perlmutterglanz. Sludjanka (südl. Baikalgebiet, UdSSR), Binnatal (Schweiz).

11.30. Nephelin–Leucit–Sodalith-Gruppe

Die Minerale dieser Gruppe werden auch mitunter als Feldspatvertreter (Feldspatoide, Foide) angesprochen; sie treten dann auf, wenn in dem magmatischen System SiO_2-Mangel vorliegt.
Beim Nephelin und beim Sodalith sind 50% und beim Leucit sind 33% Si^{4+} durch Al^{3+} in den Tetraedern substituiert (Alumosilikate). Bei den Mineralen der Sodalith-Untergruppe ist das Vorhandensein von »fremden« Anionen (Cl, SO_4 u. a.) hervorhebenswert. Das Auftreten dieser Minerale in Gesteinen zeigt damit an, daß das Magma von der »Normalentwicklung« abweicht, was wiederum genetische Schlußfolgerungen zuläßt. Als Minerale werden Nephelin und seltener Leucit technisch genutzt, wenn sie in großen Konzentrationen auftreten.

Nephelin: $KNa_3[AlSiO_4]_4$

Entdeckung: Schon 1800 beschrieb HAUY dieses Mineral; der Name leitet sich von dem gr. Wort *nephele* = Wolke ab (bei der Zersetzung in starken Säuren schlägt sich die Kieselsäure wolkenartig nieder).

Chemismus: Ist gewissen Schwankungen unterworfen, da Si–Al-Substitution vorliegt (etwa 43% SiO_2, 36% Al_2O_3, 21% Alkalioxide). Weiterhin tritt CaO (bis 7%) und bisweilen Fe_2O_3, Cl und H_2O auf.

Kristallogr.: Hexagonal (pyramidal). Gerüstsilikat (bzw. Gerüstalumosilikat) mit

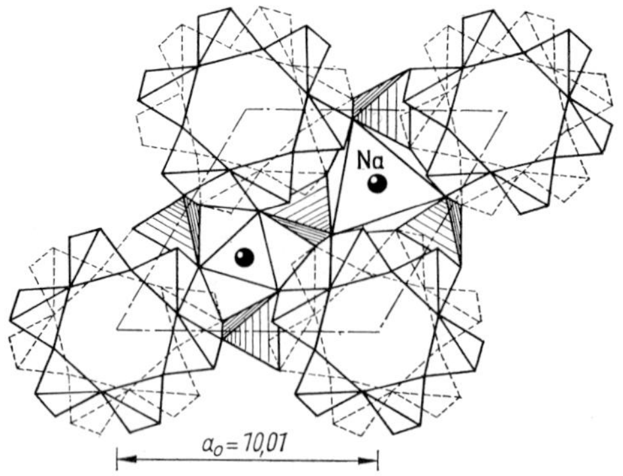

Bild 11.155. Strukturbild von Nephelin. Projektionsebene (001), nach [141]
schraffiert: Al-Tetraeder
nicht schraffiert: (Si, Al)-Tetraeder

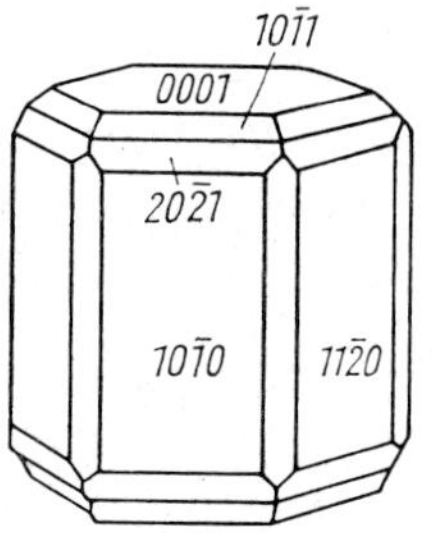

Bild 11.156 Kristallform von Nephelin [1]

Alkalien (Na-Vormacht!) zwischen den Tetraedern (s. Bild 11.155). Die Kristallform ist prismatisch, kurzsäulig (s. Bild 11.156) oder dicktafelig. Kristalle selten in Gesteinshohlräumen; gewöhnlich unregelmäßig eingesprengt oder in häufig sehr grobkörnigen Massen. Beim Erhitzen von $Na[AlSiO_4] > 1250°$ C bildet sich kubischer *Carnegieit.*

Physik. Eigensch.: Farblos bis grau, auch gelblich, bräunlich, rötlich, grünlich. Glasglanz bis Fettglanz. $n_0 = 1{,}532$ bis 1,547, $n_E = 1{,}529$ bis 1,542. H 5 bis 6. Spröde. Spaltbarkeit 0 bis 1. D 2,6. Von dem homogenen »glasigen« Nephelin der Ergußgesteine muß man die meist grobkörnige Varietät *Eläolith* der Intrusivgesteine unterscheiden, die sich infolge der langsamen Abkühlung entmischt und dadurch trübt.

Diagnose: Mit bloßem Auge ist Nephelin nicht immer leicht zu erkennen. In natriumreichen Alkaligesteinen wird er durch graue Färbung mit wechselnden Tönungen und oft typischem Fettglanz gekennzeichnet. Auf verwitterten Oberflächen ist er leicht an den dünnen weißmatten Überzügen oder Krusten zu erkennen, die sich in Vertiefungen infolge chemischen Angriffs bilden. In HCl wird er zersetzt und scheidet Kieselgallert ab; beim Eintrocknen bilden sich NaCl-Würfel.

Genese: Nephelin ist fast ausschließlich in magmatischen, kieselsäurearmen Alkaligesteinen verbreitet; in intrusiven Eläolithsyeniten und ihren Pegmatiten, in effusiven Phonolithen, Alkalibasalten u. a. In plutonischen Nephelingesteinen kann man ihn in Paragenese mit Ägirin, Alkalifeldspäten, bisweilen Natronhornblende, nicht selten mit den hydrothermalen Zersetzungsprodukten des Nephelins wie Cancrinit, Sodalith und Zeolithe antreffen. Außerdem ist besonders in Pegmatiten die Paragenese mit Zirkonium- und Titanmineralen (Zirkon, Titanit, Ilmenit u. a.) bezeichnend. Auch Apatit, Biotit und eine Anzahl seltener Minerale begleiten ihn oft. Bei der Verwitterung wird Nephelin verhältnismäßig leicht angegriffen und zerstört; am Anfang bedeckt er sich mit einem weißen Überzug, zuletzt entstehen dann auf der Oberfläche nephelinhaltiger Gesteine zahllose Vertiefungen und Löcher.
Intrusive Nephelingesteine bilden oft große Massive. Bekannt sind die Eläolithsyenite (Miaskite) im Ilmengebirge (Ural), in der Armenischen SSR, auf der Kola-

Halbinsel (alle UdSSR), Rumänien, Portugal, Grönland u. a. Von den effusiven Nephelingesteinen nennen wir als Fundpunkte z. B. den Kaiserstuhl (BRD), in der DDR den Nephelinbasalt des Löbauer Berges (Lausitz).

Nutzung: Dichte Nephelinmassen und Aufbereitungsrückstände der Kola-Apatite, die hauptsächlich aus Nephelin bestehen, können in den verschiedensten Industriezweigen Verwendung finden. In geringen Mengen wird Nephelin in der Glasindustrie ohne Zusatz von Alkalien zur Herstellung grüner Gläser verwendet. In der keramischen Industrie kann man ihn als Ersatz für Feldspat benutzen. Infolge der relativ leichten Säurezersetzlichkeit können die Nephelinrückstände der Aufbereitungsanlagen auf Tonerde (der Al_2O_3-Gehalt bewegt sich um 30%) verarbeitet werden. Ebenso zur Herstellung von Silikagel, Soda und Ultramarin.

Kalsilit: $K[AlSiO_4]$; hexagonal (pyramidal). Farbloses nephelinähnliches Mineral aus kalireichen Vulkaniten von Uganda. D 2,59. $n_0 = 1{,}542$; $n_E = 1{,}539$. Ähnlich ist *Tri-Kalsilit.*

Kaliophilit: $K[AlSiO_4]$; hexagonal (trapezoedrisch), farblose bis weiße Nädelchen aus kalireichen Vulkaniten des Mte. Somma (Italien). $n_{0,E} = 1{,}532,\ 1{,}527$.

Gymrit: $Ba[OH]/AlSi_3O_8]$; hexagonal. Farblose, taflige xx, von Wales (Großbritannien) und USA.

Trimerit: $CaMn_2[BeSiO_4]_3$: s. Beryll-Turmalin-Gruppe. *Petalit:* $Li[AlSi_4O_{10}]$; siehe Spodumen-Gruppe.

Leucit: $K[AlSi_2O_6]$

Entdeckung: 1791 beschrieb WERNER das Mineral und benannte es nach dem gr. Wort *leukos* = hell, weiß.

Chemismus: Theor. 21,5% K_2O, 23,5% Al_2O_3 und 55,0% SiO_2. Als Beimengungen sind in geringen Mengen Na, Ca und H_2O vorhanden.

Kristallogr.: Tetragonal (Tieftemperaturmodifikation <605 °C) und kubisch (Hochtemperaturmodifikation >605 °C). Gerüstsilikat. Form sehr charakteristisch: Deltoid-Ikositetraeder, auch Leucitoeder genannt (s. Bild 11.157). Kristalle häufig, auch

Bild 11.157. Leucit im Basalt. Vom Vesuv (Italien) [265, 221]

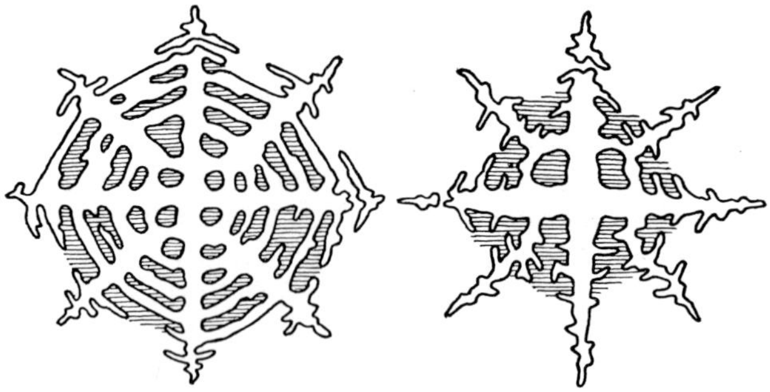

Bild 11.158. Skelettartige Leucitkristalle in glasreichem Basalt, Gaußberg (BRD)

skelettartig. Kristallflächen oft matt, mit Zwillingsstreifung nach (100). Auch körnige Aggregate.

Physik. Eigensch.: Farblos, weiß mit grauer oder gelblicher Tönung; häufig auch aschgrau. Im Bruch Glas- und Fettglanz. $n_{E,O} = 1{,}509,\ 1{,}508$. H 5 bis 6. Spröde. Spaltbarkeit fehlt; muscheliger Bruch. D 2,45 bis 2,50.

Diagnose: Am auffälligsten sind die Formen der Kristalle und die helle Färbung. Unter dem Mikroskop zeigt er optische Anomalien (v. a. tetragonaler Paramorphosen, vgl. Bild 4.64). Der niedrige Brechungsindex ist gleichfalls bezeichnend. Löslich in HCl, wobei die Kieselsäure pulverartig ausfällt.

Genese: Leucit ist ein typisches magmatisches Hochtemperaturmineral, das sich bei der Erstarrung alkalireicher (hauptsächlich K_2O) und SiO_2-armer Laven bildet (deshalb findet man ihn nicht gemeinsam mit Quarz). Gewöhnlich begleitet er Alkalipyroxene und -amphibole, Nephelin u. a. und tritt in Leucitbasalten (s. Bild 11.158), -phonolithen und deren Tuffen auf. Durch spätere Prozesse wird er oft chemisch umgewandelt. Bekannt sind Pseudomorphosen von Orthoklas und Sericit (Kaliglimmer) nach Leucitkristallen. Bisweilen wird Leucit auch durch Nephelin und Orthoklas in verschiedenen Masseverhältnissen verdrängt; derartige Pseudomorphosen werden als *Pseudoleucit* oder *Epileucit* bezeichnet. Nicht selten wird Leucit durch Einwirkung von natriumhaltigen Lösungen in Analcim umgewandelt. Dieser Prozeß verläuft auch in den Böden, wobei Kalium in Lösung geht. Im Zusammenhang damit wird auch die Fruchtbarkeit der Böden, die sich auf leucithaltigen Gesteinen bilden, verständlich.
In bedeutenden Mengen kommt Leucit in großen und kleinen Kristallen in den basaltischen Laven am Mte. Somma (Vesuv), ferner bei Rocca Monfina und in den Albaner Bergen bei Rom vor (italienische Alkaligesteinsprovinz = »mediterrane« Gesteinssippe). Epileucithaltige Effusivgesteine wurden in der Sowjetunion in Turkestan, am Fluß Ilim, in Ostsibirien, Armenien und anderswo angetroffen. Große Pseudoleucite in Tinguaitporphyren des Böhmischen Mittelgebirges (ČSSR).

Nutzung: In einigen Ländern, z. B. in Italien, werden Leucitgesteine abgebaut, um Kaliumverbindungen und Aluminium zu gewinnen. Man muß hierbei berücksichtigen, daß Leucit gegenüber Orthoklas weniger SiO_2 und mehr Al_2O_3 und K_2O enthält.

Pollucit: $(Cs, Na)[AlSi_2O_6] \cdot H_2O_{<1}$ (*Pollux*), kubisch. Cs_2O-Gehalt maximal 32%! Farblos, durchs.; typischer Glasglanz. $n = 1{,}425$ bis $1{,}525$. H $6^1/_2$. Muscheliger Bruch.

D 2,86 bis 2,90. Pollucit kommt zusammen mit Lithiummineralen in quarzähnlichen Massen vor. Für Pollucit sind auch zahlreiche dünne Zwischenlagen sekundärer Minerale mit weißer, grauer und rosa Farbe charakteristisch. Beim Glühen wird er trübe (durch Wasserabgabe). In HCl ist er trotz Erhitzens schwer löslich, wobei die Kieselsäure pulverförmig abgeschieden wird.
Als hydrothermal entstandenes Mineral kommt Pollucit in miarolithischen Hohlräumen in Graniten und deren Pegmatiten vor. Paragenetisch ist er mit Lithiumsilikaten (Petalit, Lepidolith), Lithiumphosphaten (Amblygonit), Quarz und anderen Mineralen verbunden.
In bedeutenden Mengen in der Lepidoloithlagerstätte von Neineis (Namibia); auch bei Varuträsk (Schweden), in den USA und anderswo. Pollucit ist das wichtigste Mineral zur Gewinnung von Cäsiumsalzen, die im Laboratorium und in der analytischen Chemie Verwendung finden. Sehr wichtig ist Cäsium für lichtempfindliche, automatische, elektrische Apparate und Entladelampen. Durch Cäsiumphotoelemente wurde die Lösung des Problems der Bildübertragung (Fernsehen) möglich.

Wairakit: $Ca[AlSi_2O_6] \cdot 2\,H_2O$. Monoklin. Dem Analcim ähnlich; von Wairaki (Neuseeland).

Sodalith: $Na_8[Cl_2/(AlSiO_4)_6]$

THOMSON beschrieb das Mineral 1811; die Benennung erfolgte nach dem hohen Natriumgehalt (Soda) und nach gr. *lithos* = Stein. Theor.: 23,9% Na + Na_2O, 31,7% Al_2O_3, 37,1% SiO_2, 7,3% Cl. In geringen Mengen ist K, Mg, Be (*Berylliumsodalith*) substituiert. Kubisch (hexakistetraedrisch). Gerüstsilikat. Die großen Cl^--Ionen finden Platz in den Ringen zwischen den Tetraedergerüsten. Durch Si–Al-Substitution und durch Cl-Einlagerung wird (zur Absättigung) sehr viel Na eingebaut (s. Bild 11.159, S. 612). Die Cl-Einlagerung ist nur denkbar, wenn die Schmelze ein Cl-Überangebot aufwies.
Meist Rhombendodekaeder-Kristalle. Zwillinge nach (111) treten auf. Sodalith kommt auch in körnigen Massen vor. Farblos oder grau mit gelblicher oder bläulicher Tönung, seltener blau. Glasglanz bis Fettglanz. n = 1,483 bis 1,490. H $5^1/_2$ bis 6. Spaltbarkeit 3 bis 4 nach (110). Unebener Bruch. D 2,13 bis 2,29. Von den Alkalisilikaten anderer Gruppen unterscheidet er sich durch die optische Isotropie. Jedoch ist er von Nosean und Haüyn ohne chemische Reaktion nur sehr schwer zu trennen. Löslich in HCl, beim Verdampfen scheidet sich Kieselgallert aus; man kann mit $AgNO_3$ auf die Anwesenheit von Chlor prüfen.
Sodalith ist ein primäres Mineral von Alkaligesteinen, vorwiegend der Effusivgesteine; gelegentlich kommt er auch in Intrusivgesteinen vor, z. B. in den Sodalithsyeniten von Seravšan (Tadžikische SSR), in den Alkaligesteinen bei Mariupol (Südukraine) u. a. Meist tritt er mit Nephelin, Cancrinit, Eudialyt und anderen Mineralen zusammen auf. Bisweilen verdrängt er Nephelin und andere Alkali-Alumosilikate. Im Ilmengebirge wurde er in Nephelinpegmatiten in Form blaugefärbter Adern in Paragenese mit Cancrinit, bisweilen in Form von Einschlüssen in Analcim beobachtet. In Eläolithsyeniten von Ditró (Rumänien) und Südnorwegen; in Trachyteu der Insel Ischia (Italien), am Laacher See (BRD). In der Oxydationszone wird er wie alle anderen alkalireichen Minerale zersetzt (Bildung von *Hydrosodalith*). Schön gefärbte Stücke werden gelegentlich als Schmuckstein benutzt.

Nosean: $Na_8[SO_4/(AlSiO_4)_6]$; kubisch, dem Sodalith ähnlich (Struktur vgl. Bild 11.5). Grau, gelblich, grünlich oder bläulich, selten weiß. n = 1,495. H $5^1/_2$. # 4 (110). D 2,28 bis 2,40. Er enthält häufig Ein-

schlüsse fremder Minerale; die Kristalle rufen deshalb den Eindruck hervor, als ob sie stark zersetzt sind. In Alkaligesteinen, hauptsächlich in Effusivgesteinen, z. B. in den Laven der Kanarischen und der Kapverdischen Inseln und im Albanergebirge (Italien).
Ittnerit und *Skolopsid* sind Noseane mit Zeolithisierung.

Haüyn: $(Na, Ca)_{8-4}[(SO_4)_{2-1}/(AlSiO_4)_6]$; kubisch. Intensiv blau, himmelblau, grünlichblau, seltener gelb und rot. Glasgl. n = 1,495 bis 1,504. H $5^1/_2$. # 4 (110). D 2,4 bis 2,5. Haüyn wird u. a. in den Laven am Mte. Somma (Vesuv) neben Nephelin und Leucit, im Albanergebirge (Italien), in den Auswürflingen des Laacher Sees und in den haüynführenden Basalten von Niedermendig in der Eifel (BRD, sog. Mühlsteinlava) gefunden.

Lasurit: $(Na, Ca)_8[(SO_4, S, Cl)_2/(AlSiO_4)_6]$. *Lapis lazuli.* Kubisch. Gewöhnlich in dichten Massen. Die Farbe des Lasurits ist auffällig tief himmelblau, violett, bisweilen blau oder grünlichblau. Glasgl. n etwa 1,50 (schwankend). H $5^1/_2$. Spröde. D 2,38 bis 2,42. In HCl erfolgt Zersetzung, wobei H_2S entsteht (am Geruch kenntlich); nach dem Verdunsten bleibt Kieselgallert zurück.
Die selten vorkommenden Lagerstätten sind an Kontakte von Alkaligesteinen (Syenite, Granite und ihre Pegmatite) mit Karbonatgesteinen gebunden. Neben Lasurit kommt außer Calcit nicht selten Pyrit in Form kleiner Körnchen vor, die auf polierten Stücken gut zu sehen sind. Hin und wieder tritt er in Laven von Alkaligesteinen auf (Vesuv).
Die älteste Lagerstätte, die berühmt war und bereits von Marco Polo beschrieben wurde (1271), ist die von Badachschan in Afghanistan, wo sich der Lasurit, der verschiedene Farbtönungen aufweist (von Indigo bis Blau), metasomatisch in Kalksteinen gebildet hat. Eine andere berühmte Lagerstätte, Malo Bystrinsk, befindet sich im südlichen Baikalgebiet am Fluß Sludjanka, wo sich der Lasurit metasomatisch durch Reaktionen zwischen einem Pegmatit und Dolomit gebildet hat. Sonstige Vorkommen: in Chile und bei San Bernardino in Californien (USA).
Als ausgezeichneter Nutzstein zog Lasurit von jeher die Aufmerksamkeit auf sich. Weit bekannt sind altertümliche Gegenstände aus Lasurit: Tassen, Schatullen, Ringe, kleine Figuren und Amulette. Im 17. Jahrhundert verwendete man Lasurit zur Einfassung von Edelsteinen, zur Verzierung von Möbeln und Kaminen. Weiter diente er für Einlegearbeiten in Verbindung mit Gold, Bronze und anderen Metallen. Besonders geschätzt wurden kornblumenblaue Varietäten mit Pyrittupfen, so z. B. in Leningrad an den Säulen der Isaaks-Kathedrale sowie in der Ermitage in Vasen und Tischen.

Cancrinit: $(Na_2, Ca)_4[CO_3/(H_2O)_{0-3}/(AlSiO_4)_6]$; hexagonal. Prismat. xx, meist xenomorphes Gesteinsgemengteil, # 4, H 5 bis 6, D 2,4. Farblos bis gelblich, durchs., n_0 = 1,522; n_E = 1,499. Bevorzugt in Alkaligesteinen, speziell CO_2-reichen Nephelinsyeniten. Von Ditró (Rumänien), Miass (Ural, UdSSR), Oslo-Gebiet (Norwegen), am Laacher See (BRD) u. a. O. *Wischnewit:* Cancrinit mit SO_4, Cl, K.

Davyn: $(Na, K)_6Ca_2[(SO_4)_2/(AlSiO_4)_6]$; hexagonal. Ähnlich Cancrinit. Auch *Mikrosommit.*

Afghanit: $(Na, Ca, K)_{12}(Si, Al)_{16}O_{32}(Cl, SO_4, CO_3)_4 \cdot 0{,}6\ H_2O$; hexagonal. Monomineralische durchsch. Masse in Lasurit von Afghanistan, zusammen mit Sodalith, Nephelin, Phlogopit, Forsterit und Pyrit. H $5^1/_2$ bis 6; D 2,55; n_0 = 1,523.

Wenkit: $(Ba, K)_{4,5}(Ca, Na)_{4,5}[(OH)_4/(SO_4)_2/Al_9Si_{12}O_{42}]$; hexagonal.

Leifit: $(Na, H_3O)_2[(Si, Al, Be, B)_7 \mid (O, F, OH)_{14}]$; trigonal. Farblos, in Nephelinsyenit von Grönland.

Magadiit: $NaSi_7O_{13}(OH)_3 \cdot 3\ H_2O$; monoklin (?). Weißes plastisches Pulver als See-Ablagerung mit 60 cm Mächtigkeit von Kenia (Afrika), chemische Fällung aus Alkalilaugen, zusammen mit Hornstein; auch von USA. n = 1,48.

Kenyait: $NaSi_{11}O_{20,5}(OH)_4 \cdot 3\ H_2O$; monoklin (?). Extrem feinkörniges Mineral, Umwandlungsprodukt des Magadiits, aus pleistozänem Hornstein von Kenia (Afrika). n = 1,48.

Ussingit: $Na_2[OH/AlSi_3O_8]$; triklin. Ein dunkelbraunes Mineral aus Alkalipegmatiten; mit Vorbehalt hier einzuordnen.

Skapolithe $(Na, Ca)_8\ [(Cl_2, SO_4, CO_3)_{1-2}/Al_{1-2}(Si_{2-3}O_8)_6]$

Diese wegen ihrer Mischkristallbildung bemerkenswerte Mineralgruppe besitzt hinsichtlich der chemischen Zusammensetzung viel Gemeinsames mit der Gruppe der

Plagioklase. Im Gegensatz zu diesen treten hier zusätzliche Anionen von Cl^-, $[SO_4]^{2-}$, $[CO_3]^{2-}$, bisweilen F^- und $[OH]^-$ auf. Deshalb wird hier die Gesamtladung in den Kristallgittern durch den Eintritt zusätzlicher Kationen (Na^+ und Ca^{2+}) im Gleichgewicht gehalten.
Ebenso wie bei einigen Plagioklasen erfolgt entsprechend der Veränderung der Zusammensetzung offensichtlich eine Ersetzung von NaSi durch CaAl. Darum sind auch Wechselbeziehungen vorhanden zwischen den Cl-Anionen, die mit den natriumhaltigen Abarten engeren Zusammenhang besitzen, und den $[SO_4]$- und $[CO_3]$-Gruppen, die für kalziumreichere Arten kennzeichnend sind.
Die Endglieder dieser Reihe bestehen aus
der reinen Natriumverbindung *Marialith* (Ma) = $Na_8[(Cl_2, SO_4, CO_3)/(AlSi_3O_8)_6]$ und
der reinen Kalziumverbindung *Mejonit* (Me) = $Ca_8[(Cl_2, SO_4, CO_3)_2/(Al_2Si_2O_8)_6]$.
Bei den Arten, die hinsichtlich der Zusammensetzung eine Zwischenstellung einnehmen (*Dipyr, Mizzonit, Wernerit*), wurde dieselbe Gliederung durchgeführt wie bei den Plagioklasen, d. h. nach dem prozentualen Anteil des Mejonit»moleküls«. Es ist vollkommen natürlich, daß sich mit der Veränderung der chemischen Zusammensetzung der Minerale dieser Gruppe auch ihre physikalischen Eigenschaften gesetzmäßig ändern. Der Gehalt an SiO_2 geht entsprechend der Zunahme des Me-Anteils von 56 auf 47% zurück; ebenso nimmt auch der Gehalt an Na_2O und Cl ab, jedoch wachsen die Anteile von CaO und CO_2.
Tetragonal (dipyramidal). Für die Kristallstruktur des Skapoliths sind Ringe charakteristisch, die aus vier Tetraedern bestehen; die Ecken dieser Tetraeder sind abwechselnd nach oben und unten gerichtet. Die Ringe bilden Säulen parallel der c-Achse des Kristalls. In Bild 11.159 ist die Projektion des tetraedrischen Gerüsts auf die Ebene (001) dargestellt. Innerhalb dieses Gerüstes sind freie Räume für die Kationen Na^+ und Ca^{2+} vorhanden, ebenso große Hohlräume für die Anionen Cl^-, $[SO_4]^{2-}$ oder $[CO_3]^{2-}$. Die auftretenden Kristalle besitzen prismatische Form und sind gewöhnlich in Richtung der c-Achse gestreckt (s. Bild 11.160). Am häufigsten verbreitet sind die Prismenflächen, die durch die Doppelpyramidenflächen abgestumpft werden. Kristalle kommen nur in Drusen vor. Im Gestein bildet Skapolith unregelmäßige Körner oder körnige Aggregate, wobei bisweilen ein dichtes Skapolithgestein entsteht.
Skapolithe in vulkanischen Gesteinen sind gewöhnlich farblos. Die sich in kristallinen Schiefern und Kalksteinen bildenden Skapolithe sind dagegen undurchsichtig und grau, bisweilen tiefblau (*Glaukolith*), seltener rot gefärbt. Glasglanz, auf Spaltflächen mit Perlmutterglanz. n_O = 1,539 bis 1,596 und n_E = 1,537 bis 1,557 (diese Werte werden mit der Zunahme des Mejonitanteils größer). H 5 bis 6. Spröde. # 3 bis 4 (100). Bruch uneben. Die Dichte nimmt mit steigendem Mejonitgehalt von 2,61 bis 2,75 zu. Die Skapolithe sind von den ihnen ähnlichen Feldspäten durch die klar ausgeprägte tetragonale Kristallform, die schwache Spaltbarkeit und die etwas geringere Härte zu unterscheiden.
Die Skapolithe bilden sich bei pneumatolytischen Vorgängen in Hohlräumen des vulkanischen Gesteins als gut ausgebildete Kristalle. Nicht selten sind sie in kontaktmetasomatischen Lagerstätten an der Grenze saurer und alkalischer Gesteine mit Kalksteinen und Dolomiten zu beobachten. Sie werden begleitet von Granat, Pyroxenen, bisweilen Apatit u. a. Ziemlich häufig werden andere Minerale, besonders Plagioklase, durch Skapolithe verdrängt. Die Skapolithe werden verhältnismäßig leicht zersetzt, besonders bei der Verwitterung. In Pseudomorphosen nach Skapolithen wurden Glimmer, Epidot, Albit und andere Minerale beobachtet. Durch Verwitterung bilden sich aus den Skapolithen Kaolinit und Sericit.

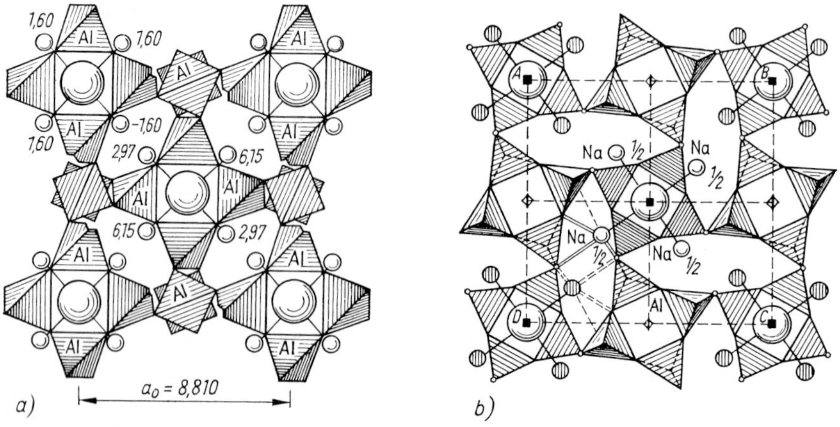

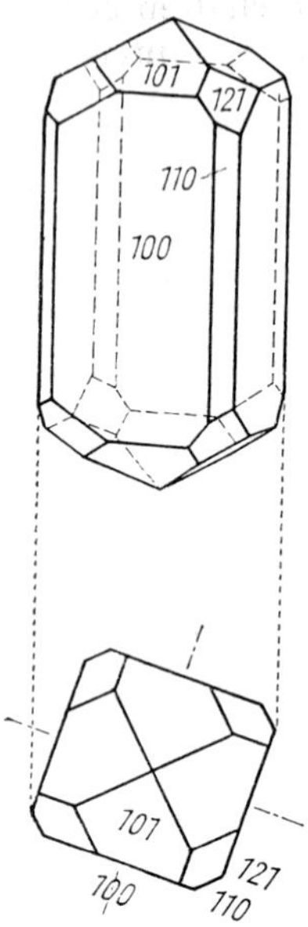

Bild 11.159. Kristallgitter des Sodaliths (a) und des Skapoliths (b) in der Projektion parallel c auf die Würfelfläche [1]

a) Die Cl-Ionen (große Kugeln) liegen in den Ecken des großen Quadrats auf der Höhe 0 und in der Mitte auf der Höhe $^1/_2c = 4{,}435$ Å. Kleine Kugeln: Na^+-Ionen; die dabeistehenden Zahlen geben ihre relative Höhe an. In dem aus SiO_4-Tetraedern bestehenden Gerüst werden die Alumo-Sauerstoff-Gruppen AlO_4 mit Al bezeichnet.

b) Große Kugeln: Cl^-, kleinere Kugeln: Na^+ oder Ca^{2+}. Die kleinen leeren Kreise an den Ecken der vierzähligen Ringe um die Achse A, B, C, D und 0 stellen die Sauerstoffionen dar, die die Ringe miteinander verbinden

Bild 11.160. Kristallform und zugehöriges Kopfbild von Skapolith [99, 224]

Bekannt sind Skapolithvorkommen in vielen Phlogopitlagerstätten am Fluß Sludjanka (südliches Baikalgebiet); bisweilen werden einzelne Skapolithkristalle (*Stroganovit*) 0,5 m lang. Sie haben gewöhnlich eine blasse strohgelbe oder schmutziggrüne Farbe und sind hier metasomatisch durch Reaktionen der Pegmatite mit den Kalksteinen entstanden. In diesen Lagerstätten wurden auch in dichten Massen Glaukolithe gefunden, die blau, graublau oder bläulichviolett gefärbt waren. Weitere Skapolithvorkommen sind in der SU vom Berg Blagodatj (nördl. Ural), von Karelien und anderswo bekannt. Klare Kristalle kommen von den Auswürflingen der Somma des Vesuvs sowie vom Lago Tremorgio im Tessin (Schweiz); vom Laacher See (BRD); aus Brasilien und Madagaskar. Geringe praktische Bedeutung.

Sarkolith: $(CaNa)_8[O_2/Al(Al, Si)Si_2O_8)_6]$; tetragonal. Wahrscheinlich ein Oxidskapolith. Rötliches Mineral, als vulkanischer Einschluß von Mte. Somma (Italien).

Franzinit: $(Na, Ca, K)_{40}(Si, Al)_{60}O_{120}(SO_4)_{7,7}(CO_3)_{2,0}(OH)_{3,5}Cl_{0,6} \cdot 4{,}3\ H_2O$; hexagonal. D 2,49, $n_0 = 1{,}510$. Von Pitigliano (Toskana, Italien). Ähnlich ist *Liottit* vom gleichen Fundpunkt.

11.31. Zeolith-Gruppe

Zeolithe sind besonders locker gebaute Tektosilikate, die neben 4er-, 5er- und 6er-Ringen aus $[SiO_4]$- bzw. $[AlO_4]$-Tetraedern auch 8-, 10- und 12gliedrige Ringsysteme aufweisen, und zwar in kanalartiger Verknüpfung, so daß längs der Kanäle reversible Hydratations-, Ionenaustausch- und Molekularsiebeigenschaften möglich werden. Diese Besonderheiten des strukturellen Baues verleihen den Zeolithen spezifische Sorptionseigenschaften, die in der Technik genutzt werden.

Zeolithe werden vor allem eingesetzt als Adsorbentien in der petrolchemischen Industrie. In der Literatur sind mehr als 60 technische Verfahren zur Trocknung und Reinigung von Gasströmen, zur Reinst- und Reindarstellung bestimmter organischer End- und Zwischenprodukte der Petrolchemie an zeolithischen Molekularsieben beschrieben.

Zeolithische Molekularsiebe ermöglichen (nach Stach und Lohse):

- die Auftrennung eines Gemisches nach Stoffklassen, nicht nach Siedepunkten
- eine besonders wirkungsvolle Trennung von Komponenten unterschiedlicher Struktur mit sich überschneidendem Siedebereich
- eine Trennung azeotroper Gemische
- auch bei kleinen Partialdrücken noch eine hohe Adsorptionskapazität, insbesondere für polare Moleküle
- eine hohe Adsorptionsaufnahme auch bei erhöhter Temperatur
- die Entfernung von Verunreinigungen bis auf einige ppm
- durch Koadsorption die gleichzeitige Entfernung von mehreren Verunreinigungen aus Gasströmen
- Arbeiten ohne größere Korrosionsprobleme
- eine schnelle Kontrolle und Einstellung auf geänderte Prozeßbedingungen eines Verfahrens
- geringen Wartungsaufwand und dadurch einfache Prozeßautomatisierung

Weiterhin werden Zeolithe bei Prozessen der Stoffwandlung als Katalysator eingesetzt (z. B. beim Cracken und bei der Isomeration). Ein ganz neues Einsatzgebiet ist die Trocknung von Atemluft oder des Sauerstoffs für Kosmonauten.
Die technisch wichtigen Zeolithe sind Faujasit, Mordenit und Erionit. Um konstante Eigenschaften bei diesem Werkstoff zu haben, werden diese Zeolithe heute synthetisiert; für geringere Anforderungen werden auch natürlich gebildete genutzt (z. B. Clinoptilolith). Der lockere Aufbau des Gitters ermöglicht den Austausch von Kationen und den teilweisen Entzug von Wasser, ohne daß das Gitter zusammenfällt. (Einsatz dieser Minerale zur Wasserenthärtung.)

Die meisten und schönsten natürlichen Zeolithe entstehen spätmagmatisch-hydrothermal in den Hohlräumen (Mandeln, Drusen) von jungvulkanischen Gesteinen, v. a. in Basalten und Phonolithen; wesentlich seltener sind sie auf Klüften und Drusen von Plutoniten oder in hydrothermalen Erzgängen. Feinkörnige Zeolithe bilden sich oft massenhaft in Tuffen.
Die meisten Zeolithe sind farblos bis weiß oder licht gefärbt, haben eine niedrige Dichte, niedrige Licht- und Doppelbrechung, eine für Silikate relativ niedrige Härte; sie werden mit HCl leicht zersetzt und blähen beim Erhitzen auf (daher der Name: gr. *zeo* = ich koche).

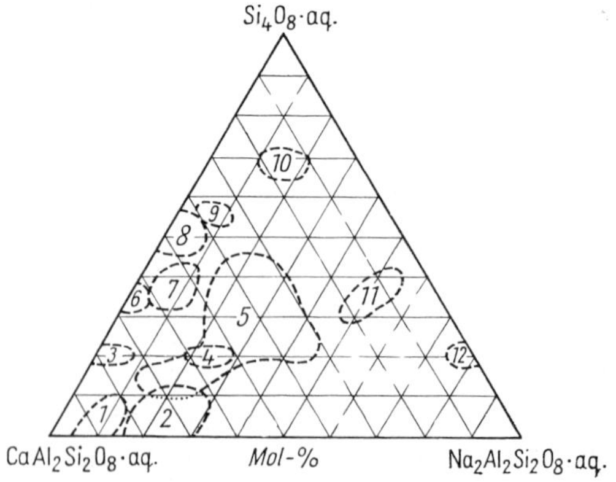

Bild 11.161. Chemische Variation der Zeolithe (nach [13], Bild 8.16)

1 Gismondin
2 Thomsonit
3 Skolezit
4 Mesolith
5 Phillipsit
6 Laumontit
7 Chabasit
8 Stilbit
9 Heulandit
10 Mordenit
11 Gmelinit
12 Natrolith

Nach dem Kristallhabitus kann man die Zeolithe in drei Gruppen aufteilen:

- die Würfelzeolithe (pseudokubische Rhomboeder, z. B. Chabasit)
- die Faserzeolithe (meist pseudotetragonal, z. B. Natrolith)
- die Blätterzeolithe (pseudohexagonal, z. B. Desmin)

Chabasit: $(Ca, Na_2)[Al_2Si_4O_{12}] \cdot 6\,H_2O$

Bosc d'Antic benannte das Mineral 1788. Der Chemismus hat eine gewisse Schwankungsbreite; in geringen Mengen sind zusätzlich Ba und Sr enthalten.
Trigonal (ditrigonal-skalenoedrisch). Gerüstsilikat. Die Struktur besteht aus Sechserringen parallel der Basis, durch deren Verknüpfungen zusätzlich Vierer- und Achterringe entstehen. Die Kristallform ist rhomboedrisch (pseudokubisch oder würfelähnlich, s. Bild 11.162). Durchwachsungszwillinge nach (0001). Häufig Krusten und derbe Aggregate. Farbe weiß, rötlich, bräunlich, Glasglanz. $n_O = 1{,}480$ bis $1{,}485$, $n_E = 1{,}478$ bis $1{,}490$. H 4 bis 5. Spröde. Spaltbarkeit 2 nach $(10\bar{1}1)$. D 2,08 bis 2,16. Form, Härte, Farbe und Spaltbarkeit sind die wichtigsten Eigenschaften, Verwechslung mit anderen Zeolithen, Calcit und anderen weißen Mineralen möglich.
In vielen Ländern kommt er am häufigsten in mandelförmigen Hohlräumen blasiger Basalte, Phonolithe und anderer Effusivgesteine vor, nicht selten in Begleitung von Phillipsit, Calcit usw.; Böhmisches Mittelgebirge (ČSSR), Vogelsberg (BRD), Island usw. Häufig bildet er sich an der Austrittstelle heißer Quellen, so in Plombières (Frankreich).
Über Nutzung siehe Einleitung.

Herschelit: Varietät von Chabasit mit (Na + K) > Ca.

Faujasit: $Na_2Ca[Al_2Si_4O_{12}]_2 \cdot 16\,H_2O$; kubisch. Die Struktur besteht aus Sodalith-Bausteinen, die über Doppel-Sechserringe dreidimensional verknüpft sind. Die Hauptkanäle werden durch Zwölferringe begrenzt und besitzen einen freien Durchmesser von etwa 9 Å. Viele Eigenschaften wie Chabasit; D 1,93, aus Tuffen basischer Magmen. Ähnlich ist *Paulingit* $(K, C, Na)_2[Al_3Si_{11}O_{28}] \cdot 12\,H_2O$; kubisch.

Offretit: $(Ca, Na, K)_2[Al_3Si_9O_{24}] \cdot 9\,H_2O$; hexagonal. Feinfaserige weiße lockere Aggregate im Rhyolith von Durkes in Oregon (USA), Vogelsberg (BRD), Mont Semiol (Frankreich). *Erionit* ist ähnlich, hat aber hohe Lichtbrechung ($n_0 = 1{,}493$) und negativen Charakter der Doppelbrechung. *Mazzit* $K_2Mg_2Ca_{1,5} \cdot Al_{9,5}Si_{25,5}O_{72}$; hexagonal. Von Frankreich.

Gmelinit: $(Na_2, Ca)[Al_2Si_4O_{12}] \cdot 6\,H_2O$; hexagonal. Farblose und gefärbte xx in Hohlräumen von Effusivgesteinen.

Bild 11.162. Chabasit mit würfligem Habitus als Mandelfüllung in Phonolith. Repcice bei Litomerice (Böhmisches Mittelgebirge, ČSSR). Etwa nat. Größe [20, 221]

Levyn: $Ca[Al_2Si_4O_{12}] \cdot 6\,H_2O$; trigonal-rhomboedrisch. Meist Durchkreuzungszwillinge weißer xx; aus basaltischen Gesteinen, z. B. von Färöer.

Ashcroftin: $KNa(Ca, Mg, Mn)[Al_4Si_5O_{18}] \cdot 8\,H_2O$; tetragonal. Feinste rosafarbene Fäserchen in Pegmatiten, z. B. von Grönland. $n_0 = 1{,}536$.

Mordenit: $(Ca, K_2, Na_2)[AlSi_5O_{12}]_2 \cdot 6\,H_2O$; rhombisch. Weiße Nädelchen in Mandeln, v. a. basischer Effusiva von Morden (Schottland), Island u. a.

Analcim: $Na[AlSi_2O_6] \cdot H_2O$

Kein echter Zeolith! 8,2% H_2O; mitunter bis 5,5% K_2O, etwas Ca und Mg. Kubisch. Kristallform wie Leucit (mit diesem isotyp), auch in körnigen Aggregaten, Kristalldrusen und kristallinen Krusten. Farblos, weiß mit grauer, rötlicher oder grüner Tönung. Glasglanz. n = 1,487. H 5 bis $5^1/_2$. Spröde. Ohne Spaltbarkeit. D 2,2 bis 2,3. Beim Erhitzen gibt er leicht Wasser ab und wird trübe. In HCl vollkommen zersetzbar.

Ähnlich wie die Zeolithe bildet sich Analcim gewöhnlich bei niedrigthermaler Tätigkeit im letzten Stadium magmatischer Prozesse. Große durchsichtige xx in vulkanischen Tuffen. Vorkommen z. B. Cyklopeninseln bei Catania (Sizil., Italien), im Böhmischen Mittelgebirge (ČSSR) und anderen Orten. Keine Nutzung.

Viseit ist ein P- und OH-haltiger Analcim.

Natrolith: $Na_2[Al_2Si_3O_{10}] \cdot 2\,H_2O$

9,5% H_2O; mitunter sind Fe_2O_3 und K_2O anwesend. Rhombisch. Kristallstruktur siehe Bild 11.163. Säulige Kristallform (s. Bild 11.164), häufig radialstrahlige Büschel und kristalline Krusten, Sphärolithe und fasrige Massen (s. Bild 11.164). Farblos oder weiß mit gelblicher, grünlicher und rötlicher Tönung; Glasglanz, bei fasrigen

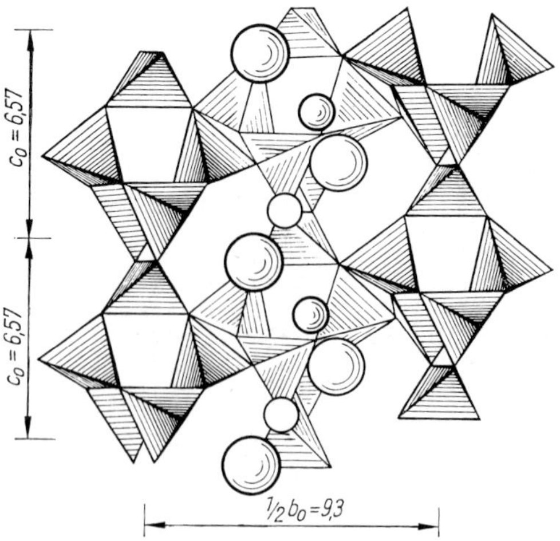

Bild 11.163. Natrolithstruktur, in Blickrichtung der a-Achse [20]. In Kanälen senkrecht zu den Tetraederketten befinden sich H_2O-Moleküle (große Kugeln) und Na^+-Ionen (kleine Kugeln)

Massen Seidenglanz. n_Z = 1,485 bis 1,493; n_Y = 1,476 bis 1,482 und n_X = 1,473 bis 1,480. H 5 bis $5^1/_2$. Spröde. Spaltbarkeit 3 bis 4 nach (110). D 2,2 bis 2,5. Das Wasser wird beim Erhitzen bis auf 300 °C fast entfernt, nach Abkühlung jedoch wieder absorbiert. In HCl löslich, wobei Kieselgallert ausfällt. *Paranatrolith* hat $3\,H_2O$.

Natrolith kommt häufig in radialstrahligen Aggregaten in Mandeln und Geoden effusiver Eruptivgesteine (z. B. Basalt) vor. Er ist u. a. bekannt aus Phonolithen des Böhmischen Mittelgebirges (ČSSR), vom Hohentwiel (BRD), von Hammerunterwiesenthal (Erzgebirge, DDR), von Island, von Kola (UdSSR) und vielen anderen Orten. Durch hydrothermale Zersetzung des Nephelins ist er in den Pegmatiten der Nephelinsyenite im Višnevye-Gebirge und Ilmen-Gebirge (Ural) entstanden.

Anhang:

Makatit: $Na_2Si_4O_9 \cdot 5\,H_2O$; rhombisch. Weiße Sphärolithe in Evaporiten von Kenya (Afrika). D 2,072.

Eakerit: $2[Ca_2SnAl_2Si_6O_{16}(OH)_6]$; monoklin. Prismatische xx als Einschluß in Spodumen, aus Pegmatit (USA). D 2,93; n_Y = 1,586.

Bild 11.164. Natrolith [221] langnadeliger Habitus aus Alkalitrachyt des Marianska Hora bei Usti n. L. (Böhmisches Mittelgebirge, ČSSR); etwa nat. Größe

Skolezit: $Ca[Al_2Si_3O_{10}] \cdot 3\,H_2O$

13,8% H_2O. Monoklin. Säulige xx (ähnlich Natrolith), nadelig, radialstrahlig, auch fasrig-sphärolitisch. Farblos. $n_Y = 1{,}518$. H 5 bis $5^1/_2$. # 3 (110). D 2,2 bis 2,4. Skolezit zeigt Pyroelektrizität. Vorkommen im Ural, im Kaukasus (UdSSR). Weit verbreitet in blasigem Basalt und Phonolithlaven, wo er in Mandeln und Geoden auftritt; schöne xx von Island, Hammerunterwiesenthal (DDR), Colorado (USA) u. a. O.

Zwischen den Endgliedern der Mischkristallreihe Natrolith–Skolezit werden die beiden folgenden Mischkristalle ausgehalten:

Mesolith: $Na_2Ca_2[Al_2Si_3O_{10}]_3 \cdot 8\,H_2O$ (monoklin) und **Thomsonit:** $NaCa_2[Al_2(Al, Si)Si_2O_{10}]_2 \cdot 6\,H_2O$ (rhombisch). Beide Minerale sind meist feinfaserig oder treten als dichte weiße Aggregate auf. H 5 bis $5^1/_2$. D 2,2 bis 2,4. Vorkommen wie Natrolith und Skolezit. Natrolithähnlich sind *Rhodesit* und *Laubanit*. *Strontiumthomsonit:* $(Na, Ca, Sr, Mg)_3[Al_2Si_3O_{10}]_2 \cdot 4\,H_2O$; Mineral aus hydrothermalen Füllungen in einem Nephelinsyenit in Südjakutien (UdSSR). H 5 bis $5^1/_2$. D 2,43; $n_Y = 1{,}530$.

Gonnardit: $(Ca, Na)_3[(Al, Si)_5O_{10}]_2 \cdot 6\,H_2O$. Rhombisch. Ähnlich Thomsonit.

Edingtonit: $Ba[Al_2Si_3O_{10}] \cdot 3\,H_2O$. Rhombisch mit tetragonalem Habitus. D 2,7; $n_Y = 1{,}549$. Von Schottland.

Laumontit: $Ca[AlSi_2O_6]_2 \cdot 4\,H_2O$. Monoklin. In Blasenhohlräumen und Klüften vieler Gesteine, z. B. im Syenodiorit des Plauenschen Grundes bei Dresden (DDR). Kritisch für niedrige metamorphe Fazies.

Yugawaralith: $Ca[Al_2Si_5O_{14}] \cdot 3\,H_2O$. Monoklin. Farblos-weiß, D 2,2. Osilo auf Sizilien (Italien).

Dachiardit (D'Achiardit): $(K, Na, Ca_{0,5})_5[Al_5Si_{19}O_{48}] \cdot 12\,H_2O$. Monoklin. Farblose, achtseitige verzwillingte xx aus Pegmatiten von Elba (Italien). Ähnlich *Mountainit* $KNa_2Ca_2[HSi_8O_{20}] \cdot 5\,H_2O$; monoklin.

Merlinoit: $(K, Na)_5(Ca, Ba)_2[Al_9Si_{23}O_{64}] \cdot 23\,H_2O$; rhombisch. D 2,14, aus Vulkanitdrusen, von Santa Rufina (Italien).

Heulandit: $Ca[Al_2Si_7O_{18}] \cdot 6\,H_2O$

14,8% H_2O. Gewöhnlich ist Na_2O und SrO (bis 3,6%) anwesend. Es gibt auch *Bariumheulandit* (mit 2,5% BaO). Monoklin. Gerüstsilikat mit Andeutung einer Schichtstruktur (Blätterzeolith). Kristallform isometrisch oder taflig; blättrige Massen und strahlig-blättrige Aggregate in Gesteinshohlräumen. Farblos oder weiß, gelb, ziegelrot (Fe_2O_3-Einlagerung). Glasglanz. $n_Y = 1{,}499$. H $3^1/_2$ bis 4. Spröde. # 1 (010). D 2,18 bis 2,22. Heulandit kommt in Hohlräumen der Effusivgesteine (Basalte Porphyre u. a.) vor, z. B. von Berufjord (Island) und bei Oberstein a. d. Nahe (BRD), vom Fassatal (Alto Adige, Italien).

Stilbit: $Ca[Al_2Si_7O_{18}] \cdot 7\,H_2O$ Desmin

Monoklin. Häufig Zwillinge, auch Vierlinge mit pseudorhombischem Habitus. Diese komplizierten Zwillingskristalle sind gewöhnlich zu garbenartigen Aggregaten (gr. *desme* = Büschel) verwachsen (s. Bild 11.165, auch 11.166). Weiß, gelblich oder auch rötlich. Glasglanz. $n_Y = 1{,}498$. H $3^1/_2$ bis 4. # 4 (010). D 2,09 bis 2,20. In HCl Zersetzung. Ziemlich häufig in Blasenräumen und Spalten der Effusivgesteine, bisweilen in hydrothermalen Erzgängen. Färöer, Berufjord (Island), Fassatal (ital. Alpen), Andreasberg (BRD), Kongsberg (Schweden) u. a. O.

Stellerit soll das rhombische Endglied einer kontinuierlichen Reihe zum monoklinen Stilbit sein.

Epistilbit: $Ca[Al_2Si_6O_{16}] \cdot 5\,H_2O$; monoklin. Farblos bis weiß, u. a. aus Basalten von Island. $n \sim 1{,}52$.

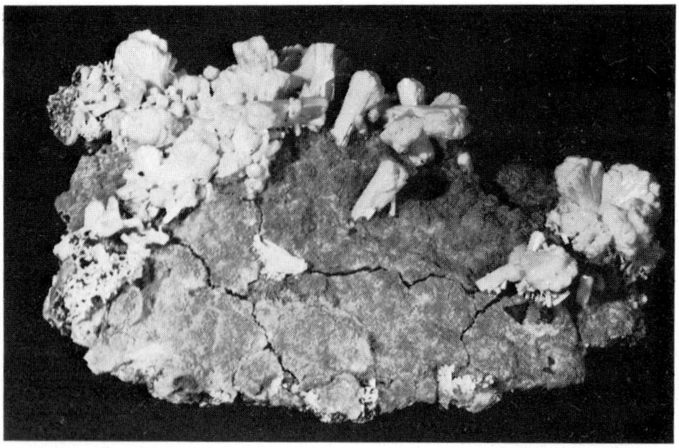

Bild 11.165. Stilbit (Desmin). Skookumchuk Dam (Wash., USA). Etwa nat. Größe [221]

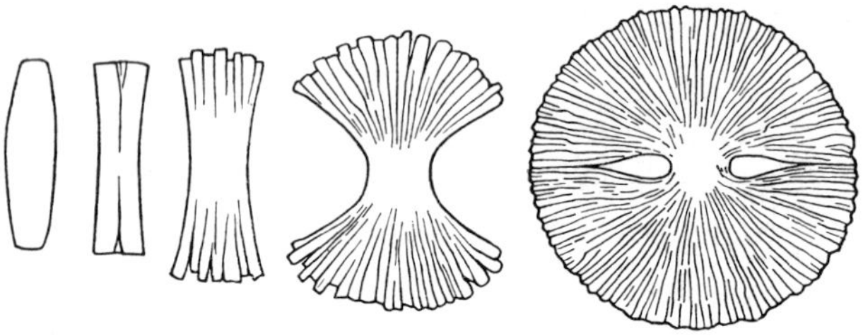

Bild 11.166. Entwicklung der Kristallaufblätterung über büschelartige, garbenartige, zu kugeligen Formen [4]

Brewsterit: (Sr, Ba, Ca)[$Al_2Si_6O_{16}$] · 5 H_2O; monoklin. Auf Klüften und Vulkaniten. Strontian (Schottland, GB), Freiburg/Breisgau (BRD).

Ferrierit: (Na, K)$_2$Mg[OH/$Al_3Si_{15}O_{36}$] · 9 H_2O; rhombisch. Weiße, radialstrahlig angeordnete dünne nadelige xx aus Basaltmandeln.

Cowlesit: Ca[$Al_2Si_3O_{10}$] · 6 H_2O; rhombisch. Aus Basalt. *Partheit:* Ca[$Al_2Si_2O_8$] · 2 H_2O. Monoklin, D 2,39, n_Y = 1,549. In zersetztem Gabbro (Türkei).

Phillipsit: KCa[$Al_3Si_5O_{16}$] · 6 H_2O

15 bis 17% H_2O. Ferner bis 6% Na_2O. Monoklin. Säulige xx, gewöhnlich Zwillinge mit rhombischem oder quadratischem Querschnitt, ebenso Vierlinge (s. Bild 11.167). Farblos oder weiß, grau, gelblich oder rötlich. Glasglanz. n_Y = 1,50. H 4 bis $4^1/_2$. Spröde. # 1 bis 2 (001) und (010). D 2,2. In Hohlräumen von Effusivgesteinen, insbesondere in Alkaligesteinen. Mte. Somma (Vesuv, Italien), Island.

Harmotom: Ba[$Al_2Si_6O_{16}$] · 6 H_2O. Monoklin. Durchkreuzungszwillinge. Weiß, grau, gelb. n_Y = 1,505. H $4^1/_2$. # 2 (010). D 2,44 bis 2,50. In Effusivgesteinen und auf hydrothermalen Gängen. Oberstein (BRD), Andreasberg (BRD), Kongsberg (Schweden). *Wellsit:* (K, Ca)-reiche Varietät des Harmotoms.

Gismondin: Ca[$Al_2Si_2O_8$] · 4 H_2O. Monoklin. Farblose, garbenartige und kugelige Aggregate in Basalten und Basalttuffen, z. B. von Aci Castello (Sizilien, Italien) und Schiffenberg bei Gießen (BRD). D 2,26. n_Y = 1,539.

Garronit: $NaCa_{2,5}[Al_3Si_5O_{16}]_2$ · 13,5 H_2O; tetragonal. Strahlig, von Island. Ähnlich ist der monokline *Amicit* vom Hegau (BRD). n_Y = 1,50.

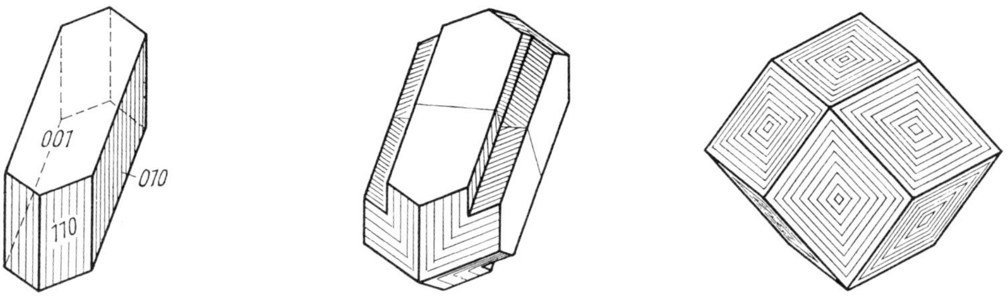

a) b) c)

Bild 11.167. Kristallformen von Phillipsit und Harmotom

a) einfacher Kristall von Phillipsit b) Vierling von Phillipsit c) Vielling (aus 12 Individuen) von Harmotom

Rhodesit: $KNaCa_2[H_2Si_8O_{20}] \cdot 5\,H_2O$; rhombisch. *Mountainit:* $KNa_2Ca_2[H_2Si_8O_{20}] \cdot 5\,H_2O$; monoklin.

Monteregianit: $K_2Na_4Y_2[Si_{16}O_{38}] \cdot 10\,H_2O$; rhombisch. Aus Nephelinsyenit, von Kanada.

Delhayelith: etwa $(Na, K)_{10}Ca_5[(Cl_2, F_2, SO_4)_3/O_4/Al_6Si_{32}O_{76}] \cdot 18\,H_2O$; rhombisch. Aus Nephelinitlava. *Hydrodelhayelith* hat mehr Wasser.

Hier werden einige *Kupfersilikate* unterschiedlicher struktureller Zuordnung zusammengefaßt, wie sie in der Oxydationszone von Cu-Lagerstätten auftreten:

Dioptas $Cu_6[Si_6O_{18}] \cdot 6\,H_2O$

Trigonal (rhomboedr.), Sechserringe! Kristalle in gedrungenen Säulen, cm-groß in Calcitdrusen. Chem. 50,5% CuO, 38,1% SiO_2, 11,4% H_2O, fast stets sehr rein. Smaragdgrün, Glasglanz, meist durchsichtig, $n_{EO} = 1{,}697$; 1,644. H 5, #4 $(10\bar{1}1)$, spröde, Dichte $\approx 3{,}3$.
Paragenese: Malachit, Calcit, auch Hemimorphit. Meist geringe Mengen, diese aber oft Schmuckqualität. Gelegentlich in Seifen. Bekannte Vorkommen sind Altyn Tjube (Kasachische SSR, UdSSR), Guchab (Namibia), Shaba (Zaïre), Copiapó in der Atakama-Wüste (Chile) u. a.

Chrysokoll $CuSiO_3 + aq$

Strukturell ein Phyllosilikat mit extrem fehlgeordneter Struktur (nach H. STRUNZ): $Cu_4H_4[(OH)_8/Si_4O_{10}]$. Die kolloidale Genese (Name!) ermöglicht fast vollständigen Ersatz von Cu durch Al, auch Fe (*Pilarit*), oft auch P_2O_5 (*Demidoffit*). Opalartig bis erdig, blau bis braun und schwarz. Glas- und Wachsglanz, H 2 bis 4, spröde, muschliger Bruch; Dichte 2,0 bis 2,3. Charakteristisch für Oxydationszone von Kupferlagerstätten trocken-heißer Klimate. Fundpunkte in vielen, v. a. alten Bergbaugebieten, so z. B. von Turja und Mednorudjansk (Ural, UdSSR), von Chile, Zaïre, USA. Auch auf den Lagerstätten der Bi-Co-Ni-Formation im Erzgebirge (DDR).

Gilalit: $Cu_5Si_6O_{17} \cdot 7\,H_2O$; monoklin. Grün, D 2,80. *Apachit:* $Cu_9Si_{10}O_{29} \cdot 11\,H_2O$, monoklin. Blau, D 2,80. Beide von der Christmas-Grube (Arizona, USA).

Plancheit: $Cu_8[(OH)_2/Si_4O_{11}] \cdot H_2O$; rhombisch. Sphärolithische Massen, zusammen mit Dioptas, Malachit, Cuprit usw., von Zaïre u. a. O.

Shattuckit: $Cu_5[(OH)_2/SiO_3)_4]$, rhombisch. Hellblaue fasrige Aggregate, oft pseudomorph nach Malachit. Von Chattuck-Grube in Bisbee (USA), Zaire u. a. O.

Ajoit: $Cu_2Al[OH/Si_3O_9] \cdot 2\,H_2O$. Ähnlich *Bisbeeit:* $CuSiO_3 \cdot H_2O$; rhombisch. Blaue Fasern.

12 Phosphate (Arsenate, Vanadate)

12.1. Allgemeines

Die hier zusammengefaßten Minerale leiten sich von dem Säuretyp H_3RO_4 her. P^{5+}, V^{5+} und As^{5+} (5. Gruppe des Periodensystems) können Zentralion des Säureradikals sein. Das Zentralion ist tetraedrisch von Sauerstoff umgeben (vgl. SO_4^{2-} und SiO_4^{4-}!). Als Kationen können große, bei Wassereinbau auch kleine dreiwertige und oft unter Einbau zusätzlicher Anionen (OH^-, F^-, O^{2-} und Cl^-) oder Protonen (H^+; saure Salze) relativ große zweiwertige Elemente fungieren.

Wegen der unter den Phosphaten, Arsenaten und Vanadaten weit verbreiteten Isomorphie ist diese Mineralklasse ausgesprochen artenreich. Allerdings treten nur wenige dieser Minerale besonders extensiv (d. h. weitverbreitet, aber keine Konzentrierung) bzw. intensiv (d. h. an wenigen Stellen der Erdkruste angereichert) auf. Die Mischkristallbildung basiert in der vorliegenden Klasse nicht nur auf einfacher, sondern auch auf gekoppelter Substitution (heterovalente Isomorphie). Das bedeutet: Mehrere Kationen und mehrere Anionen mit verschieden großer Ladung beteiligen sich an einem Substitutionsvorgang. Dabei ist Bedingung, daß die Summen der positiven und der negativen Ladungen gleich und die Ionenradien zumindest angenähert gleich sind sowie die Gesamtzahl der Kationen und Anionen nicht verändert wird (Ausnahme bei Protoneneinbau). Zum Beispiel können $Th^{4+} + Ca^{2+} + SO_4^{2-} + SiO_4^{4-}$ die Gitterplätze von $2\ Ce^{3+} + 2\ PO_4^{3-}$ besetzen.

Die höchstmögliche Oxydationsstufe der entsprechenden Elemente (P^{5+}, V^{5+}, As^{5+}) charakterisiert viele Verbindungen des exogenen Bildungsbereiches. Dementsprechend ist die übergroße Mehrheit der Minerale aus der Klasse der Phosphate, Arsenate und Vanadate ein Produkt der *Oxydationsverwitterung*. Von den hier diskutierten Mineralen kommen fast nur Phosphate als endogene Bildungen, und zwar meist in *den Endstadien der magmatischen Prozesse*, vor.

Wir gliedern diese Klasse, insbesondere aus chemisch-paragenetischen Gründen, in folgende Mineralgruppen:

Gruppe	Chemisch-paragenetischer Charakter
Apatit	meist einfache Erdalkali-Phosphate und -Arsenate (Ca, Mg, Be)
Monazit–Xenotim	Phosphate und Arsenate der Seltenen Erden
Amblygonit–Pharmakosiderit	alkalireiche Phosphate und Arsenate (Li, Na, K; einschließlich NH_4)
Wavellit–Lazulith	Al-reiche Phosphate und Arsenate
Vivianit–Skorodit–Triplit	Fe- und Mn-reiche Minerale (einschließlich der Ca-, Fe-, Mn-Doppelverbindungen)
Pyromorphit–Adamin	Pb- und Zn-Phosphate, -Arsenate und -Vanadate
Türkis–Olivenit	Cu-Phosphate und -Arsenate
Torbernit–Carnotit–Annabergit	U-, Co-, Ni-Phosphate, -Arsenate und -Vanadate

Die wenigen und unbedeutenden Arsenite sind bei den entsprechenden Kationen angehängt.

12.2. Apatit-Gruppe

In dieser Gruppe werden insbesondere die *einfachen Erdalkali-Verbindungen* besprochen, wobei es sich im wesentlichen um Phosphate und Arsenate handelt. Die Be-haltigen Minerale sind überwiegend Doppelverbindungen. Bei den sog. Silikat-Apatiten wird ein Teil des dreiwertigen $[PO_4]$ durch das vierwertige $[SiO_4]$-Anion ersetzt; dadurch macht sich ein Ladungsausgleich durch das zweiwertige $[SO_4]$-Ion notwendig.

Apatit: $Ca_5[F/(PO_4)_3]$ Fluorapatit

Entdeckung: Das Mineral wurde von Werner 1786 benannt und beschrieben; der Name leitet sich von gr. *apatao* = »ich täusche« ab, da der Apatit leicht mit anderen stengligen Mineralen wie Beryll, Diopsid und Turmalin verwechselt wurde.

Chemismus: Theor. Fluorapatit 50,0% CaO, 4,0% Ca, 42,3% P_2O_5 und $\leqq$ 3,8% F. Jede der Komponenten der obigen Apatitformel kann durch andere Kationen und Anionen diadoch ersetzt werden, so daß sich die allgemeine Formel (Ca, Mn, Mg, Sr, $SE\ldots)_5$ $[(F, Cl, OH, O, CO_3)/(PO_4, SO_4, SiO_4, CO_3OH)_3]$ ergibt und dementsprechend eine Reihe von Apatitvarietäten entsteht (siehe im Anschluß an dieses Mineral). In Fluorapatit treten geringe Mengen (max. wenige %) von Cl, OH, CO_3, SE, Mg, Ca, Sr, noch seltener Na, K, Ba, Fe, Al, auf.

Kristallogr.: Hexagonal (dipyramidal); die Kristallstruktur des Fluorapatits ist relativ übersichtlich und in Bild 12.1 dargestellt. Sehr häufig gut und in z.T. großen Kristallen ausgebildet, die ein- und aufgewachsen auftreten (s. Bild 12.2). Die wichtigsten in der Natur vorkommenden Formen zeigt Bild 12.3. Es ist zu erkennen, daß Prisma, Dipyramiden und die Basisfläche Habitus und Tracht bestimmten. Es gibt auch körnige Massen (z. B. Kola-Apatit, vgl. Bild 12.5), selten ist er fasrig und

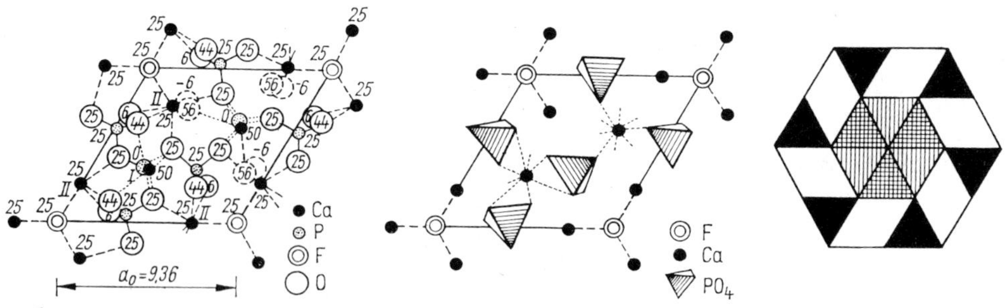

1 2 3

Bild 12.1. Kristallstruktur des Apatits, in drei Darstellungsarten

1 Elementarzelle, oberer Teil, projiziert auf (0001), in atomarer Darstellung
2 Elementarzelle, oberer Teil, projiziert auf (0001), in koordinativer Darstellung
3 Apatitstruktur in axiometrischer koordinativer Darstellung, projiziert auf (0001); Mitte: Fluor wird in Dreiecken trigonal durch Ca umgeben, äußerer Teil: die PO_4-Tetraeder. Man beachte, daß die 1. und 2. Schicht jeweils um 180° gegeneinander gedreht sind

Bild 12.2. Apatitkristalle, dicktafelig bis säulig. Greifensteine b. Ehrenfriedersdorf (sächs. Erzgebirge, DDR), etwa natürliche Größe [20, 221]

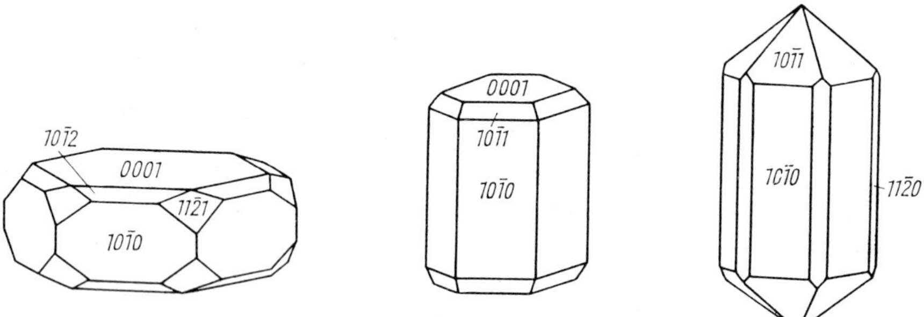

1 2 3

Bild 12.3. Apatitkristalle mit verschiedenem Habitus [20]

1 plattig
2 säulig
3 prismatisch

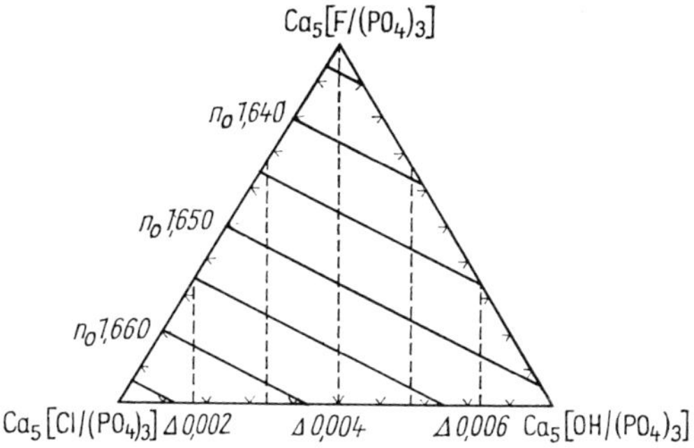

Bild 12.4. Änderung von Licht- und Doppelbrechung in Abhängigkeit vom Chemismus der Apatitvarietäten [124]

strahlig. Im sedimentären Bereich tritt er in riesigen Massen kryptokristallin auf (sog. *Phosphorit*); ehemalige amorph-kolloidale Abscheidungen bilden hier erdige, knollige, krustenartige und oolithische Sedimente, oft stark tonig und karbonatisch verunreinigt. Sie pseudomorphosieren gern organische Substanzen wie Knochen, Holz, Koprolithen usw.

Physik. Eigensch.: Meist blasse Farbe von weiß über grau, braun bis grün und blau; Strich stets weiß. Meist durchsch.; Glasglanz (bis Fettglanz), bei Fluorapatit $n_{O,E} = 1{,}633; 1{,}629$; sonst vom Chemismus abhängig (s. Bild 12.4). H 5, spröde, unebener Bruch, Spaltbarkeit max. 1 (0001), D $\approx$ 3,2. Fluoresziert bläulich (SE-Gehalt!), bei Erhitzen Phosphoreszenz. In Säuren relativ leicht löslich.

Diagnose: Charakteristisch ist meist Form, Härte und leichte Löslichkeit in Säuren. Zu verwechseln v. a. mit grünlichen Silikaten wie Olivin, Diopsid, Beryll, Turmalin.

Genese: Apatit entsteht in allen möglichen geologischen Bereichen, ist also ein *Durchläufer*. Allerdings wechseln Form und Chemismus in Abhängigkeit von der Genese.

1. *magmatisch:* als akzessorische, meist feinnadelige Frühausscheidung in fast allen magmatischen Gesteinen. Angereichert in räumlicher Verbindung mit Alkaligesteinen, so die Riesenlagerstätte von Apatit auf der Halbinsel Kola (UdSSR) in der Paragenese mit Nephelin, Titanit, Zirkon u. v. a. (s. Bild 12.5)

2. *pegmatitisch-pneumatolytisch:* in Pegmatiten fast aller Magmatite, insbesondere der sauren und Alkaligesteine, auch in kontaktpneumatolytischen Bildungen vom Skarntyp. Oft große Kristalle. Charakteristisch auch in der Kassiterit-Paragenese.

3. *hydrothermal:* in geringen Mengen, z. B. in Goldquarzgängen, alpinen Gängen u. a.

4. *metamorph:* akzessorisch in fast allen Metamorphiten (Glimmerschiefer, Gneise, Granulite usw.). Angereichert in meist metamorphen Magnetit-Lagerstätten, z. B. vom Typ Kiruna (Kirunavaara, Malmberg, Grängesberg)

5. *sedimentär:* kollomorpher Apatit (überwiegend Karbonat- und Hydroxylapatit) als sog. Phosphorit, meist biogener Entstehung

   - *terrestrisch:* Ausgangsprodukte sind Tierleichen und Vogelexkremente; metasomatische Einwirkung auf karbonatische Gesteine. Bildung von Höhlenphos-

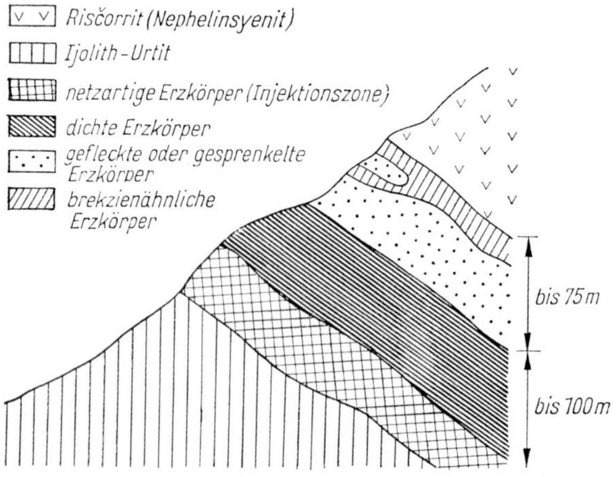

Bild 12.5. Schematisches Profil durch eine Apatitlagerstätte der Halbinsel Kola (UdSSR)

phaten sowie Guanophosphat in Südamerika (Chile, Peru) sowie einigen Inseln in der Südsee und dem Karibischen Meer (s. Bild 12.6a). Anorganischen Ursprungs sind die sog. Lahnphosphate (*Staffelit*) in Kalkstein, deren P-Gehalt der Verwitterung basischer Tuffe entstammt.

– *marin:* die Hauptmenge des Phosphorits scheidet sich in riesigen flächenhaften Flözen aus flachen Meeresteilen (Schelf) aus, wobei auch hier oft organische Bestandteile (Zähne, Knochen, Skeletteile usw.) die P-Quelle oder der Kristallisationskeim sind. Die wichtigsten Lagerstätten liegen in USA, Marokko, Algerien, Tunesien, Sowjetunion (in verschiedenen Regionen, s. Bild 12.6b) und anderen Ländern.

Apatit verwittert leicht und findet sich deshalb selten als Schwermineral in den klastischen Sedimenten.

Nutzung: Sehr wichtiger mineralischer Rohstoff, da praktisch einzige Phosphorquelle. Hauptbedeutung als Düngemittel: Der Apatit bzw. Phosphorit wird zu löslichen und pflanzenverfügbaren Phosphaten aufgeschlossen, so zu

Superphosphat	$Ca(H_2PO_4)_2 + 2\,CaSO_4$
Doppelsuperphosphat	$Ca(H_2PO_4)_2$
Rhenaniaphosphat	$NaCaPO_4$
Ammoniumphosphat	$(NH_4)_2HPO_4$

Weitere Verwendung in der chemischen und Waschmittelindustrie, Lebensmittelindustrie, Metallindustrie (z. B. Phosphatierung), für Streichhölzer, Gifte u. v. a. (vgl. Tab. 16.27 bis 16.29).

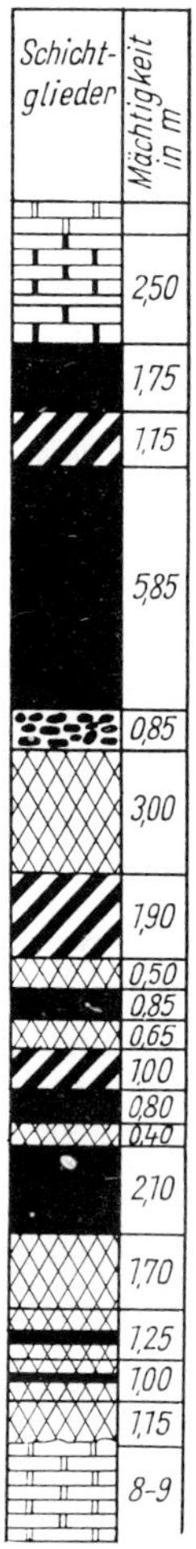

a)

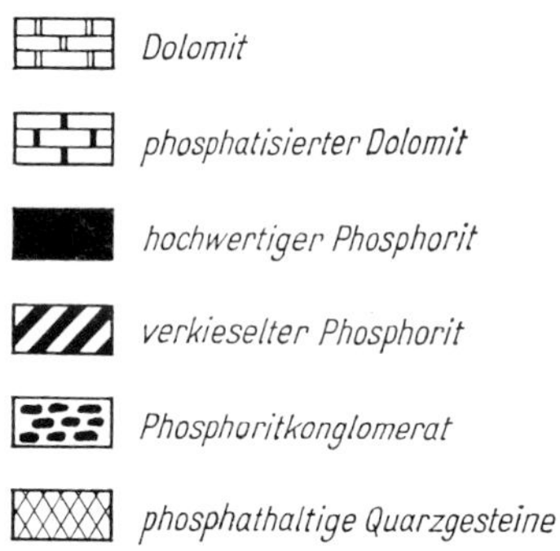

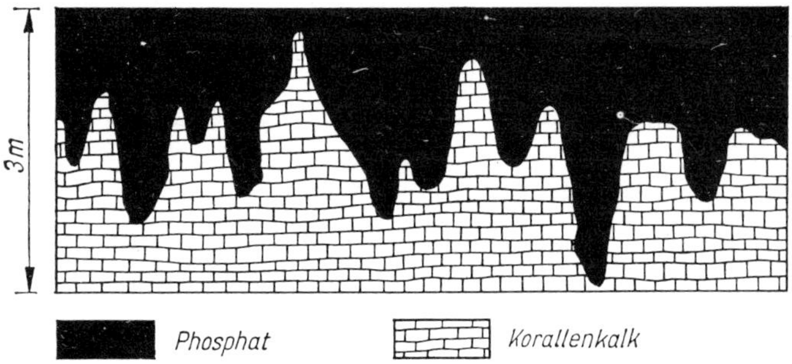

b)

Bild 12.6. Sedimentäre Phosphoritlagerstätten

a) Profil durch die phosphorithaltigen Jura-Kreide-Sedimente der russischen Tafel, Lagerstätte Čulaktau [15]

b) Schematisches Profil durch die Auflagerung (metasomatische Verdrängung) von Guano-Phosphorit auf Korallenkalk in der Südsee (nach O. STUTZER)

Varietäten des Apatits sind:

Chlor-Apatit: $Ca_5[Cl/(PO_4)_3]$; Cl-reiche Apatite treten hauptsächlich in basischen Magmatiten auf.

Hydroxyl-Apatit: $Ca_5[OH/(PO)_{43}]$, in Harnsteinen; *Oxy-Apatit* (Voelckerit): $Ca_{10}[O/(PO_4)_6]$.

Karbonat-Apatit (Francolith): $Ca_5[F/(PO_4, CO_3OH)_3]$; v. a. in Phosphoriten. *Dahllit* ist ein Oxy-Francolith, etwa $3\ Ca_3(PO_4)_2 \cdot 2\ CaCO_3 \cdot H_2O$. Beide in Harnsteinen.

Lewistonit: K-haltiger Apatit; *Dehrnit:* Na-haltiger Apatit. *Buchwaldit:* $NaCaPO_4$; rhombisch. Feine Nadeln in Eisenmeteorit.

Strontium-Apatit: $Sr_3Ca_2[(F, OH)/(PO_4)_3]$. Bis 4 cm große xx aus Alkalipegmatit in Jakutien (UdSSR).

Belowit = Strontium-Apatit (33 % SrO) mit Seltenen Erden (bis 24 %).

Mangan-Apatit mit mehreren Prozent MnO; auch *Manganhydroxylapatit* und *Manganoxyapatit* (= Manganvoelckerit).

Uran-Apatit enthält bis 3,7 % UO_2 (auch sedimentäre Phosphorite haben U-Gehalt um 100 bis 1000 ppm).

Kollophan ist kollomorpher Apatit, meist Hauptbestandteil der Phosphorite.

Es folgen einige relativ *einfach zusammengesetzte Ca- und Mg-Phosphate:*

Whitlockit: β-$Ca_3[PO_4]_2$; trigonal. Rhomboedrische xx; auch grobkörnig bis erdig. D 3,12. Farblos, grau, gelblich. n_{OE} = 1,629, 1,626. Hydrothermal in Pegmatit b. North Groton (N. Hampshire, USA); Curaçao; Algerien.

Monetit: $CaH[PO_4]$; triklin. Aggregate winziger xx; Krusten und Stalaktiten. D 2,929; gelblichweiß. n_Y = 1,615; in Phosphatgestein unter Vogelguano bei Puerto Rico.

Brushit: $CaH[PO_4] \cdot 2\,H_2O$; monoklin. Winzige blaßgelbe xx, z. T. dem Gips ähnlich. D 2,328; n_Y = 1,546. In kleinen Mengen weit verbreitet in Phosphatlagern und in tierischen Skeletten; auch in Harnsteinen.

Isoklas: $Ca_2[OH/PO_4] \cdot 2\,H_2O$; monoklin (?). Matte farblose bis schneeweiße winzige xx, prismatische, baumwollartige Fasern. H $1^1/_2$; D 2,92. n_Y = 1,568. Mit Chalcedon und Dolomit von Jáchymov (ČSSR).

Wagnerit: $Mg_2[F/PO_4]$; monoklin. xx prismatisch, oft groß und rauh; auch derb. H 5 bis $5^1/_2$; D 3,15; gelb, oft grau; durchsch., n_Y = 1,572. In Quarztrümern, die Tonschiefer durchsetzen, b. Werfen (Salzburg, Österreich); Norwegen; in Vesuvlava von 1872. Analog *Spodiosit* $Ca_2[F \mid PO_4]$, aber rhombisch.

Althausit: $Mg_2PO_4(OH, F, O)$; rhombisch. # 4 (100). Von Modum (Norwegen). *Holtedahlit:* $Mg_2[OH/PO_4]$; hexagonal. D 2,94, n_0 = 1,499. Von Modum (Norwegen). *Thadeuit:* $Mg(Ca, Mn)(Mg, Fe, Mn)_2[(OH, F)_2 \cdot (PO_4)_2]$; rhombisch. Gelbliche Körner, D 3,25, n_Y = 1,597. In hydroth. Gängen von Panasqueira (Portugal).

Newberyit: $MgH[PO_4] \cdot 3\,H_2O$; rhombisch. H 3 bis $3^1/_2$; D 2,10; farblos. n_Y = 1,517. Im Guano; bei Ballarat (SO-Australien) in großen xx; Insel Réunion; Chile.

Bobierrit: $Mg_3[PO_4]_2 \cdot 8\,H_2O$; monoklin. Winzige nadelige oder faserige xx; auch lockere Aggregate, derb. D 2,195; farblos, durchs., auch weiß; n_Y = 1,520. Im Guano von Mejillones (Chile); b. Bamle (Norwegen).

Baričit: $(Mg_{1,64}Fe^{2+}{}_{1,21}Fe^{3+}{}_{0,15})_3(PO_4)_2(OH)_{0,15} \cdot 7{,}85\,H_2O$; monoklin. Große plattige xx, D 2,42, H $\leqq$ 2, fahlblau, Yukon-Territ. (Kanada), Clara-Grube (Schwarzwald, BRD).

Auch die folgenden *Ca- und Mg-Arsenate* haben Beziehungen zu den Mineralen der Apatit-Gruppe:

Svabit: $Ca_5[F/(AsO_4)_3]$: isotyp mit Apatit. xx kurzprismatisch; auch derb. H 4 bis 5; D 3,5 bis 3,8; farblos, gelblichweiß, graugrün. n_{OE} = 1,706; 1,698. Harstig-Grube, Pajsberg (Schweden); Franklin (New Jersey, USA) im Franklinit. *Fermorit* (Strontiumarsen-Apatit): derb, körnig. D 3,518; blaßrosa bis weiß; n $\approx$ 1,66. Von Sitapar (Indien) in Trümern des Mn-Erzes; gehört wahrscheinlich zu Svabit.

Weilit: $CaH[AsO_4]$; triklin. Pulvrige Krusten und Pseudomorphosen nach Pharmakolith und Haidingerit in Oxydationszone arsenidischer Bi–Co–Ni-Lagerstätten wie Schneeberg (DDR), Wittichen (BRD), Sainte-Marie-aux-Mines (Frankreich). D 3,48; n_Y = 1,688.

Rauenthalit: $Ca_3[AsO_4]_2 \cdot 10\,H_2O$; monoklin oder triklin. Weiße mikrokristalline (nichtradialstrahlige) Kügelchen aus bis 0,1 mm großen xx. Oxydationsprodukt arsenidischer Co–Ni-Erze; zusammen mit Pikropharmakolith aus Grubenbezirk Sainte-Marie-aux-Mines (Frankreich). D 2,36; n_Y = 1,552. Ähnlich ist *Vladimirit:* $Ca_3\,[AsO_4] \cdot 4H_2O$; monoklin.

Machatschkiit: $Ca_3[AsO_4]_2 \cdot 9\,H_2O$; rhombisch. D 2,50, n_0 = 1,593. Schwarzwald (BRD).

Haidingerit: $CaH[AsO_4] \cdot H_2O$; rhombisch. Meist feinkörnig; traubige bis fasrige, farblose bis weiße Rinden. D 2,848; 2,962. n_Y = 1,602. Aus Oxydationszone von Wittichen (BRD), Schneeberg, Johanngeorgenstadt (sächs. Erzgebirge, DDR).

Pharmakolith: $CaH[AsO_4] \cdot 2\,H_2O$; monoklin. Meist zarte seidige Fasern oder nadelige Büschel und Kugeln; farblos, weiß, z. T. gefärbt. D 2,53 bis 2,73. n_Y = 1,589. In Oxydationszone auf As-Erzen. Wittichen im Schwarzwald und Andreasberg im Harz (beide BRD). *Pikropharmakolith:* $Ca_4MgH_2[AsO_4]_4 \cdot 11\,H_2O$; triklin. Weiße kleinkugelige und traubige Aggregate, radial- blättrig. D 2,58. n_Y = 1,632. Riechelsdorf (BRD); rezente Ausblühungen in Gruben Freibergs (DDR): Joplin (USA).

Sainfeldit: $Ca_5H_2[AsO_4]_4 \cdot 4\,H_2O$; monoklin. Kleine weiße Rosetten (∅ 1 mm) aus Oxydationszone von arsenidischen Co–Ni–U-Lagerstätten (z. B. von Jáchymov und den Vogesen), in Paragenese mit Pharmakolith, Pikropharmakolith und Hörnesit. Ähnlich ist *Guerinit:* $Ca_5H_2[AsO_4]_4 \cdot 9\,H_2O$; monoklin (?). Bis 1 mm große xx-Rosetten, aus Wismuterzen des Erzgebirges (DDR). H $1^1/_2$; D 2,76; $n_X = 1{,}574$; # 5.

Pintadoit: $CaH[VO_4] \cdot 4\,H_2O$ (?); dünne dunkelgrüne Ausblühungen. Mc-Elmo-Sandstein im Cañon Pintado (Utah, USA). Ähnlich *Delrioit* $SrCaH_2[VO_4] \cdot 2H_2O$

Irhtemit: $(CaO)_{4,1}(MgO)_{0,9}(As_2O_5)_2 \cdot 2\,H_2O$ (?); monoklin. Sphärolithisches Zersetzungsprodukt von Pikropharmakolith aus Marokko; D 3,09.

Morelandit: $Ba_5[Cl/(AsO_4)_3]$; hexagonal. Grüngelbe Massen in Calcit. Jakobsberg (Schweden).

Brassit: $MgH[AsO_4] \cdot 4\,H_2O$; rhombisch. Kryptokristalline farblose Krusten auf Arsen und Dolomit von Jáchymov (ČSSR) u. a. O. D = 2,28; $n_Y = 1{,}546$.

Hörnesit: $Mg_3[AsO_4]_2 \cdot 8\,H_2O$; monoklin. Weiße prismatische xx; auch radialblättrig. H 1; D 2,73. $n_Y = 1{,}571$. Bei Oravicza und bei Săcăramb (SR Rumänien), Jáchymow (ČSSR); in Kalkblöcken des Tuffs bei Neapel (Italien). *Mangan-Hörnesit:* $(Mn, Mg)_3[AsO_4]_2 \cdot 8\,H_2O$.

Rößlerit: $MgH[AsO_4] \cdot 7\,H_2O$; monoklin. Dünne weiße Blättchen. Bieber (BRD). *Wapplerit* ist identisch.

Phosphorrößlerit: $MgH[PO_4] \cdot 7\,H_2O$; monoklin. xx kurzprismatisch; meist gelblich durch Einschlüsse. $n_Y = 1{,}485$. D 1,725.

Zur Apatitgruppe stellen wir auch die folgenden *Be-Phosphate und -Arsenate:*

Moraesit: $Be_2[OH/PO_4] \cdot 4\,H_2O$; monoklin. Winzige Nadeln. D 1,805. $n_Y = 1{,}482$. In Pegmatit (Brasilien).

Beryllonit: $NaBe[PO_4]$; monoklin. xx tafelig bis kurzprismatisch. H $5^1/_2$ bis 6; D 2,81. Farblos, weiß, gelblich. $n_Y = 1{,}558$. In zersetztem Pegmatit von Stoneham und Newry (Maine, USA).

Hurlbutit: $CaBe_2[PO_4]_2$; rhombisch. Kleine xx zusammen mit Amblygonit. D 2,88. Farblos, grünlich. $n_Y = 1{,}601$. In Phosphatpegmatit von Newport (New Hampshire, USA).

Glucin: $CaBe_4[(OH)_2/PO_4]_2 \cdot 0{,}5\,H_2O$. Feine Nadeln gelartiger Entstehung, in zersetzten Erzen vom Glimmer–Fluorit-Typ; vom Ural (UdSSR).

Roscherit: $(Ca, Mn, Fe)Be[OH/PO_4] \cdot {}^2/_3\,H_2O$; monoklin. Kurzprismatische oder dünntafelige xx mit acht- oder sechseckigem Querschnitt; wurmartige Aggregate dünner Blättchen. H $4^1/_2$; D 2,92; dunkelbraun bis olivgrün. $n_Y = 1{,}639$. Greifenstein b. Ehrenfriedersdorf (DDR), in Hohlräumen des Granits.

Uralolith: $CaBe_3[OH/PO_4]_2 \cdot 4\,H_2O$; monoklin. Feinste Nadeln in garbenförmigen Aggregaten, aus zersetztem Metamorphit des Ural (UdSSR). D 2,14; $n_Y = 1{,}525$.

Babefphit: $BaBe[F/PO_4]$; tetragonal. mm-große isometrische Körnchen in Seifenablagerungen aus skarnartiger SE-Fluoritlagerstätte Sibiriens (UdSSR). D 4,31; $n_O = 1{,}629$.

Bearsit: $Be_2[OH/AsO_4] \cdot 4\,H_2O$; monoklin. Max. 0,1 mm große wirrfaserige xx aus Oxydationszone einer polymetallischen Erzlagerstätte in beryllführenden Porphyren (Kasach. SSR, UdSSR); Paragenese: Pharmakosiderit, Skorodit; Tirolit, Metazeunerit u. a. Isotyp mit Moraesit.

Herderit: $CaBe[(F, OH)/PO_4]$; monoklin. Dickprismatische oder dicktafelige xx; auch traubige oder kugelige Aggregate. H 5 bis $5^1/_2$; D 2,95 bis 3,01; farblos, blaßgelb, blaßgrün. $n_Y = 1{,}611$. Pegmatitisch bis hydrothermal. Bekannt sind nur wenige Proben von Ehrenfriedersdorf (DDR); Epprechtstein (Fichtelgebirge, BRD); Ural; USA. *Hydroxyl-Herderit* ist eine Varietät mit vorherrschendem OH.

Väyrynenit: $MnBe([OH, F)/PO_4]$; monoklin. Rosarot, in Li-Pegmatit von Finnland.

Faheyit: $(Mn, Mg, Na)Fe_2^{3+}Be_2[PO_4]_4 \cdot 6\,H_2O$; hexagonal. Faserig. Weiß. $n_{OE} = 1{,}631$; 1,652. In Pegmatit von Sapucaia (Minas Geraes, Brasilien).

Die folgenden Minerale werden wegen ihres Si-Gehaltes als *Silikatapatite* bezeichnet. Sie kristallisieren wie Apatit hexagonal (dipyram.):

Ellestadit: $Ca_{10}(SiO_4)_{3-X}(SO_4)_{3-X}(PO_4)_{2X}(OH, F, Cl)_2$ (x = 0 bis 3). Derb, körnig. D 3,068; blaßrosa; n_{0E} = 1,655; 1,650. In Trümmern im Marmor von Crestmore (Calif., USA). Bellerberg (BRD). *Wilkeit:* $Ca_5[(F, O)/PO_4, SiO_4, SO_4)_3]$ ist ein Glied der Ellestadit-Mischkristallreihe (diskreditiert). Ähnlich ist wohl der *Sulfatapatit* der Sanidinite des Laacher Sees.

Britholith: $(Na, Ce, Ca)_5[F/(SiO_4, PO_4)_3]$; rhombisch. Julianehaab (Grönland). Auch *Aluminiumbritholith.*

Abukumalit: $CaY_2(Si, P)_2O_8$; hexagonal. Ähnlich Britholith. *Fenghuangit:* $(Ca, Ce^{3+}, Th)_5[OH/((Si, P, C)O_4)_3]$. Max. 0,2 mm lange hexagonal-prismatische, aber metamikte xx, ähnlich Britholith, aus Biotit-Foyait (VR China).

Eylettersit: $(Th, Pb, H...)_{0,5}Al_{3,5}[(OH)_6/(PO_4, SiO_4, H_4O_4...)_2]$; trigonal. Weiße pulverförmige Knötchen aus Beryll-Pegmatit (Zaïre).

Perhanit: $3\,CaO \cdot 3{,}5\,H_2O \cdot 6\,SiO_2 \cdot 2\,P_2O_5 \cdot 18\,H_2O$; hexagonal. Sphärol. Massen, von Newry Hill (USA).

12.3. Monazit–Xenotim-Gruppe

Diese Gruppe faßt die *Phosphate und Arsenate der (dreiwertigen) Seltenen Erden einschließlich des Yttriums* zusammen; ausführlicher werden der Monazit und Xenotim besprochen. Auch bei diesen Mineralen ist die teilweise diadoche Ersetzbarkeit des $[PO_4]^{3-}$-Anions z. B. durch $[SiO_4]^{4-}$ zu beachten, wobei durch die anderen Kationen und Anionen Ladungsausgleich geschaffen werden muß, beispielsweise beim Xenotim

$$Y^{3+} + [PO_4]^{3-} \rightleftharpoons (Zr, Th)^{4+} + [SiO_4]^{4-}$$

Auch beim Monazit kann man also eine verallgemeinerte Formel der Art (Ce, La, Th, Ca...)$[PO_4, SiO_4, SO_4]$ aufstellen.

Monazit: $Ce[PO_4]$

Gehalt an SE-Oxiden max. 70%, v. a. Ce, La, Nd, Eu; daneben meist nennenswerte Th-Gehalte (*Cheralith,* siehe S. 629); auch Zr, Ca, Si, in Spuren Mg, Mn, Pb u. a. Monoklin; eigener Gittertyp. Meist dicktafelige Kristalle (s. Bild 12.7), ein- und aufgewachsen, bevorzugt in sauren und Alkaligesteinen. In Form loser Körner als Schwermineral. Häufig nach (100) verzwillingt. Farbe meist gelb bis dunkelbraun, harzglänzend, durchsch., Strich weiß; n_{XYZ} = 1,796; 1,797; 1,841. H 5 bis $5^1/_2$, spröde, muschliger Bruch, Spaltbarkeit 4 (001). Dichte 4,8 bis 5,5. In H_2SO_4 leicht löslich. Ähnlichkeit besteht u. a. zu Zirkon und Titanit. Monazit zeigt nach Befeuchten mit H_2SO_4 grüne Flammenfärbung, oft radioaktiv. Akzessorischer Bestandteil vieler Granite, Syenite, Gneise: besonders angereichert und in großen Kristallen, auch in deren Pegmatiten (z. B. Ankasobe in Madagaskar). Seltener auf Gesteinsklüften (sog. *Turnerit*). Als Schwermineral angereichert in Flußsanden (z. B. Sanarka im Ural), Besonders stark in Strandseifen von Südindien (Travancore), Brasilien, Sri Lanka, Australien u. a.
Wichtiges Mineral für die Gewinnung von Thorium und Seltenen Erden. Produktion und Verwendung siehe Tab. 16.27.

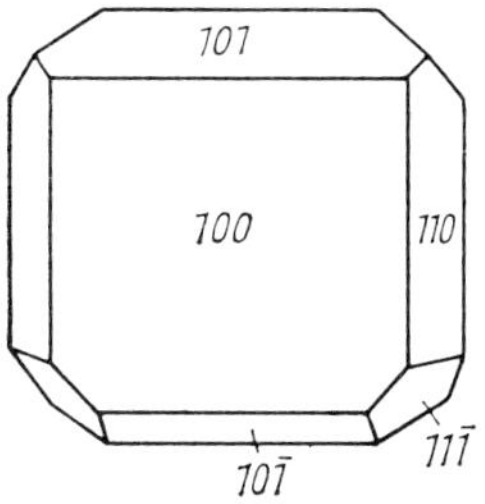

Bild 12.7. Monazit, tafliger Kristall nach (100)

Cheralith: (Ca, Ce, La, Th)[PO_4]; isotyp mit Monazit. Grüne Massen. D 5,3. n_Y = 1,780. Chera bei Travancore (Südindien); enthält wenig U und Si.

Rhabdophan: Ce[PO_4] · 0,5 H_2O; hexagonal. Ce ist z. T. durch Y, La, Dy vertreten. Rinden, traubig, stalaktitisch. D 3,94 bis 4,01; braun, rosa. Cornwall (England); dünne Rinden im Limonit b. Salisbury (Connecticut, USA).

Lermontovit: (U, Ca, Ce ...)$_3$[PO_4]$_4$ · 6 H_2O (?); grüne nierig-traubige Aggregate. D 4,50; n_X = 1,562 bis 1,702.

Brockit: CaTh[PO_4]$_2$ · H_2O; hexagonal. Feinkörnig-massig, erdig; aus stark verwittertem Granit von Colorado (USA). D 3,9. *Ningyoit:* CaU[PO_4]$_2$ · 1,5 H_2O, rhombisch. Ähnlich *Grayit*, von Simbabwe.

Kemmlitzit: (Sr, Ce, La)[$(OH)_6$/(P, S)O_4AsO_4]; trigonal. Braune Körner aus Schwermineralfraktion von Kaolin aus Kemmlitz (DDR).

Florencit: CeAl_3[$(OH)_6$/$(PO_4)_2$]; trigonal. Kleine rhomboedrische xx. D 3,586 bis 3,71; blaßgelb. n_O = 1,680. Selten in Sanden von Minas Geraes und in Diamantsanden b. Diamantina (beide Brasilien), auch akzessorisch im dortigen Glimmerschiefer. In Pegmatit von Klein Spitzkopje (Namibia). *Stiepelmannit* enthält hauptsächlich Y und Yb.

Saryarkit: (Na, K)$_{<1}$(Ca, Y, Th)$_2$Al$_4$[(OH)/(Si, P, Al, S)$_4$O$_{16}$] · n H_2O; tetragonal. Weißes Material aus propylitisierten Magmatiten (UdSSR). D 3,07 bis 3,15; n_O = 1,606.

Xenotim: Y[PO_4]

Theor. 63,1% Y_2O_3; Zusammensetzung aber kompliziert durch Gehalt an Seltenen Erden, U, Th, Zr, Sn, Si, S. Tetragonal (dipyramidal); prismatische Kristalle ähnlich Kassiterit, Rutil, Zirkon. Farbe gelblich bis rötlich, Strich ähnlich, Glas- bis Fettglanz; n_{OE} = 1,720, 1,815; H 4 bis 5, spröde, Spaltbarkeit 4(100). D 4,4 bis 5,1, oft radioaktiv. In Säuren unlöslich. Paragenese auch oft mit Apatit, Allanit (Orthit), Monazit u. a. Vorkommen als akzessorisches Mineral in sauren Gesteinen, auch Gneisen, angereichert hauptsächlich in Pegmatiten und sekundär in Fluß- und Strandseifen. Lagerstätten z. B. von Minas Geraes (Brasilien), Norwegen und Schweden, von Goldseifen. Gute Kristalle sind u. a. bekannt von den alpinen Klüften sowie im Königshainer Granit (Lausitz, DDR). Lokal von Bedeutung als Nebenprodukt der Gewinnung aus Seifen.

Weinschenkit: (Y, Er)[PO_4] · 2 H_2O; monoklin. Krusten und radialfasrige Sphärolithe und Rosetten. D 3,26. Seidengl.; farblos, schneeweiß. n_Y = 1,680. Auerbach (Oberpfalz, BRD); Kelly-Bank-Grube (Virginia, USA). *Churchit* ist identisch mit Weinschenkit.

Tschernowit (Černovit): Y[AsO_4]; tetragonal. Helle idiomorphe xx (max. 0,65 mm) als postmagmatische Bildung aus Kontakthof eines Liparit–Porphyr-Körpers im Ural (UdSSR); Paragenese: Albit, Pyrolusit, Scheelit, Piemontit u. a. D 4,2; n_O = 1,783; leicht pleochroitisch.

Anhang:

Wakefieldit: Y[VO_4]; tetragonal. Gelbes Pulver in Hohlräumen von Pegmatit (Kanada).

Kusuit: (Ce, Pb)[VO_4]; tetragonal. Schwarze xx. Von Kusu-Lagerstätte (Zaïre).

Kolbeckit: Sc[PO_4] · 2 H_2O; monoklin. Blau, D 2,39. Sadisdorf (DDR), Fairfield (Utah, USA) (als Sterretit bezeichnet).

12.4. Amblygonit–Pharmakosiderit-Gruppe

Diese Gruppe vereinigt im wesentlichen die *alkalireichen Phosphate* (Arsenate sind selten), von denen eine wirtschaftliche Bedeutung nur das Li-Phosphat Amblygonit besitzt. Aus kristallchemischen Gründen können die Alkalien mit den [PO_4]-Ionen nur Doppelverbindungen aufbauen, insbesondere mit den Elementen Al, Fe, Mn. Ähnlich ist dies bei den im Anhang aufgeführten (NH_4)-haltigen Mineralen.

Amblygonit: LiAl[(F, OH)/PO_4]

Der Name wurde von Breithaupt 1817 gegeben und bezieht sich auf die Schnittwinkel der Spaltflächen (gr. *amblygonos* = schiefwinklig). Triklin (pinakoidal). Das Mineral tritt gewöhnlich grobspätig derb und nur selten in Kristallen mit lamellarer Verzwillingung auf. Der weiße bis gelblich-, grünlich- oder bläulichweiße Amblygonit gibt einen weißen Strich, zeigt Glasglanz, auf Spaltflächen Perlmutterglanz und ist durchsch. H 6; D 3 bis 3,1. Spaltbarkeit 4 nach (001). n_{XYZ} = 1,595; 1,607; 1,617. Amblygonit ähnelt derbem Feldspat. Zu identifizieren ist er durch seine leichte Schmelzbarkeit und sein Aufblähen beim Erhitzen. Der Li-Gehalt verursacht karminrote Flammenfärbung. In H_2SO_4 löslich.
Das Mineral findet sich in Granitpegmatiten, Gneisen und auf pneumatolytischen Gängen in Graniten zusammen mit anderen Lithiummineralen (Spodumen, Lithiumglimmer), Apatit, Kassiterit u. a. Auf sächsischen Zinnerzlagerstätten ist er nur spärlich vorhanden. Reichlich dagegen kommt er vor bei Varuträsk (Nordschweden), Cáceres (Estremadura, Spanien) und auf der Etta-Mine (Süd-Dakota, USA). Von Minas Geraes (Brasilien) sind goldgelbe, an F und Na arme Amblygonite mit Edelsteinqualität bekannt geworden.
Der Amblygonit ist ein wichtiges Lithiummineral, dessen Li-Gehalt bei 5% liegt. Li kann z. T. durch Na und F durch OH substituiert sein.

Isotyp mit Amblygonit sind:

Montebrasit: LiAl[OH/PO_4] und *Natronmontebrasit* (Fremontit) (Na, Li)Al[(OH, F)/PO_4]. Beide Minerale sind Amblygonit sehr ähnlich. Vorkommen: Montebras (Creuse, Frankreich); Spanien; Varuträsk (Schweden); riesige xx in den Black Hills (S.-Dakota, USA). Natronmontebrasit z. B. von Fremont Co. (Color., USA). H. Strunz nennt Natronmontebrasit: *Natramblygonit*

Tavorit: LiFe[OH/PO_4]. Im Pegmatit von Hagendorf (Ostbayern, BRD).

Lithiophilit: Li(Mn^{2+}, Fe^{2+})[PO_4]; rhombisch. Gelbe bis rotbraune, auch blaue xx in sog. Phosphat-Pegmatiten, oft gemeinsam mit Quarz, Beryll und anderen Li-Mineralen. H 4 bis 5, # 4 (001). D 3,5. In Säuren löslich. Aus Pegmatiten von Zwiesel und Hagendorf (Oberpfalz, BRD), Branchville (Connecticut, USA) u. a. Ohne wirtschaftliche Bedeutung.

Triphylin: Li(Fe^{2+}, Mn^{2+})[PO_4]; rhombisch. Sehr ähnlich Lithiophilit. xx bis zu 5 m lang. # 3 bis 4 (100); bläulich- bis grünlichgrau; n_Y = 1,689 bis 1,695. In Li–Phosphat-Pegmatiten. Hühnerkobel und Hagendorf (Oberpfalz, BRD); Varuträsk (N-Schweden); reichlich in New-Hampshire (USA).

Sicklerit: $Li_{<1}$ (Mn^{2+}, Fe^{3+})[PO_4]; rhombisch. Nur derb als Umwandlungsrinden um Triphylin und Lithiophilit; gelb- bis dunkelbraun; Hühnerkobel und Hagendorf (Bayern, BRD); Californien (USA); Schweden; Finnland. Wandelt sich in Heterosit und Purpurit um. *Ferrisicklerit:* $Li_{<1}$(Fe^{3+}, Mn^{2+})[PO_4]; rhombisch. Wie Sicklerit; Varuträsk (Schweden), Hagendorf (BRD).

Bertossait: $(Li, Na)_2$(Ca, Fe, Mn)Al_4[(OH, F)/PO_4]$_4$; rhombisch. Als massige Mineralaggregate (ähnlich dem

Amblygonit) in Li-Pegmatiten von Rwanda (Zentralafrika); Paragenese: Lazulith, Augelith, Brasilianit, Apatit, Crandallit. H 6; D 3,1; $n_Y = 1{,}636$; # 3 (100).

Palermoit: $SrLi_2Al_4[(OH, F)/PO_4]_4$; rhombisch. Weiß, faserig, spröde Massen. D 3,22. Palermo-Mine (New Hampshire, USA).

Es wird im folgenden eine größere Zahl *weiterer alkalihaltiger, meist ziemlich komplexer Phosphate* aufgeführt; Arsenate sind hier ganz selten:

Hagendorfit: $(Na, Ca)(Fe, Mn)_3[PO_4]_2$; monoklin. Grünlich schwarz, spätig; D 3,71; $n_Y > 1{,}74$. In Pegmatit Hagendorf-Süd (N-Bayern, BRD). Ähnlich Hagendorfit sind:

Hühnerkobelit: $(Ca, Na)(Fe, Mn)_2[PO_4]_2$. $n_X = 1{,}718$, 1,754. Dicht, körnig. H 5; D 3,5 bis 3,6; dunkel olivgrün, bei Verwitterung gelb oder bräunlich werdend. Primär in Granitpegmatiten; auch hydrothermal aus Triphylin entstanden. Varuträsk und Insel Ranö b. Stockholm (Schweden); Hühnerkobel (Bayern, BRD). *Varulith:* $(Na, Ca)(Mn, Fe)_2[PO_4]_2$. $n_X = 1{,}708$ bis 1,720.

Alluaudit: $Na_{<1}(Fe^{3+}, Mn^{2+})[PO_4]$; monoklin, und *Mangan-Alluaudit:* $Na_{<1}(Mn^{2+}, Fe^{3+})[PO_4]$. Beide sind durch Verwitterung aus Hagendorfit bzw. Varulith entstanden. Derb, körnig und strahlig-faserige oder kugelige Aggregate. D 3 bis 4; bräunlich gelb; angewittert außen braunschwarz; $n_X = 1{,}760$. Im Pegmatit bei Chanteloub (Frankreich), Varuträsk (Schweden) u. v. a.

Karyinit: $(Mn, Ca, Pb, Mg)_3[AsO_4]_2$; monoklin. Feinkörnig; nuß- bis gelbbraun. $n_Y = 1{,}780$. D 4,29. Långban (Wermland, Schweden) in Trümern von Skarn.

Arrojadit: $Na_2(Fe^{2+}, Mn^{2+})_5[PO_4]_4$; monoklin; isotyp mit Hagendorfit. Große spaltbare Massen. H 5; D 3,55; dunkelgrün, durchs. $n_Y = 1{,}668$ bis 1,670. In Pegmatit, Nickel–Plate-Grube und Etta-Grube (S.-Dakota, USA). Riesige xx (bis 5 t) b. Serra Branca (Brasilien).

Dickinsonit: $Na_2(Mn^{2+}, Fe^{2+})_5[PO_4]_4$; monoklin; isotyp mit Arrojadit. xx meist tafelig; Aggregate blättrig bis glimmerartig. # 5 (001); sehr spröde. H $3^1/_2$ bis 4; D 3,41; oliv- bis grasgrün. $n_Y = 1{,}655$ bis 1,662. In Pegmatit b. Branchville (Connecticut, USA) u. a.

Fillowit: Etwa $Na_2(Mn^{2+}, Fe^{2+}, Ca, H_2)_5[PO_4]_4$; trigonal. Körnige Massen. H $4^1/_2$; D 3,42; wachsgelb bis rötlichbraun. $n_Y = 1{,}672$. Im Pegmatit bei Branchville (USA).

Wyllieit: $Na_2Fe_2{}^{2+}Al[PO_4]_3$; monoklin. Bis 3 cm große glasgl. blaugrüne xx aus Pegmatit der Victory-Mine (USA); Paragenese: Arrojadit, Graftonit, Sarkopsid, Scorzalith. H 4; D 3,601; # 5 (010); $n_Y = 1{,}691$.

Natrophilit: $Na(Mn^{2+}, Fe^{2+})[PO_4]$; rhombisch. Meist derb oder körnig; tief weingelb; $n_Y = 1{,}674$. Branchville (Connecticut, USA) im Granitpegmatit. Isomorph mit Lithiophilit.

Brasilianit: $NaAl_3[(OH)_2/PO_4]_2$; monoklin. Meist kurzprismatische xx, auch kugelig mit radialfaseriger Struktur, H $5^1/_2$; D 2,983; gelb. $n_Y = 1{,}609$. In Pegmatit b. Conselheira Pena (Minas Geraes, Brasilien). Auch hydrothermal in Granitpegmatiten. Edelstein.

Morinit (Ježekit): $Na_4CaAl_2[O(OH, F)_4/(PO_4)_2]$; monoklin. xx prismatisch und tafelig; auch faserige Krusten oder Aggregate. D 2,94; farblos, weiß, blaßrosa. $n_Y = 1{,}561$. Greifenstein b. Ehrenfriedersdorf (Erzgebirge, DDR); Montebras (Creuse, Frankreich).

Lacroixit: $Na_4Ca_2Al_3[(OH, F)_8/(PO_4)_3]$. xx nur in Bruchstücken. D 3,126; blaßgelb, blaßgrün. $n_Y = 1{,}554$. Mit Ježekit (Morinit), Apatit, Roscherit u. a. in Drusen des Greifensteingranites b. Ehrenfriedersdorf (Erzgebirge, DDR).

Böggildit: $Na_2Sr_2Al_2[F_9/PO_4]$; monoklin. $n_Y = 1{,}466$; Lachsrot; D 3,66. Ivigtut (Grönland).

Durangit: $NaAl[F/AsO_4]$; monoklin. xx pyramidal. D 3,94 bis 4,07. (Fe-haltig!); hell- und dunkelorangerot. $n_Y = 1{,}673$. Barranca Zinngrube im Staat Durango (Mexiko).

Vitusit: $Na_3SE[PO_4]_2$; rhombisch. Blaßfarbene Körnchen; $n_Y = 1{,}650$. Von Halbinsel Kola (UdSSR) und Grönland.

Mit Wardit sind die folgenden vier Minerale isotyp (tetragonal-trapez.)

Wardit: $NaAl_3[(OH)_4/(PO_4)_2] \cdot 2\,H_2O$; körnige blaugrüne bis farblose Aggregate und Krusten. D 2,8. $n_{OE} = 1{,}586$; 1,595. Montebras (Frankreich).

Cyrilovit: $NaFe_3{}^{3+}[(OH)_4/(PO_4)_2] \cdot 2\,H_2O$. Gelbe tetragonale Kriställchen. Cyrilov (Mähren, ČSSR). *Burangait:* $(Na, Ca)_2(Fe, Mg)_2Al_{10}(O, OH)_{12}(PO_4)_8 \cdot 4\,H_2O$; monoklin. D 3,05, blau. Von Ruanda.

Millisit: $(Na, Ca)Al_3[(OH, O)_4/(PO_4)_2] \cdot 2\,H_2O$; chalcedonartige Krusten oder feinfaserige Sphärolithe. D 2,83; weiß, hellgrau. $n_Y = 1{,}598$. Aus Variscitknollen, Fairfield (USA).

Pallit: $Ca(Al, Fe^{3+})_3[(OH)_3O/(PO_4)_2] \cdot 2\,H_2O$; tetragonal.

Taranakit: $KAl_3[OH/(PO_4)_3] \cdot 9\,H_2O$; pulvrig bis dicht; weiß; sehr weich, fühlt sich fettig an. $n_Y = 1{,}49$ bis 1,51. Bei Guanolagern.

Pharmakosiderit: $KFe_4{}^{3+}[(OH)_4/(AsO_4)_3] \cdot 6\text{–}7\,H_2O$; kubisch. xx klein, meist Würfel mit diagonal gestreiften Flächen. H $2^1/_2$; D 2,797; Diam.- bis Fettgl.; olivgrün, honiggelb, bis dunkelbraun. Sechs schwach doppelbrech. Sektoren vorhanden. n oder $n_Y = 1{,}687$; 1,704. Hydrothermal oder aus Arsenopyrit entstanden; Saubach i. Vogtland (DDR), neben Skorodit; Bösenbrunn, Pöhla und bei Schwarzenberg (Erzgebirge, DDR); Lobenstein (Thüringen, DDR); Cornwall (England) u. a. Damit isotyp der synthet. bekannte *Alumopharmakosiderit*, mit $Al > Fe^{3+}$, meist Ba-haltig; aus Schwarzwald (BRD).

Leukophosphit: $K(Fe, Al)_2[OH/(PO_4)_2] \cdot 2\,H_2O$; monoklin. Feinkörnige weiße bis grünliche kreideähnliche Massen. In Trümern von Serpentin, auf den Guano einwirkte; von W.-Australien.

Englishit: $K_2Ca_4Al_8[(OH)_{10}/(PO_4)_8] \cdot 9\,H_2O$; monoklin (?). Schichten und Aggregate glimmerartiger farbloser Plättchen. D $\approx 2{,}65$. $n_Y \approx 1{,}57$. Kommt wie Overit und Lehiit vor.

Ähnlich ist *Kidwellit* $NaFe^{3+}(OH)_{10}(PO_4)_6 \cdot 5\,H_2O$, monoklin. Gelbgrün, $n_X = 1{,}787$, # 5 (100) von Alabama (USA), Waldgirmes (BRD) u. a. O.

Lehiit: $Na_2Ca_5Al_8[(OH)_{12}/(PO_4)_8] \cdot 6\,H_2O$; faserige weiße bis graue Schichten und Krusten. D 2,89. $n_Y = 1{,}615$. In den Außenschalen von Variscitknollen, Fairfield bei Lehi (Utah, USA).

Natrophosphat: $Na_4H[(F, OH)/(PO_4)_2] \cdot 17\,H_2O$; kubisch. Bis 5 cm große farblose bis weiße xx, aus Zentralpegmatit in Ijolith-Urtit (Kola, UdSSR). H $2^1/_2$; D 1,71; n = 1,46.

Als *Anhang* fügen wir hier die *Phosphate mit einem* (NH_4)*-Komplex* an:

Stercorit: $(NH_4)NaH[PO_4] \cdot 4\,H_2O$; triklin. Weiß, in Guano. Im Harnstein.

Struvit: $(NH_4)Mg[PO_4] \cdot 6\,H_2O$; rhombisch; hemimorph (stark pyro- und piezoelektrisch). D 1,711. Glasgl.; farblos, auch gelb oder braun. $n_Y = 1{,}496$. Unter Düngergruben und im Guano, in Harnsteinen.

Hannayit: $(NH_4)_2Mg_3H_4[PO_4]_4 \cdot 8\,H_2O$; triklin. Kleine gelbliche schlanke xx. Im Fledermausguano von Australien. Ähnlich ist *Dittmarit:* $(NH_4)Mg_5H_4[PO_4]_5 \cdot 8\,H_2O$ (?); rhombisch. Im Fledermausguano.

Schertelit: $(NH_4)_2MgH_2[PO_4]_2 \cdot 4\,H_2O$. Vorkommen wie Hannayit.

12.5. Wavellit–Lazulith-Gruppe

In dieser Gruppe sind hauptsächlich alle einfachen (Wavellit) und Doppelverbindungen (Lazulith) aufgeführt, die *Al als wichtigstes Kation* führen. Wir gliedern

- in die einfachen Al-Phosphate (Arsenate, Vanadate)
- in die wasserfreien Al-Doppelphosphate (Arsenate)
- in die wasserhaltigen Al-Doppelphosphate

Wir führen zunächst die **einfachen Al-Phosphate** auf; angehängt werden einige wenige Arsenate und Vanadate.

Berlinit: $Al[PO_4]$; trigonal; homöotyp mit Quarz, ihm ähnlich. Meist radial-faserige Massen. D 2,64. $n_{OE} = 1{,}524$; 1,530. Eisengrube Westana b. Näsum (Schweden). Heterotyp ist *Lithiophosphatit*: $Li_3[PO_4]$

Variscit: $Al[PO_4] \cdot 2\,H_2O$

rhombisch (isotyp mit Skorodit). xx selten; meist feinkörnige Massen, Knollen, Krusten, Trümer, auch chalcedon- bis opalähnlich; D 2,57 (derb 2,2 bis 2,5); blaß- bis smaragdgrün, auch bläulichgrün bis farblos. n = 1,571 (Langenstriegis). Mineral der Erdoberfläche. Messbach und Langenstriegis b. Frankenberg/Sa. (DDR); b. Leoben (Österreich); Utah und Arkansas (USA). *Callainit* und *Bolivarit* sind wohl identisch mit Variscit. *Redondit* ist Variscit mit Fe-Gehalt.

Klinovariscit: $Al[PO_4] \cdot 2\,H_2O$; monoklin. xx dünn- bis dicktafelig; pseudorhombisch. D 2,54; blaßgrün. $n_Y = 1{,}558$. Utahlit Hill, Utah, in derben Variscitknollen; Nevada (alle USA).

Augelith: $Al_2[(OH)_3/PO_4]$; monoklin. xx meist dicktafelig. # 4 (110). D 2,696. Farblos oder blaß gefärbt. Näsum b. Carlsham (Schweden), Potosi (Bolivien).

Richmondit: $Al[PO_4] \cdot 4\,H_2O$ (?); monoklin.

Wavellit: $Al_3[(OH)_3/(PO_4)_2] \cdot 5\,H_2O$

rhombisch. Meist halbkugelige oder kugelige Aggregate, die strahlig-faserige Struktur zeigen (s. Bild 12.8); auch Krusten oder stalaktitisch; spröde; H 3 bis 4; D 2,36. Meist grünlichweiß. $n_Y = 1{,}534$. Sekundär, in kleinen Mengen weit verbreitet. In Kieselschiefern von Ronneburg, Langenstriegis und Frankenberg (DDR). Waldgirmes und in den Phosphatlagern des Lahn-Dill-Gebietes (BRD); reichlich in Zinngängen von Llallagua (Bolivien); als Phosphat abgebaut b. Harrisburg (Pennsylvanien, USA). *Fischerit* ist identisch mit Wavellit, evtl. auch *Bialith*. Eisenhaltig ist *Gusevičit*, etwa $(Al,Fe)_3[(OH)_3 \mid ((P,V)O_4)_2] \cdot H_2O$

Evansit: $Al_3[(OH)_6/PO_4] \cdot 6\,H_2O$; derb, opalartige, traubige oder nierige Überzüge, sehr spröde. D 1,8 bis 2,2; farblos, milchig weiß, auch blaß gefärbt. n $\approx$ 1,445 bis 1,465. Sekundär, oft mit Limonit und Allophan. Zeleznik b. Szirk (ČSSR); Vashegy, Verespatak (Ungarn). Nahe verwandt mit Evansit ist *Planerit*; *Rosieresit* ist wohl ein Evansit mit Pb- und Cu-Gehalt. Ähnlich ist *Kingit:* $Al_3[(OH)_3/(PO_4)_2] \cdot 9\,H_2O$.

Sanjuanit: $Al_2[OH/SO_4/PO_4] \cdot 9\,H_2O$; monoklin oder triklin. Kreideartige Massen, zusammen mit Gips aus dunklen Schiefern, von Argentinien. H 3; D 1,94; $n_Y = 1{,}484$. *Sasait:* $Al[(OH)_2/(PO_4)_3] \cdot 20\,H_2O$, rhombisch. Weiße Nadeln, D 1,75. In Dolomithöhle von Südafrika.

Liskeardit: $Al_2[(OH)_3/AsO_4] \cdot 2^1/_2\,H_2O$; dünne Krusten mit strahligfaseriger Struktur; weiß oder blaß gefärbt. $n_Y = 1{,}675$. Liskeard (Cornwall, England).

Mansfieldit: $Al[AsO_4] \cdot 2\,H_2O$. Poröse, zellige Massen und Krusten faseriger Sphärolithe. D 3,03; weiß bis blaßgrau. Selten; mit Skorodit, Realgar und Kaolinit b. Hobart Butte (Oregon, USA).

Bild 12.8. Wavellit, aufgewachsen auf Klüften im Kieselschiefer. Langenstriegis b. Freiberg (DDR), nat. Größe [223]

Schoderit: $Al[(P, V)O_4] \cdot 4\,H_2O$; monoklin. Kleinste blättrige xx in Kieselschiefern (USA), zusammen mit Diadochit, Wavellit usw. D 1,88. *Metaschoderit* ist entwässerter Schoderit.

Steigerit: $Al[VO_4] \cdot 3\,H_2O$; kanariengelbe, pulvrige Überzüge. n ≈ 1,71. Dichte Aggregate glänzen wachsartig. Auf Corvusit in Sandstein von Colorado (USA).

Die folgenden **Al-haltigen Doppelphosphate** (und -arsenate) sind *wasserfrei*

Mit Crandallit sind die folgenden vier Minerale isotyp (trigonal, pseudokubisch):

Crandallit: $CaAl_3H[(OH)_6/(PO_4)_2]$; trigonal. Meist derb, als knollige Aggregate; D 2,78; 2,92; gelb, weiß, grau. n_O = 1,60 bis 1,62. In Hohlräumen des Phosphats von Dehrn und Ahlbach sowie Amberg (BRD); Fairfield (Utah, USA). Identisch mit Crandallit sind *Deltait* und *Pseudowavellit,* ähnlich *Waylandit* $(Bi, Ca)Al_3[(OH)_6/(PO_4)_2]$. Beim *Arseniocrandallit* ist der größte Teil des P durch As ersetzt.

Goyazit (Hamlinit): $SrAl_3H[(OH)_6/(PO_4)_2]$; kleine rhomboedr. oder tafelige xx; D 3,26; farblos, rosa, honiggelb. n_{OE} = 1,620; 1,630. Bei Diamantina (Brasilien); Lengenbach i. Binnatal (Schweiz), im Dolomit.

Gorceixit: $BaAl_3H[(OH)_6/(PO_4)_2]$; braune Körner und Gerölle. H < 6; D 3,03 bis 3,32; Glasgl. bis matt. n_E = 1,625. Als Favas in diamantführenden Sanden Brasiliens und Afrikas; z. B. bei Diamantina (Brasilien); Ghana; Sierra Leone.

Dussertit: $BaFe_3^{3+}H[(OH)_6/(AsO_4)_2]$; winzige grüne xx; in Rosetten und als Krusten. # O; D 3,75. n_{OE} = 1,87; 1,85. Algerien; Mexiko. *Lusungit:* $(Sr, Pb)F_3^{3+}H[(OH)_6/(PO_4)_2]$; trigonal, von Kiwu (Zaïre).

Kirrolith: $Ca_3Al_2[OH/PO_4]_3$; rhombisch oder monoklin. Dicht, blaßgelb; D 3,08; Eisengrube in Westana (Schweden).

Tavistockit: $Ca_3Al_2[OH/(PO_4)_3]$; rhombisch. Mikroskopisch kleine nadelige xx, die ein weißes Pulver bilden. n_Y = 1,530. Tavistock (Devonshire, England) in Hohlräumen mit Quarz, Childrenit, Pyrit. Nach STRUNZ karbonathaltiger F-Apatit.

Bjarebyit: $(Ba, Sr)(Mn, Fe, Mg)_2Al_2(OH)_3(PO_4)_3$; monoklin. Stenglige, smaragdgrüne xx (max. 3 mm) aus Palermo-Pegmatit (USA). D 3,95. *Attakolith:* $(Ca, Mn, Fe)Al_2[(OH) \mid PO_4, SO_4]$; rhombisch.

Jagowerit: $BaAl_2P_2O_8(OH)_2$; Kristalline, glasgl., lichtgrüne Massen in Quarzadern; Yukon (USA). H $4^1/_2$; D 4,01. Ähnlich *Curetonit:* $Ba_4Al_3Ti[O_3(OH)_3/(PO_4)]$; monoklin. Grünliche xx, oft verzwillingt, D 4,42. Aus Barytgängen, von Nevada (USA). Auch *Penikisit* $Ba(Mg, Fe, Ca)_2Al_2(PO_4)_3(OH_3)$; triklin.

Goedkinit: $(Sr, Ca)_2Al(OH)[PO_4)_2$; monoklin. Hellgelb, D 3,83. Palermo-Pegmatit (USA).

Mit Berzeliit sind isotyp (kubisch-hex.-oktaeder.):

Berzeliit: $(Ca, Na)_3(Mg, Mn)_2[AsO_4]_3$; selten kubische xx; meist derb oder rundliche Körner. # O. H $4^1/_2$ bis 5; D 4,08 bis 4,46; gelb bis gelblich-rot; Långban im Kalkskarn und Moss-Grube b. Nordmark, Wermland (alle Schweden). *Mangan-Berzeliit* hat mehr Mn-Gehalt; sonst ganz ähnlich Berzeliit.

Griphit: $(Mn, Na, Ca)_3(Al, Mn)_2[PO_3(OH, F)]_3$. Dicht, auch nierig. Kristallstruktur ähnlich Granat; zuweilen metamikt. # O. H $5^1/_2$; D 3,40; dunkelbraun. n = 1,63 bis 1,66. In über 25 kg schweren Massen in Granitpegmatit b. Harney City (S.-Dakota, USA); Mt. Isa (N-Australien).

Mit Lazulith sind isotyp (monoklin-prism.):

Lazulith: $(Mg, Fe^{2+})Al_2[OH/PO_4]_2$
Wenn $Fe^{2+} > Mg$, dann *Scorzalith:* xx meist spitzpyramidal; derb, dicht bis körnig. H $5^1/_2$ bis 6; D 3,08 bis 3,38. Blau; Str. weiß; schwach durchsch. bis opak. xx zuweilen klar. n_Y = 1,654 (Fe : Mg = 1 : 1). Thüringer Wald (DDR); Werfen (Salzburg, Österreich) in Quarz-Karbonattrümern von Tonschiefer; Vorau b. Graz und Fischbach, Steiermark (alle Österreich), in Quarzadern und in Quarzit; Westana (Schweden) mit bis 15 cm großen xx. UdSSR, USA usw. *Calciolazulith:* enthält Ca an Stelle von etwa $^1/_6(Mg, Fe^{2+})$.
Trolleit: $Al_4[OH/PO_4]_3$ ist vielleicht identisch mit Lazulith.

Ernstit: $Mn_{1-X}Fe_X^{3+}Al[(OH)_{2-X}O_X/PO_4]$; monoklin. Dunkelgelbbraune radialstrahlige Aggregate mit 10 bis 15 mm langen xx, in Drusenhohlräumen eines Pegmatits von Namibia; Oxydationsbildung aus Eosphorit. H 3 bis $3^1/_2$; D 3,07; n_Y = 1,706, pleochroitisch.

Die folgenden **Al-haltigen Doppelphosphate** sind *wasserhaltig*. Sie sind im oberen Teil des Abschnittes Fe-reicher (v. a. in Sn-Lagerstätten), im unteren Mg–Ca-reicher:

Childrenit: $(Fe^{2+}, Mn)Al[(OH)_2/PO_4] \cdot H_2O$; rhombisch. Einzelkristalle pyramidisch, prismatisch und dicktafelig. Oft strahlige Gruppen, auch traubig oder krustig mit Faserstruktur. H 5; D 3,25; harziger Glasgl.; braun, gelblichbraun. $n_Y = 1{,}683$. Im Granit des Greifensteins bei Ehrenfriedersdorf (sächs. Erzgebirge, DDR); Tavistock (Devonshire, England) u. a. *Oxychildrenit:* wohl $(Fe^{3+}, Mn^{3+}, Mn^{2+})Al[(O, OH)_2/PO_4] \cdot H_2O$. In Pegmatit von Ostkasachstan (UdSSR).

Eosphorit, Formel wie Childrenit, nur Mn > Fe^{2+}. xx prismatisch; auch derb. D 3,06; H 5; rosa oder rosenrot; Str. weiß. $n_Y = 1{,}648$. In Pegmatiten: Hagendorf (Bayern, BRD); Branchville, Newry und Hebron (alle USA). *Childro-Eosphorit* von Hagendorf ist eine Varietät mit Fe : Mn = 1 : 1. $n_Y = 1{,}662$.

Souzalith: $(Mg, Fe^{2+})_3(Al, Fe^{3+})_4[(OH)_3/(PO_4)_2]_2 \cdot 2\,H_2O$; monoklin (?). Grüne grobfaserige Massen. Entstanden durch hydrothermale Umwandlung von Scorzalith im Pegmatit von Corrego Frio (Minas Geraes, Brasilien).

Vauxit: $Fe^{2+}Al_2[OH/PO_4]_2 \cdot 6\,H_2O$; triklin. Winzige xx, tafelig und gestreckt; parallele oder strahlige Aggregate und Knollen. # O. D 2,39; himmelblau, wird an Luft grünlich; Str. weiß. $n_Y = 1{,}555$. Sekundär. Llallagua (Bolivien) neben Wavellit und Paravauxit in Zinngängen. *Metavauxit:* mit $8\,H_2O$; monoklin. Nadelig-strahlige Aggregate. D 2,345; farblos, weiß, blaßgrün. n = 1,561. Sekundär. Llallagua und Tasna (Bolivien). *Paravauxit:* wie Metavauxit aber triklin. xx kurzprismatisch bis dicktafelig. D 2,36; farblos bis blaß grünlichweiß. n = 1,558. Llallagua (Bolivien) in Zinngängen, neben Vauxit, Metavauxit und Wavellit.

Sigloit: $(Fe^{3+}, Fe^{2+})Al_2[(O, OH)/(PO_4)_2] \cdot 8\,H_2O$; triklin. Pseudomorphosen nach Paravauxit, von Zinngrube Llallagua (Bolivien); D 2,35; n = 1,586.

Gordonit: $MgAl_2[OH/PO_4]_2 \cdot 8\,H_2O$; triklin. xx prismatisch bis tafelig; meist in garbenähnlichen Aggregaten. D 2,23; trüb weiß bis farblos. $n_Y = 1{,}543$. Neben Variscit in Phosphatknollen bei Fairfield (Utah, USA). Ähnlich *Aldermanit:* $Mg_5Al_{12}(PO_4)_8(OH)_{22} \cdot 32\,H_2O$; rhombisch. D 2,0, n = 1,500. Von Moculta (Australien).

Coeruleolaktit: $CaAl_6[(OH)_2/PO_4]_4 \cdot 4\,H_2O$; kryptokristalline bis faserige Trümer und Krusten. H 5; D 2,57 bis 2,69. milchweiß. $n_{OE} = 1{,}580$; 1,588. Rindsberg-Grube bei Katzenellnbogen (Nassau, BRD), in Limonit. Isotyp mit Türkis.

Matulait: $Ca(H_2O)_4[Al_9(OH)_{10}(PO_4)_6]_2 \cdot 24\,H_2O$; monoklin. H 1, # 5 (100), D 2,330. Hellertown (USA), Waldgirmes (BRD).

Gatumbait: $CaAl_2(PO_4)_2(OH)_2 \cdot H_2O$; monoklin. Rosetten, D 2,98. In Pegmatit von Rwanda.

Foggit: $CaAl(OH)_2(H_2O)[PO_4]$; rhombisch. Von Palermo-Pegmatit (USA). # 4 (010). D 2,78.

Kingsmountit: $Ca_4(Fe^{2+}, Mn)Al_4[(OH)_4/(PO_4)_6] \cdot 12\,H_2O$; monoklin. Weiße Sphärolithe; von Kings Mountain (North Carolina, USA).

Whiteit: $Ca(Fe, Mn)Mg_2Al_2(OH)_2(H_2O)_8(PO_4)_4$; gelbbraun. Minas Geraes (Brasilien) u. a. O.

Montgomeryit: $Ca_4Al_5[(OH)_5/(PO_4)_6] \cdot 11\,H_2O$; monoklin. xx linealartig und tafelig; derb. D 2,53; meist tiefgrün. $n_Y = 1{,}578$. Vorkommen wie Overit, auch von Hühnerkobel (BRD).

Overit: $Ca_3Al_8[(OH)_3/(PO_4)_4]_2 \cdot 15\,H_2O$; rhombisch. xx gestreckt [001] und tafelig; auch derb; hellgrün bis farblos. $n_Y = 1{,}574$. In Variscit-Knollen, Fairfield (Utah, USA).

Minyulit: $KAl_2[(OH, F)/(PO_4)_2] \cdot 4\,H_2O$; rhombisch. Strahlige Aggregate von farblosen bis weißen Nadeln, ähnlich Wavellit. D 2,45. $n_Y = 1{,}534$. Minyulo Well (W.-Australien), in Glaukonitischen Phosphatlagern.

Francoannellit: $H_6K_3Al_5(PO_4)_8 \cdot 13\,H_2O$; trigonal. Gelbweiß, knollig, aus Grotte in Italien.

12.6. Vivianit–Skorodit–Triplit-Gruppe

Diese Gruppe ist sehr artenreich, da die hier hauptsächlich zusammengefaßten Fe–Mn-Minerale im Verwitterungsbereich relativ stabil sind und auch eine Vielzahl von Mischkristallen aufbauen. Die mit dem Vivianit isotypen Ni–Co-Minerale Annabergit und Erythrin werden v. a. aus paragenetischen Gründen bei den »Uranglimmern« zugefügt.

Wir gliedern diese Gruppe:

- in einfache Fe-Phosphate ohne fremde Anionen (Typ Vivianit)
- in einfache Fe-Phosphate mit fremden Anionen (Typ Kakoxen)
- in Fe-, Mn- und Ca-reiche Arsenate (Typ Skorodit)
- in Fe-, Mn- und Ca-reiche Doppelphosphate (Typ Triplit)

Die ökonomische Bedeutung aller Minerale dieser Gruppe ist gering.

Einfache Fe-Phosphate (ohne fremde Anionen)

Vivianit: $Fe_3^{2+}[PO_4]_2 \cdot 8\,H_2O$

Benannt von WERNER 1817 nach dem englischen Mineralogen J. H. VIVIAN, der das Mineral entdeckte. Theor. 42,96% FeO, 28,31% P_2O_5, 28,73% H_2O; z. T. mit etwas Mn^{2+}, Mg und Ca (*Paravivianit*). Monoklin (prism.). Kristalle meist nadelig-stenglig, oft zu radialstrahligen und kugeligen Gebilden aggregiert (s. Bild 12.9), auch erdig (sog. Blaueisenerde). Frisch farblos-weiß, bei Oxydation des Fe^{2+} zu Fe^{3+} (oft nach wenigen Minuten bis Stunden) blau (manchmal braun) werdend; Strich entsprechend. Meist Glasglanz, durchs. bis durchsch.; n_{XYZ} = 1,580; 1,589; 1,627. H $1^1/_2$ bis 2, spröde, Spaltbarkeit 5 (010). D 2,6 bis 2,7. Leicht in HCl und HNO_3 löslich. Relativ leicht an Farbe, Härte, Spaltbarkeit und Bildungsbereich (Paragenese) zu erkennen. Entstehung im exogenen Bereich, aber stets unter reduzierenden Bedingungen (Fe^{2+}!). Voraussetzung ist Fe-Angebot, daher oft in Limonitlagerstätten (z. B. Kerč, UdSSR), sowie P-Angebot, daher oft in der Nähe biogener Produkte (Muscheln, Radiolarien, Diatomeen u. a.). In der DDR besonders schön im Alaunschiefer Thüringens, auch in Mooren, Kieselgurlagerstätten (z. B. Klieken) und in Braunkohlen. Sehr große Kristalle neuerdings von Zentralafrika. Ganz lokal geringe Bedeutung als blaue Farbe oder Düngemittel.

Metavivianit: $Fe_3(PO_4)_2 \cdot 8\,H_2O$; triklin. Grüne prismatische xx, im Triphylin eines Pegmatits (USA). D 2,69.

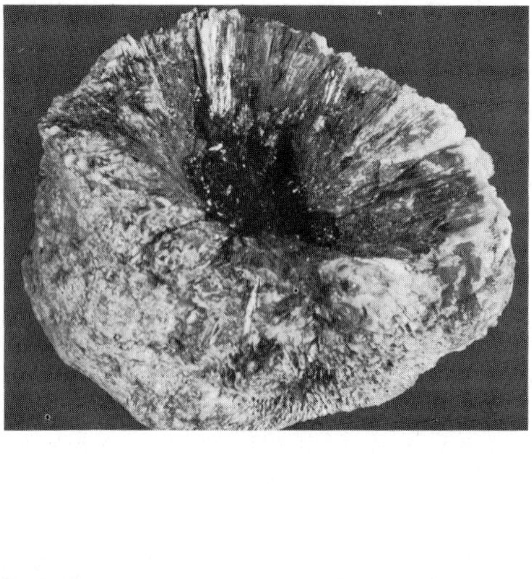

Bild 12.9. Vivianit, aufgeschlagene Knolle von radialstrahligem Aufbau. Tagebau Schmirchau b. Ronneburg (Thür., DDR), Vergr. 2 × [221]

Strengit: $Fe^{3+}[PO_4] \cdot 2\,H_2O$
Rhombisch (isotyp mit Variscit und Skorodit); kugelige und traubige Aggregate aus radialen Fasern; Krusten. D 2,87; Pfirsichblütenrot, violett, auch fast farblos. $n_Y = 1{,}719$. Ehem. Eisengrube Eleonore b. Gießen; im Pegmatit b. Pleystein und Hagendorf (alle BRD); in guten xx in Trümern des Magnetits von Kirunavaara (Schweden); Thüringen (DDR).

Klinostrengit (Phosphosiderit): $Fe^{3+}[PO_4] \cdot 2\,H_2O$; monoklin (isotyp mit Klinovariscit). xx tafelig oder dickprismatisch; auch traubige, nierige Massen und Krusten. H $3^1/_2$ bis 4; D 2,76. Pfirsichblütenrot oder rötlichviolett (xx); hell rosarot bis fast farblos (Aggregat). $n_Y = 1{,}725$. Kalterborngrube b. Eiserfeld (Siegen, BRD), in Limonit; im Pegmatit von Pleystein und Hagendorf (Bayern, BRD). *Klinobarrandit* und *Barrandit* sind Klinostrengit bzw. Strengit mit Al-Gehalt.

Koninckit: $Fe^{3+}[PO_4] \cdot 3\,H_2O$; tetragonal. Kleine kugelige Aggregate radialer Nadeln. D 2,3; gelb. $n_X = 1{,}645$. Richelle b. Visé (Belgien), hier mit 4% Al_2O_3.

Ludlamit: $Fe_3^{2+}[PO_4]_2 \cdot 4\,H_2O$; monoklin. xx tafelig; derb, körnig. # 4 (001). D 3,12 bis 3,19; hell- bis apfelgrün; durchs. $n_Y = 1{,}67$. Truro (Cornwall, England); Hagendorf (Bayern, BRD) in Pegmatit (sog. *Lehnerit*); Palermo-Pegmatit (New Hampshire, USA).

Einfache Eisenphosphate mit fremden Anionen

Asowskit: $Fe_3^{3+}[(OH)_6/PO_4] \cdot 3\,H_2O$; anscheinend kolloidal entstanden; in Eisenerzen. D 2,5. Taman am Asowschen Meer (UdSSR). Ähnlich ist *Rusakowit*, etwa $Fe_5^{3+}[(OH)_9 \mid ((V, P)O_4)_2] \cdot 3H_2O$; gelbe Aggregate.

Delvauxit: $Fe_2^{3+}[(OH)_3/PO_4] \cdot 3^1/_2\,H_2O$. Gelartige knollige Massen; kastanienbraun. $n \approx 1{,}72$. Berneau b. Visé in Belgien; Litošice (ČSSR). *Picit* ist offenbar identisch mit Delvauxit. D 2,83; dunkelbraun. Grube Eleonore b. Gießen und b. Waldgirmes (BRD).

Beraunit: $Fe_3^{3+}[(OH)_3/(PO_4)_2] \cdot 2^1/_2\,H_2O$; monoklin. Meist strahlig-blättrige Kugeln und Krusten. D 2,8 bis 3,08; rötlichbraun bis blutrot, selten grün; Strich gelb. $n_Y = 1{,}786$; 1,735. In sekundären Eisenerzen; auch aus Triphylin entstanden. St. Benigna b. Beroun (Böhmen, ČSSR); Scheibenberg (Sächs. Erzgeb., DDR); Grube Eleonore b. Gießen und Pegmatit von Hühnerkobel (BRD). *Eleonorit* ist identisch mit Beraunit, vielleicht auch *Tinticit*, etwa $Fe_3[(OH)_3/(PO_4)_2] \cdot 3\,H_2O$; dichte, erdige bis porzellanartige cremeweiße Massen von der Tintic-Standard-Grube (Utah, USA).

Kakoxen: $Fe_4^{3+}[OH/PO_4]_3 \cdot 12\,H_2O$; hexagonal. Kleine nadelige xx, büschelige oder strahlige Aggregate und faserige Rinden; sphärolithisch. # 0. D 2,2 bis 2,4. Gelb bis bräunlichgelb. $n_{OE} = 1{,}575$; 1,635. Sekundär. Grube Eleonore b. Gießen; Hagendorf (BRD).

Diadochit oder *Gel-Diadochit:* amorph; etwa $Fe_4[(OH)_4/(PO_4, SO_4)_3] \cdot 13\,H_2O$. Nierig, erdig, traubig, stalaktitisch; z. T. winzige sechsseitige Täfelchen. D 2,0 bis 2,4; gelb bis braun; Wachsgl. $n \approx 1{,}62$. Sekundär. Im Alaunschiefer bei Saalfeld in Thüringen, »Feengrotten« (DDR); Steiermark; Böhmen. *Destinezit:* monoklin, hat etwa dieselbe Zusammensetzung wie Diadochit und ist wohl eine kristalline Varietät.

Satterlyit: $(Fe, Mn)_2[OH/PO_4]$; hexagonal. Gelbbraun, $n_0 = 1{,}721$. Von Yukon-Territ (Kanada).

Pitticit (Arseneisensinter): amorph, wohl $Fe_{20}^{3+}[(OH)_{24}/(AsO_4, PO_4, SO_4)_{13}] \cdot 9\,H_2O$. Stalaktitisch; erdig; braun, ockergelb bis schwarz. Rammelsberg b. Goslar (Harz, BRD); Falun (Schweden)

Fe-, Mn- und Ca-reiche Arsenate (und Vanadate)

Skorodit: $Fe^{3+}[AsO_4] \cdot 2H_2O$

Rhombisch; meist kleine, oft pseudohexagonale Kristalle, häufig auch kollomorphe Massen und Überzüge mit stenglig-faseriger Struktur, selten erdig. Meist blaugrüne Farbe (auch weiß bis braun), mit grünlichweißem Strich; Harzglanz; $n \approx 1{,}80$. $H \approx 4$, Bruch splittrig, wenig spröde, ohne Spaltbarkeit. $D \approx 3{,}2$. In HCl leicht löslich. Charakteristisches Verwitterungsprodukt von Arsenopyrit und Löllingit.
Bekannte Vorkommen sind Johanngeorgenstadt, Schneeberg, Graul b. Schwarzenberg (alle sächs. Erzgebirge, DDR), Dernbach (im Westerwald, BRD), große Mengen von Brič Mulla bei Taškent sowie von Kočkar und Džetygara (Südural, UdSSR).

Eisenreich:

Phospho-Skorodit: hat 26,12 % As_2O_5 und 16,03 % P_2O_5. Südural (UdSSR).

Symplesit: $Fe_3^{2+}[AsO_4]_2 \cdot 8\,H_2O$; triklin. Dimorph mit Parasymplesit. Meist kugelige, grob radial-faserige Aggregate; D 3,01; Glas- und Perlgl.; licht- bis lauchgrün; grünlich schwarz bis tiefblau bei teilweiser Oxydation. $n_Y = 1{,}668$. Sekundär. Lobenstein; Saubach im Vogtland; Neustädtel b. Schneeberg (alle DDR); Hüttenberg (Österreich); Baia Sprie (Rumänien). *Parasymplesit* ist monoklin. *Ferrisymplesit:* Steht dem Symplesit nahe; wohl $Fe_3^{3+}[(OH)_3/(AsO_4)_2] \cdot 5\,H_2O$ (?); verwachsen mit Co- und Ni-Blüte in Cobalt (Ontario, Kanada).

Ganomatit (Gänsekötigerz): röntgenamorph; Fe-Arsenat mit Ag- und Co-Gehalt. Andreasberg (Oberharz, BRD); Banska Bystrica und Jáchymov (ČSSR). Bildet sich bei der Zersetzung von Arsenopyrit und Silbermineralen.

Schneiderhöhnit: $8\,FeO \cdot 5\,As_2O_3$; triklin. Bis 7 mm große dunkelbraun-schwarze xx aus unterer Oxydationszone von Tsumeb (Namibia). D 4,40; H 3.

Angelellit: $Fe_4^{3+}[O_3/(AsO_4)_2]$; triklin. Schwarze xx von Vulkanfumarolen (Argentinien).

Zykait: $Fe_4^{3+}(AsO_4)_3(SO_4)(OH) \cdot 15\,H_2O$; rhombisch. Nadlige xx. Kank (ČSSR).

Bukovskyit: $Fe_2^{3+}AsO_4SO_4(OH)$. Von Kutna Hora (ČSSR). Ähnlich ist *Sarmientit:* $Fe_2^{3+}[(OH) \mid SO_4 \mid AsO_4] \cdot 5\,H_2O$; monoklin.

Ludlockit: $9[(Fe, Pb)As_2O_6]$; triklin (ein Arsenit!). Prismatische rote xx auf Zink-Chalybit von Tsumeb (Namibia).

Fervanit: $Fe^{3+}[VO_4] \cdot H_2O$; parallelfaserige goldbraune Aggregate; starker Glanz. Polar Mesa, Utah, und Gypsum Valley, Colorado (beide USA).

Mn-reich:

Sarkinit: $Mn_2[OH/AsO_4]$, monoklin. xx dicktafelig, auch kurzprismatisch. H 4 bis 5; D 4,08; fleisch- bis blutrot, rötlichgelb; Hartig-Grube b. Pajsberg in Hohlräumen mit Blei, Bementit, Brandtit, Calcit; auch von Sjö-Grube, Örebro und Långban (alle Schweden).

Eveit: $Mn_2[OH/AsO_4]$; rhombisch. Grüne xx von Långban (Schweden).

Arsenoklasit: $Mn_5[(OH)_2/AsO_4]_2$; rhombisch. Derb, körnig. D 4,16; rot. Långban (Schweden) in Spalten des Dolomits.

Haemafibrit: $Mn_3[(OH)_3/AsO_4] \cdot H_2O$; rhombisch. $n_Y = 1{,}88$; faserig; blutrot. Moss-Grube (Wermland, Schweden). *Akrochordit:* $(Mn, Mg)_5[(OH)_2 \mid AsO_4] \cdot 4\,H_2O$.

Allaktit: $Mn_7[(OH)_4/AsO_4]_2$; monoklin. Schlanke Prismen (010) oder tafelig. D 3,83; rot. Nordmark und Långban (Schweden); Franklin (New Jersey, USA).

Synadelphit: $Mn_4[(OH)_5/AsO_4]$; triklin (pseudorhombisch). xx kurzprismatisch; die scheinbaren Einzelkristalle sind Vierlinge; auch Krusten. H $4^1/_2$; D 3,57 (farblos). Farbzonen; innen farblos, nach außen über rot bis fast schwarz. Moss-Grube (Schweden). Oxydiert schnell an der Luft. *Plumbo-Synadelphit* ist mit 3,2 % PbO eine Varietät von Synadelphit.

Flinkit: $Mn_2^{2+}Mn^{3+}[(OH)_4/AsO_4]$; rhombisch; meist federartige Aggregate; grünlich. $n_Y = 1{,}801$. D 3,87; Pajsberg (Schweden), in Trümmern des Magnetits. *Retzian:* $Mn_2(Ce, Nd, La)[(OH)_4/AsO_4]$; rhombisch.

Holdenit: $Mn_6^{2+}Zn_3[(OH)_8/(AsO_4)_2/SiO_4]$; rhombisch. Rosa bis tiefrot; nur eine einzige Probe von Franklin (New Jersey, USA).

Haematolith: $(Mn, Mg, Fe)_5[(OH)_7/AsO_4]$; trigonal. xx dicktafelig und rhomboedrisch; rot bis fast schwarz. Als xx in schmalen Trümern von kristallinem Kalkstein der Moss-Grube (Schweden).

Arseniopleit: $(Ca, Mn)_3(Mn^{2+}, Mn^{3+}, Mg, Fe^{3+})_4[(OH)_4/(AsO_3OH)(AsO_4)_3]$ (?). Derb, körnig; braun- bis kirschrot. Sjö-Grube (Schweden).

Fluckit: $CaMnH_2(AsO_4) \cdot 2\,H_2O$; triklin. Rosa, radialstrahlig. Ste. Marie aux Mines (Frankreich).

Armangit: $Mn_3[AsO_3]_2$; hexagonal (ein Arsenit!). Schwarze kurz-prismatische xx. D 4,43. $n_{OE} = 1{,}01; 1{,}99$. Långban (Schweden) in Calcit–Baryt-Trümern.

Magnussonit: $(Mn, Mg, Cu)_5[(OH, Cl)/(AsO_3)_3]$; Kubisch (ein Arsenit!). Grün; Långban (Schweden).

Ca-reich:

Ferrarisit: $Ca_5H_2(AsO_4) \cdot 2\,H_2O$; triklin (dimorph mit Guerinit). Von Wittichen (BRD) und »Giftgrube« von Ste. Marie aux Mines (Frankreich).

Tilasit: $CaMg[F/AsO_4]$; monoklin. xx gestreckt [100]; auch derb. H 5; D 3,77; Harz- und Glasglanz; grau bis grün. Långban (Schweden), in dolomitischem Kalkstein; Indien.

Isokit: $CaMg[F/PO_4]$; monoklin. Feinkrist. Aggregate (Nadeln, Blättchen); schmutzig-weiß, erdig; verdrängt Triplit. $n_Y = 1{,}595$. Isoka (Sambia).

Adelit: $CaMg[OH/AsO_4]$; rhombisch. Meist derb. H 5; D 3,73; Harzgl.; farblos, grau, gelb, hellgrün. Långban (Schweden).

Roselith: α-$Ca_2Co[AsO_4]_2 \cdot 2\,H_2O$; monoklin. xx kurzprismatisch; auch in Drusen und als kugelige Aggregate. D 3,50 bis 3,74; rosa, dunkler bei höherem Co-Gehalt. Schneeberg (sächs. Erzgeb., DDR) in den ehem. Gruben Rappold und Daniel. Der *Beta-Roselith* ist triklin, isotyp mit Fairfieldit.

Brandtit: $Ca_2Mn[AsO_4]_2 \cdot 2\,H_2O$; monoklin. xx kurzprismatisch; Aggregate nierig mit radialfasriger Struktur. D 3,67; farblos bis weiß. $n_Y = 1{,}711$. Harstig-Grube (Wermland, Schweden).

Talmessit: $Ca_2Mg[AsO_4]_2 \cdot 2\,H_2O$; triklin. Grüne Krusten auf Domeykit. D 3,49. Von Talmessi (Iran).

Asbecasit: $Ca_3(Ti, Sn)[As_3BeSiO_{10}]_2$; trigonal (ein Arsenit!). Hellgelbe xx bis 5 mm ∅ auf Kluftflächen von Orthogneis im Binnatal (Schweiz). Paragenese: Magnetit, Hämatit, Titanit, Apatit, Anatas, Malachit, Azurit, Tennantit und Cafarsit. H $6^1/_2$ bis 7; D 3,70; $n_E = 1{,}83$.

Stenhuggarit: $CaFe(SbO)(AsO_3)_2$; tetragonal (ein Arsenit!). Von Långban (Schweden).

Cafarsit: $Ca_{5,6}Fe_{3,3}Ti_{2,5}Mn_{1,7}(AsO_4)_{12} \cdot 4\,H_2O$; kubisch. Dunkelbraune xx bis 3 cm Kantenlänge mit Kombination von (100) und (111); auf Kluftflächen von Orthogneis im Binnatal (Schweiz). Paragenese siehe unter Asbecasit. H $5^1/_2$ bis 6; D 3,90; optisch anisotrop.

Arseniosiderit: $Ca_3Fe_4[OH/AsO_4]_4 \cdot 4\,H_2O$; hexagonal oder tetragonal (?). Strahlig-faserige Aggregate. D 3,60; Halb-Mgl., goldgelb bis rötlichbraun; stark dichroitisch. Schneeberg (Sächs. Erzgebirge, DDR); Romanèche (Frankreich) mit Mn-Erz; Auerbach in Hessen, auch Wittichen (BRD).

Yukonit: $CaFe_{2,33}{}^{3+}[(OH)_3/(AsO_4)_2] \cdot 6\,H_2O$; gelartig, knollig; H 2 bis 3; sehr spröde; bräunlichschwarz; isotrop. Yukon (Alaska, USA).

Gamagarit: $Ba_2(Fe, Mn)[VO_4]_2 \cdot {}^1/_2\,H_2O$; monoklin. Tiefbraun; stark pleochroitisch. In Mn-Erzen von Postmasburg (Südafrika). D 4,62; $n_Y = 2{,}040$.

Fe-, Mn- und Ca-reiche Doppelphosphate

Triplit: $(Fe, Mn)_2\,[F/PO_4]$

Oft noch etwas Ca und Mg (*Magnesiotriplit*); monoklin. Meist nur derbe grobkörnige bräunlichrötliche Massen. H 5 bis $5^1/_2$, wechselnde Spaltbarkeit. $n_{XYZ} = 1{,}66$; 1,67; 1,68. D 3,5 bis 3,9. Derbe Massen aus Pegmatiten, so Zwiesel und Hagendorf (BRD), USA, Argentinien; auch in (hoch-)thermalen Gangvorkommen, so z. B. mit Quarz und Rhodochrosit aus Sibirien (UdSSR), auch gemeinsam mit Zinnerzen.

Fe-reich:

Zwieselit: $(Fe^{2+}, Mn)_2[F/PO_4]$. Hagendorf, Zwiesel und Hühnerkobel (Bayern, BRD).

Heterosit: $(Fe^{3+}, Mn^{3+})[PO_4]$ und *Purpurit:* $(Mn^{3+}, Fe^{3+})[PO_4]$ sind durch Umwandlung aus Triphylin und Lithiophilit über (Ferri-) Sicklerit entstanden. D 3,2 bis 3,4. Tiefrosa bis rötlich purpur, starker Pleochroismus. Heterosit: Haute-Vienne b. Limoges (Frankreich); Varuträsk (Schweden); Hühnerkobel (Bayern, BRD) usw.; Purpurit: Chanteloube (Frankreich); USA.

Graftonit: $(Fe^{2+}, Mn, Ca)_3[PO_4]_2$; monoklin. xx dickprismatisch und oft von Triphylinlamellen gesetzmäßig durchwachsen; meist dicht. D 3,67 bis 3,79. Farbe hell lachsrot bis rötlichbraun, meist infolge Zersetzung dunkelbraun. $n_Y = 1{,}699$ bis 1,714. Westl. Grafton, New Hampshire (USA), als primäres Mineral in Granitpegmatit. Oligiasca am Comer See (Norditalien, sog. *Repossit*); Ostsibirien (UdSSR).

Sarkopsid: $(Fe^{2+}, Mn, Ca, Mg)_7[F_2/(PO_4)_4]$; unregelmäßige Massen mit Faserstruktur. H 4; D 3,73; 3,64; fleischrot bis dunkelbraun; $n_Y = 1{,}728$. Im Pegmatit des Eulengebirges (VR Polen).

Dufrenit: $Fe_3^{2+}Fe_6^{3+}[(OH)_3/PO_4]_4$; monoklin. xx selten; meist traubig oder krustig mit radial-faseriger Struktur. D 3,1 bis 3,34; dunkel- oder olivgrün bis grünlichschwarz, bei Oxydation oliv- bis rötlichbraun. Sekundäres Mineral. Hirschberg und Lobenstein in Thüringen; Ullersreuth und Hauptmannsgrün b. Reichenbach i. Vogtland (alle DDR); Siegen (Westfalen, BRD). *Laubmannit:* Formel wie Dufrenit, nur Fe^{2+} z. T. durch Mn ersetzt. Krusten mit Faserstruktur; graugrün bis braun. $n_Y = 1{,}847$. Bei Amberg (Bayern, BRD). *Andrewsit:* Formel wie Dufrenit, nur etwas Fe^{2+} durch Cu ersetzt. Traubige Aggregate. H 4. D 3,47; dunkelgrün bis bläulichgrün; Cornwall (England).

Whitmoreit: $Fe^{2+}Fe^{3+}(OH)_2(H_2O)_4[PO_4]_2$; grünlichbraune, max. 2 mm lange xx, in verwittertem Triphylin des Glendale-Pegmatits (USA).

Lipscombit: $Fe^{2+}Fe_2^{3+}[OH/PO_4]_3$; tetragonal. Kleine, fast opake xx in schwarzem massivem Material von zwei Granit-Pegmatiten bei Otov (ČSSR). H $5^1/_2$; D 3,8.

Barbosalith: $Fe^{2+}Fe_2^{3+}[OH/PO_4]_2$; monoklin. Dichte und körnige Aggregate; schwärzlich bis dunkelblau. $n_Y = 1{,}79$. Minas Geraes (Brasilien). Isotyp mit Lazulith.

Wolfeit: $(Fe^{2+}, Mn)_2[OH/PO_4]$ und *Triploidit:* $(Mn, Fe^{2+})_2[OH/PO_4]$; monoklin. Prismatische xx; gewöhnlich als parallelfaserige Aggregate. H $4^1/_2$ bis 5; D 3,66 bis 3,83; rosa, weingelb, gelblichbraun; $n_Y = 1{,}723$ (Triploidit), 1,749 (Wolfeit). In Granitpegmatiten. Wolfeit: Hagendorf (Bayern, BRD); Moravia (ČSSR). Triploidit: Branchville (Connecticut, USA); Wien; Moravia (ČSSR).

Rockbridgeit: $(Fe^{2+}, Mn)Fe_4^{3+}[(OH)_5/(PO_4)_3]$, rhombisch. *Zinkrockbridgeit:* Das Fe^{2+} das Rockbridgeit ist durch Zn ersetzt. »*Kraurit*« ist z. T. Dufrenit, z. T. Rockbridgeit. *Frondelit:* wie Rockbridgeit, nur $Mn > Fe^{2+}$. Traubige Massen und Krusten mit Faserstruktur. D 3,3 bis 3,49; dunkel- oder olivgrün bis grünlichschwarz, bei Oxydation mehr braun. Sekundär; in Limonit, oder aus Triphylin entstanden. Rockbridgeit findet sich bei Ullerreuth (Vogtl., DDR); Herdorf, Westfalen; Hagendorf und Kreuzberg, Oberpfalz (BRD); Rockbridge Co. (Virginia, USA). Frondelit: Minas Geraes (Brasilien); New Hampshire USA).

Phosphoferrit: $(Fe^{2+}, Mn)_3[PO_4]_2 \cdot 3\,H_2O$; rhombisch. Blaßgrün; $n_Y = 1{,}680$. Im Pegmatit von Hagendorf (BRD). *Reddingit:* Ein Phosphoferrit mit $Mn > Fe^{2+}$; pseudo-oktaedrische oder tafelige xx; auch derb, körnig oder grobfaserig. H 3 bis $3^1/_2$; Glasgl. bis fast Harzgl.; blaßrosa, gelblichweiß, farblos; $n_Y = 1{,}648$. Branchville (Connecticut, USA) in Pegmatit.

Landesit: $(Mn, Fe^{3+})_{<3}[PO_4]_2 \cdot 3\,H_2O$ (?); entstanden durch Oxydation von Phosphoferrit und Reddingit. Rauhe, braune oktaederähnliche xx in Granitpegmatit. D 3,026. $n_Y = 1{,}728$. Berry Quarry (Maine, USA).

Kulanit: $Ba(Fe, Mn, Mg)_2(Al, Fe)_2(PO_4)_3(OH)_3$; pseudomonoklin. Blaugrüne Blättchen; D 3,91. In Eisensteinformation von Yukon (USA). Sehr ähnlich ist *Perloffit:* $Ba(Mn,Fe)_2Fe_2^{3+}(PO_4)_3(OH)_3$; monoklin. D 3,996. grauschwarz. Pegmatit (USA).

Mn-reich:

Bermanit: $(Mn^{2+}, Mg)_5(Mn^{3+}, Fe^{3+})_8[(OH)_5/(PO_4)_4]_2 \cdot 15\,H_2O$; rhombisch. xx tafelig; fächer- oder rosettenförmige rötlichbraune Aggregate. D 2,84. $n_Y = 1{,}725$. In Trümern und Drusen von Triplit eines Pegmatits in Arizona (USA).

Huréaulith: $(Mn, Fe^{2+})_5H_2[PO_4]_4 \cdot 4\,H_2O$; monoklin. xx kurzprismatisch; auch derb, dicht, schuppig oder faserig. H $3^1/_2$. D 3,13; orange, rosa, gelb bis fast farblos. Huréaux nördl. Limoges (Frankreich); Branchville (Connecticut, USA). Stets entstanden durch Umwandlung von Triphylin und Lithiophilit in Pegmatit. Identisch mit Huréaulith sind *Baldaufit, Palait, Pseudopalait* und *Wenzelit*. *Ca-Huréaulith* ist $Mn_5Ca[PO_4]_4 \cdot 4\,H_2O$. Nahe verwandt ist *Salmonsit:* $(Mn, Fe^{3+})_5H_2[PO_4, (OH)]_4 \cdot 4\,H_2O$; rhombisch (?). Faserige ledergelbe Massen. D 2,88. Pala, San Diego Co. (Calif., USA), in Pegmatit, entstanden aus Huréaulith.

Laueit: $MnFe_2^{3+}[OH/PO_4]_2 \cdot 8\,H_2O$; triklin (isotyp mit Gordonit). Honigbraun, brüchig; ⋕ 4 (010). D 2,44 bis 2,49; H 3. Im Pegmatit Hagendorf und Hühnerkobel (Bayern, BRD). *Pseudolaueit* ist monoklin.

Stewartit: $MnFe_2^{3+}[OH/PO_4]_2 \cdot 8\,H_2O$; monoklin. Winzige xx und Büschel von Fasern. Bräunlichgelb; $n_Y = 1{,}658$. D 2,94. Stewart-Grube, Pala (Calif., USA), entstanden aus Lithiophilit. Pegmatitisch von North Groton (New Hampshire, USA). *Kryshanovskit:* $MnFe_2^{3+}[OH/PO_4]_2 \cdot H_2O$; monoklin.

Strunzit: $MnFe_2^{3+}[OH/PO_4]_2 \cdot 8\,H_2O$; monoklin. D 2,52; $n_Y = 1{,}670$. Bis 2 cm lange gelbe Fasern, divergent-strahlige Büschel und Überzüge; in Pegmatiten auf zersetztem Triphylin, Rockbridgeit, Dufrenit, Beraunit etc., z. T. mit Laueit, Pseudolaueit, Stewartit, Xanthoxen u. a. Hagendorf, Pleystein und Hühnerkobel (Bayern, BRD); Koralpe (Steiermark, Österreich); Sabugal (Portugal); Fletscher- und Palermo-Mine (New Hampshire, USA); aus der Oxydationszone einer algonkischen Mn-Lagerstätte bei Morašice in Ostböhmen (ČSSR); im Rasmussen Valley (Idaho, USA); in dünnen Schichten im verwitterten Ausbiß von Phosphaten der permischen Phosphoria-Formation (USA).

Beusit: $(Mn, Fe, Ca, Mg)_3[PO_4]_2$; monoklin. Prismatische, bis 30 cm große xx, mit Lithiophilit verwachsen, in Pegmatiten von Argentinien, UdSSR u. a., zusammen mit Triplit, Turmalin, Mikroklin usw. H 5; D 3,702; $n_Y = 1{,}703$. Magniophilit ist Beusit, dem Graftonit ähnlich.

Switzerit: $(Mn, Fe)_3[PO_4]_2 \cdot 4\,H_2O$; monoklin. Blättrig-tafelige xx (bis 3 mm) oder glimmerartige Massen, als hydrothermale Bildung in Pegmatit (USA). H $2^1/_2$; D 2,95. $n_Y = 1{,}628$; ⋕ 5 (100); pleochroitisch.

Ca-reich:

Xanthoxen: $Ca_2Fe^{3+}[OH/(PO_4)_2] \cdot 1^1/_2\,H_2O$; monoklin oder triklin. Massen und Krusten tafeliger xx. D 2,8; 2,97; blaß bis bräunlichgelb. $n_Y = 1{,}715$. Hühnerkobel-Pegmatit (Bayern, BRD); reichlich Palermo-Grube (New Hampshire, USA).

Calcioferrit: $(Ca, Mg)_3(Fe^{3+}Al)_3[(PO_4)_4] \cdot 8\,H_2O$; monoklin (?). Blättrige knollige Massen. D 2,53; hellgelb. $n_O = 1{,}57$ bis 1,58. Battenberg (Rheinpfalz, BRD), im Tertiärton.

Jungit: $Ca_2(H_2O)_6[Zn, Fe_8^{3+}(OH)_9(AsO_4)_9] \cdot 10\,H_2O$; rhombisch. Grünlich-gelb, D 2,483, H 1.

Mitridatit: $Ca_3Fe_4^{3+}[(OH)_6/(PO_4)_4] \cdot 2\,H_2O$. Knollen und Krusten; pulvrig bis gummiartig. H $2^1/_2$; grünlichgelb, grün und braunschwarz; isotrop. In sedimentären Eisenerzen. Halbinsel Kerč (UdSSR); entstanden aus Anapait oder Vivianit. Auch Hühnerkobel (BRD).

Bořickyit: $CaFe_4^{3+}/(OH)_8[(PO_4)_2] \cdot 3\,H_2O$; amorph. Nierige Massen. Farbe rötlichbraun; opak; $n = 1{,}57$ bis 1,67. D $\approx$ 2,70. Nenacovic b. Kladno (ČSSR); Leoben (Österreich). Sehr ähnlich ist *Foucherit:* $Ca(Fe^{3+}, Al)_4[(OH)_8/(PO_4)_2] \cdot 7\,H_2O$; amorph. Dichte, bräunlichrote Knollen; D 2,7. Fouchères (Champagne, Frankreich) in Sandstein. Vielleicht identisch mit *Bořickyit* und *Delvauxit.*

Collinsit: $Ca_2(Mg, Fe)[PO_4]_2 \cdot 2\,H_2O$; triklin (Isotyp mit Fairfieldit). Schichten aus radialen seidiggl. lichtbraunen Fasern. D 2,99. $n_Y = 1{,}642$. In Phosphoritknollen von Brit.-Columbia (Kanada).

Richellit: $Ca_3Fe_{10}^{3+}[(OH, F)_3/(PO_4)_2] \cdot n\,H_2O$. Nur derb. D $\approx$ 2; Farbe braun. Richelle b. Visé (Belgien).

Anapait: $Ca_2Fe[PO_4]_2 \cdot 4\,H_2O$; triklin. Grün bis grünlichweiße tafelige xx; rosettenähnliche Aggregate, Krusten. D 2,81. $n_Y = 1{,}613$. Bei Anapa (Halbinsel Taman im Schwarzen Meer, UdSSR), auf Spalten in oolith. Fe-Erz; Spanien; Californien (USA).

Cassidyit: $Ca_2Ni[(PO_4)] \cdot H_2O$; triklin. Tiefgrüne dünne Krusten als Sekundärbildung in Hohlräumen des Wolf-Creek-Meteoriten (Australien).

Fairfieldit: $Ca_2(Mn, Fe)[PO_4]_2 \cdot 2\,H_2O$; triklin. xx prismatisch; meist blättrige und strahlige Massen, in Pegmatiten. D 3,08; fast Diamgl.; durchs. weiß oder blaßgrün, gelb, rötlich. $n_Y = 1{,}644$; 1,650. Fairfield Co. (Connecticut, USA); ähnlich Hühnerkobel (Bayern, BRD).

Messelit: Formel wie Fairfieldit, doch Fe > Mn; isotyp mit diesem. Nadelige und feinkörnige Aggregate; H $3^1/_2$; D 3,16; reinweiß; $n_Y = 1{,}659$. Im Pegmatit von Palermo (New Hampshire, USA); in Braunkohle von Messel in Hessen (BRD)

12.7. Pyromorphit–Adamin-Gruppe

In dieser Gruppe werden die Pb-Phosphate (vertreten durch den Pyromorphit), Pb-Arsenate (vertreten durch den Mimetesit) sowie Pb-Vanadate (vertreten durch den Vanadinit) zusammengefaßt. Wie bereits erwähnt, sind die drei genannten Hauptminerale mit Apatit isotyp. Die artenärmeren Zn-Phosphate und -Arsenate, vertreten durch den Adamin, werden angeschlossen. Fast alle Minerale bilden sich unter exogenen Bedingungen und sind Neubildungen in Pb- (und Zn-)haltigen Lagerstätten, speziell in den Oxydationszonen.

Pyromorphit: $Pb_5[Cl/(PO_4)_3]$

Der theoretische Bleigehalt liegt bei 75,6%. Er schwankt aber, da Substitution von Pb^{2+} durch Ca^{2+} (*Ca-Pyromorphit* = Polysphärit) und P^{5+} durch As^{5+} in größerem und $(P, As)^{5+}$ durch V^{5+} in geringerem Maße möglich ist. Hexagonal (dipyramidal). Kristalle sind nicht sehr formenreich, aufgewachsen und prismatisch, nadelig (s. Bild 12.10) bzw. tonnenförmig ausgebildet (s. Bild 12.11). Pyromorphit liegt

Bild 12.10. Pyromorphit, nadelige Kristalle, aufgewachsen auf Quarz. Freiberg (DDR), $^1/_2$ natürl. Größe [221]

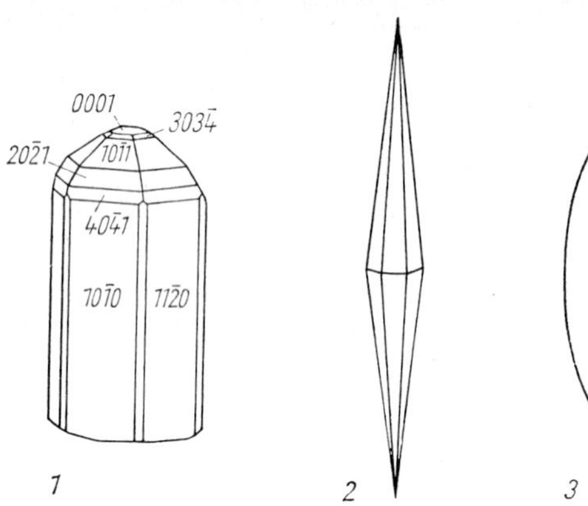

Bild 12.11. Pyromorphitkristalle [20]

1 prismatischer Habitus
2 nadeliger Habitus
3 tonnenförmiger Habitus

auch traubig, nierig, eingesprengt, als Anflug und pseudomorph nach verschiedenen Mineralen der Oxydationszone vor.
Die Färbung kann, wie die Synonyme (v. a. *Grün- und Braunbleierz*) aussagen, grün, braun (evtl. durch V- oder Cu-Gehalt), orange bis rot (wahrscheinlich durch Cr^{6+}) oder weiß sein. Manche Pyromorphite sind zonar gefärbt, andere farblos. Alle geben einen nahezu weißen Strich. Durchsch., Diamgl. und Fettglanz. H $3^1/_2$ bis 4. D liegt normalerweise bei 6,7 bis 7,0; sie kann aber bis 6 abfallen, wenn entsprechend viel Ca enthalten ist. Bruch eben; spröde. n_{OE} = 2,061; 2,049. In HNO_3 und KOH löslich. Ähnlichkeit mit Apatit, Vanadinit u. a.
Früher in großen Massen im Ausgehenden (Oxydationszone) von Pb-Lagerstätten, heute meist abgebaut. Phosphor meist organogener Herkunft, aber auch z. T. aus Tuffen. Fundorte sind Freiberg (DDR), Přibram (ČSSR), Clausthal (Harz, BRD), Beresovsk (Ural, UdSSR), Broken Hill (Sambia) u. a. Lokal als Pb-Erz von gewisser Bedeutung.

Plumbogummit: $PbAl_3H[(OH)_6/(PO_4)_2]$; trigonal. Traubige und nierige gummiähnliche Krusten und Massen, mikroskopisch radialfaserig; selten winzige xx. D 4,014; weiß, gelb, rötlich-braun, auch grünlich. n_{OE} = 1,653; 1,675. Sekundär, oft mit Pyromorphit. Huelgoat, Brittany und Nussière (Frankreich); Cumberland (England); als Favas mit Faserstruktur von Diamantina (Brasilien).

Tsumebit: $Pb_2Cu[(OH)_3/PO_4] \cdot 3\,H_2O$; monoklin. Krusten miteinander verwachsener xx; stets verzwillingt; oft dicktafelig. D 6,13; starker Glasgl.; smaragdgrün. n_Y = 1,920. Tsumeb (Namibia); Morenci (USA).

Drugmanit: $Pb_2(Fe, Al)[OH/PO_4)]_2 \cdot H_2O$; monoklin. Blättchenförmige xx', bei Liège (Belgien).

Embreyit: $Pb_5(CrO_4)_2(PO_4)_2 \cdot H_2O$; monoklin. Orangefarbenes Mineral von Beresovsk (UdSSR). Paragenese: Krokoit, Vauquelinit, Phoenikokroit.

Mimetesit: $Pb_5[Cl/(AsO_4)_3]$

In vielen Eigenschaften dem viel häufigeren Pyromorphit ähnlich, den er oft dann begleitet, wenn primäre As-haltige Erze verwittern. Gelbliche bis grünliche xx ähnlich Pyromorphit (s. Bild 12.12), auch kollomorph. D ≈ 7,1. Bekannt von Johanngeorgenstadt (sächs. Erzgebirge, DDR), Přibram (ČSSR), Cornwall (England); sehr schöne Aggregate von Tsumeb (Namibia), auch von Långban (Schweden).

Phosphor-Mimetesit (Kampylit): tonnenförmige xx. Drygill; Cumberland (England); Frankreich.

Calciumbarium-Mimetesit (Hedyphan): xx prismatisch, auch pyramidisch bis dicktafelig; derb. D 5,82; Fett- bis Harzglanz, durchsch. Weiß, gelblichweiß, bläulich. Långban, Pajsberg (Schweden); Franklin (USA).

Georgiadesit: $Pb_3[Cl_3/AsO_4]$; monoklin. xx bilden pseudohexagonale weiße bis gelbe Täfelchen. Laurion (Griechenland), in umgewandelten, vom Meer benetzten Bleischlacken.

Sahlinit: $Pb_{14}[Cl_4/O_9/(AsO_4)_2]$; monoklin. Aggregate kleiner dünner blaß schwefelgelber Schuppen. Långban (Schweden).

Gabrielsonit: $PbFe[OH/AsO_4]$; rhombisch. Schwarze diamantgl. Aggregate aus xenomorphen xx; von Långban (Schweden). Paragenese Romeit, Nadorit (?), Calcit, Baryt. H $3^1/_2$; D 6,67. n = 2,0, stark pleochroitisch.

Carminit: $PbFe_2^{3+}[OH/AsO_4]_2$; rhombisch. Linealartige xx; Aggregate büschelig; auch derb und kugelig. D 4,10; karmin-, ziegelrot, rötlichbraun; stark pleochroitisch. Horhausen und Ems (beide BRD); Calstock (Cornwall, England); Mapimi, Durango (Mexiko). Isotyp mit Palermoit.

Trigonit: $Pb_3MnH[AsO_3]_3$ (ein Arsenit!); monoklin. Dicktafelige xx (010), mit dreieckigem Umriß. H 2 bis 3; D 6,1 bis 7,1. Glas- bis Diamgl. Schwefelgelb bis dunkelbraun; durchs. n_Y = 2,10. Långban (Schweden).

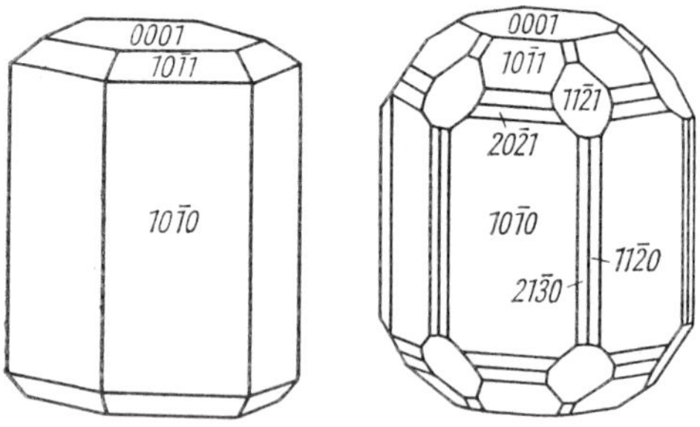

a) b)

Bild 12.12. Kristalle von Mimetesit (a) und Vanadinit (b)

Tsumcorit: $PbZnFe[AsO_4]_2$; monoklin. Rotbraune Plättchen (max. 1 mm) in radialstrahligen Krusten aus Oxydationszone von Tsumeb (Namibia).

Schultenit: $PbH[AsO_4]$; monoklin. Sehr selten. xx ähnlich Gips. D 5,943. Farblos; Tsumeb (Namibia).

Duftit: $PbCu[OH/AsO_4]$; rhombisch; Aggregate und Krusten kleiner xx. H 3; Oliv- bis graugrün. Tsumeb (Namibia); Mexiko; Cumberland (England). *β-Duftit* wenig Ca für Pb.

Finnemanit: $Pb_5[Cl/(AsO_3)_3]$; hexagonal (ein Arsenit!). Bildet Krusten aus kleinen prismatischen xx; ähnlich Mimetesit. H $2^1/_2$; D7, 265. Grau bis schwarz, durchs. bis opak. Långban (Schweden), in Hämatit.

Achrematit: $Pb_5[Cl_1a_1/(AsO_4, WO_4)_3]$. *Paulmooreit:* $Pb_2As_2O_5$; monoklin. Långban (Schweden).

Vanadinit: $Pb_5[Cl/(VO_4)_3]$

Theor. 78,3% PbO und 19,3% V_2O_5. Beimengungen von P und As sind möglich, da V^{5+} in allen Verhältnissen durch As^{5+} und teilweise durch P^{5+} ersetzbar ist. Hexagonal (pyramidal). Die meist kleinen Kristalle haben nadelige oder kurzsäulige Gestalt (s. Bild 12.12). Durch Wachstumsstörungen (Hemmung des Flächenwachstums gegenüber dem Wachstum der Kanten) bilden sich bisweilen Hohlprismen. Seltenere, derbe Aggregate sind nierig mit radialstrahligem oder faserigem Aufbau.
Mineralfarbe gelb, braun oder orangerot, Strich weiß oder blaßgelb, ähnlich dem des Pyromorphits. Nahezu opak. Wie Pyromorphit Diamant- und Fettglanz. H 3; D 6,7 bis 7,1. n_{OE} = 2,358; 2,311. Gegenüber Pyromorphit ist die Härte etwas geringer. Sicheres Kennzeichen ist der Vanadiumnachweis in der Phosphorsalzperle: in der Hitze rötlichgelbe, nach Erkalten rein grüne Farbe.
Auch den Vanadinit findet man in der Oxydationszone von Pb–Zn-Lagerstätten vor, vorzugsweise wenn diese in Karbonatgesteinen liegen. Stellenweise ist er wichtiges Vanadiumerz, vor allem auf der Lagerstätte Sulejman Sai (Süd-Kasachstan, UdSSR), in Broken Hill (Sambia), Chihuahua (Mexiko) und Tsumeb (Namibia).

Arsen-Vanadinit (Endlichit): gelb; Hillsboro (New Mexiko, USA).

Mounanait: $PbFe_2[(OH)_2/(VO_4)_2]$; triklin. Überzüge und Spaltenfüllungen von feinstplattigen rotbraunen xx (≦ 0,3 mm), auf Francevillit der U–V-Lagerstätte Mounana (Gabun).

Brackebuschit: $Pb_2(Mn, Fe)[VO_4]_2 \cdot H_2O$; monoklin. xx nadelig, meist in Büscheln und traubig. D 6,05; Halbmetallgl. braunschwarz; Strich gelb. Oxydationszone. Sierra de Córdoba (Argentinien). *Arsenbrackebuschit:* $Pb_2(Fe, Zn)(OH, H_2O)(AsO_4)_2$; monoklin. Gelb, D 6,54. Von Tsumeb (Namibia).

Mit dem folgenden, rhombisch-disphenoidisch kristallisierenden Vanadat Descloizit sind eine Reihe von Mineralen isotyp; wir fügen weitere Pb–Zn–Cu-Vanadate bzw. V-Verbindungen an:

Descloizit: Pb(Zn, Cu)[OH/VO_4]
Rhombisch. xx pyramidisch oder prismatisch; Flächen meist uneben oder rauh. Drusige Krusten, auch stalaktitisch. Ohne ⋕. H 3 bis $3^1/_2$; D 6,2. Fettgl.; meist bräunlichrot bis schwärzlichbraun. Durchs. bis fast opak. xx oft zonar. Besonders in der Oxydationszone von Erzlagerstätten, meist neben Vanadinit, auch mit Pyromorphit usw.; örtlich in oberflächennahen Sandsteinen. Obir (Kärnten, Österreich), Abenab, Grootfontein, Tsumeb, Guchab (alle Namibia) im Kalkstein und Dolomit; Broken Hill (Sambia); Niederschlettenbach, Lauterthal und Dahn (*Araeoxen*, mit Arsenatgehalt) in Rheinpfalz, auch Hofsgrund b. Freiburg (BRD).

Mottramit: Pb(Cu, Zn)[OH/VO_4] hat fast gleiche Gitterkonstanten wie Descloizit und ist diesem sehr ähnlich, kommt auch oft neben ihm vor. Mottram St. Andrew (Cheshire, England) auf Sandstein; Bolivien, Chile, Montana (USA). *Vesbin* ist identisch mit Mottramit. *Turanit:* Ist strukturell und chemisch ähnlich Mottramit. Nierige Krusten und kugelige Konkretionen mit Faserstruktur; olivgrün. Tyuya Muyun (Turkestan, UdSSR).

Pyrobelonit: PbMn[OH/VO_4]. xx nadelig. H $3^1/_2$; D 5,377; feuerrot, Proustit ähnelnd; Långban (Schweden).

Vésigniéit: $BaCu_3[OH/VO_4]_2$; monoklin (?). Grün, blättrig; D 4,05. H 3 bis 4. $n_Y = 2{,}04$. Friedrichroda (Thür., DDR).

Volborthit (Usbekit): $Cu_3[VO_4]_2 \cdot 3\,H_2O$; schuppige, schwammartige oder faserige Krusten; zuweilen Schuppen mit drei- oder sechseckigem Umriß. H $3^1/_2$; D 3,5 bis 3,8. Glas- bis Perlgl., dunkelolivgrün bis gelbgrün. Sekundär. Sysert und Nižnij Tagil, Ural; Ferghana, Usbekistan (alle UdSSR); Richardson (Utah, USA) in Sandstein und Carnotit.

Tangeit (Calciovolborthit): CaCu[OH/VO_4]; schuppige Aggregate; faserig bis dicht. H $3^1/_2$; grünlichgelb bis dunkelgrün und olivgrün. Sekundär, in Sandstein und der Oxydationszone vorkommend. Friedrichroda (Thüringen, DDR); Tyuya Muyun, Turkestan; Ural (beide UdSSR).

Die folgenden V-Verbindungen sind in ihrer Formel und Einordnung nicht sicher:

Rossit: $Ca[V_2O_6] \cdot 4\,H_2O$; triklin. Glasige gelbe Klümpchen. Kleine Kerne in Trümchen von Sandstein; Pull Ben Cañon (Color., USA). *Metarossit:* $Ca[V_2O_6] \cdot 2\,H_2O$; triklin. Weiche hellgelbe Massen. Entsteht durch Abgabe von 2 H_2O aus Rossit.

Hewettit: $CaH_2[V_6O_{17}] \cdot 8\,H_2O$; rhombisch. Knollige, tiefrote Aggregate und Beschläge, die aus Fasern oder winzigen Nädelchen bestehen. D 2,618 (lufttrocken). Pleochroismus hoch; orangegelb-dunkelrot. Oxydationszone der V-Lagerstätte Mina Ragra b. Cerro de Pasco (Peru), entstanden aus Patronit. Selten im carnotitführenden Sandstein von Paradox Valley (Color., USA). *Alait* ist wohl mit Hewettit identisch. Ähnlich *Metahewettit:* $CaH_2[V_6O_{17}] \cdot 2\,H_2O$; monoklin (?). Pulverig; faserige oder blättrige Beschläge. D 2,94 (mit 3 H_2O); tiefrot, Pulver kastanienbraun; Imprägnation von Sandstein. Paradox Valley in Colorado und Utah (USA). *Na-Hewettit* hat angeblich die Formel $(Na, K)_2H_2[V_6O_{17}] \cdot 8\,H_2O$ und soll gleichfalls monoklin kristallisieren.

Fernandinit: $CaV_2^{4+}[VO_4H_2]_{10} \cdot 4\,H_2O$; derb, dunkelgrün. Mina Ragra (Peru).

Pascoit: $Ca_3[V_{10}O_{28}] \cdot 16\,H_2O$; monoklin. Selten; rotorange; Ausblühungen an Stollenwänden; Mina Ragra (Peru); Paradox Valley in Colorado und Utah (USA).

Hummerit: $K_2Mg_2[V_{10}O_{28}] \cdot 16\,H_2O$; triklin. Gelbe wasserlösliche Ausblühungen. Montrose Co. (Color., USA).

Sincosit: $Ca[V(OH)_2/PO_4]_2 \cdot 3\,H_2O$; tetragonal. Wohl isotyp mit Meta-Autunit und ihm sehr ähnlich. D $\approx$ 2,84; lauchgrün, oliv- bis gelblichgrün. Sincos (Peru) in Trümern von schwarzem Schieferton.

Stoiberit: $Cu_5V_2O_{10}$; monoklin. Plattige xx, D 4,96. Aus Fundorten von El Salvador.

Zn-Phosphate und -Arsenate:

Tarbuttit: $Zn_2[OH/PO_4]$; triklin. xx kurzprismatisch; garbenförmige Aggregate oder Krusten. D 4,12; blaß gefärbt; gelb, braun, rot, grün. $n_Y = 1{,}705$. Broken Hill (Sambia), im oberen Teil der Oxydationszone.

Spencerit: $Zn_2[OH/PO_4] \cdot 1^1/_2\ H_2O$; monoklin. Meist derb, stalaktitisch; xx tafelig und gestreckt. D 3,14; rein weiß. $n_Y = 1{,}602$. In oxydiertem Zn-Erz; Brit.-Columbien (Kanada).

Phosphophyllit: $Zn_2Fe[PO_4]_2 \cdot 4\ H_2O$; monoklin. xx dicktafelig. D 3,08; farblos bis blaß bläulichgrün; durchs., fluoresziert violett. Sekundär in Pegmatit von Hagendorf (Bayr. Oberpfalz, BRD).

Hopeit: $Zn_3[PO_4]_2 \cdot 4\ H_2O$; rhombisch. xx tafelig bis prismatisch, einzeln oder in Büscheln, auch nierig; ⧺ (010). H $3^1/_4$; D 3,05; Glas- und Perlgl.; farblos, grauweiß, blaßgelb; durchs. bis durchsch.; Strich weiß. Zn-Grube Altenberg b. Aachen (BRD); Broken Hill (Sambia), reich in einer Knochenbrekzie (α- u. β-Hopeit). Ähnlich ist *Parahopeit*; gleichfalls von Broken Hill (Sambia). *Hibbenit:* $Zn_3[PO_4]_3 \cdot 3\ H_2O$; von Brit.-Columbien (Kanada); ist Hopeit sehr ähnlich. Farblos, $n_Y = 1{,}512$.

Warikahnit: $Zn_3[AsO_4]_2 \cdot 2\ H_2O$; triklin. Gelb, $n_X = 1{,}747$. Oxydationszone von Tsumeb (Namibia).

Kleemanit: $ZnAl_2(PO_4)_2(OH)_2 \cdot 3\ H_2O$. Farblos, D 2,76, $n_X = 1{,}598$. Iron Knob (Australien).

Schoonerit: $ZnMn^{2+}Fe_2^{2+}(OH)_2(PO_4)_3 \cdot 7\ H_2O$; rhombisch. Rosetten, D 2,87. Palermo-Pegmatit (USA).

Prosperit: $CaZn_2H[OH/(AsO_4)_2]$; monoklin. D 4,31, $n_X = 1{,}746$. Tsumeb (Namibia).

Helmutwinklerit: $PbZn_2[AsO_4]_2 \cdot 2\ H_2O$; triklin. Blau, $n_X = 1{,}80$, D 5,3. Von Tsumeb (Namibia).

Scholzit: $CaZn[PO_4]_2 \cdot 2\ H_2O$; rhombisch. Weiß bis farblos. $n_Y = 1{,}589$. Hagendorf (Bayern, BRD).

Faustit: $ZnAl_6[(OH)_2/PO_4]_4 \cdot 4\ H_2O$. Isotyp mit Türkis. *Barthit* ist Cu-haltiger Faustit.

Adamin: $Zn_2[OH/AsO_4]$; rhombisch (dipyramid.). xx oft gestreckt, auch tafelig. H $3^1/_2$; D 4,32 bis 4,48. Farbe verschieden; gelb, grün (Cu-haltig), violett bis rosa (Co-haltig); Oxydationszone. Chañarcillo (Chile); Reichenbach (Schwarzwald, BRD); Laurion (Griechenland). Varietäten: *Zink-Olivenit, Cupro-Adamin, Kobalt-Adamin. Paradamin:* $Zn_2[OH/AsO_4]$; isotyp mit Tarbuttit.

Austinit: $CaZn[OH/AsO_4]$. Winzige farblose bis weiße blättrige oder nadelige xx, auch faserige Krusten und Knollen, aus Oxydationszone. H 4 bis $4^1/_2$; D 4,12. Gold Hill (Utah, USA), Bolivien; Guchab (Namibia). Isotyp mit Descloizit. Barthit ist eine Zn-haltige Varietät.

Legrandit: $Zn_3[AsO_4]_2 \cdot 2^1/_2\ H_2O$; monoklin. Strahlige Aggregate prismatischer xx, D 4,01; farblos bis gelb. $n_Y = 1{,}690$. Lampazos (Mexiko), auf Sphalerit.

Köttigit: $Zn_3[AsO_4]_2 \cdot 8\ H_2O$. xx prismatisch; derb und in Krusten mit Faserstruktur. H $2^1/_2$ bis 3; D 3,33; licht karmin- und pfirsichblütenrot. Entsteht bei der Oxydation von Skutterudit und Sphalerit; ehem. Daniel-Grube b. Schneeberg (sächs. Erzgebirge, DDR).

Chlorophoenizit: $(Zn, Mn)_5[(OH)_7/AsO_4]$; monoklin. xx langprismatisch; licht graugrün und rosa. Auf Spalten im derben Franklinit-Willemit-Erz bei Franklin (New Jersey, USA). *Magnesium-Chlorophoenizit:* Zn ist ersetzt durch Mg. Meist Rosetten; farblos, weiß. Gleichfalls von Franklin.

Chudobait: $(Na, K)(Mg, Zn)_2H[AsO_4] \cdot 4\ H_2O$; triklin. Bis 5 mm große, schwach rosafarbene xx in unterer Oxydationszone von Tsumeb (Namibia). Paragenese: Chalkosin, Bornit, Konichalcit, Cuproadamin, Zinkolivenit. H $2^1/_2$ bis 3; D 2,94; $n_Y = 1{,}608$.

Reinerit: $Zn_3[AsO_3]$ (ein Arsenit!); rhombisch. cm-große xx aus Oxydationszone von Tsumeb (Namibia).

Koritnigit: $ZnH(AsO_4) \cdot H_2O$; triklin. $n_X = 1{,}632$. *Kobaltkoritnigit* ist Co-haltig. *Kehoeit:* (Zn, Ca) $[Al_2P_2(H_3)_2O_{12}] \cdot 4\ H_2O$; kubisch. Mit Analcimstruktur.

12.8. Türkis–Olivenit-Gruppe

Diese Gruppe umfaßt alle *Cu-Phosphate* (vertreten durch den Türkis) und *Cu-Arsenate* (vertreten durch den Olivenit). Die Gruppe wird dementsprechend gegliedert:

Cu-Phosphate:

Libethenit: $Cu_2[OH/PO_4]$; rhombisch (dipyr., isotyp mit Olivenit und Adamin). xx kurzprismatisch, schlecht entwickelt. D 3,97; hell- bis dunkelolivgrün; in der Oxydationszone mit Malachit. Libethen (ČSSR); Cornwall (England); Montebras (Mittelfrankreich); Nižnij Tagil (Ural, UdSSR); Chuquicamata (Chile).

Cornetit: $Cu_3[(OH)_3/PO_4]$; rhombisch. xx kurzprismatisch; Krusten. D 4,10; tiefblau bis grünlichblau. Katanga (Zaïre); Nevada (USA).

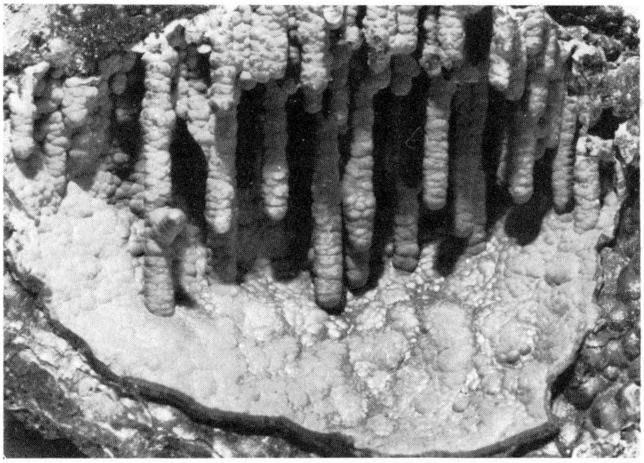

Bild 12.13. Pseudomalachit Nižnij Tagil im Ural (UdSSR), etwa natürl. Größe [221, 223]

Pseudomalachit $Cu_5[(OH)_2/PO_4]_2$; monoklin (prism.). Einzel-xx selten, prismatisch; nierig, traubig, derb und radialfaserig mit konzentrischen Streifen; mikrokristallin oder dicht. H $4^1/_2$ bis 5; D 4,35 (xx), 4,0 bis 4,3 (faserig). Dunkelsmaragdgrün bis schwärzlichgrün (xx); Oxydationszone von Cu-Lagerstätten. Hirschberg (Thüringen, DDR); Libethen (ČSSR); Virneberg b. Rheinbreitbach (Rheinland, BRD); Nižnij Tagil (Ural, UdSSR). Identisch mit Pseudomalachit sind *Ehlit, Dihydrit, Phosphorochalcit* und z. T. *Lunnit.*

Tagilit: $Cu_2[OH/PO_4] \cdot H_2O$ (?); monoklin. Erdige Beschläge und feinfaserige nierige Knollen. D $\approx$ 3,5; grün. $n_Y = 1{,}84$. Nižnij Tagil (Ural, UdSSR) mit Libethenit und Pseudomalachit; Coquimbo (Chile); Ullersreuth (Vogtl., DDR, ehem. Grube »Arme Hilfe«). Ähnlich oder gleich Pseudomalachit.

Veszelyit: $(Cu, Zn)_3[(OH)_3PO_4] \cdot 2\,H_2O$; monoklin. xx kurzprismatisch und dicktafelig; körnige Aggregate. D 3,4; grünlichblau. $n_Y = 1{,}622$. Moravicza (ehem. Vaskö, Rumänien); Japan. *Arakawait* und *Kipushit* sind identisch mit Veszelyit. Ähnlich ist *Nissonit:* $CuMg[OH \mid PO_4] \cdot 2\frac{1}{2}H_2O$; monoklin.

Sampleit: $NaCaCu_5[Cl/(PO_4)_4] \cdot 5\,H_2O$; rhombisch. xx sehr dünn, linealartig und tafelig. D 3,20; licht blaugrün. $n_Y = 1{,}677$; stark pleochroitisch. In stark oxydiertem Erz von Chuquicamata (Chile).

Türkis: $CaAl_6\,[(OH)_2/PO_4]_4 \cdot 4H_2O$

Cu-Gehalt nur 9,78 %. Triklin; fast nur kollomorphe, kryptokristalline Massen, Überzüge, Kluftfüllungen. Blaugrüne Farbe; Wachsglanz; $n_{XYZ} = 1{,}61;\ 1{,}62;\ 1{,}65$. H 5 bis 6, spröde, ohne Spaltbarkeit. D 2,6 bis 2,9. Ähnlich dem Chrysokoll, auch anderen sekundären Cu-Mineralen. Neubildungsprodukt, wenn Cu-haltige Lösungen auf Al- und P-haltige Gesteine einwirken, oft aber auch organogen (v. a. Paragenese mit fossilen Knochen und Zähnen); fast stets mit Limonit. In der DDR bei Oelsnitz/Vogtl. und Weckersdorf in Thüringen. Lagerstätten mit Edelsteinqualität sind v. a. das klassische 1000 Jahre lang bekannte Vorkommen von Maden bei Nishapur (Iran), wo der Türkis Adern in einem verwitterten Trachyt bildet. Weitere bekannte Fundpunkte sind Karatjube b. Samarkand (UdSSR), VR China, Sinai (Ägypten), auch USA.

Chalkosiderit: $CuFe_6^{3+}[(OH)_2/PO_4]_4 \cdot 4\,H_2O$; isotyp mit Türkis. Krusten oder garbenähnliche Gruppen einzelner kurzprismatischer xx, H $4^1/_2$; D 3,22; hellgrün. Sekundär. Schneckenstein (sächs. Erzgebirge, DDR); Wheal-Phoenix-Grube (Cornwall, England).

Rashleighit und *Alumo-Chalkosiderit* sind Mischkristalle zwischen Türkis und Chalkosiderit mit Al : Fe = 2 : 1,3 bzw. 1 : 2. *Planerit* ist ein Ca-haltiger Türkis.

Zapatalit: $Cu_3Al_4(PO_4)_3(OH)_9 \cdot 4\,H_2O$; tetragonal. Fahlblaue xx in Hohlräumen. Sonora (Mexiko). H $1^1/_2$; D 3,016; $n_0 = 1{,}646$.

Cu-Arsenate:

Stranskiit: $CuZn_2[AsO_4]_2$ triklin; blaue strahlige Kruste auf Tennantit; D 5,23. Tsumeb (Namibia).

Olivenit: $Cu_2[OH/AsO_4]$
Rhombisch (isotyp mit Adamin). Wechselnder Habitus; gestreckt, kurzprismatisch bis nadelig; zuweilen tafelig; oft kugelig und nierig mit Faserstruktur; derb, körnig. Bruch muschelig bis unregelmäßig. H 3; D 4,46 (Tintic; Tsumeb), Diamant- bis Glasglanz. Olivgrün, auch (grünlich-)braun; Strich olivgrün bis braun; durchsch. bis opak. Aus Oxydationszone: Cornwall und Alston Moor in Cumberland (England), Beloves b. Nachod (ČSSR); Tsumeb (Namibia); Chuquicamata (Chile); Tintic District (Utah, USA). *Zink-Olivenit* ist ähnlich Adamin.

Klinoklas: $Cu_3[(OH)_3/AsO_4]$; monoklin. xx gestreckt oder tafelig; z. T. Krusten; # 4 (001). H $2^1/_2$ bis 3. D 4,38. Glasgl. grünlich-schwarz, grünlichblau. Sayda (DDR); Cornwall (England); Tintic (Utah, USA).

Erinit (Cornwallit): $Cu_5[(OH)_2AsO_4]_2$; monoklin; isotyp mit Pseudomalachit. Zapfige und z. T. glasige Krusten. D 4,04; matt; dunkel- bis smaragdgrün. Oxydationszone, oft neben Olivenit. Freudenstadt (Schwarzwald, BRD); Cornwall (England).

Straschimirit: $Cu_4[(OH)/AsO_4]_2 \cdot 2{,}5\ H_2O$; monoklin. Dünnschuppige grünliche Aggregate als Sphärolithe und Krusten bis 3 mm Dicke, aus der Oxydationszone der bulgarischen Kupferlagerstätte Zapachitsa. Paragenese: oft pseudomorph nach Tirolit oder Cornwallit; Limonit, Azurit, Chrysokoll, Zinkolivenit u. a.

Euchroit: $Cu_2[OH/AsO_4] \cdot 3\ H_2O$; rhombisch. Scheinbar holoedrische, kurzprismatische xx. D 3,44; smaragd- oder lauchgrün; durchs. bis durchsch. $n_y = 1{,}698$. Libethen (ČSSR); Chessy b. Lyon (Frankreich).

Lindackerit: $(Cu, H_2)_3[AsO_4]_2 \cdot 4\ H_2O$; monoklin. Winzige glasglänzende apfelgrüne linealartige xx; Rosetten und Krusten. D 2,0 bis 2,5. $n_y = 1{,}662$. Jáchymov (ČSSR), neben Kobalt- und Nickelblüte.

Trichalcit: $Cu_3[AsO_4]_2 \cdot 5\ H_2O$ (?); rhombisch. Winzige pseudohexagonale Aggregate; strahlige Gruppen; blaugrün. $n_y = 1{,}686$. Cu-Grube Turginsk b. Bogolovsk (Ural, UdSSR); Utah (USA).

Goudeyit: $(Ca, Y, Al)Cu_6[(OH)_6/(AsO_4)_3] \cdot 3\ H_2O$; hexagonal. Gelbgrüne xx', D 3,50, $n_0 = 1{,}704$. Majuba-Hill-Grube in Nevada (USA). *Cornubit:* $Cu_5[(OH)_2/AsO_4]$; dimorph mit Cornwallit. Richelsdorf (BRD). *Parnauit:* $Cu_9[(OH)_{10}/SO_4/(AsO_4)_2] \cdot 7\ H_2O$; rhombisch. Blaßbraune fächerartige xx, D 3,09, $n_x = 1{,}680$. Von Majuba-Hill-Grube (USA).

Mixit: $BiCu_{12}[(OH)_9/(AsO_4)_6] \cdot 9\ H_2O$; hexagonal (?). Haarförmige xx, auch derb, nierig-faserig. H 3 bis 4. D 3,79. Matt bis glänzend; grün, weißlich. Jáchymov (ČSSR); Schneeberg und Graul (sächs. Erzgebirge, DDR); Neubulach (Württemberg, BRD); Tintic-Distrikt (Utah, USA). *Chlorotil* von Schwarzenberg (DDR) ist Bi-frei.

Agardit: $(Y, CaH)Cu_6[(OH)_6/(AsO_4)_3] \cdot 3\ H_2O$; hexagonal. Dünne nadeligbüschlige blaugrüne xx (max. 0,2 mm lang) aus Oxydationszone As-haltiger Cu-Lagerstätten. Marokko; Schwarzwald (BRD); Cornwall (England) u. a. D 3,72; $n_o = 1{,}701$, pleochroitisch.

Konichalcit (Higginsit): $CaCu[OH/AsO_4]$, meist traubige bis nierige Krusten mit radial-faseriger Struktur. D 4,22; gras- bis smaragdgrün; Oxydationszone. Graul b. Schwarzenberg (sächs. Erzgebirge, DDR); Andalusien (Spanien); W-Sibirien (UdSSR); Higgins-Grube in Bisbee (Arizona, USA), hier gut kristallisiert.

Chenevixit: $Cu_2Fe_2[(OH)_2/AsO_4]_2 \cdot H_2O$; derb; erdig bis opalartig; nadelige xx. D 3,93; grünlichgelb, oliv- bis dunkelgrün. $n \approx 1{,}88$. Cornwall (England); Tintic-Distrikt (Utah, USA). Ähnlich ist *Chlorotil.*

Tirolit (Kupferschaum): $Ca_2Cu_9[(OH)_{10}/(AsO_4)_4] \cdot 10\ H_2O$; rhombisch. Krusten und nierige Massen mit strahligblättriger Struktur; faserig; schneidbar. D 3,0 bis 3,2; spangrün bis himmelblau. $n_y = 1{,}726$. Sekundär. In Tirol b. Brixlegg (Österreich); Schneeberg und Saalfeld (DDR); Bieber (Hessen, BRD).

Arthurit: $Cu_2Fe_4[(OH)_7(AsO_4)_3] \cdot 6\ H_2O$; monoklin. Dünne mikrokristalline apfelgrüne Krusten, zusammen mit Pharmakosiderit, von Erzgrube in Cornwall (England). D 3,1; $n = 1{,}78$ (Δn gering).

Lavendulan (Freirinit): $(Ca, Na)_2Cu_5[Cl/(AsO_4)_4] \cdot 4\text{–}5\ H_2O$; rhombisch, wohl isotyp mit Sampleit. Glänzende Aggregate feiner Flocken; grünlichblau im durchfallenden Licht. D 3,54. Blanca-Grube, Dept. Freirina (Chile); Annaberg (DDR). *Zinklavendulan* hat mehr Zn als Cu; Tsumeb (Namibia).

Chalkophyllit: (»Kupferglimmer«): $(Cu, Al)_3[(OH)_4/(AsO_4, SO_4)] \cdot 6\ H_2O$; trigonal. Kleine tafelige grünliche xx in Drusen. $n_{0,E} = 1{,}632$; 1,575. Sayda (DDR), Braden-Mine (Chile); Nižnij Tagil (UdSSR); England.

Lirokonit (Linsenerz): $Cu_2Al[(OH)_4/AsO_4] \cdot 4\ H_2O$; monoklin. xx dünn oder linsenförmig. D 2,9 bis 3,0; spanblau bis blaugrün. $n_y = 1{,}652$. Oxydationszone. Redruth in Cornwall und Devonshire (England); Sadisdorf und bei Sayda (Osterzgebirge, DDR); (ČSSR).

Luethit: $Cu_2Al_2(AsO_4)_2(OH)_4 \cdot H_2O$; monoklin. Blaue xx, von Santa Cruz Co. (USA).

Keyit: $(Cu, Zn, Cd)_3[AsO_4]$; monoklin. D 4,95, dunkelblau. Tsumeb (Namibia).

Bayldonit: $PbCu_2[OH/AsO_4]_2$; monoklin. Winzige Konkretionen mit Faserstruktur; auch derb, feinkörnig bis pulvrig. D 5,5; Harzgl.; apfel- und gelbgrün. $n_y = 1{,}97$. Oxydationszone von Tsumeb (Namibia); Cornwall (England); Diou (Allier, Frankreich).

12.9. Torbernit–Carnotit–Annabergit-Gruppe

In dieser Gruppe werden *uranhaltige Phosphate, Arsenate und Vanadate* aufgeführt. Ausführlich besprochen werden der Torbernit und Autunit stellvertretend für alle Uranylphosphate und -arsenate, der Carnotit für alle Uranyl-Vanadate. Angehängt werden die paragenetisch hierher gehörenden *Ni-, Co- und Bi-Arsenate und -Vanadate* (Typ Annabergit).

Uranylphosphate und -arsenate

Torbernit: $Cu[UO_2/PO_4]_2 \cdot 8\,H_2O$ Kupferuranglimmer

Benannt nach dem Schweden TORBERN BERGMANN. Mit 57,5% UO_3. Tetragonal (ditretr.-dipyr., Struktur s. Bild 12.14); meist kleine dünntafelige, grasgrüne Kristalle (s. Bild 12.15), auch schuppig oder pulvrig, überwiegend aufgewachsen. Glasglanz, durchsch.; n_{OE} = 1,582; 1,592. H 2 bis $2^1/_2$. D 3,5. Fluoresziert nicht. Sekundäre Bildung in der Oxydationszone von komplexen Uranlagerstätten. Von Johanngeorgenstadt und Schneeberg (sächs. Erzgeb., DDR), Slavkov (ČSSR), Shinkolobwe (Katanga, Zaïre); Bulgarien, Portugal, Cornwall (England). Örtlich nutzbares U-Erz.

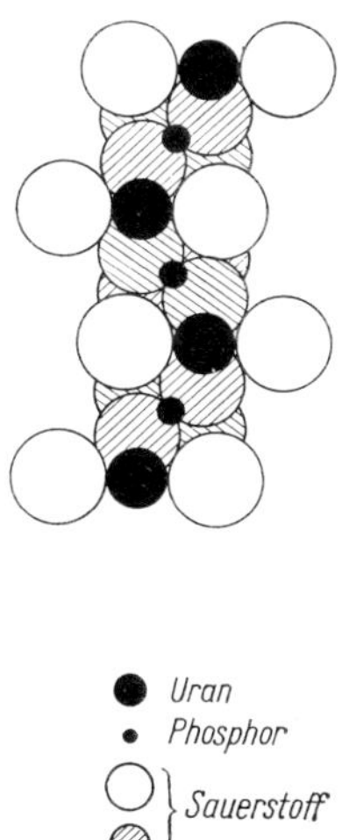

Bild 12.14. Kristallstruktur von Uranglimmer
Dargestellt ist eine der UO_2–PO_4-Schichten, die durch Ca bzw. zeolithartiges Wasser zusammengehalten werden [224]

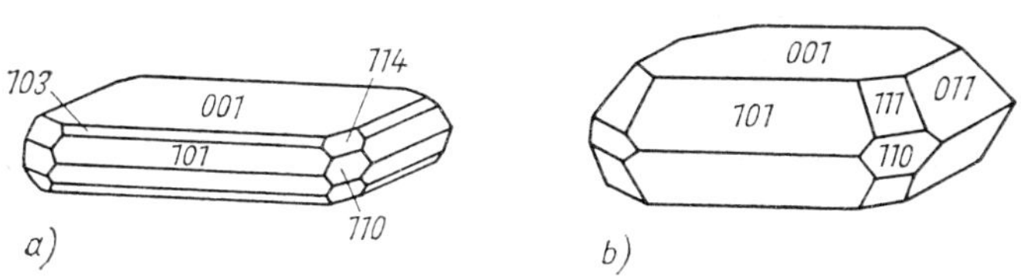

Bild 12.15. Kristallformen von Torbernit (a) und Autunit (b)

Isotyp mit Torbernit sind:

Sabugalit: $AlH[UO_2/PO_4]_4 \cdot 16\ H_2O$; pseudotetragonal. Gelbe xx'. Von Sebugal, Beira (Portugal).

Saléeit: $Mg[UO_2/PO_4]_2 \cdot 10\ H_2O$ ist dem Autunit sehr ähnlich. D 3,27; zitronengelb. $n_y = 1{,}570$. Chinkolobwe (Katanga, Zaïre), Schneeberg (sächs. Erzgebirge, DDR).

Bassetit: $Fe[UO_2/PO_4]_2 \cdot 10$ bis $12\ H_2O$; D 3,10. Gelb. $n_y = 1{,}574$. Basset-Gruben b. Redruth (Cornwall, England). *Meta-Bassetit:* $Fe[UO_2/PO_4]_2 \cdot 8\ H_2O$; monoklin.

Autunit: $Ca[UO_2/PO_4]_2 \cdot 10\ H_2O$ Kalkuranglimmer

Benannt nach dem Fundpunkt Autun (Frankreich). Mit 62,7% UO_3, für Ca kann etwas Be, Mg, Fe eingebaut sein. Tetragonal (dipyram.). Form und Fundpunkt wie Torbernit (s. Bilder 12.15 u. 12.16), aber gelbliche Farbe. D 3,0 bis 3,2, fluoresziert. Örtlich nutzbares U-Erz.

Dem Autunit sind verwandt bzw. ähnlich:

Fritscheit: Ist wahrscheinlich eine Varietät von Autunit mit Gehalt an Mn und VO_4; rötlichbraun, Johanngeorgenstadt (sächs. Erzgebirge, DDR).

Uranospinit: $Ca[UO_2/AsO_4]_2 \cdot 10\ H_2O$ (?) ist äußerlich dem Autunit sehr ähnlich. D 3,45; zitronengelb bis zeisiggrün. $n_y = 1{,}582$. Grube Weißer Hirsch, Neustädtl b. Schneeberg (sächs. Erzgebirge, DDR); Utah (USA). *Hydrogen-Uranospinit:* $H_2[UO_2/AsO_4]_2 \cdot 8\ H_2O$. *Natrium-Uranospinit:* $Na_2[UO_2/AsO_4] \cdot nH_2O$.

Uranocircit: $Ba[UO_2/PO_4]_2 \cdot 8\ H_2O$; D 3,53; gelbgrün, schmutziggelb; parallel verwachsen mit Autunit und Torbernit. $n_{XZ} = 1{,}623$. In Quarzgängen von Bergen im Vogtland; Schneeberg (beide DDR); reichlich Wölsendorf (Bayern, BRD). *Heinrichit* ist $Ba[UO_2/AsO_4] \cdot 10-12\ H_2O$; tetragonal.

Nováčekit: $Mg[UO_2/AsO_4]_2 \cdot 10\ H_2O$; Schneeberg (sächs. Erzgebirge, DDR).

Kahlerit: $Fe[UO_2/AsO_4]_2 \cdot 10\ H_2O$ (?); tetragonal. Zitronengelb; $n_y = 1{,}632$; selten; im UV nicht leuchtend. Hüttenberger Erzberg (Kärnten, Österreich). *Meta-Kahlerit* mit $8H_2O$

Zeunerit: $Cu[UO_2/AsO_4]_2 \cdot 10\ H_2O$; tetragonal. Grüne tafelige xx. H $2^1/_2$; D 3,47. Häufig, z. B. von Schneeberg (Erzgebirge, DDR). Geht in *Meta-Zeunerit* über. Ellweiler b. Birkenfeld/Nahe (BRD).

Kirchheimerit: $Co[UO_2/AsO_4] \cdot nH_2O$ *Meta-Kirchheimerit:* $Co[UO_2/AsO_4] \cdot 8H_2O$. Beide rosa; z. B. von Wittichen (Schwarzwald, BRD).

Uranospathit: $(Al, H)_{0,5}[UO_2/PO_4]_2 \cdot 20\ H_2O$; pseudotetragonal. $n_Y = 1{,}511$, von Redruth (England). Ähnlich ist *Arsenuranospathit* mit AsO_4 statt PO_4. Weißgelb, $n_Y = 1{,}538$.

Bild 12.16. Tafelige Kristalle von Autunit-Torbernit. Grube Himmelfahrt bei Johanngeorgenstadt (Sächs. Erzgebirge, DDR), Vergr. 3 × [20, 221]

Mit dem Metatorbernit sind weitere »Meta«-Varietäten isotyp (ditetrag.-dipyram.).

Metatorbernit: $Cu[UO_2/PO_4]_2 \cdot 8\,H_2O$; blaß- bis dunkelgrüne Täfelchen (001). D 3,5 bis 3,7; Cornwall (England).

Meta-Zeunerit: $Cu[UO_2/AsO_4]_2 \cdot 8\,H_2O$; xx tafelig und dem Torbernit sehr ähnlich; gras- bis smaragdgrün; fluoresziert gelbgrün im UV. D 3,64. $n_O = 1{,}643$; 1,651; $n_E = 1{,}623$; 1,635. Grube Weißer Hirsch, Schneeberg (DDR); Wittichen (BRD); Cap Garonne (Frankreich); Cornwall (England); Tintic (Utah, USA).

Meta-Lodevit: $Zn[UO_2/(AsO_4)] \cdot 10\,H_2O$; tetragonal. Plattige gelbgrünliche xx (max. 0,2 mm) aus Oxydationszone von U-Lagerstätte, z. B. Zentralmassiv in Frankreich.

Meta-Autunit: $Ca[UO_2/PO_4]_2 \cdot 6$ bis $2\,H_2O$. *Na–K–Hydroxonium-Metaautinit* von Kalgoorlie (Australien). *Natrium-Metaautunit:* $Na_2[UO_2/PO_4]_2 \cdot 8\,H_2O$; Zitronengelb; $n_{OE} = 1{,}578$; 1,559. Auf Granodiorit (UdSSR).

Meta-Uranocircit: $Ba[UO_2/PO_4]_2 \cdot 6$ bis $2\,H_2O$. *Meta-Heinrichit:* $Ba[UO_2/AsO_4]_2 \cdot 8H_2O$.

Trögerit: $H_2[UO_2/AsO_4]_2 \cdot 8\,H_2O$; xx sind dünntafelig, glimmerartig; zitronengelb. Sehr oft parallel verwachsen mit Zeunerit. $n_y = 1{,}630$. Ehem. Grube Weißer Hirsch b. Schneeberg (DDR); USA.

Meta-Novačekit: $Mg[UO_2/AsO_4]_2 \cdot 8$ oder $4\,H_2O$. *Meta-Uranospinit:* $Ca[UO_2/AsO_4]_2 \cdot 8\,H_2O$.

Meta-Ankoleit: $(K_{1,7}Ba_{0,2})[(UO_2)/PO_4]_2 \cdot 6\,H_2O$; tetragonal. Gelbe glimmerartige Plättchen (max. 1 mm) aus Beryll-Pegmatit von Uganda und Karroo-Sandstein in Sambia. $n_o = 1{,}580$, gelbgrüne Fluoreszenz.

Meta-Uramphit: $NH_4[UO_2/PO_4]_2 \cdot 6H_2O$ (*Uramphit* hat x H_2O).

Mit Phosphuranylit sind die folgenden Minerale isotyp:

Phosphuranylit: $Ca[(UO_2)_4/(OH)_4(PO_4)_2] \cdot 8H_2O$; rhombisch. Pulvrige oder schuppige goldgelbe Beschläge; winzige rechteckige Täfelchen. $n_y = 1{,}718$. Oxydationszone von Uraninit führenden Granitpegmatiten. Mitchell Co. (N-Carolina, USA); Wölsendorf (Bayern, BRD). Auf Halden am Streuberg bei Bergen (Vogtld., DDR), auch zusammen mit dem monoklinen *Bergenit* $Ba[(OU_2)_3/(OH_4)/(PO_4)_2] \cdot 5{,}5\,H_2O$. *Arsenuranylit* ist $Ca[(UO_2)_4/(OH_4)/(AsO_4)_2] \cdot 6\,H_2O$. *Phurcalit* $Ca_2(UO_2)_3(PO_4)_2(OH)_4 \cdot 4\,H_2O$; von Bergen (DDR).

Renardit: $Pb[(UO_2)_4/(OH)_4/(PO_4)_2] \cdot 8\,H_2O$; rhombisch. Krusten winziger tafeliger gelber xx. $n_y = 1{,}736$. Kasolo-Grube (Katanga, Zaïre), Bergen (Vogtld., DDR). Sehr ähnlich ist *Dewindtit* $Pb[(UO_2)_4/(PO_4)_2] \cdot 8H_2O$; rhombisch.

Anhang:

Abernathyit: $K_2[UO_2/AsO_4]_2 \cdot 8\,H_2O$; tetragonal. Gelbe xx, von Temple Mts. (Utah, USA).

Hügelit: $Pb_2[(UO_2)_3/(OH)_4/(AsO_4)_2] \cdot 3\,H_2O$; monoklin. Prism. xx; D 5,1. $n_y = 1{,}915$, gelb bis braun. Reichenbach (Baden, BRD). Das AsO_4-Analogon zu Dumontit.

Parsonsit: $Pb_2[UO_2/(PO_4)_2] \cdot 2\,H_2O$; monoklin. Krusten und pulvrige Aggregate winziger linealförmiger xx. D 5,37; fast Diamgl.; blaß zitronengelb. Kasolo (Katanga, Zaïre); New Hampshire (England); Wölsendorf (Bayern, BRD).

Dumontit: $Pb_3[(OH)_2/UO_2/PO_4]_2 \cdot 3\,H_2O$; rhombisch. Kleine ockergelbe tafelige xx. Chinkolobwe (Katanga, Zaïre), neben Torbernit. *Prjewalskit:* $Pb[UO_2/PO_4]_2 \cdot 4\,H_2O$; rhombisch; ist sehr ähnlich.

Hallimondit: $Pb_2[UO_2/(AsO_4)_2]$; triklin. Feinste xx und Krusten (max. 0,4 mm) in Hohlräumen von Hornsteinbreccien im Schwarzwald sowie von Ellweiler (BRD). $n_X = 1{,}882$.

Coconinoit: $Fe_2Al_2[(UO_2)_2/(OH)_2/(PO_4)_4/SO_4] \cdot 20\,H_2O$; monoklin. Kleinste farblose xx bis 20 cm Länge, in Oxydationszone der Uranerze von Colorado (USA).

Upalit: $Al[(UO_2)_3/(OH)_3/(PO_4)_2]$; rhombisch. Gelb. D 3,5. Von Kivu (Zaïre).

Furongit: $Al_2[UO_2/(OH)_2/PO_4] \cdot H_2O$; triklin. D 2,86. Von VR China.

Ranunculit: $AlH[UO_2/(OH)_3/PO_4] \cdot 4\,H_2O$; monoklin. Gelbe Knötchen von Kivu (Zaïre).

Threadgoldit: $Al[(UO_2)_2/OH/(PO_4)_2] \cdot 8\,H_2O$; monoklin. Gelbgrün, D 3,5. Kivu (Zaïre).

Phuralumit: $Al_2[(UO_2)_3/(OH)_6/(PO_4)_2] \cdot 10\,H_2O$; monoklin. Von Kivu (Zaïre).

Xangjiangit: $(Fe, Al)[(UO_2)_4/OH/(SO_4)_2/(PO_4)_3] \cdot 24\,H_2O$; pseudotetragonal. Von VR China.

Uranyl-Vanadate

Carnotit: $K_2[UO_2/VO_4]_2 \cdot 3\,H_2O$

50 bis 65% UO_3; etwa 20% V_2O_5. Na, Mg und Ca können isomorph eingebaut sein. Monoklin (prismatisch). Der Carnotit kommt in Form kleiner Körnchen, aber auch pulvriger Massen vor. Die Mineralfarbe ist intensiv gelb oder grünlichgelb. H 2 bis $2^1/_2$; D 4 bis 5. Vanadium wird mittels Wasserstoffperoxids nachgewiesen: Das mit HCl befeuchtete Pulver färbt sich durch Oxydation blutrot.
Im Gegensatz zu Autunit und Torbernit ist die Entstehung von Carnotit an die Verwitterungszone von Sedimentgesteinen geknüpft, in der Hauptsache an mit organischen Resten angereicherten Sandstein. Solche Vorkommen finden sich z. B. in Utah und Colorado (USA), Katanga (Zaïre) und Radiumhill (Australien). Wirtschaftliche Bedeutung hat der Carnotit durch seine Gehalte an Uran, Radium und Vanadium.

Tujamunit: $Ca[UO_2/VO_4]_2 \cdot 5$ bis $8\,H_2O$.

Ca. 60% UO_3, 19% V_2O_5. Rhombisch. Seltene Kristalle feinplattig, meist pulvrig, gelb-orangefarbig; n_{XYZ} = 1,670; 1,870; 1,895. D 3,68 (theor.). In Sedimenten, meist mit organischen Substanzen, oft gemeinsam mit Carnotit. Von Tjuja Mujun sö Fedenko b. Ferghana (Turkestan. SSR, UdSSR), Colorado (USA) u. a. Lokal U-V-Erz. *Meta-Tujamunit:* $Ca[UO_2/VO_4]_2 \cdot 3$ bis $5\,H_2O$; rhombisch. Sehr ähnlich Tujamunit; D bis 3,93, auch in Bauxit (Österreich).

Francevillit: $(Ba, Pb)[(UO_2)_2/V_2O_8] \cdot 5\,H_2O$; rhombisch, kleine gelbe Nädelchen. In größeren Mengen von Gabun (Zentralafrika).

Curiénit: $Pb[UO_2/VO_4]_2 \cdot 5\,H_2O$; Pulver auf Francevillit-xx; von Gabun (Afrika).

Sengierit: $Cu[UO_2/VO_4]_2 \cdot 8$ bis $10\,H_2O$; monoklin. xx sind dünne gelblichgrüne Platten mit sechsseitigem Umriß. Katanga (Zaïre).

Ferghanit etwa $LiH[(UO_2)_4/(OH)_4/(VO_4)_2] \cdot 2\,H_2O$; rhombisch. Tafelig; D 3,31; Wachsgl.; schwefelgelb. Tjuja Mujun b. Ferghana (UdSSR).

Vanuralit $(Al, H)_{1/2}\,[UO_2/OH/VO_4] \cdot 3\text{–}4\,H_2O$. *Meta-Vanuralit:* $Al(UO_2)_2(VO_4)_2(OH) \cdot 8\,H_2O$; triklin. Von Gabun (Afrika).

Strukturell nicht gesichert sind:

Rauvit: $Ca[(UO_2)_2/V_{10}O_{28}] \cdot 16\,H_2O$; feinkristalline glatte Massen und traubige Krusten; purpur bis bläulichschwarz. In Sandstein. Temple Rock und Flat Top (Utah, USA).

Uvanit: $[(UO_2)_2/V_6O_{17}] \cdot 15\,H_2O$; rhombisch (?). Feinkristalline bräunlichgelbe Massen. In asphaltischem Sandstein bei Temple Rock (Utah, USA).

Melanovanadit: $Ca_2V_{10}O_{25} \cdot 7\,H_2O$; triklin (pseudomonoklin). Samtartige Büschel langprismatischer xx. D 3,477; fast Halbmgl.; schwarz; opak. In Spalten schwarzen Tonschiefers, Mina Ragra b. Cerro de Pasco (Peru).

Ni–Co-Arsenate:

Annabergit: $Ni_3[AsO_4]_2 \cdot 8\,H_2O$ Nickelblüte

Monoklin; selten gute Kristalle, meist grüne erdig-pulvrige Aggregate. H 2. D 3,1. n_{XYZ} = 1,622; 1,658; 1,687. Verwitterungsprodukt von As-haltigen Nickelerzen, so

Chloanthit und Nickelin. Auf Lagerstätten der Bi–Co–Ni-Formation, im sächs. Erzgebirge bei Annaberg (DDR), Cobalt (Ontario, Kanada) u. v. a. O. Typischer Indikator von arsenidischen Ni-Erzen.

Erythrin: $Co_3[AsO_4]_2 \cdot 8\,H_2O$ Kobaltblüte

Monoklin. Meist nadelig-büschlig angeordnete Kriställchen (s. Bild 12.17), auch kugelignierige Formen sowie pulvrige Anflüge. Farbe charakteristisch pfirsichblütenrot; $n_{XYZ} = 1{,}629,\ 1{,}663,\ 1{,}701$. Wird beim Erhitzen blau, löst sich in Säuren mit roter Farbe. Charakteristisches Verwitterungsprodukt von As-haltigen Kobalterzen, insbesondere Skutterudit und Cobaltin. Wie Annabergit für Nickelerze, so ist Erythrin wichtiger Indikator für Co–As-Erze; beide kommen oft gemeinsam vor. Vielfach im sächs. Erzgebirge, auch Saalfeld in Thüringen (beide DDR). Weiter Wittichen (Schwarzwald, BRD), Dažkessan (Azerbaidžan, UdSSR), Bou Azzer (Marokko) u. v. a.

Bild 12.17. Erythrin, in Druse auf Quarz. Schneeberg (Erzgeb., DDR), etwa natürl. Größe [221, 222]

Cabrerit: Varietät von Annabergit, mit 4,64 bis 9,29% MgO. Sierra Cabrera (S-Spanien); Laurion (Griechenland). *Kobaltcabrerit* ist ein Erythrin mit ganz wenig MgO.

Forbesit: $(Ni, Co)H[AsO_4] \cdot 3$ bis $4\,H_2O$; feinfaserige grauweiße Krusten. D 3,13. Wüste Atakama b. Flamenco (Chile).

Xanthiosit: $Ni_3[AsO_4]_2$; monoklin; gelb. *Aerugit:* $Ni_9[O_4/(AsO_4)_3]$; monoklin; grün. Beide von Johanngeorgenstadt (Erzgeb., DDR).

Bi-Arsenate und -Vanadate

Rooseveltit: α-$Bi[AsO_4]$; dünne graue traubige Krusten. Trümer in rhyolithischen Lavaströmen; Potosi (Bolivien).

Atelestit: $Bi_2[O/OH/AsO_4]$; monoklin. Winzige tafelige xx, auch kugelige oder zapfenförmige Aggregate. D 6,82; Harz- bis Diamgl.; schwefelgelb. Schneeberg (sächs. Erzgebirge, DDR).

Arsenobismit: $Bi_4[OH/AsO_4]_3 \cdot H_2O$ (?); mikrokristalline ockerige Massen; gelblichbraun bis grün. D $\approx$ 5,7; $n > 1{,}86$; reichlich in der Oxydationszone der Mammut-Grube b. Tintic (Utah, USA); Schneeberg (sächs. Erzgebirge, DDR), mit Pucherit.

Walpurgin: $[(BiO)_4/UO_2/(AsO_4)_2] \cdot 3\,H_2O$; triklin. Linealartige gelbe xx, tafelig; oft radiale Gruppen; Zwill. ähnlich Gips. D 6,69. Diam.- bis Fettgl. xx wolkig durch Einschlüsse. Sekundär. Walpurgisgang der ehem. Grube »Weißer Hirsch« b. Schneeberg (sächs. Erzgebirge, DDR).

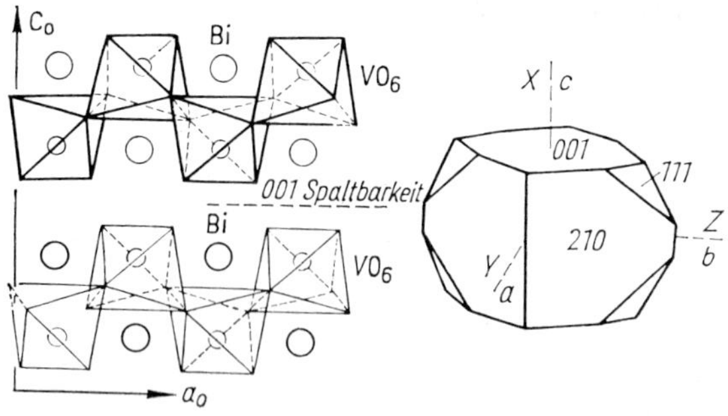

Bild 12.18. Struktur und Form von Pucherit [141]

Pucherit: $BiVO_4$; rhombisch (vgl. Bild 12.18). Kleine xx, oft mit krummen Flächen; meist tafelig; auch nadelig, ockerartig oder Beschläge. D 6,57. Dunkel-bräunlichrot bis gelblichbraun. Sekundär, neben Bismutit und Beyerit. Ehem. Pucherschacht b. Schneeberg sowie Ullersreuth in Thüringen (beide DDR); in Pegmatit von Madagaskar; Brasilien.

13 Sulfate (Chromate, Molybdate, Wolframate)

13.1. Allgemeines

Sulfate sind Verbindungen mit dem zweiwertigen Anion $[SO_4]^{2-}$. Dieses Sulfatanion entsteht in der Natur durch Oxydation aus Schwefel oder Schwefelverbindungen, insbesondere der Sulfide. Voraussetzung ist also ein hohes Oxydationspotential bzw. ein hoher Sauerstoffpartialdruck sowie in vielen Fällen die Mitwirkung von Mikrolebewesen (z. B. Thio- oder Schwefelbakterien). Beide Bedingungen sind fast ausschließlich an oder in der Nähe der Erdoberfläche gegeben, so daß Sulfatminerale weit überwiegend im sedimentären Bereich sowie in einigen hydrothermalen Bildungen entstehen. Salinarsedimente und Oxydationszonen von Erzlagerstätten sind daher bevorzugte Bildungsbereiche.
Der relativ große $[SO_4]$-Komplex bildet stabile reine Verbindungen nur bei Zusammentreten mit großen zweiwertigen Kationen, wie Ba, Sr, Pb, z. T. Ca. Je kleiner die gebundenen Kationen sind, um so instabiler werden die Sulfate, und um so mehr sind sie gezwungen, sich zusätzlich durch Anlagerung bzw. Einbau von H_2O zu stabilisieren. Daher sind die meisten Sulfate, insbesondere der ein- und dreiwertigen Elemente, wasserhaltig oder führen zusätzliche Anionen wie [OH], $[CO_3]$, $[PO_4]$, [Cl] u. a. Dadurch kommt es zur Bildung relativ komplex zusammengesetzter Minerale.

Wir gliedern die Sulfate wie folgt:

Gruppe	chemisch-paragenetischer Charakter
Baryt–Coelestin	einfache Ba–Sr-Sulfate
Anhydrit–Gips	Ca-Sulfate
Thenardit–Kieserit	einfache Alkali–Erdalkali-Sulfate des Salinars
Polyhalit–Kainit	komplexe Alkali–Erdalkali-Sulfate des Salinars
Alaun–Chalkanthit	Buntmetall-Sulfate (Cu, Al, Fe u. a.)
Krokoit–Wulfenit–Scheelit	Chromate, Molybdate, Wolframate

Die Sulfate haben eine Reihe gemeinsamer Eigenschaften. Die Härte ist stets gering und liegt maximal bei $3^1/_2$. Die Hauptmenge ist farblos oder farbig-durchsichtig. Die optische Doppelbrechung ist niedriger als bei anderen salzartigen Mineralen. Ein sehr großer Teil der komplexen Sulfate ist leicht bis sehr leicht wasserlöslich.
Die Uranylsulfate wurden bereits in der Klasse der Oxide/Hydroxide besprochen, gleichfalls die Selenate/Tellurate.

13.2. Baryt–Coelestin-Gruppe

Zu dieser Gruppe gehören aus strukturellen Gründen die wasserfreien rhombischen Sulfate der Erdalkalien Ca, Sr und Ba sowie das Pb-Sulfat Anglesit. Aus paragenetischen Gründen besprechen wir die Ca-Sulfate Anhydrit und Gips in der folgenden Gruppe, den Anglesit bei den Buntmetallsulfaten der Gruppe 13.6.

Baryt: Ba[SO_4] Schwerspat

Entdeckung: Von Karsten 1800 erstmals beschrieben; Name nach der hohen Dichte des Minerals: gr. *barys* = schwer.

Chemismus: Theor. 65,7% BaO; 34,3% SO_3. Isomorph ist in höheren Gehalten gelegentlich Sr, Pb und Ca eingebaut, so daß die Mischkristalle *Calcio-Baryt* (Ba, Ca) [SO_4] und *Angleso-Baryt* (auch Hokutolith) (Ba, Pb)[SO_4] entstehen, bei hohen Sr-Gehalten *Baryto-Coelestin* (Sr, Ba)[SO_4]; verschiedentlich auch Spuren von Ra. Oft gefärbt durch Fe_2O_3 sowie tonige und organische Substanzen.

Bild 13.1. Baryt, dicktafelig Mittweida (DDR). $^2/_3$ natürl. Größe [20, 221]

Bild 13.2. Barytkristalle mit verschiedenem Habitus

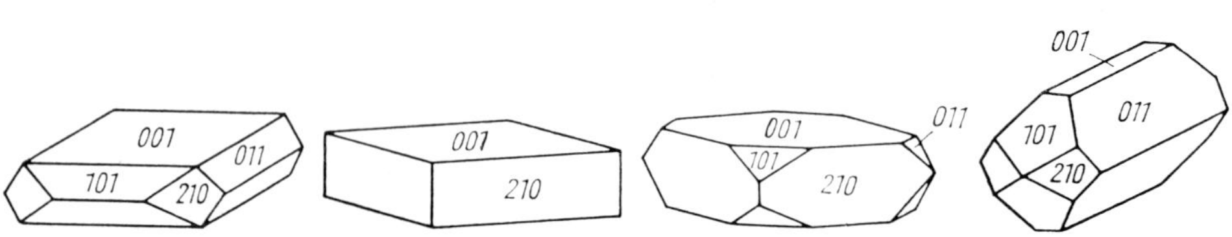

Bild 13.3. Aggregat aus grobblättrigem Baryt. Freiberg (DDR), $^1/_2$ nat. Größe [221]

Kristallogr.: Rhombisch (dipyramidal); Struktur s. Bild 2.21. Die Kristalle sind meist gut und groß ausgebildet und haben, obwohl sehr formenreich, fast stets tafeligen Habitus (s. Bild 13.1) mit den aus Bild 13.2 ersichtlichen Flächenkombinationen. Selten sind stengelige Formen, dafür häufig polysynthetische feinlamellare Verzwillingung. Außerordentlich typisch sind grobblättrige und rosettenartige Aggregate (s. Bild 13.3), aber auch feinkristalline, pulvrige und kugelig-schalige Bildungen, letztere bei höherem $CaCO_3$-Gehalt (»Kalkbaryte«; z. B. von Halsbrücke bei Freiberg; vgl. Bild 8.7).

Physik. Eigensch.: Kleine Kristalle oft wasserklar-durchsichtig, größere meist milchigweiß, vielfach aber stark gefärbt (rot, braun, grau, bläulich). Bemerkenswert ist der sedimentär gebildete grauschwarze Baryt von Meggen (Westf., BRD). Glasglanz; n_{XYZ} = 1,636; 1,637; 1,648; weißer Strich. H $3^1/_2$, spröde, Spaltbarkeit 3 nach (210) und 4 nach (001). Theor. D 4,48.

Diagnose: Charakteristisch sind hohe Dichte und meist sehr gute Spaltbarkeit, auch die relativ geringe Härte (im Vergleich z. B. zu ähnlichen Silikaten). Während der gelegentlich ähnliche Coelestin eine rote Flammenfärbung hat (Sr), zeigt der Baryt die grüne Farbe der Ba-Ionen. Unlöslich in HCl, schwer löslich in H_2SO_4.

Genese: Baryt hat zwei Bildungsschwerpunkte, die beide durch niedrige Temperaturen gekennzeichnet sind, nämlich meso- bis epithermale Gang- und Verdrängungslagerstätten sowie terrestrische bis marine Sedimente. Hier bildet er folgende Lagerstätten:

a) *hydrothermale Ganglagerstätten* (Bildungsbedingungen wie Bild 13.4)

- monomineralisch oder mit Fluorit, Siderit, Calcit, Quarz und Mn-Mineralen: charakteristisch für die Gangmineralisation an den Randspalten des Thüringer Waldes und Harzes, auch des Vogtlandes und Erzgebirges (DDR). Weiter Alston Moor (England), Kutais (UdSSR), Frankreich, USA.
- Begleitmineral auf meist sulfidischen Erzlagerstätten, in Paragenese mit Galenit, Pyrit, Markasit, Sphalerit, Chalkopyrit, Calcit, Hämatit, Siderit, auch Gold, Cinnabarit u. v. a. Typisch hierfür sind Freiberg (DDR) und andere kleinere Vorkommen in Erzgebirge und Harz. Auf vielen anderen Sulfidlagerstätten der Erde.

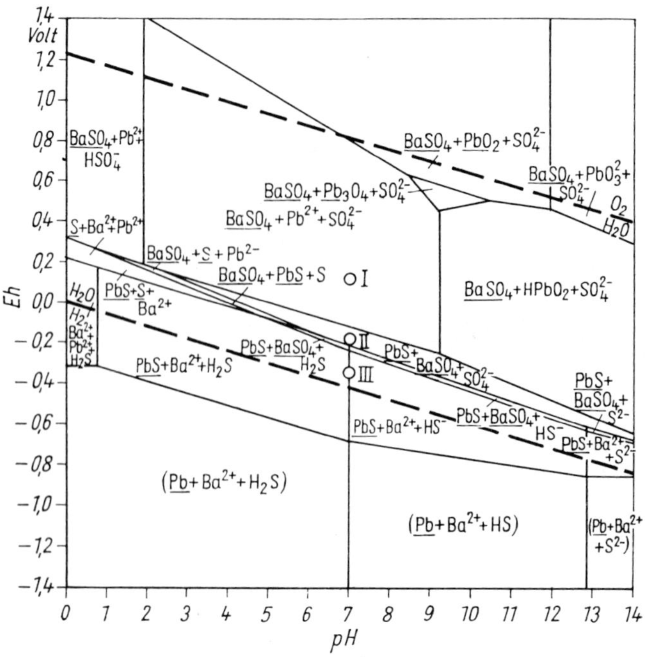

Bild 13.4. Stabilitätsbeziehungen zwischen einigen Ba-, Pb- und S-Verbindungen im System Ba–Pb–S–H_2O bei 25 °C und 1 bar Gesamtdruck [200, 250]

(Aktivitäten: Σ Ba = 10^{-4}; Σ Pb = 10^{-6}; Σ S = 10^{-2} [mol/l]. Die festen Phasen sind unterstrichen.)
Stabile Minerale: Baryt $BaSO_4$, Galenit PbS, Mennige Pb_3O_4, Plattnerit PbO_2, Schwefel S, Blei Pb (in Oxzone)

Drei Paragenesetypen
I $BaSO_4$–Fe_2O_3 (eba-Formation!!)
(mit relativ viel Pb^{2+} im Gitter entsprechend dem Pb-Angebot)
II $BaSO_4$–PbS (fba-Formation!!)
$BaSO_4$ führt kein Pb, da durch PbS abgefangen
III PbS (ohne Baryt)
(= kb-eb-Typ)

b) *sedimentäre Vorkommen*

– in Form von Knollen, Konkretionen, Kluftfüllungen und Porenzement in Sanden, sandigen Tonen und Karbonaten, verschiedentlich zusammen mit sedimentären Mn-Vorkommen

– in mächtigen Lagern hydrothermal-sedimentärer Entstehung; typisch der massige grauschwarze Baryt der Lagerstätte Meggen (BRD), neuerdings auch in anderen Ländern erkundet (z. B. Frankreich, USA).

Nutzung: Vielfältiger Einsatz als Rohstoff für weiße Farbe (Lithopone; Farb- und Reduzierspat), als Füllmittel (Kautschuk, Papier), Beschwerungsmittel (Bohrungen), für die Pyrotechnik (grüne Farbe) und Chemie, als Strahlungsschutz usw. (vgl. Bild 5.9c sowie Tab. 16.27, 16.28, 16.31 und 16.32).

Coelestin: $Sr[SO_4]$

Benannt von WERNER 1798, Name von gr. *coelestis* = himmlisch, wegen seiner häufigen bläulichen Farbe. Theor. 56,4 % SrO, selten Mischkristalle mit Ca und Ba (siehe Baryt). Rhombisch (dipyramidal); isotyp mit Baryt. Kristalle dicktafelig und stengelig (s. Bild 13.5), Aggregate körnig, stengelig, faserig (in Klüften, s. Bild 13.6), auch schalig. Farbe weiß oder bläulich, auch gelblich; Strich weiß. Glas- bis Perlmutterglanz, n_{XYZ} = 1,622, 1,624, 1,631. H $3^1/_2$, spröde, Spaltbarkeit 4 nach (001). D 4,0. Charakteristisch rote Flammenfärbung, sonst ähnlich Baryt und anderen Sulfaten.
In Knollen und Lagern in tonigen, karbonatischen und Gipssedimenten, auch als Kluftfüllung (wahrscheinlich lateral-sekretionär) und in Gängen in Sedimenten, z. T. mit Sulfiden. Im Hartsalz von Staßfurt, Bernburg und Aschersleben (DDR) zusammen mit Anhydrit und Kieserit. Im Muschelkalk von Jena und Rüdersdorf (DDR),

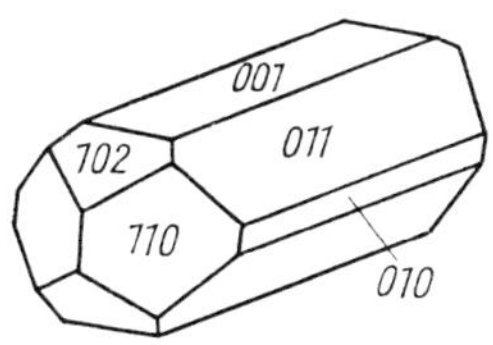

Bild 13.5. Coelestinkristall

Bild 13.6. Coelestin, fasrig; als Kluftfüllung in Kalkstein. Wogau b. Jena (Thür., DDR); etwa nat. Größe [20, 221]

bei Waldeck (Westfalen, BRD), Bristol (England), Agrigento (Sizilien, Italien), im Perm des Uralvorlandes und der Halbinsel Mangyšlak (UdSSR) u. v. a.
Relativ selten, aber wichtiges Sr-Mineral. Verwendung in der Pyrotechnik, chemischen und Zuckerindustrie, Keramik usw.; vgl. Tab. 16.27ff.

13.3. Anhydrit–Gips-Gruppe

Diese beiden Minerale werden wegen ihrer großen praktischen Bedeutung und ihrer ähnlichen Genese gemeinsam in einer selbständigen Gruppe besprochen. Wie der

Name Anhydrit (gr. *anhydros* = ohne Wasser) besagt, ist dieses Mineral die wasserfreie Form des Gipses.

Anhydrit: $Ca[SO_4]$

Entdeckung: Der Name wurde 1804 von WERNER gegeben.

Chemismus: Theor. 41,2% CaO, 58,8% SO_3; häufig mit geringem Sr-Gehalt, der sich bei der Wasseraufnahme (Vergipsung) feinlamellar ausscheiden kann. Als sedimentäre Bildung oft durch tonige und organische Substanzen verunreinigt (vgl. Bild 5.1).

Kristallogr.: Rhombisch (dipyramidal). In Bild 13.7 ist der strukturelle Aufbau zu erkennen; auffällig sind die fast isometrischen Abmessungen der Elementarzelle. Daher die (allerdings seltenen) dicktafeligen bis prismatischen, oft fast würfligen Anhydritkristalle (s. Bild 13.8), verschiedentlich mit Flächenstreifung durch Druckverzwillingung. Meist derbe Anhydritgesteine mit dichtem, körnigem, spätigem oder wulstigem Gefüge, nur gelegentlich fasrige bis stenglige Aggregate.

Physik. Eigensch.: Kristalle meist farblos, durchsichtig, mit Glasglanz; n_{XYZ} = 1,569; 1,575; 1,613. Anhydritgestein weiß bis grau, auch bläulich und rötlich. Weißer Strich. H $3^1/_2$. Spaltbarkeit 3 und 4 nach den 3 Pinakoiden, daher gute Spaltstücke (s. Bild 13.9). D 2,9 bis 3,0. Wandelt sich bei Angebot von Wasser unter starker Volumenzunahme ($\approx$ 60%) langsam zu Gips um.

Diagnose: Leicht zu verwechseln mit Karbonaten (Säuretest!) und Gips (Härteunterschied). In Säuren mäßig bis schlecht löslich.

Genese: Hauptentstehungsbereich sind salinare Ablagerungen, in denen er in Paragenese mit Tonen, Karbonaten, Halit, Kalisalzen und Gips in z. T. großen Mächtigkeiten auftritt. Ein Teil des Anhydrits ist dabei durch Entwässerung primären Gipses meist nach seiner Überdeckung entstanden. Weltweite Verbreitung in mehreren geologischen Systemen. In Mitteleuropa und speziell der DDR hauptsächlich im

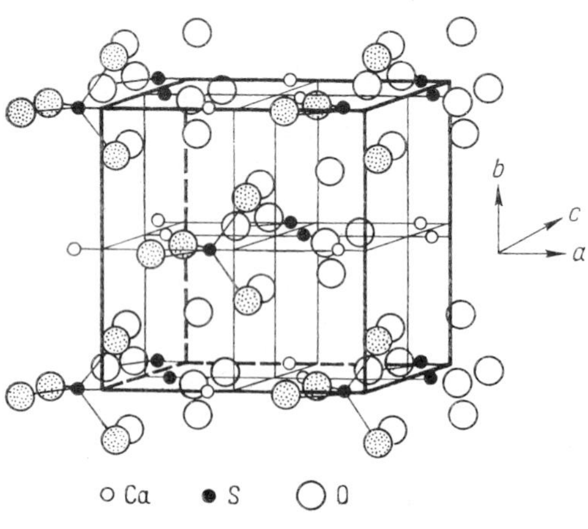

Bild 13.7. Kristallstruktur des Anhydrits [99]

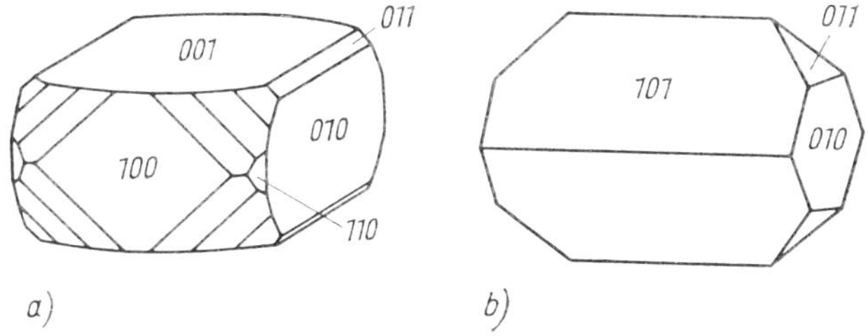

Bild 13.8. Kristalle von Anhydrit [20]

a) würfelähnlich (»alpiner Typ«)
b) taflig (»Staßfurter Typ«)

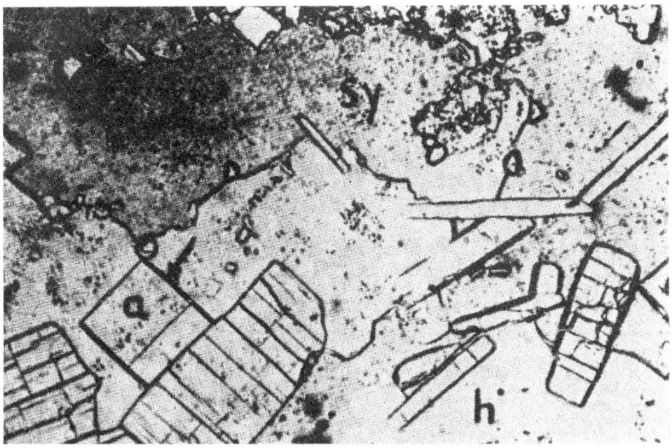

Bild 13.9. Anhydrit (a) im Dünnschliff, hohes Relief, gute Spaltbarkeit, in Halit (h) und Sylvin (Sy). Bischofferode (DDR), Flöz Staßfurt, Vergr. 30 × [44]

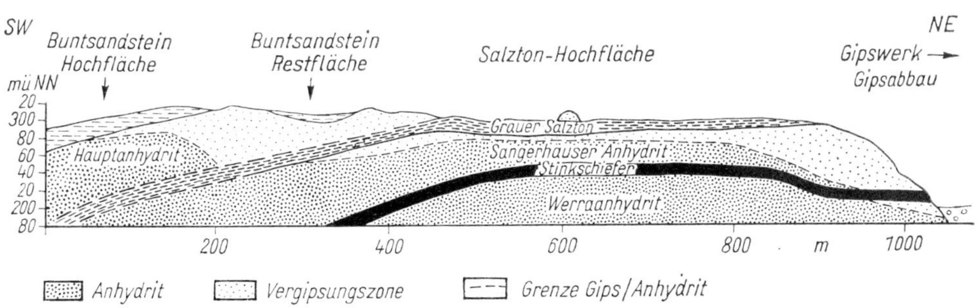

Bild 13.10. Lagerungsverhältnisse von Anhydrit und Gips in der Nähe der Gipslagerstätte Rottleberode (Südharz, DDR) [166]; Profillänge ≈ 1000 m

Zechstein (s. Bild 13.10), aufgeschlossen in den Salzlagerstätten des Werra-, Südharz- und Staßfurtgebietes sowie im Ausstrich der Zechsteinschichten von Niedersachswerfen (auch Rottleberode) bei Nordhausen, wo er gemeinsam mit Gips gewonnen wird. Relativ selten in hydrothermalen Gängen und metasomatischen Vererzungen, auch metamorph (Alpen).

Nutzung: Große Bedeutung zur Erzeugung von Schwefelsäure (z. B. Coswig, DDR) und von Bindemitteln und Baustoffen (vgl. Tab. 16.27 bis 16.32).

Gips: $Ca[SO_4] \cdot 2\,H_2O$

Entdeckung: Name griechischen Ursprungs (*gypsos*), von THEOPHRASTOS 315 v. d. Z. erstmals beschrieben.

Chemismus: Theor. 32,6% CaO, 46,5% SO_3, 20,9% H_2O. Oft durch tonige, organische und andere Stoffe verunreinigt. In Vergipsungshorizonten an der Erdoberfläche reliktische Gehalte von Anhydrit.

Kristallogr.: Monoklin (prismatisch). Die Kristallstruktur ist in Bild 13.11 dargestellt; sie zeigt einen gewissen schichtartigen Aufbau, woraus sich die ausgezeichnete Spaltbarkeit ableiten läßt. Die Kristalle haben meist tafelige, seltener stenglige Ausbildung (vgl. Bild 13.12). Sie sind häufig charakteristisch verzwillingt, und zwar nach dem Zwillingsgesetz (100) als »Schwalbenschwanzzwillinge« sowie nach (101) als »Montmartrezwillinge« (s. Bild 13.13, vgl. Bild 13.12). Gipsaggregate haben meist Gesteinscharakter, da sie durch Wasseraufnahme aus Anhydrit entstanden sind; möglicherweise hängt damit die gelegentliche Bildung von Schlangengips zusammen (s. Bild 13.14). In Drusen häufig schöne Kristallrasen (s. Bild 13.15), in Spalten asbestartiger »Fasergips«. Alabaster ist feinkörniges weißes Gipsgestein.

Physik. Eigensch.: Kristalle oft groß und farblos durchsichtig, aber auch (meist gelblich) gefärbt. Gesteinsartige Gipsmassen weiß, gleichfalls aber durch Verunreinigungen verschieden (meist grau) gefärbt. Glasglanz bis z. T. Perlmutterglanz (auf Spaltflächen); $n_{XYZ} = 1{,}520;\ 1{,}523;\ 1{,}530$. H $1^1/_2$ bis 2; Spaltbarkeit 5 nach (010), sonst

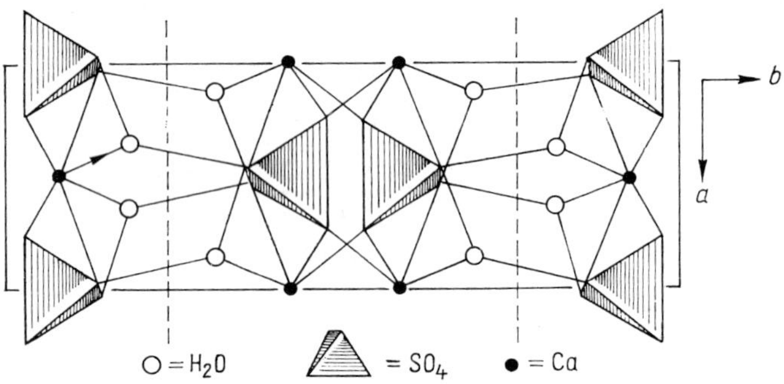

Bild 13.11. Kristallstruktur von Gips [20]

Projektion auf die senkrecht zur c-Achse verlaufende Fläche (gestrichelte Linien sind die Spaltbarkeitsrichtungen)

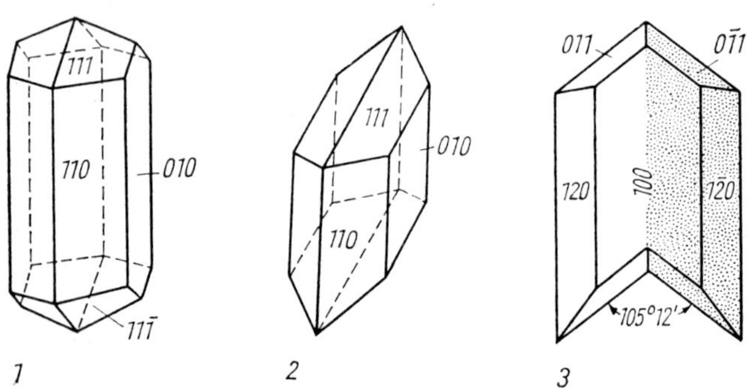

Bild 13.12. Gipskristalle [20]

1 säuliger Habitus
2 tafliger Habitus
3 Gipszwilling nach (100): Schwalbenschwanz-Typ

Bild 13.13. Gipszwillinge [20, 221]

links: Schwalbenschwanzzwilling; Eisleben (DDR) etwa nat. Größe, vgl. Bild 13.12

rechts: Montmartre-Zwilling (101); Meudon b. Paris, etwa nat. Größe

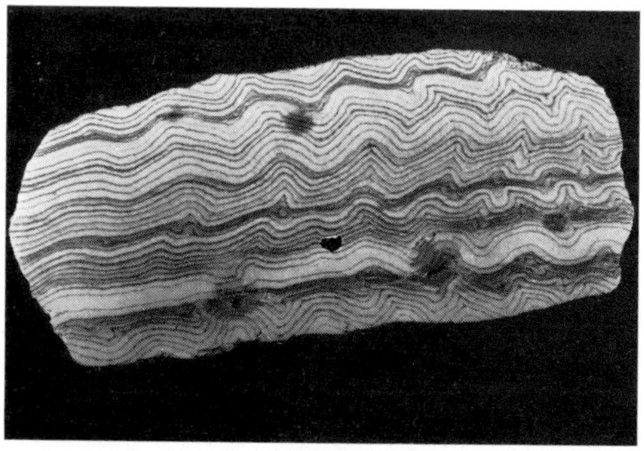

Bild 13.14. Schlangengips Barbarossahöhle b. Frankenhausen am Kyffhäuser (DDR); $^2/_3$ nat. Größe [221]

Bild 13.15. Gipsrosetten, stengliger Habitus. Banska Stiavnica (ehem. Schemnitz), slowakisches Erzgebirge (ČSSR), etwa nat. Größe [20, 221]

1 bis 2; muschliger bis faseriger Bruch. D 2,3. Die eigenartigen Löslichkeitsverhältnisse sind von Bedeutung und in Bild 13.16 dargestellt. Die technisch nutzbare wichtigste Eigenschaft ist die Abgabe des Kristallwassers beim Erwärmen. Sie beginnt bei etwa 80 °C (1 bar) und führt bei 120 bis 140 °C zu »Halbhydrat« $Ca[SO_4] \cdot {}^1/_2\, H_2O$, das als Modell- oder Stuckgips Verwendung findet. Wird es mit Wasser verrührt, so bildet sich ein Brei, der unter Rekristallisation feinster Gipsnädelchen in wenigen Minuten erstarrt.

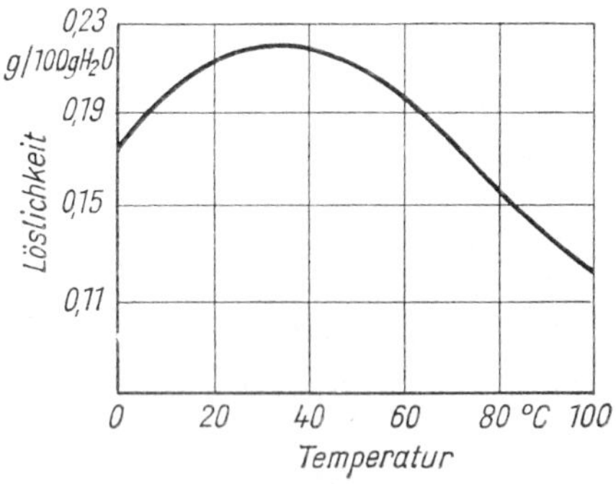

Bild 13.16. Abhängigkeit der Löslichkeit des Gipses von der Temperatur [1]

Wird Rohgips viel höher als 140 °C erhitzt, so verliert er alles Kristallwasser, so daß er über γ-$CaSO_4$ zu β-$CaSO_4$ zerfällt; er benötigt zum Wiederaufbau der Struktur des Gipses bei Wasserangebot lange Zeit (Mörtel- oder Estrichgips). Die bei der technischen Wandlung des Gipses üblichen Namen und Daten zeigt Tab. 13.1.

Diagnose: Wegen geringer Härte (mit Fingernagel ritzbar!) und guter Spaltbarkeit kaum zu verwechseln. In Säuren schwer löslich.

Genese: Die Bildungsbereiche des Gipses sind verschieden, stets aber im Bereich niedriger Temperaturen und positiven Oxydationspotentials:

- Große Mengen bilden sich in *Salzseen* und abgeschnürten Meeresbecken durch direkte Ausfällung infolge Übersättigung, in Paragenese von Karbonaten, Halit und anderen Salzen.
- In *Wüstengebieten* scheidet sich Gips in Sedimenten und Böden in Form von Knollen, Konkretionen, Bindemittel von Sanden und als Kluftmaterial aus.
- *Hydrothermal* ist er seltener; dafür entsteht er etwas häufiger in der *Oxydationszone* von Erzlagerstätten durch Oxydation der Sulfide.
- Die Hauptmenge des nutzbaren Gipses entsteht durch *Umwandlung von Anhydrit* an der Erdoberfläche entsprechend der Reaktion $Ca[SO_4] + 2\,H_2O \rightarrow Ca[SO_4] \cdot 2\,H_2O$. Die mächtigen Anhydritpakete des deutschen Zechsteins werden an den Aufrichtungszonen längs des Harzes und Thüringer Waldes bis in 100 m Tiefe und mehr in Gips umgewandelt; dieser wird in der DDR u. a. in und bei Rottleberode abgebaut und in Gipsfabriken v. a. zu Stuckgips und Bauelementen verarbeitet.

Gips pseudomorphosiert gern andere Minerale und wird selbst auch pseudomorph umgewandelt.

Nutzung: Die Verwendung von Gips ist vielseitig. Wichtig ist der Einsatz als Baumaterial unterschiedlicher Art einschließlich des Zusatzes zu Zement; weiterhin als Rohstoff in der keramischen Industrie sowie als Füllstoff. Zur Produktion siehe Tab. 16.27ff.

Tabelle 13.1. Umwandlung von Gips unter technischen Bedingungen [276]

Chemische Formel	Molekularmasse	Phasenbezeichnung	Trivialnamen	H_2O-Gehalt in Masse-%	Dichte in g/cm³	Umwandlungstemperatur bei Erhitzen
$CaSO_4 \cdot 2\,H_2O$	172,17	Dihydrat	Gips, Naturgips, abgebundener Gips	20,92	2,31	
						[97 ... 115 °C (+ Druck)
$CaSO_4 \cdot {}^1/_2\,H_2O$	145,15	Halbhydrat α β	Halbhydrat	6,21 6,21	2,757 2,619	
						[107 ... 110 °C
$CaSO_4$	136,14	Anhydrit III α β	löslicher Anhydrit, Halbanhydrit	0,00 0,00	2,484	
						[250 °C
$CaSO_4$	136,14	Anhydrit II	unlöslicher Anhydrit, natürlicher Anhydrit, totgebrannter Gips	0,00	2,93 bis 2,97	
						[1193 °C
$CaSO_4$	136,14	Anhydrit I	Hoch- temperatur- Anhydrit	0,00		
						[1450 °C
$CaSO_4$	136,14	Kalzium- sulfatschmelze	Kalzium- sulfatschmelze	0,00		

Nahe verwandt mit Gips sind:

Ardealit: $Ca_2H[PO_4/SO_4] \cdot 4\,H_2O$; monoklin. Doppelsalz von Gips und dem ihm isotypen Brushit. Pulverige hellgelbe Massen; D 2,300. Mit Gips und Brushit in Höhlenphosphat bei Cioclovina (Transsylvanien, SR Rumänien).

Bassanit: $Ca[SO_4] \cdot {}^1/_2\,H_2O$; hexagonal. Sehr selten! Nadelige xx. USA und UdSSR, Gesteinsgemengteil auf Nova Scotia (Kanada). Wird künstlich durch Erhitzen von Gips auf ≈ 125 °C hergestellt.

13.4. Thenardit–Kieserit-Gruppe

Diese Gruppe umfaßt relativ *einfach zusammengesetzte Alkali- und Erdalkalisulfate*, die fast ohne Ausnahme in salinaren Sedimenten und Salzlagerstätten auftreten. Ausführlicher besprochen werden die wichtigsten Na- und Mg-Sulfate.

Thenardit: $Na_2[SO_4]$

Theor. 43,7% Na_2O und 56,3% SO_3, bisweilen mit wenig Kalium. Rhombisch; Kristalle meist dipyramidal oder auch taflig, auch verzwillingt nach (011). Meist in körnigen Aggregaten. Farblos bis rötlich, Glasglanz, n_{XYZ} = 1,464; 1,474; 1,485. H $2^1/_2$, spröde. Spaltbarkeit 4 nach (111). D 2,67. Wasserlöslich, salziger Geschmack. Scheidet sich in Salzseen bei $t > 32{,}5$ °C aus, dabei Paragenese mit Mirabilit und Astrakanit. In fossilen Salzlagerstätten durch Entwässerung von Mirabilit, auch in Wüsten und Vulkanexhalationen. Bauwürdig in Salzseen, so in NO-Kasachstan und nördl. des Kaspi-Sees (UdSSR), Chaplin Lake (USA), Chile, Peru. Fossil in pliozänen Tonen der Lagerstätten Kjuren-Daj östl. des Kaspi-Sees (UdSSR). Für Sodaproduktion, Glas- und andere Industriezweige.

Metathenardit: δ-$Na_2[SO_4]$; hexagonal. Fumarolenabsatz am Mt. Pélée (Martinique, kl. Antillen).

Die folgenden drei Minerale sind mit Arcanit isotyp (rhombisch-dipyramidal).

Arcanit: α-$K_2[SO_4]$. Dünne Täfelchen, in einer Grubenbahnschwelle (USA).

Mascagnit: $(NH_4)_2[SO_4]$; meist mehlige farblose schneidbare Krusten und Stalaktiten. D 1,768. Fumarolenabsatz, z. B. am Vesuv; an brennenden Steinkohlenflözen; in Guanolagern; an Geysiren.

Taylorit: Ist ein Mischkristall $(K, NH_4)_2[SO_4]$. Feste Konkretionen, H 2; gelblichweiß. In Guanolagern der Chincha Inseln (Peru).

Ähnlich sind weiter:

Matteuccit: $NaH[SO_4] \cdot H_2O$. In Stalaktiten des Vesuvs (Italien).

Mercallit: $KH[SO_4]$; rhombisch. Stalaktiten aus winzigen tafeligen xx. D 2,310. Meist farblos. n_Y = 1,460. In Fumarolen des Vesuvkraters.

Misenit: $K_8H_6[SO_4]_7$; monoklin; weiße Ausblühung einer Fumarole auf Kap Miseno b. Neapel (Italien).

Letovicit: $(NH_4)_3H[SO_4]_2$; monoklin. Winzige farblose Täfelchen auf Kohlenbrandhalde. Letovice (Mähren, ČSSR).

Lecontit: $(NH_4)Na[SO_4] \cdot 2\,H_2O$; rhombisch. Dünnprismatische xx. In Fledermaus-Guano (Honduras).

Mirabilit: $Na_2[SO_4] \cdot 10\,H_2O$ Glaubersalz

Theor. 19,3% Na_2O, 24,8% SO_3, 55,9% H_2O. Monoklin (prismatisch); Kristalle kurzsäulig. In Salzseen meist körnig, als Ausblühung in fossilen Salzlagerstätten faserig und pulvrig. Farblos oder trübweiß, oft leichte Färbung (gelblich, grünlich). Glasglanz, n_{XYZ} = 1,394, 1,396, 1,398. H $1^1/_2$, spröde, Spaltbarkeit 4 (100), sonst muscheliger Bruch. D 1,49. Leicht wasserlöslich; salzig-bitterer Geschmack. Verliert an der Luft 8 bis 10 Mol H_2O und geht in pulvrigen Thenardit über.

Ausscheidung aus Salzseen bei $t < 33$ °C, in Gegenwart von NaCl viel niedriger. Paragenese: Thenardit, Halit, Gips u. a. In großen Mengen in den Salzseen der Sowjetunion (Kara-Bogas-Bucht am Kaspischen Meer, nördl. und südl. des Kaukasus, Krim), der USA (Großer Salzsee), weiter in Mexiko, Argentinien, Ägypten. Schichtartig oder als Ausblühung in vielen Salzlagerstätten (Österreich, Schweiz, Italien). Aus Ausblühung von Böden und Mauerwerk, auch in Bitterwässern. Nutzung für Soda-Produktion, in der Glasindustrie, in der Medizin.

Kieserit: $Mg[SO_4] \cdot H_2O$

Theor. 29,0% MgO, 58,0% SO_3, 13,0% H_2O. Monoklin (prismatisch). Dipyramidale Kristalle sind selten, meist feinkörnig verwachsen mit Halit, Sylvin, Polyhalit, Anhydrit (sog. »Hartsalz« der Zechsteinlagerstätten). Farbe meist weiß-gelblich, trüb. Glasglanz, $n_{XYZ} = 1{,}523,\ 1{,}535,\ 1{,}586$. Spaltbarkeit 3 (111) und (113). H $3^1/_2$, spröde. D 2,57. Geht an der Luft unter Wasseraufnahme wahrscheinlich in Epsomit über. In Wasser schwer löslich.
In Salzseen selten, dagegen häufig in fossilen Salzlagerstätten, in denen er sich durch Entwässerung von primärem Hexahydrit und Epsomit gebildet hat. In großen Mengen in den Kalisalzlagerstätten der DDR und BRD (s. Bild 13.17). Verwendung als Mg-Salz.

Bild 13.17. Kieserit–Sylvin–Halitit Groß-Schierstedt (DDR), Flöz Staßfurt [253]
Die Schichtung und Faltung wird durch die weißen Kieseritausblühungen besonders deutlich

Epsomit: $Mg[SO_4] \cdot 7\ H_2O$ Bittersalz

Theor. 16,3% MgO, 12,5% SO_3, 51,2% H_2O. Durch Isomorphie entstehen gelegentlich eisen-, kupfer-, mangan- und nickelhaltige Varietäten (*Ferro-Epsomit, Nickel-Epsomit*). Rhombisch (diphenoidisch; s. Bild 13.19). Meist faserige Ausblühungen, auch krustig. Farbe weiß, n_{XYZ} = 1,433, 1,455, 1,461. H $2^1/_2$, spröde, Spaltbarkeit 5 (010). D 1,68. Leicht wasserlöslich, unangenehm bitter-salziger Geschmack, nicht hygroskopisch. Verliert an trockener Luft oder beim Erwärmen stufenweise sein Kristallwasser, es entsteht u. a. Kieserit.
In rezenten Salzseen der UdSSR (Untere Wolga, Krim), USA, Kanada, Mexiko, China; auch als Bodenausblühung. Häufiger als Verwitterungsprodukt des Kieserits, zusammen mit Hexahydrit und anderen $MgSO_4$-Hydraten (vgl. Bild 13.17), in Kalisalzlagerstätten der DDR und der BRD. Gelegentlich auch als Verwitterungsprodukt von Erzlagerstätten (s. Bild 13.18).

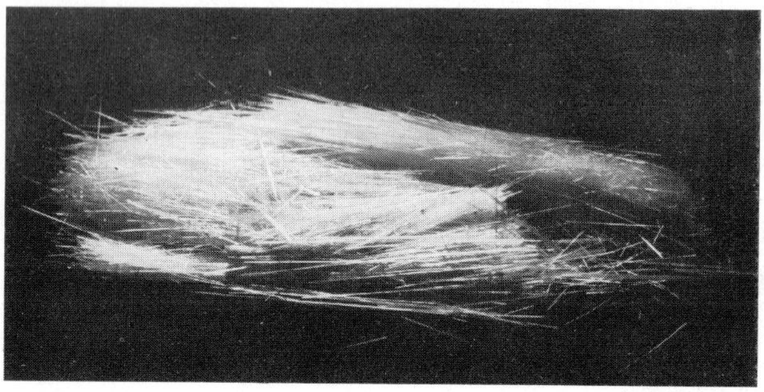

Bild 13.18. Epsomitnädelchen. Idrija (SFR Jugoslawien), $^1/_2$ nat. Größe [221]

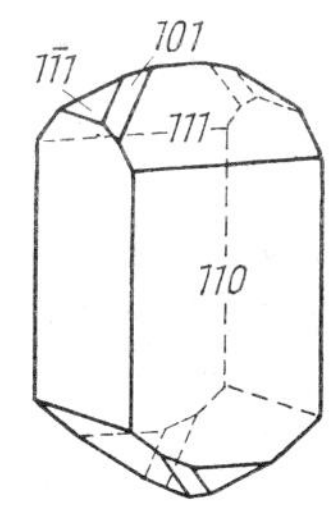

Bild 13.19. Kristall von disphenoidischem Epsomit

Hexahydrit: $Mg[SO_4] \cdot 6\ H_2O$ (Sakiit); monoklin. Weiße, leicht wasserlösliche Kristalle und faserige Aggregate, aus rezenten Salzseen und als Ausblühungen. H 2, n_Y = 1,453. D 176. Von der Krim und bei Astrachan (UdSSR).

Pentahydrit: $Mg[SO_4] \cdot 5\ H_2O$; isotyp mit Chalkanthit; selten! n_Y = 1,492. Cripple Creek (Color., USA). Pseudomorphosen nach Epsomit; Geysire; Cu-haltig b. Copaquire (N-Chile). Empede b. Hannover (BRD).

Leonhardtit: $Mg[SO_4] \cdot 4\ H_2O$; identisch mit ihm ist wohl *Starkeyit*. *Sanderit:* $Mg[SO_4] \cdot 2\ H_2O$.

Ilesit: $Mn[SO_4] \cdot 4\ H_2O$ (?); monoklin. Prismatische xx; grün; D 2,25. n_Y = 1,519. Mit Fe- und Zn-Gehalten. Hall Valley (Color., USA).

13.5. Polyhalit–Kainit-Gruppe

Die Gruppe umfaßt die *komplexen Alkali–Erdalkali-Sulfate* (»Doppelsalze«), die gleichfalls wie die Minerale der vorangegangenen Gruppe in salinaren Sedimenten auftreten.

Polyhalit: $K_2MgCa_2[SO_4]_4 \cdot 2\,H_2O$

Name nach der komplexen Zusammensetzung. Enthält 15,6% K_2O. Triklin. Überwiegend eingewachsen, seltener in monomineralischen Lagern oder Nestern, in faserigen oder auch blättrigen Massen, mit charakteristischer polysynthetischer Zwillingsbildung (s. Bild 13.20); meist in Paragenese mit Halit, Kieserit, Anhydrit u. a. Weiß bis grau, oft rot (durch Fe-Oxide); Fettglanz; n_{XYZ} = 1,547, 1,562, 1,567, durchsch. H 3 bis $3^1/_2$; Spaltbarkeit 4 (100). D 2,77. In Wasser z. T. löslich, es verbleibt ein Rückstand von Gips. Bildet sich aus Lösungen mit Ca, Mg und K in großem Temperaturintervall von 0 bis 80 °C. Polyhalit ist in den Kalisalzlagerstätten des mitteleuropäischen Zechsteins und anderen Gebieten sehr häufig, z. B. in der sog. »Polyhalitregion« in den Salzlagern von Staßfurt. Weiter vom Salzkammergut in Österreich (Ischl, Hallstadt), USA u. a. Gelegentlich als Kalisalz genutzt.

Görgeyit (Micheewit): $K_2Ca_5[SO_4]_6 \cdot 1{,}5\,H_2O$; monoklin. D 2,77. Dargestellt von VAN'T HOFF, selten in natürlichen Kalisalzen.

Syngenit: $K_2Ca[SO_4]_2 \cdot H_2O$; monoklin. xx tafelig bis prismatisch. Krusten und blättrige Aggregate. # 4 (110) und (100). H $2^1/_2$; D 2,603. Farblos. n_Y = 1,5166. Seltenes Mineral in ozeanischen Salzlagern, z. B. UdSSR (früher Südpolen) und Volkenroda (DDR), Krusten auf Lava von Hawaii.

Koktait: $(NH_4)_2Ca[SO_4]_2 \cdot H_2O$; monoklin. Ist Ammoniumsyngenit. D 2,09; n_Y = 1,532. Lignit-Grube b. Kyjov (SO-Mähren, ČSSR).

Glauberit: $Na_2Ca[SO_4]_2$; monoklin (prism.). Verwandt mit Anhydrit. Tafelige, prismatische oder dipyramidale xx. # 4 (001). H $2^1/_2$ bis 3; D 2,75. Glas- und Perlgl. Grau, gelblich, auch rot; oft durchs. Im Wasser wird Na_2SO_4 aufgelöst und Gips abgeschieden. Schmeckt leicht salzig. n_{XYZ} = 1,515; 1,535; 1,536. Weit verbreitet in ozeanischen Salzlagern und Absätzen von Binnenseen; in Sedimenten arider Gebiete, in Blasenräumen basischer Ergußsteine, als Fumarolenabsatz und in Nitratlagern. In vielen deutschen Kaligruben, so Dingelstedt bei Halberstadt, Douglashall b. Westeregeln und Bernburg (DDR). Reichlich Hallstadt (Österreich); Vulcano (Liparische Inseln, Italien); Atakama-Wüste (N-Chile); Searles Lake (Calif., USA) usw. Wurde zur Sodagewinnung benutzt. *Hydroglauberit* mit 6 H_2O; mit Glauberit in Tonen.

Glaserit (Aphthitalit): $K_3Na[SO_4]_2$; trigonal. Dünn- bis dicktafelige trigonale xx (s. Bild 13.21); H 3; D 2,656. Schmeckt bitter-salzig. n_{OE} = 1,491; 1,499. Verwachsen und in Kalisalzen von Volkenroda, ferner in kainitischen Hutgesteinen von Staßfurt und Westeregeln (alle DDR). Bildet Krusten in Fumarolen und in ozeanischen Salzlagern und Absätzen von Binnenseen. Vesuv und Ätna (Italien); Kilauea (Hawaii); Californien (USA). Ein *Ammonium-Glaserit* mit (NH_4) für K wurde im Guano von Peru gefunden.

Bild 13.20. Verzwillingte Polyhalit-Blasten in feinkörniger Polyhalit-Grundmasse, Staßfurtsteinsalz, Staßfurt(DDR). Dünnschliff, Vergr. 55 × + Nic. [253]

Bild 13.21. Tafeliger Glaserit-Kristall

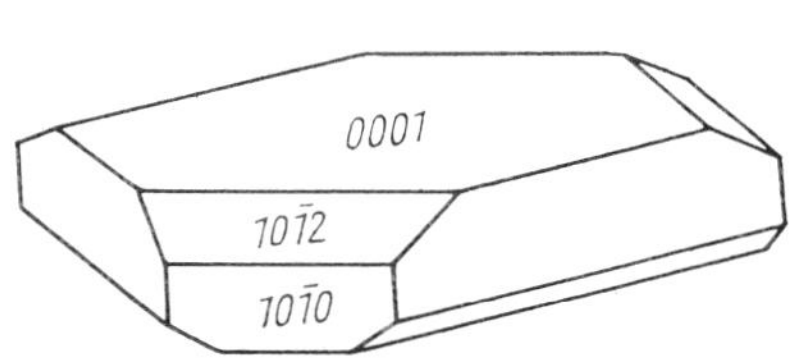

Palmierit: $K_2Pb[SO_4]_2$; trigonal. Mikroskopisch kleine glimmerartige farblose Täfelchen. D ≈ 4,5. Fumarolenabsatz des Vesuvs.

Vanthoffit: $Na_6Mg[SO_4]_4$; monoklin (?). Dicht, unregelmäßige Körner, Aggregate. H $3^1/_2$, bröcklig; D 2,694. $n_Y = 1{,}488$. In ozeanischen Salzlagern. Kaligrube Dingelstedt b. Halberstadt; Staßfurt, Klein Schierstedt bei Aschersleben, Roßleben (alle DDR).

Langbeinit: $K_2Mg_2[SO_4]_3$; kubisch (tetartoid). xx selten (s. Bild 13.22); meist schichtgebundene, massige Anreicherungen, seltener charakteristische, vielfach skelettförmige Kristalle bis Dezimetergröße. H $3^1/_2$ bis 4; D 2,83. Piezoelektrisch, besitzt Triboluminescenz. n = 1,5347. Löst sich sehr langsam in Wasser. Farblos. Nur in ozeanischen Salzlagern. Dingelstedt bei Halberstadt, Staßfurt, Aschersleben, Roßleben, Bernburg (alle DDR); hier stets unter Hartsalz. Hall und Hallstadt (Österreich). Reichlich Stebnica (Südpolen) und Carlsbad (New Mexiko, USA).

Manganolangbeinit: $K_2Mn_2[SO_4]_3$; kubisch. Kleine rosarote Tetraeder; D 3,02. n = 1,572, Vesuv, in einer Lavahöhle.

Astrakanit (Blödit): $Na_2Mg[SO_4]_2 \cdot 4\,H_2O$; monoklin (prism.). xx kurzprismatisch, meist dicht, körnig (s. Bild 13.23). H $2^1/_2$ bis 3; D 2,25. Farblos, auch bläulich grün oder rötlich. $n_{XYZ} = 1{,}483$; 1,486; leicht löslich in kaltem Wasser. In ozeanischen Salzlagern und in Absätzen von Binnenseen. Im deutschen Zechstein u. a. in Staßfurt, Bernburg, Aschersleben, Roßleben (alle DDR); ferner Ischl (Österreich); Sizilien; Atakama (Chile).

Leonit: $K_2Mg[SO_4]_2 \cdot 4\,H_2O$; monoklin. D 2,201. Farblos, gelblich. $n_Y = 1{,}482$. Sekundär in ozeanischen Salzlagerstätten Westeregeln, Leopoldshall, Neustaßfurt (alle DDR).

Mit dem Schönit sind die drei folgenden Minerale isotyp (monoklin-prism.); künstlich »Tuttonsche Salze«

Schönit (Pikromerit): $K_2Mg[SO_4]_2 \cdot 6\,H_2O$; xx kurzprismatisch; krustig, dicht. D 2,028. Farblos, schwach gefärbt. $n_Y = 1{,}4629$. Spärlich an Vesuvfumarolen; in kainitischen Hutzonen ozeanischer Salzlager.

Cyanochroit: $K_2Cu[SO_4]_2 \cdot 6\,H_2O$; kristalline Krusten. D 2,224; grünlich blau; wasserlöslich. $n_Y = 1{,}486$. Fumarolen des Vesuvs.

Bild 13.22. Langbeinit
Idioblastische Kristalle in rotem polyhalitischem Hartsalz. Roßleben im Unstruttal (DDR), Flöz Staßfurt, etwa $^1/_2$ nat. Größe [44, 221]

Bild 13.23. Kristall von Astrakanit
Hallstadt (Österreich) [20]

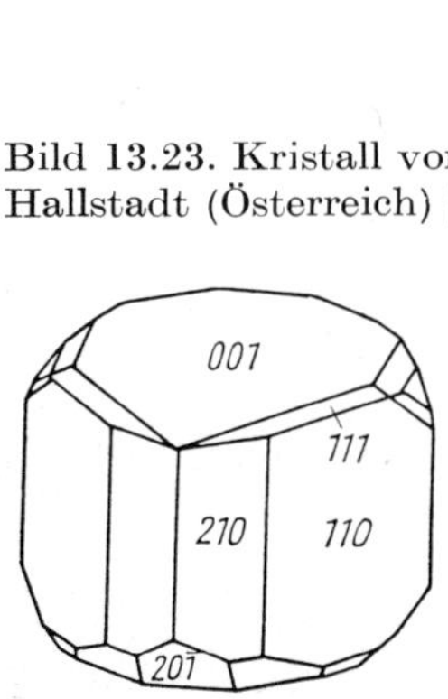

Boussingaultit: $(NH_4)_2Mg[SO_4]_2 \cdot 6\,H_2O$; meist dicht in Krusten. D 1,722. Farblos bis gelblichrosa; wasserlöslich. $n_Y = 1{,}4730$. In Borsäurefumarolen der Toskana (Italien), auch Californien (USA); über verbranntem Kohlenflöz.

Weiterhin gehören hierher:

Löweit: $Na_{12}Mg_7[SO_4]_{13} \cdot 15\,H_2O$; trigonal. Körner in anderen Salzen. H $2^1/_2$ bis 3; D 2,374 bis 2,423; wasserlöslich. Meist farblose, seltener gelblich bis rötlich. $n_{OE} = 1{,}490$; 1,471. Nur in ozeanischen Salzlagern. Staßfurt, Aschersleben, Bernburg, Roßleben (alle DDR), Hallstadt (Österreich).

Uklonskowit: $NaMg[OH/SO_4] \cdot 2\,H_2O$; monoklin. Prismatische xx bis 2 mm Länge; aus Hohlräumen in Salzton des Amu-Darja-Deltas (UdSSR), zusammen mit Glauberit, Astrakanit, Polyhalit u. a.; D 2,5; $n_X = 1{,}476$.

Humberstonit: $Na_7K_3Mg_2(SO_4)_6(NO_3)_2 \cdot 6\,H_2O$; hexagonal. Kleinste farblose xx aus Salpeter der Atakama-Wüste (Chile). H 2 bis 3; D 2,252.

Kalistronit: $K_2Sr[SO_4]_2$; trigonal. Prismatische xx (bis 2 cm Länge) oder sechseckige Tafeln, Neubildung in salzhaltigem Anhydrit (UdSSR). H 2; D 3,20; $n_O = 1{,}569$.

Cesanit: $Na_3Ca_2[(OH)(SO_4)_3]$; hexagonal (isotyp mit Apatit). Farblos, $n_0 = 1{,}570$. Von Geothermalfeld Cesano (Italien).

Kainit: $KMg[Cl/SO_4] \cdot 3\,H_2O$

Auch $MgSO_4 \cdot KCl \cdot 3\,H_2O$, mit 11% K_2O-Gehalt und gelegentlich etwas Na. Monoklin; selten tafelige und prismatische xx (s. Bild 13.24), meist kompakte, feinkörnige Massen, in enger Paragenese mit Carnallit, Schönit, Kieserit, Halit, Anhydrit u. a. Farbe meist gelb und grau, auch rot; Glasglanz; $n_{XYZ} = 1{,}494$; 1,505, 1,520. H 3. D 3,1. Leicht wasserlöslich mit salzig-bitterem Geschmack; nicht hygroskopisch! Am bekanntesten als Hutbildung der deutschen Zechsteinlagerstätten, dort aus Carnallit oder Hartsalz entstanden, jedoch auch ohne »Huteinflüsse« in geringer Konzentration in $MgSO_4$-haltigen Hartsalzen weit verbreitet. Früher bedeutendes Kalidüngemittel (der größte Teil des früher als »Kainit« verkauften Salzes war gemahlenes kieseritisches oder polysulfatisches Hartsalz).

Anhydrokainit: angeblich $KMg[Cl/SO_4]$. *D'Ansit:* $Na_{21}Mg\ [Cl_3|(SO_4)_{10}]$; kubisch. In Salzlagerstätten.

Sulfohalit: $Na_6[F/Cl/(SO_4)_2]$; kubisch. Meist (110), auch Oktaeder. D 2,500. n = 1,455. Searles (Borax) Lake (Calif., USA), hier bis 3 cm große xx. Etoscha Salzpfanne nördl. Otavi (Namibia).

Galeit: $Na_3[(F, Cl)/SO_4]$ auch $Na_{15}(SO_4)_5F_4Cl$; hexagonal. D 2,605; $n_O = 1{,}447$. Searles Lake (Calif., USA).

Schairerit: $Na_3[(F, Cl)/SO_4]$; trigonal. Rhomboeder. D 2,612. $n_O = 1{,}445$; löslich in Wasser. Searles Lake (Calif., USA). Ähnlich *Kogarkoit* $Na_3(SO_4)F$; monoklin. In Nephelinsyenit und in Sublimaten heißer Quellen.

Burkeit: $Na_6[CO_3/(SO_4)_2]$; rhombisch. D 2,57. Searles Lake (Calif., USA).

Hanksit: $KNa_{22}[Cl/(CO_3)_2/(SO_4)_9]$; hexagonal. xx bis zu 10 cm groß; kurze hexagonale Prismen oder quarzähnlich. ⋕ 3 (0001). H 3 bis $3^1/_2$. D 2,562; $n_{OE} = 1{,}481$; 1,461. Searles Lake und Death Valley (beide Calif., USA).

Tatarskit: $Ca_3Mg[SO_4/SO_3/Cl_2/(OH)_2] \cdot 3{,}5\,H_2O$; rhombisch (?). Farblos bis gelblich-durchsichtige, kryptokristalline Massen, in Anhydrit von Salzlagerstätte der UdSSR. H $2^1/_2$; D 2,341; $n_Y = 1{,}654$.

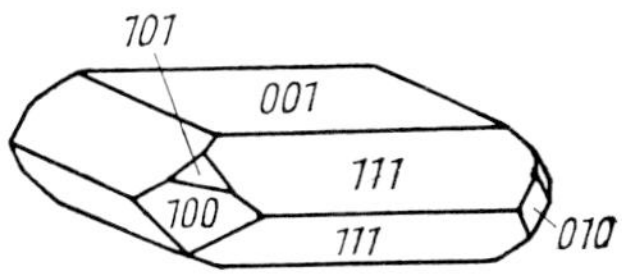

Bild 13.24. Kristall von Kainit [99]

13.6. Alaun–Chalkanthit-Gruppe

Hier werden Sulfate zusammengefaßt, die infolge der Beteiligung von ein- und dreiwertigen Kationen stets durch Gehalt an Wasser und anderen Komponenten relativ komplex zusammengesetzt sind. Sie sind *überwiegend Verwitterungsbildungen*, sehr häufig als Oxydationszonen von Erzlagerstätten, jedoch *nicht* des Salinars. Wir besprechen diese zahlenmäßig umfangreiche Gruppe in folgender Untergliederung:

a) einfache und komplexe Al-Sulfate
b) Fe-Sulfate
c) Cu-Sulfate
d) Zn-, Pb-, Ni-, Co-, Mn-Sulfate

Der größte Teil dieser Minerale wird auch unter dem Begriff der »Vitriole« zusammengefaßt.

a) Einfache und komplexe Al-Sulfate

Wir untergliedern hier in die

- Al-Sulfate (Typ Aluminit)
- Alkali–Al-Sulfate (Typ Alaun)
- CaFe...–Al-Sulfate (Typ Halotrichit-Ettringit)
  Anhang: Sulfat-Phosphate

Al-Sulfate vom Typ Aluminit:

Aluminit: $Al_2[(OH)_4/SO_4] \cdot 7\,H_2O$; monoklin (?). Weiße knollige und nierige Massen, die aus kleinen Fasern bestehen; sphärolithisch; als Trümer. Bruch erdig; bröckelig. H 1 bis 2; D 1,66 bis 1,82. $n_Y = 1{,}464$. Löslich in Säuren. Entstanden durch Einwirkung von Sulfatlösungen auf Al-Silikate. Bei Halle (DDR); b. Kralup (ČSSR); Auteuil b. Paris (Frankreich) usw. *Meta-Aluminit:* $Al_2[(OH)_4/SO_4] \cdot 5\,H_2O$; monoklin (?). Mikrokristalline weiße Massen aus winzigen leistenförmigen xx, mit Gips aus Sandstein in Utah (USA). D 1,85; $n_Y = 1{,}512$. *Paraaluminit* soll sich durch höheren Wassergehalt vom folgenden Felsöbányit unterscheiden.

Felsöbányit: $Al_4[(OH)_{10}/SO_4] \cdot 5\,H_2O$; rhombisch. Kugelige strahlige Aggregate blättriger, gelber bis weißer xx. H $1^1/_2$; D 2,33. $n_Y = 1{,}518$. Baia Sprie (ehem. Felsöbánya, SR Rumänien).

Basaluminit: hexagonal (?), dieselbe Formel wie Felsöbányit, doch anderes Pulverdiagramm. Weiße Massen; muscheliger Bruch. D 2,12; $n \approx 1{,}517$, Spaltenabsätze und Trümer; z. B. Irchester (England). *Hydrobasaluminit:* Formel wie Basaluminit, doch mit 36 H_2O. Weiße plastische tonartige Massen. Zerfällt an der Luft zu pulvrigem Basaluminit. Irchester (England).

Winebergit: $Al_4[(OH)_{10}/SO_4] \cdot 7\,H_2O$. In Grubenschlamm und Quellabsätzen; weiß; z. B. Bodenmais (Bayern, BRD).

Trudellit: $Al_{10}[(OH)_4/Cl_4/SO_4]_3 \cdot 30\,H_2O$; hexagonal. Derbe Massen. D 1,93; bernsteingelb. Cerro Pintados (N-Chile).

Zinkaluminit: $Zn_3Al_3[(OH)_{18}/SO_4] \cdot 2\,H_2O$; hexagonal. Sehr kleine dünne hexagonale Täfelchen, die Büschel und Krusten bilden. D 2,26. Weiß bis blaßblau. Laurion (Griechenland).

Khademit: $Al(SO_4)OH \cdot 5\,H_2O$; rhombisch. Von Saghand (Iran). D 1,925; $n_Y = 1{,}460$.

Alunogen: $Al_2[SO_4]_3 \cdot 18\,H_2O$; triklin. Seltene und kleine xx; meist faserige Massen und Krusten. Dicht. H $1^1/_2$ bis 2, D 1,77. Einzel-xx farblos, Aggregate weiß, gelblich, rötlich. Schmeckt wie Alaun. $n_Y = 1{,}461$. Leicht wasserlöslich. Entsteht durch Einwirkung von Sulfatlösungen auf Al-haltige Minerale in Kohlenflözen, Schiefertonen und Schiefern, die Pyrit oder Markasit führen; an Fumarolen und Solfataren. Kolosoruk (ČSSR); Friesdorf b. Bonn (BRD); Opalgruben von Červenica (Kosice, ČSSR); Vesuv und Pozzuoli b. Neapel (Itallen), auch verschiedentlich in der DDR. Mischkristalle sind: *Ferri-Alunogen* (Tekticit): $(Al, Fe^{3+})_2[SO_4]_3 \cdot 18\,H_2O$. *Phosphor-Alunogen:* $Al_2[PO_3OH/(SO_4)_2] \cdot 18\,H_2O$. *Meta-Alunogen* mit $13^1/_2$ statt 18 H_2O ist eine Pseudomorphose nach Alunogen, monoklin; Chile.

Zaherit: $Al_{12}(SO_4)_5(OH)_{26} \cdot 20\,H_2O$; isotrop. D 2,007. In Kaolinit von Salt Range (Pakistan).

Rostit: $Al(SO_4)(OH) \cdot 5\,H_2O$; rhombisch. Von Libušin b. Kladno (ČSSR).

Alkali–Al-Sulfate vom Typ Alaun

Kalialaun: $KAl[SO_4]_2 \cdot 12\,H_2O$

Theor. 9,9% H_2O, 10,8% Al_2O_3, 33,8% SO_3, 45,5% H_2O; z. T. Mischkristalle mit Natron- und Ammonalaun (s. unten). Kubisch (disdodekaedrisch). Selten größere **xx**, meist in Form von Krusten, Anflügen, Ausblühungen und erdigen Massen. Farblos und glasglänzend, n = 1,456 (oft anisotrop). H 2; D 1,76. Leicht in Wasser löslich (Löslichkeit ≈ 150 g/l bei 20 °C). Bildet sich meist aus schwefelkieshaltigen bis -reichen Sedimentgesteinen bei der Verwitterung, so aus Tonen, Tonschiefern, Schwarzschiefern (Alaunschiefern) und Braunkohlen; auch in tiefthermalen Ausschei-

Bild 13.25. »Feengrotten« von Saalfeld (DDR). Ehemaliger Bergbau auf Alaunschiefer [251]

dungen in Vulkangebieten (z. B. Solfatara bei Neapel und Katmai in Alaska). Gewonnen wurde Alaun früher z. B. aus den Alaunerden von Tambov und Uljanovsk (UdSSR) und den Alaunschiefern Thüringens (DDR). Letzterer wurde bergmännisch gewonnen (Feengrotten b. Saalfeld, s. Bild 13.25), der Verwitterung ausgesetzt und/oder mit Wasser begossen; aus der Lösung gewann man Alaun durch Eindampfen. Heute nur künstlich durch Behandlung Al-reicher Gesteine (Kaolin, Ton, Bauxit) mit H_2SO_4 und Zusatz eines Kalisalzes; oft auch Nebenprodukt der chemischen Industrie. Wichtiger chemischer Grundstoff; direkter Einsatz u. a. in der Farben-, pharmazeutischen, kosmetischen, Leder-, Papier- und polygraphischen Industrie.

Gleichfalls kubisch kristallisieren folgende Alaune; sie bilden verschiedentlich Mischkristalle:

Natronalaun: $NaAl[SO_4]_2 \cdot 12\ H_2O$. Ähnlich Kalialaun, wegen seiner leichten Zersetzbarkeit an Luft jedoch viel seltener.

Ammon-Alaun (Tschermigit): $NH_4Al[SO_4]_2 \cdot 12\ H_2O$. Faserige Massen und Ausblühungen. H $1^1/_2$; D 1,645. n = 1,459. In Braunkohlenflözen und bituminösen Schiefertonen; in Fumarolen und auf brennenden Kohlehalden, Tschermig b. Kadan (ČSSR); Solfatara bei Neapel (Italien).

Alunit: $KAl_3[(OH)_6/(SO_4)_2]$ Alaunstein

Theor. 11,4% K_2O, 37,0% Al_2O_3, 38,6% SO_3, 13,0% H_2O; bei Na-Gehalt *Natroalunit*; gelegentlich Spuren von Seltenen Erden. Trigonal; die kleinen Kristalle sind meist dickrhomboedrisch (pseudokubisch s. Bild 13.26). Überwiegend dichte, feinkörnige und erdige Massen. Farblos bis weiß, verschiedentlich blaß gefärbt. Glasglanz, n_{OE} = 1,572, 1,592. H max. 4; Spaltbarkeit 2 (0001). D 2,8. In H_2O und HCl unlöslich, in KOH und heißer H_2SO_4 löslich. Schwer von anderen ähnlichen Mineralen wie z. B. Aluminit zu unterscheiden. Entsteht v. a. durch »Alunitisierung« von kalifeldspatreichen (oft vulkanischen) Gesteinen, d. h. durch Beeinflussung mit schwefelsauren oxydierenden Oberflächen- oder aszendent-hydrothermalen Wässern. Aus erhitzten alunitisierten Gesteinen wird durch Behandlung mit H_2SO_4 Alaun und Al-Sulfat gewonnen. Alunitlagerstätten sind u. a. aus der ČSSR, Rumänien, Spanien, Frankreich, Italien, USA, Australien, in der DDR von Wurzen bekannt. Auch Al-Rohstoff.

Ferroalunit: $K(AlFe^{3+})_3[(OH)_3(SO_4)_4]_2$; trigonal. Junge Trumfüllung in Pb–Zn–Cu-Lagerstätte (Grusin. SSR, UdSSR). n_o = 1,620.

Krausit: $KFe^{3+}[SO_4]_2 \cdot H_2O$; monoklin. xx kurzprismatisch. D 2,840; gelb, n_Y = 1,650. Calico Hill (Calif., USA).

Tamarugit: $NaAl[SO_4]_2 \cdot 6\ H_2O$; monoklin. xx tafelig oder kurzprismatisch, faserig, feinkörnig. # 4 (010). D 2,07. n_Y = 1,486. Sekundär. In Trockengebieten, z. B. Tamarugal Pampa (Chile).

Amarillit: $NaFe^{3+}[SO_4]_2 \cdot 6\ H_2O$; wohl isotyp mit Tamarugit. Dicktafelige xx. D 2,19. Trümer in Coquimbit, Copiapó (Chile).

Mendozit: $NaAl[SO_4]_2 \cdot 11\ H_2O$ (?); monoklin. Faserige Massen (Faseralaun). D 1,730. Bei Mendoza (Argentinien).

Kalinit: $KAl[SO_4]_2 \cdot 11\ H_2O$ (?); monoklin (?). Faserige Massen. n_Y = 1,452. Australien.

Ca, Fe ... — Al-Sulfate von Typ Halotrichit-Ettringit

Halotrichit: $FeAl_2[SO_4]_4 \cdot 22\ H_2O$
Auch Eisenalaun oder Haarsalz genannt. Fasrig und haarförmig, weißlich bis grünlich, seidengl. n_Y = 1,49.

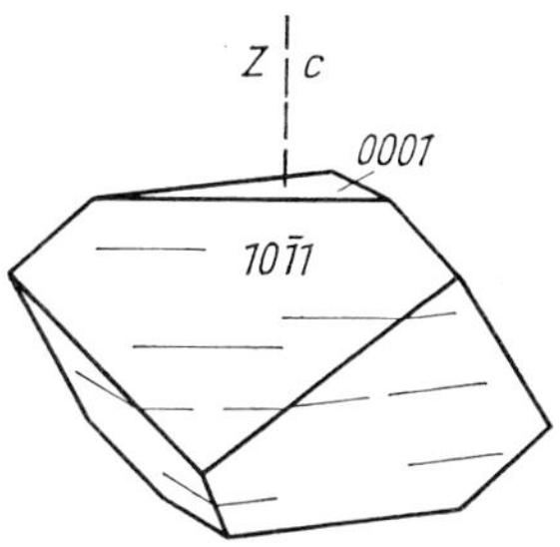

Bild 13.26. Kristall von Alunit
Kennzeichnung der kristallographischen und optischen Orientierung und der Spaltbarkeit [49]

Leicht wasserlöslich. Verwitterungsprodukt von »Schwefelkiesen«, z. B. in Erzlagerstätten, Braunkohlen, pyrithaltigen Schiefern usw., auch als Fumarolenbildung.

An Halotrichit schließen sich die anderen, wohl isotypen (monoklinen) »Federalaune« an; alle haben faserigen Habitus.

Pickeringit: $MgAl_2[SO_4]_4 \cdot 22\ H_2O$. Ähnlich Halotrichit. D 1,73 bis 1,79. Farblos, weiß. $n_Y = 1{,}480$. Entsteht wie Halotrichit; bei Saalfeld und Lehesten (Thür., DDR); vgl. Bild 13.25.

Weilerit: $BaAl_3[(OH)_6/SO_4/AsO_4]$ (?), trigonal. Winzige Rhomboeder in weißer erdiger Substanz, krustenförmig auf Hornstein und Baryt, aus dem Schwarzwald (BRD).

Chalkoalumit: $CuAl_4[(OH)_{12}/SO_4] \cdot 3\ H_2O$; monoklin. Poröse traubige Krusten aus winzigen verfilzten Fasern. D 2,29; türkisgrün, blaßblau; Strich weiß. $n_Y = 1{,}525$. Dünne Krusten auf Limonitstalaktiten in Bisbee (Arizona, USA). *Nickelalumit* hat 75 % Ni statt Cu.

Dietrichit: $ZnAl_2[SO_4]_4 \cdot 22\ H_2O$. $n_Y = 1{,}480$. Baia Sprie (SR Rumänien).

Apjohnit: $MnAl_2[SO_4]_4 \cdot 22\ H_2O$ (Manganalaun); D 1,78. Weiß oder blaß gefärbt. Delagoa Bay (Tansania).

Bilinit: $Fe^{2+}Fe_2^{3+}[SO_4]_4 \cdot 22\ H_2O$. D 1,875. n = 1,500, weiß, gelblich. Im Lignit bei Bilin (ČSSR).

Mischkristalle sind *Bosjemanit,* ein Mn-haltiger Pickeringit. *Masrit:* Mn–Co-haltiger Pickeringit (?). Ähnlich *Kasparit* (Co-haltig). Ferner: *Redingtonit, Sonomait, Dumreicherit, Aromit, Rubrit,* die meist ungenügend bekannt sind.

Schlossmacherit: $(H_2O, Ca)Al_3[(OH)_6/(S, As)O_4)]_2$; trigonal. Grün. Guanaco (Chile).

Der Ettringit und die folgenden Minerale leiten sich strukturell von Kainit ab:

Ettringit: $Ca_6Al_2[(OH)_4/SO_4]_3 \cdot 26\ H_2O$; hexagonal. Kleine farblose prismatische xx. # 4(10$\bar{1}$0), D 1,77. $n_o = 1{,}4655$. In Hohlräumen metamorphosierten Kalksteins in Lava bei Ettringen (Eifel, BRD), in einer Kontaktzone von Scawt Hill (Irland).

Creedit: $Ca_3Al_2[(F, OH)_{10}/SO_4] \cdot 2\ H_2O$; monoklin; xx kurzprismatisch bis nadelig; strahlige und warzenartige Aggregate. H 4; D 2,71. Farblos. $n_Y = 1{,}478$. Im Fluorit–Baryt-Gang bei Creede quadrangle (Color., USA), Kasachstan (UdSSR).

Sideronatrit: $Na_2Fe^{3+}[OH/(SO_4)_2] \cdot 3\ H_2O$; rhombisch (?). Winzige Nadeln; knollige Massen, faserige Krusten; pulvrig. H $1^1/_2$ bis $2^1/_2$; D 2,15 bis 2,35; gelb, blaß orange. $n_Y = 1{,}525$. In sehr trockenen Ländern, entstanden durch Verwitterung von Sulfiden; Mehrorts in Chile; Bolivien; Insel im Kaspischen Meer (UdSSR). *Metasideronatrit:* Dieselbe Formel wie Sideronatrit, doch $1^1/_2\ H_2O$; rhombisch. Meist grob- bis feinkörnige kristalline Aggregate. D 2,46; goldgelb. Chuquicamata (Chile), gemengt mit Metavoltin.

Metavoltin: α-$K_5Fe_3^{3+}[OH/(SO_4)_3]_2 \cdot 8\ H_2O$; hexagonal. Sechseckige winzige Täfelchen; körnige oder schuppige Aggregate. D 2,5; gelblich bis grünlichbraun. $n_{OE} = 1{,}595$; 1,581. Wassergehalt unsicher. Madeni Zakh (Iran) in verwittertem pyritischem Trachyt; Grotta dello Zolfo b. Neapel (Italien) u. a. O.

Ungemachit: $K_3Na_9Fe^{3+}[OH/(SO_4)_2]_3 \cdot 9\ H_2O$; trigonal. Dicktafelig. # 4 (0001). H $2^1/_2$; D 2,287; farblos bis blaßgelb. Chuquicamata (N-Chile), als Spaltenfüllung. *Klinoungemachit:* Dieselbe Formel, doch monoklin (pseudorhombisch); sehr ähnlich Ungemachit. Sehr selten.

Dem folgenden Woodhouseit sind eine Reihe von *Sulfat-Phosphaten* isotyp; sie kristallisieren ditrigonal-skalenoedrisch und sind pseudokubisch:

Woodhouseit: $CaAl_3[(OH)_6/SO_4PO_4]$. Kleine xx. H $4^1/_2$; D 3,012. Farblos bis fleischrot. n_o = 1,636. White Mountain (Calif., USA).

Svanbergit: $SrAl_3[(OH)_6/SO_4PO_4]$; Habitus rhomboedrisch, manchmal pseudokubisch; körnig. H 5; D 3,22. Farblos, gelb, rosa. n_{OE} = 1,631; 1,646. Meist aszendent. Horrsjöberg (Wermland, Schweden) u. a. *Harttit* ist eine Abart von Svanbergit, in der Ca einen Teil des Sr vertritt; Paraguassu (Brasilien). *Munkforssit:* Ist Svanbergit ähnlich, soll aber monoklin und frei von OH sein. *Munkrudit:* Ist angeblich ein verwandtes Sulfatphosphat von Fe^{2+}, Ca und wenig Al.

Hinsdalit: $PbAl_3[(OH)_6/SO_4]$; D 3,65. Fast farblos. n_o = 1,671. Lake City (Color., USA), auch Dernbach bei Montabaur (BRD)

Hidalgoit: $PbAl_3[(OH)_6/SO_4AsO_4]$. Zellige bis dichte weiße Massen; n = 1,713. Bei Zimapan (Mexiko).

Corkit: $PbFe_3^{3+}[(OH)_6/SO_4PO_4]$. Dunkel- bis blaßgrün. D 4,295. n = 1,96. County Cork (Irland), Dernbach bei Montabaur im Westerwald (BRD).

Beudantit: Formel des Corkit mit As für P. D 4 bis 4,3; schwarz, dunkelgrün, braun. Horhausen (BRD).

b) Eisensulfate

Melanterit: $Fe[SO_4] \cdot 7\,H_2O$ Eisenvitriol

Theor. 25,9% FeO, 28,8% SO_3, 45,3% H_2O; in Spuren Mg, Ni, Co, Cu, Zn und Mn. Monoklin; Kristalle mit rhomboedrischem Habitus, auch nadelig und haarförmig; häufig Krusten, Ausblühungen, Überzüge und Stalaktiten. Farbe grün, oft auch braun, grau bis schwarz, aber weißer Strich, durchs., Glasglanz; n_Y = 1,478. H 2; Spaltbarkeit 4 (001), muscheliger Bruch. D 1,82. Leicht in Wasser löslich, mit tintenartigem Geschmack. Verwitterungsprodukt von Eisensulfiden, auf Alaunschiefern und Tonen; stets aber nur unter reduzierenden Bedingungen gebildet (nicht Oxydationszonen). Mit Gips und anderen Sulfaten aus Grubengebäuden von Kieslagerstätten wie Rammelsberg (Harz, BRD), Rio Tinto (Spanien), Falun (Schweden), Bljava (Ural, UdSSR). Zur Herstellung von Farben (z. B. Berliner Blau) für Wolle und Leder sowie für Tinte und andere Zwecke.

Kupfer-Melanterit (Pisanit): $(Fe, Cu)[SO_4] \cdot 7\,H_2O$; blaßblau. *Zink-Melanterit* (Sommairit); *Magnesium-Melanterit* (Kirovit, Cuprokirovit), von Laurion (Griechenland); *Mangan-Melanterit* (Luckyit).

Tauriscit: $Fe[SO_4] \cdot 7\,H_2O$ (?); rhombisch. Gute xx, sehr ähnlich Epsomit. Windgälle (Kanton Uri, Schweiz).

Ferrohexahydrit: $Fe(SO_4) \cdot 6\,H_2O$. Entsteht aus Melanterit.

Siderotil: $Fe[SO_4] \cdot 5\,H_2O$ (?); selten! Faserige Krusten und Gruppen nadeliger xx; weiß, gelblich, grünlich. n_Y = 1,537. Idrija (Jugoslawien).

Szomolnokit (Schmöllnitzit): $Fe[SO_4] \cdot H_2O$; monoklin. Isotyp mit Kieserit. Meist gestörte xx; kugelige und stalaktitische Aggregate. D 2,05; hellgelb bis rötlichbraun, blau, farblos. n_Y = 1,623. Smolník (ČSSR); früher Szomolnok bzw. Schmöllnitz

Rozenit: $Fe[SO_4] \cdot 4\,H_2O$; monoklin. Umwandlungsprodukt von Melanterit. D 2,195; n_Y = 1,536.

Mohrit: $(NH_4)_2Fe[SO_4]_2 \cdot 6\,H_2O$; monoklin. Bis 3 mm große blättrige xx, die aus borhaltigen Salzlösungen von Toscana (Italien) ausfallen. D 1,862 bis 1,870; n_X = 1,486.

Rhomboklas: $Fe^{3+}H[SO_4]_2 \cdot 4\,H_2O$; rhombisch. Dünntafelige weiße xx; stalaktitisch. H 2; D 2,23. n_Y = 1,553. Szomolnok (ČSSR).

Lausenit: $Fe_2^{3+}[SO_4]_3 \cdot 6\,H_2O$; monoklin. Klumpen von winzigen seidigglänzenden weißen Fasern. n_Y = 1,628. Grubenbrandbildung.

Kornelit: $Fe_2^{3+}[SO_4]_3 \cdot 7^1/_2\,H_2O$; monoklin; Krusten und kugeligfaserige Massen. Blaßrosa bis violett. D 2,306. Szomolnok (ČSSR).

Coquimbit: $Fe_2^{3+}[SO_4]_3 \cdot 9\,H_2O$; hexagonal. xx kurzprismatisch oder pyramidisch. Auch dicht, körnig. H $2^1/_2$; D 2,11. Blaß bis dunkelviolett, gelblich, grünlich. n_{OE} = 1,546; 1,555, schwankend. Reichlich in Chile, z. B. Chuquicamata; Rammelsberg (Harz, BRD).

Paracoquimbit: $Fe_2^{3+}[SO_4]_3 \cdot 9\,H_2O$; trigonal. Sonst dem Coquimbit sehr ähnlich. Chile.

Quenstedtit: $Fe_2^{3+}[SO_4]_3 \cdot 10\,H_2O$; triklin. Winzige, zuweilen flächenreiche xx. Blaß- oder rötlichviolett. n_Y = 1,566. Mit Coquimbit und Copiapit in Chile. Wandelt sich in Coquimbit um.

Butlerit: $Fe^{3+}[OH/SO_4] \cdot 2\,H_2O$; monoklin (pseudorhombisch). xx meist tafelig. Tief orange; D 2,55. n_Y = 1,655 bis 1,678. Jerome (Arizona, USA), hier in brennendem pyritischem Erz gebildet.

Parabutlerit: $Fe^{3+}[OH/SO_4] \cdot 2\,H_2O$; rhombisch. Orientiert verwachsen mit Butlerit. D 2,55; hell orange. N-Chile, entstanden aus Copiapit.

Amarantit: $Fe^{3+}[OH/SO_4] \cdot 3\,H_2O$; triklin. Oft strahlige oder filzige Aggregate; bräunlichrot. n_Y = 1,598. Tierra Amarilla, Chuquicamata (beide Chile).

Hohmannit: $Fe^{3+}[OH/SO_4] \cdot 3^1/_2\,H_2O$; triklin. Meist körnige Aggregate. D 2,2; kastanienbraun; schnelle Umwandlung in Metahohmannit. n = 1,643. Sierra Gorda b. Copiapó (Chuquicamata, Chile). *Castanit* wohl gleich Hohmannit.

Metahohmannit: $Fe^{3+}[OH/SO_4] \cdot 1^1/_2\,H_2O$; opt. zweiachsig, gebildet durch Teilentwässerung von Hohmannit.

Fibroferrit: $Fe^{3+}[OH/SO_4] \cdot 4^1/_2\,H_2O$; rhombisch. Feinfaserige Krusten. D 1,84 bis 2,1; blaßfarben. Argentinien; bei Prag (ČSSR). Ähnlich ist *Planoferrit*, etwa $Fe_2[(OH)_4|SO_4] \cdot 13\,H_2O$

Slavikit: $Fe^{3+}[OH/SO_4] \cdot 8\,H_2O$ (?); hexagonal. Feinkörnig; schuppig. D 1,99; grünlichgelb. n_o = 1,537. Entstanden wie die vorigen Minerale durch Oxydation von Pyrit. Pöham b. Radstadt (Salzburg, Österreich), Argentinien.

Ransomit: $CuFe_2^{3+}[SO_4]_4 \cdot 7\,H_2O$; rhombisch; Fasern und Büschel nadeliger xx. D 2,632; himmelblau. n_Y = 1,643. Grubenbrandbildung (Arizona, USA).

Römerit: $Fe^{2+}Fe_2^{3+}[SO_4]_4 \cdot 14\,H_2O$; triklin. xx dicktafelig; krustige kristalline Aggregate. # 4 (101); H 3 bis $3^1/_2$; D 2,174. Rostbraun bis gelb. n_Y = 1,571. Entsteht durch Oxydation des Pyrits. Rammelsberg (Harz, BRD); Grube Bayerland bei Waldsassen (Bayern, BRD), Chile; USA; auch Grubenbrandbildung.

Zink-Römerit: ist $(Fe^{2+}, Zn)Fe_2^{3+}[SO_4]_4 \cdot 14\,H_2O$.

Louderbackit (Al-Römerit) ist wohl $Fe(Fe^{3+}, Al)_2[SO_4]_4 \cdot 14\,H_2O$.

Phillipit soll $CuFe_2^{3+}[SO_4]_2 \cdot 12\,H_2O$ sein; vielleicht ein Gemenge von Ferrisulfat mit Chalkanthit.

Ferrinatrit: $Na_3Fe^{3+}[SO_4]_3 \cdot 3\,H_2O$; hexagonal. xx kurzprismatisch; faserige Massen; D 2,55 bis 2,61; grau, weiß, bläulichgrün. n_{OE} = 1,558; 1,613. Sekundär; in Trockengebieten und an Fumarolen. Vesuv (Italien); Atakama-Wüste (Chile).

Goldichit: $KFe^{3+}[SO_4]_2 \cdot 4\,H_2O$; monoklin. xx tafelig und gestreckt. Büschel und Krusten; hell gelblichgrün. n_Y = 1,602. Emery Co. (Utah, USA).

Botryogen: $MgFe^{3+}[OH/(SO_4)_2] \cdot 7\,H_2O$; monoklin. Meist nierig-traubige Aggregate mit strahliger Struktur. D 2,14; licht- bis dunkelorangerot. n_Y = 1,530. Entstanden aus Pyrit, bes. in Trockengebieten. Reichlich in N-Chile, z. B. Chuquicamata; Falun (Schweden); Rammelsberg (Harz, BRD).

Copiapit: $(Fe^{2+}Mg)Fe_4^{3+}[OH/(SO_4)_3]_2 \cdot 20\,H_2O$; triklin. Meist lockere Aggregate winziger Schüppchen; als Krusten; xx tafelig. D 2,08 bis 2,17; hell- bis orangegelb; wenn dicht, bis olivgrün. n_{XZ} = 1,530; 1,592. Häufigstes Ferrisulfat! Rammelsberg (Harz, BRD), hier als »Misy« im sog. Kupferrauch; Falun (Schweden), Copiapó (N-Chile) usw. Varietäten: *Magnesio-Copiapit* (Mg für Fe^{2+}); *Cupro-Copiapit* (Cu für Fe^{2+} und Mg); *Ferri-Copiapit*; *Alumino-Copiapit*. *Calcio-Copiapit* = *Tusiit*

Jarosit: $KFe_3^{3+}.[(OH)_6/(SO_4)_2]$ Gelbeisenerz

Benannt nach dem Fundort Barranco Jaroso (Spanien). Theor. 9,4% K_2O; 47,9% Fe_2O_3; 31,9% SO_3; 10,8% H_2O; oft mit etwas Na und Se. Trigonal; xx stets sehr klein und meist mit tafeligem Habitus; überwiegend derbe, krustige, schuppige und faserige Aggregate. Gelb bis braun. Glas- bis Diamantglanz. H $\approx$ 3; D $\approx$ 3,2. Limonitähnlich, bei Verreiben aber fettiges Gefühl. Typisches Mineral der Oxydationszonen, geht in Limonit über (vgl. Bilder 7.6 und 10.46). Indikator für Sulfidlagerstätten (Fe, Pb, Ag).

Varietäten und ähnlich sind:

Calcio-Jarosit: Ist ein Mischkristall mit ($CaFe^{2+}$) für (KFe^{3+}) bzw. $Ca_{0,5}$ für K.

Natrojarosit: $NaFe_3^{3+}[(OH)_6/(SO_4)_2]$; winzige schuppige xx, die erdige Massen oder Krusten bilden. D 3,18. n_{OE} = 1,832; 1,750. Valachow (ČSSR); Soda Springs (Nevada, USA).

Ammoniojarosit: $NH_4Fe_3^{3+}[(OH)_6/(SO_4)_2]$; kleine Klumpen tafeliger Körnchen. D 3,112 (berech.); hell ockergelb. In schwarzem lignitischem Schieferton. Utah (USA); Valachow (ČSSR).

Argentojarosit: $AgFe_3^{3+}[(OH)_6/(SO_4)_2]$; winzige schuppige xx, die Rinden bilden. D 3,66; gelb bis braun. n_o = 1,882. Reichlich Tintic Standard Mine (Utah, USA).

Plumbojarosit: $Pb^{2+}Fe_6^{3+}[(OH)_6/(SO_4)_2]_2$; trigonal. Winzige hexagonale Blättchen. Fühlt sich talkig an. D 3,665; gold- bis dunkelbraun. n_o = 1,875. Weit verbreitet in Trockengebieten. Reichlich bei Bolkardag (südl. Türkei).

Karphosiderit: $(H_3O)Fe_3^{3+}[(OH)_6/(SO_4)_2]$. Sehr ähnlich, vielleicht gleich Jarosit. D 2,496 bis 2,905. n_0 = 1,816. Reichlich Cypern. Damit identisch sind *Cyprusit, Borgströmit, Utahit, Apatelit. Pseudoapatelit* ist vielleicht ein Al-reicher Karphosiderit.

Beaverit: $Pb(Cu, Fe, Al)[(OH)_6/(SO_4)_2]$; trigonal, hellgelb; n_o = 1,85. Horn Silver Mine b. Frisco (Utah, USA) u. a.

Voltait: $K_2Fe_5^{2+}Fe_4^{3+}[SO_4]_{12} \cdot 18\,H_2O$; kubisch (Alauntyp). Würfeliger und oktaedrischer Habitus. D 2,7; grünlichschwarz bis schwarz; opak. n = 1,593 bis 1,608. Vesuv (Italien); Rammelsberg bei Goslar (BRD).

Yavapaiit: $KFe^{3+}[SO_4]_2$; monoklin. Grubenbrandbildung. Von Jerome (Arizona, USA).

c) Kupfersulfate

Die Minerale sind etwa nach zunehmendem Wassergehalt und Komplexheitsgrad aufgeführt:

Chalkocyanit (Hydrocyanit): $Cu[SO_4]$; rhombisch (dipyramid.). xx oft tafelig (010). H $3^1/_2$; D 3,65. Blaßgrün, gelblich, himmelblau. n_Y = 1,733. Fumarolenabsatz am Vesuv (Italien).

Antlerit: $Cu_3[(OH)_4/SO_4]$; rhombisch (dipyramid.). Meist dicktafelige xx; filzig, körnig. ⋕ 4 (010); H $3^1/_2$. D 3,88. Smaragd- bis dunkelgrün, durchs. n_{XYZ} = 1,726; 1,738; 1,789. Kommt in der Oxydationszone von Cu-Lagerstätten arider Gebiete vor. Antler-Mine, Bisbee (Arizona, USA). Antlerit ist ein Haupterz der großen Cu-Lagerstätte Chuquicamata (N-Chile). Identisch ist *Stelznerit.*

Brochantit: $Cu_4[(OH)_6/SO_4]$; monoklin (prismat.). xx klein, kurzprismatisch bis nadelig (s. Bild 13.27). Lockere Aggregate nadeliger xx; Krusten; dicht, körnig, ⋕ 4 (100). H $3^1/_2$ bis 4; D 3,97. Smaragd- bis dunkelgrün. n_{XZ} = 1,728; 1,800. Vorkommen wie der ähnliche Antlerit; begleitet von Malachit, Azurit, Cuprit, Atakamit. Gumeševsk und Nižnij Tagil (Ural, UdSSR), Nassau a. d. Lahn (BRD), Rio Tinto (Spanien); Chuquicamata, Paposo usw. (N-Chile); Bisbee (Arizona, USA).

Dolerophanit: $Cu_2[O/SO_4]$; monoklin. Kleine kastanienbraune bis fast schwarze xx. D 4,17; n_Y = 1,820. Seltener Fumarolenabsatz am Vesuv (Italien).

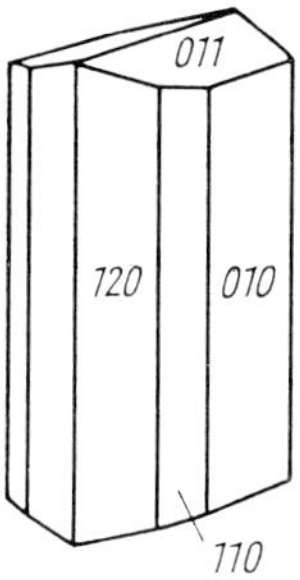

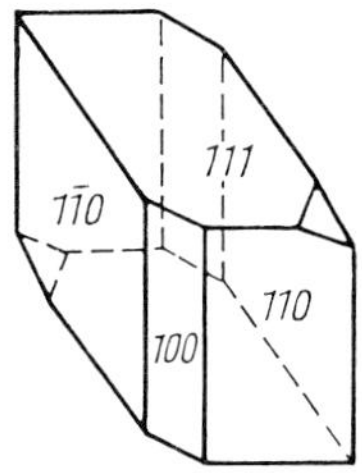

Bild 13.27. Brochantit [99]

Bild 13.28. Chalkanthit, künstlich = Kupfervitriol [99]

Linarit: $PbCu[(OH)_2/SO_4]$; monoklin (prismat.). Flächenreiche kleine azurblaue xx, einzeln oder in Gruppen; Krusten. ⧣ 4 (100); D 5,35. Glas- bis fast Diamgl. n_Y = 1,838. Weitverbreitet, doch stets spärlich, i. d. Oxydationszone von Cu–Pb-Lagerstätten. Linares (S. Spanien); Schapbachtal (BRD); Nerčinsk (UdSSR); Tsumeb (Namibia).

Chlorothionit: $K_2Cu[Cl_2/SO_4]$; rhombisch. Lebhaft blaue Krusten als Fumarolenabsatz. Wasserlöslich. D ≈ 2,67.

Chalkanthit: $Cu[SO_4] \cdot 5\,H_2O$ Kupfervitriol

Name von gr. *chalkos* = Kupfer, und *anthos* = Blüte, also Kupferblüte. Theor. 31,8% CuO, verschiedentlich mit Gehalten an Fe, Zn, V, Co, Mg. Triklin (vgl. Bild 13.28). Kristalle sind selten und klein, meist dichte und faserige Aggregate, oft stalaktitisch oder als Ausblühungen und Überzüge von Cu-Mineralen. Farbe blau; durchsch., glasglänzend, n_{XYZ} = 1,514, 1,539, 1,543. H $2^1/_2$, spröde, Spaltbarkeit 1, muscheliger Bruch. D max. 2,3. Leicht wasserlöslich (blaue Farbe); widerlicher Geschmack. Gibt beim Erwärmen stufenweise Wasser ab (z. B. zum *Bonattit* mit 3 H_2O) und wird weiß. Als Verwitterungsprodukt in den Grubengebäuden von Cu-Lagerstätten, speziell mit Chalkopyrit. In Kupferlagerstätten arider Gebiete wichtiges Cu-Erz, so von Chuquicamata in Chile. Durch Synthese große Kristalle.

Boothit: $Cu[SO_4] \cdot 7\,H_2O$. Selten xx; meist dicht, faserig; selten. H 2 bis $2^1/_2$; D 2,1. Blau. n_Y = 1,48. Pyritgrube b. Leona Heights (Calif., USA). Es gibt noch *Mg-Boothit* und *Zn-Boothit*.

Poitvinit: $(Cu, Fe)[SO_4] \cdot H_2O$; monoklin. Sehr feinkörniges, pulvriges bis wurmförmiges Mineral. H 3 bis $3^1/_2$; D 3,30. Zusammen mit Bonattit und Fe-Arsenat, von Brit. Columbia (Kanada).

Langit: $Cu_4[(OH)_6/SO_4] \cdot H_2O$; rhombisch; schuppige xx, die Krusten bilden; erdig. D 3,31 bis 3,50; dunkelblau. n_Y = 1,713. Entstanden durch Oxydation von Cu-Sulfiden. Cornwall (England), Vogesen (Frankreich).

Ktenasit: $(Cu, Zn)_3[(OH)_4/SO_4] \cdot 2\,H_2O$ (?); monoklin. Blaugrün. n_Y = 1,613. D 2,97. Laurion (Griechenland).

Wroewolfeit: $Cu_4(SO_4)(OH)_6 \cdot 2\,H_2O$; monoklin. Blaue xx. Loudvido-Grube (Massachusetts, USA).

Kamarezit: $Cu_3[(OH)_4/SO_4] \cdot 6\,H_2O$; rhombisch (?). Winzige xx. D 3,98. Grasgrün; unlöslich in Wasser. Kamareza b. Laurion (Griechenland).

Vernadskyit: $Cu_4[(OH)_2/(SO_4)_3] \cdot 4\,H_2O$. Winzige grüne doppelbrech. xx. H $3^1/_2$. D 3,3. Vesuv, umgewandelt aus Dolerophanit.

Mooreit: $(Mg, Zn, Mn)_8[(OH)_{14}/SO_4] \cdot 4\,H_2O$ (?); monoklin. Farblose tafelige xx. $n_Y = 1{,}545$. New Jersey (USA).

Torreyit (δ-Mooreit): $(Mg, Zn, Mn)_7[(OH)_{12}/SO_4] \cdot 4\,H_2O$; gibt ein anderes Röntgenbild als Mooreit. D 2,665; bläulichweiß. Neben Mooreit in Sterling Hill (New Jersey, USA).

Lawsonbauerit: $(Mn, Mg)_5Zn_2(SO_4)(OH)_{12} \cdot 4\,H_2O$; monoklin. Farblos, D 2,87. Von Sterling Hill (New Jersey, USA).

Posnjakit: $Cu_4[(OH)_6/SO_4] \cdot H_2O$ (?); monoklin. Xenomorphe, auch tafelige xx (max. 0,5 mm) aus Oxydationszone einer W-Lagerstätte in Kasachstan (UdSSR); auch ČSSR, in Paragenese mit Aurichalcit, Chalkopyrit. H 2 bis 3; D 3,32; $n_Y = 1{,}680$; pleochroitisch.

Guildit: $Cu_3Fe_4^{3+}[(OH)_4/SO_4)_7] \cdot 15\,H_2O$; monoklin; xx pseudokubisch. D 2,72; braun. Grubenbrandbildung bei Jerome (Arizona, USA).

Strukturell dem Kainit ähnlich sind:

Natrochalcit: $NaCu_2[OH/(SO_4)_2] \cdot H_2O$; monoklin. Pyramidale xx. D 3,49. Hell smaragdgrün. Nur Chuquicamata (N-Chile).

Devillin: $CaCu_4[(OH)_3/SO_4]_2 \cdot 3\,H_2O$; monoklin. Dünne sechseckige Täfelchen; meist Krusten oder Rosetten. D 3,13. Dunkelsmaragdgrün. Cornwall (England); Spana Dolina (ČSSR); Kasachstan (UdSSR).

Serpierit: $Ca(Cu, Zn)_4[(OH)_3/(SO_4]_2 \cdot 3\,H_2O$; rhombisch. Kleine linealförmige xx; Krusten, traubig. D 2,52. Himmelblau. Laurion (Griechenland); Ross Island (Irland).

Arzrunit: $Pb_2Cu_4[O_2/Cl_6/SO_4] \cdot 4\,H_2O$; rhombisch. Drusen winziger blauer xx. Challacolla (Prob. Tarapacá, Chile).

Kröhnkit: $Na_2Cu[SO_4]_2 \cdot 2\,H_2O$; monoklin. xx kurzprismatisch; faserige Krusten und dicht. D 2,90; $n_Y = 2{,}578$. Reichlich in Chuquicamata (Chile).

Angeschlossen werden hier:

Aubertit: $CuAl[Cl/(SO_4)_2] \cdot 14\,H_2O$; triklin. Blaue Krusten. Von Chile.

Spangolith: $Cu_6Al[(OH)_{12}/Cl/SO_4] \cdot 3\,H_2O$; trigonal (pyramidal); xx tafelig oder kurzprismatisch; seltener hemimorph. D 3,14; dunkel- bis smaragdgrün; pyroelektrisch. $n_O = 1{,}694$. Unlöslich in Wasser. Tombstone und Bisbee (Arizona, USA) u. a.

Cyanotrichit (Lettsomit): $Cu_4Al_2[(OH)_{12}/SO_4] \cdot 2\,H_2O$; rhombisch. Plüschartige Aggregate und Beschläge winziger nadeliger xx. D 2,95; blau. $n_Y = 1{,}617$. Laurion (Griechenland); Kap Garonne (Süd-Frankreich).

Karbonat-Cyanotrichit: $(Cu_{3,70}Al_{2,30})_{6,00}[(OH)_{12}/(C_{0,67}S_{0,33})(O_{2,98}OH_{1,02}] \cdot 2\,H_2O$; strahlig angeordnete Plättchen (max. 5 mm) in Hohlräumen von Kalkstein, zusammen mit Gips, von Israel. $H < 2$; $D \approx 2{,}66$, kräftiger Pleochroismus.

Glaukokerinit: $(Zn, Cu)_{10}Al_4[(OH)_{30}/SO_4] \cdot 2\,H_2O$; rhombisch (?). Warzige Massen, strahlig-faserig. H 1, wachsähnlich; D 2,749; himmel- bis türkisblau, innen in Weiß übergehend; auch grün, grau, braun. Laurion (Griechenland).

Leightonit: $K_2Ca_2Cu[SO_4]_4 \cdot 2\,H_2O$; triklin. Eine dem Polyhalit entsprechende Cu-Verbindung. Scheinbar rhombische xx. H 3; D 2,95. Blaßblau. $n_Y = 1{,}587$. Chuquicamata (N-Chile).

d) Sulfate von Zn, Pb, Ni, Co, Mn u. a.

Zinksulfate

Goslarit (Zinkvitriol): $Zn[SO_4] \cdot 7\,H_2O$. Mit Epsomit isotyp; rhombisch (disphenoidisch). Krustige Ausblühungen, stalaktitische Massen mit Faserstruktur; auch dicht oder körnig. # 4 (010). H 2 bis $2^1/_2$; D 1,978. Glas- und Seidgl., farblos (rein); bräunlich, grün oder blau, wenn Fe, Mn, Cu beigemischt sind.

Stark diamagnet.; schmeckt widerlich. n_Y = 1,480. Entsteht aus Sphalerit; bildet Ausblühungen an Grubenwänden. Im »Alten Mann« des Rammelsberges b. Goslar sowie Altenberg (Vieille Montagne) b. Aachen (BRD); Freiberg (DDR) usw.

Boyleit: (Zn, Mg)(SO_4) · 4 H_2O; monoklin. Erdigweiß, D 2,41, auf Sphalerit. Von Kropbach (Schwarzwald, BRD).

Boyleit: (Zn, Fe)[SO_4] · 6 H_2O; monoklin. Krusten undeutlicher xx. D 2,031; weiß; n_Y = 1,494. Leicht wasserlöslich. An den Grubenwänden von Raibl (Süd-Österreich) (Zn : Fe = 2 : 1).

Gunningit: Zn[SO_4] · H_2O; monoklin. Weiße kryptokristalline Ausblühungen auf Sphalerit von oxydierten Pb–Zn-Erzen; Paragenese u. a. Limonit, Jarosit, Cerussit, Anglesit, Gips. H $2^1/_2$; D 3,2; n_X = 1,577.

Zinkosit: Zn[SO_4]; rhombisch. Soll in Barranco Jaroso b. Aguiles (Spanien) vorgekommen sein.

Bleisulfate:

Anglesit: Pb[SO_4]

Den Namen gab Beudant 1832 nach dem ersten Fundort, der Insel Anglesey (Wales, England). Theor. 73,6% PbO, manchmal mit erheblichen Ba-Gehalten (bis 7%, *Weisbachit*). Rhombisch (dipyramidal). Struktur ähnlich Baryt. Kristalle häufig, meist klein und flächenreich (s. Bild 13.29), mit tafligem, auch prismatischem und pyramidalem Habitus (s. Bild 13.30). Da Verwitterungsprodukt des Galenits, umkrustet er diesen schützend oder bildet in Oxydationszonen körnige und erdige Massen. Farblos, weiß-

Bild 13.29. Anglesit Kristalle im Drusenhohlraum von Galeniterz. Monteponi b. Iglesias (Sardinien, Italien), Vergr. 3 × [20, 221]

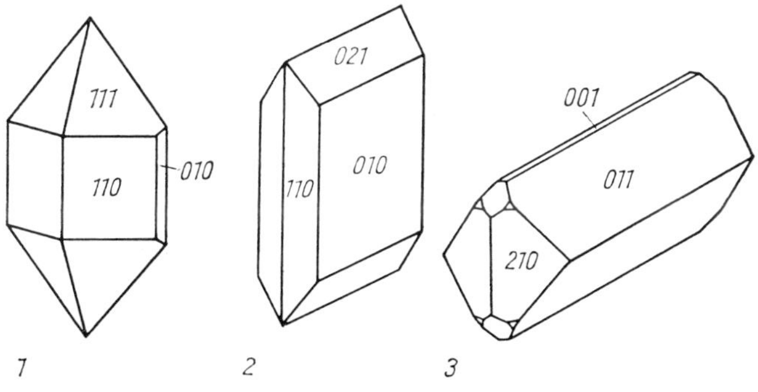

Bild 13.30. Kristalle von Anglesit [20]

1 pyramidal
2 plattig
3 stenglig

getrübt, auch durch feinverteiltes PbS grau bis schwarz oder durch Fe-Oxide braun. Diamantglanz; $n_{XYZ} = 1{,}859, 1{,}883, 1{,}878$. H 3; Spaltbarkeit 2, muscheliger Bruch, spröde. In Wasser fast unlöslich, in konz. heißer H_2SO_4 und KOH löslich. In Oxydationszone von Pb–Zn-Lagerstätten, in Paragenese mit Cerussit, Limonit u. a., da

$$PbS + 2\,O_2 \rightarrow PbSO_4 \qquad PbSO_4 + CO_2 + H_2O \rightarrow PbCO_3 + H_2SO_4$$

Zahlreiche Fundorte, so Beresovsk (Ural, UdSSR), Schapbach (BRD), Linares (Spanien), Tsumeb (Namibia) u. v. a. Gelegentlich Bleierz (aber seltener als Cerussit).

Elyit: $Pb_4Cu[(OH)_8/SO_4]$; monoklin. Nadelige violette xx (max. 0,15 mm) in erdigem Galenit aus Oxydationszone von Sulfidlagerstätte in Nevada (USA), in Paragenese mit Langit, Serpierit, Chalkopyrit, Sphalerit, Galenit, Pyrit. H 2; D $\approx$ 6; $n_Y = 1{,}993$, pleochroitisch.

Osarizawait: $Pb(Cu, Al)_3[(OH)_3/SO_4]_2$; trigonal (?). Erdige Aggregate von kleinsten hexag. xx, aus Oxydationszone einer Pb–Cu-Lagerstätte (Japan).

Caledonit: $Pb_5Cu_2[(OH)_6(CO_3/SO_4)_3]$; rhombisch. Kleine xx, grün oder blaugrün; als Überzüge, selten derb. D 5,76; durchs. $n_Y = 1{,}866$. Oxydationserz. Baia Sprie (Transsylv., SR Rumänien); Beresovka (Ural, UdSSR); Iglesias (Sardinien). *Wherryit:* etwa $Pb_4Cu[(O, OH, Cl)_3/CO_3/(SO_4)_2]$; ist nach seinem Pulverdiagramm wohl nur eine Abart von Caledonit.

Leadhillit: $Pb_4[(OH)_2SO_4/(CO_3)_2]$; monoklin. Auffallend pseudohexagonale xx, bald dünn- oder dicktafelig (001), bald scheinbare Rhomboeder; derb; körnig. Zwillinge nach (140). # 4 (001), D 6,55. Farblos, weiß oder blasse Farben. $n_Y = 1{,}87$; $n_Z = 2{,}00$. Oxydationserz aus Pb-Lagerstätten. Leadhills (Schottland, GB); Bleiberg (Österreich); Nerčinsk (UdSSR); schöne xx von Tsumeb (Namibia). Gelegentlich Cr-haltig.

Caracolit: $PbNa_2[OH/Cl/SO_4]$; rhombisch; pseudohex. Krusten kleiner xx; Drillinge ähnlich Aragonit. H $4^1/_2$; D 5,1. Farblos, durchsch. $n_Y = 1{,}754$. Atakama (N-Chile).

Lanarkit: $Pb_2[O/SO_4]$; monoklin. xx gestreckt; auch dicht. Dünne Blättchen sind biegsam. D 6,92. Grau, grünlichweiß, blaßgelb. $n_Y = 2{,}007$. Seltenes Oxydationserz. Leadhills (Schottland, GB), Tanne (Harz, DDR).

Fleischerit: $Pb_3Ge[(OH_6/(SO_4)_2] \cdot 3\,H_2O$; hexagonal. Weiße xx', D 4,3. Von Tsumeb (Namibia).

Itoit: $Pb_3[GeO_2(OH)_2(SO_4)_2]$ rhombisch; entsteht aus Fleischerit. Von Tsumeb (Namibia).

Ni–Co-Sulfate:

Retgersit: α-$Ni[SO_4] \cdot 6\,H_2O$; tetragonal. Faserige Krusten oder Trümer; selten Einzelkristalle. D 2,04; tief smaragdgrün. Strich grünlichweiß; opt. Drehungsvermögen; $n_{OE} = 1{,}511$; 1,487. Oxydationserz: Cottonwood Canyon (Nevada, USA); Lobenstein (Thür., DDR).

Morenosit: (Nickelvitriol); $Ni[SO_4] \cdot 7\,H_2O$; rhombisch. Krustige Ausblühungen, stalaktitisch. H 2 bis $2^1/_2$; D 1,953; apfelgrün bis grünlichweiß. $n_Y = 1{,}4893$. Entsteht bei Oxydation Ni-haltiger Sulfide. Jáchymov (ČSSR); NW-Spanien. Wandelt sich leicht in Retgersit um.

Nickelhexahydrit: $(Ni, Mg, Fe)[SO_4] \cdot 6\,H_2O$; monoklin. Krusten feinster blättchenförmiger xx. Abscheidung aus stark sauren Verwitterungslösungen im Tagebau Norilsk (UdSSR); $n_X = 1{,}470$. Paragenese: Eisenhydroxide, Melanterit, Chalkanthit, Jarosit, Gips u. a.

Moorhouseit: $(Co, Ni, Mn)[SO_4] \cdot 6\,H_2O$; monoklin. Ausblühungen in Oxydationszone einer Barytlagerstätte mit Co–Ni-haltigem Pyrit (Nova Scotia, Kanada). H $2^1/_2$; D 1,97; $n_X = 1{,}470$.

Aplowit: $(Co, Mn, Ni)[SO_4] \cdot 4\,H_2O$; monoklin. Ausblühung in Oxydationszone von kanadischer Co–Ni-haltiger Pyritlagerstätte. D 2,34; $n_{XZ} = 1{,}528, 1{,}536$.

Bieberit: (Kobaltvitriol); $Co[SO_4] \cdot 7\,H_2O$; monoklin (prismatisch). Als Krusten und Stalaktiten. H $\approx$ 2; D 1,96. Fleischrot. $n_Y = 1{,}482$. Entsteht aus Co-haltigen Sulfiden und Arseniden; selten. In alten Grubenräumen. Bieber, Hessen; Siegen, Westfalen (beide BRD).

Mn- und andere Sulfate:

Mallardit (Manganvitriol): $Mn[SO_4] \cdot 7\ H_2O$; monoklin. Faserige Massen und Krusten. D 1,846; blaß-rosa. Verliert Wasser bei Raumtemperaturen und zerfällt zu Pulver. Butterfield Cañon (Utah, USA).

Fauserit: $Mn[SO_4] \cdot 7\ H_2O$; rhombisch. xx sind sehr ähnlich Epsomit. Rötlich und gelblich weiß. Vermutlich $(Mn, Mg)[SO_4] \cdot 7\ H_2O$, wo Mn : Mg = 2 : 1; oder eine Mischung von Heptahydrat und Pentahydrat. *Zink-Fauserit* enthält 19,14 % MnO; 5,08 % ZnO und 3,40 % MgO.

Jokokuit: $Mn(SO_4) \cdot 5\ H_2O$; triklin. Fahlrosa Stalaktiten, D 2,094. Hokkaido (Japan).

Szmikit: $Mn[SO_4] \cdot H_2O$; monoklin (isotyp mit Kieserit). Stalaktiten mit traubiger Oberfläche. H $1^1/_2$; D 3,15; trübe weiß bis rötlich. $n_Y = 1{,}595$. Baia Sprie (SR Rumänien).

Despujolsit: $Ca_3Mn^{4+}[(SO_4)_2/(OH)_6] \cdot 3\ H_2O$; hexagonal. Prismatische honiggelbe xx (max. 0,5 mm), von Tachgagalt (Marokko), in Paragenese mit Braunit, Hausmannit, Marokit u. a. D 2,46; $n_O = 1{,}656$.

Varietäten: Ein *Nickel-Epsomit* enthielt 12 % NiO und 10 % MgO. *Ferro-Goslarit* ist eisenhaltiger Goslarit, Farbe grün bis braun. *Cupro-Goslarit* ist kupferhaltiger Goslarit, bläulich gefärbt.

Schaurteit: $Ca_3Ge[(OH)_6/(SO_4)_2] \cdot 3\ H_2O$; hexagonal. Weiße, feinfaserige Kristallaggregate (xx bis 2 mm) in Auslaugungshohlräumen Ge-haltiger Erze von Tsumeb (Namibia). D 2,65; $n_O = 1{,}569$ (opt. +).

Zirkosulfat: $Zr[SO_4] \cdot 4\ H_2O$; rhombisch. Kleinste Minerale ($\approx$ 0,02 mm) als dichte Hohlraumfüllung von Alkaligesteinspegmatit; Zersetzungsprodukt von Eudialit, von Tuwa in Sibirien (UdSSR). Paragenese: Hisingerit, Smithsonit, Limonit u. a.: D 2,85; $n_X = 1{,}620$.

Monsmedit: $K_2O \cdot Tl_2O_3 \cdot 8\ SO_3 \cdot 15\ H_2O$; rhombisch, grünliche bis schwarze xx mit meist würfeligen Formen, Größe 0,1 bis 10 mm, wohl Paramorphosen; aus Oxydationszone der polymetallischen Lagerstätte Baia Sprie (SR Rumänien); Paragenese: Markasit, Baryt, Eisensulfat, Kaolinit u. a. H 2; D 3,00; n = 1,608.

Schuetteit: $Hg_3[O_2/SO_4]$; hexagonal. Gelbes Oxydationsmineral. Von mehreren Stellen in USA.

Grianellait: $(N, Hg_2)(SO_4)$; kubisch. Gelbgrau, H 3, D 7,19. Terlingua (Texas, USA).

Texasit: $Pr_2O_2(SO_4)$; rhombisch. Apfelgrüne xx′, auf SE-Mineralen. Clear-Creek-Pegmatit (Texas, USA).

13.7. Krokoit–Wulfenit–Scheelit-Gruppe

(Chromate, Molybdate, Wolframate)

Die anionenbildenden Elemente Cr, Mo und W sind, wie der Schwefel in den Sulfaten, tetraedrisch von Sauerstoff umgeben und damit diesem strukturell ähnlich. Weiter sind viele dieser Minerale, wie die Sulfate, Verwitterungsbildungen und treten deshalb auch gern in den Oxydationszonen von Erzlagerstätten auf. Genetische Ausnahmen bilden v. a. die hochthermal gebildeten Wolframate Wolframit und Scheelit (wobei Wolframit wegen seiner [6]-Koordination strukturell besser bei den Oxiden stände). Um diese beiden Minerale jedoch wegen ihrer paragenetischen und chemischen Ähnlichkeit nicht auseinanderzureißen, wird dieser Kompromiß eingegangen.
Chrom, Molybdän und Wolfram gehören zu der 6. Nebengruppe des Periodensystems der Elemente. Sie können daher Kationen mit sechsfach positiver Ladung bilden, die als Zentralion in Radikalen der allgemeinen Form $[Me^{VI}O_4]^{2-}$ auftreten. Die Minerale sind Verbindungen der Radikale mit Fe^{2+}, Mn^{2+} und Ca^{2+}.
Cr, Mo und W stehen zwar in der gleichen Nebengruppe, zeigen aber unterschiedliches geochemisches Verhalten. Mo hat eine ausgesprochene Affinität zu Schwefel,

während W und Cr in der Erdkruste fast ausschließlich Sauerstoffverbindungen bilden. Hier ist auch die Ursache für das fast vollständige Fehlen natürlicher isomorpher Gemische der Verbindungen dieser Elemente zu suchen. Besonders auffallend ist diese Tatsache für Wolfram- und Molybdänverbindungen, obwohl durch die Lanthanidenkontraktion dieselben Ionenradien von 0,62 Å und damit ideale Austauschmöglichkeiten für Mo^{6+} und W^{6+} vorliegen. Synthetisch lassen sich dagegen z. B. sämtliche Glieder der Mischkristallreihe $Ca[MoO_4]$ – $Ca[WO_4]$ herstellen.

Chromate

Krokoit: $Pb[CrO_4]$ Rotbleierz

Name wahrscheinlich nach gr. *krokos* = Safran, wegen der gelben Farbe (Beudant 1832). Theor. 68,9% PbO; manchmal etwas S für Cr, auch Zn für Pb (dann *Jossait*). Monoklin (prism.). In Hohlräumen nadelige und stenglige Kristalle (s. Bild 13.31), auch derb, eingesprengt und als Anflug. Orangerot, charakteristischer fettiger Glanz; $n_Y = 2{,}37$. H $2^1/_2$, Spaltbarkeit 3; meist muscheliger Bruch, mild. D 5,9 bis 6,0. In Salzsäure gut löslich. Seltene Bildung in Oxydationszonen von Galenitlagerstätten, wobei das für hydrothermale Pb-Lagerstätten geochemisch fremde Cr aus chromhaltigem Nebengestein (z. B. Serpentinit) zugeführt wird. Verwechslungsmöglichkeit mit Cinnabarit und Realgar. Gute Vorkommen von Beresovsk, Mursinsk und Nižne Tagil (Ural, UdSSR). Brasilien, Tasmanien u. a. O.; in der DDR bei St. Egidien. Keine Nutzung als Erz.

Phoenikochroit: $Pb_3[O/(CrO_4)_2]$; rhombisch. Tafelige xx; derb und dünne Rinden. # 4; H 3 bis $3^1/_2$; D 5,75; tiefrot, wird zitronengelb a. d. Luft. Beresovsk (Ural, UdSSR), in verwitterten Quarz–Galenit-Gängen im Kalkstein.

Vauquelinit: $Pb_2Cu[OH/CrO_4/PO_4]$; monoklin. Winzige und oft keilförmige xx; Aggregate unregelmäßig, nierig und traubig; körnig; derb. D 6,02; grün bis braun; Oxydationszone von Pb-Erzen. Beresovsk (Ural, UdSSR); Pontigibaud (Zentral-Frankreich) u. a. *Fornacit:* $Pb_2Cu[(OH)/CrO_4/AsO_4]$; monoklin.

Iranit: $PbCrO_4 \cdot H_2O$; triklin. Kleine gelbe xx bis 0,5 mm Länge. Aus dem Oxydationsbereich einer im Serpentinit eingelagerten Sulfidlagerstätte im Iran. Paragenese u. a. Cerussit, Malachit, Chrysokoll, Hemimorphit.

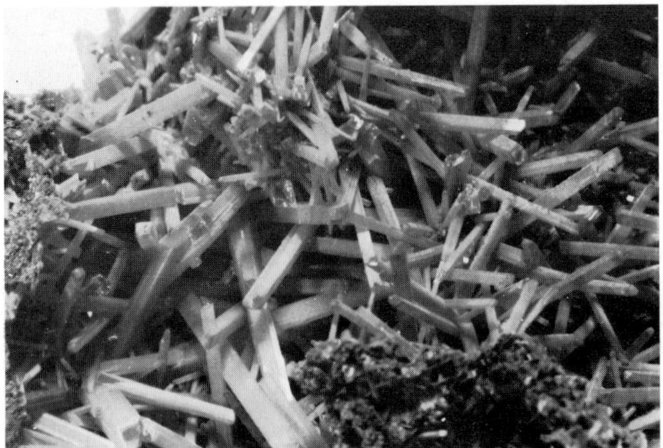

Bild 13.31. Krokoit Stenglige, z. T. hohle Kristalle. Dundas in Tasmanien (Australien), Vergr. ≈ 3 × [221]

Chromatit: $CaCrO_4$; tetragonal. Gelbe xx (max. 0,1 mm) in Hohlräumen von Kalkstein, zusammen mit Gips. Von Israel.

Tarapacait: K_2CrO_4; rhombisch, isotyp mit Mascagnit. Dicktafelig. D 2,74; kanariengelb; leicht wasserlöslich. In Nitratlagern, bes. in der »Caliche azufrado« der Prov. Tarapaca (N-Chile).

Lopezit: $K_2[Cr_2O_7]$; triklin. Stimmt mit dem künstlichen K-dichromat überein. Ballähnliche orangerote Aggregate von 1 mm Durchmesser. D 2,69. Im Nitratgestein (Caliche) von Tocopilla (N-Chile).

Bellit: $(Pb, Ag)_5[Cl/(CrO_4, AsO_4, SiO_4)_3]$; hexagonal (isotyp mit Apatit). Gelb bis rot, von Tasmanien.

Hemihedrit: $ZnPb_5[O/F_4/(CrO_4)_3]$; triklin. Kleine orangefarbene bis fast schwarze xx aus Oxydationszone von Bleilagerstätten, aus Arizona (USA). H 3; D 6,42; $n_Y = 2{,}32$. Paragenese: Cerussit, Willemit, Wulfenit u. a. Cr stammt aus Diabasgang.

Khuniit: $Pb_5(Cu, Zn)(CrO_4)_3SiO_4$; gelbe transpar. xx von Tschal-Khuni-Grube (Iran). H 3 bis $3^1/_2$; D 6,0 bis 6,1; $n_Y = 2{,}35$.

Molybdate

Wulfenit: $Pb[MoO_4]$ Gelbbleierz

Theor. 61,4% PbO; Pb wird häufig in geringen Mengen durch Ca, das Mo durch W ersetzt; weiter Spuren von Cu, Mg, Cr und V. Tetragonal (pyramidal, also polar!); Kristalle mit tafeligem Habitus, meist auf Bleierz aufgewachsen; selten dichte Aggregate (s. Bild 13.32). Farbe meist gelb bis orange (durch Cr-Gehalt), Strich weiß(!). Durchsch., hoher (Harz- bis Diamant-) Glanz; $n_O = 2{,}405$. H 3, Spaltbarkeit 2 (111), Bruch uneben. D 6,8. Wegen polarer Achsen Piezoeffekt. Beim Erwärmen knisternd, in HCl langsam löslich. Bildet sich in Oxydationszonen von Pb–Zn-Lagerstätten, wobei das Mo (wie beim Krokoit das Cr) oft dem Nebengestein entstammt. Häufig Pseudomorphosen von Wulfenit nach Galenit, Cerussit und Anglesit. Bekannte Vorkommen sind Bleiberg (Österreich), Mežica (ehem. Mies, Jugoslawien), wo Wulfenit eine gewisse Bedeutung als Pb–Mo-Erz hat. Weiter von Přibram (ČSSR), Tsumeb (Namibia), VR Kongo und mehreren Stellen der USA.

Eosit, ein V-haltiger Wulfenit von Leadhills (Schottland, GB); anscheinend ersetzt VO_4 z. T. MoO_4. Winzige xx von roter Farbe.

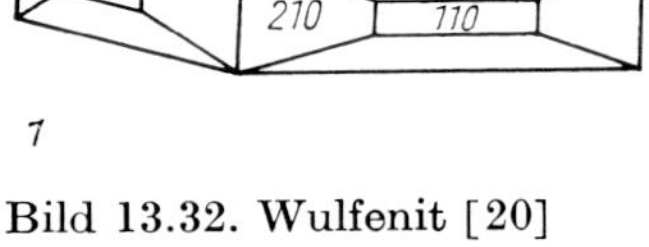

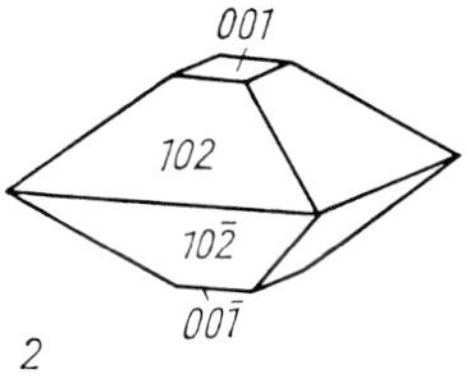

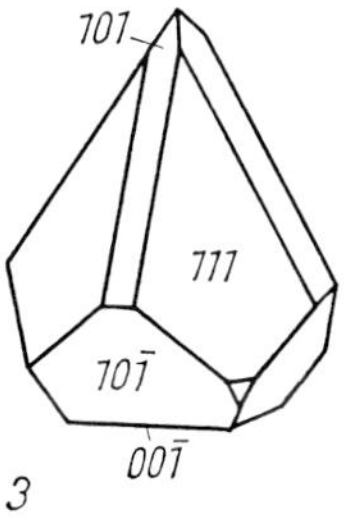

Bild 13.32. Wulfenit [20]

1 dünntafeliger Kristall
2 Kombination mit stumpfer Pyramide
3 Kombination mit spitzer Pyramide (Hemiedrie!)

Powellit: $Ca[MoO_4]$; tetragonal (isotyp mit Scheelit). Kleine grüngelbe xx, spitzpyramidal, auch erdig. In Oxydationszone von Molybdänitlagerstätten, so von Azegour (Marokko, hier gewinnbar), Minussinsk (UdSSR) u. a. D 4,3; $n_O = 1{,}967$, H $3^1/_2$. Auch pseudomorph nach Molybdänit. *Wolfram-Powellit* s. S. 689

Ferrimolybdit: $Fe_2^{3+}[MoO_4]_3 \cdot 7\,H_2O$; rhombisch. Gelbe, faserige und schuppige Krusten; $n_Y = 1{,}733$ bis 1,79. H 3, # 3 (001). D 4,3. In Säuren löslich. In Oxydationszone von Molybdänit-Lagerstätten (»Molybdänocker«).

Lindgrenit: $Cu_3[OH/MoO_4]_2$; monoklin; xx tafelig; auch dicht. H $4^1/_2$; D 4,26; grün, dünne Blättchen gelbgrün. Sekundär aus der Oxydationszone; Chuquicamata (Chile).

Umohoit: $[UO_2/MoO_4] \cdot 4\,H_2O$; monoklin. Feine Rosetten und Blättchen; blauschwarz bis dunkelgrün. Utah (USA).

Ungenügend bekannt sind:

Iriginit (Priguinit): $UO_3 \cdot 2\,MoO \cdot 4\,H_2O$; monoklin, gelb; D 3,84.

Moluranit: $H_6[(UO_2)_3/MoO_4)_5] \cdot 9\,H_2O$, schwarz. Isotrop; $n \approx 1{,}97$.

Mourit: $(UO_2 + UO_3) \cdot 5{,}5\,MoO_3 \cdot 5{,}3\,H_2O$ (?); monoklin (?). Feinstschuppige violette xx Aggregate in hypergenen U–Mo-Erzen (UdSSR). Paragenese: sekund. Uranminerale, Goethit, Jarosit, Kaolinit, Halloysit, Gips. H $\approx$ 3; D > 4,2; n > 1,780, deutl. Pleochroismus, deutl. Bireflexion bei R = 10,2 %.

Calcurmolit: $Ca[(UO_2)_3/(MoO_4)_3] \cdot 11\,H_2O$. Honiggelbe prismat. xx und kompakte schuppige Aggregate als Pseudomorphosen nach Uraninit, in Oxydationszone einer sowjetischen U–Mo-Lagerstätte. $n_Y = 1{,}816$ bis 1,827; deutlicher Pleochroismus und starke gelbgrüne Fluoreszenz.

Cousinit: $MgU_2^{4+}[(OH)_2/(MoO_4)_2] \cdot 2\,H_2O$. Unvollständig beschrieben. Von Shaba (Zaïre).

Sedowit: $U[MoO_4]_2$; rhombisch. Pulver oder radialstrahlige Büschel von rotbrauner bis schwarzer Farbe; nadelige xx bis 0,1 mm Länge; meist auf und in Wulfenit von hypergenen Mo–U-Erzen (UdSSR). Paragenese: Femolit, Uraninit, Mourit, Baryt, Gips u. a.

Paterait: $Co[MoO_4]$?. Schwarz, von Jáchymov (ČSSR).

Melkovit: $CaFeH_6(MoO_4)PO_4 \cdot 6\,H_2O$; hexagonal. Kleine gelbe plattige xx, aus Oxydationszone von Mo-Lagerstätte (Kasachische SSR, UdSSR), mit Fluorit, Powellit u. a. H 3; D 2,969.

Betpakdalit: $CaFe_2^{3+}H_4[As_2Mo_5O_{20}] \cdot 12\,H_2O$; monoklin (?). Gelbe gedrungene xx (max. 4 mm), aus Oxydationszone von Wolframitlagerstätte in der Bet-Pak-Dal-Wüste (Kasachstan, UdSSR). H 3; D 2,98 bis 3,05; $n_Y = 1{,}821$, pleochroitisch. *Natrium-Betpakdalit:* $(Na, Ca)_3Fe_2[(AsO_4)(MoO_4)_6] \cdot 15\,H_2O$; monoklin. Gelbe pseudohexagonale xx in Oxydationszone von Mo–W-Lagerstätte (UdSSR). D 2,02.

Wolframate

Das hier aufgeführte Mineral Wolframit ist in engerem Sinne kein Wolframat, sondern strukturell mit dem Brookit und Columbit verwandt. Es hätte aus diesem Grund auch zwischen Brookit und Kassiterit bei den Oxiden eingeordnet werden können.

Wolframit: $(Fe, Mn)WO_4$

Entdeckung: Von WALLERIUS 1747 erstmals als Mineral beschrieben; desgleichen der *Hübnerit* von BREITHAUPT 1863 und *Ferberit* von RIOTTE 1865. Name nach lat. *lupi spuma* = Wolfram = Wolfsschaum, der sich bei wolframitführenden Zinnerzen bei ihrer Verhüttung auf dem geschmolzenen Zinn bildet.

Chemismus: Wolframit ist ein Mischkristall aus $FeWO_4$ (Ferberit) und $MnWO_4$ (Hübnerit). Die Mischkristallbildung ist in der Natur nicht vollständig, die reinen Endglieder sind relativ selten. Der durchschnittliche WO_3-Gehalt liegt bei 75%; isomorphe Beimengungen sind Mg, Ca, Ta, Nb, Sn und andere.

Kristallogr.: Monoklin (prismatisch). Kristalle häufig und auch groß (bis 20 cm). Ihr Habitus ist von der Temperatur abhängig: pegmatitische Wolframite sind dicktafelig (s. Bild 13.33), pneumatolytische dünntafelig, auch nadlig; beide auf- und eingewachsen (s. Bild 13.34). Flächenstreifung parallel c und Zwillingsbildung nach (100) sind nicht selten. Auch derb (blättrig, büschlig) und pseudomorph durch Scheelit.

Physik. Eigensch.: Wolframit (bräunlich-)schwarz, dagegen Hübnerit rötlichbraun und Ferberit schwarz. Metallischer bis blende- und diamantartiger Glanz, Strich meist dunkelbraun; n_Y (Hübnerit) = 2,22, mit Fe-Gehalt zunehmend. H $4^1/_2$; spröde, Spaltbarkeit 4 (010). D 6,7 bis 7,5 (in Abhängigkeit von Fe-Gehalt). Fe-reiche Wolframite mit geringem Magnetismus.

Diagnose: Ähnlichkeit mit dunklem Sphalerit und Kassiterit, auch Columbit, jedoch durch Strichfarbe, Dichte und Spaltbarkeit zu unterscheiden. In HCl löslich.

Genese: Genetisch an saure (bis z. T. intermediäre) Magmen gebunden, bildet sich Wolframit in einem breiten Temperaturbereich:

- *pegmatitisch-pneumatolytisch:* in Paragenese mit Kassiterit, Lithionglimmer, Topas, Molybdänit, auch Apatit, Turmalin, Fluorit. Auftreten in Gängen und metasomatischen Greisenkörpern (s. Bild 13.35). Im sächsischen Erzgebirge (DDR) von Altenberg und Ehrenfriedersdorf. Große Lagerstätten in Südchina, Korea, Burma, Malaysia, auch im Grenzgebiet Portugal-Spanien (Cáceres, Coruna, Pomasquiera), Kanada, Japan.
- *pneumatolytisch-hydrothermal:* in Paragenese mit Quarz und jüngeren Sulfiden. Im sächsischen Erzgebirge (DDR) von Pechtelsgrün und Tirpersdorf (s. Bild 13.34).
- *tiefthermal:* komplexe Gangvererzungen, meist Hübnerit und Ferberit; große Lagerstätten in den Sn-Provinzen Boliviens (z. B. Tasna, Chorolque), auch Colorado (USA).

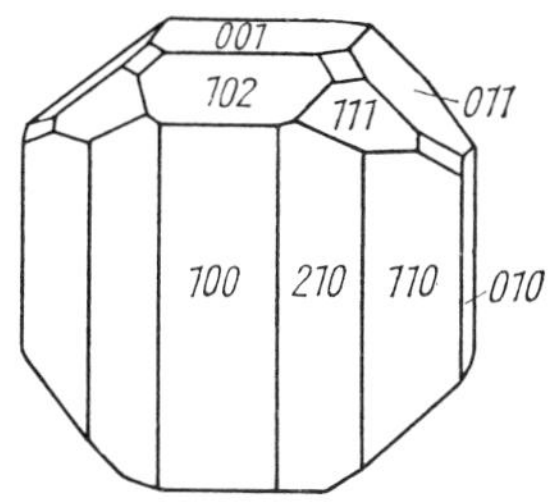

Bild 13.33. Dicktafeliger Kristall von Wolframit

Bild 13.34. Wolframit tafelige Kristalle, eingewachsen in Quarz. Gottesberg (Vogtl., DDR), etwa natürl. Größe [20]

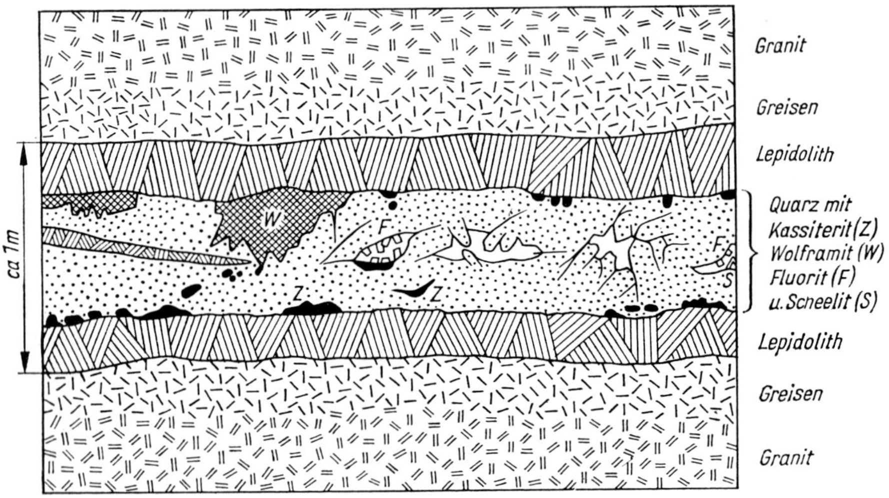

Bild 13.35. Schema eines ein Meter mächtigen Wolframit–Kassiterit-Ganges im Granit von Zinnwald (Erzgeb., DDR) [107]

In Oxydationszone Umwandlung zu gelbbraunen W-Oxiden, W-Hydroxiden und Hydrowolframat. Mit Kassiterit gelegentlich in lagerstättennahen Seifen.

Nutzung: Wichtigstes W-Erz. Als Legierungskomponente für Hartmetalle; für die Herstellung hochschmelzender Glühfäden, Kathoden und Elektroden (Schmelzpunkt von Wolfram ≈ 3400 °C). Andere Wolframate (Ca, Ba, Zn) als Fluoreszenzmittel für Röntgenschirme und als weiße Farbe. Gewinnung und Nutzung von Wolframit s. Abschn. 16.27.

Sanmartinit: (Zn, Fe)WO_4; isotyp mit Wolframit. Feinkörnige Massen, auch winzige tafelige xx; dunkel- bis schwärzlichbraun, Splitter rötlichbraun. D 6,70. Entstanden aus Scheelit in einem Quarzgang bei San Martin (Argentinien)

Scheelit: Ca[WO_4]

Von Leonhard 1821 nach dem schwedischen Chemiker Scheele benannt, der die Wolframsäure in diesem Mineral entdeckte. Theor. 19,4% CaO, 80,6% WO_3; häufig isomorpher Einbau von Cu, auch etwas Ce sowie Mo (Varietäten siehe unten). Tetragonal (dipyramidal); Struktur Bild 2.22; Kristalle meist aufgewachsen und dipyramidal (s. Bild 13.36), weniger taflig; verschiedentlich Flächenstreifung und Durchwachsungszwillinge; seltener kompakte Aggregate und eingesprengt; auch Pseudomorphosen nach Wolframit. Farbe wechselnd, meist um gelb, grau und grünlich; durchsch., Fett- bis Diamantglanz, n_{OE} = 1,920; 1,936. Fluoresziert hellbläulich, z. T. gelb (bei Mo-Gehalt). H $4^1/_2$, Spaltbarkeit 2 (111), unebener Bruch. D ≈ 6,0. Mineral oft unscheinbar und schwer erkennbar; Hilfsmittel sind v. a. Fluoreszenz, auch Dichte, Form, Fettglanz.
Bildet sich wie Wolframit (und an seiner Stelle) unter pegmatitischen, pneumatolytischen und auch hochthermalen Bedingungen, wenn die erzbringenden Lösungen

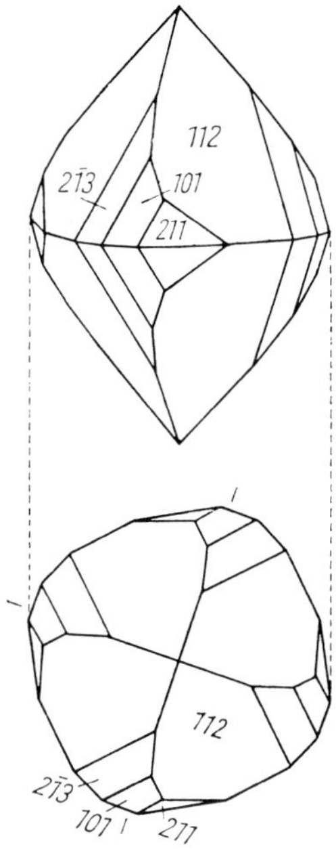

Bild 13.36. Scheelitkristall in Seiten- und Aufsicht [224]

oder das Nebengestein Ca-reich sind. Auftreten in Gängen und metasomatisch in Skarnen, in Paragenese mit Wolframit, Pyrit, Quarz, Molybdänit, in Skarnen mit Ca-Silikaten. Wegen seiner relativen Stabilität kommt es auch gelegentlich als Schwermineral in Böden und Seifen der Lagerstättenumgebung vor. Im Erzgebirge (DDR) in den Lagerstätten Pechtelsgrün und Zinnwald sowie in einigen Skarnen des Westerzgebirges. Weitere Fundpunkte und Lagerstätten Tyrny Aus, Pitkáranta (UdSSR), Cornwall (England), Azegour (Marokko), Österreich, USA, Bolivien, Tasmanien, Namibia. Zweitwichtigstes W-Erz. Künstliche Scheelitkristalle als Szintillatoren.

Cupro-Scheelit: (Ca, Cu)[WO_4] und *Cupritungstit* Cu[WO_4], beide nur derb und wohl aus Scheelit durch Verdrängung von Ca durch Cu hervorgegangen. Mischkristalle Powellit-Scheelit sind *Wolfram-Powellit* (Tungsto-Powellit) und *Molybdo-Scheelit. Chillagit* Pb[(Mo, W)O_4]; bildet tetragonale tafelige xx b. Chillagos (Queensland, Australien); er ist wohl ein Zwischenglied zwischen Stolzit und Wulfenit.

Stolzit: β-Pb[WO_4]; tetragonal (dipyramidal). xx dipyramidal, auch dicktafelig (001), selten prismatisch; kugelige oder garbenförmige Aggregate. H $2^1/_2$ bis 3; D 7,9 bis 8,2. Harzgl.; rötlichbraun, gelb, grün, rot. Dimorph mit Raspit. Neubildung in der Oxydationszone von W-Erzen. Zinnwald und Berggießhübel (sächs. Erzgebirge, DDR); Bleiberg (Kärnten, Österreich); Cumberland (England).

Raspit: α-Pb(WO_4); monoklin. xx tafelig; oft Zwill. nach (100). D 8,46; gelblichbraun, hellgelb, grau; Diamgl.; Broken Hill (Australien), Goldfelder in Minas Geraes (Brasilien); Zinngänge östl. Guanajuato (Mexiko).

Ferritungstit: $Ca_2Fe_2^{3+}[WO_4] \cdot 9\ H_2O$; tetragonal. Feinste gelbe Schüppchen. $n_O = 2{,}09$; D 5,2. Sehr selten; als Oxydationsprodukt von Wolframit aus den USA u. a. O. bekannt.

Cerotungstit: (Ce, Nd)$W_2O_6(OH)_3$; monoklin. Orangegelbe verzwillingte xx, mit Ferberit auf Kirwa-Grube (Zaïre). H 1; $n_Y = 1{,}95$.

Cuprotungstit: $Cu_2[(OH)_2/WO_4]$; mikrokristalline Krusten; grün; Cave Creek (Arizona, USA) u. a.

Anthoinit: Al[OH/WO_4]; kaolinähnliche weiße Massen. H 1; D $\approx$ 4,6; anscheinend isotrop. Von Zaïre.

Farallonit: $2\ MgO \cdot W_2O_5 \cdot SiO_2 \cdot n\ H_2O$. Verwitterungsprodukt von Wolframit. Von Bolivien.

14 Karbonate

14.1. Allgemeines

Die Karbonate bilden eine Reihe ökonomisch sehr wichtiger Minerale. Man kann die Karbonate als Salze der »Kohlensäure« H_2CO_3 auffassen. Wichtigstes Strukturelement ist das planare Radikal $[CO_3]^{2-}$ (s. Bild 14.2).
Am wichtigsten und mengenmäßig häufigsten sind ohne Zweifel die einfachen wasserfreien Karbonate vom Typ $M[CO_3]$, wobei M = Mg, Ca, Zn, Fe, Mn, Sr, Ba, Pb, Cd, Co ist. Sie kristallisieren entsprechend der Kationengröße in drei isotypen Reihen (s. Bild 14.1), wie die folgende Übersicht zeigt:

Calcit-Reihe trigonal (ditrig.-skalenoedrisch)	Dolomit-Reihe trigonal (trig.-rhomboedrisch)	Aragonit-Reihe rhombisch (rhombisch-dipyramidal)
Calcit $Ca[CO_3]$	Dolomit $CaMg[CO_3]_2$	Aragonit $Ca[CO_3]$
Otavit $Cd[CO_3]$	Ankerit $CaFe[CO_3]_2$	Strontianit $Sr[CO_3]$
Rhodochrosit $Mn[CO_3]$	Kutnahorit $CaMn[CO_3]_2$	Witherit $Ba[CO_3]$
Siderit $Fe[CO_3]$		Cerussit $Pb[CO_3]$
Sphärocobaltit $Co[CO_3]$		
Smithsonit $Zn[CO_3]$		
Magnesit $Mg[CO_3]$		

Der Grund für die unterschiedliche Kristallisationsform der einfachen Karbonate liegt darin, daß die kleineren Kationenradien von Mg bis Ca (0,66 bis 0,99 Å) eine [6]-Koordination mit dem $[CO_3]$-Anion ermöglichen, während die größeren Kationen von Ca bis Pb (0,99 bis 1,34 Å) zur [9]-Koordination führen. Das $Ca[CO_3]$ steht an der Grenze und ist daher dimorph.

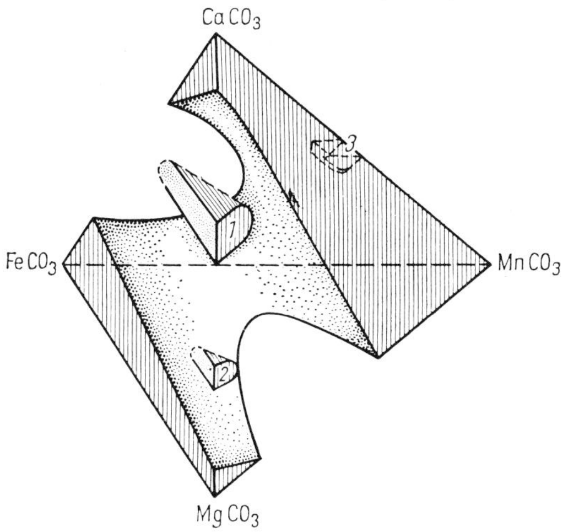

Bild 14.1. Tetraedrisches Mischkristallfeld der Minerale der trigonalen Calcit- und Dolomitreihe [3]

1 Dolomit
2 Huntit
3 Kutnahorit

Die zahlreichen anderen, aber weniger wichtigen Karbonate sind komplexer zusammengesetzt:

1. entweder durch Einbau zusätzlicher Anionen wie F, OH, SO_3, Cl, UO_2
2. durch Einbau von Kristallwasser
3. auch durch komplexeren Kationeneinbau

Wir gliedern die Karbonate in sechs Gruppen:

Gruppe	Chemische Charakterisierung		Bildungsschwerpunkt
1. Calcit–Siderit	einfache	Ca, Mg, Fe, Mn	
2. Dolomit–Ankerit	wasserfreie	Ca, Mg, Mn, Fe	sedimentär
	Karbonate	(Doppelsalze)	und hydrothermal
3. Aragonit–Strontianit		Ca, Ba, Sr, Pb	
4. Cerussit–Hydrozinkit–Malachit	Buntmetall-Karbonate		Verwitterungsbildungen
5. Bastnäsit–Dawsonit	komplexe SE–Al-Karbonate		Sekundärminerale
6. Natrit	Alkalikarbonate		sedimentär
Anhang: Oxalate u. ä.	meist Ca-Oxalate		Sekundärminerale

Die Karbonate haben eine Reihe von Eigenschaften, aufgrund derer sie meist gut von anderen Mineralen unterschieden werden können. Die wichtigste ist die Tatsache, daß sie alle bei Behandlung mit Säuren mehr oder weniger leicht unter CO_2-Abgabe schäumen. Weiterhin ist ihre Ritzhärte gering, meist zwischen $2^1/_2$ bis $4^1/_2$, max. bis 5. Die »Massen«-Karbonate (karbonatische Gesteine) sind meist farblos bis blaß gefärbt, nur die Schwermetallkarbonate (mit Cu, Co, Mn, Ni, UO_2) zeigen kräftigere Farben. Bemerkenswert ist die stets extrem hohe Doppelbrechung der Karbonate, die zu Interferenzfarben höherer Ordnung führt. Bei thermischer Behandlung dissoziieren die Karbonate meist bei Temperaturen zwischen 500 bis 900 °C. Die Wasserlöslichkeit ist relativ groß, besonders in kohlensäuregesättigtem Wasser.

14.2. Calcit–Siderit-Gruppe

Zu dieser Gruppe gehören die trigonal kristallisierenden einfachen wasserfreien Karbonate der zweiwertigen Elemente Ca, Cd, Fe, Mn, Co, Zn und Mg. Die Buntmetallkarbonate $Cd[CO_3]$ (Otavit), $Co[CO_3]$ (Sphaerocobaltit) und $Zn[CO_3]$ (Smithsonit) werden aus paragenetischen Gründen in der Gruppe 14.4. besprochen.
Die Karbonate Calcit, Rhodochrosit, Siderit und Magnesit sind ökonomisch außerordentlich wichtige Minerale, die auch genetisch viele Gemeinsamkeiten haben. Wichtige Eigenschaften sind zum Vergleich in Tab. 14.1 zusammengestellt.

Tabelle 14.1. Einige Eigenschaften der vier wichtigsten einfachen wasserfreien trigonalen Karbonate

Mineral	Formel	Kation-radius	Dichte	Härte (nach Mohs)	Licht- u. Doppelbrechung			Löslichkeit[1])	Dissoziationstemperatur[2])
					n_O	n_E	Δ_n	in mg/l	
Calcit	$Ca[CO_3]$	0,99 Å	2,7	3	1,658	1,486	0,172	1100	900
Rhodochrosit	$Mn[CO_3]$	0,80 Å	3,7	≈4	1,817	1,597	0,220	400	650
Siderit	$Fe[CO_3]$	0,74 Å	3,9	≈4	1,873	1,633	0,240	720	450
Magnesit	$Mg[CO_3]$	0,66 Å	3,0	4	1,704	1,515	0,189	25800	500

[1]) bei t = 180 °C und P_{CO_2} = 1 bar
[2]) in °C bei P_{CO_2} = 1 bar

Calcit: $Ca[CO_3]$ Kalkspat

Entdeckung: Der Name Calcit ist, entsprechend dem gr. Wortstamm, mit kalzinieren in Verbindung zu bringen, d. h., das Karbonat durch Erhitzen zu pulvrigem CaO zu zersetzen. Die deutsche Bezeichnung drückt zusätzlich durch die Endung »spat« die hervorragende Spaltbarkeit des Minerals aus. Benannt von Freiesleben 1836.

Chemismus: Theor. 56,03% CaO; 43,97% CO_2. Für Ca kann in größeren Mengen Mn und Fe, in geringen Sr, Co, Zn, Ba, Pb und SE eintreten; dementsprechend existieren solche Varietäten wie *Kobalt-Calcit*, *Mangan-Calcit*, *Strontium-Calcit* und *Barium-Calcit*; evtl. auch *Zinco-Calcit* und *Plumbo-Calcit*. Oft mechanisch verunreinigt.

Kristallogr.: Calcit ist die bei allen Temperaturen und Drücken stabile Form des $CaCO_3$, im Gegensatz zum rhombischen Aragonit und hexagonalen Vaterit. Trigonal (ditrig.-skalenoedr.); die charakteristische Struktur ist in Bild 14.2 dargestellt; es ist die schichtartige Anordnung der Ca- und $[CO_3]$-Ionen sowohl im Spaltrhomboeder als auch in der skalenoedrischen Elementarzelle zu erkennen.
Die fast stets aufgewachsenen Kristalle sind außerordentlich zahlreich weltweit zu finden; weiterhin ist Calcit das formen- und flächenreichste Mineral überhaupt. Wichtigste Grundformen sind Skalenoeder, Rhomboeder und Prismen, die in fast unübersehbarer Fülle kombiniert sind; Beispiele liefern die Bilder 14.3, 14.4 und

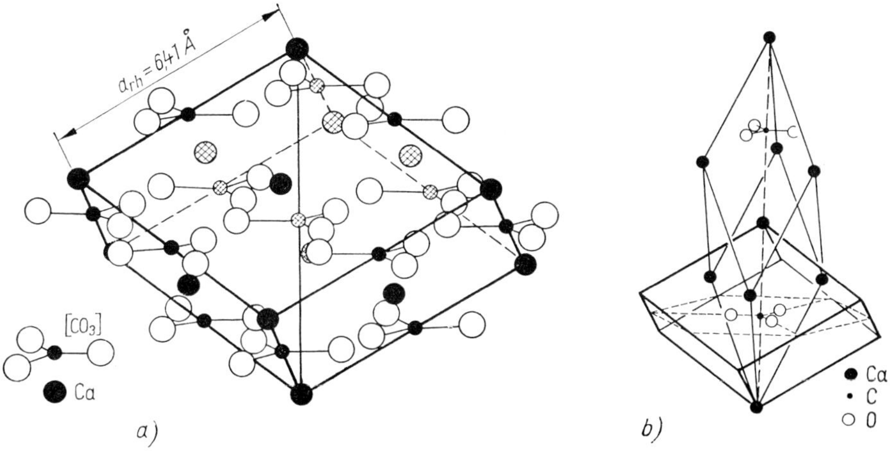

Bild 14.2. Kristallstruktur des Calcits [18]

a) Struktur im Spaltrhomboeder (rhomboedrische Zelle)

b) Beziehungen der Struktur des Spaltrhomboeders zur Struktur der skalenoedrischen Elementarzelle $(40\bar{4}1)$

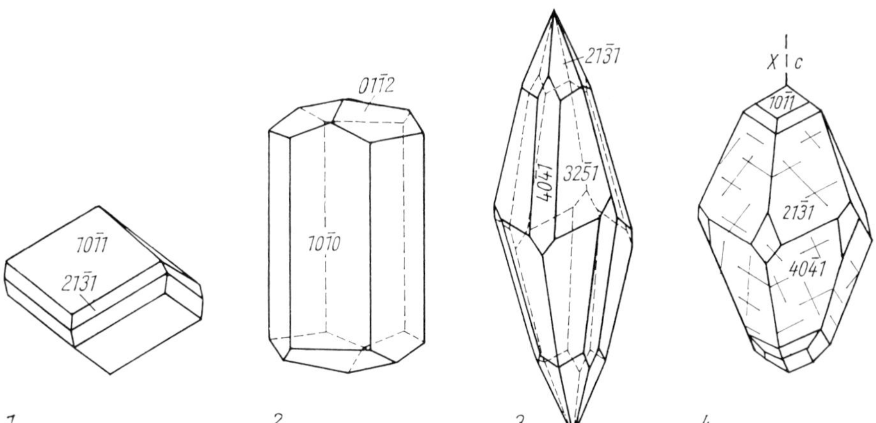

Bild 14.3. Vier wichtige Habitusformen von Calcit

1 rhomboedrisch
2 prismatisch
3 spitzpyramidal
4 skalenoedrisch (mit angedeuteter Spaltbarkeit und Lage der optischen und kristallographischen Hauptachse)

14.5. Auch Zwillingsbildungen sind, wie Bild 14.6 zeigt, sehr häufig; im mikroskopischen Bild, oft aber auch schon makroskopisch durch lamellare Streifung, fallen die polysynthetischen (Druck-)Verzwillingungen auf (vgl. Bild 14.6 und 2.81).

Die Hauptmenge das Calcits tritt gesteinsbildend auf: feinkörnige Massen als Kalkstein, pulvrig als Kreide, metamorph als grobkörniger Marmor. Oft auch in oolithischer Form als Rogenstein (s. Bild 14.7) u. a., in kugelig-wulstiger Form als Konkretion, zapfenartige und gebänderte Sinterbildungen (in Höhlen) in Form von Stalak-

Bild 14.4. Säuliger Calcit mit zonarem Aufbau Andreasberg im Harz (BRD), etwa natürl. Größe [20]

Bild 14.5. Tafeliger Calcit Schneeberg im sächs. Erzgebirge (DDR). Etwa natürl. Größe [20]

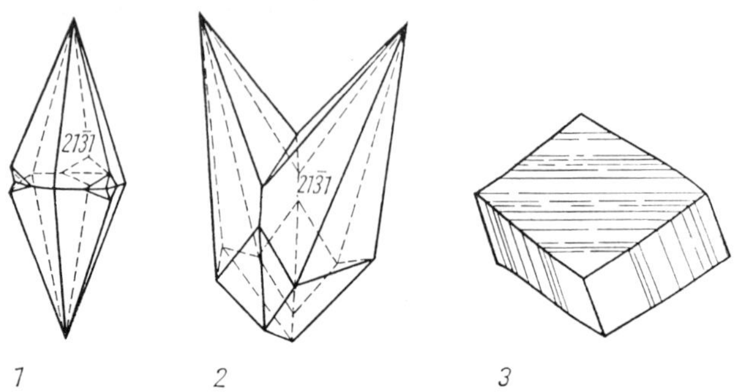

Bild 14.6. Calcitzwillinge [20]

1 Skalenoeder, verzwillingt nach (0001)
2 Skalenoeder, herzförmig verzwillingt nach (10$\bar{1}$1)
3 Spaltrhomboeder, mit polysynthetischer Druckverzwillingungsriefung, verursacht durch Gleitung nach (0$\bar{1}$12)

titen (hängend) und Stalagmiten (aufsitzend). Häufig als Para- und Pseudomorphosen sowie als Versteinerungsmineral.

Physik. Eigensch.: Als »Isländischer Doppelspat« klar durchsichtig, meist aber weiß und vielfach gefärbt; Strich weiß. Hohe Doppelbrechung (»Doppelspat«, vgl. Kap.

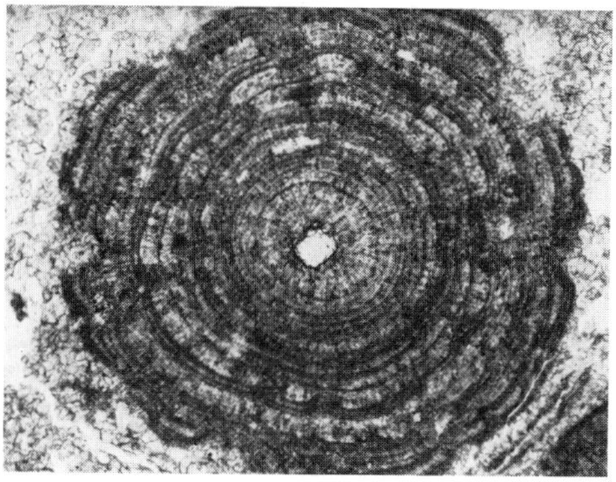

Bild 14.7. Calcit-Ooide im Rogenstein der Trias in Thüringen (DDR) [261]. Einzelooid, im Kern Granat, Dünnschliff, Vergr. 150 ×

2.4.1.), Glasglanz; oft Lumineszenz (durch Gehalt an SE). H 3, aber schwankend; spröde; Spaltbarkeit 5 nach dem Rhomboeder $(10\bar{1}1)$. D 2,72 (2,6 bis 2,8). In kalter HCl leicht löslich (schäumend). Dissoziiert bei 900° (»Kalkbrennen«).

Diagnose: Leichte Erkennbarkeit an ausgezeichneter Spaltbarkeit, geringer Härte und dem Aufbrausen mit kalter HCl. Von Aragonit mit Hilfe der Meigenschen Probe zu unterscheiden: Heiße Kobaltlösung färbt nur Aragonit-Pulver (und das aller rhombischen Karbonate, auch Vaterit), aber nicht Calcitpulver.

Genese: Calcit bildet sich unter fast allen geologischen Bedingungen, ist also, wie Quarz, ein typischer »Durchläufer«:

– *magmatisch:* in tiefliegenden Teilen von Vulkanschloten als »Karbonatit«, oft in Paragenese mit Mineralen der Seltenen Erden, von Nb, Ta, Zr, Th u. a.

– *(postmagmatisch-) hydrothermal:*

  a) in den meisten gangförmigen (Erz-) Lagerstätten der Erde, meist als jüngere Bildung und daher in Drusen gut kristallisiert; Paragenese: Sulfide, Quarz, andere Karbonate, Fluorit usw.

  b) in den sog. Mandeln und Drusenhohlräumen vulkanischer, besonders basischer Gesteine wie Basalt, Melaphyr, Spilit

  c) Ausscheidungen subrezenter und rezenter heißer Quellen

– *sedimentär:* Der Transport zum Sedimentationsraum erfolgt hauptsächlich in Form des Bikarbonats.

  a) *anorganische Fällung* als Kalkschlamm, besonders in tropischen Flachwasserbereichen. Häufige Ausscheidungs- bzw. Umwandlungsfolge: $CaCO_3$–Gel → Vaterit → Aragonit → Calcit. Rezente Bildung z. B. bei den Bahama-Inseln und am Persischen Golf. Charakteristisch sind oolithische Ablagerungen; die Ooide entstehen meist durch feinschichtige gelartige Umhüllung von kleinen klastischen Fremdkörpern wie Sandkörnchen, zerbrochenen Muschelschalen usw. Aus der Trias z. B. kennen wir solche Absätze als Rogenstein (s. Bild 14.7). Man beachte, daß die unter hohem Druck stehenden kalten und CO_2-reichen

a)

b)

Bild 14.8. Organogener Kalkstein

a) wenig verfestigte Mergel der Cyrenenschichten: dicht gepackte Lagerung von Fossilien, von Miesbach in Oberbayern (BRD) [223]

b) biogener Kalkstein im Dünnschliff, Vergr. 15× [261]

Tiefseewässer Calcit wieder auflösen, weshalb die Tiefsee-Sedimente sehr calcitarm bzw. -frei sind.

b) *organische Bildung* von CaO_3-Sedimenten durch absterbende Pflanzen und Tiere mit $CaCO_3$-Skelett; oft gemeinsam mit der erwähnten anorganischen Fällung (s. Bild 14.8). Die primär häufige Aragonit-Substanz kristallisiert zu Calcit um. Typische fossile Beispiele sind der triassische Muschelkalk (z. B. von Thüringen) und die kretazische Kreide (z. B. von Rügen). In tonigen und tonig-sandigen Sedimenten bilden sich, meist um organische Relikte, cm- bis dm-große Konkretionen (vgl. Bild 4.71)

c) *terrestrische Verwitterungsbildungen* sind überall dort zu finden, wo Kalksteine, karbonatische Erze und Ca-reiche Gesteine verwittern und das Ca-Hydrogenkarbonat in der Umgebung zu $CaCO_3$ zerfällt. Es bilden sich subaerische Sinterablagerungen (z. B. der Travertin von Weimar-Ehringsdorf in Thüringen, mit seinen archäologischen Funden), in Höhlen und Klüften z. T. bizarre sog. Tropfsteinbildungen, in Seen und Sümpfen sog. Seekalke. Wichtig ist auch die Tatsache, daß sowohl im marinen als auch festländischen Bereich sandige Sedimente durch ein $CaCO_3$-Zement verkittet werden können.

- Unter *metamorphen* Bedingungen kristallisieren die calcitischen Sedimente zumeist zu grobkörnigen Gesteinen um; diese Produkte finden wir in den Marmoren und Skarnen, meist in Paragenese mit Ca-Silikaten, auch Erzen (wie z. B. im sächsischen Erzgebirge und in Schweden).

Nutzung: Calcit ist, insbesondere als Gestein, von überragender wirtschaftlicher Bedeutung. Zu nennen sind:

- reiner Kalkstein als Rohstoff der chemischen Industrie (als Branntkalk) für die Produktion von Ätznatron, Soda, Chlorkalk, Kalziumkarbid, Ca-Metall usw., weiter in der Glas- und Zellstoffindustrie, in der DDR z. B. der devonische Kalkstein von Rübeland bei Elbingerode
- pulvrige und poröse »Kalke« (Kreide, Kalk»tuff« bzw. Travertin) als Farbe, Putz-

und Poliermittel, Schreibkreide (zusammen mit Gips), als Füllmittel in Kautschuk, Papier, Kittmassen, Kosmetika usw. (vgl. Bild 9.5 c)

- unreine Kalksteine als Zementrohstoff, als Düngemittel, als Flußmittel in der Hüttenindustrie, als Mörtelrohstoff in der Baustoffindustrie; in der DDR hauptsächlich Trias-Kalksteine
- Kalksteine in geschnittener Form, oft schön gefärbt, als Bau- und Dekorationsstoff (z. B. Saalburger »Marmor«); weiße Marmore als Bildhauermaterial, schön von Italien (z. B. Carrara), Griechenland; UdSSR, Kanada u. v. a. Ländern; in gebrochener Form als Schotter und Splitt, für Terrazzo usw.
- durchsichtige Calcite sind als »Isländischer Doppelspat« in der optischen Industrie sehr gesucht; Vorkommen in basaltischen Gesteinen, insbesondere von Island und Sibirien

Vaterit: $Ca[CO_3]$; eine von Calcit und Aragonit verschiedene hexagonale Modifikation. Er entsteht primär z. B. bei der Bildung von Gastropodenschalen und wandelt sich allmählich in Aragonit, dann in Calcit um. An Luft beständig, geht aber bei Erhitzen auf etwa 440 °C in Calcit über.

Barytocalcit: $BaCa[CO_3]_2$; monoklin. xx kurz- bis langprismatisch. # 4 (210). H 4; D 3,66. Alston Moor (Cumberland, England) auf Gängen im Kalkstein.

Die wasserhaltigen $CaCO_3$-Abkömmlinge sind aus Sedimenten bekannt, aber wenig untersucht: *Monohydrocalcit* $Ca[CO_3] \cdot H_2O$ (trigonal, D 2,38; $n_Y = 1,545$); *Trihydrocalcit* $Ca[CO_3] \cdot 3\,H_2O$; *Ikait* $Ca[CO_3] \cdot 6\,H_2O$.

Rhodochrosit: $Mn[CO_3]$ Manganspat

Name von HAUSMANN 1813, nach der rosa Farbe (gr. *rhodon* = Rose, *chrosme* = Farbe). Theor. 61,71% MnO; 38,29% CO_2. Oft Fe- und Mn-reich, *Mangano-Calcit, Mangano-Siderit, Ferro-Rhodochrosit* (vgl. Bild 14.9); auch *Ca-Rhodochrosit* und *Zink-Rhodochrosit.* Trigonal (ditrig.-skalen.). Kristalle meist klein und in Drusen aufgewachsen, sattelartig gekrümmte Rhomboeder. Meist derb in dichten und spätigen Massen, auch glaskopfartig und als Krustenüberzüge. Selten Zwillinge und Pseudomorphosen. Farbe rosarot, durch Oxydation oft dunkler bis braun und schwarz. Glasglanz. durchsch., Licht- und Doppelbrechung siehe Tab. 14.1. H $3^1/_2$ bis 4, spröde, unebener Bruch, Spaltbarkeit 4 $(10\bar{1}1)$. D 3,7 (meist 3,3 bis 3,6; abhängig vom Chemismus). Ähnlich ist das Mn-Silikat Rhodonit, evtl. rötlicher Ankerit.
Bildet sich hydrothermal auf Ganglagerstätten, besonders in Paragenese mit Au-, Ag- und Zn-Erzen, mit anderen Karbonaten, Quarz, Fluorit, Baryt, Manganit u. a., z. B. von den subvulkanischen Lagerstätten Rumäniens (Capnic, Baia Sprie) und der USA (Butte, Cripple Creek), selten von Freiberg (DDR) u. a. O. Größere Massen stockartig oder hydrothermal-sedimentär, so von Spanien, den französischen Pyrenäen, oft in Paragenese mit Rhodonit. In geringen Mengen bei Elbingerode (Harz, DDR).
Lokal Mn-Erz, meist aber nur Ausgangsprodukt für sekundäre MnO_2-Lagerstätten.
Verwendung von Mn s. Tab. 16.27. Gelegentlich als Schmuck- und Ornamentstein, z. B. Ural (UdSSR), Argentinien.

Siderit: $Fe[CO_3]$ Eisenspat

Entdeckung: Von HAIDINGER 1845 beschrieben; Name nach gr. *sideros* = Eisen.

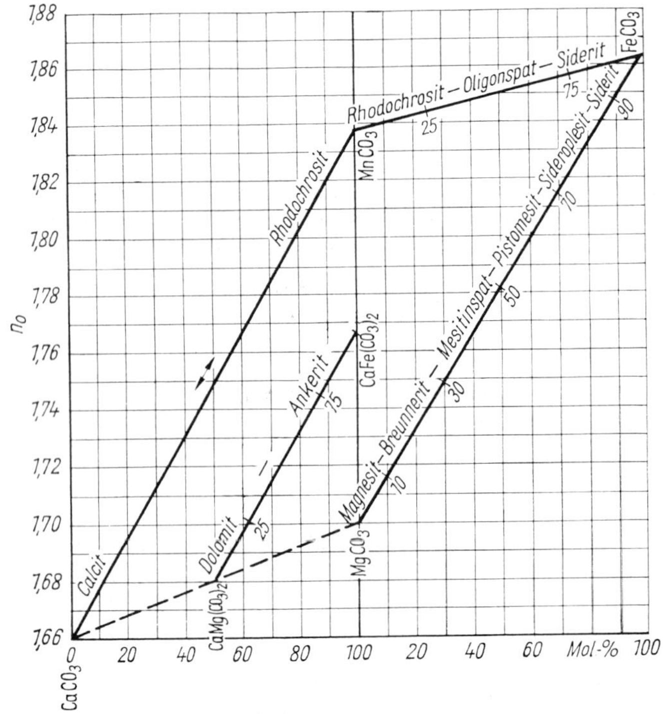

Bild 14.9. Mischkristallbeziehungen der Karbonate und die gesetzmäßige Änderung der Lichtbrechung n_0 [49]

Bild 14.10. Siderit von Lobenstein (Thür., DDR); Großkristall aus Subindividuen aufgebaut (subparallele Verwachsung) [221, 222]

Chemismus: Theor. 62,01% FeO; 37,99% CO_2; Vollständige Mischbarkeit mit $MgCO_3$ möglich (s. Bild 14.9); oft auch hohe Gehalte an Mn (bis 10%, *Mangan-Siderit*), auch *Zink-Siderit* und *Calcium-Siderit*. Sedimentäre Siderite sind oft verunreinigt, mit Ton (Toneisenstein), mit Kohle (Kohleneisenstein).

Kristallogr.: Trigonal (ditrig.-skalenoedr.); aufgewachsene, z. T. cm-große sattelförmig gekrümmte rhomboedrische Kristalle, aus Subindividuen aufgebaut (s. Bild 14.10). Meist jedoch feinkörnig bis grobspätig. In Sedimenten auch kugelige, wulstige Formen (*Sphärosiderit*), auch oolithisch. Als Weißeisenerze werden weiche gelartige Massen in Seen und Torfen bezeichnet. Häufig oxidische Pseudomorphosen (Limonit, Hämatit, Magnetit), auch von Chlorit, nach Siderit.

Physik. Eigensch.: Farbe in frischem Zustand ledergelb, dann durchsch., durch Oxydation oft braun bis fast schwarz (bei Mn-Gehalt, dann opak); verschiedentlich bunt angelaufen. Strich gelblichweiß; Glas- bis Perlmutterglanz; Licht- und Doppelbrechung s. Tab. 14.1. H $\approx$ 4, spröde, Spaltbarkeit 4 $(10\bar{1}1)$; Bruch muschelig. D 3,96 (aber meist von 3,7 bis 3,9 schwankend). Gelegentlich schwach fluoreszierend.

Diagnose: Ähnlich sind viele Karbonate, insbesondere Ankerit und Smithsonit, aber auch Sphalerit. Wird beim Erhitzen schwarz und magnetisch. Genaue Bestimmung gegenüber ähnlichen Karbonaten oft nur durch Röntgen- oder chemische Analyse.

Genese: Der Entstehungsbereich ist hauptsächlich hydrothermal und sedimentär, stets unter reduzierenden Bedingungen (Fe^{2+}), selten pegmatitisch (z. B. Kryolithlagerstätten Ivigtut auf Grönland).

– *hydrothermaler* Siderit bildet sich in Gängen und metasomatischen Verdrängungskörpern. Es gibt fast reine Siderit-Gänge, so bei Lobenstein (DDR), Siegerland

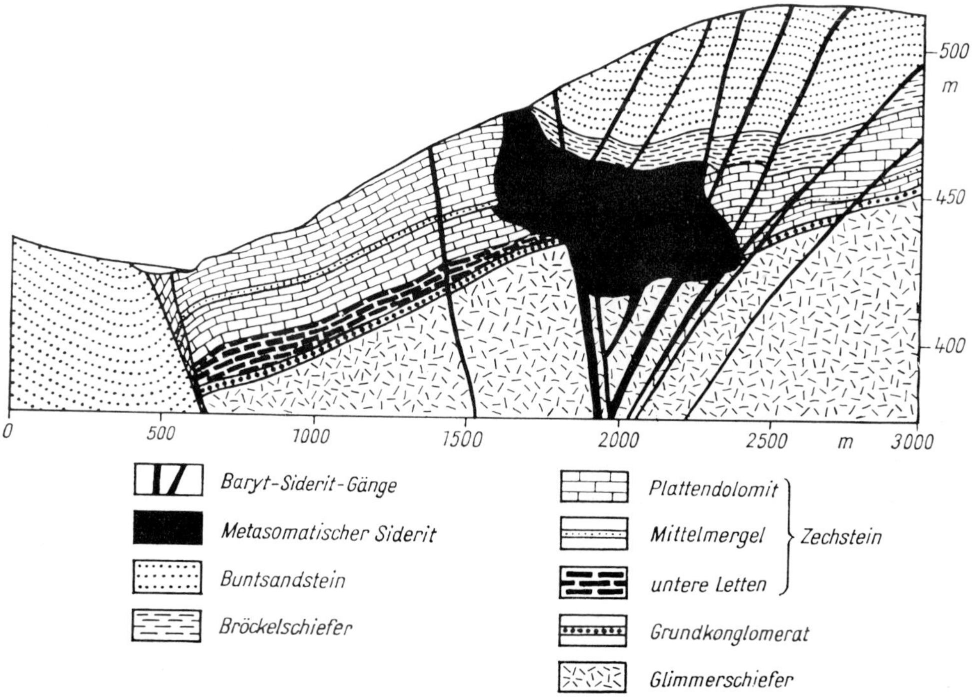

Bild 14.11. Metasomatische Sideritlagerstätte Stahlberg bei Schmalkalden, an der Südrandspalte des Thüringer Waldes (DDR) (nach E. Boehne)

(BRD), in der Slowakei (ČSSR) usw., verschiedentlich mit Cu- und Co–Ni-Mineralen. Sehr häufig als Gangart auf Pb–Zn–Cu-Ganglagerstätten, z. B. vom Mittelharz und sächs. Erzgebirge (DDR). Von großer wirtschaftlicher Bedeutung sind die Verdrängungslagerstätten vom Typ des steierischen Erzberges (Österreich), bei dem, wie bei vielen anderen ähnlichen Erzvorkommen, Kalksteine und Dolomite lager-, stock- und linsenförmig in mehr oder weniger reinen Siderit umgewandelt werden. Ähnlich sind die Lagerstätten an der Süd- und Nordrandspalte des Thüringer Waldes (Schmalkalden, Kamsdorf, DDR, s. Bild 14.11, S. 699), Hüttenberg (Österreich), Bilbao (Spanien) usw.

- *sedimentär* bildet sich Siderit in Form von Knollen, Konkretionen, flözartigen Lagen und Linsen in meist kohligen Sedimenten, so in silurischen und unterkarbonischen Schwarzschiefern (z. B. in Thüringen, DDR), in Braunkohlen, insbesondere aber den Steinkohlenflözen vieler europäischer Lagerstätten (Ruhrgebiet, England, Schottland, Frankreich, auch Zwickau-Oelsnitz). Diese Kohleneisensteine haben lokal eine gewisse Bedeutung als Fe-Erze (England, sog. Blackband). In geringen Mengen tritt Siderit auch in den ordovizischen Chamositerzen von Schmiedefeld (Thür., DDR) sowie der Lothringer Minette (Frankreich) auf.

Siderit oxydiert an der Erdoberfläche relativ schnell zu Limonit und bildet häufig mächtige »Eiserne Hüte« aus, so bei Schmalkalden (DDR), oft in Paragenese mit aragonitischer Eisenblüte (vgl. Bild 4.1a) und Mn-Oxiden.

Nutzung: Siderit ist wegen seiner leichten Verhüttbarkeit (»selbstgängiges Eisenerz«) und seines meist vorhandenen Mn-Gehalts ein gesuchtes Eisenerz. Mengenmäßig wird es im Weltmaßstab jedoch nur untergeordnet eingesetzt. Vgl. Tab. 16.27.

Magnesit: $Mg[CO_3]$

Entdeckung: Der Name wurde von Carsten 1808 nach der chemischen Zusammensetzung bzw. nach der Landschaft Magnesia in Griechenland gegeben.

Chemismus: Theor. 47,81% MgO; 52,19% CO_2; mit zunehmendem Fe-Gehalt als *Breunnerit, Mesitinspat*, bei $MgCO_3 : FeCO_3 = 1 : 1$ *Pistomesit* benannt (vgl. Bild 14.9); auch geringe Gehalte an Mn und Ca.

Kristallogr.: Trigonal (ditrig.-skalenoedr.). Die seltenen, fast stets eingewachsenen guten Kristalle haben gewöhnlich die Form des Grundrhomboeders (s. Bild 14.12), gelegentlich langsäulige und dicktafelige Kristalle. Meist ist Magnesit körnig-spätig (sog. Kristall- oder Spatmagnesit, s. Bild 14.13) oder feinstkörnig-dicht (sog. Gelmagnesit).

Physik. Eigensch.: Farbe meist weißlich-grau, auch gelb, bräunlich bis fast schwarz, Strich fast weiß. Glasglänzend, meist durchsch. Licht- und Doppelbrechung s. Tab. 14.1, veränderlich. H $\approx$ 4, spröde, Spaltbarkeit 5 $(10\bar{1}1)$, Bruch muschelig. D theor. 4,00, wechselnd. Dissoziiert bereits bei 500 °C, Pulver in heißer HCl löslich.

Diagnose: Beim Kochen mit Titangelb in schwach alkalischer Lösung färbt sich Magnesit tiefrot; keine Flammenfärbung. Ähnlich sind andere Karbonate.

Bild 14.12. Idiomorphe Kristalle von Magnesit in tonigem Anhydrit. Bischofferode (DDR), Hauptanhydrit; Dünnschliff, Vergr. 5 × [253]. Durch das blastische Wachstum der Kristalle zonarer Aufbau und reliktische Verunreinigungen

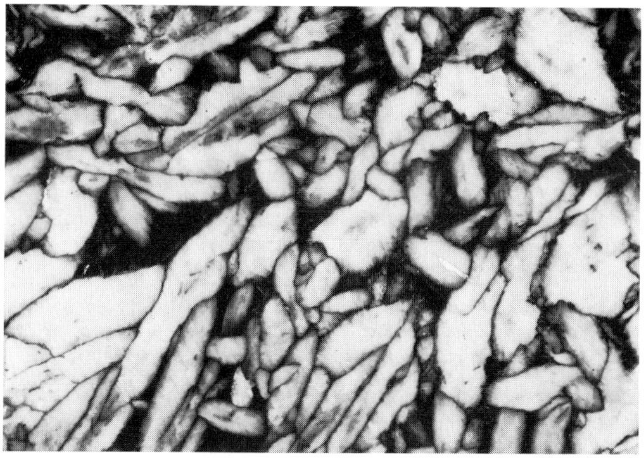

Bild 14.13. Magnesit der Varietät Pinolit. Trieben (Steiermark, Österreich), Vergr. ≈ 2 × [223]

Genese: Lagerstättenbildend tritt Magnesit in zwei Arten auf, die ihrem Wesen nach hydrothermal sind:

- *metasomatisch* als Kristallmagnesit in Talk- und Chloritschiefern sowie Dolomiten (sog. Pinolit); bedeutende Lagerstätten in Österreich (Radenthein, Veitsch), Satka (Ural, UdSSR), Korea, China, USA u. a.
- durch *Umwandlung* Mg-reicher Gesteine, insbesondere Serpentin, als dichte weiße Gang- und Trümerbildung (Gelmagnesit); von Österreich, ČSSR, Polen, Griechenland, Jugoslawien, UdSSR u.a.O.

Selten in basischen Gesteinen und salinaren Sedimenten (vgl. Bild 14.12).

Nutzung: Große technische Bedeutung: Herstellung von totgebranntem Sintermagnesit (MgO) zur Ausmauerung von Hochöfen, Konvertern usw., stabil bis 3000 °C. Weiter zur Herstellung von Sorelzement, gemischt mit anderen Füllmitteln für sehr haltbare Baustoffe und für viele andere Zwecke, u. a. auch zur Gewinnung von Mg-Metall (vgl. 16.27. und 16.28.).

Hoshiit: (Ni, Mg)[CO_3]; trigonal. Feinstkörnige (max. 7 mm) smaragdgrüne Massen mit Glasglanz und muscheligem Bruch, aus Oxydationszone Ni-haltiger Kupfersulfid-Lagerstätten (VR China); in Paragenese mit Garnierit, Aragonit, Zaratit, Chrysokoll, Limonit. D 2,92 bis 3,36; n_O = 1,691 bis 1,728.

Die folgenden *wasserhaltigen Mg-Karbonate* (z. T. mit Fe, Al, Ni, Cr) sind fast ausnahmslos Verwitterungsminerale von ultrabasischen Gesteinen. Die große Zahl rührt daher, daß das Mg-Karbonat in wäßriger Umgebung stark zur Hydratisierung neigt. Sie treten oft in Paragenese mit den Karbonaten Magnesit und Dolomit auf.

Nesquehonit: Mg[CO_3] · 3 H_2O; monoklin. Überzüge und Büschel nadeliger xx; D 1,852. Anthrazitgrube Nesquehoning b. Lansford (Pennsylvanien, USA); in Serpentinit an mehreren Orten der Alpen.

Lansfordit: Mg[CO_3] · 5 H_2O; monoklin. Stalaktitische Bildungen und winzige xx. D 1,692; paraffinähnlich. Vorkommen wie Nesquehonit.

Dypingit: Mg[OH/$(CO_3)_2$]$_2$ · 5 H_2O; monoklin (?). Kleine kugelige radialstrahlige Aggregate, als dünne Verwitterungskruste auf Serpentin, von Snarum (Norwegen). n_Y = 1,510, fluoresziert hellblau.

Barringtonit: Mg[CO_3] · 2 H_2O; triklin. Winzige Nädelchen auf nassem Olivinbasalt in NS-Wales (Australien). D 2,825; n_Y = 1,473.

Coalingit: $Mg_{10}Fe_2[(OH)_{24}/CO_3]$ · 2 H_2O; hexagonal. Rotbraune Plättchen oder gelbes Pulver aus Oxydationszone vanadiumhaltiger Schiefer (UdSSR), zusammen mit Gips, Steigerit, Hewettit und Delvauxit. H 1 bis 2; D 2,32.

Hydromagnesit: $Mg_5[OH/(CO_3)_2]_2$ · 4 H_2O; monoklin (pseudorhombisch). Kleine Rosetten bildende xx; Krusten von nadeligen oder blättrigen xx; derb, kreidig. D 2,236. In Trümern von Serpentinit und umgewandelten Mg-reichen Magmatiten neben Opal, Calcit, Dolomit usw.; Kraubath (Österreich) u. a. *Giorgiosit:* ähnlich Hydromagnesit, aber mit anderem Röntgenogramm. Kugelige Gebilde in weißen pulvrigen Krusten auf Lava von 1866 des Santorin (Aegäische Inseln, Griechenland).

Artinit: $Mg_2[(OH)_2/CO_3]$ · 3 H_2O; monoklin. Krusten nadeliger xx und traubige feinfaserige Massen. D 2,02. Glas- und Seidengl. Bildet Trümer in serpentinisierten ultrabasischen Magmatiten. Asbestbrüche in Val Brutta (Lombardei, Italien); Kraubath (Steiermark, Österreich).

Brugnatellit: $Mg_6Fe^{3+}[(OH)_{13}/CO_3]$ · 4 H_2O; hexagonal. Blättrige glimmerartige xx. D 2,07. n_{OE} = 1,540; 1,510. Val Malenco (ital. Alpen).

Zaratit: $Ni_3[(OH)_4/CO_3]$ · 4 H_2O; kubisch. Mikrokristalline Krusten und kleine Stalaktiten; derb; dünne Rinden auf Millerit. Smaragdgrün. H $3^1/_2$; D 2,58. n = 1,56 bis 1,61. Sekundär, oft neben Chromit, Pentlandit und Pyrrhotin in basischen Magmatiten, begleitet von Dolomit, Aragonit, Calcit. Kap Ortegal (NW-Spanien); Stubachtal (Tirol) und Kraubath (Steiermark, Österreich).

Hellyerit: Ni[CO_3] · 6 H_2O; triklin. Grünlichblaue Massen. n_{XYZ} = 1,455; 1,503; 1,549. D 1,97. Heazlewood (Tasmanien, Australien).

Otwayit: (Ni, Mg)$_2$(OH)$_2$[CO_3] · H_2O; rhombisch. Grün, fasrig, D 3,41. Von Australien.

Desautelsit: $Mg_6Mn_2^{3+}[(OH)_{16}/CO_3]$ · 4 H_2O; hexagonal. Orange, D 2,13. Aus Serpentin, von USA.

Callaghanit: $Mg_2Cu_2[(OH)_6/CO_3]$ · 2 H_2O; monoklin. *Baylissit:* $K_2Mg[CO_3]_2$ · 4 H_2O; aus der Schweiz.

Die folgenden Minerale kommen jeweils in *zwei Strukturvarianten* (hexagonal und trigonal) vor; beide Modifikationen treten sehr oft dicht nebeneinander auf.

Sjögrenit: $Mg_6Fe_2[(OH)_{16}/CO_3]$ · 4 H_2O; hexagonal. Goldgelbe oder braunweiße Blättchen. D 2,11 bis 2,14. n_{OE} = 1,573; 1,530. Mossgrube (Nordmarken, Schweden), hydrothermal auf Serpentinit. *Pyroaurit:* Chemisch gleich Sjögrenit und diesem sehr ähnlich, trigonal. Hydrothermale Trümer; kontaktmetasomatisch. *Namaqualith:* soll ähnlich zusammengesetzt sein wie Pyroaurit, hat aber Cu für Mg. Wird in dünnen blaßblauen Lagen und in seidenglänzenden Fasern im Namaqualand (Südafrika) gefunden.

Manasseit: $Mg_6Al_2[(OH)_{16}/CO_3] \cdot 4\ H_2O$; hexagonal; D 2,05; weiß, bläulichweiß. $n_{OE} = 1{,}524$; 1,510. Verwitterungsbildung. *Chlormanasseit:* hat nur $(OH)_2$ und etwas Cl_2. Aus Eisenerz in Sibirien (UdSSR).
Hydrotalkit: Chemisch gleich Manasseit, trigonal. H 2; D 2,06. $n_{OE} = 1{,}512$; 1,498. Verwitterungsbildung.

Barbertonit: $Mg_6Cr_2[(OH)_{16}/CO_3] \cdot 4\ H_2O$; hexagonal. Violett, rosa, rötlichweiß. H $1^1/_2$ bis 2; D 2,10 bis 2,15. Trümer in Serpentinit. Barberton (Transvaal, Südafrika).
Stichtit: Chemisch gleich Barbertonit, trigonal.

14.3. Dolomit–Ankerit-Gruppe

Hier sind die sog. Doppelsalze des $CaCO_3$, $FeCO_3$ und $MnCO_3$ zusammengefaßt. Die Minerale kristallisieren trigonal-rhomboedrisch, da in dem Calcitgitter die Mg-, Fe- und Mn-Atome schichtweise mit dem Ca abwechseln und dadurch die Symmetrie gegenüber Calcit erniedrigen. Genetisch und in ihrem Verhalten sind die drei Minerale Dolomit, Ankerit und Kutnahorit denjenigen der Calcit–Siderit-Gruppe, insbesondere dem zuletzt besprochenen Magnesit, sehr ähnlich.

Dolomit: $CaMg[CO_3]_2$

Entdeckung: Von SAUSSURE 1792 beschrieben und nach dem französischen Mineralogen D. DOLOMIEU (1750 bis 1801) benannt.

Chemismus: Doppelsalz von $CaCO_3 : MgCO_3 = 1 : 1$ mit theor. 30,41% CaO; 21,86% MgO; 47,73% CO_2; durch zunehmende Gehalte an Fe und Mn Übergänge zu Ankerit $CaFe[CO_3]_2$ und Kutnahorit $CaMn[CO_3]_2$; (vgl. Bild 14.9; s. Bild 14.14). Durch Verwachsungen mit anderen Karbonaten abweichende Gehalte; verschiedentlich auch geringe Pb- und Zn- Gehalte

Kristallogr.: Trigonal (rhomboedr.). Gitter calcitähnlich, siehe dort. Kristalle ein- und aufgewachsen, oft durch subparallele Verwachsung Ausbildung gekrümmter Indi-

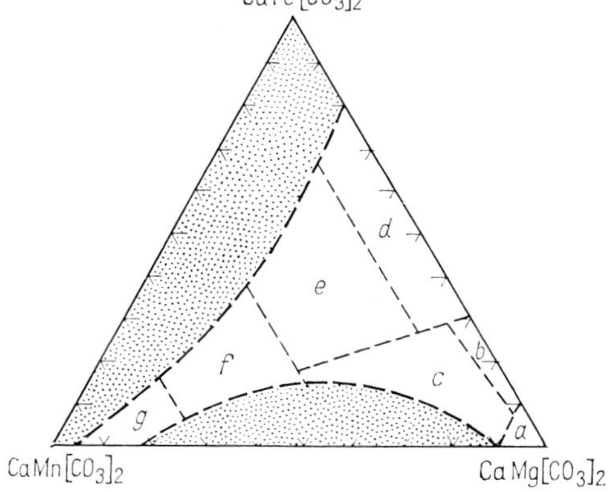

Bild 14.14. Mischkristallbereich der natürlichen Dolomite im System $CaFe[CO_3]_2$–$CaMg[CO_3]_2$–$CaMn[CO_3]_2$ [154]
a) Dolomit
b) Fe-Dolomit
c) Fe–Mn-Dolomit
d) Ankerit
e) Mn-Ankerit
f) Fe–Mg-Kutnahorit
g) Kutnahorit

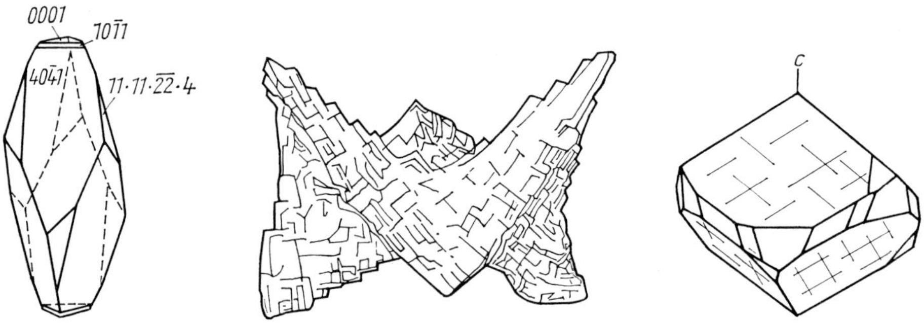

1 2 3

Bild 14.15. Dolomit

1 flächenreicher Dolomitkristall
2 sattelförmige Dolomitrhomboeder (subparallele Verwachsung)
3 rhomboedrischer Habitus, mit Angabe der Spaltbarkeit und kristallographischer Orientierung

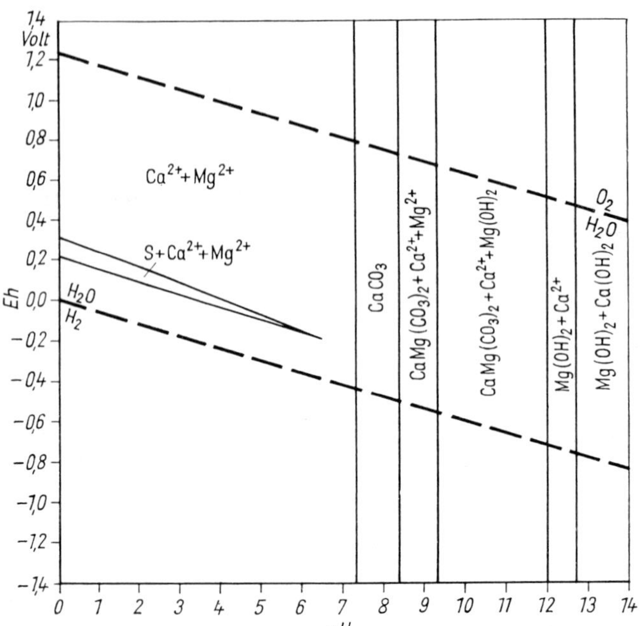

Bild 14.16. Stabilitätsbeziehungen zwischen einigen Kalzium- und Magnesiumverbindungen im System Na–Mg–Ca–K–Cl–S–CO_2–H_2O bei 25 °C und 1 atm Gesamtdruck [250]

(Aktivitäten: Σ Na = $10^{-0,44}$; Σ Mg = $10^{-1,7}$; Σ Ca = $10^{-2,5}$; Σ K = $10^{-2,2}$; Σ Cl = $10^{-0,45}$; Σ S = $10^{-2,5}$; Σ [H_2CO_3] + [HCO_3^-] + [CO_3^{2-}] = $10^{-2,8}$ [mol/l])

Stabile Minerale: Calcit $CaCO_3$, Dolomit $CaMg(CO_3)_2$, Brucit $Mg(OH)_2$, Portlandit $Ca(OH)_2$, Schwefel S

Erläuterung: Aktivitäten entsprechen etwa marinen Bedingungen. pH-Abhängigkeit der Mineralbildungen $CaCO_3 \rightarrow CaMg(CO_3)_2 \rightarrow + Mg(OH)_2 \rightarrow Mg(OH)_2 \rightarrow + Ca(OH)_2$ Dolomitbildung (bei 25 °C und 1 atm) nur über pH 8,3 (bei beginnenden salinaren Bedingungen) bis pH 12 (dort meist Brucit) möglich. Temperaturerhöhung fördert Dolomitbildung wegen Verschiebung des [CO_3^{2-}]-Prädominanzfeldes in Bereichen unter pH 8,3 viduen (s. Bild 14.15). Fast stets rhomboedrische Form, viel seltener als Calcit verzwillingt, nach (02$\bar{2}$1). Meist körnige Massen, selten pulvrig-körnige Dolomitsande. Angeblich auch amorph (*Gel-Dolomit*).

Physik. Eigensch.: Farblos bis weißgrau, seltener gelb und bräunlich; Kristalle durchs. bis durchsch.; n_{OE} = 1,682; 1,503. H $3^1/_2$ bis 4, spröde, Bruch muschelig, Spaltbarkeit 4 (10$\bar{1}$1). D theor. 2,85, meist etwas höher.

Diagnose: Anderen Karbonaten ähnlich, speziell Magnesit; von ihnen gelegentlich durch Vorkommen und Paragenese zu unterscheiden; oft ist jedoch Analyse erforderlich.

Genese: Dolomit bildet sich hauptsächlich und im weitesten Sinne *hydrothermal*, und zwar in den zwei folgenden geologischen Bereichen:

1. als *Gang- und Hohlraumfüllung*, meist in gangförmigen Erzlagerstätten in Paragenese mit Sulfiden, Baryt, Quarz. Sächsisches Erzgebirge (DDR). Österreich, Rumänien u. v. a.
2. als *metasomatisch-regionalmetamorphes Gestein:* eingelagerte Linsen oder selbständige Massive in vielen geologischen Systemen (z. B. Devon, Zechstein, Trias), z. T. in Verbindung mit salinaren Sedimenten (s. Bild 14.16) oder mit Talk- und Chloritschiefern. Parageneseminerale sind verschiedentlich Magnesit, Calcit, Gips, auch Coelestin, Quarz, Fluorit u. a. Ganze Gebirgszüge in den Alpen (z. B. die sog. Dolomiten; Tirol), in Zechstein bei Wünschendorf und Caaschwitz (Thüringen, DDR), im Ural und Donbass (UdSSR) u. v. a.

Nutzung: Wichtiger Rohstoff für die Feuerfest- und Baustoffindustrie, andere Verwendungszwecke sehr untergeordnet (vgl. Tab. 16.28, 16.31 und 16.32 im Anhang).

Ankerit: $CaFe[CO_3]_2$ (theor.)

Benannt von Haidinger 1825 nach dem österreichischen Mineralogen M. J. Anker (1772 bis 1843). Fe immer stark durch Mg, weniger durch Mn ersetzt, also $Ca(Fe, Mg, Mn)[CO_3]_2$ (vgl. Bild 14.9 und 14.14). Trigonal (rhomboedr.); meist rhomboedrische Kristalle, auch dichte körnige Massen. Frisch gelblichweiß, sehr oft durch Oxydation des Fe und Mn braun werdend (»Braunspat« der sächsischen Bergleute). H $3^1/_2$, Spaltbarkeit 4 (10$\bar{1}$1). D 3,2 (max. 3,9). Eigenschaften und Aussehen als »Eisen-Dolomit« dem Dolomit ähnlich, gleichfalls die Genese. Häufig in hydrothermalen Erzgängen, so z. B. von Freiberg (»edle Braunspatformation«) und verschiedenen Goldquarzgängen. Massenhaft und gesteinsartig als metasomatisches Übergangsglied von Sideritlagerstätten, wie z. B. die sog. Rohwand der Lagerstätten Eisenberg (Österreich) und Bakalsk (UdSSR). Eigenständige Bedeutung gering, aber gelegentlich Erzzuschlag.

Kutnahorit: $CaMn[CO_3]_2$; trigonal (rhomboedr.). Mischkristalle mit Mn, Mg oder Fe (vgl. Bild 14.9 und 14.14). Weiß bis blaßrosa. D 3,0. Kutnahora (ČSSR).

Norsethit: $BaMg[CO_3]_2$; trigonal (trapez.). Blättrige xx (max. 2 mm) in ölführendem Dolomit von Wyoming (USA). D 3,837; n_O = 1,694.

Benstonit: $(Ca_{0,87}Mg_{0,11})(Ba_{0,87}Sr_{0,12})_6[CO_3]_{12}$ bzw. $Ba_6Ca_7[CO_3]_{13}$; trigonal (trapezoedr.). Spätige Massen von Barytgängen (USA); H 3 bis 4; D 3,596; $n_0 = 1{,}690$.

Huntit: $CaMg_3[CO_3]_4$; rhombisch. Winzige farblose xx. Kaltwasserbildung. Nevada (USA).

14.4. Aragonit–Strontianit-Gruppe

Die Gruppe umfaßt kristallchemisch die *wasserfreien, einfachen, rhombisch kristallisierenden Karbonate des Ca, Ba, Sr und Pb.* Wir besprechen hier nur die drei Erdalkalikarbonate, das Pb-Karbonat Cerussit folgt aus genetisch-paragenetischen Gründen bei den Buntmetallkarbonaten des Abschn. 14.5.
Die isotypen Minerale Aragonit, Strontianit und Witherit haben wegen ihres gleichen Gitterbaues viele Gemeinsamkeiten. Sie sind meist weiß, häufig verzwillingt, wobei sich oft pseudohexagonale Formen ergeben. Die Dissoziationstemperaturen liegen relativ hoch, bei 800 bis 900 °C; auch die Wasserlöslichkeit ist höher als bei den meisten Karbonaten. Stärker unterschiedlich sind lediglich die Dichten (von 3,0 für Aragonit bis 4,3 bei Witherit). Alle drei Minerale bilden sich tiefthermal (Aragonit auch sedimentär) und sind durch Mobilisation bzw. Umwandlung anderer primärer Minerale entstanden. Ihre wirtschaftliche Bedeutung ist relativ gering.

Aragonit: $Ca[CO_3]$

Entdeckung: Von Werner 1796 nach dem ersten Fundort in der Provinz Aragonien in NO-Spanien benannt.

Chemismus: Theor. wie Calcit; oft rein, jedoch kann verschiedentlich Ca bis zu einigen Prozenten durch Pb (*Blei-Aragonit* = Tarnowitzit, z. T. nicht diadoch), Zn (*Zink-Aragonit* = Nicholsonit, bis 10% Zn), Sr (*Calcio-Strontianit* = Emmonit) und Ba (*Bariumaragonit* = Alstonit, bis 50% $BaCO_3$) ersetzt werden.

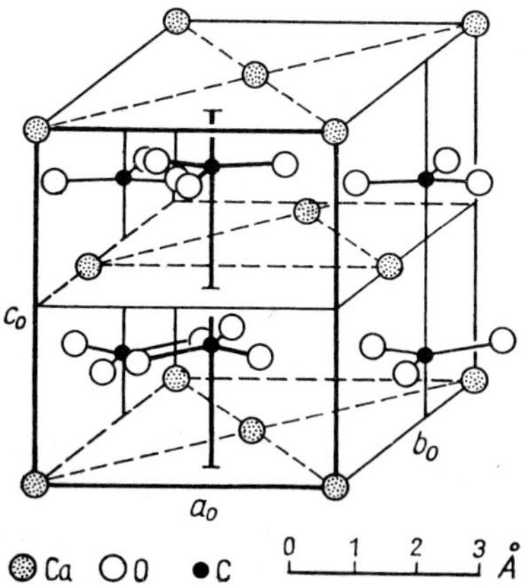

Bild 14.17. Kristallstruktur des Aragonits [20]

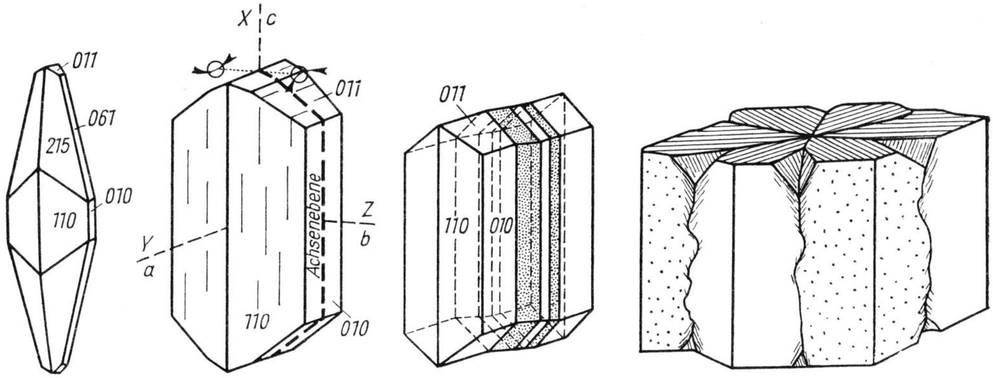

1 2 3 4

Bild 14.18. Kristallformen von Aragonit

1 nadeliger Kristall
2 dickplattiger Kristall, mit eingetragener Spaltbarkeit und optischer Orientierung
3 polysynthetischer Wiederholungszwilling nach [110]
4 Durchwachsungsdrilling nach (110)

Bild 14.19. Aragonit, sog. Eisenblüte. Erzberg in der Steiermark (Österreich), etwa natürl. Größe [221, 222]

links: astförmige Dendriten *rechts:* igelförmige, kugelige Aggregate

Kristallogr.: Rhombisch (holoedr. = dipyr.); die Struktur des Aragonit besitzt pseudohexagonale Symmetrie nach (001). Jedes Kation wird von 6 Komplexanionen $[CO_3]$ umgeben und unmittelbar von 9 Sauerstoffanionen (s. Bild 14.17). Die selten unverzwillingten Kristalle sind meist aufgewachsen und nadelig-spießig bzw. taflig (s. Bild 14.18). Sehr häufig einfache oder polysynthetische Zwillinge, v. a. Wiederholungs-

		Algen	Protozoa	Porifera	Coelenterata	Bryozoa	Brachiopoda	Annelida	Mollusca	Arthropoda	Echinodermata	Hemichordata	Chordata
Karbonate	Aragonit	+	+		+	+		+	+	+		+	+
	Calcit	+	+	+	+	+	+	+	+	+	+		
	Aragonit + Calcit			?	+	+		+	+	+			
	amorph				+			+	+				
Kieselsäure	amorph	+	+	+					?				
Phospate	Hydroxylapatit						+						+
	dsgl, nicht definiert								+	+			
Fe-Oxide	Magnetit/Goethit								+				
	amorph (Fe)		+						+				
Sulfate	Coelestin		+										
	Baryt		?										

Bild 14.20. Skelettbildende Minerale verschiedener Gruppen von Lebewesen [13]

zwillinge (mit Zwillingsstreifung) oder pseudohexagonale (zyklische) Durchdringungszwillinge (s. Bild 14.18). Die Aragonit-Aggregate sind unterschiedlich ausgebildet: bändrig-krustig (z. B. Karlsbader Sprudelstein), oolithisch (pisolithisch, z. B. Erbsenstein von Karlovy Vary, ČSSR), verästelt (z. B. die sog. Eisenblüte von Erzberg in Österreich; s. Bild 14.19), pulvrig (sog. Schaumkalk, z. B. von Gera, DDR). Pseudomorphosen nach Gips, Coelestin u. a.

Physik. Eigensch.: Farbe weiß, oft verschieden gefärbt, Strich weiß, Glasglanz, durchs. bis durchsch.; n_{XYZ} = 1,530; 1,682; 1,686. H $3^1/_2$ bis 4, Bruch muschelig, Spaltbarkeit 1. D 2,95 (höher als Calcit!). Bei 400° wandelt sich Aragonit monotrop in Calcit um. Leichter wasserlöslich als Calcit; schäumt mit kalter unverdünnter HCl.

Diagnose: Ähnlich sind Coelestin, Strontianit, Natrolith und gelegentlich Baryt. Von Calcit durch Meigensche Probe zu unterscheiden (mit Kobaltlösung wird Aragonit lila gefärbt), auch durch höhere Dichte und fehlende Spaltbarkeit.

Genese: Aragonit ist viel seltener als Calcit und kaum gesteinsbildend. Typisches Neubildungsprodukt in der Nähe sich zersetzender Ca-reicher Gesteine (Eisenblüte), selten in Erzgängen, verschiedentlich in Tuffen. Häufige Sinterbildung um heiße Quellen (auch der Kesselstein ist Aragonit). Schöne Kristalle von den sizilianischen Schwefellagerstätten, gemeinsam mit Coelestin. Die Stützgerüste und anorganischen Bestandteile von Lebewesen bestehen sehr häufig aus Aragonit (Schalen, auch Perlen; vgl. Bild 14.20).

Nutzung: Gelegentlich angeschliffen als Ornamentstein.

Brenkit: $Ca_2F_2CO_3$; rhombisch. Radialstrahlige xx′, H 5, D 3,10. In Nephelinphonolith von Brenk (BRD).

Strontianit: $Sr[CO_3]$

Von SULZER 1790 nach der ersten Fundstätte am schottischen See Loch Strontian benannt. Theor. 70,19% SrO, 29,81% CO_2; für Sr stets geringe Menge an Ca (siehe

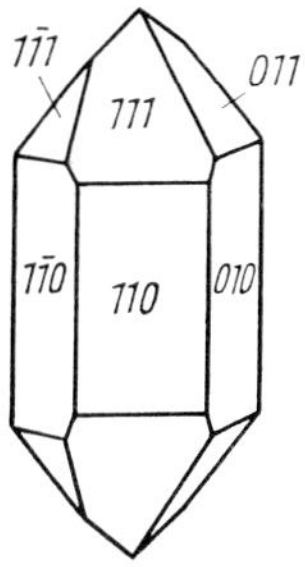

Bild 14.21. Strontianit [20], langprismatischer Kristall, pseudohexagonal durch gleichmäßige Ausbildung von (110) und (010), d. h. Prisma und Pinakoid //c, sowie (h h l) und (02hl), d. h. Prisma I. Stellung und Pyramide

Calcio-Strontianit bei Aragonit), auch Ba und Pb. Rhombisch (dipyr.), isotyp mit Aragonit. Die Kristalle sind nadelig, prismatisch, oft büschlig aggregiert; sie haben häufig pseudohexagonale Ausbildung (s. Bild 14.21). Zwillinge und Drillinge wie beim Aragonit. Ansonsten derb in strahligen und fasrigen Massen. Meist farblos bis gräulichweiß, auch licht gefärbt; mit Glas- und Fettglanz; n_{XYZ} = 1,520; 1,667; 1,668. H $3^1/_2$, spröde, Spaltbarkeit 2 (110). D 3,7. Verschiedentlich Lumineszenz. Von dem sehr ähnlichen Aragonit durch Flammenfärbung (rot) zu unterscheiden. In Säuren leicht löslich.

Tiefthermale Bildung auf Erzgängen, zusammen mit Baryt, Galenit und anderen Sulfiden, Calcit, so z. B. von Bräunsdorf bei Freiberg (DDR), Leogang (Salzburg, Österreich), Strontian (Schottland, GB). Häufiger in selbständigen Gängen in Kalkstein und Mergeln (wahrscheinlich lateralsekretionär), z. B. in den Kreidesedimenten von Münster in Westfalen (BRD), zusammen mit Coelestin, Baryt und Calcit. Als Konkretionen und Kluftfüllungen aus den USA u. a. O. Untergeordnet Rohstoff für Sr-Gewinnung.

Witherit: Ba[CO_3]

Von Werner 1889 nach dem englischen Mineralogen W. Withering (1741 bis 1799) benannt, der das Mineral als erster bestimmte. Theor. 77,30% BaO; 22,70% CO_2, manchmal mit etwas Sr und Ca. Rhombisch (dipyr.), isotyp mit Aragonit. Einfache Kristalle und Zwillinge mit pseudohexagonalem (quarzähnlichem) Habitus (s. Bild 14.22), Flächen oft matt und/oder horizontal gestreift. Als Aggregat in kollomorphen Formen, auch Krusten mit strahlig-fasrigem Aufbau. Meist farblos bis weiß, auch licht gefärbt. Glas- und fettglänzend; n_{XYZ} = 1,529; 1,676; 1677. H 3 bis $3^1/_2$, spröde,

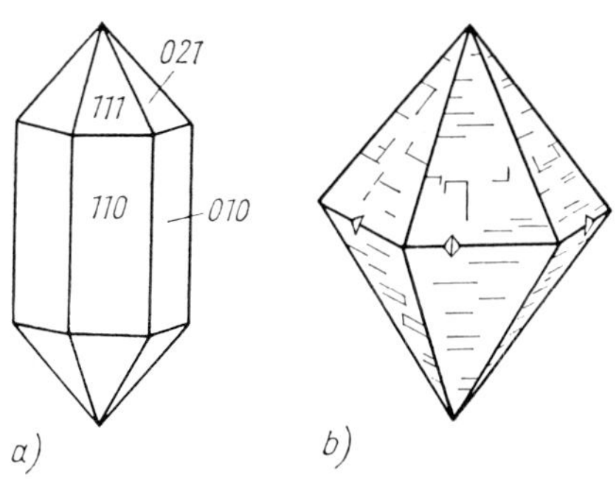

Bild 14.22. Witherit [20]

a) Einzelkristall, pseudohexagonal durch gleichmäßige Ausbildung von Formen (vgl. Bild 14.21)
b) dipyramidaler Durchdringungsdrilling nach (110)

Spaltbarkeit 1 bis 2. D 4,28. Fluoresziert unter verschiedener Einwirkung; giftig. Wird bei 811 °C hexagonal, bei 982 °C kubisch.
Entsteht auf tiefthermalen Gängen, meist mit Baryt, Galenit und anderen Sulfiden. Häufiger und bauwürdig im Kohlenkalk von Nordengland (Alston Moor u. a.) sowie in Barytgängen der Kopets-Berge (Turkm. SSR, UdSSR), selten von Freiberg (DDR), Andreasberg (Harz, BRD), Österreich. Kontaktmetasomatisch in größeren Mengen von Californien (USA). Nur in England lokal abgebaut; für die Herstellung von Ba-Verbindungen (Glas- und keramische Industrie) genutzt.

14.5. Cerussit–Malachit–Hydrozinkit-Gruppe

Die Gruppe umfaßt alle *Buntmetall-Karbonate*, speziell der Kationen Pb, Zn, Cd, **Cu**, Bi und Co. Die wenigen Ni-Karbonate wurden aus paragenetischen Gründen beim Magnesit angehängt.

Bleikarbonate

Cerussit: Pb[CO$_3$] Weißbleierz

Von HAIDINGER 1856 beschrieben und nach dem lat. Wort *cerussa* = Bleiweiß benannt. Theor. 83,53% PbO, 16,47% CO_2, gelegentlich mit geringem Zn- und Sr-Gehalt. Rhombisch (dipyr.), isotyp mit Aragonit. Kristalle pyramidal und plattig (s. Bild 14.23), selten nadelig. Zwillinge nach (110) sehr häufig, meist als pseudohexagonale, oft sternförmige Drillinge (s. Bild 14.24). Aggregate in dichter, feinkörniger, büschliger, gerüstartiger und pulvriger Form, oft verunreinigt. Häufig Pseudomorphosen nach Galenit, auch anderen Paragenesemineralen. Farblos bis weißgrau, auch gefärbt (mit reliktischem Galenit sogar schwarz), fettiger Diamantglanz, durchs.; durchsch.; n_{XYZ} = 1,804; 2,076; 2,078. H 3 bis 3$^1/_2$, sehr spröde (beim Zerbrechen knirschend), Spaltbarkeit 1, muschliger Bruch. D 6,5. In HNO_3 unter Aufbrausen

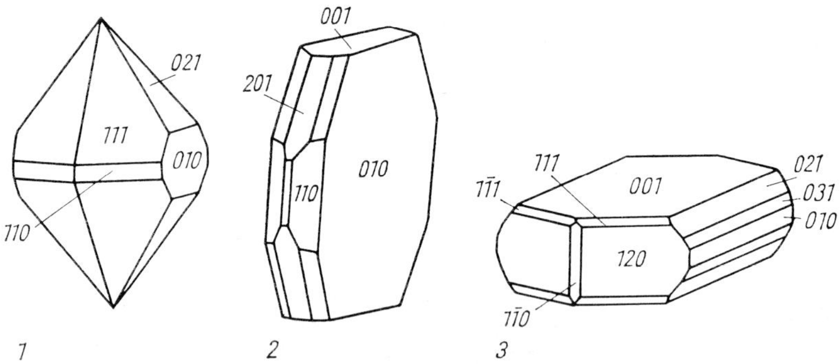

1 2 3

Bild 14.23. Kristalle von Cerussit [20]
1 dipyramidal, pseudohexagonal *2* taflig nach (010) *3* plattig nach (001)

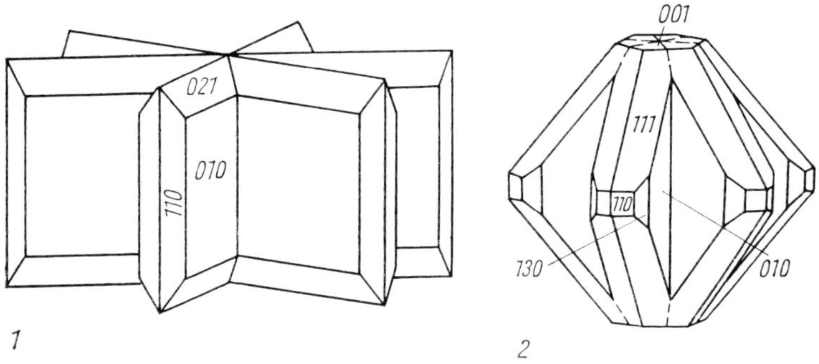

Bild 14.24. Drillinge von Cerussit [20]
1 sternförmiger Habitus *2* dipyramidaler Habitus

löslich, mit Kathodenstrahlen fluoreszierend, giftig. Ähnlich sind Scheelit, Coelestin, Baryt, Anglesit, auch Phosgenit.
Charakteristisches sekundäres Verwitterungsmineral von karbonathaltigen Galenitlagerstätten, gemeinsam mit anderen Mineralen der Oxydationszone wie Limonit, Anglesit (aus dem Cerussit meist entsteht), Smithsonit, Malachit. Zahlreiche Fundpunkte und Lagerstätten; als Beispiele seien genannt: große Mengen von Leadville (USA), Broken Hill (Sambia), Broken Hill und Mt. Isa (Australien). Ansonsten bekannt von Johanngeorgenstadt (sächs. Erzgebirge, DDR), Oberharz und Mechernich (BRD), Bytom (Górny Sląsk, VR Polen), Přibram (ČSSR), Monte Poni (Sardinien, Italien), im Distrikt Nerčinsk, von Ridder-Zyrjamorvk im Altai sowie von Turlan (s. Bild 14.25) im Kara-Tau (alle UdSSR), Tsumeb (Namibia) u. a.
Lokal wichtiges Bleierz.

Hydrocerussit: $Pb_3[OH/CO_3]_2$; hexagonal. Meist dünne sechsseitige Täfelchen. # 4 (0001), D 6,80. Diamgl.; farblos, weiß; durchsch.; n_{OE} = 1,09; 1,94. Sekundäres Mineral; z. B. von Långban (Schweden) auf Blei; Laurion (Griechenland).

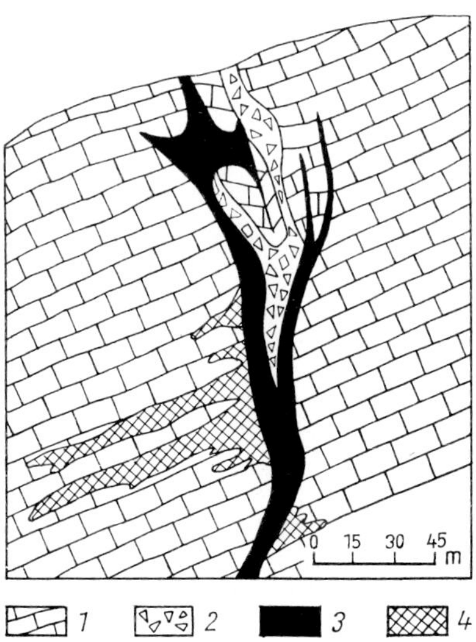

Bild 14.25. Blei–Zink-Lagerstätte von Turlan (UdSSR) [1]
1 Kalkstein
2 Reibungsbreccie
3 oxidische Bleierze (z. B. Cerussit)
4 sekundäre, metasomatische Zinkerze (z. B. Galmei, Smithsonit u. a.)

Phosgenit (Bleihornerz): $Pb_2[Cl_2/CO_3]$; tetragonal (trapez.). Prismatische, oft flächenreiche xx. Auch derb und körnig. # 2 (110) und (001). Mild. H 2 bis 3; D 6,133. Gelblichweiß bis gelblichbraun; auch farblos, weiß, grünlich, Diamgl. Phosgenit bildet sich bei der Verwitterung von Galenit und anderen Pb-Mineralen neben Cerussit und Anglesit und wandelt sich leicht in Cerussit um. Monteponi (Sardinien, Italien), Laurion (Griechenland). Auf alten Bleirohren in heißen Quellen.

Zink- und Cadmiumkarbonate

Smithsonit: $Zn[CO_3]$ Zinkspat

Von Beudant 1832 nach J. Smithson (1754 bis 1829) benannt. Theor. 64,90% ZnO 35,10% CO_2; oft mit reichlich Fe und Mn (*Ferro-Smithsonit* = Monheimit; *Mangan-Smithsonit*), weniger Ca, Pb, Cu und Mg; z. T. bis 3% Cd, in Spuren Ge und In; häufig mechanisch verunreinigt. Trigonal (ditrig.-skalenoedr.), isotyp mit Calcit. Selten Kristalle (dann rhomboedrisch und gelegentlich skalenoedrisch), meist kollomorphe Massen in bändriger, wulstiger Form (s. Bild 14.26), auch körnig, dicht bis erdig. Häufig Pseudomorphosen nach Calcit, Dolomit, Anglesit, Galenit, Sphalerit. Farblos bis weißlich, meist mit grünlichen, gelblichen und bläulichen Tönungen. Strich weiß, meist Glasglanz; n_{OE} = 1,849; 1,621. H $4^1/_2$ bis 5(!), spröde, Spaltbarkeit 4 $(10\bar{1}1)$, aber selten feststellbar. D 4,43 (4,3 bis 4,5). Leicht löslich unter Aufbrausen in warmer HCl. Leicht zu verwechseln mit Calcit, Hemimorphit, Chalcedon, Phosphorit und anderen kollomorphen Mineralen.

Smithsonit ist ein charakteristisches sekundäres, oft metasomatisch sich bildendes Mineral in der Oxydationszone von sulfidischen Pb–Zn-Lagerstätten, besonders bei karbonatischem Nebengestein ($ZnS \rightarrow ZnSO_4 \rightarrow ZnCO_3$). Gemeinsam mit Hemimorphit, Hydrozinkit und evtl. anderen Oxydations- und Nebengesteinsmineralen baut es das wichtige Zinkerz *Galmei* auf. Wichtige Vorkommen und Lagerstätten sind Górny Śląsk (VR Polen), Altenberg b. Aachen und Wiesloch (BRD), Bleiberg (Kärnten, Österreich), Griechenland, Sardinien, Tetiuhe und Turlan (UdSSR), Algerien, Leadville (USA), Broken Hill (Australien) u. v. a.

Sehr wichtiges Zinkerz; Verwendung und Produktion siehe Tab. 16.27.

Hydrozinkit (Zinkblüte): $Zn_5[(OH)_3/CO_3]_2$

Monoklin. Derb, erdig, porös bis dicht; schalige gebänderte Krusten, achatartige Massen; auch stalaktitisch

Bild 14.26. Smithsonit mit schalig-schichtigem Gefüge, von Laurion (Griechenland). Aufnahme der 4 mm starken Platte im Durchlicht, etwa nat. Größe [221]

oder pisolithisch. xx sind winzig und blättrig; sehr spröde. H 2 bis $2^1/_2$; D 3,5 bis 3,8. Glanz seidig bis glänzend bei verhältnismäßig gröber kristallinen Aggregaten, sonst matt bis erdig. Rein weiß bis grau, zuweilen gelblich, bräunlich, blaß violett, rosa. n_{XYZ} = 1,60; 1,736; 1,750. Leicht in Säuren löslich. Entsteht in der Oxydationszone aus Sphalerit neben Smithsonit, ist aber weniger häufig als dieser. Brilon (Westf., BRD); Bleiberg (Kärnten, Österreich); Raibl (ital. Alpen); in großer Menge in der Doloresgrube in Nordspanien und Goodsprings (Nevada, USA).

Aurichalcit (Messingblüte): $(Zn, Cu)_5[(OH)_3/CO_3]_2$; rhombisch. Nadelige oder linealförmige xx, die büschelige und flaumige Überzüge bilden. H 1 bis 2; D 3,64. Perlgl.; blaßgrün, grünlichblau, himmelblau. n_Y = 1,749. Mineral der Oxydationszone von Cu-Erzen. Loktevsk (Altai, UdSSR); Laurion (Griechenland) u. a.

Loseyit: $(Mn, Zn)_7[(OH)_5/(CO_3)]_2$; monoklin. Linealförmige bläulichweiße xx. D 3,27. In Trümern bei Franklin (New Jersey, USA).

Otavit (Cadmiumspat): $Cd[CO_3]$; trigonal. Weißgelbe bis rötliche Krusten winziger xx. D 4,96. Von Tsumeb (Namibia), neben Smithsonit und Cerussit. Sekundärmineral.

Kupferkarbonate

Malachit: $Cu_2[(OH)_2/CO_3]$

Entdeckung: Mineral seit Plinius (77 u. Z.) bekannt; Name in Anlehnung an gr. *malakos* = weich, wegen der geringen Härte von Malachit.

Chemismus: Theor. 71,95% CuO, (57,4% Cu), 19,90% CO_2, 8,15% H_2O; ziemlich rein, selten durch Sorption geringe Ca-, Fe- und SiO_2-Gehalte. *Bleimalachit* soll $PbCu_3$ $[(OH)_2/(CO_3)_3]$ sein.

Kristallogr.: Monoklin (prismat.); Struktur s. Bild 14.27. Kristalle selten, dann meist nadelig und zu Büscheln aggregiert, häufig verzwillingt nach (100). Fast stets in kollomorpher Form, mit glaskopfartiger und geflossener Oberfläche (»grüner Glaskopf«); und gebändertem oder radialfaserigem Aufbau (s. Bild 14.28); auch erdig und als Anflug. Schöne und häufige Pseudomorphosen, besonders nach anderen Cu-Mineralen.

Physik. Eigensch.: Farbe (malachit-)grün, Strich heller grün, Glas- bis Seidenglanz, meist makroskopisch opak. n_{XYZ} = 1,655; 1,875; 1,909, stark pleochroitisch. H 4, spröde, selten wahrnehmbare Spaltbarkeit 3; Bruch muschelig. D 4,0. In Säuren und

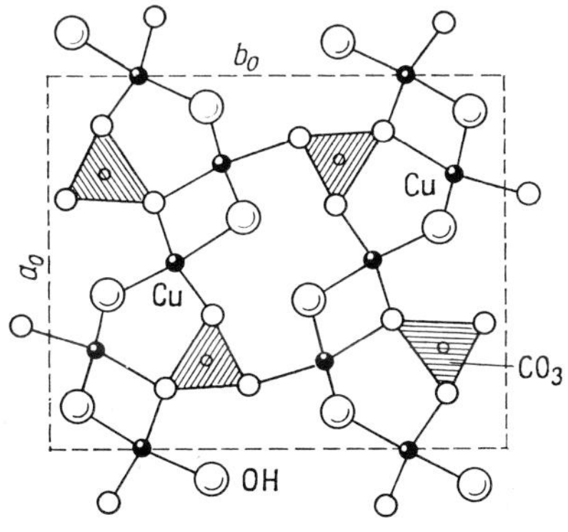

Bild 14.27. Struktur von Malachit [141]. Dreiecke stellen die CO_3-Komplexe dar

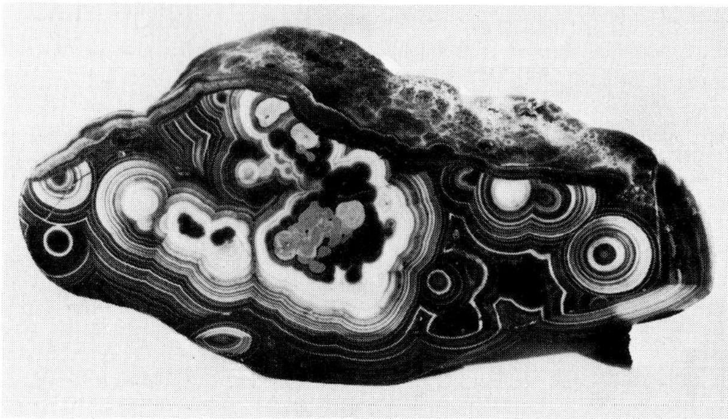

Bild 14.28. Malachitknolle, aufgeschnitten und poliert. Niznij Tagil (Ural, UdSSR), etwa natürl. Größe [223]

Ammoniak löslich, schäumt unter CO_2-Verlust. Ähnlich sind die Parageneseminerale Chrysokoll, Atakamit, Brochantit und andere Cu-Minerale.

Genese: Häufiges Cu-Mineral in der Oxydationszone von (sulfidischen) Cu-Lagerstätten mit karbonatischer Gangart oder Nebengestein, meist mit anderen sekundären Cu-, auch Pb- und Zn-Mineralen, v. a. auch Azurit. Die größten Mineralvorkommen (bis 50 Tonnen) mit ausgezeichneter Maserung der Malachitmassen waren Mednorudjansk bei Nižnij Tagil und Gumeševo bei Sverdlovsk (Ural, UdSSR). Geschliffenes Material ziert u.a. Säulen der Isaaks-Kathedrale und Räume der Ermitage in Leningrad. Gutes Material auch von Tsumeb (Namibia), Katanga (Zaïre), Arizona (USA), Australien. In kleinen Mengen von Saalfeld (DDR) und den Siegerländer Erzgängen (BRD).

Nutzung: Heute selten eigenständiges Cu-Erz; für kunstgewerbliche Arbeiten.

Azurit: $Cu_3[OH/CO_3]_2$

Von Beudant 1824 nach der azurblauen Farbe benannt. Mit 69,24% CuO. Monoklin (prismat.). Häufig gute und große Kristalle, ein- und aufgewachsen; meist dicktafelig (s. Bild 14.29) bis rhomboedrisch; auch Kristallaggregate in Drusenhohlräumen. Sonst kommt Azurit derb und eingesprengt, dicht, erdig, auch in kollomorphen Formen und als Anflug vor. Häufig Pseudomorphosen von Malachit nach Azurit, von Chessy (Frankreich) und Tsumeb (Namibia). Kräftig blaue Farbe, Strich hellblau, Kristalle durchs. bis durchsch., z. T. hoher Glanz; $n_{XYZ} = 1{,}730; 1{,}758; 1{,}838$. H $3^1/_2$ bis 4, spröde, Spaltbarkeit 2 bis 3, Bruch muschelig. D 3,77.
Entstehung und Vorkommen wie Malachit, aber seltener. Charakteristisch ist die Bildung bei der Verwitterung von Fahlerzen und Enargit; Parageneseminerale sind Limonit, Cuprit, Tenorit, Aragonit, Chrysokoll und andere Cu-Minerale, auch Kupfer. Fundpunkte schön kristallisierter Minerale sind u. a. Chessy bei Lyon (Frankreich), Nižne Tagil (Ural, UdSSR), Tsumeb (Namibia), Griechenland, Cornwall (GB), USA, Australien u. a. Heute keine nennenswerte wirtschaftliche Bedeutung.

Bild 14.29. Kristall von Azurit, etwa nat. Größe [223]

Rosasit: (Cu, Zn)$_2$[(OH)$_2$/CO$_3$]; monoklin (pseudo-rhombisch); isotyp mit Malachit. Traubige oder warzige Krusten mit faseriger oder sphärolithischer Struktur. D 4,0 bis 4,2. Grün bis himmelblau. n_Y = 1,83. In der Oxydationszone von Zn–Cu–Pb-Erzen. Rosas-Grube b. Sulcis (Sardinien, Italien) u. a.

Georgeit: Cu$_5$[(OH)$_4$/(CO$_3$)$_3$] · 6 H$_2$O. Hellblau, D 2,55, auf Malachit. Von Ni-Lagerstätte, Australien.

Wismut–Kobalt-Karbonate

Bismutit: Bi$_2$[O$_2$/CO$_3$]; tetragonal (dipyram.); Schichtgitter. Lockere oder dichte erdige Massen, radialfaserige Krusten und kugelige, selten schuppige Aggregate. H 2$^1/_2$ bis 3$^1/_2$; D 6,7 bis 7,4. Meist stroh- bis bräunlichgelb, auch blau. Strich grau. Ziemlich häufig, entsteht durch Verwitterung von Bi-Mineralen. Schneeberg, Johanngeorgenstadt (sächs. Erzgebirge, DDR); Meymac (Frankreich); Cornwall (England).

Beyerit: CaBi$_2$[O/CO$_3$]$_2$; tetragonal. Schichtgitter ähnlich Bismutit, auch sonst diesem ähnlich. Dünne Täfelchen (001). H 2; D 6,5. Hellgelb bis grauweiß. Verwitterungsbildung besonders von Bismuthinit (Wismutglanz). Schneeberg (sächs. Erzgebirge, DDR).

Kettnerit: CaBi[O/F/CO$_3$]; tetragonal. Kleine braune bis gelbe Blättchen in Quarz bei Krupka (ehem. Graupen, böhm. Erzgebirge, ČSSR). D 5,80.

Sphärokobaltit (Kobaltspat): Co[CO$_3$]; trigonal (skalen.). Kleine rosarötl. kuglig-strahlige Aggregate. H 4; D 4,13. Sekundärbildung, wandelt sich in Stainierit um. Von Schneeberg (DDR); Shaba (Zaïre).

14.6. Bastnäsit–Dawsonit-Gruppe

Hier werden Minerale zusammengefaßt, deren *Kationenanteile* durch *dreiwertige Elemente* ausgezeichnet sind: einmal, wie beim Bastnäsit, durch einen Gehalt an *Seltenen Erden* oder, wie bei Dawsonit, durch einen *Al-Gehalt*. Genetische Gemeinsamkeiten haben sie dadurch, daß sie meist in hochtemperierten Erzlagerstätten auftreten, meist als sekundäre Bildungen. Angehängt wird an diese Gruppe die relativ große Zahl der *Uranyl-Karbonate*.

SE-Karbonate

Bastnäsit: $Ce[F/CO_3]$: trigonal (dipyram.). xx tafelig (0001), meist mit tiefen horizontalen Furchen. Oft verwachsen mit Tysonit. Gute Ablösung nach (0001). H 4 bis $4^1/_2$; D 4,9 bis 5,2. Wachsgelb bis rötlichbraun. n_{OE} = 1,722; 1,823. Neben Ce sind noch reichlich La und Dy vorhanden. Bastnäs (Västmanland, Schweden); Kištym-Bezirk (Ural, UdSSR); reichlich in Madagaskar und in Zaïre, wo er bergmännisch gewonnen wird. 1949 wurden 5 Mill. t in Californien entdeckt (San Bernardino Co). *Kischtymit* ist wohl ein Bastnäsit mit mehr La und mit OH an Stelle von F.
Hydroxyl-Bastnäsit: (Ce, La)$[OH, F/CO_3]$; trigonal. Aus ultrabasischen Alkaligesteinen.
Thor-Bastnäsit: $ThCe_{0,2}Ca_{0,8}[F/CO_3]_2 \cdot 3\,H_2O$; hexagonal(?). Kryptokristalline braune Massen im Kontaktbereich von Nephelinsyenit und metasomatisch umgewandeltem Marmor (Sibirien, UdSSR). Paragenese: Mikroklin, Albit, Rinkolit, Zirkon, Euxenit, Thorit u. a.; D 4,04; n = 1,670 bis 1,678.

Parisit: $Ca(Ce, La, Dy)_2[F_2(CO_3)_3]$; trigonal (pyramidal). Enthält bis 50 % $(Ce, La)_2O_3$. Er kommt gewöhnlich in festen körnigen Massen vor; sehr selten. Rötlichbraun und bräunlichgelb; Glasglanz. n_{OE} = 1,676, 1,757. H 4 bis $4^1/_2$ # 0. D 4,35. Durch HCl wird er langsam zersetzt. Beim Erwärmen mit H_2SO_4 entweicht H_2F_2. Vorkommen in Pegmatiten. Er ist von den Smaragdgruben Muzo (Columbien), vom Langesundfjord (Südnorwegen) und von anderen Stellen beschrieben.

Calkinsit: $(Ce, La)_2[CO_3]_3 \cdot 4\,H_2O$; rhombisch. Winzige blaßgelbe xx. D 3,28. n_Y = 1,657. Montana (USA).

Lanthanit: $(La, Dy, Ce)_2[CO_3]_3 \cdot 8\,H_2O$; rhombisch. Tafelige bis dicktafelige xx; feinkörnig, erdig, schuppig. # 5 (010). H $2^1/_2$ bis 3; D 2,69. Perlgl.; farblos, weißrosa, gelblich. n_{XYZ} = 1,52; 1,587; 1,613. Als Überzüge auf Cerit der Bastnäs-Grube (Schweden). In Pegmatit hervorgegangen aus Allanit, von Baringer Hill (Texas, USA). *Lanthanit*-Nd oder *Coutinit* ist $(Nd, La, Sm, Pr)_2[CO_3] \cdot n\,H_2O$.

Tengerit (Ytterit z. T.) vielleicht wasserhaltiges Y-Karbonat. n_Y = 1,585. Dünne, erdige bis kristalline weiße Beschläge. Entstanden durch Umwandlung des Gadolinits von Ytterby (nö. Stockholm, Schweden).

Carbocernait: $(Ca_{0,4}Na_{0,2}SE_{0,2}Sr_{0,2})_{1,00}[CO_3]$; rhombisch. Kleine plättchenartige xx in Hohlräumen eines Karbonatits der Kola-Halbinsel (UdSSR).

Lokkait: $(Y, Ca)_2[CO_3]_3 \cdot 1{,}58\,H_2O$; rhombisch. Aus Kangasala in Finnland.

Synchisit: $CaCe[F/(CO_3)_2]$; rhombisch (?) (pseudohexag.). Dem Parisit sehr ähnlich. Spitzrhomboederähnliche xx oder dicktafelig (001) und hemimorph. H $4^1/_2$; D 3,90. Wachsgelb bis braun; durchs., n_O = 1,6730; 1,7690. In Pegmatiten bei Narsarsuk (Grönland) u. a. *Röntgenit:* $Ca_2Ce_3[F_3/(CO_3)_5]$; trigonal.

Doverit: $CaY[F/(CO_3)_2]$; das Pulverdiagramm ähnelt dem des Synchisits. Feinkörnige, bräunlich-rote Aggregate; Dover (New Jersey, USA).

Kordylit: $Ba(Ce, La, Nd)_2[F/(CO_3)_3]$; hexagonal. Ein Ba-Parisit. xx winzig, oft zepterartig. D 5,6. Farblos bis wachsgelb. n_{OE} = 1,764; 1,577. Narsarsuk (Grönland) im Pegmatit.

Huanghoit: $Ba(Ce, La, Nd)[F/(CO_3)_2]$; hexagonal. Aus hydrothermalen Gangfüllungen in Dolomit (VR China).

Mc Kelveyit: $(Na, Ba, Ca, Sr, SE, U)_9[CO_3]_9 \cdot 5\,H_2O$; trigonal. Sehr kleine schwärzlichgrüne tafelige xx aus dolomitischen Mergeln der Green-River-Formation (USA). D 2,87 bis 3,14; n_O = 1,66, Prismenschnitte stark pleochroitisch.

Donnayit: $NaCaSr_3Y[CO_3]_6 \cdot 3\,H_2O$; triklin. Gelb, D 3,30. Im Pegmatit in Quebec (Kanada).

Ambatoarinit: etwa $Sr(Ce, La, Nd)[O/(CO_3)_3]$. rhombisch (?); mikroskopisch kleine xx; rosa bis rötlich oder schwarz. n_X > 1,658. Ambatoarina (Madagaskar), in Coelestin-xx.

Ankylit: $Sr_3(Ce, La, Dy)_4[(OH)_4/(CO_3)_7] \cdot 3\,H_2O$; rhombisch. Gruppen und Krusten kleiner xx. H 4 bis $4^1/_2$; D 3,95; blaßgelb mit Stich ins Orange; n_Y = 1,700. Findet sich in Drusen im Nephelinsyenit von Narsarsuk (Grönland). *Calcio-Ankylit* enthält mehr Ca als Sr und kommt ganz ähnlich auf Kola (UdSSR) vor.

Sahamalith: $(Ce, La, Nd)_2(Mg, Fe)[CO_3]_4$; monoklin. Farblose xx', auf verwittertem Bastnäsit, USA.

Burbankit: $Na_2(Ca, Sr, Ba, Ce, La)_4[CO_3]_5$; hexagonal. Winzige xx; D 3,50; auf Gängen in Montana (USA).

Weloganit: $Sr_5Zr_2[CO_3]_9 \cdot 4\,H_2O$; trigonal. Prismatische, aggregierte gelbe xx in Hohlräumen von Alkaligestein (Kanada).

Al-haltige Karbonate

Dawsonit: $NaAl[(OH)_2/CO_3]$; rhombisch (pyram.). Meist Büschel und Rosetten schmalblättriger bis nadeliger xx. D 2,44. Glas- und Seidengl.; weiß, farblos. n_Y = 1,542 und 1,537. Überzüge in einem Feldspatgang b. Montreal (Kanada); in zinnoberführendem Dolomit nahe Mte. Amiata (Toskana, Italien) u. a.

Tunisit: $NaHCa_2Al_4[(OH)_5/(CO_3)_2]_2$; tetragonal. Max. 8 mm große xx aus Pb–Zn-Lagerstätte in Tunesien. D 2,51; n_O = 1,573.

Wermlandit: $Ca_2Mg_{14}(Fe, Al)_4[CO_3/OH]_{42} \cdot 14$ bis $15\ H_2O$; hexagonal. Plattige grünblaue xx bis 1 cm Größe, glimmerähnlich. Von Långban (Schweden); H $1^1/_2$; D 1,932; n_O = 1,493.

Alumohydrocalcit: $CaAl_2[(OH)_4/(CO_3)_2] \cdot 3\ H_2O$ (?); monoklin. Mikroskopisch feine radialfaserige Massen; kreideartig. D 2,231. Weiß bis blaßblau, n_Y = 1,553. Khakassy-Distrikt (Sibirien, UdSSR). *Paraalumohydrocalcit* mit D 2,0; hat etwas mehr H_2O, von Vodinsk und Gourdak (UdSSR).

Indigirit: $Mg_2Al_2[(CO_3)_4/(OH)_2] \cdot 15\ H_2O$; Weiße rosettenartige Nadeln (max. 1 mm) in Au–Sb-Lagerstätte von Jakutien (UdSSR). Paragenese: Gips, Hydrargillit, Fe-Hydroxide. H 2; D 1,6.

Dresserit: $Ba_2Al_4[(OH)_2/CO_3]_4 \cdot 3\ H_2O$; rhombisch. Weiße, max. 3 mm große Kügelchen aus radial angeordneten xx, in Hohlräumen von Alkaligestein (Kanada), zusammen mit Plagioklas, Quarz, Dawsonit. H $2^1/_2$ bis 3; D 2,96; n_X = 1,518. *Hydrodresserit* ist triklin; auch von St. Michel (Quebec, Kanada).

Stenonit: $Sr_2Al[F_5/CO_3]$; monoklin. Weiße bis farblose xx, mit Jarlit verwachsen, aus Kryolithlagerstätte Ivigtut (Grönland). D 3,86.

Eardleyit: $(Ni, Zn)_6Al_2[(OH)_{16}/CO_3] \cdot 4\ H_2O$; hexagonal (?). Grünes Mineral in Paragenese mit Limonit, Calcit, Smithsonit, von Utah (USA).

Dundasit: $PbAl_2[(OH)_4/(CO_3)_2] \cdot 2\ H_2O$ (?). Kleine kugelige weiße Aggregate und verfilzte Krusten. n_Y = 1,716; zweiachsig. H 2; D 3,25. Bei Dundas (Tasmanien, Australien) mit Krokoit. Ähnlich *Nasledonit.*

Als Anhang werden hier die *Uranyl-Karbonate* besprochen; sie sind ausschließlich Verwitterungsbildungen in Uranlagerstätten.

Rutherfordin: $(UO_2)CO_3$; rhombisch. Dichte bis pulvrig gelbe Massen auf Uraninit, die aus winzigen verfilzten Fasern bestehen. n_{XYZ} = 1,720; 1,729; 1,755. D 4,5. Uluguru-Gebirge (Tansania), Colorado (USA), Australien, Zaïre.

Sharpit: $[UO_2/CO_3]$; rhombisch (?). Feinfaserige grüngelbe Krusten. H $2^1/_2$; D 3,3; n_{XZ} = 1,633; 1,72. Von Chinkolobwe (Katanga, Zaïre).

Andersonit: $Na_2Ca[UO_2/(CO_3)_3] \cdot 6\ H_2O$; trigonal. Büschel kleiner grüner xx. D 2,8. n_{OE} = 1,520; 1,540. Fluoresziert hellgrün. Nur von Hillside Mine (Arizona, USA).

Grimselit: $K_3Na[(UO_2)/(CO_3)_3] \cdot H_2O$; hexagonal. Gelbe Krusten in Granodiorit (Schweiz). D 3,30.

Schröckingerit: $NaCa_3[UO_2/F/SO_4/(CO_3)_3] \cdot 10\ H_2O$; rhombisch. Kugelige Aggregate von oft sechseckigen grüngelben Blättchen, biegsam. D 2,51. Fluoresziert stark gelbgrün; $n_Y \approx n_Z$ = 1,542. Johanngeorgenstadt (DDR), Jáchymov (ČSSR), USA u. a.

Liebigit (Uranothallit): $Ca_2[UO_2/(CO_3)_3] \cdot 10\ H_2O$; rhombisch. Kurzprismat. gelblichgrüne xx, meist körnige oder schuppige Aggregate und dünne Krusten. D 2,41. Fluoresziert grün. Häufige Verwitterungsbildung auf Uranerzen. Schneeberg, Eisleben (DDR), Jáchymov (ČSSR), Cornwall (England); USA. *Metaliebigit* vom Mecsek-Gebirge (Ungarn), zusammen mit Liebigit, noch nicht gesichert.

Zellerit: $Ca[UO_2/(CO_3)_2] \cdot 5\ H_2O$; rhombisch. Gelbe feinnadelige xx bis 2 mm Länge, in Oxydationszonen von Uranlagerstätten (USA und Mexiko). D 3,25; n_Y = 1,559, leicht pleochroitisch und fluoreszierend. *Metazellerit:* $Ca[UO_2/(CO_3)_2] \cdot 3\ H_2O$; rhombisch. Aussehen und Vorkommen wie Zellerit, bei höheren Temperaturen und geringer Luftfeuchtigkeit stabil. Ähnlich *Wyartit:* $Ca_3U[(UO_2)_6/(OH)_{18}/(CO_3)_2] \cdot 4\ H_2O$; rhombisch.

Rabbittit: $Ca_3Mg_3[UO_2/(OH)_2/(CO_3)_3]_2 \cdot 18\ H_2O$; monoklin. Nadelige hellgrünlichgelbe xx, talkartig; n_{XYZ} = 1,502: 1,508; 1,525. Utah (USA).

Swartzit: $CaMg[UO_2/(CO_3)_3] \cdot 12\,H_2O$; monoklin. Büschel kleiner grüner prismatischer xx. D 2,3; $n_Y = 1{,}51$. Fluoresziert, wasserlöslich. Hillside-Mine (Arizona, USA).

Voglit: $Ca_2Cu[UO_2/(CO_3)_4] \cdot 6\,H_2O$ (?); triklin. Schuppige smaragdgrüne Beschläge auf Uraninit. $n_Y = 1{,}547$. Jáchymov (ČSSR) u. a. O.

Bayleyit: $Mg_2[UO_2/(CO_3)_3] \cdot 18\,H_2O$; monoklin. Winzige kurzprismatische schwefelgelbe xx. D 2,05; $n_Y = 1{,}490$; wasserlöslich. Arizona (USA).

Studtit: hydratisiertes Pb–Uranyl-Karbonat; gelbe Fasern. Shaba (Zaïre).

Widenmannit: ein Blei–Uranyl-Karbonat, radialstrahlige Büschel auf Hornstein (BRD).

14.7. Natrit-Gruppe

Die folgenden *Alkali- und alkalihaltigen Minerale* sind ausschließlich Verwitterungsbildungen und treten überwiegend in Sedimenten arider Gebiete auf.

Natrit: $Na_2[CO_3] \cdot 10\,H_2O$ Soda, Natron

Theor. 21,6% Na_2O; 15,4% CO_2; 63,0% H_2O. Monoklin (prism.). In der Natur körnig-stenglige Krusten und Ausblühungen, oft durch andere Salze und Ton verunreinigt. Farblos bis weißgrau; $n_{XYZ} = 1{,}405$; 1,425; 1,44. H 1 bis $1^1/_2$. D 1,45. Leicht wasserlöslich. Verliert an trockener Luft schnell sein Kristallwasser, bis zum beständigen $NaCO_3 \cdot H_2O$. Bildung in Salzseen, besonders im Winter; auch weiße Ausblühungen in ariden Gebieten. Salzseen (Sodaseen, Natronseen), aus denen zeitweise Natrit gewonnen wird, befinden sich in der Sowjetunion (Kasachische SSR), Libyen, Ägypten, Tibet (China), Californien (USA), Tansania.

Thermonatrit: $Na_2[CO_3] \cdot H_2O$; rhombisch. Krusten und Ausblühungen. H 1 bis $1^1/_2$; D 2,255; $n_Y = 1{,}506$. Auf Böden in Trockengebieten und schichtige Absätze in Salzseen. Soda-Seen von Szegedin und Debreczen (Ungarn); Sudan-Wüste (Ägypten). Fumarolenabsatz am Vesuv (Italien).

Trona (z. T. Urao): $Na_3H[CO_3]_2 \cdot 2\,H_2O$; monoklin. Meist faserige oder körnige durchs. Krusten. D 2,14 $n_Y = 1{,}492$. Trona wird von manchen Salzseen abgesetzt oder blüht in Trockengebieten aus dem Boden aus. Vorkommen u. a. Randgebiete der Sahara.

Pirssonit: $Na_2Ca[CO_3]_2 \cdot 2\,H_2O$; rhombisch. xx oft deutlich hemimorph. D 2,352. $n \approx 1{,}51$. Im Ton des Borax-Sees (Calif., USA); Salzpfanne nördl. von Otavi (Namibia).

Gaylussit: $Na_2Ca[CO_3]_2 \cdot 5\,H_2O$; monoklin. xx meist rauh und nach [100] gestreckt. ⧣ 4 (110), sehr spröde. D 1,991; farblos, weiß. $n_Y = 1{,}5156$. Leicht löslich. Wird von Soda-Seen abgesetzt. Venezuela; Wüste Gobi; Searles Lake (Calif., USA). Wandelt sich leicht in Calcit um. Solche Pseudomorphosen von Calcit nach Gaylussit sind vielleicht die Gerstenkörner aus Tonen von Schleswig und am Dollart. Entsteht auch künstlich beim Leblanc-Sodaverfahren.

Chalkonatronit: $Na_2Cu[CO_3]_2 \cdot 3\,H_2O$; monoklin (?) (pseudohex.). Grünblaue Krusten auf Bronze, Ägypten.

Alkalikarbonate ohne Kristallwasser

Nahcolith: $NaHCO_3$; monoklin. Prismatische xx und bröcklige Kristallaggregate. ⧣ 4 (101); H $2^1/_2$; D 2,21. $n_Y = 1{,}503$. Leicht wasserlöslich. In großer Menge in Searles Lake (Calif., USA). In großen Konkretionen in eozänem Ölschiefer. (Color., USA), als Umwandlungsränder um Thermonatrit.

Sidorenkit: $Na_3Mn[PO_4/CO_3]$; monoklin. Blaßrosa, ⧣ 4 (100)(010), H 2, D 2,90. Aus Syenitpegmatit von Halbinsel Kola (UdSSR).

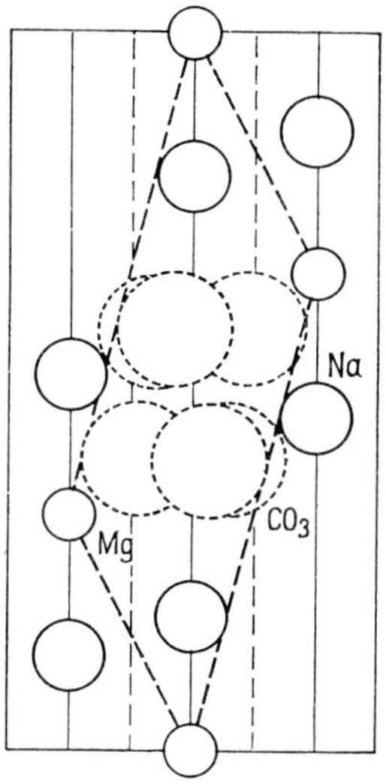

Bild 14.30. Kristallstruktur von Eitelit $Na_2Mg[CO_3]_2$, nach A. PABST 1973

Wegscheiderit: $Na_2CO_3 \cdot 3\,NaHCO_3$ bzw. $Na_5H_3[CO_3]_4$; triklin. Faseriges farbloses Mineral aus Sedimenten mit Trona, Nahcolit und Halit (Wyoming, USA). H $2^1/_2$ bis 3; D 2,341; n_{XYZ} = 1,433; 1,519; 1,528.

Kalicinit: $KH[CO_3]$; monoklin. Feinkristalline Aggregate. n_Y = 1,482. Soll mit Trona in Ungarn vorkommen.

Teschemacherit: $NH_4H[CO_3]$; rhombisch. Dichte kristalline weiße und farblose Massen. In Guanolagern.

Northupit: $Na_3Mg[Cl/(CO_3)_2]$; kubisch. D 2,380. n = 1,5144. Als farblose Oktaeder in Tonsedimenten im Searles (Borax-) See (Calif., USA).

Tychit: $Na_6Mg_2[SO_4/(CO_3)_4]$; kubisch. D 2,456; weiß. n = 1,508. In einer Tonschicht des Searles Sees (Calif., USA).

Bradleyit: $Na_3Mg[PO_4/CO_3]$; äußerst feinkörnige farblose bis hellgraue Massen. D 2,734. Mit Shortit und Trona in einem Bohrkern eines Ölschiefers unweit Green River (Wyoming, USA); stark pyroelektrisch.

Eitelit: $Na_2Mg[CO_3]_2$; hexagonal. Kleine Kriställchen in dolomitischen Schiefern. Utah (USA). Am Beispiel des Eitelits soll in Bild 14.30 die strukturelle Eigenart der »Doppelkarbonate« dargestellt werden.

Nyerereit: $Na_2Ca[CO_3]_2$; trigonal. D 2,41; n_{XY} = 1,49; 1,504. Oldoinyo Lengai (Tansania).

Shortit: $Na_2Ca_2[CO_3]_3$; rhombisch. Dachförmige hemimorphe xx. D 2,60. Glasgl. n_X = 1,555. In einem Montmorillonit-Ton im Sweetwater Co. (Wyoming, USA).

Fairchildit: $K_2Ca[CO_3]_2$; hexagonal. Aus Aschen von Waldbränden in West-USA gefunden. Winzige hexagonale Täfelchen.

Bütschliit: $K_2Ca[CO_3]_2$; trigonal. Faßähnliche, winzige xx; gleichfalls in Holzaschen.

Anhang:

Angehängt werden einige Minerale, die in anderen Lehrbüchern in einer gesonderten Klasse, den sog. *organischen Verbindungen* oder Substanzen, aufgeführt sind. Wir nennen hier nur einige Salze organischer Verbindungen, die einen ausgesprochenen »Mineralcharakter« haben, insbesondere die *Oxalate* als Abkömmlinge der Oxalsäure $H_2C_2O_4$.

Whewellit: $Ca[C_2O_4] \cdot H_2O$; monoklin. Gut ausgebildete farblose bis weiße xx, oft herzförmige Zwillinge (s. Bild 14.31). Meist auf oder in der Nähe von Steinkohle, so z. B. vom Döhlener Becken oder von Zwickau (beide DDR). D 2,23. n_{XYZ} = 1,490; 1,555; 1,650. Auch in Harnsteinen.

a)

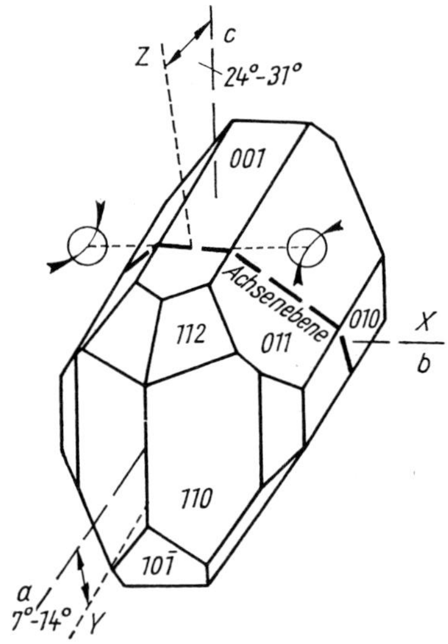

b)

Bild 14.31. Whewellit

a) Bild eines herzförmigen Zwillings. Aus der Steinkohle von Burgk bei Freital (DDR), Vergr. ≈ 5× [265, 221]

b) Einzelkristall, mit Eintragung der optischen Verhältnisse [49]

Weddelit: $Ca[C_2O_4] \cdot 2\,H_2O$; tetragonal. Aus kaltem Wasser des Weddel-Sees in der Antarktis gebildet. Im Harnstein.

Oxammit: $(NH_4)_2[C_2O_4] \cdot H_2O$; rhombisch. Schüppchen aus Guano von Peru. D 1,48; n_{XYZ} = 1,439; 1,547; 1,595.

Humboldtin: $Fe[C_2O_4] \cdot 2\,H_2O$; rhombisch. Meist faserige und erdige gelbliche Aggregate auf Braunkohlen, z. B. von Nordböhmen. D 2,25. n_{XYZ} = 1,494; 1,561; 1,692.

Minguzzit: $K_3Fe^{3+}[C_2O_4] \cdot 3\,H_2O$; monoklin. Kleinste grüne Täfelchen. D 2,08; n_Y = 1,554.

Schemtschushnikovit (Šemčušnikovit): $NaMg(Al, Fe^{3+})[C_2O_4]_3 \cdot 8$ bis 9 H_2O; trigonal. Grüne faserige Aggregate in sibirischer Kohle; neben Calcit, Whewellit, Stepanovit u. a.; H 2; D 1,62; n_0 = 1,479, kräftig pleochroitisch.

Stepanovit: $NaMgFe^{3+}[C_2O_4]_3 \cdot 8$ bis 9 H_2O; trigonal. Gelbgrüne xx auf Steinkohle. D 1,61; n_Y = 1,417.

Mellit (Honigstein): $Al_2[C_{12}O_{12}] \cdot 18\,H_2O$; tetragonal. Gelbe pyramidale xx oder derbe Aggregate mit fettigem Glasglanz, spröde. Auf Braun- und Steinkohle, z. B. von Tula (UdSSR), Nordböhmen (ČSSR), früher von Artern (Thür., DDR). H 2 bis $2^1/_2$; D 1,6; n_{OE} = 1,539; 1,511.

15 Borate und Nitrate

15.1. Allgemeines

Die Borate und Nitrate (einschließlich Iodate) werden in einer Gruppe zusammengefaßt, obwohl ihre Anionenkomplexe [BO_3] und [NO_3] trotz formeller Ähnlichkeit manche kristallchemischen Unterschiede aufweisen. Maßgebend ist die Tatsache, daß die Masse der Boratminerale und fast alle Nitratminerale durch die Ein- oder Verdunstung NO_3- bzw. BO_3-führender Oberflächenwasser, meist natürlich unter ariden klimatischen Bedingungen, entstehen. Die sehr ähnlichen Karbonate wurden, obwohl strukturell und genetisch z. T. hierher gehörig, wegen ihrer Häufigkeit und Bedeutung in einer eigenen Klasse zusammengefaßt und bereits abgehandelt.

Die wirtschaftliche Bedeutung der Borate und Nitrate ist bemerkenswert, die de. Borate zunehmend, die der natürlichen Nitrate abnehmend. Die *Borate* werden direkt oder als Rohstoff für die Erzeugung von Borax, Borsäure, Dehybor und Na-Perborat genutzt. Schwerpunkte sind:

- Herstellung von B-haltigen Spezialgläsern für Laborzwecke, als optisches Glas u. a.
- Rohstoff zur Produktion hochaktiver Waschmittel
- Einsatz in der Keramik für die Herstellung von Email, Glasuren usw.
- Nutzung als Flußmittel, z. B. beim Löten, da Borax Metalloxide leicht löst
- Einsatz als Düngemittel, da das Spurenelement Bor für eine Reihe von Pflanzen, z. B. Rüben (gegen Trockenfäule), unbedingt notwendig ist
- als Füllmittel zur Produktion von hochglänzendem und nicht entflammbarem Papier
- zur Produktion von Borsalzen für die Chemie, Medizin, Lederindustrie, als Konservierungs- und Imprägnationsmittel usw.

Die natürlichen *Nitrate*, v. a. der Natronsalpeter (Nitronatrit) von Chile, waren vor dem 1. Weltkrieg wichtige Rohstoffe für die Herstellung von Schießpulver und

Sprengstoffen sowie der Stickstoffdüngemittel. Seit der Gewinnung von Ammoniak aus der Luft (Haber-Bosch-Verfahren) hat diese Bedeutung nachgelassen. Jedoch wird heute noch der Chilesalpeter in großen Mengen gewonnen, zumal die Nebenproduktion von Iod eine zunehmende Bedeutung hat. Deshalb werden die Iodate hier im Anhang besprochen.

Borate

Man kann die Borate als Salze der Borsäuren ansehen; von ihnen kennen wir die Orthoborsäure H_2BO_3, die Metaborsäure HBO_2 und zahlreiche hypothetische Polyborsäuren (z. B. $H_2B_4O_7$; $H_3B_5O_9$; HB_5O_8; $H_4B_6O_{11}$; $H_2B_8O_{13}$), dementsprechend also auch Ortho-, Meta- und Polyborate.
Strukturell gesehen bauen sich die Borate aus planaren $[BO_3]$-Komplexen und/oder tetraedrischen $[BO_4]$-Komplexen auf (s. Bild 15.1). Die ersteren sind isotyp mit den Karbonaten, die letzteren mit den Silikaten. Außerdem ist der Sauerstoff der $[BO_3]^{3-}$-Komplexe nur zur Hälfte seiner Wertigkeit durch die Bindung an B abgesättigt, so daß – wie in Silikaten mit vergleichbaren Bildungsverhältnissen – durch Verknüpfung über gemeinsame Sauerstoffe größere Stuktureinheiten gebildet werden können:

$[BO_3]^{3-}$	z. B. im Kotoit $Mg_3[BO_3]_2$, Nordenskiöldin $CaSn[BO_3]_2$ und im Warwickit $(Mg, Fe)_3Ti[O/BO_3]_2$
$[B_2O_5]^{4-}$	z. B. im Suanit $Mg_2[B_2O_5]$, vielleicht im Ascharit $Mg_2[B_2O_5] \cdot H_2O$
$[B_3O_6]^{3-}$	z. B. in dem Alkali-Metaborat $Na_3[B_3O_6]$
$[B_2O_4]^{2-}$	z. B. im Calcium-Metaborat $Ca[B_2O_4]$
$[B_3O_7]^{5-}$	bzw. $[B_3O_3(OH)_4]^-$ zu Ketten vereinigt in der monoklinen Metaborsäure β-$HBO_2 = H[B_3O_4(OH)_2]$
$[B_3O_8]^{7-}$	bzw. $[B_3O_3(OH)_5]^{2-}$ als Einzelmotiv z. B. im Meyerhofferit $Ca[B_3O_3(OH)_5] \cdot H_2O$, zu Ketten vereinigt im Colemanit $Ca[B_3O_4(OH)_3] \cdot H_2O$
$[B_4O_9]^{6-}$	bzw. $[B_4O_5(OH)_4]^{2-}$ z. B. im Borax $Na_2[B_4O_5(OH)_4] \cdot 8\ H_2O$
$[B_5O_{10}]^{5-}$	bzw. $[B_5O_6(OH)_4]^-$ z. B. im synthet. $NH_4[B_5O_6(OH)_4] \cdot 2\ H_2O$

Die Systematik folgt den gleichen Klassifikationsprinzipien wie bei den Silikaten, d. h. der zunehmenden Verknüpfung. Am Anfang stehen somit die Borate mit selbständigen planaren $B(O, OH)_3$- oder tetraedrischen $B(O, OH)_4$-Komplexen, am Ende dreidimensional verknüpfte Gerüststrukturen. Wir unterscheiden also auch hier Neso-, Soro-, Ino-, Phyllo- und Tektoborate.
Aus paragenetisch-lagerstättenkundlicher Sicht ist eine Untergliederung nach den Kationen günstig. Wir verfahren daher wie folgt:

Mineralgruppe	Kationen	Vorkommen und Eigenschaften
Borax–Kernit-Gruppe	$Na(K, H, NH_3)$, selten mit Mg	Salinar (farblos-weiß)
Colemanit–Uralborit-Gruppe	Ca(Sr, Cu), selten mit Mg	Salinar (farblos-weiß)
	Ca(Be), selten mit Mg	Skarne (meist farblos-weiß)
Ascharit–Boracit-Gruppe	Mg	Salinar (meist weiß bis blaß gefärbt)
Kotoit–Ludwigit-Gruppe	$Mg(Fe^{2+}, Mn^{2+})$, auch Mg^{3+}, Al u. a.	Skarne u. a. (weiß bis kräftig gefärbt)

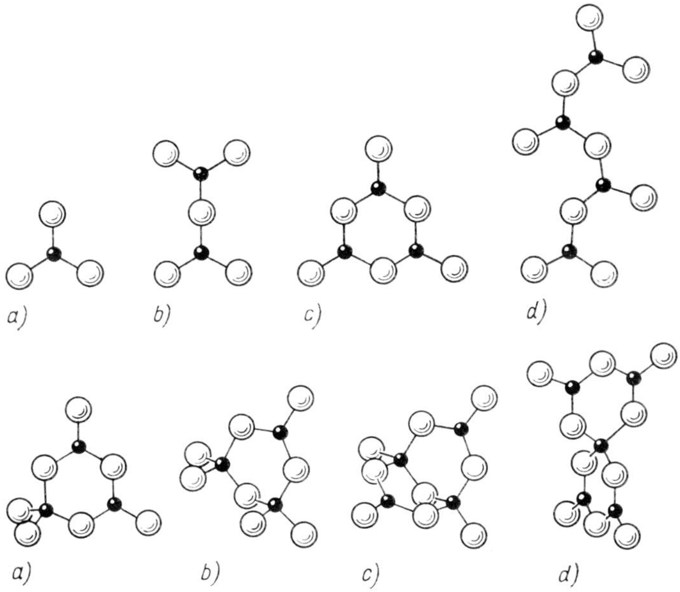

Bild 15.1. Strukturbausteine der Borate [99]
oben: Borate aus planaren BO_3-Dreiecken
unten: Borate aus planaren BO_3- und tetraedrischen BO_4-Komplexen

In dieser Gliederung ist generell von oben nach unten eine abnehmende Löslichkeit der Minerale festzustellen, parallel geht eine Erhöhung der Stabilität von den Polyboraten über die Metaborate zu den Orthoboraten.

15.2. Borax–Kernit-Gruppe

Diese Gruppe umfaßt v. a. die wirtschaftlich wichtigen Na-Borate; alle diese Polyborate sind wasserhaltig. Zusätzlich besprechen wir hier auch das Borhydroxid, den Sassolin.

Sassolin: $B(OH)_3$

Diese *Borsäure* wurde erstmalig an den heißen Quellen von Sasso in der Toskana (Italien) gefunden und danach benannt; auch heute erfolgt dort noch eine nennenswerte Produktion. Triklin, mit Schichtgitterstruktur. Feinschuppige farblose hexagonale Täfelchen, weißgelbe Aggregate. n_{XYZ} = 1,340; 1,456; 1,459. H 1; fettig anzufühlen, Spaltbarkeit 5 nach der Basis (001); D 1,48; leicht schmelzbar und in warmem Wasser löslich. Charakteristisch ist seine Bildung als Sublimationsprodukt aus heißen Tiefenwässern, so aus Fumarolen der Vulkane Vulcano (Liparische Inseln n. Sizilien, Italien) und Avač (Kamčatka, UdSSR).

Borax: $Na_2B_4O_7 \cdot 10\,H_2O$ Tinkal

Name nach arab. *bauraq* = weiß; Mineral von WALLERIUS 1748 benannt und beschrieben. Theor. 16,26% Na_2O; 36,51% B_2O_3; 47,23% H_2O. Monoklin (prism.); verschiedentlich gute große Kristalle (s. Bild 15.2), meist aber erdige Massen. Farblos, weiß bis blaß gefärbt; Glas- bis Fettglanz, n_{XYZ} = 1,447, 1,469, 1,472. H 2 bis $2^1/_2$, Spaltbarkeit 2. D 1,7 bis 1,8. Leicht wasserlöslich, süßlich-salziger Geschmack.

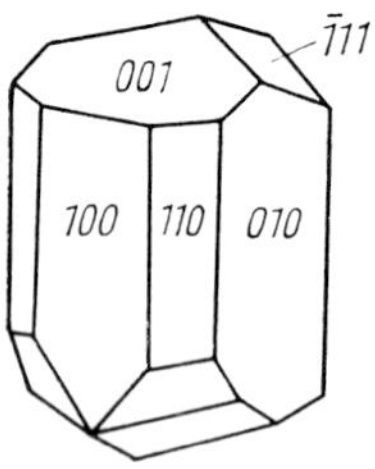

Bild 15.2. Kristall von Borax [1]

Schmilzt leicht und löst gut Metalloxide (Lötmittel, Boraxperle). Bildung in Salzseen (Boraxseen), zusammen mit Halit, Gips, Calcit und weiteren Na-Boraten, -Karbonaten und -Sulfaten, auch als Bodenausblühung arider Gebiete, gelegentlich als Absatz heißer Quellen. Wichtige Vorkommen und Lagerstätten befinden sich in den USA (Clear Lake in Californien und Columbus Marsh in Nevada), China (Tibet), Kaschmir (N-Indien) und Chile (Prov. Tarapaca). Wichtiger Borrohstoff mit vielseitiger Verwendung (vgl. Tab. 16.27 und 16.28).

Kernit: $Na_2B_4O_7 \cdot 4\,H_2O$

Monoklin. xx erreichen eine Größe bis zu 3 × 1 m. Auch als spaltbare Massen mit Faserstruktur, die durch vorzügl. # vorgetäuscht wird. H $2^1/_2$; D 1,908. Glasglanz; weiß. n_Y = 1,472. Als etwa 30 m dicke Schicht im Kramer-Borat-District (Calif., USA); auch als Gänge und unregelmäßige Massen. Wahrscheinlich kontaktmetamorph aus Borax entstanden. Sallent b. Barcelona (Spanien); Kleinasien. Vorräte mehrere Mill. t.

Tinkalkonit (Mohavit): $Na_2B_4O_7 \cdot 5\,H_2O$; trigonal. Feinkörnig farbloses Pulver. n_{OE} = 1,461; 1,474. Neben Kernit und Borax im Kramer-District, von Searles Lake und den Boraxlagern der Mohave-Wüste (alle Calif., USA).

Ezcurrit: $Na_4B_{10}O_{17}$; monoklin. Weiße grobspätige Massen, in Paragenese von Borax, Kernit, Inderit. D 2,15; n_{XYZ} = 1,472, 1,506, 1,526. Von Argentinien.

Nasinit: $Na_2[B_5O_6(OH)_5] \cdot H_2O$; monoklin. *Biringuccit:* $Na_4B_{10}C_{12} \cdot 4\,H_2O$; monoklin. Von Lardarello (Italien).

Ameghinit: $Na_2O \cdot B_2O_3 \cdot 4\,H_2O$; monoklin. Bis 5 mm große farblose plattige xx, spröde, blaßblaue Fluoreszenz. Von einer argentinischen Boraxlagerstätte in Paragenese mit Tinkalkonit, Ezcurrit und Rivadavit.

Teepleit: $Na_2[Cl/B(OH)_4]$; tetragonal. xx tafelig, meist kissenförmig; sehr spröde. D 2,076; farblos bis weiß; durchs.; n_{OE} = 1,519; 1,503. Borax Lake (Calif., USA).

Larderellit: $NH_4B_5O_8 \cdot 2\,^1/_2\,H_2O$; monoklin (?). Wohl dimorph mit Ammonioborit. Mikroskopisch kleine rhombenförmige Täfelchen; weiß, ohne Geschmack. n_Y = 1,509. Borsäure-Fumarolen von Larderello (Italien).

Ammonioborit: $NH_4B_5O_8 \cdot 2^1/_2 H_2O$; triklin. Dicht, feinkörnig. Weiß. $n_Y = 1{,}487$. Neben Sassolin und Lardellit in der Borsäurelagune von Larderello (Toskana, Italien), z. T. wohl aus Larderellit entstanden.

Metaborit: α-HBO_2; kubisch. Farblos bis bräunliche tetraedr. xx, mit anderen Boraten in Halitlagerstätten (Kasachstan, UdSSR) H 5; D 2,47; n = 1,618. Tektoborat!

Ulexit: $NaCaB_5O_9 \cdot 8\ H_2O$ Boronatroncalcit

Benannt nach dem deutschen Chemiker ULEX. Theor. 7,7% Na_2O; 13,8% CaO; 43,0% B_2O_3; 35,5% H_2O; verschiedentlich mit etwas K und Mg. Triklin; meist knollig-nierige Massen, z. T. auch nadelig-faserige Aggregate. Weiß, Glasglanz. n_{XYZ} = 1,519; 1,505; 1,491. H 1(!), Spaltbarkeit 3. D 2,0. Wasserlöslich; verwittert leicht zu Gips und Colemanit. Bildung sehr ähnlich Borax, auch gleiche Vorkommen; zusätzlich die Boratlagerstätte des Inder-See nördl. des Kaspischen Meeres (UdSSR). Lokal nennenswerter Bor-Rohstoff.

Rivadavit: $Na_6MgB_{24}O_{40} \cdot 22\ H_2O$; monoklin. Farblose nadelige xx (max. 3 mm) aus Boraxlagerstätte von Argentinien.

Aristarainit: $Na_2O \cdot MgO \cdot 6\ B_2O_3 \cdot 10\ H_2O$; monoklin. Kleine farblose xx in Borax, aus Borlagerstätte von Argentinien. D 2,027, helle Fluoreszenz.

15.3. Colemanit–Uralborit-Gruppe

In dieser Gruppe werden *alle Ca-Borate* zusammengefaßt. Der Colemanit ist hierbei der Vertreter der Ca-Borate, die im Salinarbereich auftreten, während der Calciborit die relativ zahlreichen, aber seltenen Neubildungen in den metamorphen Skarnen repräsentiert. Eingefügt sind auch Sr-, Cu- und Be-Borate.

Colemanit: $Ca[B_2^{[4]}B^{[3]}O_4(OH)_3] \cdot H_2O$

Von EVANS 1884 nach dem Begründer der kalifornischen Boraxindustrie W. T. COLEMAN benannt. Theor. 27,28% CaO, 50,81% B_2O_3, 21,91% H_2O. Monoklin (prism.). Farblose, glasglänzende Kristalle, kurzsäulig; meist tritt das Mineral in milchig-gräulichen körnigen und dichten Massen auf; n_{XYZ} = 1,614, 1,592, 1,586. H 4; Spaltbarkeit 3. D 2,44. In Wasser unlöslich. In ausgetrockneten Salzseen massenhaft in Nevada und Californien (USA); auch von Chile und der Türkei. Wichtiger Rohstoff, Verwendung siehe Seite 721 und Tab. 16.27 bis 16.29.

Pandermit: $Ca_5B_{12}O_{23} \cdot 9\ H_2O$ Priceit

Als weiße feinkörnig-knollige Konkretionen zuerst in Gips und Ton von Panderma (am Marmarameer, N-Türkei) gefunden. Triklin. H 3. D 2,4. n_{XYZ} = 1,573; 1,591; 1,594. Verhalten ähnlich Colemanit. Gewinnung in den Borlagerstätten Inder (UdSSR), Sultantschaïr (Türkei), Inyo (Calif., USA; hier als Priceit bezeichnet). Wichtiger Borrohstoff; Verwendung siehe Seite 721 und Tab. 16.27 bis 16.29.

Fabianit: $CaB_3O_5(OH)$; monoklin. Idiomorphe weiße xx bis 2,5 cm Größe, aus stark gestörtem Zechsteinsalz (BRD). H 6; D 2,796; $n_Y = 1{,}637$.

Korshinskit: $Ca_2[B_4O_6(OH)_4]$; monoklin (?). Kleinste prismatische xx aus kontaktmetasomatischer Lagerstätte des Urals (UdSSR). Paragenese: andere Ca-Borate, Calcit, Anhydrit, Dolomit, eng verwachsen mit Calciborit und Sibirskit. $n_Y = 1{,}647$, Zwillinge.

Wolchowskoit: $Ca[B_6O_9(OH)_2] \cdot 2\,H_2O$; monoklin. Farblose glasgl. Plättchen (max. 1,5 mm) aus Salinar mit Halit, Anhydrit und Boracit (UdSSR).

Nobleit: $CaB_6O_{10} \cdot 4\,H_2O$ (oder $Ca[B_6O_9(OH)_3] \cdot 3\,H_2O$); monoklin. Plattige xx bis 3 mm Größe, Verwitterungsprodukt von Boratlagerstätten des Death Valley (USA). H $\approx$ 3; D 2,09; $n_Y = 1{,}520$.

Ginorit: $Ca_2B_{14}O_{23} \cdot 8\,H_2O$; monoklin. Weiße Täfelchen und dichte Massen. D 2,09. $n_Y = 1{,}524$. Neben Calcit in Gängen des Sandsteins von Sasso Pisano (Toscana, Italien). *Volkovit* ist ein Strontioginorit: $(Sr, Ca)_2[B_4O_5(OH)_4][B_5O_6(OH)_4]_2 \cdot 2\,H_2O$; monoklin.

Meyerhofferit: $Ca[B_2BO_3(OH)_5] \cdot H_2O$; triklin. xx tafelig, auch faserig, D 2,12; farblos bis weiß. $n_Y = 1{,}535$. Reichlich in den Colemanitlagern bei Death Valley (Calif., USA); entstanden aus Inyoit.

Inyoit: $Ca_2B_6O_{11} \cdot 13\,H_2O$; monoklin. xx kurzprismatisch bis tafelig; auch derb, körnig. H 2; D 1,875; farblos, durchs. $n_Y = 1{,}51$. Bei Death Valley, Inyo Co. (Calif., USA); Inder (W-Kasachstan, UdSSR).

Tertschit: $Ca_4B_{10}O_{19} \cdot 20\,H_2O$; monoklin (?). Faserig, weiß, ähnlich Ulexit. Sultantschaïr bei Panderma (Türkei).

Hydrochlorborit: $Ca_4B_8O_{15}Cl_2 \cdot 22\,H_2O$; in Salzkrusten tertiärer Tone (VR China) zusammen mit Ulexit, Halit und Gips. D 1,83; $n_Y = 1{,}5036$.

Braitschit: $6(Ca, Na_2)O \cdot SE_2O_3 \cdot 12\,B_2O_3 \cdot 6\,H_2O$; hexagonal. Max. 70 mm große farblose bis weiße, hexagonal-tafelige xx in salinaren Sedimenten von Utah (USA), in Paragenese mit Anhydrit, Dolomit, Halit u. a.; D 2,903; $n_O = 1{,}646$.

Probertit (Kramerit): $NaBaB_5O_9 \cdot 5\,H_2O$; monoklin. Strahlige Gruppen farbloser nadeliger xx bis zu 3 cm Länge. # 4 (110), H $3^1/_2$; D 2,14. $n_Y = 1{,}524$. Im Kernit des Kramer-Districts und von Inyo Co. (Calif., USA). *Sborgit* ist trikliner Probertit.

Hilgardit: $Ca_8[Cl_4/(B_6O_{11})_3] \cdot 4\,H_2O$; monoklin (domat., Phylloborat). xx tafelig. H 5; D 2,71; farblos durchs., $n_X = 1{,}636$. Choctaw Salzdom (Louisiana, USA).
Parahilgardit hat dieselbe Formel, kristallisiert aber triklin (ped.). Stets gesetzmäßig auf Hilgardit aufgewachsen; Eigenschaften wie Hilgardit. *Strontiohilgardit:* $(Sr, Ca)[Cl/B_5O_8(OH)_2]$; triklin.

Heidornit: $Ca_2Na_2[Cl/(SO_4)_2/B_5O_8(OH)_2]$; monoklin. Aus Tiefbohrung im Anhydrit. Hannover (BRD).

Ivanovit: Wasserhaltiges Chloro-Borat von Ca; monoklin (pseudohexag.). Inder-Salzlagerstätte (UdSSR)

Es folgen vier Sr-haltige Borate:

Veatchit: $Sr_3B_{16}O_{27} \cdot 5\,H_2O$ (?); monoklin. xx tafelig oder langprismatisch bis faserig. H 2; D 2,69; farblos, durchs. bis weiß. $n_Y = 1{,}553$. Querfasergänge im Kalkstein bei Lange, Los Angeles Co. (Calif., USA).
Para-Veatchit: $(Sr, Ca)[B_5O_8(OH)]_2 \cdot B(OH)_3 \cdot H_2O$; monoklin. *Veatchit-A* ist triklin; von Boratsee (Tibet, VR China).

Tunellit: $SrB_6O_{10} \cdot 4\,H_2O$ (oder $Sr[B_6O_9(OH)_2] \cdot 3\,H_2O$); monoklin. Aus kalifornischen Boratlagerstätten (USA). D 2,40; $n_Y = 1{,}534$.

Kurgantait: $(Sr, Ca)_2[B_4O_8] \cdot H_2O$. Weiße Knollen in Gips. Von Kurgan Tau (Kasachs., UdSSR).

Hydroboracit: $CaMgB_6O_{11} \cdot 6\,H_2O$; Theor.: 9,75 % MgO, 13,57 % CaO, 50,53 % B_2O_3, 26,15 % H_2O, manchmal mit etwas Alkalien und Eisen. Monoklin; in nadelig-strahligen Kristallaggregaten, oft auch dichte Massen. Farblos bis weiß, auch schwach gefärbt; $n_{XYZ} = 1{,}571,\ 1{,}534,\ 1{,}522$; Glasglänzend. H 2 bis 3, # 3. D 2,17. In Salz- und Boratlagerstätten. Von Staßfurt und Woffleben (DDR), Inder-See (nördl. des Kaspischen Meeres, UdSSR), Inyo (Calif., USA). Wandelt sich in stabilere Borate wie Ulexit, Ascharit, Colemanit um. Lokal Borrohstoff.

Wardsmithit: $5\,CaO \cdot MgO \cdot 12\,B_2O_3 \cdot 30\,H_2O$; plattige farblose xx, aus pliozäner Furnace-Formation (Calif., USA), H $2^1/_2$; D 1,88; $n_O = 1{,}490$.

Teruggit: $4\,CaO \cdot MgO \cdot 6\,B_2O_3 \cdot As_2O_5 \cdot 18\,H_2O$; monoklin. Feinste weiße Nädelchen (max. 0,1 mm), als rezente Bildung auf Boratlagerstätte in Argentinien.

Inderborit: $CaMgB_6O_{11} \cdot 11\,H_2O$; monoklin. Grobkristalline Aggregate und gut entwickelte xx bis zu 2 cm Größe. H $3^1/_2$; D 2,00. Farblos bis weiß, $n_Y = 1{,}512$. Boratlager am Inder-See (UdSSR).

Carboborit: $Ca_2Mg[CO_3/B_2O_5] \cdot 10\,H_2O$; monoklin. Bis 2 mm lange xx, meist in Hohlräumen von Ulexit; von einer chinesischen marinen Boratlagerstätte, in Paragenese mit Hydroboracit, Kurnakowit und Inderit. H 2; D 2,12; $n_Y = 1{,}5459$, weiße Fluoreszenz.

Cu-Borate

Bandylith: $Cu[Cl/B(OH)_4]$; tetragonal. xx tafelig, tiefblau; Spaltblättchen biegsam. # 4 (001), H $2^1/_2$; D 2,810. Von Chile.

Gowerit: $CuB_6O_{10} \cdot 5\,H_2O$; monoklin. Farblose Körner; von Death Valley (Calif., USA).

Die folgenden Ca und Be-Borate treten ausschließlich in *Skarnlagerstätten* auf:

Ca-Borate

Calciborit: $Ca[B_2O_4]$; monoklin. Feinste radialstrahlige weiße Nadeln. H $8^1/_2$; D 2,90; $n_X = 1{,}595$. Aus Kontakthof (Ural, UdSSR).

Frolovit: $CaB_2O_4 \cdot 3^1/_2\,H_2O$. $n_X = 1{,}572$; H $3^1/_2$; D 2,14. Aus Skarn, im Nordural (UdSSR).

Sibirskit: $CaHBO_3$; rhombisch (?). Bis 1,5 mm große farblos-weiße glasgl. xx in einer polymetallischen Skarnlagerstätte (UdSSR). D 2,58; $n_Y = 1{,}643$. Paragenese: Calcit (leicht verwechselbar), Chlorit, Granat, Vesuvian. Anzuhängen ist hier *Roweit:* $CaMn[B_2O_5] \cdot H_2O$; rhombisch. Von Franklin (USA)

Wimsit: $Ca[B_2O_2(OH)_4]$; monoklin. Aus Andradit–Grossular-Skarnen (UdSSR).

Olschanskit $Ca_3[B(OH)_4]_4 \cdot (OH)_2$; monoklin. Weiße faserige xx aus Mg-Skarnen Sibiriens. H 4; D 2,23; $n_Y = 1{,}568$ (opt.). Ähnlich ist *Tyretskit:* $Ca_2[(OH)/B_5O_8(OH)_2]$; triklin.

Uralborit: $CaB_2O_4 \cdot 2\,H_2O$; sechsseitige xx (max. 7 mm) in radialstrahligen Aggregaten; aus Skarnlagerstätte des Ural (UdSSR). D 2,6; $n_Y = 1{,}609$.

Nifontovit: $CaB_2O_4 \cdot 2{,}3\,H_2O$; monoklin (?). Max. 1 mm große farblose Körner in Nestern aus Pyroxen-Granat-Skarn (Ural, UdSSR). Ähnlich Frolovit. D 2,36.

Pentahydroborit: $CaB_2O_4 \cdot 5\,H_2O$; xenomorphe Körnchen aus Skarnlagerstätte Solongo des Ural (UdSSR). Paragenese: Magnetit, Granat, Ascharit, Uralborit, Frolovit u. a. H $2^1/_2$; D 2,00; $n_Y = 1{,}536$. Auf gleicher Lagerstätte *Hexahydroborit:* $Ca[B(OH)_4]_2 \cdot 2\,H_2O$. D 2,5.

Cahnit: $Ca_2[AsO_4/B(OH)_4] \cdot H_2O$; tetragonal. Meist Durchwachsungszwillinge. D 3,156; farblos bis weiß. $n_O = 1{,}662$. Franklin (New Jersey, USA).

Kurtschatowit (Kurčatovit): $Ca_6Mg_5Mn(B_2O_5)_6$; rhombisch. Tafelige hellgraue xx (max. 4 mm), aus Vesuvian–Granat-Skarnen Sibiriens, stark verwachsen mit Magnetit, Sphalerit, Svabit, Chlorit, Ascharit. H $4^1/_2$; D 3,02; $n_Y = 1{,}681$, fluoresziert violett.

Fedorovskit: $Ca_2Mg_2[B_4O_7(OH)_2](OH)_4$; rhombisch. Braune Körner aus Sakhait-Massen der Solongo-Lagerstätte (Burjatische ASSR, UdSSR).

Be-Borate

Hambergit: $Be_2[OH/BO_3]$; rhombisch. Die meist großen xx prismatisch, oft tafelig, gestreift. # 4 (010); H $7^1/_2$; D 2,359; farblos, grau weiß. $n_Y = 1{,}5908$. In Syenitpegmatit, Langesundfjord (Norwegen); ähnlich Madagaskar; Edelsteinseifen von Kaschmir (N-Indien).

Berborit: $Be_2[(BO_3)(OH, F)] \cdot H_2O$ (?); trigonal. Farblos-durchs. Plättchen und Körnchen bis 0,5 mm Ø aus Skarnlagerstätte (UdSSR). Paragenese: Hambergit, Magnetit, Vesuvian, Sphalerit, Calcit, Fluorit, Helvin, Apatit u. a. H 3; D 2,20; $n_O = 1{,}580$; # 5 (0001).

Anhangsweise einige *komplexe Karbonat-Borate:*

Gaudefroyit: $Ca_4Mn_{3-x}[(BO_3)_3/CO_3/(O_{1-x}(OH)_x)_3]$; hexagonal. Büschlig-nadelige dunkle xx bis 5 cm Länge, in Calcit-Quarz-Gängen von Mn-Lagerstätten in Marokko. Paragenese: Braunit, Hausmanit, Crednerit, Polianit, Marokit. Pleochroitisch, starke Bireflexion, Innenreflexe gelb bis rot; H 6; D 3,50.

Borcarit: $Ca_4MgH_6(BO_3)_4(CO_3)_2$; monoklin. Grünblau bis farblos, xenomorphes Mineral in Mg-Skarn von Sibirien (UdSSR). H 4; D 2,27; $n_Y = 1{,}651$.

Sakhait: $Ca_{12}Mg_4[Cl/(OH)_2/(CO_3)_4/(BO_3)_7] \cdot H_2O$; kubisch. Farblose, glasgl. xx, meist in feinstkristalliner grauweißer Masse, aus Mg-Skarnen Sibiriens (UdSSR), in Paragenese mit Ludwigit, Klinohumit, Forsterit, Suanit, Spinell, Kotoit. H 5; D 2,8; $n \approx 1{,}640$.

Canavesit: $Mg[CO_3/HBO_3] \cdot 5\,H_2O$; monoklin. Auf Ludwigit im Skarn. Canavese (Italien).

15.4. Ascharit–Boracit-Gruppe

In dieser Gruppe sind die *Mg-Borate* vereinigt, die ausschließlich in *salinaren Ablagerungen* zu finden sind. Die namengebenden Minerale sind wasserfrei, alle anderen kristallwasserhaltig.

Ascharit: $MgHBO_3$ oder $Mg_2[B_2O_5]H_2O$

Benannt von Feit 1891 nach lat. »*ascharia*« für Aschersleben (DDR), wo das Mineral, wie auch im benachbarten Staßfurter Salzrevier, häufig auftritt und von van't Hoff chemisch und formelmäßig richtig definiert wurde. In der amerikanischen Literatur (leider) oft als *Szajbelyit* bezeichnet. Theor. 47,91% MgO, 41,38% B_2O_3, 10,71% H_2O; wobei für Mg in größeren Mengen Mn und in kleineren Mengen Fe und Zn eingebaut werden kann. Rhombisch; weiße erdige und faserige Massen (s. Bild 15.3); n_{XYZ}

Bild 15.3. Ascharit. Grube Neustaßfurt (DDR) VI/VII, Flöz K_2, Liegendgruppe. Elektronenmikroskop. Aufnahme, Vergr. ≈ 4000 × [262]

= 1,651; 1,649; 1,575. H 3 bis $3^1/_2$, bei Reiben schmierig. D ≈ 2,65. Ascharit entsteht meist als Diagenesebildung von primären wasserhaltigen Boraten von Salzseen und marinen Salzablagerungen. Wichtigstes Bormineral in der Boratlagerstätte des Inder-Sees nördl. des Kaspischen Meeres in der Sowjetunion, wo es sich sekundär bei der Verwitterung des Tops eines Salzdomes bildet. Im Gebiet Staßfurt, Aschersleben, Bernburg (DDR) in feinen, sedimentären Schnüren oder in Konkretionen in Kalisalzen angereichert. Entsteht auch in kleinen Mengen durch Zersetzung von Orthoboraten der Skarnlagerstätten, z. B. Baitsa Bihorului (SR Rumänien) u. v. a. Lokal wichtiger Borrohstoff.

Boracit: $Mg[Cl/B_7O_{13}]$

Von Werner 1789 benannt. Theor. 62,15% B_2O_3, 25,71% MgO, 12,14% $MgCl_2$; mit z. T. höherem diadochem Ersatz von Mg durch Fe und Mn entsteht *Eisen-Boracit* und *Mangan-Boracit* (s. u.). Wir unterscheiden 2 Modifikationen des Boracits:

- den primär entstandenen rhombischen α-Boracit = Staßfurtit, bei t < 265 °C
- den sekundär gebildeten kubischen (β-) Boracit i. e. S., bei t > 265 °C und höherem Druck.

Der Boracit i. e. S. zeigt folgende Eigenschaften: gut ausgebildete (pseudo-)kubische Kristalle (Tektoborat!; s. Bild 15.4 und 15.5), bei Zimmertemperatur mimetisch rhombisch verzwillingt; auch knollig oder in dichten körnigen Massen. Durchsichtig bis trübweiß, oft mit blasser gelb-grünlicher oder bräunlicher Färbung; glasglänzend; n_{XYZ} = 1,673; 1,667; 1,662. H 7 (!), ohne Spaltbarkeit (!), muscheliger Bruch. D 2,95. Wasserunlöslich, grünliche Flammenfärbung (wie alle Borverbindungen), pyro- und piezoelektrischer Effekt.
Im Gegensatz zum Carnallit-gebundenen pulvrig-fasrigen Staßfurtit (s. Bild 15.6) mengenmäßig gering, jedoch weit verbreitet in umgebildeten Kalisalzen (Hartsalze, Vertaubungen) des deutschen Zechsteins, in Paragenese mit Sylvin, Halit, Anhydrit und Kieserit, selten in Anhydritgesteinen und in Ablaugungsanhydriten der Salzstöcke, u. a. von Staßfurt und Westeregeln (DDR), Lüneburg und Hildesheim (BRD), weiter USA, England, Bolivien usw. Als Staßfurtit lokal von gewisser Bedeutung als Borrohstoff.

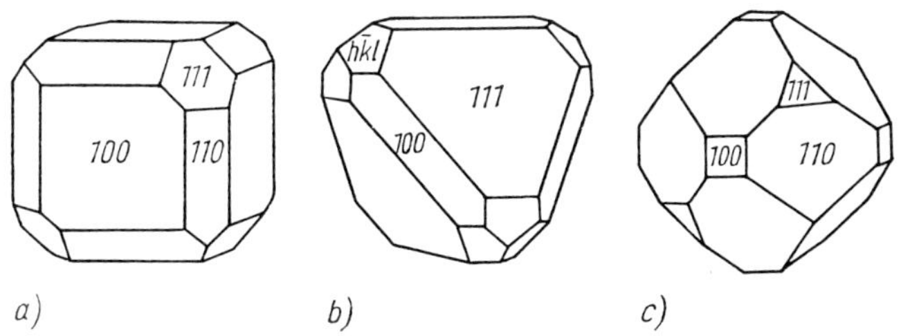

Bild 15.4. Kristalle von Boracit [20]

a) würfliger Habitus, Kombination Würfel (100), Rhombendodekaeder (110) und Tetraeder (111)
b) tetraedrischer Habitus, Kombination von Tetraeder, Würfel und Hexakistetraeder ($h\bar{k}l$)
c) dodekaedrischer Habitus, Kombination von Rhombendodekaeder, Tetraeder und Würfel

a)

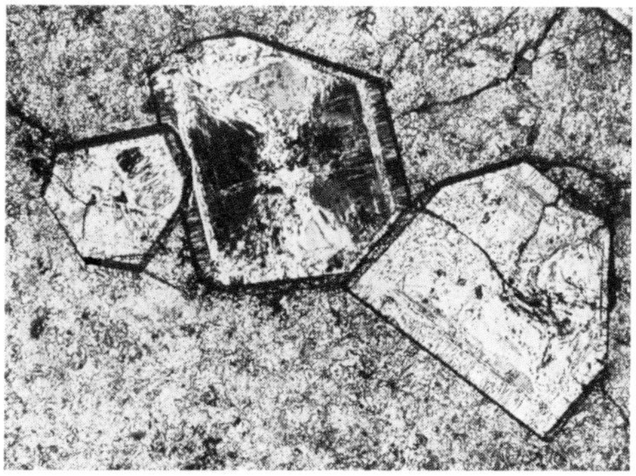

b)

Bild 15.5. Kristalle von Boracit

a) nat. Boracit mit tetraedr. Habitus (vgl. Bild 15.4). Sehnde bei Lehrte (BRD), Vergr. 3× [221, 253]

b) Boracit, eingewachsen, verzwillingt, mit Anwachsstreifen und Felderteilung. Sondershausen (DDR), Flöz Staßfurt. Dünnschliff, Vergr. ≈ 10× [253]

Eisen-Boracit hat bis zu 36 Masse-% FeO. *Congolit:* $(Fe_{2,68}Mg_{0,24}Mn_{0,08})Cl \cdot B_7O_{13}$; triklin. Transparente fahlrote Substanz (VR Kongo). D 3,50; $n_O = 1,755$.

Mangan-Boracit (Ericait) enthält wenig Mn für Mg. Wir unterscheiden beim Ericait 2 Modifikationen: (< 312 °C) → α-$(Fe, Mg, Mn)_3[Cl/B_7O_{13}]$; rhombisch und (> 312 °C) → β-$(Fe, Mg, Mn)_3[Cl/B_7O_{12}]$; kubisch. Tetraedrische Paramorphosen aus Salzlagerstätten (USA). H 7; D 3,49; $n_Y = 1,737$.

Weitere Mg-Borate des Salinars sind:

Pinnoit: $MgB_2O_4 \cdot 3\,H_2O$; tetragonal. Meist feinkörnig, auch strahlig-faserige Knollen. H $3^1/_2$; D 2,27; gelb bis grün. $n_{OE} = 1,565$; 1,575. Staßfurt, in der kainitischen Hutregion neben erdigem Boracit; Aschersleben, Leopoldshall (alle DDR).

Aksait: $Mg[B_3O_4(OH)_2]_2 \cdot 3\,H_2O$; rhombisch. mm-große, gedrungen-stenglige xx in tonigem Steinsalz des Vorural (UdSSR). D ≈ 2,0; H ≈ $2^1/_2$; $n_Y = 1,508$.

Halurgit: $2\,MgO \cdot 4\,B_2O_3 \cdot 5\,H_2O$; rhombisch (?). Schuppige und rhombenförmige xx (max. 0,25 mm) in zuckerkörnigen Nestern; syngenetisch aus Salzlagerstätte Kungursk (UdSSR). D 2,19; $n_Y = 1,545$.

Huangtsaoit (Huangschaoit): $Mg(H_2O)_5B_4O_5(OH)_4 \cdot 2\,H_2O$; monoklin. Knöllchen aus mariner Boratlagerstätte (VR China), Death Valley (Californien, USA). H $1^1/_2$; D 1,72.

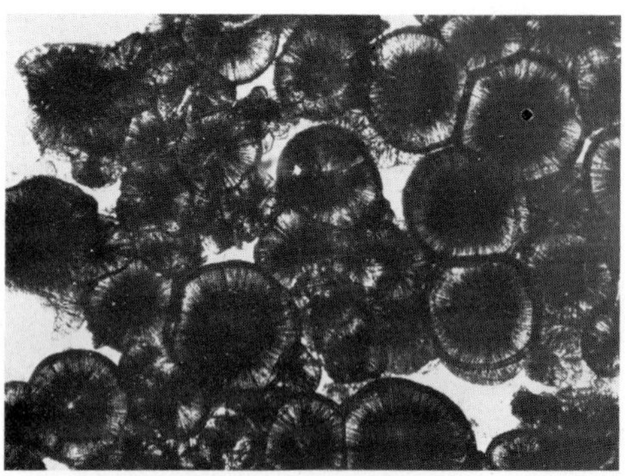

Bild 15.6. Staßfurtit, Knolle aus Carnallit
Grube Schierstedt (DDR), Flöz Staßfurt. Dünnschliff, Vergr. ≈ 100 × [253]

Macallisterit: 2 MgO · 6 B_2O_3 · 15 H_2O; trigonal. Weiße kugelförmige Ausblühungen in einer colemanit- und priceithaltigen Tonschicht aus dem Death Valley (USA); n_O = 1,504. *Admontit* ist chemisch gleich.

Kurnakovit: $Mg_2B_6O_{11}$ · 15 H_2O; triklin. Dichte körnige weiße bis rosa Aggregate; # 4 (010). D 1,860. n_Y = 1,508. Boratlager Inder, nördl. des Kaspischen Meeres (UdSSR).

Inderit: $Mg_2B_6O_{11}$ · 15 H_2O; monoklin. Dimorph mit Kurnakovit (?). Tafelig, nadelig, in nierigen Aggregaten. D 1,860; xx farblos durchs., dichte Aggregate weiß bis rosa. # 3 (110); n_Y = 1,508. Neben Hydroboracit am Indersee nördl. des Kaspischen Meeres (UdSSR), im Ton (Calif., USA). *Lesserit* ist identisch mit Inderit.

Preobrashenskit: $Mg_3[B_5O_7(OH)_4]_2$ · $^1/_2$ H_2O; monoklin. Von Salzlagerstätte des Indersees (UdSSR).

Sulfoborit: $Mg_3[SO_4/B_3O_5]$ · $4^1/_2$ H_2O; rhombisch. xx prismatisch; D 2,45; meist farblos, durchs.; n_Y = 1,536, 1,540. Spärlich im Carnallit des Kalilagers von Dingelstedt bei Halberstadt, Westeregeln bei Staßfurt und Bernburg (DDR); Wittmar a. d. Asse (BRD).

Lüneburgit: $Mg_3[PO_4/BOOH]_2$ · 7 H_2O; monoklin. Flache Massen und Knollen mit feinfaseriger bis erdiger Struktur; auch winzige pseudohexag. Täfelchen. D 2,05; weiß bis bräunlichweiß. n = 1,54. Lüneburg, Hannover (BRD), Werra-Revier (DDR); New Mexiko (USA).

Kaliborit: $KMg_2B_{11}O_{19}$ · 9 H_2O; monoklin. Kleine xx, oft Aggregate; auch derb, körnig; # 4; H 4 bis $4^1/_2$; D 2,128. Farblos, weiß, durchs.; n_Y = 1,526, in kainitischen Hutgesteinen von Aschersleben und Staßfurt (DDR); Indersee (UdSSR).

15.5. Kotoit–Ludwigit-Gruppe

Diese Gruppe umfaßt *Mg(Fe, Mn, Al ...)-Borate*, die überwiegend Orthoborate darstellen und primär oder sekundär im *metamorphen Bereich, v. a. in Skarnen*, auftreten. Diese Minerale sind besonders stabil und in Wasser und Säuren nicht löslich.

Kotoit: $Mg_3[BO_3]_2$; rhombisch. Derb und körnig. Polysynthet. Zwill.; H $6^1/_2$; D 3,10; farblos. n_Y = 1,653 Reichlich am Granit–Dolomit-Kontakt bei Suan (KVDR); Baitsa Bihorulni (SR Rumänien).

Suanit: $Mg_2[B_2O_5]$; monoklin. In Marmor von Suan (KVDR). Weiß, nadelig; n_Y = 1,639.

Nocerin: $Mg_3[F_3/BO_3]$; hexagonal. Nadelige, faserige weiße xx, aus Tuff von Nocera b. Neapel (Italien).

Fluoborit: $Mg_3[(F, OH)_3/BO_3]$; hexagonal, isomorph mit Nocerin. Nadelige hex. Prismen; auch filzige Aggregate. D 2,98 bis 2,85; farblos, weiß. n_{OE} = 1,577; 1,522. Norberg (Schweden); Sterlin Hill (New Jersey, USA); reichlich bei Selibin (Malaysia).

Azoproit: 4 MgO(TiO_2, MgO) · B_2O_3. Langprismatische schwarze xx (max. 20 mm) in Alkaligesteinsskarnen des Baikalgebietes (UdSSR). H $5^1/_2$; D 3,63; n_Y = 1,822; # (010).

Wightmanit: 9 MgO · B_2O_3 · 8 H_2O; triklin. Pseudohexag. Prismen, aus borhaltigen Skarnen (Crestmore, USA). D 2,59; n_Y = 1,603.

Ludwigit: $(Mg, Fe^{2+})_2Fe^{3+}[O_2/BO_3]$; rhombisch. Faserige Massen bis dichte mikrokristalline filzige zähe Aggregate. H 5; D 3,6 (ohne Fe-Gehalt), gelegentlich Al-haltig; Farbe und Strich schwarz bis dunkelgrün, opak. Kontaktmetarmoph. Pöhla' im Erzgebirge (DDR), s. Bild 15.7; Banat (SR Rumänien); Norberg (Norwegen); USA; UdSSR. *Alumoludwigit* von Crestmore (Calif., USA).

Vonsenit: Fe^{2+} > Mg. Ludwigit sehr ähnlich und isomorph. Schwarz. Seward Halbinsel, Alaska (USA); Riverside (Calif., USA), Spanien. *Hulsit* mit etwas Sn.

Warwickit: $(Mg, Fe)_3Ti[O/BO_3]_2$; rhombisch. xx lang-prismatisch. D 3,35; matt, Halbmgl. und Perlgl. braun bis schwarz. n_Y = 1,809. In krist. Kalkstein b. Warwick (New York, USA).

Pinakiolith: $(Mg, Mn^{2+})_2Mn^{3+}[O_2/BO_3]$; monoklin. Dünne rechteckige Täfelchen, auch Durchwachsungszwillinge. H 6; D 3,88; Mgl.; schwarz. Långban (Schweden), in körnigem Dolomit. *Orthopinakiolith* ist rhombisch.

Bild 15.7. Ludwigit, aus Skarn von Pöhla (sächs. Erzgeb., DDR) [221, 222]

Mn-reiche Borate

Jimboit: $Mn_3[BO_3]_2$; rhombisch; bis 5 mm lange xx. Aus Mn-Karbonaterzen (Japan). H $5^1/_2$; D 3,98; $n_Y = 1,794$.

Seamanit: $Mn_3[PO_4/BO_3] \cdot 3\,H_2O$; rhombisch. xx nadelig. H 4; D 3,08; blaßgelb. durchs.; $n_Y = 1,663$. Chicagon-Grube, Iron Co. (Michigan, USA).

Wiserit: $Mn_4[(OH, Cl)_4/B_2O_5]$. Gelblichweiße faserige Aggregate, auf Klüften der Mn-Erze von Gonzen (Schweiz). $n_{0E} = 1,71$; 1,753. *Chambersit* ist $Mn_3[Cl/B_7O_{13}]$; rhombisch (> 407° kubisch). Von USA.

Sussexit: $MnHBO_3$ oder $Mn_2[B_2O_5] \cdot H_2O$; rhombisch; weiße Fasern, Neubildungsprodukt auf Skarnlagerstätten. *Magnesiosussexit* ist ein Mischkristall Ascharit–Sussexit.

Al-haltige Borate

Jeremejewit: $Al(B, H_3)O_3$; hexagonal. Prismatische xx ohne #. Farblos, blaßbraun, $n_{OE} = 1,653$; 1,640. Wenige größere xx lose im granitischen Schutt; Adun–Chilon-Gebirge b. Nerčinsk (UdSSR), Namibia, Emmelberg (BRD). *Eichwaldit* ist identisch.

Sinhalit: $MgAl[BO_4]$; rhombisch. Dem Olivin ähnlich, indem (AlB) für (MgSi) eintritt. D 3,49; braun. Vereinzelt von Moyok (Burma). Neuerdings von Tansania und UdSSR. Pleochroitisch.

Rhodizit: $KNaLi_4Al_4[Be_3B_{10}O_{27}]$; kubisch. xx meist Rhombendodekaeder, seltener tetraedrisch. H > 8; D 3,3 bis 3,4; farblos, weiß, n = 1,6935. K wird z. T. durch Rb und Cs vertreten. Winzige xx auf rotem Turmalin, Mursinka (Ural, UdSSR); größere xx in Pegmatit von Sahatany (Madagaskar).

Johachidolith, etwa $Ca_3Na_2Al_4H_4[(F, OH)/BO_3]_6$; farblose Körner und blättrige Massen in Nephelingängen, die Kalkstein durchsetzen. $n_Y = 1,720$. Johachido (Korea).

Anhang:

Nordenskiöldin: $CaSn[BO_3]_2$; trigonal. xx dünn- bis dicktafelig. Verwachsungen mit Calcit, Siderit, Kassiterit. # 4 (0001) D 4,20; farblos, gelb, $n_{OE} = 1,778$; 1,660. Eläolithpegmatit der Insel Arö im Langesundfjord (Norwegen); Arandis (Namibia) nahe Granitkontakt, von Sibirien (UdSSR) und Sewart-Halbinsel (Alaska, USA).

Behiérit: $(Ta, Nb)[BO_4]$; tetragonal (isotyp mit Zirkon). Oktaederförmige xx bis 7 mm Größe, Farbe rosa bis grau, diamantglänzend, aus Pegmatit von Madagaskar in Paragenese mit Rubellit, Pollucit, Apatit, Lepidolith, Quarz und Albit. H 7 bis $7^1/_2$; D 7,86; n = 2,12.

Nitrate

15.6. Allgemeines

Die Nitrate (Salpeter) bilden sich in der Natur weltweit und häufig, besonders in wärmeren Klimaten. Die Bindung des Stickstoffs der Luft, als dem Hauptquell der Nitrate, zum $[NO_3]$-Ion erfolgt in den meisten Fällen über biogene Reaktionen, speziell unter Mithilfe von Bakterien, wobei auch stickstoffhaltige Ausgangsstoffe wie tierische Abfälle, Exkremente (Guano) und andere organische Substanzen eine Rolle spielen können. Dies gilt wahrscheinlich auch für einen Teil der häufigen Krusten und Ausblühungen auf Böden, auch an alten (z. T. prähistorischen) Mauerwerken. Wegen der leichten Wasserlöslichkeit fast aller Nitrate werden diese Bildungen nur selten erhalten und noch seltener konzentriert. Dies ist nur unter extrem ariden Bedingungen möglich, wie z. B. in Chile.
Die Nitrate haben bemerkenswerte strukturelle Ähnlichkeiten mit den Karbonaten; charakteristisch ist die Isotypie zwischen Nitronatrit und Calcit sowie Nitrokalit und Aragonit.

15.7. Salpeter-Gruppe

Nitronatrit: $Na[NO_3]$ Natron- oder Chilesalpeter

Von Glocker 1847 benannt. Theor. 36,5% Na_2O; 63,5% N_2O_5; vielleicht mit gewissen $[ClO_4]$-Gehalt; stets vermengt mit Halit, Gips, Glauberit, auch Iodaten usw. Trigonal (ditrig.-skalenoedr.); Seltene Kristalle rhomboedrisch (z. T. verzwillingt) meist in dichten, pulvrigen und körnigen Aggregaten als Krusten und Ausblühungen· Weiß, oft aber gelb, grau und rötlich gefärbt. Glasglanz; n_{OE} = 1,585; 1,336. H $1^1/_2$ bis 2, spröde, Bruch muschelig; Spaltbarkeit 4 nach dem Rhomboeder $(10\bar{1}1)$. D 2,24 bis 2,29. Leicht wasserlöslich, mit bittersalzigem, aber kühlendem Geschmack. Schmilzt leicht, färbt Flamme gelb. Bildet in Trockenmonaten Salpeterkrusten auf Böden. Lagerstättenbildend nur von Chile; hier liegen in einem extrem trockenen, etwa 600 km langen Hochgebirgstal parallel zur Küste bis 2 m mächtige salpeterdurchsetzte Sande und Tone, die sog. Caliche. Wichtiges Stickstoffdüngemittel; Rohstoff für Iodgewinnung.

Nitrokalit: $K[NO_3]$ Kalisalpeter

Aussehen, Eigenschaften und Vorkommen ähnlich Nitronatrit, aber viel seltener. Rhombisch (s. Bild 15.8);

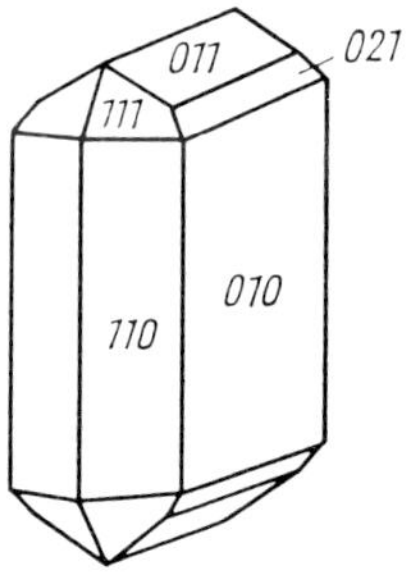

Bild 15.8. Kristall von Nitrokalit (Kalisalpeter)

weiße Krusten und Ausblühungen; n_{XYZ} = 1,335; 1,505; 1,506. H 2, spröde, # 4 (011). D 1,99. Schmelzpunkt 335°. Nicht hygroskopisch (daher für Schwarzpulver geeignet, »Kehrsalpeter«).

Nitrammit (Ammonsalpeter); $NH_4[NO_3]$; rhombisch. Dies ist die vierte von fünf Modifikationen, die zwischen 32,2 und −18 °C beständig ist. n_{XZ} = 1,413; 1,637; D 1,72. Sehr leicht löslich in Wasser.

Barytsalpeter (Nitrobarit): $Ba[NO_3]_2$; kubisch. Oktaedrische xx. D 3,250. Farblos; durchsch.; n = 1,571. Leicht löslich. Nur eine Probe aus Chile von unbekanntem Fundpunkt.

Magnesiasalpeter (Nitromagnesit) ist wohl $Mg[NO_3]_2 \cdot 2\,H_2O$. Leicht löslich. Ausblühungen in manchen Kalksteinhöhlen.

Kalksalpeter (Nitrocalcit): $Ca[NO_3]_2 \cdot 4\,H_2O$; monoklin. Ausblühungen in Form seidiger Büschel und Massen. Weiß; leicht löslich. In manchen Kalksteinhöhlen.

Gerhardit: $Cu_2[(OH)_3/NO_3]$; rhombisch. Dicktafelige xx. H 2; D 3,43. Dunkel- bis smaragdgrün. n_Y = 1,713. Unlöslich in Wasser. Sekundäres Mineral; neben Malachit, Atakamit und Cuprit von Jerome (Arizona, USA); Likasi (Katanga, Zaïre).

Likasit: $Cu_6[(OH)_7/(NO_3)_2/PO_4]$; rhombisch. Blaue kleine xx; D 2,97. Likasi (Katanga, Zaïre).

Darapskit: $Na_2[SO_4/NO_3] \cdot H_2O$; monoklin. Tafelige pseudotetrag. xx. H $2^1/_2$; D 2,20. Farblos. n_Y = 1,481. Leicht löslich. Reichlich in manchen Nitratlagern Chiles, besonders in sulfatreichen: Atakama-Wüste; Chuquicamata; auch Death Valley (Calif., USA).

Anhang:

Iodate

Lautarit: $Ca[IO_3]_2$; monoklin. Kurzprismatische xx; oft strahlenförmig geordnet oder sternförmige Aggregate. H $3^1/_2$ bis 4; D 4,59. Farblos, gelblich. n_Y = 1,840. xx auf Bruchflächen oder in Gipsbändern in den Nitratlagern (Caliche) der Atakama-Wüste (Oficina Lautaro, Chile).

Brüggenit: $Ca[IO_3] \cdot H_2O$; monoklin. Säulige gelbliche glasgl. xx, in Salpeter von Chile. H $3^1/_2$; D 4,24; n_Y = 1,797.

Dietzeit: $Ca_2[CrO_4/(IO_3)_2]$; monoklin. Tafelige xx; gewöhnlich faserige Krusten. H $3^1/_2$; D 3,698. Tief goldgelb, durchsch.; n_Y = 1,842. In den Nitratlagern der Atakama-Wüste (Prov. Antofagasta, Chile), wie Lautarit.

Schwartzembergit: $Pb_5[Cl_3O_3/IO_3]$; rhombisch (pseudotetrag.); gerundete pyramidenförmige xx; auch dicht bis erdig. H 2 bis $2^1/_2$; D 7,39. Honiggelb bis rötlichbraun. n_Y = 1,35. Krusten auf PbS bei Cachinal, Atakama-Wüste (Chile).

Seeligerit: $Pb_3[Cl_3O/IO_3]$; rhombisch. Hellgelbe plättchenförmige xx von Chile; zusammen mit Boleit, Schwartzembergit u. a.; n_Y = 2,32.

Salesit: $Cu[IO_3OH]$; rhombisch. Dickprismatische xx. D 4,77. Glasgl.; bläulichgrün, durchsch.; n_{XZ} = 1,786; 2,075. Aus der Oxydationszone von Chuquicamata (Chile).

Bellingerit: $Cu_3[IO_3]_6 \cdot 2\,H_2O$; triklin. Prismatisch und etwas tafelige xx (100). H 4; D 4,89. Lichtgrün. n_Y = 1,90. Sekundäres Mineral. Winzige Einzelkristalle neben Leightonit und Gips in dichtem Quarz; Chuquicamata (Chile).

16 Anhang (Arbeitsmaterialien)

Struktur und Form

16.1. Erläuterung zur Darstellung der 32 Kristallklassen [101] (Beilagen am Schluß des Buches)

In den beigefügten Tafeln I bis VI wird (zusätzlich zu Tab. 2.1) für ein vertieftes Studium eine vollständige Übersicht über die kristallographischen Besonderheiten der 32 Kristallklassen in den sieben Kristallsystemen gegeben. Als wichtigste Angaben erscheinen

- die Namen der 32 Kristallklassen (nach P. v. GROTH) sowie die Unterteilung in Holoedrie-Hemiedrie-Tetartoedrie (nach NAUMANN und ZIRKEL)
- die Klassensymbole nach SCHÖNFLIES und nach HERMANN-MAUGUIN (Erläuterung s. u.)
- die Symmetrieelemente der einzelnen Klassen und ihre bildliche Darstellung sowie stereographische Projektion
- die bildliche Darstellung der jeweiligen sieben einfachen Formen jeder Klasse (mit Angabe der Indizes nach MILLER sowie nach WEISS) sowie der korrelaten Formen
- Mineralbeispiele für jede Mineralklasse

Zum richtigen »Lesen« der Tafeln geben wir folgende Erläuterungen:

Zeichen, Symbole und Abkürzungen

a) *Anzahl und Art der Symmetrieachsen*

⬮ zweizählige Drehachse = Digyre
▲ dreizählige Drehachse = Trigyre
■ vierzählige Drehachse = Tetragyre
⬢ sechszählige Drehachse = Hexagyre
◆ vierzählige Drehspiegelungsachse = Tetragyroide
◈ sechszählige Drehspiegelungsachse = Hexagyroide
Polare Achsen sind durch einen Pfeil gekennzeichnet.

b) *Anzahl und Art der Symmetrieebenen und Symmetriezentrum*

HSE Hauptsymmetrieebene
NSE Nebensymmetrieebene
SE Symmetrieebene

Für die räumliche Darstellung der Symmetrieelemente gilt:

horizontale Fläche = Hauptsymmetrieebene
vertikale Flächen = Nebensymmetrieebenen; gleichwertige Nebensymmetrieebenen sind in gleicher Art gekennzeichnet.
Z = Symmetriezentrum

c) *Stereographische Projektion*

Die Darstellung zeigt die allgemeine Form der Klasse. Man beachte:
Ausgezogene Linien, Kreise und Kreisbögen bedeuten Symmetrieebenen.
Symmetrieachsen sind durch ihre Symbole gekennzeichnet.
Gleichwertige Digyren sind in gleicher Weise wiedergegeben.
Polare Achsen sind durch weißen Kreis im Achsenzeichen kenntlich gemacht.
Die Projektionspunkte der oberen Flächen, welche die c-Achse in der positiven Richtung schneiden, sind durch Kreuze, die der unteren Kristallflächen (welche die c-Achse in der negativen Richtung schneiden) durch Kreise vermerkt.
Das Symmetriezentrum ist hier in keiner Klasse eingezeichnet worden.

d) Die *korrelaten Formen* sind durch folgende Abkürzungen vermerkt:

+	positiv	o	oben
–	negativ	u	unten
r	rechts	v	vorn
l	links	h	hinten

Die Abkürzung für die jeweils dargestellte Form ist mit einem Kreis versehen.

Erläuterung der Klassensymbole

a) *nach Schönflies*

C bezeichnet Klassen, deren Charakteristiken Drehungssymmetrie ist (»zyklisch«, regelmäßig wiederkehrend). Die Zähligkeit der Drehachse gibt der Index an; z. B. bedeutet C_3 die dreizählige Drehungsachse (Trigyre)
C_1 (»Monogyre«) bezeichnet die Klasse ohne jede Symmetrie, d. h. die triklin-pediale Klasse (jeder Körper kommt nach Drehung um 360° mit sich selbst zur Deckung)
C_i (»Inversionszentrum«) bezeichnet die triklin-pinakoidale Klasse, die nur ein Symmetriezentrum besitzt
C_s bezeichnet die monoklin-domatische Klasse, die nur eine Spiegelebene aufweist
D (»Diëdergruppe«) bezeichnet die Klassen, in denen dipolare Gyren mit dazu senkrechten Digyren vorhanden sind (D_2, D_3, D_4, D_6). Für D_2 gilt auch das Symbol V (»Vierergruppe«)
S Sphenoid (Keil)
O Oktaeder
T Tetraeder
h horizontale Symmetrieebene
v vertikale Symmetrieebene
d diagonale Symmetrieebene

b) *nach Hermann-Mauguin*

Die international gültige Symbolik der 32 Kristallklassen ist die nach Hermann und Mauguin. Die Symbole bestehen aus drei Werten (Buchstaben, Zahlen oder Brüchen), welche die Symmetrieverhältnisse in geometrisch ausgezeichneten Richtungen im Kristall darstellen. Diese bevorzugten Richtungen, sogenannte Blickrichtungen, gehen eventuell vorhandenen Symmetrieachsen und Normalen der Symmetrieebenen parallel.

Für die einzelnen Kristallsysteme gelten die folgenden *Blickrichtungen*:

1. triklines System:	beliebige Richtung
2. monoklines System:	nur die b-Achse
3. rhombisches System:	a-, b-, c-Achse
4. tetragonales, hexagonales und trigonales System:	die Hauptachse (c-Achse) die Nebenachse (a-Achse) die Zwischenachse (= Winkelhalbierende zweier Nebenachsen)
5. kubisches System:	die Normale der Würfelfläche [100] die Normale der Oktaederfläche [111] die Normale der Rhombendodekaederfläche [110]

Bezeichnung der Symmetrieelemente

- Dreh- oder Deckachsen werden durch die Zahlen 2, 3, 4 und 6 gekennzeichnet. Diese bedeuten, daß eine zwei-, drei-, vier- oder sechszählige Drehachse parallel einer Blickrichtung vorhanden ist.
  1 (einzählig) besagt, daß in der Blickrichtung kein Symmetrieelement liegt.
- Drehinversionsachsen werden mit $\bar{1}$, $\bar{2}$, $\bar{3}$, $\bar{4}$ oder $\bar{6}$ bezeichnet. Durch eine Drehinversionsachse wird eine Fläche mit sich selbst zur Deckung gebracht, wenn eine Drehung um 360°/n (n = 1, 2, 3, 4, 6) und außerdem eine Inversion am Symmetriezentrum vorgenommen wird.
  $\bar{1}$ entspricht dem Symmetriezentrum
  $\bar{2}$ ist mit der Spiegelebene m identisch (m = frz. *miroir* = Spiegel)
  $\bar{3}$ entspricht einer sechszähligen Drehspiegelachse
  $\bar{4}$ entspricht einer vierzähligen Drehspiegelachse
  $\bar{6}$ entspricht einer horizontalen Spiegelebene und einer darauf senkrecht stehenden dreizähligen Drehachse
  m entspricht der Normalen einer Spiegelebene.
  Sind in der gleichen Blickrichtung eine Achse und die Normale einer Spiegelebene vorhanden, so kennzeichnet das ein Bruchstrich. $\frac{2}{m}$ oder 2/m bedeutet also, daß eine zweizählige Drehachse eine Spiegelebene senkrecht durchsetzt.

Beispiel:

Das Symbol für die kubisch-holoedrische Klasse ist m 3 m (ungekürzt 4/m $\bar{3}$ 2/m). Das Symbol m 3 m besagt, daß 3 Symmetrieebenen (Hauptsymmetrieebenen) vorhanden sind, deren Normalen in Richtung der drei identischen Richtungen [100], [010] und [001] verlaufen, außerdem noch dreizählige Drehachsen in Richtung der Würfeldiagonalen und sechs Symmetrieebenen (Nebensymmetrieebenen), deren Normalen senkrecht auf den Flächen des Rhombendodekaeders (110) stehen. Aus diesen Symmetrieelementen ergeben sich zwangsläufig drei vierzählige Achsen in Richtung der Normalen [100], [010] und [001], also 4/m. Da auch ein Symmetriezentrum entstanden ist, werden die dreizähligen Drehachsen zu Drehinversionsachsen ($\bar{3}$), und schließlich sind noch zweizählige Drehachsen erzeugt, die mit den Normalen auf den Nebensymmetrieebenen zusammenfallen (2/m). 4/m $\bar{3}$ 2/m ist dann das vollständige Symbol.

Erläuterungen zu den in der Kristallographie gebräuchlichen Benennungen:

a) *Griechische Zahlwörter*[1])

dýŏ	zwei	eīkŏsi (ikosi)	zwanzig
treis, tría	drei	kŏsi-tetra	vierundzwanzig
téttara, tétra	vier		
péntĕ	fünf	di(s)	zweimal
hex	sechs	tris	dreimal
októ	acht	tĕtrákis	viermal
dódĕkă	zwölf	hĕxákis	sechsmal

b) *Bezeichnung der Kristallsysteme*

Kubisches System, von lat. *cubus* = Würfel
Tetragonales System, von gr. *téttara, tétra* = vier (die Querschnitte der meisten tetragonalen Kristalle sind regelmäßige Vierecke = Quadrate)
Hexagonales System, von gr. *hex* = sechs und *gonia* = Winkel, Ecke (die Querschnitte der meisten hexagonalen Kristalle sind regelmäßige Sechsecke)
Trigonales System, von gr. *tria* = drei (die Querschnitte trigonaler Kristalle sind häufig gleichseitige Dreiecke)
Rhombisches System, von gr. *rhómbos* = Rhombus (die Querschnitte der rhombischen Kristalle sind meist Rhomben; die 3 Kristallachsen stehen senkrecht aufeinander)
Monoklines System, von gr. *monos* = einer, einzig und *klino* = ich neige (eine kristallographische Achse, die a-Achse, ist gegen die c-Achse geneigt)
Triklines System, von gr. *tria* = drei (alle 3 Achsen sind gegeneinander geneigt)

c) *Bezeichnungen von Kristallklassen*

Hŏlŏedríe = Vollflächigkeit (von gr. *hŏlŏs* = ganz und *hedra* = Sitz, Grundfläche) sprich: holo-edríe
Hēmiedríe = Halbflächigkeit (von gr. *hemi* = halb)
Hēmimorphíe = Halbgestaltigkeit (von gr. *morphe* = Form, Gestalt)
Tĕtartŏedríe = Viertelflächigkeit (von gr. *tetartos* = der Vierte)
plagiédrisch = schiefflächig (von gr. *plagios* = quer, schief)
meroédrisch = teilflächig (von gr. *meros* = Teil)

d) *Namen einiger Kristallformen*

Hexaeder = Sechsflächner = Würfel; sprich: hexa-éder
Oktaeder = Achtflächner

[1]) Um die richtige Aussprache zu gewährleisten, sind Akzente über die zu betonenden Vokale gesetzt.
Länge des Vokals ist durch ‒ }
Kürze des Vokals ist durch ˘ } gekennzeichnet
Betonung ist durch ′ }

Tétraeder = Vierflächner
Hexakisóktaeder = Sechsmalachtflächner = 48-Flächner
Deltoidikositetraéder = Deltoidvierundzwanzigflächner
(Deltŏíd = drachenförmiges Viereck)
Trisoktaéder = Dreimalachtflächner (also 24-Flächner)
Tetrakishexaéder = Viermalsechsflächner (also 24-Flächner)
Rhombendodekaéder = Rhombenzwölfflächner
Disdodekaéder = Zweimalzwölfflächner (also 24-Flächner)
Pentagōndodekaéder = Fünfeckzwölfflächner
Pentăgonikositetraéder = Fünfeckvierundzwanzigflächner
Hexakistetraéder = Sechsmalvierflächner (also 24-Flächner)
Tristĕtraéder = Dreimalvierflächner (also 12-Flächner)
Deltoiddodekaéder = Deltoidzwölfflächner
Trapĕzŏéder = von Trapezflächen begrenzte Kristallform
Rhomboéder = von Rhombenflächen begrenzte Kristallform
Skalenoéder = von ungleichseitigen Dreiecken begrenzte Kristallform (von gr. *skalenós* = schief, ungleich)
Sphenoid = Keil (von gr. *sphēn* = Keil); ein Flächenpaar mit zweizähliger Achse; sprich spheno-id
Disphenoid = Doppelkeil (Vierflächner; gr. *di(s)-* = zweimal)
Doma = Flächenpaar mit Symmetrieebene (von gr. *dṓma* = Haus, hier Dach)
Pinakoid = Flächenpaar = Fläche und parallele Gegenfläche (von gr. *pinax* = Fläche, Tafel)
Pédion = eine Einzelfläche (von gr. *pedion* = Fläche, Ebene)

16.2. Ionen- und Atomradien für die geologisch wichtigsten Elemente und Ladungsstufen Radiengrößen in Å, wobei 10Å = 1 nm; Angaben in Klammern weniger genau)

Element	Ladung	Ionenradius	Atomradius
Ag	±0		1,44
	+1	1,26	
	+2	0,89	
Al	±0		1,43
	+3	0,51	
Ar	±0		(1,92)
As	±0		1,48
	+3	0,58	
Au	±0		1,44
	+1	1,37	
	+3	0,85	
B	±0		0,98
	+3	0,23	
Ba	±0		2,22
	+2	1,34	
Be	±0		1,12
	+2	0,35	
Bi	±0		1,78
	+3	0,96	
	+5	0,74	
Br	−1	1,96	
	±0		(1,11)
	+5	0,47	
	+7	0,39	
C	±0		(0,86)
	+4	0,16	
Ca	±0		1,97
	+2	0,99	
Cd	±0		1,51
	+2	0,97	
Ce	±0		1,82
	+3	1,07	
	+4	0,94	
Cl	−1	1,81	
	±0		(0,99)
	+5	0,34	
Co	±0		1,25
	+2	0,72	
	+3	0,63	
Cr	±0		1,28
	+3	0,63	
	+6	0,52	
Cs	±0		2,67
	+1	1,67	
Cu	±0		1,28
	+1	0,96	
	+2	0,72	

Element	Ladung	Ionenradius	Atomradius
F	−1	1,33	
	±0		(0,64)
Fe	±0		1,26
	+2	0,74	
	+3	0,64	
Ga	±0		1,40
	+3	0,62	
Gd	±0		1,80
	+3	0,97	
Ge	±0		1,44
	+4	0,53	
H	±0		(0,46)
	+1	1,54	
Hf	±0		1,59
	+4	0,78	
Hg	±0		1,51
	+2	1,10	
In	±0		1,58
	+3	0,81	
Ir	±0		1,36
	+4	0,68	
J	−1	2,20	
	±0		(1,36)
	+5	0,62	
	+7	0,50	
K	±0		2,35
	+1	1,33	
Kr	±0		(1,98)
La	±0		1,87
	+3	1,14	
Li	±0		1,55
	+1	0,68	
Mg	±0		1,60
	+2	0,66	
Mn	±0		1,27
	+2	0,80	
	+4	0,60	
	+7	0,46	
Mo	±0		1,39
	+4	0,70	

16.2 (Fortsetzung)

Element	Ladung	Ionenradius	Atomradius
N	−3	1,48	
	±0		(0,8)
	+3	0,16	
	+5	0,13	
Na	±0		1,90
	+1	0,97	
Nb	±0		1,46
	+5	0,69	
Ne	±0		(1,60)
Ni	±0		1,24
	+2	0,69	
O	−2	1,32	
	±0		(0,6)
	+6	0,10	
Os	±0		1,35
	+4	0,67	
P	−3	1,86	
	±0		1,28
	+3	0,44	
	+5	0,35	
Pb	±0		1,80
	+2	1,20	
	+4	0,84	
Pd	±0		1,37
	+2	0,80	
Pt	±0		1,39
	+2	0,80	
	+4	0,65	
Ra	+2	1,43	
Rb	±0		2,48
	+1	1,47	
Re	±0		1,37
	+7	0,56	
S	−2	1,74	
	±0		1,27
	+6	0,30	
Sb	−3	2,08	
	±0		1,66
	+3	0,76	
	+5	0,62	
Sc	±0		1,62
	+3	0,81	
Se	−2	1,91	
	±0		1,40
Se	+4	0,50	
	+6	0,42	
Si	±0		1,38
	+4	0,42	
Sn	±0		1,62
	+4	0,71	
Sr	±0		2,15
	+2	1,12	
Ta	±0		1,46
	+5	0,68	
Te	−2	2,11	
	±0		1,60
	+4	0,70	
	+6	0,56	
Th	±0		1,80
	+4	1,02	
Ti	±0		1,47
	+2	0,80	
	+3	0,76	
	+4	0,68	
Tl	±0		1,60
	+1	1,47	
	+3	0,95	
U	±0		1,52
	+4	0,97	
	+6	0,80	
V	±0		1,34
	+2	0,88	
	+3	0,74	
	+4	0,63	
	+5	0,59	
W	±0		1,39
	+4	0,70	
	+6	0,62	
Xe	±0		(2,18)
Y	±0		1,80
	+3	0,92	
Yb	±0		1,93
	+3	0,86	
Zn	±0		1,34
	+2	0,74	
Zr	±0		1,60
	+4	0,79	

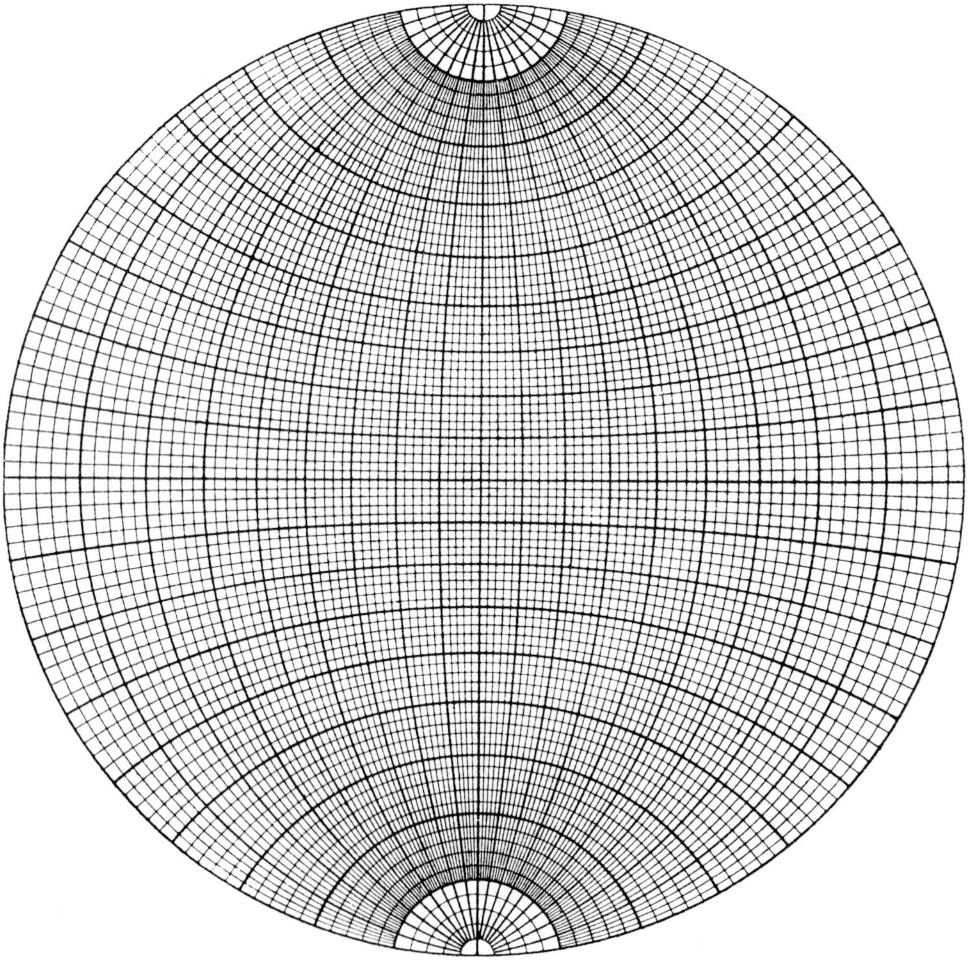

16.3. WULFFsches Netz

16.4. Beispiele von Riesenkristallen [156]
(Minerale mit einem Sternchen sind keine Einzelminerale, sondern Mineralaggregate)

Mineral	Größe in cm	Masse	Fundort	Genese
Kupfer*		420 t	Halbinsel Keweenaw, Michigan (USA)	hydrothermale Imprägnation in Diabas
Silber*		1350 kg	Südgrenze von Arizona (USA)	Zementationszone
Gold*		153 kg	Chile	in Seifen
Eisen*		25 t	Ovifak, Insel Disko, Grönland	in basischen Magmatiten
Platin*		11,5 kg	am Tagil, Mittelural (UdSSR)	in Ultrabasiten
Diamant (»Cullinan«)	~9	3025,75 ct ≙ 605 g	Premier Mine bei Kimberley (Südafrika)	liquidmagmatisch in Kimberlit
Schwefel	14 × 13 × 4		Cianciana, Sizilien (Italien)	sedimentär
Sphalerit	7		Trepča, Südserbien (SFR Jugoslawien)	hydrothermal
Galenit	25 (Kantenlänge)		Laxey- and Foxdale Mines, Insel Man (Großbritannien)	hydrothermal
Antimonit	60 × 5		Ichinokawa Insel Shikoku (Japan)	hydrothermal
Pyrit	50 (Kantenlänge)		Crysa bei Xánthe, Macedonia (Griechenland)	pneumatolytisch
Halit	~100 (Kantenlänge)		Allertal (BRD); Detroit (USA)	sedimentär
Fluorit	200 (Kantenlänge)		Petaca-Distrikt, New Mexiko (USA)	pegmatitisch
Spinell		26,8 kg	Amity, Orange Co. (New York, USA)	metamorph
Korund	61 × 30	152 kg	Transvaal (Südafrika)	metamorph
Saphir		200 ct ≈ 240 g	Ratnapura (Sri Lanka)	metamorph
Hämatit	10 (Tafeldurchmesser)		Rio, Insel Elba (Italien)	kontakt-pneumatolytisch
Ilmenit		bis 7 kg	Kragerø (Südnorwegen)	pegmatitisch
Quarz		70 t	Kasachische SSR (UdSSR)	pegmatitisch
Achatmandel*	100 × 500 × 300	35 t	Serra do Mar, Grande do Sul (Brasilien)	hydrothermal
Edelopal*		600 g	Červenica bei Kosice (Slowakei, ČSSR)	Oxydationszone

16.4 (Fortsetzung)

Mineral	Größe in cm	Masse	Fundort	Genese
Columbit	60 × 50 × 50	etwa 1 t	Black Hills, South Dakota (USA)	pegmatitisch
Uraninit	11 × 75 × 5	1,8 kg	Wilberforce, Connecticut (USA)	pegmatitisch
Calcit	600 × 200		Helgustadir im Eskifjord (Island)	in Hohlräumen von Basalt
Dolomit	15		Trepča, Südserbien (SFR Jugoslawien)	hydrothermal
Malachit*		etwa 50 t	Mednorudjansk bei Nižnij Tagil, Mittelural (UdSSR)	Oxydations-zonen
Kernit	240 × 100		Californien (USA)	kontakt-metamorph
Baryt		45 kg	Dufton, Westmorland (England, GB)	hydrothermal
Gips	800 × 300		Braden-Grube, El Teniente (Chile)	hydrothermal
Monazit	15 × 29 × 28		Mars Hill, North Carolina (USA)	pegmatitisch
Amblygonit		> 30 t	Keystone, South Dakota (USA)	pegmatitisch
Vivianit	150		Anloua (Kamerun)	Oxydations-zonen
Granat		1 t	Sundfjord, Vestland (Norwegen)	pegmatitisch
Zirkon		7 kg	Brudenell, Ontario (Canada)	pegmatitisch
Cyanit (Disthen)	50		Prilep, Südserbien (SFR Jugoslawien)	metamorph
Topas		270 kg	Minas Geraes (Brasilien)	pegmatitisch
Epidot	≦ 100		Knappenwand im Untersulzbachtal (Österreich)	hydrothermal (alpine Klüfte)
Allanit (Orthit)		150 kg	Bearing, Hill, Texas (USA)	pegmatitisch
Beryll		≈ 200 t	Picui (Brasilien)	pegmatitisch
Smaragd	20 × 20		nö Sverdlovsk, Mittelural (UdSSR)	metasomatisch
Aqua-marin	48,5 × 42,0	110,5 kg	Minas Geraes (Brasilien)	pegmatitisch
Cordierit	20		Näverberg (Schweden)	metamorph
Turmalin	270		Nuevo, Süd-californien (USA)	pegmatitisch
Schörl	300 × 100		Östergötland, (Schweden)	pegmatitisch

16.4 (Fortsetzung)

Mineral	Größe in cm	Masse	Fundort	Genese
Diopsid	30		Schwarzenstein-Alpe, Ziller-Tal (Österreich)	pegmatitisch
Spodumen	1 570		Etta Mine, Süddakota (USA)	pegmatitisch
Kunzit	90 × 30		Caterina Mine, Los Angeles (USA)	pegmatitisch
Muskovit	300 × 230 × 990		Purdy Mines, Ontario (Canada)	pegmatitisch
Biotit	700 ∅		Evje (Südnorwegen)	pegmatitisch
Phlogopit	470 × 100	90 t	Lacey Mine, Ontario (Kanada)	pegmatitisch
Petalit	100		Varuträsk bei Boliden (Schweden)	pegmatitisch
Kalifeldspat	1 000		Moss (Südnorwegen)	pegmatitisch
Amazonit	100		Mahabo, Tsaratanana (Madagaskar)	pegmatitisch

Physikalische und chemische Eigenschaften

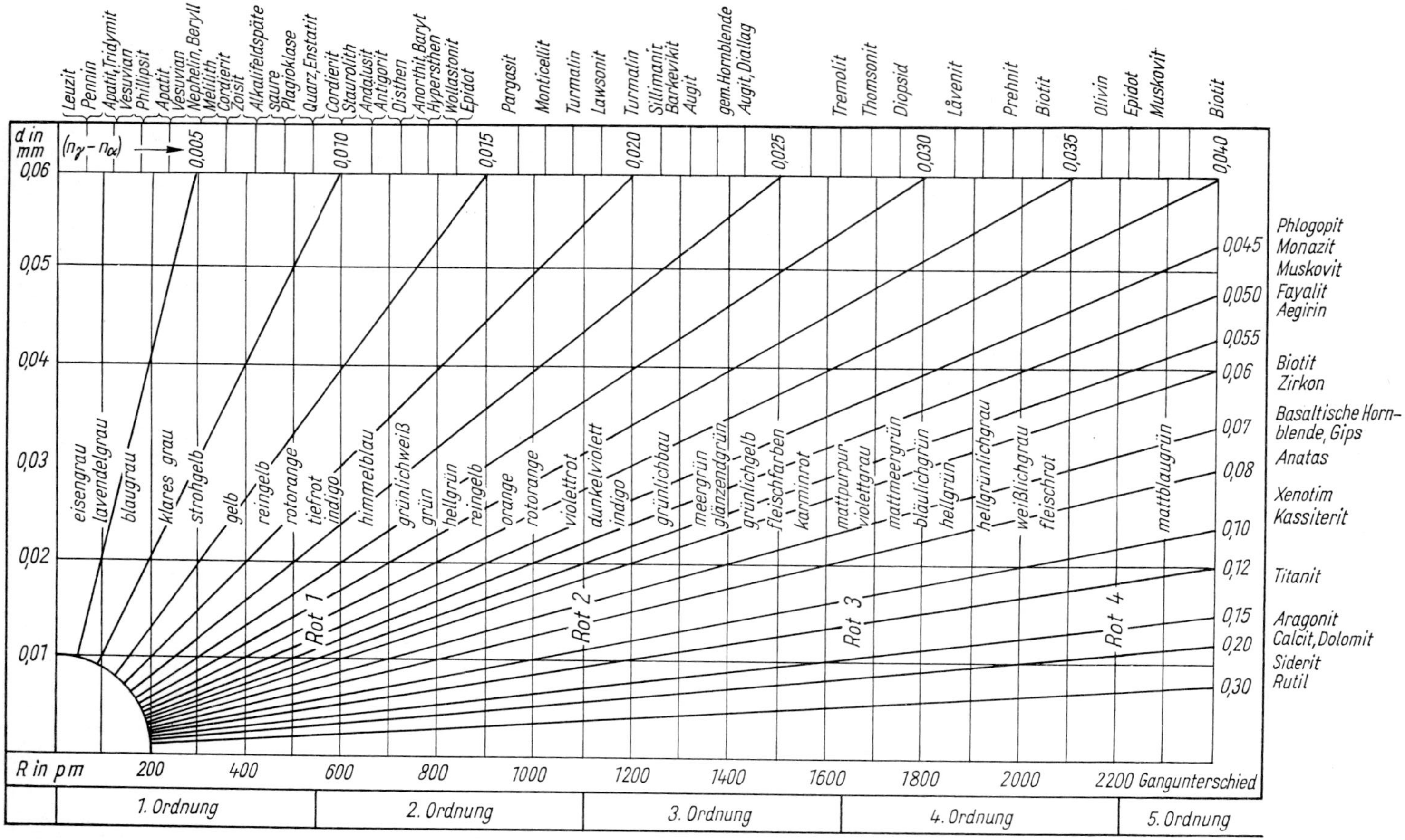

16.5. Beziehungen zwischen Doppelbrechung und Interferenzfarbe (in Mineralen von Dünnschliffstärke) [98]

16.6. Wichtige Chromophoren in den Mineralen [7, gekürzt]

Chromophor	Koordination	Farbe	Charakteristische Minerale
Ti^{3+}	[6]	violett	Rutil TiO_2
		blau	Anatas TiO_2
V^{5+}	[4]	gelb	Vanadinit $Pb_2Pb_3Cl[VO_4]_3$
		rot	Descloizit $Pb(Zn, Cu)(OH)[VO_4]$
Cr^{3+}	[6]	grün	Uwarowit $Ca_3Cr_2[SiO_4]_3$
		rot	Rubin Al_2O_3
Cr^{6+}	[6]	rot	Krokoit $Pb[CrO_4]$
Mn^{2+}	[6]	rosa	Rhodochrosit $Mn[CO_3]$
Mn^{3+}	[6]	rosa	Piemontit $Ca_2(Al, Fe, Mn)_2$ $AlO[SiO_4/Si_2O_7]$
Fe^{2+}	[6]	grün	Olivin $(Mg, Fe^{2+})_2[SiO_4]$
		himmelblau	Aquamarin $Be_3Al_2[Si_6O_{18}]$
	[8]	rot	Almandin $Fe_3Al_2[SiO_4]_3$
Fe^{3+}	[6]	dunkelbraun	Goethit $FeO(OH)$
	[4]	gelb, gelbgrün	Orthoklas $K[AlSi_3O_8]$
$Fe^{2+} + Fe^{3+}$		blau	Vivianit $(Fe^{2+}, Fe^{3+})[PO_4]_2 \cdot 8\ H_2O$
		grün	Turmalin $Na(Mg, Fe, Mn, Li, Al)_3 \cdot Al_6(BO_3)_3(OH, F)_4[Si_6O_{18}]$
Co^{2+}	[6]	rosa	Erythrin $Co_3[AsO_4]_2 \cdot 8\ H_2O$
Ni^{2+}	[6]	grün	Garnierit $Ni_6(OH)_8[Si_4O_{10}] \cdot n\ H_2O$
Cu^{2+}	[6]	grün	Malachit $CuCu(OH)_2[CO_3]$
		blau	Azurit $Cu_2Cu(OH)_2[CO_3]_2$
U^{4+}	[8]	schwarz	Uraninit U_2UO_7
U^{6+}	[6]	orange	Uranophärit $BiO(OH)_3[UO_2]$
		gelb	Autunit $Ca[UO_2/PO_4]_2 \cdot 10\ H_2O$
		grün	Torbernit $Cu[UO_2/PO_4]_2 \cdot 10\ H_2O$

16.7. Fluoreszenzfarben von Mineralen [20]

Fluoreszenzfarbe	Ursache	Mineral	Anregung
rot	Einbau von Cr	Rubin Spinell Alexandrit Uwarowit Cyanit Smaragd	langwelliges UV bis grün
orangerot	Einbau von Ti	Saphir	
grünlichgelb	Gehalt von UO_2^{2+}-Ionen als wesentlicher Bestandteil	Schröckingerit Autunit Torbernit Uranophan	ultraviolett bis blau
weißlichblau gelblich		Scheelit Scheelit (Mo-reich)	$\lambda > 300$ nm
purpur rötlich gelb meist grün	Einbau von Mn (?) Einbau von Mn	Hiddenit Kunzit Willemit	 $\lambda < 300$ nm
grün blau oder rot	Einbau von Seltenen Erden (Sm, Eu, Dy, Gd)	Fluorit Calcit	

Bemerkung: Ähnlich wie manche Fluorite und Calcite können auch Diamanten, Apatite, Halite, Feldspäte, Sodalithe, Zirkone, Cerussite und andere Minerale fluoreszieren. Die emittierte Fluoreszenzstrahlung ist temperaturabhängig (Goldberg, P., 1966).

Analyse und Synthese von Mineralen

Tabelle 16.8. Einige Anfärbemethoden zur Mineraldiagnose (meist auch als Feldmethoden nutzbar)

Mineral	Reagens	Bemerkungen
Nephelin	ätzen mit n/10 HCl, vorsichtig spülen, färben mit verdünnter Lösung von Fuchsinrot (> 60 s)	hauptsächlich für Dünnschliff; nephelinreiches Gesteinsglas färbt sich gleichfalls
Kalifeldspat	ätzen mit HF oder HF-Dämpfen (< 60 s), waschen, trocknen; anfärben mit Na-Kobaltnitrit → Gelbfärbung	möglich am Gestein, am Körnerpräparat und am Dünnschliff
Montmorillonit	Benzidin (Diamino-diphenyl)	Montmorillonit → Berliner Blau; Kaolinit und Illit → hellblau
Kaolinit	Hydrochinon (= p—dioxybenzol)	Kaolinit rosa bis braun; Montmorillonit und Illit ungefärbt
Borminerale	Probe mit gleicher Menge Chinalizarin trocken verreiben; das entstehende violette Pulver wird mit Tropfen H_2SO_4 blau	nur für nicht aufzuschließende Borminerale; Fluorid-Ionen stören
Kalisalze	frischer Bruch mit 0,05 % Lösung Malachitgrün in Methylendichlorid behandeln, 2 min trocknen, dann konzentrierte Magnesiumdipikrylaminlösung	Bildung einer leuchtend roten Schicht von Kaliumdipikrylamin; wichtig im Bergbau, auch bei Körnerpräparaten (nicht für Dünnschliff geeignet)
Baryt	kochen mit hochkonzentrierter Sodalösung, abwaschen, erwärmt mit Kaliumchromat behandeln; Bildung von gelbem Bariumchromat	Unterscheidung von Quarz und Fluorit
Calcit	Lösung von n/25 HCl mit verdünntem Alizarin S: kurzes Eintauchen, Rotfärbung von Calcit, aber nicht der anderen Karbonate	besonders für Dünnschliffbestimmung geeignet; einfacher ist der Nachweis aus verdünnter kalter HCl: kräftiges Schäumen von Calcit und Aragonit
Smithsonit	Kaliumferricyanid und Oxalsäure (1:1; beide 3 %) + 0,5 % Diäthylenanilin; orangerote Färbung	sehr spezifisch, auch für oxidische Zinkerze; Smithsonit schäumt mit heißer HCl
Cerussit	Behandlung mit Natriumsulfidlösung; Schwarzfärbung	Cerussit schäumt mit heißer HCl oxidische Bleierze: Oxalsäure + Tropfen 5 % KJ-Lösung → Gelbfärbung
Magnesit	Behandlung mit Ferrichlorid und Ammonsulfid: Grünfärbung	Magnesit schäumt mit heißer HCl
Dolomit	Behandlung mit Phenolphthalein: Rotfärbung	Dolomit schäumt mit heißer HCl
Rhodochrosit	Behandlung mit Bromwasser: Braunfärbung	Rhodochrosit schäumt mit heißer HCl

16.9. Gebräuchliche Schwereflüssigkeiten [13]

Schwereflüssigkeiten und Verdünnungsmittel	Dichte in g/cm³	Temperatur in °C	Dichtebereich	Schmelzpunkt in °C	Siedepunkt in °C	Wiedergewinnung
Bromoform, $CHBr_3$	2,87	20		9	151,2	
Aceton			0,79 ... 2,87	−94,6	56,5	auswaschen
Alkohol			0,70 ... 2,87	−114	78,4	mit Wasser
Antimontribromid			2,49 ... 3,64	94,2	280	destillieren
Benzol			0,88 ... 2,87	5,4	80,4	destillieren
Tetrachlorkohlenstoff			1,58 ... 2,87	−23	76	destillieren
Nitrobenzol			1,20 ... 2,87	5,4	210	destillieren
Acetylentetrabromid, $C_2H_2Br_4$	2,96	20		0,1	126	
Aceton			0,79 ... 2,96	94,6	56,5	auswaschen
Alkohol			0,79 ... 2,96	−114	78,4	mit Wasser
Benzol			0,88 ... 2,96	5,4	80,4	destillieren
Tetrachlorkohlenstoff			1,58 ... 2,96	−23	76	destillieren
Nitrobenzol			1,20 ... 2,96	5,4	210	destillieren
Kalium-Quecksilber-Jodid (*Thoulet-Lösung*) KJ + HgJ_2)	3,2	20				
Wasser			1,00 ... 3,2	0,0	100	verdampfen
Methylenjodid, CH_2J_2	3,32	20		5,7	180	
Aceton			0,79 ... 3,32	−94,6	56,5	destillieren
Alkohol			0,79 ... 3,32	−114	78,4	destillieren
Benzol			0,88 ... 3,32	5,4	80,4	destillieren
Tetrachlorkohlenstoff			1,58 ... 3,32	−23	76	destillieren
Antimon(III)-bromid, $SbBr_3$	3,64	108		94,2	280	
Aceton			0,79 ... 3,64	−94,6	56,5	verdampfen
Alkohol			0,79 ... 3,64	−114	78,4	verdampfen
Antimon(II)-chlorid			2,59 ... 3,64	73,2	223,5	destillieren
Schwefelkohlenstoff			1,25 ... 3,64	−112,8	46,2	destillieren
Thalliumformiat, $TlCO_2H$	4,95	105		94		
	3,40	20				
Wasser			1,00 ... 4,95	0,0	100	verdampfen
Thallium-formiat-	5,10	100				
malonat, $CH_2(TlCO_2)_2$	4,25	20				
= *Clerici-Lösung*						
Wasser			1,00 ... 5,10	0,0	100	verdampfen

16.10. Methoden und Produkte der Kristallzüchtung, ohne Whiskerbildung [72]

Prinzip		Anorganische Substanzen (Beispiele)	Methoden und Verfahren (Beispiele)
1.	*Kristallzüchtung in fester Phase*		
1.1.	Thermische Kristallvergrößerung		
1.1.1.	Thermische Kristallvergrößerung durch isotherme Rekristallisation	Fe, Al, W, Cu, α-Sn, MgO	Streck-Anlaß-Methode
1.1.2.	Kristallvergrößerung in einem Temperaturgradienten	Al, Fe, Mo, Ferrosilicium, Ta, W, $BaTiO_3$	PINTSCH-Verfahren
1.2.	Kristallzüchtung durch Festkörperreaktionen	Cu_2O	
2.	*Kristallzüchtung aus Lösungen*		
2.1.	Kristallisation durch Temperaturerniedrigung		Temperaturdifferenzmethoden (NACKEN-Verfahren, Dreitankverfahren)
2.1.1.	Kristallisation durch Temperaturerniedrigung in wäßrigen Lösungen	$MgSO_4$, $ZnSO_4$, $NaClO_3$, NaCl, CsCl	
2.1.2.	Kristallisation durch Temperaturerniedrigung in schmelzflüssigen Lösungen	Si, graues Sn, graues Se, ZnO, BaO, Rubin, Chrysoberyll, Rutil, verschiedene Ferrite, SE-Granate, Smaragd, Phenakit, Willemit, Zirkon, Titanit, Thorit, $BaTiO_3$, Scheelit, Pyrit	Smaragdsynthese nach ESPIG
2.2.	Kristallzüchtung durch Verdampfen des Lösungsmittels	$PbCrO_4$, $PbSO_4$, $CaSO_4$	
2.3.	Kristallzüchtung durch elektrolytische Abscheidung	Ag, Cu, W, UO_2, $CuSO_4 \cdot 5\,H_2O$, $MgSO_4 \cdot 7\,H_2O$	
2.4.	Kristallzüchtung durch chemische Reaktionen und Diffusionsvorgänge	$SrSO_4$, $PbCrO_4$, Malachit, Azurit, Calcit, Hydroxyl-Apatit	Diffusionsverfahren
3.	*Kristallzüchtung bei erhöhten Drücken*		
3.1.	Hydrothermalsynthese	Tiefquarz, Granate, Andalusit, Sillimanit, Cyanit, Topas, Jadeit, Epidot, Zoisit, Vesuvian, Staurolith, Muskovit, Phlogopit, Tremolit, Korund, Cuprit, Monazit, Hydroxyl-Apatit, Sphalerit	isotherme Methode, Gradientenmethode

16.10. (Fortsetzung)

Prinzip		Anorganische Substanzen (Beispiele)	Methoden und Verfahren (Beispiele)
3.2.	Mitteldrucksynthesen	ZnS, CdS	tiegelfreies Kuppenschmelzen nach FISCHER
3.3.	Hochdrucksynthesen	Diamant, Bornitrid, Coesit (SiO_2)	Diamantsynthese der General Electric Co.
4.	*Kristallzüchtung aus der Schmelze*		
4.1.	Tiegelmethoden	Cu, Ag, Au, Zn, Ni, Bi, KBr, NaCl, Fluor-Phlogopit, Tremolit, Talk, Tridymit, Turmalin, Forsterit, Fluorit, Scheelit, PbS, PbSe, Sn, Pb, Te, Ge, Si, Bi_2Te_3, $PbMoO_4$, $BaTiO_3$	KYROPOULOS-, BRIDGMAN-, STOCKBARGER-, CZOCHRALSKI-Verfahren
4.2.	Tiegelfreie Methoden	Korund (Rubin, Saphir, Padparadscha), Spinell, Chrysoberyll, Ferrite, Bromellit, Mullit, Rutil, Scheelit, ZrO_2	VERNEUIL-Verfahren
4.3.	Zonenschmelzen	Ge, Sn, Si, Cu, Ni, Fe, U, AgCl, AgBr, Fluorit, Ag_2S, W, Re	Zonensprungverfahren, Eiszonenschmelzverfahren, Fließzonenmethode
5.	*Kristallzüchtung aus gasförmiger Phase*		
5.1.	Kristallzüchtung durch Verdampfen und Sublimation	Cd, Zn, Mg, Se, Te, Graphit, Schnee, CdS, ZnS, Herzenbergit	
5.2.	Kristallzüchtung durch thermische Zersetzung und chemische Reaktion (Transportreaktionen)	Zr, Hf, Mo, W, SnO_2, SiC, Graphit	Heißdrahtverfahren nach VAN ARKEL

Mineralentstehung, Mineralparagenese und Lagerstätten

16.11. Durchschnittliche Häufigkeit der chemischen Elemente [in g/t = ppm = 0,0001 %] in den Haupttypen der magmatischen Gesteine sowie in der Erdkruste (= Clarkewert)

Element-symbol	Ultra-basische Gesteine	Basische Gesteine	Inter-mediäre Gesteine	Saure Gesteine	Clarkewert
Ag	0,05	0,1	0,07	0,05	0,07
Al	4500	87600	88500	77000	80500
As	0,5	2	2,4	1,5	1,7
Au	0,005	0,004	0,00x	0,0045	0,0043
B	1	5	15	15	12
Ba	1	300	650	830	650
Be	0,2	0,4	1,8	5,5	3,8
Bi	0,001	0,007	0,01	0,01	0,009
Br	0,5	3	4,5	1,7	2,1
Ca	7000	67200	46500	15800	29600
Cd	0,05	0,19	(0,13)	0,1	0,13
Ce	0,x	4,5	(161)	100	70
Cl	50	50	100	240	170
Co	200	45	10	5	18
Cr	2000	200	50	25	83
Cs	0,1	1	(0,6)	5	3,7
Cu	20	100	35	20	47
Er	0,x	2	(7,0)	4	3,3
Eu	0,01	1	(2,8)	1,5	1,3
F	100	370	500	800	660
Fe	98500	85600	58500	27000	46500
Ga	1,5	18	20	20	19
Gd	0,x	5	(18)	9	8
Ge	1	1,5	1,5	1,4	1,4
Hf	0,1	1	1	1	1
Hg	0,01	0,09	0,0x	0,08	0,083
Ho	0,x	1	(3,5)	2	1,7
In	0,013	0,22	0,0x	0,26	0,25
J	0,01	0,5	0,3	0,4	0,4
K	300	8300	23000	33400	25000
La	0,x	27	(70)	60	29
Li	0,5	15	20	40	32
Lu	0,x	0,6	(2,1)	1	0,8
Mg	259000	45000	21800	5600	18700
Mn	1500	2000	1200	600	1000
Mo	0,2	1,4	0,9	1	1,1
N	6	18	22	20	19
Na	5700	19400	30000	27700	25000
Nb	1,0	20	20,0	20	20
Nd	0,x	20	(65)	46	37
Ni	2000	160	55	8	58

16.11. (Fortsetzung)

Elementsymbol	Ultrabasische Gesteine	Basische Gesteine	Intermediäre Gesteine	Saure Gesteine	Clarkewert
P	170	1400	1600	700	930
Pb	0,1	8	15	20	16
Pd	0,12	0,019	–	0,01	0,013
Pr	0,x	4	(15)	12	9
Rb	2	45	100	200	150
S	100	300	200	400	470
Sb	0,1	1,0	0,2	0,26	0,5
Sc	5	24	2,5	3	10
Se	0,05	0,05	0,05	0,05	0,05
Si	190000	240000	260000	323000	295000
Sm	0,x	5	(48)	9	8
Sn	0,5	1,5	x	3	2,5
Sr	10	440	800	300	340
Ta	0,018	0,48	0,7	3,5	2,5
Tb	0,x	0,8	(2,8)	2,5	4,3
Th	0,005	3	7	18	13
Ti	300	9000	8000	2300	4500
Tl	0,01	0,2	0,5	1,5	1
Tm	0,x	0,2	(0,6)	0,3	0,27
U	0,003	0,5	1,8	3,5	2,5
V	40	200	100	40	90
W	0,1	1	1	1,5	1,3
Y	0,x	20	(20)	34	29
Yb	0,x	2	(7,0)	4	3,3
Zn	30	130	72	60	83
Zr	30	100	260	200	170

16.12. Verteilung wichtiger Elemente in den verschiedenen Lagerstättentypen [120, verändert]

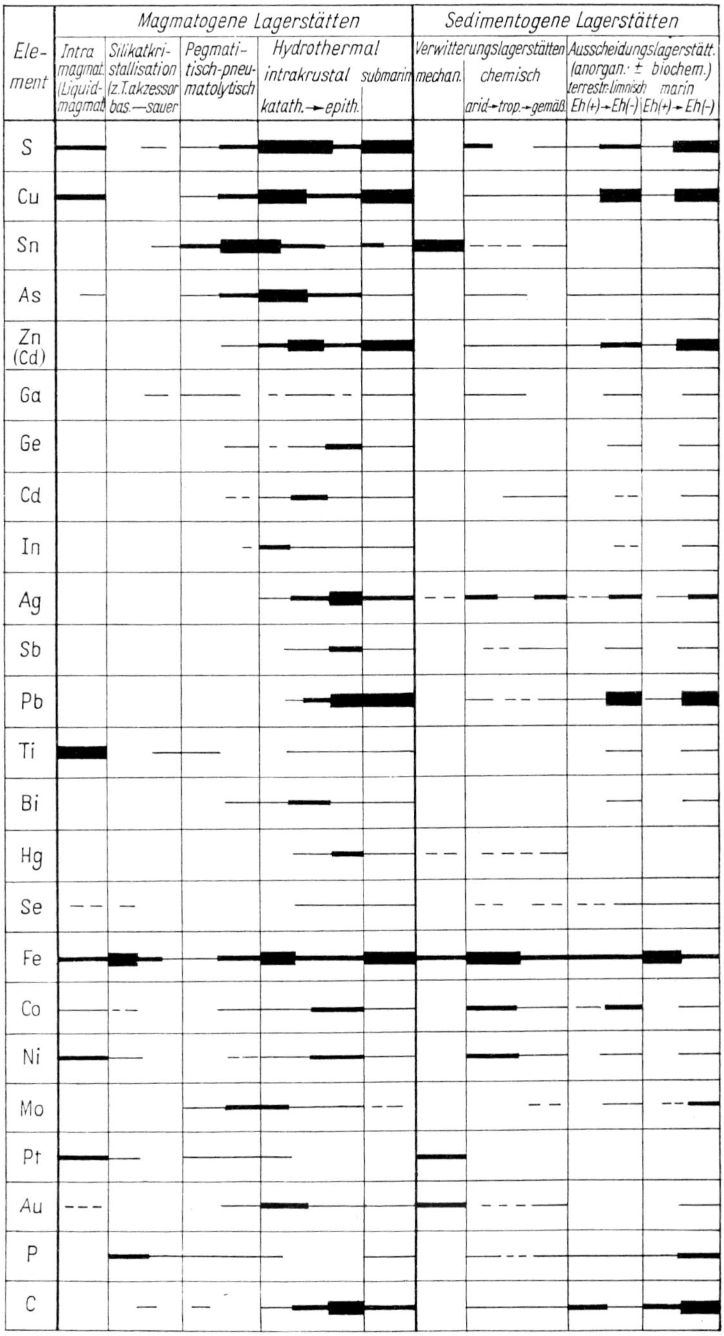

16.13. Mineralparagenesen in Magmatiten und zugehörigen Erzlagerstätten [20]

Orogenzyklus STILLE	Magmatische Gesteine: Beispiele	Magmatische Gesteine: Wichtigste Mineralparagenesen	Lagerstättentypen und deren Bedeutung	Wichtigste Mineralparagenesen im Erz
initiale Phase (Frühstadium)	Peridotite	Dunit: Olivin + Magnetit + Chromit + Spinell	Chromitlagerstätten (überwältigende Mehrheit der Cr-Weltproduktion)	Chromit + Serpentin (+ Nickelin)
	Serpentinite	Bronzitserpentinit: Antigorit + Bronzit + Magnetit + Chromit + Ilmenit	Kieslagerstätten von Cu und polymetallischen Erzen (bedeutende Cu-, Mo-, Pb- und Zn-Gewinnung)	Pyrit (+ Chalkopyrit + Baryt + Siderit) + Galenit + Sphalerit (+ Co–Ni-Sulfide + Molybdänit)
	Gabbros	Olivingabbro: Labrador + Diallag + Olivin + Magnetit + Biotit + Apatit	Platinlagerstätten (sehr bedeutende Gewinnung von Pt, Os + Ir)	Chromit + Platin + Osmiridium
	Anorthosite	Labrador + Magnetit + Augit + Olivin	Titanomagnetit- und Rutillagerstätten (bedeutende Ti-Gewinnung)	Titanomagnetit + Spinell + Korund; Ilmenit + Rutil + Hämatit; Ilmenit + Magnetit
	Diabase	Labrador + Augit + Magnetit + Orthoklas + Hornblende (Uralit) + Chlorit	submarin-hydrothermal-sedimentäre Fe-Lagerstätten	Magnetit + Fe-Chlorit + Hämatit + Calcit + Siderit + Quarz + Stilpnomelan
	Spilite	Alkalifeldspat (Orthoklas, Anorthoklas, Albit) + Chlorit		
	(Quarz-) Keratophyre	Albit + Kalifeldspat + Ägirinaugit + Magnetit + Hämatit + Chlorit + Quarz		
synorogene Phase (mittleres Stadium)	Biotitgranite	Quarz + Orthoklas + Oligoklas + Biotit (+ Apatit + Zirkon)	Skarnlagerstätten von Fe, Cu, Mo, W, Pb und Zn (bedeutende Fe-Gewinnung, relativ wenig Cu, W, Mo, Zn und Pb)	Magnetit + Specularit + Arsenopyrit + Andradit + Hedenbergit + Aktinolith + Epidot; Scheelit + Pyrrhotin + Pyrit + Chalkopyrit + Fluorit + Magnetit + Hedenbergit + Andradit

16.13. (Fortsetzung)

Orogenzyklus STILLE	Magmatische Gesteine: Beispiele	Magmatische Gesteine: Wichtigste Mineralparagenesen	Lagerstättentypen und deren Bedeutung	Wichtigste Mineralparagenesen im Erz
	Alaskite	Orthoklas + Mikroklin + Albit + Quarz (+ Erzminerale + Apatit + Biotit)	Cu- und Cu–Mo-Lagerstätten (fast 60 % der Weltproduktion an Cu und 90 % an Mo)	Sericit + Chalkopyrit + Pyrit + Quarz; Quarz + Molybdänit + Orthoklas + Fluorit
	Granodiorite	Andesin + Quarz + Orthoklas + Hornblende + Biotit (+ Erzminerale + Titanit + Apatit)	polymetallische Lagerstätten (bedeutende Pb–Zn-Gewinnung)	Sphalerit (Fe) + Pyrit + Pyrrhotin + Galenit (Ag)
			Au-Sulfidlagerstätten (bedeutender Anteil an Au-Weltproduktion)	Quarz + Ankerit + Albit + Chlorit + Pyrit + Arsenopyrit + Pyrrhotin + Sphalerit + Galenit + Chalkopyrit + Au
			Sb- und Hg-Lagerstätten (fast 80 % der Hg-Weltproduktion)	Quarz + Sericit + Hg + Cinnabarit + Pyrit; Antimonit + Cinnabarit + Schwazit + Pyrit + Markasit
			U-Lagerstätten (geringe U-Förderung)	Baryt + Calcit + Quarz (Chalcedon) + Siderit + Fluorit + Co–Ni-Arsenide + Uraninit + Ag + Rotgültige + Argentit
			Co-Lagerstätten (bedeutende Co-Förderung)	Cobaltin + Skutterudit + Breithauptit + Glaukodot + Rutil + Titanit
subsequente Phase (Spätstadium)	Rhyolithe	Quarz + Sanidin + Oligoklas + Biotit + Apatit	Pegmatite seltener Metalle (bedeutende Ta- und Nb-Produktion)	Columbit + Albit + Mikroklin + Beryll + Lepidolith + Muskovit + Turmalin + Spodumen + Lithiophyllit + Triphylin + Amblygonit + Triplit + Samarskit + Apatit

16.13. (Fortsetzung)

Orogenzyklus STILLE	Magmatische Gesteine: Beispiele	Magmatische Gesteine: Wichtigste Mineralparagenesen	Lagerstättentypen und deren Bedeutung	Wichtigste Mineralparagenesen im Erz
	Dazite	Andesin + Quarz + Orthoklas + Chlorit + Biotit + Hornblende + Erzminerale + Apatit	Quarzgänge und Greisen mit Sn–W–Mo-Vererzung (70 % der Sn–W-Weltproduktion)	Kassiterit + Wolframit + Turmalin + Topas + Muskovit + Quarz
	Andesite	Andesin + Hornblende + Biotit + Glas + Erzminerale + Apatit	Sulfid–Kassiterit-Lagerstätten (etwa 20 % der Sn-Weltproduktion)	Pyrit + Sericit + Quarz + Wolframit + Bismuthinit + Kassiterit + Arsenopyrit + Chalkopyrit + Stannin + Tetraedrit + Alunit + Rotgültig + Miargyrit + Sphalerit + Wurtzit + Galenit + Jamesonit + Argentit
	Trachyte	Sanidin + Oligoklas + Diopsid (+ Biotit) + Titanit + Apatit + Erzminerale		
	Granite (sauer)	Quarz + Kalifeldspat + Albit + Oligoklas + Biotit (+ Topas) + Fluorit	Au-Sulfidlagerstätten (bedeutende Au-Produktion)	Chalcedon + Quarz (+ Adular + Calcit + Kaolinit + Sericit) + Pyrit + Chalkopyrit + Arsenopyrit + Sphalerit + Galenit + Freibergit + Pyrargyrit + Antimonit + Au
	Diorite	Andesin + Hornblende + Biotit + Quarz + Mikroklin + Erzminerale + Apatit	polymetallische Lagerstätten (bedeutende Pb- und Zn-Gewinnung)	Galenit + Sphalerit + Pyrit + Boulangerit + Arsenopyrit (+ Tetraedrit + Argentit) + Calcit + Quarz + Sericit
	Syenodiorite	Oligoklas + Kalifeldspat + Quarz + Hornblende + Diopsid + Biotit + Titanit + Apatit + Magnetit	Sb- und Hg-Lagerstätten (überwältigender Teil der Sb-Weltproduktion)	Antimonit + Quarz
			U-Lagerstätten (bedeutende U-Produktion)	Baryt (+ Fluorit + Hämatit + Uraninit + Chalkopyrit + Clausthalit
finale Phase	Alaskite	Orthoklas + Mikroklin + Albit + Quarz (+ Erzminerale +	Au–Ag- und Ag-Lagerstätten (50 % der Ag- und 10 ... 15 %	Quarz + Calcit + Pyrit + Galenit + Stephanit + Au;

16.13. (Fortsetzung)

Orogen-zyklus STILLE	Magmatische Gesteine: Beispiele	Magmatische Gesteine: Wichtigste Mineralparagenesen	Lagerstättentypen und deren Bedeutung	Wichtigste Mineralparagenesen im Erz
(End-stadium)		Apatit + Biotit)	der Au-Weltproduktion)	
	Alkaligranite	Ägiringranit: Albit + Mikroklin + Ägirin + Riebeckit + Hornblende + Quarz		Quarz + Chalcedon + Calcit + Rodochrosit + Zeolithe + Au (bzw. Elektrum) + Argentit + Rotgültig + Stephanit + Polybasit + Galenit + Fahlerz + Sphalerit + Pyrit (auch die letzten vier Ag-haltig)
	Trachybasalte	Sanidin + Labrador + Augit + Analcim + Biotit + Olivin + Erzminerale + Apatit	Sb–Hg-Lagerstätten (etwa 20 % der Hg-Weltproduktion)	Cinnabarit + Gips + Pyrit + Auripigment + Realgar
	Tephrite	Nephelintephrit: Labrador + Titanaugit + Nephelin + Erzminerale + Natronsanidin + Apatit	Sb–W- und As-(Realgar-Auripigment-) Lagerstätten (relativ geringe Sb-, W- und As-Produktion)	Cinnabarit + Pyrit + Arsenopyrit + Realgar + Calcit (+ Quarz + Baryt)
	Phonolithe	Sanidin + Nephelin + Ägirinaugit + Apatit + Zirkon + Titanit + Granat		
	Plateau-basalte	Tholeiit: Labrador + Augit + Olivin + Erzminerale	Isländischer Doppelspat	
	Kimberlite	Olivin + Diopsid + Phlogopit + Pyrop + Ilmenit + Chromit + Magnetit + Spinell Einschlüsse von Eklogit	wichtigste primäre Lagerstätten von Diamant	Diamant + Pyrop

16.14. Mineralparagenesen in Pegmatiten [64]

Hauptminerale	Nebenminerale	Nutzbare Minerale
A) Pegmatite der reinen Linie		
1. Granitpegmatite		
1.1. Keramische und Muskovit-Pegmatite		
Quarz Plagioklas (Oligoklas-Albit) Mikroklin Muskovit Biotit	Apatit Monazit Xenotim Uraninit Magnetit Granat Zirtholit Y-Allanit Carburan	Feldspat } für kera- Quarz } mische Zwecke Muskovit Uraninit (selten)
1.2. Albit–Amazonit-Pegmatit mit Gadolinit		
Quarz Amazonit Albit Muskovit	Gadolinit Helvin Magnetit Apatit	Cs-Amazonit Helvin Gadolinit
1.3. Mikroklin–Albit-Pegmatit mit Beryll		
Quarz Mikroklin Albit Muskovit (Biotit)	Schörl Apatit Granat Ilmenit Beryll Topas Columbit Tantalit Allanit	Beryll Columbit Tantalit Topas
1.4. Mikroklin–Albit-Pegmatit mit Li-Mineralen (Li-Pegmatite)		
Quarz Mikroklin Albit Lepidolith Spodumen	Rubellit Indigolith polychromer Turmalin Pollucit Muskovit (rosa) (Tantalit) (Columbit) (Beryll) (Kassiterit) (Triphylin) (Amblygonit) Granat	Spodumen Lepidolith Amblygonit Pollucit, Beryll Tantalit Columbit
2. Pegmatite von Alkaligesteinen		
2.1. Syenitpegmatite		
Mikroklin Orthoklas Muskovit Hornblende	Titanit Zirkon Monazit Äschynit, Fluorit	

16.14. (Fortsetzung)

Hauptminerale	Nebenminerale	Nutzbare Minerale
2.2. Nephelinsyenit-Pegmatite		
Orthoklas	Zirkon	Nephelin
(Mikroklin)	Pyrochlor	Zirkon
Nephelin	Apatit	Eudialyt
Biotit	Eudialyt	Pyrochlor
	Ägirin	Loparit
	Astrophyllit	
	Lamprophyllit	
	Arfvedsonit	
	Änigmatit	
	Titanit	
	Loparit	
	Ilmenit	
B) Pegmatite der Kreuz-Linie		
1. Glimmer-Pegmatite		
Biotit	Hornblende	Beryll
Phlogopit	Quarz	Smaragd
Aktinolith	Beryll	Phenakit
Talk	Plagioklas	
Chlorit	Phenakit	
	Turmalin	
	Ilmenit	
	Magnetit	
	Fluorit	
	Molybdänit	
	Wismut	
2. Korund-Plagioklasite		
Plagioklas	Spinell	Korund
(An 20 ... An 60)	Rutil	
Korund	Diaspor	
	Granat	
	Turmalin	
	Margarit	
	Biotit	
	Vermiculit	
	Magnetit	
	Cyanit	

16.15. Mineralparagenesen in Metasomatiten [64] (Fenite, Greisen, Skarne)

Hauptmineral	Nebenmineral		Nutzbares Mineral
1. Fenite			
Biotit	Loparit (bis 30 ... 55 %)		Loparit
Alkali-Amphibol	Pyrochlor (max. 80 %)		Pyrochlor
(Oligoklas)	Bastnäsit, Polykras		Polykras
Orthoklas-Mikroklin	Zirkon, Baddeleyit		Zirtholit
Perthit	Zirtholit		Zirkon
Nephelin	Eudialyt		Baryltih (Be!)
Alkali-Pyroxen	Thorit		Eudidymit (Be!)
Quarz	SE-Apatit		
Lepidomelan	Titanit, Ilmenit		
Ägirin	Barylith, Eudidymit		
Ferroaugit	Calcit		
2. Apogranite			
Albit	Biotit	Columbit	Columbit
Mikroklin	Muskovit	Tantalit	Tantalit
(Oligoklas)	(Lepidolith)	Pyrochlor	Pyrochlor
Quarz	(Zinnwaldit)	Zirkon	Euxenit
(Amazonit)	(Topas)	(Amblygonit)	Beryll
	(Riebeckit)	(Spodumen)	Phenakit
	(Ägirin)	(Kassiterit)	
	Beryll	(Wolframit)	
	Phenakit	(Molybdänit)	
	Euxenit		
3. Greisen			
Quarz	Kassiterit	Pyrit	Kassiterit
Muskovit (Gilbertit)	Wolframit	(Sphalerit)	Wolframit
(Zinnwaldit)	Scheelit	(Galenit)	Scheelit
Topas	Beryll	Rutil	Beryll
Turmalin	Arsenopyrit	Adular	
(Fluorit)	Molybdänit	Bismuthin	
	Pyrrhotin	Cosalit	
	Chalkopyrit	Tetradymit	
4. Skarne			
4.1. Magnesium-Skarne			
Forsterit	Plagioklas	(Lazurit)	Ludwigit und andere
diops. Pyroxen	Magnetit	Skapolith	Borminerale
Calcit	Spinell	(Tremolit)	Magnetit
Phlogopit	Ludwigit	(Aktinolith)	Phlogopit
	versch. Borate	Humit	Lasurit
	Apatit	Chondrodit	

16.15. (Fortsetzung)

Hauptmineral	Nebenmineral		Nutzbares Mineral
4.2. Kalk-Skarne			
Grossular–Andradit	Plagioklase	Molybdänit	Magnetit
diops. Pyroxen	Orthoklas	(Cobaltin)	Scheelit
Calcit	Tremolit	(Glaukodot)	Molybdänit
Wollastonit	Titanit	(Smaltin)	Cobaltin
Vesuvian	Rhodonit	(Safflorit)	Glaukodot
Epidot	Apatit	(Chalkopyrit)	Smaltin, Safflorit
Skapolith	Hämatit	(Galenit)	Chalkopyrit
Magnetit	Scheelit	(Sphalerit)	Galenit, Sphalerit
	Gold	Bismuthinit	Gold
	Helvin	Bi-Sulfide	Helvin
	Datholith	Wismut	Datholith
	Danburit		Danburit

16.16. Stufen der hydrothermal-metasomatischen Umwandlung (Argillitisierung) des Nebengesteins von Fluoritlagerstätten [64]

Umwandlungszonen	0 Frischer Granit	1 Karbonatisierung	2 Montmorillonitisierung	3 »Illitisierung«	4 Kaolinisierung	5a Verkieselung	5b Verkieselung u. Fluoritisierung
Minerale	Amphibol						
	Plagioklas						
	Albit	Albit	Albit				
	Anorthit	Anorthit	Montmorillonit	Hydroglimmer	(Hydroglimmer)	(Hydroglimmer)	(Hydroglimmer)
	Biotit	Chlorit	Chlorit		Kaolinit	(Kaolinit)	(Kaolinit)
	Kalifeldspat	Orthoklas	Orthoklas	Orthoklas	Orthoklas	Orthoklas	
	Quarz	Quarz	Quarz	Quarz	Quarz	Quarz	Quarz
	Sphen	Leukoxen	Leukoxen	Rutil	Rutil	Rutil	Rutil
	Magnetit	Magnetit	Magnetit	Hämatit	(Hämatit)	(Hämatit)	(Hämatit)
	Karbonat	(Karbonat)					(Fluorit)
Inerte Komponenten (außer Si u. Ti)	Al, K, Mg, Na, Ca, Fe^{3+}, Fe^{2+}	Al, K, Mg, Na, Fe^{2+}, Fe^{3+}	Al, K, Mg, Na, Fe^{3+}	Al, K, Mg, Fe^{3+}	Al, K	Al, (K)	(Al)

16.17. Mineralparagenesen in postmagmatischen Vererzungen (pneumatolytisch-hydrothermal); gegliedert nach abnehmender Bildungstemperatur [64]

Gangart	Erzminerale	Nutzbare Minerale	Sekundärbildungen
1. *Zinn–Wolfram-Paragenese* (pneumatolytisch)			
Quarz	Kassiterit	Kassiterit	*Oxydationszone:*
Adular	Wolframit	Wolframit	Fe- und Bi-Oxide +
Muskovit	Scheelit	Scheelit	-Hydroxide
Zinnwaldit	Beryll	Beryll	Bi-Karbonate
Topas	Molybdänit	Molybdänit	Ferromolybdit,
Fluorit	Pyrit, Pyrrhotin	Gold	Powellit, Kaolinit,
	Chalkopyrit	Bi-Minerale	Malachit, Azurit,
	Arsenopyrit	Topas	Jarosit, Gips, Chalcedon
	Gold		u. a.
	Magnetit, Hämatit		
	Bismuthinit		*Nebengestein:*
	Bi-Sulfosalze		Vergreisenung,
	Wismut		Verskarnung
2. *Kobalt–Nickel–Arsen-Paragenese*			
Calcit	Nickelin	Ni- und Co-Arsenide	*Oxydationszone:*
Dolomit	Rammelsbergit		Erythrin, Annabergit,
(Quarz)	Smaltin		Ca- und Cu-Arsenate,
	Safflorit		Cu-Karbonate, Co-Oxide
	Löllingit		und -Hydroxide
	Skutterudit		
	Chalkopyrit		*Nebengestein:*
	Wismut		Karbonatisierung und
	Fahlerz		Chloritisierung
3. *Kobalt–Nickel–Wismut–Silber–Uran-Paragenese*			
Quarz	Cobaltin	Ni- und Co-Arsenide	*Oxydationszone:*
Calcit	Smaltin	und -Sulfarsenide	Erythrin, Annabergit,
Ankerit	Nickelin	Pechblende	Argentit, Silber,
Baryt	Rammelsbergit	Wismut	sekund. Uranminerale
	Safflorit	Proustit	
	Gersdorffit	Pyrargyrit	
	Pyrargyrit	Silber	
	Proustit		
	Arsen, Silber		*Nebengestein:*
	Fahlerz		Karbonatisierung,
	Nasturan (Pech-		Chloritisierung,
	blende)		Hämatitisierung
	Hämatit		
	Wismut		
4. *polymetallische und Blei–Zink-Paragenese*			
Quarz	Chalkopyrit	Chalkopyrit	*Oxydationszone:*
Calcit	Sphalerit	Sphalerit	alle Sekundärminerale
Baryt	Galenit	Galenit	von Cu–Pb–Zn wie

16.17. (Fortsetzung)

Gangart	Erzminerale	Nutzbare Minerale	Sekundärbildungen
Siderit Ankerit Fluorit	Pyrrhotin Gold Pyrit Arsenopyrit Fahlerz Bornit	Gold Fahlerz Bornit	Smithsonit, Calamin, Limonit, Cerussit, Wulfenit, Pyromorphit, Mimetesit, Krokoit, Vanadinit, Anglesit, Malachit, Azurit, Chrysokoll u. v. a. *Nebengestein:* Chloritisierung, Serizitisierung, Karbonatisierung
5. *Gold–Quarz-Paragenese*			
Quarz Ankerit Dolomit (Kaolinit) (Montmorillonit) (Alumit) (Gips)	Pyrit Chalkopyrit Galenit Fahlerz Gold Arsenopyrit (Scheelit) Sulfosalze Aikinit	Gold	*Oxydationszone:* Charakteristische Fe-Oxide und -Hydroxide des Eisernen Hutes *Nebengestein:* Beresitisierung, Listvenitisierung, Verquarzung
6. *Quecksilber–Opal-Paragenese* (vulkanogen)			
Opal Cristobalit Karbonate	Cinnabarit Realgar Antimonit Metacinnabarit Pyrit, Markasit Sphalerit Chalkopyrit	Cinnabarit Metacinnabarit Antimonit	*Nebengestein:* Verkieselung
7. *Gold–Quarz- und Gold–Silber-Paragenese* (vulkanogen)			
Chalcedon Quarz (kryptokrist.) Adular Fluorit Baryt	Gold Altait u. a. Telluride Pyrit, Markasit Chalkopyrit Sphalerit Galenit Fahlerz Pyrargyrit Antimonit	Gold Pyrargyrit Telluride	*Nebengestein:* Alunitisierung Propylitisierung Verquarzung Argillitisierung
8. *Antimonit–Ferberit-Paragenese*			
Quarz Chalcedon	Antimonit Ferberit Arsenopyrit Cinnabarit Realgar Auripigment Au- und Ag-Telluride	Ferberit	*Oxydationszone:* Sb–Ocker W–Ocker

16.17. (Fortsetzung)

Gangart	Erzminerale	Nutzbare Minerale	Sekundärbildungen
9. *Quarz–Kassiterit-* sowie *Sulfid–Kassiterit-Paragenese*			
Quarz Topas Chlorit Turmalin	Kassiterit Quarz Holzzinn Pyrrhotin Chalkopyrit Arsenopyrit Pyrit Komplexsulfide	Kassiterit	*Nebengestein:* Propylitisierung Verquarzung
10. *Kupfer–Porphyrerz-Paragenese* (pophyry copper ore)			
zersetzte saure Vulkanite, z. T. zeolithisiert Fluorit	Chalkopyrit Kupfer Pyrit Molybdänit Bornit Enargit	Chalkopyrit Kupfer Bornit Enargit Molybdänit	*Oxydationszone:* sekundäre Cu-Minerale wie Malachit, Chrysokoll, Covellin, Limonit, Melanterit, Chalkanthit, Brochantit, Dioptas, Libethenit
11. *Kieslager-Paragenese*			
Quarz Calcit Sericit Baryt Dolomit	Pyrit Chalkopyrit Sphalerit Galenit Fahlerz Bornit Chalkosin	Pyrit Chalkopyrit Fahlerz Bornit Chalkosin Sphalerit Galenit	*Nebengestein:* Propylitisierung Verquarzung Alunitisierung Argillitisierung
12. *Quecksilber–Antimon–Arsen-Paragenese* (telethermal)			
Quarz Fluorit Calcit Chalcedon (Baryt)	Cinnabarit Antimonit Realgar Auripigment	Cinnabarit	*Nebengestein:* Verkieselung
13. *Kupfererze,* Typ Kupfersandstein (telethermal)			
Sandstein mit kiesligem oder karbonatischem Zement	Chalkopyrit Pyrit Tetradymit Bornit	Chalkopyrit Tetraedrit Bornit u. a.	
14. *telethermale Blei–Zink-Paragenese*			
Quarz Chalcedon Karbonate Baryt karbonatisches und sandiges Nebengestein	Sphalerit Galenit Chalkopyrit Pyrit Markasit Wurtzit	Sphalerit Galenit	

16.18. Paragenese der Silikate bei isochemer Metamorphose, geordnet nach **Fazies** und **Edukten** [20]

Metamorphosenart und Fazies	Kontaktmetamorphose			Regionale Thermo-Dynamometamorphose					Eklogitfazies	Versenkungsmetamorphose	
	Hornfelsfazies (hohe Temperaturen)			Faziesserie vom Barrow-Typ (hohe Drücke)		faziesserie vom Abukuma-Typ (niedrige Drücke)		sehr hohe Drücke und Temperaturen		(niedrigste Temperaturen)	
Edukt	Pyroxen–Hornfelsfazies	Hornblende–Hornfelsfazies	Albit–Epidot–Hornfelsfazies	Grünschieferfazies	Almandin–Amphibolitfazies	Grünschieferfazies	Cordierit–Amphibolitfazies	Granulitfazies	Eklogitfazies	Zeolithische Fazies (geringe) Drücke)	Glaukophanschieferfazies (sehr hohe Drücke)
Tone	**Andalusit**/ **Sillimanit** + **Cordierit** ± Plagioklas ± Kalifeldspat	**Andalusit** ± **Cordierit** ± Plagioklas ± Muskovit	Pyrophyllit ± Chlorit ± Epidot ± Albit ± Muskovit	Muskovit + Chlorit + Quarz + **Chloritoid** ± Albit ± Epidot	Quarz + **Disthen** + Muskovit ± Paragonit + **Staurolith** ± Plagioklas ± Biotit					z. B. Laumontit + Quarz + Chlorit (mit Titanit und Seladonit); Prehnit + Quarz + Calcit + Chlorit	Phengit + Quarz ± Chlorit ± Montmorillonit ± **Glaukophan** ± Granat
kieselige Karbonate	Calcit + Diopsid + Grossular + **Vesuvian**			Calcit + Dolomit + Chlorit + Quarz; Calcit + Tremolit ± Quarz ± Epidot	Calcit + Diopsid + Grossular ± Quarz (**Vesuvian**); Calcit + Diopsid + Tremolit	z. B. Quarz + Chlorit + Biotit + Muskovit ± Albit ± spessartinreicher Granat	z. B. Quarz + Biotit + Plagioklas ± Muskovit ± Cordierit ± Spessartin-Granat				
mergelige Kalksteine	**Wollastonit** + Diopsid + Grossular ± Biotit oder Phlogopit	Calcit (evtl. Wollastonit) + Diopsid + Grossular ± Biotit oder Phlogopit	Calcit + Tremolit + Epidot/ Zoisit + Albit ± Biotit oder Phlogopit			Quarz + Chlorit + Biotit + Muskovit ± Oligoklas oder Andesin	Quarz + Plagioklas + Orthoklas + Biotit + Cordierit + Sillimanit (Almandin)				

mergelige Gesteine, Mergel	Plagioklas (An-reich) + Diopsid Hypersthen ± Biotit ± Kalifeldspat	Plagioklas (An-reich) + Hornblende + Diopsid oder **Anthophyllit** ± Biotit ± Muskovit	Epidot + Tremelit + Chlorit oder Calcit ± Albit ± Biotit ± Muskovit	Calcit + Epidot/Zoisit + Chlorit + Quarz ± Muskovit	Plagioklas (oder bisweilen **Skapolith**) + Epidot + Hornblende ± Almandin ± Muskovit ± Quarz					z. B. Laumontit + Quarz + Chlorit (mit Titanit und Seladonit); Prehnit + Quarz + Calcit + Chlorit	Calcit + Lawsonit ± Chlorit ± Quarz
gabbroide Gesteine	Hypersthen + Diopsid + Plagioklas (An-reich) ± Biotit	Hornblende + Plagioklas (An-reich) + **Anthophyllit** oder Diopsid ± Biotit	Aktinolith + Epidot + Albit + Chlorit ± Biotit	Albit + Epidot + Chlorit + Aktinolith + Titanit ± Stilpnomelan + Quarz	Hornblende + Plagioklas (oder bisweilen **Skapolith**) + Epidot ± Diopsid	Aktinolith + Epidot + Albit + Chlorit ± Quarz ± Biotit	Hornblende + Plagioklas + Cummingtonit + Biotit ± Quarz	Plagioklas (An-reich) + Orthopyroxen + Pyralspit-Granat(+ Klinopyroxen + **Skapolith** + Hercynit + Magnesit + wenig Quarz)	Granat + Omphacit Rutil(+ Ilmenit + **Cyanit**)		**Glaukophan** + Lawsonit ± Pumpellyit ± Klinozoisit oder Epidot ± Phengit ± Titanit ± Chlorit + Aragonit ± Granat ± Quarz
ultrabasische Gesteine				Talk + Aktinolith + Chlorit ± Biotit ± Quarz; Hornblende Almandin + + Albit ± Mg-Chlorit Talk	Hornblende + Almandin + Cummingtonit oder **Anthophyllit** oder **Gedrit**						
Arkosen Magmatite aplitischer Zusammensetzung saure Tuffe			Quarz + Orthoklas + Plagioklas + Biotit + Muskovit					Orthoklasperthit Plagioklas (An-arm) + Quarz + Pyralspit-Granat (+ **Cyanit** **Sillimanit** + Hypersthen + Magnetit + Heroynit)			

16.19. Klima und exogene Mineralbildung [15]

Klimaeinteilung nach		Verwitterungszonen älterer Lagerstätten		Typ der (chemischen) Verwitterung	Böden (Beispiele)	pH-Bereiche	Tonmineralbildung	Verwitterungslagerstätten auf dem Festland (vorwiegend eluvial-chemische Anreicherungen)
W. Köppen	A. Penck	Oxydationszone	Zementationszone					
Klima ewigen Frostes, Tundrenklima, winterfeucht-kaltes Klima, wintertrocken-kaltes Klima	nival polar subnival	tritt schwach in Erscheinung	fehlt	(vorwiegend mechanische Verwitterung) iallitisch	Podsol Braunerde	schwach sauer	**Illit Kaolinit (Halloysit)**	Raseneisen-, Sumpf- und See-Erze **(Gosthit)**
feucht-gemäßigtes Klima	humid	für gewöhnlich gut ausgebildet	meist schlecht ausgebildet					
z. T. warmes winter-trockenes Klima		häufig gut ausgebildet			Schwarzerde			
warm-gemäßigtes sommer-trockenes Klima (Mittelmeerklima)		Maximum der Bildung			Schwarzerde; lehmige Terra rossa			

16.19. (Fortsetzung)

Klimaeinteilung nach		Verwitterungszonen älterer Lagerstätten		Typ der (chemischen) Verwitterung	Böden (Beispiele)	pH-Bereiche	Tonmineralbildung	Verwitterungslagerstätten auf dem Festland (vorwiegend eluvial-chemische Anreicherungen)		
W. Köppen	A. Penck	Oxydationszone	Zementationszone							
z. T. warmes wintertrockenes Klima; Savannenklima	semihumid	Maximum der Bildung	reiche Bildungen	allitisch	Laterit	neutral bis alkalisch (Trockenzeiten), neutral bis schwach sauer (Regenzeiten)	**Montmorillonit** **(Illit)**	*aus feldspatreichen Eruptiva:* Silikatbauxit **(Hydrargillit)** Lateriteisenerze **(Goethit)**	*aus Eruptiva in Verbindung mit Kalk und Dolomit:* Kalkbauxit **(Böhmit, Diaspor)** Bohnerze **(Goethit)**	*aus Ultrabasiten:* Magnesit (?) Nickelhydrosilikate (+Cr, Co)
Steppenklima	arid				Löß; Salz-, Steppen- und Wüstensteppenböden			(+ **Manganerze** + Ti, Cr, Be, Ga, V)		Konzentrationen in Schuttwannen: **Malachit, Chalkosin, Argentit, Silber, Chlorargyrit, Carnotit**
Wüstenklima	extrem arid	reiche Bildungen möglich, auch ganz fehlend (poröses Gestein)	fast völlig fehlend	vorwiegend mechanische Verwitterung	Salzbildungen, Fe–Mn-Oxidüberzüge (**Opal**)			Ausscheidungen aus Salzseen und Salaren sowie Ausblühungen in Wüsten	**Halit, Sylvin, Mirabilit, Soda, Borax, Pandermit, Colemanit, Salpeter** (+Jod)	
tropischer Regenwald (eine Trokkenzeit) tropischer Regenwald (feucht)	vollhumid	keine Anreicherungen, häufig stark ausgelaugt	reichere Bildungen möglich	siallitisch-allitisch ferrallitisch siallitisch	Rotlehm	neutral bis alkalisch (Trockenzeit) schwach sauer (Regenzeit) schwach sauer	**Kaolinit** **(Halloysit)**	in Kalkgebieten: **Hydroxylapatit, Phosphorit, Türkis**		

16.20. Beispiele chemischer Reaktionen bei der Verwitterung

Silikate

1. $3\,KAlSi_3O_8 + 2\,H^+$	$\rightleftarrows$	$KAl_3Si_3O_{10}(OH)_2 + 6\,SiO_2 + 2\,K^+$
$2\,KAlSi_3O_{10}(OH)_2 + 2\,H^+ + 3\,H_2O$	$\rightleftarrows$	$3\,Al_2Si_2O_5(OH)_4 + 2\,K^+$
2. $2\,Fe_2SiO_4 + 6\,H_2O + O_2$	$\rightarrow$	$2\,(Fe_2O_3 \cdot 3\,H_2O) + 2\,SiO_2$
3. $Mg_2SiO_4 + 4\,H_2CO_3$	$\rightarrow$	$2\,Mg^{2+} + 4\,HCO_3^- + 4\,H_4SiO_4$ $(= 8\,H_2O + 4\,SiO_2)$

Karbonate

1. $CaCO_3 + 2\,H^+ + CO_3^{2-}$	$\rightarrow$	$Ca(HCO_3)_2$
$Ca(HCO_3)_2$	$\rightarrow$	$Ca^{2+} + 2\,HCO_3^-$ $(= CO_2 + H_2O)$
2. $FeCO_3 + 6\,H_2O + O_2$	$\rightarrow$	$2\,(Fe_2O_3 \cdot 3\,H_2O) + 4\,CO_2$
3. $CaCO_3 + H_2SO_4 + 2\,H_2O$	$\rightarrow$	$CaSO_4 \cdot 2\,H_2O + H_2CO_3$

Sulfide

1. $2\,FeS_2 + 2\,H_2O + 7\,O_2$	$\rightarrow$	$2\,FeSO_4 + 2\,H_2SO_4$
$2\,FeSO_4 + H_2SO_4 + O$	$\rightarrow$	$Fe_2(SO_4)_3 + H_2O$
$Fe_2(SO_4)_3 + 6\,H_2O$	$\rightarrow$	$Fe(OH)_3 + 3\,H_2SO_4$
$4\,Fe(OH)_3$	$\rightarrow$	$2\,(Fe_2O_3 \cdot 3\,H_2O)$
$4\,FeS_2 + 14\,H_2O + 15\,O_2$	$\rightarrow$	$2\,(Fe_2O_3 \cdot 3\,H_2O) + 8\,H_2SO_4$
2. $ZnS + 2\,O_2 + H_2O$	$\rightarrow$	$ZnSO_4 + H_2O$
3. $PbS + 2\,H_2CO_3$	$\rightleftarrows$	$Pb^{2+} + H_2S + 2\,HCO_3^-$
$H_2S + 2\,O_2 + Pb^{2+} + 2\,HCO_3^-$	$\rightarrow$	$PbSO_4 + 2\,H_2CO_3$

16.21. Verwitterungsbeständigkeit der gesteinsbildenden Minerale [13, ergänzt]

Unbeständige Minerale	Mäßig beständige Minerale	Beständige Minerale	Sehr beständige Minerale
Olivin	Apatit	Anatas	Limonit
rhombische	Diopsid–	Staurolith	Andalusit
Pyroxene	Hedenbergit	Cyanit (Disthen)	Topas
Augite (Fe)	Allanit	Ilmenit	Brucit
Vesuvian	Ca–Fe-Granate	Hämatit	Leukoxen
gewöhnl. Amphibole	Aktinolith	Titanit	Chromspinelle
Pyrit und viele	Cinnabarit	Titanomagnetit	Rutil
Sulfide	Tremolit	Magnetit	Turmalin
Melanit	Epidot	Monazit	Gold
Glaukonit	Zoisit	Xenotim	Platin
Biotit	Wolframit	Perowskit	Spinell
basische Plagioklase	Scheelit	Columbit	Zirkon
Feldspatoide	Axinit	Muskovit	Kassiterit
Calcit	Baryt	Orthoklas	Korund
Dolomit	Sillimanit	Albit	Diamant
Gips	interm. Plagioklase		Quarz

16.22. Wichtige Umwandlungen silikatischer Minerale [20]

Ausgangs-mineral	Art der Umwandlung	Neubildung	Bezeichnung des Umwandlungsvorganges
Olivin	hydrothermal oder epizonal-metamorph	Serpentin Hornblende Talk	Serpentinisierung Pilitisierung
	Verwitterung	Mg–Fe-Karbonate (Magnesit) + Fe_2O_3 + Quarz	Karbonatisierung
Granat	hydrothermal Aureolenbildung von Pyrop in Olivin-(Pyroxen-Amphibol-) Gesteinen bei Zufuhr thermischer Energie	Chlorit Hornblende + Pyroxen + Spinell	Chloritisierung Kelyphitisierung
Cordierit	Verwitterung hydrothermal oder epizonal-metamorph	Sericit + Chlorit	Pinitisierung
Klinopyroxen	epizonal-metamorph hydrothermal	Amphibol Chlorit Serpentin Antigorit	Uralitisierung Chloritisierung Serpentinisierung Bastitisierung z. T.
	epizonal-metamorph Verwitterung	Epidot Karbonate + Fe-Oxide + Quarz	Epidotisierung Karbonatisierung
Ortho-pyroxene	hydrothermal	Serpentin (wirrfaserig) wenige große Antigoritkristalle pseudomorph nach Orthopyroxen	Serpentinisierung Bastitisierung
Gemeine Hornblende	hydrothermal	Chlorit Serpentin	Chloritisierung Serpentinisierung
	Zerfall nach der Effusion	Magnetit + Hypersthen	Opazitisierung
Biotit	Verwitterung	Hydrobiotit, Montmorillonit, Vermiculit, z. T.	
	hydrothermal	u. a. grüner Biotit, Chlorit, Kaolinit, Illit, Vermiculit	Bleichung Baueritisierung
	Zerfall bei hohen Temperaturen nach der Effusion	Magnetit + Spinell + Hämatit + Augit u. a.	Opazitisierung
Muskovit	Verwitterung oder hydrothermal	Hydromuskovit Illit Montmorillonit Beidellit Kaolinit Halloysit	Illitisierung Montmorillonitisierung Kaolinitisierung

16.22. (Fortsetzung)

Ausgangs-mineral	Art der Umwandlung	Neubildung	Bezeichnung des Umwandlungsvorganges
Nephelin	»hydrothermal«	Analcim + Zeolithe	»Sonnenbrand« (Sonnenbrennerbasalt)
	Verwitterung	Kaolinit	Kaolinitisierung
	epizonal-metamorph	Glimmer (feinschuppig)	
Leucit	hydrothermal oder Verwitterung	Kaolinit Zeolithe	Kaolinitisierung Zeolithisierung
Feldspat und andere Al-haltige Silikate	Verwitterung	Hydrargillit–Gibbsit, Böhmit, Diaspor, Goethit, Hämatit u. a.	Bauxitbildung und Lateritisierung
	pneumatolytisch	Topas, Turmalin, Glimmer, Kaolinit	Greisenbildung (Vergreisenung)
Alkalifeldspat	hydrothermal oder Verwitterung	Kaolinit + Quarz	Kaolinitisierung
	hydrothermal oder epizonal-metamorph	Sericit	Sericitisierung
Plagioklase	hydrothermal	Alunit	Alunitisierung
	hydrothermal oder Verwitterung	Tonminerale: Nontronit (unter Beteiligung eisenreicher Minerale), Montmorillonit, Illit, Karbonat	Karbonatisierung
	Verwitterung	Epidot Zoisit	Epidotisierung Zoisitisierung
	epizonal-metamorph	Epidot + Zoisit + Sericit	Saussuritisierung
Topas	hydrothermal	»Gilbertit« (Kaolinit + Nakrit bzw. Muskovit)	

16.23. Wichtige Seifen- und Schwerminerale und ihre Muttergesteine (fett gedruckt sind die Minerale, deren Gewinnung überwiegend aus Seifen erfolgt) [20]

Magmatogene Minerale		
1. saure Magmatite (Granit, Syenit, Rhyolith, Quarzlatit, Trachyt)	Apatit **Xenotim** Titanit Magnetit	Allanit **Zirkon** **Monazit**
2. intermediäre Magmatite (Diorit, Monzonit, Dazit, Andesit, Latit, Tonalit)	Ilmenit Titanit Apatit	Korund (Hornblende)
3. basische Magmatite (Gabbro, Basalt, Diabas, Spilit)	Magnetit **Ilmenit** Leukoxen Apatit	(Pyroxene) Olivin Pleonast
4. ultrabasische Magmatite (Peridotit, Serpentinit, Eklogit, Dunit)	Magnetit Picotit Chromit Ilmenit Leukoxen	**Platin** **Osmiridium** **Diamant** **Pyrop** (Orthopyroxene)
5. rest- und postmagmatische Bildungen (Pegmatite, Pneumatolyte und Hydrothermalite, speziell von saueren Magmen)	**Turmalin** Dumortierit **Spodumen** **Topas** **Beryll** **(Aquamarin)** Anatas **Gold**	Niobit-Tantalit **Kassiterit** Apatit Cinnabarit (Hämatit) (Wolframit) (Scheelit)
Metamorphe Minerale		
1. kontaktmetamorphe Gesteine	Andalusit (Pyroxene) Korund **(Rubin, Saphir)**	Scheelit Dravit Axinit Vesuvian
2. regionalmetamorphe Gesteine a) schwach metamorph	Epidot Klinozoisit Chloritoid	Turmalin Aktinolith Piemontit
b) stark metamorph	Sillimanit **Almandin** **Rutil** Staurolith	Hämatit Magnetit Zirkon (Glaukophen)

16.24. Mineralparagenesen in sedimentären Ausscheidungslagerstätten

Lagerstättentypen	Mineralparagenese
marine Salzlagerstätten	Halit, Sylvin, Anhydrit; Carnallit, Halit, Kieserit; Halit, Anhydrit ± Polyhalit ± Kieserit; Halit, Polyhalit, Kieserit, Langbeinit; Halit, Kieserit
marine Sulfat- und Schwefellager (teilweise sekundäre Bildungsprozesse)	Gips, Calcit, Aragonit, Coelestin, Schwefel
Phosphoritausscheidungen in Geosynklinalmeeren	Phosphorit, Chalcedon u. a. SiO_2-Minerale, Glaukonit u. a. Tonminerale
Boratbildungen in marinen Salzlagerstätten	Kaliborit, Boracit, Ascharit, Ulexit, Halit, Kalisalze, Anhydrit, Gips, Calcit
Ausscheidungen aus Seen trockener Gebiete in der Nähe von Vulkanen	Ulexit, Borax, Halit, Gips, Nitronatrit
Ausscheidungen aus rezenten Salzseen bzw. Salaren	
Boraxseen	Borax, Mirabilit, Hexahydrit, Thenardit, Pandermit, Colemanit, Halit, Gips, Calcit
Sodaseen und Salare	Soda, Halit, Mirabilit, Thenardit, Thermonatrit
Ausblühungen der Salpeterwüsten	Nitronatrit (Nitrokalit), Gips, Halit, Mirabilit

16.25. Grobgliederung der Meteorite [203]

Gruppe	Klasse (Zahl der Meteorite)	Hauptminerale
Chondrite	Enstatit-Chondrite (11)	Enstatit, Nickeleisen
	Olivin–Bronzit-Chondrite (> 400)	Olivin, Bronzit, Nickeleisen
	Olivin–Hypersthen-Chondrite (> 500)	Olivin, Hypersthen, Nickeleisen
	Olivin–Pigeonit-Chondrite (12)	Olivin, Pigeonit
	Kohlenstoff-Chondrite (17)	Serpentin
Achondrite	Aubrit = Enstatit-Achondrit (9)	Enstatit
	Diogenit = Hypersthen-Achondrit (8)	Hypersthen
	Chassignite = Olivin-Achondrit (1)	Olivin
	Ureilit = Olivin–Pigeonit-Achondrit (3)	Olivin, Pigeonit, Nickeleisen
	Nakhlite = Diopsid–Olivin-Achondrit (2)	Diopsid, Olivin
	Eucrite = Pigeonit–Plagioklas-Achondrit (30)	Pigeonit, Plagioklas
	Howardite (13)	Orthopyroxen, Pigeonit, Plagioklas
Stein-Eisen-Meteorite	Pallasite (40)	Olivin, Nickeleisen
	Siderophyre (1)	Orthopyroxen, Nickeleisen
	Lodranite (1)	Orthopyroxen, Olivin, Nickeleisen
	Mesosiderite (22)	Pyroxen, Plagioklas, Nickeleisen
Eisen-Meteorite	Hexaedrite (55)	Kamazit } Nickeleisen
	Oktaedrite (487)	Kamazit, Taenit } Nickeleisen
	Ni-reiche Ataxite (36)	Taenit } Nickeleisen

16.26. Prozentuale (und mengenmäßige) Häufigkeit der Minerale in der Erdkruste sowie in den Hauptbereichen der Mineralbildung [7] (Die etwas fetter gedruckten Prozentzahlen geben den Schwerpunkt der Mineralbildung dieser Klasse an)

Mineralklasse	Häufigkeit der Mineralarten	Mineralmenge in der Erdkruste	Häufigkeit bei Mineralbildungsprozessen in %					
			endogen			exogen		metamorph
	in %	in Masse-%	magmatisch	pegmatitisch	pneumatolyt. + hydrotherm.	Verwitterung	sedimentär	
Element-Minerale	3,3	0,1	22	–	**44**	24	2	8
Sulfide	13,0	1,2	5	–	**89**	5	1	–
Oxide u. Hydroxide	12,5	17,0	6	22	20	**36**	2	14
Silikate	25,0	75,0	21	16	25	10	1	**27**
Sulfate	9,0	0,5	–	–	8	**72**	20	–
Phosphate	17,7	0,7	2	12	10	**71**	1	4
Karbonate	4,5	1,7	–	12	21	**44**	22	1
Halogenide	5,7	0,5	2	10	**41**	35	12	–
Borate	2,8	3,3 (Borate bis organische Substanzen zusammen)	–	12	12	23	**48**	5
Wolframate, Molybdate	1,0		–	–	43	**57**	–	–
Chromate	0,3		–	–	–	**100**	–	–
Nitrate	0,5		–	–	–	**100**	–	–
organische Substanzen	4,7		–	–	9	**91**	–	–

Mineralnutzung

16.27. Metallische und nichtmetallische Elemente, ihre Nutzung, Rohstoffe und Rohstoffproduktion (unter Mitarbeit von Prof. H. Bachmann, Freiberg)

Element	Nutzung	Rohstoff	Produktion (in Tonnen) Rohstoff	Element
Aluminium	Leichtmetall und Leichtmetall-Legierung, elektr. Leitungen, Fahrzeugbau, Geschirr, Thermit, Al-Sulfat (z. B. zum Beizen)	**Bauxit** (Diaspor, Hydrargillit, Böhmit) Kryolith, Nephelin, Alunit, Tone	$80,5 \cdot 10^6$ (1976, Welt) Australien, Jamaika, UdSSR, Guinea, Surinam, Frankreich, Ungarn, USA, Jugoslawien	$14,2 \cdot 10^6$ (1977, Welt, primär) $16,9 \cdot 10^6$ (1974, Welt, Schrott)
Antimon	Legierungskomponente für Hartblei, Akkumulatoren, Letternmetall, Lagermetall, Lötzinn. Auch Farbrohstoff (Gummi, Email)	**Antimonit**, Tetraedrit, Jamesonit, Bournonit	$69 \cdot 10^3$ Sb im Konzentrat (1977, Welt) China, Frankreich, Südamerika	$69 \cdot 10^3$ (1976, Welt)
Arsen	Legierungskomponente z. B. für Blei; für Insektizide; Medizin	**Arsenopyrit**, Löllingit, Fahlerze, Realgar, Auripigment. Hauptmenge aus Pb-, Cu-, Au- und Sn-Erzen	Schweden u. v. a.	$52 \cdot 10^3$ (1966, Welt)
Barium	Ba-Salze in Pyrotechnik, Zuckerindustrie, für optische Gläser und Email; Medizin, als Metall in Radioröhren	**Baryt**, Witherit	$4,50 \cdot 10^6$ Baryt (1974, Welt) USA, UdSSR, BRD, Mexiko, Irland	nur ein geringer Teil der Ba-Rohstoffe wird für die Gewinnung von Ba und Ba-Salzen verwendet
Beryllium	Legierungsmetall für Cu und Fe, auch Al, Mg, Ti; als BeO für hochfeuerfeste Massen (Tiegel usw.)	**Beryll** Phenakit, Chrysoberyll, Barylit	$2,8 \cdot 10^3$ (1976, Welt) UdSSR, USA, Kenia	$\sim 1 \cdot 10^3$
Blei	Kabel, Platten, Rohre; Akkumulatoren; in Bleiglas, als Farbe (Bleiweiß, giftig), in Benzin, in Initialzündern	**Galenit** Cerussit, Anglesit, Bournonit, Boulangerit	$3,6 \cdot 10^6$ (1977, Welt) USA, UdSSR, Australien, Kanada, Mexiko, Peru	$4,3 \cdot 10^6$ (1977, Welt) einschl. Schrott

16.27. (Fortsetzung)

Element	Nutzung	Rohstoff	Produktion (in Tonnen) Rohstoff	Element
Bor	für Waschmittel, Borgläser, Pharmazie, Seifen, Email, Düngemittel	**Colemanit, Ulexit, Kernit, Borax, Boracit, Inderit,** Pandermit, Sassolin, Ascharit, Datolith	$2{,}2 \cdot 10^6$ (1973, Welt) USA, Türkei, UdSSR, Argentinien, China, Italien	hauptsächlich Nutzung von natürlichen und künstliche Borverbindungen
Brom	Desinfektionsmittel, Farbstoff, Kampfstoff, Medizin, Chemie	**Carnallit**, Halit, Sylvin, große Mengen aus Meerwasser, z. B. Totes Meer	DDR, Israel, BRD	
Cadmium	Leichtschmelzbare Legierungen, für Akkumulatoren; für Farben, Korrosionsschutz, Reaktormaterial	**Sphalerit**, Wurtzit Hauptsächlich Nebenprodukt der Zinkgewinnung: Röstgase, Flugstaub	USA, UdSSR, Australien, VR Polen	$18{,}3 \cdot 10^3$ (1977, NSW)
Caesium	Thermoelemente, Fotozellen, Infrarotfilter, Reagenzien, »Atomuhren«	**Lepidolith**, **Pollucit**, Beryll, Carnallit	UdSSR	
Calcium	Metallisches Ca als Schmelze; Ca-Verbindungen in Bauindustrie, Chemie	**Calcit** (meist in Form von $\pm$ reinem Kalkstein)	weltweit	geringe Produktion von Ca-Metall, meist Verbindungen
Cer und SE (Scandium, Yttrium, Lanthan usw.)	für Feuersteine, Gasglühstrümpfe und Kohlebogen, Spezialgläser; Legierungsmetall. Europium für Farbfernsehen	**Monazit**, Apatit, Fluorit, Cerit, Allanit, Thoriamit, Samarskit, Gadolinit, Äschynit, Euxenit	$18 \cdot 10^3$ SE-Konzentrat (1972, NSW) davon $13 \cdot 10^3$ Monazit UdSSR, Indien u. a.	
Chrom	Legierungsmetall in Stählen, auch Gußeisen und Kupfer; Reinchrom zum Verchromen von Metallen, speziell Eisen, Chromsalze in Gerberei, bei Farbherstellung usw.	**Chromit**	$8{,}3 \cdot 10^6$ (1976, Welt) $\sim 3{,}9 \cdot 10^6$ Cr_2O_3 UdSSR, Südafrika, Simbabwe, Türkei, Philippinen	$\sim 2 \cdot 10^3$

16.27. (Fortsetzung)

Element	Nutzung	Rohstoff	Produktion (in Tonnen) Rohstoff	Element
Eisen	Roheisen und Stahl	**Magnetit, Hämatit, Limonit, Siderit, Chamosit,** Titanomagnetit, Thuringit, Ankerit, Pyritabbrände	$878 \cdot 10^6$ (1976, Welt) UdSSR, USA, Australien, Kanada, China, Schweden, Brasilien, Frankreich	$673 \cdot 10^6$ Stahl (1977, Welt)
Fluor	Herstellung von künstl. Kryolith; Flußsäure, Fluorverbindungen in Sprays	**Fluorit** Apatit, Phosphorit	$4{,}3 \cdot 10^6$ (1975, Welt) Mexiko, Italien, Südafrika, UdSSR, Thailand	Hauptmenge für HF und F, auch als Fluorit (Flußmittel) in der Stahlindustrie
Gallium	für Transistoren; Sperrflüssigkeit in Meßgeräten; optische Gläser; Pharmazie	Spurenelement in **Sphalerit, Bauxit** (daher Nebenprodukt bei der Zn- und Al-Gewinnung); Pyrit, Germanit	Vorkommen, s. Aluminium	~15 (1973, Welt) 90 % werden aus Bauxit gewonnen: Bayer-Verfahren
Germanium	Halbleitermetall; in Transistoren, Fotozellen; für Spezialgläser und Leuchtstoffe	Spurenelement in Sphalerit, Kohlenaschen, Flugstäuben (fast ausschließliche Gewinnung als Nebenprodukt) Renierit, Germanit	Südafrika, Namibia, Zaïre	$n \cdot 10$
Gold	Währungs- und Münzmetall, Schmuck, Zahnmedizin, chemische Geräte, Vergoldung, Kontakte elektr. Thermometer	**Gold,** Goldtelluride, Elektrum. Spurenelement in Pyrit, Arsenopyrit, Fahlerz, Cu- und Ag-Erzen	$1{,}22 \cdot 10^3$ (1977, Welt) Südafrika, USA, UdSSR, Kanada	$1{,}1 \cdot 10^3$ (1973, Welt)
Hafnium	Reaktorbau, Elektroindustrie, Blitzlicht	Spurenelement in Zirkon	Vorkommen, s. Zirkon	~2 % der Zirkoniumproduktion
Indium	Oberflächenschutz für Metalle, für hochschmelzende Legierungen, Halbleiterelement, in Natriumdampflampen	Spurenelement in **Sphalerit,** Galenit, Kassiterit, Chalkopyrit (Gewinnung als Nebenprodukt)	Vorkommen, s. Zink	60 (1973, Welt)
Iridium (u. Osmium)	für chemische Geräte, Füllfederhalterspitzen	**Osmiridium,** Iridosmium, Iridiumplatin	UdSSR	

16.27. (Fortsetzung)

Element	Nutzung	Rohstoff	Produktion (in Tonnen) Rohstoff	Element
Jod	Antiseptikum, Fotoemulsionen	Spurenelement in **Natrit,** Meerestang, Gichtstaub von Hochöfen	$200 \cdot 10^3$ KNO_3 $200 \cdot 10^3$ Na_2SO_4 fast **nur** Chile	10^3 (1970, Chile)
Kalium	Kaliumverbindungen für Medizin, Pyrotechnik, Photographie, Glasherstellung, Lack- und Farbenindustrie	**Sylvin,** Carnallit	UdSSR, Kanada, DDR BRD, USA	$25{,}6 \cdot 10^6$ K_2O (1976, Welt)
Kobalt	Oberflächenvergütung von Metallen, Legierungsmetall (Stähle, Bronzen, Feder- und Magnetwerkstoffe), blaue Glasurfarben	Cobaltin, Skutterudit, Hauptmenge als Nebenprodukt aus Cu-, Ni-, Ag-Erzen Asbolan, Linneit	Zaïre, Marokko	$32 \cdot 10^3$ (1977, Welt)
Kupfer	Elektroindustrie, Legierungen (Bronze, Messing). Münzmetall, Gefäße. Als Cu-Sulfat für Insektizide	**Chalkosin, Chalkopyrit, Bornit,** Covellin, Enargit, Kupfer, Cuprit, Tetraedrit, Malachit	$8{,}0 \cdot 10^6$ (1977, Welt) USA, UdSSR, Chile, Sambia, Kanada, Zaïre	$9{,}1 \cdot 10^6$ (1977, Welt)
Lithium	Pyrotechnik (rot); Legierungsmetall (für Sn, Pb), Li-Chlorid zur Lufttrocknung, Katalysator, zu Al-Herstellung	**Spodumen, Amblygonit, Lithionglimmer,** Petalit, Triphylin, Lithiophilit	$72 \cdot 10^3$ Li_2O (1967, Welt) Simbabwe USA	$22{,}4 \cdot 10^3$ (1973, Welt)
Magnesium	Leichtmetall für Flugzeuge und Raketen; als Legierungsmetall für Al, Zn, Cu. Für Fackeln und Blitzlicht; Reduktionsmittel	**Magnesit, Carnallit,** Kieserit, Dolomit v. a. aber auch aus Meerwasser	$10 \cdot 10^6$ Magnesit (1976) Österreich, Korea	$259 \cdot 10^3$ (1977, Welt)
Mangan	Legierungsmetall für Stähle, in Hütten- und anderen Prozessen zur Entschwefelung, zur Oxydation usw. Als Oxid Glasfärbemittel, für Trockenelemente, Mn-Salze	**Pyrolusit, Psilomelan,** Wad, Braunit, Manganit, Rhodochrosit, Rhodonit	$24 \cdot 10^6$ (1977, Welt) UdSSR, Indien, Südafrika, Brasilien, Gabun, China	$9{,}8 \cdot 10^6$ (1976, Welt) davon nur geringer Teil als Mn-Metall

16.27. (Fortsetzung)

Element	Nutzung	Rohstoff	Produktion (in Tonnen) Rohstoff	Element
Molybdän	Legierungsmetall für Stähle, auch Gußeisen; in Radioröhren; als Farbsubstanz für Gläser	**Molybdänit,** Wulfenit, Powellit hauptsächlich Nebenprodukt Cu-Erz-Verhüttung	$89 \cdot 10^3$ (1976, Welt) USA, Kanada, Chile	$72 \cdot 10^3$ (1973, NSW)
Natrium	Metall. Na für Na-Bronze (als Lagermetall), für das Bleichmittel Natriumperoxid; Katalysator, Reduktionsmittel, Schwefelentferner; für Na-Dampflampen	**Halit**	DDR, BRD, UdSSR u. v. a.	
Nickel	für Gefäße, als Katalysator. Legierung mit Fe und Buntmetallen (Neusilber, Magnetmetall), Münzmetall, Oberflächenschutz in Akkumulatoren (Ni–Cd)	**Pentlandit, Garnierit,** Nickelin, Skutterudit, Millerit, Gersdorffit	$778 \cdot 10^3$ (1977, Welt) Kanada, UdSSR, Neu-Kaledonien, Kuba, Australien, Philippinen	$5 \cdot 10^3$ (1973, Welt) aber Hüttenproduktionen $712 \cdot 10^3$ (1977, Welt)
Niob und Tantal	Legierungsmetall für nichtrostende Stähle; für Glühlampen, Kathoden, feine Spinndüsen u. ä., Magnetwerkstoffe (Nb–Ti), Supraleiter (Nb, Sn)	**Columbit,** Pyrochlor, Fergusonit, Koppit	$75 \cdot 10^3$ Konzentrat (1978, NSW) Brasilien, Kanada Moçambique	$6 \cdot 10^3$ Ta_2O_3 (1978, Welt)
Palladium Ruthenium Rhodium	Kontaktmaterial, Schmuckmetall, Porzellanfarbe, Elektroindustrie, Laborgeräte, Spinndüsen, Dentalmetall, Spiegelbelag (Rh), Federspitzen (Ru)	Stibiopalladinit, Cooperit hauptsächlich Nebenprodukt der Pt-Gewinnung	Vorkommen ähnlich Platin	
Phosphor	neben Düngemittel (90 %) für Phosphorsäure, Phosphorsalze, rotem Phosphor (Streichhölzer)	**Apatit,** Phosphorit	$127 \cdot 10^6$ (1977 Welt) USA, UdSSR, Marokko, Tunesien, SAR	

16.27. (Fortsetzung)

Element	Nutzung	Rohstoff	Produktion (in Tonnen) Rohstoff	Element
Platin	Kontakt- und Katalysatormetall; für chemische Geräte, Schmuck, Zahnmedizin, Elektroindustrie, Thermoelement	**Platin, Polyxen, Sperrylith,** Cooperit. Wichtig: Nickelmagnetkies	186 t Platinmetalle (1976, Welt) Südafrika, Kanada, UdSSR, Kolumbien	7,2 (Welt)
Quecksilber	für Meßtechnik (Thermometer, Pumpen, Sperrflüssigkeit u. a.), Medizin, Insektizide, Beizmittel, zum Amalgamieren von Gold usw.	**Cinnabarit** Hg-Fahlerz (Schwazit)	Spanien, USA, Italien, UdSSR, Jugoslawien	$8{,}4 \cdot 10^3$ (1976, Welt)
Radium	Strahlungsquelle (Medizin), Leuchtfarben, Materialprüfung	Uraninit und andere Uranerze	Vorkommen und Produktion, s. Uran	Ra-Gehalt in Uranerzen ~ 0,1 ppm
Rhenium	Oberflächenvergütung, für Thermoelemente, Federspitzen, Katalysator (z. B. in Petrolindustrie)	Spurenelement in Mo-Erzen, speziell Molybdän auch im Kupferschiefer	USA, DDR, BRD	5 (1973, Welt)
Rubidium	Pharmazie, Fotozellen, optische Gläser	Spurenelement in Glimmer, Feldspaten, Cs–Li-Erzen, Carnallit		
Schwefel	für Schwefelsäure, Schießpulver, zum Vulkanisieren von Kautschuk, für Pestizide; Zellstoffindustrie, Pyrometallurgie	**Schwefel, Pyrit,** Anhydrit, Gips Erdgas	$10{,}5 \cdot 10^6$ Pyritschwefel (1972, Welt) USA, Polen, Frankreich, Italien, UdSSR, Spanien	$49 \cdot 10^6$ (1973, Welt)
Selen	Fotozellen; Färben von Glas, Porzellan, Gummi, zum Glasentfärben, für Nebellampen, Gleichrichter, Katalysatoren, Trocken-Fotokopiertechnik	Selenide hauptsächlich Nebenprodukt aus Hüttenprozessen (Galenit, Chalkopyrit, Pyrit)	Vorkommen, s. Blei, Kupfer u. a.	115 (1972, Welt)
Silber	Photographie, Münzmetall, Schmuckmetall, Gerätehersteł-	**Argentit,** Silber hauptsächlich aus Galenit	Mexiko, Kanada, Peru, USA	$9{,}4 \cdot 10^3$ (1977, Welt)

16.27. (Fortsetzung)

Element	Nutzung	Rohstoff	Produktion (in Tonnen) Rohstoff	Element
	lung, Oberflächenvergütung, Spiegel, Medizin, Elektrotechnik, Kontakte	und komplexen Ag–Cu-Mineralen		
Silizium	Halbleitermetall, Silicone	Quarz, Silikate	allgegenwärtig	
Strontium	Sr-Salze in Pyrotechnik, chemische und Zuckerindustrie; Glasindustrie und Keramik (irisieren). Sr-Metall und Legierungen (z. B. Cu)	**Strontianit** Coelestin	$7 \cdot 10^3$ (1967, NSW) England, BRD	
Tellur	Gummiindustrie, Metallurgie, Thermoelemente	Goldtellurid Spurenelement in Gold	Rumänien, Mexiko	181 (1973, Welt)
Thallium	Pharmazie, Laborbedarf	Spurenelement in Pyrit, Sphalerit, Gewinnung als Nebenprodukt, z. B. aus Hüttenabgasen		
Thorium	Brennstoff für Brutreaktoren, für Spezialgläser, evtl. für Legierungen	**Monazit,** Thucholith	$12 \cdot 10^3$ Monazit (1973, Welt) Indien, Australien	$1 \cdot 10^3$ ThO_2 (1973, NSW)
Titan	Metall für resistente Gefäße (Autoklaven), Raketen, für Stahllegierung; als TiO_2-Farbe (Titan weiß), in Textilindustrie, als Sulfat für Beize	**Ilmenit, Rutil** Titanomagnetit, Titanit, Anatas, Brookit, Leukoxen	Ilmenit $2{,}1 \cdot 10^6$ (1975, Welt) Rutil $400 \cdot 10^3$ (1973, Welt) Australien	
Uran	Energiequelle (Kraftwerke, Schiffe, Atombombe); Leuchtfarben, Speziallegierungen, Fluoreszenzgläser, Katalysator	**Uraninit, Carnotit Thucholith,** Torbernit; auch aus Schwärzschiefern	UdSSR, USA, Zaïre, Südafrika, Kanada, Brasilien, Australien, Frankreich, Namibia	$27{,}3 \cdot 10^3$ U_3O_8 (1976, NSW)
Vanadium	zur Legierung und Behandlung von Stählen; UV-undurchlässige	**Carnotit. Descloizit,** Patronit. Als Spurenelement	USA, Namibia, Venezuela	$23 \cdot 10^3$ (1976, NSW)

16.27. (Fortsetzung)

Element	Nutzung	Rohstoff	Produktion (in Tonnen) Rohstoff	Element
	Gläser, für Permanentmagnete	in Titanomagnetit, Bauxit, Erdölaschen, Kohle, bituminösen Schiefern		
Wismut	leichtschmelzende Legierungen (mit Pb, Sb u. a.); Medizin	Bismuthinit, Wismut, meist Nebenprodukt von Pb-, Cu- und Sn-Erzverhüttung	Südamerika, SO-Asien	$3{,}9 \cdot 10^3$ (1973, NSW)
Wolfram	Legierungsmetall für Stähle, für Wolframkarbide (Widia), für Glühlampenfäden, Pulvermetallurgie, chemische Produkte	**Wolframit,** Scheelit	$50 \cdot 10^3$ (1976, Welt) China, UdSSR, USA, Burma, KVDR	$\approx 25 \cdot 10^3$ t WO_3 (1973, Welt, errechnet)
Zink	Oberflächenvergütung von Blechen; Legierungsmetall (Messing); galvan. Elemente. Zn-Salze für Pestizide, zur Holzimprägnierung, in der Medizin	**Sphalerit, Wurtzit, Smithsonit,** Hemimorphit, Willemit	$5{,}6 \cdot 10^6$ Zn im Erz (1973, Welt) Kanada, UdSSR, Australien, USA, Peru, Polen	$6{,}0 \cdot 10^6$ (1977, Welt)
Zinn	Zinngefäße, Legierungen für Lagermetalle und Bronzen, Oberflächenvergütung, Lötzinn; Zinnoxid in Keramik und Glasindustrie	**Kassiterit,** Stannin	$235 \cdot 10^3$ Sn in Konzentrat (1973, Welt) Malaysia, Bolivien, UdSSR, China, Thailand, Indonesien, Nigeria	$222 \cdot 10^3$ (1977, Welt)
Zirkonium	Zr für Legierungen (Fe, Ni), zur Restdesoxydation, als Zündsubstanz (Blitzlicht, Röhren). Zr-Oxid hochfeuerfest (Tiegel); Zr-Salze in Textilindustrie und Gerberei. Reaktormaterial	**Zirkon,** Baddeleyit Spuren in Rutil und Ilmenit	$500 \cdot 10^3$ Zirkonsandkonzentrat (1973, Welt) UdSSR, Australien, Brasilien	

16.28. Mineralische Rohstoffe in der keramischen und Glasindustrie [20]

(Die Summenformel des im technologischen Prozeß eingesetzten Ausgangsstoffes wird hier nicht aufgeführt, wenn sie derjenigen des Rohstoffminerals entspricht bzw. wenn das Rohstoffmineral direkt eingesetzt wird.)

Mineralische Rohstoffe	Ausgangsstoff	Keramische oder Glaserzeugnisse bzw. Verwendungszweck
Andalusit		porzellanartige hochfeuer- und säurefeste Erzeugnisse
Antimon- und Arsen-Rohstoffe	Sb_2O_3, As_2O_3	Läuterungsmittel; Trübungsmittel in Email
Apatit (Phosphorit)	H_3PO_4 $Ba_3(PO_4)_2$ $AlPO_4$, $Ca_3(PO_4)_2$	UV-durchlässige Phosphatgläser; Trübemittel
Baryt	$Ba(NO_3)_2$ $BaCO_3$, Ba	Gläser (u. a. Läuterungsmittel); Bariumferrit; Bariumtitanat (keram. Ferroelektrika)
Bauxit (Diaspor, Böhmit, Gibbsit, Hydrargillit)	$Al(OH)_3$ Al_2O_3 $Al(NO_3)_3 \cdot 15\ H_2O$	feuerfeste Diaspor- und Bauxitsteine; Gläser
Beryll	BeO	Gläser, hochfeuerfeste Schmelztiegel, Elektroporzellan
Blei-Rohstoffe **Galenit** Cerussit	Pb_3O_4 $PbCO_3$, $Pb(OH)_2$ Pb	Gläser (Flintgläser), Glasuren warmbindender Kitt, Metallkeramik
Bor-Rohstoffe **Borax** **Kernit** **Colemanit** **Ascharit** Ulexit Pandermit, Boracit	Kernit u. Pandermit bei reinem Vorkommen $B(OH)_3$ $Na_2B_4O_7 \cdot 10\ H_2O$ $Na_2B_4O_7$	Gläser von hoher Festigkeit und Email
Calcit (Kalkstein, Marmor, Kreide)	$CaCO_3$ CaO	Gläser, Flußmittel in weißbrennenden Massen und bei der Ziegelherstellung
Carnallit	KCO_3	Gläser, Email
Chromit	$FeCr_2O_4$	feuerfeste Steine und Massen, Färbemittel in Email und Glasuren
Coelestin	$SrCO_3$	Gläser, Ziegelglasuren, Ferroelektrika
Cyanit		wie Andalusit
Dolomit	$MgCa(CO_3)_2$ MgO	feuerfeste Dolomitsteine, Gläser, Porzellanglasuren
Eisen-Rohstoffe	Fe_2O_3, FeO Fe_2S	Farbmittel (flaschengrün, gelbbraun, braun, blaugrün), Ferrite
Alkali-Feldspäte **Mikroklin, Orthoklas** **Mikroklinperthit**		Porzellan, Glas, Email
Albit, Oligoklas		Glasuren
Fluorit		Trübemittel in Glasuren und Gläsern, Läuterungsmittel

16.28. (Fortsetzung)

Mineralische Rohstoffe	Ausgangsstoffe	Keramische oder Glaserzeugnisse bzw. Verwendungszweck
Germanium-Rohstoffe	GeO	Spezialgläser
Gold	$AuCl_3$	Farbmittel (rubinrot)
Graphit		Graphitwiderstände und -tiegel
Halit	Na_2CO_3, Na_2SO_4	Glas, Email
Kaoline (**Kaolinit**, z. T. Illit und Montmorillonit)		Steinzeug, Steingut, Porzellan, Schamotte
Kobalt-Rohstoffe	CoO Co	Entfärbemittel für Gläser, Färbemittel für Gläser (tiefblau, schwarz), Email, Porzellan, Haftmittel für Email. Hartmetall (Widia)
Korund		Korundsteine, Sinterkorund
Kryolith		Vortrübemittel in Email und Gläsern
Kupfer-Rohstoffe	Cu CuO Cu_2O	Metallkeramik, Färbemittel (rot-kupferrot) Kupferferrit, Färbemittel (blau, grün, malachitgrün! und rot)
Lithium-Rohstoffe	Li_2CO_3	optische Gläser, Lindemannglas (für Röntgenstrahlen durchlässig)
Magnesit	MgO	hochfeuerfeste Baustoffe (Magnesitsteine), Gläser, Porzellanglasuren, Magnesiumferrit
Mangan-Rohstoffe	MnO_2	Entfärbemittel für grüne Gläser, Färbemittel für Gläser (violett, braun), Haftmittel für Email
Mirabilit	Na_2SO_4	Gläser und Email
Molybdän-Rohstoffe	Mo MoO_3	Metallkeramik Haftmittel für Email
Monazit	CeO_2	Läuterungsmittel, Farbmittel (gelb)
Nitrokalit KNO_3 Nitronatrit $NaNO_3$		Läuterungsmittel in Gläsern und Email
Nephelin		grüne Gläser, Glasuren, keramische Erzeugnisse (Feldspatersatz)
Olivin (Olivingesteine)		Forsteritsteine
Platin	H_2PtCl_6	Farbmittel (taubenblau)
Quarz (SiO_2-Gesteine)		Glas, Porzellan, Silikasteine
Silber-Rohstoffe	$AgNO_3$, $AgCl_2$	Farbmittel (gelb)
Sillimanit		wie Andalusit!
Soda	Na_2CO_3	Gläser, Email
Spodumen		keramische Massen mit hoher Temperaturwechselbeständigkeit und geringer Wärmedehnung; weiteres siehe unter Lithium-Rohstoffe!
Strontianit		siehe Coelestin!

16.28. (Fortsetzung)

Mineralische Rohstoffe	Ausgangsstoff	Keramische oder Glaserzeugnisse bzw. Verwendungszweck
Talk		Steatitmaterialien (u. a. Steatitporzellan, Glasuren, feuerfeste Steine), Halbtrübungsmittel in Gläsern
Thenardit	$NaSO_4$	Gläser, Email
Titan-Rohstoffe	TiO_2	Rutilmassen, feuerfeste Baustoffe auf TiO_2-Basis, Farbmittel in Email (weiß – Titanweiß!), säurebeständige Gläser, keramische Ferroelektrika
	Ti	Cermets (Werkstoffe aus oxidischer Keramik und Metall)
Uran-Rohstoffe	UO_3	Farbmittel für Glas- und Email (gelb, orange, schwarz)
Vanadium-Rohstoffe	V_2O_5	Farbmittel (grün, gelb)
Vermiculit		Putzmaterial für Rohre und Öfen
Wismut-Rohstoffe		Email, Glasuren, Ferroelektrika, Cermets
Witherit		siehe Baryt!
Wolfram-Rohstoffe	WC	Widia (Hartmetall)
Wollastonit		keramische Massen für elektrotechnische Zwecke (Schweißstäbe)
Zink-Rohstoffe	ZnO	Farb- und Trübemittel in Email, Zink- und Zinkphosphatglas, Zinkferrit
Zinn-Rohstoffe **Kassiterit**, Stannin	SnO_2	Farbmittel in Glasuren (weiß), Trübemittel in Email, keramische Ferroelektrika
Zirkon	ZrO_2	hochfeuerfeste zirkonhaltige Steine (Baddeleyit-Steine) hochfeuerfeste Schmelztiegel, Zirkon-Leichtsteine, Gläser mit hoher Festigkeit und Lichtbrechung, Trübemittel in Email
	Zr	Cermets (s. o. bei Ti-Rohstoffen)

16.29. Mineralische Rohstoffe in der Landwirtschaft [20]

Element	Rohstoff-Minerale
1. Makronährstoffe	
Phosphor	Phosphorit, Apatit, Vivianit
Kalium	Sylvin, Carnallit, Polyhalit, Kainit
Stickstoff	Salpeter (Nitronatrit, Nitrokalit). Die weitaus größte Stickstoffmenge wird durch Gasverflüssigung gewonnen.
Magnesium	Kieserit, Carnallit, Polyhalit, Dolomit, Kainit
Calcium	Gips, Anhydrit, Calcit, Dolomit
Schwefel	Gips, Anhydrit, Schwefel, sulfidische Erze, Alunit
2. Mikronährstoffe	
Eisen	Eisenchelate
Mangan	Thomasphosphat, Hüttenkalk
Kupfer	$CuSO_4$, Pyritabbrand, gemahlene Kupferschlacke, Cu-haltige Metallmehle
Zink	$ZnSO_4$, $ZnCO_3$, ZnO, Zn_3PO_4
Bor	Borax, Colemanit, B-haltiges Glas
Molybdän	$Na_2MoO_4 \cdot 2\ H_2O$

3. Sonstige landwirtschaftlich bedeutende anorganische Rohstoffe

Talk, Pyrophyllit, Talk–Chlorit-Gesteine, Kaoline, Bentonite und andere Tone dienen als Trägersubstanzen der Sprüh- und Stäubemittel.
Kalkstein, Mergel, bentonitische Tone, Gips und Löß sind Gesteine für die (meist chemische) Melioration von Böden.

16.30. Minerale als Schmuck- und Edelsteine [20]

Mineral	Varietät	Farbe	Fundorte
Diamant		blauweiß, weiß, gelblich, gelb	siehe Diamant (S. 292)
Korund	Rubin	rot (»Taubenblut« – reines Rot mit leicht bläulichem Stich), hellhimbeerrot	Provinzen Mogok, Mandalay und Mjitkyna (Burma); Chantaburi (Thailand); Ratnapura (Sri Lanka)
	Saphir	kornblumenblau, aquamarin-, smaragd- und amethystfarbig	siehe Rubin; Anakie, Queensland (Australien)
	Padparadscha	orangegelb	Sri Lanka
	Leukosaphir	farblos	
	gelber Saphir	gelb	Sri Lanka
Spinell	Edelspinell	rosa, rot, blau, braun, violett, gelb, grün, farblos	Burma, Thailand, Sri Lanka, Australien, Tasmanien, Brasilien
	Ceylonit (Ceylanit, Pleonast)	grünlichschwarz bis schwarz	Sri Lanka
Chrysoberyll		gelb, gelbgrün bis braun	Marambaia in Minas Geraes (Brasilien); Ratgangafluß bei Matara (Sri Lanka); Madagaskar, Indien
	Alexandrit	grün, smaragdgrün	nö Sverdlovsk, Mittelural (UdSSR), Morawak-Korale (Sri Lanka)
Chrysoberyll	Chrysoberyll-Katzenauge (Cymophan)	grünbraun; grün, gelb, braun	Marambia (Brasilien); Sri Lanka
Opal	Edelopal	farblos, milchweiß, leicht bläulich; opalisierend	Andamooka und Coober Pedy (Südaustralien); Esperanza (Mexiko); Cervenica (Berge Libanka und Simonka) bei Kosice (Slovakei, ČSSR)
	Feueropal	hell bräunlichgelb bis tief braunrot	Zimapán und Queretaro (Mexiko); Honduras, Guatemala, Westaustralien
Quarz	Bergkristall	farblos	Cristalina, Goiá (Brasilien)
	Rauchquarz	nelkenbraun bis rauchgrau	Cristaline (Brasilien)
	Amethyst	violett bis purpurrot	Minas Geraes, Rio Grande do Sul, Minas Novas und Bahia (Brasilien); Prov. Tacuarembó, Artigas und Salto (Uruguay); Betafo (Madagaskar); Murzinka, Ural (UdSSR); Maine, Arizona, Nord Carolina (USA); Sri Lanka; Wolkenstein, Erzgebirge (DDR)

16.30. (Fortsetzung)

Mineral	Varietät	Farbe	Fundorte
Quarz	Citrin	hellgelb bis braun	Goiá, Minas Geraes und Bahia (Brasilien)
	Katzenauge	rehbraun, grünlich, gelblich	Treseburg, Harz (DDR); Matura (Sri Lanka) Ratanpur (Indien)
	Tigerauge	gelbbraun, blau	Prieska, Oranje (Südafrika)
Olivin	Chrysolith	gelbgrün, braungrün, olivgrün	St. John-Inseln (Rotes Meer), Brasilien, Burma
Granat			
Pyrop		dunkelrot	Trebenice, Böhmisches Mittelgebirge (»böhmischer Granat«), Kimberley, Südafrika (»Kaprubin«)
Almandin		bläulich blutrot	
Andradit	Topazolith	gelbgrün	
	Demantoid	smaragdgrün	
Zirkon		blau, gelb (farblos)	Sri Lanka, Thailand
	Hyacinth	gelbrot	
Sillimanit		farblos	Mogok (Burma)
Topas		wein- und strohgelb blau, violett, grün, rosa	Schneckenstein, Vogtland (DDR) Minas Geraes (Brasilien), Sri Lanka, Murzinka im Ural sowie Volynsker Gebiet (UdSSR)
Beryll	Beryll	rosa, gelb, farblos	Sri Lanka, Namibia
	Aquamarin	lichtblau bis blaugrün	Minas Geraes, Bahia, Espiritu Santo (Brasilien); Madagaskar
	Smaragd	licht- bis tief-smaragdgrün	Muzo- und Chivor-Grube (Kolumbien), Sverdlovsk im Ural (UdSSR)
Turmalin	Indigolith	dunkelblau	
	Rubellit	rosa bis dunkelrot	Minas Geraes (Brasilien); Madagaskar; USA; Murzinka im Ural (UdSSR)
	Achroit	farblos	
Jadeit	Imperial Jade	smaragdgrün	Kamaung, Burma
Spodumen	Kunzit	farblos, rosa, dunkelviolett	Pala-Distrikt, River Side und San Diego Co., Südcalifornien (USA); Antsirabe (Madagaskar)
Skapolith		weingelb	Brasilien, Madagaskar
Türkis		(grünlich-) blau	Sinai (Ägypten), Iran

16.31. Verwendung von *Industriemineralen* auf Grund spezieller physikalischer und physikochemischer Eigenschaften

Mechanische Eigenschaften					Elektrische Eigenschaften		Optische Eigenschaften		Physikochemische Eigenschaften		Sonstige Eigenschaften
hohe Dichte	hohe Härte	Translation u. Spaltbarkeit	hohe Plastizität	hohe Elastizität	Leitfähigkeit	Piezoelektrizität u. ä.	Farbe	Licht- u. Doppelbrechung	Schmelzpunkt	Sorption, Thixotropie u. a.	
Bohrungen Baryt Magnetit **Aufbereitung** Magnetit Baryt **Beschwerung von Papier usw.** Baryt Calcit (Kreide)	**Schleif-, Schneid- u. Poliermittel** Diamant Koruno Granat Quarz Hämatit Asbest **Lagersteine** Achat Granat Spinelle Korunde **Edelsteine** große Zahl v. Mineralien	**Schmier- u. Glättungsmittel** Graphit Talk Pyrophyllit Molybdänit Gips **Münzmetall** **Schmuck** Platin Gold (Silber) **Spezialfenster** Muskovit Phlogopit	**Gießformen** Montmorillonit **Feuerfestindustrie** Kaolinit Illit Montmorillonit	**Gewebe** Chrysotil u. andere Asbeste **Vakuumrohre** Glimmer **Baustoffe** Asbest	**Isolation** Glimmer Asbeste Talk Sepiolith Opal (Kieselgur) Feldspat Gips **Dielektrika** Rutil Anatas Glimmer	**Radio-, Telefon- u. Radartechnik** **Ultraschall** Quarz Turmalin Sphalerit **Detektoreigenschaften** Galenit Pyrit Zinkit	**Farbstoffe einschl. Basisstoffe** Gips Baryt Calcit Glimmer Rutil Hämatit Limonit Pyrolusit Malachit Azurit Graphit Glaukonit Kaolinit u. v. a. **Edelsteine** große Zahl v. Mineralen	**Linsen, Prismen u. ä.** Fluorit Calcit Quarz Halit **Fluoreszenz- f. Röntgenschirme** Willemit **Fluoreszenz f. Prospekt.** Fluorit Scheelit **Laser** Rubin u. a.	**Feuerfeste Werkstoffe** Graphit Chromit Asbest Sillimanit Forsterit Talk (Magnesit) **Flußmittel** Quarz Fluorit Kryolith Apatit Calcit Hämatit Feldspat Borminerale	**Aufsaug-, Füll- u. Trägersubstanz** Montmorillonit u. a. Tonminerale Talk Chlorit **Molekularsiebe, Ionenaustauscher** Zeolithe **Bohrspülungszusätze** Montmorillonit u. a. Tonminerale	**Absorption, Strahlenschutz, Kernreaktoren** Baryt Limonit Magnetit Hämatit Graphit Scheelit **Radioaktivität f. Altersbestimmung** Uraninit Kaliglimmer Kalifeldspat Zirkon Glaukonit u.v.a.

16.32. Minerale in technischen Prozessen und Produkten [20]

In der Tabelle werden Minerale berücksichtigt, die sich im Verlauf technischer Prozesse u. a. als Komponenten in technischen Produkten bilden. Umwandlungs- und Verdrängungsprodukte, die in den keramischen Erzeugnissen am Einsatzort in der Hüttenindustrie (Hochofenmauerwerk, Wannensteine) entstehen, sind nicht aufgeführt. Dazu siehe Beljankin u. a., 1960.

Mineral	Bestandteil in technischen Produkten bzw. Art des Auftretens
Ägirin	Absatz in Rohrleitungen von Dampfkraftwerken
Akermanit	**Eisenhochofen-, Kupfer- und Bleischlacken,** Entglasungskörperchen
Alkalifeldspäte	Feldspatkeramik, Rekristallisat in Gläsern (besonders Analbit)
Anhydrit	Braunkohlenaschen
Anorthit	Eisenhochofenschlacken, Steinkohlenschlacken
Apatit	**Thomasschlacken**
Hydroxyl-Apatit	Abscheidung aus dem Wasser-Dampf-Kreislauf von Dampfkraftwerken und Hochdruck-Dampfkraftwerken
Augit	Eisenhüttenschlacken
Baddeleyit	**Zirkonmulliterzeugnisse,** Rekristallisat in Gläsern
Bornit	Bleischlacken
Bromellit	**BeO-haltige keramische Sonderwerkstoffe**
Celsian	Bleischlacken
Chalkopyrit	Kupferschlacken
Chalkosin	Blei- und Kupferschlacken
Chromit	**Chromerz-** und Chrommagnesiasteine, Schlackeneinschlüsse in Stahl
Chrysoberyll	BeO-haltige Keramikprodukte
Cordierit	**Cordieritmassen,** Entglasungskörperchen in Gläsern mit MgO und Al_2O_3
Cristobalit	**Steinzeug, Silikasteine,** Schamotte, **Baukeramik,** Entglasungskörperchen, Schlackeneinschlüsse in Stahl, Rohrabsätze
Cubanit	Bleischlacken
Cuprit	Kupferschlacken
Diopsid	**Eisenhochofen-** und **Kupferschlacken,** Entglasungskörperchen in MgO-haltigen Gläsern
Enstatit	Absatz in Leitungen von Dampfkraftwerken
Ettringit	in abgebundenem Zement, ruft »Gipstreiben« hervor
Fayalit	Blei- und Kupferschlacken, Steinchen in Glas, Schlackeneinschlüsse in Stahl
Forsterit	**Forsterit-, Magnesia-** und **Chrommagnesiasteine,** Entglasungskörperchen in MgO-reichen Gläsern
Fluorit	Kriställchen in Trübglas
Gehlenit	Entglasungskörperchen in Al_2O_3-reicheren Gläsern, Reaktionsprodukt in Gläsern, Zementklinker
Gips	Absätze in Rohrleitungen von Dampfkraftwerken
Graphit	**graphithaltige Erzeugnisse,** in Schlackeneinschlüssen in Stahl
Halit	Absätze in Rohrleitungen von Dampfkraftwerken
Hämatit	Eisenhochofen-, Kupfer- und Bleischlacken, Braunkohlenaschen, Schlackeneinschlüsse in Stahl, Rohrabsätze
Hedenbergit	Blei- und Kupferschlacken
Hercynit	Steinkohlenschlacken, Schlackeneinschlüsse in Stahl
Hypersthen	Kupferschlacken
Ilmenit	Schlackeneinschlüsse in Stahl
Kassiterit	Kupferschlacken
Klinoenstatit	**Steatitmassen** und **-steine**

16.32. (Fortsetzung)

Mineral	Bestandteil in technischen Produkten bzw. Art des Auftretens
Korund	**Korund-** und **Bauxitsteine, Cordieritmassen,** Sinter-Al_2O_3, Steinkohlenaschen, Rekristallisat in Gläsern, Schlackeneinschlüsse in Stahl
Leucit	Eisenhochofenschlacken, Entglasungskörperchen in Kaligläsern
Magnetit	Eisenhochofen-, Kupfer- und Rennschlacken, Braunkohlenaschen, Schlackeneinschlüsse in Stahl, Rohrabsätze
Monticellit (Fe-Monticellit)	Blei- und Siemens-Martin-Schlacken, Klinker, Sinterdolomit
Mullit	**Baukeramik, Steinzeug, Schamotte, Porzellan, Sillimanit-** und **Diasporsteine,** Steinkohlenschlacke, in hochtonerdehaltigen Gläsern, Schlackeneinschlüsse in Stahl
Nephelin	Entglasungskörperchen, Rohrabsätze
Nosean	Reaktionsprodukt in Gläsern
Olivin	Rennschlacken
Periklas	**Forsterit-, Magnesia, Chrommagnesia-** und **Dolomitsteine, Zementklinker** (Hauptbestandteil des Sorelzements), Siemens-Martin-Schlacken
Plagioklase	Reaktionsprodukte in Gläsern
Quarz	Absatz in Rohrleitungen von Dampfkraftwerken
Rutil	**in Baustoffen auf TiO_2-Basis,** Schlackeneinschlüsse in Stahl
Serpentin	Absatz in Rohrleitungen von Dampfkraftwerken
Spessartit	Schlackeneinschlüsse in Stahl
Sphalerit	Blei- und Kupferschlacken
Spinell	**Bauxitsteine**
Thenardit	Absatz in Rohrleitungen von Dampfkraftwerken
Titanaugit	Eisenhochofenschlacken
Tridymit	**Silikasteine,** Entglasungskörperchen, Schlackeneinschlüsse in Stahl, Rohrabsätze
Willemit	Bleischlacken
Wurtzit	Bleischlacken
Wollastonit	Eisenhochofenschlacken, Entglasungskörperchen in Kalk–Natron-Glas
Zirkon	in **zirkoniumhaltigen Steinen**

Neue Minerale

Hier sind die bisher noch nicht eingeordneten oder nach Redaktionsschluß veröffentlichten neuentdeckten Minerale aufgeführt. Bei einigen steht die Bestätigung noch aus. Die Schreibweise der Mineralformel entspricht meist der Originalmitteilung.

Abhurit: $Sn_3O(OH)_2Cl_2$; hexagonal. Von Sharm Abhur am Roten Meer.
Akdaleit: $4\,Al_2O_3 \cdot H_2O$; hexagonal. Taflige weiße xx', von Fluoritlagerstätte in der UdSSR.
Albrechtschrauffit: $Ca_4Mg(UO_2)(CO)_6F_2 \cdot 17\,H_2O$; triklin.
Alforsit: $Ba_5(PO_4)_3Cl$; hexagonal. Von metamorphen Evaporiten aus Californien (USA).
Aluminium: Al; kubisch (polymorph). Lamellar, in Skarn der Tadshikischen SSR (UdSSR).
Alumotantit: $AlTaO_4$; rhombisch. In Granitpegmatiten der Halbinsel Kola (UdSSR).
Andremeyerit: $BaFe_2^{2+}Si_2O_7$; monoklin. Fahlgrün, aus Lavamandeln vom Berg Nyiragongo (Zaïre).
Anduoit: $(Ru, Os)As_2$; rhombisch.
Archerit: $(K, NH_4)H_2PO_4$; tetragonal. Ähnlich ist Biphosphammit $(NH_4, K)H_2PO_4$ in Stalaktiten.
Arctit: $Na_2Ca_4[F/(PO_4)_3]$; trigonal. n_{EO} = 1,577, 1,578; von Halbinsel Kola (UdSSR).
Ardait: $(Pb, Fe)_{20}Sb_{12}S_{34}Cl_8$.
Argutit: GeO_2; tetragonal. Korngröße meist $< 10\ \mu m$.
Arsendescloizit: $PbZn(AsO_4)(OH)$; rhombisch. Fahlgelb.
Arsentsumebit: $Pb_2Cu(AsO_4)(OH)$; monoklin. Von Tsumeb (Namibia).
Arzakit: $Hg_3S_2(Br, Cl)$; monoklin oder triklin. Fraglich.
Aschamalmit: $Pb_6Bi_2S_9$; monoklin. Ähnlich Heyrowskyit, vom Untersulzbachtal (Österreich)
Ashanit: $(Nb, Ta, U, Fe, Mn)_4O_8$; rhombisch. Vom Altai (VR China).
Asselbornit: $(Pb, Ba)(UO_2)_6(BiO_4)(AsO_4)_2(OH)_{12} \cdot 3\,H_2O$; kubisch. Gelbbraun, von Schneeberg (DDR).
Atokit: $(Pd, Pt)_3Sn$; kubisch. Kleine Körnchen, von Südafrika.

Bahianit: $Al_5Sb_3O_{14}(OH)_2$; monoklin. Farblos bis cremefarbig, von Süd-Bahia (Brasilien).
Balkanit: $Cu_9Ag_5HgS_8$; rhombisch. D 6,32; von Lagerstätte Sedmočislenici (VR Bulgarien).
Balyakinit: $CuTeO_3$; rhombisch. Grünlich, VH ≈ 105. Sajangebirge und Kamtschatka (UdSSR).
Bannermanit: $(Na, K)_X V^{4+}V^{5+}_{6-X}O_{15}$; monoklin. Aus Fumarolenabsätzen von El Salvador.
Baratovit: $KCa_7(Ti, Zr)_2Li_3Si_{12}O_{36}F_2$; monoklin. Weiß, von Tadshikischer SSR (UdSSR).
Barentsit: $Na_7AlH_2(CO_3)_4F_4$; triklin. Farblos, in hydrothermalen Gängchen, von Halbinsel Kola (UdSSR).
Barrerit: $(Na, K, Ca)_2Al_2Si_7O_{18} \cdot 7\,H_2O$; rhombisch (Zeolith). Von Sardinien (Italien).
Barroisit: $NaCa(Mg, Fe)_3Al_2(Si_7Al)O_{22}(OH)_2$; monoklin. Blaugrüne Abart der Gemeinen Hornblende. Fe-reiche Abart Ferrobarroisit.
Bartelkeit: $PbFe^{2+}Ge_3O_8$; monoklin. H 4; n_X = 1,910; von Tsumeb (Namibia).
Baumit: $(Mg, Mn, Fe, Zn)_3(Si, Al)_2O_5(OH)_4$; monoklin. Schwärzlich, von Franklin (USA).
Behoit: $Be(OH)_2$; rhombisch. Farblos, sekundär auf Gadolinit in Pegmatit von Texas (USA).
Benavidesit: $Pb_4(Mn, Fe)Sb_6S_{14}$; monoklin. Ähnlich Jamesonit.
Bentorit: $Ca_6(Cr, Al)_2(SO_4)_3(OH)_{12} \cdot 28\,H_2O$; hexagonal. Grünlich, in Marmor (Israel).
Berdesinskiit: V_2TiO_5; monoklin. Schwarz.
Bergslagit: $CaBe(AsO_4)(OH)$; monoklin. Farblos-weißlich, aus Magnetiterz von Långban (Schweden).

Bijvoetit: $(Y, Dy)_2(UO_2)_4(CO_3)_4(OH)_6 \cdot 11\ H_2O$; rhombisch. Gelb.
Biphosphammit: $(NH_4, K)H_2PO_4$; tetragonal. Pulvrige Krusten, in Guano (Westaustralien).
Bohdanowitzit: $AgBiSe_2$; hexagonal. Von Kletno (VR Polen), Julianehaab (Grönland).
Bonaccordit: Ni_2FeBO_5; rhombisch. Rotbraun, von Bon-Accord-Gebiet, Transvaal (Südafrika).
Bonstedtit: $Na_3Fe(PO_4)(CO_3)$; rhombisch, ähnlich Bradleyit. Halbinsel Kola (UdSSR).
Bornemanit: $BaNa_4Ti_2NbSi_4O_{17}(F, OH) \cdot Na_2PO_4$; rhombisch. Fahlgelb, von Lovozero-Massiv (UdSSR).
Borovskit: Pd_3SbTe_4; kubisch. Mit Pyrrhotin, Pentlandit, von Karelien (UdSSR).
Bostwickit: $CaMn_6Si_3O_{16} \cdot 7\ H_2O$. Dunkelrot.
Brabantit: $CaTh(PO_4)_2$; monoklin. Metamikt, von Brabant-Pegmatit (Namibia).
Brezinait: Cr_3S_4; monoklin. Im Tucson-Meteorit.
Brindleyit (Nimesit): $(Ni, Mg, Fe)_2Al(Si, Al)O_5(OH)$; monoklin. Gelbgrüne Fasern, aus Bauxit (Griechenland).
Bulachit: $Al_2(AsO_4)(OH)_3 \cdot 3\ H_2O$; rhombisch. Weißgrün, Heubulach im Schwarzwald (BRD).
Burtit: $CaSn(OH)_6$; kubisch. Mit Wollastonit, vom Behtfluß (Marokko).

Cabriit: Pd_2SnCu; rhombisch. VH 258 bis 288 kp/mm^2, von Norilsk (UdSSR).
Calciotantit: $CaTa_4O_{11}$; hexagonal.
Calciouranoit: $(Ca, Ba, Rb)U_2O_7 \cdot 7\ H_2O$; amorph. Braun, von U-Mo-Lagerstätte der UdSSR.
Campigliait: $Cu_4Mn(SO_4)_2(OH)_6 \cdot 4\ H_2O$; monoklin. Hellblaue xx′ in Sulfiderz (Italien).
Caratiit: $K_4Cu_4O_2(SO_4)(Na, Cu)Cl$; tetragonal. Grün, aus Exhalationen des Vesuv (Italien).
Carboirit: $FeAl_2GeO_5(OH)_2$; triklin. Grünlich, pleochroitisch, von Pyrenäen (Frankreich).
Carrboydit: $Ni_4Al_2SO_4(OH)_{12} \cdot 3\ H_2O$; ähnlich Woodwardit. Von Carr-Boyd-Grube (Westaustralien).
Caryopilit: $(Mn, Mg)_3Si_2O_5(OH)_4$; monoklin.
Cascandit: $Ca(Se, Mn)Si_3O_8OH$; triklin. Von Cava Divero, Baveno (Italien).
Caswellsilverit: $NaCrS_2$; trigonal. Im Enstatitchondrit.
Caysichit: $(Y, Ca)_4Si_4O_{10}(CO_3)_3 \cdot 4\ H_2O$; rhombisch. Hellfarben, meist Krusten, im Pegmatit von Ottawa (Kanada).
Cebait: $Ba_3Ce_2(CO_3)_5F_2$; monoklin. Wachsgelb.
Cechit: $Pb(Fe, Mn)(VO_4)(OH)$; rhombisch.
Cesstibtanit: $(Cs, Na)SbTa_4O_{12}$; kubisch. In Granitpegmatit von Halbinsel Kola (UdSSR).
Chameanit: $(Cu, Fe)_4As(Se, S)_4$: kubisch. Von U-Lagerstätte Chameane (Frankreich).
Charlesit: $Ca_6(Al, Si)_2(SO_4)_2B(OH)_4(OH, O)_{12} \cdot 26\ H_2O$: hexagonal. Von Franklin (USA).
Chatkalit: $Cu_6FeSn_2S_8$; tetragonal. Feinste xx′, von Chatkalbergen (Usbekische SSR, UdSSR).
Chavit: C; hexagonal (polymorph). Aus Granitgneis des Rieskraters (BRD).
Chiavennit: Ca, Mn, $Be_2Si_5O_{13}(OH)_2 \cdot 2\ H_2O$; rhombisch. Orange, in Pegmatiten von Chiavenna (Norditalien).
Chibinskit: $K_2ZrSi_2O_7$; monoklin. Blaßgelb, von Chibinemassiv, Halbinsel Kola (UdSSR).
Chrom: Cr; opt.isotrop. Im Kontakt von Ultrabasiten, Sechuan (VR China).
Chursinit: $Hg_2(AsO_4)$; monoklin.
Clarait: $(CuZn)_3(CO_3)(OH)_4 \cdot 4\ H_2O$; hexagonal. Blaugrün.
Claringbullit: $Cu_4Cl(OH)_7 \cdot 0{,}5\ H_2O$; hexagonal. Blau, # 5(0001), von Sambia und Zaïre.
Clinobisvanit: $BiVO_4$; monoklin. Gelb, von Westaustralien.
Cochromit: $(Co, Ni, Fe)(Cr, Al)_2O_4$; kubisch.
Colquiriit: $LiCaAlF_6$; trigonal. Bis 1 cm große xx, von Colquiri (Bolivien).
Comancheit: $Hg_{13}(Cl, Br)_8O_9$; rhombisch. Gelbrot, von Terlingua in Texas (USA).
Combeit: $Na_4Ca_2[Si_6O_{16}(OH, F)_2]$; trigonal. D 2,84, aus Alkalisyenit

Comblainit: $(Ni_X^{2+}, Co_{1-X}^{3+})(OH)_2(CO_3)_{(1-X)/2} \cdot yH_2O$; trigonal. Blau, von Zaïre.
Creaseyit: $Pb_2Cu_2Fe_2Si_5O_{17}$; rhombisch. Grün, Sekundärmineral von Arizona (USA).
Cualstibit: $Cu_6Al_3Sb_3O_{18} \cdot 16\ H_2O$; trigonal. Blaugrün, sekundär von Grube Clara im Schwarzwald (BRD).
Cuzticit: $Fe_2TeO_6 \cdot 3\ H_2O$; hexagonal. Gelb.
Cyanophyllit: $Cu_{10}Al_4Sb_6O_{25} \cdot 25\ H_2O$; rhombisch. Grünblau, aus Schwarzwald (BRD).

Danbait: $CuZn_2$; kubisch.
Daomanit: $CuPtAsS_2$; rhombisch. Paragenese Olivin, Diopsid, Cooperit u. a., von VR China.
Daquingshanit: $(Sr, Ca, Ba)_3(Ce, La)(CO_3)_{3-X}(OH, F)$; hexagonal. Gelb.
Davreuxit: $Mn_2Al_{12}(SiO_4)_7O_3(OH)_6$; monoklin (Vermiculit). Cremeweiß, von Ardennen (Belgien).
Defernit: $Ca_3(CO_3)(OH, Cl)_4 \cdot H_2O$; rhombisch. Farblos, aus Türkei.
Demisovit: $Ca_4(K_{1,4}Na_{0,6})Si_6O_{16}(F, OH)_2$. Grüngrau, von Halbinsel Kola (UdSSR).
Donpeacorit: $(Mn, Mg)MgSi_2O_6$; rhombisch. Gelborange, aus Mn-haltigem Marmor (USA).
Dorfmanit: $Na_2HPO_4 \cdot 2\ H_2O$; rhombisch. Verwitterungsprodukt von Nahpoit.
Dreyerit: $BiVO_4$; tetragonal. Gelbbraune xx', in Rhyolithtuff von Hirschhorn (Pfalz, BRD).

Earlshannonit: $(Mn, Fe^{2+})Fe_2^{3+}(PO_4)_2(OH)_2 \cdot 4\ H_2O$; monoklin. Rotbraun, aus USA.
Eclarit: $Pb_9(Cu, Fe)Bi_{12}S_{28}$; rhombisch. Sulfosalz von Bärenbach (Österreich).
Eggletonit: $(Na, K, Ca)_2(Mn, Fe)_8(Si, Al)_{12}O_{29}(OH)_7 \cdot 11\ H_2O$; monoklin. Braun, in Nephelinsyenit von Arkansas (USA).
Ekaterinit: $Ca_2B_4O_7(Cl, OH)_2$; hexagonal. Wasserlöslich, von Sibirien (UdSSR).
Erdit: $NaFeS_2 \cdot 2\ H_2O$; monoklin. D 2,30; aus Basiten von Californien (USA).
Ertixiit: $Na_2Si_4O_9$; isotrop. Weiß, von Ertixifluß im Altai (VR China).
Eugsterit: $Na_4Ca(SO_4) \cdot 2\ H_2O$; monoklin. Fasrig, $n_Y = 1{,}494$, von Kenia und Türkei.
Ewaldit: $Ba(Ca, Y, Na, K)(CO_3)_2$; hexagonal. Blaugrün, von Sweetwater Co. (USA).
Eztlit: $Pb_3Fe_6^{3+}(TeO_3)_3(TeO_6)(OH)_{10} \cdot 8\ H_2O$; monoklin. Blutrot.

Ferronickelplatin: Pt_2FeNi; tetragonal. Aus Flußsanden in Ophiolithgebiet der UdSSR.
Ferrotychit: $Na_6Fe_2(SO_4)(CO_3)_4$; kubisch. Goldbraun, D 2,79; von Halbinsel Kola (UdSSR).
Fingerit: $Cu_{11}O_2(VO_4)_6$; triklin. Schwarz, aus Fumarolenabsatz, von El Salvador.
Franconit: $Na_2Nb_4O_{11} \cdot 9\ H_2O$; monoklin. Weiße feinste Kügelchen, von Quebec (Kanada).
Fransoletit: $H_2Ca_3Be_2(PO_4)_4 \cdot 4\ H_2O$; monoklin. Farblose xx bis 3 mm Länge, von Custer (USA).
Fredrikssonit: $Mg_2(Mn^{3+}, Fe^{3+})BO_5$; rhombisch. Schwarz, von Långban (Schweden).
Furutobeit: $(Cu, Ag)_6PbS_4$; monoklin.

Gaidonnayit: $Na_2ZrSi_3O_9 \cdot 2\ H_2O$; rhombisch. Farblos-gelblich, vom Berg St. Hilaire (Quebec, Kanada).
Gainesit: $Na_2(Zr, Zn)_2(Be, Li)(PO_4)_4$; tetragonal. Hellblau, von Pegmatit in Maine (USA).
Gaitit: $H_2Ca_2Zn(AsO_4)_2(OH)_2$; triklin. Weiße xx', $n_Y = 1{,}730$; von Tsumeb (Namibia).
Garyansellit: $(Mg, Fe^{3+})_3(PO_4)_2(OH, O) \cdot 1{,}5\ H_2O$; rhombisch. Braun, vom Yukon-Territorium (Kanada).
Gaspeit: $(Ni, Mg, Fe)CO_3$; trigonal. Hellgrün, D 3,71, serpentinähnliche Masse, Gaspe-Halbinsel (Quebec, Kanada).
Gebhardtit: $Pb_8OCl_6(As_2O_5)_2$; monoklin. Braun, aus Oxydationszone von Tsumeb (Namibia).

Geerit: $Cu_{1,6}S$; kubisch. Feinste xx', D 5,61, von New York (USA).
Geffroyit: $(Ag, Cu, Te)_9(Se, S)_8$; kubisch. Braun, von U-Lagerstätte in Zentral-Frankreich.
Giniit: $Fe^{2+}Fe^{3+}(PO_4)(OH)_2 \cdot 2\,H_2O$; monoklin. Schwarzgrün, aus Pegmatit von Namibia.
Giraudit: $(Cu, Zn, Ag)_{12}(As, Sb)_4(Se, S)_3$; kubisch. VH 293 kp/mm², von Frankreich.
Gittinsit: $CaZrSi_2O_7$; monoklin. Fasrige xx', n_Y = 1,736, aus Syenit (Kanada).
Giuseppetit: $(Na, K, Ca)_8(Al, Si)_{12}O_{24}(SO_4)_2$; hexagonal. In Vulkanit (Italien).
Glaukosphärit: $(Cu, Ni)_2(CO_3)(OH)_2$; monoklin. Grüne fasrige Sphärolithe, in Co-Ni-Erzen von Westaustralien.
Glushinskit: $MgC_2O_4 \cdot 2\,H_2O$; monoklin. Von Schottland (GB).
Goosecreekit: $CaAl_2Si_6O_{16} \cdot 10\,H_2O$; monoklin. # 5 (010), aus Diabas (Kanada).
Gormanit: $Fe_3Al_4(PO_4)_4(OH)_6 \cdot 2\,H_2O$; triklin. Vom Yukon-Territorium (Kanada).
Grischunit: $CaMn(AsO_4)_2$; rhombisch. Kleinste rotbraune xx', aus der Ostschweiz.
Gruzdevit: $Cu_6Hg_3Sb_4S_{12}$; trigonal. R 30 bis 33%, VH 215 kp/mm², von Kirgisischer SSR (UdSSR).
Gysinit: $Pb(Nd, La)(CO_3)_2OH \cdot H_2O$. Von Shinkolobwe und Shaba (Zaïre).

Haapalait: $4\,(Fe, Ni)S \cdot 3\,(Mg, Fe)(OH)_2$; hexagonal. Bronzefarben, bei Outokumpu (Finnland).
Hafnon: $HfSiO_4$; tetragonal. In Pegmatit von Muiane und Morua (Moçambique).
Hashemit: $Ba(Cr, S)O_4$; rhombisch. Dunkelbraun, in Phosphatlagern von Jordanien.
Hauckit: $Fe_3(Mg, Mn)_{24}Zn_{18}(SO_4)_4(CO_3)_2(OH)_8$; hexagonal. Gelblich, Sterling Hill (USA).
Haxonit: $(Fe, Ni)_{23}C_6$; rhombisch. In Meteoriten, z. B. von Cañon Diablo (USA).
Henryit: $Cu_4Ag_3Te_4$; kubisch. Aus Bohrkern von Bisbec (Arizona, USA).
Hexatestibiopanickelit: $(Ni, Pd)_2SbTe$; hexagonal. Aus Cu-Ni-Lagerstätten im SW der VR China.
Hilairit: $Na_2ZrSi_3O_9 \cdot 3\,H_2O$; trigonal. Hellbraun, von St. Hilaire (Quebec, Kanada).
Hingganit (Yb): $(Yb, Y)BeSiO_4(OH)$. Verwitterungsprodukt von Gadolinit (UdSSR).
Hongshiit: PtCu; tetragonal. Bronzefarben, vom Hung-Distrikt (VR China).
Hotsonit: $Al_{11}(PO_4)_2(SO_4)_3(OH)_{21} \cdot 16\,H_2O$; triklin. Weiß, aus Sillimanitgesteinen (Südafrika).
Hypercinnabar: HgS; hexagonal. Schwarz, von Californien (USA).

Iimoriit: $Y_2(SiO_4)(CO_3)$; triklin. D 4,22; aus Pegmatit (Japan).
Ingodit: Bi_2TeS; hexagonal. VH 60 bis 65; von Ingoda in Transbaikalien (UdSSR).
Iraqit: $(K, La, Ce, Th)(Ca, Na, La)_2Si_8O_{20}$; hexagonal. Grüngelb, im Marmorkontakt (Irak).
Iridarsenit: $(Ir, Ru)As_2$; monoklin. D 10,9, von Papua-Territorium (Neu-Guinea).
Isoferroplatin: $(Pt, Pd)_3(Fe, Cu)$; kubisch. Von Südafrika und Kanada.
Isoklakeit: $Pb_{26}(Cu, Fe)_2(Sb, Bi)_{20}S_{57}$; rhombisch. Ähnlich Kobellit.

Jahnsit: $CaMn(Mg, Fe)_2Fe_2^{3+}(PO_4)_4(OH)_2 \cdot 8\,H_2O$; monoklin. Gelbes Sekundärmineral aus Pegmatiten (USA).
Jamesit: $Pb_2Zn_2Fe_5^{3+}O_4(AsO_4)_5$; triklin. Rotbraun, n_Y = 1,995; von Tsumeb (Namibia).
Janhaugit: $Na_3Mn_3Ti_2Si_4O_{15}(OH, F, O)_3$; monoklin. Rotbraun, aus Ekerit vom Oslo-Graben (Norwegen).
Jarosevichit: $Mn_3^{2+}Mn^{3+}(AsO_4)(OH)_6$.
Jaskolskiit: $Pb_{2+x}Cu_x(Sb, Bi)_{2-x}S_6$; rhombisch. Sulfosalz aus Vena-Grube (Schweden).
Jasmundit: $Ca_{11}(SiO_4)_4O_2S$; tetragonal. Dunkelbraun, aus Kalkeinschluß im Basalt des Bellerberges (BRD).
Jeanbandyit: $(Fe^{3+}, Mn^{2+})Sn^{4+}(OH)_6$; tetragonal. Kleine glimmerartige farblose Aggregate, von Jeffreygrube (Quebec, Kanada).
Jeffreyit: $(Ca, Na)_2(Be, Al)Si_2(O, OH)_7$; rhombisch. Kleine glimmerartige farblose Aggregate, von Jeffreygrube (Quebec, Kanada).

Jeppeit: $(K, Ba)_2(Ti, Fe^{3+})_6O_{13}$; monoklin. Schwarz, # 5(100), von Westaustralien.
Jerrygibbsit: $Mn_9(SiO_4)_4(OH)_2$; rhombisch. Violett, von Franklin (New Jersey, USA).
Jervisit: $(Na, Ca)(Sc, Fe, Mg)Si_2O_6$; monoklin. Von Baveno (Italien).
Jinshajiangit: $(Ba, Ca)_4(Na, K)_5(Fe^{2+}, Mn)_{15}(Ti, Fe^{3+}, Nb, Zr)_8Si_{15}O_{64}(F, OH)_6$; monoklin. Rot, von VR China.
Johillerit: $Na(Mg, Zn)_3Cu(AsO_4)_3$; monoklin. Violett, in Oxydationszone von Tsumeb (Namibia).
Johnbaumit: $Ca_5(OH)_3(AsO_4)_3$; hexagonal. D 3,68, n_0 = 1,687; von Franklin (USA).
Johnsomervilleit: $Na_{10}Ca_6Mg_{18}(Fe, Mn)_{25}(PO_4)_{36}$; trigonal. Braun, von Schottland (GB).
Joliotit: $(UO_2)(CO_3) \cdot n\,H_2O$; rhombisch. Gelbe Sphärolithe, von Menzenschwand im Schwarzwald (BRD).
Junitoit: $CaZn_2(Si_2O_7) \cdot H_2O$; rhombisch. Farblos, D 3,5; von Christmas (Arizona, USA).
Junoit: $Pb_3Cu_2Bi_8(S, Se)_{16}$; monoklin. Weiß, D 6,77; von Juno-Grube (Nordaustralien).
Jurbanit: $Al(SO_4)(OH) \cdot 5\,H_2O$; monoklin. Farblos, D 1,83; von Cu-Grube in USA.

Kaatialeit: $Fe^{3+}As_3^{5+}O_9 \cdot 6\,H_2O$; monoklin. Graugelb, Verwitterungsprodukt von Löllingit, aus Finnland.
Kalborsit: $K_6Al_4Si_6BO_{20}(OH)_4Cl$; tetragonal.
Kamaishilit: $Ca_2Al_2SiO_6(OH)_2$; tetragonal. Farblose xx′, im Skarn (Japan).
Kambaldait: $Na_2Ni_8(CO_3)_6(OH)_6 \cdot H_2O$; hexagonal. Grün, Oxydationszone von Ni-Lagerstätte, Westaustralien.
Kamitugait: $PbAl(UO_2)_5(P, As)O_4(OH)_9 \cdot 9{,}5\,H_2O$; triklin. Gelb, Kobokobo (Zaïre).
Kankit: $Fe^{3+}AsO_4 \cdot 3{,}5\,H_2O$; monoklin. Gelbgrün, nierige Krusten, von Kaňk bei Kutna Hora (ČSSR).
Karibibit: $Fe_2As_4(O, OH)_9$; rhombisch. Braungelb, Verwitterungsprodukt von Löllingit (Namibia).
Karlit: $Mg_7(BO_3)_3(OH, Cl)_5$; rhombisch. Hellgrün, D 2,83; aus Ostalpen (Österreich).
Kasakovit: $Na_6(Mn, H_2)TiSi_6O_{18}$; trigonal. Fahlgelb, von Lovozero-Massiv, Halbinsel Kola (UdSSR).
Katayamalit: $KCa_7Li_3Ti_2(Si_6O_{18})_2(OH, F)_2$; triklin.
Katoit: $Ca_3Al_2(Si, S)O_3(OH)_9$; kubisch. Hydrogranat, von Viterbo (Italien).
Keckit: $Ca(Mg, Zn)_2Fe_3(PO_4)_4(OH)_3 \cdot 2\,H_2O$; monoklin. Braun, von Hagendorf (BRD).
Kegelit: $Pb_{12}(Zn, Fe)_2Al_4(SO_4)Si_{11}O_{38}$; pseudohexagonal. Weiß, von Tsumeb (Namibia).
Keivyit: $Yb_2Si_2O_7$; monoklin. Aus Pegmatit von Keivya, Halbinsel Kola (UdSSR).
Kelyanit: $Hg_{36}Sb_3(Cl, Br)_9O_{28}$; monoklin. Rotbraun.
Khanneshit: $(Na, Ca)_3(Ba, Sr, Ce, Ca)_3(CO_3)_5$; hexagonal.
Kidcreekit: Cu_6SnWS_8; kubisch. Von Ontario (Kanada) und Bisbee in Arizona (USA).
Kinishilit: $(Fe, Mg, Zn)Te_3O_9$; hexagonal. Dunkelbraun, von Kawazu-Grube (Japan).
Kitaibelit: $Ag_{10}PbBi_{30}S_5$.
Kittatinnyit: $Ca_4Mn_4^{3+}Mn_2^{2+}Si_4O_{16}(OH)_8 \cdot 18\,H_2O$; hexagonal. Gelb, von Franklin (USA).
Klebelsbergit: $Sb_4O_4(OH)_2(SO_4)$; rhombisch. Gelb, von Baia Sprie (VR Rumänien).
Klinoeulit: Mg-haltiger Klinoferrosilit, von Südafrika.
Klinophosinait: $Na_3CaPSiO_7$; monoklin. Von Lovozero-Massiv, Halbinsel Kola (UdSSR).
Koašvit (Koashvit): $Na_6(Ca, Mn)(Ti, Fe)Si_6O_{18}$; rhombisch. Fahlgelb, von Halbinsel Kola (UdSSR).
Kolfanit: $CaFe_3O_2(AsO_4)_2 \cdot 2\,H_2O$; monoklin. Rotorange, ähnlich Arseniosiderit.
Kolvezit: $(Cu, Co)_2(CO_3)(OH)_2$; triklin. Gelb bis schwarz, von Zaïre.
Kolymit: Cu_7Hg_6; kubisch.
Korshinovskit: $Mg_2Cl(OH)_3 \cdot 4\,H_2O$; triklin.
Kostylevit: $K_4Zr_2Si_6O_{18} \cdot 2\,H_2O$; monoklin. Farblos, in Nephelin-Syenit, von Halbinsel Kola (UdSSR).
Kovdorskit: $Mg_5(PO_4)_2(CO_3)(OH)_2 \cdot 4{,}5\,H_2O$; monoklin. Hellrosa, Kovdor-Massiv, Halbinsel Kola (UdSSR).
Krautit: $Mn_2H_2(AsO_4)_2 \cdot 2\,H_2O$; monoklin. Rosa, von Sacaramb (SR Rumänien).

Kuramakit: $PbMnTeO_6$; rhombisch. Dunkelbraun, Oxydationszone von Goldlagerstätte Kuranagh (UdSSR).
Kusnecovit (Kuznetzovit): $Hg_6As_2Cl_2O_9$; kubisch. Hellbraun, von Khaidarka (UdSSR).
Kvanefjeldit: $Na_4(Ca, Mn)Si_6O_{14}(OH)_2$; rhombisch. Rosa, aus Nephelinsyenit von Ilimaussaq (Grönland).
Kysylkumit: $V_2Ti_3O_9$; monoklin. D 3,75; von Usbekischer SSR (UdSSR).

Laffittit: $AgHgAsS_3$; monoklin. Blauweiß, in Dolomit der Jas-Roux-Grube (Frankreich).
Lammerit: $Cu_3(AsO_4)_2$; monoklin. Dunkelgrüne Sphärolithe, von Laurani (Bolivien).
Lavrentsovit: $Hg_3S_2(Cl, Br)_2$; monoklin oder triklin (dimorph mit Cordierit).
Lazarenkoit: $(Ca, Fe)Fe^{3+}As_3O_7 \cdot 3\,H_2O$; rhombisch. Hellorange, von Westsibirien (UdSSR).
Lennilenapeit: $K_{6-7}(Mg, Mn, Fe^{2+}, Fe^{3+}, Zn)_{48}(Si, Al)_{72}(O, OH)_{216} \cdot 16\,H_2O$; triklin. Franklin (USA).
Lepersonnit: $CaO \cdot (Gd, Dy)_2O_3 \cdot 24\,UO_2 \cdot 8\,CO_2 \cdot 4\,SiO_2 \cdot 60\,H_2O$; rhombisch. Gelb.
Liebenbergit: $(Ni, Mg)_2SiO_4$; rhombisch. Gelbgrün, in Ni-Serpentin von Barberton (Südafrika).
Lithiotantit: $Li(Ta, Nb)_3O_8$. Farblos bis grün, aus Granitpegmatit von Kasachischer SSR (UdSSR).
Lithosit: $K_6Al_4Si_8O_{25} \cdot 2\,H_2O$. Farblos, in Nephelinsyenit, von Halbinsel Kola (UdSSR).
Lotharmeyerit: $CaZnMn^{3+}(As^{5+}O_3OH)_2(OH)_3$. Rotorange; in Drusen von Mapimi (Mexiko).
Lunokit: $Mn(Mg, Fe, Mn)Al(PO_4)_2(OH) \cdot 4\,H_2O$; rhombisch. Farblos, aus Alkaligestein der Halbinsel Kola (UdSSR).

Macaulyit: $(Fe, Al)_{24}Si_4O_{43}(OH)_2$; monoklin. Blutrot, von Schottland (GB).
Macphersonit: $Pb_4(SO_4)(CO_3)_2(OH)_2$; rhombisch. Weiß-grünliches Sekundärmineral, von Schottland (GB) und Frankreich.
Macquartit: $Pb_3Cu(CrO_4)(OH)_4 \cdot 2\,H_2O$; monoklin. Orangefarben, von Tiger (Arizona, USA).
Maghagendorfit: $NaMn(Mg, Fe^{2+}, Fe^{3+})_2(PO_4)_3$; monoklin. Aus Pegmatit von Hagendorf (BRD).
Magnesio-Sadanageit: $(K, Na)Ca_2(Mg, Fe^{2+}Al, Fe^{3+}, Ti)_5(Si, Al)_8O_{22}(OH)$; monoklin. Braunschwarz.
Majorit: $Mg_3(Fe, Al, Si)_2(SiO_4)_3$; kubisch. Rot, aus Coorara-Meteorit.
Malanit: $Cu(Pt, Ir)_2S_4$; kubisch. Weißbräunlich, in Ultrabasit.
Mantienneit: $KMg_2Al_2Ti(PO_4)_4(OH)_3 \cdot 15\,H_2O$; rhombisch. Gelbbraune Kügelchen, von Anloua (Kamerun).
Mapimit: $Zn_2Fe_3^{3+}(AsO_4)_3(OH)_4 \cdot 10\,H_2O$; monoklin. Blaugrün, von Mapimi (Mexiko).
Margaritasit: $(Cs, K, H_3O)_2(UO_2)_2V_2O_8 \cdot H_2O$.
Maricit: $NaFe_2PO_4$; rhombisch. Knollen in Eisenerz, von Yukon-Territorium (Kanada).
Maslovit: PtBiTe; kubisch. Mit Cubanit, Mooihoekit u. a., von Norilsk (UdSSR).
Matrait: ZnS; trigonal (trimorph mit Sphalerit und Wurtzit). Von Ungarischer VR.
Mbabomkulit: $(Ni, Cu)Al_4(NO_3)_{1,5}(SO_4)_{0,3}(OH)_{11,5} \cdot 1,6\,H_2O$; pseudohexagonal, von Transvaal in Südafrika. Hydrombabomkulit mit $\sim 14\,H_2O$.
McGillit: $Mn_8Si_6O_{15}(OH)_8Cl_2$; trigonal. Blaßrosa, $n_0 = 1,669$; Sullivan-Grube (Kanada).
Mcguinnessit: $(Mg, Cu)_2(CO_3)(OH)_2$; monoklin. Blaugrüne Fasern im Peridotit.
Mcnearit: $NaCa_3H_4(AsO_4)_5 \cdot 4\,H_2O$; triklin. Weiße fasrige xx', von Ste. Marie aux Mines (Frankreich).
Medait: $Mn_6[VSi_5O_{18}/(OH)]$; monoklin. Braun, in Mn-Lagerstätte Malinello (Italien).
Meixnerit: $Mg_6As_3(OH)_{18} \cdot 4\,H_2O$; trigonal. Farblos, sekundär in Serpentin; Persenbeug (Österreich).
Melonjosephit: $CaFe^{2+}Fe^{3+}(PO_4)_2(OH)$; rhombisch. Dunkelgrün, D 3,61; aus Pegmatit (Marokko).

Mgriit: Cu_3AsSe_3; kubisch.
Miharait: $Cu_4FePbBiS_6$; rhombisch. Einschluß in Bornit; von Mihara-Grube (Japan).
Minamiit: $(Na, K, Ca)Al_3(SO_4)_2(OH)_6$; trigonal. Von Japan.
Minehillit: Schichtartiges Ca-Mg-Zn-Al-Silikat, von Franklin (USA).
Minrecordit: $CaZn(CO_3)_2$; trigonal.
Mohit: Cu_2SnS_3; triklin.
Moreauit: $Al_2UO_2(PO_4)_3(OH)_2 \cdot 13\ H_2O$; monoklin. Grüngelb, knollig, von Kiou (Zaïre).
Motukoreait: $Na_2Mg_{38}Al_{24}(CO_3)_{13}(SO_4)_8(OH)_{108} \cdot 56\ H_2O$; hexagonal. Weiß, von New Zealand.
Mountkeithit: $(Mg, Ni)_9(Fe, Cr, Al)_3(OH)_{24}(CO_3, SO_4)$ 1,5 $(Mg, Na)_2(SO_4)_2 \cdot 11\ H_2O$; hexagonal. Weißrosa, von Australien.
Mroseit: $CaTe(CO_3)O_2$; rhombisch. Weiß, D 4,17; von Moctezuma (Mexiko).
Muchuanit: $MoS_2 \cdot 0{,}5\ H_2O$; trigonal. Fasrige Flitter, von Muchuan (VR China).
Mundit: $Al(UO_2)_3PO_4(OH)_3 \cdot 5{,}5\ H_2O$; rhombisch. $n_Y = 1{,}682$; von Kobokobo (Zaïre).
Munirit: $Na_2V^{5+}O_3 \cdot 2\ H_2O$; rhombisch.
Murunskit: K_2Cu_3FeS; tetragonal. VH 109; von Murunski-Alkali-Massiv (UdSSR).

Nacophit: $Na_2Ca(PO_4)F$; rhombisch.
Nagashimalit: $Ba_4(V, Ti)_4(O, OH)ClSi_8B_2O_{27}$; rhombisch. Dunkelgrün, von Japan.
Nahpoit: Na_2HPO_4; monoklin. Wasserlöslich, vom Yukon-Territorium (Kanada).
Nakauriit: $Cu_8(SO_4)_4CO_3(OH)_6 \cdot 48\ H_2O$; rhombisch. Von Nakauri (Japan).
Namibit: $CuBi_2O_6$; monoklin. Dunkelgrün, verzwillingt; von Nordwest-Namibia.
Namuwit: $(Zn, Cu)_4(SO_4)(OH)_6 \cdot 4\ H_2O$; hexagonal. Fahlgrün, aus Wales (GB).
Nanlingit: $CaMg(AsO_3)_2Fe_4$; trigonal. Rotbraun, Kontaktmineral mit Dolomit; von NanLing (VR China).
Nastrophit: $Na(Sr, Ba)PO_4 \cdot 9\ H_2O$; kubisch. In heißem Wasser löslich; aus Syenit von Halbinsel Kola (UdSSR).
Natisit: $Na_2(TiO)SiO_4$; tetragonal. Gelbgrün, # 4–5(001); Lovozero-Massiv, Halbinsel Kola (UdSSR).
Natrobistantit: $(Na, Cs)Bi(Ta, Nb, Sb)_4O_{12}$; kubisch. Farblos, lumineszierend, in Granitpegmatit der VR China.
Natrosilit: $Na_2Si_2O_5$; monoklin. Weiß, 6 cm große xx, Lovozero-Massiv, Halbinsel Kola (UdSSR).
Natrotantit: $NaTa_3O_8$; monoklin. In Granitpegmatiten der Halbinsel Kola (UdSSR).
Nealit: $Pb_4Fe(AsO_4)_2Cl_2$; triklin. In Schlacken von Laurion (Griechenland).
Nefedonit: $Na_5Ca_4(PO_4)_4F$; triklin. Farblos, in Alkaligestein der Halbinsel Kola (UdSSR).
Nekrasovit: $Cu_{26}V_2(Sn, As, Sb)_6S_{32}$; kubisch. Von Chatkala-Kuraminsk-Berge (Kasachische SSR, UdSSR).
Nelenit: $(Mn, Fe^{2+})_{16}Si_{12}As_3O_{36}(OH)_{17}$; monoklin. Braun, # 5(0001), von Franklin (USA).
Neltnerit: $CaMn_6SiO_{12}$; tetragonal. Ähnlich Braunit.
Nevskit: $Bi(Se, S)$; trigonal.
Nichromit: $(Ni, Co, Fe)(Cr, Fe, Al)_2O_4$; kubisch.
Nordströmit: $Pb_3CuBi_7(S_{10}Se_4)$; monoklin.
Nullaginit: $Ni_2(OH)_2CO_3$; monoklin. Hellgrüne Ovoide in Peridotit (Australien).
Nyboit: $NaNa_2Mg_3Al_2(Si_7Al)O_{22}(OH)_2$; monoklin.

O'Danielit: $NaZn_3H_2(AsO_4)_3$; monoklin. Hellviolett, von Tsumeb (Namibia).
Ogdensburgit: $Ca_4Fe_6(AsO_4)_5(OH)_{11} \cdot 5\ H_2O$; triklin. Von Ogdensburg (USA).
Ojuelait: $ZnFe_2(AsO_3)_2(OH)_2 \cdot 4\ H_2O$; monoklin. In Oxydationszone von Mapimi (Japan).
Okanoganit: $(Na, Ca)_3(Y, Ce, Nd, La)_{12}Si_6B_2O_{27}F_{14}$; trigonal. Von Okanogan (USA).
Olgit: $Na(Sr, Ba)(PO_4)$; hexagonal. Blau, $n_0 = 1{,}632$. Von Halbinsel Kola (UdSSR).
Olmsteadit: $K, Fe_2(Nb, Ta)(PO_4)_2O_2 \cdot 2\ H_2O$; rhombisch. Braunschwarz, aus Pegmatit (USA).

Olsacherit: $Pb_2(SeO_4)(SO_4)$; rhombisch. Von Bolivien.
Olympit: Na_3PO_4; rhombisch. Wasserlöslich, $n_X = 1{,}510$. Von Halbinsel Kola (UdSSR).
Orpheit: $H_6Pb_{10}Al_{20}(PO_4)_{12}(SO_4)_5(OH)_{40} \cdot 11\,H_2O$; trigonal. Grünblau, aus Rhodopen (VR Bulgarien).
Otjisumeit: $PbGe_4O_9$; triklin. Von Tsumeb (Namibia).
Oursinit: $CoO \cdot 2\,UO_3 \cdot SiO_2 \cdot 6\,H_2O$; rhombisch. Hellgelb, von Shaba (Zaïre).

Pääkonenit: Sb_3AsS_2; monoklin. VH 77; von Seinäjoki (Finnland).
Palarstanid: $Pd_8(Sn, As)_3$; hexagonal. VH 470; von Talnach (UdSSR).
Palladoarsenid: Pd_2As; monoklin. D 10,4; Paragenese Sperrylith, Gold, Chalkopyrit; Talnach (UdSSR).
Palladobismutharsenid: $Pd_2(As, Bi)$; rhombisch. Von Stillwater-Komplex (Montana, USA).
Palladseit: Pd_9Se_8; kubisch. Von Itabira, Minas Geraes (Brasilien).
Panasqueirait: $CaMgPO_4(OH, F)$; monoklin. Rosa, von Panasqueira (Portugal).
Paraumbit: $K_3Zr_2HSi_6O_{18} \cdot n\,H_2O$; rhombisch. Ähnlich Umbit.
Partheit: $Ca_2Al_4Si_4O_{15}(OH)_2 \cdot 4\,H_2O$; monoklin. Fasrig, vom Taurusgebirge (Türkei).
Paulkerrit: $K(Mg, Mn)_2(Fe, Al)_2Ti(PO_4)_4(OH)_3 \cdot 10\,H_2O$; rhombisch. Braun, Versteinerungsprodukt von Triplit aus USA.
Pehrmanit: $BeFeAl_4O_8$; trigonal. VH 1700. In Pegmatit der Kerniö-Insel (Finnland).
Pekoit: $PbCuBi_{11}(S, Se)_{18}$; rhombisch. Grau, von Juno-Grube in Tennant-Creek (Australien).
Penkoilksit: $Na_4Ti_2Si_8O_{22} \cdot 5\,H_2O$; monoklin. Weiß, radialfasrig, Halbinsel Kola (UdSSR).
Pentagonit: $Ca(VO)Si_4O_{10} \cdot 4\,H_2O$; rhombisch. Blaugrün, sternförmige Fünflinge; in Basalttuff (USA).
Penzhinit: $(Ag, Cu)_4Au(S, Se)_4$; hexagonal.
Peretait: $CaSb_4O_4(OH)_2(SO_4)_2 \cdot 2\,H_2O$; monoklin. Von Pereta (Italien).
Petarasit: $Na_5Zn_2Si_8O_{18}(Cl, OH) \cdot 2\,H_2O$; monoklin. Grüngelb, $n_Y = 1{,}598$. Von Kanada.
Philipsbornit: $PbAl_3(AsO_4)_2(OH)_5 \cdot H_2O$; trigonal. Graugrün, von Tasmanien.
Phosinait: $H_2Na_3(Ca, Ce, Nd, La)(SiO_4PO_4)$; rhombisch. Von Halbinsel Kola (UdSSR).
Phosphammit: $(NH_4)_2HPO_4$; monoklin.
Phosphofibrit: $KCuFe^{3+}_{15}(PO_4)_{12}(OH)_{12} \cdot 12\,H_2O$; rhombisch. Gelb, Sekundärmineral von Grube Clara (Schwarzwald, BRD).
Pinchit: $Hg_5O_4Cl_2$; rhombisch. Braunschwarz, H 2, von Terlingua (Texas, USA).
Pirquitasit: Ag_2ZnSnS_4; tetragonal. Verwandt mit Hocartit.
Piypit: $K_2Cu_2(SO_4)_2O$; tetragonal. Grün.
Plumbotsumit: $Pb_5Si_4O_8(OH)_{10}$; rhombisch. Tsumeb-Grube (Namibia).
Pokrovskit: $Mg(CO_3)_2(OH)_2 \cdot 0{,}5\,H_2O$; trigonal. Von Kasachischer SSR (UdSSR).
Polarit: $Pb(Bi, Pb)$; rhombisch. Mit Cubanit, Talnachit u. a., von Talnach (UdSSR).
Poyarkovit: Hg_3ClO; monoklin. Rot, VH 188, von Khaidarkan-Lagerstätte (UdSSR).
Preissingerit: $Bi_2(AsO_4)_2O(OH)$; triklin. Mit Rooseveltit, von Argentinien.
Preiswerkit: $Na(Mg, Al)_3(Al, Si)_4O_{10}(OH)_2$; monoklin. Aus Ultrabasiten der Schweiz.
Proudit: $Cu_{0-1}Pb_{7,5}Bi_{9,3-9,7}(S, Se)_{22}$; monoklin. Von Tennant-Creek (Australien).
Pseudorutil: $Fe_2Ti_3O_9$; hexagonal. Mineral unklar.
Putoranit: $Cu_{18}(Fe, Ni)_{18}S_{32}$; kubisch. Im Erz von Norilsk (UdSSR).
Pyroxferroit: $(Fe, Mn, Ca)SiO_3$; triklin. Gelb, ähnlich Pyroxmangit. Mondmineral.

Quingheiit: $Na_3Mn_2Mg_2(Al, Fe)_2(PO_4)_6$; monoklin. Grün.

Rankachit: $CaFeV_4W_8O_{36} \cdot 6\,H_2O$; rhombisch. Braun, von Grube Clara im Schwarzwald (BRD).
Rayit: $Pb_8(Ag, Tl)_2Sb_8S_{21}$. Sulfosalz mit Galenit, Meneghinit u. a., von Rajasthan (Indien).
Reodit: $Na_2Si_2O_5 \cdot 5\,H_2O$; triklin. D 1,94, # 5(100). Von Halbinsel Kola (UdSSR).

Rhodium: (Rh, Pt); kubisch. Stillwaterkomplex in Montana (USA).
Rhodplumsit: $Rh_3Pb_2S_2$; trigonal. Feinste xx' aus Seifenmineralen des Ural (UdSSR).
Richelsdorfit: $Ca_2Cu_5SbCl(OH)_6(AsO_4)_4 \cdot 6\,H_2O$; monoklin. Blau, von Richelsdorf (BRD).
Roaldit: $(Fe, Ni)_4N$; kubisch. Feinste xx', aus Eisenmeteoriten.
Robertsit: $Ca_3Mn_4(PO_4)_4(OH)_6 \cdot 3\,H_2O$; monoklin. Blutrot, White Elephant u. a. (USA).
Rosemaryit: $(Na, Ca, Mn)(Mn^{2+}, Fe^{2+})(Fe^{3+}, Fe^{2+}, Mg)Al(PO_4)_3$; monoklin.
Ruarsit: RuAsS; monoklin.
Rustemburgit: $(Pt, Pd)_3Sn$; kubisch. Bushveld (Südafrika).
Ruthenarsenit: (Ru, Ni)As; rhombisch. Vom Papua-Territorium (Guinea).

Sabinait: $Na_2Zr_4Ti_2O_9(CO_3)_2$; monoklin. Weiß, pulvrig. Von St. Michel, Quebec (Kanada).
Sacharovait: $(Pb, Fe)(Bi, Sb)_2S_4$; rhombisch.
Sacrofanit: $(Na, Ca, K)_{10}(Si, Al)_{12}O_{24}(OH)_6(SO_4)_3(CO_3)_3Cl_6 \cdot n\,H_2O$; hexagonal. Von Italien.
Sadanagait: $(K, Na)Ca_2(Fe, Mg, Al, Ti)_5(Si, Al)_8O_{22}(OH)_2$; monoklin. Dunkelbrauner Amphibol, von Japan.
Samuelsonit: $(Ca, Ba)Ca_8(Fe, Mn)_4Al_2(PO_4)_{10}(OH)_2$; monoklin. Farblos, Palermo-Pegmatit (USA).
Saneroit: $Na_2(Mn^{2+}, Mn^{3+})_{10}Si_{11}VO_{34}(OH)_4$; triklin. Orange, in Manganerz von Italien.
Santaclarait: $CaMn_4Si_5O_{14}(OH)_2 \cdot H_2O$; triklin. (Pyroxen). Aus Californien (USA).
Santafeit: $Na_2(Mn, Ca, Sr)_6Mn_3(V, As)_6O_{28} \cdot 8\,H_2O$; rhombisch. Schwarz, nadlig, von Santa Fé (USA).
Santit: $KB_5O_6(OH)_4 \cdot 2\,H_2O$; rhombisch. Farblos, D 1,73; von Larderello (Italien).
Sarabauit: $CaSb_{10}O_{10}S_6$; monoklin. Karminrot, von Sarabau-Grube bei Sarawak (Malaysia).
Sashinit: $Na_2CaSi_6O_{14}(OH) \cdot 5\,H_2O$; rhombisch. Weißgrau, von Halbinsel Kola (UdSSR).
Satimolit: $KNa_2Al_4B_6O_{15}Cl_3 \cdot 13\,H_2O$; rhombisch. Weiß, mit Polyhalit, aus UdSSR.
Sayrit: $Pb_2(UO_2)_5O_6(OH)_2 \cdot 4\,H_2O$; monoklin. Orangefarben, von Shinkolobwe in Shaba (Zaïre).
Sčerbinait (Vanadinocker): V_2O_5; rhombisch. Gelbgrün, von Vulkan auf Kamtschatka (UdSSR).
Schmiederit: $(Pb, Cu)_2SeO_4(OH)_2$; monoklin. Weiß, von Condorgrube (Argentinien).
Schubnikovit: $Ca_2Cu_8(AsO_4)Cl(OH) \cdot 7\,H_2O$; rhombisch oder monoklin.
Schuilingit: $PbCu(Nd, Cd, Sm, Y)(CO_3)_3(OH) \cdot 5\,H_2O$; rhombisch. Azurblau.
Schulenburgit: $(Cu, Zn)_7(SO_4, CO_3)_2(OH)_{10} \cdot 3\,H_2O$; trigonal. Hellgrünblau, Sekundärmineral aus dem Harz (BRD).
Schumacherit: $Bi_3[(V, As, P)O_4]O(OH)$; triklin. Gelb, von Schneeberg (DDR).
Scotlandit: $PbSO_3$; monoklin. Gelbliche xx' < 1 mm, in Baryt von Leadhills (Schottland, GB).
Segelerit: $CaMgFe^{3+}(PO_4)_2(OH) \cdot 4\,H_2O$; rhombisch. Hellgrün, von Tip-Top-Pegmatit (USA).
Seinäjokit: $(Fe, Ni)(Sb, As)_2$; rhombisch. D 8,13, mit Gudmundit, Berthierit, Antimon u. a., von Seinäjoki (Finnland).
Senegalit: $Al_2(PO_4)(OH)_3 \cdot H_2O$; rhombisch. Farblos, von Fe-Lagerstätte Kourondicko (Senegal).
Sergeevit: $CaMg_6(CO_3)_7 \cdot 5\,H_2O$; trigonal. n = 1,581, von UdSSR.
Shabynit: $Mg_5(BO_3)(Cl, OH)_2(OH)_5 \cdot 4\,H_2O$; monoklin. Fasrig, aus Skarnen (UdSSR).
Shahovit: $Hg_8Sb_2O_{13}$; triklin. Grün, D 8,4; von Hg-Lagerstätte Khaidarkan (UdSSR).
Shuiskit: das Cr-Analogon des Pumpellyits, monoklin. Dunkelbraun.
Sinkankasit: $H_2MnAl(PO_4)_2(OH) \cdot 6\,H_2O$; triklin. Farblos, Verwitterungsprodukt von Triphylin, in Pegmatit (USA).
Slawsonit: $(Sr, Ca)Al_2Si_2O_8$; monoklin. Aus Marmor (USA).
Smolianinovit: $(Co, Ni, Ca, Mg)_3(Fe, Al)_2(AsO_4)_4 \cdot 11\,H_2O$; rhombisch. Braungelb, von Schneeberg (DDR).

Sobolevit: $Na_2CaMnTi_3Si_4O_{18} \cdot 4\ Na_3PO_4$; monoklin. Braun, von Halbinsel Kola (UdSSR).
Sobolevskit: PdBi; hexagonal. Paragenese Cu-Erze, Magnetit, Sperrylith, von Talnach (UdSSR).
Solongoit: $Ca_2B_3O_4(OH)_4Cl$; monoklin. Farblos, von Boratlagerstätte, Burjatische ASSR (UdSSR).
Sopcheit: $Ag_4Pd_3Te_4$; rhombisch.
Spertiniit: $Cu(OH)_2$; rhombisch. Pleochroitisch, von Jeffrey-Grube, Quebec (Kanada).
Spionkopit: $Cu_{39}S_{28}$; hexagonal. VH 63 bis 93, von Spionkop-Creek in Alberta (Kanada).
Srilankit: $(Zr, Ti)O_2$. Aus Edelsteinseifen von Rekwana in Sri Lanka.
Steacyit: $Th(Ca, Na)_2K_{1-x}Si_8O_{20}$; tetragonal.
Sterlinghillit: $Mn_3(AsO_4)_2 \cdot 4\ H_2O$; Von Sterling-Hill-Grube bei Ogdansburg (USA).
Stibivanit: $(Sb_2, V)O_5$; monoklin. Gelbgrün, VH 232; pleochroitisch, von Kanada.
Straczekit: $(Ca, K, Ba, Na)(V^{4+}V^{5+})_8O_{20} \cdot 3\ H_2O$; monoklin. Grünschwarz, von V-Lagerstätten (USA).
Strelkinit: $Na_2(UO_2)_2V_2O_8 \cdot 6\ H_2O$; rhombisch. Gelb, # 5, von UdSSR.
Stringhamit: $CaCuSiO_4 \cdot 2\ H_2O$; monoklin. Azurblau, Sekundärmineral, von Bawana-Grube (Utah, USA).
Sturmanit: $Ca_6(Fe^{3+}, Al, Mn^{2+})_2(SO_4)_2B(OH)_4(OH)_{12} \cdot 25\ H_2O$; hexagonal. Gelb, von Südafrika.
Sudburyit: (Pd, Ni)Sb; hexagonal. Weiß, von Copper-Cliff-Grube bei Sudbury (Kanada).
Suessit: Fe_3Si. In Klüftchen von meteoritischen Silikaten.
Sulrhodit: Rh_2S_3; rhombisch.
Surinamit: $(Mg, Fe)_3Al_4BeSi_3O_{16}$; monoklin. Blau bis farblos, D 3,58; aus Guano.
Susannit: $Pb_4(SO_4)(CO_3)_2(OH)$; trigonal (dimorph mit Leadhillit). Weiß.
Suzukit: $BaVSi_2O_7$; rhombisch. Hellgrün, aus Mogurazawo-Gruben (Japan).
Sveit: $KAl_7(NO_3)_4Cl_2(OH)_{16} \cdot 8\ H_2O$; monoklin.
Svyashinit: $(Mg, Mn)(Al, Fe)(SO_4)_2F \cdot 14\ H_2O$; triklin.
Swamboit: $UH_6(UO_2)_6(SiO_4)_6 \cdot 30\ H_2O$; monoklin. Hellgelb.
Sweetit: $Zn(OH)_2$; tetragonal. Farblose xx′ in Oxydationszone von Fluoritgängchen, von Derbyshire (GB).
Swinefordit: $(Li, Al, Mg)_{2,5}(OH, F)_2(Si_{3,85}Al_{0,15})O_{10} \cdot (Li, Ca...)_{0,5}(H_2O)_4$; monoklin. Grünlichgrau.
Sztrokayit: Bi_3TeS_2.

Tadžikit: $Ca_3(Ce, Y)_2(Ti, Al, Fe)B_4Si_4O_{22}$; monoklin. Farblos, vom Alai (UdSSR).
Taimyrit: $(Pd, Cu, Pt)_3Sn_1$ rhombisch.
Takanelith: $(Mn, Ca)Mn_4^{4+}O_9 \cdot H_2O$; hexagonal. Grau bis schwarz, in Knollen (Japan).
Takéuchiit: $Mg_{1,6}Mn_{0,4}^{2+}Mn_{0-8}^{3+}Fe_{0,2}^{3+}BO_3$; rhombisch. Von Långban (Schweden).
Tancoit: $HNa_2LiAl(PO_4)_2(OH)$; rhombisch. D 2,752; aus Tanco-Pegmatit (Kanada).
Tantit: Ta_2O_5; triklin. xx max. 0,5 mm, in Granitpegmatiten der Halbinsel Kola (UdSSR).
Tausonit: $SrTiO_3$; kubisch. Rote Oktaeder in Alkalisyenit, vom Aldanschild (UdSSR).
Temagamit: Pd_3HgTe_3; rhombisch. D 9,36; von Temagami-Cu-Grube (Ontario, Kanada).
Terskit: $Na_4ZrSi_6O_{16} \cdot 2\ H_2O$. Violett, in Syeniten der Halbinsel Kola (UdSSR).
Testibiopalladit: Pd(Sb, Bi)Te; kubisch. Aus Cu-Ni-Lagerstätten der VR China.
Tetra-Auricuprid: Au Cu; tetragonal.
Thalcusit: $Tl_2(Cu, Fe)_4S_4$; tetragonal. D 6,54; von Talnach (UdSSR).
Thalfenisit: $Tl_6(Fe, Ni, Cu)_{25}S_{26}Cl$; kubisch. Von Talnach (UdSSR).
Theisit: $Cu_5Zn_5(As, Sb)_2O_8(OH)_{14}$; rhombisch. Hellblaugrün.
Theophrastit: $Ni(OH)_2$; trigonal. Grüne xx′, D 4,00; von Vermion (Griechenland).
Thorbastnäsit: $Th(Ca, Ce)(CO_3)_2F_2 \cdot 3\ H_2O$; hexagonal. Braun, aus Sibirien (UdSSR).
Thorutit (Smirnovit): $(Th, U, Ca)Ti_2(O, OH)_6$; monoklin. Schwarz.
Tiaranit: $VTiO_3OH$; monoklin. VH 650, R 17 bis 18 %; von Kalgoorlie (Australien).
Tinsleyit: $KAl_2(PO_4)_2(OH) \cdot 2\ H_2O$; monoklin. Dunkelrot, in Pegmatit von Süddakota (USA).

Tiragalloit: $Mn_4AsSi_3O_{12}(OH)$; monoklin. Orange, von Chiavari (Italien).
Tisinalit: $Na_3H_3(Mn, Ca, Fe)TiSi_6(O, OH)_{18} \cdot 2\,H_2O$; trigonal. Gelborange, von Halbinsel Kola (UdSSR).
Tivanit: $VTiO_3(OH)$; monoklin. Schwarz, von Kalgoorly (Australien).
Tolbachit: $CuCl_2$; monoklin. Braun, Absatz in Basaltfumarolen von Kamtschatka (UdSSR).
Tolovkit: IrSbS; kubisch.
Tongbait: Cr_3O_2; rhombisch.
Tosudit: Eine regelmäßige 1:1-Wechsellagerung von Chlorit und Smektit.
Tristramit: $(Ca, U, Fe)(PO_4, SO_4) \cdot 2\,H_2O$; hexagonal. Gelbgrün.
Truscottit: siehe Reyerit.
Tugarinovit: MoO_2; monoklin. Kleine lilabraune xx, in Quarzsomatiten (UdSSR).
Tulameenit: Pt_2FeCu; tetragonal. Von Fluß Tulameen in Kolumbien.
Tusionit: $MnSn(BO_3)_2$; trigonal. Gelb bis gelbbraun.
Tvalchrelidzeit: $Hg_{12}(Sb, As)_8S_{15}$; monoklin. Bleigrau und kirschrot; # 4, von Gomi in der Georgischen SSR (UdSSR).

Uchucchacuait: $AgMnPb_3Sb_5S_{12}$; rhombisch. Von Erzlagerstätte Uchuc-Chacua (Peru).
Umbit: $K_2ZrSi_3O_9 \cdot H_2O$; rhombisch. Farblos bis gelblich, aus Nephelinsyenit von Halbinsel Kola (UdSSR).
Umbozerit: $Na_3Sr_4ThSi_8(O, OH)_{24}$; amorph. Grün, pseudomorph nach Thorit, von Halbinsel Kola (UdSSR).
Urancalcarit: $Ca(UO_2)_3(CO_3)(OH)_6 \cdot 3\,H_2O$; rhombisch. Gelb, von Shinkolobwe (Zaïre).
Uranosilit: $UO_3 \cdot 7\,SiO_2$. Gelblichweiß, Sekundärmineral von Menzenschwand im Schwarzwald (BRD).
Uschkovit: $MgFe_2^{3+}(PO_4)_2(OH)_2 \cdot 8\,H_2O$; triklin. Hellgelbbraun, vom Ilmen-Nationalpark im Ural (UdSSR).

Vanmeerscheit: $U^{6+}(UO_2)_3(PO_4)_2(OH)_6$; rhombisch. Gelb.
Vashegyit: $Al_4(PO_4)_3(OH)_3 \cdot 23\,H_2O$; rhombisch. Von VR Ungarn.
Viitaniemit: $Na(Ca, Mn)Al(PO_4)(F, OH)$; monoklin. $n_Y = 1{,}565$; aus Granit (Finnland).
Vinogradovit: $(Na, Ca, K)_4Ti_4AlSi_6O_{23}(OH) \cdot H_2O$; monoklin. Farblos, # 4 bis 5, von Halbinsel Kola (UdSSR).
Vismirnovit: $ZnSn(OH)_6$; kubisch. Gelb.
Vjacheslavit: $U^{3+}(PO_4)(OH) \cdot 2{,}5\,H_2O$; rhombisch. Grün.
Vjuntspakit: $Y_4Al_2AlSi_5O_{18}(OH)$; monoklin. Farblos, aus Pegmatit von Halbinsel Kola (UdSSR).
Vuorelainenit: $(Mn^{2+}Fe^{2+})(V^{3+}Co^{3+})_2O_4$; kubisch.

Walentait: $H(Ca, Mn, Fe^{2+})Fe_3^{3}(AsO_4, PO_4)_4 \cdot 7\,H_2O$; rhombisch. Hellgelb, von Elephant-Grube (Süddakota, USA).
Wallkilldellit: $Ca_4Mn_6As_4O_{16}(OH)_8 \cdot 18\,H_2O$; hexagonal. Dunkelrot, Sterling-Hill-Grube (USA).
Welshit: $Ca_2SbMg_4Fe^{3+}Si_4Be_2O_{20}$; triklin. Rötlichbraun, in Dolomitskarn von Långban (Schweden).
Wicksit: $NaCa_2(Fe^{2+}, Mn^{2+})_4MgFe^{3+}(PO_4)_6 \cdot H_2O$; rhombisch. Dunkelblaugrün, von Yukon-Territorium (Kanada).
Wilhelmvierlingit: $(Ca, Zn)MnFe^{3+}OH(PO_4)_2 \cdot 2\,H_2O$; rhombisch. Gelbbraun, von Hagendorf/Oberpfalz (BRD).
Willhendersonit: $KCaAl_3Si_3O_{12} \cdot 5\,H_2O$; triklin. Aus quartären Laven von Umbrien (Italien).
Winchit: $MnCa(Mg, Fe)_4AlSi_8O_{22}(OH)_2$; monoklin. Mn-reicher Richterit; Fe-reiche Abart ist Ferrowinchit.
Wonesit: $(Na, K)(Mg, Fe, Al)_6(Si, Al)_8O_{20}(OH, F)_4$; monoklin. Von Vermont (USA).
Woodwardit: $Cu_4Al_2(SO_4)(OH)_{12} \cdot 2$ bis $4\,H_2O$. Grünblau, evtl. mit Lettsomit identisch.

Xingshongit: (Pb, Cu, Fe)(Ir, Pt, Rh)$_2$S$_4$; kubisch. Von VR China.
Xitieshanit: $Fe^{3+}(SO_4)(OH) \cdot 7\ H_2O$; monoklin. Hellgrün.
Xocomecatlit: $Cu_3TeO_4(OH)_4$; rhombisch. Grüne Kügelchen, von Moctezuma (Mexiko).

Yafsoanit: (Zn, Ca, Pb)$_3$TeO; kubisch. Braun.
Yarrowit: Cu_9S_8; hexagonal. VH 93 bis 98; von Yarrow-Creek in Alberta (Kanada).
Yeelimit: $Ca_4Al_6O_{12}SO_4$. Farblos, runde Körnchen, von Israel.
Yofortierit: (Mn, Mg)$_5$Si$_8$O$_{20}$(OH)$_2$ · 8 bis 9 H_2O; monoklin. Violettrosa, von Kanada.

Zaireit: Bi(Fe, Al)$_3$(PO$_4$)$_2$(OH)$_6$; trigonal. Grünlich, D 4,37; von Eta-Eta (Zaïre).
Zhonghuacerit: $Ba_2Ce(CO_3)_3F$; trigonal. Hellgelb.
Ziesit: ß-$Cu_2V_2O_7$; monoklin. Gebildet aus Fumarolen (El Salvador).
Zinksilit: $Zn_3Si_4O_{10}(OH)_2 \cdot 4\ H_2O$; monoklin. Von Kasachischer SSR (UdSSR).
Zirsinalit: Na$_6$(Ca, Mn, Fe)ZrSi$_6$O$_{18}$; trigonal. Farblos bis gelblich, von Halbinsel Kola (UdSSR).

Literatur

Literaturhinweise

[1] Betechtin, A. G.: Lehrbuch der speziellen Mineralogie. 7. Auflage, VEB Dt. Verlag für Grundstoffindustrie, Leipzig 1977

[2] Evans, R. C.: Einführung in die Kristallchemie. Joh. Ambr. Barth, Leipzig 1954

[3] Godovikov, A. A.: Mineralogija. Nedra, Moskva 1975

[4] Grigor'ev, D. P., und A. G. Žabin: Ontogenija mineralov. Nauka, Moskva 1975

[5] Kleber, W.: Einführung in die Kristallographie. 14. Auflage, VEB Verlag Technik, Berlin 1979

[6] Kurze-Mathé-Pfeiffer: Petrographie. Akademie Verlag, Berlin 1980

[7] Lazarenko, E. K.: Kurs mineralogii. Izd. Vysšaja škola, Moskva 1971

[8] Meyer, K.: Physikalisch-chemische Kristallographie. 2. Auflage, VEB Dt. Verlag für Grundstoffindustrie, Leipzig 1977

[9] Moenke, H., und L. Moenke: Optische Bestimmungsverfahren und Geräte für Mineralogen und Chemiker. Geest & Portig, Leipzig 1965

[10] Oelsner, O. W.: Atlas der wichtigsten Mineralparagenesen im mikroskopischen Bild. Bergakademie Freiberg, Fernstudium, Freiberg 1961

[11] Ramdohr, P.: Die Erzmineralien und ihre Verwachsungen. 4. Auflage, Akademie-Verlag, Berlin 1975

[12] Rösler, H. J., H. Madsen und O. Wedekind: Mineralkartei. 2. Auflage, Bergakademie Freiberg, Fernstudium, Freiberg 1965

[13] Rösler, H. J., u. H. Lange: Geochemische Tabellen. 2. Auflage, VEB Dt. Verlag für Grundstoffindustrie, Leipzig 1976

[14] Ruchin, L. B.: Grundzüge der Lithologie. Lehre von den Sedimentgesteinen. Akademie Verlag, Berlin 1958

[15] Smirnov, V. I.: Geologie der Lagerstätten mineralischer Rohstoffe. VEB Dt. Verlag für Grundstoffindustrie, Leipzig 1972

[16] Schneiderhöhn, H.: Erzlagerstätten, Kurzvorlesung. 4. Auflage, G. Fischer Verlag, Jena 1962

[17] Schüller, A.: Die Eigenschaften der Minerale. Bd. I und II. Akademie Verlag, Berlin 1950 und 1954

[18] Strunz, H.: Mineralogische Tabellen. 8. Auflage, Geest & Portig, Leipzig 1982

[19] Viete-Wagenbreth-Hunger-Reichert: Allgemeine Geologie. Bergakademie Freiberg, Fernstudium, Freiberg 1960

[20] Autorenkollektiv: Spezielle Mineralogie (10 Lehrbriefe). Bergakademie Freiberg, Fernstudium, Freiberg 1955–1969

Weiterführende Literatur

1. *Geschichte* (Kapitel 1.)

[21] Batjuškova, I. V., u. a. (Hrsg.): Geschichte der Geologie (russ.). Moskva 1973
[22] Breithaupt, A.: Paragenesis der Mineralien. Freiberg 1849
[23] Fischer, W.: Mineralogie in Sachsen von Agricola bis Werner. Dresden 1939
[24] Tertsch, H.: Das Geheimnis der Kristallwelt. Wien 1947
[25] Groth, P.: Entwicklungsgeschichte der mineralogischen Wissenschaft. Berlin 1926
[26] Šafranovskij, I. I.: Geschichte der Kristallographie, 2 Bde. (russ.). Moskva 1978 und 1980

2. *Physik und Chemie der Minerale* (Kapitel 2.)

[27] Belov, N. V.: Struktura ionych kristallov i metalličeskich faz. Izd. AN SSSR, Moskva 1947
[28] Frank-Kameneckij, V. A.: Priroda strukturnych primesej v mineralach. Izd. Leningrad Univers., Leningrad 1964
[29] Schulze, G. E. R.: Metallphysik. Akademie Verlag, Berlin 1967
[30] Kleber, W.: Kristallphysik. Akademie Verlag, Berlin 1968
[31] Povarennych, A. S.: Die Berechnung der Härte von Silikaten nach den kristallchemischen Daten. Geologie 9 (1960) 673–690
[32] Šafranovskij, I. I.: Lekcii po kristallomorfologii mineralov. Lvov 1960 und Moskva 1968
[33] Sobolev, V. S.: Abhängigkeiten der Eigenschaften der Silikate von der Gitterstruktur (russ.). Geochimija 1956, 6, 49–60
[34] Hinz, W.: Silikate. VEB Verlag f. Bauwesen, Berlin 1970 (2. Aufl.)
[35] Jewstropjew, K. S., u. N. A. Toropow: Einführung in die Silikatchemie. VEB Verlag Technik, Berlin 1958
[36] Philipsborn, H. v.: Tabellen zur Berechnung von Mineral- und Gesteinsanalysen. Geest & Portig, Leipzig 1933
[37] Bulach, A. G.: Berechnung von Mineralformeln. VEB Dt. Verlag für Grundstoffindustrie, Leipzig 1970
[38] Kleber, W.: Kristallchemie. Teubner Verlagsgesellsch., Leipzig 1963
[39] Žabin, A. G. (Red.): Ontogenetičeskie metody izučenija mineralov. Nauka, Moskva 1970
[40] Autorenkollektiv: Lehrwerk Chemie. VEB Dt. Verlag für Grundstoffindustrie, Leipzig (Band Struktur und Bindung, 2. Aufl., 1973)

3. *Mineralanalyse* (Kapitel 3.)

Optische Methoden:

[41] Chudoba, K.: Die Feldspäte und ihre praktische Bestimmung. Schweizerbart, Stuttgart 1932
[42] Dankwortt, P. W., u. J. Eisenbrand: Lumineszenz-Analyse im filtrierten ultravioletten Licht. 7. Auflage, Geest & Portig, Leipzig 1964
[43] Moenke, H.: UR-Spektren. Akademie Verlag, Berlin 1970
[44] Rösler, H. J., u. K. Koch: Salzmikroskopie. Bergakademie Freiberg, Fernstudium Freiberg 1968
[45] Rösler, H. J., u. L. Pfeiffer: Einführung in die Polarisationsmikroskopie. Bergakademie Freiberg, Fernstudium, Freiberg 1968
[46] Rosenbusch, H., u. E. A. Wülfing: Mikroskopische Physiographie der petrographisch wichtigen Mineralien. Schweizerbart, Stuttgart 1921–1927

[47] SARANTSCHINA, G. M.: Die Fedorow-Methode. VEB Deutscher Verlag der Wissenschaften, Berlin 1963

[48] TATARSKI, V. B.: Kristalloptische und Immersionsmethoden zur Mineraluntersuchung (russ.). Nedra, Moskva 1965

[49] TRÖGER, E.: Optische Bestimmung der gesteinsbildenden Minerale. Teil 1: Bestimmungstabellen. Teil 2: Textband. Schweizerbart, Stuttgart 1967. Übersetzung ins Russische 1958

[50] WACHROMEJEW, S. A.: Erzmikroskopie. VEB Verlag Technik, Berlin 1954

Weitere Methoden:

[51] BONSTEDT-KUPLETSKAJA: Die Bestimmung des spezifischen Gewichts von Mineralen. G. Fischer Verlag, Jena 1954

[52] EMONS, H.-H.: Technische Anorganische Chemie, VEB Deutscher Verlag f. Grundstoffindustrie, Leipzig 1978

[53] MOENKE, H.: Spektralanalyse von Mineralien und Gesteinen. Geest & Portig, Leipzig 1962

[54] JOST, K.-H.: Röntgenbeugung an Kristallen. Akademie-Verlag, Berlin 1975

[55] PLATTNER, C., u. F. KOLBECK: Probierkunst mit dem Lötrohr. 8. Auflage, Joh. Ambr. Barth, Leipzig 1927

[56] SCHUBERT, H.: Aufbereitung fester mineralischer Rohstoffe. 3 Bde. VEB Dt. Verlag f. Grundstoffindustrie, Leipzig ab 1964 in mehreren Auflagen

4. *Mineralbildung* (Kapitel 4.)

[57] BARABANOV, V. F.: Lekcii po genetičeskoj mineralogii. Izd. Leningrad. Univ. Leningrad 1969

[58] BARTH, T. F. W., C. W. CORRENS u. P. ESKOLA: Die Entstehung der Gesteine. Springer Verlag. Berlin 1939 u. 1970

[59] BOEKE, H. B., u. W. EITEL: Grundlagen der physikalisch-chemischen Petrographie. 2. Auflage, Bornträger, Berlin 1923

[60] ČUCHROV, F. V.: Kolloidy v zemnoj kore. Izd. AN SSSR, Moskva 1955

[61] ERMAKOV, N. P.: Geochimičeskie systemy vključenij v mineralach. Nedra, Moskva 1972

[62] GRIGOR'JEV, A. P.: Genezis mineral'nych individov i agregatov. Nauka, Moskva 1966

[63] GRUBENMANN, N., u. P. NIGGLI: Die Gesteinsmetamorphose. Bornträger, Berlin 1924

[64] KAZICIN, Ju. V.: Metasomatizm gidrotermal'nych mestoroždenij. Nedra, Leningrad 1972

[65] KORŽINSKIJ, D. S.: Teorija processov mineraloobrazovanija. Izd. AN SSSR, Moskva 1962

[66] KUZNECOV, V. D.: Kristally i kristallizacija. Moskva 1953

[67] PILOT, J.: Isotopengeochemie. Freiberger Forschungsh. C 255, VEB Dt. Verlag für Grundstoffindustrie, Leipzig 1970

[68] RÖSLER, H. J. et al. (Red.): Probleme der Paragenese von Mineralen, Elementen und Isotopen. Freiberger Forschungshefte C 230 (Bd. I) und C 231 (Bd. II), VEB Dt. Verlag für Grundstoffindustrie, Leipzig 1968

[69] SMIRNOV, S. S.: Die Oxydationszone der Sulfidlagerstätten. Akademie Verlag, Berlin 1954

[70] SOBOLEV, N. V.: Paragenetičeskie tipy granatov. Nauka, Moskva 1964
[71] TISCHENDORF, G., u. H. UNGETHÜM: Zur Anwendung von Eh-pH-Beziehungen in der geologischen Praxis. Z. angew. Geol. 11 (1965) 57–67
[72] WILKE, K. Th.: Methoden der Kristallzüchtung. VEB Dt. Verlag der Wissenschaften, Berlin 1963

5. *Angewandte Mineralogie* (Kapitel 5.)

[73] BELJANKIN, D. S., W. W. LAPIN u. B. W. IWANOW: Technische Petrographie. VEB Verlag Technik, Berlin 1960
[74] BEYERSDORFER, P.: Glashüttenkunde. 2. Auflage. VEB Dt. Verlag für Grundstoffindustrie, Leipzig 1964
[75] ČUCHROV, F. V. (Red.): Typomorfizm mineralov i ego praktičeskoje značenie. Nedra, Moskva 1972
[76] HAASE, T.: Keramik. Bergakademie Freiberg, Fernstudium, Freiberg 1961
[77] KIRSCH, R.: Technische Mineralogie. Vogel-Verlag, Würzburg 1965
[78] RÖSLER, H. J., u. H. J. BLANKENBURG (Red.): Industrieminerale. Freiberger Forschungsh. C 296, VEB Dt. Verlag für Grundstoffindustrie, Leipzig 1975
[79] SCHLOSSMACHER, K.: Edelsteine und Perlen. Schweizerbart, Stuttgart 1959
[80] N. N.: Tabellen zur Berechnung von Mineralsalzanalysen. VEB Dt. Verlag für Grundstoffindustrie, Leipzig 1965

6. *Spezielle Mineralogie* (Kapitel 6. bis 15.)

[81] HEJTMAN, B., u. J. KONTA: Horninotvorné minerály. Verlag Akad. Wiss. ČSSR, Praha 1959
[82] LODOČNIKOV, V. N.: Die wichtigsten gesteinsbildenden Minerale (russ.). 4. Auflage. Gosud. izd. geol. lit. Minist. geologii SSSR, Moskva 1955
[83] POVARENNYCH, A. S.: Kristallochimičeskaja klassifikacija mineral'nych vidov. Naukova dumka, Kiev 1966
[84] RÖSLER, H. J., u. R. STARKE: Einführung in die Tonmineralogie, 3 Lehrbriefe. Bergakademie Freiberg, Fernstudium, Freiberg 1967
[85] SEIM, R.: Minerale. Neumann-Verlag 1970
[86] VOLLSTÄDT, H., u. R. BAUMGÄRTEL: Einheimische Edelsteine. Verlag Th. Steinkopff, Dresden 1975
[87] VOLLSTÄDT, H.: Einheimische Minerale. VEB Deutscher Verlag für Grundstoffindustrie, Leipzig 1979 (5. Auflage)
[88] KOSTOV, J., et al.: Mineralite v Bulgarija. Bulgar. Akad. Wiss., Sofia 1964
[89] FRENZEL, A.: Mineralogisches Lexikon für das Königreich Sachsen. Leipzig 1878
[90] PARKER, R. L.: Die Mineralfunde der Schweizer Alpen. Basel 1954

7. *Allgemeine und zusammenfassende Literatur*

[91] ČUCHROV, F. V.: Mineraly (Spravočnik). 5 Bände. Nauka, Moskva 1960–1976
[92] DOELTER, C.: Handbuch der Mineralchemie. Steinkopff-Verlag, Dresden/Leipzig 1912–1931
[93] FIEDLER, H. J., u. H. REISSIG: Lehrbuch der Bodenkunde. Verlag G. Fischer, Jena 1964
[94] GODOVIKOV, A. A.: V vdedenie v mineralogiju. Nauka, Novosibirsk 1973
[95] HAALCK, H.: Physik des Erdinneren. Geest & Portig, Leipzig 1959
[96] HEJTMAN, B.: a) Systematická petrografie vyvřelych hornin, Verlag Akad. Wiss. ČSSR, Praha 1957
b) Petrographie metamorfovaných hornin. Verlag. Akad. Wiss. ČSSR, Praha 1962

[97] Hintze, G.: Handbuch der Mineralogie. Verlag Veits Comp., ab 1930 W. de Gruyter Leipzig/Berlin 1897–1965
[98] Leutwein, F., u. C. Sommer-Kulaszewski: Allgemeine Mineralogie. Bergakademie Freiberg, Fernstudium, Freiberg 1960. Übersetzung ins Russische als: Kristallografia, Izd. Vys. škola, Moskva 1968
[99] Ramdohr, P., u. H. Strunz: Klockmanns Lehrbuch der Mineralogie (15. Auflage). Ferdinand Enke Verlag, Stuttgart 1967
[100] Wolff, F. v.: Gesteinskunde. Die Eruptivgesteine. Lang-Verlag, Pößneck 1951

Quellenverzeichnis

[101] Autorenkollektiv: Lehrmaterial der Hauptabteilung Fernstudium der Bergakademie Freiberg. Freiberg 1949–1963
[102] Autorenkollektiv: Rubin i Safir. Nauka, Moskva 1974
[103] Autorenkollektiv: Kali- und Steinsalzbergbau. 2 Bände, VEB Dt. Verlag für Grundstoffindustrie, Leipzig 1968
[104] Al Biruni: Mineralogija. Moskva 1963
[105] Anderson, B. W.: Praktische Edelsteinprüfung. Diebener Verlag, Stuttgart
[106] Baier, A.: Edelsteine, Namen und Definitionen in Wissenschaft und Praxis. Karinthin (Knappenberg) 53 (1965) 153–183
[107] Beck, R.: Einige Beobachtungen im Gebiet der Altenberg-Zinnwalder Zinnerzlagerstätten. Z. prakt. Geol. 1896, S. 148–150
[108] Bentz, A.: Lehrbuch der Angewandten Geologie. Enke-Verlag, Stuttgart 1968
[109] Berry and Mason: Mineralogy. Freeman and Co., San Francisco u. London 1959
[110] Blankenburg, H. J. (Red.): Der Rohstoff Asbest und seine Verwendung. Freiberger Forschungsh. C 289, VEB Dt. Verlag für Grundstoffindustrie, Leipzig 1973
[111] Blankenburg, H. J. (Red.): Der Rohstoff Glimmer und seine Verwendung. Verlag Bergbau-Handel, Berlin 1971
[112] Boehm, H. P.: Funktionelle Gruppen an Festkörper-Oberflächen. Angew. Chem. 78 (1966) 617–628
[113] Bok, I. I.: Agronomičeskie rudy. 2. Auflage, Nauka, Alma-Ata 1965
[114] Borchert, H.: Ozeane Salzlagerstätten, Bornträger, Berlin 1959
[115] Borchert, H.: Lernblätter zur Geochemie und Lagerstättenkunde. Verlag Glückauf, Essen 1978
[116] Braitsch, O.: Entstehung und Stoffbestand der Salzlagerstätten. Springer Verlag, Berlin 1962
[117] Brauer, K. H.: Ätzresultate an Kristallen der Glimmergruppe. Akademie Verlag, Berlin 1971
[118] Bulach, A. G.: Grafika kristallov. Nedra, Moskva 1971
[119] Caillère, S., u. S. Hénin: Mineralogie des Argiles, Masson et Cie., Paris 1963
[120] Cissarz, A.: Einführung in die allgemeine und systematische Lagerstättenlehre. 2. Auflage, Schweizerbart, Stuttgart 1965
[121] Correns, C. W.: Einführung in die Mineralogie. Springer-Verlag, Berlin 1949
[122] Čuchrov, F. V., u. N. V. Petrovskaja (Edit.): Voprosy odnorodnosti i neodnorodnosti mineralov. Nauka, Moskva 1971
[123] Danaś System of Mineralogy, Bd. I und II (Palache, Berman, Frondel) und Bd. III (Frondel). 7. Auflage, Wiley and Sons, New York 1944, 1952 und 1962
[124] Deer, W. A., R. A. Howie u. J. Zussman: An Introduction to the rock forming minerals. 5 Bde., (Bd. 1 Orthoand Ring Silicates, Bd. 2 Chain Silicates, Bd. 3 Sheet Silicates, Bd. 4 Framework Silicates, Bd. 5 Non-Silicates). Longmans, London 1966
[125] Döhner, Chr., u. K. H. Elert: Z. geol. Wiss. 3 (1975) 2, 121–141
[126] Ehlers, E. G.: The interpretation of geological phase diagrams. Freeman a. Comp., San Francisco 1972

[127] EITEL, W.: Silicate Science, 5 Bde., Academic Press, New York and London 1965 (Vol. 1 Silicate Structures; vol. 2 Glasses, Enamels, Slags; vol. 3 Drysilicate Systems; vol. 5 Ceramics and Hydraulic Binders)
[128] FISCHER, W.: Gesteins- und Lagerstättenbildung im Wandel der wissenschaftlichen Anschauung. Stuttgart 1961
[129] FREUND, H.: Handbuch der Mikroskopie in der Technik, 4 Bde., Umschau Verlag, Frankfurt/Main 1955
[130] GOLDBERG, P.: Luminescence of Inorganic Solids. Academic Press, New York 1966
[131] GRIM, R. E.: Clay Mineralogy. McGraw-Hill, London 1953
[132] GENKIN: Minerale der Platinmetalle von Norilsk (russ.). Moskva 1968
[133] HEIDE, F.: Kleine Meteoritenkunde. 2. Auflage, Springer Verlag, Berlin 1957
[134] HEINRICH, E. W. M.: Microscopic Petrography. McGraw-Hill, New York 1956
[135] HURLBUT, C. S. (Edit.): Dana's Manual of Mineralogy (17. Auflage). Wiley, New York 1959
[136] JAHN, M.: Der älteste Bergbau in Europa. Akademie Verlag, Berlin 1960
[137] JASMUND, K.: Die silicatischen Tonminerale. 2. Auflage, Verlag Chemie, Weinheim/B. 1955
[138] JEBSEN-MARWEDEL, H.: Glastechnische Fabrikationsfehler. 2. Auflage, Springer-Verlag, Wien 1959
[139] JONES, W. R.: Minerals in Industry. 4. Auflage, Penguin Books, Baltimore 1963
[140] KOBELL, F.: Geschichte der Mineralogie von 1650–1850. New York-London 1965
[141] KOSTOV, I.: Mineralogy. Oliver a. Boyd, Edinburgh and London 1968 (auch in bulgarisch und russisch)
[142] KOTLJAR, V. N.: Grundtheorie der Erzbildung (russ.). Nedra, Moskva 1970
[143] KRINOV, E. L.: Meteority. Akad. Nauk SSSR, Moskva 1948
[144] KRUPENNIKOW: Verteilung von Uranerzlagerstätten. Z. angew. Geol. 16 (1970) 6, 293
[145] KÜHN, R.: Die Mineralnamen der Kalisalze. Kali und Steinsalz 2 (1959) 331–345
[146] LASCH, G., u. H. J. RÖSLER: Tonmineralparagenesen in kaolinitischen Verwitterungsprofilen der Lausitz. Freiberger Forschungsh. C 270, VEB Dt. Verlag für Grundstoffindustrie (1970) 83–95
[147] LEITMEIER, H.: Einführung in die Gesteinskunde. Springer Verlag, Wien 1950
[148] LIEBAU, F. v.: Die Systematik der Minerale. Die Naturwiss. 49 (1962) 481–491
[149] LOTZE, F.: Steinsalz und Kalisalze. Bornträger, Berlin 1957
[150] LOUGHNAN, E. C.: Chemical Weathering of Silicate Minerals. Elsevier, Amsterdam usw. 1969
[151] MACHATSCHKI, F.: Spezielle Mineralogie auf geochemischer Grundlage. Springer Verlag, Wien 1953
[152] LEYDALT, F.: Ber. Akad. Wiss., Wien, Math. mat Kl. 15 (1855) 59–82
[153] MASON, B.: Meteorites. Wiley, New York 1962
[154] MINCEVA–STEFANOVA, J., und M. GOROVA: Mischbarkeit und Nomenklatur der Karbonate mit Dolomittyp-Struktur (bulg.). Izv. geol. inst. BAN, Sofia 16 (1967) 99–118
[155] MAUCHER, A., G. REHWALD u. P. RAMDOHR: Bildkartei der Erzmikroskopie. Umschau-Verlag, Frankfurt/Main, seit 1961
[156] METZ, R.: Wie groß werden Kristalle? Aufschluß 15 (1964)
[157] MOH, G. H., u. J. OTTEMANN: Ann. Rep. Dir. Geophys. Lab. (Wash.) 1963/64
[158] MOORHOUSE, W. W.: The study of rocks in thin section. Harper Brothers, New York 1959
[159] MÜLLER, G.: Methoden der Sedimentuntersuchung. Schweizerbart, Stuttgart 1964
[160] NEUHAUS, A.: Hochdruck-Hochtemperaturforschung und stofflicher Erdaufbau. Beiheft Geol. Jb. 80 (1969) 55–68
[161] NIGGLI, P.: Gesteine und Minerallagerstätten I. und II. Birkhäuser, Basel 1948/1952

[162] NIGGLI, P.: Lehrbuch der Mineralogie und Kristallchemie, 3. Auflage. Bornträger, Berlin 1941

[163] NYE, J. F.: Physical Properties of Crystals, Their Representation bei Tensors and Matrices. Clarandon Press, Oxford 1957

[164] PABST, A.: Danas System of Mineralogy. Rock and Minerals 19 (1944) 12, 379–387

[165] PAULING, L.: Die Natur der chemischen Bindung. 2. Auflage. Verlag Chemie, Weinheim/B. 1964

[166] PETER, H.: Komplexität der Beziehungen zwischen Lagerstättenbildung, Rohstoffeigenschaften, technologischem Prozeß und Werkstoff, dargestellt am Beispiel der Calciumsulfate. Lehrmaterial der zweijährigen postgradualen Weiterbildung »Bewertung fester mineralischer Rohstoffe«, Freiberg 1976

[167] PETRASCHEK, W. E.: Lagerstättenlehre, 2. Auflage. Springer Verlag, Wien 1961

[168] PETROVSKAJA, N. V.: Samorodnoe zoloto. Nauka, Moskva 1973

[169] PETTIJOHN, F.: Sedimentary Rocks, 2. Auflage. Harper & Brothers, New York 1957

[170] PHILLIPSBORN, H. v.: Tafeln zur Bestimmung der Minerale nach äußeren Kennzeichen, 2. Auflage. Schweizerbart, Stuttgart 1967

[171] POLANSKI, A., u. K. SMULIKOWSKI: Geochemia (poln.) Wydawn. Geol., Warzawa 1969

[172] PRŽIBRAM, K.: Verfärbung und Lumineszenz. Springer Verlag, Wien 1953

[173] RAATZ, F., u. H. TERTSCH: Geometrische und physikalische Kristallographie. 3. Auflage, Springer Verlag, Wien 1958

[174] RADEISKE, G.: Hinweise für den praktischen Geologen über Methoden der Glimmeranreicherung. WTI des ZGI (Berlin) 9 (1968) 6, 3–12

[175] RAGUIN, E.: Géologie des Gîtes Minéraux. Masson Cie, Paris 1961

[176] RECKER, K.: Zur Kristallchemie und Züchtung von Laserkristallen. Fortschr. Min. 45 (1968) 2, 172–213

[177] RESINSKAJA, L. G.: Atlas elektronnych mikrofotografij glinistych mineralov i ich prirodnych associacij v osadočnych porodach. Nedra, Moskva 1966

[178] RINNE-BEREK: Anleitung zu optischen Untersuchungen mit dem Polarisationsmikroskop. 2. Auflage, Schweizerbart, Stuttgart 1953

[179] ROMANS, P. A., et al.: An Electron Microprobe Study of Y, RE and P Distribution in Zoned and Ordinary Zircon. Amer. Mineral. 60 (1975) 475–480

[180] RONOV, A. V., u. A. A. JAROŠEVSKIJ: Die chemische Struktur der Erdkruste (russ.). Geochimija 1967, 11, 1285–1309

[181] ROSENBUSCH, H., u. O. MÜGGE: Mikroskopische Physiographie der petrographisch wichtigsten Mineralarten. 5. Auflage, Schweizerbart, Stuttgart 1927

[182] RÖSLER, H. J., M. GUNTAU et al. (Red.): Abraham Gottlob Werner (Gedenkschrift). Freiberger Forschungsh. C 223, VEB Dt. Verlag für Grundstoffindustrie, Leipzig 1967

[183] RÖSLER, H. J., R. STARKE u. a.: Wechsellagerungstonminerale. Schriftenreihe Geol. Wiss. 5 (1976) 171–188

[184] RÜLEIN: Ein nützlich Bergbüchlein. Freiberg 1501(?)

[185] ŠAFRANOVSKIJ, I. I., et al.: K voprosu o kristallomorfologii almaza. Izd. Nauka, Moskva 1970

[186] ŠAFRANOVSKIJ, I. I.: Očerki po mineralogičeskoj kristallografii. Nedra, Leningrad 1974

[187] SCHLOSSMACHER, K.: Edelsteine und Perlen. 2. Auflage, Schweizerbart, Stuttgart 1959

[188] SCHNEIDERHÖHN, H.: Erzmikroskopisches Praktikum. Schweizerbart, Stuttgart 1952

[189] SCHNEIDERHÖHN, H.: Die Erzlagerstätten der Erde. 2 Bde. (Band I: Die Erzlagerstätten der Frühkristallisation, Band II: Die Pegmatite). Fischer Verlag, Stuttgart 1958 und 1961

[190] SCHÜLER, K., u. H. J. RÖSLER: Wachstumsformen auf den Kristallflächen von natürlichen Fluoriten und Galeniten. Ber. DGGW, Reihe B, 15 (1970) 2, 187–190

[191] SCHÜTZEL, H.: Chemismus und Genese der Skarne und Erlanfelse des westlichen Erzgebirges. Freiberger Forschungsh. C 261 (1970) 53–122

[192] SCHWERDTNER, G.: Komplexität der Beziehungen zwischen Lagerstättenbildung, Rohstoffeigenschaft, technologischem Prozeß und Werkstoff, dargelegt am Beispiel Kaolin. Bergakademie Freiberg, Sektion Geowissenschaften, Lehrwerk »Bewertung fester mineralischer Rohstoffe«, Freiberg 1976
[193] SEITZ, M. G., u. N. SHIMIZU: Ann. Rep. Geophys. Lab. (Wash.) 1972
[194] STARKE, R.: Die Verteilung und Faziesabhängigkeit der Tonminerale in den geologischen Systemen. Freiberger Forschungsh. C 254, VEB Dt. Verlag für Grundstoffindustrie, Leipzig 1970
[195] STARKE, R.: Röntgenographische Phasenanalyse. Lehrwerk der postgradualen Weiterbildung »Bewertung fester mineralischer Rohstoffe«, Freiberg 1975
[196] STUART, H. A.: Die Struktur des freien Moleküls. Berlin-Göttingen-Heidelberg 1952
[197] TAYLOR, L. A.: Mineral. Deposita 5 (1970) 41–58
[198] TERTSCH, H.: Das Geheimnis der Kristallwelt. Wien 1947
[199] TERTSCH, H.: Die Festigkeitseigenschaften der Kristalle. Springer Verlag, Wien 1949
[200] TISCHENDORF u. UNGETHÜM: Chem. Erde 23 (1964) 279–311
[201] TVENHOFEL, W. H., u. S. A. TYLER: Methods of study of sediments. New York/London 1941
[202] UYTENBOGAARDT, W.: Tables for Microscopic Identification of Ore Minerals. Princeton 1951
[203] VOITKEVIČ, G. V.: Entstehung und chemische Evolution der Erde (russ.). Nauka, Moskva 1973
[204] VUM SON: Die Schwermineral- und Elementverteilung in eluvialen und fluviatilen Ablagerungen des Lagerstättenbezirks von Altenberg-Zinnwald (Osterzgebirge). Freiberger Forschungsh. C 264, VEB Dt. Verlag für Grundstoffindustrie, Leipzig 1971, 9–60
[205] VOGEL, W.: Glaschemie, VEB Deutscher Verlag f. Grundstoffindustrie, Leipzig 1979
[206] WERNER, A. G.: Von den äußerlichen Kennzeichen der Fossilien. Leipzig 1779
[207] WERNER, A. G.: Handschriftlicher Nachlaß, Bd. 11, Seite 107. Bergakademie Freiberg, Archiv
[208] WINCHELL, A. N., u. H. WINCHELL: The Microscopical Characters of Artificial Anorganic Solid Substances; Optical Properties of Artificial Minerals. Academic Press, New York u. London 1964
[209] WINCHELL, A. N., u. H. WINCHELL: Elements of optical mineralogy I–III. Wiley and Sons, New York 1949 u. 1951
[210] WINKLER, H. G. F.: Struktur und Eigenschaften der Kristalle. 2. Auflage, Springer Verlag, Berlin 1955
[211] WINKLER, H. G. F.: Die Genese der metamorphen Gesteine. 2. Auflage, Springer Verlag, Berlin 1967
[212] WOOSTER, W. A.: Etch Figures and Crystal Structures. Kristall u. Technik 11 (1976) 6, 17
[213] ZAVARICKIJ, A. N.: Izveržennye gornye porody. Izd. AN SSSR, Moskva 1961
[214] N. N.: Naturwissenschaftliche Rundschau 7 (1954) 1, 3
[215] N. N.: Universal'ny stolik F. S. Fedorova. Moskva 1953
[216] N. N.: Radiometričeskie metody analiza. Nedra, Moskva 1968
[217] Bildbereitstellung durch Prof. Dr. A. PABST (San Francisco)
[218] Bildbereitstellung durch Prof. Dr. M. GUNTAU (Rostock)
[219] Bildbereitstellung durch Akad. Prof. Dr. F. V. ČUCHROV (Moskau)
[220] Bildbereitstellung durch Dipl.-Min. Dr. G. MATHÉ (Freiberg)
[221] Bildbereitstellung durch Hochschulbildstelle der Bergakademie Freiberg (BRAUNE, BARTSCH); fast alle Minerale stammen aus der Mineralogischen Hauptsammlung der BA Freiberg
[222] Bildbereitstellung durch Dipl.-Min. Dr. B. ADAMSKI (Freiberg)
[223] Bildbereitstellung durch Dr. M. SOMMER† (Leipzig)
[224] Bildbereitstellung durch Prof. Dr. H. STRUNZ (Westberlin)
[225] Bildbereitstellung durch Dipl. Geol. Dr. W. SCHMIDT (Freiberg)

[226] Bildbereitstellung durch Frau Dipl. Min. Dr. A. Gückelhorn (Leipzig)
[227] Bildbereitstellung durch Labor für Elektronenmikroskopie der BA Freiberg
[228] Bildbereitstellung durch Frau Dipl.-Geol. H. Hahne (Potsdam)
[229] Bildbereitstellung durch Prof. Dr. H. Schubert (Freiberg)
[230] Bildbereitstellung durch den VEB Carl Zeiss Jena
[231] Bildbereitstellung durch den VEB Freiberger Präzisionsmechanik (Freiberg)
[232] Bildbereitstellung durch Dipl.-Min. Doz. Dr. sc. H. J. Blankenburg (Freiberg)
[233] Bildbereitstellung durch Dipl.-Min. Doz. Dr. habil. R. Starke (Freiberg)
[234] Bildbereitstellung durch Dipl.-Min. Dr. W. Schrön (Freiberg)
[235] Prospektbild von verschiedenen in- und ausländischen Firmen
[236] Bildbereitstellung durch Dr. sc. M. Kurze (Freiberg)
[237] Bildbereitstellung durch Dipl.-Min. Doz. Dr. O. Leeder (Freiberg)
[238] Käufliches Foto
[239] Bildbereitstellung durch Prof. Dr. sc. J. Hofmann (Freiberg)
[240] Bildbereitstellung durch Prof. Dr. Vogel (Jena); vgl. [205]
[241] Bildbereitstellung durch Prof. Dr. S. Koch (Szeged)
[242] Bildbereitstellung durch Prof. Dr. W. Kleber† (Berlin)
[243] Bildbereitstellung durch Dipl.-Min. Dr. P. Beuge (Freiberg)
[244] Bildbereitstellung durch Dipl.-Min. R. Baumgärtel (Bitterfeld)
[245] Bildbereitstellung durch Dr. Gruner (Freiberg)
[246] Bildbereitstellung durch Dr. sc. W. Jung (Dresden)
[247] Bildbereitstellung durch Ing. A. Christoph im VEB Carl Zeiss (Jena)
[248] Bildbereitstellung durch Dipl.-Min. Doz. Dr. sc. Schreiter (Leipzig)
[249] Bildbereitstellung durch Sektion Verfahrenstechnik der BA Freiberg
[250] Bildbereitstellung durch Dipl.-Min. Doz. Dr. habil. G. Tischendorf (Berlin)
[251] Bildbereitstellung durch Frau Renate Kämmer, Rudolstadt
[252] Bildarchiv des ehem. Mineralogischen Instituts der Bergakademie Freiberg
[253] Bildbereitstellung durch Dipl.-Min. Doz. Dr. sc. K. Koch (Freiberg)
[254] Bildbereitstellung durch Frau Dr. Rasemann (Freiberg)
[255] Bildbereitstellung durch Dipl.-Min. Dr. Strienitz (Freiberg)
[256] Bildbereitstellung durch Dipl.-Min. J. Lehmann (Gommern)
[257] Bildbereitstellung durch Prof. Dr. Frank-Kameneckij (Leningrad)
[258] Bildbereitstellung durch Dr. Wiegmann (Berlin)
[259] Bildbereitstellung durch Dipl.-Min. Dr. P. Blank (Kemmlitz)
[260] Bildbereitstellung durch Dipl.-Min. Dr. Seifert (Potsdam)
[261] Bildbereitstellung durch Dipl.-Min. Prof. Dr. Langbein (Greifswald)
[262] Bildbereitstellung durch Dipl.-Ing. Peter und Dipl.-Min. Elert (Sondershausen)
[263] Bildbereitstellung durch Dr. H. Zedler (Berlin)
[264] Bildbereitstellung durch den VEB Rathenower Optische Werke (Rathenow)
[265] Bildbereitstellung durch Dipl.-Min. Dr. W. Kramer (Freiberg)
[266] Bildbereitstellung durch Prof. Dr. G. Hoppe (Berlin)
[267] Bildbereitstellung durch Prof. Dr. H. Stach (Berlin)
[268] Bildbereitstellung durch Prof. Dr. V. P. Butusov (Alexandrov)
[269] Bildbereitstellung durch Dipl.-Min. Dr. H. Berger (Freiberg)
[270] Bildbereitstellung durch Dipl.-Min. Dr. E. Lange (Weimar)
[271] Bildbereitstellung durch Dipl.-Geophys. Doz. Dr. sc. K. Köhler (Karl-Marx-Stadt)
[272] Bildbereitstellung durch Dipl.-Geol. Dr. H. J. Bellmann (Markkleeberg)
[273] Autorenkollektiv: Lehrmaterial für die Weiterbildung »Bewertung fester mineralischer Rohstoffe«, Bergakademie Freiberg 1977
[274] Juškin: Theorie und Methoden der Mineralogie (russ.). Nauka, Leningrad 1977
[275] Alston, N. A., und J. West: Z. Krist. 69 (1928) 149
[276] Rösler, H. J., und H.-J. Blankenburg: Lagerstätten der Steine und Erden. Freiberg 1969 (Lehrbriefe für das Fernstudium)
[277] Wittmann, A.: Forschung u. Fortschritt 1973

Sachwörter- und Mineralverzeichnis

Varietäten oder von einer Mineralart abgeleitete Mineralnamen (wie z. B. Ferri-Alunogen oder Meta-Alunogen, auch andere Para-, Hydro- und Pseudo-Varietäten) sind normalerweise unter oder neben dem Hauptnamen (also z. B. Alunogen) zu suchen. Namen der Mineralgruppen oder Untergruppen sind dem Inhaltsverzeichnis zu entnehmen. Mineralnamen sind steil, Sachwörter kursiv gedruckt.

A

B

C

D

E

F

G

I

J

K

L

M

N

O

P

Q

R

S

U

V

W

X

Y

Z

Berichtigungen zur 4. Auflage

S. 60. 7. Z. v. o., Mittelspalte: $a_1 = a_2 = a_3 \rightarrow a = b = c$
S. 66, 7. Z. v. o.: zweiten Schicht → dritten Schicht
S. 78, Bild 2.28, Bildunterschrift, 5. Zeile: schraffiert → punktiert
S. 94, 17. Z. v. u.: ein silberhaltiger Galenit (Bleiglanz) als (Pb, Ag)S → ein eisenhaltiger Sphalerit (Zinkblende) als (Zn, Fe)S
S. 183, 9. Z. v. o.: (max 10 km Tiefe) → (max 12 km Tiefe)
S. 202, Bild 4.28: Sillimanit und Andalusit müssen vertauscht werden
S. 229, 1. Z. v. o.: bestehende → entstehende
S. 279, Tab. 7.1, 4. Spalte: Karbonat-Chondrite → C-haltige Chondrite (8 ×)
S. 280, Tab. 7.1, 4. Spalte: Karbonat-Chondrite → C-haltige Chondrite (2 ×)
S. 283, 16. Z. v. u.: *Pavlovit* → *Paolovit*
S. 322, 9. Z. v. o.: *Mertierit* → *Mertieit*
S. 337, 17. Z. v. o.: Metastibhit → *Metastibnit*
S. 347, 15. Z. v. o.: Tennanit → Tennantit
S. 386, 12. Z. v. o.: *Pikroitmenit* → *Pikroilmenit*
S. 394, 10. Z. v. o.: *Liandrit* → *Liandratit*. Beide hexagonal, meist metamikt.
S. 407, 13. Z. v. u.: $Fe_2O_2 \rightarrow Fe_2O_3$
S. 414, 6. Z. v. o.: Katanga → Shaba; desgl. S. 414, 8., 11., 13. Z. v. o.; S. 418, 11. Z. v.u.; S. 493, 10. Z. v. u.; S. 649, 15. Z. v. o.; S. 652, 17. Z. v. u.; S. 714, 11. Z. v. o.; S. 717, 18. Z. v. u.
S. 419, 6. Z. v. u.: *Schmeiderit* → *Schmiederit*
S. 472, 10. Z. v. o.: *Zekzerit* → *Zektzerit*
S. 476, 15. Z. v. o.: *Spenceit* → *Spencit*
S. 495, 19. Z. v. u.: $n_y = 1{,}673 \rightarrow n_y = 1{,}678$
S. 545, 13. Z. v. o.: $Be_3[(OH)/SiO_4] \cdot H_2O \rightarrow Be_3[(OH)_2/SiO_4]$
S. 569, 17. Z. v. o.: *Wolchonskit* → *Wolchonskoit*
S. 591, 12. Z. v. u.: *Ni-Antigonit* → *Ni-Antigorit*
S. 609, 10. Z. v. o.: Lepidoloithlagerstätte → Lepidolithlagerstätte
S. 629, 10. Z. v. o.: $(Sr, Ce, La)[(OH)_6/(P, S)O_4AsO_4] \rightarrow (Sr, Ce, La)Al_3[(OH)_6/(P, S)O_4AsO_4]$
S. 641, 8. Z. v. u.: $Ca_2Ni[(PO_4)] \cdot H_2O \rightarrow Ca_2Ni[(PO_4)] \cdot 2\,H_2O$
S. 643, 23. Z. v. o.: Phoenikokroit → Phoenikochroit
S. 646, 11. Z. v. u.: $ZnH(AsO_4) \cdot H_2O \rightarrow ZnH(AsO_3) \cdot H_2O$
S. 647, 19. Z. v. u.: $CaAl_6[(OH)_2/Po_4]_4 \cdot 4\,H_2O \rightarrow CuAl_6[(OH)_2/PO_4]_4 \cdot 4\,H_2O$
S. 651, 22. Z. v. o.: $OU_2 \rightarrow UO_2$
S. 671, 13. Z. v. o.: *Kalistronit* → *Kalistrontit*
S. 677, 10. Z. v. o.: oxidischem → oxydiertem
S. 697, 20. Z. v. u.: Mn-reich → Mg-reich
S. 709, 13. Z. v. u.: 1889 → 1789
S. 711, 13. Z. v. u.: Ridder-Zyrjamorvk → Ridder-Zyrjanovsk
S. 724, 8. Z. v. u.: $Na_4B_{10}C_{12} \cdot 4\,H_2O \rightarrow Na_4B_{10}O_{17} \cdot 4\,H_2O$
S. 726, 6. Z. v. o.: *Wolchowskoit* → *Wolchowskit*
S. 727, 21. Z. v. o.: *Olschanskit* → *Olschanskyit*
S. 745, 9. u. 10. Z. v. o.; 3. Spalte: 3025,75 ct ≙ 605 g → 3106 k = 621,2 g
S. 745, 5. u. 6. Z. v. u., 3. Spalte: 200 ct ≈ 240 g → 200 k ≈ 40 g
S. 750, 6. Z. v. o., 4. Spalte: $\lambda > 300$ nm → $\lambda < 300$ nm
S. 750, 7. Z. v. o., 4. Spalte: $\lambda < 300$ nm → $\lambda > 300$ nm
S. 780, 12. u. 13. Z. v. o., 4. Spalte: Frankreich, Südamerika → Bolivien, Südafrika, UdSSR

Annotation

Rösler, Hans-Jürgen:
Lehrbuch der Mineralogie / von Hans Jürgen Rösler. — 5., unveränd. Aufl. — Leipzig : Dt. Verl. für Grundstoffind., 1991.

845 S., 685 Bild., 65 Tab., 3 Beil., 277 Lit.

Dieses moderne Lehrbuch der Mineralogie vermittelt einleitend die wissenschaftlichen Grundlagen und allgemeingültigen Gesetzmäßigkeiten der Minerale als Voraussetzung für das Verständnis des mineralbeschreibenden Hauptteiles des Buches.
Unter Berücksichtigung struktureller und genetischer Beziehungen werden die einzelnen Minerale ausführlich beschrieben, wobei neben zahlreichen qualitativ hochwertigen Kristallfotografien aussagekräftige Strukturmodelle und mikroskopische Aufnahmen das Bestimmen der Minerale und Erkennen der kristallchemisch-kristallstrukturellen Zusammenhänge erleichtern sollen.
Zum Leserkreis gehören Studenten geowissenschaftlicher Fachrichtungen sowie Berg- und Hüttenleute, Aufbereiter und Rohstoffspezialisten, auch Kristallographen, Festkörperphysiker und -chemiker.

Im gleichen Verlag sind erschienen:

Nutzbare Gesteine und Industrieminerale
Herausgegeben von Prof. Dr. rer. nat. habil. H. J. Rösler
und Doz. Dr. sc. nat. H.-J. Blankenburg

Kiese und Sande

Von Dr. rer. nat. Alexander Hultzsch

164 Seiten mit 60 Bildern und 39 Tabellen
Format 16,5 cm × 23 cm · Leinen, DDR 45,– M · Ausland 45,– DM
ISBN 3-342-00086-4
Bestell-Nr.: 541 924 3

Die Beschreibung der Kies- und Sandrohstoffe umfaßt die geologischen Bildungsbedingungen, den Stoffbestand sowie die Kennzeichnung und die industriellen Einsatzbedingungen. Nach einführenden Betrachtungen zum Stand der geologischen Modellarbeit folgen grundlegende Informationen zur Lagerstättentypisierung, zur Suche und Erkundung von Lagerstätten, zu den Arbeitsmethoden und zur Vorratsberechnung. Das anschließende Kapitel enthält wesentliche Grundlagen für Aufschlußvorbereitung, Gewinnung und Förderung von Kiesen und Sanden. Geräte und Fördermittel werden unter Berücksichtigung technisch-ökonomischer Gesichtspunkte vorgestellt. Ausführungen zur Aufbereitungstechnik und zur Deponie des industriell weiterverarbeitungsfähigen Gutes schließen den Informationskreis.
Das Buch wendet sich an Geologen, Mineralogen, Petrographen, Baufachleute und wissenschaftliche Kader der Industrie.

Periodensystem der Elemente (langperiodische Darstellung, relative Atommassen gerundet, nach IUPAC 1980)

Periode	Ia	IIa	IIIb	IVb	Vb	VIb	VIIb	VIII			Ib	IIb	IIIa	IVa	Va	VIa	VIIa	0
1 1s	1 H 1,008																	2 He 4,00
2 2s 2p	3 Li 6,94	4 Be 9,01											5 B 10,81	6 C 12,01	7 N 14,01	8 O 16,00	9 F 19,00	10 Ne 20,18
3 3s 3p	11 Na 22,99	12 Mg 24,31											13 Al 26,98	14 Si 28,09	15 P 30,97	16 S 32,06	17 Cl 35,45	18 Ar 39,95
4 4s 3d 4p	19 K 39,10	20 Ca 40,08	21 Sc 44,96	22 Ti 47,88	23 V 50,94	24 Cr 52,00	25 Mn 54,94	26 Fe 55,85	27 Co 58,93	28 Ni 58,69	29 Cu 63,55	30 Zn 65,38	31 Ga 69,72	32 Ge 72,59	33 As 74,92	34 Se 78,96	35 Br 79,90	36 Kr 83,80
5 5s 4d 5p	37 Rb 85,47	38 Sr 87,62	39 Y 88,91	40 Zr 91,22	41 Nb 92,91	42 Mo 95,94	43 Tc (98)	44 Ru 101,07	45 Rh 102,91	46 Pd 106,42	47 Ag 107,87	48 Cd 112,41	49 In 114,82	50 Sn 118,69	51 Sb 121,75	52 Te 127,60	53 I 126,90	54 Xe 131,29
6 6s (4f) 5d 6p	55 Cs 132,90	56 Ba 137,33	57 La 138,91	72 Hf 178,49	73 Ta 180,95	74 W 183,85	75 Re 186,21	76 Os 190,2	77 Ir 192,22	78 Pt 195,08	79 Au 196,97	80 Hg 200,59	81 Tl 204,38	82 Pb 207,2	83 Bi 208,98	84 Po (209)	85 At (210)	86 Rn (222)
7 7s (5f) 6d	87 Fr (223)	88 Ra 226,03	89 Ac 227,03	104 Ku (Unq) (261)	105 Ns (Unp) (262)													

Lanthanoide: 4f	58 Ce 140,12	59 Pr 140,91	60 Nd 144,24	61 Pm (145)	62 Sm 150,36	63 Eu 151,96	64 Gd 157,25	65 Tb 158,93	66 Dy 162,50	67 Ho 164,93	68 Er 167,26	69 Tm 168,93	70 Yb 173,04	71 Lu 174,97
Actinoide: 5f	90 Th 232,04	91 Pa 231,04	92 U 238,03	93 Np 237,05	94 Pu (244)	95 Am (243)	96 Cm (247)	97 Bk (247)	98 Cf (251)	99 Es (252)	100 Fm (257)	101 Md (258)	102 No (259)	103 Lr (260)